民國建築工程期刊匯編

MINGUO JIANZHU GONGCHENG QIKAN HUIBIAN

18

《民國建築工程期刊匯編》編寫組 編

廣西師範大學出版社
GUANGXI NORMAL UNIVERSITY PRESS
·桂林·

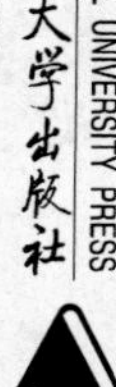

第十八册目録

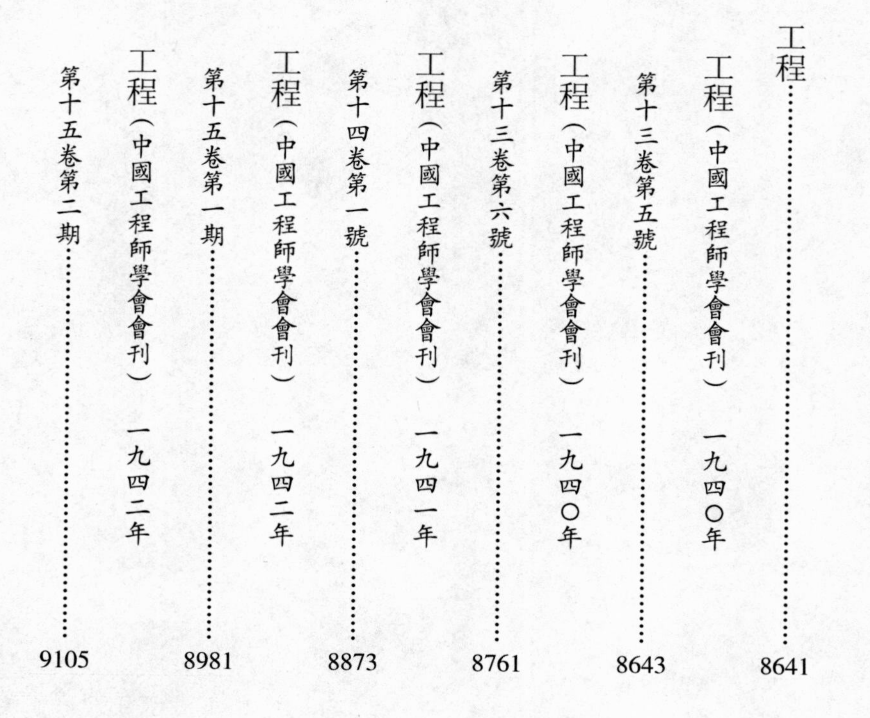

工程……8641

工程（中國工程師學會會刊） 一九四〇年 第十三卷第五號……8643

工程（中國工程師學會會刊） 一九四〇年 第十三卷第六號……8761

工程（中國工程師學會會刊） 一九四一年 第十四卷第一號……8873

工程（中國工程師學會會刊） 一九四二年 第十五卷第一期……8981

工程（中國工程師學會會刊） 一九四二年 第十五卷第二期……9105

工程

第十三卷第五號　民國二十九年十月一日

目　錄　提　要

戰後中國工業政策

長方薄板摺皺之研究及其應用於鋼板梁設計

連桿與活塞之運動及惰性效應

論電氣事業之利潤限制

鼠籠式旋轉子磁動力之分析

蒲河閘壩工程施工之經過

電話電纜平均之原理及其實施

中國工程師學會發行

商務印書館香港分館總經售

RCA 眞空管供應全球通訊

安全雖爲商業與軍事飛航最重要之問題尤推無線電儀器爲主幹眞空管是其靈魂 RCA 眞空管爲最優良者 RCA 廠所出之眞空管爲無線電界服務已超過三萬萬有奇下列各項無線電用品優點特著

▲環球通訊網
▲軍警電機
▲廣播電台
▲電遞字機
▲收音機器
▲電影傳眞
▲航海電訊
▲業餘電訊
▲航空電訊
▲有聲電影機

亞爾西愛勝利公司遠東分行
香港華人行九樓

RCA MANUFACTURING CO. INC
FAR EAST BRANCH
China Building
Hong Kong

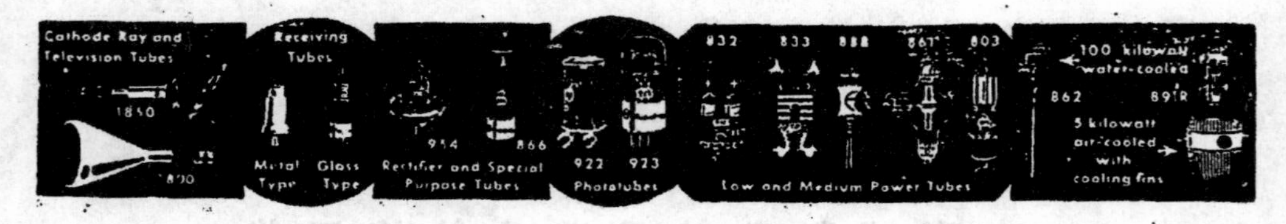

B.I.

FOR POWER DISTRIBUTION
FOR OVERHEAD TRANSMISSION
FOR HOUSE WIRING

BRITISH INSULATED CABLES LTD.

List of B. I. Products	B. I. 出品一覽
Commutator Bars	換向條
Double & Single Braided & Bare Aerial Cables	風雨綫及光銅綫
Dynamo Wires, Enamelled Cotton Covered, etc.	各類漆包紗包及絲包銅綫
Flexible Wire	軟花綫
Fuse Wire	保險絲
House Service Meters	電度表
Insulating Materials of All Kinds	絕緣材料
Insulators	絕緣器
Lead Covered Wire	鉛包綫
Paper Insulated Power Cables	電力輸電纜
Radio Condensers	無線電用儲電器
Switch & Fuse Boxes	鐵盒開關及保險盒
Telephone Cables	電話輸電纜
Tough Rubber Sheathed Wire	硬膠皮綫
Vulcanised India Rubber Wire	普通膠皮綫
Welding Machines & Equipment	電焊機及電焊用具

SOLE AGENTS
SOUTH CHINA & HONGKONG
ARNHOLD & COMPANY LTD.
HONGKONG & KUNMING

獨家經理　安利洋行
香港皇后大道中九號

THE *New* **Firestone**

HIGH SPEED TYRE

FOR TRUCKS *and* BUSES

GREAT ASIA CO.,

Distributors for Hong Kong & China,

360 Lockhart Road, 1st Floor,

Hong Kong, Tel. 22790

▲總經理▼ 廣亞行

香港駱克道三六〇號弍樓

電話弍二七九〇

<u>改良</u>舒式

華文打字機

提高文件繕寫的效率　配合現代事業的需要

本機爲華文打字之利器，積二十餘年之製造經驗，與多人心力之幾度改良，其使用之便捷，已入於理想境地，歷經政府獎勵，各界倡用，在國際上亦獲得盛大之榮譽。科學的事務管理近方盛行於我國社會，本機實爲新式辦公室中必不可缺之工具。本機之一般優長，已爲各界所習知，茲特將最新改良式出品之改良諸點略述於次：

滾筒放長　打字橡皮滾筒增長至 35·5 公分，能適用於37公分以內之信紙及公文契約紙，較普通西文打字機適用之紙幅，加寬至 10 公分以上。

字距調整　加裝字距調整器，大格適用於中文，小格適用於西文，打字時可以任意調整。因此，本機除能打中文直行橫行外，並能繕打中西文彙有之文稿。

供墨新創　爲增加複寫效率起見，廢除原有之色帶，改用墨水球供墨。字粒着墨後，直接與紙面接觸，毫無隔膜，故同時複印十餘份，而字仍明晰。

錛合金字　本機容納之字粒，總計五千七百有餘，一律改用錛合金鑄成，俗稱鋼字。其硬度遠過於普通鉛字，不僅便於複印，且能久用不損。

說明書備索

商務印書館創製

*[H] F8-29:7

NOW GREATER SAFETY—FAR LONGER MILEAGE

FOR TRUCKS AND BUSES

IMPROVED 5 WAYS

NO EXTRA COST!

If you're looking for ways to cut your tyre costs to a minimum — fit Goodyear Giants — *now further improved.*

—LOW STRETCH SUPERTWIST CORD
—MULTIPLE COMPOUNDING
—DOUBLE BREAKER STRIPS
—DUAL BEADS
—WAVELESS FABRIC

Yes, 5 big, important improvements — at no extra cost. And here's what they mean:

— Amazingly long, trouble-free mileage — Far longer tread wear — Greater resistance to speed heat, road shocks, abuse — Extra safety from bursts and punctures — Extra protection for driver, passengers, loads, equipment — Protection against costly delays, repairs, idle trucks, broken schedules.

CALL US

See these better giants. Have us explain the 5 big, new improvements—show how they will cut your costs—increase your profits.

GOODYEAR GIANTS

6-39-6

SOLE DISTRIBUTOR
For China & Hongkong

UNIVERSAL SALES (CHINA) INC.

Shanghai Office
51 Canton Road

Hongkong Office
36 French Bank Building

中國工程師學會會刊

工程

總編輯　沈　怡

副總編輯　張延祥

第十三卷第五號目錄

第八屆昆明年會論文專號

論　著：孫　拯　戰後中國工業政策……1

論　文：王龍甫　長方薄板撓皺之研究及其應用於鋼板梁設計……5

莊前鼎，王守融　連桿與活塞之運動及惰性效應……27

尹國墉　論電氣事業之利潤限制……49

鍾士模　鼠籠式旋轉子磁動力之分析……53

邢丕緒　灞河閘壩工程施工之經過……61

顧毅同　電話電纜平均之原理及其實施……65

工程新聞：天廚味精港廠酸碱工場概況……95

附　載：沈　怡　全國水利建設綱領草案……99

中國工程師學會發行

8653

商務印書館出版

工業·工程新書

中國的手工業(文史叢書)

高叔康著　1册　定價 .45元

首先說明手工業的意義和種類,次述中國各地手工業的概況及手工業在國民經濟上的地位,最後討論改良手工業的技術問題,金融問題,與合作組織問題,生產統制問題等,所舉方法均切實可行。

電機工程名詞(普通部)

國立編譯館編訂　1册　定價2.50元

本編所載,係屬電工名詞之普通部份,經於二十六年三月由教育部公布。凡關於電機工程各門所通用之名詞均在其列;至於他科名詞而在電機工程中常須徵引者,亦多列入。末附中西文名詞對照表。

電氣事業行政業務法規

國民政府經濟部編　1册　定價 .50元

是編包含民營公用事業監督條例,電氣事業條例,電氣事業註册規則,電氣事業取締規則,……等關於電氣事業法規七種,均爲民國二十二年至二十六間所公佈者。

有聲電影

蔡任尹著　1册　定價2.80元
特價8折　30年2月12日止

此書將有聲電影之原理及歷史,分別敍述。在縱的方面,自其發軔以至成功之過程;在橫的方面,自各項製片零件以至整個組織,皆闡發詳盡。

都市給水學

陳良士著　2册　定價4.00元

本書就著者在大學授課之講義,復參考美國斯科名著多種,擴充改編而成,對於工程原理,工程設計,及其最近之進展,無不詳敍。全書分二編:第一編論水質與水量,凡水源之選擇,水量之估算,水質之化驗等均屬之。第二編論水廠設計,凡取集工程,淨化工程,配運工程等均屬之;並論及給水事業之管理與財政之籌畫。

現代汽車業概況

何乃民著　1册　定價2.80元

全書包含四卷,都三十三章。第一卷論汽車工業,詳述英法美俄諸國的汽車工廠,汽車與其他工業的關係,暨今後汽車業的新趨勢。第二卷論汽車交通,注重歐美各大城市與鄉間之汽車運輸業狀況,並述及汽車交通之組織與管理。第三卷檢討與汽車有關各項問題,如汽車燃料,汽車教育,汽車保險,汽車展覽,汽車協會等。第四卷爲附錄,計收集關於汽車上的統計及其他參考資料二十八種。

工業化學分析法上册

曾瑞麟編著　1册　定價1.80元

本書包含日常用品,如肥皂、水、植物油、機器油、人造肥料、牛乳、酒精、鋼鐵、衣料、礦石、油漆、及各種食物等質之分析。所載一切實驗手續、設備、及裝置,均屬簡而易舉。每種試驗之後,列有計算法及評論等,申述試驗之可能錯誤及其預防方法。

陰丹士林染棉法(工學小叢書)

周天民編　1册　定價 .80元

內容凡十二章,凡陰丹士林之性狀,製法,染色用水及藥劑,染前之準備,手工及機械染法,染後整理,染用機械,堅牢度試驗,染色失敗之原因等,無不根據學理與實驗,詳加闡述。

膠接劑製造法(實用工藝叢書)

古橋滿三郎著　沐賓香譯　1册　定價 .70元

凡動物性的膠接劑如乾酪素膠、皮膠;植物性的膠接劑如澱粉、糊精、樹膠等,本書均述其性狀與製法;最後略述現代工業上所常用的膠接劑如甘油及水玻璃等。

*[H]O620(3)-29:11

六 三效碱液提濃器

七 鹽酸吸收部

八 碱液去鹽器

九 鹽酸合成爐

蒲河閘壩施工情形

甲 初開工時修築擋水壩及清底

乙 工程進行中閘牆砌竣裝置閘門

丙 完工後通航

天廚味精廠港廠酸碱部各階段景象

一 酸 碱 工 場 全 景

二 變 流 機 室

三 鹽 液 提 净 室

四 電 解 室

五 尾 氣 吸 收 室

戰後中國工業政策

孫　拯

孫拯先生爲國內有數經濟學者，現任資源委員會經濟研究室主任。此文係應本會昆明分會座談會之特約而作，內容精滿，足供參考。　編者附誌

戰後工業政策問題範圍甚廣，如(一)戰後工業衰落之救濟問題，(二)殘破工業之復興問題，(三)國營民營事業之範圍及方針問題，(四)輕重工業着重之程度與其先後問題，(五)戰後工業之調整分佈及其與一般經濟發展之聯絡問題，(六)戰後工業在行政方面及事業方面之組織及機構問題，皆爲研究政策者之所不可不注意者。惟此項工業共同問題歸納之範圍，則分爲四類，其中政策一類，尤注重(一)勞資協調問題，(二)工業領袖及人才問題，(三)新興工業之濫設與粗製濫造之防止問題，(四)農礦工業之密切聯絡與調和的發展問題，研究範圍自應以此爲主，徒以戰後工業政策似有一貫性，與其就以上問題分別討論，毋寧懸想戰後之形勢而爲較整個的籌劃，其個別問題亦卽附於其中，特加注意，或較適宜。

(一)論戰後工業政策問題，不能不懸想戰事終了之局勢，戰事之結束，可或爲停戰性質，苟安一時，雙方仍時存戒備之心，或爲較可長期相安之性質，在相當期間內可以休養生聚。鄙見以爲應認明之第一點，卽以中國之經濟狀況，决難容休戰式之結束，假定我國對淪陷區域作相當政治上或經濟上之讓步得停戰式之媾和，而仍須時時防侵略之再起，則國家一方面仍須維持龐大之軍隊，同時又須佈置國際交通與國防工業，財政經濟上之負擔，殆幾與戰時無異，而所謂戰後工業政策，亦卽不外純注重後方國防軍需工業之建設，以爾時國家有限之資源與經濟能力，勢必異常竭蹶。對方之經濟固亦相當疲敝，然其實力及已有之基礎，究遠勝於我，爲國防準備之競爭，我必處於劣勢，而民生經濟之發展，幾無餘力，斯則國貧民敝，必有不能自支之一日，南宋往事，不難再見。我當局屢屢聲明無中途妥協之餘地者，蓋非獨由政治眼光上爲然，由經濟之眼光亦莫不然。故懸想戰後工業之局勢不能不假想有相當期間之平和，否則除繼續備戰施行戰時經濟制度外，其他無從討論，以下所述，皆以此爲出發點。

(二)戰後有兩種經濟現象勢必發生，其一爲軍需工業之衰落，其二爲一部份消費工業之急速恢復與其中間之頓挫，此徵諸歷來之戰事而皆驗者。應付此種經濟之局面，自歐戰以來，各國已積有相當經驗，大體須在財政金融等方面，施一種調劑之策，務使社會購買力及物價不致生急劇之變化，此雖爲一般經濟政策而非僅工業政策，但工業政策亦卽包括其內，如對於後方及軍需工業如何維持，對於因戰時消費不足久受抑壓而勃興之消費工業（當以淪陷區爲多）如何限制，均應在計劃之內，此種統制自可利用企業許可制，及捐稅運費，進出口（原料及製品）限制，補助金等辦法，同時國內金融勢力現已相當集中，藉金融之統制以調節人民之投資，亦爲可行之道，在原擬工業組問題中，亦慮有戰後新興工業將如雨後春筍不相爲謀之現象及出品粗製濫造之危險，此種顧慮，在戰後似尤以消費工業方面爲多。防止

濫設，或可酌用上述辦法，至於防止粗製濫造之效力，似視貨品之種類及銷路而異，關係出口品者，政府自可倣多數國家之例，並推廣現有制度，設置檢驗機關嚴加考核，不及標準之品絕對禁止輸出，以維持對外信用，同種內銷品亦卽可連帶獲益，其純銷國內者，在大規模而可標準化之品，容檢查較易，至一般消費品，則不獨稽核困難，且各種品質乃以應各階級不同之需要，除以競爭淘汰外，似難有有效之普遍監督方法。

(三)戰後之勞資問題，亦與當時之局勢有密切之關係，假定戰後經濟無平穩安定之策，而於短期繁榮之後又墮於衰落之深淵，則失業問題，工資減低問題，皆將發生，必釀成社會上嚴重之局勢。尤其軍需交通等事業之工人戰時收入甚豐，一旦發生反動，其影響尤大。彼時政府自可延長戰時制度，對勞資爭議加以限制，然事實所在，恐非徒託法律所能解決，其最要者，似仍爲預籌一安定經濟之計劃，由種種方面，防戰後反動之影響，此種反動原不可免，然苟有應付之方，亦頗可減少其嚴重性。此爲戰後一般經濟問題應有一整個之策劃，不僅關係工業方面。似宜由經濟研究機關聯合技術機關，先爲大勢之研究，定基本之政策，然後分門別類，就每一重要事業，每一重要經濟方面，比較其戰前戰後情形，並懸想戰後之變化預設因應之計，再加以綜合，庶期易於致用。至於各地各業工人尤其失業工人之登記，自亦爲應付一般經濟局勢與勞資糾紛上所必需之準備材料，似宜在經濟部指導下由該部勞工科及各市政府社會局及各省建設廳等早作準備也。

(四)以上之研究，一方面在求戰後經濟之安定，防止其急劇變化，同時亦卽可策劃各經濟事業之平衡發展，嚴格的「計劃經濟」非統制消費生產貿易及分配，不易達到，在我國制度與環境之下，恐未易行，然體察供求之大勢，固有之資源與能力，與國防民生上之需要，設一循序進展及互助聯絡之經濟發展計劃，而大體依序前進（並隨時斟酌情勢加以變通），似尙非不可能。於是其問題有二，一爲計劃如何設定，二爲計劃如何執行。關於第一點，吾人以爲宜先有一最小限度之國防目標，然後一面顧及此目標，一面由民生方面着眼，分區分業研究，先有局部之計劃，再綜合而成整個之計劃。現在論戰後工業發展者，大都鑒於國家人民所罹之慘禍，力求國防及重工業爲重，更有謂卽置國防於不論，言工業發展之順序，亦應倣蘇俄之例，先重工業而後輕工業，然後工業化可以迅速者，其用意均堪嘉尙。然吾人不可不認識者卽：(一)中國尤其後方腹地，並無甚豐富之重工業資源，(二)發展重工業，至少在初期不能不予財政經濟以負擔，卽其形式或爲國庫之損失，或爲售價之高昂，而加其他經濟部門以擔負，尤其在現在各國重工業均應注重之時，不能不預期有激烈之競爭，(三)目前中國民力究屬有限。個人之意，對於國防及重工業自應重視，惟如假定本文第一節之條件（卽平和可望有相當之時期）具備，則戰後之建設，似不必全注重於重工業，而對於輸出及民生工業，不能不相當培養，以厚人民負擔之力。惟同時懲前毖後，對於國防經濟不能不有相當之籌劃。其籌劃爲何？卽在後方區域內不能不預籌國防工業與其他經濟方面之自足。於是可作區域的研究，假定以武漢爲中心，或以重慶爲中心，或以晉、陝間之某地爲中心，就區域之資源，籌劃國防工業之最小需要量與最大可能量，而立一建設之計劃，其他經濟方面如農礦等，亦應同時設計，以期聯絡。同時，吾人亦可離開純國防之眼光，而籌劃此等區域與其他區域之適宜的經濟發展計劃，此爲一種區域的研究。各區域之計劃自宜求互相聯貫。於是可同時更作分業之研究，例如對棉業、煤業、其他重要工礦業、主要農產、以及金融、交通、水利等等作全國分業的研究。綜地域的與分業的研究之結果，再設一綜合發展之計劃，期顧及國防上之需要，而同時注意國民經濟能力之發展，因國防最終之防線仍不外乎民力也。至於(一)國防工業之已經舉辦不能不加維持者，(二)其經濟上可以立足且與一般經濟之發展有聯絡之關係者，或(三)其本身雖未必經濟，而在計劃之一環上有相當之用，賴其他事業之力可以相當維繫者，則均不妨進行，此關於計劃者也。

至於計劃之推動，自須先有健全及強有力之政府，而同時有適宜之統制組織及人員，於是有政府之經濟機構問題，國營民營之範圍問題，民營事業之組織問題及推行政策之人員與其組織問題。凡此諸端，關係甚廣。玆不擬一一詳論，而僅簡具個人之意見。就世界之潮流與我國所奉之主義，中國自宜相當向國家資本主義發展，事實上亦必漸趨此途，當無疑義。惟以(一)我國目前政治之組織與風氣，均尙未適於完全領導經濟之發展，(二)國營事業之制度（包括地位之獨立，財政之相當自主，會計制度之改進，人員之培養與地位之保障，運用之自由而同時輔以有效之監督）至今尙未健全，(三)國內私人資本日益發展，尤以金融資本勢力發展甚盛，(四)至少就目前政治狀況與國際環境觀測政府甚難對於私人資本爲充分有效之統制，因以上諸端戰後經濟之發展，或不免由國家資本勢力與金融資本勢力殊途或聯絡併進，金融機關固以政府有關之銀行占主要勢力。然(一)在目前及此後幣值跌落與商工利益增厚之過程中，政府銀行以外銀行之勢力或將相當膨脹，(二)兩者之精神究不甚相同，立脚點亦不相同。故由政府觀點言，戰後欲行有效之經濟統制，除其他設施外，應以如何增厚政府在金融方面之勢力爲主眼。由國民眼光言（如本會之類）則宜注意如何聯絡政府方面與金融機關方面之設計者，使有共同之國是與共認之經濟發展計劃，殊途併進，庶於計劃之推進，不無裨益。

惟政府資本與金融之資本自可爲經濟上重要動力，欲謀經濟上之調和的與平衡的發展，此種統制猶嫌不足。蓋農工礦各業仍不免過於散漫，且戰後中、日經濟之競爭仍不可免，日本各事業，歷來本已相當集中於少數財閥之手，自此次戰爭以後益趨組織化，中國此後欲爲經濟上之對抗，亦非行各事業之組織化不可。所謂組織化者，決非同業公會之類之組織所能生效，亦非行資本之集中化不可。主要工商業等如棉紗、煤業、電業、麵粉、捲烟、火柴、洋灰、航運之類，其資本勢力原亦相當集中，惟精神殊爲散漫，宜以國家資本或金融資本或其他雄厚之私本，助其伸入，得事實上之優勢，則各業之統制卽較爲簡易，而平衡之發展計劃，亦較易於實施。同時同業公會等之組織自亦不可少，惟較現在制度更宜求其強化。此種集中資本之辦法，在初期或爲對於私人資本之讓步，其結果必爲加強國家之統制無可疑也。

(五)任何經濟計劃之推進，除機構之外，必須有適當之人才，所謂人才者，可分兩方面，其一爲人的團體，其二爲個人之人才。個人以爲人才之產生，最重要者，基於兩種條件，其一爲時勢之需要，其二爲社會之風氣。中國歷來政治未入正軌。國營事業大半爲獨占性質亦不以效率爲重，不能養成人才，民間資本復因國家財政之未健全，金融資本多爲國債所吸收，利益優厚未能用之於實業之發展，以致民營事業之規模宏大者，殊不多覯，其經營方式，又往往承已往之情勢，未能澈底刷新，而經濟行政之不健全，又助長不正之競爭妨礙健全實業之發展。在此情形之下，領袖人才之無由表現，技術經濟之不能並重，固爲應有之現象，在抗戰稍前，形勢已有改進，較大之事業如大銀行及少數大工廠，雖風氣未甚質樸，精神未甚淬勵，然對於人才之登用，事業之組織，工作之規劃，固已頗有進步，抗戰之後，時勢之需要固無待言，風氣之丕變亦意中事，將來自能日臻進步。至於提攜培養之方，似不外(一)由事業本身養成，(二)在教育方面注意，現在較大之事業，組織規模，雖已粗具，然較之國外事業尙爲遠遜，無可諱言，在初期大規模之事業，而國內缺少經驗者，似不妨藉才異國，或由國內有經驗人士前往國外悉心研究，不獨技術方面而巳，凡組織及事務等細微方面，皆宜力求改進，並多訓練培植人才，則不獨事業本身可獲其益，並可逐漸傳播至於其他事業及社會之其他方面。教育方面，其高級者或宜倣美國哈佛大學等之制，設立工商經營研究院，由大學畢業(工科或經濟科)或巳在工商界積有經驗之人士入內研究更求深造，目前師資或不易求，然如能集中人才，初期取精約主義，並稍藉才異國，當亦可樹相當基礎，且此事如國內有相當負責熱心人士切實提倡，當亦易得外人之助。此外各大學之商學院，宜先擇少數加以改良，並倣歐洲及日本之制，酌設商工專門學校，皆宜取精約主義，愼之於始，要之，風氣一經轉移，則應運而生之教育機關當亦不患不蠭起雲湧。欲防人才粗製濫造之弊，宜先集注精力於少數有望之教育機關培其基礎。又就人才而論，政治與實業亦相爲表裏，從前政治未入軌道，仕宦往往爲求財捷徑，不獨吸收一部份實業上有用之人才，抑且風氣不純由政治而影響於實業，故政治之風氣之變化與實業人才之養成，亦有重要關係也。

以上所論，多爲個人之人才問題，大部份可以自然解決，研究國家經濟建設前途所特可注重者，尤爲有無適於推動之團體之問題，經濟計劃之推動，固有賴於政府機關之組織，而其背後（尤在初期）尤貴有堅貞不拔之團體，以往私人資本主義經濟之推動，多賴少數大企業家之私人的團體爲主動力，最近國家資本主義經濟之推動，如俄、如義、如德、則莫不賴政黨之勢力推動。中國經濟欲爲有計劃的發展，亦必有其推動之力，有高尙理想智識與強毅之政治團體，自最爲相宜，否則或將如日本之初期由少數財閥與政治勢力相連結，爲開明的有計劃的半私人資本主義的發展，而逐漸以國家資本主義爲其嬗代，故言國家經濟建設問題，不能不涉及政治問題，而有技術學理之知識經驗者之參加政治或亦非得已也。

長方薄板撓皺(Buckling)之研究及其應用於鋼鈑梁設計

王 龍 甫

第一節 引言

過去與現在，鋼鈑梁設計，腹鈑 (Web) 之厚度，筋角(Stiffener)之大小與間隔，大都採用各規範書中公式求之。此種公式，或得之經驗或由於簡單假定。 S. Timoshenko 氏曾以薄板撓皺(Buckling) 理論，研究鋼鈑梁腹鈑。[1] 但他之研究，假定鈑之四邊爲簡支。在實際情形，上下兩翼緣 (Flange) 在垂直於腹鈑之方向，剛性(Rigidity)甚大，不易彎曲。故腹鈑之兩縱邊可作爲裝固 (Fixed)，而不是簡支 (Simply supported)。兩縱邊爲簡支之假定，不甚切合事實，其結果必致估低腹鈑抵抗撓皺之能力。

要得此問題更好之解決， Timoshenko 氏曾建議，必須先有長方薄板邊緣裝固 (Fixed edges)之撓皺理論。[1] Southwell 與 Skan 曾研究邊緣裝固無窮長度之板，邊緣受有均佈剪力。[4] Maulbetsh 曾有邊緣裝固之長方板，受有壓力之研究。[2]

此篇研究兩邊裝固兩邊簡支之長方薄板，受有剪力或壓力，並及板之附有筋角 (Stiffener) 者之臨界應力(Critical stress)。以理論研究數學推演之結果，應用於鋼鈑梁之設計。

此篇用能量方法(Energy method)。此法爲 Rayleigh 研究振動(Vibration) 問題所演進， Timoshenko 氏常用此法研究彈性穩度(Elastic stability)。此篇照 Timoshenko 氏研究步驟。

第二節 撓皺(Buckling) 時板面之偏撓度

薄板之四邊受外力時，其皺曲面之偏撓度，可用雙層級數(Double series)表示之如下：

$$w=\sum_m\sum_n A_{mn}\psi_m(x)\phi_n(y) \tag{1}$$

式(1)中 $\psi_m(x)$ 與 $\phi_n(y)$ 二函數各自變，不相關連 Independent)。此 w 之雙層級數，必須適合其邊界條件(Boundary conditions)，並能代表其實在皺曲情形。

此篇研究之薄板如圖(一)，沿 $y=0$ 及 $y=b$ 兩邊裝固，沿 $x=0$ 及 $x=a$ 兩邊簡支。

附註一 此篇爲在美時所作論文，今將原稿稍爲節略，譯成中文。

附註二 [ ]括弧內數字，見篇後參考書目。

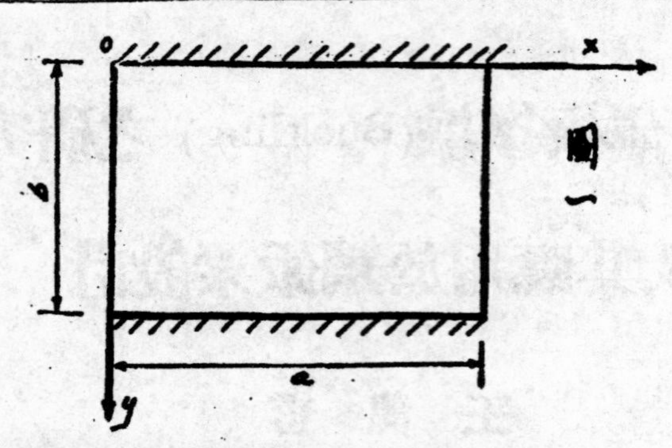

沿裝固邊之邊界條件(Boundary conditions)爲：

(甲)偏撓度等於零，就是：

在 $y=0$ 及 $y=b$ 兩邊，$w=0$。

(乙)皺曲面之斜度等於零，就是：

在 $y=0$ 及 $y=b$ 兩邊，$\frac{\partial w}{\partial y}=0$。

沿簡支邊之邊界條件爲：

(丙)偏撓度等於零，就是：

在 $x=0$ 及 $x=a$ 兩邊，$w=0$。

(丁)沿邊力矩(Moment)等於零，就是：

在 $x=0$ 及 $x=a$ 兩邊，$M=\left(\frac{\partial^2 w}{\partial y^2}\right)+v\frac{\partial^2 w}{\partial x^2}\Big)=0$

板面在 x- 方向之偏撓度，可用正絃(Sine)曲線代表之，

$$\psi_m(x)=\sin\frac{m\pi x}{a} \tag{2}$$

上式中 m 是正號整數(Positive integer)，如 $m=1，2，3，\cdots\cdots$，其曲線如圖(二)。

圖二

板面在 y-方向之偏撓度，可假定如一棒，兩端裝固，在振動 (Vibration) 時之正方式(Normal mode)(見附錄甲)如下：

$$\phi_n(y)=\frac{Q_n}{\cosh K_n b}\Big[(\cos K_n b-\cosh K_n b)(\cos K_n y-\cosh K_n y)+(\sin K_n b+\sinh K_n b)(\sin K_n y-\sinh K_n y)\Big] \tag{3}$$

上式中 n 是正號整數，如 $n=1，2，3，\cdots\cdots$，其曲線如圖(三)。

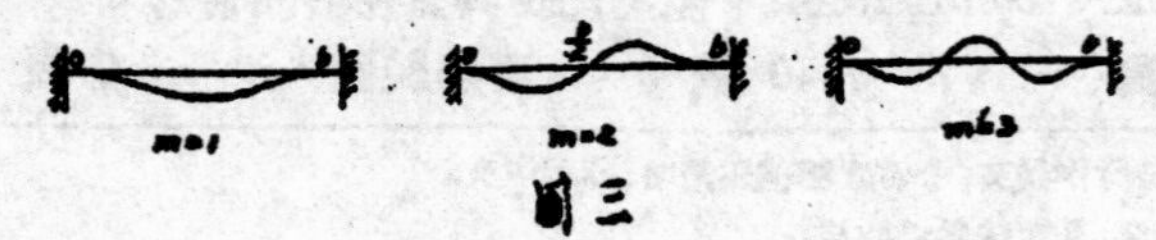

圖三

8662

拶皺時板面之偏撓度，可將式(1)及(2)合成下式：

$$w=\sum_m\sum_n A_{mn}\frac{1}{\cosh K_nb}\Big[(\cos K_nb-\cosh K_nb)(\cos K_ny-\cosh K_ny)+$$

$$(\sin K_nb+\sinh K_nb)(\sin K_ny-\sinh K_ny)\Big]\sin\frac{m\pi x}{a} \tag{4}$$

上式能適合各邊界條件，惟須有下列關係(詳見附錄甲)：

$$\cos K_nb\cosh K_nb=1 \tag{5}$$

第三節　薄板彎曲時之位能 (Potential Energy)

薄板彎曲時之位能，包含 w 項之式如下：[3]

$$V_p=\frac{D}{2}\iint\Big\{\Big(\frac{\partial^2w}{\partial x^2}+\frac{\partial^2w}{\partial y^2}\Big)^2-2(1-v)\Big[\frac{\partial^2w}{\partial x^2}\frac{\partial^2w}{\partial y^2}-\Big(\frac{\partial^2w}{\partial x\partial y}\Big)^2\Big]\Big\}dxdy \tag{1}$$

式(1) 中 $2(1-v)\Big[\frac{\partial^2w}{\partial x^2}\frac{\partial^2w}{\partial y^2}-\Big(\frac{\partial^2w}{\partial x\partial y}\Big)^2\Big]$一項，在求積分時，自會消滅，[4]不可列入，則得下式：

$$V_p=\frac{1}{2}D\iint\Big(\frac{\partial^2w}{\partial x^2}+\frac{\partial^2w}{\partial y^2}\Big)^2dxdy$$

$$=\frac{1}{2}D\iint\Big(\frac{\partial^2w}{\partial x^2}\Big)^2dxdy+\frac{1}{2}D\iint\Big(\frac{\partial^2w}{\partial y^2}\Big)dxdy+D\iint\Big(\frac{\partial^2w}{dx^2}\frac{\partial^2w}{dy^2}\Big)dxdy$$

$$=I_1+I_2+I_3 \tag{2}$$

上式中　$I_1=\frac{1}{2}D\iint\Big(\frac{\partial^2w}{\partial x^2}\Big)^2dxdy$

$I_2=\frac{1}{2}D\iint\Big(\frac{\partial^2w}{\partial y^2}\Big)^2dxdy$　　　　$I_3=D\iint\Big(\frac{\partial^2w}{\partial x^2}\frac{\partial^2w}{\partial y^2}\Big)dxdy$

板之皺曲面，已於第二節說明可用下式代表之：

$$w=\sum_m\sum_n A_{mn}\frac{1}{\cosh K_nb}\Big[(\cos K_nb-\cosh K_nb)(\cos K_ny-\cosh K_ny)+$$

$$(\sin K_nb+\sinh K_nb)(\sin K_ny-\sinh K_ny)\Big]\sin\frac{m\pi x}{a} \tag{3}$$

上式包含 $\psi(x)$與 $\phi(y)$二函數，或可寫成：

$$w=\sum_m\sum_n A_{mn}\psi_m\phi_n$$

因 x 與 y 各自變，不相關連，在求微分或積分時，可分別處理之，求微分得

$$\frac{\partial^2w}{\partial x^2}=\sum_m\sum_n A_{mn}\psi''_m\phi_n$$

$$\frac{\partial^2w}{\partial y^2}=\sum_m\sum_n A_{mn}\psi_m\phi''_n$$

上式中　$\psi''_m=\dfrac{d^2\psi_m}{dx^2}$　　$\phi''_n=\dfrac{d^2\phi_n}{dx^2}$

式(2)中每一雙層重積分式(Double integration)，是兩個積分式之積，其一是對於 x，其二是對於 y，可分別求之。

在求積分前，先研究 $\psi(x)$與 $\phi(y)$兩函數之性質，ψ 與 ψ'' 是正絃函數，當爲正交函數(Orthogonal function)。ϕ 與 ϕ'' 亦可證明爲正交函數(詳見附錄乙)。所以

$$\int_0^a \psi_m\,\psi_p\,dx=0 \qquad 若\ m\neq p$$

$$\int_0^a \psi''_m\,\psi''_p\,dx=0 \qquad 若\ \ "$$

$$\int_0^b \phi_n\,\phi_q\,dy=0 \qquad 若\ n\neq q$$

$$\int_0^b \phi''_n\,\phi''_q\,dy=0 \qquad 若\ \ "$$

因上述理由，在積分式 I_1 與 I_2 中，

$$I_1=\frac{D}{2}\iint\Big(\sum_m\sum_n A_{mn}\,\psi''_m\,\phi_n\Big)^2 dxdy$$

$$I_2=\frac{D}{2}\iint\Big(\sum_m\sum_n A_{mn}\,\psi_m\,\phi''_n\Big)^2 dxdy$$

僅求乘方項之積分，就是當 $m=p$ 與 $n=q$ 時求之。

積分式 I_3 則是兩個不同雙層級數之積之積分。

$$I_3=\int_0^a\int_0^b\Big(\sum_m\sum_n A_{mn}\,\psi''_m\,\phi_n\Big)\Big(\sum_p\sum_q A_{pq}\,\psi_p\,\phi''_q\Big)dxdy$$

因 ψ''_m 與 ψ_p 在上式內，都是正絃函數，

$$\int_0^a \psi''_m\,\psi_p\,dx=0 \qquad 若\ m\neq p$$

所以僅是 $m=p$ 時，積分式 I_3 有解答。但須考慮其他二情形，就是當 $n=q$ 與 $n\neq q$。積分式 I_3 亦有解答。

$$I_1=\frac{D}{2}\int_0^a\int_0^b\Big(\frac{\partial^2 w}{\partial x^2}\Big)^2 dxdy=\frac{D}{2}\sum_m\sum_n A^2_{mn}\,\phi_1(n)\Big(\frac{m\pi}{a}\Big)^4\frac{a}{2} \tag{5}$$

$$I_2=\frac{D}{2}\int_0^a\int_0^b\Big(\frac{\partial^2 w}{\partial y^2}\Big)^2 dxdy=\frac{D}{2}\sum_m\sum_n A^2_{mn}\,\phi_2(n)\frac{a}{2} \tag{6}$$

$$若\ n=q，I_3=D\int_0^a\int_0^b\Big(\frac{\partial^2 w}{\partial x^2}\,\frac{\partial^2 w}{\partial y^2}\Big)dxdy=D\sum_m\sum_n A^2_{mn}\,\phi_3(n)\Big(\frac{m\pi}{a}\Big)^2\frac{a}{2} \tag{7}$$

$$若\ n\neq q，I_3=D\int_0^a\int_0^b\Big(\frac{\partial^2 w}{\partial x^2}\,\frac{\partial^2 w}{\partial y^2}\Big)dxdy=\int_0^a\int_0^b\Big(\sum_m\sum_n\sum_p\sum_q A_{mn}\,A_{pq}\,\psi''_m\,\psi_p\,\phi_n\,\phi''_q\Big)dxdy \tag{8}$$

用分部求積分法(Integration by parts)及注意其邊界條件，可證下式：

$$\int_0^b \phi_n \phi''_q dy = \int_0^b \phi_q \phi''_n dy = \phi_3(nq)$$

從上式可知下指標 (Subscripts) 對調仍相等，求式(8)積分後，如兩項 (Terms) 之有常數 $A_{mn} A_{pq}$ 與 $A_{pq} A_{mn}$ 者，作爲一項，則得

$$I_3 = 2 \times D \sum_m \sum_n \sum_q A_{mn} A_{mq} \phi_3(n, q) \left(\frac{m\pi}{a}\right)^2 \frac{a}{2} \tag{9}$$

式(5)，(6)，(7)，(9)中之 $\phi_1(n)$，$\phi_2(n)$，$\phi_3(n)$ 與 $\phi_3(n, q)$，均是代表從各 y 函數所求得之積分(因式長，未列出)

從式(5)，(6)，(7)，(9)得 V_p 之式如下：

$$V_p = \frac{D}{2} \sum_m \sum_n \left(\frac{m\pi}{a}\right)^4 \frac{a}{2} \left\{ A^2_{mn} \left[\phi_1(n) + \left(\frac{a}{m\pi}\right)^4 \phi_2(n) + 2\left(\frac{a}{m\pi}\right)^2 \phi_3(n) \right] + \sum_q 4 A_{mn} A_{mq} \left(\frac{a}{m\pi}\right)^2 \phi_3(n, q) \right\} \tag{10}$$

第四節　薄板四邊受剪力時之位能

薄板四邊受均佈剪力(Uniform shearing force)時，發生皺曲，其皺曲面可用雙層級數表示，已於第二節詳述之，板因受剪力而發生之位能如下式：[3]

$$V_s = -N_{xy} \int_0^a \int_0^b \left(\frac{\partial w}{\partial x} \frac{\partial w}{\partial y}\right) dx dy \qquad \text{(見圖四)} \tag{1}$$

N_{xy} 是每單位長(Unit length)之剪力，將 w 之式代入式(1)而求積分得：

$$V_s = -N_{xy} \sum_m \sum_n \sum_p \sum_q 2 A_{mn} A_{pq} \phi_4(n, q) \frac{2mp}{(p^2 - m^2)} \tag{2}$$

$(p \pm m)$odd.

上式內 $\phi_4(n, q)$代表從 y 函數所求得之積分，(因式長，未列出)。並考量下列關係：

$$\int_0^b \phi_n \phi'_q dy = \int_0^b \phi'_n \phi_q dy = \phi_4(n, q)$$

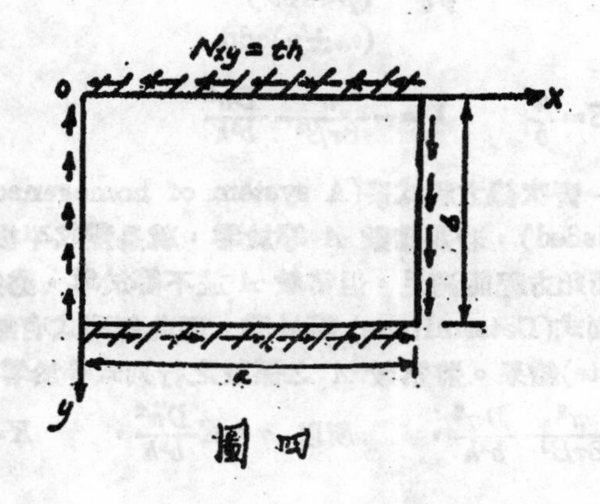

圖四

再視 $m=p$ 與 $n=q$ 兩情形，式(1)可寫成下式：

$$V_s=-N_{xy}\int_0^a\int_0^b\sum_m\sum_n\sum_p\sum_q A_{mn}A_{pq}(\psi'_m\psi_p\phi_n\phi'_q)\,dxdy \tag{3}$$

若 $n=q$，如注意其邊界條件，在 $y=0$ 及 $y=b$ 兩邊，$\phi=0$，可證明

$$\int_0^b\phi_n\phi'_q\,dy=\int_0^b\phi_n\phi'_n\,dy=\int_0^b\phi_n\frac{d\phi_n}{dy}dy=\int_0^b\frac{1}{2}\frac{d\phi_n^2}{dy}dy=\frac{1}{2}\Big[\phi_n^2\Big]_0^b=0$$

與上述同一理由，若 $m=p$，

$$\int_0^a\psi_m\frac{d\psi_m}{dx}dx=0$$

因此若 $m=p$ 或 $n=q$， $V_s=0$

第五節　臨界剪應力(Critical Shearing Stress)之計算

板在彎曲時之位能是 V_p（見第三節式 10），四邊剪力所作之功(見第四節式2)是 V_s。V_s 等於 V_p 時，板發生皺曲。由式 $V_s=V_p$，可得剪應力 τ 之式如下：

$$\tau=\frac{\frac{D}{2}\sum_m\sum_n\left(\frac{m\pi}{a}\right)^4\frac{a}{2}\left\{A^2_{mn}\left[\phi_1(n)+\left(\frac{a}{m\pi}\right)^4\phi_2(n)+2\left(\frac{a}{m\pi}\right)^2\phi_3(n)\right]+\sum_q 4A_{mn}A_{mq}\left(\frac{a}{m\pi}\right)^2\phi_3(n,q)\right\}}{4h\sum_m\sum_n\sum_p\sum_q A_{mn}A_{pq}\frac{mp}{(p^2-m^2)}\phi_4(n,q)} \tag{1}$$

$(m\pm p)$odd.

因求使板摺皺之最小剪應力，常數(Constants) A 必須調正使式(1)變成最小。法將式(1)對於常數 A_{mn} 之一階導式(First derivative)等於零，就是 $\frac{\partial\tau}{\partial A_{mn}}=0$，則得

$$\frac{\lambda}{b}m^4\left\{\left[\phi_1(n)+\left(\frac{a}{m\pi}\right)^4\phi_2(n)+2\left(\frac{a}{m\pi}\right)^2\phi_3(n)\right]A_{mn}+\sum_q 2A_{mq}\left(\frac{a}{m\pi}\right)^2\phi_3(n,q)\right\}$$
$$-\sum_p\sum_q A_{pq}\frac{mp}{(p^2-m^2)}\phi_4(n,q)=0 \tag{2}$$

$(m\pm p)$odd.

爲簡單計，上式中設 $\beta=\frac{a}{b}$ 　 $\lambda=-\frac{\pi^2}{8\tau\beta^3}\frac{D\pi^2}{b^2h}$

式(2)爲常數 A 之一齊次線方程式系(A system of homogeneous linear equation)。此方程式能使滿足 (Satisfied)，若將常數 A 等於零，就是變成平板，此非研究者之所要得之結果，要使板面皺曲而此方程能滿足，但常數 A 並不等於零，必須此方程式中常數 A 之係數(Coefficients)之行列式(Determinate) 等於零。因此行列式有無窮級，現在僅取有限項數以求近似(Approximate)結果。將常數 A 之係數之行列式等於零，即可得 λ 之值。

$$因\ \lambda=-\frac{\pi^2}{8\tau\beta^2}\frac{D\pi^2}{b^2h},\qquad 所以\ \tau=K\frac{D\pi^2}{b^2h},\qquad K=\frac{\pi^2}{8\beta^3\lambda} \tag{3}$$

表 (一)

K_1b	4.7300	40744	863	
$\sin K_1b$	-.99984	42116	506	
$\cos K_1b$	.01765	08478	221	
$\sinh K_1b$	56.645	67627	174	
$\cosh K_1b$	56.654	50238	315	
K_2b	7.8532	04624	096	
$\sin K_2b$	.99999	96981	278	
$\cos K_2b$	.77700	98004	596	$\times 10^{-3}$
$\sinh K_2b$	1286.9	84665	491	
$\cosh K_2b$	1286.9	85053	996	
K_3b	10.995	60783	800	
$\sin K_3b$	-.99999	99994	372	
$\cos K_3b$	.33550	43738	829	$\times 10^{-4}$
$\sinh K_3b$	29805.	87072	126	
$\cosh K_3b$	29805.	87078	804	

第三第四節中之 $\phi_1(n)$，$\phi_2(n)$，$\phi_3(n)$，$\phi_3(n，q)$與 $\phi_4(n，q)$之數值，可用表(一)中所列數值計算之，其計算結果，列於表(二)。

表 (二)

n	$\phi_1(n)$	$\phi_2(n)$	$\phi_3(n)$
1	0.999377 b	0.999377 bK_1^4	2.59933 K_1
2	0.999999 b	0.999999 bK_2^4	5.68386 K_2
3	1.000004 b	1.000018 bK_3^4	8.9948 K_3

n	q	$\phi_3(n，q)$	$\phi_4(n，q)$
1	2	0	-3.34053
2	1	0	+3.34053
1	3	$-9.72776\frac{1}{b}$	0
3	1	$-9.72776\frac{1}{b}$	0
2	3	0	-5.51607
3	2	0	+5.51607

若將式(2)寫出，含有 m，n，p，q 之各值，即見式 (2)方程式系可分成兩組，第一組 $(i+j)$ 成雙數，第二組 $(i+j)$ 成單數。$(i+j)$ 或是 $(m+n)$，或 $(m+q)$，或 $(p+n)$，或

$(p+q)$。係數之行列式成下列普通式(General form)：

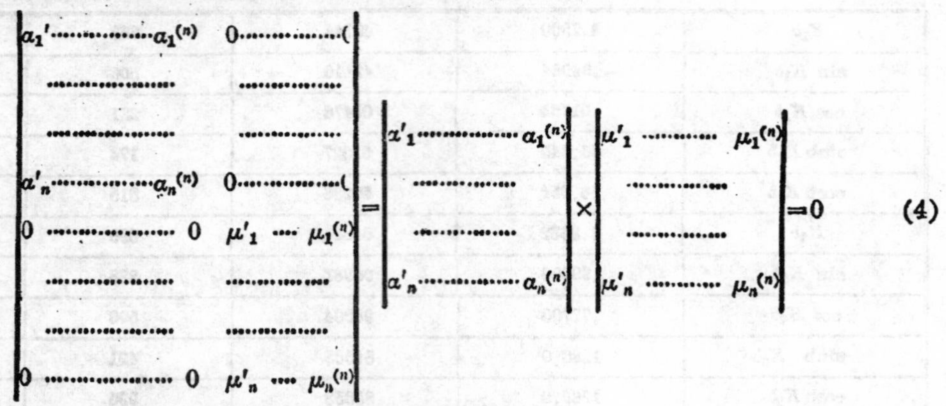

常數 A_{ij} 之係數之兩組行列式列於表(三)及表(四)

表 (三)

$(i+j)$成雙數之組

A_{11}	A_{22}	A_{33}	A_{13}	A_{31}	A_{42}
λs_{11}	2.227020	0	λt_{13}	0	0.890808
2.227020	λs_{22}	6.619284	−3.67738	−4.00864	0
0	6.619284	λs_{33}	0	λt_{31}	−9.45612
λt_{11}	−3.67738	0	λs_{13}	0	−1.470952
0	−4.00864	λt_{33}	0	λs_{31}	5 72662
0.890808	0	−9.45612	−1.470952	5.72662	λs_{42}

表 (四)

$(i+j)$成單數之組

A_{21}	A_{12}	A_{32}	A_{23}	A_{41}	A_{43}
λs_{21}	−2.22702	4.008646	λt_{23}	0	0
−2.22702	λs_{12}	0	3.67748	−0.890808	1.470952
4.008646	0	λs_{32}	−6.61928	−5.7266	9.45612
λt_{21}	3.67738	−6.61928	λs_{23}	0	0
0	−0.890808	−5.7266	0	λs_{41}	λt_{43}
0	1.470952	9.45612	0	λt_{41}	λs_{43}

上二表中　$s=\frac{m^4}{b}\left[\phi_1(n)+\left(\frac{a}{m\pi}\right)^4\phi_2(n)+2\left(\frac{a}{m\pi}\right)^2\phi_3(n)\right]$

$t=2m^4\frac{1}{b}\left[\frac{a}{m\pi}\right]^2\phi_3(n\cdot q)$

表中 s_{32} 即當 $m=3$，$n=2$ 時 s 之值，餘類推。

t_{21} 即當 $m=2$，$q=1$ 時 t 之值，餘類推。

將表(三)及表(四)之第五級行列式等於零，得 λ 之二個數值，再從式(3)得 K 之值，由計算得知，用第五級行列式，已能得準確結果，從表(三)及表(四)各得一個 K 之數值，取其數值之小者，列於表(五)。

表 (五)

K 之數值 $\left(\tau=K\dfrac{D\pi^2}{b^2h}\right)$

β	3	2.5	2	1.5	1.2	1.0
K	10.9	10.4	10.3	9.4	11.7	12.5
β	$\frac{5}{6}$	$\frac{2}{3}$	$\frac{1}{2}$	$\frac{2}{5}$	$\frac{1}{3}$	
K	13.9	17.4	26.3	39.6	56.9	

第六節　薄板兩邊受彎曲力時之形變能量 (Strain Energy)

薄板兩邊受彎曲力，當彎曲力達某種程度時，板即被撓皺。皺曲面之偏撓度，可用雙層級數代表之，詳見第二節。

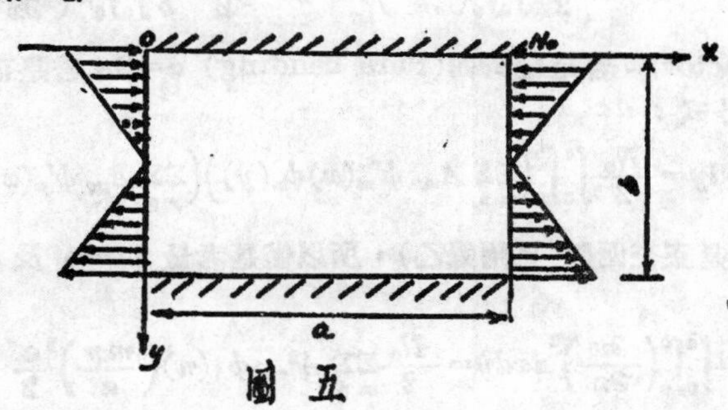

圖 五

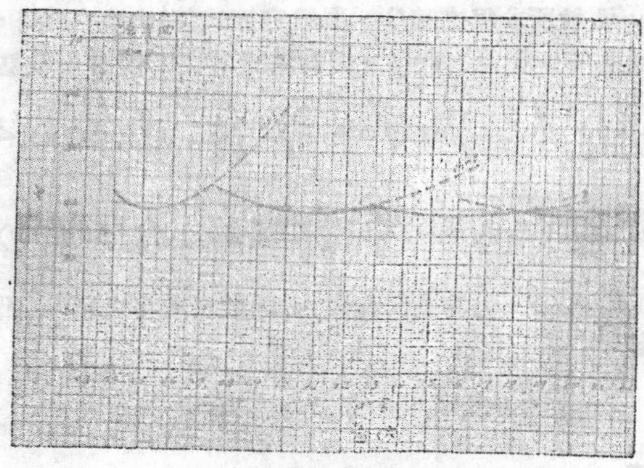

圖 六

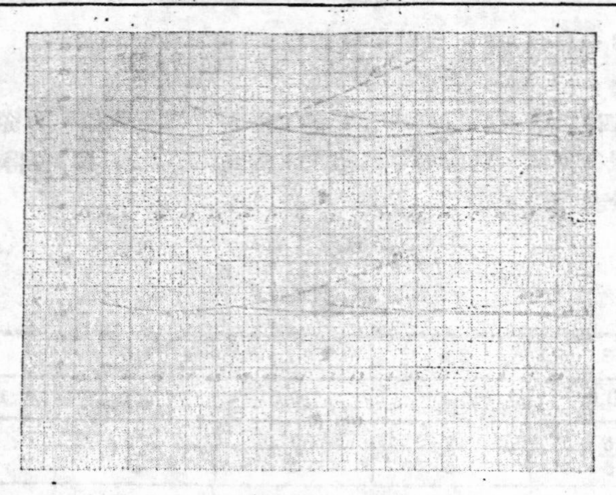

圖 七

板彎曲時之形變能量方程式如下：[3](Energy equation)

$$V_b=\frac{1}{2}\int_0^a\int_0^b N_0\left(1-\alpha\frac{y}{b}\right)\left(\frac{\partial w}{\partial x}\right)^2 dxdy$$

$$=\frac{N_0}{2}\int_0^a\int_0^b\left(\frac{\partial w}{\partial x}\right)^2 dxdy-\frac{N_0}{2}\frac{\alpha}{b}\int_0^a\int_0^b y\left(\frac{\partial w}{\partial x}\right)^2 dxdy \tag{1}$$

上式中 α 是一因數(Factor)。若是純彎曲(Pure bending) $\alpha=2$，若是正壓力，$\alpha=0$。

式(1)中之第一積分式：

$$\frac{N_0}{2}\int_0^a\int_0^b\left(\frac{\partial w}{\partial x}\right)^2 dxdy=\frac{N_0}{2}\int_0^a\int_0^b\left(\sum_m\sum_n A_{mn}\,\psi'_m(x)\phi_n(y)\right)\left(\sum_p\sum_q A_{pq}\,\psi'_p(x)\phi_q(y)\right)dxdy$$

因 x 與 y 之函數，均是正交函數(見附錄乙)，所以僅是考量 $m=p$ 及 $n=q$ 之情形，得下式：

$$\frac{N_0}{2}\int_0^a\int_0^b\left(\frac{\partial w}{\partial x}\right)^2 dxdy=\frac{N_0}{2}\sum_m\sum_n A^2_{mn}\,\phi_1(n)\left(\frac{m\pi}{a}\right)^2\frac{a}{2} \tag{2}$$

上式內 $\phi_1(n)$是代表從 y 函數所求得之積分，與第三節式(5)之$\phi_1(n)$同。

式(2)中第二積分式有解答，僅是 $m=p$。但當考量其他二情形，就是 $n=q$ 與 $n\neq q$。

若 $n=q$，$-\frac{N_0}{2}\frac{\alpha}{b}\int_0^a\int_0^b y\left(\frac{\partial w}{\partial x}\right)^2 dxdy=-\frac{N_0}{2}\frac{\alpha}{b}\sum_m\sum_n A^2_{mn}\,\phi_5(n)\left(\frac{m\pi}{a}\right)^2\frac{a}{2}$ (3)

若 $n\neq q$，$-\frac{N_0}{2}\frac{\alpha}{b}\int_0^a\int_0^b y\left(\frac{\partial w}{\partial x}\right)^2 dxdy=-\frac{N_0}{2}\frac{\alpha}{b}\sum_m\sum_n\sum_q 2A_{mn}\,A_{mq}\,\phi_5(n,q)\left(\frac{m\pi}{a}\right)^2\frac{a}{2}$ (4)

式(3)及式(4)內，$\phi_5(n)$及 $\phi_5(n,q)$均是代表從 y 函數所求得之積分(因式長未列出)，並在式(4)內曾注意下列關係：

$$\int_0^b y\phi_n\,\phi_q\,dy=\int_0^b y\phi_q\,\phi_n\,dy$$

從式(2)，(3)，(4)得

$$V_b=\frac{N_0}{2}\frac{a}{2}\sum_m\sum_n A^2_{mn}\left(\frac{m\pi}{a}\right)^2\phi_1(n)-\frac{N_0}{2}\frac{\alpha a}{2b}\sum_m\left(\frac{m\pi}{a}\right)^2\left[\sum_n A_{mn}\phi_5(n)+2\sum_q A_{mn}A_{mq}\phi_5(n,q)\right] \quad (5)$$

第七節　臨界彎曲應力之計算

當板之兩邊彎曲力所作之功 V_b（見第六節式 5）等於板在彎曲時之位能 V_p（見第三節式 10），板起皺曲，就是

$$V_b=V_p \quad (1)$$

從式(1)得彎曲應力之式如下：

$$\sigma=\frac{\dfrac{Da}{4}\sum_m\sum_n\left(\dfrac{m\pi}{a}\right)^4\left\{A^2_{mn}\left[\phi_1(n)+\left(\dfrac{a}{m\pi}\right)^4\phi_2(n)+2\left(\dfrac{a}{m\pi}\right)^2\phi_3(n)\right]+\sum_q 4A_{mn}A_{mq}\left(\dfrac{a}{m\pi}\right)^2\phi_3(n,q)\right\}}{\dfrac{ha}{4}\sum_m\sum_n A^2_{mn}\left(\dfrac{m\pi}{a}\right)^2\phi_1(n)-\dfrac{h\alpha a}{4b}\sum_m\left(\dfrac{m\pi}{a}\right)^2\left[\sum_n A^2_{mn}\phi_5(n)+2\sum_q A_{mn}A_{mq}\phi_5(n,q)\right]} \quad (2)$$

用與第四節同一方法，求臨界彎曲應力，將 σ 對於常數 A_{mn} 之一階導式等於零，得下式：

$$A_{mn}\left\{\frac{m^2}{b}\left[\phi_1(n)+\left(\frac{a}{m\pi}\right)^4\phi_2(n)+2\left(\frac{a}{m\pi}\right)^2\phi_3(n)\right]-\frac{\lambda}{b}\left[\phi_1(n)-\frac{\alpha}{b}\phi_5(n)\right]\right.$$
$$\left.+\left[\frac{m}{b}\sum_q 2\left(\frac{a}{m\pi}\right)^2\phi_3(n,q)+\lambda\frac{\alpha}{b^2}\phi_5(n,q)\right]A_{mq}=0\right. \quad (3)$$

上式內　$\lambda=\dfrac{\sigma ha^2}{D\pi^2}$ (4)　　$\sigma=\dfrac{\lambda}{\beta^2}\dfrac{D\pi^2}{b^2h}=K\dfrac{D\pi^2}{b^2h}$　　$K=\dfrac{\lambda}{\beta^2}$　(5)

式(3)內方程式系，能分成 m 組，每組有一定 m 之數值，現在僅考慮 $m=1$，就是板在 x- 方向曲成一半波，將 $m=1$ 代入式 (3) 可得常數 A_{11}，A_{12}，A_{13}…… 之一齊次線方程式系（A system of homogenerous linear equations）。將常數 A 之係數之行列式 (Determinates)等於零，求λ之值，從式(5)得 K 之值。

$\phi_5(n)$與 $\phi_5(n,q)$從原式用表(一)計算，其結果列於表(六)。

表 (六)

n	$\phi_5(n)$	n	q	$\phi_5(n,q)$
1	0.478136 b^2	1	2	−0 147778 b^2
2	0.491880 b^2	2	1	−0.147778 b^2
3	0.495884 b^2	3	1	0
		1	3	0
		2	3	−0.176316 b^2
		3	2	−0.176316 b^2

8671

式(3)中常數 A 之係數，可從表(二)及表(六)計算得之。其爲 $m=1$ 之數值，列於表(七)。

表（七）

A_{11}	A_{12}	A_{13}
$v_1-\lambda d_1$	$-0.147778\ \lambda a$	-0.1971256
$-0.147778\ \lambda a$	$v_2-\lambda d_2$	$-0.176316\ \lambda a$
-0.1971256	$-0.176316\ \lambda a$	$v_3-\lambda d_3$

上表中 $v-\lambda d=\frac{m^2}{b}\left[\phi_1(n)+\left(\frac{a}{m\pi}\right)^4\phi_2(n)+2\left(\frac{a}{m\pi}\right)^2\phi_3(n)\right]-\frac{\lambda}{b}\left[\phi_1(n)-\frac{a}{b}\phi_5(n)\right]$

$$v=\frac{m^2}{b}\left[\phi_1(n)+\left(\frac{a}{m\pi}\right)^4\phi_2(n)+2\left(\frac{a}{m\pi}\right)^2\phi_3(n)\right]$$

$$d=\frac{1}{b}\left[\phi_1(n)-\frac{a}{b}\phi_5(n)\right]$$

例如 v_2 與 d_2 是 v 與 d 在 $n=2$ 時之值，餘類推。

從表(七)各級行列式(Determinates)得 K 之值，列於表(八)及表(九)。

表（八）　K 之值，當 $\alpha=1$

β	1.5	1.0	$\frac{2}{3}$	$\frac{2}{5}$
從第一級行列式	27.80	16.55	13.47	18.34
從第二級行列式	27.42	16.28	13.15	17.87
K 之數值，當 $\alpha=\frac{2}{3}$				
β	1.5	1.0	$\frac{2}{3}$	$\frac{2}{5}$
從第一級行列式	21.29	12.67	10.32	14.04
從第二級行列式	21.21	12.62	10.25	11.75

表（九）　K 之數值，當 $\alpha=2$

β	2.0	1.5	1.2	1.0
從第二級行列式	172.06	104.68	74.15	58.23
從第三級行列式	172.05	104.66	74.11	58.17
β	$\frac{5}{6}$	$\frac{2}{3}$	$\frac{1}{2}$	$\frac{2}{5}$
從第二級行列式	48.02	41.20	39.50	43.15
從第三級行列式	47.91	4 .00	38.96	42.01

8672

從表(八)及表(九)可知當 $\alpha=2$，用第三級行列式，爲較小之 α，用第二級行列式，均可得 K 之較準確數值。

將表(八)及(九) K 之值對 β 之值，繪成曲線如圖(六)及(七)($m=1$)。從 $m=1$ 所得之結果，可以應用於許多半波之情形。若在式(3)中，將 $m\alpha$ 代 α，能求 λ 之值，再求 K 之值，所以在繪 $m=2$ 時之曲線，只須將縱坐標 K 不變而將橫坐標 $\frac{a}{b}$ 加倍，以此類推，亦能繪 m 等於他值時之曲線。

從圖(六)純彎曲之情形，一長板將曲成許多半波，而每半波長約等於 $\frac{1}{2}b$。式(5)中 K 之值可讀圖(六)及(七)之實線得之。

第八節　薄板附有筋角(Stiffener)之臨界應力

此節研究一板附有二筋角，四邊受均佈剪力，其邊界條件仍如前，二筋角置在板三分之一處，其彎曲剛性相同，筋角裝固於板上，故隨板彎曲。

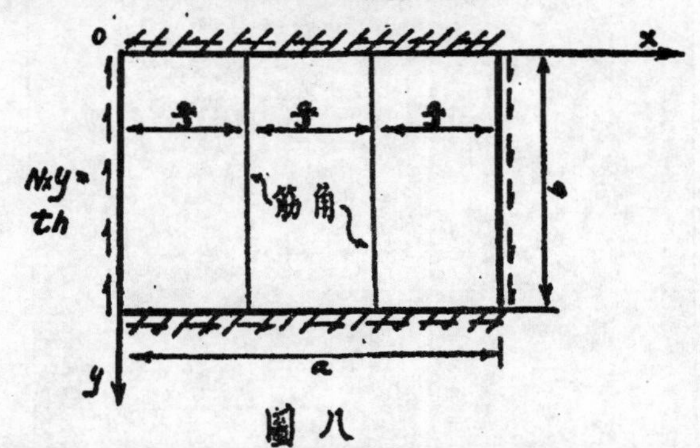

圖八

板之皺曲面仍用雙層級數代表之，筋角彎曲時之形變能量[8](Strain energy)是：

$$V_i=\frac{B_i}{2}\int_0^b\left(\frac{\partial^2 w}{\partial y^2}\right)^2_{x=c_i}dy \tag{1}$$

B_i 是每一筋角之彎曲剛性，c_i 從邊 $x=0$ 之距離。因二筋角均匀放置，$c_i=\frac{1}{3}a$ 及 $c_i=\frac{2}{3}a$，二筋角之彎曲剛性相同，故以一 L 字代之。

$$V_i=\frac{B}{2}\int_0^b\left\{\left(\frac{\partial^2 w}{\partial y^2}\right)^2_{x=\frac{1}{3}a}+\left(\frac{\partial^2 w}{\partial y^2}\right)_{x=\frac{2}{3}a}\right\}dy \tag{2}$$

上式內 $\int_0^b\left(\frac{\partial^2 w}{\partial y^2}\right)dy=\int_0^b\left[\sum_m\sum_n A_{mn}\frac{d^2\phi_n}{dy^2}\psi_m\right]^2dy$

$\int_0^b\frac{d^2\phi_n}{dy^2}dy=\phi_2(n)$　（見第三節式6）

因此式(2)變成：

8673

$$V_t=\frac{B}{2}\sum_n\phi_2(n)\left\{\left[\sum_m\sum_p 2A_{mn}A_{pn}\sin\frac{\pi m}{3}\sin\frac{\pi p}{3}\right]+\left[\sum_m\sum_p 2A_{mn}A_{pn}\sin\frac{2\pi m}{3}\sin\frac{2\pi p}{3}\right]\right\} \tag{3}$$

薄板在挠皺時之位能 V_p 見第三節式(10)，剪力在板之四邊所作之外功 V_s 見第四節式(2)，當剪力所作之外功，等於板與兩筋角之併合彈性能量，則板即起皺曲。就是：

$$V_p+V_t=V_s \tag{4}$$

從式(4)可得剪應力之式如下：

$$\tau=-\frac{\frac{D}{2}\sum_m\sum_n\left(\frac{m\pi}{a}\right)^4\frac{a}{2}\left\{A^2_{mn}\left[\phi_1(n)+\left(\frac{a}{m\pi}\right)^4\phi_2(n)+2\left(\frac{a}{m\pi}\right)^2\phi_3(n)\right]+\sum_q 4A_{mn}A_{mq}\left(\frac{a}{m\pi}\right)^2\phi_3(n,q)\right\}+\frac{B}{2}\sum_n\phi_2(n)\left\{\left(\sum_m\sum_p 2A_{mn}A_{pn}\sin\frac{\pi m}{3}\sin\frac{\pi p}{3}\right)+\left(\sum_m\sum_p 2A_{mn}A_{pn}\sin\frac{2\pi m}{3}\sin\frac{2\pi p}{3}\right)\right\}}{4h\sum_m\sum_n\sum_p\sum_q A_{mn}A_{pq}\frac{mp}{(p^2-m^2)}\phi_4(n,q)} \tag{5}$$

$(m\pm p)$ odd.

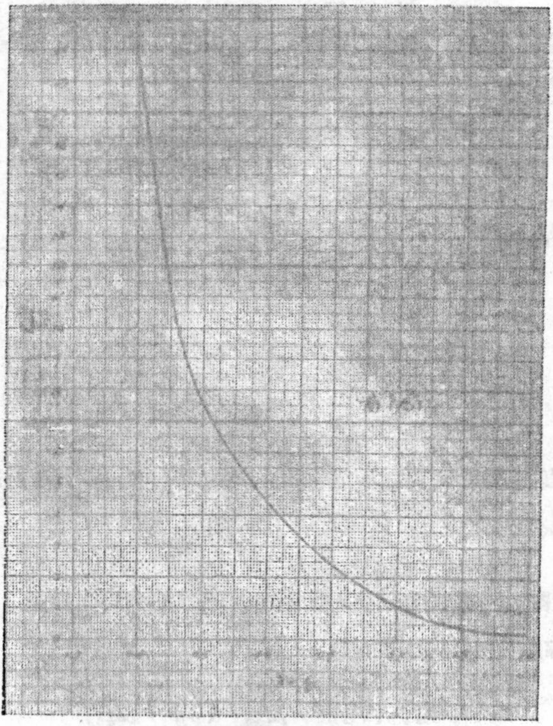

圖 九

要得臨界剪應力，將 τ 對於常數 A_{mn} 之一階導式等於零，得下式：

$$\frac{\lambda}{b}m^4\left\{A_{mn}\left[\phi_1(n)+\left(\frac{a}{m\pi}\right)^4\phi_2(n)+2\left(\frac{a}{m\pi}\right)^2\phi_3(n)\right]+\sum_q 2A_{mq}\left(\frac{a}{m\pi}\right)^2\phi_3(n,q)\right\}$$
$$+\gamma\lambda\left(\frac{a}{\pi}\right)^4\frac{2}{b}\phi_2(n)\left\{\left(\sum_p A_{pn}\sin\frac{\pi m}{3}\sin\frac{\pi p}{3}\right)+\left(\sum_p A_{pn}\sin\frac{2\pi m}{3}\sin\frac{2\pi p}{3}\right)\right\}$$

$$-\sum_{p}\sum_{q} A_{pq}\frac{mp}{(p^2-m^2)}\phi_4(n, q)=0 \qquad (6)$$
$$(p\pm m)\text{odd}.$$

式(6)內用下列標記，　$\beta=\frac{a}{b}$，$\gamma=\frac{B}{aD}$，$\lambda=-\frac{\pi^2}{8\tau\beta^3}\frac{D\pi^2}{b^2h}=-\frac{\pi\sigma_e}{8\tau\beta^3}$，　$\sigma_e=\frac{D\pi^2}{b^2h}$　(7)

從式(7)，　$\tau=-\frac{\pi^2}{8\beta^3\lambda}\frac{D\pi^2}{b^2h}=K\frac{D\pi^2}{b^2h}$　(8)

$$K=-\frac{\pi^2}{8\beta^3\lambda} \qquad (9)$$

式(6)是常數 A 之一齊次線方程式系，將常數 A 之係數之行列式等於零，可得 λ 之值，從式(9)求 K 之值。

式(6)中之方程式系可分成兩組，第一組含$(i+j)$成雙數之各項，第二組含$(i+j)$成單數之各項，同樣情形發生於求板無筋角之臨界剪力時。從計算上得知自第二組中求得之 K 爲較小，式(6)中常數 A_{ij} 之係數屬於第二組者列於表（十）。

表（十）　$(i+j)$成單數之組

A_{21}	A_{12}	A_{32}	A_{23}	A_{41}	A_{43}
λu_{21}	−2.22702	4.008636	λt_{23}	λr_{41}	0
−2.22702	λu_{12}	0	3.67738	−0.890808	1.470952
4.008636	0	λu_{32}	−6.619284	−5.72662	9.45612
λt_{21}	3.67738	−6.619284	λu_{23}	0	λr_{43}
λr_{21}	−0.890808	−5.72662	0	λu_{41}	λt_{43}
0	1.470952	9.45612	λr_{23}	λt_{41}	λu_{43}

上表內爲便利計用下列標記：

$$u=s-r \qquad s=\frac{m^4}{b}\left[\phi_1(n)+\left(\frac{a}{m\pi}\right)^4\phi_2(n)+2\left(\frac{a}{m\pi}\right)^2\phi_3(n)\right]$$

$$r=\gamma\left(\frac{a}{\pi}\right)^4\frac{2}{b}\phi_2(n)\left[\left(\sum_p A_{pn}\sin\frac{\pi m}{3}\sin\frac{\pi p}{3}\right)+\left(\sum_p A_{pn}\sin\frac{2\pi m}{3}\sin\frac{2\pi p}{3}\right)\right]$$

$$t=2\left(\frac{a}{m\pi}\right)^2\phi_3(n, q) \qquad (s\text{ 與 }t\text{ 同第五節})$$

將表（十）中之第五級行列式等於零，求 λ 之值，再求 K 之值，K 之值因 β 與 γ 而不同，茲列於表（十一）。

表（十一）　薄板附有二筋角之 K 及 γ 之值

$$\gamma=\frac{B}{aD} \qquad \tau=K\frac{D\pi^2}{b^2h}$$

$\beta=3.0$		$\beta=2.5$		$\beta=2$	
γ	K	γ	K	γ	K

8675

0	10.9	0	10.4	0	10.3
0.1	12.8	0.2	13.4	1	17.4
0.2	13.8	0.5	16.8	2	25.1
0.4	17.1	1.0	21.0	5	35.1
0.6	19.3	2.0	26.8	10	44.0
$\beta=1.5$		$\beta=1.2$		$\beta=1$	
γ	K	γ	K	γ	K
0	10.9	0	12.2	0	14.0
2	24.6	5	36.4	10	51.9
5	34.9	8	44.0	20	68.9
10	46.1	20	62.8	30	80.8
15	51.7	25	68.1	40	90.1

若筋角無足夠彎曲剛性，皺曲板面上之斜波必致橫過筋角，筋角卽隨板彎曲。但可增加筋角之彎曲剛性至某種程度，筋角仍維持其原來直的狀態。而板在筋角之間，發生皺曲。此情形相當於每格(二筋角間)之兩横邊爲筋角所簡支，此處對於板之連續性則未計及，能阻止筋角隨板彎曲之最小 γ，可以求得之。從表(五)取 $\frac{\beta}{3}$ 時 K 之值。再從表(十一) 求 γ 之對比值(Corresponding value)。其結果列於表(十二)。

表 (十二)　γ 之最小值

β	1.0	1.2	1.5	2.0	2.5	3.0
$\frac{\beta}{3}$	$\frac{1}{3}$	$\frac{2}{5}$	$\frac{1}{2}$	$\frac{2}{3}$	$\frac{5}{6}$	1
(從表五) K	56.9	39.6	26.3	17.4	13.9	12.5
(從表十一) $\gamma_{min.}$	17.2	6.25	2.51	1.0	0.25	0.084

爲便利計，不用板之總長與寬之比率，而用每格(二筋角間)長與寬之比率如下：

$$\beta'=\frac{a'}{b} \qquad \gamma'=\frac{B}{a'D} \qquad a'=\text{每格之長度}$$

因爲 $\beta'=\frac{1}{3}\beta$，所以 $\gamma_{min.}=3\gamma_{min}$　從表(十二)得 β' 與 γ' 之值列於表(十三)

表 (十三)

β'	γ'	K
$\frac{1}{3}$	51.6	56.9
$\frac{2}{5}$	18.8	39.6
$\frac{1}{2}$	7.5	26.3

8676

$\frac{2}{3}$	3.0	17.4
$\frac{5}{6}$	0.75	13.9
1	0.25	12.5

上表所列 β' 與 γ' 之值，繪成曲線如圖(九)。

第九節　應用於鋼鈑梁設計

此節以理論研究所得，應用於實際設計。鋼鈑梁之腹鈑(Web)，在兩筋角間，作爲長方薄板，兩縱邊裝固，兩橫邊簡支，惟是腹鈑之連續性與筋角之拘束力，均未計及。在梁之跨度中部，鈑受純彎曲力而剪力不計，在梁之近支點處，鈑假定受均佈剪力。此節討論腹鈑之厚度，筋角之間隔與大小。

(1)腹鈑之厚度……梁之中部受純彎曲，於此處求腹鈑之厚度，從圖(六)得第七節式(5)中 K 之最小數值爲 39.0。

$$\sigma=39.0\frac{\pi^2E}{12(1-\nu^2)}\frac{h^2}{b^2}$$

從上式可得腹鈑淨高(Unsupported height)與厚度之比率。

$$\frac{b}{h}=\sqrt{39.0\frac{\pi^2E}{12(1-\nu^2)\sigma}}$$

結構用鋼之容許單位應力=18,000#/□″，$E=30\times10^6$#/□″，$\nu=0.3$，若取安全因數 =1.5，則 $\sigma=18,000\times1.5=27,000$#/□″，其比率如下：

$$\frac{b}{h}=198$$

按 A. R. E. A.(1935)規範書第 431 條所載，腹鈑厚度不得小於

1/170b，就是 $\frac{b}{h}<170$

例如，	$\frac{b}{h}=198$	$\frac{b}{h}=170$
$b=85''$	$h=0.429\sim\frac{7''}{16}$	$h=0.500=\frac{1''}{2}$
$b=60$	$h=0.303$	$h=0.353$

(2)腹鈑之間隔……近梁之支點處，腹鈑在兩筋角間，作爲受均佈剪力。從第五節式(3)及表(五)，得 $\frac{a}{b}$ 與 $\frac{b}{h}$ 之關係，此關係用圖(十)中曲線表示之，如腹鈑厚度已定而有指定淨高，從圖(十)可得筋角之間隔。

容許單位剪力是 11000#/□″，若取安全因數爲 1.5，則 $\tau=11000\times1.5=16,500$#/□″。

例如 $b=85''$　$h=\frac{7''}{16}$　$\frac{b}{h}=194.5$

從圖(十)，$\tau=16,500$#/□″，及 $\frac{b}{h}=194.5$，得 $\beta=\frac{a}{b}=0.54$

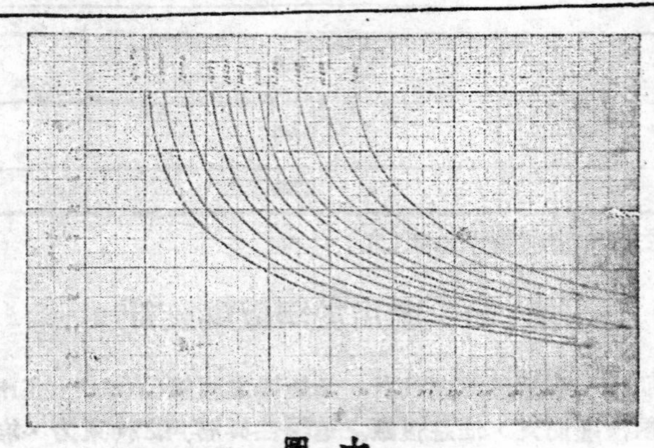

圖 十

$$a=0.54\,b=0.54\times 85=46''$$

就是筋角之間隔，應為 46 英吋。

按照 A. R. E. A. (1935)規範書第 433 條，兩筋角之間隔，不得超過 72 英吋或由下列公式定之：

$$a=\frac{255000\,h}{\tau}\sqrt[3]{\frac{\tau h}{b}}$$ （用此篇標記）

例如 $b=85''$　　$h=\frac{1''}{2}$（由規範書求得，見前）　$\tau=11000\#/\square''$

$$a=\frac{255000\times\frac{1}{2}}{11000}\sqrt[3]{\frac{11000\times\frac{1}{2}}{85}}=46.4''$$

照規範書公式，得筋角之間隔為 46.4 英吋，與作者所得相同。蓋 1935 年規範書之間隔公式，亦基於理論。故所得結果相符也。若照 1931 年規範書公式，則得($\tau=10,000\#/\square''$)

$$a=\frac{h}{40}(12000-\tau)=\frac{\frac{1}{2}}{40}(12000-10000)=25''$$

間隔僅為 25 英吋，與 1935 年規範書公式及作者所得，相差甚大，蓋此公式由於簡單假定，估低腹鈑抵抗摺皺之能力。故不甚可靠也。

（3）筋角之大小……第八節中曾求板附有二筋角，$\gamma=\frac{B}{a'D}$之最小值。從圖（九）得筋角之最小轉動慣性(Moment of inertia)在圖（十一）表示之。如鋼鈑不致附二筋角（間隔同前）則每筋角須稍大。爲應用於普通情形，將圖（十一）上所得轉動慣性加百分之五十。

例如 $b=85''$　　$h=\frac{7''}{16}$　　$a=46''$　　$\beta=0.54$

從圖（十一）得$\frac{I}{a}=.05$　　$I=.05\times 46=2.3$

加 50%　　$I=2.3\times 1.5=3.45\,in^4$

實在用一個角鐵如 $5\times 3\times\frac{5}{16}$　　$I=6.3\,in^4$ 已夠，如爲對稱起見，可用甚小二角鐵，如 2∠s $3\frac{1}{2}\times 3\times\frac{5}{16}$　　$I=22\,in^4$　　$(h=\frac{7''}{16})$

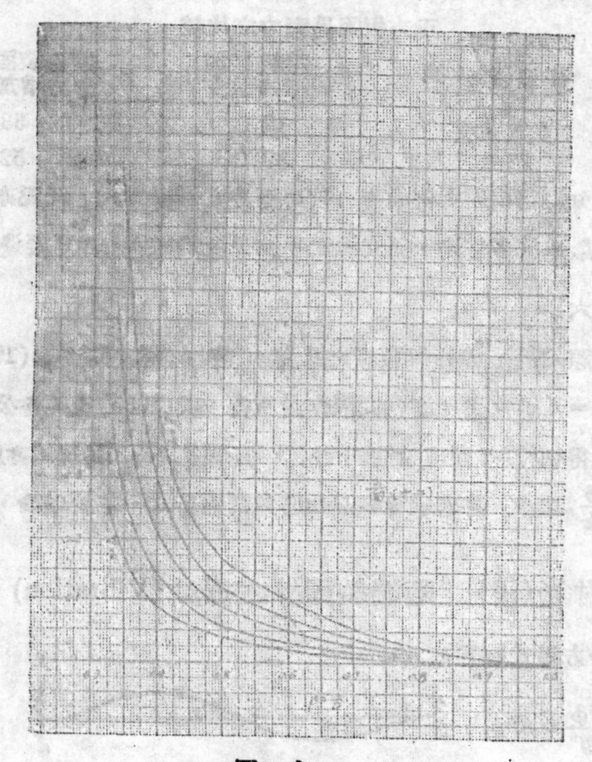

圖　十　一

按照 A. R. E. A.(1935)規範書第 433 條所載，筋角外凸之角鐵脚，不得超過角鐵厚之十六倍，不得小於二吋加鋼鈑梁高度三十分之一。

例如 $b=85''$　鋼鈑梁高爲 $85''+16''$(假定)$=101''$

$$2''+\frac{1}{30}\times 101''=2+3.37=5.37''\qquad 用\ 6''$$

用$\frac{3''}{8}$厚　　$\frac{3''}{8}\times 16=6''$

照平常設計，用 $2\measuredangle 6\times 3\frac{1}{2}\times\frac{3}{8}$，　$I=61.7\ in^4$

作者所得與規範書所定者，相差不大。

第十節　總結

從彈性穩度上觀之，可預料縱邊裝固橫邊簡支之板，較四邊簡支之板，抵抗撓皺之能力爲大，須有更大之力，以撓皺此板，上面研究結果已證實之。在公式 $\tau_w=\frac{D\pi^2}{b^2h}$ 及 $\sigma_w=\frac{D\pi^2}{b^2h}$ 中之 K 與臨界應力作正比，所以現在比較正方板之臨界應力，僅須比較 K 之値如下：

正方板臨界應力之比較

		四邊簡支[3]	縱邊裝固 橫邊簡支	縱邊裝固，臨界 應力增加百分比
剪力	$K=$	9.4	12.5	33%
彎曲力	$K=$	25.6	39.0	52%

從上表比較，可知縱邊裝固對彎曲應力較剪應力之影響爲大，此點亦可意想得之。

長板受彎曲力，皺成許多半波，簡支板之半波長度爲 $\frac{2}{3}b$，若兩縱邊裝固，半波較短，其長度爲 $\frac{1}{2}b$（見圖六）。

至理論應用於實際設計，鋼板梁腹鈑之厚度，較 A. R. E. A. (1935) 規範書所定爲小，爲 $\frac{b}{h}=198$ 與 $\frac{b}{h}=170$ 之異。筋角間隔作者所得，與(1935)規範書公式所求相同，因此公式亦由於理論，故得相符，照理論筋角尺寸，所需甚小，與規範書所規定者，相差甚大，關於此點，及 $\frac{b}{h}$ 比率，將來規範書必如筋角間隔公式，基於理論，大爲修改也。

附錄(甲)　兩端裝固棒之振動(Vibration)

棒之橫振動微分方程式如下：

$$\frac{d^4\phi}{dy^4}=K^4\phi$$

圖十三

ϕ 是偏撓度。

上方程式之解答(General solution)爲：

$$\phi(y)=A\cos Ky+B\sin Ky+C\cosh Ky+D\sinh Ky$$

或寫作下式：

$$\phi(y)=c_1(\cos Ky+\cosh Ky)+c_2(\cos Ky-\cosh Ky)$$
$$+c_3(\sin Ky+\sinh Ky)+c_4(\sin Ky-\sinh Ky) \qquad (2)$$

兩端裝固棒之邊界條件爲：

在 $y=0$ 及 $y=b$ 兩邊，$\phi=0$，

在 $y=0$ 及 $y=b$ 兩邊，$\frac{d\phi}{dy}=0$。 (3)

就是兩端之偏撓度及斜度，均等於零。

從條件在邊 $y=0$ 處，$\phi=0$ 與 $\frac{d\phi}{ay}=0$ 得 $c_1=c_3=0$

於是式(2)變成下式：

$$\phi(y)=c_2(\cos Ky-\cosh Ky)+c_4(\sin Ky-\sinh Ky) \qquad (4)$$

從其他條件，在邊 $y=b$ 處，$\phi=0$，得下式：

$$c_2(\cos Kb-\cosh Kb)+c_4(\sin Kb-\sinh Kb)=0 \tag{5}$$

在邊 $y=b$ 處，$\frac{d\phi}{dy}=0$，得下式：

$$c_2(\sin Kb+\sinh Kb)-c_4(\cos Kb-\cosh Kb)=0 \tag{6}$$

要得一解答，c_2 與 c_4 之係數之行列式(Determinate)等於零，

就是：　$(\cos Kb-\cosh Kb)^2+(\sin^2 Kb-\sinh^2 Kb)=0$

因為 $\sin^2 Kb+\cos^2 Kb=1$，$\cosh^2 Kb-\sinh^2 Kb=1$，得下列關係：

$$\cos Kb\cosh Kb=1 \tag{7}$$

上式之根如下：

$$K_1b=4.7300408$$
$$K_2b=7.8532046$$
$$K_3b=10.9956078$$
$$K_4b=14.1371655$$
$$K_5b=17.2787596$$

……………………

從式(6)，求 c_2，代入式(4)，得

$$\phi(y)=\frac{c_4}{\sin Kb+\sinh Kb}\Big[(\cos Kb-\cosh Kb)(\cos Ky-\cosh Ky)+(\sin Kb+\sinh Kb)(\sin Ky-\sinh Ky)\Big]$$

將常數作為 $\frac{Q_i}{\cosh Kb}$，Q_i 是假定常數，得下式：

$$\phi(y)=\frac{Q_i}{\cosh Kb}\Big[(\cos Kb-\cosh Kb)(\cos Ky-\cosh Ky)+(\sin Kb+\sinh Kb)(\sin Ky-\sinh Ky)\Big] \tag{8}$$

式(8)函數用於研究薄板之彈性穩度。

附錄(乙)　函數 $\phi(y)$ 與 $\phi''(y)$ 之性質

$\phi(y)$ 與 $\phi''(y)$ 是正交函數(Orthogonal function)。可從原來振動微分方程式及邊界條件證明之。

若　$m\neq n$

$$\frac{d^4\phi_n}{dy^4}=K_n^4\phi_n \qquad \phi_m\frac{d^4\phi_n}{dy^4}=K_n^4\phi_n\phi_m \tag{1}$$

$$\frac{d^4\phi_m}{dy^4}=K_m^4\phi_m \qquad \phi_n\frac{d^4\phi_m}{dy^4}=K_m^4\phi_m\phi_n \tag{2}$$

從式(1)減式(2)，在限度 $0\leqq y\leqq b$ 內求積分。

$$(K_n^4-K_m^4)\int_0^b\phi_m\phi_n\,dy=\int_0^b\Big[\phi_m\frac{d^4\phi_n}{dy^4}-\phi_n\frac{d^4\phi_m}{dy^4}\Big]dy$$
$$=\phi_m\frac{d^3\phi_n}{dy^3}\Big|_0^b-\phi_n\frac{d^3\phi_m}{dy^3}\Big|_0^b$$
$$-\int_0^b\frac{d\phi_m}{dy}\frac{d^3\phi_n dy}{dy^3}+\int_0^b\frac{d\phi_n}{dy}\frac{d^3\phi_m}{dy^3}dy$$

8681

從邊界條件，在邊 $y=0$ 及 $y=b$ 處，$\phi=0$，上式內第一第二項變成零，再用分部求積分法(Integration by parts)得：

$$(K_n^4-K_m^4)\int_0^b \phi_m\,\phi_n\,dy=-\frac{d\phi_m}{dy}\frac{d^2\phi_n}{dy^2}\Big|_0^b+\frac{d\phi_n}{dy}\frac{d^2\phi_m}{dy^2}\Big|_0^b$$

$$+\int_0^b\frac{d^2\phi_m}{dy^2}\frac{d^2\phi_n}{dy^2}dy\int_0^b\frac{d^2\phi_n}{dy^2}\frac{d^2\phi_m}{dy^2}dy$$

再從邊界條件，在 $y=0$ 及 $y=b$ 處，$\frac{d\phi}{dy}=0$，其第一第二項等於零，後二項因相同而抵消，最後得下式：

$$(K_n^4-K_m^4)\int_0^b \phi_m\,\phi_n\,dy=0$$

若 $m\neq n$，$(K_n^4-K_m^4)$不能等於零，於是

$$\int_0^b \phi_m\,\phi_n\,dy=0 \tag{3}$$

如此證明 $\phi(y)$是正交函數。

若式(1)與式(2)相加，用分部求積分法如前，並注意邊界條件，得下式：

$$(K_n^4+K_m^4)\int_0^b \phi_m\,\phi_n\,dy=2\int_0^b\frac{d^2\phi_m}{dy^2}\frac{d^2\phi_n}{dy^2}dy \tag{4}$$

因爲 $\int_0^b \phi_m\,\phi_n\,dy=0$，若 $m\neq n$，於

$$\int_0^b\frac{d^2\phi_m}{dy^2}\frac{d^2\phi_n}{dy}dy=0，若\ m\neq n \tag{5}$$

所以 $\phi''(y)=\frac{d^2\phi}{dy^2}$亦是正交函數。

若 $m=n$，式(4)變成下式：

$$K_n^4\int_0^b \phi_n^2 dy=\int_0^b\left(\frac{d^2\phi}{dy^2}\right)^2 dy \tag{6}$$

參考書目

1. Timoshenko, Report of International Congress of Bridges and Structures, 1932. Engineering, Vol. 138, p. 207, 1934.
2. J. L. Maulbetsh, Jour. of Applied Mechanics, A. S. M. E., June, 1937, p. A-59.
3. Timoshenko, Theory of Elastic Stability.
4. Southwell & Skan, Roy. Soc. London, Proc. Series A, 1924, Vol. CV, p. 582.
5. Timoshenko, Vibration Problem in Engineering.
6. Rayleigh, The Theory of Sound, 2nd Edition, 1894, London.
7. S. Way, Jour. of Applied Mechanics, A. S. M. E., Dec. 1936, p. A-131.

連桿與活塞之運動及其惰性效應

莊 前 鼎　　王 守 融

普通連桿之運動及惰力

關於連桿(Connecting rod)及活塞(Piston)運動時之位移(Displacement)，速率(Velocity)，加速率(Acceleration)，惰力(Inertia force)及惰力矩(Inertia moment)在書籍上所見者皆屬近似之解答，因一般人士認爲此類問題旣含有分數指數(Fractional index)及調和級數(Harmonic series)，其絕對準確之解答似過於繁冗，每不採用。但此類問題若按步分析之，其結果並不若意料中之繁冗也。

如第一圖，OC 爲曲柄(Crank)，與中心線 OP 成 ωt 角，ω 爲曲柄 OC 之轉速，每

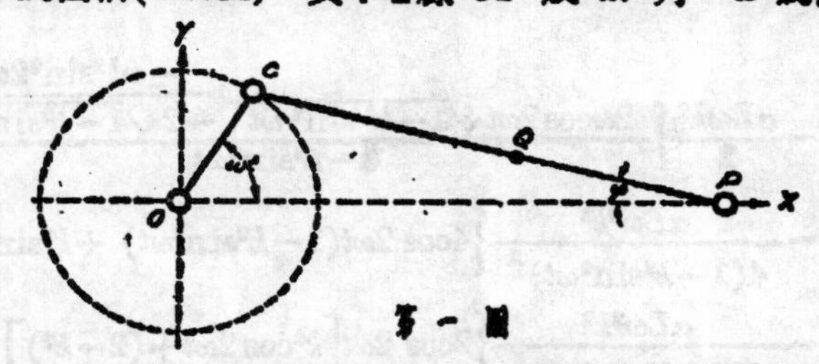

第一圖

秒若干弧度(Rotating speed rad. per sec.)；t 爲時間，OC 與 OP 相重時爲起點。OC 之長度爲 r，CP 爲連桿，其長度爲 L。Q 爲連桿 CP 上任意一點。以 O 爲坐標之原點，OP 爲 X 軸，則此時曲柄軸針(Crank pin) C 之坐標應爲

$$x_1=r\cos\omega t \tag{1}$$

$$y_1=r\sin\omega t \tag{2}$$

而活塞銷(Piston pin) P 之坐標應爲

$$x_2=r\cos\omega t+\sqrt{L^2-r^2\sin^2\omega t} \tag{3}$$

$$y_2=0 \tag{4}$$

因 P 點常在 x 軸上。

設 Q 點至 C 點之距離爲 aL，則 Q 點之坐標可自連桿兩端 C，P 二點求得，

$$\begin{aligned}x&=x_1+a(x_2-x_1)\\&=r\cos\omega t+a\sqrt{L^2-r^2\sin^2\omega t}\\&=r\cos\omega t+aL\sqrt{1-(r/L)^2\sin^2\omega t}\\y&=(1-a)r\sin\omega t\end{aligned}$$

令 $\frac{r}{L}=k$，$k<1$，因曲柄之長度恆小於連桿；通常 k 之值在 3－4 之間。以 k 代入前

列方程式中，即得

$$x=r\cos\omega t+aL\sqrt{1-k^2\sin^2\omega t} \tag{5}$$

$$y=(1-a)r\sin\omega t \tag{6}$$

曲柄及連桿運動時，Q 點之速率即(5)，(6)二式對時間 “t” 之微分式(Derivative)。

$$V_x=\frac{dx}{dt}$$

$$=-r\omega\sin\omega t+aL\frac{-\omega k^2 2\sin\omega t\cos\omega t}{2\sqrt{1-k^2\sin^2\omega t}}$$

$$=-r\omega\sin\omega t-\frac{aL\omega k^2}{2}\frac{\sin 2\omega t}{\sqrt{1-k^2\sin^2\omega t}} \tag{7}$$

$$V_y=\frac{dy}{dt}$$

$$=(1-a)r\omega\cos\omega t \tag{8}$$

若更求(7)，(8)二式對 “t” 之微分式，則得 Q 點之加速率

$$a_x=\frac{dV_x}{dt}=\frac{d^2x}{dt^2}$$

$$=-r\omega^2\cos\omega t-\frac{aL\omega k^2}{2}\left\{\frac{2\omega\cos 2\omega t\sqrt{1-k^2\sin^2\omega t}-\frac{-\omega k^2\sin^2 2\omega t}{2\sqrt{1-k^2\sin^2\omega t}}}{1-k^2\sin^2\omega t}\right\}$$

$$=-r\omega^2\cos\omega t-\frac{aL\omega^2k^2}{4(1-k^2\sin^2\omega t)^{\frac{3}{2}}}\left\{4\cos 2\omega t(1-k^2\sin^2\omega t)+k^2\sin^2 2\omega t\right\}$$

$$=-r\omega^2\cos\omega t-\frac{aL\omega^2k^2}{4(1-k^2\sin^2\omega t)^{\frac{3}{2}}}\left\{2\cos 2\omega t\left[k^2\cos 2\omega t+(2-k^2)\right]+k^2(1-\cos^2 2\omega t)\right\}$$

$$=-r\omega^2\cos\omega t-\frac{aL\omega^2k^2}{4(1-k^2\sin^2\omega t)^{\frac{3}{2}}}\left\{k^2\cos^2 2\omega t+2(2-k^2)\cos 2\omega t+k^2\right\}$$

為化簡起見，令

$$k^2\cos^2 2\omega t+2(2-k^2)\cos 2\omega t+k^2=f(k,\omega t)\quad \text{簡書作 } f$$

$$1-k^2\sin^2\omega t=\phi(k,\omega t)\quad \text{簡書作 } \phi$$

則

$$a_x=-r\omega^2\cos\omega t-\frac{aL\omega^2k^2}{4}\frac{f}{\phi^{\frac{3}{2}}} \tag{9}$$

而

$$a_y=\frac{dV_y}{dt}=\frac{d^2y}{dt^2}$$

$$=-(1-a)r\omega^2\sin\omega t \tag{10}$$

今設　mL＝連桿重心(C. G.)與曲柄軸針之間距

W_c＝連桿之重量

W_p＝活塞之重量

自(9)，(10)二式，令 $a=m$，即得連桿重心點之加速率

$$a_{x.c.g.}=-r\omega^2\cos\omega t-\frac{mL\omega^2k^2}{4}\frac{f}{\phi^{\frac{3}{2}}} \tag{11}$$

$$a_{y.c.g.}=-(1-m)r\omega^2\sin\omega t \tag{12}$$

若令 $a=1$，即得活塞 P 之加速率

$$a_{x.p.}=-r\omega^2\cos\omega t-\frac{L\omega^2k^2}{4}\frac{f}{\phi^{\frac{3}{2}}} \tag{13}$$

$$a_{y.p.}=0 \tag{14}$$

若令 $a=0$，即得曲柄軸針 c 之加速率

$$a_{x.c.}=-r\omega^2\cos\omega t \tag{15}$$

$$a_{y.c}=-r\omega^2\sin\omega t \tag{16}$$

自(11)，(12)二式，連桿重心之加速率可化作

$$a_{x.c.g.}=-mr\omega^2\cos\omega t-\frac{mL\omega^2k^2}{4}\frac{f}{\phi^{\frac{3}{2}}}-(1-m)r\omega^2\cos\omega t$$

$$=ma_{x.p.}+(1-m)a_{x.c.}$$

$$a_{y.c.g.}=(1-m)a_{y.c.}$$

故連桿運動時之惰力應爲

$$F_{x.c.}=\frac{W_c}{g}a_{x.c.g.}$$

$$=\frac{W_c}{g}\Big[ma_{x.p.}+(1-m)a_{x.c.}\Big]$$

$$=\frac{mW_c}{g}a_{x.p.}+\frac{(1-m)W_c}{g}a_{x.c.} \tag{17}$$

令 $mW_c=W_{c.p.}$，$(1-m)W_c=W_{c.c.}$，而 $W_{c.p.}+W_{c.c.}=W_c$，代入(17)式中，可得

$$F_{x.c.}=\frac{W_{c.P.}}{g}a_{x.p.}+\frac{W_{c.c.}}{g}a_{x.c.} \tag{18}$$

同理可得

$$F_{y.c.}=\frac{W_{c.c.}}{g}a_{y.c.} \tag{19}$$

此惰力之二部份 $\frac{W_{c.c.}}{g}a_{x.c.}$ 及 $\frac{W_{c.c.}}{g}a_{y.c.}$ 之合成效應爲一與曲柄同向之離心力(Centrifugal force)。欲平衡此惰力僅須在曲柄之對向置一均衡重(Counter-weight)，其質量(Mass $=\frac{W}{g}$)及離心距 (Eccentricity) 之積爲 $\frac{W_{c.c.}}{g}r$。此力平衡後，所餘者爲 $\frac{W_{c.p.}}{g}a_{x.p.}$ 一部份及活塞之惰力 $\frac{W_p}{g}a_{x.p.}$ (因活塞無 y 軸向加速率，故 y 軸向亦無惰力)；故連桿與活塞之惰力當爲

$$F_x=\frac{W_{c.p.}}{g}a_{x.p.}+\frac{W_p}{g}a_{x.p.}$$

$$=\frac{(W_{c.p.}+W_p)}{g}a_{x.p.} \tag{20}$$

此未平衡之惰力純爲 x 軸向者，且與活塞之加速率成正比例；故其變化情形可自活塞

之加速率求得。

第三表及第十一圖乃各種曲柄角(Crank angle)時變數

$$E=\cos\omega t+\frac{k}{4}\frac{f}{\phi^{\frac{3}{2}}}$$

之值及槍得之曲線。活塞之加速率與 E 之關係爲

$$a_{s.p.}=-r\omega^2E$$

由此可得各種曲柄角時連桿與活塞之惰力。

惰　力　矩

物體擺動或轉動時所生之惰力矩乃其惰率(Moment of inertia) 及瞬時角加速 (Instantaneous angular acceleration)之乘積

$$M=I\alpha=I\frac{d^2\varphi}{dt^2}$$

此處 φ 爲物體中任意一直線與另一固定參考線(Fixed reference line)所交之角。

連桿擺動時，以中心線 OP 爲固定參考線，連桿兩端連線 CP 與 OP 所成之角爲 φ，如第二圖所示：

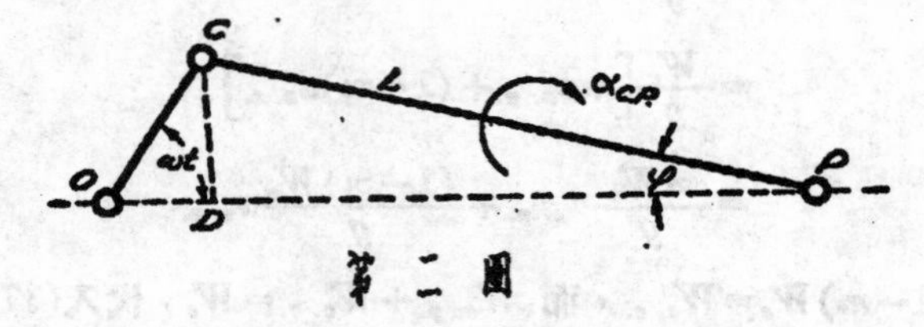

第　二　圖

由圖得下列關係：

$$\tan\varphi=\frac{CD}{PD}=\frac{r\sin\omega t}{\sqrt{L^2-r^2\sin^2\omega t}}$$

$$=\frac{k\sin\omega t}{\sqrt{1-k^2\sin^2\omega t}}$$

$$\varphi=\tan^{-1}\frac{k\sin\omega t}{\sqrt{1-k^2\sin^2\omega t}}$$

φ 對時間"t"之微分乃連桿之角速率

$$\omega_{c.p.}=\frac{d\varphi}{dt}$$

$$=\frac{\dfrac{k\omega\cos\omega t\sqrt{1-k^2\sin^2\omega t}+k\sin\omega t\dfrac{\omega k^2 2\sin\omega t\cos\omega t}{2\sqrt{1-k^2\sin^2\omega t}}}{1-k^2\sin^2\omega t}}{1+\dfrac{k^2\sin^2\omega t}{1-k^2\sin^2\omega t}}$$

8686

$$=\omega k\cos\omega t\sqrt{1-k^2\sin^2\omega t}+\frac{\omega k^3\sin^2\omega t\cos\omega t}{\sqrt{1-k^2\sin^2\omega t}}$$

$$=\frac{\omega k\cos\omega t}{\sqrt{1-k^2\sin^2\omega t}}\left[(1-k^2\sin^2\omega t)+k^2\sin^2\omega t\right]$$

$$=\frac{\omega k\cos\omega t}{\sqrt{1-k^2\sin^2\omega t}} \tag{21}$$

更微分之卽得連桿 CP 之角加速

$$a_{c.p.}=\frac{d\omega_{cp}}{dt}=\frac{d^2\varphi}{dt^2}$$

$$=\frac{-k\omega^2\sin\omega t\sqrt{1-k^2\sin^2\omega t}+k\omega\cos\omega t\dfrac{\omega k^2\sin\omega t\cos\omega t}{\sqrt{1-k^2\sin^2\omega t}}}{1-k^2\sin^2\omega t}$$

$$=\frac{\omega^2k\sin\omega t}{(1-k^2\sin^2\omega t)^{\frac{3}{2}}}\left[-(1-k^2\sin^2\omega t)+k^2\cos^2\omega t\right]$$

$$=-\frac{\omega^2k(1-k^2)\sin\omega t}{(1-k^2\sin^2\omega t)^{\frac{3}{2}}} \tag{22}$$

則連桿對其重心之惰力矩爲

$$M_{C.G.}=Ia_{c.p.}$$

$$+-I\frac{\omega^2k(1-k^2)\sin\omega t}{(1-k^2\sin^2\omega t)^{\frac{3}{2}}} \tag{23}$$

此處 I 乃連桿對通過其重心而垂直於其運動面(Plane of motion)之軸之惰率。

若以反鐘向之力矩爲正值，則(23)式當改作

$$M_{c.g.}=I\frac{\omega^2k(1-k^2)\sin\omega t}{(1-k^2\sin^2\omega t)^{\frac{3}{2}}} \tag{24}$$

但連桿重心之坐標隨連桿運動而變移，如欲求連桿對固定軸心 O 點之惰力矩，須在 $M_{c.g.}$ 上加以另一力矩

$$M'=-y_{c.g.}F_x+x_{c.g.}F_y \tag{25}$$

符號見第三圖所示。

前節中已得

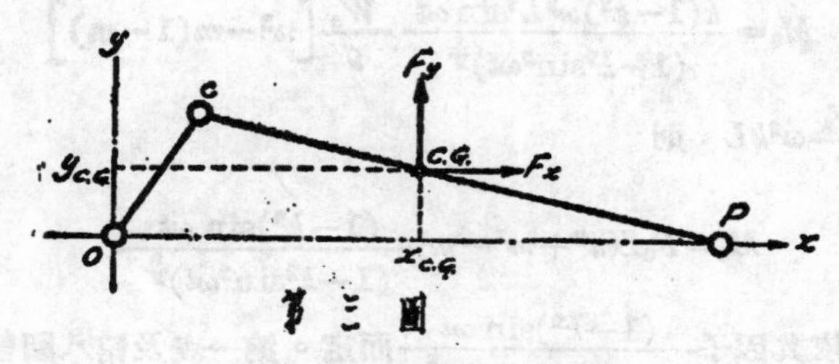

第三圖

$$y_{c.g.}=(1-m)r\sin\omega t$$

$$x_{c.g.}=r\cos\omega t+mL\sqrt{1-k^2\sin^2\omega t}$$

$$F_x=\frac{W_c}{g}a_{x.\,c.\,g.}$$

$$F_y=\frac{W_c}{g}a_{y.\,c.\,g.}$$

代入(25)式卽得

$$M'=-(1-m)r\sin\omega t\cdot a_{x.\,c.\,g.}\frac{W_c}{g}$$

$$+\left\{r\cos\omega t+mL\sqrt{1-k^2\sin^2\omega t}\right\}a_{y.\,c.\,g.}\frac{W}{g}$$

$$=-(1-m)r\sin\omega t\left\{-r\omega^2\cos\omega t-\frac{m\omega^2k^2L}{4}\cdot\frac{f}{\phi^{\frac{3}{2}}}\right\}\frac{W_c}{g}$$

$$+\left\{r\cos\omega t+mL\sqrt{1-k^2\sin^2\omega t}\right\}\left\{-(1-m)r\,\omega^2\sin\omega t\right\}\frac{W_c}{g}$$

$$=-\frac{W_c}{g}\,\frac{m(1-m)rL\omega^2\sin\omega t}{4(1-k^2\sin^2\omega t)^{\frac{3}{2}}}\left\{4(1-k^2\sin^2\omega t)-k^2f\right\}$$

$$=-\frac{W_c}{g}\,\frac{m(1-m)rL\omega^2\sin\omega t}{4(1-k^2\sin^2\omega t)^{\frac{3}{2}}}\left\{4-4k^2\right\}$$

$$=-\frac{W_c}{g}\,\frac{m(1-m)k(1-k^2)L^2\omega^2\sin\omega t}{(1-k^2\sin^2\omega t)^{\frac{3}{2}}}\tag{26}$$

連桿運動時對軸心 O 點之惰力矩當爲

$$M_0=M_{c.\,g.}+M'$$

$$=I\frac{\omega^2k(1-k^2)\sin\omega t}{(1-k^2\sin^2\omega t)^{\frac{3}{2}}}-\frac{W_c}{g}\,\frac{m(1-m)k(1-k^2)L^2\omega^2\sin\omega t}{(1-k^2\sin^2\omega t)^{\frac{3}{2}}}$$

但 $I=\frac{W_c}{g}\rho^2$，ρ 爲連桿對重心之環動半徑(Radius of gyration)。令 $\rho=nL$，則

$$I=\frac{W_c}{g}(nL)^2=\frac{W_c}{g}n^2L^2$$

代入前式，則得

$$M_0=\frac{k(1-k^2)\omega^2L^2\sin\omega t}{(1-k^2\sin^2\omega t)^{\frac{3}{2}}}\,\frac{W_c}{g}\left[n^2-m(1-m)\right]$$

令 $F_0=\frac{W_c}{g}\omega^2r=\frac{W_c}{g}\omega^2kL$，則

$$M_0=F_0L(n^2+m^2-m)\frac{(1-k^2)\sin\omega t}{(1-k^2\sin^2\omega t)^{\frac{3}{2}}}\tag{27}$$

故知此惰力矩之變動依其因子 $\frac{(1-k^2)\sin\omega t}{(1-k^2\sin^2\omega t)^{\frac{3}{2}}}$ 而定。第一表及第八圖卽此因子在不同曲柄角時之值及繪得之曲線。

在(27)式中，若能使 (n^2+m^2-m) 之值爲零，則此連桿運動時在任何曲柄角之下皆無惰

力矩。但不幸普通連桿無法適合此條件；可證明之：如第四圖所示，CP 爲任何形式之連桿，C 爲連曲柄之端，P 爲連活塞一端。

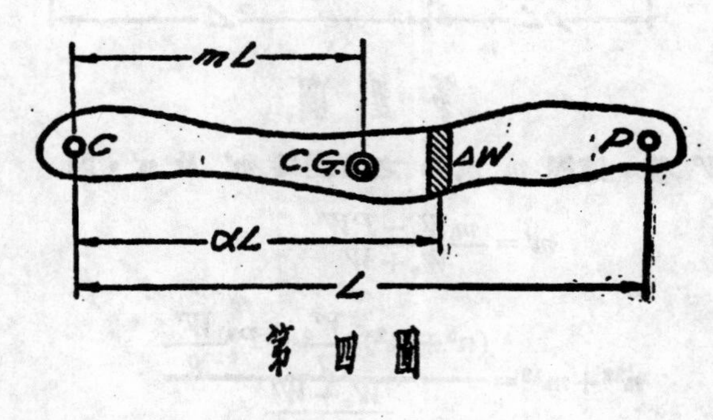

第四圖

因
$$n^2+m^2=\frac{I_{c.g.}}{\frac{W_c}{g}L^2}+m^2$$
$$=\frac{1}{\frac{W_c}{g}L^2}\left[I_{c.g.}+\frac{W_c}{g}(mL)^2\right]$$
$$=\frac{I_c}{\frac{W_c}{g}L^2}$$

I_c 爲連桿對 C 點之惰率
$$I_c=\Sigma(\alpha L)^2\Delta W/g$$
$$=\frac{L^2}{g}\Sigma\alpha^2\Delta W$$

故
$$n^2+m^2=\frac{\Sigma\alpha^2\Delta W}{W_c}$$

如欲 n^2+m^2-m 之值爲零，必須
$$n^2+m^2=m$$

即
$$\frac{\Sigma\alpha^2\Delta W}{W_c}=\frac{\Sigma\alpha\Delta W}{W_c}$$

或
$$\Sigma\alpha^2\Delta W=\Sigma\alpha\Delta W$$

但在普通情形下，α 之值恆在 0 與 1 之間。

即
$$\alpha^2\cdot\Delta W<\alpha\cdot\Delta W$$
$$\Sigma\alpha^2\cdot\Delta W<\Sigma\alpha\cdot\Delta W$$

故無法使(n^2+m^2-m)之值爲零也。

但若在連桿 C 端之引長線上置一平衡重量 W'，如第五圖所示，則(n^2+m^2-m)之值或可爲零。今試求 W' 之值當爲若干始合此條件。

8689

第五圖

設加平衡重量 W' 後，連桿 m 及 n 之值變為 m' 及 n'，則

$$m'=\frac{mW_c-PW'}{W_c+W'}$$

$$n'^2+m'^2=\frac{(n^2+m^2)\frac{W_c}{g}+P^2\frac{W'}{g}}{\frac{W_c+W'}{g}}$$

$$=\frac{(n^2+m^2)W_c+P^2W'}{W_c+W'}$$

及

$$n'^2+m'^2-m'=\frac{(n^2+m^2)W_c+P^2W'-mW_c+PW'}{W_c+W'}$$

$$=\frac{(n^2+m^2-m)W_c+(P^2+P)W'}{W_c+W'}$$

如欲使 $n'^2+m'^2-m'=0$，須令

$$(n^2+m^2-m)W_c+(P^2+P)W'=0$$

即

$$W'=\frac{m-m^2-n^2}{P^2+P} \tag{28}$$

可任意採取一合適之距離 PL，即可求得所須平衡重量 W' 之大小。用此平衡重量後，連桿運動時當不生惰力矩，作者名之為"不搖連桿"(Non-rocking connecting Rod)。

曲柄軸針及汽缸壁所受壓力

連桿及活塞運動時，曲柄軸針及汽缸壁所受壓力 (Crank-pin pressure and cylinder-wall side thrust) 可自前節之結果求得。

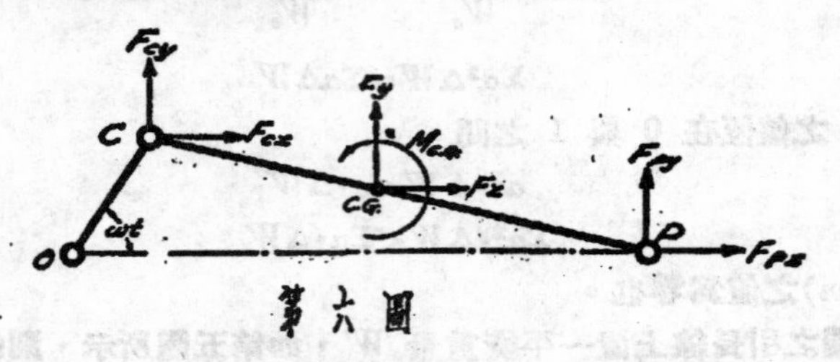

第六圖

如第六圖所示：$F_{c.x.}$，$F_{c.y.}$，為連桿施於曲柄軸針之壓力，$F_{p.y.}$ 為活塞施於氣缸壁之

壓力。$F_{p.z.}$ 爲活塞之惰力。連桿之動力平衡條件爲

$$\Sigma F_x = F_x + F_{cx} + F_{px} = 0$$

或即

$$F_{cx} = -F_x - F_{px} \tag{29}$$

$$\Sigma F_y = F_y + F_{cy} + F_{py} = 0$$

或即

$$F_{cy} + F_{py} = -F_y \tag{30}$$

及

$$\Sigma M_c = F_{py} \cdot PD + F_{px} \cdot C \quad + F_x \cdot m \cdot CD + F_y \cdot m \cdot PD + M_{c.g.} = 0 \tag{31}$$

將(30)(31)二式聯立解之，得

$$F_{py} = -\frac{F_{px} \cdot CD + F_x \cdot m \cdot CD + M_{c.g.}}{PD} - mF_y$$

$$= -\frac{F_{px} \cdot r \sin \omega t + F_x \cdot mr \sin \omega t + M_{c.g.}}{L\sqrt{1-k^2\sin^2\omega t}} - mF_y$$

$$F_{cy} = -\frac{F_{px} \cdot r \sin \omega t + F_x \cdot mr \sin \omega t + M_{c.g.}}{L\sqrt{1-k^2\sin^2\omega t}} - (1-m)F_y$$

自(29)式，以前節所得結果代入，卽得

$$F_{cx} = \frac{W_c}{g}\left\{r\omega^2\cos\omega t + \frac{m\omega^2k^2L}{4}\frac{f}{\phi^{\frac{3}{2}}}\right\} + \frac{W_p}{g}\left\{r\omega^2\cos\omega t + \frac{\omega^2k^2L}{4}\frac{f}{\phi^{\frac{3}{2}}}\right\}$$

$$= \frac{r\omega^2}{g}\left\{(W_c + W_p)\cos\omega t + (mW_c + W_p)\frac{k}{4}\frac{f}{\phi^{\frac{3}{2}}}\right\} \tag{32}$$

因

$$F_{px} \cdot r\sin\omega t + F_x \cdot mr\sin\omega t + M_{c.g.}$$

$$= r\sin\omega t\left[\frac{W_p}{g}a_{x.p.} + \frac{mW_c}{g}a_{x.c.g.}\right] + M_{c.g.}$$

$$= \frac{r\sin\omega t}{g}\left[-W_p r\omega^2\cos\omega t - W_p\frac{\omega^2k^2L}{4}\frac{f}{\phi^{\frac{3}{2}}} - mW_c r\omega^2\cos\omega t\right.$$
$$\left. - m^2W_c\frac{\omega^2k^2L}{4}\frac{f}{\phi^{\frac{3}{2}}}\right] + \frac{W_c}{g}\frac{n^2L^2\omega^2k(1-k^2)\sin\omega t}{(1-k^2\sin^2\omega t)^{\frac{3}{2}}}$$

$$= \frac{r\sin\omega t}{g}\left[-(W_p + mW_c)r\omega^2\cos\omega t - (W_p + m^2W_c)\frac{\omega^2k^2L}{4}\frac{f}{\phi^{\frac{3}{2}}}\right.$$
$$\left. + n^2W_c\frac{\omega^2k(1-k^2)}{\phi^{\frac{3}{2}}}\right]$$

$$= \frac{kL^2\omega^2\sin\omega t}{g}\left\{-(W_p + mW_c)k\cos\omega t - (W_p + m^2W_c)\frac{k^2}{4}\frac{f}{\phi^{\frac{3}{2}}} + n^2W_c\frac{(1-k^2)}{\phi^{\frac{3}{2}}}\right\}$$

$$= \frac{kL^2\omega^2\sin\omega t}{g}\left\{-(W_p + mW_c)k\cos\omega t - (W_p + m^2W_c)\phi^{\frac{1}{2}} + \left[W_p + (m^2 + n^2)W_c\right]\frac{(1-k^2)}{\phi^{\frac{3}{2}}}\right\}$$

則得

$$F_{py} = \frac{kL\omega^2\sin\omega t}{g}\left\{(W_p + mW_c)\frac{k\cos\omega t}{\phi^{\frac{1}{2}}} + (W_p + m^2W_c) - \left[W_p + (m^2 + n^2)\ W_c\right]\frac{(1-k^2)}{\phi^2}\right\}$$
$$+ m\frac{W_c}{g}(1-m)Lk\omega^2\sin\omega t$$

$$=\frac{kL\omega^2\sin\omega t}{g}\left\{(W_p+mW_c)\frac{k\cos\omega t}{\phi^{\frac{1}{2}}}+(W_p+mW_c)-\left[W_p+(m^2+n^2)W_c\right]\frac{(1-k^2)}{\phi^2}\right\}$$

$$=\frac{r\omega^2}{g}\left\{(W_p+mW_c)\left[\sin\omega t+\frac{k}{2}\frac{\sin 2\omega t}{\phi^{\frac{1}{2}}}\right]-\left[W_p+(m^2+n^2)W_c\right]\frac{(1-k^2)\sin\omega t}{\phi^2}\right\}$$

$$=\frac{r\omega^2}{g}\left\{F(W_p+mW_c)-D\left[W_p+(m^2+n^2)W_c\right]\right\} \tag{33}$$

D，F 之值見第二表，第三表及第十，十二圖。同理可得

$$F_{cy}=\frac{r\omega^2}{g}\left\{-(W_p+mW_c)\frac{k}{2}\frac{\sin 2\omega t}{\phi^{\frac{1}{2}}}-\left[W_p+(2m-1)W_c\right]\sin\omega t\right.$$

$$\left.+\left[W_p+(m^2+n^2)W_c\right]\frac{(1-k^2)\sin\omega t}{\phi^2}\right\}$$

$$=\frac{r\omega^2}{g}\left\{-C(W_p+mW_c)-\sin\omega t\left[W_p+(2m-1)W_c\right]\right.$$

$$\left.+D\left[W_p+(m^2+n^2)W_c\right]\right\} \tag{34}$$

C 之值見第二表及第九圖。

第 1—3 表及第 7—12 圖乃 A，B，C，D，E，F 各因子與曲柄角之關係；由此可得普通連桿及活塞等運動時所起惰力效應之變化情形及其影響最大時之情形。

分析結果及所用符號

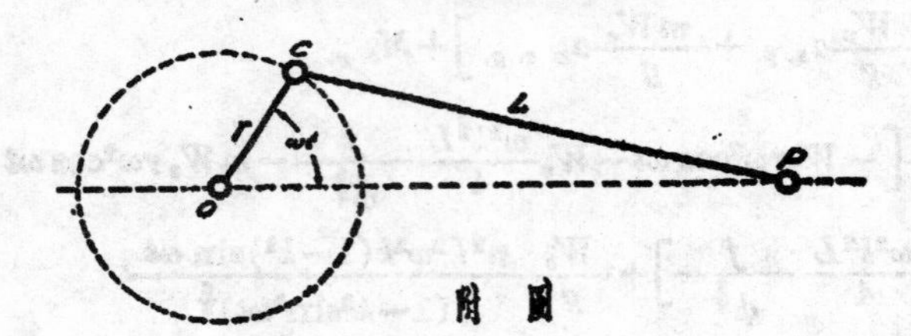

附　圖

r＝曲柄 OC 之長度。

L＝連桿 CP 之長度。

$k=\frac{r}{L}$，曲柄與連桿之長度比例。

W_c＝連桿之重量。

W_p＝活塞之重量(包括活塞銷)。

I＝連桿對其重心之惰率。

$=\frac{W_c}{g}\rho^2$

ρ＝連桿對其重心之環動半徑。

$=nL$

mL＝曲柄軸針與連桿重心間之距離。

$a_{x.c.}$，$x_{x.p.}$＝連桿 C，P 兩端加速率之 x 軸向部份。

8692

$a_{y.c.}$，$a_{y.p.}$ ＝連桿 C，P 兩端加速率之 y 軸向部份。

(1)連桿及活塞之惰力

$$F_x=\frac{mW_c+W_p}{g}a_{x.p.}+\frac{(1-m)W_c}{g}a_{x.c.}$$

$$F_y=\frac{(1-m)W_c}{g}a_{y.c.}$$

$$a_{x.p.}=-r\omega^2E$$

$$a_{x.c.}=-r\omega^2\cos\omega t$$

$$a_{y.c.}=-r\omega^2\sin\omega t$$

(2)連桿對軸心 0 點之惰力矩。

$$M_0=\frac{W_c}{g}r\omega^2L(n^2+m^2-m)B$$

(3)氣缸壁或十字頭導鈑(Cross head guide)所受壓力。

$$T=\frac{r\omega^2}{g}\left\{F\left[W_p+mW_c\right]-D\left[W_p+(m^2+n^2)W_c\right]\right\}$$

(4)曲柄軸針所受壓力。

$$P_x=\frac{r\omega^2}{g}\left\{W_p+W_c)\cos\omega t+A(W_p+mW_c)\right\}$$

$$P_y=\frac{r\omega^2}{g}\left\{-\left[W_p+mW_c\right]C-\left[W_p+(2m-1)W_c\right]\sin\right.$$

$$\left.+\left[W_p+(m^2+n^2)W_c\right]D\right\}$$

式中

$$A=\frac{k}{4}\frac{f(\omega t,k)}{\phi(\omega t,k)^{\frac{3}{2}}}$$

$$B=\frac{(1-k^2)\sin\omega t}{\phi(\omega t,k)^{\frac{3}{2}}}$$

$$C=\frac{k}{2}\frac{\sin 2\omega t}{\phi(\omega t,k)^{\frac{1}{2}}}$$

$$D=\frac{(1-k^2)\sin\omega t}{\phi(\omega t,k)^2}$$

$$E=\cos\omega t+\frac{k}{4}\frac{f(\omega t,k)}{\phi(\omega t,k)^{\frac{3}{2}}}$$

$$F=\sin\omega t+\frac{k}{2}\frac{\sin 2\omega t}{\phi(\omega t,k)^{\frac{1}{2}}}$$

$$f(\omega t,k)=k^2\left[\cos^2 2\omega t+2(2h^2-1)\cos 2\omega t+1\right],\quad h=\frac{1}{k}$$

$$\phi(\omega t,k)=\frac{1}{2}\left[k^2\cos 2\omega t+(2-k^2)\right]$$

第一表

ωt in deg.		$A=\frac{k}{4}-\frac{f}{\phi^{\frac{3}{2}}}$						$B=\frac{(1-k^2)\sin\omega t}{\phi^{\frac{3}{2}}}$					
		$k=\frac{1}{2}$	$k=\frac{1}{3}$	$k=\frac{1}{4}$	$k=\frac{1}{5}$	$k=\frac{1}{7}$	$k=\frac{1}{9}$	$k=\frac{1}{2}$	$k=\frac{1}{3}$	$k=\frac{1}{4}$	$k=\frac{1}{5}$	$k=\frac{1}{7}$	$k=\frac{1}{9}$
0	180	0.50000	0.33333	0.25000	0.20000	0.14285	0.1111	0.00000	0.00000	0.00000	0.00000	0.00000	0.00000
2	178	0.49901	0.33260	0.24942	0.19951	0.14252	0.11085	0.02618	0.03103	0.03279	0.03351	0.03419	0.03447
4	176	0.49602	0.33036	0.24769	0.19812	0.14149	0.11004	0.05 41	0.06206	0.06548	0.06699	0.06834	0.06890
6	174	0.49163	0.32664	0.24477	0.19575	0.13977	0.10870	0.07881	0.0930	0.09928	0.10041	0.10243	0.10326
8	172	0.48420	0.32206	0.24076	0.19248	0.13741	0.10685	0.10515	0.12411	0.13371	0.13376	0.13641	0.13750
10	170	0.47531	0.31485	0.23531	0.18829	0.13437	0.10447	0.13175	0.15514	0.16326	0.16700	0.17026	0.17160
12	168	0.46449	0.30677	0.2293	0.18319	0.13068	0.10158	0.15850	0.18615	0.19571	0.20011	0.20394	0.20551
14	166	0.45176	0.29732	0.22199	0.17723	0.12637	0.09835	0.18550	0.21716	0.22805	0.23307	0.23742	0.23920
16	164	0.43712	0.28051	0.21410	0.17044	0.12144	0.09436	0.21276	0.24813	0.26027	0.26585	0.27064	0.27270
18	162	0.42060	0.27441	0.20421	0.16280	0.11593	0.09006	0.2403	0.27911	0.29231	0.2[illegible]836	0.30[illegible]60	0.30574
20	160	0.40223	0.26091	0.19383	0.15439	0.10987	0.08531	0.26819	0.31004	0.32420	0.33066	0.33624	0.33852
22	158	0.38204	0.246 2	0.18258	0.14524	0.10326	0.08016	0.29642	0.34094	0.35588	0.36268	0.36855	0.37095
24	156	0.36007	0.[illegible]37	0.17033	0.13538	0.09615	0.07461	0.325 0	0.37174	0.38730	0.39438	0.40046	0.40294
26	154	0.33640	0.21340	0.15735	0.12487	0.08[illegible]9	0.06871	0.35398	0.40248	0.4[illegible]845	0.42574	0.43197	0.43451
28	152	0.31102	0.19541	0.14818	0.11373	0.08057	0.06[illegible]4	0.38335	0.43313	0.44938	0.45673	0.46302	0.46558
30	150	0.28401	0.17627	0.12899	0.10203	0.07216	0.05590	0.41312	0.46368	0.47995	0.48728	0.49358	0.49612
32	148	0.25548	0.15621	0.11382	0.08982	0.06310	0.04908	0.44329	0.49397	0.51017	0.51741	0.52360	0.52612
34	146	0.2254	0.13548	0.09801	0.07715	0.0543	0.04200	0.47383	0.52413	0.54001	0.54706	0.55306	0.55551
36	144	0.19400	0.1 392	0.08175	0.06408	0.04496	0.03472	0.50481	0.55406	0.56939	0.57617	0.58193	0.58428
38	142	0.16129	0.09168	0.06502	0.05068	0.03539	0.02727	0.53611	0.58373	0.59831	0.60473	0.61016	0.61235
40	140	0.12735	0.06887	0.04791	0.03700	0.02562	0.01967	0.56775	0.61310	0.62673	0.63270	0.63771	0.63973
42	138	0.09028	0.04563	0.03053	0.02312	0.01573	0.01199	0.59975	0.64219	0.6 470	0.66003	0.66457	0.66638
44	136	0.0564	0.02200	0.01294	0.00911	0.00575	0.00424	0.63181	0.67069	0.68185	0.68667	0.69065	0.69227
46	134	0.0 972	−0.01188	−0.00477	−0.00499	−0.00427	−0.00346	0.66410	0.69850	0.70847	0.71257	0.71597	0.71730
48	132	−0.01765	−0.02588	−0.0225	−0.01900	−0.01462	−0.01131	0.69650	0.72638	0.73438	0.73648	0.74047	0.74152
50	130	−0.0555	−0.04991	−0.04021	−0.03312	−0.02423	−0.01902	0.72858	0.75338	0.75958	0.76207	0.76413	0.76488
52	128	−0.09370	−0.07386	−0.05778	−0.04704	−0.03408	−0.02665	0.76188	0.77976	0.78395	0.78560	0.78683	0.78730
54	126	−0.131 6	−0.09758	−0.07512	−0.06074	−0.04377	−0.03416	0.79326	0.80534	0.80750	0.80818	0.80863	0.80880
56	124	−0.17017	−0.12096	−0.08797	−0.07418	−0.05325	−0.04150	0.82500	0.83018	0.83010	0.82987	0.82950	0.82934
58	122	−0.20805	−0.14377	−0.10877	−0.08728	−0.06249	−0.04865	0.85624	0.85414	0.85184	0.85057	0.84936	0.84884
60	120	−0.24535	−0.16617	−0.12489	−0.09996	−0.07142	−0.05555	0.88688	0.87714	0.87252	0.87018	0.86820	0.86734
62	118	−0.28187	−0.18775	−0.14044	−0.11218	−0.08002	−0.06220	0.91688	0.89910	0.89218	0.88888	0.88670	0.88478
64	116	−0.31739	−0.20849	−0.15536	−0.12387	−0.08802	−0.06854	0.94556	0.91996	0.91082	0.90040	0.90268	0.90116
66	114	−0.35150	−0.22823	−0.16948	−0.13494	−0.09600	−0.07454	0.97328	0.93 66	0.92814	0.92280	0.91880	0.91640
68	112	−0.38121	−0.24691	−0.18280	−0.14538	−0.10307	−0.08018	0.99965	0.95812	0.94430	0.93786	0.93272	0.93052
70	110	−0.41509	−0.26489	−0.19525	−0.15510	−0.11012	−0.08543	1.02455	0.97522	0.95927	0.95210	0.94598	0.94350
72	108	−0.44326	−0.28057	−0.20675	−0.16407	−0.11639	−0.09027	1.04778	0.99095	0.97295	0.96490	0.95805	0.95528
74	106	−0.47046	−0.29531	−0.21720	−0.17223	−0.12178	−0.09443	1.06808	1.00523	0.98528	0.97643	0.96893	0.96365
76	104	−0.49577	−0.30859	−0.22657	−0.17953	−0.12719	−0.09860	1.09113	1.01795	0.99627	0.98215	0.97856	0.97526
78	102	−0.5158	−0.32027	−0.23481	−0.18595	−0.13167	−0.10205	1.10548	1.02674	1.00586	0.99564	0.98636	0.98345
80	100	−0.53428	−0.33032	−0.24188	−0.19145	−0.13551	−0.10500	1.12023	1.03864	1.01405	1.00325	0.99410	0.99040
82	98	−0.54960	−0.33863	−0.24772	−0.19598	−0.13867	−0.10744	1.13247	1.04657	1.01867	1.00947	0.99995	0.99610
84	96	−0.56159	−0.34509	−0.25226	−0.19952	−0.14113	−0.10933	1.14210	1.05268	1.02600	1.01433	1.00448	1.00051
86	94	−0.57036	−0.34992	−0.25556	−0.20208	−0.14292	−0.11070	1.1490	1.05714	1.02976	1.01781	1.00774	1.00367
88	92	−0.57560	−0.35263	−0.25754	−0.20362	−0.14399	−0.11153	1.15326	1.05980	1.03205	1.01997	1.00974	1.00558
90	90	−0.57734	−0.35355	−0.25819	−0.20412	−0.14434	−0.11180	1.15470	1.06066	1.03281	1.02063	1.01085	1.00623

第 二 表

ωt in deg.		$C=\frac{k}{2}\frac{\sin 2\omega t}{\phi^{\frac{1}{2}}}$ ($\omega t=90°-180°$時，C 便爲負號)						$D=\frac{(1-k^2)\sin\omega t}{\phi^2}$					
		$k=\frac{1}{2}$	$k=\frac{1}{3}$	$k=\frac{1}{4}$	$k=\frac{1}{5}$	$k=\frac{1}{7}$	$k=\frac{1}{9}$	$k=\frac{1}{2}$	$k=\frac{1}{3}$	$k=\frac{1}{4}$	$k=\frac{1}{5}$	$k=\frac{1}{7}$	$k=\frac{1}{9}$
0	180	0.00000	0.00000	0.00000	0.00000	0.00000	0.00000	0.0000	0.00000	0.00000	0.00000	0.00000	0.00000
2	178	0.01744	0.01163	0.00872	0.00698	0.00498	0.00388	0.003[illegible]7	0.00172	0.00102	0.00067	0.00035	0.00022
4	176	0.03481	0.02320	0.01740	0.01392	0.00994	0.00773	0.00655	0.00345	0.0020[illegible]	0.00134	0.00070	0.00043
6	174	0.05205	0.03467	0.02600	0.02080	0.01485	0.01155	0.00985	0.00517	0.00307	0.00201	0.00105	0.00064
8	172	0.06908	0.04599	0.03447	0.02757	0.01965	0.01531	0.013[illegible]7	0.00690	0.00409	0.00268	0.00139	0.00085
10	170	0.08583	0.05710	0.04279	0.03422	0.02444	0.019[illegible]	0.01653	0.00863	0.00511	0.0034[illegible]	0.0017[illegible]	0.00106
12	168	0.10223	0.06795	0.05091	0.04071	0.0290[illegible]	0.02260	0.01992	0.01037	0.00612	0.00401	0.00208	0.00127
14	166	0.11824	0.07850	0.05879	0.04700	0.03355	0.02609	0.02336	0.01210	0.0071	0.00467	0.0024[illegible]	0.001[illegible]8
16	164	0.13375	0.08870	0.06640	0.05307	0.03785	0.02[illegible]15	0.02665	0.01385	0.00815	0.00533	0.00276	0.001[illegible]8
18	162	0.14873	0.09849	0.07369	0.05889	0.04203	0.03267	0.0304[illegible]	0.01559	0.0091[illegible]	0.00598	0.00310	0.00189
20	160	0.16310	0.10783	0.08064	0.06443	0.04597	0.03574	0.03403	0.01724	0.01017	0.00663	0.0034[illegible]	0.00209
22	158	0.17679	0.11669	0.08721	0.06966	0.04959	0.03863	0.03772	0.01908	0.01117	0.00727	0.00377	0.00229
24	156	0.18974	0.12501	0.09336	0.07456	0.05317	0.04133	0.04149	0.02081	0.01217	0.00791	0.00[illegible]	0.00249
26	154	0.20190	0.13276	0.09910	0.07910	0.05610	0.04383	0.0[illegible]535	0.02260	0.01316	0.00855	0.0044[illegible]	0.00269
28	152	0.21321	0.13989	0.10485	0.08327	0.059[illegible]5	0.04612	0.04930	0.02436	0.01414	0.00[illegible]18	0.00474	0.00288
30	150	0.22361	0.14647	0.10911	0.08704	0.06202	0.04819	0.05333	0.02612	0.01512	0.00980	0.00505	0.00307
32	148	0.23302	0.15219	0.11335	0.09039	0.06438	0.05003	0.05746	0.02788	0.01609	0.01011	0.00536	0.00325
34	146	0.24142	0.15720	0.11705	0.09330	0.0[illegible]64	0.0516[illegible]	0.0616[illegible]	0.0296[illegible]	0.01704	0.01101	0.00566	0.00344
36	144	0.24875	0.16164	0.12019	0.09577	0.06817	0.05295	0.[illegible]6601	0.03130	0.01799	0.01160	0.00596	0.00362
38	142	0.25495	0.16523	0.12278	0.09777	0.03958	0.05403	0.07044	0.03313	0.01892	0.01219	0.00625	0.00379
40	140	0.25999	0.16803	0.12472	0.09930	0.07064	0.05485	0.07495	0.03487	0.01984	0.01275	0.00653	0.00396
42	138	0.26383	0.17003	0.12609	0.10035	0.0713[illegible]	0.05540	0.07[illegible]5	0.03659	0.02075	0.01332	0.00681	0.00412
44	136	0.26644	0.17122	0.12685	0.10108	0.07185	0.055[illegible]9	0.[illegible]84[illegible]2	0.03[illegible]30	0.0216[illegible]	0.01387	0.0070[illegible]	0.00429
46	134	0.26776	0.17157	0.12699	0.10115	0.0718[illegible]	0.0557[illegible]	0.[illegible]889[illegible]	0.03[illegible]9[illegible]	0.0225[illegible]	0.01440	0.0073[illegible]	0.00444
48	132	0.26780	0.17108	0.12651	0.10057	0.0714[illegible]	0.[illegible]554[illegible]	0.09378	0.04165	0.0233[illegible]	0.01[illegible]92	0.00760	0.00459
50	130	0.26652	0.16976	0.12542	0.09966	0.07077	0.[illegible]549[illegible]	0.098[illegible]3	0.04329	0.02418	0.01542	0.00784	0.00474
52	128	0.26392	0.16760	0.12384	0.09826	0.06975	0.05411	0.10400	0.0449[illegible]	0.0249[illegible]	0.01591	0.00808	0.00488
54	126	0.25992	0.16460	0.12139	0.09637	0.0683[illegible]	0.[illegible]5305	0.10843	0.046[illegible]6	0.02577	0.01[illegible]38	0.0083[illegible]	0.00501
56	124	0.25471	0.16079	0.11847	0.09402	0.06670	0.[illegible]5173	0.1133[illegible]	0.0[illegible]799	0.0265[illegible]	0.01683	0.0085[illegible]	0.00514
58	122	0.24810	0.15617	0.11496	0.09120	0.06467	0.[illegible]5[illegible]16	0.11828	0.[illegible]4947	0.02724	0.01726	0.00873	0.00526
60	120	0.24018	0.15075	0.11088	0.08793	0.06234	0.04834	0.12301	0.05090	0.0279[illegible]	0.01767	0.0089[illegible]	0.00538
62	118	0.23098	0.14457	0.10625	0.08422	0.05969	0.04628	0.1277[illegible]	0.05227	0.02859	0.01806	0.00911	0.00549
64	116	0.22052	0.13765	0.10108	0.08010	0.05675	0.0440[illegible]	0.13231	0.05857	0.02921	0.01813	0.00929	0.00559
66	114	0.20885	0.13003	0.09541	0.07558	0.05354	0.0415[illegible]	0.13676	0.[illegible]5481	0.02979	0.0187[illegible]	0.009[illegible]5	0.00569
68	112	0.19599	0.12173	0.08926	0.07069	0.05006	0.[illegible]3880	0.14103	0.05597	0.0[illegible]034	0.01909	0.00960	0.00578
70	110	0.18240	0.11281	0.08206	0.06544	0.04633	0.03591	0.1450[illegible]	0.05707	0.030[illegible]4	0.019[illegible]	0.0097[illegible]	0.00586
72	108	0.16704	0.10329	0.07564	0.05987	0.0423	0.03[illegible]4	0.14880	0.05805	0.03130	0.01966	0.00987	0.00593
74	106	0.15107	0.09824	0.06824	0.05400	0.03821	0.02961	0.15239	0.05[illegible]96	0.03172	0.01990	0.00998	0.00600
76	104	0.13422	0.08269	0.06049	0.04786	0.03386	0.02624	0.15594	0.05976	0.03209	0.02012	0.01008	0.00608
78	102	0.11658	0.07171	0.05243	0.04147	0.02934	0.[illegible]2273	0.15843	0.06048	0.03242	0.02030	0.01017	0.00611
80	100	0.09824	0.06035	0.04411	0.03489	0.02468	0.019[illegible]2	0.16089	0.06109	0.03270	0.020[illegible]6	0.01025	0.00615
82	98	0.07931	0.04867	0.03556	0.02812	0.01989	0.01541	0.16293	0.06160	0.03292	0.02060	0.01031	0.00619
84	96	0.05991	0.03673	0.02683	0.02121	0.01500	0.[illegible]1162	0.16455	0.062[illegible]0	0.03310	0.02070	0.01035	0.00621
86	94	0.04014	0.02460	0.01796	0.01420	0.01004	0.[illegible]0[illegible]78	0.16573	0.06[illegible]27	0.03323	0.02077	0.01039	0.00623
88	92	0.02013	0.01233	0.00901	0.00712	0.00503	0.0039[illegible]	0.16643	0.03245	0.03331	0.02082	0.01041	0.00625
90	90	0.00000	0.00000	0.00000	0.00000	0.00000	0.00000	0.16667	0.0625[illegible]	0.03333	0.02083	0.010[illegible]2	0.00326

第 三 表

ωt in deg.		$E=\cos\omega t+\frac{k}{4}\frac{f}{\phi^{\frac{3}{2}}}$						$F=\sin\omega t+\frac{k}{2}\frac{\sin 2\omega t}{\phi^{\frac{1}{2}}}$					
		$k=\frac{1}{2}$	$k=\frac{1}{3}$	$k=\frac{1}{4}$	$k=\frac{1}{5}$	$k=\frac{1}{7}$	$k=\frac{1}{9}$	$k=\frac{1}{2}$	$k=\frac{1}{3}$	$k=\frac{1}{4}$	$k=\frac{1}{5}$	$k=\frac{1}{7}$	$k=\frac{1}{9}$
0	360	1.50000	1.33333	1.25000	1.20000	1.14285	1.11111	0.00000	0.00000	0.00000	0.00000	0.00000	0.00000
4	356	1.49362	1.32796	1.24529	1.19572	1.13909	1.10764	0.10461	0.09800	0.08720	0.08372	0.07974	0.07753
8	352	1.47450	1.31236	1.23106	1.18278	1.12771	1.09715	0.20828	0.18519	0.17367	0.16677	0.15889	0.15451
12	348	1.44259	1.28487	1.20743	1.15129	1.10878	1.07966	0.31013	0.27585	0.25881	0.24861	0.23696	0.23050
16	344	1.39842	1.24781	1.17540	1.13174	1.08274	1.05566	0.40935	0.36430	0.34200	0.32867	0.31348	0.30505
20	340	1.34193	1.20061	1.13353	1.09409	1.04957	1.02501	0.50310	0.44983	0.42264	0.40643	0.38797	0.37774
24	336	1.27357	1.14387	1.08353	1.04888	1.00965	0.98811	0.59644	0.53171	0.50006	0.48126	0.45987	0.44803
28	332	1.19392	1.07831	1.02603	0.99663	0.96347	0.94535	0.68271	0.60989	0.57385	0.55277	0.52885	0.51562
32	328	1.10348	1.00421	0.96182	0.93782	0.91140	0.89708	0.76292	0.68209	0.64325	0.62029	0.59428	0.57998
36	324	1.00300	0.92292	0.89075	0.87308	0.85396	0.8437	0.83655	0.74944	0.70799	0.68357	0.65507	0.64075
40	320	0.89335	0.83487	0.81391	0.80300	0.79162	0.78567	0.90279	0.81083	0.76752	0.74210	0.71344	0.69765
44	316	0.77576	0.74130	0.73224	0.72841	0.72505	0.72354	0.96114	0.86592	0.82155	0.79578	0.76655	0.75039
48	312	0.65145	0.64322	0.64659	0.65001	0.65448	0.65778	1.01090	0.91418	0.86961	0.84367	0.81454	0.79854
52	308	0.52200	0.54184	0.55792	0.56866	0.58162	0.58905	1.05192	0.95560	0.91184	0.88626	0.85775	0.84211
56	304	0.38903	0.43824	0.47123	0.48502	0.50595	0.51770	1.08071	0.98679	0.94547	0.92002	0.89270	0.87773
60	300	0.25461	0.33333	0.37511	0.40004	0.42858	0.44445	1.10619	1.01675	0.97688	0.95393	0.92834	0.91434
64	296	0.12101	0.22991	0.28304	0.31453	0.35018	0.36986	1.11932	1.03645	0.99988	0.97890	0.95555	0.94280
68	292	−0.00961	0.12769	0.19180	0.22922	0.27153	0.2944	1.12318	1.04893	1.01646	0.9978	0.97726	0.96600
72	288	−0.13426	0.02843	0.10225	0.14493	0.19261	0.21875	1.11814	1.05439	1.02674	1.01097	0.99348	0.98394
76	284	−0.25387	−0.06669	0.01533	0.06237	0.11471	0.14339	1.10452	1.05299	1.03079	1.01816	1.00416	0.99654
80	280	−0.36068	−0.15762	−0.06828	−0.01785	0.03809	0.06860	1.08304	1.04515	1.02891	1.01969	1.00948	1.00392
84	276	−0.45709	−0.24059	−0.14776	−0.09502	−0.03663	−0.00485	1.05441	1.03123	1.02133	1.01571	1.00950	1.00612
88	272	−0.54070	−0.31773	−0.22264	−0.16872	−0.10909	−0.07665	1.01953	1.01173	1.00841	1.00652	1.00448	1.00330
92	268	−0.61050	−0.38753	−0.29244	−0.23852	−0.17888	−0.14643	0.97927	0.98707	0.99039	0.99226	0.99437	0.99550
96	264	−0.66609	−0.44959	−0.35676	−0.30402	−0.24563	−0.21365	0.93459	0.95777	0.96767	0.97328	0.97950	0.98288
100	260	−0.70788	−0.50392	−0.41548	−0.36505	−0.30911	−0.27860	0.88656	0.92445	0.94069	0.94991	0.96012	0.96568
104	256	−0.73767	−0.55049	−0.46847	−0.42143	−0.36909	−0.34050	0.83608	0.88761	0.90981	0.92244	0.93644	0.94406
108	252	−0.75296	−0.58957	−0.51575	−0.47307	−0.42539	−0.39927	0.78406	0.84781	0.87546	0.89128	0.90872	0.91826
112	248	−0.75881	−0.62151	−0.55740	−0.51998	−0.47767	−0.45478	0.73121	0.80547	0.83794	0.85651	0.87714	0.88840
116	244	−0.75579	−0.64689	−0.59376	−0.56227	−0.52662	−0.50684	0.67828	0.76115	0.79772	0.81870	0.84205	0.85480
120	240	−0.74535	−0.66617	−0.62489	−0.59996	−0.57142	−0.55555	0.62581	0.71525	0.75512	0.77807	0.80366	0.81766
124	236	−0.72939	−0.68016	−0.64717	−0.63338	−0.61245	−0.60070	0.57129	0.66521	0.70753	0.73198	0.75930	0.77427
128	232	−0.70940	−0.68956	−0.67348	−0.66274	−0.64978	−0.64235	0.52408	0.62040	0.66416	0.68974	0.71825	0.73389
132	228	−0.68675	−0.6[illegible]498	−0.69161	−0.68819	−0.68872	−0.68041	0.47530	0.57202	0.61659	0.64253	0.67166	0.68766
136	224	−0.66284	−0.69730	−0.70636	−0.71019	−0.71355	−0.71506	0.42826	0.52348	0.56785	0.59462	0.62285	0.63901
140	220	−0.63865	−0.69713	−0.71809	−0.72900	−0.74038	−0.74635	0.38281	0.47477	0.51808	0.54850	0.57216	0.58795
144	216	−0.61500	−0.69508	−0.72725	−0.74492	−0.76404	−0.77426	0.33905	0.42616	0.46761	0.49203	0.51963	0.53485
148	212	−0.5[illegible]252	−0.69179	−0.73418	−0.75818	−0.78460	−0.79893	0.29688	0.37771	0.41655	0.43951	0.46552	0.47987
152	208	−0.57188	−0.68749	−0.73977	−0.76917	−0.80233	−0.82045	0.25629	0.32061	0.36515	0.38623	0.41015	0.42338
156	204	−0.55348	−1.68313	−0.74317	−0.77812	−0.81715	−0.83883	0.21696	0.28169	0.31334	0.33214	0.35353	0.36537
160	200	−0.53747	−0.67879	−0.74587	−0.78531	−0.82983	−0.85439	0.17890	0.23417	0.26136	0.27757	0.29603	0.30626
164	196	−0.52418	−0.67479	−0.74720	−0.79086	−0.83986	−0.86694	0.14185	0.18690	0.20920	0.22253	0.23772	0.24615
168	192	−0.51361	−0.67133	−0.74877	−0.79491	−0.84745	−0.87659	0.10567	0.13995	0.15699	0.16719	0.17884	0.18530
172	188	−0.50610	−0.66824	−0.74954	−0.79782	−0.85285	−0.88345	0.07012	0.09321	0.10473	0.11163	0.11951	0.12389
176	184	−0.50168	−0.66724	−0.74991	−0.79948	−0.85611	−0.88756	0.03498	0.04660	0.05240	0.05588	0.06186	0.06207
180	180	−0.50000	−0.66667	−0.75000	−0.80000	−0.85715	−0.88889	0.00000	0.00000	0.00000	0.00000	0.00000	0.00000

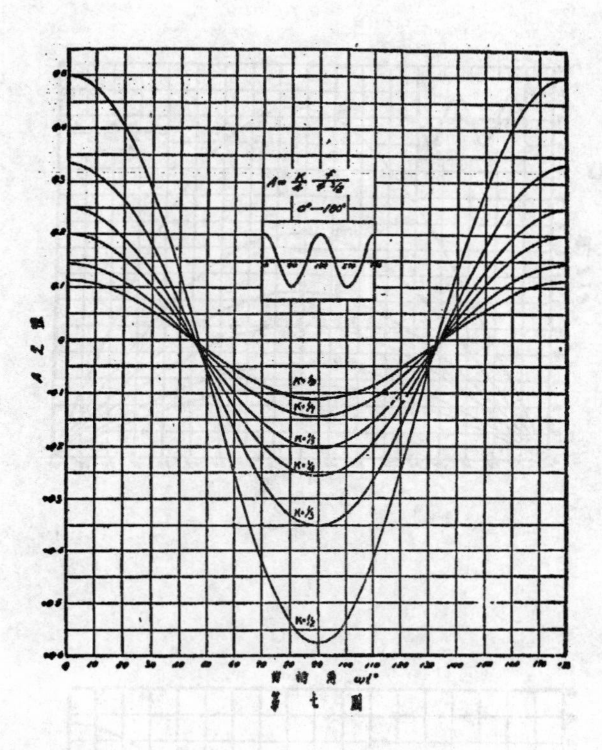

第七圖

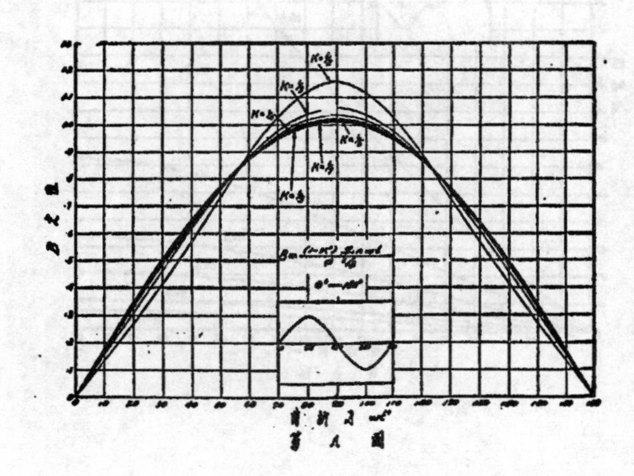

第八圖

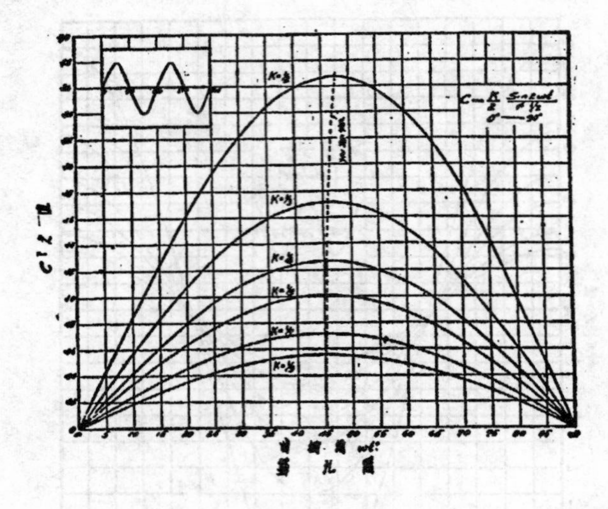

第九圖

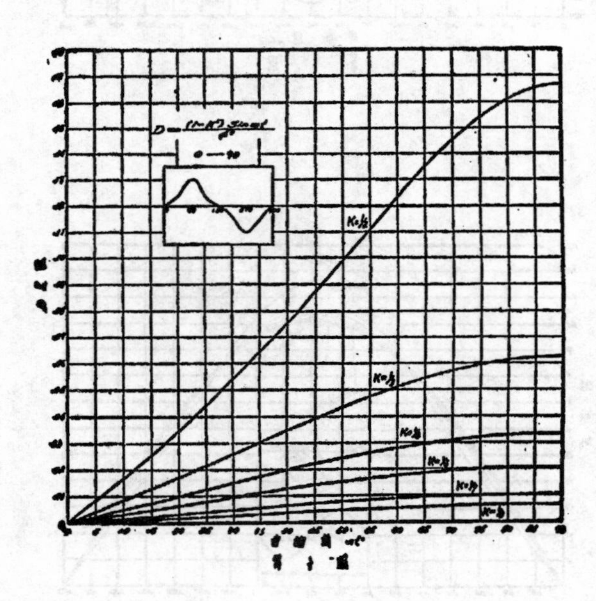

第十圖

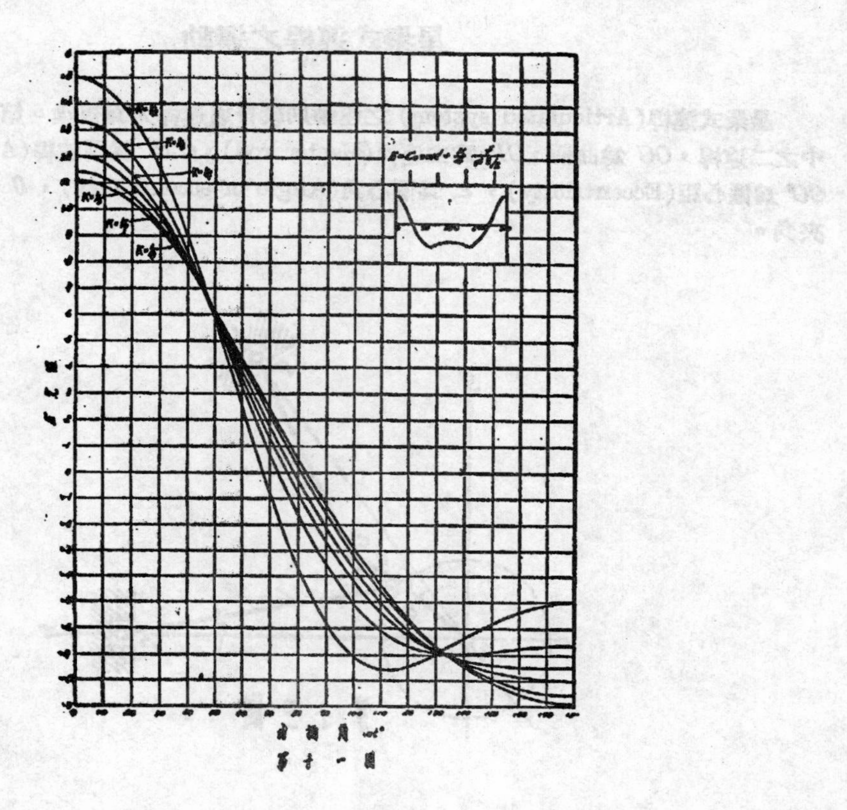

第十一圖

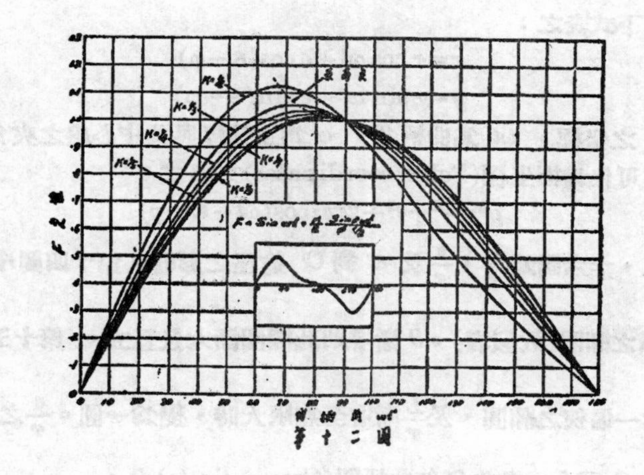

第十二圖

8699

星聚式連桿之運動

星聚式連桿(Articulated system)之運動則較普通連桿尤爲複雜。第十三圖爲一星聚式中之二連桿，OC 爲曲柄，CP 爲主連桿(Master rod)，$C'P'$ 爲副連桿(Articulated rod)，CC' 爲偏心距(Eccentricity)，ε 爲偏心角(Angle of eccentricity)，θ 爲兩氣缸中心線之夾角。

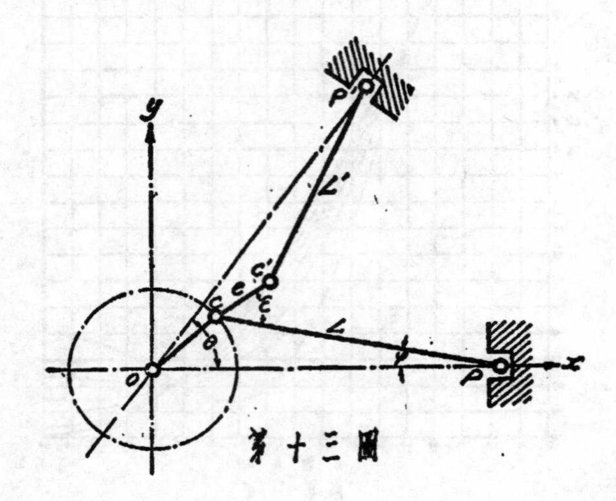

第十三圖

今假設偏心角 ε 與中心線夾角相等，此乃一般實際情形。關節銷 C' (Articulated pin) 運動時之途徑可以下式表之：

$$x=r\cos\omega t+e\cos(\varepsilon-\varphi) \tag{35}$$

$$y=r\sin\omega t+e\sin(\varepsilon-\varphi) \tag{36}$$

式中 x，y 爲 C' 之坐標，ωt 爲曲柄角，φ 爲主連桿與其中心線之夾角，e 爲偏心距。(35)，(36)二式亦可化爲極坐標(Polar coordinates)方程式：

$$\rho^2=r^2+e^2+2re\cdot\cos(\omega t-\varepsilon+\varphi) \tag{37}$$

第十四，十五，十六圖爲$\frac{L}{r}$，$\frac{e}{r}$及 ε 對C' 途徑之影響。第十四圖中，當 θ 甚小時，C' 之途徑爲一橫臥之橢圓(近似者)。θ 漸增則此橢圓漸大且豎立。第十五圖中，當$\frac{L}{r}$甚小時，C' 之途徑爲一偏狹之橢圓，及$\frac{L}{r}$漸增至無限大時，變爲一圓。$\frac{e}{r}$之影響與$\frac{L}{r}$相仿，$\frac{e}{r}$漸小至零時 C' 與 C 重合，其途徑卽曲柄圓(Crank circle)矣。

C' 離軸心 O 最遠及最近時可自(37)式求得：ρ 最大時卽當

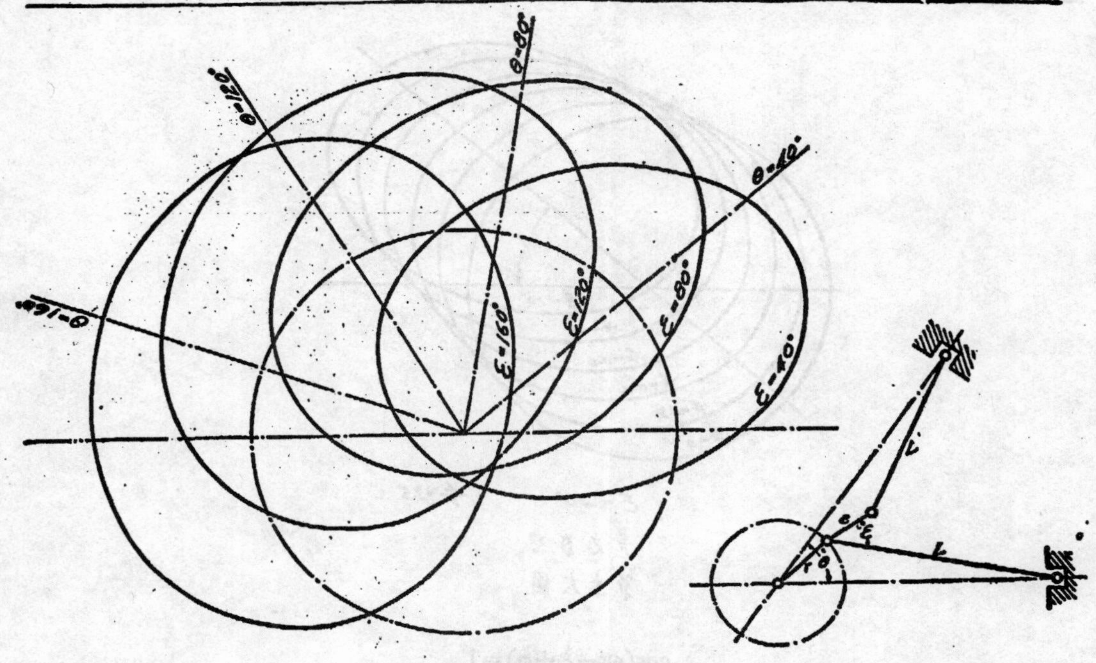

副曲柄針之軌跡

$\frac{L}{r}=3.50$　$\frac{e}{r}=0.80$

ε 之影響.

第十四圖

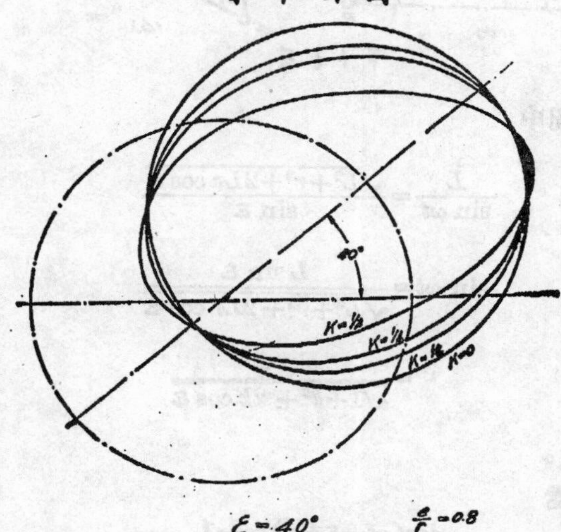

$\varepsilon=40°$　　$\frac{e}{r}=0.8$

$K=\frac{l}{L}$ 之影響

第十五圖

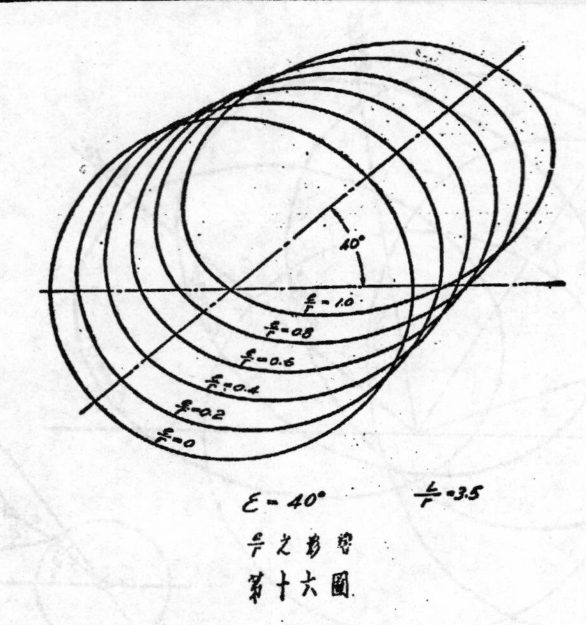

$\varepsilon=40^\circ \qquad \frac{L}{r}=3.5$

ρ之形容

第十六圖

$$\cos(\omega t-\varepsilon+\varphi)=1$$

或

$$\omega t-\varepsilon+\varphi=0^\circ$$

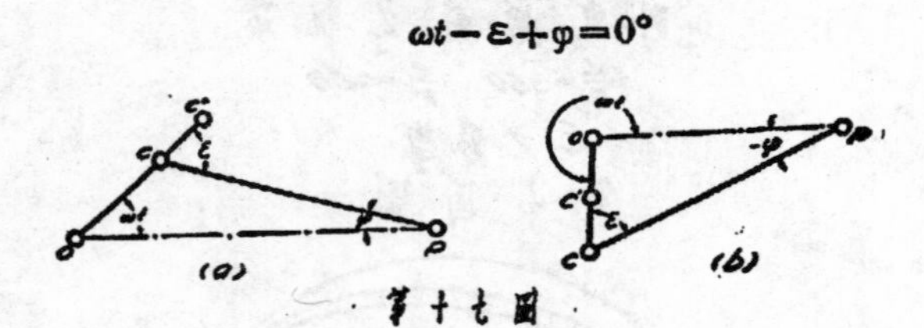

第十七圖

即如第十七圖(a)所示，圖中

$$\frac{L}{\sin\omega t}=\frac{\sqrt{L^2+r^2+2Lr\cos\varepsilon}}{\sin\varepsilon}$$

$$\sin\omega t=\frac{L\sin\varepsilon}{\sqrt{L^2+r^2+2Lr\cos\varepsilon}}$$

$$=\frac{\sin\varepsilon}{\sqrt{1+k^2+2k\cos\varepsilon}} \qquad (88)$$

又此可得曲柄角 ωt 之值。

同理，ρ 最小時即當

$$\cos(\omega t-\varepsilon+\varphi)=-1$$

或

$$\omega t-\varepsilon+\varphi=180^\circ$$

即如第十七圖(b)所示，圖中

$$\frac{L}{\sin \omega t}=\frac{\sqrt{L^2+r^2-2Lr\cos\varepsilon}}{\sin\varepsilon}$$

$$\sin\omega t=\frac{-\sin\varepsilon}{\sqrt{1+k^2-2k\cos\varepsilon}} \tag{39}$$

復自第十三圖，活塞 P' 之位移可以下式表之：

$$D=r\cos(\theta-\omega t)+e\cos\varphi+\sqrt{L'^2-[r\sin(\theta-\omega t)+e\sin\varphi]^2} \tag{40}$$

但 $\sin\varphi=k\sin\omega t$，$\cos\varphi=\sqrt{1-k^2\sin^2\omega t}$；

令 $\phi(\omega t,k)=1-k^2\sin^2\omega t$

$$\frac{d\phi}{dt}=-\omega k^2\sin 2\omega t$$

$$\frac{d^2\phi}{dt^2}=-2\omega^2k^2\cos 2\omega t$$

以 k' 代 $\frac{r}{L'}$，m' 代 $\frac{L'}{r}$，δ 代 $\frac{e}{r}$，則(40)式可化為

$$D=r\left\{\cos(\theta-\omega t)+\delta\cos\varphi+\sqrt{m'^2-[\sin(\theta-\omega t)+\delta k\sin\omega t]^2}\right\} \tag{41}$$

令 $\psi(m',\theta,\delta,\omega t)=m'^2-[\sin(\theta-\omega t)+\delta k\sin\omega t]^2$

$$\frac{d\psi}{dt}=-2\omega\Big[\sin(\theta-\omega t)+\delta k\sin\omega t\Big]\Big[-\cos(\theta-\omega t)+\delta k\cos\omega t\Big]$$

$$=2\left[\frac{\sin 2(\theta-\omega t)}{2}-\frac{\delta^2k^2\sin 2\omega t}{2}-\delta k\sin(\theta-2\omega t)\right]\omega$$

$$=\omega[\sin 2(\theta-\omega t)-\delta^2k^2\sin 2\omega t-2\delta k\sin(\theta-2\omega t)]$$

$$\frac{d^2\psi}{dt^2}=\omega^2\Big[-2\cos 2(\theta-\omega t)-2\delta^2k^2\cos 2\omega t+4\delta k\cos(\theta-2\omega t)\Big]$$

$$=-2\omega^2[\cos 2(\theta-\omega t)-\delta^2k^2\cos 2\omega t+2\delta k\cos(\theta-2\omega t)]$$

則(41)式可化簡為

$$D=r[\cos(\theta-\omega t)+\delta\phi^{\frac{1}{2}}+\psi^{\frac{1}{2}}] \tag{42}$$

將 D 對時間 t 微分之，即得活塞 P' 之速率

$$V=\frac{dD}{dt}=\omega r\left[\sin(\theta-\omega t)+\frac{\delta}{2\omega}\frac{\frac{d\phi}{dt}}{\phi^{\frac{1}{2}}}+\frac{1}{2\omega}\frac{\frac{d\psi}{dt}}{\psi^{\frac{1}{2}}}\right]$$

$$=\omega r\left\{\sin(\theta-\omega t)-\frac{\delta k^2}{2\phi^{\frac{1}{2}}}\sin 2\omega t+\frac{1}{2\psi^{\frac{1}{2}}}\Big[\sin 2(\theta-\omega t)-\delta^2k^2\sin 2\omega t\right.$$

$$\left.-2\delta k\sin(\theta-2\omega t)\Big]\right\} \tag{43}$$

同理，活塞 P' 之加速率為

$$a=\frac{dV}{dt}=\frac{d^2D}{dt^2}$$

$$=\omega^2r\left\{-\cos(\theta-\omega t)+\frac{\delta}{2\omega^2}\left[\frac{\frac{d^2\phi}{dt^2}}{\phi^{\frac{1}{2}}}-\frac{1}{2}\frac{\left(\frac{d\phi}{dt}\right)^2}{\phi^{\frac{3}{2}}}\right]\right.$$

$$\left.+\frac{1}{2\omega^2}\left[\frac{\frac{d^2\psi}{dt^2}}{\psi^{\frac{1}{2}}}-\frac{1}{2}\frac{\left(\frac{d\psi}{dt}\right)^2}{\psi^{\frac{3}{2}}}\right]\right\}$$

$$=\omega^2r\left\{-\cos(\theta-\omega t)+\frac{\delta}{2\omega^2\phi^{\frac{3}{2}}}\left[\phi\left(\frac{d^2\phi}{dt^2}\right)-\frac{1}{2}\left(\frac{d\phi}{dt}\right)^2\right]+\frac{1}{2\omega^2\psi^{\frac{3}{2}}}\left[\psi\left(\frac{d^2\psi}{dt^2}\right)-\frac{1}{2}\left(\frac{d\psi}{dt}\right)\right]\right\}$$

$$=\omega^2r\left\{-\cos(\theta-\omega t)+\frac{\delta k^2}{4}\frac{f}{\phi^{\frac{3}{2}}}+\frac{1}{2}\frac{g}{\psi^{\frac{3}{2}}}\right\} \tag{44}$$

式中 $f=k^2\left[\cos^2 2\omega t+2(2h^2-1)\cos 2\omega t+1\right]$，$h=\frac{1}{k}$

$$g=(2+\frac{7}{2}\delta^3k^3)\cos\theta-\frac{5}{2}\delta^2k^2\cos 2\theta-\delta^2k^2(4m'^2-2\delta^2k^2-3)\cos 2\omega t$$

$$+\delta k(2m'^2-3\delta^2k^2-2)\cos(\theta-2\omega t)-2\delta^3k^3\cos(\theta+2\omega t)$$

$$+\frac{3}{2}\delta^3k^3\cos(\theta-4\omega t)-2m'^2-2\delta^2k^2-1)\cos 2(\theta-\omega t)$$

$$-\frac{5}{4}\delta^2k^2\cos(2\theta-4\omega t)-\delta k\cos(3\theta-2\omega t)+\cos(3\theta-4\omega t)$$

$$-\frac{1}{4}\cos 4(\theta-\omega t)-\left(4\delta^4k^4+\frac{5}{4}\delta^2k^2+\frac{3}{4}\right)$$

自(43)式，當 $\omega t=\theta$ 及 $\omega t=\theta+180°$ 時，

$$V_0=-r\omega\left\{\frac{\delta k^2}{2\phi^{\frac{1}{2}}}\sin 2\theta+\frac{1}{2\psi_0^{\frac{1}{2}}}\left[2\delta k\sin\theta-\delta^2k^2\sin 2\theta\right]\right\}$$

$$=-r\omega\cdot\delta k^2\sin\theta\left[\frac{\cos\theta}{\cos\varphi}+\frac{\delta\cos\theta-m}{\sqrt{m'^2-\delta^2k^2\sin^2\theta}}\right] \tag{45}$$

(45)式所得之 V_0 爲在二外表死點 (Apparant dead center) 時活塞 P' 之速率。實在死點 (Actual D. C.)之位置或可以圖解法求得。 數學分析亦曾試之，但其結果過繁， 故棄而不錄。星聚式連桿之運動及其慣力效應之範圍甚廣，本節所述僅其中一部份，作者現正從事於解決其他各點也。

論電氣事業之利潤限制

尹國墉

一　導言

我國關於公用之電氣事業，卽供給電光電力電熱於公衆以資營利之事業，以其投資龐大，爲免無益競爭，俾能合理經營起見，必須具有獨佔性，惟其具有獨佔性，故國家對其專營權之行使，有空間（營業區域）及時間（營業年限）之限制。且在此空間時間內，對其營業，工程，會計等，均有相當之取締。尤其對於利潤一點，因與公衆用戶之利益攸關，限制尤爲嚴密，玆爲列舉如次：

（一）全年純益(P)超過實收股本(C)百分之二十五時，其超過額之半數應用以擴充或改良設備，其餘半數應作爲用戶公積金，以備減少收費之用（民營公用事業監督條例第十二條）：卽

$$P=pc<\frac{1}{4}c \cdots\cdots\cdots\cdots\cdots\cdots\cdots (1)$$

（二）實收股本至少應佔投資總額(I)百分之三十。（電氣事業條例第七條）：卽

$$C=KI>1/3\,I \cdots\cdots\cdots\cdots\cdots\cdots (2)$$

（三）投資總額至少應爲每年總營業收入(R)之一倍（同上）：卽

$$I=qR>2\,R \cdots\cdots\cdots\cdots\cdots\cdots\cdots (3)$$

（四）發行債劵額(B)不得超過現存資產（A，如無虧損 A 卽等於 I）二分之一（仝上第八條）：卽

$$B>\frac{1}{2}A=\frac{1}{2}I \cdots\cdots\cdots\cdots\cdots (4)$$

玆就上述四項規定分別論之。

二　純利限制之標準

照第一項規定，純利之限制係以實收股本爲計算標準，而在歐美各國則均以投資總額爲計算標準。玆以 $_1$ 爲已除去對外債款利息後之全年純利，$_2$ 爲未除去債款利息前之全年純益，P_1 爲以實收股本爲標準之純益限制率，P_2 爲以投資總限爲標準之純益限制率，i 爲市場利率，e 爲債務費用，K 爲實收股本與投資總額之比率，則

$$P_1=P_1C=p_1KI, \cdots\cdots\cdots\cdots\cdots (5)$$

$$P_2=P_2I=p_1+e, \cdots\cdots\cdots\cdots\cdots (6)$$

$$e=i(I-C)=i(I-KI)=iI(1-K), \cdots\cdots\cdots\cdots\cdots (7)$$

$$P_2I=p_1KI+iI(1-K), \cdots\cdots$$

故

$$P_2=p_1K+i(1-K), \cdots\cdots\cdots (8)$$

卽

$$P_1=\frac{P_2-i(1-K)}{K}, \cdots\cdots\cdots\cdots (9)$$

由第(9)式，如 P_2 不變，則欲求 P_1 之大，惟在減小 K 及 i 之值。換言之，卽公司之純益限制如以投資總額爲標準，則欲求股息之增高，惟有取得低息之巨額債款。但市場利率自有其最低限度，借債之能力，亦自有其最高限度(卽 K 亦有其最低限度)，故 P_2 一經規定，則 P_1 亦有其自然之最高限制，絕不有至損公衆之利益。故純利限制如以投資總額爲標準，則公司爲求股息增高起見，必竭力增加其債款之數額與減低其利率。爲達此目的起見，又必須改良其管理，提高其效率，以取得公衆與金融界之信用。結果則在規定範圍內，公衆與公司交蒙其利。

如純利限制，照現行規定，以實收股本爲標準，則自第(8)式，吾人知 P_1 與 K 不變，則 i 愈大，P_2 愈大，而 i 在事實上又絕無高限。換言之，P_1 雖有限制，因

P_2之不受限制，用戶利益仍無充份保障可言。蓋 P_1 旣達高限後，公司旣不能再增純益，對於 i 之高低自可不十分關心，因之影響公司管理之改良，此其一。照公司之情形，本可借得低利之債款，因 P_1 已達高限，每每故借高利債款（每卽公司本身或股東之款），藉以從中圖利，反無從加以限制，此其二。考吾國採取此制，以爲債息旣作費用，則公司無法吸取低息債款之餘利，致損及用戶之利益，而不知流弊之如此也。查投資總額之利潤，只須有合理之限制，則在此範圍內如何分配此項利潤，純爲公司內部事務，殊無干涉之必要，況分配時仍須受經濟律則之支配（見前），尤可不必過問也。再，第（8）式可書爲

$$P_2=(P_1-i)K+i$$

如 P_1 大於 i，則 K 愈大，P_2 愈大；如 P_1 小於 i，則 K 愈小，P_2 愈大。換言之，欲 P_2 之增高，在 $P_1>i$ 時，須增加股本與債款之比率；在 $P_1<i$ 時，反須減少此比率，其亦背於電氣事業經營原則之甚者矣。

三 純利限制率

現行純利限制率爲實收股本百分之二十五。照普通習慣，公司純利如達此數，除法定公積金百分之十，餘 22.5%；除營利所得稅千分之百，餘 20.25%；假定官利爲百分之十，餘 10.25%；除董監職工酬勞百分之四十，餘 6.15%；故股東官紅利共計約爲 16.15%；在此數目內再扣股息所得稅千分之五十，股東實得不過 15.34%。在我國高利狀況下，前項百分之二十五之規定尙稱公允。玆假定改以投資總額爲標準，則其限制率可照第（8）式計算之，依規定 P_1 最高爲百分之二十五，K 最低爲$\frac{1}{3}$，i 照普通情形假定爲百分之十。

$$P_2=P_1K+i(1-K)=\frac{1}{4}X\frac{1}{3}+\frac{1}{10}(1-\frac{1}{3})=15\%$$

卽，電氣事業之利潤不得超過投資總額百分之十五也。

四 實收股本投資總額與債券

照公司法規定，公司債券額不得超過實收股本（$B<C$），如現有財產不及股本額，則不得超過現存財產額，故最大 $B=C$。照電氣事業法，$C>\frac{1}{3}I$，又 $B<\frac{1}{2}I$，則在最佳狀況下，$I=3C=2B$ 卽 $B=1.5C$。故電氣事業較普通公司發行債券之能力增加百分之五十。

以 L 爲 B 以外之債款，依公司法規定，最高 $B=C$

$$I=C+B+L=2C+L$$

$$C=\frac{I-L}{2}$$

如 L 爲數較小則 $C>\frac{1}{2}I$，現電氣事業條例規定 $C>\frac{1}{3}I$，亦較之爲寬。在最佳之情形下，

$$L=I-C-B=I-\frac{1}{3}I-\frac{1}{2}I=\frac{1}{6}I$$

此$\frac{1}{6}I$ 中，尙有保證金等，故公司金融之運用可謂穩妥已極也。

五 投資總額與每年總營業收入

電氣事業經營之得當與否視其盈虧（P），盈虧則視每年之營業收入（R）與費用（E）。收多費少則盈，反是則虧。爲便利起見常以費用與收入之比數表示之，謂之營業率（$r=\frac{E}{R}$）。r 大於 I 則虧，小於 I 則盈，愈小則盈餘愈多。玆以 r_1 爲以債息計作爲費用之營業率，r_2 爲以債息計入盈餘之營業率，q 爲投資總額與每年總營業收入之比率（$q=\frac{I}{R}$）。

$$r_1=\frac{E_1}{R}=\frac{R-P_1}{R}=1-\frac{P_1 KI}{R}=1-P_1 Kq \quad\cdots\cdots(10)$$

$$r_1=\frac{E_1}{R}=\frac{R-P_2}{R}=1-\frac{P_2 I}{R}=1-P_2 q \quad\cdots\cdots(11)$$

$$q=\frac{1-r_1}{p_1 K}=\frac{1-r_2}{p_2} \quad\cdots\cdots(12)$$

就現定 q 不得小於 2，

$$r_1=1-.25\times\frac{1}{3}\times 2=\frac{5}{6}=83.33\%$$

$$r_2=1-.15\times 2=70\%$$

由上，吾人知 $\frac{I}{R}$ 如規定為不得小於 2，則連債務費在內之營業率卽高至 83.33%，其實收股份之利潤仍可達 25% 之巨。此項規定未免過寬，殊不足勉勵經營者之努力整頓其業務。且 $\frac{I}{R}$ 而能等於 2，非收費過高，卽設備欠佳。凡此二者均與經營公用事業之原則相違背。玆假定 r_1 須低至 75%，始能獲 25% 之利潤，則

$$q=\frac{1-r_1}{p_1 K}=\frac{1-.75}{.25\times\frac{1}{3}}=3$$

而 $$r_2=1-p_2 q=1-.15\times 3=.55=55\%$$

以上數字似較合理，而實際上，q 亦在 3 與 4 左右也。

再債務費用 (e) 與總營業費用 (E_1) 之比數亦自有其限度：

$$e=i(1-K)I \quad\cdots\cdots(7)$$

$$E_1=R-P_1=\frac{I}{q}-p_1 KI$$

故 $$\frac{e}{E_1}=\frac{(1-K)iq}{1-p_1 qK} \quad\cdots\cdots(13)$$

又此項關係亦可以兩種營業率表示之：

$$r_1=\frac{E_1}{R}$$

$$r_2=\frac{E_2}{R}=\frac{E_1-e}{R}$$

$$\frac{r_2}{r_1}=1-\frac{e}{E_1}$$

故 $$\frac{e}{E_1}=1-\frac{r_2}{r_1} \quad\cdots\cdots(14)$$

如 q 規定最低為三，則依第(13)式

$$\frac{e}{E_1}=\frac{(1-\frac{1}{3}).10\times 3}{1-.25\times 3\times\frac{1}{3}}=26.67\%$$

或依第(14)式

$$\frac{e}{E_1}=1-\frac{.55}{.75}=26.67\%$$

由上項數字，足知債務費用佔全部營業費百分率之高，籌款一事實為電氣事業最重要之問題，而債款利率之高低，影響用戶之利益綦巨，故對於利潤之限制，尤不能不採取以投資總額為標準也。

六 結論

(一)現定純利限制，以實收股本為標準，流弊甚多，宜改定以投資總額為標準。

(二)現定純利限制為實收股本百分之二十五，尙屬公允。如改以投資總額為標準可定為百分之十五。

(三)現定實收股本最低為投資總額三分之一，債券額不得超過現存資產（如無積虧卽等於投資總額）二分之一，均合現狀。

(四)現定投資總額不得低於每年總營業收入之二倍，似覺略寬，可改為三倍，或竟不加規定。

鼠籠式旋轉子磁動力之分析

鍾 士 模

提要：一有Z槽之鼠籠式旋轉子，僅能產生第$\left(K\frac{2Z}{p}+v\right)$次之磁動力諧波。其中K爲任何整數，p爲靜止子之極數，v爲靜止子磁流諧波之序數。若$v=(2K+1)\frac{Z}{p}$，則所生之諧波，均屬振盪式(Oscillating)。若$v\neq K\frac{Z}{p}$，則所生之諧波，均屬旋轉式(Rotating)；其旋轉方向之正反，視$\left(K\frac{2Z}{p}+v\right)$值之正負而定。

(一) 導言

若欲討論感應電動機靜止子與旋轉子間各種磁流諧波所生之力矩等等，非詳細研究其旋轉子磁動力諧波之強弱與序數不可。下文卽係關於此項問題之探討。

(二) 二極電動機

因鼠籠式旋轉子所有銅條中電流之總和常爲零，故若$i_1, i_2, i_3, \cdots\cdots i_q, \cdots\cdots i_z$爲銅條1, 2, 3,$\cdots\cdots q, \cdots\cdots z$中之各個電流則：

$$i_1+i_2+i_3+\cdots\cdots+i_q+\cdots\cdots+i_z=0$$

或 $$i_1=-i_2-i_3-\cdots\cdots-i_q-\cdots\cdots-i_z$$

於是所有銅條自第二根起至第z根，均可認爲與第一根合成線圈。其電流均經第一根銅條迴轉。則旋轉子上之磁動力，卽可認爲係此$(Z-1)$個線圈所生磁動力之總和。茲爲簡便起見，先討論二極電動機靜止子之某次磁流諧波所生之旋轉子反應。

設：v爲靜止子之某次磁流諧波之序數。

x爲從第一槽量起以基波爲準之電角度。

ω_2爲第v次諧波所生旋轉子電流之角速度。

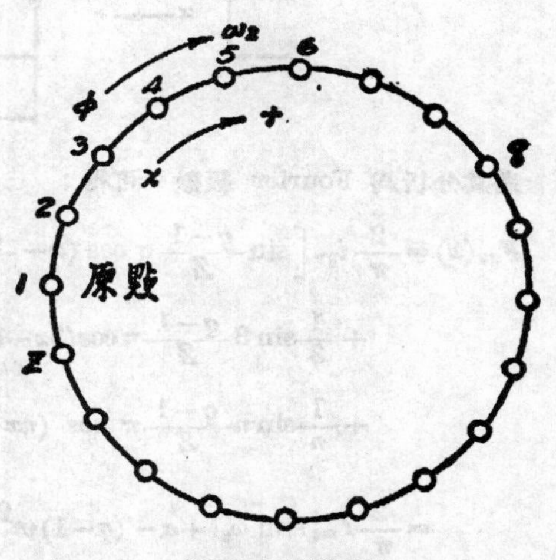

有Z槽之鼠籠旋轉子

s爲旋轉子之滑度。

f爲靜止子基波之週率。

i_{qv}爲由第v次諧波所生之第q根銅條中電流。

I_{mv}爲銅條中電流之振幅。

α爲任何初角。

Z爲銅條或槽之總數。

$F_{qv}(x)$爲由第一根與第q根銅條所成線圈在距離第一槽爲x處之磁動力。

$F_v(x)$爲x處之旋轉子總磁動力。

ρ爲$\frac{v}{Z}$之最近小整數。

則　$\omega_2=2\pi f[1-v(1-s)]$ ……………………………………………………(1)

$i_{qv}=I_{mv}\sin\left[\omega_2 t+\alpha-(q-1)v\frac{2\pi}{Z}\right]$ ……………………………………(2)

及　$F_v(x)=\sum_{q=2}^{z}F_{qv}(x)$ ……………………………………………………(3)

其 $F_{qv}(x)$ 之波形可示如下圖：

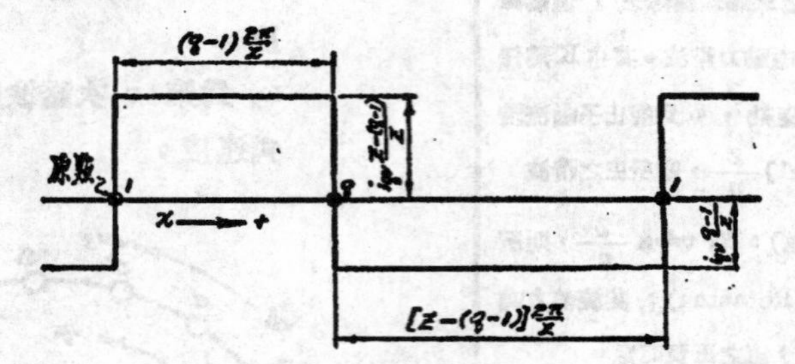

將其分析爲 Fourier 級數，可得：

$$F_{qv}(x)=\frac{2}{\pi}i_{qv}\Big[\sin\frac{q-1}{Z}\pi\cos\left(x-\frac{q-1}{Z}\pi\right)+\frac{1}{2}\sin 2\frac{q-1}{Z}\pi\cos\left(2x-2\frac{q-1}{Z}\pi\right)$$

$$+\frac{1}{3}\sin 3\frac{q-1}{Z}\pi\cos\left(3x-3\frac{q-1}{Z}\pi\right)+\cdots\cdots$$

$$+\frac{1}{n}\sin n\frac{q-1}{Z}\pi\cos\left(nx-n\frac{q-1}{Z}\pi\right)+\cdots\cdots\Big]$$

$$=\frac{2}{\pi}I_{mv}\sin\left[\omega_2 t+\alpha-(q-1)v\frac{2\pi}{Z}\right]\sum_{n=1}^{\infty}\frac{1}{n}\sin n\frac{q-1}{Z}\pi\cos\left(nx-n\frac{q-1}{Z}\pi\right)\cdots\cdots(4)$$

$$\because \sin A\sin B\cos C=\frac{1}{4}[\cos(A-B-C)-\cos(A+B+C)+\cos(A-B+C)-\cos(A+B-C)]$$

$$\therefore F_{qv}(x)=\frac{I_{mv}}{2\pi}\sum_{n=1}\frac{1}{n}\Big\{\cos\left[\omega_2 t-nx+\alpha-(q-1)v\frac{2\pi}{Z}\right]-\cos\left[\omega_2 t+nx+\alpha-(q-1)v\frac{2\pi}{Z}\right]$$

$$+\cos\left[\omega_2 t+nx+\alpha-(v+n)(q-1)\frac{2\pi}{Z}\right]-\cos\left[\omega_2 t-nx+\alpha-(v-n)(q-1)\frac{2\pi}{Z}\right]\Big\}$$

$$F_v(x)=\sum_{q=2}^{z}\frac{I_{mv}}{2\pi}\sum_{n=1}^{\infty}\frac{1}{n}\Big\{\cos\left[\omega_2 t-nx+\alpha-(q-1)v\frac{2\pi}{Z}\right]-\cos\left[\omega_2 t+nx+\alpha-(q-1)v\frac{2\pi}{Z}\right]$$

$$+\cos\left[\omega_2 t+nx+\alpha-(v+n)(q-1)\frac{2\pi}{Z}\right]-\cos\left[\omega_2 t-nx+\alpha-(v-n)(q-1)\frac{2\pi}{Z}\right]\Big\}$$

$$=\frac{I_{mv}}{2\pi}\sum_{n=1}^{\infty}\frac{1}{n}\sum_{q=2}\Big\{\cos\left[\omega_2 t-nx+\alpha-(q-1)v\frac{2\pi}{Z}\right]-\cos\left[\omega_2 t+nx+\alpha-(q-1)v\frac{2\pi}{Z}\right]$$

$$+\cos\left[\omega_2 t+nx+\alpha-(n+v)(q-1)\frac{2\pi}{Z}\right]-\cos\left[\omega_2 t-nx+\alpha+(n-v)(q-1)\frac{2\pi}{Z}\right]\Big\}$$

$$=\frac{I_{mv}}{2\pi}\sum_{n=1}^{\infty}A_{nv} \quad\cdots\cdots(5)$$

式中 A_{nv} 即係 $\sum_{n=1}^{\infty}$ 符號後之總和，其值因 v 與 Z 之各種關係不同而異。茲分別討論之於次：

(甲) $v=KZ$，K 爲任何正整數

若 $v=KZ$，則 $i_{qv}=I_{mv}\sin\left[\omega_2 t+\alpha-(q-1)KZ\frac{2\pi}{Z}\right]$

$$=I_{mv}\sin(\omega_2 t+\alpha).$$

但 $\sum_{q=1}^{z} i_{qv}=0$，　$\therefore\ ZI_{mv}\sin(\omega_2 t+\alpha)=0.$

於是　$I_{mv}=0$

即不論 A_{nv} 爲何數，$F_v(x)=0$ ……(6)

(乙) $v\neq KZ$，而 $V=(2K+1)\frac{Z}{2}$　或 $2V=(2K+1)Z$，K 爲任何正整數或零。

若 $2v=(2K+1)Z$，則因 v 須爲整數，Z 必爲偶數。

(1)　當 $n=K'Z+v$ 或 $n-v=K'Z$ 時，K' 爲自 $(-\rho)$ 起至 ∞ 之任何整數或零。(因若 $K'<(-\rho)$，n 變爲負數，與公式(5)不合)。

則
$$A_{nv}=\frac{1}{K'Z+v}\sum_{q=2}^{z}\Big\{\cos\left[\omega_2 t-(K'Z+v)x+\alpha-(q-1)(2K+1)\frac{Z}{2}\cdot\frac{2\pi}{Z}\right]$$
$$-\cos\left[\omega_2 t+(K'Z+v)x+\alpha-(q-1)(2K+1)\frac{Z}{2}\cdot\frac{2\pi}{Z}\right]$$
$$+\cos\left[\omega_2 t+(K'Z+v)x+\alpha-(K'Z+(\overline{2K+1})Z)(q-1)\frac{2\pi}{Z}\right]$$
$$-\cos\left[\omega_2 t-(K'Z+v)x+\alpha+K'Z(q+1)\frac{2\pi}{Z}\right]\Big\}$$
$$=\frac{1}{K'Z+v}\Big\{-\cos\left[\omega_2 t-(K'Z+v)x+\alpha\right]+\cos\left[\omega_2 t+(K'Z+v)x+\alpha\right]$$
$$+(Z-1)\cos\left[\omega_2 t+(K'Z+v)x+\alpha\right]-(Z-1)\cos\left[\omega_2 t-(K'Z+v)x+\alpha\right]\Big\}$$
$$=\frac{Z}{K'Z+v}\Big\{\cos\left[\omega_2 t+(K'Z+v)x+\alpha\right]-\cos\left[\omega_2 t-(K'Z+v)\cdots\cdots\right]\Big\}$$
$$=\frac{-2Z}{K'Z+v}\sin(\omega_2 t+\alpha)\sin(K'Z+v)x \quad\cdots\cdots(7)$$

8711

(II) 當 $n=K''Z-v$ 或 $n+v=K''Z$ 時，K'' 爲自 $(\rho+1)$ 起至 ∞ 之任何整數。（因 $K''<(\rho+1)$，則 n 爲負數，與公式（5）不合）。惟由此式所得之 n，即爲 (I) 項內之 n；蓋如 $K''Z-v=K'Z+v$，換言之，即 $K''=\frac{2v}{Z}+K'=2\rho+1+K'$。當 K' 自 $(-\rho)$ 起至 ∞ 之整數即等於 K'' 自 $(\rho+1)$ 起至 ∞ 之整數，故 A_{nv} 之値顯然已包括於 (I) 項內，無庸另列。

(III) 當 $n\neq K'Z+v$ 或 $n\neq K''Z-v$ 時，則

$$A_{nv}=\frac{1}{n}\left\{\frac{\sin(Z-1)v\frac{2\pi}{2Z}}{\sin v\frac{2\pi}{2Z}}\cos\left[\omega_2t-nx+\alpha-v\pi\right]-\frac{\sin(Z-1)v\frac{2\pi}{2Z}}{\sin v\frac{2\pi}{2Z}}\cos\left[\omega_2t+nx+\alpha-v\pi\right]\right.$$

$$+\frac{\sin(Z-1)(n+v)\frac{2\pi}{2Z}}{\sin(n+v)\frac{2\pi}{2Z}}\cos\left[\omega_2t+nx+\alpha-(v+n)\pi\right]$$

$$\left.-\frac{\sin(Z-1)(n-v)\frac{2\pi}{2Z}}{\sin(n-v)\frac{2\pi}{2Z}}\cos\left[\omega_2t-nx+\alpha+(n-v)\pi\right]\right\}$$

$$=\frac{1}{n}\left\{-\cos\left[\omega_2t-nx+\alpha\right]+\cos\left[\omega_2t+nx+\alpha\right]-\cos\left[\omega_2t+nx+\alpha\right]+\cos\left[\omega_2t-nx+\alpha\right]\right\}$$

$$=0 \quad\cdots\cdots\cdots\cdots(8)$$

將（7）與（8）代入（5），得

$$F_v(x)=\frac{I_{mv}}{2\pi}\sum_{K'=-\rho}^{\infty}\left[\frac{-2Z}{K'Z+v}\sin(\omega_2t+\alpha)\sin(K'Z+v)x\right]+0$$

$$=\frac{-ZI_{mv}}{\pi}\sin(\omega_2t+\alpha)\sum_{K'=-\rho}^{\infty}\frac{1}{K'Z+v}\sin(K'Z+v)x \quad\cdots\cdots\cdots\cdots(9)$$

（丙）$V\neq K\frac{Z}{2}$

(I) 當 $n=K'Z+v$ 或 $n-v=K'Z$，K' 之數値與（乙）(I) 項者同。

則：
$$A_{nv}=\frac{1}{K'Z+v}\sum_{q=2}^{z}\left\{\cos\left[\omega_2t-(K'Z+v)x+\alpha-(q-1)v\frac{2\pi}{Z}\right]\right.$$

$$-\cos\left[\omega_2t+(K'Z+v)x+\alpha-(q-1)v\frac{2\pi}{Z}\right]$$

$$+\cos\left[\omega_2t+(K'Z+v)x+\alpha-(K'Z+2v)(q-1)\frac{2\pi}{Z}\right]$$

$$\left.-\cos\left[\omega_2t-(K'Z+v)x+\alpha+KZ(q-1)\frac{2\pi}{Z}\right]\right\}$$

$$=\frac{1}{K'Z+v}\left\{\frac{\sin(Z-1)v\frac{2\pi}{2Z}}{\sin v\frac{2\pi}{2Z}}\cos\left[\omega_2 t-(K'Z+v)x+\alpha-v\pi\right]\right.$$

$$-\frac{\sin(Z-1)v\frac{2\pi}{2Z}}{\sin v\frac{2\pi}{2Z}}\cos\left[\omega_2 t+(K'Z+v)x+\alpha-v\pi\right]$$

$$+\frac{\sin(Z-1)(K'Z+2v)\frac{2\pi}{2Z}}{\sin(K'Z+2v)\frac{2\pi}{2Z}}\cos\left[\omega_2 t+(K'Z+v)x+\alpha-(K'Z+2v)\pi\right]$$

$$\left.-(Z-1)\cos\left[\omega_2 t-(K'Z+v)x+\alpha\right]\right\}$$

$$=\frac{1}{K'Z+v}\left\{-\cos\left[\omega_2 t-(K'Z+v)x+\alpha\right]+\cos\left[\omega_2 t+(K'Z+v)x+\alpha\right]\right.$$

$$\left.-\cos\left[\omega_2 t+(K'Z+v)x+\alpha\right]-(z-1)\cos\left[\omega_2 t-(K'Z+v)x+\alpha\right]\right\}$$

$$=\frac{-Z}{K'Z+v}\cos\left[\omega_2 t-(K'Z+v)x+\alpha\right] \quad\cdots\cdots(10)$$

(*II*) 當 $n=K''Z-v$ 或 $(n+v)=K''Z$。K'' 爲從$(\rho+1)$起至∞之任何正整數。則用同法得：

$$A_{nv}=\frac{1}{K''Z-v}\sum_{q=2}^{z}\left\{\cos\left[\omega_2 t-(K''Z-v)x+\alpha-(q-1)v\frac{2\pi}{Z}\right]\right.$$

$$-\cos\left[\omega_2 t+(K''Z-v)x+\alpha-(q-1)v\frac{2\pi}{Z}\right]$$

$$+\cos\left[\omega_2 t+(K''Z-v)x+\alpha-K''Z(q-1)\frac{2\pi}{Z}\right]$$

$$\left.-\cos\left[\omega_2 t-(K''Z-v)x+\alpha+(K''Z-2v)(q-1)\frac{2\pi}{Z}\right]\right\}$$

$$=\frac{Z}{K''Z-v}\cos\left[\omega_2 t+(K''Z-v)x+\alpha\right] \quad\cdots\cdots(11)$$

(*III*) 當 n 爲不包括於 (*I*) (*II*) 兩項內之任何正整數，則用(乙)(*III*)之方法可得

$$A_{nv}=0 \quad\cdots\cdots(12)$$

將(10)(11)及(12)代入(5)，得：

$$F_v(x)=\frac{I_{mv}}{2\pi}\left\{\sum_{k'=-\rho}^{\infty}\frac{-Z}{K'Z+v}\cos\left[\omega_2 t-(K'Z+v)x+\alpha\right]\right.$$

$$\left.+\sum_{k''=\rho+1}^{\infty}\frac{Z}{K''Z+v}\cos\left[\omega_2 t+(K''Z-v)x+\alpha\right]+0\right\}$$

$$=\frac{-ZI_{mv}}{2\pi}\left\{\sum_{K'=-\rho}^{\infty}\frac{1}{K'Z+v}\cos\left[\omega_2 t-(K'Z+v)x+\alpha\right]\right.$$

$$\left.+\sum_{K''=-(p+1)}^{-\infty}\frac{1}{K''Z+v}\cos\left[\omega_2 t-(K''Z+v)x+\alpha\right]\right\}$$

$$=-\frac{ZI_{mv}}{2\pi}\sum_{K'=-\infty}^{\infty}\frac{1}{K'Z+v}\cos\left[\omega_2 t-(K'Z+v)x+\alpha\right] \quad \text{(13)}$$

（三） p 極電動機

若一電動機，有 p 極，則以基波爲準所量之電角度應等於認其爲二極時量得者之 $\frac{p}{2}$ 倍；同時，其諧波之序數當係認其爲二極時者之 $\frac{2}{p}$ 倍。故如

x' 爲自第一根銅條量起以 p 極之基波爲準之某點電角度。

v' 爲 p 極靜止子之某次磁流之諧波序數。

則 $$x'=\frac{p}{2}x \quad \text{(14)}$$

$$v'=\frac{2}{p}v \quad \text{(15)}$$

將(14)(15)代入(6)(9)(13)，得應用於 p 極電動機之公式：

（甲） $v'=\frac{2}{p}v=\frac{2}{p}KZ=K\frac{2Z}{p}$，則

$$Fv'(x')=0 \quad \text{(16)}$$

（乙） $v'=\frac{2}{p}v=\frac{2}{p}(2K+1)\frac{Z}{2}=(2K+1)\frac{Z}{p}$，則

$$Fv'(x')=-\frac{ZI_{mv'}}{\pi}\sin(\omega_2't+\alpha')\sum_{k'=-\rho}^{\infty}\frac{1}{K'Z+\frac{pv'}{2}}\sin\left(K'Z+\frac{pv'}{2}\right)\frac{2}{p}x'$$

$$=-\frac{\frac{2Z}{p}I_{mv'}}{n}\sin(\omega_2't+\alpha')\sum_{K'=-\rho}^{\infty}\frac{1}{K'\frac{2Z}{p}+v'}\sin\left(K'\frac{2Z}{p}+v'\right)x' \quad \text{(17)}$$

式中 $\omega_2'=2\pi f[1-v'(1-s)]$，$\alpha'$ 爲一任何初角度，ρ 爲 $\frac{v'}{\frac{2Z}{p}}$ 之最近小整數。$I_{mv'}$ 爲銅條中由 v' 次諧波所發生電流之振幅。

（丙） $v'\neq K\frac{Z}{p}$，則

$$F_{v'}(x') = -\frac{ZI_{mv'}}{2\pi}\sum_{K'=-\infty}^{\infty}\frac{1}{K'Z+\frac{pv'}{2}}\cos\left[\omega_2 t-\left(K'Z+\frac{pv'}{2}\right)\frac{2}{p}x'+\alpha'\right]$$

$$= -\frac{\frac{2Z}{p}I_{mv'}}{2\pi}\sum_{K'=-\infty}^{\infty}\frac{1}{K'\frac{2Z}{p}+v'}\cos\left[\omega_2' t-\left(K'\frac{2Z}{p}+v'\right)x'+\alpha'\right]\cdots\cdots\cdots(18)$$

（四）結論

由以上分析結果，可知有Z槽之鼠籠式旋轉子，僅能產生第$\left(K'\frac{2Z}{p}+v'\right)$次之磁動力諧波，其振幅與$\frac{I_{mv'}}{K'\frac{2Z}{p}+v'}$成正比例；其分佈形式爲振盪式或旋轉式，則依$\frac{2Z}{p}$與$v'$之關係而定。

（甲）假若靜止子之某磁流諧波序數爲二極間旋轉子槽數之倍數，則銅條中由此諧波所生之電動力皆係同相，故不發生電流，其磁動力必爲零。

（乙）假若靜止子之某磁流諧波序數，不等於二極間旋轉子槽數之倍數，而等於一極間槽數之倍數，則各相鄰銅條中由此諧波所發生之電動力及電流，皆係反相，宛如一單相之旋轉子，其磁動力諧波均爲振盪式。

（丙）假若靜止子之某磁流諧波序數，與（甲）（乙）兩項所述者不同，則由此諧波所生之旋轉子磁動力諧波均爲旋轉式，其旋轉方向之正反，視$\left(K'\frac{2Z}{p}+v'\right)$值之正負而定。對於旋轉子之相對旋轉速度爲

$$\frac{\omega_2'}{K'\frac{2Z}{p}+v'}。$$

（丁）假若$\frac{2Z}{p}$不等於整數，則

$$\left(K'\frac{2Z}{p}+v'\right)$$

不能常爲整數。於是其磁動力之空間分佈含有次諧波（subharmonics）。

作者草此文時，蒙　章名濤教授予以指導，獲益良多，特此誌謝。

大學叢書 已出版書

法學院經濟系用

經濟學原理	吳世瑞著	精裝本一冊六元；平裝本二冊四元二角
經濟學概論	巫寶三、杜俊東著	精裝本一冊八元五角；平裝本二冊六元五角
數理經濟學大綱	Mehta著 胡澤譯	精裝本一冊二元；平裝本一冊一元四角
經濟學方法論	劉絜敖著	精裝本一冊二元八角；平裝本一冊一元八角
經濟思想史	張毓珊著	平裝本一冊一元六角
經濟思想史（參考書）	Haney著 臧啟芳譯	普通本一冊四元
古典派經濟學說史	河上肇著 林植夫譯	普通本一冊二元五角
經濟學史	Ingram著 胡澤等譯	精裝本一冊二元八角
經濟學說史	Spann著 陳清華譯	精裝本一冊二元八角；平裝本一冊二元
中國經濟思想史 上卷	唐慶增著	精裝本一冊三元；平裝本一冊二元二角
中國經濟史	馬乘風著	精裝本五冊(一)四元五角(二)六元；平裝本五冊(一)三元(二)四元
中國經濟改造	馬寅初著	精裝本一冊六元五角；平裝本二冊四元五角
現代世界經濟史綱要	伍純武著	平裝本一冊二元
財政學	尹文敬著	精裝本一冊六元七角；平裝本二冊(上)二元七角(下)一元八角
財政學大綱 附中國租稅史略	Adams著 劉秉麟譯	精裝本一冊二元；平裝本一冊一元六角
財政學新論	Shirras著 許炳漢譯	精裝本一冊四元二角；平裝本一冊三元二角
統計學大綱	金國寶著	精裝本一冊四元六角；平裝本二冊三元二角
高級統計學	艾偉著	精裝本一冊四元八角；平裝本二冊(上)二元五角(下)二元七角
統計製圖學	陳善林著	精裝本一冊三元；平裝本一冊二元
中國勞工問題	陳達著	普通本一冊三元六角
英國工會運動史	Webbs著 陳建民譯	精裝本一冊三元八角；平裝本二冊二元八角
土地經濟論	河田嗣郎著 李達等譯	精裝本一冊三元五角；平裝本一冊一元七角
貨幣學	王怡柯著	精裝本一冊三元六角；平裝本一冊二元五角
國際經濟政策	Culbertson著 潘源來譯	精裝本一冊三元二角；平裝本一冊二元三角
中國之新金融政策	馬寅初著	精裝本一冊六元五角；平裝本一冊四元五角
工業政策	關一著 馬凌甫譯	精裝本一冊五元；平裝本二冊三元八角
賦稅論	胡善恆著	精裝本一冊五元八角；平裝本二冊四元
租稅轉嫁與歸宿	Seligman著 許炳漢譯	精裝本一冊三元二角；平裝本一冊二元五角
財務行政論	胡善恆著	精裝本一冊二元四角；平裝本一冊一元七角
公債論	胡善恆著	精裝本一冊二元八角；平裝本一冊二元

商學院用

中國交易所論	楊蔭溥著	普通本一冊三元五角
鐵路行車概論	袁耀萱編著	精裝本一冊四元；平裝本一冊二元五角
鐵路貨運業務	沈奏廷著	精裝本一冊二元五角；平裝本一冊一元八角
鐵路運價之理論與實際	沈奏廷著	精裝本一冊一元五角
海洋運輸原理	胡繼瑗著	精裝本一冊二元五角；平裝本一冊一元七角
實用工商統計	林和成著	精裝本一冊五元；平裝本一冊三元五角
人壽保險學	Huebner著 徐兆蓀譯	精裝本一冊三元二角；平裝本一冊二元二角
中華銀行論	馬寅初著	精裝本一冊三元；平裝本一冊二元二角
中央銀行論	崔曉岑著	精裝本一冊三元二角；平裝本一冊二元二角
中國政府會計論	雍家源著	精裝本一冊七元；平裝本二冊五元
中國鐵路會計學	葉崇勛著	精裝本一冊四元八角；平裝本一冊三元二角
投資數學	褚鳳儀著	精裝本一冊五元五角；平裝本二冊四元

*[H]B52-29:7

蒲河閘壩工程施工之經過

邢丕緒

導淮委員會綦江工程局蒲河閘壩工務所主任工程師

本篇內容：一、引言　二、計劃概要　三、施工經過：(一)選擇閘址；(二)擋水抽水及清底；(三)閘牆及輸水道；(四)閘門與輸水道門；(五)滾水壩。　四、工程數量人工與費用　五、現在狀況　附錄：(一)石牆與木門；(二)水泥石灰之攙合；(三)結論。

一　引言

綦江為長江右岸支流之一，源出於貴州之桐梓縣，入川省後，名松坎河，至趕水場附近，合羊渡藻渡二支流，始名綦江。至三溪場，復合蒲河之水，下流經綦江縣城至江津，匯入長江。全河流域盛產煤鐵，惟水小流急，淺灘甚多，航行甚感困難，其有峽峒阻隔之處，且須節節盤駁，耗力費時。鋼鐵廠遷建委員會為便利煤鐵之運輸起見，爰商請導淮委員會規劃整理，以應需要。導淮委員會乃派人查勘，測量，根據結果擬具全河幹支各流之整治計劃，並於去年十一月成立綦江工程局主辦各項工程，蒲河閘壩工程，卽該計劃中之一部分也。

蒲河源出於南川縣境內，以魯峽峒之阻隔(一公里之內比降差約為二十公尺)，船隻僅能航行於河口附近之一段，流量甚小（本年之實測普通低水時期約為每秒二立方公尺餘），坡陡水淺，險灘相連，水小時涸可見底，船隻無法通行，水大時順流而下者，流急船疾，時有撞碎之事，逆流而上者，又往往需縴夫數十，盡半日之力僅能拖過一灘，日行不過數公里。為免除此種困難起見，導淮委員會乃決定建築閘壩將本河實行渠化。

二　計劃概要

蒲河施行渠化之一段，係自河口起，上至蒲河場止，共長十五公里。在此一段內，平均比降為千分之一。渠化之計劃係在此段內建築船閘三座，自下而上曰大智，在三溪場旁石板灘；曰大仁，在石角鎮下游大長灘；曰大勇，在蒲河場下游桃花灘。其水面升降差在大智、大勇兩閘各為五公尺，大仁為五・三公尺。船閘修成後可維持最淺水深一・二公尺，吃水一公尺之船可往來無阻。

各閘之設計，大致相同，均係雙門單級式。全長共一百一十五公尺，兩門相距七十三公尺。閘牆高八公尺，閘室淨長六十六公尺，寬九公尺，預計每次可容載重五噸之船十二艘，或載重十噸之船六艘；過閘時間約一小時，以每日開放上下各十次計，上下貨物均約可達六百噸。閘門孔寬為八公尺，可容兩隻船同時出入。

船閘之旁均附設滾水壩，以維持各閘間之水位。壩長在大智為四十五公尺，在大仁為五十九公尺，大勇為三十七公尺。

輸水設備共有四涵洞，上游入水與下游瀉水者各二。涵洞均高為一・五公尺，寬為一・二公尺。

三 施工經過

蒲河閘壩工務所於去年十一月中旬成立，各閘亦即同時開工，原定六個月內完成，惟以工具材料人工均感缺乏，洪水氾濫頻仍，加以其他種種無法預防之困難，致期限不得不延長。本年六月下旬，大智、大仁兩處船閘之石工完竣，八月下旬兩閘開始正式使用，九月底及十月初，兩閘全部完成。十一月底，大勇亦全部完成，各閘施工經過情形略如下述。

(一)選擇閘址　選擇閘址時，凡河底之狀況，河身之曲直，及兩岸之情形，均爲必須顧及之要件，而在目前情況之下，河底之狀況與水深變爲決定本工程各閘址之首要因素。大智、大仁兩閘均未經特殊困難卽行決定，惟大勇一閘屢擇屢改，當時鑽探器具缺乏，時間上又不容許預備，僅能用極簡單之方法試探，經過一個月之光陰，至十二月中旬始決定現在之位置。

(二)擋水抽水及清底　蒲河原本通航，因維持航運及其他關係爰決定施工步驟如下：(1)先修船閘使至相當高度；(2)開始築滾水壩而於中段留一缺口；(3)完成船閘使用；(4)完成滾水壩。故施工之第一步工作爲築船閘之擋水堤。

擋水堤構造之材料爲塊石與粘土。先將河底之沙石等挖去，然後用塊石築成兩道夾牆，中部實以粘土，遇有水較深，第一次難挖至底之處，如透水過甚，則於第一道堤築成後再由裏面貼築一道，務使粘土緊貼硬底以減少透水量。

擋水堤築成後，卽開始抽水與清除河底；以河底岩層多裂縫透水且洪水時溢擋水堤頂，故抽水工作與全部工程相終始。大智、大仁兩閘抽水機運到較早，人工與機器同時工作；大勇除後期外，僅能用人工淘戽。三閘中除大仁河床略有塊石砂礫外，餘均係堅硬之岩石間以較軟之紅石，火藥轟炸有時亦難爲力，挖至規定深度，甚屬困難。至本年二月，大智、大仁兩閘始能部分開始砌牆，大勇閘因覓定閘址較遲，且係劈山坡而築，最深處有須開岩石至十公尺深以上者，故遲至三月始得部分開始砌牆，至六月中旬，船閘清底始告完畢。

(三)閘牆及輸水道　除底部因地形過於不規則曾酌用一比三比六混凝土外，閘牆本部均係用三公寸見方一公尺長之條石砌成，平縫係用一比三水泥沙漿舖墊，直縫係用一比三比六混凝土灌澆。爲節省水泥起見，大仁、大勇兩閘閘牆上部次要部分曾在水泥內攙用石灰而成一比一比六之沙漿與一比一比六比十二之混凝土。輸水道原定亦用條石砌，後以該處形狀複雜，工作不易，酌改用一比二比四混凝土。

砌牆工作，大智、大仁兩閘於二月中開始，六月底完畢。大勇閘於三月中開始，至八月中完竣。

(四)閘門與輸水道門　因鐵件缺乏，各閘閘門均用木製。門採雙扇轉闔式，以厚三十公分，寬三十五公分，長五公尺之木料用鐵夾板及螺釘聯繫而成。大勇閘因木料缺貨，門中部之木料改用厚十五公分者。

閘門開關機係用轉輪齒桿方法，齒桿一端聯於門上，一端與齒輪相聯，人在閘頂推動齒輪，閘門卽可開闔。

輸水道之門係插門式，亦用木製成，有鐵輪六，貼於兩根豎立之鋼軌上，上聯開關轉輪。

木料與鐵件購買均甚困難，經包商各處搜羅始於六月後陸續運來工地，卽拚做安裝，至八月初大智、大仁兩閘安裝完竣，九月中，大勇亦竣。

(五)滾水壩　滾水壩之建築係先以條石砌成數道縱橫隔牆，再將隔牆中間用大塊石填滿，塊石空隙則用碎石子等填塞。隔牆之砌法與閘牆同。壩面係用三公寸見方六公寸長之條石豎直砌成。以條石供應不及，一部改用大塊石，墻面砌成後，用石灰沙漿灌縫。

滾水壩修築之前，其擋水清底等一如船閘。爲縮短工作時期起見，各壩均先由兩端築起，中段留一缺口以維持航運及水流，待至船閘完全竣工後始行堵築。故堵口工作實爲各閘最後之工作。大智閘於九月底完成，大仁閘於雙十節完成，大勇閘於十一月底完成。

四　工程數量人工與費用

各閘工程主要項目實際做成之數量如下表。(閘門與其他零星工作未列入)

項　目	大　智	大　仁	大　勇
砌條石（立方公尺後均同）	6961.32	9484.12	5637.04
砌塊石	2241.45	3675.30	1402.19
一比二比四混凝土	141.14	223.45	63.71
一比三比六混凝土	349.71	456.69	322.49
開挖土石方	6140.75	8360.38	13581.39
砌亂石坡	400.28	342.95	—
填土	461.70	2617.00	382.45

除閘門鐵件係在重慶製造，人工無從統計外，直接參加工作之人工統計如下表。

工人類別	大　智	大　仁	大　勇
石工	42,922	68,957	47,450
木工	1,782	2,079	2,566
其他工匠	550	1,209	6,777
雜項小工	60,131	67,934	43,331
總計	105,385	140,229	100,124

本工程係由馥記營造廠承包，因時間倉猝，各項詳細數量未能事先確定，僅約略估計各閘之建築費如下：

大　智　161,239.70 元
大　仁　179,054.74 元
大　勇　177,962.89 元

另外閘門費約共十二萬元（因與其他各閘合估無單獨數目），水泥約一萬桶，由導淮委員會供給。

開工以後，變更之點甚多。因利用原來之岩石，省去砌石方不少。單大勇閘一處已省去約三千七百公方。臨時增加之項目甚多，均爲原估價單所未具。此等項目之單價，現尚未議定，故決算工費尚未能確知。約略估計，連水泥閘門等均在內，三閘約共需八十萬元。

五　現在狀況

除大勇閘下游有一段河底較規定爲高，現正從事整理外，綦河整治工作大致已告一段落；各閘均已正式使用，昔日之險灘現均深沒於水底，凡昔日所懼之水淺流急擋船及縴挽費力等事已均化爲烏有，險路變爲坦途，船行河中，如行靜水，往來自如，晝夜無阻；行船者但見閘門不斷開闔，而不知政府已每公里付出五萬元之代價矣。

附　錄

在本工程所包含之種種問題中，作者願在此逑出三項，以供工程界同人之參考。

(一)石牆與木門　建築材料之選定，須兼顧及環境，此次導淮委員會對本工程選定用石牆與木門卽係適應環境之需要。

在普通情形之下，閘牆以用混凝土爲較宜，顧自抗戰以來各大水泥廠先後淪於敵手，僅餘重慶一廠，出品有限，難應各方面之需要，萬一供應不及，必至延誤工程。蒲河兩岸皆山，雖其石料未必全適於開採條石，但一經覓到適當石料，不過增加人工與運費，較易爲力。導淮委員會有見於此，爰於計劃之初卽决定閘牆全用石砌，此項决定，旋卽證明其確屬必要。去年與水泥廠簽定合同時，廠方惟恐會方運輸不及，今年事實證明，廠方反不能如期交貨。使本工程不用石料而用混凝土，恐明年此時亦未必便能完成也。

使用條石亦較經濟，在本工程內條石價格約當一比三比六混凝土價格二分之一。

以高八公尺兩邊水面差五公尺餘之閘門，爲堅固耐久計，應全部用鋼鐵製成，惟自抗戰軍興，鋼鐵異常缺乏，縱出高價，亦難購到現貨，且以鋼鐵對戰爭之需要，其他事業凡可以少用鋼鐵之處，均宜力事撙節，以供軍用，因此導淮委員會當局决計作巨大木門設計之嘗試。

木門之採用亦煞經困難，巨大之木料甚難購買，拚合又費鐵件太多，預定厚三十公分寬三十五公分之木料巳係小無可小，而經包商搜羅數月，運到者終不敷用，致大勇閘不得不將一部分木料之厚度由三十公分改爲十五公分。

木門之製造費約較鋼門稍廉，但壽命甚短，若以長期計仍屬不經濟，但爲適應抗戰需要，固不得不如此也。

(二)水泥石灰之攙合　爲節省水泥起見，在本工程次要部分，曾酌將石灰攙入水泥內使用，成份爲一比一。今夏作者奉命兼對此二者之混合物，就不同之比例，作各種性質之詳細試驗，以壓力一部須借用中央大學儀器，尙未完竣，故尙未能發表，作者認爲此二者攙用可予吾人以相當滿意之結果，深望其他工程使用大量水泥時能斟酌情形使用此法，對節省水泥減少工費二者或不無小補也。

(三)箝縫　因木門縫與石縫之漏水，引起作者對此問題之注意。普通箝縫，多習用造船人之舊法，卽以桐油和石灰擣好攙入蔴線，再箝入縫中，擣實。據作者個人之試驗，若以水泥代替石灰，則質細而密，透水性極小，凝後堅硬異常，且收縮性極微，拌和又易，實遠勝於石灰，惜此法得之稍晚，本工程大部分木縫仍係用舊法，僅一小部得用此法。

電話電纜平衡之原理及其實施

顧 縠 同

引言　有線電通訊，最初利用架空電纜傳遞，自負荷線圈及增音器發明，而電纜之應用乃確立基礎，蓋以其心線之細小，線路之衆多；外界感應之減少，維持之經濟，均爲架空線所不及，故歐美各國，對其應用逐漸推廣；二年前，京滬長途電話，有採用電纜之擬議，惜因戰事驟起，未能成爲事實，良可惋惜，然將來之發展，正未可限量，諸凡電報電話及訊號等之傳遞，必將利用電纜，以達最有效率之途徑，惟以電纜內線間之距離，較架空線爲小，其線間之電容特大，如有不平衡，甚易發生串音之弊；故吾國將來利用電纜時，對於其平衡實施方法，必須特加注意，而對於四股電纜爲尤其重要；本篇就四股電纜之電容平衡原理，實測方法，各種接線平衡方法，電容器平衡方法，以及股線間不平衡之處理方法，略加敍述，並將電阻不平衡之改善方法，附帶述及，或足爲將來施放電纜工程時之一助。

電纜之種類　電纜可分爲架空電纜，地下電纜及水底電纜三種；而以製造上之不同，又可分爲單心（Single Core），雙絞(Twin-twised)，星絞四股(Star-quad)，複絞四股(Multiple-twin)，同軸 (Coaxial) 五種。單心電纜，大都用於電報線路，雙絞電纜用於市內電話，四股電纜兼用於長途及市內電話，同軸電纜爲近年所發明，其傳遞周率約可達 500,000 至 2,000,000，適用於多次載波電話及電視，惟正在試用期，效率如何，尙未明顯。各電纜中，以四股電纜用之最廣，其製造方法，爲四線絞成一股，合股線而成電纜。在四線之中，每二線成一通話電路，而四線綜合又可成一幻象電路(Phantom Circuit)，如再在線上加以載波電話或電報，則效用更廣，玆先將各項定義加以說明如下：

對線(Pair)　每兩根絕緣線，成一電路，通常稱曰對線。

四股線(Quad)　每四根絕緣線，絞成一組，稱之四股線；股線可分爲二種：一卽複線四股線 (Multiple-twin Quad)，每股中二線先絞成一對，再互絞成股；一爲星絞四股線 (Star-quad)，四根線係同一軸心絞成一組，其對角線成爲一對。

邊線路(Side Circuit)　二線之電路組成幻象線路之一邊，統稱曰邊線路。

幻象線路 (Phantom Circuit)　在二個對線上，另生一通話電路，名之曰幻象電路。每對話線，組成此項線路之一邊，以兩線作一線之用，並聯通電，兩線之電流相等，故對於對線自身之通話，不受影響。

負荷段(Loading Section)　在鄰近兩負荷線圈(Loading Coil)中間之電纜，或自終端站至第一負荷線圈之一段電纜，名之曰負荷段。

互感容量(Mutual Capacity)　每對線間之互感電容量，卽爲該線與電纜鉛包接通，並接地時所測得之電容量。幻象線路之互感量，卽在絞線中，二對線間所測得之電容量，其他各線均與鉛包及地接通。

電纜內各線之檢視　在電纜中，各股線及各線均可隨時檢認，通常於各股線之絕緣紙上，印有不同之顏色線條，依一定順序分配，其條紋數量，依各線在股線中所占次序而定，約如下圖：

第一圖　電纜條紋及排列

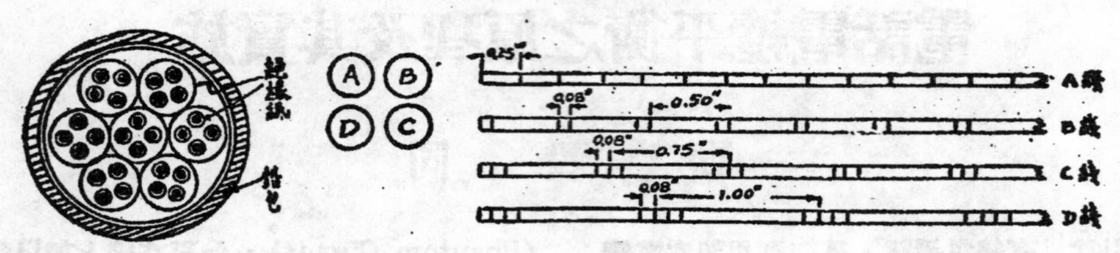

其絕緣紙顏色之排列略如下表：

層數	股線在該層之次序	各線絕緣紙所印線條之顏色	股線外包絕緣紙顏色	
			中心及雙層數	單層數
1	第一(起始) Marker 中間數	紅	白色加橙黃條	黑色加橙黃條
2	第二,第四……等	藍	白	黑
3	第三,第五……等	紅	白	黑
4	最末(Reference)	藍	白色加橙黃條	黑色加橙黃條

股線中之四線，以 A,B,C,D 代表之，AB 及 CD 各為對線，而四線之次序，以條紋指示，如第一圖；股線之號數，則自電纜中心層向外數起，但在試驗電纜時，為便利起見，往往自外層以達中心。起數時，由每層之標記股線 (Marker) 開始，依顏色之次序進行。

每種股線，必有一定之記號，通常用三位數字標名之：第一位指層數，第二位指線條之顏色，第三位則指明股線在該層中之次序，譬如 4B6，即指第四層中，第六股線，其絕緣紙上有藍色線條者。

電纜平衡之理論　下圖示股線中 A,B,C,D 四線通話情形：

第二圖

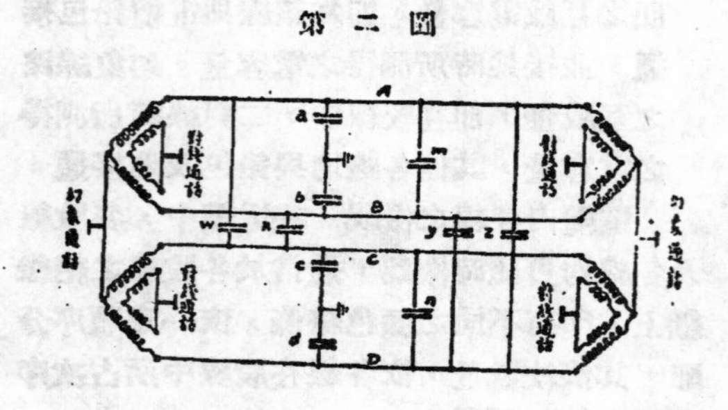

圖中顯示，每線與其他各線之電容，及其與鉛包及大地之電容；如將上項關係，另行排列，作側視形，則更為明瞭，即 A,B,C,D 各線，祇見其切面，T_1,T_2 對線之通話，及 T_3 幻象通話，在圖中祇見其一部份。

第三圖

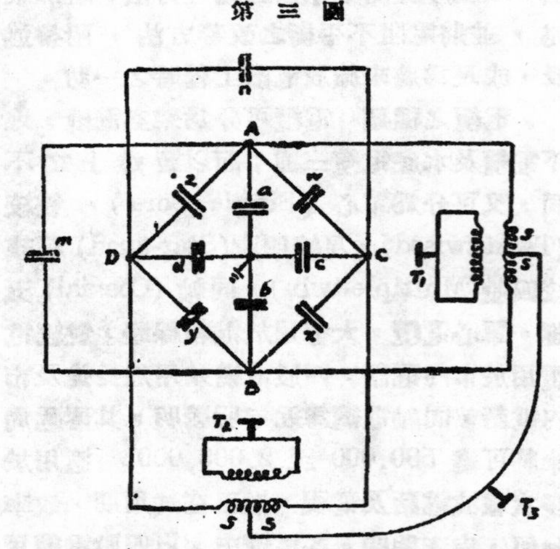

在第三圖中，W,X,Y,Z 為不同對之線間直接電容；m,n 為同對線之直接電容；a,b,c,d 為各線自身對於外界線路或鉛

包及大地之電容，此乃指示股線間直接電容之基本方法。❶

開氏電網定理 (Campbell's Network Theorem) 在任何 n 接點之電網中，直接電容之數量可以公式 $\frac{n(n-1)}{2}$ 代表之，以此項電容數，分別接於二點間，則可整個表示一相等電網，對於外界其他電網之作用亦相同（其他電網與原有之電網之聯接，須爲導電式）。

定理一：直接電容之爲二個並聯電容合成者，等於二電容之和。

定理二：在二點間之直接電容，如爲二個電容，分自二點接至隱藏之第三支點所合成者，等於此二電容之積，復除以在第三支點出發之各電容之和。

第四圖　　　　第五圖

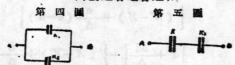

圖四 A,B 二點間之直接電容，等於 K_1,K_2 二並聯電容之和，即 K_1+K_2，而圖五 A,B 二點間，有 K_1 及 K_2 二串聯電容，其直接電容爲 $\frac{K_1 \cdot K_2}{K_1+K_2}$（在 K_1 及 K_2 間假定有第三支點）。

圖六爲一較複雜之電網，可按第二定

第六圖

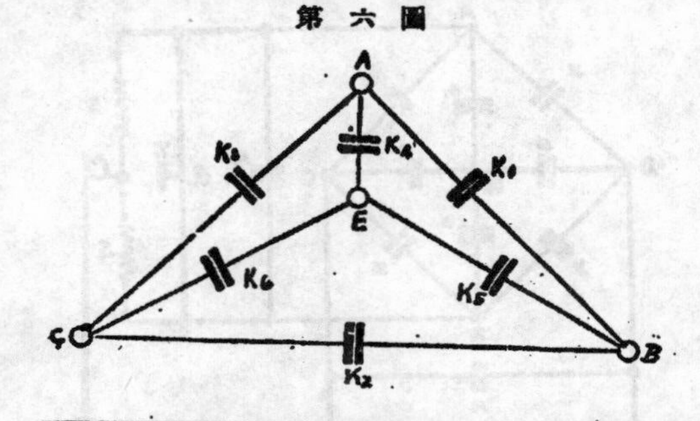

理，將 E 點併合，並按第一定理改成第七圖之相等簡單形式，即 AB 點間之直接電容

第七圖

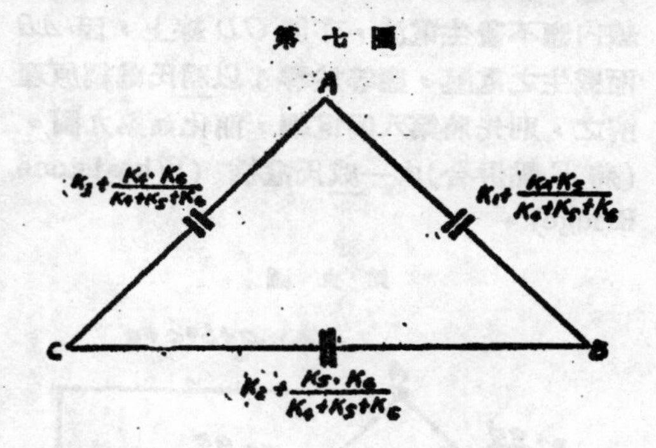

爲：

$K_1+\frac{K_4 \cdot K_5}{K_4+K_5+K_6}$；$BC$ 點間之直接電容爲：$K_2+\frac{K_5 \cdot K_6}{K_4+K_5+K_6}$；$CA$ 間爲 $K_3+\frac{K_4 \cdot K_6}{K_4+K_5+K_6}$。

邊線路通話無干擾之情形　如股線間，祇有對線通話，欲使二對線間，互不干擾，即 AB 間通話時，CD 間不受干擾，或 CD 間通話時，AB 間不受干擾，其方法如下：❷

第八圖

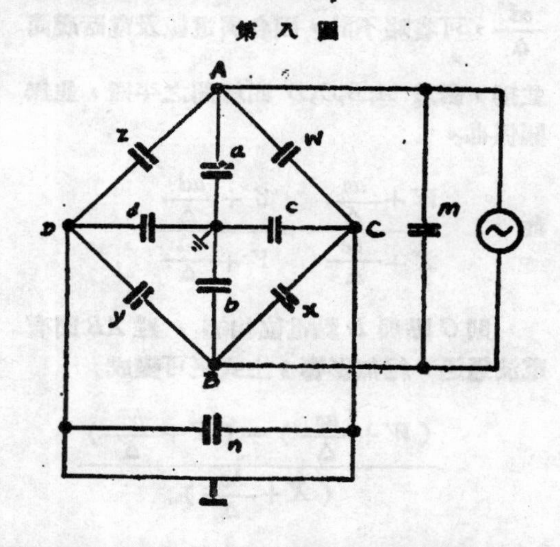

❶互感電容與直接電容並不相同，互感電容爲二線間（任何二線）之直接電容，及二線與大地之直接電容。

❷串音之測量，通常爲測量串音電流，與電源電流之比例，其單位爲百萬份之一，測量範圍，約爲 20—20,000 單位。

在第八圖中，如 AB 及 CD 間，相互不致干擾，則在 AB 線上，如接以電流，CD 線內應不發生電流，亦即 CD 線上，因 AB 而感生之電壓，應等於零；以開氏電網原理解之，則先將第八圖電網，簡化如第九圖，(將 E 點併合)成一威氏電橋 (Wheatstone Bridge)。

第九圖

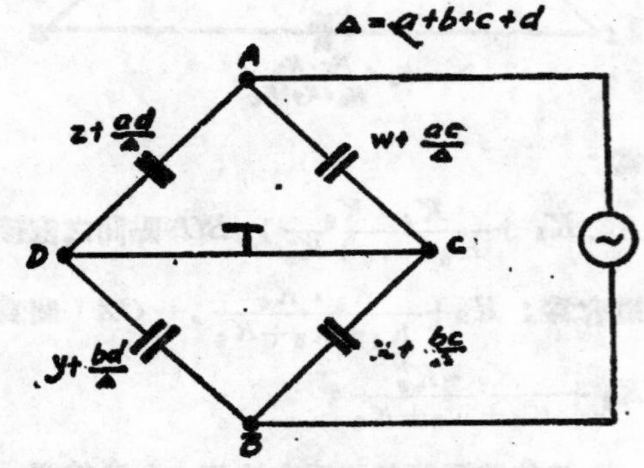

在 AB 線間之直接電容，及 CD 間之直接電容，經簡化後各爲：$m+\frac{ab}{\Delta}$ 及 $n+\frac{cd}{\Delta}$，可省略不計，因各與電源及電話聽筒並接，對於 A,B,C,D 四線間之平衡，並無關係也。

如
$$\frac{W+\frac{ac}{\Delta}}{X+\frac{bc}{\Delta}}=\frac{Z+\frac{ad}{\Delta}}{Y+\frac{bd}{\Delta}},$$

則 C 點與 D 點電位相等，雖 AB 間有電流通過，絕無影響；上式更可變成

$$\frac{(W+\frac{ac}{\Delta})-(X+\frac{bc}{\Delta})}{(X+\frac{bc}{\Delta})}=\frac{(Z+\frac{ad}{\Delta})-(Y+\frac{bd}{\Delta})}{(Y+\frac{bd}{\Delta})},$$

即
$$\left\{(W+\frac{ac}{\Delta}-(X+\frac{bc}{\Delta})\right\}\left\{Y+\frac{bd}{\Delta}\right\}-\left\{(Z+\frac{ad}{\Delta})-(Y+\frac{bd}{\Delta})\right\}\left\{X+\frac{bc}{\Delta}\right\}=0,$$

故
$$\left\{(W-X)+\frac{c}{\Delta}(a-b)\right\}\left\{Y+\frac{bd}{\Delta}\right\}-\left\{(Z-Y)+\frac{d}{\Delta}(a-b)\right\}\left\{X+\frac{bc}{\Delta}\right\}=0\cdots(1)$$

此爲 AB 影響於 CD 時之平衡公式，同樣可證明，下式與上式相同：

$$\left\{(W-Z)+\frac{a}{\Delta}(c-d)\right\}\left\{Y+\frac{bd}{\Delta}\right\}-\left\{(X-Y)+\frac{b}{\Delta}(c-d)\right\}\left\{Z+\frac{ad}{\Delta}\right\}$$

以上爲邊線路無干擾之必要條件。

幻象線路與邊線路無干擾情形　第十圖示幻象線路，及 AB,CD 邊線路之截面，如

第十圖

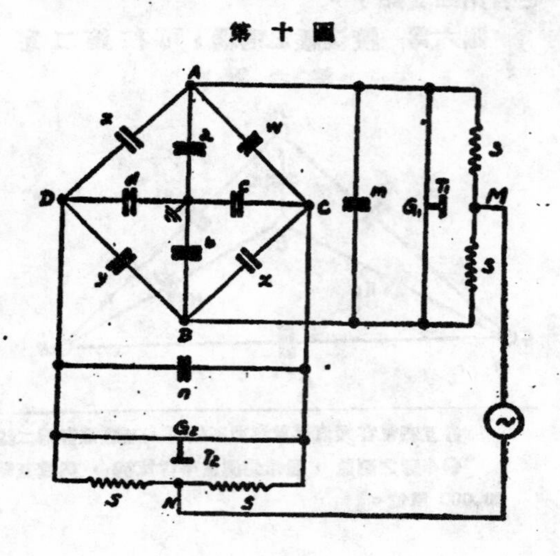

二種線路間無干擾，則在 MN 加以電力，T_1 及 T_2 應無電流通過，即 T_1 或 T_2 線間之電壓均為零。

設 T_1 之導納 (Admittance) 為 G_1；T_2 之導納為 G_2；而轉電圈 (Repeating Coil) 之每一繞線之導納為 S。按前法，將上圖改為第十一圖之簡單式，將 E 點取消，再將第十一圖之 D 點取消，改成第十二圖，復將 C 點取消如第十三圖。

第十一圖

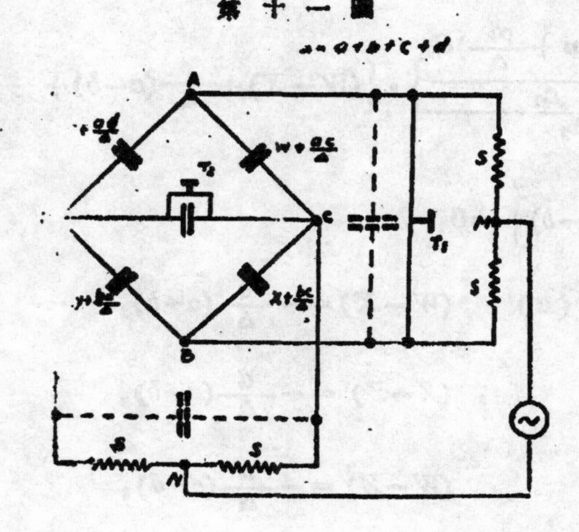

在每次變更中，AB 間及 MN 間之導納可忽視，蓋與電話 T_1 及電源，各為並聯也。由上圖可知，欲求 T_1 與電源無干擾（即 AB 邊線路與幻象線路間無干擾），應使：

第十二圖

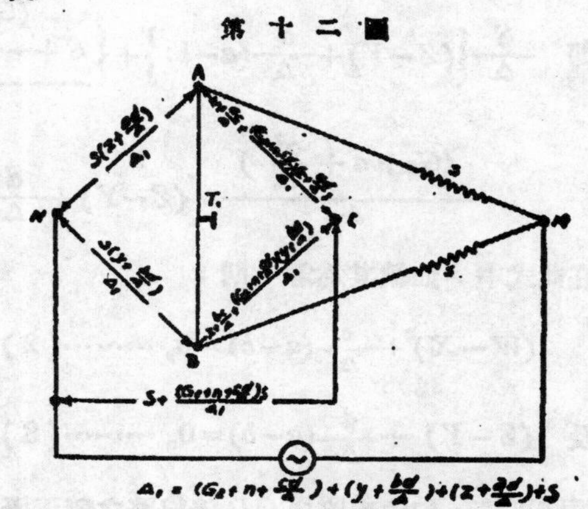

第十三圖

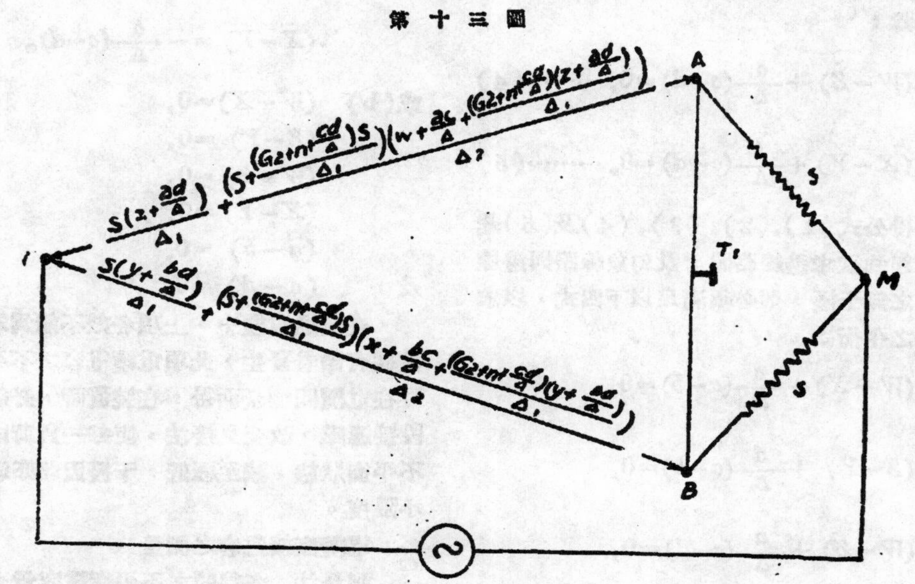

$$\Delta_2=\left(w+\frac{ac}{\Delta}+\frac{\left(G_2+m+\frac{cd}{\Delta}\right)\left(z+\frac{ad}{\Delta}\right)}{\Delta_1}\right)+\left(S+\frac{\left(G_2+m+\frac{cd}{\Delta}\right)S}{\Delta_1}\right)+\left(x+\frac{bc}{\Delta}+\frac{\left(G_2+m+\frac{cd}{\Delta}\right)\left(y+\frac{bd}{\Delta}\right)}{\Delta_1}\right)$$

8725

$$\frac{\dfrac{S(Z+\frac{ad}{\Delta})}{\Delta_1}+\left[S+\dfrac{(G_2+n+\frac{cd}{\Delta})S}{\Delta_1}\right]\left[W+\frac{ac}{\Delta}+\dfrac{(G_2+n+\frac{cd}{\Delta})(Z+\frac{ad}{\Delta})}{\Delta_1}\right]}{\Delta_2}$$

$$-\left[\frac{S(Y+\frac{bd}{\Delta})}{\Delta_1}+\frac{\left\{S+\dfrac{(G_2+n+\frac{cd}{\Delta})S}{\Delta_1}\right\}\left\{X+\frac{bc}{\Delta}+\dfrac{(G_2+n+\frac{cd}{\Delta})(Y+\frac{bd}{\Delta})}{\Delta_1}\right\}}{\Delta_2}\right]=0,$$

即 $$\frac{S}{\Delta}\left\{(Z-Y)+\frac{d}{\Delta}(a-b)\right\}+\left\{\frac{S+\dfrac{(G_2+n+\frac{cd}{\Delta})S}{\Delta_1}}{\Delta_2}\right\}\cdot\left\{(W-X)+\frac{c}{\Delta}(a-b)+\right.$$

$$\left.\frac{(G_2+n+\frac{cd}{\Delta})}{\Delta_1}\left[(Z-Y)+\frac{d}{\Delta}(a-b)\right]\right\}=0$$

在此式中，如欲其爲零，則：

$$(W-X)+\frac{c}{\Delta}(a-b)=0,\cdots\cdots\cdots(2)$$

及 $$(Z-Y)+\frac{d}{\Delta}(a-b)=0。\cdots\cdots\cdots(3)$$

同様可證，幻象線路與 CD 邊線路之無干擾情形爲：

$$(W-Z)+\frac{a}{\Delta}(c-d)=0,\cdots\cdots\cdots(4)$$

及 $$(X-Y)+\frac{b}{\Delta}(c-d)=0。\cdots\cdots\cdots(5)$$

將所得公式(1)，(2)，(3)，(4)及(5)彙視，即知欲求邊線路間，及幻象線路與邊線路間之無干擾，則必須滿足以下四式，以求電容之平衡：

$$(W-X)+\frac{c}{\Delta}(a-b)=0,$$

$$(Z-Y)+\frac{d}{\Delta}(a-b)=0,$$

$$(W-Z)+\frac{a}{\Delta}(c-d)=0,$$

及 $$(X-Y)+\frac{b}{\Delta}(c-d)=0。$$

故第八圖及第十圖電纜之平衡應爲：

(a) $$(W-X)=-\frac{c}{\Delta}(a-b),$$

$$(Z-Y)=-\frac{d}{\Delta}(a-b),$$

$$(W-Z)=-\frac{a}{\Delta}(c-d),$$

$$(X-Y)=-\frac{b}{\Delta}(c-d)。$$

或(b) $(W-X)=0,$

$(Z-Y)=0,$

$(W-Z)=0,$

$(X-Y)=0,$

$(a-b)=0,$

及 $(c-d)=0。$

在普通電纜中，上項各數不能爲零，故往往有串音發生，此項電纜電容之不平衡，可在電纜間測量而得，在裝置時，必須在各段接連處，改交叉接法，使每一負荷段中之不平衡狀態，減至極低，干擾因此亦達至最小限度。

電纜直接電容之測量

測量法　各線間之不平衡電容量，可用下列電容電橋測量器試驗之。

第一步　P 接法　第十四圖示 A,B,C,D 四線，接於電橋，D 線與大地接通，故 d 電

第十四圖

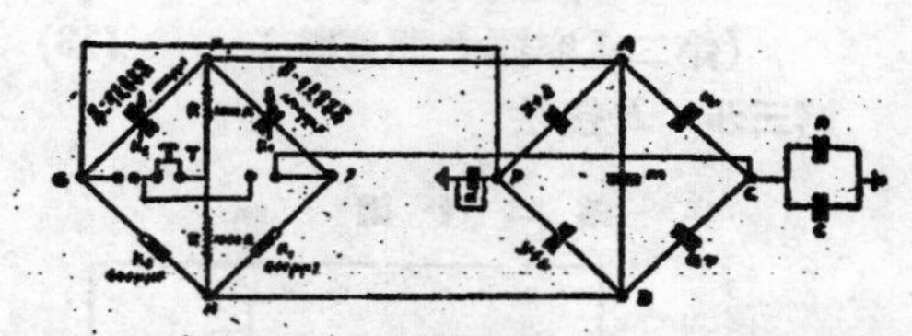

容成短路，D 電壓與大地相等，而 AD 間之電容，成為 Z 電容與 a 電容之和，DB 間電容成為 Y 與 b 之和，CD 間電容亦成為 X 與 c 之和。

電橋之聽筒 T，可用按鍵，使接在電橋之 O 點與 D 點之間，亦可使之接在電橋之 O 點及 C 線之間，交流電壓接於電橋 F 與 H 兩點，此圖簡略之成第十五圖。

第十五圖

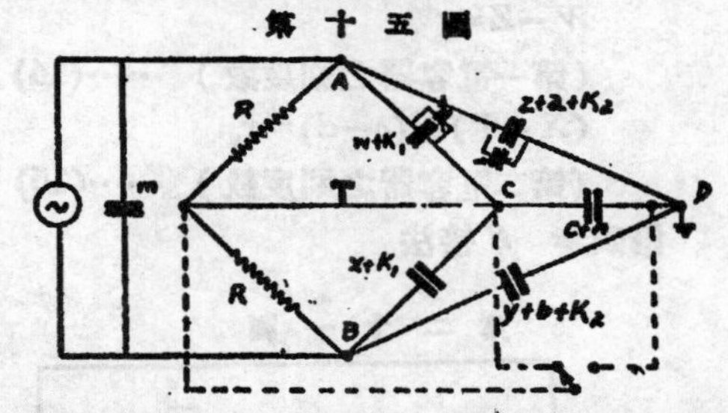

先將聽筒接於 OC 之間，將 K_1 及 K_2 可變電容交互轉動，至聽筒內無聲，然後再將聽筒轉接至 OD 之間，再行調整，務使聽筒在二種情形下，均無聲為止，然後將 K_1 及 K_2 之電容量記錄。

此項平衡方法，可依前章方法，計算之如下：

第十五圖中，如將 D 點設法取消，可簡略如下式：（聽筒接於 OC）

第十六圖

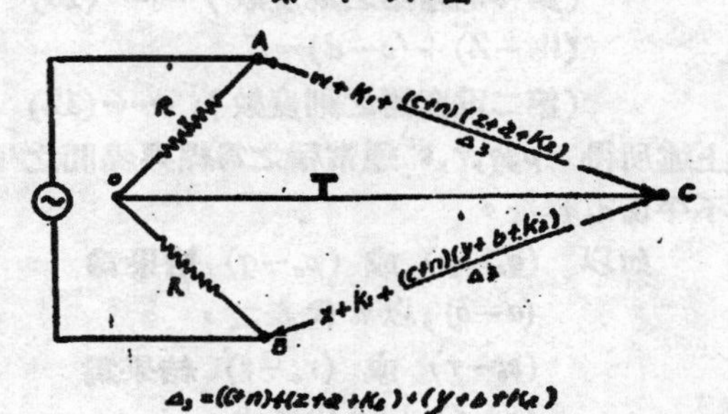

$\Delta_3=(c+n)+(z+a+K_2)+(y+b+k_2)$

在聽筒接於 OC 之平衡狀態，各項電容之關係為：

$$\left\{W+K_1+\frac{(c+n)(Z+a+K_2)}{\Delta_3}\right\}-$$

$$\left\{X+k_1+\frac{(c+n)(Y+b+k_2)}{\Delta_3}\right\}=0,$$

即 $$(W-X)+(K_1-k_1)+\frac{c+n}{\Delta_3}$$

$$\left\{(Z-Y)+(a-b)+(K_2-k_2)\right\}=0\cdots(6)$$

在聽筒接於 OD 之平衡狀態，各項電容之關係為：

第十七圖

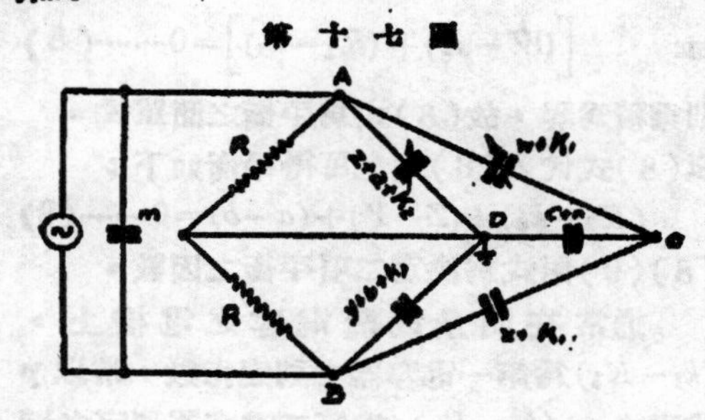

第十八圖

$$\left\{Z+a+K_2+\frac{(c+n)(W+K_1)}{\Delta_4}\right\}-$$

$$\left\{Y+b+k_2+\frac{(c+n)(X+k_1)}{\Delta_4}\right\}=0,$$

即 $$\left\{(Z-Y)+(a-b)+(K_2-k_2)\right\}+\frac{c+n}{\Delta_4}$$

$$\left\{(W-X)+(K_1-k_1)\right\}=0\ \cdots\cdots\cdots(7)$$

將（7）式改為

$$-\frac{c+n}{\Delta_4}\left\{(W-X)+(K_1-k_1)\right\}$$

$$=(Z-Y)+(a-b)+(K_2-k_2),$$

代入(6)式得：

$$(W-X)+(K_1-k_1)-(\frac{c+n}{\Delta_3})$$

$$(\frac{c+n}{\Delta_4})\left[(W-X)+(K_1-k_1)\right]=0,$$

故 $$\left[(W-X)+(K_1-k_1)\right]$$

$$\left[1-\frac{(c+n)^2}{\Delta_3\cdot\Delta_4}\right]=0,$$

式中 $\left[1-\frac{(c+n)^2}{\Delta_3\cdot\Delta_4}\right]$ 無論爲何數，

如 $$\left[(W-X)+(K_1-k_1)\right]=0 \cdots\cdots(8)$$

則乘積爲零，故(8)式爲平衡之簡單式。

以(8)式代入(6)式，可得平衡如下：

$$(K_2-k_2)+(Z-Y)+(a-b)=0 \cdots\cdots(9)$$

(8)(9)兩式爲決定二項平衡之因數。

通常在測量電纜電容之電橋上，(k_1-K_1)爲第一電容器之刻定指數，常以 p 代表之；(k_2-K_2) 爲第二電容器刻定之指數，以 p_e 代表之，故

(8)式可書爲 $W-X=p$

(第一電容器之刻度數) ……(10)

(9)式可書爲 $(Z-Y)+(a-b)=p_e$

(第二電容器之刻度數) ……(11)

第二步 Q 接法 將 C 線與大地接通，

第十九圖

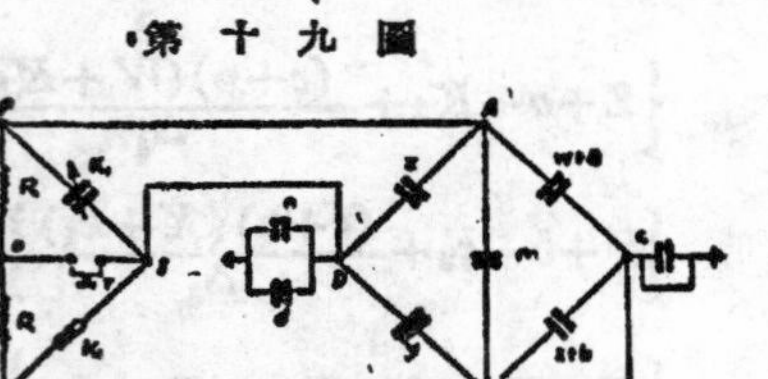

將可變電容器 K_1 及 K_2 變更，先使聽筒接在 OD 之間，求得平衡，再將聽筒接在 OC 之間求得平衡，雙方更迭將 K_1 及 K_2 變動，使聽筒均無聲爲止；依上法求得：

$$(Z-Y)=q$$

(第一電容器之刻度數) ……(12)

$$(W-X)+(a-b)=q_e$$

(第二電容器之刻度數) ……(13)

第三步 R 接法

第二十圖

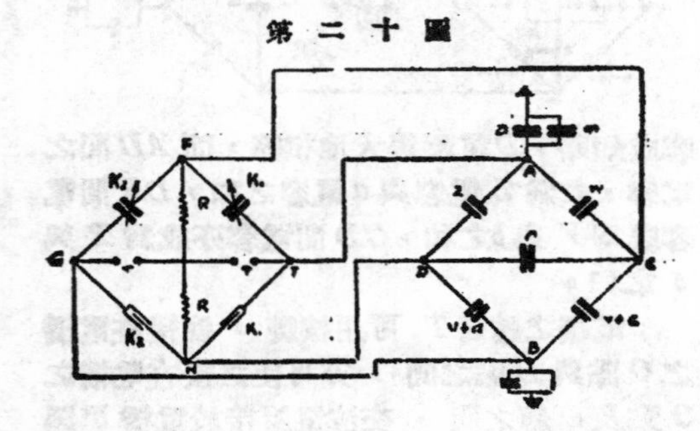

同樣可得

$$W-Z=r$$

(第一電容器之刻度數) ……(14)

$$(X-Y)+(c-d)=r_e$$

(第二電容器之刻度數) ……(15)

第四步 S 接法

第二十一圖

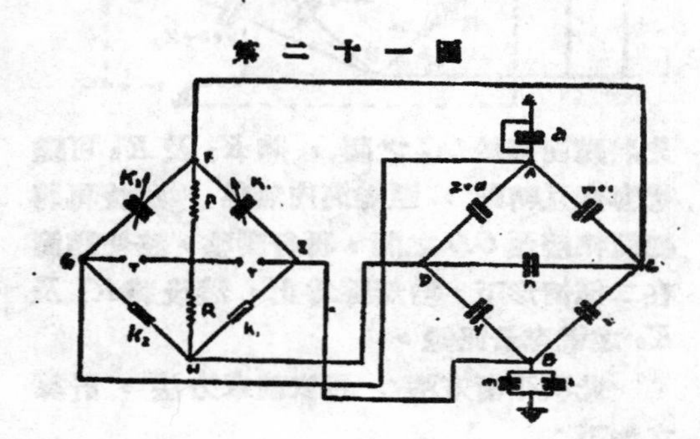

同法可得

$$X-Y=S$$

(第一電容器之刻度數) …… (16)

$$(W-Z)+(c-d)=S_e$$

(第二電容器之刻度數) ……(17)

上述所得 p,q,r,s 通常稱之爲線與線間之不平衡電容量。

如以 (q_e-p) 或 (p_e-q) 結果爲 $(a-b)$，以 u 代表之，

(s_e-r) 或 (r_e-s) 結果爲 $(c-d)$，以 v 代表之，

u,v 二數，稱之爲線與地之不平衡電容量。

如將 p,q,r,s,u,v 設法減至極低，則邊線路間之通話干擾，及幻象線路與邊線路間之干擾，均可避免。

在測量前，所需注意者，電橋於裝接電纜前，必先自身先謀平衡，使在 P,Q,R,S 四種接法時，聽筒接於線與地間，及線與線間二種地位，均屬平衡無聲，方可實施測量（此項初步平衡，通常另有小電容器調節之），否則所測得之結果，必致不能十分準確。

如測量電纜時，聽筒內聲音雖可減至極低，但不能絕對無聲，則必爲電纜線間，及線與大地間，所有電阻，電漏 (Leakage)，及電容(Electrostatic Capacity)之分配不勻所致，故必須校準電壓量，及其相位，使電壓在聽筒之兩端能相同，通常可用二小電容器，各並聯於 R 及 R 上，在每一測量時加以調整。

如測量時，受外界電力干擾，難以實施，可將電橋中電源及聽筒接法互易位置，電源及聽筒接入電橋時，通常均有隔離 (Screened) 平衡變壓器連接，使外界影響，不致傳入電橋。

以上所述，爲雙橋測量法 (Double-bridge Method)，蓋同時可測得線間，及線與大地之電容不平衡

各股線間之不平衡電容，亦可按上法逐一測量，在現代精製之電纜中，此種干擾，大多爲各對邊線路之不平衡，故祇須擇各股間任何對邊線測量即可；如求第一股線 A,B,C,D，與第二股線 A',B',C',D' 間，各種不平衡，不外下列數種：

邊線路與邊線路——即以二邊線路之四線，照上法測量之；

邊線路與幻象線路——幻象線路每二線併作一線，與邊線路之二線共同測量；

幻象線路與幻象線路——幻象線路中之每二線，併爲一線，二幻象線路合成四線測量之。

交叉接法及其改善平衡程度

a）電纜之特性　電纜之二段，在連接時，欲使其不平衡減至甚低，以求干擾之免除，可將每股中，每對線不依原有之次序交互連接，使各線間之電容不平衡相互抵消，先將每股線間不平衡值 p,q,r,s,u,v，按上法測得，用一定方法交叉接連之，其選擇方法分爲二種：

（1）選擇互接之股線：依所測得之電容值大小定之；

（2）在股線中選擇適當之對線互接：依所測得之電容值之正負情形定之。

前章曾述及邊線路間，及邊線路與幻象線路間之平衡方法，必使下列各式均爲零，即：

$$W-X+\frac{c}{a+b+c+d}(a-b)=0, \cdots(2)$$

$$Z-Y+\frac{d}{a+b+c+d}(a-b)=0, \cdots(3)$$

$$W-Z+\frac{a}{a+b+c+d}(c-d)=0, \cdots(4)$$

$$X-Y+\frac{b}{a+b+c+d}(c-d)=0。\cdots(5)$$

令　$p=W-X$，$r=W-Z$，$s=X-Y$，$u=a-b$，$v=c-d$，$q=Z-Y$

則以上各式可改爲

$$p+\frac{c}{a+b+c+d}(u)=0,$$

$$q+\frac{d}{a+b+c+d}(u)=0,$$

$$r+\frac{a}{a+b+c+d}(v)=0,$$

$$s+\frac{b}{a+b+c+d}(v)=0,$$

但 $\dfrac{c}{a+b+c+d}$，$\dfrac{d}{a+b+c+d}$，

$\dfrac{a}{a+b+c+d}$ 及 $\dfrac{b}{a+b+c+d}$ 與 $\dfrac{1}{4}$

數，實相差無幾，故可略為

$$p+\frac{1}{4}u=0 \quad\cdots\cdots(18)$$

$$q+\frac{1}{4}u=0 \quad\cdots\cdots(19)$$

$$r+\frac{1}{4}v=0 \quad\cdots\cdots(20)$$

$$s+\frac{1}{4}v=0 \quad\cdots\cdots(21)$$

在前章(2),(3),(4),(5)各公式下，(*b*)節已證明，當 p,q,r,s,u,v 為零時，公式(18),(19),(20),(21)之和，均為零，故此項平衡方法，須將 p,q,r,s,u,v 六項數量，設法減低。

但公式(18),(19),(20),(21)內如以下列代入結果亦同。

$p-q=0$ 即 $W-X-Z-Y=0$,
$p+q=0$,, $W-X+Z-Y=0$,
$r+s=0$,, $W+X-Y-Z=0$,
$r-s=0$,, $W-X+Y-Z=0$,
$u=0$,, $a-b=0$,
$v=0$,, $c-d=0$。

$(p-q)$ 實與 $(r-s)$ 相等，故祇須將 $(p-q)$, $(p+q)$, $(r+s)$, u, v 五項數量減低。

如以 (18)−(19) 則 $p-q=0$,

(18)+(19) ,, $(p+q)+\frac{1}{2}u=0$,

(20)+(21) ,, $(r+s)+\frac{1}{2}v=0$,

(20)−(21) ,, $r-s=0$,

又因 $p-q=r-s$, 則得下列三式：

$p-q=0$,

$(p+q)+\frac{1}{2}u=0$, 或

$\left\{2(p+q)+u\right\}=0$,

$(r+s)+\frac{1}{2}v=0$, 或

$\left\{2(r+s)+v\right\}=0$,

連 $u=0$ 及 $v=0$, 共五式。

依此五式，在選擇對線互接時，用交叉法可使 $(p+q)$ 及 u, $(r+s)$ 及 v 之排列，適得其當，求得平衡，即二段內，對線互接後，應使 $p+q$ 約等於 $\frac{1}{2}u$，但正負不同；$(r+s)$ 約等於 $\frac{1}{2}v$, 正負亦不同；此項配合，較其他配合之直接用 p,q,r,s,u,v 計算減低之者，其利便有四：

1）互接時，計及五項而非六項之電容；

2）(18),(19),(20),(21)之公式，可同時適合，且較為容易；

3）對線間之交叉，更可依公式辦理；

4）干擾情形，如邊線路間，及邊線路與幻象線路間之電容不平衡，可更易測知及就瞰，茲舉例明之，即：

(*a*) 邊線路與邊線路間之干擾，大率視為 $p-q$ 值而定。

(*b*) *AB* 邊線路與幻象線路之干擾，視 $2(p+q)+u$ 而定。

(*c*) *CD* 邊線路與幻象線路之干擾，視 $2(r+s)+v$ 而定。

自 $p-q$, $2(p+q)+u$, $2(r+s)+v$, u, v 計算所得之值，名之曰四股電纜之特性(Quad Charateristics)。

交互接法 第一步先將每段電纜，各股之電纜特性，塡入表內（見附表二），表內依各股電纜特性排列，再將可容許之不平衡數，加以注意。現代電纜可容許之不平衡數，有如下列：

每一負荷段測量所得之容許數

電　纜　特　性	μμF		
	a	*b*	*c*
$(p-q)$及$(r-s)$	30	60	100
u 及 v	100	200	300
$2(p+q)+u$ 及 $2(r+s)+v$	300	600	1000

a）係平均數，

b）係 98% 之股線中最大限度，

c）係 2% 股線之特劣情形。

在排列電纜特性時，如特性內，其餘各數相同，而股線之一特性 $p-q=100$ μμF 應較其他股線 $u=$μμF 或 $v=100$ μμF 者先列。

再自表內，將各股線之特性分類（分類表見後），依分類之不同，可將最適合之股線互接。

第二十二圖

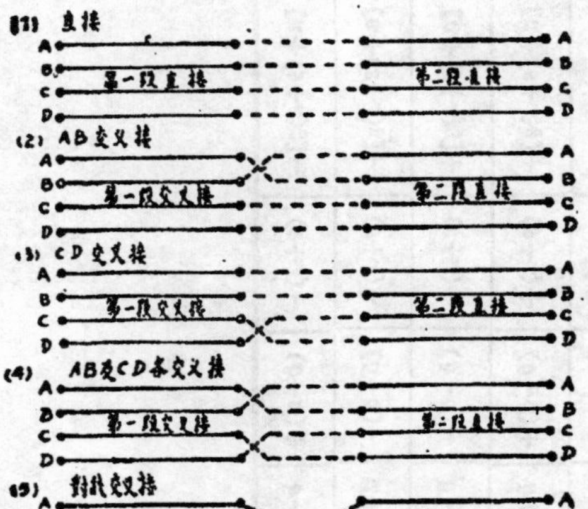

(1) 直接　第一段直接　第二段直接
(2) AB交叉接　第一段交叉接　第二段直接
(3) CD交叉接　第一段交叉接　第二段直接
(4) AB及CD各交叉接　第一段交叉接　第二段直接
(5) 對線交叉接　第一段交叉接　第二段直接
(6) AB及對線交叉接　第一段交叉接　第二段直接
(7) CD及對線交叉接　第一段交叉接　第二段直接
(8) AB, CD及對線交叉接　第一段交叉接　第二段直接

b）交叉接法　互接方法共有八種，如第二十二圖所示；*AB* 及 *CD* 各為對線，為便於說明起見，交叉均視作在左方第一段線內辦理，而非為兩段共有，或屬於第二段者，以免混淆，發生錯誤。

交叉接之記號，通常以「×」代表，直接之記號，以「－」代表之，註明上述八種方法，則以三個連接記號，其意為：第一記號為 *AB* 線，第二記號為 *CD* 線，第三記號為對線（此項記號簡稱之為運算數），如：

(1) $ABCD(---)\equiv ABCD$
（在第二段起端所見第一段線號之排列）

(2) $ABCD(\times--)\equiv BACD$
（在第二段起端所見第一段線號之排列）

(3) $ABCD(-\times-)\equiv ABDC$
（在第二段起端所見第一段線號之排列）

(4) $ABCD(\times\times-)\equiv BADC$
（在第二段起端所見第一段線號之排列）

(5) $ABCD(--\times)\equiv CDAB$
（在第二段起端所見第一段線號之排列）

(6) $ABCD(\times-\times)\equiv CDBA$
（在第二段起端所見第一段線號之排列）

(7) $ABCD(-\times\times)\equiv DCAB$
（在第二段起端所見第一段線號之排列）

(8) $ABCD(\times\times\times)\equiv DCBA$
（在第二段起端所見第一段線號之排列）

故如第一段股線 *ABCD*，其 *AB* 及對線交叉接至第二段 $A'B'C'D'$ 股線時，結果如下：

$ABCD(\times-\times)$接 $A'B'C'D'\equiv$
$CDBA$ 接 $A'B'C'D'$

c）電纜特性分類　照前述測量方法，

電纜線在一定地位時，

線與線間　　　　線與地間

在P式接線時$W-X=p,(Z-Y)+(a-b)=p$。

在Q式接線時$Z-Y=q,(W-X)+(a-b)=q$。

在R式接線時$W-Z=r,(X-Y)+(c-d)=r$。

在S式接線時$X-Y=s,(W-Z)+(c-d)=s$。

股線經交叉接後，因各線地位變更，不平衡值不能照上表所示之原值，必須變更，以上述八種交叉為例，原測得之$(p-q),(p+q)$，$2(p+q)+u$，$(r+s)$，$2(r+s)+v$，其變更情形如下表：

測定線間不平衡電容因交叉而發生之變更表

$p=W-X\quad q=Z-Y\quad r=W-Z$

$s=x-y\quad u=a-b\quad v=c-d$

接　　法	$+p$	$+q$	$+r$	$+s$	$+(p-q)$	$+(p+q)$	$+[2(p+q)+u]$	$+(r+s)$	$+[2(r+s)+v]$	$+u$	$+v$
直接	$+p$	$+q$	$+r$	$+s$	$+(p-q)$	$+(p+q)$	$+[2(p+q)+u]$	$+(r+s)$	$+[2(r+s)+v]$	$+u$	$+v$
AB 交叉接	$-p$	$-q$	$+s$	$+r$	$-(p-q)$	$-(p+q)$	$-[2(p+q)+u]$	$+(r+s)$	$+[2(r+s)+v]$	$-u$	$+v$
CD 交叉接	$+q$	$+p$	$-r$	$-s$	$-(p-q)$	$+(p+q)$	$+[2(p+q)+u]$	$-(r+s)$	$-[2(r+s)+v]$	$+u$	$-v$
AB 及 CD 交叉接	$-q$	$-p$	$-s$	$-r$	$+(p-q)$	$-(p+q)$	$-[2(p+q)+u]$	$-(r+s)$	$-[2(r+s)+v]$	$-u$	$-v$
對線交叉接	$+r$	$+s$	$+p$	$+q$	$+(p-q)$	$+(r+s)$	$+[2(r+s)+v]$	$+(p+q)$	$+[2(p+q)+u]$	$+u$	$+v$
AB 及對線交叉接	$+s$	$+r$	$-p$	$-q$	$-(p-q)$	$+(r+s)$	$+[2(r+s)+v]$	$-(p+q)$	$-[2(p+q)+u]$	$+u$	$-v$
CD 及對線交叉接	$-r$	$-s$	$+q$	$+p$	$-(p-q)$	$-(r+s)$	$-[2(r+s)+v]$	$+(p+q)$	$+[2(p+q)+u]$	$-u$	$+v$
AB 及 CD 與對線交叉接	$-s$	$-r$	$-q$	$-q$	$+(p-q)$	$-(r+s)$	$-[2(r+s)+v]$	$-(p+q)$	$-[2(p+q)+u]$	$-u$	$-v$

證法舉例　$ABCD(\times-\times)\equiv CDBA$

第二十三圖

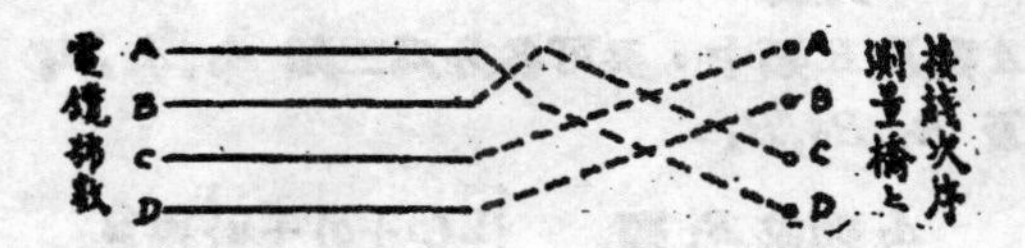

依 P 式接法$(\times-\times)$

第二十四圖

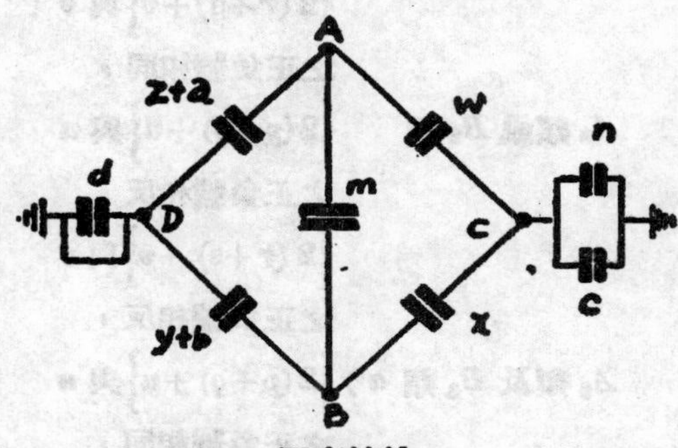

原有接法

第一可變電容器指示量

$K_1=p=(W-X)$

第二可變電容器指示量

$K_2=p_e=(Z-Y)+(a-b)$

第二十五圖

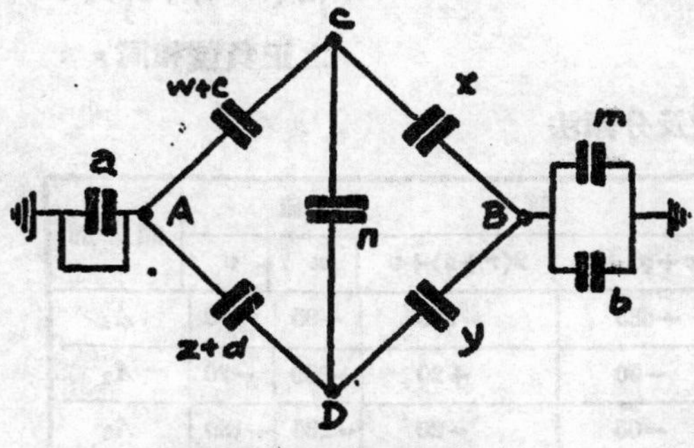

交叉後實際接法

第一可變電容器實際指示數

$K_1=s=(X-Y)$

第二可變電容器實際指示數

$K_2=s_e=(W-Z)+(c-d)$

故交叉後，由新的 $ABCD$ 排列地位而測得之 p 數及 p_e 數，實卽舊有排列地位之 s 數及 s_e 數，卽將舊測之$(W-X)$改爲$(X-Y)$，及$(Z-Y)+(a-b)$改$(W-Z)+(c-d)$卽可，故$(\times-\times)$可視爲一運算數(Operator)，加以任何測定數上卽可將該數變爲另一新數。如：

$$p\,(\times-\times)=+s\,(---),$$
$$p_e(\times-\times)=+s_e(---)。$$

同理 Q 式接法

$q=(Z-Y)$　應改爲 $r=(W-Z)$，

$q_e=(W-X)+(a-b)$ 應改爲

$r_e=(X-Y)+(c-d)$。

例　$q\,(\times-\times)=+r\,(---)$，

$q_e(\times-\times)=+r_e(---)$。

R 式接法

$r=(W-Z)$ 應改爲 $-p=-(W-X)$，

$r_e=(X-Y)+(c-d)$ 應改爲

$$-p_e=-\Big[(Z-Y)+(a-b)\Big]$$

例　$r\,(\times-\times)=-p\,(---)$，

$r_e(\times-\times)=-p_e(---)$。

S 式接法

$s=(X-Y)$ 應改爲 $-q=-(Z-Y)$

$s_e=(W-Z)+(c-d)$ 應改爲

$$-q_e=-\Big[(W-X)+(a-b)\Big]$$

例　$s\,(\times-\times)=-q\,(---)$

$s_e(\times-\times)=-q_e(---)$

自上列各式推演

$(p-q)(\times-\times)=(s-r)(---)=$
$-(r-s)(---)=-(p-q)(---)$

$(p_e-q)(\times-\times)=+u(\times-\times)=$
$(s_e-r)(---)=+v(---)$，

$(r_e-s)(\times-\times)=+v(\times-\times)=$
$-(p_e-q)(---)=-u(---)$。

自上表所列各數研究，可得下列各項：

a) AB 交叉，變更$\Big\{2\,(p+q)+u\Big\}$，

$(p-q)$及 u 之正負號，

8733

b) CD 交叉，變更 $\left\{2(r+s)+v\right\}$，

$(p-q)$ 及 v 之正負號，

c) AB 及 CD 對線交叉，使

$\left\{2(p+q)+u\right\}$ 與 $\left\{2(r+s)+v\right\}$，

u 與 v 互易。

以上列理由

$\left\{2(p+q)+u\right\}$ 及 u，可視爲與 AB 線聯絡，名之曰 Relevant AB Characteristics，

$\left\{2(r+s)+v\right\}$ 及 v，與 CD 線聯絡，名之曰 Relevant CD Characteristics。

$(p-q)$，$\left\{2(p+q)+u\right\}$，$\left\{2(r+s)+v\right\}$，u，v 五項爲互接時，必須減低者，故依上法將各項交叉加入第一段，使各數或變爲正數，或變爲負數，以與第二段相接時總和，可減至極低。

依特性之不同纜線可分爲 A 類及 B 類：

A 類 $(p-q)$，$\left\{2(p+q)+u\right\}$ 及 $\left\{2(r+s)+v\right\}$，各式之正負號乘積爲正數，

B 類 $(p-q)$，$\left\{2(p+q)+u\right\}$ 及 $\left\{2(r+s)+v\right\}$，各式之正負號乘積爲負數。

A 類及 B 類中，又可各分爲三類 A_1, A_2, A_3 及 B_1, B_2, B_3。

A_1 類或 B_1 類 $\left\{2(p+q)+u\right\}$ 與 u 之正負號相同，$\left\{2(r+s)+v\right\}$ 與 v 之正負號相同，

A_2 類或 B_2 類 $\left\{2(p+q)+u\right\}$ 與 u 之正負號相反，$\left\{2(r+s)+v\right\}$ 與 v 之正負號相反，

A_3 類及 B_3 類 a) $\left\{2(p+q)+u\right\}$ 與 u 之正負號相同，$\left\{2(r+s)+v\right\}$ 與 v 之正負號相反，

b) $\left\{2(p+q)+u\right\}$ 與 u 之正負號相反，$\left\{2(r+s)+v\right\}$ 與 v 之正負號相同。

下表用實例示電纜在未交叉前之測定數及分類法

股線號數	測定值				計算值					類別
	p	q	r	s	$\left\{\begin{matrix}p-q\\r-s\end{matrix}\right\}$	$2(p+q)+u$	$2(r+s)+v$	u	v	
(1)	+35	+85	−65	−15	−50	+335	−230	+95	−70	A_1
(2)	−95	−55	−10	+30	−40	−50	+20	+250	−20	A_2
(3)	+50	+35	−30	−45	+15	−65	−20	−235	+130	A_3
(4)	0	+20	+30	+50	−20	+240	+200	+200	+40	B_1
(5)	+25	+55	+30	+60	−30	+60	+110	−100	−70	B_2
(6)	+30	+10	25	5	+20	+5	−60	−75	−120	B_3
(7)	+10	−30	+70	+30	+40	+130	+210	+170	+10	A_1
(8)	−50	−85	−85	−120	+35	−175	−240	+95	+170	A_2
(9)	+25	+5	−65	−85	+20	−195	−220	−225	+80	A_3

8734

如第一號股線與第四號股線相接（A_1 式與 B_1 式），則第四號股線之各項數量，加入第一號如下：

	$p-q$	$2(p+q)+u$	$2(r+s)+v$	u	v
(1)號(－－－)	−50	+335	−230	+95	−70
(4)號(－－－)	−20	+240	+200	+200	+40
總 和	−70	+575	−30	+295	−30

由上式檢視，$(p-q)$，$2(p+q)+u$，u 均已增大，而 $2(r+s)+v$ 及 v 減小；如將 AB 先交叉，再行互接，結果可較爲優良，各項特性均相抵消。

	$p-q$	$2(p+q)+u$	$2(r+s)+v$	u	v
(1)號(－－－)	−50	+335	−230	+95	−70
(4)號(×－－)	+20	−240	+200	−200	+40
總 和	−30	+ 95	− 30	−105	−30

此項總和，較各段原狀更可接近平衡之條件，如用 AB 交叉（假定一號線直接，四號線交叉）四號線之特性，必依(×－－)將其分別變更。

各項特性相互抵消後，其剩餘之不平衡如下：

	p	q	r	s	u	v	
(1)號線	+35	+85	−65	−15	+95	−70	A_1 式
(4)號線	0	−20	+50	+30	−200	+40	B_1 式
剩 餘	+35	−20	+50	+30	−200	−40	

此項剩餘值，須在未交叉線之末端測得之，即在第一號股線之末端（假定交叉在四號線舉行）。

如第二號與第五號股線相接（即 A_2 式與 B_2 式），或第三號與第六號股線相接（即 A_3 式與 B_3 式），用同樣之交叉方式，亦可得減低結果，此爲異式同類之相接。

如用異式異類相接，如第四號線與第九號線，則剩餘數值如下：

	$p-q$	$2(p+q)+u$	$2(r+s)+v$	u	v	
(5)號(－－－)	−30	+60	+110	−100	−70	B_2 式
(9)號(－－－)	+20	−195	−220	−255	+80	A_3 式
剩 餘	−10	−135	−110	−355	+10	

四項均已減小，不能用交叉方法，使四項以外之數減小。

又

	p	q	r	s	u	v	
(5)號(－－－)	+25	+55	+30	+60	−100	−70	B_2 式
(9)號(－－－)	+25	+5	−65	−85	−255	−80	A_3 式
剩 餘	+50	+60	−35	−25	−355	+10	

上項數值，均可於未交叉段測得，即在五號線之末端（假定交叉均在九號線）。

如 A_1 與 B_2 式接，A_2 與 B_1 式接，亦只能使三項減小，即 $(p-q)$ 爲一項，$\Big\{2(p+q)$

$+u\}$及$\{2(r+s)+v\}$，或u及v爲其餘二項；如使$(p-q)$相加，則祇$\{2(p+q)+u\}$及v，或$\{2(r+s)+v\}$及u二項可以減低。

同式同類接法　如第二號與第八號相接，使交叉均在第八號線，則：

	$p-q$	$2(p+q)+u$	$2(r+s)+v$	u	v	
(2)號(－－－)	−40	−50	+20	+250	−20	A_2式
(8)號(×××)	+35	+240	+175	−170	+95	A_2式
剩餘	−5	+190	+195	+80	−115	

上式祇將三項特性減低，如$(p-q)$之特性甚小，可以相加，則將CD及對線交叉，(－××)，可將四項特性減低，故在同式同類相接，如使$(p-q)$減低時，則同時可減低者，爲$\{2(p+q)+u\}$及u或$\{2(r+s)+v\}$及v二項。

又	p	q	r	s	u	v	
(2)號(－－－)	−95	−55	−10	+30	+250	−20	A_2式
(8)號(×××)	+120	+85	+85	+50	−170	−95	A_2式
剩餘	+25	+30	+75	+80	+80	−115	

上項數值，均可於未交叉段測得，即在2號線之末端（假定交叉均在8號線）。

同式異類相接　如A_1式與A_3式，或B_1式與B_3式相接，則祇三項特性可以減低，$(p-q)$爲一項，$\{2(p+q)+u\}$及v，或$\{2(r+s)+v\}$及u爲其餘二項；若$(p-q)$甚小，可任令相加，則祇$\{2(p+q)+u\}$及$\{2(r+s)+v\}$，或u及v二項可以減小。

以上各舉例中，可知不論爲A式或B式，如(1)類與(3)類接，或(2)類與(3)類接，可使四項特性減小，$(p-q)$爲其中之一項。

依上項分類方法而言，不論接法如何，至少可使三項特性減低，如須各項特性均能相消，則以第一法，即異式同類相接爲最適合，如祇須將$(p-q)$，及其他三項特性減低，則不論何式，可以(1)類與(3)類相接，或(2)類與(3)類相接；如同式同類者相接，則$(p-q)$，u, v及$\{2(p+q)+u\}$與$\{2(r+s)+v\}$任何一項，可以減低，即同時可使四項特性低下，雖$(p-q)$項特性，必須相加，但$(p-q)$之相加，雖屬甚小，每使以後逐段電纜之展接時，選擇上發生困難，故以能避免爲最佳，其餘減低三項特性者，有下列三種：

(a)同式同類　減低$(p-q)$，$\{2(p+q)+u\}$，u

或$(p-q)$，$\{2(r+s)+v\}$，v三項

(b)同式(1)類與(2)類　減低$(p-q)$，$\{2(p+q)+u\}$，v

或$(p-q)$，$\{2(r+s)+v\}$，u三項

(c)異式(1)類與(2)類　減低$(p-q)$，$\{2(p+q)+u\}$，$\{2(r+s)+v\}$

或$(p-q)$，u, v三項

附表示不同交叉可使不平衡減低之程度

股線相接種類		減低特性種類	
類	式	種類	項數統計
同類	異式 $\left\{\begin{array}{l}A_1-B_1\\A_2-B_2\\A_3-B_3\end{array}\right.$	$(p-q),\{2(p+q)+u\},\{2(r+s)+v\},u,v$	5
(1)－(3)類 或 (2)－(3)類	同式 $\left\{\begin{array}{l}A_1-A_3\\A_2-A_3\\B_1-B_3\\B_2-B_3\end{array}\right.$	$(p-q),\{2(p+q)+u\},u,v$ 或 $(p-q),\{2(r+s)+v\},u,v$	4 或 4
	異式 $\left\{\begin{array}{l}A_1-B_3\\A_2-B_3\\B_1-A_3\\B_2-A_3\end{array}\right.$	$(p-q),\{2(p+q)+u\},\{2(r+s)+v\},u$ $(p-q),\{2(p+q)+u\},\{2(r+s)+v\},v$	4 或 4
同類	同式 $\left\{\begin{array}{l}A_1-A_1\\B_1-B_1\\A_2-A_2\\B_2-B_2\\A_3-A_3\\B_3-B_3\end{array}\right.$	$\{2(p+q)+u\},\{2(r+s)+v\},u,v$ 或 $(p-q),\{2(p+q)+u\},u$ 或 $(p-q),\{2(r+s)+v\},v$	4 或 3 或 3
(1)－(2)類	同式 $\left\{\begin{array}{l}A_1-A_2\\B_1-B_2\end{array}\right.$	$(p-q),\{2(p+q)+u\},v$ 或 $(p-q),\{2(r+s)+v\},u$	3 或 3
(1)－(2)類	異式 $\left\{\begin{array}{l}A_1-B_2\\A_2-B_1\end{array}\right.$	$(p-q),\{2(p+q)+u\},\{2(r+s)+v\}$ 或 $(p-q),u,v$	3 或 3

依股線特性之大小，及正負號，種類，在上表中擇最適宜之連接，及交叉方法，選擇情形，務使各股均能普遍之近於平衡，不宜求一二股線之完全平衡，而使其餘之股線特性惡劣也。

交叉方法之實施　在連接電纜時，按上列方法，第一步先行將電纜測量，將各項特性如 $(p-q)$，$(p+q)$，$(r+s)$，u, v, $\{2(p+q)+u\}$，$\{2(r+s)+v\}$計算，填入附表(一)（表內示四段之特性，但普通每段用一表）；第二步將各段計算而得之特性，依其大小次序，列入附表(二)，用 A_1 B_2 等註明其式樣及類別；第三步自附表(二)選定相接之電纜，另行排入附表(三)，先將各股線之直接者，依顏色次序排列，其相接之股線，經選定者列於對方；第四步交叉決定後，填入附表(四)；第五步將交叉後之剩餘特性，自各項 p,q,r,s,u,v 數值計算之，再變成不平衡電容數，如 $(p-q)$，$\{2(p+q)+u\}$，$\{2(r+s)+v\}$，u, 及 v, 此項所得數量，應與附表(三)之剩餘數相符，作爲復核，如不相同則應詳細校正，此項復核工作，另填入附表(五)，在計算時，所須註意者，即 AB 或 CD 交叉，應指定爲交叉段之線（見第三步），無論其對線是否交叉；各線之交叉確定後，在此試接點 (Test-Selected Joint)，應測試其是否準確再行相接。

上項辦法，爲二段電纜相接之方法，如電纜距離甚長，分爲兩段以上者，亦可用上法實施：先將全部電纜之長，劃分爲組，將每組用上法平衡連接，再將各組，用一四組選擇法，或三組選擇法交叉，可得一最良之平衡。近代所用之電纜，在每一負荷段中，往往可分成四組，每組中之電纜，仍照製造時之排列，依次直接，再在四分之一點，卽各組點，試驗其不平衡，用交叉法選擇其最平衡之接法，此項選擇法約如下列：

下圖示電纜之四組：

第二十六圖 四組選擇法(Quadruple Selecting)

（1） （2） （3） （4）

先在（1）（2）兩組，及（3）（4）兩組各擇適當之接法，使（1）（2）兩組連接後，其剩餘數，能最適合（3）（4）兩組連接後之數值，而連接（2）（3）時其平衡程度可以增加。

如電纜分成三組，則先在（1）（2）兩組內選擇適當之接法，使其剩餘數可適合第三組之連接。

第二十七圖 三組選擇法

（1） （2） （3）

在實施時所需注意者，無論爲四組選擇，或三組選擇，或選擇係自計算剩餘數而得，而非從試驗而得，其計算所得之剩餘，記入於附表(三)者，須以直接之一組爲標準，如（1）組與（2）組相接，（2）組爲直接，則一切交叉應視在（1）組，其特性應依交叉情形以變更，所得計算之剩餘數，亦以（2）組之末接末端爲標準，易言之，卽計算而得之剩餘數，亦應爲自（2）組之末接之末端測驗所得之數值，此因測驗時，接於電橋之四線地位，並不變更；關於四線之究係何線，多不加注意，故各項剩餘數，在（2）組末端測量時，與在（1）組之頂端測量時，必不相同，計算時不可不加注意也。茲舉例以明之：

第二十八圖

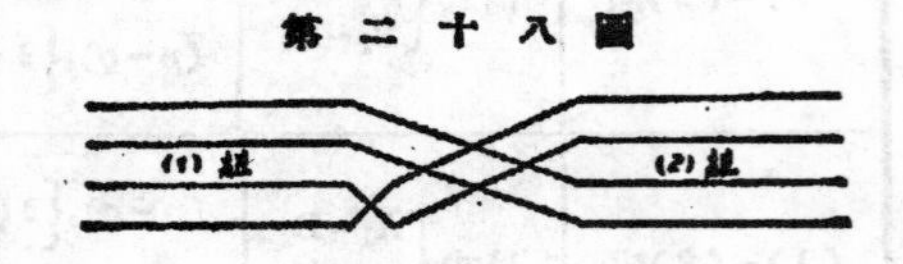

（1）組之剩餘數假定爲 p, q, r, s, u, v，
（2）組之剩餘數假定爲 P, Q, R, S, U, V。
選定（2）組爲直接（1）組加以交叉在 L 測量時。

$+P$	$+Q$	$+R$	$+S$	$+U$	$+V$	≡（2）組直接（－－－）
$-r$	$-s$	$+q$	$+p$	$-v$	$+u$	≡（1）組交叉（－××）
$(P-r)$	$(Q-s)$	$(R+q)$	$(S+p)$	$(U-v)$	$(V+u)$	≡剩餘數（在 L 端測量卽依（2）組爲標準）

如假定交叉在（2）組舉行在 K 端測量

$+p$	$+q$	$+r$	$+s$	$+u$	$+v$	≡（1）組（－－－）
$+S$	$+R$	$-P$	$-Q$	$+V$	$-U$	≡（2）組（×－×）
$(p+S)$	$(q+R)$	$(r-P)$	$(s-Q)$	$(u+V)$	$(v-U)$	≡剩餘數（在 K 端測量依（1）組爲標準）

8738

故如不依一定方法進行，必致混淆，在中間各組連接時，更須注意。

既知K端之剩餘數，欲推算L端之剩餘數，可依交叉情形，用『交叉運算數』求得之。交叉運算數，係依照KL中間交叉訂定，而必須以既知（即K組）剩餘數之一組，作爲交叉標準；運算時並須注意線間交叉應先於對線之交叉。

既知K端之剩餘數爲$(p+S)$，$(q+R)$，$(r-P)$，$(s-Q)$，$(u+V)$，$(v-U)$，交叉以(1)組爲標準，則L端剩餘數=K端剩餘數

$$(-\times\times)=\left\{(p+S),(q+R),(r+P),(s-Q),(u+V),(v-U)\right\}(-\times\times)$$

$$=\left\{(-r+P),(-s+Q),(q+R),(p+S),(-v+U),(u+V)\right\}$$

$$=(P-r),(Q-s),(R+q),(S+p),(U-v),(V+u)。$$

（方法見前表）

既知L端之剩餘數爲$(P-r)$，$(Q-s)$，$(R+q)$，$(S+p)$，$(U-v)$，$(V+u)$（交叉依(2)組爲標準）

則K端剩餘數＝

L端剩餘數$(\times-\times)$

$$=\left\{(P-r),(Q-s),(R+q),(S+p),(U-v),(V+u)\right\}(\times-\times)$$

$$\left\{(S+p),(R+q),(-P+r),(-Q+s),(V+u),(-U+v)\right\}$$

$$=(p+S),(q+R),(r-P),(s-Q),(u+V),(v-U)。$$

在實施交叉方法時，應以何組作爲直接之標準，全視第二接連點在左方或右方而定。如上述之四組連接時，先將各組之電容測量，後以(1)(2)連接，及(3)(4)連接，最後爲(2)(3)連接，故(1)(2)之剩餘數，應以(2)組爲標準（即剩餘數應在(2)之末端所測數），而(3)(4)之剩餘數，應以(3)組爲標準（即剩餘數應爲在(3)之末端所得數）易言之，即(2)組及(3)組，應各視爲直接，如是(2)(3)連接時，便利甚多，不必再用運算矣。此項運算剩餘數之法，雖可推廣至四組連接以上，但實施時有下列困難：

1)如連接方法錯誤，在數個接點檢查困難；

2)在接線時，線頭一部份割去，使原測得之電容不平衡略有變更；

3)每組測量之錯誤累積，在全部之影響甚大。

最善方法，爲連接一次即加以測量，以證明無誤（應在預備第二次接線之一端），如(1)(2)相接後，即在(2)端測量，(3)(4)相接後，即在(3)端測量，即以測量之數，試求適當之選接，一方可證實運算之無誤，使錯誤減少，一方並使工作亦減爲簡單。在一組中已有數個接點時，此項複核工作更見重要。

下列另示數個接點之兩端剩餘數運算關係：

第二十九圖

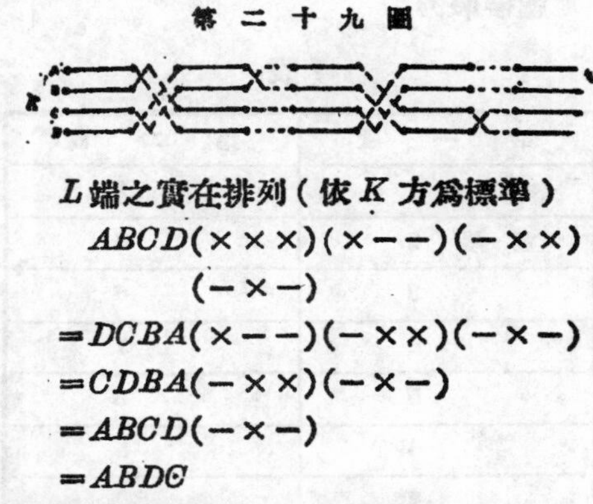

L端之實在排列（依K方爲標準）

$$ABCD(\times\times\times)(\times--)(-\times\times)(-\times-)$$

$$=DCBA(\times--)(-\times\times)(-\times-)$$

$$=CDBA(-\times\times)(-\times-)$$

$$=ABCD(-\times-)$$

$$=ABDC$$

如K端測得之電容，不平衡爲：

$(p-q)$，$\left\{2(p+q)+u\right\}$，

$\left\{2(r+s)+v\right\}$，u, 及 v,

則 L 端測得者應可照

$ABCD(-\times-)=ABDC$ 運算，

卽 $-(p-q)$，$\left\{2(p+q)+u\right\}$，

$-\left\{2(r+s)+v\right\}$，u, 及 $-v$.

股線間不平衡之處理　以上所述，爲股內各線間平衡之方法，如在股線與股線間，則鄰近各股間不平衡較大，但股線之間隔，在一股以上者，其不平衡程度已屬低微，在處理此項問題時，祇須留意鄰近之各股之不平衡度，無不規則之加入，卽無論任何二股，在負荷段間，應避免連續鄰近之接法。

前項線間交叉辦法，在處理股線間之不平衡，尙屬不敷，蓋現行交叉方法，祇在每段負荷段中，擇少數適當接點舉行，並非在電纜之每個接點均加以調整也。

欲求股線間之調和，可按有順序之遞接，使在上一段鄰近之股線，不接於下一段鄰近之股線，以免增加其不平衡，在電纜接線時，凡不屬於上述之交叉接點，均須照遞接法辦理之，在標準長度之半之電纜(88 英碼），如出局線進局線，可直接於第二段，影響甚微。

遞接舉例

7股

第　一　段		第　二　段
中心	1	2
第一層	2	4
	3	6
	4	1
	5	3
	6	5
	7	7

10股

第　一　段		第　二　段
中心	1	6
	2	9
第一層	3	7
	4	1
	5	3
	6	8
	7	4
	8	2
	9	5
	10	10

12股

第　一　段		第　二　段
中心	1	12
	2	10
	3	8
第一層	4	6
	5	4
	6	2
	7	11
	8	9
	9	7
	10	5
	11	3
	12	1

19股

第　一　段		第　二　段
中心	1	2
第一層	2	4
	3	6
	4	8
	5	10
	6	12

	7	14
第二層	8	16
	9	18
	10	1
	11	3
	12	5
	13	7
	14	9
	15	11
	16	13
	17	15
	18	17
	19	19

27股

第一段		第二段
中心	1	5
	2	26
	3	7
第一層	4	2
	5	9
	6	4
	7	11
	8	6
	9	13

	10	8
	11	15
	12	10
第二層	13	17
	14	12
	15	19
	16	14
	17	21
	18	16
	19	23
	20	18
	21	25
	22	20
	23	1
	24	22
	25	3
	26	24
	27	27

如在37股以上時，其餘各層之遞接如下：每層之單數股線，自標記(Marker)線起，應接至第二段之單數股線，依前進方向較原數升前一層；每層之雙層股線，應接至第二段之雙數股線，依較原數反向後退一數，下示其接法：

第一段		第二段	
股數	線號	股數	線號
3R1 (標記線)	1	3	3R2
3B1	2	20	3B10
3R2	3	5	3R3
3B2	4	2	3B1
3R3	5	7	3R4
3B3	6	4	3B2
3R4	7	9	3R5

3B4	8	6	3B3
3R5	9	11	3R6
3B5	10	8	3B4
3R6	11	13	3R7
3B6	12	10	3B5
3R7	13	15	3R8
3B7	14	12	3B6
3R8	15	17	3R9
3B8	16	14	3B7
3R9	17	19	3R10
3B9	18	16	3B8
3R10	19	21	3B11
3B10	20	18	3B9
3B11	21	1	3R1（標記線）

電纜如用於二線或四線增音器者，則遞接須在每層舉行，使每層並不混合。

如電纜間，有特大之不平衡，則應將此等股線除外，另行用交叉法減小之，如用遞接，則此等不平衡，將波及其他股線，使發生甚大之不平衡，無法使之中和。

電容器平衡法　電纜電容量之不平衡，可用交叉法更變之，但亦可加用小電容器，使其平衡，其應用範圍約如下列：

a）在已敷設之電纜間，欲求電容平衡，如用小電容器，則不致影響全體；

b）在已交叉之電纜間，欲求更優良之平衡，使適用於載波電話；

c）在股線中，對線之平衡纜線，並未用遞接以增高其平衡度者。

線間不平衡通常為$(p-q)$

$$(p-q)=(W-X)-(Z-Y)$$
$$=(W+Y)-(X+Z)$$

欲求　$p-q=0$

a）如$(p-q)$為正數，則在X或Z中加一小電容器（即接於AD線或BC線之間）；

b）如$(p-q)$為負數，則在W或Y中加一小電容器（即接於AC線或BD線之間）。

對線與幻象線，及對線與大地之不平衡，不易用小電容器平衡之，因須將$p,q,r,s,u,$及v同時減小，方能生效，故加用小電容器，亦須照測量所得情形，用同樣方法加入之，為數甚多，且此項方法，在電纜接線處，須增多一地線，不甚合宜。

小電容器之種類：

a）甚短之A,S,P,C電纜（約五英尺），一端絕緣，用其對線作為電容量，不用之對線與地相接；

b）小電容器　此項平衡，可使在接頭內舉行；

c）繞線(Cotopa-insulated Condenser)用二根 SWG 23 號鍍錫漆包線，外包以醋酸化之棉花線雙股，繞於棉製圈心上，分10英碼及50碼二種，電容量約為每英尺100 $\mu\mu$F，可以任意割截，以求適合之電容，所須注意者，線須保持乾潔。加入之繞線，可包藏於接頭內，而電容量，亦可任意用長短配合，故較(a)(b)為佳。

巳平衡電纜之修理

第三十圖

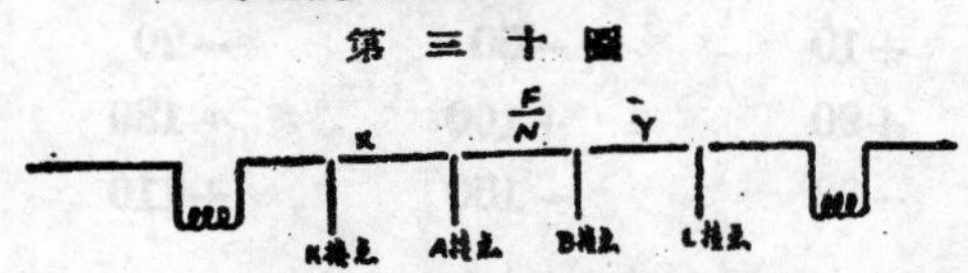

如在巳平衡之電纜內須修理改接，如F段需用N新線替換，則在A及B點拆除時，必須將各項交叉記號，記錄其接法如下：

普通式

a)自A點及B點測驗新接N電纜。

b)自A點測驗X電纜，負荷線圈須先在K點拆除。

c)自B點測量Y電纜，負荷線圈在L點拆除。

d)在X,N,Y三組間求平衡之交叉接法。

如所得之結果，倘較預定者爲次，則應在X間或Y間切斷，重分四段以求平衡之交叉。

替代式(Substitution Method)

如能將去除電纜及新接電纜之不平衡測量，則可用下列辦法：

如N之不平衡與F之不平衡爲同式同類，數量相彷彿，則A接點之接法如下：

a)將X電纜之A,B,C,D四線，依原有交叉，用運算數求其接於F時之特性。

b)求適當之運算數，可使F之不平衡特性，改爲N之不平衡特性，即以此運算數，將a)節結果運算。

c)在a)，b)兩項之結果，即爲X接於N段應有之交叉。

B接點之接法如下：

a)將Y電纜之A,B,C,D四線，依原有交叉，用運算數求其接於F時之特性。

b)求適當之運算數，可使F之不平衡特性，改爲N之不平衡特性，即以此運算數，將a)節結果運算。

c)在a)，b)，兩項之結果卽爲Y接於N段應有之交叉。

第三十一圖

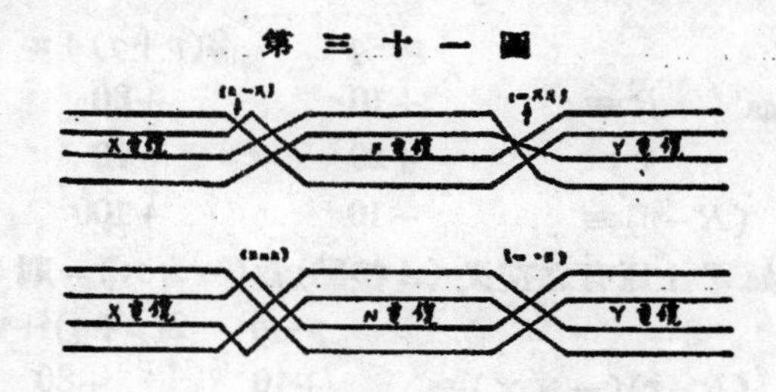

上圖X在接於F時，其交叉爲(×－×)，Y在接於F時，交叉爲(－××)，而F更改爲N時，其交叉爲(×－－)，故

A接點≡$ABCD$(×－×)(×－－)

≡$CDBA$(×－－)≡$DCBA$

≡$ABCD$(×××)(在原有X線上加(×××)交叉)

B接點≡$ABCD$(－××)(×－－)

≡$DCAB$(×－－)≡$CDAB$

≡$ABCD$(－－×)(在原有Y線上加(－－×)交叉)

推演式(Deduced Joint Method)

第三十二圖

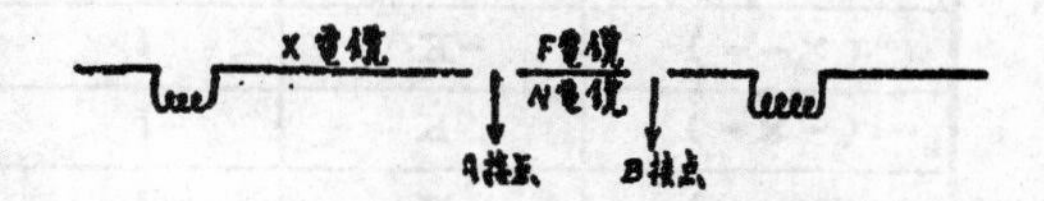

a)如原有X及F全部電纜之剩餘不平衡爲R，依B接點爲標準。

b)如r爲電纜F之不平衡數。

c)$(R-r)$用原有在F之交叉(　接點)運算數計算，卽爲在X上正常剩餘之不平衡。$(R-r)$爲算學數之差。

d)用c)節不平衡數，與N電纜之不平衡數，求適當之運算數，求其平衡，卽爲A接點應有之交叉。

第三十三圖

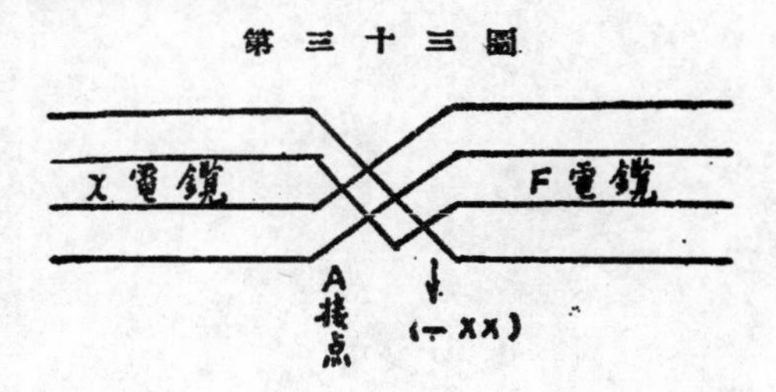

8743

	$p-q$	$2(p+q)+u$	$2(r+s)+v$	u	v
如 $R\equiv$	+10	+30	+10	−50	−20
$r\equiv$	+20	−70	+90	+100	−130
$(R-r)\equiv$	−10	+100	−80	−150	+110

如 F 上原有之交叉（A 接點)爲(−××)，則：

	$p-q$	$2(p+q)+u$	$2(r+s)+v$	u	
$(R-r)(-\times\times)\equiv$	+10	+80	+100	−110	−150

即爲 X 電纜之正常剩餘不平衡。

如用替代式，或推演式倘不能得適當之平衡時，可在其他接點，用同法改接之，或改用普通接法。

電阻不平衡之改善　股線之應用於幻象線路者，不特須線間電容量之平衡，且必需使每線之電阻能約略相等，對線間之不平衡，爲二線電阻之差，如 A 線電阻較 B 線爲大，則其不平衡爲正，反之則爲負（CD 線亦同)。

如兩對線相接，則其電阻不平衡之計算如下：

(1)在直接時爲二對線間不平衡之總和。

(2)在交叉接時爲二對線間不平衡之差。

令 K 爲 AB 線電阻之不平衡，l 爲 CD 線電阻之不平衡，則在各種各項不同之交叉接時，其特性如下表：

接法	電阻不平衡特性		接法	電阻不平衡特性	
(−−−)	K	l	(−−×)	l	K
(×−−)	−K	l	(×−×)	l	−K
(−×−)	K	$-l$	(−××)	$-l$	K
(××−)	−K	$-l$	(×××)	$-l$	−K

在每一負荷段內，普通衹選擇一接點，用交叉方法，使電阻平衡，如選擇用中間接點相接時，應將其各半之電阻不平衡先行測量，設法交叉，使其與電容之不平衡能同時減小。每負荷段電阻不平衡可容許之限度，規定爲每對線間之不平衡，應在其對線電阻之 0.25% 以下，平均不平衡應在其對線之平均電阻之 0.1% 以下。

附註　電纜之平衡除上述之數種外，尚有線路互感量之均衡 (Equalization of Mutual Electrostatic Capacity)，與避免串音之電容電阻平衡，截然兩事，此項互感量之均衡，其目的在求通話線路互感量分佈勻稱，各線約略相似，以適合增音器之應用，但對於普通應用，則不甚重要，故不贅述。

附表一

電纜不平衡電容記錄表

電　纜＿＿＿＿＿＿＿＿　　程　式＿＿＿＿＿＿＿＿

工　區＿＿＿＿＿＿＿＿　　長　度＿＿＿＿＿＿＿＿

試驗起點＿＿＿＿＿＿＿＿　　試驗終點＿＿＿＿＿＿＿＿

絕緣試驗＿＿＿＿＿＿＿＿

日　期＿＿＿＿＿＿＿＿

段數	p q r s	$p-q$ $p+q$ $r+s$ $r-s$	p_e q_e r_e s_e	u v	$2(p+q)+u$ $2(r+s)+v$	段數	p q r s	$p-q$ $p+q$ $r+s$ $r-s$	p_e q_e r_e s_e	u v	$2(p+q)+u$ $2(r+s)+v$	段數	p q r s	$p-q$ $p+q$ $r+s$ $r-s$	p_e q_e r_e s_e	u v	$2(p+q)+u$ $2(r+s)+v$
第一組						第二組						第三組					
1 R_1	+25	−30	−45	−100		2 R_3	−95	−40	+195	+250		1 B_1	0	−20	+220	+200	
	+55	+80	−75		+60		−55	−150	+155		−50		+20	+20	+220		+240
	+30	+90	−10		+110		−10	+20	+10		+20		+30	+80	+90		+200
	+60	−30	−40	−70			+30	−40	−30	−20			+50	−20	+70	+40	
						第四組											
						1 R_2	+10	+40	+140	+170							
							−30	−20	+180		+130						
							+70	+100	+40		+210						
							+30	+40	+80	+10							

記錄者＿＿＿＿＿＿＿＿　　覆核者＿＿＿＿＿＿＿＿

附表二

電纜選擇表一(依特性之大小排列)

電纜＿＿＿＿＿＿

負荷段＿＿＿＿＿＿ 選擇者＿＿＿＿＿＿ 日期＿＿＿＿＿＿

第一組							第二組							第三組						
股數	$p-q$	$2(p+q)+u$	$2(r+s)+v$	u	v	類別	股數	$p-q$	$2(p+q)+u$	$2(r+s)+v$	u	v	類別	股數	$p-q$	$2(p+q)+u$	$2(r+s)+v$	u	v	類別
1 R_1	−30	+60	+110	−100	−70	B_2	2 R_3	−40	−50	+20	+250	−20	A_2	1 B_1	−20	+240	+200	+200	+40	B_1

第四組						
股數	$(p-q)$	$2(p+q)+u$	$2(r+s)+v$	u	v	類別
1 R_2	+40	+130	+210	+170	+10	A_1

附表三

電纜選擇表二

電纜＿＿＿＿＿＿ 負荷段＿＿＿＿＿＿ 選擇者＿＿＿＿＿＿ 日期＿＿＿＿＿＿

組別	組別	接點 1/2								
2	1									
直接	交叉接	交叉			剩餘不平衡量					
段數	段數	AB	CD	對線	$p-q$	$2(p-q)+u$	$2(r+s)+v$	u	v	類別
2 R_3	1 R_1	-	×	-	-10	+10	-90	+150	+50	A_3

組別	組別	接點 3/4								
3	4									
直接	交叉接	交叉			剩餘不平衡量					
段數	段數	AB	CD	對線	$p-q$	$2(p-q)+u$	$2(r+s)+v$	u	v	類別
1 B_1	1 R_2	×	×	-	+20	+110	-10	+30	+30	B_3

組別	組別	接點 2/3								
2	3									
直接	交叉接	交叉			剩餘不平衡量					
段數	段數	AB	CD	對線	$p-q$	$2(p-q)+u$	$2(r+s)+v$	u	v	類別
2 R_3	1 B_1	-	×	×	-30	+20	+20	+120	+80	B_1

8747

附表四

電纜接線表

電纜＿＿＿＿＿＿＿＿　　　　程式＿＿＿＿＿＿＿＿

排列者＿＿＿＿＿＿＿＿

接線者＿＿＿＿＿＿＿＿

日期＿＿＿＿＿＿＿＿

組數 1		組數 2			組數 3		組數 4			組數 2		組數 3		
層數					層數					層數				
股數	線對	×或−	線對	股數	股數	線對	×或−	線對	股數	股數	線對	×或−	線對	
$1R_1$	1 2 / 3 4		1 2 / 4 3	$2R_3$	$1B_1$	1 2 / 3 4	2 1 / 4 3		$1R_2$	$2R_3$	1 2 / 3 4		4 3 / 1 2	$1B_2$

附表五

電纜選擇表三（覆核剩餘不平衡電容）

電　纜＿＿＿＿＿＿＿＿　　地　點＿＿＿＿＿＿＿＿

接　點＿＿＿＿＿＿＿＿　　接線者＿＿＿＿＿＿＿＿

選擇者＿＿＿＿＿＿＿＿　　日　期＿＿＿＿＿＿＿＿

股線及組數	p	q	r	s	u	v	$p-q$	$2(p+q)+\frac{1}{2}u$	$2(r+s)+v$
❷ 2 R_3	−95	−55	−10	+30	+250	−20			
❶ 1 R_1	+25	+55	+30	+60	−100	+70			
−×−	−40	−30	−40	−30	+150	+50	−10	+10	−90
❸ 1 B_1	0	+20	+30	+50	+200	+40			
❹ 1 R_2	+10	−30	+70	+30	+170	+10			
××−	+30	+10	0	−20	+30	+30	+20	+110	−10
❶+❷ 2 R_3	−40	−30	−40	−30	+150	+50			
❸+❹ 1 B_1	+30	+10	0	−20	+30	+30			
−××	−40	−10	−30	0	+120	+80	−30	+20	+20
	❶+❷+❸+❹（在❷處測量）								

8749

商務印書館編印

各科各界專册

小學生專册

徐應昶、趙景源編　五册　定價（一·四·五）各八角（二）一元六角、（三）一元

全書包含十篇，按照小學科目，分訂五册：第一册，公民訓練，國語；第二册，社會；第三册，自然，算術；第四册，勞作，美術；第五册，體育，遊戲，音樂及戰時常識。取材範圍從部頒標準出發，質的方面加深，量的方面加廣，可作小學中高年級兒童的補充讀物和參考資料。許多材料是專爲本書撰作，在其他兒童讀物中不易見到的。

婦女專册

張寄岫編　一册　定價二元二角

就婦女一生過程中實際需要之知識技能，分述於下列十編：（一）教育，（二）技能，（三）職業，（四）婚姻，（五）家政，（六）保育，（七）健康，（八）法政，（九）禮儀，（十）娛樂。提綱挈領，文淺意明。對於婦女各項問題之主張及學說，復能博採衆說，力求平允。

法律專册

徐百齊編　一册　定價六元

內容共分六篇：（一）法規輯要，包括現行重要法規六十六種。（二）判解輯要，就司法院及最高法院之重要解釋及判例，摘取要旨，分類彙輯。（三）司法行政通令輯要，擇取通令內容要旨，依公布時日先後爲序，冠以分類檢查表。（四）中外條約司法部份彙編。（五）司法統計，共三十三表。（六）法制改善方案。全書取材切要，編制有序。

工程專册

唐凌閣編　二册　定價各三元

全書分訂上下兩册：上册之第一部份羅列數學、力學、應用流體力學、熱學、電磁之各項公式原理，附加簡單之說明；第二部份搜集參考必需之數理表格；末附西文索引，一一緊以漢譯。下册之第一部份爲工程紀錄，關於全國工廠與生產之統計，工程學校工程期刊之調查等，無不儘量采錄；第二部份爲關於工業、工程法規之摘要；末附四角號碼索引。

商業管理員專册

孔士諤編　一册　定價三元五角

本書以簡潔之文字，撮述與現代商業有關係之各種知識，計十七編，分論簿記會計，公司財政，郵政，電報，鐵路，運輸，商業算術及統計，國內外匯兌及貿易，銀行，保險，貨幣，票據，廣告，推銷，事務管理，註册手續，商事法規等等。理論扼要，實例豐富，除介紹商業管理員應具之一般知識外，尤注重我國之商業習慣與法例。

◇尚有多種陸續出版◇

*[H]C 040(25)-29:1

天廚味精港廠酸碱工場概況

天廚味精廠已有十八年之歷史。初設第一廠於滬南，第二廠於法租界。創始之後，因品質純潔，大受社會之歡迎，銷路之廣，遠及歐美及南洋各地，乃添設第三廠及澱粉廠於滬南，復鑒於製造原料中之麵粉，雖國產可供，然燒碱仍須仰給舶來，而鹽酸因運費關係，非取諸日本不可。爰於民國十七年創辦天原電化廠在滬西白利南路，用電解食鹽方法，專製鹽酸燒碱及漂白粉等氯化製品，既資天廚自用，更供市上各廠之用。此後覺調味品亦屬奢侈，雖能略博蠅頭，然究非辦工業之目的。故十年以來，對於本身事業，殊鮮發展，而專致力於重工業之建設。不久即有天利淡氣廠之創辦。迨抗戰軍興，從事西遷，方在漢口劉家廟奠基建築，而首都失陷，口騎西侵。此後機械精華，盡棄漢上。經一年之顛沛，貨已斷擋，市場盡失。爲維持海外貿易計，設立香港工廠於九龍宋皇台畔。進行之前，本擬利用廣東省政府梳打廠出品之酸碱以供原料，且曾囤存大量；不幸廣州又遭淪陷，雖彼時歐戰尚未萌芽，原料來源未絕，然爲貫澈自給給人之宗旨起見，於廿八年味精工場全部完成之日，即着手設計酸碱工場之裝置。憑其十年來辦理天原電化廠之經驗，及歷次游歐美各國考察時之心得，取精棄粕，對於機器之採購，務求其優良適用，不限於一廠或一國之所製。籌備既竣，於同年秋季，即開始建築工場，裝置機件；雖主要機件俱已到港，而此時歐戰又起，市場混亂，建築材料及五金配件，既極缺乏，且又昂貴，有礙於工程之進行匪淺；然全部工程卒能在預定期限之內告竣，則全賴夫不避艱辛，有進無退之精神也。本年八月八日，此華南僅有之基本化學工廠，在吳蘊初氏領導之下，開始工作，爲我國抗戰期內工業界增光海外，因樂爲之介紹其創辦之簡史。茲更分述其內部各工場情形如後。

一　建築

天廚味精廠香港工廠，在九龍之宋皇台畔，佔地十六萬餘方尺，四週皆爲馬路。其大門西向，臨北帝街，街建有闊三十六尺長三百尺鋼骨水泥之樓房，爲辦公室，化驗室，味精部精製工場，包裝工場，儲藏室及職工宿舍。由大門至後門，通一闊十六尺之水泥馬路，可供二輛運輸車並行之用。路北爲味精粗製工場，澱粉工場，及汽爐室等；路之南爲酸碱工場，佔地約五萬方尺，建有鋼筋水泥樑柱而用青石爲牆之廠屋兩列：其一爲電機室、電解室、淨鹽室、溶鹽池、粗鹽堆棧等；另一列爲燒碱部之液碱提濃室、儲液碱室、熬碱室，供水部之冷熱水池、抽水機室、涼水塔，鹽酸部之氫氯化合爐室、鹽酸吸水塔，以及漂粉部之石灰儲藏室、化灰室、篩灰室、空氣冷卻室、尾氣吸收室及漂粉塔等。

二　電機設備

電機室專司全廠電力變壓變流之用。室內裝有 Ferguson Pailin 裝鎧式高壓電屏五座，每座配有變電流器 (Current Transformer)，電流表 (Ammeter)，油開關 (Oil Circuit Breaker)，及電度表(Recording Watt Hour Meter) 等。其總線進線屏上更配有功率因數表(Power Factor Meter)，另配一屏

以供電度表 (Watt Hour Meter) 等之用，並裝有高壓電電壓表等。低壓交流電開關屏二座，為德國 A. E. G. 廠製造，每座配有三相閘刀開關，單相整流開關，勵磁阻力器，直流電電壓表，電流表，指示燈等。直流電開關屏二座，配有陽極自動斷流器，及陰極單相閘刀開關等。 A. E. G. 261 KVA, 6600 V. —270 V. 變壓器二座，供變流機之用。又上海華通廠製造之 350 KVA, 6600 −380/220 V. 變壓器一座，供電動機及電燈設備之用。德國 A. E. G. 廠製造 HCN, 6220 式 250 K.W. 變流機二部，專供電解用之直流電者。電廠方面所供給之六千六百伏爾脫高壓電流，經高壓電屏之油開關，而至變壓器後，改為六相低壓電流，其電壓為每相約一百二十伏爾脫，以推動變流機。變成之直流電為一百六十伏爾脫，一千五百六十安培，由厚三分闊四寸之紫銅排通至直流電屏，經過開關而至電解室，以供約四十五電槽電解之用。至於室內之交流導體皆用裝鎧電纜互相連接，所有導體皆安置於有蓋之溝內以保安全。

三 溶鹽與淨鹽工作

普通食鹽首先傾入每次能溶二十噸之池內。池之四週裝有噴水管，清水由管中噴入池內，使食鹽逐漸溶解後，鹽液用抽鹽液機抽入徑十五尺高約十二尺之鐵櫃。櫃內裝有蒸汽管，使鹽液溫度加高，便於加入之化學藥品易生作用。將雜質如硫酸化合物及鎂鈣等向下沉澱，而使鹽液提淨，成為純潔之氯化鈉，再行放入淨鹽池內中和之，即可用抽鹽液機抽入一高架之儲櫃內，經管子導入電槽之旁，分注槽內，以待電流之通入，而發生電解作用。

四 電解

電解室佔地長一〇八尺，闊三十六尺，可裝置電槽二組，每組五十二只。現暫裝一組，所裝為 K. L. M. 式者。每只分二層：上層為特種水泥所製，配有炭精陽極二十四塊；下層為鐵板所製，連一盤狀之陰極，陰極之上鋪石棉紙為隔膜 (Diphram)。電槽之一端連接一玻璃注液節制器，俾控制鹽液流入之速度；其旁另裝一玻管，以察槽內液體之高度。待鹽液達到相當之高度，即將電流通入，分解成氯與鈉。氯氣即從電槽陽極之另一端，通入陶器管內，抽至鹽酸化合爐或漂粉塔；鈉則下沉與水發生化學作用，而成液碱與氫氣二種。氫氣則自下層之一端，由鐵管通至鹽酸化合爐。液碱則由底部之S形膠木管，滴入陶器漏斗，經鐵管注入儲液碱池內。

五 鹽酸之合成

由電解而得之氫氯二氣，因稍含有鹽液所成之霧，於進鹽酸化合爐之前，各經一洗氣塔洗淨之，勿使因有結晶之故，而發生阻塞進氣管口之危險。

鹽酸化合爐為石英所製，徑約一英尺半，高約三丈餘。爐底有鉛質之氯氣進氣管，與陶器輸氯管相連接。又一氫氣進氣管。氫氯二氣在爐中經燃燒之後，即成氯化氫（鹽酸），通入室後之石英吸收管內，為適量之水吸收，再經冷卻，流入地上之儲酸罈內，即成 Be′ 20° 之鹽酸，備罐裝矣。

六 漂粉之製造

電解室產生氯氣之另一部份，由另一陶器管輸送至漂粉塔，供製造漂粉之用。塔為鋼骨水泥所築，凡十層。其內部之牆壁與屋頂等，俱加塗特製之防氯品，以禦氯氣之侵蝕。其地板為花岡石所築，亦不受氯氣之損害者。二層之間有數寸之空隙，備冷氣之流通，以減低塔內溫度。塔之下層為漂粉出口及裝箱之處。其第二層至第八層為製造漂粉處。第九層裝有拌灰機以運動各下層內之拌灰器者。第十層為石灰注入處，石灰經化消及篩去塊粒之後，由升降桶升至第十層之斗內。注入第八層內後，逐漸被拌灰器拌入下層。氯氣由第三層逐漸上升，成對流之動作，是以上層之石灰含氯較少，愈下則愈濃，及達第三層已達含氯百份之三十五以上。達第一層則漂粉所含之游離氯氣，遇下部吹入之冷空氣，因之吹去，俾裝箱時臭味較少。

漂粉製造部除上述之漂粉塔外，尙有化灰室。室內裝有化灰機備化石灰之用。篩灰室專爲篩去灰內未經化盡之塊粒。自化灰機至篩灰機，再至石灰升降機之灰桶裝灰處，俱用石灰輸送器輸送之。

冷氣設備室內裝有液氨壓縮機，空氣抽送機，液氨揮發器，鹽液循環抽送機，鹽液管，及空氣冷卻箱等。假液氨之揮發以冷卻鹽液至攝氏零下十度。此冷卻之鹽液，經過空氣冷卻箱，將空氣冷卻，此冷卻之空氣乃抽送至漂粉塔內，作爲減低塔內溫度以增高石灰與氯氣混合之功用。

漂粉塔內若有未曾吸收之氯氣，則由塔頂接出之陶器管，吸入尾氣吸收室，使之與室內吸收器內之石灰漿混合，以免散入天空，有礙四週植物之生機，與居民之健康。漂粉塔雖開始工作已有數旬，而塔後仍蕉葉葱綠，木堇鮮紅，毫無憔悴之狀，足證吸收室之功効也。

七 液碱之提濃

電解室內之淡碱液先流入一儲液池內，然後由液碱抽送機抽送至淡碱液儲藏櫃內，積至相當數量，卽抽送至 Zaremba 式三効提濃器。器凡四具，每具之間有抽送機以輸碱液。提濃方法，則採用蒸汽及眞空，以增加其速度。淡碱液經此項提濃手續之後，卽可達到百份之五十之濃度，適宜於當地之用。此濃碱液備有鐵櫃儲藏，以待罐裝或熬成固碱。

淡碱液內仍含有少量未經電解之鹽，則於提濃時注入濾鹽器內，濾出洗淨溶解，再抽送至淨鹽部，復注入電槽電解之。

八 固碱之熬製

提濃後之液碱自儲濃碱液櫃內，抽送至熬碱鍋中，加火煑熬，使所有水分蒸發殆盡，以成固碱。再用片碱機削成片狀，裝入鐵桶，俾使用者無須重行擊碎，省時而更得減少工作上之危險。

九 供水設備

酸碱工場之用水量極大，港地既因地質關係，不易鑽得良好之深井，而自來水之供給有限制之時間與數量，不得不籌一妥全之設備。現有者爲一能容八萬餘介侖之水池，將井水及自來水灌注其中，用冷水抽送機抽送至各工場作冷卻等用；然後使之流入一熱水池內，更用抽送機抽送至冷水池中央之涼水塔上，使之化成細點，如雨流下。同時遇上升之空氣，增加其蒸發効力，而減低其溫度。熱水經此冷卻注入冷水池內時，溫度得減低攝氏十度左右，復可供各工場冷卻之用。如此循環應用，雖因蒸發等不免有所消耗，然每日須添補之數量，較諸用後卽棄諸溝內者，相差甚巨也。

十 蒸汽設備

蒸汽之供給有 Babcook & Wilcox 汽爐兩座。每座每小時可供二百磅壓力之蒸汽九千餘磅。

十一 產量

酸碱工場目前每日製造能力爲：

鹽酸	約三噸至六噸
燒碱	約二噸半
漂粉	約三噸

日後需要增加時可以加高一倍之數，祇須添裝電槽一組，毋須多加其他設備。

現在所產之鹽酸與燒碱除自用以製造味

精外，尙有餘多以供市場上之需用。其鹽酸因係合成氫氯二氣，不含硫酸及砒等雜質，而吸收器係全部在英製成，絕不與任何他質接觸，純淨異常，最適合於食品製造之用。燒碱則分液體固體二種，爲製皂染織及其他化學工業上一重要之原料。漂粉除染織及公共衛生上應用外，際此戰雲瀰佈之秋，爲防禦芥子氣之一主要藥品。是以此酸碱工場之成立，一方面果爲解決自給自足問題，同時對於工業界，對於社會上，實具有重大之貢獻也。（麟）

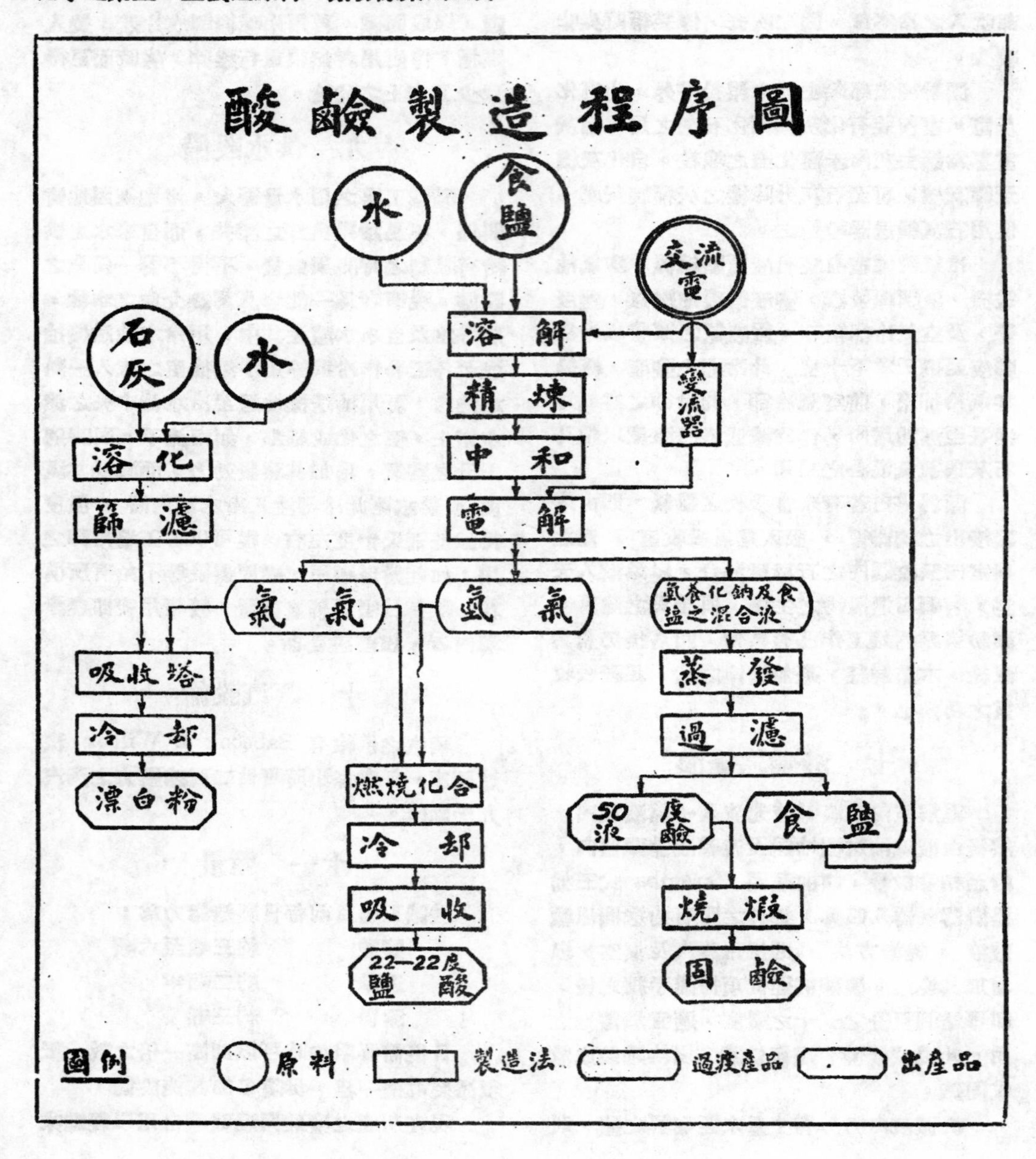

全國水利建設綱領草案

沈　怡

本草案係應經濟部復興水利建設委員會之徵求而作　　作者附識

民國肇建，國家多故，水政廢弛，幾達極點。近十餘年來，水患不絕，民生日悴，國力益疲。今欲於抗戰勝利之後，求建國之必成，固宜以促進國家之工業化爲前提，惟培養國力，增加生產，以對外換取工業化必需之資金與工具，則有賴於農村經濟之恢復，與農產品之增加。水利建設於農業之復興，具有密切關係，且可爲戰後大量失業兵民消納之途。茲爲統籌全局齊一步驟起見，特草擬全國水利建設綱領如左：

甲　總綱

(一)水利建設應力求科學化，並以免除水患，增進農產，輔助交通，促進國家工業化爲目標。

(二)爲免除水患，應注重全國各水道之根本治導；在未能普遍實施治本工程之先，應不斷努力於洪水之防範。

(三)爲增進農產，除防洪外，應注重農田水利之發展。

(四)爲輔助交通，提倡水道運輸，應參考全國交通建設計劃，注重航道之整理，運河及港灣之開闢。

(五)爲促進國家工業化，應根據全國工業建設計劃，注重水力之開發。

(六)全國各主要水道幹支流之根本治導，運河及港灣之開闢，大規模之水力發電事業，由中央政府主辦之。內河交通之開發，大規模之灌溉排水等工程，由地方政府主辦之。小範圍之農田水利工程，由地方政府獎勵及指導人民辦理之。

(七)一切水利建設，應於通盤計劃之下，衡量當前國家財力，從整個國民經濟立場，推測工程實施後可能之效果，依其影響之大小，分別先後行之。

(八)所有水利建設需要之人工，應充分利用裁遣之兵士及流亡之民衆。

乙　關於當前水利建設者

(九)搜集淪陷區域內各主要水道因水災及戰事所受損壞之資料，並擬成具體善後方案。

(十)維持戰區內各主要水道之現狀，特別注意防止黃災之擴大。

(十一)於整個計劃之下，奠定西南西北各省各主要水道之水文測量基礎。

(十二)根據戰時後方農業建設之需要，推進西南西北各省灌溉及排水等工程。

(十三)根據戰時後方交通建設之需要，推進西南西北各省航道之整理。

(十四)研究中央水利總機關與地方各級水利機關之組織，及其相互間之關係，並擬成具體改革方案。

(十五)研究如何消納戰後大量失業兵民以從事於水利建設工作，並擬成具體實施方案。

(十六)研究如何大量造就各級水利人才與技工，並擬成具體實施方案。

丙　關於戰後水利建設者

(十七)於戰事結束之後，斷然堵塞黃河決口，挽水復歸故道，並在治本工程未實施之先，不斷培修隄防，注意護岸工程，努力於險工之化除，及潰决之防止。

(十八)於戰事結束之後，立卽集中力量，積極繼續導淮，並限期完成全部治本工程。

(十九)恢復揚子江通航，整理沿江內河交通，並培修隄防，注意沿江湖泊之整理。

(二十)西南西北各省在進行中之水文測量及水利工程，應繼續維持。

(二十一)獎勵，指導，並協助人民，興修淪陷區域內之農田水利工程。

(二十二)指導並協助全國各地農村，對於飲水供給問題，作因地制宜之解決，以增進農民之健康。

丁　關於根本水利建設者

(二十三)對於黃河幹支流，積極作根本治導之準備，並於國力復興之後，立卽集中全國力量，作大規模之實施。

(二十四)對於揚子江、珠江之幹支流，及其他重要水道，分別作根本治導之準備，並斟酌國力，及各該水道本身水患之輕重，以定施工之先後。

(二十五)發展西南西北各省水力發電事業之準備，及其實施。

(二十六)原有運河之整理，新運河開闢之研討，準備，及其實施。

(二十七)原有港灣之改善與擴充，其他新港灣開闢之研討，準備，及其實施。

(二十八)積極培植森林，以減少土壤之冲刷，特別注重各水道之上游地帶。

(二十九)於整個計劃之下，積極推進全國各流域之水文測量工作。

(三十)提倡水利學術之研究事業，並推進水工試驗所之設置。

二十九年二月八日

[H]S 69-29:11.

工　程

THE JOURNAL OF THE CHINESE INSTITUTE OF ENGINEERS

FOUNDED MARCH 1925—PUBLISHED BI-MONTHLY

工程雜誌投稿簡章

(1)本刊登載之稿，概以中文爲限。原稿如係西文，應請譯成中文投寄。

(2)投寄之稿，或自撰，或翻譯，其文體，文言白話不拘。

(3)投寄之稿，望繕寫清楚，並加新式標點符號，能依本刊行格(每行 19 字，橫寫，標點佔一字地位)繕寫者尤佳。如有附圖，必須用黑墨水繪在白紙上。

(4)投寄譯稿，並請附寄原本。如原本不便附寄，請將原文題目，原著者姓名，出版日期及地點，詳細敍明。

(5)度量衡請儘量用萬國公制，如遇英美制，請加括弧，而以折合之萬國公制記於其前。

(6)專門名詞，請儘量用國立編譯館審定之工程及科學名詞，如遇困難，請以原文名詞，加括弧註於該譯名後。

(7)稿末請註明姓名，字，住址，學歷，經歷，現任職務，以便通信。如願以筆名發表者，仍請註明眞姓名。

(8)投寄之稿，不論揭載與否，原稿概不檢還。惟長篇在五千字以上者，如未揭載，得因預先聲明，寄還原稿。

(9)投寄之稿，俟揭載後，酌酬現金，每頁文圖以港幣二元爲標準，其尤有價値之稿，從優議酬。

(10)投寄之稿經揭載後，其著作權爲本會所有，惟文責概由投稿人自負。在投寄之後，請勿投寄他處，以免重複刊出。

(11)投寄之稿，編輯部得酌量增删之。但投稿人不願他人增删者，可於投稿時預先聲明。

(12)投寄之稿，請掛號寄重慶郵政信箱 268 號，或香港郵政信箱 184 號，中國工程師學會轉工程編輯部。

中國工程師學會各地地址表

重慶總會	重慶上南區馬路 194 號之四
重慶分會	重慶川鹽銀行一樓
昆明分會	昆明北門街 71 號
香港分會	香港郵箱 184 號
桂林分會	桂林郵箱 1026 號
梧州分會	廣西梧州市電力廠龍純如先生轉
成都分會	成都慈惠堂 31 號盛紹章先生轉
貴陽分會	貴陽禹門路西南公路管理處薛次莘先生轉
平越分會	貴州平越交通大學唐山工程學院茅唐臣先生轉
遵義分會	貴州遵義浙江大學工學院李振吾先生轉
麗水分會	浙江麗水電政特派員辦事處趙曾珏先生轉
宜賓分會	四川宜賓郵箱 3000 號鮑國寶先生轉
嘉定分會	四川嘉定武漢大學工學院邵逸周先生轉
瀘縣分會	四川瀘縣兵工署二十三廠吳欽烈先生轉
城固分會	陝西城固賴景瑚先生轉
西昌分會	西康西昌經濟部西昌辦事處胡博淵先生轉

工程雜誌 第十三卷·第五號

民國二十九年十月一日出版

內政部登記證　警字第 788 號

香港政府登記證　第 358 號

編輯人　沈　怡

發行人　中國工程師學會　張延祥

印刷所　商務印書館香港分廠(香港英皇道)

總經售處　商務印書館香港分館(香港皇后大道)

分經售處　商務印書館分支館

重慶　成都　康定　長沙　衡陽　邵陽　貴陽　常德　桂林　柳州　昆明　開平　梅縣　韶關　金華　恩施　萬縣　[illegible]縣　福州　西安　蘭州　南陽　廬江　新加坡　澳門　廣州灣

本　刊　定　價　表

每兩月一册　　全年六册　　雙月一日發行

	册數	價目(港幣)	郵費(港幣) 國內及本港澳門	郵費(港幣) 國外
零售	一册	四角	六分	一角五分
預定全年	六册	二元四角	三角六分	九角

中國工程師學會現任職員名單

會長：陳立夫　　副會長：沈怡（君怡）

董事：吳承洛（澗東）　惲震（蔭棠）　薩福均（少銘）

侯家源（蘇民）　趙祖康　裘維裕（次豐）

周象賢（企虞）　杜鎮遠（建勛）　鮑國寶

凌鴻勛（竹銘）　顏德慶（季餘）　馬君武

徐佩璜（君陶）　薛次莘（惺仲）　李書田（耕硯）

夏光宇　裘燮鈞（星遠）　胡博淵

侯德榜（致本）　黃伯樵　梅貽琦（月涵）

胡庶華（春藻）　陳體誠（子博）　顧毓琇

莊前鼎　任鴻雋（叔永）　許應期

基金監：韋以黻（作民）　孫越崎

執行部：總幹事：顧毓琇　　文書幹事：歐陽崙（峻峯）

事務幹事：徐名材（伯雋）　　會計幹事：黃典華

重慶分會：會長：徐恩曾（可均）　　副會長：徐名材（伯雋）

書記：歐陽崙（峻峯）　　會計：楊簡初

成都分會：會長：凌鴻勛（竹銘）　　副會長：盛紹章

書記：劉澄厚　　會計：洪孟孚

桂林分會：會長：馬君武　　副會長：馮家錚（鐵聲）

書記：汪德官　　會計：譚頌獻

昆明分會：會長：惲震（蔭棠）　　副會長：金龍章

書記：莊前鼎　　會計：周玉坤

香港分會：會長：黃伯樵　　副會長：利銘澤

書記：張延祥　　會計：李果能

[illegible]

香港政府登記證第三五八號

中國工程師學會香港分會

社會服務部

◇集合各部門技術人才

◇爲國貨製造廠家服務

業務項目

(一)常年顧問

(二)工廠設計

(三)機器估價

(四)裝置修理

(五)化驗材料

(六)機器檢查

(七)採購物料

(八)改良管理

(九)訓練員工

(十)介紹人才

(十一)鑒定事件

(十二)其他事項

▼地址　香港雪廠街十號五十四號房

▼電話　三二五八一號

第十三卷第六號　民國二十九年十二月一日

目 錄 提 要

中國工業化之幾個基本問題

雙缸機車衡重之研究

航空測量實體製圖儀有系統誤差之影響於天空三角鎖

沿翼展環流分佈計算之另一方法

鋼筋混凝土預力樑之研究與設計

長方形截面鋼筋混凝土預力樑

抗戰期內如何製造硝酸

亞爾西愛一瓩勵振機改用電子管之報告

開關設備標準電壓及標準載量之建議

中 國 工 程 師 學 會 發 行

商 務 印 書 館 香 港 分 館 總 經 售

RCA 眞空管供應全球通訊

安全雖爲商業與軍事飛航最重要之問題尤推無線電儀器爲主幹眞空管是其靈魂 RCA 眞空管爲最優良者 RCA 廠所出之眞空管爲無線電界服務已超過三萬萬有奇下列各項無線電用品優點特著

▲環球通訊網
▲軍警電機
▲廣播電台
▲電遞字機
▲收音機器
▲電影傳眞
▲航海電訊
▲業餘電訊
▲航空電訊
▲有聲電影機

亞爾西愛勝利公司遠東分行
香港華人行九樓

RCA MANUFACTURING CO., INC.
FAR EAST BRANCH
China Building
Hong Kong

中國工程師學會香港分會

社會服務部

◇集合各部門技術人才

◇爲國貨製造廠家服務

業務項目

(一)常年顧問

(二)工廠設計

(三)機器估價

(四)裝置修理

(五)化驗材料

(六)機器檢查

(七)採購物料

(八)改良管理

(九)訓練員工

(十)介紹人才

(十一)鑒定事件

(十二)其他事項

▼地址 香港雪廠街十號五十四號房

▼電話 三二五八一號

活動玩具·花鉄罐盒
康元製罐廠

本公司專工於科學化潤滑油
美孚行於環球上能始終執潤滑油牛耳者・厥為其品質優美・能適合於每項工作所致・
對於本公司所服務下之千萬工業機關・賴科學化之潤滑・解決一切難題・增進工作效率・經濟・實為本公司之責任・而效率與經濟之程度・賴滑機油及施用潤機油方法而定・
美孚行機器工程師・曾受工業機器潤滑訓練・富有經濟・但仍不斷努力研究各式不同之機器務求創立更美妙之方法・以適應需要特殊潤滑之機器・
紅鷂商標乃七十四年專門研究潤滑油經驗之象徵・
美孚行

NOW GREATER SAFETY— FAR LONGER MILEAGE

FOR TRUCKS AND BUSES

IMPROVED 5 WAYS

NO EXTRA COST!

If you're looking for ways to cut your tyre costs to a minimum — fit Goodyear Giants — *now further improved.*

—LOW STRETCH SUPERTWIST CORD
—MULTIPLE COMPOUNDING
—DOUBLE BREAKER STRIPS
—DUAL BEADS
—WAVELESS FABRIC

Yes, 5 big, important improvements — at no extra cost. And here's what they mean:

— Amazingly long, trouble-free mileage — Far longer tread wear — Greater resistance to speed heat, road shocks, abuse — Extra safety from bursts and punctures — Extra protection for driver, passengers, loads, equipment — Protection against costly delays, repairs, idle trucks, broken schedules.

CALL US

See these better giants. Have us explain the 5 big, new improvements—show how they will cut your costs—increase your profits.

GOODYEAR GIANTS

SOLE DISTRIBUTOR FOR CHINA & HONGKONG

UNIVERSAL SALES (CHINA) INC.

SHANGHAI OFFICE
51 Canton Road

HONGKONG OFFICE
36 French Bank Building

中國工程師學會會刊

工程

總編輯 沈怡

副總編輯 張延祥

第十三卷第六號目錄

(民國二十九年十二月一日出版)

論著：沈怡 中國工業化之幾個基本問題……1

論文：陳廣沅 雙缸機車衡重之研究……5

王之卓 航空測量實體製圖儀有系統誤差之影響於天空三角鎖……51

呂鳳章 沿翼展環流分佈計算之另一方法……63

王敬立 鋼筋混凝土預力樑之研究與設計……71

王敬立 長方形截面鋼筋混凝土預力樑……77

顧敬心 抗戰期內如何製造硝酸……81

應家豪 亞爾西愛一瓩勵振機改用電子管之報告……83

單宗肅 釷鎢絲電子放射之檢討……89

卞學鐀 銅線表皮缺陷之原因……91

林津 開關設備標準電壓及標準載量之建議……93

附錄：中國工程師學會章程……88

中國工程師學會新職員名單……目錄後

第八屆年會得獎論文揭曉……90

中國工程師學會發行

商務印書館香港分館總經售

中國工程師學會新職員名單

會　長：凌鴻勛（竹銘）　副會長：惲　震（蔭棠）

董　事：吳承洛（澗東）　薩福均（少銘）　侯家源（蘇民）
趙祖康　裘維裕（次豐）　周象賢（企虞）
杜鎮遠（建勛）　鮑國寶　支秉淵
胡博淵　侯德榜（致本）　顧毓瑔（一泉）
黃伯樵　梅貽琦（月涵）　胡庶華（春藻）
陳體誠（子博）　任鴻雋（叔永）　許應期
茅以昇（唐臣）　吳蘊初　陳立夫
顧毓琇（一樵）　曾養甫　韋以黻（作民）
徐佩璜（君陶）　王寵佑（佐臣）　顏德慶（季餘）

基金監：徐名材（伯雋）　孫越崎

執行部：總幹事　顧毓瑔（一泉）　副總幹事　張延祥
總編輯　沈　怡（君怡）　副總編輯　沈嗣芳（馥庵）

中國工程師學會各地分會現任職員名單

重慶分會
會長：徐恩曾(可均)　副會長：徐名材(伯雋)
書記：歐陽崙(峻峯)　會　計：楊簡初

成都分會
會長：凌鴻勛(竹銘)　副會長：盛紹章(允丞)
書記：劉澄厚(幼波)　會　計：洪孟孚

桂林分會
會長：李運華　副會長：馮家錚(鐵聲)
書記：汪德官　會　計：譚頌獻

昆明分會
會長：惲　震(蔭棠)　副會長：金龍章
書記：莊前鼎　會　計：周玉坤(晴嵐)

香港分會
會長：黃伯樵　副會長：利銘澤
書記：張延祥　會　計：李果能

西昌分會
會長：胡博淵　副會長：雷寶華(孝實)
書記：李崇典(光嵩)　會　計：劉鏡如

瀘州分會
會長：吳欽烈(景鍔)　副會長：黃朝煇
書記：方志遠(仁煦)　會　記：顧敬心

蘭州分會
會長：宋希尙(達庵)　副會長：鈕澤全(步雲)
書記：張志禮(亦民)　會　計：李玉書

平越分會
會長：茅以昇(唐臣)　副會長：顧宜孫(晴洲)
書記：黃壽恆(鏡堂)　會　計：伍鏡湖(澄波)

貴陽分會
會長：薛次莘(惺仲)　副會長：姚世濂(企周)
書記：黃文治　會　計：張丹如(銀生)

嘉定分會
會長：邵逸周　副會長：傅爾攽(冰芝)
書記：楊先乾(君實)　會　計：繆恩釗

商務印書館出版

特價新書　民國29年11月至民國30年1月發售

一律照定價加五成後八折發售

右列特價業已折實

書名	原著者	著譯者	冊數	(特價·元)	(截止期)
景明刻本紀錄彙編		明沈節甫輯 陳于廷刊	76冊	96.00	30年4月21日
鄭堂讀書記附補逸(國學基本叢書)		清周中孚撰	6冊	6.00	3月31日
論道		金岳霖著	1冊	3.60	5月11日
普通心理學	Rexroad著	宋桂煌譯	1冊	3.60	4月7日
社會科學史綱 另訂十個分冊零售 同時發售特價		Barnes主編 王造時等譯	合訂2冊	6.60	3月9日
近代歐洲政治社會史下卷(國立編譯館出版)		Hayes著 曹紹濂譯	1冊	9.60	5月4日
瑞典之中道(中山文庫)		Childs著 王淯彬譯	1冊	1.92	3月31日
國際貿易原理		張毓珊著	1冊	2.40	3月2日
未來的海戰	Edwards著	余敬褒等譯	1冊	2.16	4月21日
天地會研究	Schlegel著	薛澄清譯	1冊	2.88	3月16日
活葉工藝新教材 第二,三集	朱允松	潘公望主編	2冊	各1.92	3月23日
龍州土語(國立中央研究院歷史語言研究所單刊)		李方桂著	1冊	6.00	4月14日
現代科學分析(中山文庫)		Bavink著 陳範予譯	2冊	6.60	3月16日
數論(國立編譯館出版)		樊墀等編	1冊	3.60	5月18日
微積分學(大學叢書)		孫光遠等著	1冊	3.60	5月11日
函數論(大學叢書)		胡濬濟譯	2冊	4.80	4月7日
動物學精義(大學叢書)	惠利惠著	杜亞泉等譯	6冊	12.00	4月30日
植物圖解	Lloyd著	黄紹緒譯	1冊	2.16	5月18日
農藝植物考源(漢譯世界名著)		俞德浚等編譯	1冊	1.63	5月25日
江河之水文(中山文庫)	Pardé著	吳尙時譯	1冊	2.40	3月23日
景明刻本濟生拔粹		元杜思敬輯	10冊	16.80	2月26日
飼料與飼養	Henry著	陳宰均譯	3冊	12.00	4月14日
都市計劃學(大學叢書)		陳訓烜著	1冊	3.00	4月21日
釀造學總論(大學叢書)		陳騊聲著	2冊	7.20	5月4日
蛻變(大時代文藝叢書)(劇本)		曹禺著	1冊	1.20	3月2日
歷史綜合方法(英文本)		Gapanovich著	1冊	4.80	3月2日

*[H]D59-30:2

團體：

新興圖書館購備有組織的基本圖書；
設備相當充實的圖書館加備重要圖書的副本；
學校爲師生雙方購備必要的參考書；
公團機關爲會員職員購備參考瀏覽圖書；

均不可不備

萬有文庫簡編

個人：

爲自身儲積業餘讀物，以供學養上及事業上之參考；
爲子弟供給課外讀物；
爲養成家人之讀書習慣代替無益之消遣；
爲捐贈社會團體或儲備親友借讀之用；

均不可不備

萬有文庫簡編

本書特色一斑

體系完整 就萬有文庫第一二集一千七百種之中，選取最要之書五百種，重爲有系統的編制，科目齊備，支配均衡。

內容實用 所選均爲古今中外學術上權威之作，名家代表之作，各科智識門徑之書。深淺有序，雅俗共賞，初中以上程度卽可閱讀。

管理便利 全編分訂一千二百册，版式大小一致，合裝一櫥，寬度不過三四尺，佔地有限，隨處可置。每書脊封上印有分類號碼，另附目錄卡片，便於管理。

售價低廉 本書採用最經濟之印刷方法，使售價儘量減低。倘依照本編包含各書，零星購集，所費什倍於此，亦不能辦。

目錄備索

商務印書館編印

書櫥高70吋，寬40吋，櫥價另計。

*[H]C040(39)-29:11

中國工業化之幾個基本問題

沈　怡

一年以來，屢與中國工程師學會及中國經濟建設協會諸同志，交換關於中國應如何促進工業化亦即經濟建設一類問題之意見，雖未臻成熟之境，何敢自祕。爰乘中國工程師學會於本月十二日至十六日在成都舉行第九屆年會之際，草為此文，以就正於當世賢達及年會諸君子。至其內容係綜合各方面之意見，並非一人之言，首揭於此，以示不敢掠美。以下就中國工業化之基本問題，如(一)目標、(二)程序、(三)方式、(四)資本、(五)人才、(六)組織等項，分別言之。

(一)我國經此次抗戰教訓以後，人人均了然於今後之經濟建設，必須以國防為中心；但此並非謂可置改善民生於不顧，蓋一國之人力財力，若因維持一般國民最低限度的生活水準之需要，分配一部分於供給此項需要之生產事業，不特無虞削弱一國之國防力量，甚且可以使之增強，因國防最後之防線，仍不外乎民力也。換言之，在國民生活未達到最低限度的水準以前，除竭力注重國防外，不應忽視與廣義的國防有關之民生事業。迨國民生活已達到最低限度的水準以後，即須以全力注重國防，因處此弱肉強食之世界，我國非急起直追，建設堅強國防，無以自立。一俟國防需要相當滿足以後，方可將國民最低限度的生活水準漸漸提高。以上為我國今後工業化亦即經濟建設之目標。

(二)經濟建設應以國防為中心，已如上述。注重國防建設，必須積極建設重工業。此次抗戰即使一旦結束，日人圖我之心，豈能因是稍戢，故今後之二十年至三十年，實為我國家民族生死存亡之重要關頭。凡我全國上下必須把握此一縱即逝之時機，急起直追，將最大部分之人力及財力，集中於重工業之發展上，以期早日奠定工業基礎。重工業乃一切製造工業之母，為加強國防力量固應如此，為推進工業化，改善人民生活，根本辦法亦惟有如此。為達到此目的，亟須完成幾種基本條件，使國防工業及民生工業皆可賴以發展。此項基本條件，厥為交通及動力之開發，而論其程序，應以交通為先，動力次之；但所謂交通，自以儘先建築與國防及工業運輸有關之鐵路為前提。至於戰事結束以後，復員之士兵以及失業之民衆將如何安插；實為他日最迫切問題之一。安插之途徑不嫌其多，而舉辦大規模具有建設性之公共工程，自可容納其一大部分。如美國新政之大與公共工程，及德國以廣築公路等工事，為解決人民失業之辦法，大可採取。若論大規模之公共工程，足以安插大部分復員之士兵，又足以應復興國力之急迫需要，同時其事業之性質，非由國家主持不可者，除前述交通以外，當無過於水利。欲求建國之必成，自以促進國家工業化為前提，惟培養國力，增加生產，必對外換取建設工業必需之資金與工具，則有賴於農村經濟之恢復及農產品之增加。我國人民百分之八十以上均為農民，抗戰以來，出力最多者為農民，痛苦最甚者亦為農民，戰後撫輯流亡，與民休息，興辦水利，最於人民切身有益。再者水利建設，除水力發電外，無論袪除水患，或灌溉排水，或整治航道等，大部分均為土方工程，所需外匯殆等於零。故在表面觀之，耗費甚鉅，但其金錢，皆在國內流通，且其流通之結果，足使國民經濟愈見敏活，國家財富愈見增加。

（三）我國經濟政策理論的基礎，爲三民主義中之民生主義，而民生主義之主要內容，即在有計劃的及有步驟的發展國家資本與節制私人資本，以預防「私人之壟斷，漸變成資本之專制」。過去我國工業之發展，除若干輕工業稍具規模外，幾無新工業之可言。今後惟有將一切經濟力量集中於國家，由國家依照遠大之目標，整個之計劃及堅定之政策，加速建設，限期完成，蓋如此重大艱鉅之任務，除國家自身外，决非任何人所能擔負。故關係國家命脈之鎖鑰事業，如重要鑛業，重工業，基本化學工業，動力工業，重要交通及運輸業與重要金融；國防直接需要之主要製造事業，如兵工業，飛機製造業等；及其他宜由政府統籌或統制之重要事業，如對外主要進出口貿易，槪應國營，其餘民營。鑒於我國目前民間資本及民營企業之微弱可憐，更宜寓節制與統制於輔導與維護之中，使人民感於政府獎助之便利，不覺限制之痛苦，而國家仍收計劃與統制之實效。

（四）戰後百端待舉，在在均需鉅量資本，除積極擴充並培養國家資本外，對於民間資本，亦應爲有計劃的運用。華僑資本爲私人資本中最可重視之一種，於經濟方法以外，尤應用政治方法，多多獎勵其向祖國投資。我國生產能力，極端薄弱，倘資本之積儲，均須依賴國內，恐非時間所能容許，故利用外資，當爲今後經濟建設籌集資本之主要途徑，往日我國限制外資，無非懲於以往政治性質借款之失，亦以外人治外法權存在，不易就範，其尤甚者，則喧賓奪主，以此爲經濟侵略之具。此後假定國家主權完整，政治確有辦法，則取開放政策，固亦未嘗不可。現在世界各國經濟莫不漸趨統制化，事業利益相當限制，我國如取比較寬緩政策，在不損國家主權之前提下，容納外國私人資本來華生息，似爲最有利之辦法。

（五）訓練大量之中級技術幹部，旣以應經濟建設之需要，又可導青年於實際報國之路，此一問題，在今日實屬十分重要。中級技術幹部之培養，自惟有於國內各大學專科學校及職業學校中求之。我國以往各大學及專科學校之分布，除因地域及歷史關係外，甚少其他之合理根據。抗戰以來，紛遷內地，雖均維持開學，但大都隨遇而安，未暇爲久遠之計。將來戰事結束，正宜乘此時機，通盤籌劃，分配設立於各項建設事業已臻發展，或行將發展之區域，並規定學校科目，卽以所在地之經濟建設事業爲其主要對象，務使教育與建設需要取得密切聯繫。管理與技術，爲辦理企業之兩大要素，若祇重技術而忽視管理，則技術縱極優良，企業仍難免失敗。普通觀念，以爲技術非專家不可，而管理則盡人皆能，不知合理之管理，亦有其專門之知識，而事業之成功與失敗，管理與技術同爲决定之重要因素，故於技術人才之外，同時須爲管理人才之培養。建設初期，則不妨利用外國技術人才。

（六）抗戰以前，我國所有若干經濟建設，均不免枝枝節節，未能盡配合適應相互爲用之能事，其最大原因，端在中央缺少一與技術有關之綜合機構。按目前中央政府內與經濟建設有關之機構，約言之，共有軍政、經濟、交通、農林、財政、教育、及內政等七部。直轄此七部之行政院，其性質僅爲行政上之考核與督察。此外雖有行政院會議，但此爲决定大政方針所在，與技術並無關係，因此各部彼此之間，每缺少技術上之聯繫。欲求今後之經濟建設作合理的有計劃的發展，中央政府內必須設立主持全國經濟建設之最高設計機構，其任務爲將國家政策及中央意旨演繹爲計劃大綱，以供中央及地方各執行機關編擬實施計劃時之根據，而各執行機關根據計劃大綱編擬之實施計劃，又須送交最高設計機構綜合審查，以期融會貫通。民營部分規模較大需要統籌之事業亦然。最高設計機構對於政府機關或人民送請審核之計劃，如發現與國家政策相抵觸，或與其他計劃相衝突時，得不予批准或加以必要之修正。審核計劃之最高設計機構，並應同時注意調查考察所有核准計劃實施之成績，故其地位應超然於執行機關而獨立。今者政府已有中央設計局之設立，必須具備上述之性質與權力，然後經濟建設方可順利推行，而國家工業化方有圓滿實現之望也。

（轉載大公報星期論文，二十九年十二月十五日。）

工程

第十二卷 第五期 要目

吳承洛：工程師動員與本刊之使命

蕭之謙：賈魁士：中國烟煤之煉焦試驗

羅　冕：四川土法煉焦改良之研究

朱玉崙：四川冶金焦炭供給問題之檢討

周志宏：抗戰期間救濟鐵荒之商榷

周志宏：毛鐵之檢驗

胡博淵：抗戰時期小規模製煉生鐵問題

余名鈺：四川煉鐵問題之檢討

林繼庸：廠鑛內遷之經過

定價每册國幣六角　郵費每册六分

重慶上南區馬路１９４號之４

中國工程師學會發行

工程

第十三卷 第一期 要目

謝家蘭：川產銑鐵之檢討

孫越崎：四川之煤礦業

朱玉崙：四川煤焦供給問題

曾世英：我國測繪事業的檢討

黨　剛：視察銅梁土法煉鐵事業報告

工程文摘：

黃汲清：西南煤田之分佈

劉基磐：湖南煤礦之分佈及其儲量

霍世誠：甘青之煤

黨　剛：嘉陵江下游之煤礦

李春昱：嘉陵江沱江下游煤間煤田

李　陶：萬縣巫山間長江北岸之煤

定價每册國幣六角　郵費每册六分

重慶上南區路馬１９４號之４

中國工程師學會發行

工程

第十二卷 第六期 要目

陳　誠：工程與軍事

陳立夫：工程師與抗戰建國

胡博淵：開發我國後方各省金礦之建議

李鳴龢：西南各省之採金事業

葉秀峯：西康之金

李丙璧：金礦開採及其選冶之研究

高行健：金典雜釋

工程文摘：

常慶隆，李建青：四川鹽源縣金礦概況

袁見齊：西康歸來話砂金

顧執中，陸　詒：黃金世界的青海

顧執中，陸　詒：青海之八寶山

霍世誠：甘青之金

白士倜：陝西安康區之砂金

張人鑑：河南淅川縣之金礦

定價每册國幣六角　郵費每册六分

重慶上南區馬路１９４號之４

中國工程師學會發行

工程

第十三卷 第二，三期合刊本 要目

胡叔潛，蔡家鯉：抗戰期中發展四川小電廠芻議

朱志龢：「整個構造」鐵橋之設計及其用途

陳本端：改革我國公路路面建築法之建議

沈宜甲：德國最新式無舵淺水急流狹道船原理及圖說

工程文摘

中央水工試驗所：三河活動壩

林文英：中國公路地質概述

袁滋元：施熱築路法

何文磐：濾水路堤

呂鳳章：螺旋槳之選擇

定價每册國幣六角　郵費每册六分

重慶上南區馬路１９４號之４

中國工程師學會發行

雙缸機車衡重之研究

(Counter Balance of Two Cylinder Locomotives)

第八屆年會論文首獎

陳 廣 沅

一 緒言

機車立軌道上，以軌道中心線爲 Y 軸，以軌道平面上軌道中心線之垂直線爲 X 軸，以經過機車重心及 XY 兩軸交點，而垂直於 X-Y 平面之直線爲 Z 軸，則當機車行動時，有以下各種不必要之搖撼或震動：——

1. 機車重心依一定週期有或正或負之動作：

(1)依 Y 軸或進或止之動作，是爲伸縮動作(Recoiling)。

(2)依 Z 軸或上或下之動作，是爲浮沉動作(Galloping)。

2. 機車依一定週期對三軸有轉向之動作：

(3)對 X 軸或上或下之轉動，是爲點頭動作(Pitching)。

(4)上部對 Y 軸或左或右之轉動，是爲滾轉動作(Rolling)；全體對 Y 軸或左或右之震動是爲拐跛動作(Rocking)。

(5)對 Z 軸或左或右之轉動，是爲搖頭動作(Nosing, or hunting)。

其中(2)浮沉動作及(4)滾轉動作全係彈簧頗動所發生，而(1)伸縮動作(3)點頭動作(4)拐跛動作(5)搖頭動作發生之原因在兩汽缸機車，不外：——

1. 兩邊曲拐銷相差90°，
2. 汽缸中作用於汽餅上之有效汽壓瞬息不同，
3. 往復部分惰力之作用，
4. 搖桿惰力之作用，
5. 多餘衡重離心力之作用。

此種不必要之動作，不但消耗機車引力，卽對於行車安全亦有影響。故機車製造者及應用者無不思設法減少此種不必要之動作。減少之法卽詳細分析此種動作發生之原因而消滅之。關於彈簧頗動部分容另篇討論。玆僅將惰力汽力部分詳加研討。

衡重者，用以平衡惰力一部分作用者也；但事實上衡重又因離心力使機車生不必要之動作。究竟衡重以若干爲合適，衡重如何位置爲合宜，多餘衡重或未經平衡之惰力生若何影響，汽力與衡重生若何關係，此諸問題皆待研究。然欲研究此等問題，必先知惰力與汽力在機車行動時曲拐旋轉一週間如何變化。故下章先研究惰力與汽力之變化。

本文倉卒成篇，手頭參考書甚少，屬筆時雖屢承程孝剛先生指正，誤點仍必甚多，尙請讀者指教。

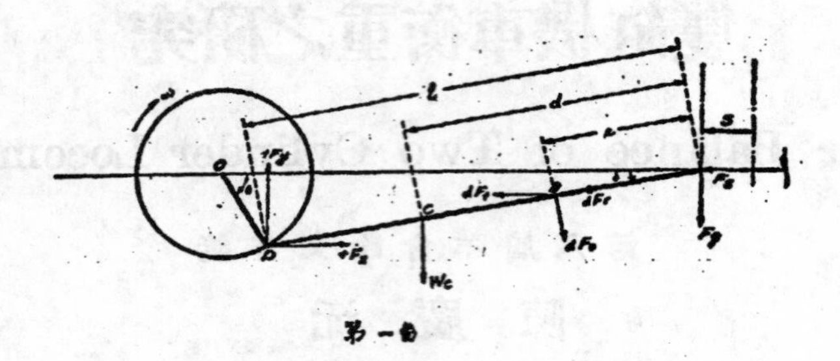

第一圖

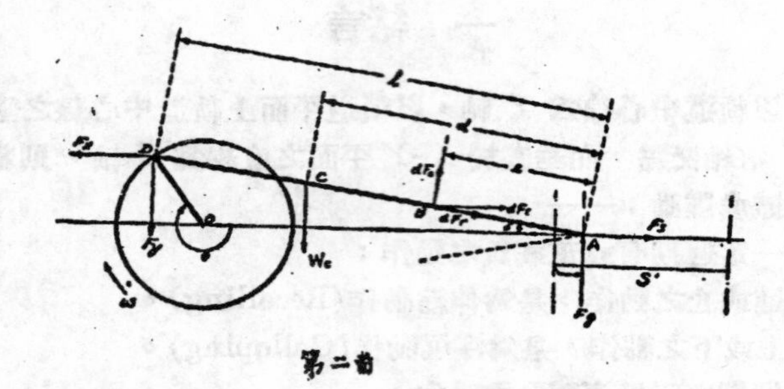

第二圖

二　機車行動時

搖桿大頭在曲拐銷上之垂直力及水平力：

1.　機車行動時搖桿大頭在曲拐銷上垂直力及水平力之來源有二：——

(一)機車引擎往復部份，如十字頭汽餅桿汽餅及閥動機關之一部份及搖桿本身往復行動時之惰力；

(二)蒸汽壓力施於汽餅之作用。

玆先研究機車引擎往復部份及搖桿本身往復行動時惰力之變化。　如第一圖設：

$ABCD$ = 搖桿

OD = 曲拐

A = 十字頭中心

O = 大輪中心

D = 曲拐銷中心

C = 搖桿重心

d = AC

B = 搖桿上任一點

e = AB

W_c = 搖桿重量

W_s = 引擎往復部份重量(圖上未註明)

F_s = 引擎往復部份之水平力

F_g ＝ 滑板對於十字頭之反作用

F_o ＝ 使搖桿擺動之正切力

F_r ＝ 使搖桿擺動之向心力

F_t ＝ 使搖桿往復動之水平力

F_x ＝ 曲拐銷作用於搖桿上之水平力(搖桿惰水平)

F_y ＝ 曲拐銷作用於搖桿上之垂直力(搖桿惰垂直)

s ＝ 十字頭行經之直線距離

θ ＝ 曲拐行經之角距離

δ ＝ 搖桿行經之角距離

k ＝ 以A為中心搖桿之環動半徑(Radius of gyration)

I_A ＝ 以A為中心搖桿之惰性轉距(Moment of inertia)

2. 因力為質量與加速之積($F=Ma$)，故必先求直線加速率及角加速率之值。

(1)設 ω ＝曲拐角速率

α ＝曲拐角加速率

則

$$\omega=\frac{d\theta}{dt}$$

$$\alpha=\frac{d^2\theta}{dt^2}$$

(2)設 v ＝十字頭直線速率

a ＝十字頭直線加速率

則

$$v=\frac{ds}{dt}$$

$$a=\frac{d^2s}{dt^2}$$

茲先求 s 之值，由第一圖得

$$l+r=s+l\cos\delta+r\cos\theta$$

$$s=l+r-l\cos\delta-r\cos\theta$$

$$l\sin\delta=r\sin\theta$$

$$\sin\delta=\frac{r}{l}\sin\theta$$

$$\cos\delta=\sqrt{1-\frac{r^2\sin^2\theta}{l^2}}=\frac{\sqrt{l^2-r^2\sin^2\theta}}{l}$$

$$l\cos\delta=\sqrt{l^2-r^2\sin^2\theta}$$

$$s=l+r-\sqrt{l^2-r^2\sin^2\theta}-r\cos\theta$$

設曲拐以恆角速率進行，則 $\theta=\omega t$

$$\therefore\quad s=l+r-\sqrt{l^2-r^2\sin^2\omega t}-r\cos\omega t$$

次求 v 及 a 之值，

$$v=\frac{ds}{dt}=r\omega\left[\sin\omega t+\frac{r\sin 2\omega t}{2(l^2-r^2\sin^2\omega t)^{\frac{1}{2}}}\right]$$

$$a=\frac{dv}{dt}=r\omega^2\left[\cos\omega t+\frac{rl^2\cos 2\omega t+r^3\sin^4\omega t}{(l^2-r^2\sin^2\omega t)^{\frac{3}{2}}}\right]$$

$$=r\omega^2\left[\cos\theta+\frac{rl^2\cos 2\theta+r^3\sin^4\theta}{(l^2-r^2\sin^2\theta)^{\frac{3}{2}}}\right]$$

(3)設 ϕ =搖桿角速率

ψ =搖桿角加速率

則 $$\phi=\frac{d\delta}{dt}$$

$$\psi=\frac{d^2\delta}{dt^2}$$

由圖得

$$r\sin\theta=l\sin\delta$$

$$\frac{d}{dt}r\sin\theta=\frac{d}{dt}l\sin\delta$$

$$r\cos\theta\frac{d\theta}{dt}=l\cos\delta\frac{d\delta}{dt}$$

$$\therefore\quad \phi=\frac{d\delta}{dt}=\frac{r}{l}\cdot\frac{\cos\theta}{\cos\delta}\cdot\omega$$

$$\psi=\frac{d\phi}{dt}=\frac{r\omega}{l}\cdot\frac{-\sin\theta\cdot\cos\delta\cdot\omega+\sin\delta\cos\theta\cdot\phi}{\cos^2\delta}$$

$$=\frac{r\omega^2}{l}\cdot\frac{-\sin\theta\cos\delta+\sin\delta\cdot\cos\theta\dfrac{r\cdot\cos\theta}{l\cdot\cos\delta}}{\cos^2\delta}$$

$$=\frac{r\omega^2}{l}\left[-\frac{\sin\theta}{\cos\delta}+\frac{r}{l}\ \frac{\cos^2\theta}{\cos^3\delta}\cdot\sin\delta\right]$$

由前節得

$$\sin\delta=\frac{r}{l}\cdot\sin\theta$$

$$\cos\delta=\frac{(l^2-r^2\sin^2\theta)^{\frac{1}{2}}}{l}$$

$$\therefore\quad \psi=\frac{r\omega^2}{l}\left[-\frac{\sin\theta\cdot l^2}{(l^2-r^2\sin^2\theta)^{\frac{1}{2}}}+\frac{r}{l}\cdot\frac{\cos^2\theta\cdot\frac{r}{l}\sin\theta\cdot l^3}{(l^2-r^2\sin^2\theta)^{\frac{3}{2}}}\right]$$

$$\psi=r\omega^2\sin\theta\left[\frac{r^2\cos^2\theta}{(l^2-r^2\sin^2\theta)^{\frac{3}{2}}}-\frac{1}{(l^2-r^2\sin^2\theta)^{\frac{1}{2}}}\right]$$

3. 茲研究各種力之值，

$$F_s=\frac{W_s}{g}\cdot\frac{d^2s}{dt^2}$$

設 B 點之質量為 dm

則
$$F_t=\int adm=a\int dm=\frac{W_c}{g}\cdot a=\frac{W_c}{g}\cdot\frac{d^2s}{dt^2}$$

$$F_r=\int\phi^2 edm=\phi^2\int edm=\phi^2\cdot d\cdot\frac{W_c}{g}=\frac{W_c}{g}\cdot d\cdot\left(\frac{d\delta}{dt}\right)^2$$

$$F_o=\int\psi\cdot edm=\psi\int edm=\psi\cdot d\cdot\frac{W_c}{g}=\frac{W_c}{g}\cdot d\cdot\frac{d^2\delta}{dt^2}$$

F_x，F_y，F_g，為三未知數，用力學上平衡定律之三方程式求得之。

即——
$$\Sigma F_h=0$$
$$\Sigma F_v=0$$
$$\Sigma M=0$$

4. 求 F_x 之值。

用
$$\Sigma F_x=0$$

由第一圖得

$$+F_x-F_t+F_o\sin\delta+F_r\cos\delta-F_s=0$$

$$F_x=F_t+F_s-F_o\sin\delta-F_r\cos\delta$$

$$F_t=\frac{W_c}{g}\cdot\frac{d^2s}{dt^2}=\frac{W_c}{g}r\omega^2\left[\cos\theta+\frac{rl^2\cos2\theta+r^3\sin^4\theta}{(l^2-r^2\sin^2\theta)^{\frac{3}{2}}}\right]$$

$$F_s=\frac{W_s}{g}\ \frac{d^2s}{dt^2}=\frac{W_s}{g}r\omega^2\left[\cos\theta+\frac{rl^2\cos2\theta+r^3\sin^4\theta}{(l^2-r^2\sin^2\theta)^{\frac{3}{2}}}\right]$$

$$F_o\sin\delta=\frac{W_c}{g}\cdot d\cdot\frac{d^2\delta}{dt^2}\cdot\frac{r}{l}\cdot\sin\theta$$

$$=\frac{W_c}{g}\cdot\frac{d}{l}\cdot r^2\omega^2\sin^2\theta\left[\frac{r^2\cos^2\theta}{(l^2-r^2\sin^2\theta)^{\frac{3}{2}}}-\frac{1}{(l^2-r^2\sin\theta)^{\frac{1}{2}}}\right]$$

$$F_r\cos\delta=\frac{W_c}{g}\cdot d\cdot\left(\frac{d\delta}{dt}\right)^2\cdot\cos\delta$$

$$F_r \cos\delta = \frac{W_c}{g}\cdot d\cdot \cos_s\delta \cdot \frac{r^2}{l^2}\ \frac{\cos\theta^2}{\cos\delta^2}\cdot\omega^2$$

$$= \frac{W_c}{g}\cdot d\cdot\frac{r^2}{l^2}\cdot\omega^2\cdot\cos^2\theta\cdot\frac{l}{(l^2-r^2\sin^2\theta)^{\frac{1}{2}}}$$

$$= \frac{W_c}{g}\cdot\frac{d}{l}\cdot r^2\omega^2\frac{\cos^2\theta}{(l^2-r^2\sin^2\theta)^{\frac{1}{2}}}\cdot$$

$$F_s = +\frac{W_c}{g}\cdot r\omega^2\left[\cos\theta+\frac{rl^2\cos 2\theta+r^3\sin^4\theta}{(l^2-r^2\sin^2\theta)^{\frac{3}{2}}}\right]$$

$$+\frac{W_s}{g}\cdot r\omega^2\left[\cos\theta+\frac{rl^2\cos 2\theta+r^3\sin^4\theta}{(l^2-r^2\sin^2\theta)^{\frac{3}{2}}}\right]$$

$$-\frac{W_c}{g}\cdot\frac{d}{l}\cdot r^2\omega^2\sin^2\theta\cdot\frac{r^2\cos^2\theta}{(l^2-r^2\sin^2\theta)^{\frac{3}{2}}}$$

$$+\frac{W_c}{g}\cdot\frac{d}{l}\cdot r^2\omega^2\sin^2\theta\cdot\frac{1}{(l^2-r^2\sin^2\theta)^{\frac{1}{2}}}$$

$$-\frac{W_c}{g}\cdot\frac{d}{l}\cdot r^2\omega^2\cos^2\theta\cdot\frac{1}{(l^2-r^2\sin^2\theta)^{\frac{1}{2}}}$$

$$\because\quad \sin 2\theta = 2\sin\theta\cos\theta$$
$$\cos 2\theta = \cos^2\theta-\sin^2\theta$$

$$F_s = +\frac{W_c+W_s}{g}\cdot r\omega^2\left[\cos\theta+\frac{rl^2\cos 2\theta+r^3\sin^4\theta}{(l^2-r^2\sin^2\theta)^{\frac{3}{2}}}\right]$$

$$-\frac{W_c}{g}\cdot\frac{d}{l}\,r^4\omega^2\cdot\frac{\frac{1}{4}\sin^2 2\theta}{(l^2-r^2\sin^2\theta)^{\frac{3}{2}}}$$

$$-\frac{W_c}{g}\cdot\frac{d}{l}\cdot r^2\omega^2\frac{\cos 2\theta}{(l^2-r^2\sin^2\theta)^{\frac{1}{2}}}$$

$$\therefore\quad F_s = +\frac{W_c+W_s}{g}\cdot r\omega^2\left[\cos\theta+\frac{rl^2\cos 2\theta+r^3\sin^4\theta}{(l^2-r^2\sin^2\theta)^{\frac{3}{2}}}\right]$$

$$-\frac{W_c}{g}\cdot\frac{d}{l}\cdot r^2\omega^2\left[\frac{\cos 2\theta}{(l^2-r^2\sin^2\theta)^{\frac{1}{2}}}+\frac{\frac{1}{4}\sin^2 2\theta\cdot r^2}{(l^2-r^2\sin^2\theta)^{\frac{3}{2}}}\right]\cdots\cdots\cdots(1)$$

由第二圖則得

$$-F_x+F_t+F_o\sin\delta+F_r\cos\delta+F_s=0$$
$$F_x=F_t+F_s+F_o\sin\delta+F_r\cos\delta$$

但在本圖上 s 之值不與第一圖同，其 $\frac{d^2s}{dt^2}$ 之值亦異。

$$s'=4r-s$$
$$=4r-(l+r-l\cos\delta-r\cos\theta)$$
$$=3r-l+l\cos\delta+r\cos\theta$$
$$=3r-l+(l^2-r^2\sin^2\theta)^{\frac{1}{2}}+r\cos\theta$$
$$s'=3r-l+(l^2-r^2\sin^2\omega t)^{\frac{1}{2}}+r\cos\omega t$$
$$\frac{d^2s'}{dt^2}=\frac{1}{2}(l^2-r^2\sin^2\omega t)^{-\frac{1}{2}}(-2r^2\sin\omega t\cdot\cos\omega t\cdot\omega)-r\sin\omega t\cdot\omega$$
$$v'=-r\omega\left[\sin\omega t+\frac{r\sin 2\omega t}{2(l^2-r^2\sin^2\omega t)^{\frac{1}{2}}}\right]$$
$$\frac{d^2s'}{dt^2}=-r\omega^2\left[\cos\omega t+\frac{r\cos2\omega t\cdot4\cdot(l^2-r^2\sin^2\omega t)^{\frac{1}{2}}-(l^2-r^2\sin^2\omega t)^{-\frac{1}{2}}(-2r^2\sin\omega t\cos\omega t\cdot r\sin2\omega t)}{4(l^2-r^2\sin^2\omega t)}\right]$$
$$=-r\omega^2\left[\cos\omega t+\left[\frac{r\cdot\cos2\omega t}{(l^2-r^2\sin^2\omega t)^{\frac{1}{2}}}-\frac{-r^2\sin2\omega t\cdot\frac{1}{4}\cdot r\sin2\omega t}{(l^2-r^2\sin^2\omega t)^{\frac{3}{2}}}\right]\right.$$
$$=-r\omega^2\left[\cos\omega t+\frac{r\cdot\cos2\omega t\cdot l^2-r^3\cos2\omega t\sin^2\omega t+\frac{r^3}{4}\sin^2 2\omega t}{(l^2-r^2\sin^2\omega t)^{\frac{3}{2}}}\right]$$
$$=-r\omega^2\left[\cos\omega t+\frac{rl^2\cos2\omega t-r^3(\cos2\omega t\sin^2\omega t-\frac{4\sin^2\omega t\cos^2\omega t}{4})}{(l^2-r^2\sin^2\omega t)^{\frac{3}{2}}}\right]$$
$$=-r\omega^2\left[\cos\omega t+\frac{rl^2\cos2\omega t+\sin^4\omega t\cdot r^3}{(l^2-r^2\sin^2\omega t)^{\frac{3}{2}}}\right]$$
$$a'=-r\omega^2\left[\cos\theta+\frac{rl^2\cos2\theta+r^3\sin^4\theta}{(l^2-r^2\sin^2\theta)^{\frac{3}{2}}}\right]$$

第(1)式應爲

$$F_x=-\frac{W_c}{g}\cdot r\omega^2\left[\cos\theta+\frac{rl^2\cos2\theta+r^3\sin^4\theta}{(l^2-r^2\sin^2\theta)^{\frac{3}{2}}}\right]$$
$$-\frac{W_s}{g}\cdot r\omega^2\left[\cos\theta+\frac{rl^2\cos2\theta+r^3\sin^4\theta}{(l^2-r^2\sin^2\theta)^{\frac{3}{2}}}\right]$$
$$+\frac{W_c}{g}\cdot\frac{d}{l}\cdot r^2\omega^2\sin^2\theta\cdot\frac{r^2\cos^2\theta}{(l^2-r^2\sin^2\theta)^{\frac{3}{2}}}$$
$$-\frac{W_c}{g}\cdot\frac{d}{l}\cdot r^2\omega^2\sin^2\theta\cdot\frac{1}{(l^2-r^2\sin^2\theta)^{\frac{1}{2}}}$$
$$+\frac{W_c}{g}\cdot\frac{d}{l}\cdot r^2\omega^2\cos^2\theta\cdot\frac{1}{(l^2-r^2\sin^2\theta)^{\frac{1}{2}}}$$

$$=-\frac{W_c+W_s}{g}\cdot r\omega^2\left[\cos\theta+\frac{rl^2\cos 2\theta+r^3\sin^4\theta}{(l^2-r^2\sin^2\theta)^{\frac{3}{2}}}\right]$$

$$+\frac{W_c}{g}\cdot\frac{d}{l}\cdot r^4\omega^2\cdot\frac{1}{4}\cdot\frac{\sin^2 2\theta}{(l^2-r^2\sin^2\theta)^{\frac{3}{2}}}\Big]$$

$$+\frac{W_c}{g}\cdot\frac{d}{l}\cdot r^2\omega^2\cdot\frac{\cos 2\theta}{(l^2-r^2\sin^2\theta)^{\frac{1}{2}}}$$

$$\therefore\ F_s=-\frac{W_c+W_s}{g}\cdot r\omega^2\left[\cos\theta+\frac{rl^2\cos 2\theta+r^3\sin^4\theta}{(l^2-r^2\sin^2\theta)^{\frac{3}{2}}}\right]$$

$$+\frac{W_c}{g}\cdot\frac{d}{l}\cdot r^2\omega^2\left[\frac{\cos 2\theta}{(l^2-r^2\sin^2\theta)^{\frac{1}{2}}}+\frac{\frac{1}{4}\sin^2 2\theta\cdot r^2}{(l^2-r^2\sin^2\theta)^{\frac{3}{2}}}\right]\cdots\cdots\cdots(2)$$

卽第一圖之 $F_s=$ 第二圖之 $-F_s$，兩圖上之 F_s 方向相反與所繪之箭頭相合。

設 $\theta=90°$

由第(1)式，得

$$F_s=+\frac{W_c+W_s}{g}\cdot r\omega^2\left[0+\frac{-rl^2+r^3}{(l^2-r^2)^{\frac{3}{2}}}\right]$$

$$-\frac{W_c}{g}\cdot\frac{d}{l}\cdot r^2\omega^2\left[\frac{-1}{(l^2-r^2)^{\frac{1}{2}}}+0\right]$$

$$=+\frac{W_c+W_s}{g}\cdot r\omega^2\left[-\frac{r}{\sqrt{l^2-r^2}}\right]-\frac{W_c}{g}\cdot\frac{d}{l}\cdot\omega^2\frac{r^2}{(l^2-r^2)^{\frac{1}{2}}}$$

$$=-\frac{W_c+W_s}{g}\cdot\omega^2\frac{r^2}{(l^2-r^2)^{\frac{1}{2}}}+\frac{W_c}{g}\cdot\frac{d}{l}\cdot\omega^2\frac{r^2}{(l^2-r^2)^{\frac{1}{2}}}$$

$$=-\frac{r^2\omega^2}{(l^2-r^2)^{\frac{1}{2}}}\left(\frac{W_c+W_s}{g}-\frac{W_c\cdot d}{g\cdot l}\right)$$

由第(2)式得

$$F_s=-\frac{W_c+W_s}{g}\cdot r\omega^2\left[-\frac{r}{(l^2-r^2)^{\frac{1}{2}}}\right]+\frac{W_c}{g}\cdot\frac{d}{l}\left[\frac{-1}{(l^2-r^2)^{\frac{1}{2}}}\right]r^2\omega^2$$

$$=+\frac{W_c+W_s}{g}\cdot\frac{r^2\omega^2}{(l^2-r^2)^{\frac{1}{2}}}-\frac{W_c}{g}\cdot\frac{d}{l}\cdot\frac{r^2\omega^2}{(l^2-r^2)^{\frac{1}{2}}}$$

$$=+\frac{r^2\omega^2}{(l^2-r^2)^{\frac{1}{2}}}\left(\frac{W_c+W_s}{g}-\frac{W_c\cdot d}{g\cdot l}\right)$$

二値在圖上相等。

5. 求 F_y 之値。

由 $\Sigma M_A=0$，由第一圖得轉距 (Moment) 之方向與時針同者爲正：

$$+F_y\cdot l\cos\delta-F_x\cdot l\sin\delta+\int dF_t\cdot e\sin\delta-\int dF_c e-W_c\cdot l\cdot\cos\delta=0$$

搖桿之重力 W_c 爲一常數，不隨運動之角度而變，且搖桿向下時，W_c 增加 F_y 之值，向上時減少 F_y 之值，衡重上亦無法調整，故研究時可在方程式上略去。

$$F_y=\frac{1}{l\cos\delta}\left[F_x l\sin\delta-\int dF_t e\sin\delta+\int dF_c e\right]\cdots\cdots(3)$$

$$l\cos\delta=(l^2-r^2\sin^2\delta)^{\frac{1}{2}}$$

$$l\sin\delta=r\sin\theta$$

$$\sin\delta=\frac{r}{l}\sin\theta$$

$$F_x=+\frac{W_c+W_s}{g}\cdot r\omega^2\left[\cos\theta+\frac{rl^2\cos 2\theta+r^3\sin^4\theta}{(l^2-r^2\sin^2\theta)^{\frac{3}{2}}}\right]$$

$$-\frac{W_c}{g}\cdot\frac{d}{l}\cdot r^2\omega^2\left[\frac{\cos 2\theta}{(l^2-r^2\sin^2\theta)^{\frac{1}{2}}}+\frac{\frac{1}{4}\sin^2 2\theta}{(l^2-r^2\sin^2\theta)^{\frac{3}{2}}}\right]$$

$$\int dF_t\cdot e=\int a\cdot e\cdot dm=a\cdot\frac{W_c}{g}\cdot d=\frac{W_c}{g}\cdot d\cdot\frac{d^2s}{dt^2}$$

$$\int dF_c\cdot e=\int\psi\cdot e\cdot dm\cdot e=\psi\int e^2\cdot dm=\psi\cdot\frac{W_c}{g}\cdot k^2=\frac{W_c}{g}\cdot k^2\,\frac{d^2\delta}{dt^2}$$

$$F_y=\frac{1}{(l^2-r^2\sin^2\theta)^{\frac{1}{2}}}\left[+\frac{W_c+W_s}{g}\cdot r^2\omega^2\sin\theta\left\{\cos\theta+\frac{rl^2\cos 2\theta+r^3\sin^4\theta}{(l^2-r^2\sin^2\theta)^{\frac{3}{2}}}\right\}\right.$$

$$-\frac{W_c}{g}\cdot\frac{d}{l}\cdot r^3\omega^2\sin\theta\left\{\frac{\cos 2\theta}{(l^2-r^2\sin^2\theta)^{\frac{1}{2}}}+\frac{\frac{1}{4}\sin^2 2\theta\cdot r^2}{(l^2-r^2\sin^2\theta)^{\frac{3}{2}}}\right\}$$

$$-\frac{W_c}{g}\cdot\frac{d}{l}\cdot r^2\sin\theta\,\omega^2\left\{\cos\theta+\frac{rl^2\cos 2\theta+r^3\sin^4\theta}{(l^2-r^2\sin^2\theta)^{\frac{3}{2}}}\right\}$$

$$\left.+\frac{W_c}{g}\cdot l^2\cdot r\omega^2\sin\theta\left\{\frac{r^2\cos^2\theta}{(l^2-r^2\sin^2\theta)^{\frac{3}{2}}}-\frac{1}{(l^2-r^2\sin^2\theta)^{\frac{1}{2}}}\right\}\right]$$

$$F_y=\frac{r\omega^2\sin\theta}{(l^2-r^2\sin^2\theta)^{\frac{1}{2}}}\left[+\left(\frac{W_c+W_s}{g}-\frac{W_c\cdot d}{g\cdot l}\right)r\left\{\cos\theta+\frac{rl^2\cos 2\theta+r^3\sin^4\theta}{(l^2-r^2\sin^2\theta)^{\frac{3}{2}}}\right\}\right.$$

$$-\frac{W_c}{g}\cdot\frac{d}{l}\cdot r^2\left\{\frac{\cos 2\theta}{(l^2-r^2\sin^2\theta)^{\frac{1}{2}}}+\frac{\frac{1}{4}\sin^2 2\theta\cdot r^2}{(l^2-r^2\sin^2\theta)^{\frac{3}{2}}}\right\}$$

$$\left.+\frac{W_c}{g}\cdot k^2\left\{\frac{r^2\cos^2\theta}{(l^2-r^2\sin^2\theta)^{\frac{3}{2}}}-\frac{1}{(l^2-r^2\sin^2\theta)^{\frac{1}{2}}}\right\}\right]\cdots\cdots(4)$$

設　$\theta=90°$，

$$F_y=\frac{r\omega^2}{(l^2-r^2)^{\frac{1}{2}}}\Big[\Big(\frac{W_c+W_s}{g}-\frac{W_c}{g}\cdot\frac{d}{l}\Big)r\Big\{0+\frac{-rl^2+r^3}{(l^2-r^2)^{\frac{3}{2}}}\Big\}$$

$$-\frac{W_c}{g}\cdot\frac{d}{l}\cdot r^2\Big\{\frac{-1}{(l^2-r^2)^{\frac{1}{2}}}+0\Big\}+\frac{W_c}{g}\cdot k^2\Big\{\frac{-1}{(l^2-r^2)^{\frac{1}{2}}}\Big\}$$

$$=r\omega^2\Big[\Big(\frac{W_c+W_s}{g}-\frac{W_c}{g}\cdot\frac{d}{l}\Big)r\cdot\frac{-r}{l^2-r^2}+\frac{W_c}{g}\cdot\frac{d}{l}\cdot\frac{r^2}{l^2-r^2}-\frac{W_c}{g}\cdot k^2\frac{1}{l^2-r^2}\Big]$$

$$=r\omega^2\Big[-\frac{W_c+W_s}{g}\cdot\frac{r^2}{l^2-r^2}+\frac{W_c}{g}\cdot\frac{d}{l}\cdot\frac{2r^2}{l^2-r^2}-\frac{W_c}{g}\cdot\frac{k^2}{l^2-r^2}\Big]$$

$$=-r\omega^2\Big[\frac{W_s}{g}\cdot\frac{r^2}{l^2-r^2}+\frac{W_c}{g}\Big(\frac{r^2+k^2-2r^2\cdot\frac{d}{e}}{l^2-r^2}\Big)\Big]$$

設　$\theta=270°$，

$$F_y=\frac{-r\omega^2}{(l^2-r^2)^{\frac{1}{2}}}\Big[\Big(\frac{W_c+W_s}{g}-\frac{W_c}{g}\cdot\frac{d}{l}\Big)r\Big\{0+\frac{-rl^2+r^3}{(l^2-r^2)^{\frac{3}{2}}}\Big\}$$

$$-\frac{W_c}{g}\cdot\frac{d}{l}\cdot r^2\Big\{\frac{-1}{(l^2-r^2)^{\frac{1}{2}}}+0\Big\}+\frac{W_c}{g}\cdot k^2\Big\{\frac{-1}{(l^2-r^2)^{\frac{1}{2}}}\Big\}$$

$$=+r\omega^2\Big[\frac{W_s}{g}\cdot\frac{r^2}{l^2-r^2}+\frac{W_c}{g}\Big(\frac{r^2+k^2-2r^2\frac{d}{e}}{l^2-r^2}\Big)\Big]$$

與 $\theta=90°$ 時，值相同而方向相反。

如由第二圖則得 $\Sigma M_A=0$

$$-F_y\,l\cos\delta-F_x\,l\sin\delta+\int d\,F_c\,e+\int F_t\,e\cdot\sin\delta=0$$

$$F_y=\frac{1}{l\cos\delta}\Big[-F_x\,l\sin\delta+\int d\,F_t\,e\sin\delta+\int d\,F_c\,e\Big]$$

$F_x\cdot l\cdot\sin\delta$ 及 $F_t\cdot e\cdot\sin\delta$ 兩項中均有$\frac{d^2s}{dt^2}$，如在 4 節中所論者，然此時之$\frac{d^2s}{dt^2}$與在第一圖之$\frac{d^2s}{dt^2}$值相同而符號相反，故以上式與 (3) 式較完全相同。即 F_y 之值仍可以 (4) 式表之也。

6.　求 F_g 之值。

由　$\Sigma F_v=0$

$F_y-F_g-W_c+F_r\sin\delta-F_c\cos\delta=0$，$W_c$ 可不計；

$F_g=F_y+F_r\sin\delta-F_c\cos\delta$

F_y 如(4)式

$$F_r\sin\delta=\frac{W_c}{g}\cdot d\cdot\Big(\frac{d\delta}{dt}\Big)^2\cdot\sin\delta$$

$$=\frac{W_c}{g}\cdot d\cdot\frac{r^2\omega^2}{l^2}\cdot\frac{\cos^2\theta}{\cos^2\delta}\cdot\sin\delta$$

$$=\frac{W_c}{g}\cdot\frac{d}{l}\cdot\frac{r^2\omega^2\cos^2\theta}{l^2-r^2\sin^2\theta}\cdot r\sin\theta$$

$$F_o\cos\delta=\frac{W_c}{g}\cdot d\cdot\frac{d^2\delta}{dt^2}\cdot\frac{\sqrt{l^2-r^2\sin^2\theta}}{l}$$

$$=\frac{W_c}{g}\cdot d\cdot\frac{\sqrt{l^2-r^2\sin^2\theta}}{l}\cdot r\omega^2\sin^2\theta\left[\frac{r^2\cos^2\theta}{(l^2-r^2\sin^2\theta)^{\frac{3}{2}}}\ \frac{1}{(l^2-r^2\sin^2\theta)^{\frac{1}{2}}}\right]$$

$$=\frac{W_c}{g}\cdot\frac{d}{l}\cdot r\omega^2\sin\theta\left[\frac{r^2\cos^2\theta}{l^2-r^2\sin^2\theta}-1\right]$$

$$F_r\sin\delta-F_o\cos\delta=\frac{W_c}{g}\cdot\frac{d}{l}\cdot r\omega^2\sin\theta$$

$$F_g=F_y+(F_r\sin\delta-F_o\cos\delta)$$

$$\therefore\quad F_g=F_y+\frac{W_c}{g}\cdot\frac{d}{l}\cdot r\omega^2\sin\theta$$

如由 $\Sigma M_D=0$，則

$$F_g\cdot l\cdot\cos\delta-F_s l\sin\delta+\int d\,F_o(l-e)-\int d\,F_t(l-e)\sin\delta=0$$

$$F_g=\frac{1}{l\cos\delta}\left[F_s l\sin\delta-F_o l+\int d\,F_o e+F_t l\sin\delta-\int d\,F_t e\sin\delta\right]$$

與 F_y 之值相較，〔第(3)式〕

$$F_y=\frac{1}{l\cos\delta}\left[F_s l\sin\delta-\int d\,F_t e\sin\delta+\int d\,F_o e\right]$$

$$=\frac{1}{l\cos\delta}\left[(F_t+F_s-F_o\sin\delta-F_r\cos\delta)\cdot l\cdot\sin\delta+\int d\,F_o e-\int d\,F_t e\sin\delta\right]$$

$$=\frac{1}{l\cos\delta}\left[F_t l\cdot\sin\delta+F_s l\sin\delta-F_o l\sin^2\delta-F_r l\sin\delta\cos\delta+\int d\,F_o e-\int d\,F_t e\sin\delta\right]$$

$$F_y-F_g=\frac{1}{l\cos\delta}\left[-F_o l\sin^2\delta-F_r l\sin\delta\cos\delta+F_o l\right]$$

$$F_y-F_g=\frac{1}{l\cos\delta}\left[+F_o\cdot l(1-\sin^2\delta)-F_r\cdot l\sin\delta\cos\delta\right]$$

$$=\frac{1}{l\cos\delta}\left[F_o\cdot l\cos^2\delta-F_r l\sin\delta\cos\delta\right]$$

$$=+F_o\cos\delta-F_r\sin\delta$$

$$F_g=F_y+(F_r\sin\delta-F_o\cos\delta)$$

與由 $\Sigma F_v=0$ 所得者相同。

7. 因搖桿大頭在曲拐銷上之垂直力，在計算衡重時關係重大，茲再用別法求此力之公式。如第三圖，圖上各字所表示者與第一二圖相同，惟 d 不爲搖桿重心至十字頭銷心之距離。而爲搖桿重心至曲拐銷心之距離，即 $d=CD$。

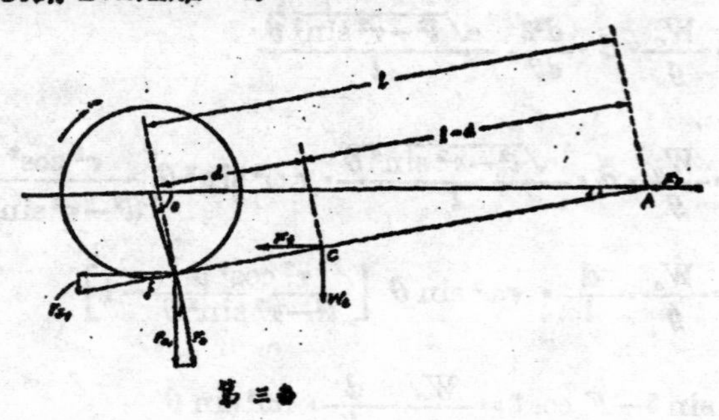

第三圖

搖桿運動時垂直作用之來源有四：——

1. 往復運動部份 W_s 之惰力 F_s，
2. 搖桿往復運動之惰力 F_t，
3. 搖桿上下擺動之惰力 F_o，
4. 搖桿本身重量之下垂力 W_o，

但搖桿重量之力始終向下，并不與搖桿運動之角度生關係，計算衡重時無法減小其作用，故可不計。茲將首三項分別計之如下。

(1) 往復運動部份 W_s 之惰力：——

$$F_s=\frac{W_s}{g}\cdot\frac{d^2s}{dt^2}$$

即

$$F_s=\frac{W_s}{g}\cdot r\omega^2\left\{\cos\theta+\frac{rl^2\cos 2\theta+r^3\sin^4\theta}{(l^2-r^2\sin^2\theta)^{\frac{3}{2}}}\right\}$$

F_s 與滑板上之反作用相合得沿搖桿中心線之力 $=\dfrac{F_s}{\cos\theta}$

$$F_{sv}=\frac{F_r}{\cos\delta}\sin\delta=F_s\,\mathrm{tg}\,\delta$$

$$\mathrm{tg}\,\delta=\frac{\sin\delta}{\cos\delta}=\frac{\frac{r}{l}\sin\theta}{\frac{\sqrt{l^2-r^2\sin^2\theta}}{l}}=\frac{r\sin\theta}{\sqrt{l^2-r^2\sin^2\theta}}$$

$\therefore$ $F_{sv}=F_s$ 之垂直作用

$$=\frac{W_s}{g}\cdot r\omega^2\left\{\cos\theta+\frac{rl^2\cos 2\theta+r^3\sin^4\theta}{(l^2-r^2\sin^2\theta)^{\frac{1}{2}}}\right\}\frac{r\sin\theta}{\sqrt{l^2-r^2\sin^2\theta}}$$

設 $\theta=90^\circ$，

$$F_{sv}=\frac{W_s}{g}\cdot r\omega^2\left\{0+\frac{-rl^2+r^3}{(l^2-r^2)^{\frac{3}{2}}}\right\}\frac{r}{(l^2-r^2)^{\frac{1}{2}}}$$

$$=\frac{W_s}{g}\cdot r\omega^2\left\{-\frac{r(l^2-r^2)}{(l^2-r^2)^{\frac{3}{2}}}\right\}\frac{r}{(l^2-r^2)^{\frac{1}{2}}}$$

$$=-\frac{W_s}{g}\cdot r^3\omega^2\cdot\frac{1}{l^2-r^2}$$

$$=-\frac{W_s}{g}\cdot v^2\cdot\frac{r}{l^2-r^2}$$

設 $\theta=270°$，

$$F_{sv}=\frac{W_s}{g}\cdot r\omega^2\left\{0+\frac{-rl^2+r^3}{(l^2-r^2)^{\frac{3}{2}}}\right\}\frac{-r}{(l^2-r^2)^{\frac{1}{2}}}$$

$$=\frac{W_s}{g}\cdot r^3\omega^2\cdot\frac{1}{l^2-r^2}$$

$\theta=0°$ 或 $180°$ 時，

$$F_{sv}=0$$

(2) 搖桿往復運動時之惰力：

$$F_t=\frac{W_c}{g}\cdot\frac{d^2s}{dt^2}$$

$$\therefore\quad F_t=\frac{W_c}{g}\cdot r\omega^2\left\{\cos\theta+\frac{rl^2\cos 2\theta+r^3\sin^4\theta}{(l^2-r^2\sin^2\theta)^{\frac{3}{2}}}\right\}$$

此力作用於搖桿重心 C 點，如以 D 轉距中心求此力在 A 點之作用 F'_t，則得：——

$$F_t\cdot d=F_t'\cdot l$$

$$\therefore\quad F'_t=\frac{d}{l}\cdot F_t$$

再依上節理論得，

$$F_{tv}=\frac{d}{l}\cdot F_t\,\mathrm{tg}\,\delta$$

$$\therefore\quad F_{tv}=\frac{d}{l}\cdot\frac{W_c}{g}\cdot r\omega^2\left\{\cos\theta+\frac{rl^2\cos 2\theta+r^3\sin^4\theta}{(l^2-r^2\sin^2\theta)^{\frac{3}{2}}}\right\}\frac{r\sin\theta}{(l^2-r^2\sin^2\theta)^{\frac{1}{2}}}$$

設 $\theta=90°$，

$$F_{tv}=-\frac{W_c}{g}\cdot\frac{r^3\omega^2}{l^2-r^2}\cdot\frac{d}{l}$$

$\theta=270°$

$$F_{tv}=+\frac{W_c}{g}\cdot\frac{r^3\omega^2}{l^2-r^2}\cdot\frac{d}{l}$$

(3) 搖桿上下擺動之惰力：——

$$I_A=\frac{W_c}{g}\cdot k^2$$

搖桿擺動轉距 $=I_A\psi=\frac{W_c}{g}\cdot k^2\cdot\psi$

曲拐中心使搖桿生上下擺動之力，F_o 為：——

$$F_o=\frac{I\psi}{l}\text{(與搖桿中心線成正交)}$$

此力之垂直作用 $\quad F_{ov}=\frac{I\psi}{l}\cos\delta$

$$\therefore\ F_{ov}=\frac{I\psi}{l}\cos\delta=\frac{W_c}{lg}\cdot k^2\cos\delta\cdot\psi$$

$$=\frac{W_c}{g}\cdot k^2\cos\delta\cdot\frac{r\omega^2}{l^2}\left\{\frac{r}{l}\cdot\frac{\cos^2\theta}{\cos^2\delta}\cdot\tan\delta-\frac{\sin\theta}{\cos\delta}\right\}$$

$$=\frac{W_c}{g}\cdot r\omega^2\cdot k^2\cdot\frac{1}{l^2}\left\{\frac{r}{l}\cdot\frac{\cos^2\theta}{\cos^2\delta}\cdot\sin\delta-\sin\theta\right\}$$

設 $\quad\theta=90°$，

$$F_{ov}=-\frac{W_c}{g}\cdot\frac{r\omega^2k^2}{l^2}$$

設 $\quad\theta=270°$

$$F_{ov}=+\frac{W_c}{g}\cdot\frac{r\omega^2k^2}{l^2}$$

(4) 以上三力垂直作用之和為：

$$F_y=\frac{W_s}{g}\cdot r\omega^2\left\{\cos\theta+\frac{rl^2\cos2\theta+r^3\sin^4\theta}{(l^2-r^2\sin^2\theta)^{\frac{3}{2}}}\right\}\frac{r\sin\theta}{\sqrt{l^2-r^2\sin^2\theta}}$$

$$+\frac{d}{l}\cdot\frac{W_c}{g}\cdot r\omega^2\left\{\cos\theta+\frac{rl^2\cos2\theta+r^3\sin^4\theta}{(l^2-r^2\sin^2\theta)^{\frac{3}{2}}}\right\}\frac{r\sin\theta}{\sqrt{l^2-r^2\sin^2\theta}}$$

$$+\frac{W_c}{g}\cdot r\cdot\omega\cdot k^2\cdot\frac{1}{l^2}\left\{\frac{r}{l}\cdot\frac{\cos^2\theta}{\cos^2\delta}\cdot\sin\delta-\sin\theta\right\}$$

設 $\quad\theta=90°$，

$$F_y=-\frac{W_s}{g}\cdot r\omega^2\cdot\frac{r}{l^2-r^2}\cdot\frac{W_c}{g}\cdot r\omega^2\frac{r^2}{l^2-r^2}\cdot\frac{d}{l}-\frac{W_c}{g}\cdot\frac{r\omega^2\cdot k^2}{l^2}$$

$$=-\frac{W_c}{g}\cdot r\omega^2\left(\frac{k^2}{l}+\frac{d}{l^2}\cdot\frac{r^2}{l^2-r^2}\right)-\frac{W_s}{g}\cdot r\omega^2\cdot\frac{r}{l^2-r^2}$$

設 $\theta=270°$

$$F_y=+\frac{W_c}{g}\cdot r\omega^2\left(\frac{k^2}{l^2}+\frac{d}{l}\cdot\frac{r^2}{l^2-r^2}\right)+\frac{W_s}{g}\cdot r\omega^2\frac{r}{l^2-r^2}$$

8. 由上結果與第5節所得結果顯不相同。至 $\theta=90°$ 或 $270°$ 時，上節所得 $\frac{W_s}{g}\cdot r\omega^2$ 之係數與5節所得者同爲 $\frac{r^2}{l^2-r^2}$，但 $\frac{W_c}{g}\cdot r\omega^2$ 之係數。

上節所得爲 $\frac{k^2}{l^2}+\frac{d}{l}\cdot\frac{r^2}{l^2-r^2}$

5節所得爲 $\frac{k^2+r^2-2\frac{d}{e}\cdot r^2}{l^2-r^2}$

兩數決不相同，但計算衡重時所關甚巨，且 Mark's Mech-Engr's Handbook, p. 1467，1930 所載爲前一數而不載後一數，不得不求其關係之所在。

玆設，d＝搖桿重心至十字頭銷中心之距離，AC，如第一圖，

則7節所得，F_{rv} 之值不變

F_{tv} 之値改變

F_{ov} 之値可以不變，但亦可用另法求得別式。

先求 F_{rv} 之值：——

設 F_t 在 A 點之作用爲 F_t' 由 $\Sigma M_D=0$，得

$$F_t(l-d)=F_t'\cdot l$$

$$F_t'=\frac{l-d}{l}\cdot F_t$$

用求 F_{rv} 之方法求 F_{tv} 得

$$F_{tv}=\frac{l-d}{l}F_t\tan\delta$$

$$=\frac{l-d}{l}\cdot\frac{W_c}{g}\cdot\frac{d^2s}{dt^2}\cdot\tan\delta$$

$$F_{tv}=\frac{l-d}{l}\cdot\frac{W_c}{g}\cdot\frac{r\sin\theta}{(l^2-r^2\sin^2\theta)^{\frac{1}{2}}}\cdot r\omega^2\left\{\cos\theta+\frac{rl^2\cos2\theta+r^3\sin^4\theta}{(l^2-r^2\sin^2\theta)^{\frac{3}{2}}}\right\}$$

設 $\theta=90°$

$$F_{tv}=\frac{l-d}{l}\cdot\frac{W_c}{g}\;\frac{r^2\omega^2}{(l^2-r^2)^{\frac{1}{2}}}\left\{\frac{-rl^2+r^3}{(l^2-r^2)^{\frac{3}{2}}}\right\}$$

$$=\frac{W_c}{g}\cdot r\omega^2\cdot\frac{l-d}{l}\cdot\frac{(-r^2)}{l^2-r^2}$$

$$=-\frac{W_c}{g}\cdot r\omega^2\left[\frac{r^2-\frac{d}{l}r^2}{l^2-r^2}\right]$$

次求 F_{ov} 之值。

搖桿擺動時之轉距為 $I_A\psi$，此為搖桿上任何點對於 A 點之轉距。今欲求 F_{ov} 之值，祇須將 $l\cos\delta$ 除 $I_A\psi$ 即得。

$$F_{ov}=\frac{I_A\psi}{l\cos\delta}$$

$$=\frac{1}{l\cos\delta}\cdot\frac{W_c}{g}\cdot k^2\cdot\frac{r\omega^2}{l}\left\{\frac{r}{l}\cdot\frac{\cos^2\theta}{\cos^2\delta}\operatorname{tg}\delta-\frac{\sin\theta}{\cos\delta}\right\}$$

$$=\frac{1}{(l^2-r^2\sin^2\theta)^{\frac{1}{2}}}\cdot\frac{W_c}{g}\cdot k^2\cdot r\omega^2\sin\theta\left\{\frac{r^2\cos^2\theta}{(l^2-r^2\sin^2\theta)^{\frac{3}{2}}}-\frac{1}{(l^2-r^2\sin^2\theta)^{\frac{1}{2}}}\right\}$$

$$=\frac{W_c}{g}\cdot k^2\cdot r\omega^2\cdot\sin\theta\left\{\frac{r^2\cos^2\theta}{(l^2-r^2\sin^2\theta)^2}-\frac{1}{l^2-r^2\sin^2\theta}\right\}$$

設 $\theta=90°$，

$$F_{ov}=-\frac{W_c}{g}\cdot r\omega^2\cdot\frac{k^2}{l^2-r^2}$$

但如以第四圖研究，則知 F_{or} 之值較 $F_o\cos\delta$ 之值大，bc 一段 bc 之值為 $F_o\sin\delta\tan\delta$，應將此數於 F_{ov} 之值內減去之。

$$-bc=-F_o\sin\delta\cdot\tan\delta$$

$$=-\frac{W_c}{g}\cdot d\cdot\frac{d^2\delta}{dt^2}\cdot\sin\delta\cdot\tan\delta$$

$$=-\frac{W_c}{g}\cdot\frac{d}{l}\cdot r^2\omega^2\sin^2\delta\left[\frac{r^2\cos^2\theta}{(l^2-r^2\sin^2\theta)^{\frac{3}{2}}}-\frac{1}{(l^2-r^2\sin^2\theta)^{\frac{1}{2}}}\right]\cdot\frac{r\sin\theta}{(l^2-r^2\sin^2\theta)^{\frac{1}{2}}}$$

$$=-\frac{W_c}{g}\cdot\frac{d}{l}\cdot r^3\omega^2\sin^3\theta\left[\frac{r^2\cos^2\theta}{(l^2-r^2\sin^2\theta)^2}-\frac{1}{l^2-r^2\sin^2\theta}\right]$$

設 $\theta=90°$，

$$-bc=-\frac{W_c}{g}\cdot\frac{d}{l}\cdot r^3\omega^2\left[-\frac{1}{l^2-r^2}\right]$$

$$=-\frac{W_c}{g}\cdot r\omega^2\left[\frac{-\frac{d}{l}\cdot r^2}{l^2-r^2}\right]$$

故將二值相加得，F_y

$$F_{rv}+F_{tv}+F_{ov}=F_y=\pm\frac{W_s}{g}\cdot r\omega^2\left\{\cos\theta+\frac{rl^2\cdot\cos2\theta+r^3\sin^4\theta}{(l^2-r^2\sin^2\theta)^{\frac{3}{2}}}\right\}\cdot\frac{r\sin\theta}{(l^2-r^2\sin^2\theta)^{\frac{1}{2}}}$$

$$+\frac{l-d}{l}\cdot\frac{W_c}{g}\cdot r\omega^2\left\{\cos\theta+\frac{rl^2\cdot\cos2\theta+r^3\sin^4\theta}{(l^2-r^2\sin^2\theta)^{\frac{3}{2}}}\right\}\cdot\frac{r\sin\theta}{(l^2-r^2\sin^2\theta)^{\frac{1}{2}}}$$

$$+\frac{W_c}{g}\cdot k^2\cdot r\omega^2\cdot\left\{\frac{r^2\cos^2\theta\sin\theta}{(l^2-r^2\sin^2\theta)^2}-\frac{\sin\theta}{l^2-r^2\sin^2\theta}\right\}$$

$$-\frac{W_c}{g}\cdot\frac{d}{l}\cdot r\omega^2\cdot\left\{\frac{r^2\cos^2\theta\sin\theta}{(l^2-r^2\sin^2\theta)^2}-\frac{\sin\theta}{l^2-r^2\sin^2\theta}\right\}r^2\sin^3\theta$$

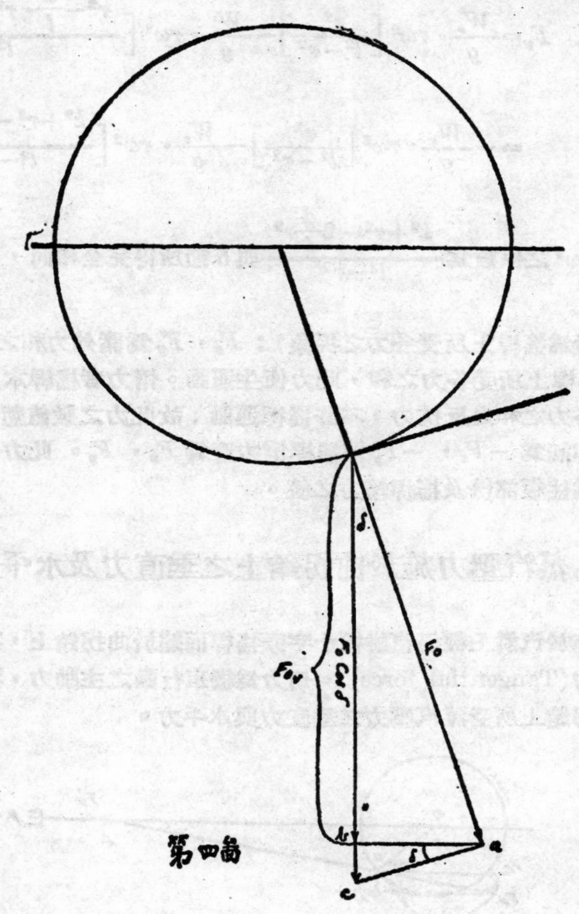

第四圖

設 $\theta=90°$。

則 $$F_{rv}+F_{tv}+F_{ov}=-\frac{W_s}{g}\cdot r\omega^2\cdot\frac{r^2}{l^2-r^2}$$

$$-\frac{W_c}{g}\cdot r\omega^2\left[\frac{r^2-\frac{d}{l}\cdot r^2}{l^2-r^2}\right]$$

$$-\frac{W_c}{g}\cdot r\omega^2\cdot\frac{k^2}{l^2-r^2}$$

$$-\frac{W_c}{g}r\omega^2\left[\frac{-\frac{d}{l}\cdot r^2}{l^2-r^2}\right]$$

$$\therefore\ F_y=\frac{W_s}{g}\cdot r\omega^2\left[\frac{r^2}{l^2-r^2}\right]-\frac{W_c}{g}\cdot r\omega^2\left[\frac{r^2-\frac{d}{l}\cdot r^2+k^2-\frac{d}{l}\cdot r^2}{l^2-r^2}\right]$$

$$=-\frac{W_s}{g}\cdot r\omega^2\left[\frac{r^2}{l^2-r^2}\right]-\frac{W_c}{g}\cdot r\omega^2\left[\frac{k^2+r^2-2\frac{d}{l}d^2}{l^2-r^2}\right]$$

由上所得$\frac{W_c}{g}r\omega^2$之係數爲$\frac{k^2+r^2-2\frac{d}{l}r^2}{l^2-r^2}$與5節所得完全相同，可知二數相差完全視$d$之值而異。

9. 以上研究者爲搖桿上所受各力之現象；F_x，F_y爲諸外力和之反作用。換言之，$-F_x$，$-F_y$即爲搖桿上所受各力之和，此力使生運動。惰力者搖桿本身反抗運動之力，此力應爲搖桿上所受各力之和之反抗力，不許搖桿運動；故此力之數值應與各力之和相等而方向相反。今各力之和旣爲$-F_x$，$-F_y$則搖桿惰力應爲F_x，F_y。此力作用於曲拐銷上，故本章(1)(4)二式即爲往復部份及搖桿惰力之值。

三 蒸汽壓力施於曲拐銷上之垂直力及水平力

1. 蒸汽壓力施於汽餅上經過汽餅桿十字頭搖桿而達於曲拐銷上，其與曲拐成正交而使動輪旋轉之力爲切力(Tangential force)。切力爲機車行動之主動力，現在無關，不具述。玆所需研究者爲曲拐銷上所受蒸汽壓力之垂直力與水平力。

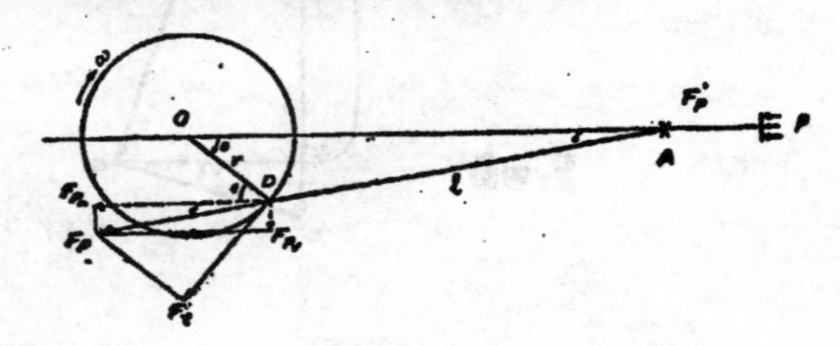

第五圖

設

p=汽缸內蒸汽壓力以每方吋幾磅計之。

d=汽缸內直徑以吋計之。

F'_p=汽餅所受蒸汽全壓力。

F_p=曲拐銷上所受蒸汽壓力。

F_t=曲拐銷上所受切力。

F_{p_h}=曲拐銷上所受蒸汽壓力之水平力。

F_{pv}＝曲拐銷上所受蒸汽壓力之垂直力。

$$F_p=\frac{\pi d^2}{4}\cdot p$$

$F_p=F_p'/\cos\delta$，因受滑板之反作用而得。

$$\therefore\quad F_{ph}=F_p\cos\delta=F_p'=\frac{\pi d^2}{4}\cdot p \cdots\cdots(1)$$

可見曲拐銷上所受蒸汽壓力之水平力卽係汽餅所受蒸汽全壓力，視蒸汽壓力 p 之大小而異。

$$F_{pv}=F_p\sin\delta$$

$$=F_p'\cdot\frac{\sin\delta}{\cos\delta}$$

$$l\sin\delta=r\cdot\sin\theta$$

$$\sin\delta=\frac{r}{l}\cdot\sin\theta$$

$$\cos\delta=\frac{1}{l}\cdot(l^2-r^2\sin^2\theta)^{\frac{1}{2}}$$

$$\therefore\quad F_{pv}=\frac{\pi d^2}{4}\cdot p\cdot\frac{r\sin\theta}{(l^2-r^2\sin^2)^{\frac{1}{2}}}\cdots\cdots(2)$$

曲拐銷上所受蒸汽壓力之垂直力視曲拐旋轉之角度及蒸汽壓力 p 之値而異。

2．　蒸汽壓力固視鍋爐之汽壓而定。但在曲拐旋轉一週時，汽餅所受蒸汽壓力亦息息不同。曲拐旋轉自 0° 至 180° 汽餅前面所受汽壓初則甚高，繼漸減低，至將近 180° 時，且因汽餅後面壓汽作用而變爲負壓力。曲拐旋轉自 180° 至 360° 時，汽餅後面汽壓變化亦同。可於第六圖見之。$ABCDA$ 爲一機車右汽缸，汽餅前面 (H. E.) 汽壓指示圖(Indicator card)。$abcda$ 爲該汽缸，汽餅後面 (C. E.) 汽壓指示圖。OO' 爲空氣壓力線。汽餅一面某時間之有效壓力爲前後兩面汽壓之差。如汽缸前面汽壓爲 A，後面之汽壓爲 C，則其有效壓力，係將 A 點距 OO' 之高減 C 點距 OO' 之高。如此一一量出，得汽餅前面及後面有效汽壓圖(乙)(丙)。圖中 O_1O_2 線爲零壓線(卽汽壓爲零)。如將此 p 之値代入(1)(2)二式則得水平力與垂直力之瞬値。

(1)　水平力。　由(1)式，

$$F_{ph}=\frac{\pi d^2}{4}\cdot p$$

以 $\frac{\pi d^2}{4}$ 求第六圖乙丙兩曲線之値，卽曲拐旋轉一周水平力瞬値之變化。因 $\frac{\pi d^2}{4}$ 爲一常數，故水平力瞬値之變化與 p 之變化相同，卽乙丙兩曲線爲曲拐旋轉一周水平力瞬値之變化。此爲機車右邊情形，其變化甚大。且機車左汽缸與右汽缸之行動相差 90°，水平力互相消長，變化益甚。設左汽缸汽壓指示圖與右汽缸相同，可將乙丙兩圖改繪爲第七圖。縱軸表水平力，(＋)表向後，(－)表向前，其單位爲 $\frac{\pi d^2}{4}$。橫軸表示曲拐旋轉度數，軸下數目表示右曲拐，軸上數目表示左曲拐。左曲拐在右曲拐後 90°。實線表右曲拐所受之水平力，虛線表左曲拐所受之水平力，將兩線相加得一粗線，表兩邊曲拐水平力之和。和數最大値在右曲拐爲 90° 及 270° 左右：90° 時右曲拐水平力向後，左曲拐亦向後如圖 (*B*)；270° 時右曲拐水平力向前，左曲拐亦向前如圖 (*D*)；兩邊水平力合作。和數最小値在右曲拐爲 0° 及 180° 左右：0° 時右曲拐水平力向後，左曲拐向前如圖 (*A*)；180° 時右曲拐水平力向前左曲拐向後如圖 (*C*)；兩邊水平力互消。在兩水平力合作時，機車引力最大。在兩水平力互消時，對機車重心線適成一力偶(Couple)，使機車對於重心線旋轉，此力偶在右曲拐 0° 及 180° 時最

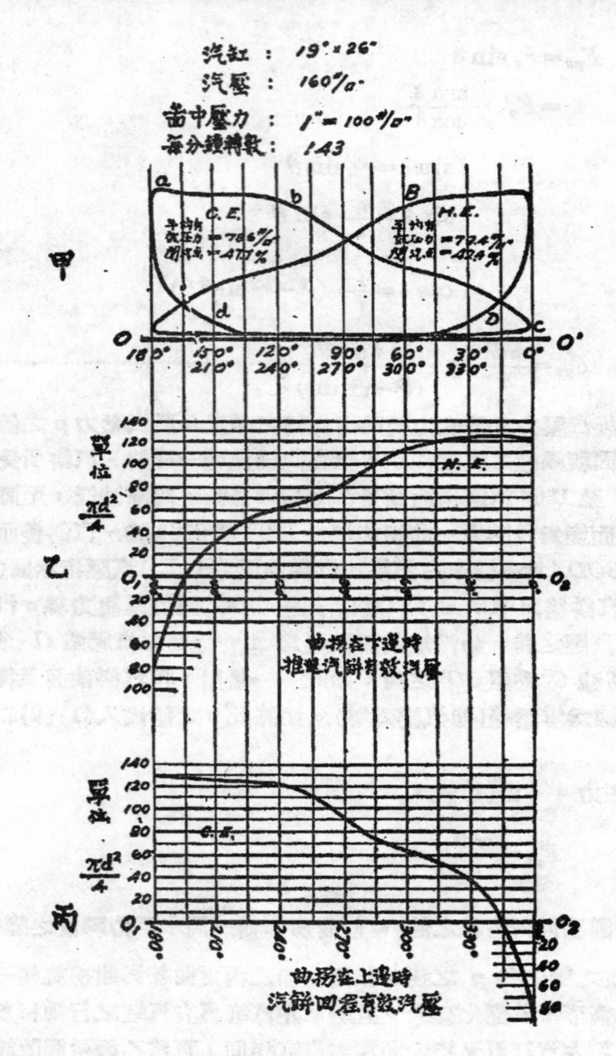

第六圖 機車前進時在汽缸汽壓指示圖

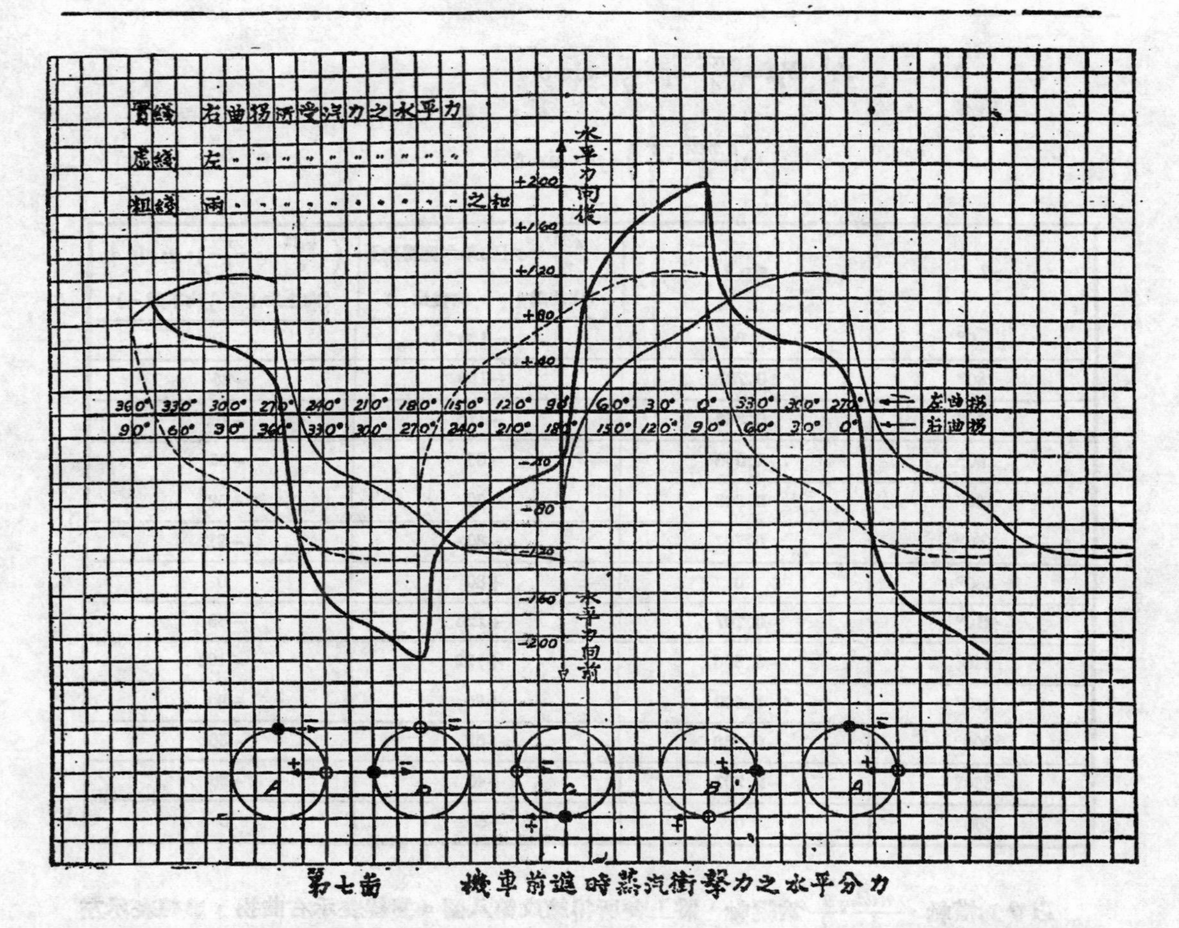

第七圖 機車前進時蒸汽衝擊力之水平分力

大而方向相反；故機車在曲拐旋轉一周時，始則向右一轉，繼復向左一轉，是為機車搖頭作用(Nosing)，須設法鎖定，使機車行動穩當。

(2)垂直力。 由(2)式

$$F_{pv}=\frac{\pi d^2}{4}\cdot p\cdot\frac{r\sin\theta}{(l^2-r^2\sin^2\theta)^{\frac{1}{2}}}$$

此式中之第一因子$\frac{\pi d^2}{4}\cdot p$即 F_{ph} 之值，即係第六圖乙丙兩曲線之值。茲求第二因子之值。

$$\frac{r\sin\theta}{(l^2-r^2\sin^2\theta)^{\frac{1}{2}}}=\frac{r}{l}\cdot\sin\theta\cdot\frac{1}{\sqrt{1-\frac{r^2}{l^2}\sin\theta^2}}=\frac{r}{l}\sin\theta$$

(因$\frac{r^2}{l^2}\sin^2\theta$甚小)

$$\therefore\ F_{pv}=\frac{\pi d^2}{4}\cdot p\cdot\frac{r}{l}\cdot\sin\theta$$

$$=\left(\frac{\pi d^2}{4}\cdot\frac{r}{l}\right)\cdot p\cdot\sin\theta$$

θ	$\sin\theta$	$\frac{\pi d^2}{4}\cdot p$ [由第六圖得來] (向前爲＋ 向後爲－)	$\left(\frac{\pi d^2}{4}\cdot\frac{r}{l}\right)\cdot p\cdot\sin\theta$ (向上爲＋ 向下爲－)
0°	0	−120	0
30°	0.707	−120	−85
60°	0.866	−115	−100
90°	1.000	−85	−85
120°	0.866	−60	−52
150°	0.707	−30	−21
180°	0	+80	0
210°	−0.707	+125	−88
240°	−0.866	+122	−106
270°	−1.000	+90	−90
300°	−0.866	+62	−58
330°	−2.707	+40	−28
360°	0	−80	0

以θ爲橫軸，$\frac{\pi d^2}{4}\cdot\frac{r}{l}$爲縱軸，將上表所得繪成第八圖。實線表示右曲拐，虛線表示左曲拐之垂直力。粗線表示兩邊曲拐垂直力之和。可知機車前進時，曲拐所受汽力之垂直力，在曲拐任何位置，均向下，即此力增加輪軸壓軌力。但如機車後退，則此垂直力，時時向上，減輕輪軸壓軌力。此垂直力之最大值由圖得$144\times\frac{\pi d^2}{4}\cdot\frac{r}{l}$。此機車之汽缸直徑爲19″設$\frac{r}{l}$之值爲$\frac{1}{5}$，則此垂直力之值爲7,940磅，約不足4噸。但此機車鍋爐壓力爲160磅/平方吋，如汽壓增至220磅。即增加(220−160)÷160＝37.5%。設有效汽壓亦增37.5%，即144增加37.5%而爲198。又設汽缸直徑爲25吋，則垂直力當爲$198\times\frac{\pi(25)^2}{4}\times\frac{1}{5}=$19,400磅約爲8.8公噸。如輪軸載重原爲每軸16噸，將增爲24.8公噸。

但汽壓之值在機車初動時爲最大，有效汽壓瞬值之最大值可達鍋爐汽壓之85%及速率增加有效汽壓漸減，可到鍋爐汽壓25%以下；故汽壓施於曲拐銷之水平力及垂直力隨曲拐旋轉速率而減小。

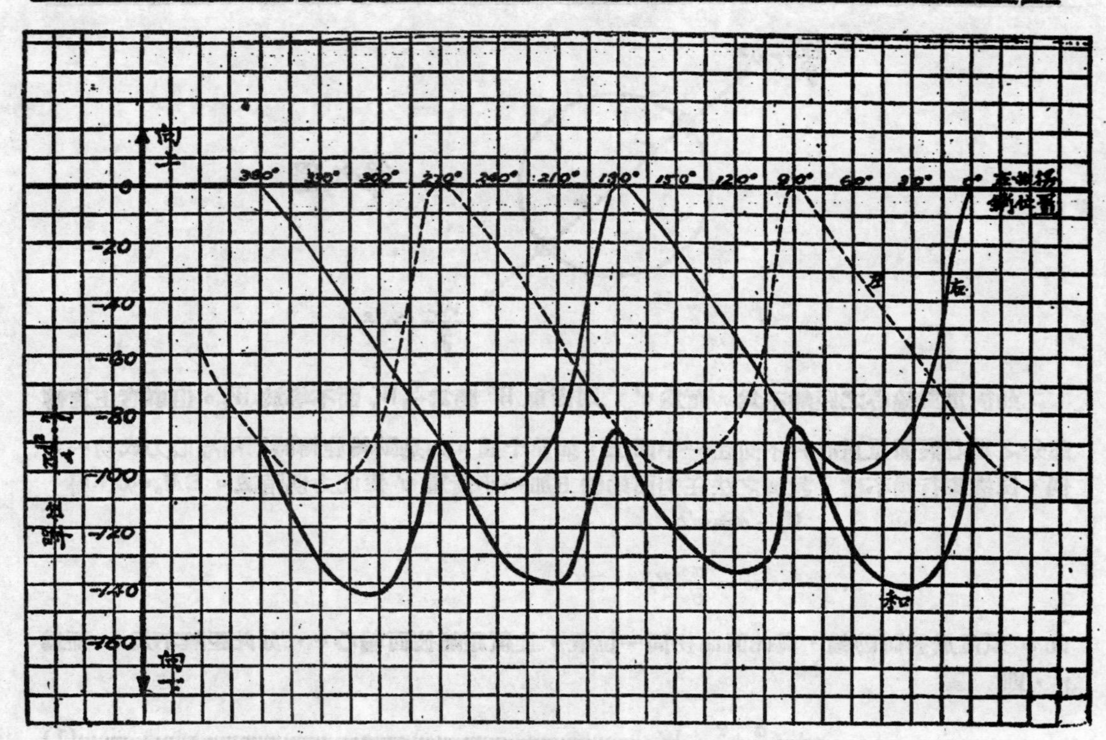

第八圖　機車前進時蒸汽衝擊力之垂直分力

四　雙缸機車之衡重

1. 雙缸機車行動時，其必須平衡之力有三：

(1)旋轉部分之離心力。

(2)往復部分之惰力。

(3)搖桿運動之惰力。

平衡方法係在機車動輪上加一重量，使此重量在動輪旋轉時生相當離心力，以平衡上項三力之和；此所加之重量爲衡重(Counter weight or balancing weight)。

機車動輪上有曲拐銷及曲拐銷座，是爲旋轉部分，設其重量爲 W_r。離心加速率爲 $\frac{V^2}{r}$ 或 $r\omega^2$，故旋轉部分離心力 F_c 爲

$$F_c=\frac{W_r}{g}\cdot r\omega^2$$

如須平衡此力，可於動輪曲拐銷心所在之直徑上，在曲拐銷心之對面，距離輪心 r 點，加一等於 W_r 之重量 W'，如第九圖，則動輪旋轉時，兩離心力互相平衡。

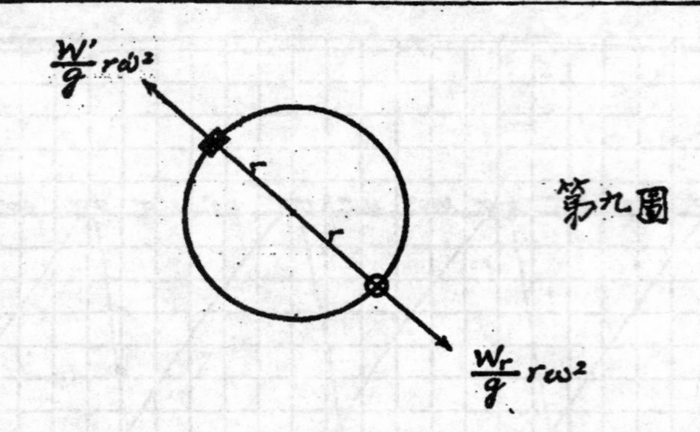

如衡重與輪心之距離不爲 r 而爲 r'，則衡重 W' 應爲 $\frac{r}{r'}W_r$ 而不等於 W_r。但事實上旋轉部分之重心與衡重重心并不同在一平面上，如第十圖。如是動輪旋轉時則兩離心力成功一力偶，使機車行動不穩。救濟之法在對面動輪上加一小衡重 w' 使此力偶消滅。$\Sigma M_o=0$，得

$$W_r \cdot a=w'b$$

$$\therefore \qquad w'=\frac{a}{b}W_r$$

此 w' 須置於對面動輪，與此面曲拐同一位置，且須距離彼面輪心 r，如此距離不爲 r 而爲 r'，則

$$w'=\frac{a}{b}\cdot\frac{r}{r'}\cdot W_r \quad \cdots\cdots(1)$$

可於第十一圖見之。如將兩重相併，使其重心與經過曲拐之直徑成 λ 角，則此角之值應爲

$$\lambda=\tan^{-1}\frac{w'}{W'} \quad \cdots\cdots(2)$$

又其衡重之值 W_B 應爲，

$$W_B=\sqrt{W'^2+w'^2} \quad \cdots\cdots(3)$$

此種辦法謂之復衡（Cross-balancing）。其不在對面動輪加重者謂之簡衡(Straight-balancing)

2. 機車往復部分與搖桿運動之惰力已於第二章中詳細研究，并於 II—9 節中說明公式 II—(1)，F_x 之值卽爲往復部分及搖桿惰力之水平力，公式 II—(4)，F_y 之值卽爲往復部分及搖桿惰力之垂直力。是爲曲拐銷上所受往復部分及搖桿惰力之水平力與垂直力。玆將兩式復寫於下，以便研究：——

$$F_x=+\frac{W_c+W_s}{g}\cdot r\omega^2\left[\cos\theta+\frac{rl^2\cos 2\theta+r^3\sin^4\theta}{(l^2-r^2\sin^2\theta)^{\frac{3}{2}}}\right]$$

$$-\frac{W_c}{g}\cdot\frac{d}{l}\cdot r^2\omega^2\left[\frac{\cos 2\theta}{(l^2-r^2\sin^2\theta)^{\frac{1}{2}}}+\frac{\frac{1}{4}\sin^2 2\theta\, r^2}{(l^2-r^2\sin^2\theta)^{\frac{3}{2}}}\right] \quad \cdots\cdots(4)$$

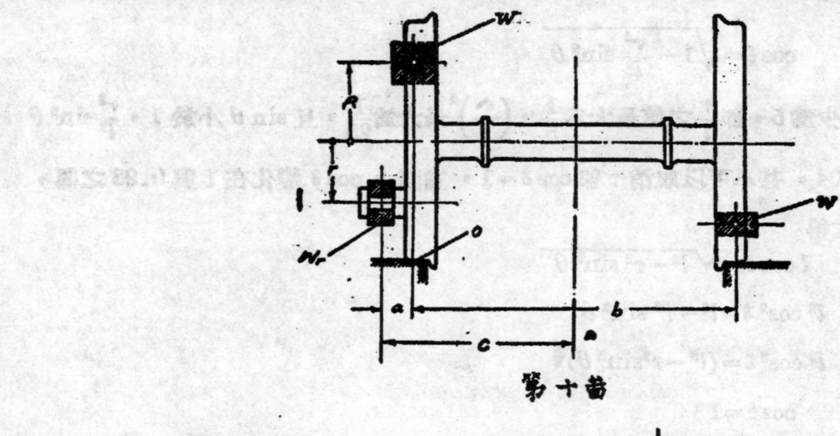

第十圖

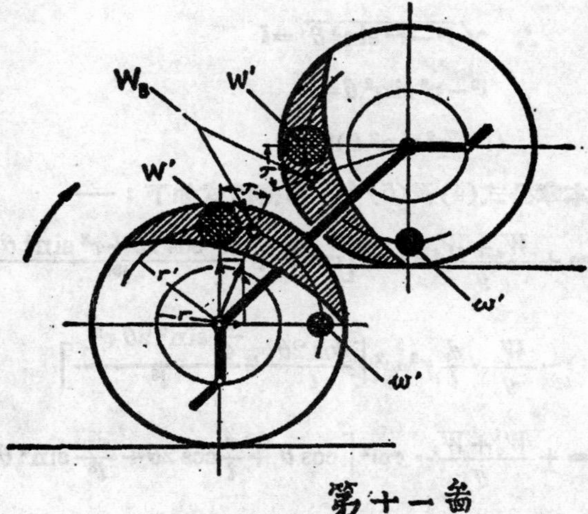

第十一圖

$$F_y=\frac{r\omega^2\sin\theta}{(l^2-r^2\sin^2\theta)^{\frac{1}{2}}}\Big[+\Big(\frac{W_c+W_s}{g}-\frac{W_c}{g}\cdot\frac{d}{l}\Big)r\Big\{\cos\theta+\frac{rl^2\cos2\theta+r^3\sin^4\theta}{(l^2-r^2\sin^2\theta)^{\frac{3}{2}}}\Big\}$$

$$-\frac{W_c}{g}\cdot\frac{d}{l}\cdot r^2\Big\{\frac{\cos2\theta}{(l^2-r^2\sin^2\theta)^{\frac{1}{2}}}+\frac{\frac{1}{4}\sin^2 2\theta\, r^2}{(l^2-r^2\sin^2\theta)^{\frac{3}{2}}}\Big\}$$

$$+\frac{W_c}{g}\cdot k^2\Big\{\frac{r^2\cos^2\theta}{(l^2-r^2\sin^2\theta)^{\frac{3}{2}}}-\frac{1}{(l^2-r^2\sin^2\theta)^{\frac{1}{2}}}\Big\}\Big]\cdots\cdots\cdots\cdots(5)$$

但此項公式太繁不易應用，可設法化簡并求其近似值(Approximate value)，以觀其變化：

在研究搖桿動作時，得δ與θ之關係爲，

$$l\sin\delta=r\sin\theta$$

卽

$$\sin\delta=\frac{r}{l}\cdot\sin\theta$$

$$\cos\delta=\sqrt{1-\frac{r^2}{l^2}\sin^2\theta}$$

但l與r之比至少爲5，卽$\frac{r}{l}$之值最大爲$\frac{1}{5}$，$\left(\frac{r}{l}\right)^2$最大爲$\frac{1}{25}$，且$\sin\theta$小於1，$\frac{r^2}{l^2}\sin^2\theta$最大值爲$\frac{1}{25}$，卽0.04，甚小可以取消；卽$\cos\delta=1$，實際上$\cos\delta$變化在1與0.98之間，差數甚微。但由上式得

$$l\cos\delta=\sqrt{l^2-r^2\sin^2\theta}$$

$$l^2\cos^2\delta=l^2-r^2\sin^2\theta$$

$$l^3\cos^3\delta=(l^2-r^2\sin^2\theta)^{\frac{3}{2}}$$

$$\cos\delta=1$$

$$\therefore\ \sqrt{l^2-r^2\sin^2\theta}=l$$

$$l^2-r^2\sin^2\theta=l^2$$

$$(l^2-r^2\sin^2\theta)^{\frac{3}{2}}=l^3$$

以此種關係代入本章公式(4)及(5)中，卽得簡式如下：——

$$F_s=+\frac{W_c+W_s}{g}\cdot r\omega^2\left[\cos\theta+\frac{rl^2\cos 2\theta+r^3\sin^4\theta}{l^3}\right]$$

$$-\frac{W_c}{g}\cdot\frac{d}{l}\,r^2\,\omega^2\left[\frac{\cos 2\theta}{l}+\frac{\frac{1}{4}\sin^2 2\theta\, r^2}{l^3}\right]$$

$$=+\frac{W_c+W_s}{g}\cdot r\omega^2\left[\cos\theta+\frac{r}{l}\cos 2\theta+\frac{r^3}{l^3}\sin^4\theta\right]$$

$$-\frac{W_c}{g}\cdot\frac{d}{l}\cdot r^2\,\omega^2\cdot\frac{1}{l}\cdot\left[\cos 2\theta+\frac{\frac{1}{4}\sin^2 2\theta}{l^2}\right]$$

上式中，$\frac{r^3}{l^3}\sin^4\theta$及$\frac{\frac{1}{4}\sin^2 2\theta\, r^2}{l^2}$，爲值甚小，可以不計；

$$\therefore\ F_s=+\frac{W_c+W_s}{g}\cdot r\omega^2\left(\cos\theta+\frac{r}{l}\cos 2\theta\right)$$

$$-\frac{W_c}{g}\cdot\frac{d}{l}\cdot r\omega^2\cdot\frac{r}{l}\cdot\cos 2\theta$$

卽

$$F_s=+\frac{W_s}{g}\cdot r\omega^2\left(\cos\theta+\frac{r}{l}\cos 2\theta\right)$$

$$+\frac{W_c}{g}\cdot r\omega^2\left(\cos\theta+\frac{r}{l}\cos 2\theta\right)$$

$$-\frac{W_c}{g}\cdot\frac{d}{l}\cdot rw^2\cdot\frac{r}{l}\cos 2\theta \cdots\cdots(6)$$

上式第一項爲往復部分惰力之水平力，第二三項爲搖桿運動惰力之水平力。

$$F_y=\frac{r\omega^2\sin\theta}{l}\Big[\Big(\frac{W_c+W_s}{g}-\frac{W_c}{g}\cdot\frac{d}{l}\Big)r\Big\{\cos\theta+\frac{rl^2\cos 2\theta+r^3\sin^4\theta}{l^3}\Big\}$$

$$-\frac{W_c}{g}\cdot\frac{d}{l}\cdot r^2\Big\{\frac{\cos 2\theta}{l}+\frac{\frac{1}{4}\sin^2 2\theta\, r^2}{l^3}\Big\}$$

$$+\frac{W_c}{g}\cdot k^2\cdot\Big\{\frac{r^2\cos^2\theta}{l^3}-\frac{1}{l}\Big\}\Big]$$

$$=r\omega^2\sin\theta\Big[\Big(\frac{W_c+W_s}{g}-\frac{W_c}{g}\cdot\frac{d}{l}\Big)\frac{r}{l}\Big\{\cos\theta+\frac{r}{l}\cos 2\theta+\frac{r^3}{l^3}\sin^4\theta\Big\}$$

$$-\frac{W_c}{g}\cdot\frac{d}{l}\cdot\frac{r^2}{l}\Big\{\cos 2\theta+\frac{\frac{1}{4}\sin^2 2\theta}{l^2}\Big\}$$

$$+\frac{W_c}{g}\cdot\frac{k^2}{l^2}\Big\{\frac{r^2}{l^2}\cos^2\theta-1\Big\}\Big]$$

上式中，$\frac{r^3}{l^3}\sin^4\theta$，$\frac{\frac{1}{4}\sin^2 2\theta\, r^2}{l^2}$，$\frac{r^2}{l^2}\cos 2\theta$，$\frac{r^2}{l^2}\cos^2\theta$

四項俱爲值甚小，可以不計；

$$\therefore\ F_y=r\omega^2\sin\theta\Big[\Big(\frac{W_c+W_s}{g}-\frac{W_c}{g}\cdot\frac{d}{l}\Big)\frac{r}{l}\Big(\cos\theta+\frac{r}{l}\cos 2\theta\Big)-\frac{W_c}{g}\cdot\frac{k^2}{l^2}\Big]$$

即

$$F_y=r\omega^2\sin\theta\Big[\frac{W_s}{g}\cdot\frac{r}{l}\cdot\Big(\cos\theta+\frac{r}{l}\cdot\cos 2\theta\Big)$$

$$+\frac{W_c}{g}\Big(1-\frac{d}{l}\Big)\cdot\frac{r}{l}\cdot\Big(\cos\theta+\frac{r}{l}\cos 2\theta\Big)-\frac{W_c}{g}\cdot\frac{k^2}{l^2}\Big] \cdots\cdots(7)$$

上式第一項爲往復部分惰力之垂直力，第二三兩項爲搖桿惰力之垂直力。

8. 往復部分之衡重。

往復部分之惰力由本章(6)(7)兩式得

$$F_{xs}=\frac{W_s}{g}\cdot r\omega^2\Big(\cos\theta+\frac{r}{l}\cos 2\theta\Big) \cdots\cdots(8)$$

$$F_{ys}=\frac{W_s}{g}\cdot r\omega^2\cdot\frac{r}{l}\Big(\cos\theta+\frac{r}{l}\cos 2\theta\Big)\sin\theta \cdots\cdots(9)$$

設 $\theta=90°$，

則得

$$F_{xs}=\frac{W_s}{g}\cdot r\omega^2\left[0+\frac{r}{l}(-1)\right]$$

$$=-\frac{W_s}{g}r\omega^2\frac{r}{l}$$，即此時之慣力向曲拐銷。

$$F_{ys}=\frac{W_s}{g}\cdot r\omega^2\cdot\frac{r}{l}\left[0+\frac{r}{l}(-1)\right]$$

$$=-\frac{W_s}{g}\cdot r\omega^2\cdot\frac{r^2}{l^2}$$，即此時之慣力向下。

l 與 r 之比可以爲5，6，7，8，以5爲最小，即 $\frac{r}{l}=\frac{1}{5}$ 爲最大。如以 $\frac{1}{5}$ 代入得(10)(11)兩式，此時之慣力最大，茲列下表計算曲拐旋轉一周時，覝慣力之變化。

$$F_{xs}=\frac{W_s}{g}\cdot r\omega^2\left(\cos\theta+\frac{1}{5}\cos 2\theta\right) \qquad (10)$$

$$F_{ys}=\frac{W_s}{g}r\omega^2\cdot\frac{\sin\theta}{5}\left(\cos\theta+\frac{1}{5}\cos 2\theta\right) \qquad (11)$$

θ	$\sin\theta$	$\cos\theta$	$\cos 2\theta$	$\frac{\sin\theta}{5}$	$\frac{\cos 2\theta}{5}$	$\cos\theta+\frac{\cos 2\theta}{5}$	$\frac{\sin\theta}{5}\left(\cos\theta+\frac{\cos 2\theta}{5}\right)$	F_{xs}單位$\frac{W_s}{g}r\omega^3$	F_{ys}單位$\frac{W_s}{6}r\omega^2$
0°	0	1	1	0	−2	1.2	0	1.2	0
30°	0.5	0.866	0.5	−1	0.1	+0.966	0.097	0.966	0.097
60°	0.866	0.5	−0.5	0.173	−0.1	+0.4	0.069	0.4	0.069
90°	1.000	0	−1	0.2	−0.2	−0.2	−0.04	−0.2	−0.04
120°	0.866	−0.5	−0.5	0.173	−0.1	−0.6	−0.1	−0.6	−0.1
150°	0.5	−0.866	+0.5	0.1	+0.1	−0.766	−0.07	−0.766	−0.07
180°	0	−1.0	+1	0	+0.2	−0.8	0	−0.8	0
210°	−0.5	−0.866	+0.5	−0.1	+0.1	−0.766	+0.07	−0.766	+0.07
240°	−0.866	−0.5	−0.5	−0.173	−0.1	−0.6	+0.1	−0.6	+0.1
270°	−1.0	0	−1	−0.2	−0.2	−0.2	+0.04	−0.2	+0.04
300°	−0.866	+0.5	−0.5	−0.173	−0.1	+0.4	−0.069	+0.4	−0.069
330°	−0.5	+0.866	+0.5	−0.1	+0.1	+0.966	−0.097	−0.966	−0.097
360°	0	1.000	+1.000	0	+0.2	+1.2	0	+1.2	0

以曲拐角度 θ 爲橫軸，度爲單位，以水平慣力爲縱軸，$\frac{W_s}{g}r\omega^2$ 爲單位，得第十二圖。

以曲拐角度 θ 爲橫軸，度爲單位，以垂直慣力爲縱軸，$\frac{W_s}{g}\cdot r\omega^2$ 爲單位，得第十三圖。

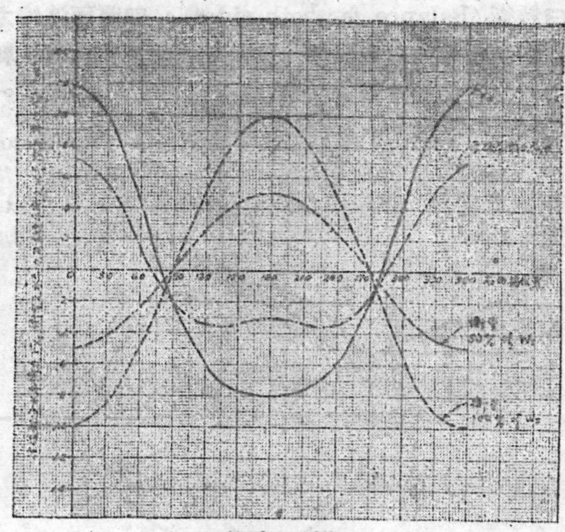

第十二圖

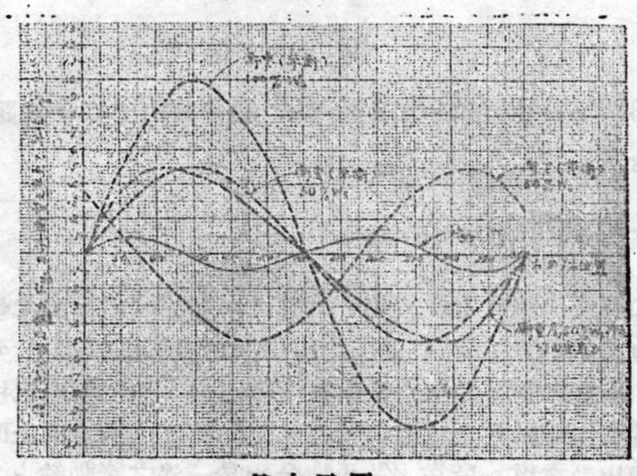

第十三圖

此種惰力因兩邊曲拐相距 90°，遂致相生相尅，使機車生種種不必需之動作。如兩邊水平惰力一方向前，彼方向後，曲拐旋轉半周後，彼方又向前，此方又向後，使機車對於垂直中心線時而左轉，時而右轉，生搖頭作用 (Nosing)。如兩邊水平惰力同時向前且在軸心上部，曲拐旋轉半周後，又同時向後且在軸心下部，使機車前部時而向下，時而向上，生點頭作用 (Pitching)。又兩邊水平惰力同時向前，使機車速率加增，同時向後又使機車速率頓減，不啻使機車一伸一縮，成伸縮作用 (Recoiling)。又如兩邊垂直惰力，一邊向下，彼邊向上，曲拐旋轉半周後，彼邊向下而此邊向上，使機車對於軌道中心線，時而左傾，時而右傾，生拐跛作用(Rocking)。兩邊垂直惰力如一瞬間同時向上，再一瞬間又同時向下，亦使機車生點頭作用。此種不必需之副作用必須設法消滅或減少。換言之，卽須設法平衡或減少惰力作用。

平衡往復部分惰力之方法有二：一曰單衡 (Balance for one side)，卽將機車各邊之惰力各自平衡之謂。一曰雙衡 (Balance for both sides)，卽將兩邊惰力作用同時平衡之謂。

單衡法——在曲拐銷所在直徑之對面加一重量，使此重在動輪旋轉時生一離心力，以抗衡曲拐銷上所受之惰力作用。如第十四圖 D 爲曲拐銷，W'' 爲衡重。曲拐銷旋轉速率爲 ω 時，則 W'' 生離心力 $\frac{W''}{g}\cdot r\omega^2$，此力之水平力爲 $\frac{W''}{g}\cdot r\omega^2(-\cos\theta)$，其垂直力爲 $\frac{W''}{g}r\omega^2(\sin\theta)$。如所用之衡重 W'' 距離中心 O，不爲 r 而爲 r'，應以 $\frac{r}{r'}$ 乘之。

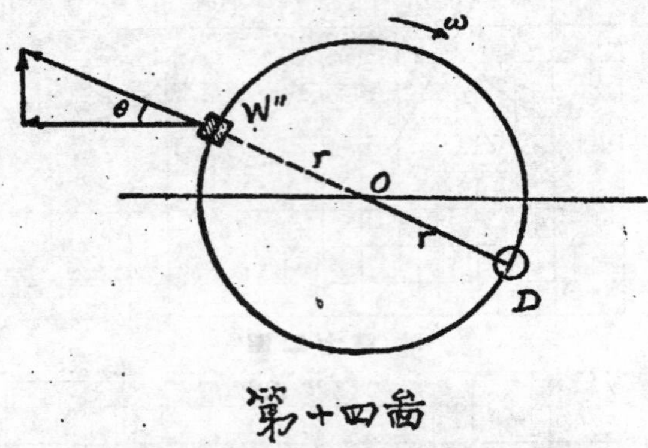

第十四圖

設所用之衡重 W'' 等於往復部分之重量 W_s，且使其距中心 O 之距離爲 r，則

$$衡重之水平力=\frac{W_s}{g}\cdot r\omega^2(-\cos\theta)$$

$$衡重之垂直力=\frac{W_s}{g}\cdot r\omega^2(\sin\theta)。$$

以水平力繪於第十二圖上，垂直力繪於第十三圖上，與原有之惰力比較。在第十二圖上，衡重之水平力適與惰力之水平力平衡。如按此辦法，則可無搖頭作用。但同一衡重亦生垂直力，在第十三圖上，衡重之垂直力十倍於原有惰力作用。不但機車之拐跛作用及搖頭作用將大增，且衡重向下時增加輪軸壓軌重爲橋梁及軌道所不許，衡重向上時或將超過輪軸壓軌重使輪底離開軌道，有出軌之虞。所幸 W'' 平均分配於一邊之諸動輪上，其水平力仍合抗水平惰力，而垂直力由各輪分擔，爲害較輕。又主動輪上旋轉部分甚重，所需衡重甚大，而地位有限，祇能分擔 W'' 之小部分，而大部分分配於其他動輪上，結果其他動輪衡重 W'' 垂直力之害反較主動輪爲大。

尋常用 W'' 等於 W_s 之半，卽所謂50%衡重。以此衡重，再用上法求其水平力與垂直力而繪於第十二三圖上，與原有惰力比較。雖垂直力已有原惰力五倍之大，而水平力尙有50%未經平衡。此方太過則彼方不足，祇好取其適中而已。

雙衡法——由前法已知惰力之垂直力甚小而水平力最大處達垂直力之 12 倍，故祇須研究水平力。如將兩邊曲拐之水平惰力同繪於第十五圖上，右曲拐在前左曲拐落後 90°，而求此兩力之和。(A) 圖示兩曲拐銷在各種位置時相互關係。雙衡法卽在兩曲拐銷差角平分線之對角置衡重，使此衡重 W'' 等於一邊之往復部分重量。卽 W'' 等於50% W_s。此衡重之位置與右曲拐銷之關係如第十六圖。

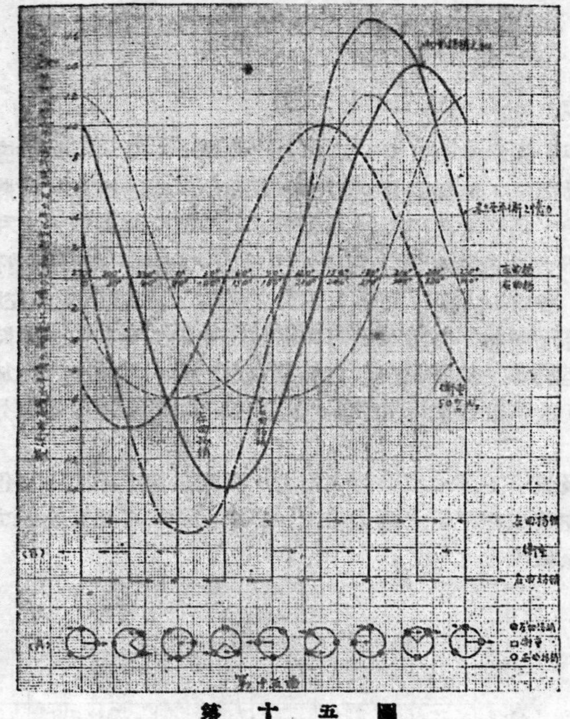

第 十 五 圖

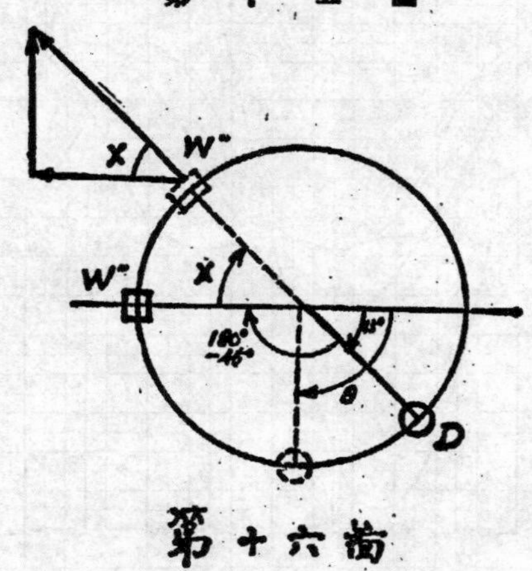

第十六圖

W'' 與 D 之角距 $=180°-45°$

D 行至 θ，則

W'' 行至 $180°-45°+\theta$

即
$$x=180°-45°+\theta=180°-(45°-\theta)$$

$$\text{衡重水平力}=\frac{W_s}{g}\cdot r\omega^2\cos\left\{180°-(45°-\theta)\right\}$$

$$= \frac{W_s}{g} \cdot r\omega^2 \left\{ -\cos(45° - \theta) \right\}$$

$$\text{衡重垂直力} = \frac{W_s}{g} r\omega^2 \cdot \sin(45° - \theta)$$

以此衡重之水平力繪於第十五圖，垂直力繪於第十三圖。可知垂直力之變化與單衡時相等。不過其位置變動而已，無關緊要。惟第十五圖所示未能恰意。如將衡重水平力曲線與原惰力之和之曲線相消，得一未經平衡惰力曲線，其數值反較原惰力之和大。

第十五圖中之 B 示未經平衡時，兩邊水平惰力之現象。右曲拐銷在 45°，225° 時，兩平行力相等而反向，各成一力矩，而兩力矩又互反向。使機車先向左繼向右轉；在 135°，315° 時兩平行力相等而同向，使機車始向後縮繼向前伸；在其他角度時，先使機車左轉之力矩大，漸次減小以至於零，然後使機車右轉之力矩漸大，再減小以至於零。此力矩與兩汽缸中心線距離成正比，故汽缸置於兩底架間（卽內汽缸式）較置於兩底架外（卽外汽缸式）者，其搖頭作用較小。

再將第十二圖及第十五圖未經平衡之惰力，同繪於第十七圖上。但第十二圖所得爲機車右邊之現象。再將左邊未經平衡之惰力繪上，以求其和。可見雙衡餘力大於單衡餘力二倍以上，可知單衡結果反較優也。

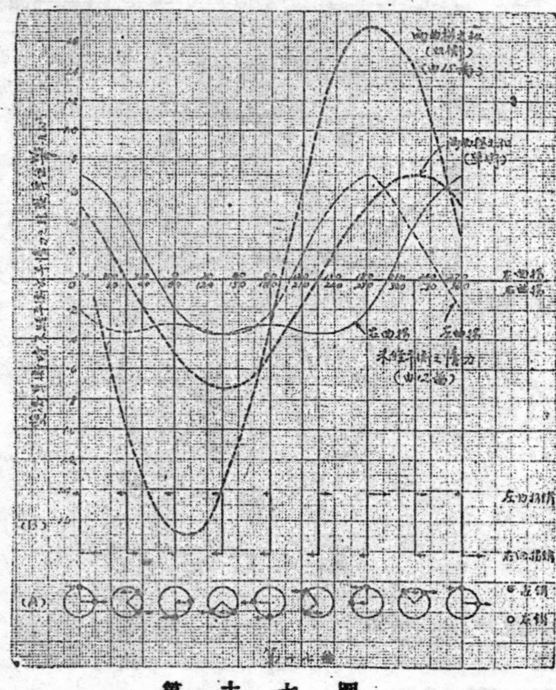

第 十 七 圖

第十七圖 (B) 方示單衡後兩邊曲拐銷惰力之大小及關係，其現象與第十五圖 (B) 方所示者相同，但如此比較其力值之大小，可知單衡後，水平惰力之作用減小約半數。卽伸縮作用與搖頭作用皆減去半數也。

研究結果，機車往復部分惰力之平衡方法，無絕對有效辦法。比較上相當簡單及相當有效者爲單衡法。惟所用衡重之量，對水平惰力言，以越大越有效，最大以等於往復部分之全重；但對垂直惰力言，以越小越無流弊，最小以不加衡重爲宜。通常所用衡重之量，爲往復重量之一部份，使其垂直力不超過一定限度。

4. 搖桿之衡重。

搖桿運動之惰力，由本章(6)(7)兩式得：

$$F_{xc}=\frac{W_c}{g}\cdot r\omega^2\left(\cos\theta+\frac{r}{l}\cdot\cos 2\theta\right)-\frac{W_c}{g}\cdot\frac{d}{l}\cdot r\omega^2\cos 2\theta\frac{r}{l}\cdots\cdots(12)$$

$$F_{yc}=\frac{W_c}{g}r\omega^2\cdot\left(1-\frac{d}{l}\right)\frac{r}{l}\cdot\left(\cos\theta+\frac{r}{l}\cos 2\theta\right)\sin\theta-\frac{W_c}{g}\cdot r\omega^2\frac{k^2}{l^2}\sin\theta\cdots\cdots(13)$$

仍設
$$\frac{r}{l}=\frac{1}{5}$$

又設
$$\frac{d}{l}=\frac{5}{8}$$

$$\frac{k^2}{l^2}=\frac{1}{2}$$

$\frac{d}{l}$，$\frac{k^2}{l^2}$之比數爲一般設計之平均數，如須精密計算，可用單擺法 (Simple pendulum) 求 k 之值，并鑑定重心後得 d 之值。以上三個數值代入上二式中得(14)(15)兩式，并列下表計算，曲拐旋轉一周時，視搖桿惰力之變化。

$$F_{xc}=\frac{W_c}{g}\cdot r\omega^2\left(\cos\theta+\frac{1}{5}\cos 2\theta\right)-\frac{W_c}{g}r\omega^2\cdot\frac{1}{8}\cos 2\theta\cdots\cdots(14)$$

$$F_{yc}=\frac{W_c}{g}\cdot r\omega^2\left(\cos\theta+\frac{1}{5}\cos 2\theta\right)\cdot\frac{3\sin\theta}{40}-\frac{W_c}{g}r\omega^2\cdot\frac{1}{2}\sin\theta\cdots\cdots(15)$$

θ	$\cos\theta$	$\cos 2\theta$	$\frac{\cos 2\theta}{5}$	$\cos\theta+\frac{\cos 2\theta}{5}$ (A)	$\frac{1}{8}\sin 2\theta$ (B)	$\sin\theta$	$\frac{3}{40}\sin\theta$	$\frac{3}{40}\sin\theta\left(\cos\theta+\frac{\cos 2\theta}{5}\right)$ (C)	$\frac{1}{2}\sin\theta$ (D)
0°	1	1	0.2	1.2	+0.125	0	0	0	0
30°	0.866	0.5	0.1	0.966	+0.032	0.5	0.037	+0.033	0.25
60°	0.5	−0.5	−0.1	0.4	−0.06	0.866	0.065	+0.026	0.433
90°	0	−1	−0.2	−0.2	−0.125	1.0	0.075	−0.015	0.5
120°	−0.5	−0.5	−0.1	−0.6	−0.062	0.866	0.065	−0.039	0.433
150°	−0.866	+0.5	+0.1	−0.766	+0.062	0.5	0.037	−0.028	0.25
180°	−1.0	+1	+0.2	−0.8	+0.125	0	0	−0	0
210°	−0.866	+0.5	+0.1	−0.766	+0.062	−0.5	−0.037	+0.028	−0.25

240°	−0.5	−0.5	−0.1	−0.6	−0.062	−0.866	−0.065	+0.039	−0.433
270°	0	−1	−0.2	−0.2	−0.125	−1.0	−0.075	+0.015	−0.5
300°	+0.5	−0.5	−0.1	+0.4	−0.062	−0.866	−0.065	−0.026	−0.433
330°	+0.866	0.5	0.1	+0.966	+0.062	−0.5	−0.037	−0.036	−0.25
360°	+1	+1	+0.2	+0.12	+0.125	0	0	0	0

(14)(15)兩式可記爲

$$F_{xe}=\frac{W_c}{g}\cdot r\omega^2(A-B)$$

$$A=\cos\theta+\frac{1}{5}\cos 2\theta$$

$$B=\frac{1}{8}\cos 2\theta$$

$$F_{ye}=\frac{W_c}{g}r\omega^2(C-D)$$

$$C=\left(\cos\theta+\frac{1}{5}\cos 2\theta\right)\frac{3\sin\theta}{40}$$

$$D=\frac{1}{2}\sin\theta$$

將上式依上表計算結果繪成第十八圖及第十九圖。第十八圖中A線爲搖桿往復動之水平惰力，$-B$爲搖桿擺動之水平惰力。兩相比較，可知擺動作用祇約爲往復動之10%。第十九圖中C線爲搖桿往復動之垂直惰力，D爲搖桿擺動之垂直惰力，可知搖桿擺動時垂直作用甚

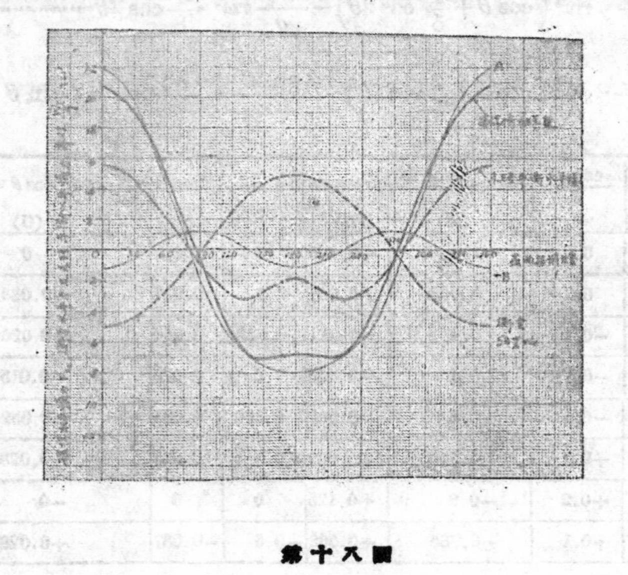

第十八圖

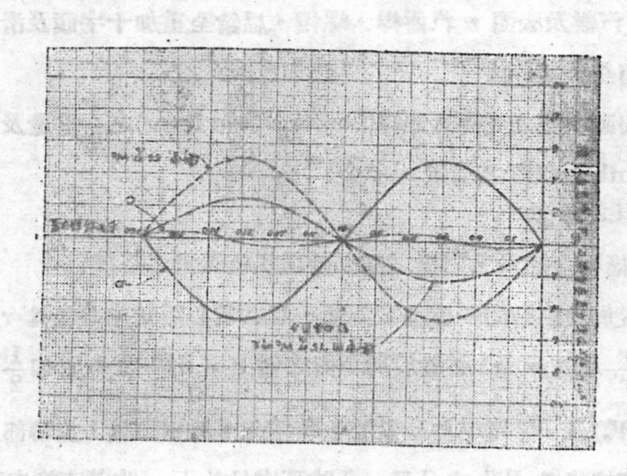

第十九圖

大，約爲往復動之十倍。可知搖桿水平惰力幾全爲往復動之結果，其垂直惰力幾全爲擺動之結果。

今試以 W''' 爲衡重，置於曲拐銷同一直徑之對面，距輪之中心爲 r，并使 $W'''=\frac{1}{2}W_c$，即用搖桿重量之半爲衡重。并將此衡重之水平力及垂直力分繪於第十八，十九兩圖。垂直力幾將搖桿惰力完全平衡。水平力亦將搖桿惰力半數平衡。

尋常平衡搖桿之辦法係將一部分重量作爲旋轉動與曲拐銷同樣處理，又將另一部分重量作爲往復動與機車其他往復部分同樣處理。其分別重量方法有三：

(1) 將搖桿重量之半爲旋轉動，另一半爲往復動；

(2) 將搖桿重量之5/8爲旋轉動，3/8爲往復動；

(3) 將搖桿兩端分置於兩個臺秤上，使其中心線水平，其大頭之重量作爲旋轉動，小頭之重量爲往復動。

今卽以 (1) 法計算與事實相差不遠。搖桿之半重爲旋轉動卽衡重爲$\frac{1}{2}W_c$；另一半重爲往復動，其衡重之量依前節說明應爲$\frac{1}{4}W_c$；全衡重爲$\frac{3}{4}W_c$。如將$\frac{3}{4}W_c$之衡重之水平力及垂直力與第十八圖十九圖相較，可知水平力又平衡了水平惰力一部分，但垂直力毫無惰力平衡而成爲自由力，惟與往復部分之衡重自由垂直力相較，尙甚小。且與 W'' 同樣分置於諸動輪上，使諸動輪分擔垂直力之一部爲害甚小。

5. 全體衡重。

以機車之一邊言：

W'＝旋轉部分之衡重

＝曲拐銷，曲拐銷座，聯桿之屬於該銷者之全部重量。在主動輪須加偏心曲拐之全重。

W''＝往復部分之衡重

$=\frac{1}{2}$(汽餅及漲圈，汽餅桿，螺帽，扁銷全重加十字頭及滑履，十字頭銷，螺帽全重)

閥動機關之先距入距桿(Lop and lead lever)之$\frac{1}{4}$重量及其聯合桿 (Union link)及螺帽之全重。

W'''＝搖桿之衡重

$=\frac{3}{4}$(搖桿全體及其附屬之銅瓦斜鐵螺栓螺帽之全重)

此種衡重必須置於曲拐銷同一直徑之對面，且其重心距輪中心必爲 r ，如不爲 r 而爲 r'，則其重量應以$\frac{r}{r'}$校正。W' 必置於所平衡之輪上。W''' 之 2/3(卽$\frac{1}{2}W_o$) 必置於主動輪上。$\frac{1}{3}W'''$ (卽 $\frac{1}{4}W_o$)及 W'' 可平均分置於各動輪上。但主動輪上旋轉部分之衡重太多，輪心地位有限，有時不能安插 W'' 之分量，此時可儘量放入，將其不能安插之部分，平均分置於他輪上。又此種衡重與其所平衡之各部分不同在一直立平面上，可依第十一圖辦法而求其複衡。

茲依 1931 美國鐵路學會 A. A. R. 發表之辦法說明之。

(1)主動輪用複衡法，

(2)其他動輪用直衡法，

用第二十圖說明主動輪之複衡法：

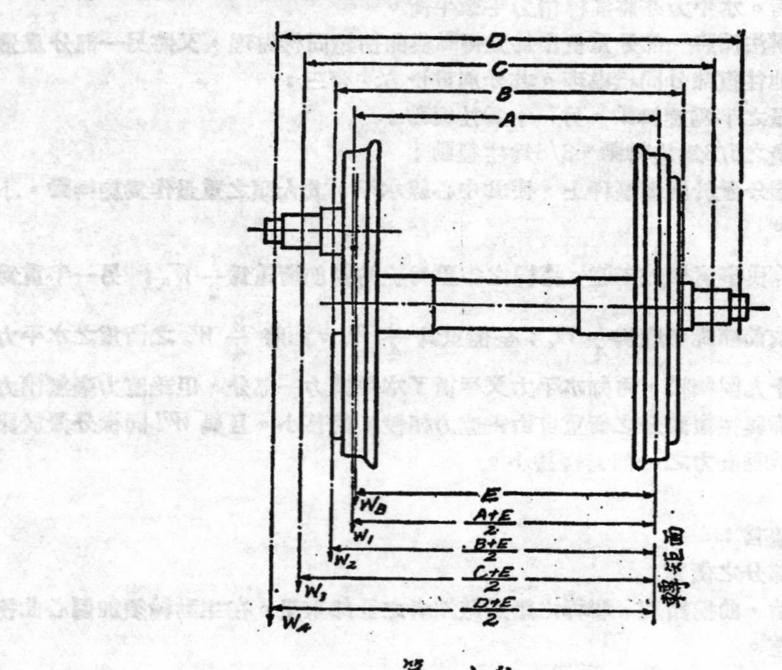

第二十圖

設　A＝曲拐銷座中心距，
B＝聯桿中心距，
C＝主動輪曲拐銷中心距，
D＝偏心曲拐銷中心距，
E＝衡重中心距，
W_1＝曲拐銷座之重，
W_2＝部分聯桿之重，
W_3＝大頭搖桿之重，
W_4＝偏心曲拐之重，
$W_t=W_1+W_2+W_3+W_4$，
W_B＝全體衡重
w_B＝對面主動輪所需小衡重，
W_x＝往復部分之全重。

以右邊曲拐銷座中心所在之直立平面爲轉矩面，則

$$w_B E=W_1\cdot\frac{A+E}{2}+W_2\cdot\frac{B+E}{2}+W_3\cdot\frac{C+E}{2}+W_4\cdot\frac{D+E}{2}$$

$$w_B=\frac{W_1A+W_2B+W_3C+W_4D}{2E}+\frac{W_t}{2}$$

W_B 中有 W_t 爲旋轉部分之衡重，所餘 W_B-W_t 爲往復動之衡重。如往復部分所需之衡重爲$\frac{W_x}{2}$，則

$$\frac{\frac{W_x}{2}-(W_B-W_t)}{W_x}\times 100=\%W_x$$

$$\text{所餘 } 50\%-\frac{\frac{W_x}{2}-(W_B-W_t)}{W_x}\times 100\% \text{ 必須加於其他動輪上。}$$

6．錘擊作用。

錘擊作用(Hammer blow. or dyramic augment)爲未經平衡之垂直惰力或多餘衡重之垂直力。細閱第十三圖可知往復部分無未經平衡之垂直惰力，而全部衡重之垂直力全爲自由垂直力而生錘擊作用。又閱第十九圖全部衡重爲 75% W_c，其中 50% W_c 完全與搖桿惰力平衡，其餘 25% W_c 衡重之垂直力亦全爲自由垂直力而生錘擊作用。計算衡重時以搖桿半重爲旋轉動無多餘衡重，又以半重爲往復動加入往復部分平衡。往復部分之衡重爲 W_x 之半，即搖桿半重之半數亦加入$\frac{W_c}{2}$爲衡重。故全部往復部分之衡重應爲$\frac{W_x}{2}+\frac{W_c}{4}$，而此衡重之全部所生垂直力全爲自由垂直力，曲拐在 90° 時，衡重向上，即將輪軸壓軌重減輕，曲拐在 270°時，衡重向下，增加壓軌重，且其數値與 ω^2 爲正比，即與速度之平方爲正比。其數値關係甚大，須詳述之。

設全體衡重之垂直力為F_{By}，每個動輪衡重之垂直力為F'_{By}，衡重之量為W_B，曲拐角度為θ，每邊動輪數為n，則

$$F_{By}=\frac{W_B}{g}\cdot r\omega^2\cdot\sin\theta$$

$$F'_{By}=\frac{F_{By}}{n}=\frac{W_B/n}{g}\cdot r\omega^2\sin\theta$$

$\frac{W_B}{g}\cdot r\omega^2$為離心力，$\sin\theta$最大為1，即$F_{By}$之值最大為$\frac{W_B}{g}\cdot r\omega^2$，且$\theta$在90°及270°時為+1及−1，亦即錘擊作用最緊要地點。若每個動輪壓軌重為W，每動輪壓軌力為F_W，

則
$$F_W=W\pm F'_{By}\text{之最大值，}$$

即
$$F_W=W\pm\frac{W_B}{ng}\cdot r\omega^2$$

離心力與速率平方成正比。尋常以直徑速率(Diameter speed)為計算基本，所謂直徑速率者，即以表動輪直徑之吋數表機車速率之每小時哩。設動輪直徑為D吋，則直徑速率為D哩/小時。先將此速率之離心力算好，其他速率時之離心力即以$\frac{V^2}{D^2}$乘之即得。茲求D哩/小時之離心力：——

D哩/小時$=\frac{D\times5280}{60\times60}$呎/秒

輪周$=\frac{\pi D}{12}$呎

$n=$每秒鐘動輪轉數$=\frac{D\times5280}{60\times60}\div\frac{\pi D}{12}=5.6$

$\omega=2\pi n=11.2\pi$

設汽餅行程$=l$吋

$r=\frac{l}{2}$吋$=\frac{l}{24}$呎

$$\therefore\quad\frac{W_B}{g}\cdot r\omega^2=\frac{W_B}{32.2}\cdot\frac{l}{24}\cdot(11.2\pi)^2=1.6W_Bl$$

即機車速率為D哩/小時時，

F_{By}之最大值$=1.6W_Bl$

$$W_B=\frac{1}{2}W_s+\frac{1}{4}W_e$$

設有一4-4-2機車如下：——

汽缸直徑與行程……………………………………23.5×26 吋

動輪直徑……………………………………………80 吋

鍋爐汽壓……………………………………………205 磅/方吋

工作狀態下每對輪壓軌重……………………………68,000 磅/每動軸。

每邊往復部分之重量如下：——

汽餅，汽餅桿及其附件……408.5 磅		735.5 磅
十字頭，十字頭銷及其附件……312.0 磅		
聯合桿等……15.0 磅		
搖桿小頭重量……279.5 磅		
	1,015.0 磅	

$W_B=\frac{1}{2}\times1015=507.5$ 磅

$\therefore$ F_{By}之最大值，在D哩/小時時，$=1.6\times507.5\times26=21,100$

F_{By} 之最大值，在D哩/小時時$=10,550$

每個動輪壓軌重$=\frac{1}{2}(68,000)=34,000$

即機車速率爲 80 哩/小時時，每個動輪之錘擊作用$=\frac{10,550}{34,000}=31.0\%$動輪壓軌重。

如機車速率不爲 80哩/小時，而爲70，60，50，40哩/小時，則F'_{By}之最大值如下:——

速率	$\frac{V^2}{D}$	F'_{By}	$\frac{F'_{By}}{34,000}\times100\%$
80	—	10,550 磅	31.0%
70	$\left(\frac{70}{80}\right)^2=0.765$	8,100 磅	23.7%
60	$\left(\frac{60}{80}\right)^2=0.562$	5,950 磅	17.5%
50	$\left(\frac{50}{80}\right)^2=0.391$	4,125 磅	12.1%
40	$\left(\frac{40}{80}\right)^2=0.250$	2,650 磅	7.8%

尋常錘擊作用之限制，由各國各路自定，有定爲 D 速率時不得超過 60% 者，有定爲某速率時不得超過若干%者。如規定錘擊作用之限制，則計算衡重時以此爲根據而求適當之衡重，但此時衡重 W_B 即不爲$\frac{W_s}{2}+\frac{W_c}{4}$矣。如規定衡重 W_B 必爲$\frac{W_s}{2}+\frac{W_c}{4}$，又規定錘擊作用之限制，則計算達此限制之速率，限此速度爲最高速率，如超過此數，則錘擊作用增大。

茲再以此機車試第十三圖及第十九圖之計算，是否確合上列計算法。

由第十三圖知往復部分衡重之最大自由垂直力爲 0.5，其單位爲$\frac{W_s}{g}r\omega^2$。

$W_s=735.5$ 磅

$r=\frac{26}{2}\times\frac{1}{12}=1.08$ 呎

$\omega^2=(2\pi n)^2$

$n=$每秒旋轉數

$$\frac{735.5}{32.2}\times 1.08(2\pi n)^2=1 \text{ 單位}$$

$$(2\pi n)^2=\frac{1}{28}$$

$$n^2=\frac{1}{24.6\times 39.6}=\frac{1}{975}$$

$$n=\frac{1}{31.2}=0.032 \text{ 轉數/秒}$$

卽 n 爲 0.032 轉/秒 時，垂直力爲 0.5 單位

如 n 爲 5.6 轉/秒 時，卽機車速率爲 D 哩/時，

$$\text{垂直力應爲 } 0.5\times\left(\frac{5.6}{0.032}\right)^2=0.5(175.0)^2=\frac{30,600}{2}=15,300 \text{ 磅}$$

第十九圖搖桿衡重之自由垂直力，最大値爲 0.25， 其單位爲 $\frac{W_c}{g}\cdot r\omega^2$

$W_c=279.5$ 磅 $\times 2=559.0$ 磅(設小頭重爲半重)

$r=1.08$ 呎

$\omega^2=(2\pi n)^2$，n 爲每秒旋轉數。

$$\frac{2\times 279.5}{32.2}\times 1.08(2\pi n)^2=1 \text{ 單位}$$

$$(2\pi n)^2=\frac{1}{18.75}$$

$$n^2=\frac{1}{8.75\times 39.6}=\frac{1}{742.5}$$

$$n=\frac{1}{27.2}=0.0368 \text{ 轉數/秒}$$

卽 n 爲 0.042 轉/秒 時，垂直力爲 0.25 單位。

如 n 爲 5.6 轉/秒 時，卽機車速率爲 D 哩/時，

$$\text{垂直力應爲 } 0.25\left(\frac{5.6}{0.037}\right)^2=0.25\times 23,000=5,750 \text{ 磅。}$$

兩值相加爲(15,800+5,750)=21,050 與 F_{Bv} 之最大値，21,100# 較，小 0.2%。

故如 r，W_s 及 W_c 爲已知數，則在任何速率下之水平力及垂直力皆可於12，13，18，19圖中求得之。換言之，曲拐在任何位置時，往復部分之水平惰力，衡重之水平力，未經平衡之水平惰力皆可於第十二圖中求得其瞬值；往復部分之垂直惰力，衡重之垂直力，多餘衡重之自由垂直力，皆可於第十三圖中求得其瞬值。又曲拐在任何位置時，搖桿之水平惰力，衡重水平力及未經平衡之水平惰力皆可於第十八圖中求得其瞬値；搖桿之垂直惰力，衡重之垂直力，及多餘衡重之自由垂直力皆可於第十九圖中求得其瞬值。且可於第十八，十九圖中分別搖桿往復動及擺動之相互關係，及其瞬值。惟以上所得衡重 W'' 之垂直力係全體垂直力，如衡重 W'' 分置於 n 輪上，須以 n 除之。

7. 衡重與汽力之關係。

在第三章討論汽壓時，知曲拐旋轉一周間，汽壓之變化甚大。茲研究惰力變化與汽壓變化之關係，及衡重自由力與汽壓變化之關係。第七圖第八圖示汽壓之變化，第12，13，18，

19 圖示惰力之變化，惟兩種單位不同不能直接比較 。玆用上節所用 4-4-0 機車以視其關係， 又因第 7，8 圖所用汽壓指示圖係另一機車而平頭又無 4-4-0 機車之任何指示圖。今假定第三章汽壓指示圖卽爲 4-4-0 之汽壓指示圖，惟將其汽壓按$\frac{205}{160}$之比校正之。今祇研究曲拐自 0° 至 180° 時間內之變化，可將第六圖之乙按以下改正重繪於第 21 圖上。

$$p'=\frac{205}{160}\cdot p==1.24p \text{ 磅/平方吋}$$

$$\frac{\pi d^2}{4}=\frac{\pi(23.5)^2}{4}=434.0 \text{ 方吋}$$

卽乙圖中之縱軸應以(1.24×434=)540 乘之。

θ	乙圖 P 值	540 p= 汽餅水平力磅
0	120	65,000
30°	122	66.000
60°	113	61,000
90°	85	46,000
120°	60	32,400
150°	30	16,200
165°	0	0
180°	−80	−43,200

再由第 12，18 兩圖求 W_s 及 W_c 之水平惰力及未經平衡之水平惰力。第三章汽力指示圖之速率爲 143 r.p.m.（每分轉數），卽爲 2.38 r.p.s.（每秒轉數），$\omega=2\pi(2.38)$，$r=1.08$ 呎，$W_s=735.5$ 磅，$W_c=559$ 磅（及小頭重量爲全桿之半）

$$\frac{W_s}{g}r\omega^2=\frac{735.5}{32.2}\times1.08(4.76\pi)^2$$

$$=735.5\times7.5$$

$$=5530$$

$$\frac{W_c}{g}r\omega^2=\frac{559}{32.2}\times1.08(4.76\pi)^2$$

$$=559\times7.5=4200$$

θ	未平衡前之惰力				
	F_{xs}(12)	F_{xc}(18圖)	F_{xs}(磅)	F_{xc}(磅)	$F_{xs}+F_{xc}$(磅)
0°	1.2	1.08	6,650	4,540	11,190
30°	0.97	0.90	5,350	3,780	9,130
60°	0 40	0.47	2,210	1,975	4,185
90°	−0.20	−0.08	−1,110	−336	−1,446

120°	−0.60	−0.54	−3,320	−2,270	−5,590
150°	−0.77	−0.7	−4,260	−2,940	−7,200
180°	−0.80	−0.08	−4,430	−2,860	−7,290

θ	已平衡後所餘之惰力				
	F_{x3}(12圖)	F_{x0}(18圖)	F_{x3}(磅)	F_{x0}(磅)	$F_{x3}+F_{x0}$(磅)
0°	0.7	0.57	3,870	2,400	6,270
30°	0.53	0.47	2,930	1,970	4,900
60°	0.15	0.20	830	840	1,670
90°	−0.2	−0.10	−1,100	−420	−1,520
120°	−0.35	−0.28	−1,935	−1,170	−3,105
150°	−0.34	−0.27	−1,880	−1,130	−3,010
180°	−0.30	−0.20	−1,660	−840	−2,500

將此所得亦繪於第 21 圖上，可知惰力與汽力相較實渺乎其小，且方向相反，故惰力作用適足以減低汽力之作用。

再用同法視汽力及惰力垂直作用之關係。幷研究曲拐旋轉一周時(卽 0° 至 360°)時之變化。設 4-4-0 搖桿之長爲 r 之 6 倍。

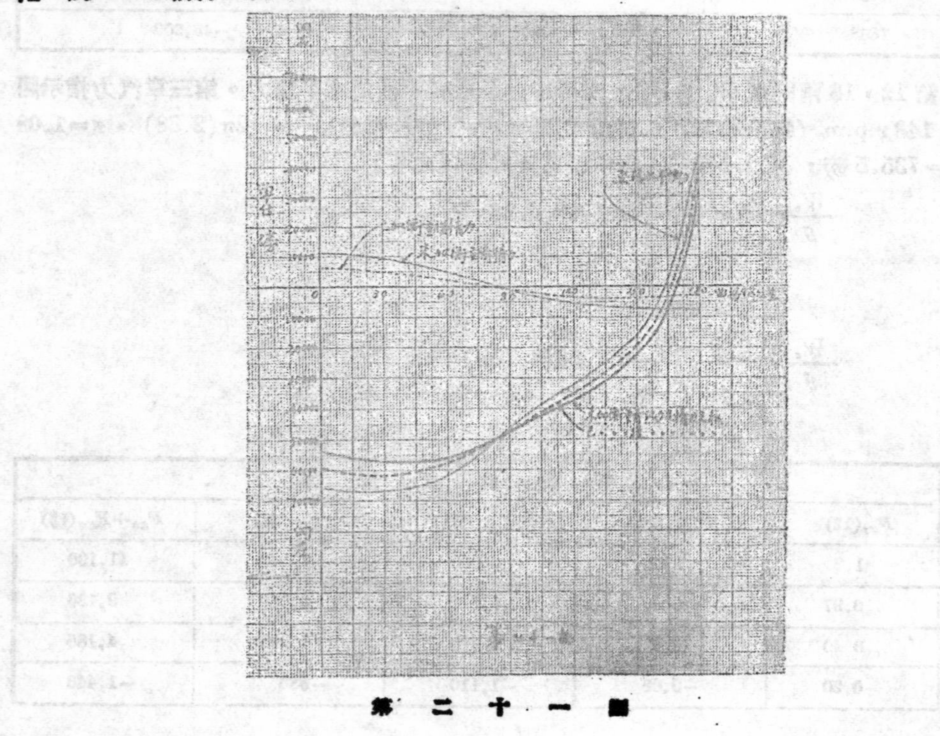

第　二　十　一　圖

$$\frac{\pi d^2}{4}\times\frac{1}{6}\times1.24p=90p.$$

由第八圖得 p 之值。

θ		8 圖 p 值(右)	90p＝右汽餅垂直力，磅
	0	0	0
210°	30°	−85	−7,650
240°	60°	−100	−9,000
270°	90°	−85	−7,650
300°	120°	−52	−4,680
330°	150°	−22	−1,980
360°	180°	0	0

未加衡重前

θ	F_{ys}(13 圖)	$F_{ys}\times5530$	F_{yc}(19 圖)	$F_{ys}\times4200$	$F_{ys}+F_{yc}$	$\frac{F_{ys}+F_{yc}}{2}$ 因有兩對動輪(磅)
0°	0	0	0	0	0	0
30°	0.09	500	−0.25	−1,050	−550	−275
60°	0.07	388	−0.45	−1,890	−1,502	−751
90°	−0.04	−222	−0.50	−2,100	−2,322	−1,161
120°	−0.10	−553	−0.45	−1,890	−2,443	−1,221
150°	−0.07	−388	−0.25	−1,050	−1,438	−719
180°	0	0	0	0	0	0
210°	0.07	388	+0.25	1,050	+1,438	+719
240°	0.10	553	+0.45	1,890	+2,443	+1,221
270°	0.04	222	+0.50	2,100	+2,322	+1,161
300°	−0.07	−388	+0.45	1,890	+1,502	+751
330°	−0.10	−553	+0.25	1,050	+550	+275
360°	0	0	0	0	0	0

巳加衡重後

θ	F_{ys}(13 圖)	$F_{ys}\times5530$	F_{yc}(19 圖)	$F_{yc}\times4200$	$F_{ys}+F_{yc}$	$\frac{F_{ys}+F_{yc}}{2}$ (因有兩對動輪)
0°	0	0	0	0	0	0
30°	0.35	1,930	0.12	505	2,435	1,217

60°	0.50	2,770	0.22	925	3,695	1,847
90°	0.46	2,540	0.25	1,050	3,590	1,795
120°	0.33	1,820	0.22	925	2,745	1,372
150°	0.25	1,380	0.12	505	1,885	942
180°	0	0	0	0	0	0
210°	−0.18	−1,000	−0.12	−505	−1,505	−752
240°	−0.33	−1,8[illegible]0	−0.22	−925	−2,745	−1,372
270°	−0.46	−2,540	−0.25	−1,050	−3,590	−1,795
300°	−0.50	−2,770	−0.22	−925	−3,695	−1,847
330°	−0.35	−1,930	−0.12	−505	−2,435	−1,217
360°	0	0	0	0	0	0

將上表繪入 22 圖，可知惰力最大值不足汽力最大值之四分之一。在未加衡重前，前半轉兩力相生，後半轉兩力相尅。在已加衡重後，則前半轉兩力相尅，後半轉兩力相生；且此時惰力之絕對值反增加約 50%，故衡重對於垂直惰力不但無益，反而有損。 如將已加衡重後惰力與汽力相加，則在圖上得粗線，在 240° 時其向下垂直力爲 10,400 磅，約爲每個動輪壓重之$\left(\frac{10,400}{34,000}=\right)$30.6%，與機車速率爲$D$哩/小時之錘擊作用爲 31% 者相差不遠。但上列計算中之動輪旋轉數爲 143 轉/分，即 2.38 轉/秒。如轉數/秒達 5.6，則惰力應爲$\left[\left(\frac{5.6}{2.38}\right)^2=\right.$

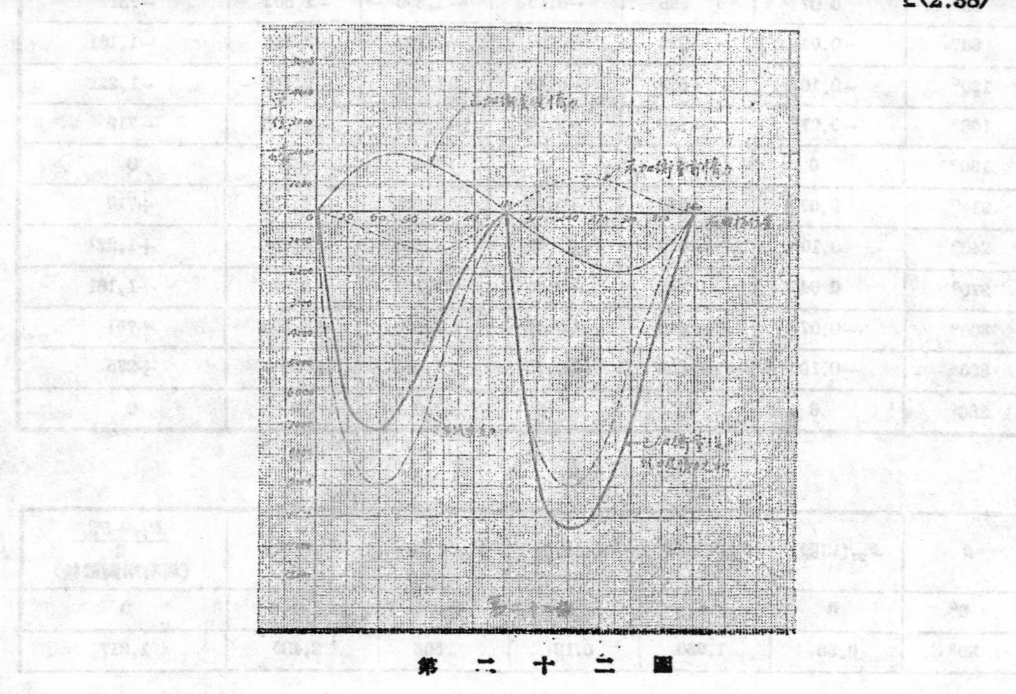

第　二　十　二　圖

5.5倍，即最大值應爲(5.5×1,900＝)10,450磅。但在80哩/小時之速率時，汽力無如許之大。此時最大之蒸汽衝擊垂直力祇爲4,700磅，約爲惰力垂直力之$\left(\frac{4,700}{10,450}=\right)$45.0%。如將各種速率時之汽力垂直力與惰力垂直力同繪於一圖上，則可知在低速率時汽力最大惰力最小，及速率漸增則汽力轉減惰力漸增，迨速率大增惰力大於汽力，至速率爲 D 哩/小時或超過時，惰力之錘擊力最大而汽力反不足惰力之半矣。此計算衡重者之必限衡重之錘擊作用也。

在水平力方面(第 21 圖)惰力作用本居於次要地位。學者每於往復部分之水平惰力發生搖頭作用，設種種辦法以平衡或消滅一部分水平惰力。但如從 21 圖及第7圖研究可知汽力作用所發生之搖頭作用當爲水平惰力所發生者大四五倍。如將各種速率時之汽力水平力與惰力水平力同繪一圖，則可知孰爲輕重矣。然汽力作用旣已如此之大，且在雙汽缸機車無法避免之時，惰力作用能減少至最小限度，爲善雖不大，亦不能因其小而不爲也。

8. 結論

雙缸機車之衡重旣如上述，可知旋轉部分之衡重毫無問題，惟往復部分之惰力不平衡則不行，衡重大則生錘擊力，於是折中辦法祇平衡其半。即平衡其半，在直徑速率時，其錘擊力已甚大，邇來行車速率加大，超過直徑速率，其錘擊力必甚駭人。最近美國鐵路學會(A. A. R.)試驗動輪離軌速率， Ry. Mech. Eng'r. Mar. 1939，機車跑高速率時動輪離軌速率約如下：——

機車號	式別	動輪直徑(吋)	離軌速率哩/小時	往復部分之重量(磅)	離軌速率超過直徑速率%
S-4	4-6-4	78	98－108	2,109	32%
S-4-A	4-6-4	78	88－100	2,109	20.5%
S-4-A	4-6-4	78	112－128	1,026	54.0%
M-4-A	2-10-4	64	80	2,480	25.0%
0-5	4-8-4	74	93－104	1,378	32.0%
C-5-A	4-8-4	74	111－115	2,453	52.5%

試驗時動輪實在離開軌道，故錘擊力必設法減小。減小之法不外以下二途：——

(1)用合金輕質鋼製造往復部分；

(2)減少往復部分衡重之重量。

雙缸機車汽力水平力所生之搖頭作用，內汽缸或較外汽缸式小，然較三汽缸機車則不如遠甚。三汽缸機車衡重問題亦不如雙汽缸者嚴重。雙汽缸機車行動時雖已設法平衡其惰力，但仍多不必要之震動與搖撼也。

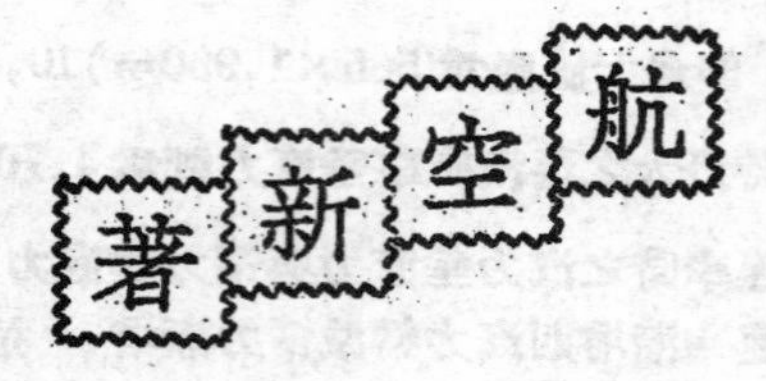

航空氣象學

(國立編譯館出版)

黃廈千著　一冊　定價四元

航空氣象學專以有關航空事業之大氣界情況爲研究之對象。本書內容分十七章，除敍述航空應用之氣象學上通常原則外，對於風、天氣、雷陣、雲霧、飛機積冰、亂流、能見度等項，論述尤詳。飛艇之構造與飛機不同，其所需氣象知識亦異，特另闢專章論之。全書於闡發理論外，多舉實例說明，以符實用科學之旨。

國際空戰法規

林我將著　一冊　定價六角

本書分爲十章，其要點在敍明戰爭法與空戰法之來源及其演進程序，並說明需要此項法律之理由。此外對於空戰法規演進中之國際政治背景，亦多所討論。

翱翔

(航空叢書)

李景樅　何逸合編　一冊　定價七角

本書分爲應用與理論兩部。在應用部分，述飛行之準備，地點之選擇，氣候之關係，翱翔機之種類、材料、製造等；關於飛行技術，尤能本著者之經驗與心得，作切實之指導。其理論部分，則將空氣動力學，空氣靜力學，加以說明，以闡發「飛行即速度」之原理，及飛行機各部分所受之力與其材料驗翱之關係。

實用航空學　鄧漢生著　一冊　定價二元四角

航空學理論與實際　施兆貴著　一冊　紙面 定價二元

實用飛機原理學　柳希權著　二冊　定價二元二角

航空發動機　鄒文耀著　一冊　定價六角

飛機　呂諶著　一冊　定價二元

實用飛行術　H. Barber: Aerobatics　姚希求編譯　一冊　定價四角五分

飛行捷徑　蕭祐承著　一冊　定價五角

青年軍事航空常識　王錫綸編譯　一冊　定價六角

航空常識問答　P. M. Henshaw: Air Questions and Answers　吳照華譯　一冊　定價五角

空軍概略　李曉雲編　二冊　定價二角

蘇聯航空之全貌　張白衣譯　一冊　定價一元三角

法國之航空　鄧滨生著　二冊　定價六元

戰時國土防空之理論與實際　卓獻書著　一冊　定價四元

空襲與空防　鄒文耀著　一冊　定價二角五分

抗戰與防空　張裕良著　一冊　定價二角五分

防空警察　陸紹基著　一冊　定價五角五分

◆商務印書館出版◆

*[H]○387(2)-29:12

航空測量實體製圖儀有系統誤差之影響於天空三角鎖❶

王 之 卓

第一節 釋題

近數年來，航空攝影測量之學術，一方面由於光學機械以及理化學術之發達，一方面由於各國學者之倡導研究，遂使其進步，日以千里，其應用遍於各種測量工作。但凡一種學術之應用，自必有其應用之限度，航空測量應用於測量事業，其限度爲何？研究此問題者，須斟酌該工作對於精準，速率以及經濟三方面之要求，與其他人工測量方法，比較研究，方可判斷。然有一點，往往足以減低航空測量之應用效能者，即地面控制點問題也。由兩相鄰之航空照片，可以單獨相互決定方位（Reciprocal orientation），但其所求得之光學地形模型（Optical model），必賴地面測量求得最少三控制點之坐標，方可決定其在地面上之絕對方位。此種控制點之測量，費時持久，對於經濟方面，影響尤鉅。如何可使控制點數量之需要減少，同時能保持相當之精準程度，實爲增廣航空測量應用範圍之重要問題。晚近航測學者所倡導之所謂天空三角鎖（Aerotriangulation），即爲解決此問題之一法：兩相鄰之航空照片，既可以單獨相互決定方位，則依相同步驟，以多數照片，彼此相互連繫，成一整個之光學地形模型，可以綿亙至十餘甚或數十公里（圖一），然後根據地面上最少三控制點之坐標，即得整個地形模型之絕對方位。此後則測繪山川屋舍，不啻將地形自野

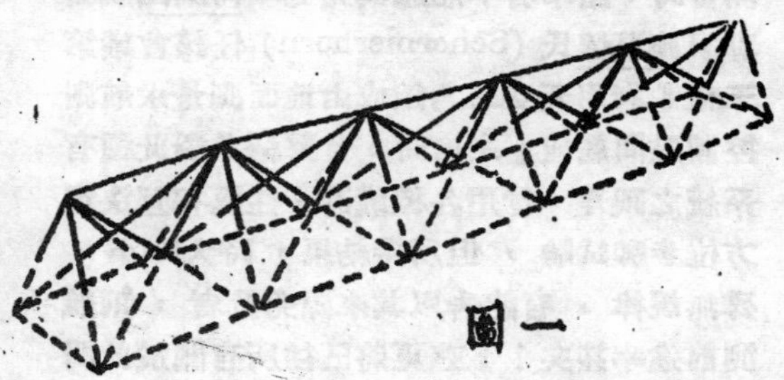

圖一

外移至繪圖房中矣。至於此三控制點之坐標，應如何求得，當視所需求之精準程度而決定：如不需求高度之精準，或對地面上之錘偏，巳有充足之記錄時，則控制點之平面坐標，逕可應用天文點求之，高坐標利用氣壓表得之。如按此步驟所得之結果，不能滿足精準之要求時，則必沿天空三角鎖所包括之地域，多測地面控制點，以爲光學地形模型扭斜（Distortion）糾正之用。實際上前者雖爲最經濟最迅速之方法，但其結果，往往過於不準確。蓋此天空三角鎖之連繫，端賴利用儀器，以求各成對光線之交合，其中誤差之傳播甚速，尤以有系統誤差影響結果最甚。自此有系統誤差問題發生之後，除

---

❶此文係由著者原著之"Der-Einfluß systematischer Maßstabs-und Konvergenzfehler bei Aerotriangulationen mittels Mehrbildkartiergeräten" Dissertation der Technischen Hochschule, Berlin 譯編，其理論與實驗詳細之演算，應參考原著。

消極方面利用控制點以消滅其影響而外，對此問題本身，迄未能得圓滿之解說。茲擬對此誤差之發生於實體製圖儀者，加以探討。

第二節　本題已往之研究

任何測量工作，均不免發生有系統與偶然之誤差。其偶然誤差，因不可避免，故用測量平差法（最小二乘方）以調整之。其有系統誤差，影響雖鉅，但往往能推究其來源而避免之。至於航空測量天空三角鎖所發生之有系統誤差，何由而生？直至最近一九三八年十月，第五屆世界攝影測量會議在羅馬開會時，諸學者不能述其究竟。荷蘭國航測專家施慕恆氏 (Schermerhorn) 任該會議第三組『利用天空三角鎖或由地面測量求航測控制點問題組』主席時，曾聲稱『對此種有系統之誤差，曾用各種儀器，往返相互決定方位步驟試驗，但所得結果，時大時小，殊無規律，有能告以其來源究竟者，則航測前途幸甚矣！』茲更將已往所有關於此問題研究之結果列後，以作決定檢討方法之參考。

對此問題研究之結果，迄今公佈者，極其寥少。一九三五年德國格魯伯氏(Gruber)發表『天空導線及天空水平測量之理論及經驗』❶一文，對此問題有較詳密之討論。該文尤注意於有系統交向誤差 (Error of Convergence) 與同擺誤差(Error of Avertence) 兩問題之討論。前者使光學地形實體成拋物線形之扭歪，後者使發生有系統之比例尺誤差 (Systematic Scale Error)。當時之實驗，均應用有高差儀(Statoscope) 及水平像 (Horizon picture) 記錄之照片，故可使交向誤差之影響免除。至於由比例尺差算得之同擺誤差，則當時以水平像及製圖儀之誤差解釋之。但由製圖儀如何能發生有系統之誤差？同一製圖儀對於各不同之連續照片條，是否發生同量之有系統誤差？各不同之製圖儀對於同一之連續照片條，是否發生不同量之有系統誤差？凡此諸問題，當時均無詳細之討論。其後（一九三六年）格氏又發表『在殖民地利用天空三角鎖及天空水平法航測結果』❷一文，其中只報告有系統誤差之結果及數量，對其來源，亦未加深究。直至一九三八年第五次世界攝影測量會議時，荷蘭施氏始公佈其所研究之結果，載在『荷蘭及荷屬東印度一九三四年至一九三八年之航空攝影測量』❸書中。其對天空三角鎖有系統誤差用蔡司精密實體製圖儀 (Stereoplanigraph) 所得之結論，計有下列數條：

(一)由蔡司廠精密實體製圖儀所發生之偶然誤差，最為微末，其影響於製圖之精準者，卻為有系統誤差。

(二)連續航空照片用光學方法相互連繫，因而算出有系統之同擺誤差。由各不同連續照片條所得之結果，不盡相同。

(三)同一連續照片條，往返兩方向相互連繫，其往與返之結果，亦不盡相符合。

總結其結論，即此天空三角鎖工作，確有有系統誤差發生。但據實際研究結果，其影響時大時小，無有規律，不能詳知其來源究竟。荷蘭國負責收集世界攝影測量會議，關於第三組各國航測之經驗報告時，在天空三

❶德國攝影測量雜誌 Bildmessung und Luftbildwesen, 1935 年份第 121 頁至 141 頁，167 頁至 190 頁 O. v. Gruber: Beitrag zur Theorie und Praxis von Aeropolygonierung und Aeronivellement.

❷載在德國 Lilienthal-Gesellschaft für Luftfahrtforschung 1936 年之年鑑內；O. v. Gruber: Ergebnisse einer Aerotriangulation und eines Aeronivellements für Kolonialgebiete.

❸W. Schermerhorn: Die Luftbildmessung in den Niederlanden und Niederl-Ost-Indien von 1934 bis 1938

角鎖測量項目內，曾有一問題，廣詢各國專家之經驗："用此法工作時，曾發現何種之有系統誤差？"❶荷蘭國本國之報告內，有下列之陳述："有系統誤差，無一定大小，即同一條連續之航空照片，兩次工作，亦不能得同樣之結果。"❶除此而外，其他各國之報告中，均不提及此問題。蓋對此問題，尚少加以研究者也。

第三節　理論上之探討

對此問題之解說，總括之有兩種：一即德國格魯伯氏，認此為儀器之誤差，但不能詳其來源。二即法國布維埃氏 (Poivilliers) 倡言❷："凡由實體製圖儀所造成之光學地形模型，其模型之扭斜，並不能由底片或鏡頭或製圖儀之誤差解釋。實以由光學投影相交所得之實體模型，不能得唯一解決之故"。意即謂在理論上，用光學方法，解決此交互決定方位問題，本不能得一定之結果。此論似頗新穎，惜其所發表之原文不詳，不能知其理論之根據。在法國對此問題，是否亦經實驗步驟研究，亦無發表，可以推尋。總之對此問題迄今所有公佈之討論，除布維埃氏之簡單結述而外，只有格魯伯與施慕恆兩氏。

依據已往公佈之結果，擬訂現施之研究程序。在實驗之前，先在理論上稍加檢討，並列出公式，以備演算實驗結果之應用。其有系統誤差，暫以第二節各專家所提出之同擺誤差與交向誤差為限。

(甲)方位元素 (Elements of Orientation)與 y- 方向視差 (Vertical Parallax)：

由格魯伯氏兩相隣照片相互決定方位之公式，❸化簡應用於垂直攝影，得：

$$dy=\frac{xy}{h}d\varphi+\left(h+\frac{y^2}{h}\right)dw-xdn-\frac{y}{h}db_z+db_y \cdots\cdots(1)$$

x, y ——光學模型之平面坐標(圖二)

h, ——航高

φ, ω, n 擺角，傾角及轉角；即依 y, x 及 z 軸旋轉之方位角

b_x, b_y, b_z——基線在 x, y 與 z 方向之投影長度。其中 x 方向為空中導線之主要方向

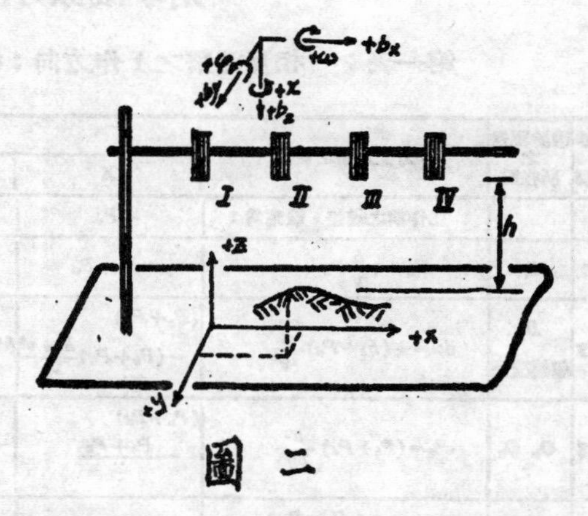

圖　二

用光學方法，決定照片之相互方位，不啻即由 $\varphi, \omega, n, b_z, b_y$ 等方位元素之變動，使兩投影儀所投同點之光線，其 y- 方向之視差等於零。如有五點，皆已符合此條件，則其他各點在理論上亦應符合此條件。即兩相隣照片之相互方位，已決定無疑。

今更跟隨光學機械方法相互決定方位之

---

❶ 見 B. Scherphier: Report of the 3D commission.; Intenational Society for Photogrammetry. 5th Internatonal Congress 第 23 頁第 31 頁。

❷ Poivilliers: Propriété perspective de certaines surfaces et son application aux levers photographiques aériens. Internationales Archiv für Photogrammetrie Bd. VIII. 2. P. 244/46

❸ v. Gruber, Ferienkurs in Photogrammetrie. Verlag Wittwer, Stuttgart. 第 31 頁公式 156.

例用步驟，按照各種不同之情形，列成下列四表，其所求得 y- 方向視差與諸方位元素之關係，與由理論上解方程式所得者，結果全同。至於應用六點工作，其所得之方位元素，當視其餘留視差(Residual Parallax)之如何分配而定。下列第三表，係將餘留視差，分配於 A, C. (圖三)兩點；第四表係將餘留視差分配於 B, D 兩點。但雖應用最小二乘方方法計算，其所得之與同擺誤差及交向誤差最有關之 $d\varphi$ 及db_z 二元素，仍與此用光學機械方法所得者相符合。

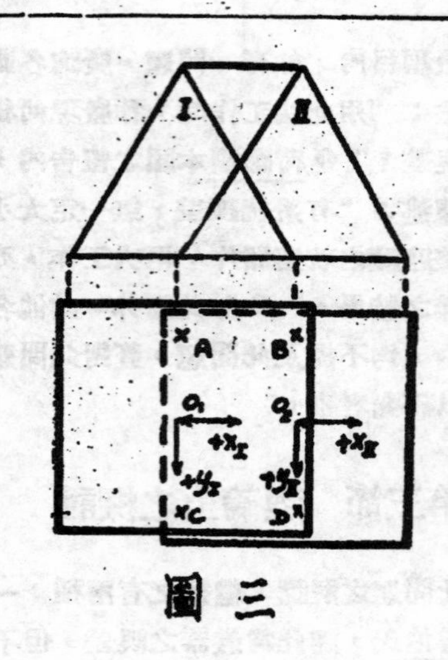

圖　三

光學機械方法相互決定方位

第一表：　相互連繫之I作方向：往向（投影儀工不動）。所用之點數：5

步驟	消除視差之所在點	方位元素之更動	餘留之視差					
			A	B	O_1	O_2	C	D
		工作前之視差，假定為：	$+P_a$	$+P_b$	0	0	$+P_c$	$+P_d$
1	D	$db_z=+\frac{h}{y}P_d$	$+P_b+P_d$	$+P_b+P_d$	0	0	$+P_c-P_d$	0
2	B 總結改正	$d\omega=+(P_b+P_d)\frac{h}{7y^2}$	$(P_a+P_d)-(P_b+P_d)\frac{h^2+y^2}{2y^2}$	$(P_b+P_d)\frac{y^2-h^2}{2y^2}$	$-(P_b+P_d)\frac{h^2}{2y^2}$		$(P_b-P_d)-(P_b-P_d)\frac{h^2+y^2}{2y^2}$	$-(P_b-P_d)\frac{h^2+y^2}{2y^2}$
3	O_1, O_2	$db_y=(P_b+P_d)\frac{h^2}{2y^2}$	$(P_a+P_d)-\frac{P_b+P_d}{2}$	$\frac{(P_b-P_d)}{2}$	0	0	$P_c-Pb-\frac{P_b+P_d}{2}$	$-\frac{P_b+P_d}{2}$
4	B, D,	$db_z=-\frac{h}{y}\left(\frac{P_b-P_d}{2}\right)$	P_a-P_b	0	0	0	P_c-P_d	0
5	A, C	$d\varphi=\frac{h}{xy}\left(\frac{P_c-P_d-(R_a-P_b)}{2}\right)$	$\frac{1}{2}(P_a-P_b)+\frac{1}{2}((P_c+P_d)$	0	0	0	$\frac{1}{2}(P_c-P_d)+\frac{1}{2}(P_a-P_b)$	0

方位決定之結果：

$$db_2=+\frac{h}{y}\left(P_b-\frac{P_b+P_d}{2}\right)=+\frac{h}{y}\left(\frac{P_d-P_b}{2}\right);\quad d\varphi=+\frac{h}{xy}(P_c-P_d);$$

$$db_y=+(P_b+P_d)\frac{h^2}{2y^2};\qquad d\omega=-(P_b+P_d)\frac{h}{2y^2}。$$

第二表：　相互連繫之工作方向：返向(投影儀 II 不動)。所用之點數：5

步驟	消除視差之所在點	方位元素之更動	餘留之視差 B	O_1	O_2	C	D
		工作前之視差，假定為	$+P_b$	0	0	$+P_c$	$+P_d$
1	C	$db_c=+\frac{h}{y}P_c$	$+P_b+P_c$	0	0	0	$+P_d-P_c$
2	D	$d\varphi=+\frac{h}{xy}(P_d-P_c)$	$P^{c}+P_c+(P_d-P_c)=P_b+P_d$	0	0	0	0
3	B 超越改正 (over-correction)	$d\omega=+\frac{(P_b+P_d)}{h+\frac{y^2}{h}}\left(\frac{h^2+y^2}{y^2}\right)$ $=+(P_b+P_d)\frac{h}{2y^2}$	$(P_b+P_d)\frac{y^2-h^2}{2y^2}$	$-(P_d+P_b)\frac{h^2}{2y^2}$		$-(P_b+P_d)\left(\frac{h^2+y^2}{2y^2}\right)$	
4	O_1, O_2	$db_y=-(P_b+P_d)\frac{h^2}{2y^2}$	$\frac{1}{2}(P_b+P_d)$	0	0	$-\frac{1}{2}(P_b+P_d)$	
5	B, D	$db_z=\frac{h}{y}(P_b+P_d)\frac{1}{2}$	0	0	0	0	0

方位決定之結果：

$$dbz=-\frac{h}{y}\left(P_c-\frac{P_b+P_d}{2}\right)=-\frac{h}{y}\left(\frac{2P_c-P_b-P_d}{2}\right);$$

$$d\varphi=\frac{h}{xy}(P_d-P_c);\quad db_y=-(P_b+P_d)\frac{h^2}{2y^2};\quad d\omega=+(P_b+P_d)\frac{h}{2y^2}\text{。}$$

第三表：　相互連繫之工作方向：往向（投影儀Ⅰ不動）。所用之點數：6

步驟	消除視差之所在點	方位元素之更動	餘留之視差 B	O_1	O_2	C	D
		工作前之視差，假定為：	$+P_b$	0	0	$+P_c$	$+P_d$
1	D	$db_z=+\frac{h}{y}P_d$	$+P_b+P_d$	0	0	$+P_c-P_d$	0
2	C	$d\varphi=+\frac{h}{xy}(P_c-P_d)$	$+P_b+P_d$	0	0	0	0
3	B 超越改正 (over-correction)	$i\omega=-\frac{(P_b+P_d)}{h+\frac{y^2}{h}}\left(\frac{h^2+y^2}{2y^2}\right)$ $=-(P_b+P_d)\frac{h}{2y^2}$	$(P_b+P_d)\left(1-\frac{h^2+y^2}{2y^2}\right)=(P_b+P_d)\frac{y^2-h^2}{2y^2}$	$-(P_b+P_d)\frac{h^2}{2y^2}$	$-(P_b+P_d)\frac{h^2}{2y^2}$	$-(P_b+P_d)\frac{h^2+y^2}{2h^2}$	
4	O_1, O_2	$dbk=+(P_b+P_d)\frac{h^2}{2y^2}$	$+\frac{1}{2}(P_b+P_d)$	0	0	$-\frac{1}{2}(P_b+P_d)$	
5	B, D	$db_z=\frac{-h}{y}\left(\frac{P_b+P_d}{2}\right)$	0	0	0	0	0

方位決定之結果：

$$db_z=+\frac{h}{y}\left(P_d-\frac{P_b+P_d}{2}\right)=+\frac{h}{y}\left(\frac{P_d-P_b}{2}\right);$$

$$d\varphi=+\frac{h}{2xy}\left(P_c-P_d-(P_a-P_b,\right);\quad d\omega=-\frac{h}{2y^2}(P_b+P_d);\quad db_y=\frac{h^2}{2y^2}(P_b+P_d)$$

第四表：　相互連繫之工作方向：返向。所用之點數：6

方位決定之結果：（步驟與第三表相似）
$db_z=-\frac{h}{y}\left(\frac{P_c-P_a}{2}\right)$；　$d\varphi=+\frac{h}{2xy}\left(P_d-P_c-(P_b-P_a)\right)$；
$d\omega=+\frac{h}{2y^2}(P_a+P_c)$；　$db_y=-\frac{h^2}{2y^2}(P_a+P_c)$
餘留之視差：　B：　$\frac{1}{2}(P_b-P_a)+\frac{1}{2}(P_d-P_c)$
D：　$\frac{1}{2}(P_d-P_c)+\frac{1}{2}(P_b-P_a)$

（乙）同擺誤差及交向誤差：

德國格魯伯氏曾用代數解法，利用正弦公式，推演此兩種有系統誤差與所得比例尺差及高度之關係：第　面註❷

同擺誤差與比例尺差：

$$dm_n=dm_o+c.s \quad \cdots\cdots(2)$$

同擺誤差與航高差：

$$dn_n=hdm_o+h.c.s \quad \cdots\cdots(3)$$

同擺誤差與導線長差：

$$\triangle s=s.dm_o+\frac{1}{2}c.s^2 \quad \cdots\cdots(4)$$

其中：$c=-\frac{2}{h}d\varphi \quad \cdots\cdots(5)$

交向誤差與高度：

$$\triangle Z=dZ_o+s.i+h.c.s+\frac{s^2}{2b}\delta \quad \cdots\cdots(6)$$

$d\varphi$——有系統之同擺誤差

δ——每對投影儀有系統之交向誤差

s——空中導線之長度

i——比較面 (Plane of Reference)之傾斜

代表有系統同擺誤差之一常數，其關係見第五公式。

上列之第二，三，四公式，均代表比例尺度之變遷。故彼此相關，而不相獨立，如作實驗時，依其中任一公式求得之結果，應與其他二公式所求得者相符合。此理頗易由幾何關係推演。茲為以後方格網片 (Test grid) 相互連繫計算之應用起見，將第二，三，四，六公式利用圖四之幾何關係算出，同時並加入由於照片有系統扭縮所發生之影響。結果得：

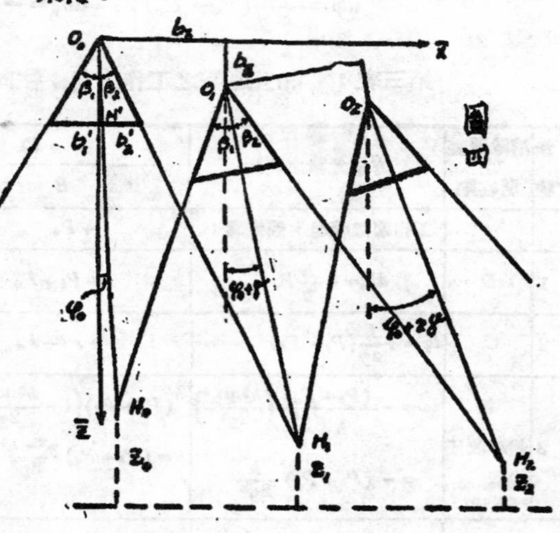

$$dm=\left\{-2(b_z+b_x\varphi_o)+b_x\left(\frac{\triangle\beta}{\sin^2\beta}-\delta\right)\right\}\frac{\tan\beta}{b_x} \quad \cdots\cdots(7)$$

$$Z_n-Z_o=nb_z+2b_xn.\varphi_o-\frac{n.b_x\triangle\beta}{\sin^2\beta}+\frac{n(n+1)}{2}b_x\delta \quad \cdots\cdots(8)$$

φ_o——第一投影儀之擺角差

8828

β——投影儀頭角(Angular field)之半

$\triangle\beta=\beta_1-\beta_2$——由於照片扭縮或其他原因所發生有系統之誤差

將第一，二，三，四表內所得結果，代入第七，八兩公式內，得同擺誤差及交向誤差與 $-y$ 方向視差之關係。下表（第五表）內之（1），（2），（3），（4）種類相似於第一，二，三，四表中之四種工作情形。

第五表

種類	(1)	(2)	(3)	(4)
dm	$+\frac{1}{y}(P_b-P_c)$	$+\frac{1}{y}(P_c-P_b)$	$\frac{1}{2y}(P_a+P_b-P_c-P_d)$	$\frac{1}{2y}(-P_a-P_b+P_c+P_d)$
δ	$+\frac{h}{xy}(P_c-P_d)$	$+\frac{h}{xy}(P_c-P_d)$	$\frac{h}{xy}\cdot\frac{(P_c-P_d)+(P_b-P_a)}{2}$	$\frac{h}{xy}\cdot\frac{(P_c-P_d)+(P_b-P_a)}{2}$

由於上表之：$dm_{(1)}=-dm_{(2)}$，$dm_{(3)}=dm_{(4)}$；$\delta_{(1)}=\delta_{(2)}$，$\delta_{(3)}=\delta_{(4)}$，故知在任何工作步驟之下，理論上所得比例尺誤差（$dm$）及交向誤差之結果，均應相互符合。如實驗結果，情形（1）與（2）或（3）與（4）（第五表）所得不同，如荷蘭施慕恆氏之所提出者，則必有其他如儀器方面之原因存在，而不能認為用光學方法相互決定方位，在理論方面，不能得劃一之解決，如法國布維埃氏之所稱述者也。

第四節　實驗之觀測

為檢查此不能解釋之有系統誤差，是否發生於製圖儀問題計，利用方格網片，作為理想之地形照片，在製圖儀上用光學機械方法，彼此連繫決定相互方位，更由其量測之結果，推算有系統之同擺及交向誤差。宛如用真正航空地形照片者然。利用方格網片，較之用真正照片計有下舉諸優點：

（1）各點測定之精準程度較高

（2）理想之控制點，可任意增多

（3）凡由底片或膠膜扭縮所發生之影響，可以單獨觀測求得。

（4）光學實體模型之形狀，有時適近危險圓柱面（Dangerous cylinder），以致發生種種之混亂。利用方格網工作，則無此困難。

在工作時，與用真正地形航測照片不同者亦有二點：

（1）在地形照片彼此相互連繫時，為增加精準計，普通概採用六點。今用方格網片，如任意採用六點，則精準程度，不能因此而加增。因此六點，初無相互投影之關係也。且由於底片扭縮之故，理論上不能使六點之成對光線，同時相互交合，如依六點工作，勢必有餘留之視差。因而反失高度之安放精準（Accuracy of Setting）而得較差之猜度精準。

（2）三相鄰方格網片投影之共同部分，其一點之高度彼此相符合後，其餘各點之高度，不一定能相符合。

此種實驗，擬施行於蔡司廠多倍投影製圖儀（Multiplex）及蔡司廠精密實體製圖儀（Stereoplanigraph），因此有系統誤差問題之發生，多半得自由此兩儀觀測之結果也。

（甲）方格網由多倍投影製圖儀相互連繫之觀測：

如方格網為理想之方格，則彼此相互連繫之後，其結果有與理想相違差者，必由於製圖儀之所致。但方格網附着於底片膠膜。膠膜些許之伸縮，往往足以影響精細觀測之結果。且在多倍投影製圖儀工作，必須先將方格網縮小成 45×45 平方公厘之尺碼。如縮小儀有校正餘差（Error of Adjustment）

時，則此誤差之影響於製圖儀上相互連繫工作，均將成爲有系統之誤差。但此有系統誤差，是否影響於此時所檢討之同擺誤差及交向誤差，須加以理論上之推判。

今試分一縮小儀之糾正誤差爲：

（1）安放框之傾斜差

（2）負片面之傾斜差

（3）中心標之偏心差

（4）縮小儀透鏡之畸變差 (Lens distortion)以及底片壓板厚及灰色濾鏡 (Filter)之影響

（5）光學主距 (principle distance) 之誤差

其中第三第五影響甚小，關係鮮而易見。第四項與製圖儀透鏡畸變差之影響相同，予相互連繫工作以有系統之交向誤差。第一第二兩項之影響相同，故可相併討論。今設有縮小儀，其負片面或正片安放框有沿 y 一軸之傾斜角差。則其方格在安放框面之投影，本應成正方形狀者得圖五形狀。依投影學原理，在原圖相交於一點之線，在其投影內，亦必相交。故其關係，至爲簡單：

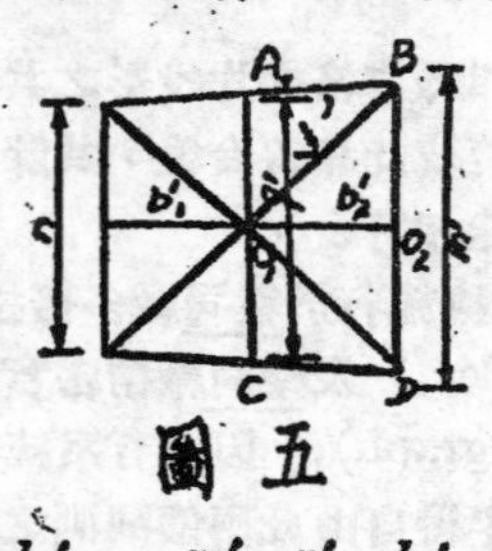

圖五

$$\frac{m'}{n'}=\frac{b_2'}{b_1'} \text{ 或 } \frac{m'-n'}{n'}=\frac{b_2'-b_1'}{b_1'} \quad \cdots\cdots(9)$$

今由第五表之結果加入第七公式 $\Delta\beta$ 一項得：

$$dm=\frac{1}{b'}(P_b-P_c)+\frac{b'_1-b'_2}{b'}{}^{*} \quad \cdots\cdots(10)$$

$$\delta=\frac{f}{b'^2}(P_c-P_d) \quad \cdots\cdots(11)$$

按圖五可得諸視差 P_c, P^b, P_d 與 m', n', g' 諸長之關係，以此關係代入第(10)及(11)式中，得：

$$dm=\frac{m'-n'}{n'}+\frac{b'_1-b'_2}{b'}$$

$$\delta=\frac{f}{b'^2}\left(\frac{n'-g'}{2}-\frac{g'-m'}{2}\right)$$

參照第（9）公式則 dm 適等於零，δ 之數量，當視 $(n'-g')-(g'-m')$ 之大小而定，今按圖五：

$$m'-g'=2.b'_2\tan\xi$$

$$g'-n'=2.b_1'\tan\xi$$

$$\text{差} \qquad =(b_2-b_1)\tan\xi$$

但 $(b_2'-b_1')$ 與 ξ 均係極小之值，二小值之積，可以略去，即實際對交向角差 δ 亦無影響也。故知第一第二兩項之誤差，不致使天空三角鎖發生有系統之同擺誤差及交向角誤差。總之即縮小儀所有之校正餘差，除第四項構成交向誤差外，其他各差，如不過大，對於現所討論之有系統誤差，均無影響。

當各方格網片置於多倍投影製圖儀內，彼此用光學方法相互連繫時，爲增加觀測之精準計，概按下列之規定施行：

（1）在用每投影儀之前數分鐘，先將其光亮扭接，直至不再用此投影儀時爲止。

（2）繪點用針代鉛；繪盤始終平行使用，以免生偏心差誤。

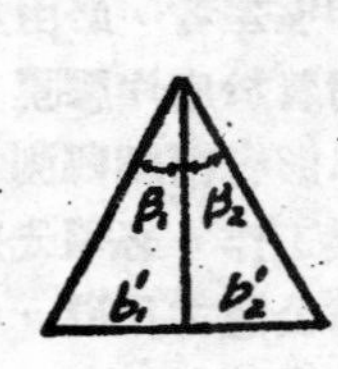

$$^{*}\quad G_{\Delta\beta}=\frac{\Delta\beta}{\sin^2\beta}\tan\beta=\frac{\Delta\beta}{\sin\beta\cdot\cos\beta};$$

$$\tan\Delta\beta=\tan(\beta_1-\beta_2)=\frac{\tan\beta_1-\tan\beta_2}{1+\tan^2\beta}=\frac{b_1'-b_2'}{f}\cdot\cos^2\beta;\ \tan\Delta\beta=\Delta\beta+\cdots$$

$$\therefore G_{\Delta\beta}=\frac{b_1'-b_2'}{f}\cot\beta=\frac{b_1'-b_2'}{b'}$$

(3)為增加方格線之安放精準(Accuracy of Setting)計，在繪盤上加繪井符號，以代原有之測點。

(4)求各點之高度時，概用單目觀測。所以避免由實體觀測，所可能發生之有系統誤差。且在此特殊情形之下，單目觀測之精準，應不減於實體觀測。

如此各片利用五點彼此相互決定方位。得多點之高度及平面地位。然後用最小二乘方方法求得其有系統之比例尺誤差及交向誤差。計往返工作共四次，其中二次以方格網片在各投影儀內作 200^g 之旋轉。依據第五表之結論，所得之 dm 應與前相反而所得之 δ 則應仍舊。四次結果，彼此相互符合，並無與理論相違反，以致有難解之處。以各次所得之結果，依其彼此平方誤差 (Mean square error) 之關係，求得總平均值為：

$$dm = (+0.058 \pm 0.003)\%$$

$$\delta = -10.^c0 \pm 0.^c4$$

此有系統誤差之來源，不外由於方格網之扭縮與夫製圖儀之校正餘差。如能更進而求得方格網扭縮之影響，究為若干，則製圖儀之影響於有系統誤差，不難推得矣。此種工作，可由實體量距儀 (Stereocomparator) 直接量測各方格之線距得之。但因在實體量距儀上與在多倍投影製圖儀上，投光以及其他情形迥異。嚴格言之，在前者觀測所得之結果，或不足以表示該結果在後者時之影響。今試以單目觀測及實體觀測在實體量距儀上，觀測前此所用五點之相對視差，代入第(10)及(11)公式中，得：

第六表

	實 體 觀 測	單 目 觀 測
dm	$(+0.025 \pm 0.004)\%$	$(+0.037 \pm 0.004)\%$
δ	$-1.^c1 \pm 1.^c5$	$-1.^c9 \pm 1.^c5$

研究上列結果，在完全同一情形之下，只因實體與單目觀測之不同，卽已發生 0.012% 之差異。其故在各種觀測之方法不同，因而判斷方格線中心之位置亦卽有異。前此在多倍投影製圖儀所得結果，各方面情形與在實體測距儀觀測時，劃然不同，則其比例尺差不符之量：

$$0.058 - 0.037 = 0.021\%;$$

$$0.058 - 0.025 = 0.033\%$$

僅可視為觀測之差別，而非一定來自製圖儀。蓋據純粹理論推測，多倍投影製圖儀實無處有可以發生有系統比例尺差之可能也。至於有系統交向誤差，來自製圖儀者根據上列之結果，應為：

$$-10.^c0 - (-1.^c5) = -8.^c5$$

來自製圖儀透鏡之畸變差。但此結果，由於上述之原因，不能認為可靠，其透鏡之畸變差應用光學儀器，直接量之。

(乙)方格網由蔡司廠精密實體製圖儀相互連繫之觀測

依前施行於多倍投影製圖儀之相倣步驟，更施行於蔡司廠精密實體製圖儀。惟此時可逕用方格網 180×180 平方公厘原片，故由於方格網本身所發生之誤差，極其微末。但此儀機械方面構造複雜。且為清晰投影而設之前附鏡系統(Ancillary lenystem)，足使其透鏡所投射之光線，發生誤差。因根據此儀諸特徵，在理論與實驗方面研究之。

在實驗方面計相互連繫工作往返重覆九次，歷時共約半月之久；細究第七表所列此實驗之總結果，雜亂無章。如以此儀用航空照片作天空三角鎖觀測，定能發生時大時小之有系統誤差，如在第二節中之所列舉者。據此次工作時之經驗，如在方格網片相互連繫時，嚴依一定之動作進行，則可得較有規律之結果，測定之精準亦較高；反之則結果紛紊，顯然定有機械方面活動之部分存在。此活動之部分，應在前附鏡內，以後當再由實驗方法證明之。今試由理論上推究該儀儀器方面，各種校正餘差，對於有系統比例尺及交向誤差之影響。

第七表

觀測次序	日期（一九三八年）	相互連繫方向	基線長（公厘）	方格片連繫數目	比例尺差誤 dm (%)				交向誤差 δ （新"分"單位）	db_{so} （公厘）
					Δs	y	h	平均值		
1*	七月二十六→二十八日	往向	170	9	+0.019±0.002	+0.016±0.003	+0.017±0.002	+0.018	−1.08±0.02	0.21
2*	八月二日	往向	140	8	−0.002±0.005	−0.007±0.004	−0.003±0.0015	−0.003	−1.6±0.2	0.17
3*	八月三日	返向	140	8	+0.0015±0.005	+0.005±0.003	+0.005±0.003	+0.0045	−1.6±0.2	0.24
4	八月十日	往向	140	8	+0.007±0.0025	+0.002±0.0015	0±0.002	+0.0025	−0.4±0.2	0.22
5	八月十一日	返向	140	7	+0.033±0.011	+0.006±0.004	+0.004±0.0015	+0.0045	+0.2±0.1	0.17
6	八月十二日	返向	130	8	−0.014±0.002	−0.014±0.003	−0.006±0.002	−0.011	+0.1±0.2	0.24
7	八月十五日	往向	155	6	+0.010±0.003	−0.008±0.0025	−0.009±0.015	−0.006	−0.4±0.2	0.18
8	八月十五日	往向	120	6	+0.005±0.005	0±0.0035	0±0.004	−0.001	−1.0±0.5	0.22
9	八月十六日	往向	130	6	+0.008±0.0075	0±0.0015	+0.0015±0.003	0	0 ±0.4	0.20

* 在此三次觀測時所用之一點，爲方格網綫之中心交點，但在製圖儀安放板上原刻有一十字中心標，經時長久，再加以燈光熱度關係，方格網片與安放板之間，可有相互些微之走動。因之所得結果，或不甚可靠，其他諸觀測，均已避免應用此點。

前附鏡系統係由一凸鏡與一凹鏡相組而成。整個附鏡之方向，隨所觀測之點而轉移，其凸鏡則更依一控制機桿系統之指揮，按該點離投影透鏡之距離而上下，以求得明晰之投影於測點面上。

由理論方面演算結果，**欲使有系統之比例尺誤差，小於 0.005% 時，則：

（1）該前附鏡系統內凸鏡光軸在 x 方向，須交於轉點0.10 公厘之內，即 $d_1<0.10$ 公厘（圖六）

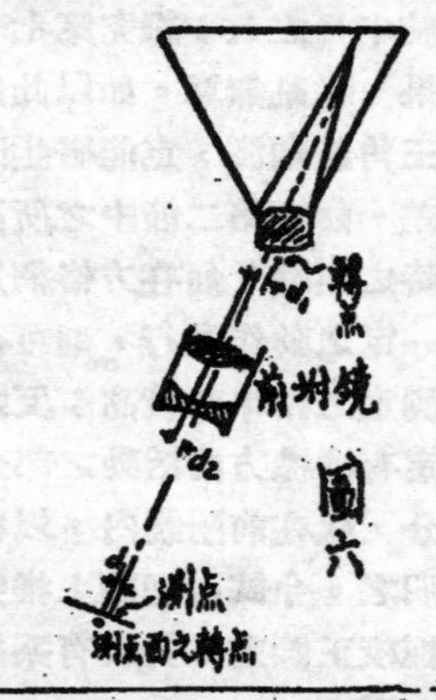

圖六

（2）前附鏡系統內凸鏡之運動方向，須在 x 方向，交於凹鏡節點 (Nodal point) 0.005 公厘之內，即 $d_2<0.005$ 公厘

對於交向誤差則兩者均無大影響。

由上述之推算，知此凸鏡之運動，須依極高度之精準 (5μ)。即使機械製造方面可以得此精準，但儀器經長時之應用，由磨擦所致，亦可能發生 5μ 之空隙，以致凸鏡之位置不定，因爲而使照片相互連繫之工作，發生紛亂結果。

其他儀器校正餘差之足以發生有系統之比例尺誤差者，尚有二端：一則由於 x－導桿與基線 x－方向導桿之不相平行。如此兩導桿成 0.ᶜ8 之角度時，則得有系統之比例尺差 0.005% 二則由於測點與測點鏡轉點之不相符合，因而發生偏心差影響。設此偏心差之量爲"d"（圖六）時，則經兩次相互連繫步驟之後，航高之變遷，應爲：

** 見前引著者原著之書內第 40 至第 43 頁。

8832

$$\Delta h=d\left\{\sin\left(50^g+\frac{\beta}{2}\right)-\sin\left(50^g-\frac{\beta}{2}\right)\right\}$$
$$+d\frac{h}{d}\left\{\cos\left(50^g+\frac{\beta}{2}\right)+\cos\left(50^g-\frac{\beta}{2}\right)-2\cos 50^g\right\}$$

今按：$\tan\beta=;039$；$h=360$ 公厘計算，則此偏心差 d 大至 0.18 公厘時，$\frac{\Delta h}{h}$ 始大至 0.010%，即使一次相互連繫所發生之比例尺差 dm 為 0.005% 也。此上述兩種之校正餘差：兩導桿成 0.°8 之交角，及測點與其轉點有 0.18 公厘之偏心差，均尚可用簡單之校正方法，減低其數量，使其影響小至次要之程度。

按前段之推究，則天空三角鎖由此儀所發生不規則之有系統誤差，應由前附鏡系統內凸鏡地位之空隙解釋之。今更依下述實驗方法，證實此種假設；此實驗即利用普通求基線方向投影之起點差 (db_{s_0}) 時之例用方法

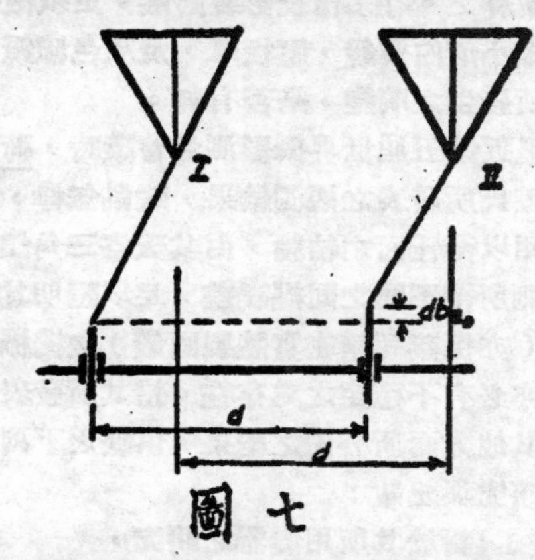

圖七

：當兩投影儀 I，II (圖七) 在起點方位角 φ_0 ω_0 時，以兩測點各對準方格網之相當點。有不能同時符合之處，動其基線之 b_s 部分，使合此條件。然後讀兩 b_s 遊標 (Vernier) 之讀數。設：

(1)兩方格網片無扭縮之差，

(2)兩投影儀焦距相等，

(3)投影儀本身眞正垂直，投影儀之安放框無有傾斜差，

(4)由前附鏡系統不發生投影之誤差，則兩投影儀兩 b_s 讀數之差，應即為所求之 db_{s_0}. db_{s_0} 之絕對值，雖因上述四項原因，難求精準，但如漸漸上下其二投影儀，以更改投影儀與測點之距離，同時依法測求 db_{s_0} 之值，則所得 db_{s_0} 值之大小，由上列諸誤差關係，應與距離成有規則之正比。但如前附鏡系統內有空隙 (Dead space)，以致其中某部之地位不固定時，則所得之諸 db_{s_0} 值，定可發現不規則之現象。反之，設果有此不規則之現象發現，其原因定係來自前附鏡系統無疑。因其他三項之誤差，經此實驗之過程，均未曾有變動也。

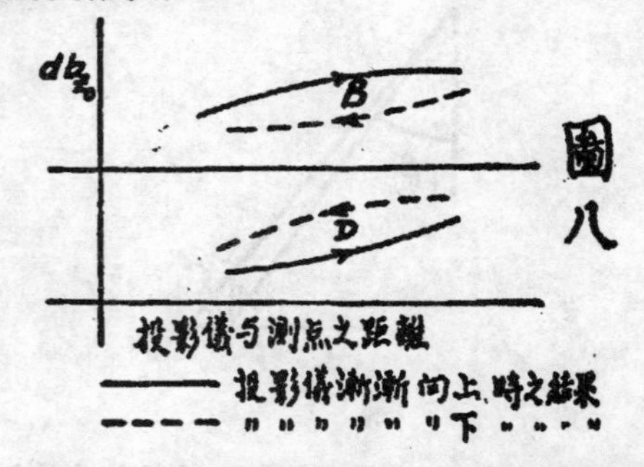

圖八

今將依此步驟所得 db_{s_0}，之按其投影儀與測點之距離為橫坐標，繪於方格紙。其在 B, D 兩點(圖九)數次重覆結果，約略成圖八形狀。即當投影儀由上向下運動時，與由下向上運動時；其所求 db_{s_0} 之結果，本應全同者，顯有區差。此區差發生於前附鏡系統內凸鏡地位之不能固定。又因工作時嚴依一定之步驟，故當投影儀向一方向緩緩運動時，

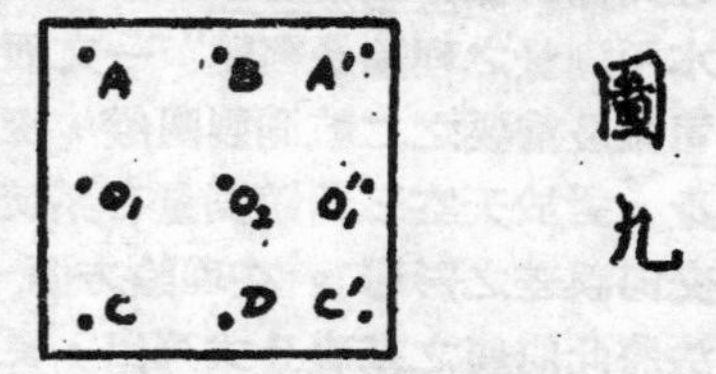

圖九

此空隙作較有規律之影響，運動反向，則此空隙之影響，立即更改。據由原圖量出之平均結果，在距離為 360 公厘時，兩 db_{s_0} 曲線

之區差，約爲0.09公厘。依此數爲根據，利用公式：

$$d'=d_2\cdot\frac{f_s}{f_0}^*$$

f_s——前附鏡系統之焦距

f_0——前附鏡系統內凹凸透鏡之焦距

d_2——凸鏡光軸與凹鏡節點之偏心差

d'——投影誤差

得：(圖十)

$$d_2=\frac{f_0}{f_s}\cdot d'=\frac{f_0}{f_s}\cdot l.\sin\beta$$

$$=\frac{40}{\left(\frac{360}{\cos\beta}\right)}\times0.09\times0.36=3.4\mu$$

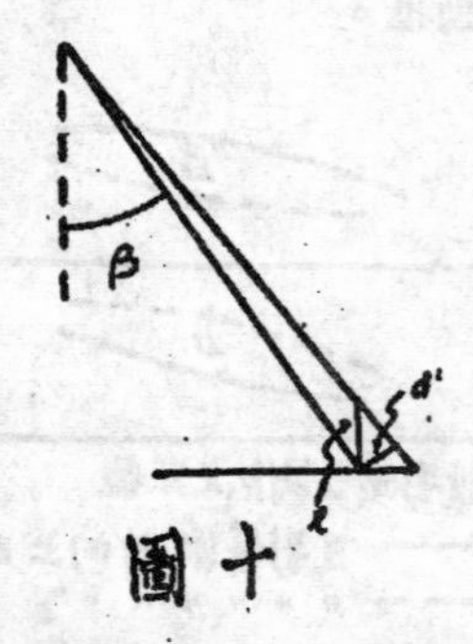

圖十

此數相當於前附鏡系統內凸鏡地位之空隙，與前頁推算5μ之量極相近。總之此儀之前附鏡系統內，定有數μ之空隙，此空隙之地位，如穩定時，足以發生天空三角鎖有系統之誤差；如不穩定時，則結果紛亂，以致於不能解釋。

第五節 結論

此文係依據德國格魯伯氏"天空導線及天空水平測量之理論及經驗"一文而作。擬對蔡司廠最重要之二航測製圖儀，探討其儀器本身，對於天空三角鎖測量有系統同擺誤差與交向誤差之影響。在理論方面，用幾何方法將此問題之基礎公式列出，更進而求其有系統誤差與y—方向視差之關係。在實驗方面，利用方格網片在製圖儀上按光學機械步驟，彼此相互連繫。其由多倍投影製圖儀觀測所得結果，並無不能解說之處，該儀器本身，無使天空三角鎖測量發生有系統同擺誤差之可能。至於蔡司精密實體製圖儀，則在理論上，有三處可以發生有系統之同擺誤差：

(1)由於前附鏡系統

(2)由於x導桿與基線x方向導桿之不相平行

(3)由於測點與測點面轉點不相叠合之偏心差

其中尤以第一項影響最鉅，前附鏡系統凸鏡之運動，須有數μ以內之精準。該實驗所用之儀，由觀測之結果推結，其前附鏡系統內之凸鏡地位，顯有數μ之空隙，足以解說此次實驗以及已往其他研究所得不規則之結果。其後更利用測定db_{s0}方法，證實此項之假說。至於在天空三角鎖工作所發生之有系統交向誤差，應以攝影儀及投影儀透鏡之畸變差解釋之。在多倍投影製圖儀，更須檢查其由縮小儀內透鏡，壓板厚，及灰色濾鏡，共同所發生之畸變，是否有無。

最近第五屆世界攝影測量會議時，荷蘭施慕恆氏所發表之觀測結果，雜亂無律，不能引用以得任何之結論，由其天空三角鎖往返觀測所得不同之同擺誤差，足以證明其所用儀(亦係蔡司精密實體製圖儀)之機械方面，亦必有不穩定之處存在。惜其所發表，以及其他方面所公佈之結果，俱缺乏下列兩項之研究與記載：

(1)對於其所用儀器之研究，

(2)每次所求定各有系統誤差之可靠程度。(即須附註其誤差本身之平方誤差(Meansquare Error))。

著者以爲如任實際天空三角鎖觀測工作者，能將此兩點同時記載，則此有系統誤差之來源，不難知其究竟矣。

* 見前引著者原著之文第339頁。

沿翼展環流分佈計算之另一方法

呂鳳章

一 引言

於三位翼理論 (Theory of wing with finite span) 中知環流 (Circulation) 沿翼展 (Span) 分佈情形，乃可由一較爲複雜之積分方程式中求得之。但於實際情形，此積分方程式之解求，至爲不易，故欲得其完全與實在情形相符之結果，幾爲不可能者。而今解求之積分方程式之近似方法甚多，其各法之簡易，以及其準確程度亦各不同。其中之最簡單者當爲英人 Glauert 氏之方法❶，其法後經 Lotz 氏之推廣❷，又得較佳之結果，故近年來多爲人所採用計算。德人 Wieselsberger 氏在東京帝國大學航空研究所時，曾與日人 Tani 發表另一新法❸，雖稱精確，但頗不易計算。前年德人 Multhopp 氏又將其引證已久之方法公佈於世❹，此法已爲德國各方多所採用。其他尚有圖解及另種方法多種，不及詳舉。

本文所欲引證之方法，爲先以環流 $\Gamma(y)$ 代以下列級數而後求得者：

$$\Gamma(y)=\Gamma_0(y)+k\Gamma_1(y)+k^2\Gamma_2(y)+\cdots\cdots+k^n\Gamma_n(y)+\cdots\cdots$$

其中 k 爲原來積分方程式中所含有之一參數，設 k 之值選擇適當，則以上所列 $\Gamma(y)$ 之級數，代入原式，再比較 k^n 之各係數，卽可得無窮多之方程式，而可求得 Γ_0，Γ_1，……無窮個未知函數，且 k 若適當，則此級數常可收斂甚快，而此級數之無限項，可代以有限之開首數項。是項方法曾被 Poincaré 氏用以解非直線之微分方程式❺，德人 Pöschl 氏亦曾應用於彈性長柱問題❻。

本方法較之 Wieselsberger 及 Multhopp 二氏所引證者，當簡易甚多，與 Glauert 氏方法相較，雖稍麻煩，但結果可較準確。此法若以弗氏級數 (Fourier series) 計算，則與 Lotz 氏之方法相差無幾，惟可不必解一繁雜之聯立方程式耳。

二 方法之引證

❶見 Glauert, "The Elements of aerofoil and airscrew Theory" p. 137, 1926, Cambridge.

❷見 Irmgrad Lotz "Berechnūng der Auftriebsverteilūng beliebiger geformter Flūgel" Z. F. F. M., 1931 S. 189.

❸見德教授 Wieselsberger 流體力學講義。

❹見 Multhopp, "Die Berechnūng der Auftriebsverteilūng von Tragflūgeln" Lūft-Forschūng Bd. 15, 1938 Heft 4.

❺見H. Poincaré, "Les méthodes de la mécanique céléste" Bd. 1. S. 32 Paris 1892.

❻見Th. Pöschl 所關長柱問題文，載於 Ing-Archiv IX Bd. 1 Heft 1938 S. 34.

於一般翼理論書册中，可知單翼環流沿展分佈積分方程式❶爲：

$$\frac{2\Gamma(\eta)}{V_\infty C'_{L\infty}(\eta)t(\eta)}+\frac{1}{4\pi V_\infty}\int_{-\frac{b}{2}}^{+\frac{b}{2}}\frac{1}{\eta-y}\frac{d\Gamma}{dy}dy=\alpha(\eta) \cdots\cdots\cdots\cdots(1)$$

其中之：

$t(\eta)$＝翼弦(Wing chord)於各點之長度。

$C'_{L\infty}(\eta)$＝兩位翼舉力係數與衝角 (Angle of attack) 曲線之坡度，此當因翼斷面不同而變。

$\alpha(\eta)$＝幾何衝角(Geometrical angle of attack)。

b＝翼展長度。

V_∞＝相對風速度(Relative wing velocity)。

今以 $$S'(\eta)=C'_{L\infty}(\eta)t(\eta)$$

並設 $$S(\eta)=\frac{S'(\eta)}{S'(0)}$$

其中 $$S'(0)=C'_{L\infty}(0)t(0)=C'_{L\infty 0}\cdot t_0$$

以上值代入(1)式，則可寫成爲：

$$\frac{2}{V_\infty}\frac{\Gamma(\eta)}{S'(0)}\frac{1}{S(\eta)}+\frac{1}{4\pi V_\infty}\int_{-\frac{b}{2}}^{+\frac{b}{2}}\frac{1}{\eta-y}\frac{d\Gamma(y)}{dy}dy=\alpha(\eta) \cdots\cdots\cdots\cdots(2)$$

今再以 $\eta=\frac{b}{2}u$ 及 $y=\frac{b}{2}v$ 代入，並令 $\alpha(\eta)=\alpha(0)\cdot\beta(\eta)=\alpha_0\beta(\eta)$，且設

$$G(u)=\frac{2\Gamma(u)}{\alpha_0 V_\infty S'(0)} \cdots\cdots\cdots\cdots(3)$$

則 $$G(u)+S(u)\frac{S'(0)}{4\pi b}\int_{-1}^{+1}\frac{\frac{dG}{dv}dv}{u-v}=\beta(u)S(u) \cdots\cdots\cdots\cdots(4)$$

今設欲求之 $G(u)$ 爲下列級數

$$G(u)=G_0(u)+kG_1(u)+k^2G_2(u)+\cdots\cdots \cdots\cdots\cdots\cdots(5)$$

其中之 k 今選爲

$$k=\frac{S'(0)}{4\pi b}=\frac{C'_{L\infty 0}t_0}{4\pi b} \cdots\cdots\cdots\cdots(6)$$

按於普通情形 $C'_{L\infty}$ 之值爲理論值之 80−90%，理論中 $C'_{L\infty}$ 之值爲 2π，故 $C'_{L\infty 0}$ 最大之值皆小於 2π，再者第一式之引證，其弦展比(Aspect ratio)必不當過小，故 t_0/b 之值絕不過大，通常若爲 1/5 以下，故可知 k 之值實皆小於 1/10。

由微分(5)式，得

$$\frac{dG}{dv}=\frac{dG_0}{dv}+k\frac{dG_1}{dv}+k^2\frac{dG_2}{dv}+\cdots\cdots \cdots\cdots\cdots\cdots(7)$$

今以(5)及(7)二式代入(4)，則(4)式寫成

❶見Glauert, "The Elements of airfoil and airscrew Theory" p. 137.

8836

$$G_0+kG_1+k^2G_2+\cdots\cdots+kS(u)\int_{-1}^{+1}\frac{\frac{dG_0}{dv}+k\frac{dG_1}{dv}+k^2\frac{dG_2}{dv}+\cdots\cdots}{u-v}dv=\beta(u)S(u)\cdots\cdots(8)$$

比較(8)式 k^n 各項係數，知

$$\left.\begin{aligned}&G_0=\beta(u)S(u)\\&G_1=-S(u)\int_{-1}^{+1}\frac{dG_0}{dv}\frac{dv}{u-v}\\&G=-S(u)\int_{-1}^{+1}\frac{dG_1}{dv}\frac{dv}{u-v}\\&\cdots\cdots\cdots\cdots\\&G_n=-S(u)\int_{-1}^{+1}\frac{dG_{n-1}}{dv}\frac{dv}{u-v}\\&\cdots\cdots\cdots\cdots\end{aligned}\right\}\cdots\cdots(9)$$

依據(9)式，吾人只須 $\beta(u)$ 及 $S(u)$ 已知，則 G_0 之値立即可知，G_0 旣知，則代入 G_1 式內，經過積分，則可計得 G_1，G_2 又可由 G_1 求之，故依次 G_3，G_4……直到 G_n 皆可求得。若收斂很快，即或算至 G_3 或 G_4，即已可得準確之結果。G_n 之値旣個別漸次求得，則 $\Gamma(y)$ 之値按(3)式亦可計求。按 β 與 S 皆爲翼構造情形條件，而爲計算時必給之條件，故按此條件，依據(9)式，則可得所欲求之環流矣。

三　以弗氏級數計算方法

於普通情形，若 $\beta(u)$ 及 $S(u)$ 皆爲有理函數，則求 G_n 各値時，積分或可不成問題，否則吾人可將此二函數寫成弗氏級數，以便計算，其計算 G_n 之方法如下：

先令　　$u=-\cos\varphi$　　$v=-\cos\psi$ ……(10)

則(9)式可改爲

$$\left.\begin{aligned}&G_0(\varphi)=S(\varphi)\beta(\varphi)\\&G_1(\varphi)=-S(\varphi)\int_0^{\pi}\frac{dG_0}{d\psi}\frac{d\psi}{\cos\psi-\cos\varphi}\\&G_2(\varphi)=-S(\varphi)\int_0^{\pi}\frac{dG_1}{d\psi}\frac{d\psi}{\cos\psi-\cos\varphi}\\&\cdots\cdots\cdots\cdots\\&G_n(\varphi)=-S(\varphi)\int_0^{\pi}\frac{dG_{n-1}}{d\psi}\frac{d\psi}{\cos\psi-\cos\varphi}\\&\cdots\cdots\cdots\cdots\end{aligned}\right\}\cdots\cdots(11)$$

今若將 $\beta(\varphi)$ 及 $S(\varphi)$ 寫作下列弗氏級數：

$$S(\varphi)=\sum_0^{\infty}S_n\cos n\varphi$$

$$\beta(\varphi)=\sum_{0}^{\infty}\beta_n\sin n\varphi$$

則 $S(\varphi)\cdot\beta(\varphi)$ 可按下列關係改寫爲一正弦級數

$$\cos A\cdot\sin B=\frac{1}{2}[\sin(A+B)-\sin(A-B)]$$

$$S(\varphi)\cdot\beta(\varphi)=A_0+\sum_{1}^{\infty}A_{0n}\sin n\varphi \quad\cdots\cdots(12)$$

且

$$-\frac{S(\varphi)\cdot\pi}{\sin\varphi}=\sum_{0}^{\infty}H_n\cos n\varphi \quad\cdots\cdots(13)$$

普通情形於翼之兩端，其 t 之值多爲零，故 $S(0)$ 及 $S(\pi)$ 之值爲零，同時 A_0 之值亦當爲零。因 $S(\varphi)$ 及 $a(\varphi)$ 函數對稱於翼之中央$\left(\varphi=\frac{\pi}{2}\right)$，故於(12)式 n 之值皆爲奇數而(13)式 n 之值皆爲偶數。

由(12)式，知

$$G_0=\sum_{1}^{\infty}A_{0n}\sin n\varphi \quad\cdots\cdots(14)$$

則

$$\frac{dG_0}{d\varphi}=\sum_{1}^{\infty}A_{0n}\cdot n\cos n\varphi \quad\cdots\cdots(15)$$

代入 G_1 式內

$$G_1=-S(\varphi)\sum_{1}^{\infty}\int_0^{\pi}\frac{A_{0n}\cos n\psi\cdot n\,d\psi}{\cos\psi-\cos\varphi}$$

$$=-S(\varphi)\sum_{1}^{\infty}A_{0n}\cdot n\cdot\int_0^{\pi}\frac{\cos n\psi}{\cos\psi-\cos\varphi}d\psi \quad\cdots\cdots(16)$$

但

$$\int_0^{\pi}\frac{\cos n\psi}{\cos\psi-\cos\varphi}d\psi=\frac{\pi\sin n\varphi}{\sin\varphi}$$

故

$$G_1=-S(\varphi)\sum_{1}^{\infty}A_{0n}\cdot n\cdot\pi\cdot\frac{\sin n\varphi}{\sin\varphi}$$

$$=-\frac{S(\varphi)\cdot\pi}{\sin\varphi}\sum_{1}^{\infty}A_{0n}\cdot n\cdot\sin n\varphi$$

設

$$A_{0n}\cdot n=a_{0n} \quad\cdots\cdots(17)$$

且由(13)式知

$$G_1=\sum_{0}^{\infty}H_n\cos n\varphi\sum_{1}^{\infty}a_{0n}\sin n\varphi$$

則亦可按三角函數關係，寫爲一正弦級數如下：

8838

$$G_1=\sum_{1}^{\infty}A_{1n}\sin n\varphi$$

同理

$$\left.\begin{aligned}
G_2&=\sum_{0}^{\infty}H_n\cos n\varphi\sum_{1}^{\infty}a_{1n}\sin n\varphi=\sum_{1}^{\infty}A_{2n}\sin n\varphi\\
G_3&=\sum_{0}^{\infty}H_n\cos n\varphi\sum_{1}^{\infty}a_{2n}\sin n\varphi=\sum_{1}^{\infty}A_{3n}\sin n\varphi\\
&\cdots\cdots\\
G_m&=\sum_{0}^{\infty}H_n\cos n\varphi\sum_{1}^{\infty}a_{(m-1)n}\sin n\varphi=\sum_{1}^{\infty}A_{m\cdot n}\sin n\varphi\\
&\cdots\cdots
\end{aligned}\right\}\cdots\cdots(18)$$

由此結果，可知 G_1，G_2……各爲一正弦級數，其級數各項係數的關係已如上述，而其由 H_n 及 $a_{(m-1)n}$ 之計算，可由下列諸方程式求得之。

$$\left.\begin{aligned}
A_{m1}&=\frac{1}{2}(2H_0-H_2)a_{(m-1))1}+\frac{1}{2}(H_2-H_4)a_{(m-1)3}+\frac{1}{2}(H_4-H_6)a_{(m-1)5}\\
&\quad+\frac{1}{2}(H_6-H_8)a_{(m-1)7}+\cdots\cdots\\
A_{m3}&=\frac{1}{2}(H_2-H_4)a_{(m-1)1}+\frac{1}{2}(2H_0-H_6)a_{(m-1)3}+\frac{1}{2}(H_2-H_8)a_{(m-1)5}\\
&\quad+\frac{1}{2}(H_4-H_6)a_{(m-1)7}+\cdots\cdots\\
A_{m5}&=\frac{1}{2}(H_4-H_6)a_{(m-1)1}+\frac{1}{2}(H_2-H_8)a_{(m-1)3}+\frac{1}{2}(2H_0-H_{10})a_{(m-1)5}\\
&\quad+\frac{1}{2}(H_2-H_{12})a_{(m-1)7}+\cdots\cdots\\
&\cdots\cdots
\end{aligned}\right\}\cdots\cdots(19)$$

按 $-\dfrac{S(\varphi)\pi}{\sin(\varphi)}$若寫成弗氏級數，則φ由0至π時，其各點之值必須爲有限者。此數之分子π爲常數，$S(\varphi)$ 之值不可能爲無限大，是故斯值僅當分母爲零時，方有爲無限大值之可能。按 $\sin\varphi$ 爲零，僅當 $\varphi=0$ 及 $\varphi=\pi$ 時，前節已述 $S(\varphi)$ 對稱 $\varphi=\dfrac{\pi}{2}$，故只須知道當 $\varphi=0$ 時，$S(\varphi)/\sin\varphi$ 不爲無限大，即可將其值寫成弗氏級數。按 $(S\varphi)$ 之值，當 $\varphi=0$ 時，常因 $t=0$ 而爲零，故是否可寫成級數，當先試下條件是否適合：

$$\lim_{\varphi\to0}\left|\frac{S(\varphi)}{\sin(\varphi)}\right|\neq\infty\cdots\cdots(20)$$

若是條件已不適合，則 $-\dfrac{S(\varphi)}{\sin\varphi}\pi$ 並不能寫成爲弗氏級數，亦即上述計算皆不可應用於實際。遇有此項情形，可將其逆數寫成弗氏級數，即

$$-\frac{1}{\pi}\frac{\sin(\varphi)}{S(\varphi)}=\sum_{0}^{\infty}H'_n\cos n\varphi \cdots\cdots(21)$$

以H'_n之值代入(19)式中各H_n之值，則A_{mn}及$a_{(m-1)n}$之關係，恰與(19)式所示者完全相反，故可將(19)式中A_{mn}及$a_{(m-1)n}$之位置調換，解此聯立方程式，而求得A_{mn}之值，此當較前述者稍繁。

四 橢圓載荷情形之計算

應用上述方法至橢圓載荷(Elliptical loading)，吾人可得一完全與理論相符之結果，於橢圓載荷：

$$t=t_0=\sin\varphi$$

$$\alpha(\varphi)\alpha_0 \text{ 或 } \beta(\varphi)=1$$

$$C'_{L\infty}(\varphi)=C'_{L\infty 0}$$

則 $S(\varphi)=\sin\varphi$

故 $G_0=S(\varphi)=\sin\varphi$

$$G_1=-\sin\varphi\int_0^{\pi}\frac{\cos\psi\, d\psi}{\cos\psi-\cos\varphi}=-\pi\sin\varphi$$

$$G_2=+\pi^2\sin\varphi$$

$$G_3=-\pi^3\sin\varphi$$

$$\cdots\cdots\cdots\cdots$$

$$G_n=(-1)^n\pi^n\sin\varphi$$

則
$$G=(1-\pi k+\pi^2 k-\cdots\cdots)\sin\varphi$$

$$=\left(\frac{1}{1+\pi k}\right)\sin\varphi=\frac{4b}{4b+t_0C'_{L\infty 0}}\sin\varphi$$

$$\Gamma=\frac{2V_\infty bC_{L0}}{4b+t_0C'_{L\infty}}\sin\varphi=\Gamma_0\sin\varphi \cdots\cdots(22)$$

是結果與理論所求得者，完全相符，Γ_0之值亦相同。

五 計算例題

欲明白本文所引證方法之實際計算步驟，可舉實例如下：

今設一近似橢圓之翼形，其沿翼展各點弦長以下式表明之：

$$t=t_0(1.05\sin\varphi+0.05\sin 3\varphi)$$

同時
$$\alpha(\varphi)=\alpha_0.$$

$$C_{L\infty}(\varphi)=C_{L\infty 0}=\frac{7}{4}\pi$$

$$t_0/b=6$$

則知
$$k=\frac{\frac{7\pi}{4}}{4\pi\cdot 6}=0.0729$$

$$S(\varphi)=1.05\sin\varphi+0.05\sin 3\varphi$$

$$\frac{S(\varphi)}{\sin\varphi}=1.1+0.1\cos 2\varphi$$

玆據計算，得 G_n 各值爲：

$$G_0=1.05\sin\varphi+0.05\sin 3\varphi$$

$$kG_1=-0.2545\sin\varphi-0.04983\sin 3\varphi-0.001718\sin 5\varphi$$

$$k^2G_2=+0.0628\sin\varphi+0.04062\sin 3\varphi+0.003873\sin 5\varphi+0.0000982\sin 7\varphi$$

$$k^3G_3=-0.01648\sin\varphi-0.03161\sin 3\varphi-0.00627\sin 5\varphi-0.0003938\sin 7\varphi-0.0000788\sin 9\varphi$$

$$k^4G_4=+0.00505\sin\varphi+0.02445\sin 3\varphi+0.008782\sin 5\varphi+0.001016\sin 7\varphi+0.000233\sin 9\varphi$$

玆由上式求得其於各點之值如下：

φ	μ	G_0	kG_1	k^2G_2	k^3G_3	k^4G_4	G
0	−1	0	0	0	0	0	0
30°	−0.866	0.575	−0.178	0.07398	−0.0428	0.0298	0.4579
45°	−0.707	0.778	−0.2155	0.0704	−0.0293	0.01498	0.6185
60°	−0.500	0.909	−0.219	0.0512	−0.00918	0.003212	0.7352
75°	−0.259	0.9797	−0.2111	0.0331	+0.0049	0.01005	0.7966
90°	0	1.000	−0.20639	0.02635	+0.00925	−0.00945	0.8229

G之值旣知，乘一常數，即可求得 Γ，故 Γ 與 G 之曲線相似。下圖示 G_0，kG_1，k^2G_2，k^3G_3，k^4G_4 及 G 於翼展各點之值之曲線，G 之值除在端處收斂稍緩外，其餘各點收斂甚速。以上計算結果與他法所求得者甚近似。

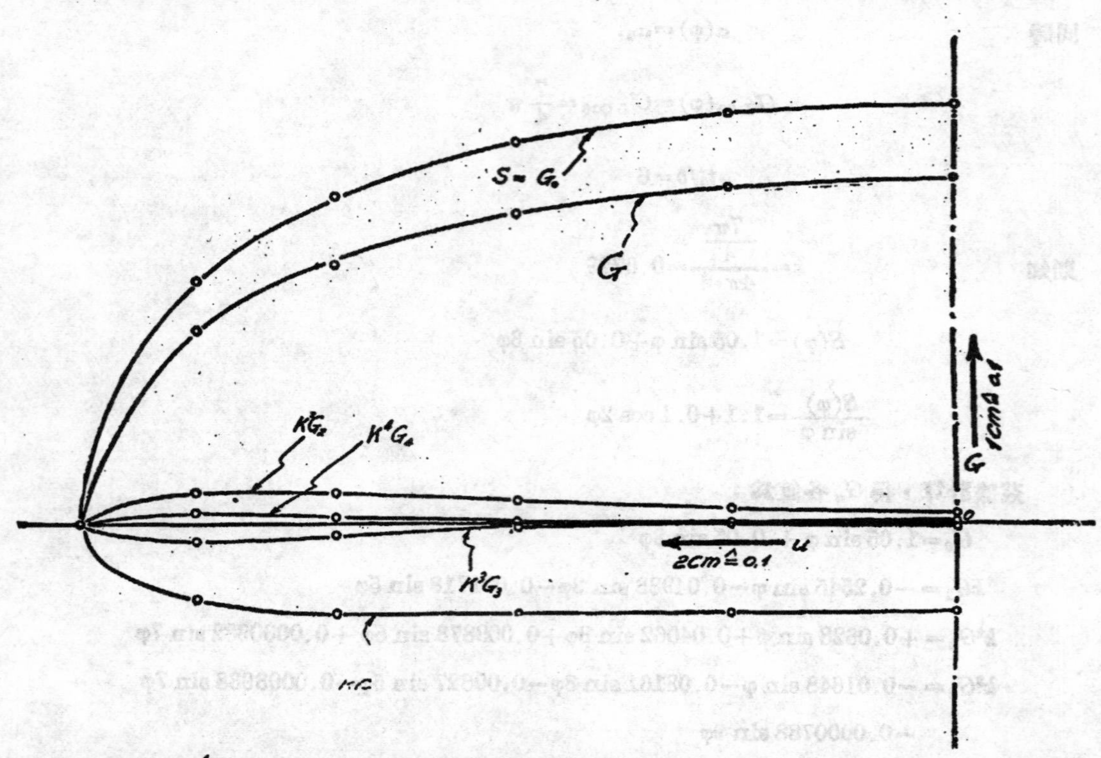
S=G₀
G
KG₂
K⁴G₄
K³G₃
KG
u
2cm≙0.1
G
1cm≙0.1

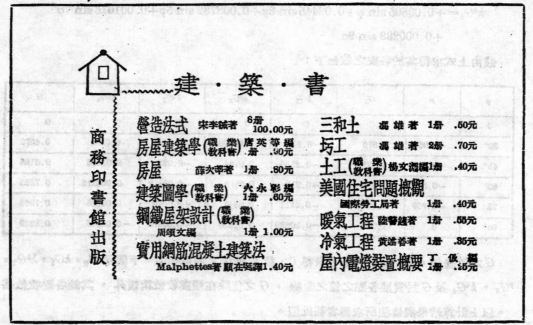

鋼筋混凝土預力樑之研究與設計

王　敬　立

〔引言〕　鋼筋混凝土樑之混凝土，祇能受極小部分之拉力，故普通設計中，此些微之拉應力略而不計，而在中立軸以下之混凝土，祇作保護鋼板不受侵蝕與傳遞剪應力之用，與樑之抵抗彎撓量無關。此自利用材料之觀點視之，當爲不經濟之舉。爲減少此不經濟起見，乃有丁樑之設，以減少其拉截面。至本文所欲討論者，爲另一增加抗彎量之方法，卽藉預施應力原理，使原來不能受拉力之部分，可以受拉力也。

〔設計原理〕　假定有一長方形截面之預力鋼筋混凝土樑，截面寬爲 b, 深爲 d. 鋼筋之預力(或稱初拉力)爲 f_{is}. 設置此初拉力之法，可使主筋之兩端伸出模壳之外，用機械於兩端以一定之拉力拉引之。然後傾倒混凝土於模內。鋼筋之兩端刻有螺旋紋並帶有螺栓帽。螺栓帽與樑端之間所有鋼筋均穿過一共同之鋼鈑。鈑寬爲 b, 同樑寬，深爲 kd. 俟混凝土凝固能荷力時，卸去模壳，將鋼鈑推貼樑端，旋緊螺帽，再將拉力機械卸去，如是則鋼筋將鬆弛其初拉力之一部而使混凝土受有初壓力。若此鋼筋置於樑之下部，則在樑受荷重時，其下面原應由於彎撓而發生之拉力，適重叠於初壓力之上而互消。故此樑設計時可假定整個截面有效。試取樑內最大重力率處之截面，使

kd 爲中立軸與下面之距離，亦卽樑端鋼鈑之深度

d' 爲鋼筋中心與下面之距離

f_c 爲受彎撓後上面混凝土最外纖維之單位壓應力

f_{ic} 爲混凝土下面最外纖維之單位初壓應力

f_{is} 爲鋼筋之單位初拉應力，其總拉力爲 T_s

f'_s 爲樑受彎撓後所引起之鋼筋單位拉應力

A_s 爲鋼筋截面 $=pbd$

C 爲混凝土之總壓應力

f_{ct} 爲混凝土之下面最外單位拉應力，以與初壓力相對消者，其總拉應力爲 T_c.

吾人試假定混凝土之初壓單位應力之變

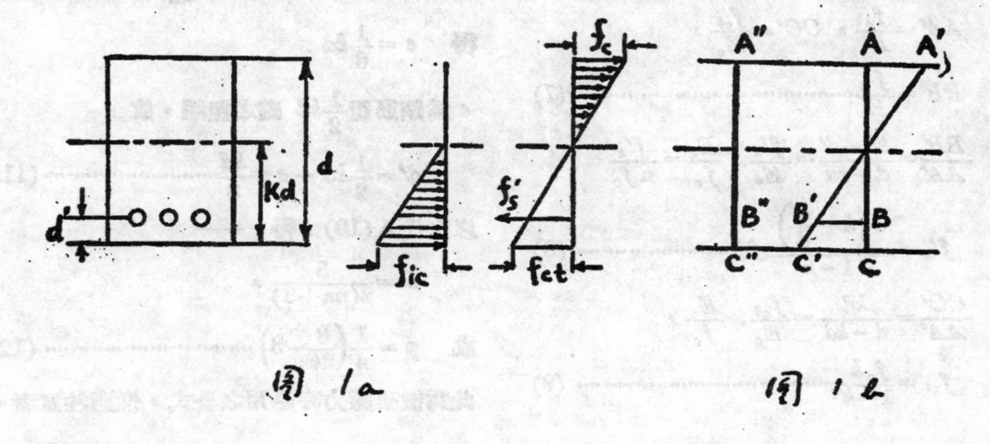

圖 1a　　　圖 1b

化，係由中立軸O値起，往下爲一直線。如是吾人可得以下數方程式：——

$$A_s f_{is} = \frac{f_{ic}}{2} kbd = pbd f_{is}$$

$$f_{ic} = \frac{2p f_{is}}{K}, \quad f_{is} = \frac{k f_{ic}}{2p} \cdots\cdots(1)$$

$$C = \frac{f_c}{2} b(d-kd) = \frac{f_c}{2}(1-k)bd \cdots\cdots(2)$$

$$T_c = \frac{f_{ct}}{2} kbd \cdots\cdots(3)$$

$$T_s = f'_s A_s = pbd f'_s \cdots\cdots(4)$$

爲充分利用初壓應力起見，可使$f_{ct} = f_{ic}$，則(3)式成爲：——

$$T_c = \frac{f_{ic}}{2} kbd \cdots\cdots(5)$$

所有水平拉力之總和，應等於水平壓力之總和，故：——

$$C = T_c + T_s$$

將(2)，(3)，(4)各公式之値代入，並將每項之 bd 削去，得：——

$$\frac{f_{ct}}{2} k + p f'_s = \frac{f_c}{2}(1-k) \cdots\cdots(6)$$

再自前方視此樑之立面，如圖1 *b*. 其中ABC爲截面之側影，受彎撓後，此截面轉至$A'B'C'$ 地位。使

E_c 爲混凝土之彈率

E_s 爲鋼筋之彈率

$$\frac{E_s}{E_c} = n$$

則 $AA' = \frac{f_c}{E_c}$，$CC' = \frac{f_{ct}}{E_c}$，

$$BB' = \frac{f'_s}{E_s} \cdots\cdots(7)$$

$$\frac{BB'}{AA'} = \frac{kd-d'}{d-kd} = \frac{f'_s}{E_s} \cdot \frac{E_c}{f_c} = \frac{f'_s}{n f_c}$$

故 $$f'_s = \frac{n\left(k-\frac{d'}{d}\right)}{1-k} f_c \cdots\cdots(8)$$

$$\frac{CC'}{AA'} = \frac{kd}{d-kd} = \frac{f_{ct}}{E_c} \cdot \frac{E_c}{f_c},$$

故 $$f_{ct} = \frac{f_c k}{1-k} \cdots\cdots(9)$$

將(9)(8)代入(6)，再將每項之f_c削去，得

$$\frac{k^2}{2(1-k)} + \frac{pn\left(k-\frac{d'}{d}\right)}{1-k} = \frac{1}{2}(1-k)$$

$$k = \frac{2pn\frac{d'}{d}-1}{2(pn+1)},$$

或 $$pn = \frac{1-2k}{\left(k-\frac{d'}{d}\right)^2} \cdots\cdots(10)$$

至此，吾人試檢討以上之假定"混凝土之初壓單位應力之變化，係由中立軸0値起，往下爲一直線"。此假定須加以限制始能成立。吾人所熟知之直接與彎撓應力公式如下：

$$f = \frac{P}{A}\left(1 \pm \frac{ec}{r^2}\right)$$

其中f爲距中立軸c處之單位應力，P爲直接總應力，e爲偏心距，r爲截面對中立軸之旋幅，A爲截面面積。自上述情形而觀，鋼鈑之中立軸乃在其深度一半，卽$\frac{kd}{2}$，又

$$P = f'_s A_s = pbdf'_s, \quad A = kbd.$$

$$r^2 = \frac{1}{12}(kd)^2,$$

若在樑中立軸亦卽鋼鈑上線之 f 爲 0，

則 $c = \frac{kd}{2}$

$$f = 0 = \frac{pbdf'_s}{kbd}\left(1 - \frac{e\frac{kd}{2}}{\frac{1}{12}(kd)^2}\right),$$

得 $e = \frac{1}{6}kd$

e 爲鋼筋距$\frac{1}{2}kd$ 處之距離，故

$$d' = \frac{1}{2}kd - e = \frac{kd}{3} \cdots\cdots(11)$$

以之代入(10)，得：——

$$k = \frac{3}{2(pn+3)},$$

或 $$p = \frac{1}{n}\left(\frac{3}{2k} - 3\right) \cdots\cdots(12)$$

此爲檢查應力時應用之公式，惟應注意者，

鋼筋須放於鋼鈑距下緣$\frac{1}{3}$深度處也。

再以中立軸爲動率中心，使 M_c 爲混凝土壓力對中立軸之動率，M_{ct} 爲混凝土拉力之動率，M_s 爲鋼筋拉力之動率，M 爲外動率，則

$$M_c=\frac{f_c}{2}b(1-k)d\times\frac{2}{3}(1-k)d$$

$$=\frac{f_c}{3}(1-k)^2bd^2 \cdots\cdots(13)$$

$$M_{ct}=\frac{f_{tc}}{2}bkd\times\frac{2}{3}kd$$

$$=\frac{f_{tc}}{3}k^2bd^2 \cdots\cdots(14)$$

$$M_s=f'_s(kd-d')A_s$$

$$=pf'_s\left(k-\frac{d'}{d}\right)bd^2 \cdots\cdots(15)$$

$$\frac{M}{bd^2}=\frac{M_c+M_{ct}+M_s}{bd^2}$$

$$=\frac{f_c}{3}(1-k)^2+\frac{f_{ct}}{3}k^2+pf'_s\left(k-\frac{d'}{d}\right)$$

代入(9)(8)公式內 f_{ct} 與 f_s 對 f_c 之值

$$\frac{M}{f_cbd^2}=\frac{(1-k)^3+k^3+\left(k-\frac{d'}{d}\right)^2pn}{1-k}$$

$$=J \cdots\cdots(16)$$

再代入(11)式內 d' 值與(12)式內之 p 值，得：——

$$J=\frac{M}{f_cbd^2}=\frac{(1-k)^3+k^3+\frac{4}{9}k^2pn}{1-k}$$

$$=\frac{1}{3}\left[\frac{1}{1-k}-5k+2\right] \cdots\cdots(17)$$

〔變換截面法 Method of Transformed Section〕圖2示變換截面。求全部轉換截面對上緣之動率，再以轉換截面面積除之，得

$$d-kd=\frac{(n-1)A_s(d-d')+\frac{bd^2}{2}}{bd+(n-1)A_s} \cdots(18)$$

此處不妨使 n 代 $n-1$，再將 $A_s=pbd$ 代入，

得：$$k=\frac{1+2np\frac{d'}{d}}{2(1+np)} \cdots\cdots(11)$$

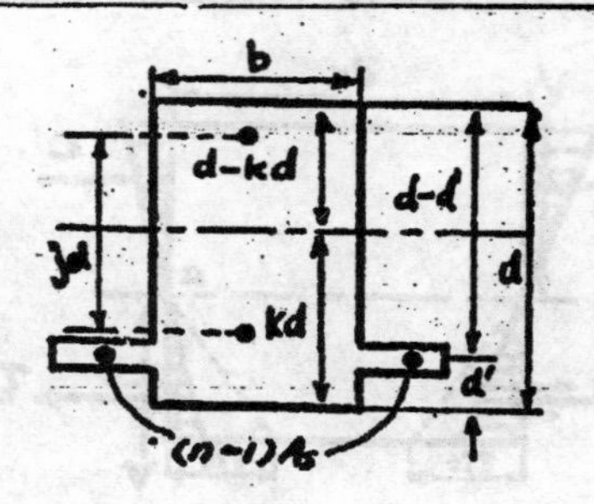

圖2

使變換截面之拉應力中心與壓應力中心之距離爲 jd，則

壓應力中心距中立軸爲

$$\frac{d-kd}{3}=\frac{1}{3}(1-k)d \cdots\cdots(19)$$

拉應力中心距中立軸爲

$$\frac{\frac{b(kd)^2}{2}+npbd(kd-d')}{kbd+npbd}$$

$$=\frac{\frac{k^2}{2}+np\left(k-\frac{d'}{d}\right)}{k+np} \cdots\cdots(20)$$

代入 $d'=\frac{kd}{3}$，得：——

$$\frac{d}{2}\left[k+\frac{npk}{3(k+np)}\right] \cdots\cdots(21)$$

兩者相加，得：——

$$jd=\frac{d}{3}(1-k)+\frac{d}{2}\left[k+\frac{npk}{3(k+np)}\right]$$

$$j=\frac{1}{3}+\frac{1}{6}\left[k+np-\frac{(np)^2}{k+np}\right] \cdots\cdots(22)$$

〔黏力〕 在此種樑內，鋼筋與混凝土間之黏力，原不關重要，惟不妨加以研究，以計核其數量。試取兩截面間 dx 長之樑一段。使 V 代表兩截面內之總剪應力。以 a 點爲中心，求各力動率之和，（兩方之初壓應力相消，故不必計入），得：——

$$Vdx=(C-C')\frac{2}{3}(d-kd)+(T_c-T_c')$$

$$\frac{2}{3}kd+(T_s-T_s')(kd-d') \cdots\cdots(23)$$

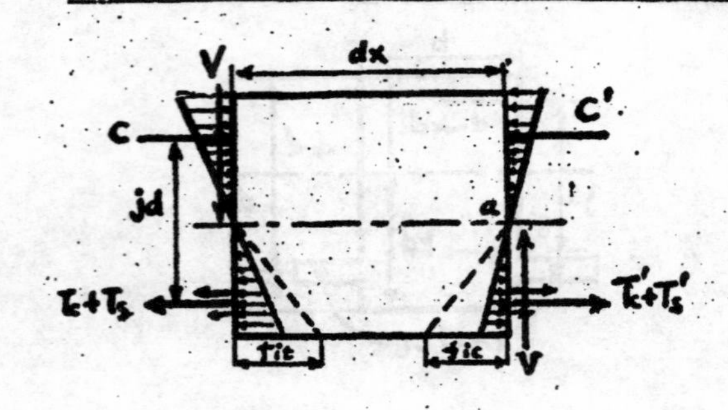

圖 3

因 $C=T_c+T_s$, $C'=T'_c+T'_s$

故 $$Vdx=\frac{2}{3}(C-C')d+\left(\frac{1}{3}kd-d'\right)(T_s-T'_s) \cdots\cdots(24)$$

現 $$C=\frac{M}{jd}, \quad C'=\frac{M'}{jd},$$

又 $$\frac{M-M'}{dx}=\frac{dM}{dx}=V,$$

故 $$Vdx=\frac{2}{3}\frac{dM}{j}+\left(\frac{1}{3}kd-d'\right)dT_s$$

$$\frac{dT_s}{dx}=\frac{V\left(1-\frac{2}{3j}\right)}{\frac{1}{3}kd-d'}$$

然$\frac{dT_s}{dx}$爲每單位長鋼筋拉力之變化，應爲黏力所抵禦，故：——

$$\Sigma_0 u=\frac{V\left(1-\frac{2}{3j}\right)}{kd-\frac{1}{3}d'} \cdots\cdots(25)$$

其中 Σ_0 爲所有鋼筋截面周長之和，u 爲單位黏力也。若$d'=\frac{1}{3}kd$，則此式不成立，當溯回公式(24)，此時應爲：——

$$Vdx=\frac{2}{3}(C-C')d,$$

故 $$C-C'=\frac{3}{2}\frac{Vdx}{d} \cdots\cdots(26)$$

以之代入(23)，得：——

$$Vdx=V(1-k)dx+\frac{2}{3}(T_c-T_c')kd$$
$$+\frac{2}{3}(T_s-T_s')kd \cdots\cdots(27)$$

吾人可使 $T_c=mT_s$, $T_c'=mT'_s$, 則 $m=\frac{T_c}{T_s}$。利用公式(3)(4)，再將公式(8)(9)代入，得：——

$$m=\frac{\frac{1}{2}f_{cs}kbd}{pbdf'_s}=\frac{3}{4}\frac{k}{pn} \cdots\cdots(28)$$

若 $d'=\frac{kd}{3}$，則$m=\frac{k^2}{2(1-k)} \cdots\cdots(29)$

以之代入(27)，得：——

$$Vdx=\frac{2}{3}(m+1)(T_s-T_s')d$$

$$\Sigma_0 u=\frac{T_s-T'_s}{dx}=\frac{3}{2}\frac{V}{d}\frac{1}{(m+1)}$$
$$=\frac{V}{d}\frac{6pn}{3k+4pn} \cdots\cdots(30)$$

若 $d'=\frac{1}{3}kd$, 則

$$u\Sigma_0=\frac{V}{d}\left(\frac{3}{3-k}\right)=\frac{V}{d-d'} \cdots\cdots(31)$$

〔斜拉應力〕 全部樑內無拉纖維應力，故斜拉應力不至甚大，最大值當在中立軸，該處之斜拉應力等於剪應力。

$$f_{cs}=\text{Vmax} \cdots\cdots(32)$$

求 Vmax. 之法，可假定 $d'=\frac{kd}{3}$，仍取圖3內之樑段，自中立軸水平剖開，則上半部壓應力之差，應由水平截面內之水平剪應力抵禦之，得

$$C-C'=\text{Vmax.}\ bdx$$

將(26)式之 $C-C'$ 值代入，得：——

$$\text{Vmax.}=\frac{3}{2}\frac{V}{bd} \cdots\cdots(33)$$

吾人祇限制最大V值，即間接限制斜拉應力也。惟此時准許應力似可較普通規範內者爲稍寬。(按普通規範內限制最大V在主筋不帶鈎樑內爲$0.01\times f_c'$，主筋帶鈎樑內爲$0.03\times f'_c$，有腹筋者爲$0.06f'_c$)，應斜拉

應力裂紋通常總由拉面處開始也。目前尙無試驗紀錄足資參考。著者意吾人不妨暫時規定：

在無腹筋樑內最大 $V=0.04f'_c$

在有腹筋樑內最大 $V=0.06f'_c$

〔機械引拉力〕　用機械拉引時，各鋼筋內之單位應力須較 f_{si} 爲大，此超過之部分，於機械鬆弛後使鋼筋縮短，同時將混凝土壓縮以發生初壓應力。使此超過之部分爲 f'_{si}，在鋼筋周圍之混凝土初壓應力 $\Phi=\frac{2}{3}f_{ci}$ $\left(假定d'=\frac{kd}{3}\right)$，用(9)式並使 $f_{ci}=f_{si}$

$$\Phi=\frac{2}{3}f_{ci}=\frac{2}{3}\frac{f_c k}{1-k}$$

在鋼筋周圍混凝土全樑長($=l$)之總縮短 $\varepsilon=\frac{\Phi l}{E_c}$，在鋼筋拉應力至 f_{si} 後，尙須拉長 ε 始足以壓緊混凝土至需要之程度，故

$$f'_{si}=\frac{E_s\varepsilon}{l}=\frac{E_s}{l}\cdot\frac{\Phi l}{E_c}=n\Phi$$

$$=\frac{2}{3}n\left(\frac{f_c k}{1-k}\right)\cdots\cdots\cdots\cdots(34)$$

此應力與 f_{si} 之和 f_{st} 爲機械引拉時，鋼筋應有之單位應力。鋼筋之兩端旣刻有螺旋紋，當依螺旋紋根部之截面計算是否不超過准許應力也。惟此項應力之時間不久，約等於混凝土凝固之時間，普通爲二星期。故准許應不妨較高，以著者之意，祇在彈限(32,000磅/方吋)以下，任何値皆可，暫時擬以 $0.8\times32,000=25,000$ 磅/方吋爲限。

〔設計例題〕　試設計一樑，其最大彎撓動率爲 960,000 吋磅，最大剪力 8500磅，$f_s=16,000$, $f'_c=2,000$, $f_c=800$, $u=80$ (光筋)或 100(竹節筋)，$V=80$(無腹筋)或 120(有腹筋)，$n=15$, $f_{st}=25,000$

〔解法〕　假定 $p=0.025$, 依(12)，得

$$k=\frac{3}{2(pn+3)}=\frac{3}{2(15\times.025+3)}=.445$$

用(17) $J=\frac{1}{3}\left(\frac{1}{1-k}-5k+2\right)$

$$=\frac{1}{3}\left[\frac{1}{1-.445}-5\times.445+2\right]=.526$$

$$\frac{M}{f_c J}=\frac{960,000}{800\times.526}=2,280=bd^2$$

$b=10$吋，　$d=15.08$吋

用　$10''\times15\frac{1}{2}''$

$kd=6.75''$；　$d'=\frac{1}{3}kd=2\frac{1}{4}''$

用(33)　$V=\frac{3V}{2bd}=\frac{3\times8000}{2\times10\times15.5}$

$=77.5$磅/方吋<80(不用腹筋)

$A_s=pbd=.025\times10\times15.5$

$=3.87$方吋

用 $5-1''$　$\Phi=3.927$方吋, $\Sigma_0=15.71''$

用(31)　$u=\frac{V}{\Sigma_0(d-d')}=\frac{8000}{15.71(15.5-2.25)}$

$=41.5$磅/方吋(用光筋)

用(9) $f_{ic}=f_{ct}=\frac{f_c k}{1-k}=\frac{800\times.445}{1-.445}$

$=640$ 磅/方吋

用(1) $f_{st}=\frac{kf_{ic}}{2p}=\frac{.445\times650}{2\times.025}=5700$磅/方吋

用(34) $f_{si}=\frac{2}{3}n\frac{f_c k}{1-k}=\frac{2}{3}\times15\times640$

$=6400$磅/方吋

機械拉應力

$=5700+6400=12100$磅/方吋

最小截面之應力：

$$\frac{12100\times.785}{.551}=17100\text{磅/方吋}$$

用(8)　$f'_s=\frac{n\frac{2}{3}k}{1-k}f_c=6400$磅/方吋

故最大應力 $=f'_s+f_{st}=12800$磅/方吋

兩端鋼鈑之設計：

淨寬$=10''-5\times1\frac{1}{8}''=4\frac{3}{8}''$

8847

勁率 $M_p=\left[\frac{1}{2}\cdot\frac{2}{3}f_{ci}\cdot\frac{2}{3}kbd\right]\times\frac{1}{3}\cdot\frac{2}{3}kd$

$=\frac{4}{81}f_{ci}b(kd)^2$

$=\frac{4}{81}\times640\times10(6.75)^2=14400$ 吋磅

鈑厚　$t=\sqrt{\frac{6M}{fb}}=\sqrt{\frac{6\times14400}{16000\times4.375}}$

$=1.11''$　用 $1\frac{1}{8}''$

試用普通法設計，以資比較：——

$bd^2=\frac{M}{K}=\frac{960,000}{146.7}=6550$

$b=14''$,

$d=22''$ 再加 $2''$ 防火厚得 $24''$

$A_s=pbd=.0107\times14\times22=3.29$ 方吋

兩者相較前者混凝土省 $\frac{14\times24-10\times15.5}{14\times24}$

$=49.5\%$，鋼筋多用 $\frac{3.87-3.29}{32.9}=17.6\%$，多用鋼鈑二塊，腹筋則完全省去。

〔結論〕預力樑之優點，依上述者有二：(一)爲利用截面原來受拉力與防火厚度之部分以抵禦彎撓；(二)爲減少斜拉應力。後者可解釋如下：

斜拉應力之值 $f'=\frac{f}{2}+\sqrt{\frac{f^2}{4}+V^2}$，此在非預力樑內，雖因有細微之裂紋而不能估計，然根據各項試驗，則知裂紋開始處，恆在圖4a內之 a 點。試取 ab 截面之應力加以研究，則可知此截面內之勁率並不甚大，故混凝土之拉應力尙未消失，其剪應力則如圖 4b. 如此則參照勁率與剪力二圖，衡以 f' 之公式，a 點之斜應力應爲最大，若此樑爲預力樑，則實際應力應如圖 4c，最大 V 處之 $f=0$，最大 f 處之 $V=0$，且 f 永爲壓應力。故斜拉應力之公式應爲

$$f'=\frac{f}{2}-\sqrt{\frac{f^2}{4}+V^2}$$

較非預力樑縮小甚多，則腹筋可以省去若干

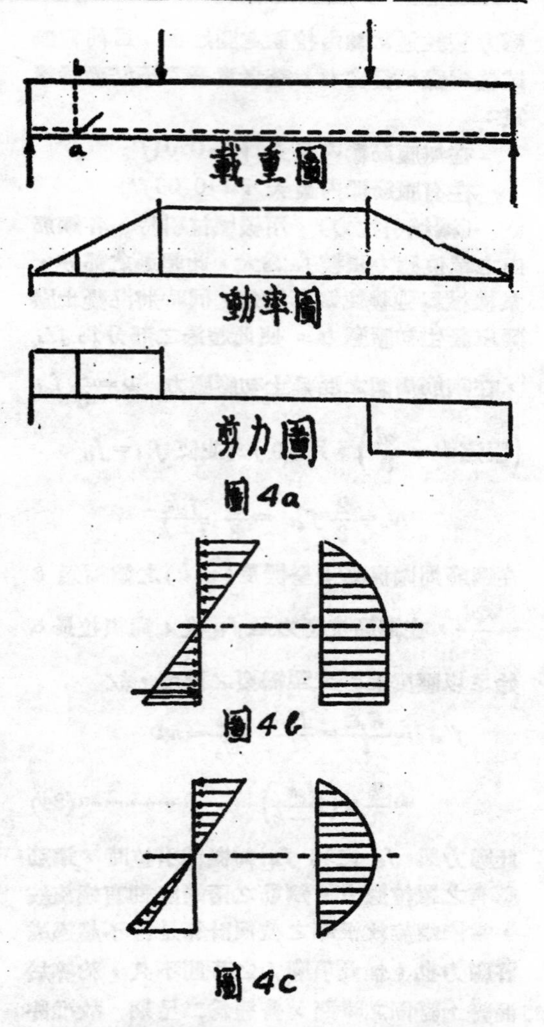

圖4a

圖4b

圖4c

，惟此頗有待於試驗以決定之也。利用此原理以設計丁樑，則其腰肢 (Stem) 截面亦可以縮小，因丁樑設計以剪應力，(用以衡量樑斜拉應力者)，爲決定條件也。

預力樑雖有種種優點，然頗需要技術優良之工人與嚴格之監督，增添大量之機械，復不乏構造上之困難，故斷定其可以立時代替非預力樑，爲時尙早。然苟假以歲月，能有若干經濟合用之機械發明，前途發展仍屬無限也。

長方形截面鋼筋混凝土連續預力樑

王　敬　立

〔引言〕　著者前作"鋼筋混凝土預力樑之研究與設計"❶一篇，其範圍祇限於長方形截面之單樑，若將此原理用於丁樑及連續樑，則所困難者，不在原理之演算，而在實際複雜情勢之克服，本文卽爲對長方形截面連續樑之嘗試也。

〔預力方法之研究〕　凡設計荷載靜活重之連續樑，應先算製最大正負動率圖，此法經前人討論詳盡無餘，玆不細述，但擇一普通規範內所規定者加以研究，求設計之一般原則。圖1內所示者（a）爲普通等跨連續樑內跨之最大動率圖；（b）爲最大剪力圖。圖中之b爲正動率區域，c爲負動率區域，a則爲兩種皆有可能性之區域。著者意在a區域內正負最大動率同値處置鋼鈑一塊，寬同樑寬，深度較樑爲大，使上下突出樑面，俾便機械施力。各鈑間於跨中則於樑之底方連以鋼筋，於跨端則於樑之頂方連以鋼筋，施預力如圖1c．然後傾倒混凝土，俟混凝土凝固後，再撤去預力機械，則鋼筋縮回，消

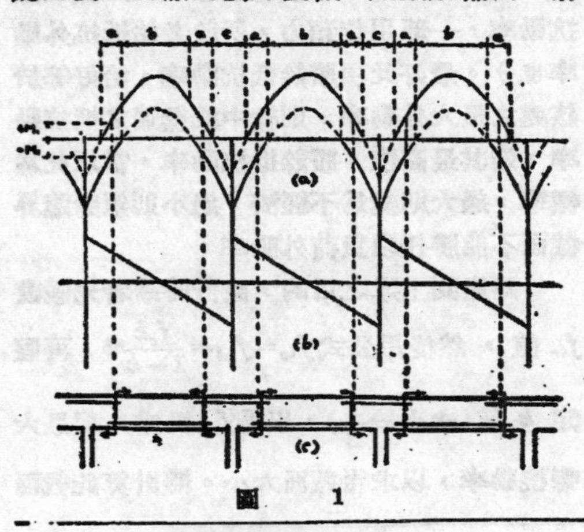

圖　1

失其初拉應力之一部，以使被夾之混凝土受有初壓應力。圖中所示大部之初壓部分，乃大部最大動率處之受拉部分，因以收經濟之效焉。

〔預力鈑與初應力〕　圖2示預力鈑左右之初應力，爲計算方便起見，使上下面鋼筋

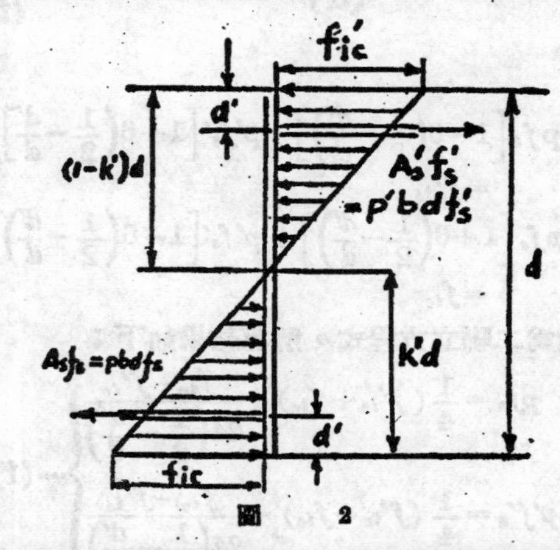

圖　2

與樑面之距離皆等於 d'，其餘各項均於圖內註明，若祇有上面之筋，則其預力當如圖3（a）；若祇有下面之筋，則其預力當如圖3（b）。實際爲二者之和，如圖3（c），故

$$f'_{io}=cd+de=\frac{A'_sf_s'}{bd}+\frac{6A'_sf_s'(\frac{1}{2}d-d')}{bd^2}$$

$$+\frac{A_sf_s}{bd}-\frac{6A_sf_s(\frac{1}{2}d-d')}{bd^2}$$

$$f_{io}=ab+bg\frac{A_sf_s}{bd}+\frac{6A_sf_s(\frac{1}{2}d-d')}{bd^2}$$

$$+\frac{A'_sf_s'}{bd}-\frac{6A'_sf'_s(\frac{1}{2}d-d')}{bd^2}$$

將 $p'=\frac{A'_s}{bd}, p=\frac{A_s}{bd}$ 代入並簡化之，得

❶ 見本誌本號第 70—76 頁。

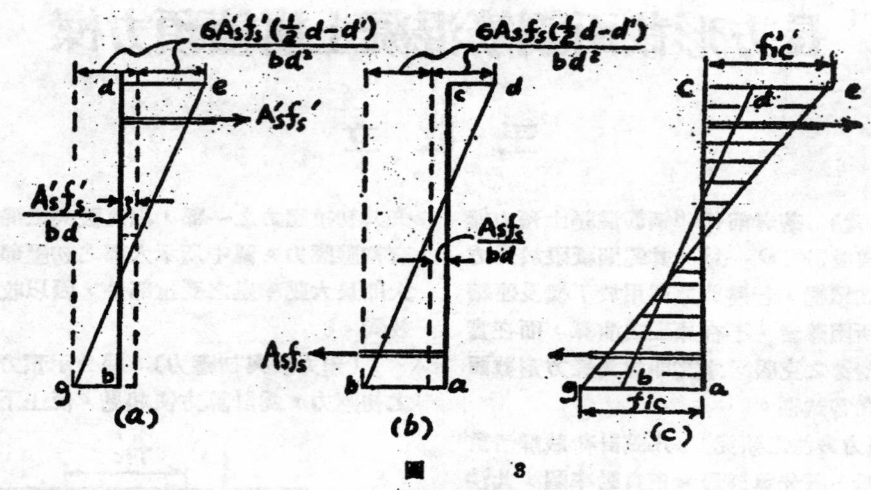

圖 8

$$pf_s\left[1-6\left(\frac{1}{2}-\frac{d'}{d}\right)\right]+p'f_s'\left[1+6\left(\frac{1}{2}-\frac{d'}{d}\right)\right]=f'_{ic}$$

$$pf_s\left[1+6\left(\frac{1}{2}-\frac{d'}{d}\right)\right]+p'f_s'\left[1-6\left(\frac{1}{2}-\frac{d'}{d}\right)\right]=f_{ic}$$

此爲二聯立方程式，解算結果如下：

$$\left.\begin{aligned} pf_s&=\frac{1}{4}(f'_{ic}+f_{ic})+\frac{f_{ic}-f'_{ic}}{24\left(\frac{1}{2}-\frac{d'}{d}\right)} \\ p'f'_s&=\frac{1}{4}(f'_{ic}+f_{ic})-\frac{f_{ic}-f'_{ic}}{24\left(\frac{1}{2}-\frac{d'}{d}\right)} \end{aligned}\right\}\cdots\cdots(1)$$

由此公式內，吾人可選擇任何 f'_{ic} 與 f_{ic} 之值而得相當之 pf_s 與 $p'f'_s$ 之值。至求中立軸之法，則

$$\frac{(1-k')d}{k'd}=\frac{f'_{ic}}{f_{ic}},$$

故 $$f_{ic}=\frac{k'}{1-k'}f'_{ic}\cdots\cdots\cdots\cdots\cdots\cdots(2)$$

再自(1)內視之，若 $f_{ic}=f'_{ic}$，則 $pf_s=p'f'_s$，$k'=0.5$

〔臨界截面〕 臨界截面可分二類：一爲最大動率截面；一爲預力鈑不受壓力方之截面也。前者設計之法，已載於著者"鋼筋混凝土預力樑之研究與設計"一文內，玆解釋後者。在此截面，可能在某種動率情形之下，所施預力之處爲拉面而非壓面，故所謂預力者，在此截面則非但不能增進樑之抗彎能力，且減低之。更有甚者，該臨界截面之受拉部分，不復有預力，故計算法與普通樑同，不計其受拉截面。所幸者在此處之彎撓動率通常較小，故猶不至大損於此種預力樑之經濟價值也。

對於此項臨界截面設計之技巧，在乎規定 f_{ct} 或 f_{ct} 之値，此值若大，則樑中或樑端之抵抗動率大，但在預力鈑旁臨界截面所餘之抵抗動率小。（讀者注意，此處樑之抵抗動率，一部用作預力，所餘者始抵抗外動率也）。最好此項賸餘抵抗動率，洽好等於該處之最大外動率，則樑中或樑端之抵抗動率，達其最高位。賸餘抵抗動率，當以此爲標準，過大則樑爲不經濟，過小則鈑旁臨界截面不能勝任以負荷外動率。

爲達到上述之目的，設計時著者先假設 f_{ic} 值，然後用公式 $f_{ic}=f_{ct}=\frac{f_ck}{1-k}$[1]，再假定 k 值（永小於$\frac{1}{2}$），以得 f_{co} 根據 f_c 與最大彎撓動率，以求得截面大小。繼計算此截面

[1] 見"鋼筋混凝土預力樑之研究與設計"內公式(9)

抵抗動率，減除初壓動率，其餘數若大於臨界截面之最大外動率，則假設之 f_{ic} 太小；若不足，則所假設之 f_{ic} 太大；若兩者相差不過遠，（例如抵抗動率與初壓動率之差小於 30%），則變更截面時 k 與 J 值 ❶ 變動甚微，此時可以維持原來之 b 值，再用比例求出 d^2，以得 d 值，代入公式重算。若有相當之經驗，更改一二次，即可得滿意之結果也。

〔預力鈑與黏力〕 預力鈑之位置，如上述者頗近樑端，該處剪力相當巨大，樑之所恃以抵抗剪力破裂者，賴有預力鈑與混凝土間之黏力而已。關於鋼筋與混凝土間之黏力之研究，美 Illinois 大學之 Abram，Wisconsin 大學之 Withey 二氏，皆有試驗結果公佈於世 ❷，大意可綜述如下：

（1）混凝土受壓時較受拉時之黏力為大，前者平均強度達 400－450 磅/方吋，後者達 270 磅/方吋，

（2）鋼筋與混凝土間無滑動時，竹節鋼筋（表面有突起之筋）與平滑筋無大區別。一旦滑動發生，則竹節筋之黏力漸漸增加，而平滑筋之黏力漸漸低減。至工作黏力之規定，則以美國 1929 年之聯合委員會（Joint Committee）之規範為最通用，如下：

平滑筋……$0.04f'_c$；竹節筋……$0.05f_c'$

惟應知者，此項規定所適用之情形，為混凝土與鋼筋皆受拉應力，當係以上述之 270 磅/方吋為根據也。

在預力鈑近處鉛直截面內，因受拉部分無預力，其剪應力與普通鋼筋混凝土樑者完全相同，故預力鈑與混凝土間單位黏力之變化，與普通樑鉛直截面內剪應力之變化，亦完全相同。此說可解說如下：在預力鈑附近

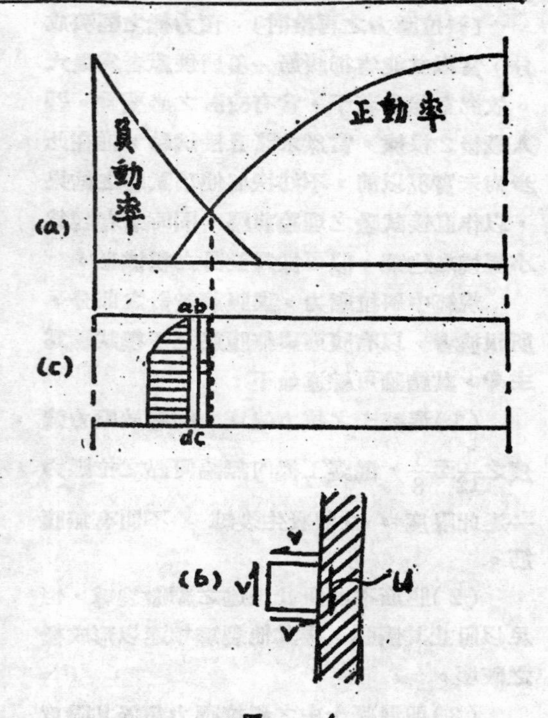

圖 4

之鉛直或水平剪應力之變化，應如圖 4（c）。此與預力無關，因在預力區域內沿水平線之預力均完全相等，故無剪力發生，所有之剪應力仍祇由於載重也。若將圖 4（c）內之薄片 $abcd$ 推貼於預力鈑，則與鈑接觸一面之單位剪應力，即單位黏力，如圖 4（b）。吾人更可知最大單位黏力處之混凝土，乃受拉應力者，故其准許應力，應如以上之規定。至其算法，即用普通最大剪應力公式：——

$$\mu_1 = V_1 = \frac{V}{bjd} \quad \cdots\cdots\cdots\cdots (3)$$

即可，此公式內之 j，可用 7/8，若 u_1 值大於 $.04f'_c$，小於 $.05f'_c$，則預力鈑面必須刻有紋路突起。

❶ 參照"鋼筋混凝土預力樑之研究與設計"內公式(16)與(17)。注意最初可用公式(17)，變換 d 後重算時當用公式(16)。

❷ Abram 之結果可參考 Bulletin of Experiment Station, University of Illinois. Withey 氏之結果可參照 Turneaure 與 Maurer 氏所著之 Principles of Reinforced Concrete.

〔斜拉應力之再檢討〕　預力樑之經濟成分，當以其能省卻腹筋一項所供獻者爲最大。故究竟能省若干，實有檢討之必要❶。吾人最後之根據，當然求諸直接試驗，惟在此步尚未實現以前，不妨採取他項試驗之結果，以作直接試驗之理論前驅。同時著者認爲小規模之建築，似可採爲設計之根據也。

規範中斜拉應力，與腹筋設計之部分，所根據者，以有腹筋與無腹筋之丁樑試驗爲主❷，其結論可綜述如下：

(1)混凝土之拉力強度，約等於壓力強度之$\frac{1}{12}$至$\frac{1}{8}$，混凝工樑內無論何點之拉應力一達此限度，立即發生裂罅，不問有無腹筋。

(2)腹筋不能阻止上述之細微裂罅，但足以阻止其擴張，與其他裂罅相連以形成樑之破壞。

(3)即混凝土中之斜拉應力超過其限度，而發生細微裂紋之後，大部斜拉應力雖由腹筋承受，混凝土仍可分任一部分之斜拉應力。

以上所述者，爲混凝土受拉力時之斜拉應力，殊嫌其不合於吾人之用，因預力樑正或負動率區域內之混凝土，完全受壓應力也。著者因思引用混凝土拗轉試驗之結果(Tests of Torsional Strength of Concrete)❸，此類試驗中之拉力筋爲螺旋筋，其無拉力筋者 Turneare 與 Maurer 二氏認爲扭轉強度可作爲普通樑內剪應力之二倍。按普通無腹筋樑內之剪應力強度約爲 250 磅/方吋強，而拗轉試驗內之強度則達 500 磅/方吋。至有螺筋之混凝土樑，其拗轉強度可得而述者如下：

f_c'	鋼筋	所發揮剪應力強度 V'	V'/f'_c
3530磅/方吋	.5%	116磅/方吋	1/3.3
1700	縱筋與4螺旋筋	645	1/2.6
1700	縱筋與5螺旋筋	789	1/2.15

由此，吾人可認爲，由於腹筋或螺旋筋之設，混凝土之剪應力可發揮至壓強度 30% 至 46%，普通樑內之剪應力則假定可發揮至 f'_c 之 20% 也。

若以上說爲根據，吾人可重訂規範如下：

(1)在無腹筋之預力樑中，動率方向不變之部分，剪應力不得超過 $0.04f'_c$，

(2)在有腹筋樑內，剪應力不得超過 $0.06f_c\times\frac{30}{70}$ 或 $0.09f_c$.

第一規定，假定最高之剪應力，等於拉應力之限度，此爲樑內無壓應力時之情形。實際則多少有若干壓應力，是此項假定無疑在安全之一方也。至普通樑之規範內，倘有特殊錨繫 (Special Anchorage) 一條之設，屬於備而不用者，此在預力樑內，當然目前尚談不到也。

〔斜拉應力筋〕　在正或負動率區域內，全部混凝土無時不在受壓應力情況之下，則應限制 $v=\frac{V}{bd}\cdot\frac{3}{2}$❹在兩種動率皆有可能性之區域內，則樑內情況，有時可能與普通樑內相同，故當用通常之公式，以推算最大剪應力，其准許應力與加腹筋之法，亦與普通樑相同。在上述兩種動率皆有可能性之區域內，拉筋之黏力亦當加以推算。惟此處之拉筋爲穿過預力鈑之端部，刻有螺栓紋，故當照竹節筋核算。

❶ 見上篇內之斜拉應力節及結論。
❷ 多半爲 Wisconsin 大學及德人 Bach 氏之試驗。
❸ 參照 Turneaure 與 Maurer 氏所著之 Principles of Reinforced Concrete.
❹ 參照上篇內公式(33)

抗戰期內如何製造硝酸

顧敬心

（同濟大學教授）

硝酸乃製造火藥炸藥之主要原料。第一次歐戰時，德國每天須用硝酸六七百噸為火藥炸藥原料。吾國抗戰以來火藥炸藥之消耗，尚無統計，並大部仰給外國，但將來國際交通完全斷絕，一切均需自給，況最後勝利時，反攻追逐，更需大量火藥炸藥。惟欲製該項軍火，即需大量硝酸，故硝酸製造隨成繼續抗戰及最後勝利之重要問題。歐西各國現均利用煤、水、及空氣三種原料製造硝酸，其法先將煤與水及煤與空氣起作用，製成氫與氮，經高壓力及接觸劑而成氨，再由氨與空氣及水起作用得硝酸。此法已為各國通用，抗戰以前永利公司在南京附近，天利公司在上海，亦曾利用此法小量製造硝酸。但抗戰未及半年，該二工廠，均為日人佔領。故自後火藥炸藥方面所用之硝酸，均由智利硝與硫酸製成。目前西南國際交通線斷，智利硝已無法運入，同時製造硫酸之硫黃亦多來自國外，故硝酸即無法製造。即抗戰萬不可少之火藥炸藥亦將無法製造，實為目前嚴重問題。我國旣少硝石硫磺礦藏，又無規模宏大之機器廠，能建造目前通用之氫氮綜合氨廠，故欲求目前硝酸自給，利用國有原料與國內已有或能自造機件，應即採用石灰、煤、空氣與水為原料，及大量電力為能力，製造硝酸。

此法依照成本計算，當較氫氮綜合氨法為貴，但無須特種機件，裝配亦較單簡，故於抗戰期內，設法建造該項工廠最為合適。蓋此法先將石灰與無烟煤或焦炭，用強大之電力生熱，使於攝氏温度二千度以上，製成電石。同時將空氣液化，分離氧氮二氣。待電石冷卻後，磨成粉末，裝入氮化爐而通入氮氣，於一千一百度時，經二十四小時後，即成氰氨化鈣，或稱含氮石灰。將氰氨化鈣與高壓蒸汽起作用即得氨。再將氨與空氣混合後，經六百度之白金接觸劑，得一氧化氮。冷卻後再與空氣起作用，即得二氧化氮。二氧化氮經過水塔，吸入水內，即成硝酸。該項硝酸平常濃度僅為百分之五十左右，但用冷卻法將一部份二氧化氮冷至攝氏負十度以下，變成液體之四氧化二氮後，再同氧與淡硝酸混合，即成百分之九十七以上之硝酸。

製造需用原料：石灰、煤、水及空氣。

製造時所得之中間產物：電石、氮、氧、氰氨化鈣、及氨。

製造步驟：如下圖

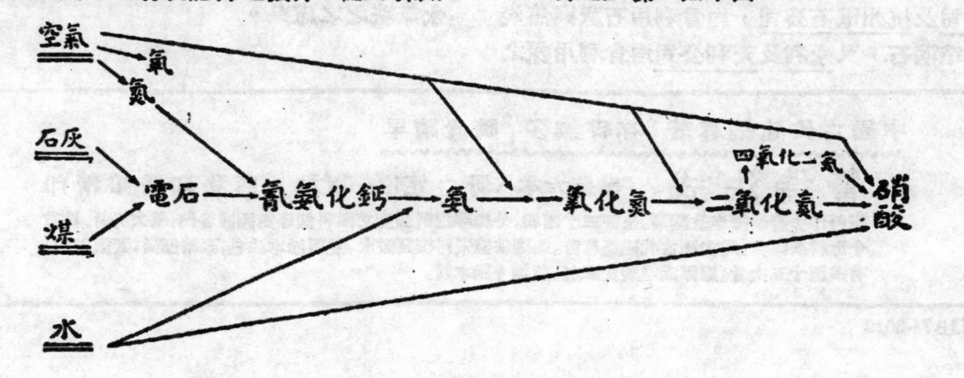

今如設廠，每天製造硝酸三噸，即每年約產硝酸一千噸，則依物料計算，每天需石灰 4.5 噸，焦炭 3.4 噸，電極 157 公斤，氮氣 2898 立方公尺，氫氧化鈉 72 公斤。以上原料，石灰我國到處均有土窰產品，焦炭亦可用土法由煤提煉，或用無烟煤代之，電極自製較爲困難，但可用煤及煤膏製造桑德柏連續電極，氮可由空氣中得之，氫氧化鈉於內地已有數廠製造。此外接觸劑需用白金約一公斤，可向俄國購買，蓋俄國白金產量豐富，並可利用飛機運入。能力方面每天需用電力一萬八千瓩時，現川、滇能發一千瓩以上之電廠甚多，即可就電力富裕之地設廠。至於機件方面，電石爐及氮化爐可用耐火材料自造，電石爐需用之變壓器，國內已有相當數量，同時中央電工廠、華生電器廠等均能製造。空氣液化及氧氮分離機，因黔、川已數處設有該項工廠製造氧氣，當可設法暫時移用，同時氧氣仍可供給氣銲應用。氰氨化鈣變成氨時所需之增壓鍋，國內雖不甚多，但需用壓力不大，當能自造，或將其他鍋爐改造。又氨與空氣燃燒變成一氧化氮之設備，可採用弗蘭克卡路式構造，甚爲單簡，國內中央機器廠及兵工廠，當能配造。二氧化氮吸收塔，可用花崗石砌成。廠房建築均可利用木材磚瓦，無須大量鋼鐵水泥。故建廠材料機件，均可自給自造，或移用國內已有設備，全無困難也。

至於技術人員方面，過去中國工業煉氣公司及杭州電石公司，均曾利用石灰與焦炭製造電石，又永利及天利公司均曾利用氨之氧化製造硝酸。現該工廠等均已停工，技術人員當可暫時移用。再國內稍有經驗之化學電機機械工程師尙多，故技術人員決無問題。

於第一次歐戰時，德國拜耳氮氣廠曾用上述方法，製造大量硝酸，其產量佔全國硝酸總產量三分之一以上。及至一九一七年呂那氫氮綜合氨廠開工後，始將該廠分成二部，一部製造電石及氰氨化鈣，以供氣銲及肥料之需，一部利用呂那廠之氨與空氣及水製造硝酸。故目前電石，氰氨化鈣及硝酸產量，仍以拜耳氮氣廠爲最大。敬心曾在拜耳氮氣廠之中央研究室研究有年，深知該項工業情形，故特介紹此法，希望國人能注意硝酸對於抗戰之重要，目前之急需，速即採用製造，則國家幸甚。

如先建每天能產硝酸三噸之工廠，並將全廠分爲：(一)電力工場，(二)電石工場，(三)氮氣工場，(四)氰氨化鈣工場，(五)製氨工場，(六)硝酸工場，等六工場，同時開始設計建造，除電力工場利用已有電力廠，無須設計建造，氮氣工場利用其他公司之氧氣廠機件，祇須搬移裝配外，其他各工場如若加緊工作，不難於半年內全部完工出貨。雖每日祇產硝酸三噸，即可製火藥或炸藥約四五十噸，當不無小補。況製造經驗豐富後，即可依照需求，擴大產量。是以我國抗戰時所需之硝酸，即能利用國內物力人力，自製自給，亦即抗戰時之軍火將源源自給，永無缺乏之虞矣。

亞爾西愛R. C. A.一瓩勵振機更改線路及電子管程式之報告

應家豪

（昆明國際支台工程師）

（甲）緣由

按自抗戰以來，對於訂購必需外來物品之困難，與日俱增；而物價騰高，外匯飛漲，更使我購買能力減削，此深堪隱憂者也。筆者因此注意於如何減用外來物品，或改用功效相當而價值較廉之外來物品。結果，遂有亞爾西愛一瓩勵振機改用電子管程式之一舉。一因該勵振機所用電子管，除振盪級外，均為簾柵極(Screen)電子管。此種電子管價值既貴，壽命又較短，使用頗不經濟。二因上項電子管程式過時，購置不易。三因經此改裝以後，可使該勵振機電子管程式與本台另一發射機所用電子管程式，完全一律；則備用電子管之數量可以減少，而調用週轉，反更便利。此即此次改用之緣由也。

（乙）電子管程式之擇定

茲為便於查看及明瞭該勵振機線路之結構起見，特繪線路比較圖於後。由該圖可查知原來線路所用電子管為：一隻 210，三隻 860,及三隻 861。若單求電力相當，價值較廉而言，則有許多種電子管可以替代。但在未經實地試驗以前，自不敢貿然決定何種電子管以替代之。而實地試驗，須受下列條件之限制：

（1）須盡量利用原來另件，如電阻，電容器，赫極變壓器等。

（2）因改變線路所必須添裝之另件，以愈少愈妙，且須當地即可辦到者。

（3）擬改用之電子管程式及數量，須當地易於辦到者。

（4）改裝時間，愈暫愈妙，以免影響報務。

筆者在上述之條件下，擇定電子管之程式（請參閱線路比較圖）為：五隻 837，一隻 803，及二隻 833。

（丙）改裝線路

自電子管之程式擇定後，即可決定線路之更改，及另件之添裝。其間除平衡擴大級改裝之處較多外，其餘各級，祇加裝燈座(Tube Socket)，即可使用；惟各極電壓，均須重行調整。茲特將原來線路及改後線路，二組電子管之標準使用記錄(Typical Operating Data)列表於後，以為改裝線路之依據。

（丁）試驗報告

（1）初試　電子管之分配如下：

振盪級 837 ——→ 第一擴大級 837 ——→ 第二擴大級 837 ——→ 第三擴大級 →837 / →837 ——→ 第四擴大級 803 ——→ 平衡擴大級 →833 / →833

以第一擴大級做緩衝用，第二及第三擴大級各做倍週(Frequency Doubler)用，第四擴

（編者按）此機原來所用電子管，都屬陳舊程式，當係十年以前之產品，彼時作者所採用之較為新式之電子管，固尚未問世也。

亞爾西愛一瓩勵振機線路比較圖

原來線路圖

振蕩級(1.5-3 MC.) 210
第一擴大級(1.5 3 MC.) 860
第二擴大級(3-6 MC.) 860
第三擴大級(6-12 MC.) 860
第四擴大級(6.67-21.5 MC.) 861
平衡擴大級(6.67-21.5 MC.) 2-861

改後線路圖

振蕩級(1.5-3 MC.) 837
第一擴大級(3-6 MC.) 837
第二擴大級(3-6 MC.) 837
第三擴大級(6-12 MC.) 2-837
第四擴大級(6.67-21.5 MC.) 803
平衡擴大級(6.67-21.5 MC.) 2-833

附註　改後線路之波長範圍，僅係理想，實際尚未完全試驗。

大級做倍週或擴大用。試驗結果：倘第四擴大級做倍週時，因輸入電力太小，以致輸出電力因倍週而減低，不足供給下級。但做擴大時，輸入電力雖仍小，而輸出電力因擴大而增加數倍，供給下級，綽有餘裕。

（2）二試　電子管之分配如初試。以第一擴大級做緩衝用，第二、第三、及第四擴大級均做倍週用。試驗結果：將『初試』時所遇之缺點免除，即第四擴大級之輸入電力增大，所以輸出電力雖在倍週時，仍足供給下級之用，於是試驗可說初告成功。惟因第三擴大級用 803 式電子管，深覺有輸出電力未能盡量應用之缺點，故仍擬設法改進之。

（3）三試　電子管之分配如下：

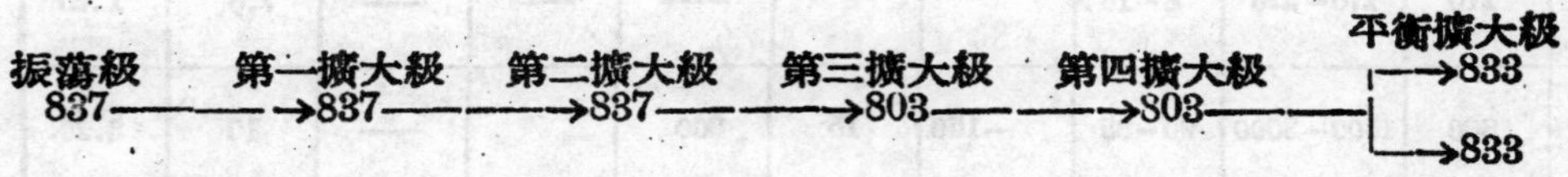

振盪級 837 ——→ 第一擴大級 837 ——→ 第二擴大級 837 ——→ 第三擴大級 803 ——→ 第四擴大級 803 ——→ 平衡擴大級 833 / 833

以第一、第二、第三擴大級均做倍週用，第四擴大級做擴大用。結果：因第二及第三兩擴大級之倍週週率數，超越原來線路之設計，使各該線路內感應量與電容量之比例太低，以致完全失敗。

（4）四試　電子管之分配如初試。以第一擴大級做倍週用，第二擴大級做擴大用，第三及第四擴大級均做倍週用。試驗結果：完滿成功，遂決定照此改裝。

（5）中和試驗(Neutralizing)

中和電容器之電容量，裝置地位，連接線條等，均與能否得到最佳之中和點，有密切關係。若失之過當，即可令試驗毫無結果；爰將此次試驗經過，簡述於後，以供參考。按此次所用之中和電容器原為 14 uufd，乃三片固定與四片轉動之鋁片所製成。經將電容器之裝置地位移動，接線及接法變更，電容量增減等，共做十餘次之試驗；最初十次毫無結果，至十次以後，方見改進，直至最後，究歸成功。玆將試驗最佳之結果列下：

（1）中和電容器與儲電線路 (Tank Circuit)相距約一呎。

（2）接線用一吋半寬銅皮替代。

（3）屏極與中和電容器之連接線，同另一屏極與另一中和電容器之連接線，彼此並行，但柵極連接線彼此交叉。即柵極之接線較長，屏極之接線較短。

（4）中和電容器之固定片，由三片減為一片。

（5）柵極須與固定片相接，屏極與轉動片相接。反之，若柵極與轉動片相接，屏極與固定片相接，雖仍可中和，但屏流較前增大，輸出電力反較前為小，效率大為減低耳。

(戊)結論

由標準使用記錄表，及實在使用記錄比較表，可查知改後線路之輸入電力，較原來線路為小，而輸出電力反較原來線路為大。換言之，即改後線路之效率，較原來線路為大。再由電子管價值比較表，可查知原來線路所用電子管之總值為美金九百八十四元五角，而改後線路所用電子管之總值為美金二百三十五元五角，相差在四倍以上。至改後線路較原來線路之惟一缺點，即在平衡擴大級處於每調波長時，加行中和 (Neutralizing) 手續，但此不過一二分鐘之工作，於使用上並無甚妨礙。根據以上所論，原來所用電子管程式之應行改去，已有充分理由；值此電款支絀，訂購艱難之際，更有亟切提倡之必要。再由此次改試之成功，可得下列之推論：

（1）凡購自國外無線電機中，原來規定應用之電子管程式，並非全是盡善盡美，無可改進者。

（2）凡無線電機中，原來規定應用歐

(1)電子管標準使用記錄表

		E_p 伏	I_p 千分安培	E_g 伏	I_g 千分安培	E_{sg} 伏	I_{sg} 千分安培	E_{supg} 伏	E_f 伏	I_f 安培
原來線路所用電子管	210	270-325	8-18			——	——	——	7.5	1.25
	860	1500-3000	90-85	-150	15	300		——	10	3.25
	861	2000-3500	300	-250	40	500			11	10
改後線路所用電子管	837	400-500	70-60	由-40至-85	8-4	200	32-15	0	12.6	0.7
	803	1250-2000	160	-90	12	500	45	40	10	5
	833	2500-3000	475-415	-200	65-55	——	——	——	10	10

(2)實在使用記錄比較表

		屏壓 伏脫	屏流 千分安培	柵流 千分安培	波長 公尺	輸出電能 瓦特	音高質地	拂萊娜報告
原來線路	振蕩級	300	15	*	22	840	佳	
	第一擴大級	*	45	0				
	第二擴大級	*	77	11.5				
	第三擴大級	*	118	16.5				
	第四擴大級	3200	240	17.0				
	平衡擴大級	3200	(1) 345 (2) 420	(1) 45 (2) 50				
改後線路	振蕩級	150	10	*	19.36	1014	佳	香港 88738
	第一擴大級	320	*	*				
	第二擴大級	200	25	12				馬尼拉 87786
	第三擴大級	510	55	12				
	第四擴大級	2210	110	30				
	平衡擴大級	2830	(1) 330 (2) 250	(1) 14 (2) 12				

* 未裝電表或所裝電表已損，故無記錄。

（3）電子管價值比較表

		電子管程式 R. C. A.	數量	價值（美元）	總值（美元）
原來線路	振盪級	210	1	2.00	984.50
	第一擴大級	860	1	32.50	
	第二擴大級	860	1	32.50	
	第三擴大級	860	1	32.50	
	第四擴大級	861	1	295.00	
	衡平擴大級	861	2	590.00	
改後線路	振盪級	837	1	7.50	235.50
	第一擴大級	837	1	7.50	
	第二擴大級	837	1	7.50	
	第三擴大級	837	2	15.00	
	第四擴大級	803	1	28.00	
	平衡擴大級	833	2	170.00	

洲各國所製之電子管，如欲改用美國所製之電子管，亦非不可能。按我國購自歐洲之無線電機，爲數並不在少，在此歐戰期間，關於原用之歐洲電子管，恐無從訂購，所以亟應有改用他種電子管之計劃。

（3）現在國際路線多被封鎖，運輸甚感困難，卽原來規定應用美國所製之電子管，亦恐未必能按時接濟，所以於必要時，並須計劃改用國內存貨較多之電子管，以濟急需。

總之，由此次改試之成功，對於改用無線電機電子管之程式，可增進自信心不少；倘能因此引起電信界同人之興趣，於必要時，研究討論無線電機所用電子管程式之改用問題，而將研究或試驗結果，供諸所好，則爲作斯報告之本意也。至該機所用整流管，業由亞爾西愛公司由高空（High Vacuum）管改爲汞氣（Mercury Vapor）管；對於改用此種電子管，諒無困難，故未作試驗。最後，筆者有一言須在此提出，卽亞爾西愛一砥勵振機改用電子管程式一節，由盧宗澄先生首先提倡，（但筆者所改之線路及電子管程式，與盧先生所改者，完全不同。）特此聲明，以免掠美之嫌。

（續 88 頁）

31. 文書幹事掌管本會一切文書事務。

32. 會計幹事掌管本會一切會計事務。

33. 事務幹事掌管本會會計文書以外之一切事務。

34. 總編輯主持本會會刊及叢書編輯事宜。

35. 基金監保管本會基金及其他特種捐款，但不得兼任本會其他職員。

36. 本會各委員會人選，由董事會選定之，任期一年，連選得連任，各委員會委員長得出席執行部會議。

37. 本會職員皆名譽職，但經董事會之議決，執行部得聘有薪給之職員及助理員。

38. 新舊職員之交代，應於年會閉會後一個月內辦理完畢。

第五章　會費

39. 本會會員之會費規定如下：

（名　稱）	（入會費）	（常年會費）
會　員	十五元	六元
仲會員	十元	四元
初級會員	五元	二元
團體會員	無	二十元
名譽會員	無	無

凡會員升級時，須補足入會費。

40. 凡團體會員一次繳足永久會費三百元，會員或仲會員，除繳入會費外，一次繳足永久會費一百元，或先繳五十元，餘數於五年內繳足者，以後得免繳常年會費。前項會費應由基金監保存，非經董事會議決，不得動用。

41. 每年常年會費，應於該年六月底前繳齊之。

42. 各項會費由各地分會憑總會所發正式收條收取，入會費全數及常年會費半數，應於每月月終解繳總會常年會費之其餘半數，留存各該分會應用。凡會員所在地未成立分會者，由總會直接收取會費。

43. 凡會員逾期三個月不繳會費，經兩次函催不復者，停寄其各種應得之印刷品，經三次函催不復，而復經證明所寄地址不誤者，由總會執行部通告，停止其會員資格，非經董事會復審特許，不得恢復。

第六章　附則

44. 本章程如有應行增修之處，經會員十人以上之提議，於年會時以出席三分之二以上人數通過，交由執行部用通訊法交付全體會員公決，以復到會員三分之二以上之決定修正之。但會員在通訊發出後三個月不復者，作默認論。

中國工程師學會章程

（民國二十四年八月十五日南寧年會修正通過）

第一章　總綱

1. 本會定名爲中國工程師學會。

2. 本會聯絡工程界同志，協力發展中國工程事業，並研究促進各項工程學術爲宗旨。

3. 本會設總會於首都。（在總會會所未建成以前，暫設於上海）。

4. 本會會員有十人以上住同一地點者，得設立分會，其章程由各分會擬訂，由總會董事會校定。

第二章　會員

5. 本會會員分爲，(一)會員，(二)仲會員，(三)初級會員，(四)團體會員，(五)名譽會員。

6. 凡具有專門技能之工程師，已有八年之工程經驗，內有三年係負責辦理工程事務者，由會員三人之證明，經董事會審查合格，得爲本會會員。

7. 凡具有專門技能之工程師，已有五年之工程經驗，內有一年係負責辦理工程事務者，由會員或仲會員三人之證明，經董事會審查合格，得爲本會仲會員。

8. 凡有二年之工程經驗者，由會員或仲會員三人之證明，經董事會審查合格，得爲本會初級會員。

9. 凡在工科大學或同等程度之專科學校畢業，作爲三年工程經驗，三年修業期滿，作爲二年經驗。

凡在大學工科或同等程度之專科學校教授工科課程，或入工科研究院修業者，以工程經驗論。

10. 凡與工程界有關係之機關學校，或其他學術團體，由會員五人之介紹，經董事會通過，得爲本會團體會員。

11. 凡對於工程事業，或學術，有特殊供獻而能贊助本會進行者，由會員五人之介紹，經董事會全體通過，得爲本會名譽會員。

12. 會員有選舉權及被選舉權。仲會員有選舉權，無被選權。初級會員、團體會員、及名譽會員、無選舉權及被選舉權。

13. 凡仲會員或初級會員經驗資格已及升級之時，得由本人具函聲請升級，並由會員及仲會員三人之證明，經董事會審查合格，卽許其升級。

14. 凡本會會員有自願出會者，應具函聲明理由，經董事會認可，方得出會。

15. 凡本會會員有行爲損及本會名譽者，經會員或仲會員五人以上署名報告，由董事會查明除名。

第三章　會務

16. 本會發行會刊，及定期會務報告，經董事會之決議，得編印發行其他刊物。

17. 本會經董事會之決議，得設立各種委員會，分掌各項特殊會務。

18. 本會每年春季開年會一次，其時間及地點，由上屆年會會員議定，但有必要時，得由執行部更改之。

19. 執行部每年應造具全年收支報告，財產目錄，及會務報告，於年會時提出報告之。

第四章　職員

20. 本會總會設董事會及執行部。

21. 本會設會長一人，副會長一人，董事二十七人，基金監二人，董事每年改選三分之一，基金監每年改選一人，其餘均任期一年。每屆選舉由上屆年會出席會員推定司選委員五人，再由司選委員會提出各職員三倍人數，用通信法由全體會員選舉，於次屆年會前公布之。前任職員連舉得連任一次。

22. 本會設總幹事，文書幹事，會計幹事，事務幹事，總編輯，各一人，均由董事會於年會閉會後二星期內選舉之，任期一年，連舉得連任。

前項職員亦得由董事兼任。

23. 董事會由董事，及會長，副會長，組織之，其開會法定人數定爲十五人。董事會開會時，以會長爲主席，執行部其他職員均得列席，但無表決權。會長，副會長，不能出席時，得自行委託另一董事爲代表，董事不能出席時，每次應書面委託另一董事或會員爲代表，但以代表一人爲限。

24. 董事會遇必要時，得邀請歷屆前任會長副會長列席會議。

25. 董事會之職權如下：

(一)決議本會進行方針，

(二)審核執行部之預算決算，

(三)審查會員資格，

(四)決議執行部所不能解決之重大事務。

(五)其他本章程所規定之職務。

26. 執行部由會長，副會長，總幹事，會計幹事，文書幹事，事務幹事，及總編輯組織之。執行部職員除會長副會長外，爲辦事便利起見，均須爲總會所在地之會員。

27. 董事會開會無定期，但每年至少須四次，由會長召集之。

執行部每月開會一次，由總幹事承會長之命召集之。

28. 會長總理本會事務，並得爲本會對外代表。

29. 副會長輔助會長辦理會務，會長不能到會時，其職務由副會長代行之。

30. 總幹事承會長之命，綜理本會執行部日常事務。

（接 87 頁）

釷鎢絲(Thoriated Tungsten)電子放射之檢討

單宗肅

(中央電工器材廠工程師)

(一)電子放射公式。

常用之電子放射公式爲 Dushman's Equation:

$I=AT^2e^{-b_0/T}$……………………(1)

A 爲公用常數(Universal Constant)

b_0爲專用常數(Specific Constant),其值隨放射表面而變。從 Saul Dushman & Jessie W. Ewald: Graphs for Calculation of Electron Emission from Tungsten, Thoriated Tungsten, Molybdenum And Tantalum, G. E. Review, March, 1923 檢得:

釷鎢絲之 $b_0=34100$

鎢絲之 $b_0=52600$

設 I 用安培/平方公厘爲單位,則 A=60.2,而(1)式可變爲:

$\log_e I=4.1+2\log_e T-\frac{b_0}{T}$ ….(2)

(二)釷鎢絲電子放射之優良。

鎢絲之電子放射,效率不佳,若在鎢絲內加少量氧化釷,用時先將釷鎢絲在眞空中熱至 2800° K.,則一部份氧化釷還原爲釷,再將釷鎢絲溫度降至 2200° K.,則釷即漸漸擴散至鎢絲之表面,而成一極良好之放射層。釷鎢絲之工作溫度最適宜在 1900° K. 至 2100° K. 之間,太高則釷之蒸發過速,太低則絲內之釷向外擴散太慢。故溫度太高或太低,均能減小電子放射。

玆將釷鎢絲與鎢絲之電子放射率,在 2000° K.時,作一比較如下:

設 I', b'_0 爲釷鎢絲之電子放射率及其專用常數,

I'', b''_0 爲鎢絲之電子放射率及其專用常數,

則 $\log_e I'-\log_e I''=\frac{b''_0-b'_0}{T}$

$=\frac{52600-34100}{2000}=9.25$

$\log_e\frac{I'}{I''}=9.25$

$\frac{I'}{I''}=10400$

即在 2000° K.時,釷鎢絲之電子放射率爲鎢絲之電子放射率一萬餘倍,由此可知釷鎢絲電子放射之優良矣。

(三)釷鎢絲應用時之實際困難及解決方法。

釷鎢絲電子放射之優良,已如前述,然實際上應用時困難頗多,蓋釷鎢絲表面之釷,極易受殘餘氣體之陽離子所衝擊而失落,其電子放射能力隨之減低。欲得極高之眞空,費用旣大,且不易保持,壽命亦隨之短促。在吾國情形,因液體空氣之不易得,欲求高度眞空,更屬困難。於是有所謂炭化鎢絲之方法,經過此法之後,則上述困難即可減小而壽命亦長。玆述之於後:

以釷鎢絲在炭氫化合物(Hydrocarbon)如 Naphthalene, Alcohol, benzol, benzen 或 Methane 等中,燃至 1600° K.,則炭氫化合物之分子衝擊於極熱釷鎢絲之表面,而分解爲氫與炭。炭即與釷鎢絲表面之鎢化合而成 W_2C。炭化後之釷鎢絲,較炭化前有兩優點:

(甲)電子放射不易受殘餘氣體之影響而

低落。

(乙)在同一溫下，釷之蒸發率較慢，故其工作溫度可提高，而電子放射效率亦較佳。

釷鎢絲炭化後，雖有上述諸優點，然炭化程度頗有關係。含炭太多則質脆易斷，含炭太少則又不能得上述之優點，故含炭之多少，乃一極值研究之題題也。Koller 在 Physics of Electron Tube 書上謂：釷鎢絲炭化後，其傳導率不能小於原數百分之八十。換言之，即含炭量不能超過 0.7% 以上。(參閱 Koller: Physics of Electron Tube, P. 33, Fig. 8)。I. E. E. April, 1937, P. 416 謂：釷鎢絲炭化後其電阻以增加百分之七為宜。其含炭量約合 0.25%。然作者經數年之試驗，覺釷鎢絲炭化後，其傳導率以減至原數百分之九十為最妥，含炭量約合 0.35%。在此情形之下，電子放射固佳，而脆度與 R. C. A. 所產電子管內之釷鎢絲相仿。實際上釷鎢絲電子管運輸時，仍須特別留意。深望世人，對此問題多加研究，改良釷鎢絲之電子放射而減除其質脆易斷之弊，或竟放棄炭化法，別尋新方，務得其優而去其弊，則尤善焉。

(四)結論。

(甲)釷鎢絲電子放射雖佳，然易受眞空度之影響而降落。行炭化法後，其弊卽除。

(乙)炭化法可增加釷鎢絲電子放射效率，而減少眞空度之影響，以作者試驗結果，其含炭量以 0.35% 為宜。

(丙)質脆問題頗堪注意，最好能棄炭化法而別求新方，務使有其長而無其短。

(五)參考書

(A) Yuziro Kusunose: Calculations on Vacuum Tubes and the Design of Triodes, 日本電氣試驗所研究報告 No. 237。

(B) Andrews, M. R.: Diffusion of Carbon through Tungsten & Tungsten Carbide, J. Phys. Chem., 29, 462, 1925。

(C) Langmuir, I.: The Electron Emission from Thoriated Tungsten Filaments, Phys. Review, 22, 357, 1923。

(D) Koller: Physics of Electron Tubes.

(E) Saul Dushman & Jessie W. Ewald: Graphs for Calculations of Election Emission from Tungsten, Thoriated Tungsten, Molybdenum and Tantalum, G. E. Rev., March, 1923。

得獎論文揭曉

中國工程師學會第八屆昆明年會論文，前經論文審查委員會選取四篇，頒給獎金，以誌嘉勉。各篇論文均在本雜誌揭曉，號數如下：

第一名 陳廣沅 雙缸機車衡重之研究
（載『工程』第十三卷第六號 5—50 頁）

第二名 王龍甫 長方薄板縐皺之研究及其應用於鋼板梁設計
（載『工程』第十三卷第五號 5—26 頁）

章名濤 稅格電動機中之互感電抗
（載『工程』第十三卷第四號 45—48 頁）

葉楷 汞弧整流器
（載『工程』第十三卷第四號 27—35 頁）

銅線表皮缺陷(Surface defects)之原因

卞學曾

（中央電工器材廠副工程師）

銅線製造之步驟，自原料以至成品，大約可分列如下、

1. 採鑛
2. 粗鍊
3. 精鍊
4. 翻製銅錠(casting of wire bar)
5. 預熱銅錠(reheating of wire bar)
6. 銅桿輾壓(rolling of wire rod)
7. 酸洗(pickling)
8. 拉線(wire drawing)

在任一製造步驟中，如不加適當處理，即有使製成後之銅線，有表皮缺陷之可能。玆分別討論如下：

(一)由於銅錠本身之缺陷

銅錠本身之缺陷，可分為成分不合及翻製缺陷(casting defects)二種。前者由於採鑛，粗鍊，精鍊，及/或翻製之未加適當處理，後者則完全由於翻製不良有以致之。成分不合之銅錠，其導電量(electrical conductivity)將銳減，根本不能作為製造銅線之原料，本文中可勿置論。其翻製缺陷足以影響銅線之表皮者，約有下列數端：

(1)富氧銅之深入(deep penetration of oxygen-rich copper) 翻製銅錠時雖有「青木去氧法」(poling process)將銅內所含之氧氣除去，但終有一部份留於銅錠之內，此種氧氣係化合於銅內所含之一氧化銅(cuprous oxide)內，距凝結面(set surface)愈近，其所含之量亦愈多，此種富氧銅部份普通應在凝結面下半吋以內，如深入凝結面太多時，則銅錠將富有一種脆性(embrittlement)，在拉線時足以有表皮疲乏(surface fatigue)之現象，致拉成後之銅線表皮，有粗糙及裂隙之病。

(2)含氧量(oxygen content)太多。

普通銅錠內含氧量應在0.025%至0.08%之間，含氧量在0.05%以內時，其對於銅錠之冷熱處理(cold and hot treatment)，均無若何若影響，過此限則銅錠將有脆性，致使拉成後之銅線，有表皮缺陷之虞。

(3)氣洞(porosity)太大並太多。

在翻製銅錠當其凝結之時，裏面所發生之氣體向外澎漲，致使凝結後之銅錠，裏面留有許多之氣洞。如此種氣洞太大並太多時，則在拉線時將發生許多之困難，使拉成後之銅線有表皮缺陷。

普通鑑別銅錠之有無翻製缺陷，大都由其凝結面之形態以定之。在翻製銅錠當其凝結之時，銅由液體變固體而收縮，同時裏面所發生之氣體亦向外澎漲。如裏面發生之氣體太少，其澎漲力(natural up-thrust)不足以與外面之收縮力(natural shrinkage)相抵消時，則銅錠凝結後成為一種凹形凝結面(under-poled set surface)，此種凝結面表示裏面含多量之一氧化銅，亦即其含氧量甚多，但所含之氣洞則甚少，甚至無有。如凝結時裏面所發生之氣體太多，其澎漲力足以抵消外面之收縮力而有餘時，則銅錠凝結後成為一種凸形凝結面(over-poled set surface)，此種凝結面表示裏面之氣洞甚多且甚大，但其含氧量則甚少。如凝結時裏面所發生氣體之澎漲力足以抵消外面之收縮力而有餘時，則銅錠凝結後成為一種平形凝結面(tough pitch set surface)，此種凝結面表示裏面之含氧既不太大，氣洞亦不太多，對

於冷熱處理均無影響，爲適於製造銅線用之銅錠。❶

（二）由於輾壓前之預熱處理

普通在輾壓前，銅錠在預熱爐（reheating furnace）內加以預熱處理時，爐內大多富於氧氣，銅錠在高溫度及較長之時間下，與富於氧氣之空氣相接觸，其表皮將被有一層較厚之氧化物（scale），此種氧化物之大部雖在輾壓時可以脫去，但終有一部份被壓入銅內，而存留於銅桿表皮之內，足以影響拉成後銅線之表皮。但如能於輾壓時用有效之方法，使銅錠外面之氧化物不致壓入銅內太多，則因此而生之微小表皮缺陷，（實際非普通目力所能見），在普通用之銅線毫無關係。但如用爲特種銅線，如漆皮銅線（enameled wire）等之用時，則此種微少之表皮缺陷，亦須用有效方法以除去之。

（三）由於銅桿之缺陷

輾壓之壓槽（roll pass）設計時，應使被壓物之四周，均有適當之支持，在每個壓槽內，被壓物須被壓至固定之大小（definite size），及預定之形態（given shape）。如在實際輾壓時，在任何壓槽內，有與上述不符之情形時，則壓成後之銅桿，將有裂隙（crack），邊溢（fins），重疊（over lap）等等之缺陷。此種銅桿經過冷拉（cold drawing）工作之後，其拉成之銅線，將有極壞之表皮缺陷。甚至不能拉成完整之銅線。上述銅桿之缺陷，不僅與壓槽設計（roll pass design）有關，而與實際輾壓時之溫度控制（temperature control），及輥軸校正（roll setting），均有極大之關係焉。

（四）由於拉線前不適當之酸洗

普通最常用之硫酸酸洗法，僅能將銅桿上最外面之一層氧化物洗去，其被壓而深入銅內之氧化物及銅桿上之任何表皮缺陷，均不能用此法以除去之。

欲使表皮缺陷及被壓入銅內之氧化物亦一並除去，有二種方法可以應用。

（1）電解酸洗法（electrolytic pickling）

將銅桿接於陽極（anode）上，而浸入硫化銅液體（copper sulfate solution）內以酸洗之，用此方法可將銅之表皮完全洗去一層。

（2）硝酸酸洗法

將銅桿浸入淡硝酸內而酸洗之，但此法在實行時有發生致嘔及含毒黃烟（nauseaus and poisoneous fume）之可能，不適於採用。

（五）由於不適當之拉線處理

在拉線時不適當之處理，而足以使銅線有表皮缺陷者，約有：

（1）不適當之拉縮率（incorrect drafting）

（2）不適當之拉線模形態（incorrect die shape）

（3）粗糙或破碎之拉線模（rough and broken die）

（4）不適當之潤滑液（inadequate lubrication）

❶輾壓銅桿大部用橫模翻製（horizontally easted）之銅錠，故本文所述亦僅就此種銅錠加以討論。

開關設備 標準電壓 及 標準載量 之建議

林　　津

（中央電工器材廠副工程師）

提要：我國電器製造事業發展較遲，關於開關設備之正常電壓及正常載量尚未規定標準，此對於大量生產殊有不便，本文根據前建設委員會公佈之『電氣事業電壓週率標準規則』並參考歐美各國之標準，草擬開關設備標準電壓及標準載量，以供我國專家之參考，希望在抗戰勝利復興建國以前，將此標準審定公佈，以爲將來新興電器製造事業及電器事業之準繩。

我國電器製造事業發展較遲，昔日各電廠所需之器材，多取自外國，即有由本國自給者，亦多係仿造外貨之式樣，或適合各電廠之需要，特別設計製造，鮮有自定標準者。以是各電廠及工廠爲器材取給便利起見，所用發電機變壓器及開關設備之電壓及載量，乃多採用供給器材國家之標準，而增備之電器亦均沿用舊制。故戰前全國各電廠之線路電壓種類極多，雖曾經前建設委員會於民國十九年公佈『電氣事業電壓週率標準規則』，規定標準週率爲50週/秒，相數爲單相及三相兩種，及標準電壓若干種（參閱第三表），但因已成立之各電廠，更改舊制所費頗鉅，故尙難統一。其中關於週率及相數，因世界各國已早趨標準化，大部分國家採用50週/秒三相制，（惟美國採用 60 週/秒三相或四相制）。我國亦定此爲標準，故已成立之各電廠所採制度尙多與此相合；但關於電壓則極不一致；據前建設委員會統計，❶民國二十三年份，國內主要汽輪發電廠之發電電壓，竟達十三種之多，（參閱第一表）。此不但使各電廠互相供電組成電氣網之計劃，難於實現，而對於初期發展之電器製造事業，欲謀大量生產，亦殊有礙。今者，舊有電廠多在淪陷區內，其遭摧毀者頗多，於抗戰勝利之後，必將謀恢復，且內地之電器事業及工業亦必將有大規模之發展，倘於此時規定電壓標準，由建設事業統制機關切實推行，必不難使全國一致採用。至於電器載量之標準化，雖不若電壓關係之重大，但倘能定有標準，則一可以減少製造廠存貨之種類，而增加其大量生產之效能，二可便於電廠及工廠之選用，三則一切與載量有關之電氣規則，若刀形開關之開啓距離，匯電桿之安全間隔，及油開關開動器等之任務循環 (duty cycle) 等，均可據此依次規定，故亦爲當行之急務。昔建設委員會所定之標準電壓，因顧及國內已有電廠之制度，故種類頗多，似尙可加以修改；而關於開關設備及其他電具之標準載量，則尙無規定。今根據該會公佈之規則，並參考歐美各國之標準，草擬開關設備之標準電壓，及標準載量，以供專家之參考。

---

❶、見民國二十三年份『中國電氣事業統計』第五號。

(第一表) 國內主要電廠 發電電壓 及 週率 表❶

電壓 \ 週率	50 週/秒	60 週/秒	25 週/秒
2200	武進		開灤
2300	福州，揚州，南昌，寧波，蘇州。		
3150	鎮江大照電廠		
3300	煙台，成都。		
5000	濟南		
5250		福州	
5500	上海華商		
6600	閘北，戚墅堰，天生港。	漢口 既濟	
6900	洛陽		
11000	青島		
13200	廣州		
13500	首都		
14000	杭州		

(一) 標準電壓

今日通用之電壓，可分為高低二種：❷凡在 750 伏以下者稱為低壓，其較高者稱為高壓。今分別討論於下：

(甲) 低壓：——前建設委員會於民國十九年公佈之標準低壓，直流為 220 伏及 220/440 伏(三線制)二種，交流為 220 伏(單相)，220/380 伏(三相四線)及 220/440 伏(單相三線)三種，與英美各國所定之標準相類似(參閱第二表)。我國戰前已成立之各電廠所用低壓種類，據前建設委員會民國二十四年之統計❸，用直流者計有一百餘家；其中電壓為 220 伏者約佔百分之七十，220/440 伏者約佔百分之二；用交流者計三百餘家；其中用三相 220/380 伏者約佔百分之三十，用單相 220 伏者約佔百分之四十；大部分與前公佈之標準規則相合。故如將此標準嚴格推行，當不難使全國之低壓漸趨標準化。

(第二表) 各國現用標準低電壓(線路終點)

	美國	英國	德國	建委會公佈	建議之我國標準	
					線路終點電壓	開關設備正常電壓
直			110			
	112/220		220	220	220 220/440	250
	115/230	230/460	440	220/440		550
	550		550			
流	660(電車用)		750			
交	110(單相三相及四相)		125(三相)			110及115(電壓互感器用)
	110/220(單相三線)		125/220(三相)	220(單相)	220	250
	220(三相及四相)	230/400	220/380(三相)	220/380(三相)	220/380(三相)	500
	440(三相及四相)		500(三相)	220/440(單相三線)	220/440(單相三線)	
流	550(三相及四相)					

❶ 錄自『中國電氣事業統計』第五號『全國電氣事業調查表』。

❷ 按英國習慣，250 伏及較低者稱為『低壓』(Low-Tension)，不超過 650 伏者稱為中壓(Medinm Tension)，不超過 3,000 伏者，稱為高壓(High Tension)，高於 3,000 伏者，稱為超高壓(Extra-High-Tension)，惟按本國所規定之電壓種類，分為高壓及低壓二種，已足區別。

❸ 中國電氣事業統計第五號『全國電氣業調查表』。

玆根據前建設委員會公佈之標準，以擬定開關設備之標準電壓：查電燈所接電壓，不宜超過其正常值之 5.5%；又普通之交流及直流電動機在正常週率時，如電壓之變動不超過規定值之±10%，仍應生足量馬力，故英美各國之戶內電力線裝置規則，規定連接電燈之線路，其總電壓降落不得超過正常值百分之五；連接電動機之線路，其總電壓降落不得超過百分之十。故低壓開關，保險絲及開動器等之正常電壓，宜較線路終點電壓高約百分之十，使其可以通用於電燈及電動機線路之各段。今擬以 250 伏為雙極開關之標準電壓，適用於 220 伏之線路；500 伏為三極及雙極開關之標準電壓，適用於 220/380 伏及 220/440 之線路。

此外，電壓互感器(Potential Transformer) 低壓線圈之標準電壓，擬定為 110 伏及 115 伏二種，使當高壓線圈用於各種標準高壓線路時（參閱第三表），其『變比』(Ratio of Transformation)均得為整數，如此可減少電壓表（與電壓互感器聯用者）之種類，而便於劃度及校準。

(乙)高壓：——今日歐美各國所用之標準高電壓，不下十餘種。前建設委員會所規定者，亦有九種之多（參閱第三表）。考其原因，概由於電廠之發電電壓，隨電氣製造事業之進步，及輸送電量之增加而俱增，當此演進時期，新設電廠固多採用較為經濟之高級電壓；而舊有電廠則因提高電壓所費頗鉅，仍多沿用舊制，乃致多種電壓，同時存在。今我國值此非常時期，電氣事業將有猛進革新之發展，似應選擇數種最經濟之電壓，定為標準，而將其他電壓逐漸取締。

(第三表)　各國現用標準高電壓

美國❶		英國		德國		建設委員會公佈(十九年九月十二日)		建議之我國標準		
線路電壓(表面值)❷	電具電壓(開關及其他)	線路終點電壓	線路起點電壓	線路終點電壓	線路起點電壓	線路終點電壓	線路起點電壓	線路終點電壓	線路起點電壓	開關設備正常電壓
2,300	2,500	3,000	3,300	3,000	3,150	2,200	2,300			
4,000	4,500			(5,000)	(5,250)	3,800	4,000			
6,600	7,500	6,000	6,600	6,000	6,300	6,600	6,900	66,00	6,900	7,500
11,000		1,0000	11,000	10,000	10,500					
13,200	15,000					13,200	13,800	13,200	13,200	15,000
22,000	23,000			15,000	15,750					
33,000	34,500	30,000	33,000			30,000	31,500	33 000	34,500	35,000
44,000	46,000	45,000	49,000							
66,000	69,000	60,000	66,000			60,000	63,000	66,000	69,000	70,000
110,000	11,500	100,000	110,000			100,000	105,000			
132,000	138,000	120,000	130,000					132,000	138,000	140,000
154,000	161,000					150,000	157,500			
220,000	230,000					200,000	210,000	220,000	230,000	230,000
330,000	345,000									

❶ 下有橫線者為規定新設電廠應採用之標準電壓。

❷ 美國僅規定發電電壓之表面值，而未規定線路終點及起點之電壓。

8867

茲根據前建設委員會公佈之規則，擬改定 6,600，13,200，33,000，66,000 及 132,000 伏五種，爲線路終點標準電壓。線路起點之電壓，較終點約高百分之五，計爲 6,900，13,800，34,500，69,000 及 138,000 伏。今將選用各電壓之理由申述於下：

（1）6,600 伏——今各國通用之發電機電壓，及低級之配電線路電壓，計有 2,200，2,300，3,000，4,000，5,000 及 6,600 數種；其中就線路載量之效率而論，當以 6,600 伏爲最高，而線路之裝置費用，及瓷料，開關設備等之價值，以 6,600 伏者與 2,200 伏者相較，亦相差極微（參考第四表）。故就設備費用而論，亦以 6,600 伏最爲經濟。故今日英美德各國均定 6,600 或 6,000 伏爲標準之一，而我國經前建設委員會極力推行以來，近年新設之電廠，亦均採用 6,600 伏；惟美國規定 4,000 伏爲新設電廠之標準，而不採用 6,600 伏，考其原因，乃以舊有電廠用 2,300 伏者甚多，如欲利用原有之線路設備及變壓器，而將配電電壓增高以增加輸電量，惟有採用 4,000 伏，（將三角聯接之發電機及變壓器改爲星聯接）；我國並無此種情形，自不必倣效之。故就設備之經濟，外國器材取給之便利，及適合本國之情形諸點而論，均以爲應採用 6,600 伏爲標準。

（第四表）

線路電壓	屋外❶ 導線與橫梁之安全間隔	同一桿塔上❶ 電力線與電信線間之最小垂直距離	同一桿塔上❶ 導線間之横面間隔（弧垂 2.4 公尺）導線截面積 3 方公厘內	屋內❷ 電線距地之安全間隔	屋內❸ 匯電條之間隔	屋內❹ 油開關兩極間之最小間隔
2,300 伏 (2,500)	1.0 公尺	1.2 公尺	0.90 公尺	2.5 公尺	$3^1/_2$ 吋	2 吋
6,600 伏 (7,500)	1.0 公尺	1.2 公尺	0.90 公尺	2.8 公尺	4 吋	$3\frac{1}{2}$ 吋
13,200 伏 (15,000)	1.5 公尺	1.8 公尺	0.95 公尺	3.7 公尺	7 吋	5 吋
33,000 伏 (35,000)	2.5 公尺	1.8 公尺	1.10 公尺	——	$19^1/_2$ 吋	14 吋

（2）13,200 伏——在 6,600 伏以上，適於中距離輸電或配電之電壓；及轉動電機之最高電壓；今通用者計有 10,000 及 13,200 伏二種。前建設委員會曾採用 13,200 伏標準，今就線路之經濟問題而論，亦覺定此爲標準，極爲適當：蓋考我國今日電氣製造事業之程度，對於 15,000 伏以下之瓷料已可以製造，對於同電壓之開關設備，亦有相當把握，故採此爲標準，乃可以充分利用本國製造事業之技術，使大部份器材，可以取之於國內。再者，以 6,600 伏爲最低級之標準高電壓，而以其二倍 (13,200 伏)，五倍 (33,000 伏)，及十倍 (66,000 伏) 等爲較高級之電壓，可以使各級標準高壓，成爲一有規則之系統。故擬依照前建設委員會公佈之規則，以 13,200 伏爲標準電壓。

（3）33,000，66,000 及 132,000 伏——超過 13,200 伏（或 15,000 伏）之瓷料及開關設備，在最近期內，大部份恐仍須取自國外，故所定高級標準電壓，當求其與歐美各國相似，以便器材之取給。茲參考英美之標準，並根據上節所述之系統，擬定此三種電壓爲標準。高於 132,000 伏之電壓，我國目前似尚無需要，故未規定。

根據上述之標準線路電壓，擬規定開關設備之正常電壓爲 7,500，15,000，35,000，

❶ 錄自前建設委員會二十年五月十一日公佈之屋外供電線路裝置規則。

❷ 錄自德國電機工程標準 V. D. E. 1934。

❸ 錄自 Data Book for Switch board of Westinghouse Electric & Mfg. Co. (美國)。

❹ 錄自英國電機工程標準 B. E. S. A. Standard。

70,000，及 140,000 伏五種；蓋英美之慣例，在同一配電區內各點之實際電壓，不宜與線路終點之標準電壓相差超過 ±5%，又普通變壓器之壓降約為 2-4%，故當某一配電支線之負載 (Load) 減至極小時，其上之最高電壓，或將較標準電壓高 9%。是以用於 6,600 伏及 13,200 伏配電線路之開關設備，其正常電壓應約較高 10%。今取一整齊之數目，得 7,500 伏及 15,000 伏。輸電線路開關設備之正當電壓，宜較線路終點標準電壓約高 5%，以便通用於線路之終點及起點，故選用 35,000，70,000 及 140,000 伏為標準。（參閱第三表內美國之標準）。

(二) 標準載量

開關設備之載量，普通以電流之安培數表示之，電動機開動器又常以其配用之電動機之馬力數表示其載量。此外自動斷路器必須用載流量及斷流容量 (Interrupting capacity) 二者，始能完全表明其載量。今本文僅論及各種開關及開動器之載流量。

載流量標準之選擇，當以下列各點為根據：(1)適合需要之情形，(2)分級不宜過少，以免使用者常須採用過大之開關，(3)分級不宜過多，致增加製造之繁瑣，(4)所分各級，應適合構造之情形，其構造不便，或兩級價格相差甚微者，均宜減去，(5)各級之安培數宜成等比或等差級數，並宜用整齊之數目。茲根據上述之原則，並參考英國標準局公佈之刀形開關載流量標準，及英，美，德各名廠出品之額定載量，擬定刀形開關，油開關，交流電動機開動器，及電流互感器 (Current Transformer) 之載流量，列於第五表。

（第五表）開關設備之標準載流量

英國標準局規定❶		建議之我國標準						
		刀形開關		油開關		交流電動機開動器		電流互換器
刀形開關	隔離開關	低壓	高壓	低壓	高壓	安培	馬力約數（380 伏三相時）	主方電流（副方電流=5安）
15	15					15	10	5
30	30	30				25	15	10
60	60	60		60		40	25	15
100	100	100		100		60	40	20
150	150					100	75	30
200	200	200	200	200	200	150	100	50
300	300	300				200	150	60
400	400	400	400	400	400	300	200	80
	500					500	300	100
	600	600	600	600	600	700	500	150
	800	800	800	800	800			200
	1000	1000	1000	1000	1000			250
	1200							300
	1600	1500	1500	1500	1500			400
	2000	2000	2000	2000	2000			500
	2400							600
	3000	3000	3000	3000	3000			800
	4000	4000	4000	4000	4000			1000
	5000							1500
	6000	6000	6000	6000	6000			2000
								3000
								4000
								5000

❶ 下有曲線者為可以省去之標準載流量。

刀形開關之構造簡單，所費材料佔成本之大部分，故其分級宜較細，使鄰級之價格不致相差過多；其高壓者因開啓距離較長，100 安培以下之開關，不甚堅固，尤以戶外用者為甚，故擬以 200 安培為最小載量。又刀形開關多用以隔離油開關及高壓線，故其載量應能與油開關相配用。

按英國標準局之規定，刀形開關分為 Knife Switch 及 Isolating Switch 兩種，前者僅及 400 安培，可以截斷電流，後者專用以隔斷線路；我國昔按其字意，譯為閘刀開關及隔離開關，然實際上歐美各廠所製之閘刀開關，其容量並不止於 400 安培，其與隔離開關之區別，全在於構造上之不同。閘刀開關僅有低壓者，裝有手柄可以直接拉動，而隔離開關則有高壓低壓兩種，不裝手柄，而用鈎棒或槓桿啓閉；500 安培以上之閘刀開關，亦僅能隔斷線路，其功用與隔離開關相同。故以為舊譯名稱不甚切當，應將此兩種開關統稱為刀形開關，而按其構造分為『手柄刀形開關』，『鈎棒刀形開關』，『槓桿刀形開關』，及『羊角刀形開關』(Horn Break Switch)數種。

油開關之構造較為複雜，其價值，除載流量外，更視截流容量而異，電壓愈高，則後者之關係愈大。故低於 200 安培之高壓油開關，其價值與 200 安培者相差無幾，可通用 200 安培者，故其標準載流量亦自 200 安培起。

電動機開動器載流量之分級，與刀形開關及油開關稍有不同，其所以不亦採用15，30，60，安培之分級者，乃因：(1)10匹以上至40匹馬力間之電動機，通常分為 12，15，20，25，30 及 40 馬力六種，倘用 30 及 60 安培開動器兩種，則每種須通用於三種電動機，分級似過少。(2) 40 安培之開動器，可用空氣開啓 (Air-break) 式者，而 60 安培者則宜用浸油式者，倘定 30 安培為標準，則 25 匹馬力之電動機，亦必須用浸油式開動器，頗不經濟。(3)開動器之外殼常備接裝鐵管，按美國規定之鐵管大小(三相三線)，15 安培以下均用 1/2" 鐵管，25 安培以下者用 3/4" 鐵管，30，40 及 60 安培者均用 $1^1/_4$" 鐵管，故按此分級，可免開動器上裝管孔，與實際所需之管徑大小不合，致必須用較大之鐵管。今英國及德國所製開動器，亦均依此分級。

電流互感器主方 (Primary Side) 之電流，應與電流表之劃度相同，故按常用電流表之滿載安培數，規定其標準載流量。

以上所述者，均為基本之開關設備，其標準流量既定，則其他開關設備，若保險絲，電抗器，鐵売配電設備等，均可據此規定矣。

工　　程

THE JOURNAL OF THE CHINESE INSTITUTE OF ENGINEERS

FOUNDED MARCH 1925—PUBLISHED BI-MONTHLY

工程雜誌投稿簡章

(1)本刊登載之稿，概以中文爲限。原稿如係西文，應請譯成中文投寄。

(2)投寄之稿，或自撰，或翻譯，其文體，文言白話不拘。

(3)投寄之稿，望繕寫清楚，並加新式標點符號，能依本刊行格(每行 19 字，橫寫，標點佔一字地位)繕寫者尤佳。如有附圖，必須用黑墨水繪在白紙上。

(4)投寄譯稿，並請附寄原本。如原本不便附寄，請將原文題目，原著者姓名，出版日期及地點，詳細敍明。

(5)度量衡請盡量用萬國公制，如遇英美制，請加括弧，而以折合之萬國公制記於其前。

(6)專門名詞，請盡量用國立編譯館審定之工程及科學名詞，如遇困難，請以原文名詞，加括弧註於該譯名後。

(7)稿末請註明姓名，字，住址，學歷，經歷，現任職務，以便通信。如願以筆名發表者，仍請註明眞姓名。

(8)投寄之稿，不論揭載與否，原稿概不檢還。惟長篇在五千字以上者，如未揭載，得因預先聲明，寄還原稿。

(9)投寄之稿，俟揭載後，酌酬現金，每頁文圖以港幣二元爲標準，其尤有價値之稿，從優議酬。

(10)投寄之稿經揭載後，其著作權爲本刊所有，惟文責概由投稿人自負。在投寄之後，請勿投寄他處，以免重複刊出。

(11)投寄之稿，編輯部得酌量增删之。但投稿人不願他人增删者，可於投稿時預先聲明。

(12)投寄之稿，請掛號寄重慶郵政信箱 263 號，或香港郵政信箱 1643 號，中國工程師學會轉工程編輯部。

中國工程師學會各地地址表

重慶總會　重慶上南區馬路 194 號之四
重慶分會　重慶川鹽銀行一樓
昆明分會　昆明北門街 71 號
香港分會　香港郵箱 1613 號
桂林分會　桂林郵箱 1026 號
梧州分會　廣西梧州市電力廠龍純如先生轉
成都分會　成都慈惠堂 31 號盛允丞先生轉
貴陽分會　貴陽禹門路西南公路局薛次莘先生轉
平越分會　貴州平越交通大學唐山工程學院茅唐臣先生轉
遵義分會　貴州遵義浙江大學工學院李振吾先生轉
麗水分會　浙江麗水電政特派員辦事處趙曾珏先生轉
宜賓分會　四川宜賓郵箱 3000 號鮑國寶先生轉
嘉定分會　四川嘉定武漢大學工學院楊君實先生轉
瀘縣分會　四川瀘縣兵工署二十三廠吳景鍔先生轉
城固分會　陝西城固賴景瑚先生轉
西昌分會　西康西昌經濟部西昌辦事處胡博淵先生轉

工程雜誌 第十三卷 第六號

民國二十九年十二月一日出版

內政部登記證　警字第 788 號
香港政府登記證　第 858 號
編輯人　沈　怡
發行人　中國工程師學會　張延祥
印刷所　商務印書館香港分廠(香港英皇道)
總經售處　商務印書館香港分館(香港皇后大道)
分經售處　商務印書館分支館
重慶　成都　康定　長沙　衡陽　邵陽
貴陽　常德　梧州　桂林　柳州　昆明
開平　肇慶　梅縣　韶關　金華　郞溪
恩施　萬縣　贛縣　福州　西安　蘭州
南鄭　南陽　麗江　新加坡　澳門　廣州灣

本　刊　定　價　表

每兩月一册　　全年六册　　雙月一日發行

	册數	價目(港幣)	郵費(港幣)	
			國內及本港澳門	國外
零售	一册	四角	六分	一角五分
預定全年	六册	二元四角	三角六分	九角

廣告價目表 ADVERTISING RATES

地位 Position	每期 1 issue 港幣 H.K.$	每年(六期) 6 issues 港幣 H.K.$
底封面外面 Outside Backcover	二百元 200	一千元 1,000
普通地位全面 Ordinary Full Page	一百元 100	五百元 500
普通地位半面 Ordinary Half Page	六十元 60	三百元 300
繪圖製版費另加 Designs and blocks to be charged extra.		

第十四卷 第一號

中華民國三十年六月一日出版

目錄提要

交通政策和交通工程

當前我國公路之建設問題

近來公路技術之改進

吾人在鐵路計劃與選線中應注意之幾點

土壤力學

土壤力學於沉箱工作之應用

參加物級配與施壓對於道路土壤穩定性之影響

彈性橋墩多孔拱橋之力矩及推力分配法

中國工程師學會發行

商務印書館香港分館總經售

胚生蒙

因為有特殊的成份

所以有驚人之功效

世界動蕩不已人生日感艱困非得有明快頭腦强壯體骼無畏精神安能應付此時機服用「胚生蒙」確能康强延年病魔遠遁以其成份名貴功效偉大故一致公認為超時代之科學大補物男女老幼四季宜服

·助長發育·

·亢進食慾·

·廣嗣育麟·

·回復青春·

·强身補血·

·動物肥胎·

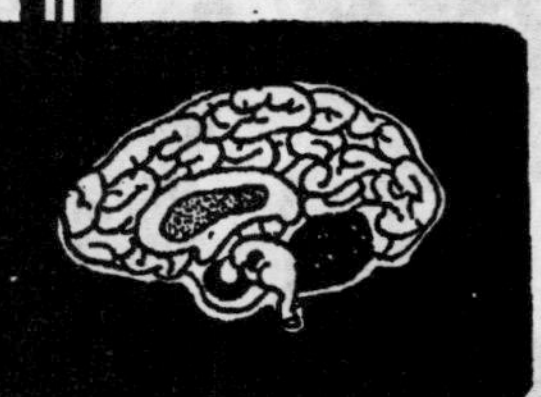

·腦下垂体·

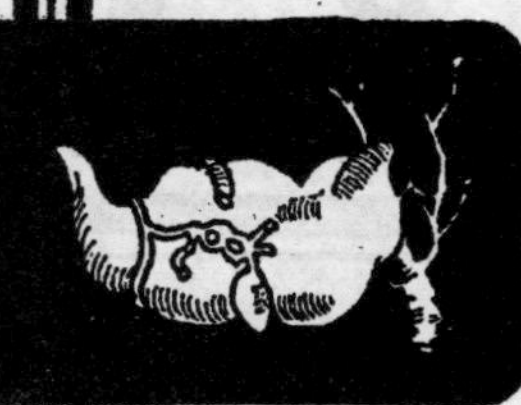

·人參牛肝·

·惟他命·

·礦物質·

上海新亞藥廠製造

香港總經理處大道中十六號四樓香港新亞葯廠各大葯均有代售

維他賜保命
欲得真正康健 須求真正良藥
補品最難選擇
何種補品能及維他賜保命之聲譽
何種補品能普遍全國而盛行
何種補品能補五官和百體?
信誼為國內有數之化學製藥廠設備完美聘有中西藥學醫學專家數十位人才集中製造極度嚴格出品精益求精首先發明十字形內分泌結晶體為醫藥界所推重非普通製劑所能望其項背也
主治
神經衰弱
病後產後 腰痠背痛
遺精陽萎 月經不調
生育艱難 調理各症
貧血瘦弱 一般虛弱
補針
補丸
分男用女用兩種
上海信誼化學製藥廠監製
各大藥房均有出售

銀行牌
BANKER CIGARETTES
10 CIGARETTES
中國南洋兄弟煙草公司出品

南洋企業股份有限公司
中國國貨實業服務社 合辦

香港華僑廠商出品目錄

正在趕編 九月出版

◆歡迎廠商參加列名◆

特點

一、本公司/社為促進華僑製品外銷起見，特編印華僑廠商出品目錄，將華僑貨品之製造廠名商標圖樣等詳載靡遺，精雅廣博，異常惹目。參加登載之頁數，由廠商自由認定。

二、本目錄預定初版五千冊，分送國內外各工商金融團體，為推銷華貨極有力量之宣傳利器，一經參加登載，身價十倍。

參加廠商納費辦法承索即寄或由本社派員面洽

國貨與實業
月刊
中國國貨實業服務社發行

中國國貨實業服務社啟
香港雪廠街十號六樓 電話：三二五八一

中國國貨實業服務社譯印

香港商品運銷英屬各地須知

廠家貿易欲得優惠稅率者不可不備

每冊港幣五毫

一、歐戰正劇，交戰國貨物輸出困難，正中華貨品推銷國外之最好機會。
二、英屬地遍布全球，為香港華僑工業製品最佳之推廣市場。
三、香港製造之中國貨運銷英屬各地，可享受特惠稅，待遇甚優，獲利可薄，惟各地有各地之法令，頗為複雜。
四、本書蒐集英屬各地優惠稅率之有關資料，詳備靡遺，足供廠商貿易上之參考。

中國國貨實業服務社
香港雪廠街十號六樓

工程雜誌本期廣告索引

INDEX TO ADVERTISERS

馬可尼(中國)有限公司	封面內
新亞藥廠	目錄前
信誼化學製藥廠	目錄前
中國南洋兄弟烟草公司	目錄前
中國國貨實業服務社	目錄前
商務印書館	目錄前及他頁
Universal Sales(China) Inc.	正文前
交通銀行	第 8 頁
Hunt Engineering Corporation	第 8 頁
本會社會服務部	第 22 頁
寶琴行	第 64 頁
Keuffel & Esser Co.	第 64 頁
新昌營造廠	第 78 頁
天廚味精廠	第 88 頁
航空材料出口行	第 88 頁
中國保險有限公司	第 92 頁
上海聯保水火險有限公司	第 94 頁
中國電氣股份有限公司	底面外

中國工程師學會會刊

工程

總編輯　沈怡

副總編輯　沈嗣芳

第十四卷第一號目錄

（民國三十年六月一日出版）

論　著：黃伯樵　交通政策和交通工程……1

論　文：趙祖康　當前我國公路之建設問題……9

趙祖康　陳孚華　近來公路技術之改進……15

王竹亭　吾人在鐵路計劃與選線中應注意之幾點……23

茅以昇　土壤力學……35

王達時　土壤力學於沉箱工作之應用……45

崔龍光　參加物級配與施壓對於道路土壤穩定性之影響……57

周汝倘　彈性橋墩多孔拱橋之力矩及推力分配法……65

李　苾　多相交流發電機之瞬間短路電流……79

姚南笙　電機製造事業採用國產紗包線代替漆包或單紗漆包線之檢討……89

附　錄：經濟部全國度量衡局辦理統一全國度量衡工作概況……93

中國工程師學會發行

商務印書館香港分館總經售

NOW GREATER SAFETY—
FAR LONGER MILEAGE
FOR TRUCKS AND BUSES
FIT GOODYEAR GIANTS
IMPROVED 5 WAYS
NO EXTRA COST!
If you're looking for ways to cut your tyre costs to a minimum — fit Goodyear Giants — now further improved.
—LOW STRETCH SUPERTWIST CORD
—MULTIPLE COMPOUNDING
—DOUBLE BREAKER STRIPS
—DUAL BEADS
—WAVELESS FABRIC
Yes, 5 big, important improvements — at no extra cost. And here's what they mean:
— Amazingly long, trouble-free mileage — Far longer tread wear — Greater resistance to speed heat, road shocks, abuse — Extra safety from bursts and punctures — Extra protection for driver, passengers, loads, equipment — Protection against costly delays, repairs, idle trucks, broken schedules.
CALL US
See these better giants. Have us explain the 5 big, new improvements—show how they will cut your costs—increase your profits.
GOODYEAR GIANTS

交通政策和交通工程

黃伯樵

交通之重要性

以一個有四千二百多年歷史，一千一百十七萬三千五百多平方公里，四萬七千三百五十三萬多人口的中華民國，在世界幾乎連一個三等國的地位還不能維持，這是甚麼緣故呢？我們想，交通建設不發達，雖不是根本的，也必是主要的原因。惟其交通不發達，所以政治不能統一，所以資源不夠開發。惟其資源不夠開發，所以貧；惟其政治不能統一，所以弱。既貧且弱就造成今日中華民國的境地。

我們在七七事變以前，全國營業鐵路線統共只有一萬四千多公里；可以行駛汽車的公路路線，統共只有十萬零九千四百多公里；可以行駛機力船的內河航線，統共只有一萬五千四百多公里；民用飛機航空線統共只有一萬一千多公里；而機車，客貨車，汽車，飛機都不能自己製造；輪船還能自造，但只得六十萬噸。惟有電訊比較發達，全國有線電報線路十二萬五千多公里，長途電話線路七萬四千七百多公里；郵路也相當發達，有五十萬六千一百多公里。但須得注意的，以上的統計都還是包括東北四省在內，並且一部份還是在九一八事變以後所竭蹶趕速經營。

不過抗戰到如今已歷三年十個月，還能支持不敗，並且更有決定的勝利的希望，也可以說還靠着九一八事變以後的多少交通建設。鐵路像粵漢線，滬杭甬線的接通；浙贛線，蘇嘉線，京贛線之添築；隴海線之延長；長江輪渡，錢塘江大橋的完成；對於抗戰初期堅強的支撐，實在是一個不可磨滅的功績。湘桂線衡桂，桂柳段的在戰爭中趕成通車，對於桂南戰役也有重大的幫助。公路的大規模建築，且徧及於西南北，抗戰以來又新完成三千餘公里，還有川桂等省內河的疏濬，川江機械化絞灘站的設置，大批新式木船的建造，都和大後方的運輸和各海口被封鎖後國際間的運輸，起了最有價値的作用。至於航空線的溝通陪都的重慶和東南的香港，西南的仰光，西北的阿拉木圖（從此再通莫斯科）以及西南北各省會，更有莫大的貢獻。抗戰以後的電訊，有線電報線路添闢了三萬零二百多公里，長途電話線路添闢了二萬一千多公里，郵政也完成了大規模的軍郵網。這都是大大的供給了戰時的需要。所以現在大家公認大後方的交通和大前方的軍事處於同等重要的地位。

經濟建設綱領

但以中國面積之大，人口之多，這些交通建設還是不夠。要保證抗戰建國大業的完成，當然還須大量的擴展。不過就全部經濟建設說，交通建設只是其中一環，所以談到交通建設，不能不顧及其他部門的經濟建設，使得互相配合，共生作用。譬如大規模工礦業開發的地方，運輸路線就應擴展到那裏，方好便利原料和成品的往來。又譬如既確定要在某一時期建設多少交通線路，就得準備好多少必要的器材，由各部門工業自己製造，或向國外訂購，並籌畫這一筆經費。換句話，交通政策應顧到經濟政策，經濟政策也應顧到交通政策。現在我國的經濟政策，可以抗戰建國綱領爲準繩。抗戰建國綱領第十七條規定：『經濟建設應以軍事爲中心，同時注意改善人民生活；實行計劃經濟，獎勵海內外人民投資，擴大戰時生產。』這就指示一個經濟建設的原則。又第二十三條規定：『整理交通系統，舉辦水陸空聯運，增築鐵路公路，加闢航線。』這就指示一個交通建設的方向。

中國經濟建設協會是國內工程界，交通界，企業界，金融界，和學術界中堅分子所組織，於中華民國二十八年四月成立，其宗旨便是『擁護政府國策，研討，準備，及促成我國經濟建設計劃。』他們曾根據研討的結果，準備一個『中國經濟建設綱領』。現在的初稿，全部總綱有十七條，就是參照抗戰建國綱領經濟部門和民生主義所擬訂。其中和交通建設有關的，可以摘出下面五條：

『經濟建設以國防為中心，同時注意改善人民生活。本此目標，實施計畫經濟，以奠定國家工業化之基礎。積極建設重工業。為輔助其發展，儘先開發交通與動力。……

『關係國家經濟命脈之鎖鑰事業，國防直接需要之主要製造事業，及其他宜由政府統籌或統制之重要事業，概歸國營；其餘民營。

『國營企業採取公司組織。其機構及職權，與行政機關劃分，盡量商業化。

『戰後應從速舉辦大規模建設性之公共工程，如水利及交通事業之發展，以容納復員之士兵及失業之民衆。』

交通建設 領

交通部門的綱領共十條，就是根據總綱擬訂，摘出最重要的下面七條：

『運輸事業應以鐵路運輸與水運為主，公路運輸與空運為輔。依此主輔關係，制定聯絡全國國防，政治，經濟中心之運輸系統。鐵路應先興築國防與經濟主要幹線，水運應先發展沿海岸與江河間之運輸幹線。各主要運輸線與各大都市之間應以公路運輸與空運聯絡之。

『全國鐵路之建築，應以採用標準軌距為原則。其有因地勢關係而暫用一公尺之窄軌距者，應與標準軌距之鐵路各自成一區域，不得互相攙雜，致在整個鐵路運輸上貽將來之一大障礙。

『電訊事業，國內應以發展長途電話為主，而以電報為輔，市內電話亦應盡量發展；國際應積極發展無線電報之國際直接線路而輔之以無線電話。……

『郵政事業應盡量向邊區及鄉區推廣。……

『交通事業中鐵路，公路，水運，電訊，空運之幹線，應歸國營。其有政府一時未能興辦者，得暫准許民營，滿約後收歸國營。支線得歸省市經營，或准許人民投資經營。郵政事業國營。

『國營交通事業中屬於運輸事業者，鐵路，公路，水運，與空運合組一事業機關；屬於通訊事業者，電訊與郵政合組一事業總機關；各自統籌經營。

『國營鐵路運輸事業之管理，改用集中分區管理制度，使澈底成為商業化與合理化。』

概括以上所引綱領，可再有幾個重要的說明：

交通網

(一)交通事業包括好多種，必須各按他效用的大小，配合國防和民生的需要，分別主輔關係，構成『運輸網』和『通訊網』，再看需要的緩急，財力的盈絀，規定建設的先後。不過要樹立這一種『交通網』，必須確定幾個中心，就性質說，像政治的，軍事的，經濟的，文化的；就地域說，像全國的，各省的，分區的。然後利用地勢，把線路就這幾個中心聯貫起來，便成一個完善的『交通網』。其實這種觀念，是從早就存在的。譬如秦始皇帝興築馳道，便是把咸陽做中心，向東散佈一個扇形的『馳道網』。元朝以後的『驛道』，也便是把北京做中心，溝通各省省城，形成一個『驛道網』。晚清議建鐵路，也把北京做中心，向東設一線通東三省，向西設一線通甘肅，向南設兩線，一通漢口，一通清江浦。（後改浦口）為何向南只到漢口和清江浦呢，因為在當時以為到那裏便可和長江的輪船銜接。這種網當然太簡單，但是所包含的原理不過如此。

交通事業國營

（二）交通事業以國營為原則。簡單的說，這有兩個原因：一因交通事業是最和國防有密切關係，由國家來經營比較指揮便利。二因交通事業是獨占事業，由國家來經營可以節制資本。原來用兵最要靠運輸和情報，是古今中外一個不易的原則，只是工具有不同能了。不過要運用便利，必須集中於一個有政治力量的機構之下，所以像英美的鐵路，公路雖都歸商人經營，戰時也要歸國家統制。就我國的交通事業說：郵政向來是國營的；電訊先是民營的，後來也歸國營，現在長途電話有省營的，將來自以同歸國營為善；鐵路早以國營為原則；公路幹線也歸國營；航空自始便歸國營；輪船水運則有國營招商局。是早已樹立交通事業國營的規模。惟將來大規模的交通建設，要一時多方並進，怕國家財力一時不及，則惟有斟酌利用民衆財力，以促完成，作為過渡的辦法。至從節制資本的見地而把交通事業劃歸國營，早已見於民生主義並規定於中國國民黨對內政策，同時也就是發達國家資本，實業計畫便是照這原則而擬訂。

國營交通事業商業化

（三）國營交通事業應和交通行政主管機關劃分，使國營交通事業澈底商業化，便以國家為股東，按一般企業公司組織，和民營公司同受主管行政機關的監督。我們提出這一套理論，有幾種希望：一是要使國營交通事業超然於政治影響之外，不致再發生過去常有的現象，一個交通總長或部長更動，接著各個鐵路局長，電報局長都要跟著更動，而局長更動了，以下的處長，科長也要紛紛更動，因此難得一個長期安定的局面，保持充分的發展。二是使得交通部本身可以縮小組織，從今以後只管計畫交通建設，執行那計畫，並監督那計畫執行已完成的交通事業。三是使得交通事業雖是國營，卻非官辦，用人行政好比一個民營公司，有他用人行政的全權，不受交通部的牽率。其實這種局面原已局部實現，像歐亞和中國航空公司便是一個例子。改組後的招商局也已完全商業組織。最澈底商業化的是郵政總局，交通部也已沒有郵政司。七七事變以前成立的幾個鐵路公司，名義是商業組織，實際和旁的鐵路局沒有區別，他們的職權仍和交通部混雜不清。我們主張今後的國營交通事業不問名義怎樣，事實總須適合這一個原則。交通部儘可代表國家把某一國營交通事業主持組織起來，但是這一步工作完成後，便須讓他按照商業組織，自由行使職權，自己只處在一個監督地位。

國營交通事業併為三個機關

（四）國營交通事業機關以其性質與效用相似關係，陸水空運輸合成一個機關經營，通訊把電訊和郵政分成兩個機關經營。這一個辦法的用意，是在集中，積極的便於統籌辦理，消極的易於減少虛糜。郵政現在只有一個總局，當然不成問題。電訊照現在狀況，雖有各區電政管理局，而事實上是集中在交通部的電政司，只須把電政司劃出交通部之外，像從前電政總局一般，似乎也沒有多大困難。運輸情形複雜，輪船和飛機而外，陸上還有鐵路和公路。惟其如此，我們以為格外應得合成一個機關經營。大概現代戰爭的進退成敗，差不多大部份要決定於運輸系統的疏密遲速。要達到密和速的目的，在平時先得有配合的建設，到戰時才能有統一的運用。這就非安置在一個現代合理化的國營企業機構之下不可。况且我國政治上常有一種現象，正是幾個平等和並立的單位各自堅執他的立場，大家要求他的事業的擴展，做上級機關的沒法解決，那就不問緩急輕重，只把經費平均分配，說是希望平均發展，結果卻是沒有一個可以實現他按照預定計畫的發展。要不然，只憑本人對於各單位感情的好壞，或許各單位對於本人勢力的大小，確定他計畫的准駁和預算的多少。那就不如安放在一個機構之下，可以按照中央核定的計畫經濟原則，通籌辦理。有的人以爲中國區域這樣廣大，預測將來的交通事業又是那麽繁重，怕不是一個機關可以容納。就是可以容納，這機構也必是非常龐大，怕不易應付。這也說得有理。其實只要看坎拿大的太平洋鐵路公司便是把火車，輪船，汽車，飛機的運輸整個兒兼辦的。並且無論怎樣，在戰後起先的幾年裏邊，國營鐵路和公路至多不過一萬數千公里，國營輪船和飛機也至多不過百數十艘，便是把一個現代化的機構來經營，決不是一件難事。將來到某一部門運輸極度發展，確非獨立門戶不可時，也儘可分出。或分別成立一個機構，而在上面設立一『卡特爾』以統轄起來，也未嘗不可。不過在這一時期，倘能安放在一個機構中，至少行政管理費可以大減，人事間的磨擦，營業上的競爭可以避免。我們試設想戰後財政該是怎樣艱難，一切設施該是怎樣千頭萬緒，實在不能不事事力求撙節，除去靡費；處處力求融洽，減少阻力。所以二十九年元旦成立的中國運輸公司，統轄全國國營鐵路，公路，水運，空運四部門運輸事業，實在是一個比較合理，也比較前進的組織。在目前雖只管局部的公路，而成績也不怎樣顯著，但這不是制度問題，我們不必因噎廢食。

照上面所說，交通事業包括兩大部份：一是『運輸』，一是『通訊』。每部份之中，又包括許多種。兩相比較，通訊稍簡單，運輸很繁重，而在運輸事業之中，鐵路該處特別重要地位，所以如今再把我們對於鐵路建設的原則一提：

鐵路建設原則

(甲)我國爲輸入國防及重工業所必需的器材並輸出農礦產品，故今後最切要的運輸，是大量運輸。所謂『任重致遠』，能負得起這個使命的，只有輪船和火車。但是對於軍事運輸，用輪船還不如用火車來得便利迅速，所以不能不儘先建設鐵路。孫中山先生實業計畫首注重於交通的開發而特別偏重於鐵路，雖沒有提及國防，但蔣總裁曾闡發實業計畫的意旨，認爲實業計畫就是國防計畫。

(乙)我國經營鐵路，從前因爲借用外債關係，都是每築成一線便設一個管理局。以後雖有幾線已合併管理，但當七七事變的前夕，除去東北四省不算，全部營業鐵路不到一萬公里而管理局卻有十四個之多。這就發現了許多壞現象：第一，是一切器材，一切資金，各歸各有，盈虧消長，沒法調劑。其次，是各有一行政組織，管理經費沒法節省。又其次，是各種設施各自爲政，各謀自己的便利，無法統一，更談不到標準化和合理化。當時也有人見到這種弊病，可是已成之局要一下子改革，也有種種爲難。但從經過這次大戰，大部份的鐵路已經淪陷，原有體制蕩然無存，儘可另起爐灶，不生多大障礙。我們的主張是把所有國營鐵路歸於一個總機構來管理；再按業務的繁簡，調度和運輸的便利，還有貨運的趨向，和國防經濟的需要，把若干接近的路線歸納爲一區，每區內路線的長度約以暫管三百公里爲度。這叫做『集中分區管理制度』。

(丙)我國管理鐵路的機構中，機務和車務向來是劃分爲兩個各成系統的單位，彼此對立。常因步調不能一致，影響到營業。後來粵漢鐵路已在試行一種歸併爲一個單位的制度，但還嫌不徹底。我們的主張是在總機構中設一個『營業部』，把客貨運的營業，機車車輛的調度和保養，都歸他通盤管理。在外邊每一區中，也是這樣，由區經理來綜持這三種工作。使得縱橫一貫，權責分明。

以上都是說交通政策。至於交通建設，正是千頭萬緒不能盡說。現在只想把最有關係的交通工程，從原則上提出幾點：

交通建設標準

(一)規定和勵行交通器材及工程標準

一切技術標準的重要，在稍能談合理化或科學管理的人大家都知道，無須細說。對於交通事業，顧名思義，似乎格外重要，如果所用器材，所做工程沒有一定標準，他的本身便就格格不通了。舉一個例：滬杭甬鐵路在上次淞滬戰役中淪陷時，要把他的大機車從錢塘江大橋退入浙贛鐵路，而浙贛鐵路有一段還沒有改換較重鋼軌，不能負荷軸壓力十六公噸之機車，臨時只好拆卸才能過軌。這就是因為兩路鋼軌不是同一標準的緣故。我國鐵路大多是借外債築成，債權者的主要條件之一，必須採購他們本國的器材。所以全國鐵路路線雖寥寥可數，而一切器材卻形形色色，應有盡有。這一個條件，後來雖有相當修正，並且歷來交通或鐵道行政當局還制定許多規範。可是一因已成之局，積重難返；二因財力等關係，不能不有時遷就變通。近年公路繼興，因為事前沒有標準，各色各樣的汽車都有，恰好和鐵路機車犯着同樣毛病。（戰時購貨為難，只求有汽車，不能再問汽車種類，也是一個可以原諒之原因。）我國一切建設器材，種類太複雜的還有一個主要的原因，便是主持人物在那一國留學的，常歡喜採用那一國的出品。至於為某種不可告人原因而定要採用那一個牌子的，更是在所不免。像這樣漫無標準的弊病，也說不勝說。最顯著而重要的，一是管理困難，種類既繁複，不能不每一種積有相當數量的備貨，積壓成本極大。像鐵路器材，照章要儲備足供六月個以上使用的數量，而這種器材大多數須購自外洋，非經兩三個月不能交貨，種類一多，大量資金呆滯，其不經濟不難想像。二是使用困難，因為各有各的型式，彼此不能移用，常為一小小機件的缺乏，以致整個機械的廢置。現在公路上有許多汽車，常為只缺乏一小小配件以致長期停擱，終致損壞。我們從事交通事業的人們，在這一次戰事中，因為器材沒有標準而感受的痛苦和損失，必能人人言之深切，希望從今應有澈底的覺悟。

『中國經濟建設綱領初稿』工業部門特設一條是『訂定工業標準，厲行標準化，以節省消耗，增進生產。』這實是一個很重要的政策。其實這一種工作，經濟部全國度量衡局近年徵集到各國關係工業標準的參考圖書已有二萬三千多種，經編成的工業標準草案，也已有六百七十餘種之多。交通部對於機務和橋梁規範，也在從新澈底研究修訂。我想這事大勢所趨，勢在必行。我現在想加以鼓吹的，便是審訂這種標準，當然必須採用各國最新式的，但還須顧到給本國情勢所限制的條件。且自飛機製造技術越發進步，戰爭態勢隨着根本變化。我們從事交通事業的人們，經過這一次大戰中敵人空襲的經驗，對於如何防免空襲的破壞和如何減少空襲的損失，應在審訂標準時特別鄭重注意。可是我們敵人的空襲還是幼稚的，試看這次歐洲大戰中英德等國的相互空襲何等嚴重。那末，我們的審訂標準，也更不能不把這種情勢做參考。而怎樣使交通事業設備如鐵路岔線的多少和站臺的長短配合軍事運輸需要，以及建築物的堅固性怎樣足供軍事上的利用，諸如此類，在審訂各項技術標準時也須特加注意。（凌鴻勛君作『鐵路在抗戰中的表現及今後築路的教訓』一文，闡發頗詳，可供參考。）再則各國技術上的進步永無窮期，我們自己也應有不斷的改善，故這種技術標準每經過若干年期後，應再修訂一次。但是更有一點最為重要的，便是這種技術標準在審訂之中，尚未公佈之前，我們儘可提出種種批評，以求折衷至當。若一經公佈，便應忠實奉行，沒有一個例外。記得前清末年，練兵自強，各省各買槍礮，李鴻章主張應揀定幾種最好的樣子，以後各省採購必須在這幾種樣子之中。他所顧慮，各種槍礮各有合於他的型式的子彈，事急時，怕不能移轉使用。當時他們還沒有標準化這一種名詞，可是已有標準化的觀念。但是經過了三四十年，我們的兵器已有標準麼。其他一切建設也是這樣。我們不可再蹉跎了。至於權度是實行工業標準的基本，我國權度既已規定公制，就得一致遵行。這本是工程上最起碼的條件。可惜現在我們工程師中繪圖樣，做論文，寫報告，作計畫，還在雜用其他非法權度，只顧小我方便，不守國家法令。所以也願順便一提，喚起大家的覺悟。

交通器材

(二)採用國產器材和鼓勵華商廠家自造　工欲善其事，必先利其器。談到經濟建設怎樣取給他需要的器材，實是一個重大問題。交通建設需要的器材最爲繁複，單是鐵路上所用已不下六千種。可憐得很，我們舉辦交通建設，也已有好幾十年歷史，可是大多數的交通器材都要向外國採購。所以交通建設越發達，國際貿易上的漏卮也越大，差不多給人家開闢財源。再說前清末年，一般大人先生練兵，自己也造輪船，造槍礮，以爲富強之基便在於此。後來他們發覺連工廠中和輪船上用的煤，還有造機器，造槍礮殼用的鋼鐵，做彈殼用的銅，都是要從外國買來的，一旦外國來源斷絕了，怎麼辦呢，第一輪船沒有煤就不能開動。他們急了，於是他們要開煤鐵銅鉛等礦，自己冶鍊。他們的結果怎樣，無須追問。他們的覺悟，自然是不錯的。現在我們做工程師的，那知識決不會比那般舉八股的大人先生低。我們應該怎麼辦呢。我們做工程師的，從技術上看，當然以採用品質優良的外國製造品最爲痛快。但是從國家經濟上看，很可寒心。我們應該盡量在國內訪求可以代用的物料，鼓勵國內廠家自行做照製造，在技術上給他們充分協助，他們資金不夠也可設法救濟。我們要耐煩些，幫他們成功。製成的貨品雖或一時差些，總是國貨。價格雖或有時貴些，賺錢的總是國人。據我在京滬滬杭甬鐵路上幾年的實際經驗，和幾家國貨製造廠家的誠意合作，結果很是圓滿。現在國際運輸路線斷絕，外國貨來源阻滯，但是像電線等電訊器材，我們自造的也很好供給使用。原來供給隨需要而來，如果我們從事交通建設的工程師都能各盡心力，採用國產器材，鼓勵華商廠家自造，他們自會慢慢兒擴充設備，改良技術，希望適應這一種交易。舊廠家得利了，或許還有新廠家成立。他們彼此競爭，出品自會格外精益求精。那末，交通建設大規模的舉辦時，各種製造業必隨着發達，各種基本工業也必隨著開發，實是兩利之道。

交通工程人才

(三)儲備交通工程人才　我國眞正的工程人才太缺乏了。交通部門不能在例外。抗戰初發生時，無線電的需要突然增加，有了設備，卻沒法找到運用無線電人才，大家在着急。公路上最感困難的，汽油而外，是沒有熟練的機務人才。便是運務人才也很需要。後來一部份鐵路淪陷了，撤退下來的這一類員工彌補了局部的缺憾。多少優秀分子，你搶我奪，平日要好朋友，常因爲拉人鬧翻了。現在我們設想：一天淪陷的各鐵路要恢復了，將從那裏找人來工作呢。原來的員工大都已有了事，一部份便是在公路上。要去找回來麼，公路交通就得停頓。不找回來麼，鐵路交通怕難回復。假定再要擴充新路線，怕更沒有辦法。鐵路如此，其他交通事業也何莫不然。譬如輪船和飛機兩種運輸事業，將來必得大大擴展，一時向那裏去找這種工程人才呢。所以我們要準備交通建設，器材果然重要，人才更是重要，不能不早作準備，而於工程部門爲特別重要，因爲像辦理營業和會計等業務人才還比較的可用速成方法養成，而工程人才簡直非經過長期充分訓練不夠應用。我們聽說蘇聯舉辦五年計畫，同時並計畫儲備需要的人才。像第一個五年計畫中，要添建鐵路一萬九千公里，還要改良舊鐵路，便預計到最後一年，工程師必須要補充到三千一百人，技術員一萬一千人，他們便同時在高級技術學校，預備工作人員學校，特種訓練學校等處分別養成。我們今後的經濟建設，將是怎樣一個計畫，還沒有知道。譬如孫中山先生實業計畫中開發交通一部門，要築鐵路十萬英里。（合十六萬一千公里）築公路一百萬英里。（合一百六十一萬公里）還要開運河，還要增設電報，電話，無線電，使徧佈全國。那試問要多少工程人才呢。我們可以提出一個粗枝大葉的估計，在戰前一萬公里鐵路上的工務和機務員工，大概是有七萬六千人；那麽，十六萬公里的鐵路造成時，便要工務和機務員工一百二十一萬六千人，試問將用怎樣方法去儲備呢。再就公路計算，戰前每一千公里，平均有大客車與貨車共一百三十七輛，戰時不能把統計宣佈，當然要增加很多。現在姑且照此比例而論，則一百六十一萬公里的公路，便可有二十二萬零五百七十輛的汽車，就是要二十二萬零五百七十名的汽車司機，試問將用怎樣方法儲備呢。照現在情形，招用汽車司機已成絕大問題，如果添築公路到這里數，其困難更可想見。並且工程人才素質的高下，直接影響到建設效率的高下，所以決不能，也決不可粗製濫造。現在多少建設事業所遇到的困難，工程人才品質較差，不能不說是一個較重要的原因。我們眼看有多少工程人才現在因爲人才供不應求等等關係，處在較高和較重要的地位，其實按其資歷經驗或許不很相稱。『蜀中無大將，廖化作先鋒。』我們不想鄙薄人家。我們諒解其中有困難的原因。我們對於個人的成就，當然是樂觀，但對於國家的建設，無寧是表示悲觀。切望大家注意這一個嚴重的問題。至於怎樣訓練，在『中國經濟建設綱領初稿』中提出一個原則，便是『培養技術及管理人才，使教育與建設需要互相聯繫……。』

交通爲經濟建設中最重要的一環

以上的話說得太多了。現在要來結束這一個論題。我們以爲交通建設誠然是經濟建設的一環，卻是最重要的一環。任何一國要沒有現代的交通，可說等於沒有現代的國防，就是一切生產事業也不能充分興辦，更談不到充分發展。德國和義大利的復興，都先從改進一切交通建設入手，故收效特快。蘇聯實施三個五年計劃，也先把交通和重工業做一個基礎。孫中山先生的實業計畫包涵很廣博，其實特別注重的是交通，而對於鐵路格外說得詳細。就我們抗戰以來的情形說，有好幾次作戰的勝敗，其關鍵都在運輸工具轉運軍隊軍需和電訊傳遞軍事消息的得力和不得力。後方常鬧物價飛漲，物資不夠供應，還有外銷貨物還不能盡其量更不能迅速，也都爲運輸工具不夠應付需要。

三十年三月中，八中全會通過之戰時三年建設計劃，其中關於交通的凡三條：

『(一)增闢國際及通海路線，便利政府物資之輸入；

『(二)改善及發展各省間交通運輸，適應國民經濟之需要；

『(三)加強前後方聯絡交通，以爲爭取最後勝利之準備。』

足見中央也已確認交通和國防民生關係之重大。所以今後的經濟建設，更不得不特別從交通建設做起。

當前我國公路之建設問題

趙祖康

序言

溯自民國二十一年，全國經濟委員會開始主持督造各省公路之時起，全國公路建設，突飛猛進，至抗戰發生，中間不過六七載，於時基礎初奠，正待循序發展，而因戰事繼續，客觀之要求，遽形加大，如鐵路之減少，軍運之增繁，使公路事業，驟然膨脹，而生複雜現象。如水流管中，因管徑驟大，而起亂流 (Turbulent Flow)，固爲勢所難免，推究原因，不外(一)在路線方面，需要之路線，及其工程標準，驟然加多提高，形勢劇變，今日所需要者，明日忽變而爲應予破壞。(二)在施工方面，趕工辦法代替正常程序。(三)在運輸方面，交通器材不能適應運輸之需要。(四)在財力方面，幣價降低，與人工工具材料之缺乏，演成惡性循環。(五)在機構與人力方面，組織加多，及技術員工在數與質上不能完全協調適應，演成特殊狀態。在此種種局勢之下，三四年來，公路建設人員，一面奮鬬，一面調整，同時無日不在希望全部環境之改善，俾公路建設，得以健全成長，更愉快的負起使命，加速的完成抗戰建國功業之一部份工作。現爲考慮此要求，請將當前公路問題，分作下列各段敍述：

(一)我國公路建設之使命與原則，

(二)我國公路之現階段，

(三)當前公路建設之途徑與政策，

(四)我國公路建設之方案，

等四端，提請本會同人指教爲幸。

一 我國當前及今後公路建設之主要使命似應包括下列數端

(1)開闢國際路線，以充實國防資源。

(2)建造軍用路線，以供給軍事運輸。

(3)建造行政路線，以聯絡地方中央。

(4)建造經濟路線，以發展國內資源。

(5)建造地方路線，以便利一般交通。

上列所稱各種路線，係指其作用而言。一路備具數種作用，自不乏其例，在實行建設各種路線之際，有三項原則應予注意：

(1)公路與其他水陸交通，應合理化，使公路與鐵道航運，能相互聯繫，分工合作，而不重複衝突；但由戰時觀點言之，鐵路之任務有時不能不使公路負擔，已有鐵路或水路交通地段，有時不能不使公路並行參加，故更有一原則，即：

(2)公路路線及設備應國防化。不論何種作用之路線，爲目前抗戰及今後國防計，均應全部的或局部的使合於國防之用。如路線之計劃，工程標準規定之適合於軍用；車輛運輸設備，如汽車牌號之限制，噸位之提高，沿公路之加油站、修理站之設立等均應從國防觀點出發，始能負擔戰時之運輸與救重，達到必要之安全與速度，及平時之國防準備；但由現代全面戰爭之觀點言之，後方運輸與軍事同等重要，目前運輸器材如車輛輪胎油料之日漸匱乏與昂貴，足以妨害民衆行旅之安定，同時爲戰後國民經濟之發展，民衆交通之便利計，公路建設應更有一原則，即：

(3)公路發展及利用應大衆化。如廣築鄉村道路，獎勵大客車，限制小客車，提倡驛運，鼓吹自行車等，使農村經濟因交通便利而繁榮，使工商實業因交通便利而發達，使民生所資衣食原料因交通便利而豐足，使民主教育因交通便利而普及。在大衆化一點上就本質論，公路本較其他交通方式爲適宜，當仁不讓，自應負起其使命。我國公路之使命及公路建設之原則既如此，試以國內公路現況對照以資研討。

二　我國公路之現階段

(1)國際路線　現有國際路線可列舉者，在西南爲滇緬路線(接通緬甸)，桂越及滇越路線(接通越南)，桂粵路線，(接通香港對岸)；在西北爲甘新路線，(接通蘇俄)，合計共長四、五七四公里；在計劃中者爲康印路線(接通印度)，約長一、〇〇〇公里。

(2)軍事路線　軍用路線性質可分爲兩種，一種用以啣接前後方交通，一種用以便利前方動作，前者在西南可以列舉川黔，黔滇，川滇，湘桂，川湘，湘黔，黔桂，及施工中之樂西，西祥，川中，桂穗等路線；在西北有西蘭，西漢，漢白，漢渝，長坪，咸榆，新綏，甘川，天雙，川陝，川鄂等路線，合計已成者，約長九、六八〇公里，未成者，約長二、五五四公里；其用以便利前方動作者，另行彙計，茲不贅列。

(3)政治路線　路線之特別便利發布政令客郵之載運，加強地方與中央政治之聯繫者可列舉西南之川滇，京滇，與川康等路線，及計劃中之康藏路線；在西北有甘青，川陝等路線，及計劃中之青川，青康等路線，合計已成者約八、一五〇公里，未成者約四、六四〇公里。

(4)經濟路線　以上各路自同時有其開發經濟之價值，如甘新路之於油礦，川黔，樂西之於鐵礦，西祥，川滇之於銅礦，贛南公路之於□礦，湖南公路之於銻礦，貴州公路之於汞礦，桂省公路之於錫礦，川康青等公路之於金礦，以及各處煤、鹽、桐油、茶葉、棉花、羊毛之運輸，或由幹線，或加築支線，其里程未予分別計算。

總計現存已成路線約長八萬餘公里，未成路線約長三、七六八公里，有路面可常年通車者約二萬公里，無路面者六萬餘公里。

以上爲公路路線概況，玆論公路之利用。

(5)公路利用與交通器材　公路之功效應以利用之程度爲判斷，即應以運量之大小爲衡。試以西南西北若干代表路線，共長八千九百餘公里者之運量數字分析之：計各該路平均每日有車四十七輛行駛，假定後方重要路一萬五千公里，以每日行車五十輛計，又所餘七萬餘公里，假定以每日十輛計，則總計八萬餘公里之路，每天運量有一百五十萬車公里，即全國平均每天共有車 7,500 輛在路上行駛。設其中百分之五十爲軍用卡車，而以是項能力運輸物資；又設物資自起運點至分配點，距離爲三千公里，卡車載重爲二公噸半，則每日運輸能力約爲 600 公噸。

據交通部汽車牌照管理所車輛統計報告，我國領有國字牌照之汽車至二十九年十月底止計一萬四千九百餘輛，假定軍事運輸機關及國際之汽車亦約一萬五千輛，兩者共計約三萬輛，每日行駛百分數，假定佔全部車輛數之25%得 7,500 輛，與前項估計相符，可見我國現有公路運輸能力，以已有之車輛數量論，尚未充分發揮，其理由不外

1. 燃料之缺乏，
2. 車輛管理與保養之不善，
3. 車輛修理能力之薄弱與破壞之迅速，
4. 公路工程實際標準不高，養路不盡合法，車輛狀況又差，行車速度低小，
5. 車輛調度不盡得法，
6. 沿公路不需要之檢查太多，

7. 司機之技能與紀律不盡優良等七項原因。故爲提高運輸量，不能僅求增加車輛，倘對第一點油料之缺乏無法解決，雖加車輛亦不能行駛；倘燃料不缺，而第2，3，5各點不加改良，則每日停駛待修車輛之數字，仍不能減低，即所加新車，亦將破壞而停駛。故除充實燃料與車輛外，尤應1.加強車輛之保養與修理能力，2.改善路線與路面工程之標準，3.改善行車檢查制度，4.改進管理司機辦法，5.對於車輛及公路工程與交通方面增加夜間行車設備，使每日可駛車輛之百分數加高及行車之速度加大。設可駛車輛百分數及行車速度各增一倍，即每日之運輸能力增加四倍。以前例言之，目下每日軍需運輸，或入口物資，即可一躍而爲二千四百噸，即等於增加軍用車輛一萬一千二百五十輛，以市價四萬元一輛計之，等於增加購車費四萬五千萬元，倘合民用車輛計之，等於增加購車費九萬萬元，同時行車費用，則反而減低，以每車公里減低一元計之，即每天一百五十萬車公里，可省一百五十萬元，每年可省四萬五千萬元。

(6)公路工程與運輸　機械保養與修理部份，事屬機械工程專家研究範圍，姑不具論，僅由前節分析結果，可見公路工程，關係運輸能力與運輸費用者至鉅，尤以所影響於行車之安全速度一點，爲最關重要。在公路工程中，直接影響行車之安全速度者，可列舉1.坡度，2.灣道，3.視距，4.路面，5.駛道寬度。故以上五項設計標準均應以行車速度爲根據，尤應注意使全路設計無不協調之處，換言之，即應使行車條件一致，全路上無過高或過低之處。惟設計速度之高低，直接影響工程數量，與工程費用之大小，倘工程費過大，則款不易籌，有礙進展。是故設計標準之高低，應嚴密考慮，現交通部公路總管理處之設計準則，規定行車速度如下表：

路別	行車速度(公里/小時)		
	平原區	邱陵區	山嶺區
甲等	80	60	40
乙等	70	50	30
丙等	60	40	20

所有路線設計，如前所述，係根據上項速度所擬定，但路面之重要，亦不亞於路線。我國公路運輸日增，路線日多，運輸費用與養路費用之數字，已凌駕工程費用而上，其結果需求於路面者亦日甚，可謂已踏入我國公路工程之路面時代。自經委會在南京京湯路上作第一、第二試驗路面以後，最近交通部公路總管理處，有第三、第四試驗路面之興築，其性質分別如下：

第一試驗路　塊砌(磚塊、石塊)碎石及水泥混凝土路面——在南京。

第二試驗路　瀝青表面處治碎石路面——在南京。

第三試驗路　代柏油及土壤水泥路面——在重慶。

第四試驗路　級配土壤及石灰結碎石路面——在昆明。

各次試驗路面之設計，一方面顯示路面設計理論之進展，一方面顯示我國需要路面之性質。質言之，碎石路面，仍爲目前之主要路面，而以低價路面爲研究之重心。低價路面，以就地取材爲計劃要素，就地取材莫若砂石泥土之類爲便利。砂石泥土，總稱之曰土壤，故在目前我國公路運輸量之狀況下，土壤路面，似或最合理想，而土壤路面如何可以穩定，遂爲當前路面之重要問題。

(7)運輸路線與軍事　由前所述運輸經濟已因工程標準而大有出入，倘更就軍事觀之，一線之得失，其出入更何止倍蓰。其有應早修而未修者，臨時趕工，雖幸而打通，費已不貲，不幸而有誤軍用，物資之損失更鉅。其有已動工而須半途作廢者，損失勘亦百千萬元，雖局勢萬變，未可逆覩，但早作準備，未始不可減少犧牲至於最低程度。故路線一項，常應先事規劃，如多組勘測隊，常設石工隊，多備築路器材等，與軍事節節呼應。

(8)公路財源與工程　至於路線已經擬定，或工程亦已開始，亦有因工款支絀，而遲遲不能動工者，或已動工不能如期進行者，輕則耗工糜款，重則貽誤機宜，直接間接，損失甚鉅。故工款來源，應妥爲籌劃，而戰時施工，一切手續，亦不應拘守成例，與常時等觀。

綜上所述，凡公路之財源，路線之規劃，工程標準之實行，交通管理之推進，運輸工具之充實，以及員工之培植，築路器材之採辦等，均爲當前公路上重要問題，而爲全國上下所亟欲解決者。吾人明知非旦夕所能解決，但如有途徑可循，亦不難計日而達，茲不揣譾陋，試爲擬議如後：

三　當前公路建設之途徑與政策

(1)路款來源之開發　路款來源，大別之可分爲政府撥款，與用路者繳納稅捐兩種。政府撥款，或由中央，或由地方，故公路事業費用，可有多種來源，分則薄弱，合則充裕。以往公路，多數爲中央撥款督造，亦有爲地方自籌所辦。茲考世界各國公路，其財源出於中央者，成份漸多，故其管理亦漸有集中之勢。現今似應採取此制，明白規定，何者應由中央舉辦，中央管理，謂爲國道，何者應由地方舉辦，地方管理，謂爲省道，或縣道。至於運輸，亦可隨時規定，何者可由政府經營，何者可由私人經營，何者可由公私合營。茲爲清晰起見，分別列舉如下：

1. 國道建設費　建築改善及養路費用由國庫負擔。

2. 省道建設費　分(一)中央補助線，由中央督造，並依法補助經費；(二)省方自築線，由省方自籌經費。

3. 縣道建設費　由各縣自籌經費，利用國民工役，建築改善並保養之，但得請省方補助。

至於運輸事業之經營，不屬工程範圍，暫不贅論。

(2)路線系統之規劃　根據前節路線有分爲國道省道縣道之必要，茲試爲分類如下：

1. 國道網　凡路線之性質，不限於一省或數省，或其性質特殊者，可由中央劃爲國道，故國道之里程，可因時勢需要，而逐年增加或變更。

2. 省道網　凡路線之性質，不限於一縣或數縣，而與本省或鄰省有關係者，可由省政府劃爲省道，其里程亦可由時勢之需要而逐年增加。

3. 縣道　凡路線不屬於國道省道之範圍，而純屬地方性質者，謂之縣道。

(3)工程標準之劃一　全國公路工程標準，應有統一規定(但具有彈性)，並應由政府監督執行。現在交通部公路總管理處將公路分爲甲乙丙三種，其標準依路之運輸量與運輸性質而定。又分平原區，邱陵區及山嶺區三類，視沿路之地形而異。惟運輸量及運輸性質，均隨時變化，少者可以增多，普通者可以變爲特殊，路線之標準，自須隨時調整，以謀適應，初定時不可過高，過高則不經濟，亦不可不預留改善地步，以免將來改善困難。

(4)路政機構之運用　我國幅員廣大，加以公路事業驟然膨脹，對於準則之執行，新工與改善工程之實施，如何可以美善，有賴於機構之運用者正多，茲亦試擬如次：

1. 在中央應由交通部總管全國公路路政，爲督察便利起見，可將全國分爲若干督察區，代表分別督察。

2. 在各省應有專管公路機關，其組織由中央核定之，其總工程師由交通部核委之。

3　各縣縣政府應設專管公路之技術人員，其人選由省政府公路管理機關核委之，並受省政府公路總工程司之指揮。

（5）交通器材之供給　公路功用之發揮，端賴有充份之交通器材，而現代之機械化與高速度化之交通，處處均在國防上，政治上與經濟上，以至於工程標準上，發生重要而有決定性之作用。在此舉世注重國防交通期間，我國所用之交通器材，自以能適應此種交通為合宜。我國目前因重工業之初興，尚未能大量供給汽車與燃料，應積極提倡製造配件，裝配汽車，煉製代汽油，煉鋼，以及製造引擎，探採汽油。此種事業，規模宏大，政府人力財力有限，自應一面由政府酌量自辦，一面鼓勵人民參加，而從旁監督之，以期公路交通事業得以分工合作，加速前進，至於畜力車輛運輸，亦可提倡，作為低速度運輸之用。

綜上所述，我國公路建設，在目前及今後相當期間，其應取之政策，可得三點如下：

1．在財力來源方面，應採地方中央分擔政策。

2．在工程標準方面，應採分期改善政策。

3．在運輸事業方面，應採政府監督民營政策。

四　我國公路建設方案

茲根據以上之分析參照總理建國大綱，試擬我國公路建設之簡要草案，提請研討。

（甲）路線系統及其分期建造計劃

（1）國道路線網二十萬公里，分二十年完成，每年改善五千公里，新工五千公里。

（2）省道路線網六十萬公里，分三十年完成，每年改善一萬公里，新工二萬公里。

（3）縣道路線網八十萬公里，分四十年完成，每年改善一萬公里，新工二萬公里。

「說明」以上合計一百六十萬公里，每年新工四萬五千公里，十年後，道路可以五倍於現有里程，重要國道可以完成過半。

所需工作人數，以每公里需一萬工，每年工作三百天計，全部（改善及新工）共需七萬萬工，每天應有二百三十三萬人，參加工作，如人工缺乏，自需延長建造期限，或採用機械。

（乙）交通器材及其分期添造計劃

（1）公共客貨汽車二十萬輛。

我國鋼鐵及汽油不能大量增產，故暫採取公用政策（即提倡大客車及貨車，並多由公共汽車公司辦理），以期交通工具得充分利用。五年以內，假定每年須添車五千輛，其中二千輛為替換舊車，三千輛為擴充業務之用，五年以後，再開始自行裝造汽車，分十年完成二十萬輛公共汽車，屆時約每三至四公里，可得公共客車或貨車一輛，專供公共用途，至於私人汽車不計在內。

依上計劃，第五年應有年產一萬輛之汽車工廠，第十年應有年產二萬輛之汽車工廠，第十五年應有年產五萬輛之汽車工廠；每年汽車工業需用各種鋼料，約為五萬至二十五萬噸；每年須汽車動力燃料六萬萬加侖。

（2）膠輪大車八百萬輛，分四十年完成。

如全國農民以三萬萬二千萬計，設農民每四十人有膠輪大車一輛，則全國應有膠輪大車八百萬輛，分四十年完成之，每年製造二十萬輛，屆時每公里公路，將有膠輪大車五輛。

至於需要之膠輪，可用舊輪胎，由國外輸入；每年應增產之騾馬，亦應預事籌劃。

（丙）公路員司及其分期訓練計劃

（1）公路工程員司十萬人，二十年訓練完成。

養路工程，假定每二十公里用工程技術人員一名，一百六十萬公里，需八萬人；

新工及改善，每五公里用技術人員一名，常川應有二萬人，以上共需用公路工程員司十萬人。

(2)汽車工程員司十萬人，十年訓練完成。

製造汽車技術人員，十五年後，常川應有二萬人；修理汽車技術人員，每五輛用一名計，二十萬輛客貨汽車，共需四萬人；汽車配件製造人員，亦以每五輛用一名計，共需四萬人，以上合用汽車工程員司十萬人。

(3)公路管理員司二十萬人，十年訓練完成。

車務及站務管理人員，以每五輛用一名計，二十萬輛客貨汽車，共需四萬人。

會計、電訊、文書、材料等管理人員，亦以每五輛用一名計，二十萬輛客貨汽車，共需四萬人。

駕駛人員以百分之六十車輛常川行駛計，二十萬輛客貨汽車，共需十二萬人。

私人汽車應用人員，未計在內。

以上合需公路管理人員二十萬人。

至於訓練辦法，似可仿照最近國防最高委員會訓練電機機械人員辦法，加以擴充，茲不贅述。

五. 結論

十年前我國公路僅五萬餘公里，二十一年起，每年增加約一萬公里。抗戰發生，新路亦年有增加，且多在山地，建築費用日多，自不待言，而運量激增，物價工資高漲，更使養路與改善費用，大量增加。此項費用幾於完全由政府負擔，合中央，地方，直接，間接，所用之工程費計之，每年當達二三萬萬元。考之英美各國，每年公路事業費，亦多用於改善工程，英國每年費四千萬金鎊，大部充作改善經費；美國每年費十二萬萬美金，其新路線之增加不多。我國當前，在中央似應注意於幹路之改善，及少數必要國際路線之改善；在地方，似應積極提倡興築省道縣道。至抗戰結束時，則舉國上下，對於破壞公路之整理修復，新闢路線之興建，尤應同時並進，所需工程費，照目前情況，就全國地形平均估計，新路每一萬公里，需費在五萬萬至十萬萬元之間；改善工程，每一萬公里，需費約一萬萬元以上。總理公路計劃，如擬分作四十年完成，此項工程費用，照目前估計，每年當在二十七萬萬元以上，自非由中央地方分擔合作，斷難完成。至於如此鉅大數字，所含之人才、物力及管理機構，意義之重大，亦不難想像得之。本文所論，因倉卒屬稿，掛漏及錯誤之處，知所不免，拋磚引玉，是所望於本會諸君。

附註：本文承會友張昌華兄協助擬稿，附此誌謝。

近年公路技術之改進

趙祖康　陳孚華

緒言
訂線
(一)訂線之技術
(二)訂線之安全
(甲)坡度
(乙)曲線
(丙)坡度折減
(丁)視距
路面
(一)路面種類之選擇
(甲)低級路面
(1)碎石路面
(2)礫石路面
(乙)中級路面
(1)級配石子路面
(2)瀝青處治級配石子路面
(3)食鹽處治級配石子路面
(4)水泥土壤路面
(二)路面實驗之進展
排水
(一)表面排水
(二)地下排水
養路
(一)訓練監工人員
(二)加強養路組織
準則
(一)公路沿線地形之劃分
(二)公路等級之劃分

公路訂線

過去對於公路訂線多未加深切注意，只求通車而不顧路線之經濟與安全。當時車輛稀少，路線不佳對於行車亦無顯着不便，故大部公路多係沿用原有火車道加寬修平，坡度曲線方面亦僅求能勉強應用而已。近年來，公路運輸量激增，更因軍事運輸需要迅速安全，同時路面改進行車速度增加，於是路線問題漸趨嚴重，不但需要迅速安全之路線，且因燃料來源缺乏，更需注意及行車經濟問題。惟路線即訂，改善老路較之測量新線尤爲困難，此種情形不但我國如此，考之歐美各國公路發展史，亦均有同樣情況，因運輸量增加而注意及路面改進，路面改進則行車速度增加，行車速度增加則路線必需改善。因果相循爲一般現象，公路總管理處有鑒於此，除盡量改善老路外，對於新路路線特別注意及其將來發展，務使路線改善費減至最低限度，對於公路訂線特別注意訂線技術，與行車之效率兩項，玆分述如左：

(一)訂線之技術

原理上公路訂線與鐵路訂線大體相同，惟因所行駛車輛性質不同，故不但公路訂線法不能應用於鐵路，即鐵路訂線法亦不能應用於公路，前者爲一般所知，而後者則多爲一般忽視，以爲路線若能通行火車，行駛汽車自應無問題，而忽略及經濟立場。鐵路因列車長度關係縱坡度必須長，變換坡度處亦不宜過多，故鐵路路基之建築往往須要高填深挖；公路則不同，變換坡度對於行駛汽車無大關係，縱坡度之長度對於行車亦無顯著利益。同時因公路之坡度曲線限制與鐵路不同，可以運用訂線技巧避免土石方類巨處，如不加注意，結果則虛費土石方在所不免。公路路線對於土石方旣應力求經濟，故對於路線設計，應加注意，測量後之縱斷面圖必須經過詳細設計，參照橫斷面圖，依照規定步驟訂設計線，使設計線所通過之每斷面之塡挖，均接近平衡。坡度在4%以下時，則盡量採用起伏坡度，即利用多數之單複及反向豎線相合而成，以能避免大塡挖爲原由。

最近公路總管理處，並擬厘訂各等公路每公里土石方平均數量，測量時如超過所規定數量，必須更加詳細考慮比較，務使土石方數量減至最低可能限度。

(二)訂線之安全

目前公路路線最大缺點爲坡度彎道與視距三項：

(甲)坡度　已往公路以經濟及時間關係，對於坡度方面多未能合乎標準，尤其是在越嶺路線最大坡度在 10% 以上者頗爲常見。此種坡度固應避免，但目前急於改善者爲陡坡過長處。陡坡過長，則夏日汽車行駛其上，必須屢次加水，以減機械之過熱，雖在6%坡度上，如長度超過至百公尺，汽車行駛亦易發生障礙。總管理處最近規定之準則，對於最大坡度，仍准用至 10%，惟對各種坡度之長度，則加以嚴密之規定，同時在各路改善工程中，首先改善此種情形，以利行車。

(乙)曲線　曲線最小半徑，已往各省規定雖均在十五公尺以上，而事實上多未能作到，目前各路最小半徑，在八公尺左右者仍甚多。已往因車輛稀少，曲線半徑過小，尚不顯著，目前運輸量激增，彎道過小，不但影響公路運輸能力，對於安全方面，亦極有礙，例如滇緬路所用之拖車，車身長達十二公尺，行駛於急彎上，偶一不愼，卽有翻車之虞。

公路總管理處最近頒佈標準中，最小半徑雖仍係十五公尺，然經切實督察，小於十五公尺之半徑絕對不准使用。在改善工程方面，首先注意及平原區域之過小曲線，然後盡量注意及越嶺線之回頭彎道，例如筑昆段安南附近之二十四倒拐，前者行旅視爲畏途，經改善後現已不復危險矣。

(丙)坡度折減　坡度過大，曲線過小，對於行車固不便利，而坡度無折減之弊尤甚，卽急彎陡坡之合在一處，汽車行駛此種地段，極爲危險，駕駛爛熟者，對此尙能勉強應付，但若在此時遇對方來車，則勢必兩方停車，一方或雙方再行倒車始能通過。已往訂線者，對於此點多不注意，測量規程中對此項亦鮮有切實規定，公路總管理處最近所頒發之準則中，對此項有特別嚴密之規定，最近新測各路，如漢渝，樂西，川中等路，對於此項規訂均能遵守。

(丁)視距　目前西南各路汽車肇事之事，時有所聞，其原因一半固由於司機之不愼，一半則由於公路工程未合標準，惟其中如路基過狹，灣道過急，坡度過陡等，均爲肇事之因。惟其中最重要者，厥爲視距不足，已往對於視距問題，多未加注意，故如川桂，川滇各路，視距均不足二十公尺，司機在急灣處，雖鳴喇叭，警告來車，但有時仍難引起來車注意，待司機眼見來車已不及停止，不得不轉急灣以圖迴避，於是翻車與撞車之事時時發生。此外在蹤向視距過短，亦易發生危險，卽豎曲線長度過短之病。在丘陵區中行車速度較大而路面寬度不及五公尺，汽車多行駛於路面中心，在坡度變更處，因豎曲線長度過短，不能豫先發現來車，殆發見時急轉迴避之乃致翻車。關於視距不足除由公路總管理處積極改善各路視距不足處，採取之辦法有三：

(1)開邊坡法　此法所費有限，而收效甚大，最近成渝公路老鷹岩盤山線採用此法，減少行車肇事事件甚多。

(2)行車上下分道　於急灣處路面中心劃線，使來往車輛上下分道。

(3)減低行車速度　公路總管理處規定在山嶺區行車速度，不得超過二十五公里，更於視距不足處，樹立行車速度限制標誌，並組織有公路巡察隊，以嚴厲執行規定限制。

除上述公路訂線之技術與公路訂線之安全二項外，其他如路基土壤，路面材料等之與訂線之關係，均爲以前訂線所未注意者。例如訂線時，應避免路床土壤排水不易改善之地段，有時路線應遷就路面材料產源豐富處，凡此種種，均為以前訂線者所忽略，而亦為目前特別注意之事項。惟公路訂線技術原則上雖經確定，而事實上抗戰時期修築之公路多係趕工性質，軍事限期急迫，不容訂線者有充分考慮時間，例如滇緬公路，長達九百六十公里，橫越橫斷山區，工程之艱巨為國內僅見，而自開始測量至通車為時不過十個月，進展之速，為中外所嘉許，測量時多係隨測隨開工，決無充分考慮時間，以致該路有若干處路線有改善之必要，公路總管理處有鑒於此，對於計劃修築之路線。先派測量隊詳細勘測，並予以充分時間，使有比較復測之機會，然後開工時得從容不迫，目前已派隊測量者，有康青路，川青路，甘川路等，而最近完成之天雙路，漢渝路，正在興築中之樂西路，均依照總管理處之準則施測，較之已往公路工程，已有顯著之進步矣。

路　面

公路建築可分為三個階段：第一階段為路基之建築，亦即土路通車之時期。此時車輛往往較為稀少，迨車輛漸增，土路不能勝任時，則有鋪築低級路面之必要，此為第二階段。至車輛數目激增，低級路面不能勝任時，則更進至第三階段，即鋪築高級路面時期。至於應在何時改鋪何種路面決定之因素，最重要者為經濟之立點。美國常例：凡公路每日車輛在一百輛以上者，即可鋪築路面；每日車輛在七百五十輛以上者，始改鋪高級路面。我國公路，在抗戰前因運輸量甚低，路面問題並不嚴重；抗戰以後運輸量激增，更因軍事運輸需要迅速安全，路面問題目前遂形成公路之中心問題。茲將近年來路面種類之選擇及路面實驗之進展分述如次：

(一)路面種類之選擇

我國公路路面大抵均為碎石路面，但研究碎石路面是否能應付目前車輛？是否能合乎經濟？則仍應加研究。查路面種類，在十年前不過為二大類：即高級路面與低級路面。高級路面包括一切磚塊、石塊、木塊、混凝土、瀝青等路面；低級包括礫石、碎石、砂泥等路面。近十年來公路研究突飛猛晉，尤以美國公路學者認為低級路面有深切研究之必要，因之有級配路面之發明。此項發明仍稱為低級路面，但事實上級配路面係介於高級與低級間之一種路面，吾人可稱之為中級路面。我國公路因每日車輛數目不多，未能鋪築高級路面；且鋪築高級路面之材料：如混凝土路之鋼筋，瀝青路之油料，木塊路之臭油，均須用外匯購買，故目前我國尚無能力顧及此。吾人應立即採用者為低級路面及中級路面兩種。茲分述如下：

（甲）低級路面　低級路面最重要者有二：即為碎石路面及礫石路面。

(1)碎石路面　碎石路面之發明遠在百年前，普通採用者為水結碎石路，我國所用者為泥結碎石路，按泥結碎石路若鋪築養護得法，未始不能為良好之低級路面；惟以往鋪築碎石路方法往往未能合乎規則：例如石子質地必須堅韌，其硬度韌度等應合於實驗室之規定，而一般築路選擇石子時，因求打碎之省事，往往採用軟石，以致車輛行駛數月後，石子磨蝕，遂失去路面之效用；又如碎石之大小亦有規定，而普通打碎石子時對於尺寸多未能嚴格符合；灌漿時黏土成份或多或少，均未能合於預定之標準；碎石路面本非優等之路面，而鋪築時又漫不經意，以致我國路面情形未能良好。目前總管理處重新厘訂碎石路面之施工規範及詳細施工法，並注意養路，務使鋪築碎石路之技術漸臻完善。

(2)礫石路面　礫石路面在我國採用者尚少，在美國則此種路面佔全部低級路面百分之七十以上。礫石路面在車輛稀少之公路極為適用，其造價亦較廉；蓋所用石子無須打碎，在沿河路線採取材料極爲方便，今後擬大量採用之。

(乙)中級路面 中級路面種類甚多，目前採用者有級配路面，瀝青處治級配路面，食鹽處治級配路面，水泥土壤路面等，玆分述如下：

(1)級配石子路面 級配石子路面之原理在用不同級配下石子砂料之結合料混合而成，使其密度達最高度。每立方公尺碎石路面材料不過重二公噸，而每立方公尺級配石子路面之重量則可達二•三公噸。密度大則水分不易浸入，路面不易損壞；同時石子尺寸最大不過一英寸，故表面平滑，雖日久亦無顛波不平之弊。

級配石子路面在世界各國尤其在美國已大量鋪築，但在我國鋪築者尙少。湖南省公路路面素稱爲全國最佳者，若細查其成功之原因，則知湖南省所鋪之路面，事實上並非碎石路面，而爲類似級配石子路面；蓋其鋪築時所用砂及石子均具有級配，養路時復注意用有級配之砂拌和少量黏土所築成，而非碎石路面本來面目矣。目前公路總管理處對於此種路面立求推廣，最近在樂西公路試鋪五十餘公里，所有路面材料均經嚴格試驗配合，使能接近理想成份，結果如何，則尙未能臆度。

(2)瀝青處治級配石子路面 級配石子路面抵抗車輛磨蝕力不強，故車輛每日若超過二百輛時，表面應加處治。在美國處治路面材料大多數用瀝青，無論何種瀝青均可用爲處治級配石子路面之用，土瀝青柏油乳化劑等均可應用，所用數量每平方公尺不過半加侖。我國雖不產瀝青，但將來工業發展，柏油爲製造焦之副產品，必可大量出產；卽使此項瀝青須購自外國，而用量甚少，較之鋪築瀝青路經濟多矣。今年年初總管理處鋪築滇越公路路面卽擬用此法，嗣後因時局關係遂告作罷，未能試用，殊爲可惜！

(三)食鹽處治級配石子路面 食鹽與氯化鈣均有保持路面作用。氯化鈣在我國價格過高，不能採用；而食鹽在川中公路及沿海區域價格甚廉，可以試用。目前正在試驗中以備抗戰後在沿海各省推行。

(4)水泥土壤路面 水泥土壤路面係用6%至16%之水泥與土壤混合結成之路面，水泥之作用在穩定土壤，故此種路面不可與普通混凝土混爲一談。美國波得蘭水泥公司經數年之研究已有相當成效， 現正在推行中。我國在西北西蘭公路曾試鋪十餘公里，惟因種種關係，未能滿意，現正在繼續研究中。

其他中級路面如石灰黏土結碎石路面，爲改良碎石路面之一種重要方法。桐油處治級配石子路面，其作用可以代替柏油水泥結碎石路面，可以比擬混凝土路。但此數種路面有待於試驗者尙多，目前尙未能推行。

(二)路面實驗之進展

路面實驗可分爲實驗室研究與試驗路研究兩種。關於實驗室實驗，始於二十六年經濟委員會公路處與上海交通大學合作。對於土壤路面問題分別研究，繼在南京成立中央路面試驗室，內設土壤瀝青材料等組，各種設備甫具雛形，而公路處遷武漢，此部工作遂形停頓。二十九年初公路總管理處以路面實驗研究至爲重要，不能久擱，遂與淸華大學合作，成立公路研究實驗室於昆明，專一致力於公路研究之注意。最近復擬與國內各區大學合作研究，以推廣此項工作。此外交通部路工實驗所亦將於短期內成立，以資推進此項工作。

關於試驗路研究亦始於二十六年。經濟委員會公路處在南京湯山附近鋪築有試驗路一段，其中包括有彈石路面、水泥路面、竹筋混凝土路面、磚塊石塊路面及瀝青處治碎石路面等，惟所試驗各種路面，均係高級路面，對於低級路面之試驗，則有二十七年在西蘭公路所鋪之水泥土壤路面，及最近在重慶上淸寺之桐油處治水泥土壤路面等，同時在昆明成立第四試驗路，研究級配石子路面、碎石路面等之鋪築法。

目前我國急需一種較碎石路面更進一步之路面，同時碎石路面之鋪築法亦應加以研究，故今後對於實驗研究之目的有四：

(1)碎石路面之研究。

(2)級配石子路面之研究（注意施工法）。

(3)級配石子路面表面處治之研究。

(4)各種穩定土壤方法之研究。

路面不良影響於行車費至巨，歐美各國對於路面經濟之研究，莫不極爲重視；尤爲不產汽油之國家，如德國對於汽油消耗計算之精密，務使每一加侖汽油均能達到最大效用。我國現有重要公路在西南約有五千公里，每日車輛平均一百二十輛，在西北約有四千公里，每日車輛平均亦數十輛。若將此九千公里之公路由碎石路面改爲高級路面，每輛汽車每公里可節省之費用加以估計，當在數萬萬元之譜。目前西南西北各路改善路面之結果，對於汽油消耗已有顯著節省。

路基排水

排水問題在公路建築上最爲重要，例如路面破裂，路基沉陷，以及邊坡坍方等，均係水在其中醞釀而成。美國公路界對於公路工程之口號爲「不漏水之屋頂，與乾燥之地窖」，已往我國公路建築，對於屋頂部份，尙能注意，例如路拱邊溝等皆有設施。而對於地窖則毫未加以注意，以致一至雨季，路基存水，無法宣洩，種種劣痕均呈目前，影響交通，至爲嚴重。排水可分爲兩部份，表面排水及地下排水兩部，茲分述如次：

(一)表面排水

表面排水可分爲路面排水、邊溝排水及天溝排水三部，已往對於此路面排水及邊溝排水，天溝排水三部工程，雖均有設備，惟尙未切實注意，例如路拱往往過小，以致水分不能宣洩，存積於路面上，因之透於路基中，浸蝕路面，爲害至巨。關於邊溝，則多隨路面縱斷面之起伏，出水之處亦過少，有水份流於邊溝中數百公尺未能洩出，以致邊溝磨蝕淤塞，影響及路基。目前新修及改善各路，除對於路拱特別注意外，對於邊溝之坡度，在測量時，加測邊溝縱斷面，使邊溝流水不致過急，每一二百公尺，必須有洩水之設備，同時在邊溝坡度大處或路基土壤鬆弱處，用石塊鋪砌以防磨蝕。對養路方面，更加注意邊溝情形，不使淤塞。至於天溝排水，則已往更少注意，天溝設備，對於表面排水最爲重要，蓋滲透於土壤之水分，因有來自地下者，而來自表面雨水之滲透，則尤居多數。天溝之設備，其最大之效用，即係阻止雨水流入土中，以致發生邊坡坍方，但設溝之位置，應加特別注意，凡土質已鬆動之處，決不可設，應設於滑潤平面之外，否則不只不能避坍方，反能加速其實現。關於天溝之設備，滇緬路已加注意，惟開挖之位置尙未妥善，故收效亦不宏，爲避免新修各路將來邊坡坍方起見，所有挖土地段，土質鬆脆處，一律均加設天溝並注意其位置，務使能橫截水流，此種設備，雖略增工程費，而對於將來養路費，則節省甚多。

(二)地下排水

地下排水之方法，最主要爲埋設暗溝，暗溝之作用，在截留山坡滲下之水導之他去，而不使之滲入路面之下。蓋地下水流之方向，完全係循其阻力最少之途徑而行，故水能集中於暗溝之中而引於路外。爲避免暗溝埋設之地點不當，而不能生排水效用，應用土鑽，將土鑽打入土中以探求滲水地點及其水流方向，然後作暗溝之設計，庶不致不發生效用。或疑土鑽探求未必能準確，滲漏之量時有變更，即使埋設暗溝，或不能完全收效；然此項工程，所費無幾，爲經濟起見，可不用瓦管，而改用盲溝，假設十個，有半數收效，則所得已超過所費。蓋暗溝之設備，不但可以防止水分浸及路面使路面沉陷，而且可防止邊坡坍方，爲路基工程中最重要之一部，歷來我國公路建築，對於暗溝設備，因其功效未能立卽收穫，故多付之厥如，工程預算中亦鮮有此項，公路總管理處現對於此問題加以深切注意，擬派專人研究訓練排水工程司專門解決排水問題，以求路面之安全，路基之穩定。

養路

公路能否持久，固視建築之良窳以爲斷，然若不加以保養，雖建築本善，亦難期其久遠，蓋自然界之風化雨蝕，車輛行駛之軋礫輾壓，在在使路面路基以及橋樑涵洞發生損壞，始微終鉅，寖成廢路。故一路之健全，必有賴於保護，自不待言。養護工作爲公路經常工程，若不得其道，則消費大而收效小。我國公路對於養路工程，殊少注意，迨經濟委員會公路處督施全國公路養路工程始被重視，欲求路面養路得法，應注重(一)訓練監工人員，(二)加強養路組織。

(一)訓練監工人員

目前養路辦法多於路面不平處或石子剝落處，就近挖取路基邊坡土壤，隨意填滿，或先填以大塊石子，再加以土壤卽算竣事，道班工人，初不問所填之土壤係黏土抑係沙土？在面層材料散失大石塊露出之地段，道班之工作均係挖取邊坡土壤，以當細料，如土壤幸而係沙土質，則尙可勉強適用，如係黏土質，經雨浸泡後，則滑潤非常，對於行車至爲危險。養路材料，須多用沙土少用黏土，爲人人所知，道班之所以不用沙土者，一因不願在遠處運土，再因監工人員根本不能鑑別沙土與黏土。沙土在各種土壤中，往往有大量含蓄，其顏色亦不一，例如雲南之紅土層，若不細心觀察，莫不以爲完全係紅色黏土，此種土壤，有沙土質黏土，有粉沙質黏土，有沙土質壤土，有沙土質，有黏土質，而其顏色大半爲紅色，養路時，應採用沙土質者，若採取不便，則求其次亦應採用沙土質黏土，或沙土質壤土之含沙成分較高者(60%以上)，往往有黏土質與沙土質土壤相隔不過三十餘公尺，而道班取前者而舍後者，蓋兩種土壤，均係紅色，監工員不能鑑別之。其他如一般養路工人主要任務，只知鋪修路面，對於排水工作，如疏通邊溝，改善路拱等，未嘗顧及。凡此種種，究其原因，在監工人員，對養路無基本之認識，目前各路有鑒於此，分批調路上監工人員回路局受訓，灌輸以養路基本知識，俾能稱職。

(二)加強養路組織

養路道班工作效率，全在監工人員之督促，督促不嚴，則道班晏起早歸，每日工作敷衍了事，故每個道班或每兩個道班，應有監工員負管理責任，關於道班工房之設備，尤爲重要，湖南省公路，對於此項工作，最爲注意，使道班住宿地點，不至離工地過遠，減少每日往返時間，現西南各路，均仿湖南辦法，每十公里至十五公里有道房一所，每公里有道班一名，此種設施，對於養路有顯著之補益，公路總管理局最近復於成渝川陝二路成立實驗區，用改良方法養路，同時訓練養路監工人員，如此二路養路成功，則其他各路可以仿此二路養路辦法。

準則

我國對於公路設計準則，以往各省，各自爲政，福建、浙江、江蘇、陝西、甘肅各省，多採用浙江公路局頒佈標準，湖南、湖北、江西等省，則多採用湖南標準，其他各省則均與浙江湖南所規定者，大同小異。惟二省之規定，較爲簡單，例如對於坡度之規定，只有最大坡度之規定，而無坡度折減與兩個以上坡度連續使用之規定。全國經濟委員會成立後，對於公路設計準則，曾有劃一規定，惟能切實遵行者甚少，最近公路總管理處，根據抗戰時公路之需要，及以往之實際情形，重新規定公路設計準則，其特點如下：

(一)公路沿線地形之劃分

公路所經過之地域，因其地形對工程上之關係，劃分爲平原區，丘陵區，與山嶺區三種。凡崇山峻嶺，地形複雜，土石方艱巨，其天然坡度在7%以上者，爲山嶺區；凡丘陵起伏，地形和緩，其天然坡度在4%至7%之間者，爲丘陵區；凡地形平坦，工程簡易，其自然坡度在4%以下者，爲平原區。一條公路可經過數種不同區域，路勘工程司應決定全路中何屬於山嶺區，何屬於丘陵區，何屬於平原區，然後測量隊即可按各區之標準施測。

(二)公路等級之劃分

劃分公路等級，應先注意公路上目前及將來車輛數目，車輛種類，公路所經過城市之目前及將來人口，軍事上之運輸情形，車輛數目。按美國一九三〇年 A. R. B. A. 規定分公路爲甲乙丙三級：

甲級車輛每日一千至五千輛。

乙級車輛每日五百至一千輛。

丙級車輛每日五百輛以下。

我國公路上車輛數目，尙未有精確調查，惟絕少有每日超過五百輛者，普通每日在一百輛左右。查美國共有車輛約三千萬輛，分佈於重要公路，約一百萬公里，平均每公里有汽車三十輛；我國現僅有汽車約三萬輛，分佈於重要公路，約一萬公里，每公里僅有汽車二。三輛，故按汽車數量上觀之，我國公路僅能及美國之丙級路工程標準。

車輛種類：查美國公路上汽車卡車，僅佔全部百分之十；我國公路上，則卡車數目至少在百分之八十以上，故若按每日公路上貨運噸數劃分等級，我國公路貨運噸數，可及美國之乙級公路。

經過城市之人口：按美國規定甲級公路每長約一百五十公里，必須經過人口在五萬以上之城市一處，乙級則其距城市之距離較遠；我國城市人口雖多，但其性質，並未商業化，未能如美國之能影響於公路運輸之巨。

軍事上重要：如德國之汽車專用道，所經過之處，並非重要城市，亦少經濟價値，其所以修築此種超等公路，完全爲軍事上運輸便捷起見；我國公路，若因軍事上之需要，雖目前車輛稀少，亦無經濟價値，但仍可修築甲級公路。

根據以上各節，我國公路等級，劃分如左：

甲等路　凡聯絡數省之重要幹線，目前或預計將來每日行駛汽車在五百輛至一千輛者，爲甲等路。

乙等路　凡聯絡重要城市之幹線，目前或預計將來每日行駛汽車在一百輛至五百輛者，爲乙等路。

丙等路　凡次要路線，目前或預計將來每日行駛汽車在一百輛以下者，爲丙等路。

凡有關軍事之公路，其等級得視其需要，採用甲乙丙之任何一等路，根據三種區域，及三種地域公路設計準則，可分爲九種，更由已往經驗，規定各等公路在各區中最大行車速度，即可規定視距半徑坡度豎曲線長度超高加寬等，目前所訂之準則，在丙等路之標準，較已往所訂者稍低，甲乙等則較高，使全國所有公路，最低限度可達到丙等標準。

總觀以上所論，路線與路面爲公路之骨幹，而欲求路線之改進，必須由設計準則着手；欲求路面之改善，則必須注意設計、施工、排水與養路。我國公路歷史至短，至今僅有二十餘年，以往國人對於公路工程，常爲一般所輕視，以爲公路工程簡易，不需高深技術，抗戰以來，公路交通因環境之需要，而頓形重要，公路工程始受注意，三年來已有進步，然因公路運輸量之激增，技術方面，亟應力求精進，是所望於會員諸君共同研討者也。

吾人在鐵路計劃與選線中應注意之幾點

王 竹 亭

一 概論

鐵路興築之動機，恆在應付一種或數種需要；此種需要之主要者，當為軍事政治與經濟等項。三者固無截然之劃野，互相聯繫而混合；但每一鐵路必有其主要任務，其餘因素只居次要地位。不過有一種重要原則，吾人必須遵守者，即無論鐵路功用何在，皆須在可能範圍中，求在運用上（此間所謂運用包括鐵路建築投資之行息，還本，工程及設備之保養與折舊，及執行運輸時所發生之一切開支與鐵路收入互相比較）得到最大經濟效率；即謂以最少之能力消耗，換取最大運輸數量。根據鐵路之主要使命，參照其次要功用，以規定其品質及機能，（運輸能力，連同路線標準，機車式樣，站間距離，行車速度，號誌制度，等等），是為「計劃」，計劃須以進求上述最大經濟效率為前提。按照既定之品質與機能，運用測量與設計之技術，就自然地形以設置路線，是為「選線」。選線須以在適合既定質能條件下，得到最經濟路線（指路線建築時期之工程費款與營業時期之保養開支兩項而言）為鵠的。國家因某種需要興築某一鐵路之方針既定，第一問題，當為路線之計劃。應經行何等區域與城市，應準備供應何種性質與若干數量之運務，相應決定採用何種軌制（標準制或窄軌制）；鐵路等級（姑分為幹線與支線）；路面路基標準；單軌或雙軌；（雙軌以上目前尚無討論之必要）；採用何種最大坡度(Ruling grade)；使用何種動力（手推，馬拽，蒸汽機，電動機，內燃機，汽電合用等等）；何種機車；與夫行車管理制度；號誌種類；站間距離；機段長短；鐵路最大運輸能力每日應為若干延噸公里；以至運務供給據點（通都大邑，礦區農場，工廠商市。娛樂集會場所）與聯運處所（水陸碼頭，水道公路及其他鐵路聯運地點）之聯繫等等；皆屬於計劃問題。此間各項決定之後，再進一步而研究路線本身之經濟事項，如工程難易之比較；投資經濟價值之估計；路線微細項目之設計；工程材料之採擇等等問題概屬於「選線」。

二 鐵路建築之目的

鐵路之興築必有其需要，已如前述。然不論其需要在軍事在政治或在經濟，其功用則在運輸；故凡計劃建築一路，不宜只以建築費款之高低為研究之重心；而宜在應付當前運輸原則下，能使建築投資得到最高經濟效率。工程司計劃路線時，常常求工款之減低，工期之短縮，以至鑄成未來運用上永久之缺憾。工程司須認清鐵路之建築，非只要物理的成功一條鐵路而已，乃以運用鐵路而完成運輸為目的。鐵路壽命動輒數百年，運輸費用之多寡，影響鐵路之經濟莫大；倘為求建築費中一元之縮減而貽運用時期中十元百元之損失，實為不智之事。即使國家財政困難，築路工款須極度縮減，但工程司在設計路線時，亦須遵循理論及技術規程，預定將來改善計劃，以便逐步革新，使臻合理地步。總而言之「選線」工程司決不可不懂或忽略「運用」一事，吾人宜確立口號，以為選線工程司之箴銘，即「築路乃為運用」

——"Construction for Operation"。

三　鐵路計劃之要點

(一)運輸數量　先有運輸要求之發生，始有交通工具之建立，人力拖擔，牲畜馱運，船舶航遞，板車汽車鐵路飛機等運輸工具之形形色色，皆應運輸之質與量而出現；單論鐵路，亦無不然，有寬軌，有窄軌，有單線，有複線，有幹線，有支線；或爲客運鐵路；或爲貨運鐵路；或爲公用鐵路；或爲專用鐵路；蒸汽，電力，等等動力以及作業設備亦各有不同；無不配合運輸性質與數量，以爲選擇之標準；而運輸數量一項，尤爲鐵路計劃之基礎。在某種運輸數量之下，應築窄軌；運輸數量增加至若何程度，應作標準軌距；何種運輸數量需要幹線標準；何種需要支線標準；按照運輸數量之大小，規定平地山地路線最大坡度之不同；遇有鐵路上下方向之運輸數量不等，則分別規定兩方之最大坡度，即所謂調整坡度。又如機車車輛之設計，列車載重與行駛速度之配合，站間距離，行車方法，與夫車站車場機廠車房路面軌道等項之規定，皆與運輸數量有直接而密切關係。然則吾人不欲以科學方法，設計鐵路以求其合理則已，如然，則在設計路線以前，須先完成一種準備工作；即詳盡可靠之經濟調查，此當包含直接間接足以影響運輸數量之一切經濟狀態。若夫人口之多寡（人口本身之動轉影響客運；其經濟活動——如經營商業，開發地蘊，與辦農林，以及其他種種企業之舉辦——影響貨運）：地利天時之優劣；礦藏之貧富；森林水產禽畜皮毛等項之產量，甚至人民生活方式，宗教信仰，均與運量有關；必須詳細調查，以爲估計運量之根據。此外尙須詳細研究人口增加之趨勢，及路線通車後經濟狀態之可能變化；以估計運務發展之前程。

(二)運輸能力　鐵路在單位時間（一日，一月，或一年）中所能完成之運量，稱爲運輸能力，貨運以延噸公里爲單位；客運以延人公里爲單位。以貨運言，在單位時間中所完成運輸之重量，乘其運程卽得運輸能力。以客運言，在單位時間中所完成運輸之人數，乘以運程，卽得運輸能力。路線所須具有之運輸能力，當然須由運量之多少以規定。需要之運輸能力既定，卽進一步而規定幾種主要技術特點：(1)軌距，(2)機車（動力種類及機車式樣），(3)最大坡度，(4)列車駛行之經濟速度，(5)站間距離，(6)行車方法及號誌等項。至於其他技術細目，多可依賴上列各項而推定。（例如路面及橋樑承重標準，可隨機車式樣行駛速度而推定）茲不討論。

【軌距】　在與軌道中線垂直方向中，兩軌頂部內邊距離（德國習慣係在軌頂下方十四公哩處量此距離）稱爲軌距。因運輸要大小不同，軌距大小亦異。自〇·七五〇公尺至一·五二四公尺，爲習見之軌距。我國以一·四三五公尺爲標準軌距，而以一公尺爲窄軌。決定採用某種軌距時，除運量大小外，尙須顧及路網全局之彼此聯繫。所有幹線及其直接聯繫之次要線，均宜採用標準軌距；在運量微小且無發達展望，或因自然或經濟關係，與外界隔離之狹小區域（如島嶼，礦區，工廠鐵路之直接與水道聯絡者及其他）；或臨時應軍事需要所建築之輕便路線；得採用窄軌。窄軌路線，路基縮狹，橋涵薄弱，彎道緊急，土石工程因而減低，一切設備及工程均較標準軌距之標準爲低；故可省費。此爲窄軌之最大優點。但吾人亦不可忽略其缺點：(甲)與標準軌距路線聯運站上必多一番裝卸手續，費用增大。(乙)機車牽引力愈大，及車輛儎量愈大，則機力之經濟效率愈高，此爲不易之定論，而且爲鐵路運用中不可忽視之因素（見 C. C. Williams: *Design of Railroad Location* pp. 156, 177, 211)。窄軌路線上之機車既小，列車重量及車輛儎重皆相應減低；因而自機力運用之觀點而言，不爲經濟。(丙)機車車輛與標準軌距路線不能互相過軌，在軍事時期爲大缺憾。

【機車】 鐵路機車，按動力而言約分三種：曰蒸汽機車，曰電動機車，曰內燃機車。如按機車車輪與鋼軌間關係而言，約分三種：曰摩阻機車（利用輪箍與軌頂間摩阻力以發生動轉）；曰齒輪機車（利用第三軌與機車齒輪間之阻力以發生動轉，此種適用於坡度強大之路線）；曰摩阻齒輪混合機車。如以使用範圍而言，則有貨運機車與客運機車之分。此外尙可按照機車構造性能以區分之，但玆不詳論於此。我國目前所側重者，當爲摩阻鐵路之蒸汽機車（將來可進一步而設計電力機車及山獄區內之齒輪機車）。玆只就摩阻蒸汽機車之貨運機車，申述於次，蓋吾人目前計劃鐵路，只能以貨運爲研究之對象也。機車效能概以挽力表示；普通所用貨運機車，挽力約在五六千公斤至一萬二三千公斤。挽力之公斤數，除以列車每噸重量阻力之公斤數，即得列車最大重量之噸數。逾此則機車不能牽引矣。〔所謂每噸重量阻力，其計算相當繁複，玆不詳論。其發生之原因大致在：(a)上坡行駛，(b)彎道行駛，(c)增高速度，(d)空氣相對流動，(e)軸頸與軸承間之摩擦，(f)輪箍與軌頂間之摩擦，(g)車輛後面之眞空作用，(h)車架之震動，(i)車輪在鋼軌接頭處之衝擊，(j)軌道抗力之不勻，(k)輪箍表面與軌頂之磨蝕不平，(l)車軸裝架之不正，(m)機車機器內部之摩擦，(n)列車開駛時之慣性，(o)軌面凝冰結垢以及潮濕等。〕挽力以外，更有一種因素，亦足限制列車重量，即輪與軌間之黏着力。此與機車之黏着重量及輪軌摩阻係數成正比。在普通情形下，摩阻係數可視爲固定不變之常數，則輪軌間黏着力惟視機車黏着重量之大小以消長。吾人於列車開動之初，時見機車主輪空轉不前，此即黏着重量不足之表現。美國鐵路，常以乾沙鋪設於軌面上，以求摩阻係數之增大，而補黏着重量之不足，然此種補救措置，有損於輪軌本身，不宜常用。吾人於選擇機車時，除挽力外，尙須注意於黏着重量，理至明矣。計劃鐵路時，宜就運輸數量之現狀，與前瞻，參酌機車使用年齡，地區氣候情況等因素，以選擇機車式樣。最好將國內各路所有機車，按其構造性能詳爲分類而研究之，由工務機務車務專家確立將來購置機車之劃一標準，並大概規定在某種情況之不宜採用某種機車，以爲計劃鐵路之標準。

【坡度】 路線之理想狀態，當然是直且平。但因自然關係，此爲不可能之事，路線必須有坡度，必須有彎曲（列車動力計算中，恆將彎道折合爲當量坡度）。列車儎重隨機車挽力及列車行駛阻力而變化，但在固定挽力之下，列車儎重直接受列車行駛阻力之左右。行駛阻力所含因素至夥，已如前述，其中主要部份，首推坡度阻力。同一機車，在固定速度之下，坡度愈大則儎重愈小，或在固定載重之下，坡度愈大，則速度愈低，是故坡度之大小，足以左右列車載重及速度。載重及速度爲鐵路運輸能力之構成因子：$(\text{噸數})\times\dfrac{(\text{公里})}{(\text{小時})}=\dfrac{(\text{延噸公里})}{(\text{小時})}$，即載重乘速度爲鐵路在單位時間中所完成之延噸公里數。適可表示其運輸能力；然則坡度一大一小之間，全線運輸能力繫焉。列車載重及速度之規定，須以全路或全段中最大坡度（如在彎道上尙須加以彎道折合坡度）爲基礎。列車重量公式概略言之則爲：

$$(\text{列車重量})=\frac{(\text{挽力})^{\text{公斤}}-(\text{機車重量})^{\text{公噸}}\times[(\text{機車每噸阻力})^{\text{公斤}}+(\text{最大坡度})^{0}/_{00}]}{(\text{列車每噸阻力})^{\text{公斤}}+(\text{最大坡度})^{0}/_{00}}$$

8907

在一定機車挽力之下（挽力與速度有固定關係），如列車重量不變，則最大坡度亦爲不可變動之數值。路線上除最大坡度外，尙有自零至最大坡度間之各種坡度；其中更可劃分爲三種，（在下坡行駛中），(甲)(基本阻力)＋（彎道阻力）＞－(坡度阻力)時，此下坡稱爲無害下坡，列車行駛必須開放汽閥。(乙)（基本阻力）＋(彎道阻力)＜－(坡度阻力)時，此下坡稱爲有害下坡，蓋列車駛行時必須將機車汽閥關閉，而且須使用韌機故也。(丙)(基本阻力)＋(彎道阻力)＝－(坡度阻力)時，此下坡稱爲極限無害下坡；下坡行駛時，機車不用蒸汽，亦不使用韌機，故亦可稱爲使韌極限下坡。蓋下坡稍微陡峻，則必須使用韌機也。吾人在選線時，宜儘量避免有害下坡，而最好能多用極限無害下坡。至於此極限無害下坡之數值，則可按照機車運用原理，不難推求之。此外尙有所謂「遺失坡度」者，德語稱之爲 Verlorene Neigung; 英語可稱爲 Loss in Level; 即路線經行山嶺及河流時，或因跨越分水嶺而展線 (Developing the Line) 時，爲省縮土石工程，採用反向坡度；即謂路線正應提高之際，反用下坡，此下坡即稱爲遺失下坡。非萬不得已時，此爲選線工程司所忌用；蓋在展線時，恆因誤用遺失坡度，使路線無謂延長，或竟不能昇達所需要之高度也。最大坡度之規定，宜以運輸需要，地勢情形，毗連路線之最大坡度（與夫軍事需要）爲根據。各國習慣，多按地形將全國分爲若干區域，以規定鐵路之最大坡度。除開利用列車運動能力或利用輔助機車以事克服之超強坡度外，路線皆須遵守所定之最大坡度，而不超過之。此種最大坡度之規定，須有合理之基礎。我國可將全國分爲四區：(甲)極平區域——平坦地勢，分水嶺地勢緩和而寬曠，溝谷或河漕坡度微小，——可用千分之三至五爲最大坡度。(乙)平易區域——地勢略有起伏，分水嶺地勢尙屬緩闊，惟稍見邱陵；溝谷坡度不大，可用千分之五至七爲最大坡度。(丙)困難區域——地勢起伏不平，分水嶺地勢狹曲，溝谷坡度顯著，可用千分之八或十一爲最大坡度。(丁)山嶺區域——最大坡度或須用至千分之十二以上。選擇最大坡度時，宜在適合運輸數量條件之下，就建築費與營業費兩項分析研究，以求最經濟之條件。先研究而假定鐵路之可能路線（連同其相應的最大坡度），再就工程費與營業費一一比較，以選定一種路線（連同其最大坡度）。選擇最大坡度之方法甚夥，然約言之可分詳確方法與簡略方法兩種；玆分述其概要於次：(A)詳確方法：實際計算各項工程與設備之數量及單價，將各種可能路線之建築費分別計算。

(建築費)＝(路線長度)(與長度成正比工程每里費款)＋(土石方數量)(單價)＋(橋涵數量)(單價)＋(車站費款)＋(車輛設備費款)＋(特別工程費款)

然後再按照每個路線之平面剖面圖，依照列車運用原理，分別計算營業費。每年中建築投資之還本，行息，與建築物之保養，可視爲建築費之百分數，與之相依消長，由此可求得每年保養與營業所需要費款之總額；此數額爲「最大坡度」之函數；其值最低之路線（連同其最大坡度）最爲經濟。(B)簡略方法：簡略方法甚多，玆就 Protodiagonoff 法簡述之。在地形相似之區域內，在地形圖上，將路線據點，按假定最大坡度，用直線（或折線）連起，劃分里程，將相隔一公里($l=1$公里)，相隔二公里($l=2$公里)；相隔三公里($l=3$公里)；…………諸點之高度差，分列於表中（例如下表）：

公　里	標　高	高	度			差
		l=1公里	l=2公里	l=3公里	l=4公里	…………
0	102.31	8.00	12.10	14.60	17.20	…………

將所得高度差按相隔距離(l)分別求其平均數值(h)。用(l)及(h)之相應數值，作一曲綫，稱爲地勢起伏曲綫：

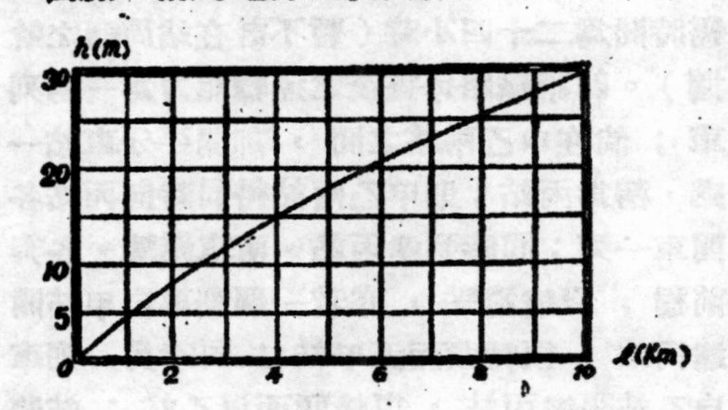

此曲綫之公式，據 Protodiagonoff 研究所得爲 $h=2.303k\log\left(1+\frac{l}{m}\right)$。此式所用之 k 及 m 爲依隨地形而變化之常數，(k 以公尺計，m 以公里計)。假設 h_{10} 表示 h 與 l 坐標圖中，l 等於 10 公里處 h 之值；s_{10} 表示 h_{10} 與地勢起伏曲綫及平軸間所包括之面積（公尺公里）；據 Protodiagonoff 研究結果，而知$\frac{s_{10}}{h_{10}}$爲m之函數，其互相關係，如下表所示：

m	$s_{10}:h_{10}$	m	$s_{10}:h_{10}$	m	$s_{10}:h_{10}$
0.05	8.16	1.40	6.63	3.80	6.05
0.10	7.93	1.60	6.55	4.00	6.02
0.20	7.66	1.80	6.48	4.50	5.95
0.30	7.47	2.00	6.42	5.00	5.90
0.40	7.33	2.20	6.36	5.50	5.85
0.50	7.22	2.40	6.31	6.00	5.80
0.60	7.12	2.60	6.26	6.30	5.77
0.70	7.03	2.80	6.22	7.00	5.73
0.80	6.96	3.00	6.18	8.00	5.67
0.90	6.89	3.20	6.14	9.00	5.62
1.00	6.83	3.40	6.11	10.00	5.57
1.20	6.72	3.60	6.08		

按 $m.h.l.$ 之數值，可推算 k 之數值；$k=\frac{h}{2.303\log\left(1+\frac{l}{m}\right)}$，Protodiagonoff 就多種地形及路線實際分析歸納而推得下列公式，以求路線縱剖面中每公里之平均填方挖方面積 A_1 及 A_2，平方公尺。（此兩種面積當然亦可照面積儀計算之）。

$$A_1=k\left[170\left(\frac{I}{i_0}\right)^{0.92}-100\right]+100\left[1-\frac{1}{1+1.8\left(\frac{i_0}{I}\right)^2}\right],$$

$$A_2=K\left[160\left(\frac{I}{i_o}\right)^{0.84}-100\right]+400\left[1-\frac{1}{1+1.8\left(\frac{i_o}{I}\right)^2}\right]。$$

此間 (I) 等於 $\frac{K}{m}$；而 (i_o) 爲最大坡度，$^0/_{00}$。每公里平均土石方則爲（以立方公尺計）；$V=A_1B_1+A_2B_2+2000\alpha\left(\frac{A_1+A_2}{1000}\right)^2$。此間 α 爲塡挖邊坡之平均坡度（平距除以高度）。B_1B_2 爲塡方挖方之頂寬；此爲估計土石方之簡捷方法。不過實際用此公式時，須按各比較線之土石工程性質（如石質之成分，塡挖中心高度之大小，施工難易，取出廢方之遠近），各估以合理之單價，以求路線比較之正確。其他各項工程（如橋涵，路面，及特種工程），亦可約略估計；因而求得各比較線之建築費；再與營業費相合，以決定最大坡度之數值。

【經濟速度】 鐵路運用之原則，首在：(a)在單位時間中，完成最大之運務，即延噸公里數達到最大數值；及(b)使每延噸公里之運輸成本，減至最低限度。延噸公里數在單位時間中達到最高點時，運輸成本亦近於最低點，此曾經專家根據分析而證明，茲不詳論。吾人今所追求者，端在單位時間中，所完成延噸公里數之最高數值。在同一坡度上，列車用同一機車行駛，則行駛速度與列車載重消長相反，如提高速度，則必犧牲載重；其延噸公里數未必增長；如提高載重，則速度必減；延噸公里數未必加大。故吾人所求者不爲速度之一味提高，亦不爲載重之無限增大，而在兩者乘積之最大數值。即（速度）×（載重）=（最大數值）條件必須成立也。在此條件中，速度稱爲經濟速度。原則如此，實際計算難得精確，不過可按此原則以謀列車載重及速度之配合，近於合理而已。全段坡度自不一律，運用此原則時，須將全段中推求一種平均坡度，以作計算根據；吾人計劃路線時，宜就路線性質，機車式樣，以求在營業時期，可用所謂經濟速度，以完成運輸需要。

【站間距離】 設某單軌鐵路，甲乙兩站間距離二四〇公里，如其間不設錯車站，則列車自甲站開出後，必須到達乙站，始能自乙站向甲站開出列車。如行車平均時速爲二〇公里，則列車自甲至乙復自乙返甲，所需時間爲二十四小時（暫不計在站周轉之耽擱）。即謂鐵路每晝夜之運輸能力爲一對列車；倘在甲乙兩站之間，加開平分車站一處，稱爲丙站；則甲乙兩站得同時向丙站各開車一列；同時到達丙站，兩車錯讓，各奔前程，以達端點，亦若一個列車自甲站開達丙站，復轉頭而返甲站；同時另一列車自乙站開達丙站，復轉頭而返乙站；站間距離縮小一倍；來往甲乙站間之列車數目適增加一倍。餘亦如此類推，而知站間距離愈小，則列車來往數目愈大。站間距離縮小至極限，而爲零；則單軌路線即變爲雙軌路線矣。雙軌路線上，欲求其最大運輸能力之成立，須將列車數目儘量增加，列車理想最大密度，則爲各列車銜接，在路線同一方向中作等速運動，亦若工廠習用之循環帶然，在上行下行方向中，各自川流不息的作等速運動；但實際並不若此，因技術限制，與經濟要求，列車既不能依照相同速度行駛，更不能各個相連，繼續不斷。不過確因爲追循這個目的，而將區截距離竭力減少，將行車設備，行車號誌，力求完善。我國目前宜側重單軌路線；在單軌路線計劃工作中，亦力求站間距離之適當短小，及互相均等。所謂短小，所謂均等，均以站間行駛所需時間爲度量；並非指對地面距離而言也。單軌路線，可先按每天二十四對列車設計，即站間往返一次，連同列車在車站應技術需要而停留所需時間，等於一小時。（運務需要再超過此限度時，可即鋪設雙軌），故工程司在選線時，宜將每段坡度上列車往返一次所需時間，隨時計算，連續相加，一俟積滿至「六十分鐘減去車站停留時間」時，即應選擇平直地段，一公里左右（此視車站等級而定），以備設站之用；即使路線現時運務甚小，無若大行車密度之需要；但在選線時必須預留餘地，儘可暫不全部設站，一俟需要到臨，即可按預定計劃，在預留地位，開設車站。譬如一至軍運時期，則全部車站開設，可用「平行行駛法」(Paralell Graphic 或稱 Uniform train interval)；每晝夜行駛二十四對列車（不過實際上不能預定利用二十四對列車之可能，而須空留二三對，以作意外事變發生時之周轉餘地）。列車行駛所需時間之計算方法至夥；普通所用，每種坡度與以平均速度之方法，甚不正確；如用積分法，以解決此項問題，又嫌過於繁複。故許多專家發明許多圖解法。茲擬擇一手續簡單適合選線需要之圖解法約述之，以供參考，此爲柏林高等工校鐵路主任教授密勒氏所創作者：

Z_c 表示機車輪周比挽力（即每重一噸所有之挽力）……kg/t(即每噸公斤數)

Z_i 表示機車汽缸比挽力……kg/t

w_o^{lt} 表示機車連同煤水車之比阻……kg/t

w_o 表示列車基本阻力（即每重一噸所有之阻力）……kg/t

w_o^g 表示車輛比阻……kg/t

i 表示坡度比阻(亦即坡度 $^0/_{00}$) …kg/t

Q 表示列車重量……t

T 表示煤水車重量……t

V 表示行駛速度……km/hr（每小時公里數）

G 表示車輛重量……t（即公噸）

L 表示機車重量……t

L_a 表示機車黏着重量……t

W_{oo}^{lt} 表示用汽行駛時，機車煤水車之阻力……kg

W_{oc}^{lt} 表示閉汽行駛時，機車煤水車之阻力……kg

W_{ic}^{l} 表示閉汽行駛時機器阻力與汽缸空氣阻力，其數值因機車式樣與速度而變，貨機車(2－10－0)適中速度下，其值在 770 kg 左右；高速機車(4－6－2) 適中速度下 (30－90 km/hr) 其值在 450－555 kg 之間。

常數 $c_1=\begin{cases}2.50\text{……普通機車}\\2.65\text{……高速機車}\end{cases}$

$c_2=\begin{cases}5.8\text{……機車有主軸 2……汽缸 2}\\6.0\text{……機車有主軸 3……汽缸 4}\\7.3\text{……機車有主軸 3……汽缸 2}\\7.5\text{……機車有主軸 4……汽缸 4}\\8.4\text{……機車有主軸 4……汽缸 2}\\8.6\text{……機車有主軸 5……汽缸 4}\\9.3\text{……機車有主軸 5……汽缸 2}\\9.5\text{……機車有主軸 5……汽缸 4}\end{cases}$

c_3 因機器摩擦而推求之常數，普通可假定爲 $c_3=0.04$。

c_4 依機車橫斷面而變，普通可假定爲 $c_4=6\text{m}^2$。

列車行駛可分兩種方式：一爲閉汽行駛，一爲用汽行駛，在各種等速運動之下，比挽力與比阻永久相等。可按各種速度以作挽力變化曲線（亦可稱爲挽力線）。如圖 1. 在 V 軸以下，作比阻線（即 w_o 線）。列車用汽行駛時（假定行駛於上坡 $i^0/_{00}$），如爲等速運動，則汽缸挽力與行駛阻力相等；即 $Z_i=W_{oo}^{lt}+(L+T)i+G(i+w_o^g)$；但知用汽行駛時：

$$W_{oo}^{lt}=c_1(L-L_a)+c_2L_a+c_3Z_i+c_4\left(\frac{V}{10}\right)^2\text{kg},$$

而閉汽行駛時

$$W_{oc}^{lt}=W_{ic}^{l}+c_1(L-L_a)+c_2L_a+c_4\left(\frac{V}{10}\right)^2\text{kg},$$

上列兩式相較可得

$$W_{oc}^{lt}=W_{oo}^{lt}-W_{ic}^{l}+c_3Zi。$$

上列公式逐項各除以 Q，而得

$$\frac{Z_i(1-c_3)+W_{il}^{l}}{Q}=\frac{W_{oc}^{lt}+Gw_o^{g}}{Q}+\frac{(G+L+T)i}{Q};$$

亦即 $Z_c=\pm i+w_o$。而知輪周比挽力與比阻相等而成平衡矣。在各種行駛速度之下，均可由機車挽力之記錄圖上，取其相應挽力，以作『挽力速度』曲線。如圖2所示，為德國國家鐵路 G56.16 式貨機車之挽力記錄圖，以示汽缸挽力(Zi)與速度(V)，截汽點(ϵ)及每秒鐘燃煤量(β)之互相關係。圖中立軸表示汽缸挽力 Zi，kg；平軸表示每秒鐘燃煤量(β)kg/sec；斜線表示速度 Vkm/hr，及截汽點 ϵ%。列車行駛時，汽缸挽力變化情形，用粗線表示，在爐篦燃煤量 β 達到最大限度，而為固定數值時，比挽力線成為垂線；其最大極限為汽鍋最大能力，圖中以虛線表示；在低小速度中，此汽缸挽力線與黏着挽力線相符合；不過開駛之初，為防止主輪空轉起見，所有挽力不能使立刻增達最高點，而須徐徐增長；故以 mn 一段代替黏着挽力線中之 $m'n$ 部份。在 Zi 軸之左方，離開$\frac{W_{il}^{l}}{Q}$處，作垂直線。自任意 Zi 之數值相應點上，作水平線，向右方截量與此汽缸挽力相應之$\frac{Zi(1-c_3)}{Q}$距離；例如在 $Zi=17000$ kg 處，作水平距離 x，如圖所示。因為 G 56.16 式機車有下列機構：

$L+T=141$ t（其中 $La=82.5$t；$T+L-La=58.5$ t）

$W_{il}^{l}=770$ kg. $c_1=2.5$；$c_2=9.4$；$1-c_3=0.96$；$c_4=6$；假定 $G=1100$ t，$(Q=1241$ t)，

且以 $1^0/_{00}=5$mm 之比例尺計算，可得各種距離：

$\frac{W_{il}^{l}}{Q}=0.62^0/_{00}$；　$\frac{Zi(1-c_3)}{Q}=13.14^0/_{00}$；

$Z_c=w_o+i=13.14+0.62^0/_{00}$

水平距離 $x=13.14+0.62=13.76\ ^0/_{00}$ 之右端，與原點 o 相連，而成直線，0—2—4。倘若列車速度為 $V=40$ km/hr，則在粗線與 $V=40$ 曲線相交之點，向左作水平線，（即自點1引平線向左，與 o^1 點上之垂線相交於 03；至此則點 2，點 3 間之距離，等於與$(i+w_o)$相應之 Zi，在圖1上，假設已有速度(V)與阻力(w_o)之關係曲線，即 w_o 線，比例尺與圖2相同，在 w_o 線上 $V=40$ 相應點上，向上量垂直距離 $2_1\rightarrow 3_1=2\rightarrow 3$(圖2)。上端之點 3_1 即為挽力線上之一點，如將各種速度下之點如 3_1 者作出，並連以平順之曲線，即得列車用汽行駛時之挽力線(圖1)。在速度軸以上至挽力線間之垂線，為列車行駛於平直路段上之加速機力，直至速度昇高至挽力線與速度軸交點之速度，列車始變為等速運動。自 V 軸向上量 $i^0/_{00}$ 距離，以作水平線，而與挽力線相交，交點處所對之速度，即為此坡度上列車之最大等速度。如已知一種初速度 V_1 及一固定之時間 Δt，在平均輪周挽力為 $Z^m{}_c$ 時，可完成之速度變化為 $\Delta V=V_2-V_1$，則可用圖解法推求此間之平均速度，$V_m=\frac{V_1+V_2}{2}$，及其相應之距離變化 Δl。

列車載重每噸之行駛機力，為

$$\pm P=Z-(i+w_o)=\frac{1000(1+\delta)}{g}\cdot\frac{\Delta V}{\Delta t}。$$

此處 δ 為列車轉動部份所生影響之百分數。約在5%至9%之間。因為$V=\frac{V\text{km/hr}}{3.6}$m/sec，

故在 Δt 為固定數值之下，應得下式：

$$\pm P=\frac{1000(1+\delta)}{3.6\cdot g\cdot\Delta t}\times\Delta V;$$

或即謂$\frac{\Delta V}{2}$：$P=\frac{36g\Delta t}{2\times 1000(1+\delta)}=$const.

然則在固定時間段落(Δt)中，速度變化之半數與平均行駛機力之比為常數；在此時間段落(Δt)中，平均速度為

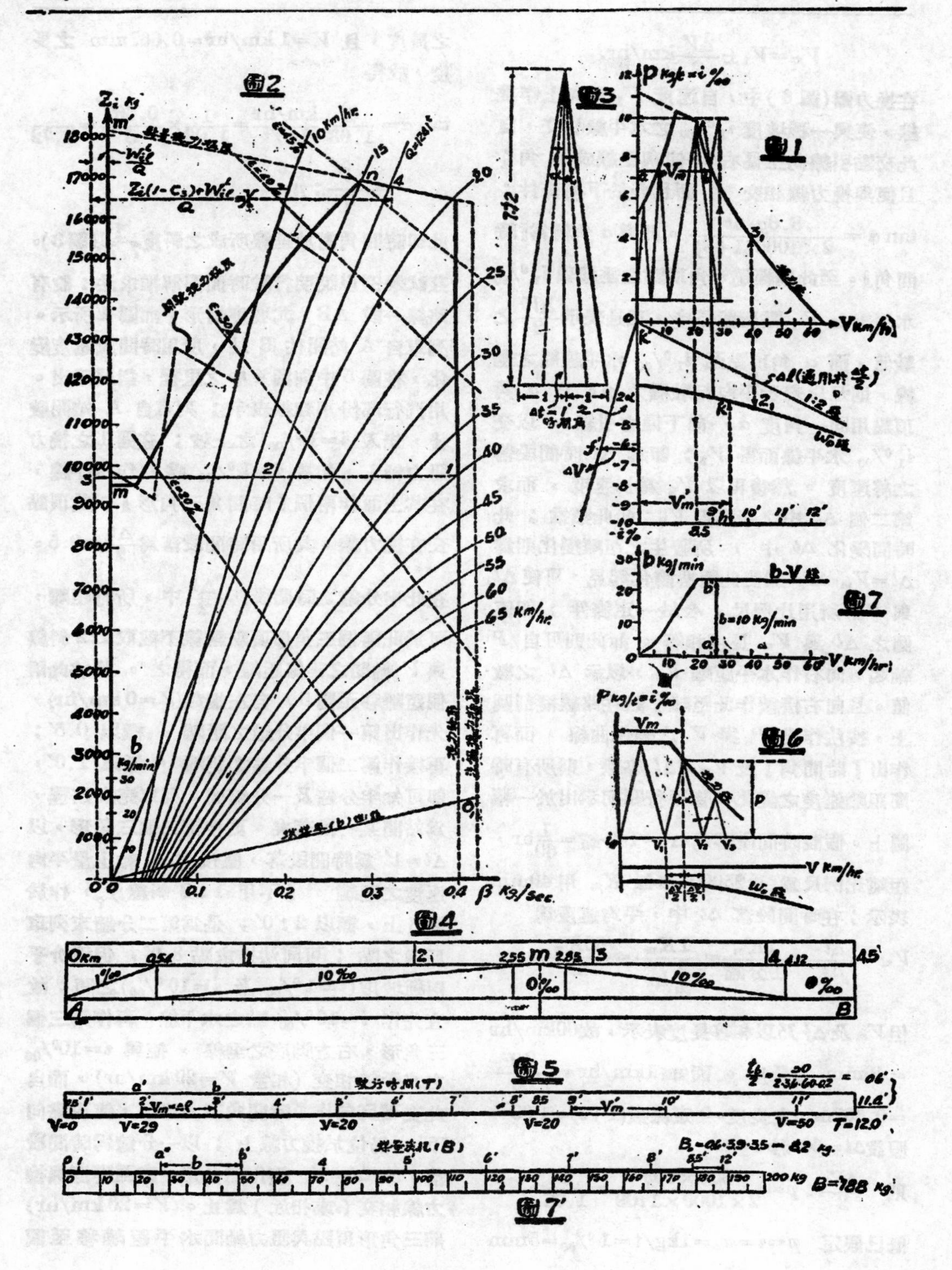
圖2
圖3
圖1
圖4
圖5
圖6
圖7
圖7'
b-V線
b=10 Kg/min
行車時間(T)
煤量表(B)
V=0
V=29
V=20
V=50
T=12.0'
B=188 Kg.

8913

$$V_m=V_1\pm\frac{\Delta V}{2}\text{km/hr.}$$

在挽力圖(圖 6)中，自速度 V_1 點向上作垂線，使與一種坡度 $i_1{}^0/_{00}$ 之水平線相交，自此交點引線向上偏右，使與垂線成 α 角；且使與挽力線相交，而且合於下列條件：$\tan\alpha=\frac{3.6g\cdot\Delta t}{2\times1000(1+\delta)}$。此處 α 角稱為『時間角』。至此則經過 α 角頂點之垂線與 $i_1{}^0/_{00}$ 水平線上 V_1 點所截長度，正是表示 $\frac{\Delta V}{2}$ 之數值，而 α 角頂點至 $i_1{}^0/_{00}$ 水平線間之垂線，則足以表示平均行駛機力 p。自 α 角頂點用同一角度 α，向下偏右引線，以交 $i_1{}^0/_{00}$ 水平線而得 V_2；即為 Δt 時間段落之終速度。然後再以 V_2 為初速度，而求第二個 Δt 中之終速度 V_3；如此類推；此時間變化 Δt 中，所發生之距離變化則為 $\Delta l=V_m\cdot\Delta t$。為使此圖解簡化起見，可使 Δl 與 V_m 所用比例尺，合於一定條件：即使圖之 Δl 與 V_m 長度相等。如此則可自 P 軸起，向右作水平距離 V_m，以示 Δl 之數值。且向右接續作此距離；如在路線縱剖圖上，按法作出 P 與 V 之變化曲線，而再作出『時間角』及 V_m，Δl 等線，則所有時間距離速度之變化，皆平行顯明示出於一幅圖上。假設時間段落為 $\Delta t=1$ 分鐘 $=\frac{1}{60}$hr，距離比例尺為 1:25000 即每 K_m 用 40mm 表示；在時間段落 Δt 中，平均速度為

$$V_m=\frac{\Delta l}{\Delta t}=\frac{1K_m}{1\text{分鐘}}=\frac{1K_m}{\frac{1}{60}\text{hr}}=\frac{60K_m}{\text{hr}}。$$

但 V_m 及 Δl 乃以相等長度表示，故60km/hr =40mm 之長度。而知 1km/hr$=\frac{40}{60}$ =0.667mm之長度。今定係數$(1+\delta)=1.09$。假設$\Delta t=60$ 秒，

則 $$\frac{\Delta V}{2}:p=\frac{3.6\times60g}{2\times1000\times1.09}=\frac{1}{1.03}。$$

既已假定 $p=i=w_o=1\text{kg/t}=1{}^0/_{00}=5\text{mm}$ 之長度，且 $V=1$ km/hr=0.667mm 之長度，故得

$$\tan\alpha=\frac{1}{1.03}\ \frac{\text{km/hr}}{\text{kg/t}}=\frac{1}{1.03}\times\frac{0.667}{5}=\frac{1}{7.72}$$

$$=\frac{\Delta V}{2}:p。$$

此即時間角對於垂線所成之斜度$\frac{1}{7.72}$(圖 3)。茲試舉例以說明行駛時間圖解推求法：設有路線一段 AB，其坡度情形，如圖 4 所示。列車自 A 站開往 B 站，所用時間及速度變化，在圖 5 中與圖 4 中之里程，對照示出。用汽行部份用粗線表示；列車自 A 站開駛後，先入 $i=1{}^0/_{00}$ 之上坡；在圖 1 之挽力阻力軸上，相當 $i=1{}^0/_{00}$ 處，作水平線，在其上面作兩個『時間角三角形』；其頂點交在挽力線，其所用時間段落為$\frac{\Delta t}{2}=0.5$。在此半分鐘之時間段落$\frac{\Delta t}{2}$中，所行距離，可於此兩個三角形頂點垂線下截取 1:2 斜線與 V 軸間之垂線距離，而得之。且將此兩個距離移至圖 5，自左端起($V=0$km/hr)，先作出第一個半分鐘之距離，標以 0.5′；再接作第二個半分鐘之距離，標以 1.0′，即可知半分鐘及一分鐘間，列車完成路程，為站間某一段落矣。更作第三個三角形，以 $\Delta t=1'$ 為時間段落，直接在 V 軸上量平均速度之距離，(不用 1：2 斜線)，作於圖 5 上，標以 2：0′；是為第二分鐘末列車所達之點；可同法推求點 3.0′，但適介乎兩種坡度($i=1{}^0/_{00}$ 及 $i=10{}^0/_{00}$)之間；故宜先作 $i=10{}^0/_{00}$ 點之水平線，再作第三個三角形，右方脚底之垂線，使與 $i=10{}^0/_{00}$ 之水平線相交 (相當 $V=29$ km/hr)，而自此交點反向作『時間角三角形』，使頂點向下，仍位於挽力線上；以一分鐘為時間段落，即 $\Delta t=1'$，續作三角形，直至脚底與挽力線相交(或相近)為止。($V=20$ km/hr) 將三角形頂點與阻力軸間水平距離移至圖

5，而得時間與距離之關係，一如上述。（例如圖 1 上之 a—b，即圖 5 上 a′—b′ 距離，而與 2′ 至 3′ 分鐘時間相應者也。）$i=10\,^0/_{00}$ 阻力線既與挽力線相交於 $V=20$ 之點，故在 $i=10\,^0/_{00}$ 上坡，列車將以等速度 $V=20$ 行駛，每分鐘所行距離當爲常數，可在 V 軸上得之。如此則圖 5 上連續標以分鐘數，直至坡度改變爲止。列車行入下坡（$i=-10\,^0/_{00}$）後，即關閉汽閥，自 $V=0$ 點起（圖 1）向左下方作直線，與垂線成爲 2α 角。坡度阻力爲負號，變爲挽力。此負號阻力（$-i$）減去基本阻力（w_o）後，即列車增加速度之挽力。圖 5 所示列車行至 m 點時，所需時間爲 8.5′，此點所對之速度爲 $V_1=20$。自此列車駛入 m 點後之下坡，速度漸增，既知初速爲 $V=20$，坡度爲 $i=-10\,^0/_{00}$，則經過半分鐘後（9′ 時）其速度之增加 $\frac{\Delta V}{2}$ 及其間（$i-w_o$）之平均數值，可先估量；而後推求 $\frac{\Delta V}{2}$ 之值。例如在圖 1 上，先假定 9′—10′ 間（$i-w_o$）之平均數值爲 $\overline{kh}$，然後將 $\overline{kh}$ 之長度用兩脚規移至 i—軸而成 $\overline{k'h'}$，作水平線 $\overline{h'f'}=\Delta V$，再在 $-i=10\,^0/_{00}$ 之水平線上，自 9′ 起（V 軸）向右繼續截量 ΔV 之長度而至 10′ 點，此點 10′ 即與列車行至 10 分鐘時所擁有之速度相應者也，蓋因根據前述理論 $\frac{\Delta V}{2}:p=\frac{\Delta V}{2}:(i-w_o)=\tan\alpha$，而按作圖，則有 $\frac{\Delta V}{i-w_o}=\tan 2\alpha$，或因 α 角度甚小，可作爲 $2\times\frac{\Delta V}{2}:(i-w_o)=2\tan\alpha$，亦即 $\frac{\Delta V}{2}:(i-w_o)=\tan\alpha$ 也；同法以求 11′，12′ 等點，將每個時間段落（Δt）間之平均速度（如 9′—10′ 間之 V'_m），用兩脚規移至圖 5（9′—10′ 間之 V'_m）上，而得 10′ 以後各點，列車駛入車站（B），用軔行駛，則宜將使軔時間之半數，（如在站不停）加入以上所得行駛時間，以得 A B 間行駛時間總數，使軔時間則用 $t_b=\frac{V_2}{3.6\times 60V_b}$ 計算，此處 V_2 爲使軔初列車速度（km/hr），V_b 爲使軔減速度（m/sec），更可進一步而推求煤量消耗以爲計算營業費之基礎。在圖 2 中，水平軸表示煤量消耗 kg/sec，在立軸上劃出每分鐘消耗量 b kg/min，作 $\overline{00}$ 斜線，以示 b 隨 β 數值之變化，立軸 $b=10$ 時其代表線長度爲 8mm；b 與 β 之關係爲 $b=60\beta$；在等速挽力線與挽力輪廓之交點下，截取 b 線與 β 線間垂線距離，按其速度移至圖 7，使成 $b-V$ 曲線。在圖 7′ 上，用 bi 比例尺劃出 b 之數值：10，20，30……，再按圖 5 上每分鐘（Δt）之平均速度距離 V_m（如 $\overline{a'b'}=V_m=\Delta l$）在圖 7 中之相應速度點上，量取 b 之長度（如 $\overline{a''b''}$），且移之至圖 7′ 上方水平距離，（如 $\overline{a''b''}=b=10$ kg/min）。如此類推，可得列車行駛任何時間後，所消耗煤量之對照。閉汽行駛段落中，尙須使機車維持可以發生挽力狀態，其煤量消耗可作 0.6 Ar kg/min。此處 Ar 爲爐篦面積，以 m^2 計。例題中採用 $Ar=3.9m^2$。故閉汽行駛時煤量消耗爲 $0.6\times3.9\times3.5'=8.2$ kg。

【行車號誌及行車方法】 號誌所以應技術需要而保障行車之安全者也。列車在同一方向行駛，須互相隔以適當距離，此距離與列車軔機能力有直接關係。號誌主要原則，端在於列車發見停車號誌（或準備停車號誌）後，至達到危險地點前，列車能使軔停車。假設列車行駛無錯車之需要（雙轍路線），亦無讓車之需要（平行速度行車），則最理想之情形，爲每個方向中，列車與列車間，各隔以使軔距離。且號誌連續林立於沿線，前行列車一有停車或緩行事故發生，隨時可用號誌通知後行列車停車或緩進；如此則列車密度增達最高限度。但實際則不如此。只能在相當距離間，設號誌一處，以利行車；但由此原則可知號誌設備愈爲精細，則開行列車次數愈多。精確號誌加以完美之行車方法（電氣路籤，集中管制，連同區截機，連鎖機；列車止動器等等先進設備運輸能力可以提高。假設在單軌路線上，用平行速度行車（站間距離勻等），每個站間列車來往一次，（即對開一對列車）所需時間爲上行列車在站間行駛時間 t_1 與下行列車行駛時間 t_2 之和（包括每個列車開駛及停駛時間消耗 τ_0）；加以兩站聯絡所需時間，（向前程站要求放車，答允，通知開車等必經之手續）$\tau_1+\tau_2$；站間過車能力如以列車對數計則爲：

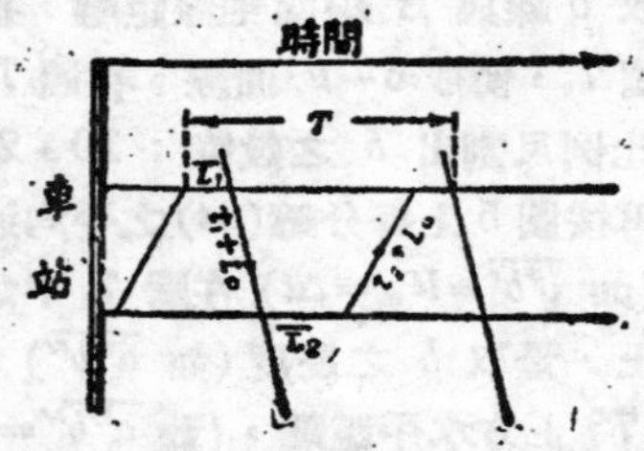

$$N^1=\frac{1440}{t_1+t_2+2\tau_0+\tau_1+\tau_2}\text{(時間以分鐘計)}。$$

$$T=t_1+t_2+2\tau_0+\tau_1+\tau_2$$

假設吾人將站間聯絡方法（包括號誌方法）改善，使兩站聯絡所需時間減低 $2\Delta\tau_{12}$，則列車對數增多而爲：

$$N''=\frac{1440}{t_1+t_2+2\tau_0+\tau_1+\tau_2-2\Delta\tau_{12}};$$

兩數相比得一係數：$\alpha=\frac{N''}{N'}=\frac{1}{1-\frac{N^1}{720}\Delta\tau_{12}}$，

列車對數變化係數 α 及列車商業速度（將在站停留時間消耗計及之平均速度）變化係數 β，皆隨每日列車對數而變化；可見下表：

聯絡方法	L_1+L_2	每晝夜列車對數									
		8		16		24		30		36	
		α	β	α	β	α	β	α	β	α	β
路籤	11	1.00	0.94	1.00	0.88	1.00	0.82	1.00	0.77	1.00	0.73
電話電報	14	0.97	0.92	0.94	0.84	0.91	0.77	0.89	0.71	0.87	0.65
自動區域	4	1.08	0.98	1.18	0.96	1.30	0.94	1.41	0.92	1.53	0.90

附註：表中以路籤法爲單位(1.00)，而比較其他各法。

上方計算以列車平行對開，站間距離勻等爲假定，不過舉例以申明理論而已，實際情形中，站間距離不必勻等列車不必定平行開行（有高速低速之分；有重儎方向輕儎方向之別），然此舉例已足說明鐵路運輸能力與行車方法及號誌確有重要關係矣。

四 結論

以上所述，不過擇鐵路計劃理論中最重要各點作一無系統的檢討；約而言之，在設計時，對於鐵路各部門均須個別分析，以求其在工程上與營業上均得到最經濟之點。至於鐵路路線之各部門則約爲：

（甲）路線：包括路基土石方工程（連同路線在平面與立面上之形態），橋梁，涵洞，隧道，路面，（軌道）養路房屋等等。

（乙）車站：包括停車會車等一切設備，連同房屋廠所等等。

（丙）機車車輛：機車車輛停放廠，檢車廠，修理廠，轉盤等等。

（丁）動力廠：電廠，變壓所，導線等等。

（戊）給水：蓄水池，吸水站，水塔，水管，水鶴等等。

（己）號誌及電信：電報，電話，無線電臺，號誌區截機，連鎖機等等。

（庚）房屋：辦公房屋，員工住宅，俱樂部，消費合作社，學校，醫院及其他屬於鐵路之房屋。

土壤力學

茅以昇

引　言

本篇雖擬在年會宣讀，但不敢當論文之稱；以既非研究，更無創獲，不過敷陳本題大意，以求工程司之注意而已。工程司所應注意者多矣，於玆國家嚴重時期，尤宜集中力量於現實問題，其有關建國大計之足影響工程效用及經濟者，若非急待着手，或不必普遍的努力而卽可有成者，儘可留待抗戰勝利之後，再圖籌劃進行；然此非所以語於土壤力學也。

土壤力學爲新興之應用科學，其目的在求明瞭土之內容及動態，以爲土方，河工，及一切基礎之設計及施工的張本。試思國防，交通，實業等經濟建設，有能離開土壤而從事者乎？凡與土有關，則安全，經濟，效用，等等，立成問題。蓋以往之土方河工及一切基礎工程，皆難免財力人力及時間之虛擲，甚或損及生命財產，不可勝算；今欲不蹈覆轍，惟有速求明瞭土之內容及動態，其尤要者，必須明瞭本國土壤之內容及動態；此非鋼鐵洋灰可比，得沿用外國研究之成果也。以我國土壤之廣，將來建設之多，土壤力學之重要，無待詞費矣。

土壤爲最平凡最古老之材料，以外國科學之發達，迄於最近，方有研究之動機，且時至今日，仍未有普遍的認識，則其事之不易，亦屬顯然。惟其如此，我國工程司，尤宜發揮力量，自動參加，以期協同樹立本科之基礎。因：

（1）土壤力學之研究，如醫藥之治病，必須經過長時間，大空間之考察試驗，方能累積有成，漸進漸得。

（2）土壤力學之功效，小成小用，大成大用，隨時隨地，均有需要，均有結果。

（3）土壤力學之發展，外國尙在萌芽，我如急起直追，迎頭趕上，則於國際學術界之貢獻，必有事半功倍之效。

故作者自主辦錢塘橋工，卽致力土壤力學，自愧學淺，無所成就，然錢塘橋工之得最後成功，未始不得力於此，而四年前函約賚薩基教授來華，幸承惠允（其時蔡方蔭君在奧，曾協同進行），亦緣此信念之激勵。抗戰軍興，情形驟變，賚氏雖未克履約，而作者愚誠，終未稍減。近年在唐山工學院，時作土壤力學之演講，並擬有推進此項研究之實施計劃，玆値本會九屆年會，羣賢畢集，特提供草案，以當喤引。我會員中，頗多專精土壤力學者，倘承指正，曷勝感幸。

本篇分前後兩部，前部略述土壤力學之內容，乃摭拾書報資料，纂集而成者，後部爲推進土壤力學之計劃草案，謹貢芻蕘，以求各專家之教正者。

上　土壤力學發凡

一　土壤與工程司

任何工程司之畢生事業，無一能與土壤絕緣者，而以土木工程司爲尤甚。土壤爲地面物質之總稱，簡言之不過泥沙而已。然而一切工程，皆賴此土壤之抵抗力，爲其最終支柱。人類旣有工程，土壤卽其對象，堪稱爲歷史最久用途最廣之工程材料。試思今日世界，普遍的致力於一物，投資最鉅，費工最多，有勝於土壤者乎？鐵路公路之土方，橋樑房屋之基礎，以及水利，隧道，溝渠，市政等土木工程，其占全部工款工期之最大百分數者，皆有關土壤之消費也。凡一工程之是否艱難，規模之是否宏大，其衡量標準，亦土壤也。然土壤本身價值，乃至爲低微，幾可無償而得（通常價值爲勞力或地權關係），以最賤之物，博最貴之工，最平凡之材料，成最偉大之建築，工程司對於任何事物之觀感，當無有更奇於土壤者。

土壤雖常物，而內容之奧妙，卻無倫比。悉隨大自然之偶然變化而形成，其間綜錯複雜之關係，毫無規律可循；自古以來，天下之大，無兩地土壤確具有同質同性者。不似鋼鐵與洋灰，純係人工製品，所有質地與用途，皆可預測。故鋼鐵洋灰，雖屬近代產物，而工程司知之有素，應用裕如；土壤自來如此，歷久未變，而工程司知之獨少，應付維艱。因之一切近代工程，凡與土壤有直接關係者，如基礎，如河工，其技術上之進步，皆比較遲緩；而經濟上之損失，遂不可數計。土壤本最古材料，以今日科學之進步，仍未能洞悉其竅要，尙須更新方法研究之，不可不謂爲工程史上之憾事。

二 工程司與基礎學

一切工程皆建立於地上，其與土壤接觸並傳達壓力之部份，謂之基礎。基礎不固，工程等於虛設，其重要不言可喩。昔時一切工程設計，皆憑經驗爲之，其『地上建築』與『地下基礎』之安全及經濟程度，皆無從估算。嗣後應用力學之理論及木石等料之性質，日漸明瞭，地上建築之設計，始日趨於合理化。然地下基礎雖同係木石等料所造成，應用力學之原理亦同樣有效，而以四周土壤性質之不明，其間內在之潛力，又無從預測，所造成之基礎，遂往往不能適用，甚至走樣陷落，連同上部建築，一併傾塌。唯一辦法，祇有約略的，甚或盲目的，加大基礎之尺寸，以經濟上代價，求安全之保障。然加大結果，有時適足爲害，故基礎工程，在往昔直無善法處理。遇有重大建築如橋梁，閘壩等，影響大衆之生命財產者，其設計責任，尤爲重大。幸而工成，歷時不朽，則主事者造福地方，受人崇拜，固所當然；而有時以一普通之擋土牆，因地基不穩，遂召岸塌路崩之禍，其間成功失敗，豈盡經驗所關，偶然的幸與不幸，亦所難免矣！工程事業而不能有絕對把握，則其癥結所在，當然爲基礎學上最嚴重之問題。此嚴重問題由土壤而來，土壤不能控制，則基礎工程之實施，安得不受其阻礙乎！

然而近世文明之演進途中，基礎工程，究不能不謂爲佔有重要之地位，則不能不歸功於少數出類拔萃之工程司。彼等遇事細心，觀察靈敏，積其一生經驗，致力於所擔之責任，不論工程鉅細，務以科學方法，始終其事，由小而大，自淺入深，故得於工程史上，時作驚人紀錄，當然值得吾人之傾佩。即在普通房屋，或土方工程，其設計周詳，施工允當之例亦甚多，此輩工程司，雖對土壤之知識未充，而遇事謹愼，不肯盲從，所貢獻者，遂亦可觀。今日基礎工程之地位，殆皆上述人才所博得；謂爲個人成就，固屬各有千秋，而就基礎工程之全局言，則未得有一般的進步，其中顯然別有困難，值得吾人之注意。

此困難爲何？當然是土壤問題未得解決。然其尤關重要者，則普通工程司往往不認識此問題之存在。以爲從書本上尋得各種土壤之『勝任載重』，再用書本上之各種公式，推算基礎尺寸，完全倣照上部建築之設計，即可盡其能事。殊不知書中載重表，係指某種土壤而言，而土壤之分類名稱，素不統一，如所謂『細泥』(Fine Clay)，可指鬆散粒泥或堅硬如石之泥，其載重力大不相同。倘工程司見所得報告，指明土壤爲細泥，即用書中細泥之載重力，不問實際土壤究爲『粒泥』抑『泥石』，則其設計之謬誤，何堪設想。又如書中所謂『勝任載重』(Safe Bearing Capacity)一語，若不註明載重後之『容許沉陷』(Allowable Settlement)則爲無意義，因土壤中基礎，未有不下沉者，其沉陷狀況，及所需時間，均足影響上部建築之安全或效用，而工程司所當預爲之計者。至書中理論公式，疏漏尤多，引用稍有不愼，設計卽不可靠，其危險更不待言。今以不可靠之公式，根據無意義之載重表，欲於性質不明之土壤上，求得一安全經濟之基礎設計，其爲事實所不許，何待智者而後知。然普通基礎工程，固仍多如是作法，其幸而完成無礙者，視爲當然，其久勞無功或成而復圮者，視爲意外，則何怪一般的基礎工程，未有長足的進步乎？

於此有當說明者，基礎工程之現狀，其責任實由工程司所負者爲多。至若書本作者雖曾供給不可靠之公式，或無意義之載重表，但其著書原旨，祇在發表其個人之研究或經驗，初未料讀其書者，竟不假思索而依樣葫蘆，照抄照用。最初作者，對於公式或載重之說明，每不厭求詳，列舉其個人研究經過，備作閱者參考。不意用之旣久，後來作者，往往並此而無之，遂使今之讀者，誤認爲寶筏，援用之而不疑，則書之爲害，亦不容爲諱者。

總之，自有基礎工程以來，除少數例外，其設計均可視作一種藝術而非科學，乃憑無系統之經驗及簡單之成規，雜以個人愛惀，依刻板的方式做成者。普通美其名曰『良規』(Good Practice)，是卽基礎工程之往蹟。

三　基礎工程之設計

巳往基礎工程之設計，往往祇憑理論，視『土壓力公式』(Earth Pressure Formulas)爲天經地義，並以公式中之假定，作爲眞事實，連類推及土壤之性質，一切皆以此假定爲依歸，而純用數學手續解決之。但事實上則有大謬不然者；例如公式中假定(1)土壤爲完美的，均勻的，乾淨細小之顆粒所組成，(2)顆粒間之『磨擦係數』等於此種土質『休角』之正切(Coefficient of Internal Friction=Tangent of Angle of Repose of the Material)，(3)土之『旁壓力』(Lateral Pressure)愈深愈大，其增長與深度成正比，(4)土崩時依一平面分離，此平面謂之『崩裂面』(Plane of Rupture)等，皆係指理想的材料(Ideal Material)而言，其性質可用數語表明之。然實際上之土壤，欲確切說明其性質，則雖千言萬語不能盡；以上假定，能一一有效乎？又如木樁基礎之沉陷(Settlement)，常識上以爲僅試一樁之下沉度卽可推知此全基之下沉度。而實際上衆樁排列，彼此牽制，全基之沉陷，較諸一樁之單獨沉陷，有多至五倍以至五百倍者。又如木樁承載量之公式，若 Engineering News Formula 之類，祇可算得一樁之承載力，而在一羣木樁之基礎中，其合併承載量及沉陷，則均非此公式所能及。又如關於擋土牆之理論，盈篇累幅，其中祇幾何作圖及數學演算而已，關於土之性質，除假定外，別不在意。又如『蘭金公式』(Rankine Formula)素爲工程司所奉爲圭臬者．而某君曾舉一例，援用此公式及關於『休角』之假定，算得一隧道在泥土中之安全程度，以鬆軟如脊之泥土爲最佳，但若在堅硬之泥土中，則此隧道有陷坍之危險，其背謬有如此者。

凡此所述，非謂理論本身之謬誤，乃說明誤用之不當。一切結論，皆有(1)假設(Hypothesis)，(2)理論(Theory)，及(3)定律(Law)之分。其區別在所引佐證之確實程度。最確實者之結論爲定律，最不可靠者爲假設。而基礎學中往往漫引假設爲理論。待此理論見於書本，則讀者又認爲定律。以此爲設計之依據，安得不僨事乎？故普通之擋土牆(Retaining Wall)，橋頭翼牆(Wing Wall)，橋台(Abutment)等，往往落成未久而龜裂。蓋牆後土壤，並無此假想之性質，而其動態亦不依此『數學玄虛』

(Mathematical Fiction)之路線也。

理論公式之作者，本其經驗所得，將研究結果，公諸於世，對於基礎學之進步，貢獻實多，當然值得工程司之欽敬。倘併此公式而無之，則工程司如遇基礎設計，勢必更將束手。雖有誤用公式而僨事者，但在謹愼工程司手中，此種理論及公式，仍不失爲一種應付土壤問題之工具。凡工具皆有缺點，如何善用其長，則神而明之，存乎其人。以理論公式言，第一須知各名詞之確切意義，第二須知其適用之環境，第三須知其所憑藉之佐證。由此推測其可靠程度，則用此工具時方不致反爲所誤。此過去偉大基礎之所以成功，而爲一般工程司所當師法者。

以上三條件——名詞，環境及佐證——在普通情形下異常難解。欲希望公式作者單獨發表其意義，而用公式者更能完全明瞭其意義，殆爲事實所難能。因此三事皆牽涉土壤之性質及動態，非經工程司之集體研究，並作普遍的考察及試驗，不能得有共同之了解也。茲依次說明之。

四 土壤性質

岩石經風化作用，其剝蝕殘餘部份，委棄積存於大地者，均爲土壤。工程司常用『卵石』(Gravel)『粗礫』(Coarse Sand)『細砂』(Fine Sand)『粘土』(Clay)『淤泥』(Silt) 等名詞形容之。蓋皆『顆粒』(Solid Grains)，『水份』，『氣體』(Gas)，及『膠子』(Colloid Gel) 四項物質組合而成。此項組合之複雜，極天地造化之妙；欲尋一標準分類法，使讀者顧名思義，即能斷定土壤之種類，而明其四項物質組合之狀況，殆爲不可能之事。草草區分，固可別爲『砂』『泥』兩大類，砂爲顆粒顯著之土壤，泥爲黏性顯著之土壤，但純砂純泥，皆試驗室中名詞，而爲實際上所罕見者。亦有根據（1）礦石成份，（2）空隙成份，（3）顆粒組合，（4）水份或（5）膠子成份等方法分類者。其中第三法，以顆粒粗細之成份，別爲若干類，每類定一名稱，曾經第一次國際土壤會議(1927)，採爲標準，但絕不足說明土壤之內容，或推測其性質；而土壤性質，則爲基礎設計最重要之張本，而工程司所最當明晰者。

土壤性質之影響工程者，當然甚多，舉其要者如（1）壓力增加時體積之『壓縮率』(Compressibility)，（2）『透水率』(Permeability)，（3）無載重時之既有『剪力』(Shearing Resistance) 等，均足推知土壤在載重時適用之程度。然則將此數種性質，設法斷定，即可將土壤分類，並作設計之張本乎？此須視環境情形，而非一成不變者。因任何土壤，皆受下述外力之影響而變更其性質：晴雨，雪霜，寒暑，風暴，河流，地泉，潮汐，地震，草皮，樹根，蟲豸及微生物等所發生之機械的化學的熱力的及電力的作用，以及人爲的壓緊，疏鬆，加水，去濕等方法。土壤內之份子，既已極其複雜之能事，而外來影響，更係多方面且隨時隨地皆可發生者，則其性質之難以斷定，誠足令人氣短。無已，祇有承認土壤變態之存在，爲工程司者，當知其變態之得失，務於設計時對變態之最大限度，審愼權衡其輕重，儘量的預爲之計，不令小小變動，推翻全局（如房屋之不均衡的沉陷，可以致災），如是而已。然而此豈易事乎？

土壤爲天所造，天然事物，未有不複雜者。故土壤性質，斷非僅知其名而能了了，雖用最精深之數學原理，亦必無濟於事。唯一之科學方法，爲考察其實際情形，並試驗其各別性質，然後綜合的加以研究，或可窺測其中奧妙之什一。

五 土壤考察

土壤性質，非同假想，不必待工程肇禍而後知。凡施工之際，自動土時起，苟逐日考察土壤表面之變化，必可發現若干事實，足以推知土質及潛力之眞相。所惜者，普通工程司往往無暇及此，而徒斤斤於原設計之實施。土在足下，不値一盼，因此而貽誤事機，不可勝算。蓋倘放膽一觀，祇須留意數種現象，逐日比較其衍變之形跡，不待多時，必可發其深省，而不再懷疑土壤學家之警告；警告爲何，卽任何土壤之性質，絕不與工程司所假想者相同！經此考察，則理論中之眞情與假想畢露，因此而確定各種理論之價値，則可作爲附帶的收穫。

因工程失敗，緣於土壤關係者居多，故土壤考察之重要，已博得現代工程司之注意。且有離開書房或試驗室，而於工地帳篷內，作土壤研究者。考察時，僅憑肉眼之所見，當然甚少，不得不賴各種儀器之輔助，以期精確。其中最要者，爲『取樣器』(Sampler)，可於施工地點，以之採取土壤，名爲『土樣』(Soil Sample)，用作試驗之需。此種土樣，應就地廣爲採取，且須保存其『原來狀態』(Natural State)，不但顆粒之配合，不可擾動，卽其中水份氣質，亦當設法維持，則土壤眞相，或可於土樣中，窺見一斑。

除土樣外，施工時對於土壤之考察，尙應核對設計之當否，並預測工程完畢後之效用。考察時所用儀器及方法，務須標準化，以便比較及研究；且應附具極詳細之說明，使讀其報告者，得完全明瞭當地之情況。尤當注意者，考察務須澈底，使其結論不致空泛或偏頗。如觀察一房屋之『沉陷』，若其面積有一方之大 (100′×100′)，則屋下土質情形，應推測至一百五十呎之深，方能得有較確之結論。因在一實例，屋下一百三十呎之泥層，曾使此屋下沉達一呎之多也。又如開深溝時，需用木板支持土壤，此板後之土，往往有『拱力作用』(Arching Effect)，因而變更土之旁壓力。故支持木板時，所用『支架』(Timbering) 之作法，亦與旁壓力有關，將來支架拆去，拱力影響猶存，此在作考察報告時，所當詳切說明者。

土樣取得後，卽送試驗室，以便鑑定其性質。施工報告中，有奇特現象，須待解說者，第一步工作，亦係在試驗室。試驗後，方有硏究之資料。

六 土壤試驗

試驗結果，爲最確鑿之資料，科學上定律，皆從此中得來，故土壤問題之解決，亦必有賴於試驗。從廣義言之，工地考察，亦試驗之一部份，而大規模之試驗，亦有就地舉行，不能限於室內者。但終以室內爲多，且其事繁複，牽涉多種科學，故土壤試驗，成爲專門學術，究心於此者，有『土壤專家』之稱，固不必皆由工程司兼任也。

最初土壤試驗，皆由材料試驗室或水工試驗所兼辦，至 1929 年，奧國維也納工科大學，始有獨立完美之土壤試驗室（Soil Mechanics Labaratory）。其後美國哈佛大學於 1930 年，康乃爾大學於 1935 年，及其他各大學與工程機關，相繼設立。然迄今總數，仍不甚多，據 1936 年統計，則全世界不過三十所而已。

土壤試驗室之重要部份，爲『保溫房』(Constant Temperature Room) 及『保濕房』(Humid Room)。其中溫度及濕度，可分別管制，以便維持固定之溫度或水份。試驗室之儀器及機械，除普通材料試驗所用者外，大率係專家自行設計，就試驗需要，特別製造者。

土壤試驗之種類甚多，就其重要者，可區分如下：

(甲)關於土壤分類者　此類包括『器械分析』(Mechanical Analysis)，『化學分析』(Chemical Analysis)，『礦植物分析』，『顯微鏡觀察』等方法，用以化分土壤種類，並鑑定其名稱。如（1）顆粒大小及分配，（2）顆粒形狀，（3）空隙成份，（4）比重，（5）水之成份，（6）空氣成份，（7）石灰成份，（8）植物成份，（9）『乾濕程度』(Consistency) 等。

(乙)關於土壤性質者　凡土壤在工程上

所表現之性質，皆與其潛力有關，而潛力則受其成份及特質之影響。下述各試驗，皆所以測定土壤之『物理上性質』(Physical Properties)：(1)剪力(Shearing Strength)，(2)壓力(Compressive Strength)，(3)緊固(Consolidation)，(4)透水率(Permeability)，(5)毛管壓力(Capillary Pressure)，(6)冰凍現象(Frost Action)，(7)張力(Expansion Pressure)，(8)膠子(Colloids)等。

(丙)關於土壤理論者 應用力學理論，當然為解決土壤問題之基幹，但以土質複雜，蘊藏之因數特多，縱然從理論演得公式，而其中『係數』(Coefficients)待求(水利學中此例甚多)，或事實上尙難應用，則須假試驗方法，探明其中眞相，因此而發現新的見解，藉以改善土壤理論者，事例極多。故試驗室中，關於土壤理論之試驗，初無固定範圍。茲為說明內容計，姑舉數例，以狀一斑：(1)樁旁之壓力分配，(2)泥土中向上壓力(Hydrostatic Uplift)，(3)砂之彈性(Elasticity of Sand)，(4)主應力與空隙率(Principal Stresses and Voids Ratio)，(5)土之拱力(Arching in Soil)，(6)邊土之穩度(Stability of Slope)，(7)隧道四周之壓力分配，(8)土壩漏水性(Seepage Through Dams)，(9)模型之『光彈』(Photo-Elastic)試驗。

七 土壤研究

工地考察及室內試驗，為研究土壤之必要工作；因所得資料，皆有確切佐證，且有時可用數字說明，無隱約模糊之弊；就此資料而研究，則無論有無結果，所費時間，皆非虛擲；其幸而有成，則可以改良當前之工事，縱然無功，其紀載及經過，猶值得將來研究之參考。否則若憑假想及推論，撥弄數學玄虛，則人人研究，各執一辭，土壤學術永無進步矣。考察及試驗之技術，至近年始普遍而精進，故土壤研究之成就，亦日新月異；風聲所播，昔日拘泥成見，專重理論或祇談經驗者，漸覺其狹隘之非，不但互泯爭端，且有相率共同研究者，此為工程界之一大轉變。

土壤研究之目的，在統一土壤名詞，鑑定每種性質，推測外力影響，建議設計方法，以及增進研究技術等。此項工作，從上次歐戰後，即已發軔，然以內容繁複，今方樹其始基，距理想境界，相去仍遠。即以準確程度一端論，任何土樣，取至試驗室時，皆不能與其天然狀態，絕對相同；即將來取樣方法改良，而所試驗者，仍不過一『樣』而已；土壤性質，隨時隨地皆可變化，從各種土樣中，豈遂能絕對的斷定一切乎？且其間有個人經驗及特性(Personal Equation)關係，試驗結果之精密程度，亦難有一定標準。因之研究結論，亦不免寬泛或略帶彈性；至如何發揮其效用，則不能不視工程司之實際經驗。故土壤研究之進行，須賴試驗室內之『土壤專家』(Soil Scientist)及實施建設之工程司(Practical Engineer)雙方分工合作，互解難題，而後漸達理想之境界。

土壤專家之責任為如何乎？(1)研究簡單明確之土壤數種，(2)求其性質，(3)及其測驗之方法，(4)漸進而求土壤之分類法，(5)各種土壤之動態及外力之影響，(6)改良『取樣』『試驗』及『校對』之儀器及方法，(7)推求土質土性之成因及變化之原理，(8)從力學，化學，電學等科學，研究土壤之一切反應(Reaction)等。

工程司之責任為如何乎？(1)從專家之研究，徵驗其結論於工地，(2)於施工狀況下，研究精密之取樣法及各種量度法，(3)利用土之特性，改善工程，(4)根據專家所得之結論，設計工程及工具，(5)就『原土』研究其性質，俾作專家之參考，(6)供給專家關於整個工程自始至終之觀察資料，(7)遇有奇特現象，報告專家研究等。

例如下列各問題，現均在研究之中，而無一能由專家或工程司單獨解決者：(1)公路之路基 (Subgrade) 及路面，(2)鐵路公路之排水方法，(3)塡土挖土之施工，(4)路基之冰凍現象，(5)各種土壤之承載量，(6)木樁或洋灰樁之承載量，(7)橋基及房屋之下沉度，(8)地下建築(如隧道)之土壓力，(9)擋土牆之穩度及彈性移動 (Elastic Movement)，(10)河岸之崩坍及侵蝕，(11)河道之變遷，(12)堤壩之穩度及基礎，(13)深溝邊土之崩陷等。

故土壤專家及工程司，對於土壤之研究，各有責任，各有目標；同時須互相聯絡，互相協助，方能彼此有成，相得益彰。所有應用科學中，其『應用』及『科學』，必須常期的亦步亦趨，缺一不可，關係深切，有如土壤之研究者，尙不多覯。故此種研究，現已成爲一種最新的科學，名爲『土壤力學』(Soil Mechanics)。

八　土壤力學

土壤力學之目的，係以『工地考察』及『室內試驗』之方法，研究土壤性質，及其所受外力之影響，俾於基礎及土方問題，得有合理解決，藉作設計及施工之準則。其對象爲『原土』及『自然力』，故力學如何應用於土壤，及土壤如何受力學之支配，卽本學科之精義所在，而與『農業土壤學』(Agronomy)之所由劃分。昔時研究土壤者，往往以數學及力學爲唯一之工具，但從事土壤力學者，則須旁涉物理，化學，地質，氣象，礦物，動植物等學科，足見其包羅之富。

自重要基礎工程，時遭意外，舊時土壤理論，漸形動搖以來，工程司對於土壤之觀念，爲之一變。上次歐戰後，遂發生『研究土壤』之運動，以維也納工科大學之賓薩基教授 (Prof. Terzaghi)爲中堅。一時風起雲從，咸憬然於過去之疏失，於是土壤研究，成爲新興的科學，而賓薩基氏遂爲土壤力學之權威。

在賓氏以前，研究土壤者，窮思極慮，擬對各種土壤之性質，求得相當數字，以爲代入各種公式中，任何條件，一算卽得，便與橋梁設計，大同小異，土壤問題，豈非就此解決。然土壤究非鋼鐵或洋灰可比，此種希望，永無實現之一日。蓋研究土壤，猶醫士之治病，人之秉質不一，感應互差，治療原則雖同，而施術之際，差以毫厘，謬以千里。土壤之複雜，初無殊於病症，必如醫士之虛心，始收研究之功效。此例經賓氏一語道破，工程界始轉移目光，潛心於土壤資料之搜集，及考察試驗之工作。經全世界之努力，此新興科學，遂逐漸奠其始基，發展之速，出人意表。至 1936 年時，更有『國際土壤力學會議』(International Conference on Soil Mechanics) 之召集。於是土壤力學，漸成爲工程司必備之工具，其於學術上之供獻，固足承先啓後，而於將來工程之經濟上及安全上之補益，更屬無可限量。此複雜奥妙之土壤問題，今竟覓得最可靠之鎖鑰，不可不謂爲人類大幸事也。

下　推進我國土壤力學之計劃草案

土壤力學之內容及其重要性，具如上述。可知此種科學之研究，固已不易，而欲普遍的推行於工程界，則其困難，有甚於他種應用科學者：

(1)有史以來，卽有土工及基礎，昔時設計憑經驗，近來設計兼憑理論，所成功者多矣，因之不易認識土壤力學之需要。

(2)力學爲標準之純粹科學，土壤爲性質最複雜之物料，今欲將力學施於土壤，如何發生聯繫，殊難得適當之概念，以變化因數過多，則有無處下手之苦也。

(3)土壤隨地隨時而易性，一處研究，未必適用於他處。工程事業皆有時間性，今者一物未造，而先須窮年累月，研究地下問題，如何得人諒解。

(4)土壤力學之推動，須賴工程司及科學家保持密切關係，長期的致力於某一問題之解決，方可冀有若干成績之表現，而此成績又必累積的循一個方向增進，方可冀有事實上之裨益，此種研究工夫，非一般工程司所能堪。

(5)工程司最重現實，不蹈空虛；土壤本身雖非空虛，力學原理，亦易驗證，但土壤力學之研究，如前提錯誤，即易蹈空虛之弊，遂足使工程司裹足。

(6)土壤力學，在一般工程學校，均未列入課程，工程司在受教期間，且無此根柢，則於服務之時，更何能責其研究，即有心努力，亦難覓同志之士，互助互勉。

以上爲先進國家之情況，若在我國，則一般工程進步，且感遲緩，今當百廢待舉之時，豈有餘暇，消磨於此種科學之研究乎？雖然，經始之難，在無信念，今如覺悟土壤力學之重要，及其在經濟方面之價值，則『雖覆一簣，進吾往也』，將來收穫，必遠在耕耘之上。此不得不呼籲我工程同志力圖邁進，相期共勉矣。

茲本此意，擬具推進我國土壤力學之計畫草案如下：

(甲)學校方面　大學工學院，應否講授土壤力學，即在國外，猶成問題。反對者以本門學科之基礎，尚未能確立，一切重要結論，仍在繼續研究之中，倘學者徒知舊日理論之非，而無新者以代之，則信仰動搖，必致影響其他學業。而主張講授者，則以大學教育，重在訓練思想，最忌盲從；土壤力學，正在進展之中，若及時灌輸，不但增益其本門智識，且可啓發其研究精神，尤屬一舉兩得。權衡輕重，自以講授爲宜。似可於各工學院之土木工程系四年級，添列本課，與通常講授之基礎學同時並進，由同一教師擔任，以期聯繫。或將兩課合併，在開講基礎之前，導以土壤力學之大意，使知基礎學中之問題，及其解決之途徑。另於材料實驗及水工實驗之課程中，加入關於土壤部份，使知土壤之複雜情形，以期增加日後受教時之興趣。工學院中如有設立研究部者，更可將土壤力學列爲重要課程，講解實驗並重，以期獲得實際上之貢獻。

(乙)工程機關方面　土壤力學之基礎，建築於實驗，考察及研究；而實驗考察之責任則工程機關所應負擔者爲多。任何工程機關之事業，皆與土壤有關，其事業之經濟效能及價值，應以土壤研究如何爲憑斷。普通不甚感覺其嚴重，皆緣無形中之消耗未加注意之故。試以電燈廠言，似與土壤力學無關矣，然發電機之基礎，則建築於土壤之上，倘基礎下沉，稍欠平勻，必致影響機件之動作及效率，而平時所不易覺察者。又如引擎用水，電線桿架等，皆與土壤有關，隨時隨地可發生困難，增加發電成本者。舉一以例其餘，則土木工程機關之責任，更無待說。然機關經費皆有限制，欲特爲土壤力學，增加負擔，則不但不能普遍辦到，且恐反有妨礙進行之慮。故現時所希望於各機關者，在期明瞭本題之重要，而加以協助。若全國工程機關，皆願出其餘力，參加本題之研究，則所獲結果，必有超越他國之上者。如下列各項，皆爲各工程機關所優爲，而土壤力學專家所求之不得者：

(1)任何工程預算內，在測量或調查或建築項下，酌留數額，以便搜集有關當地土壤之資料，並作實驗研究之準備。

(2)派遣工程司督修或實施各項土木工程時，不論其職位高低，均請其兼作關於當地土壤之報告；有必要時，並請作必不可少之簡單實驗。此項報告及實驗成果，由該機關長期保存，以備各方參考。

(3)已完竣之工程，因土壤關係，時有走樣沉陷情形，若對照開工前之土壤考察，或可推知若干因果關係。故若工程機關責令保養工程之工程司，按照規定項目，定期的作詳確報告，必可發現重要資料，以供土壤專家之研究。

(4)現時土木工程司，對於土壤力學，多未暇涉獵，各工程機關，宜儘量的予以研究便利，圖書儀器設備之類，更宜就財力所及，設法購置，以供應用。

(丙)工程司方面　工程司離校稍久者，對於所習學科，除與其事業有直接關係者外，多有日漸生疏之感，而以純粹理論(如數學)，及專賴強記而得者(如地質)爲尤甚。土壤力學之內容，富於理論及強記之資料，既非工程司所素習，或未易投其所好。然如決心研究，則理論與強記，立即發生聯繫，由此而獲得一種鎖鑰，應用於解釋現狀及預測將來，時有奇驗，則信心不由而生，自必增進其興趣。況工程司最能負責，對於職務，須求澈底明瞭，不容絲毫含混；今土壤研究，直接影響於工程之安全及經濟，則爲其事業與名譽計，當更無漠視或厭閒之心理。惟一問題，祇是如何着手，如何進行而已。

(1)先求對於土壤力學得一簡單明確之概念，繼擇其最易着力部份，廣搜資料，並多留意工程刊物之有關論文，俾作準備。

(2)設計時，務將土壤因素，列入關係條件之內。如可利用舊有資料，則應驗證其眞實性。如須就地調查考察，則務須講求方法之週密，及樣品之保藏，使其結果，不但可供一時之利用，且足爲他方之借鑑。

(3)完工後，應長期的注意其工程之狀況，倘發現特異情形，不論影響大小，宜推求其故，藉以校正設計施工時之差誤。

(5)將所得經驗，隨時於工程刊物中發表，廣徵討論，俾作日後研究之指針。

(丁)學術機關團體方面　土壤力學，範圍極廣，今當研究進行，未屆段落之時，必須關係各方，通力合作，有無相通，切磋共濟，方可日有進展，逐漸樹立必備之基礎。然本科學術是整個的，各方如何合作，始能齊一步驟，增進效能，則必有賴於學術機關及團體爲之聯繫。茲就國內有關之學術團體言，則如(1)中國工程師學會，(2)水利工程學會，(3)土木工程師學會，(4)中國地質學會，(5)中國礦冶工程學會等；就學術機關言，則如(1)中央研究院，(2)北平研究院，(3)經濟部之地質調查所，(4)中央工業試驗所，(5)中央水工試驗所，(6)礦冶研究所等；均可聯合討論，研求進行方案，以便分配工作，彙集資料，並舉行會議，刊布論文。其於我國土壤力學之進展，當必有極大之關係。以上各學術機關團體中，中國工程師學會，利害關係，比較切近，其會員中，又多散佈於其他機關團體者，對於此項工作，尤應居主動地位；似可於最短期間，發起召集『中國土壤力學會議』，參照1936年國際土壤力學會議經過，研討我國現狀，並擬訂進行綱領；則今後各方之研究，始有共同標的，而免隔閡參商之虞。倘經我學術界之努力，使土壤力學之基礎，得於國內樹立，並進而在國際上有所表現，則豈僅我中國工程師學會之幸歟？

近年來國內會議甚多，而成效彰著者則甚少，其故皆緣於事前之準備不充分。以今日交通之困難，時間之寶貴，如開會而不獲開會之益，則爲害孰甚。故莫若先用通信方法，徵求論文及意見，嗣就收到資料，加以審查整理，視結果如何，再定會期；甚或逕用通信方法，就各參加此項問題者相互討論，一俟意見集中，即可作爲議決案，通告施行，尤得簡便之要。

(1)由中國工程師學會，指定會員三人，負籌備會議之責，(2)由此負責會員通函各有關之學術機關及團體，請各推定負責者二人或一人，加入籌備，(3)由以上負責籌備人員，合組『中國土壤力學會議』籌備委員會，爲辦事迅速起見，各籌備人員以同居一地或相近者爲宜，(4)由此委員會擬定進行綱領，分函各有關機關學校團體，個別研究，發揮意見，並徵集論文，以便測驗各方之興趣及反應，(5)由委員會就收到資料，加以整理，先於中國工程師學會之「工程」雜誌發表，其尤關重要者，並爲投稿於外國之工程刊物，(6)經相當時日後，委員會再酌察情形，決定會議之組織辦法及召集日期，(7)如暫時尚無會議必要，則可將委員會進行狀況定期公佈之，俟時機成熟，再行召集，(8)委員會可代表中國學術界與各國有關土壤力學之學術團體通訊，並於必要時參加本題之國際會議，(9)本委員會於會議召集後解散，在會議前，無論時日久暫，本委員會即爲我國土壤力學之推動力，其經常事業費，由各加入機關團體分任之。

至上述之進行綱領，可就國內外現狀，暫擬大要如后：

(1)審訂標準名詞　土壤力學爲新興科學，其中名詞繁多，日有增益，在國外已有標準化之必要，我國現時譯著伊始，方興未艾，尤應將各種名詞，早爲審定，庶可統一意義，免滋淆混。

(2)編纂大學用書　土壤力學之文獻，多係德文寫述，於英文中，欲求一合用之大學教本，至今尚無其選；故英美各大學中，未將此科列入課程者，此亦其重要原因之一。我國工程教本，素感缺乏，然他科尚可求之於國外，土壤力學則更非自編不可，因其中所述資料，應以我國工程爲對象也。

(3)計劃實驗儀器　土壤力學所需之儀器，多係工程司或土壤專家所自製，故除小部份有關鑑定性質者外，其餘多無標準，不似普通材料試驗，小至一針之微，咸有統一之規定也。我國儀器缺乏，此時宜先求其有，再論其他，似可於各學校，各機關中，凡已有材料試驗設備者，儘量添置土壤需用之儀器，如須在國內自造，則可聯合計劃，於供求相需之中，兼寓標準之義。

(4)指導研究實施　我國土壤力學之程度，遠遜先進各國，毋庸爲諱，今當倡導伊始，如能延聘本科權威學者，如竇薩基氏之類來華，週歷各校演講，並爲計劃『中央土工實驗所』之設備及進行方案，則於推動本科之研究實施，必大有效力。工程司中有對此特感興趣者，並可隨同視察，常親教澤，則繼承有人，不必長賴客卿之助矣。

上述進行草案，其最重關鍵，在工程司對於土壤力學之興趣。倘由一團體盡力鼓勵，始終不懈，則於引起注意之後，當必有再接再厲者。作者本此愚衷，因向本會申請，擬捐贈「石渠奬金」一名，專爲獎勵本會會員對於土壤力學有特殊貢獻者之用。其數微末，不足云奬，略表本人對此科前途之熱誠希望而已。

土壤力學之性質，雖近似醫學，而其對象則有大不相同者。人體具有天然抵抗力，「不藥是醫」有時或竟然有效，而土壤則非醫不治者。醫治差誤，且必致僨事。茲以竇氏在國際土壤力學會議中所發之警語，作本文之結束：『土壤力學之於工程，猶近代醫學之於治療，應以排斥「走方郎中」爲第一義』。

土壤力學於沉箱工作之應用

王 達 時

目 要

(一)引言
(二)土壤之應力及荷量
(三)豎坑與沉箱之開挖
(四)美國積彩城之地質
(五)沉陷一百呎直徑及七呎牆厚鋼筋混凝土沉箱入土之預定計劃
(六)施工時實測之結果
(七)結論

一 引言

年前遊學美國，隨霍色爾 (Housel) 教授習土壤力學，適斯時積彩城 (City of Detroit) 興建大規模下水道工程，聘霍氏爲顧問工程司，余乃得機參加工作，在霍氏之指導下，根據土壤力學新論，擬定沉箱及隧道等工程之進行程序，結果極稱圓滿。關於利用沉箱本身重量，沉入地層一項，尤饒興趣。爰將經歷所得，紀載本篇，以供國內工程界之研究焉。

二 土壤之應力荷量

地質學家於土壤之分類，項目綦多，基此研究基礎土壤問題，勢難得切合實用之結果，根據實驗所知土壤受力後之反應，土壤可分爲黏土 (Cohesive Soil) 與粒土 (Granular Material) 兩類，前者之荷量，基於剪力 (Shearing Resistance)；後者基於壓力傳佈角 (Angle of Pressure Transmisson)。霍氏於粒土之荷量問題，曾有專論發表，茲不贅述。

黏土之主應力　黏土經載重後，其中任何一點，於各方向平面上，常有垂直應力，P_1, P_2, 與剪力，f_s（圖一）發生，若某平

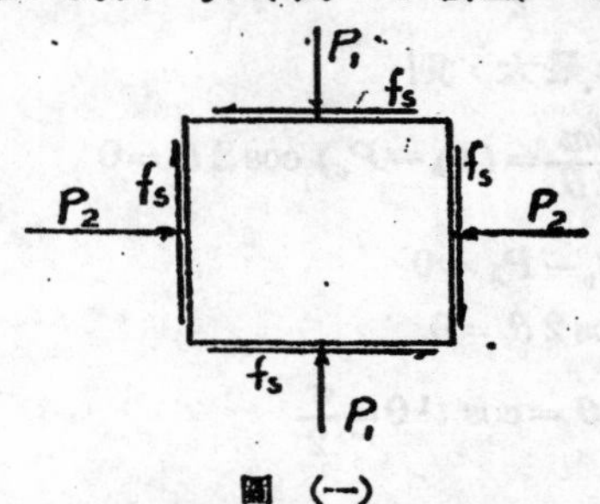

圖（一）

面上僅有垂直壓力存在，而無剪力發生時，則無論其垂直壓力爲最大或最小，均稱主應力，而此平面，稱謂主面。

主應力所產生之剪應力　主應力在土壤中某一點之垂直平面上。經過該點斜面上剪應力之最大值，等於二分之一最大主應力與最小主應力之差，其證如下：

（圖二甲）中 P_v, P_h, 及 m 各爲最大

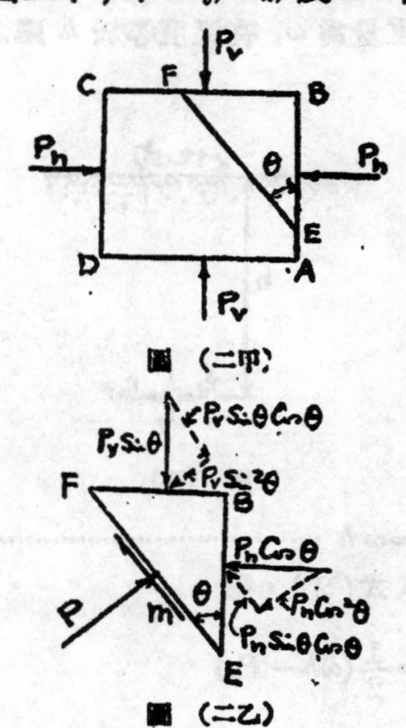

圖（二甲）

圖（二乙）

主應力，最小主應力，及斜面 EF 上之剪應力，設 EF 等於一，則 EBF 各面上之力，如圖（二乙）所示，應用靜力學中之平衡定律，得

$$m=P_v\sin\theta\operatorname{con}\theta-P_h\sin\theta\cos\theta=\frac{1}{2}(P_v-P_h)\times2\sin\theta\cos\theta$$

或 $m=\frac{1}{2}(P_v-P_h)\sin2\theta$ ……………（1）

如 m 最大，則

$$\frac{dm}{d\theta}=(P_h-P_v)\cos2\theta=0$$

$$P_v-P_h\neq0$$

$$\cos2\theta=0$$

$$2\theta=\cos^{-1}0=\frac{\pi}{2}$$

$$\theta=\frac{\pi}{4}$$

以此代入式（1），得最大剪應力

$$m=\frac{1}{2}(P_v-P_h)\sin2\times\frac{\pi}{4}$$

$$=\frac{1}{2}(P_v-P_h)\text{ ……………………（2）}$$

最大剪應力在土壤之應用　設土壤單位體積之重量爲 ω，在深度等於 h 處之垂直壓力

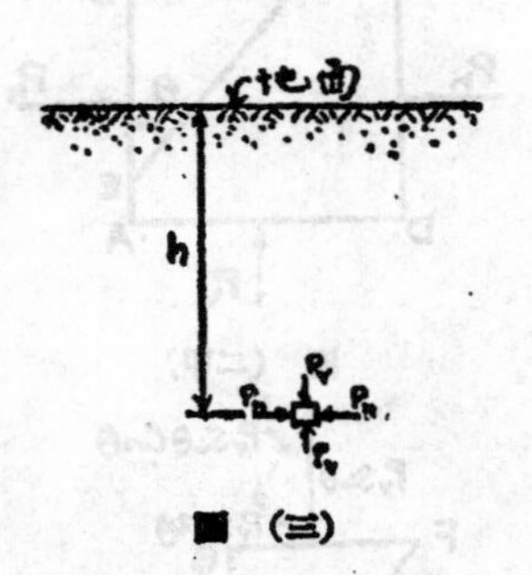

圖（三）

$P_v=\omega h$ ………………………………………（3）

以此代入式（2），得

$$m=\frac{1}{2}(\omega h-P_h)$$

或 $P_h=\omega h-2m$ ……………………………（4）

當 ωh 等於剪應力之兩倍時，P_h 等於零，即

$$\omega h-2m=0$$

$h=\frac{2m}{\omega}$ ……………………………………（5）

稱此深度爲黏土之臨危深度(Critian Depth)，以後以 h_o 表示之。

土壤之荷量　根據土壤壓力分佈研究之結果，黏土有兩種主要反應力，即中柱部份之密集壓力，與形成壓力橫向分佈在中柱圍面上之反力是也。若能示此兩種反應力以可能直接度量之因素，則從圖（四）所示各部之平衡關係，可得土壤之最大荷量。

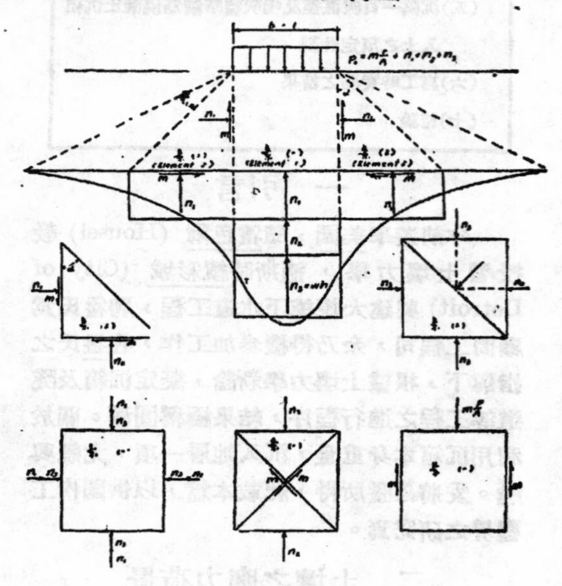

圖（四）　土壤受力壓縮帶內之應力分析

中柱所示『素（一）』，於形變之反應，產生兩項顯異之反力：第一項包括三種性質類似之壓力組成，n_1, n_2, 及 n_3, n_1 爲專由周圍物體之圍範作用，所生立體壓縮產生之垂直壓力；n_2 爲由地面傳下之垂直壓力，而未增橫壓分力至土壤之最大量，致使四十五度之斜面上，發生最大剪應力；n_3 爲由過載所生之壓力。上述三種應力因素，均稱啓發壓力(Developed Pressure)，此示中柱傳遞垂

直壓力之能量，不致由橫向移動而失敗。

壓力之橫向分佈，由於中柱圍面上之剪應力，m，作用，此第二項應力因素，亦須顧及。此項荷量爲荷板（或基礎）周長，P，之函數，以荷板面積，A，除總周力，Pm，卽可與第一項壓力因素相加，而得黏土之荷量公式爲

$$P_0=m\frac{P}{A}+n_1+n_2+n_3 \cdots\cdots\cdots\cdots(6)$$

從壓縮帶內外之『素(二)』平衡，可得一有意義之關係，在未超過剪應力，m_1以前，中柱無壓力密集之現象，壓縮帶以內之壓力成均等分佈，卽 n_1 是也。同時『素(二)』因圍範面上之剪應力關係，必須產生橫壓力，n_1 當『素(二)』橫直兩面上之垂直壓力，n_1，相等時，根據靜力學之平衡定律，兩面上之剪力必與 $_1$ 相等，若欲適合上述條件，平均分佈角必爲四十五度。（圖四）

上述各項壓力因素之分析，第二項 $m\frac{P}{A}$ 可以度量得之，第一項中 n_3 等於 ωh, h 爲土壤深度，亦可直接測得；n_1 與 n_2 可照下列步驟得之圖(五)中 n 爲 $_1$ 與 n_2 之和。

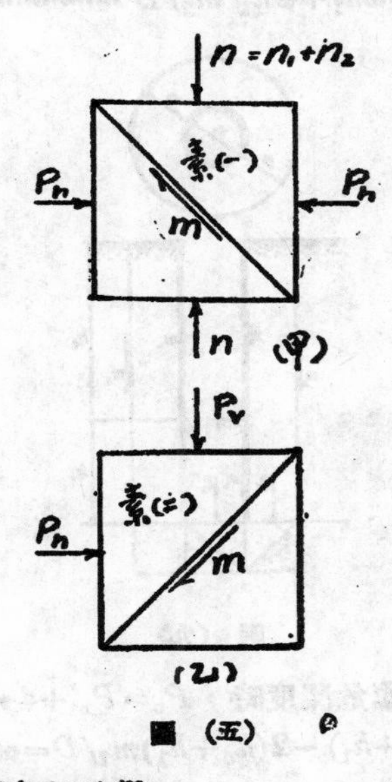

圖（五）

由圖(五甲)得

$$\frac{1}{\sqrt{2}}n-\frac{1}{\sqrt{2}}P_h=\sqrt{2}m$$

$$n-P_h=2m \cdots\cdots\cdots\cdots(7)$$

由圖(五乙)得

$$\frac{1}{\sqrt{2}}P_h-\frac{1}{\sqrt{2}}P_v=\sqrt{2}m$$

$$P_v-P_h=2m \cdots\cdots\cdots\cdots(8)$$

現　$P_v=0$，故

$$P_h=2m \cdots\cdots\cdots\cdots(9)$$

以此代入式(七)，得

$$n=4m \cdots\cdots\cdots\cdots(10)$$

以式(10)之結果，代入式(6)，得黏土之荷量公式爲

$$p_0=m\frac{p}{A}+4m+\omega h \cdots\cdots\cdots\cdots(11)$$

式中 p_0 爲荷量，P 爲荷板下中柱之周面，A 爲荷板面積，h 爲土壤深度，ω 爲土壤單位體積之重量，m 爲土壤之剪應力。

三　豎坑與沉箱之開挖

本節所述豎坑與沉箱挖鑿之臨危深度，h_c，均假定垂直反力之平均剪應力爲 m_2，而某深度之剪應力爲 m_1，所有豎坑與沉箱之直徑爲 D。

(一)無支撐豎坑之開挖　從圖(六)得

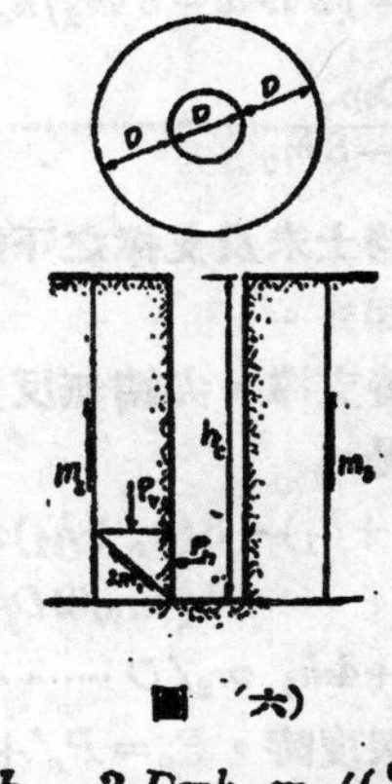

圖（六）

$$P_v=\omega h_c-3D\pi h_c m_2/(\frac{q\pi D^2}{4}-\frac{\pi D^2}{4})$$

$$P_v=\omega h_c-3h_c m_2/2D \cdots\cdots\cdots\cdots(12甲)$$

$P_v - P_a = 2m_1$, 但 $P_a = 0$

故　$P_v = 2m_1$ ……………………(12乙)

當開挖及臨危深度時，式 (12甲) 與式 (12乙)相等。

$\omega h_c - 3h_c m_2/2D = 2m_1$

$(2\omega D - 3m_2)h_c = 4Dm_1$

$$h_c = \frac{4Dm_1}{2D\omega - 3m_2} \quad \text{……………………(12)}$$

(二)有支撑豎坑（沉箱）之開挖，挖鑿至支撑同深，而土壤有向箱內起昇之趨勢

從圖(七)得

$P_v = \omega h_c - 3h_c m_2/2D$ ……………(13甲)

當開挖及臨危深度時。

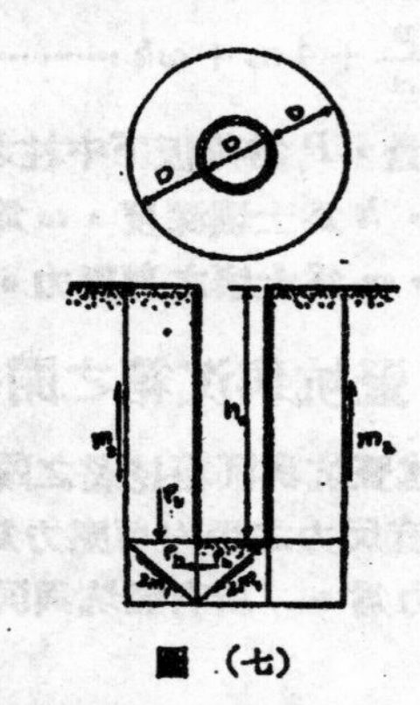

圖（七）

$P_v = 4m_1 = \omega h_c - 3h_c m_2/2D$

$8Dm_1 = (2D\omega - 3m_2)h_c$

$$h_c = \frac{8Dm_1}{2D\omega - 3m_2} \quad \text{……………………(13乙)}$$

(三)箱內挖土未及支撑之下端，留以抵抗箱內土壤之起昇。

(甲)鋼板樁支撑，尖端無反力作用。

從圖(八)得

$P_v = \omega(h_c + h_1) - 3(h_c + h_1)m_2/2D - h_1 m_2/2D$ ……(14甲)

$P_v' = \omega h_1 + 4h_1 m_2/D$ ……………(14乙)

當開挖及臨危深度時，$P_v = P_v' + 4m_1$, 故

$\omega(h_c + h_1) - 3(h_c + h_1)m_2/2D - h_1 m_2/2D = \omega h_1 + 4h_1 m_2/D + 4m_1$

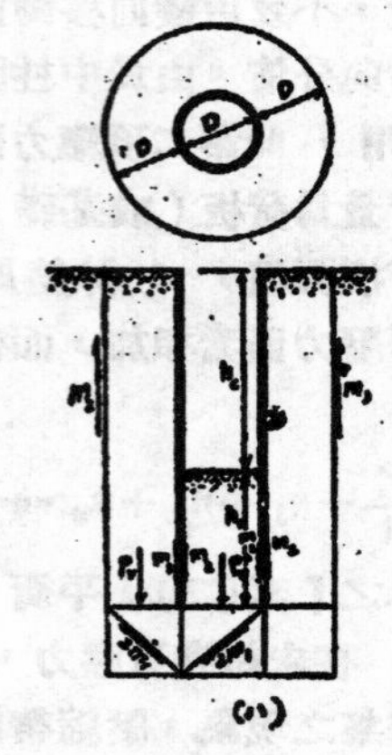

圖（八）

$\omega h_c - 3h_c m_2/2D = 4m_1 + 6h_1 m_2/D$

$$h_c = \frac{8Dm_1 + 12h_1 m_2}{2D\omega - 3m_2} \quad \text{……………………(14)}$$

(乙)混凝土沉箱由其本身之重量沉陷入土，其牆底有反力，而離堅土或石層之距離爲無限大。

從圖(九)得

$P_v = \omega(h_c + h_1) - 2(h_c + h_1)m_2/D$ ……………………(15甲)

$P_v' = \omega h_1 + 4h_1 m_2/D$ ……………(15乙)

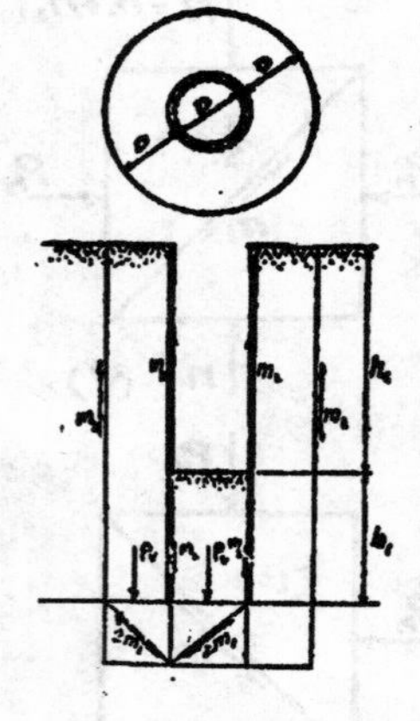

圖（九）

當開挖及臨危深度時，$P_v = P_v' + 4m_1$, 故

$\omega(h_c + h_1) - 2(h_c + h_1)m_2/D = \omega h_1 + 4h_1 m_2/D + 4m_1$

$$\omega h_c - 2 h_c m_2/D = 6 h_1 m_2/D + 4 m_1$$

$$h_c = \frac{4 D m_1 + 6 h_1 m_2}{D\omega - 2 m_2} \cdots\cdots\cdots\cdots (15丙)$$

(丙)與(乙)中沉箱相同，惟沉箱下端離堅土或石層甚近，起昇作用爲離石層之距離，X，所管制。

設 x 小於二分之一 D，從圖(10)得

$$P_v = \omega(h_c + h_1) - [(D+2x)\pi + d\pi]$$

$$(h_c + h_1) m_2 / \frac{\pi}{4}[(D+2x)^2 - D^2]$$

$$P_v = \omega(h_c + h_1) - 2(h_c + h_1) m_2/x \cdots\cdots\cdots\cdots (16甲)$$

$$P_v' = \omega h_1 + 2 h_1 m_2/x \cdots\cdots\cdots\cdots (16乙)$$

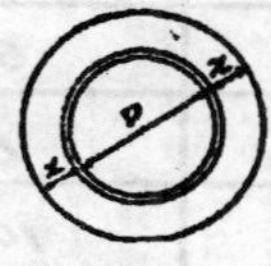

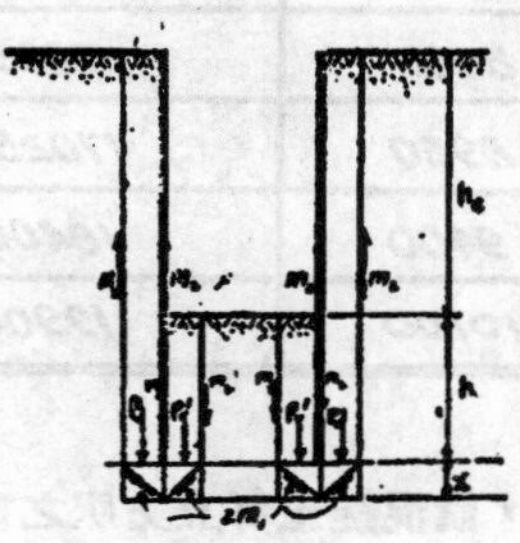

圖（十）

當開挖及臨危深度時，$P_v = P_v' + 4 m_1$

$$\omega(h_c + h_1) - 2(h_c + h_1) m_2/x = \omega h_1 + 2 h_1 m_2/x + 4 m_1$$

$$h_c = \frac{4 m_2 h_1 + 4 m_1 x}{\omega x - 2 m_2}$$

$$= \frac{4(m_2 h_1 + 4 m_1 x)}{\omega x - 2 m_2} \cdots\cdots\cdots\cdots (16)$$

根據式(16)，在本節情形之下，臨危深度與沉箱之直徑不涉，而爲 X 之函數。

四 績彩城之地質

應用上述土壤力學理論，於施工地點之土質情形，必須於事前作精詳之探驗。績彩城下水道工程抽水站處之地面標高爲 107.4 呎，標高 95.4 呎以上爲沙土，標高 95.4 呎與 23.6 呎之間爲青土 (Blue Clay)，以下即爲石層，在不同深度二十一處，採取土樣，作種種必要之試驗，圖(十一)示各深度土壤之剪應力。

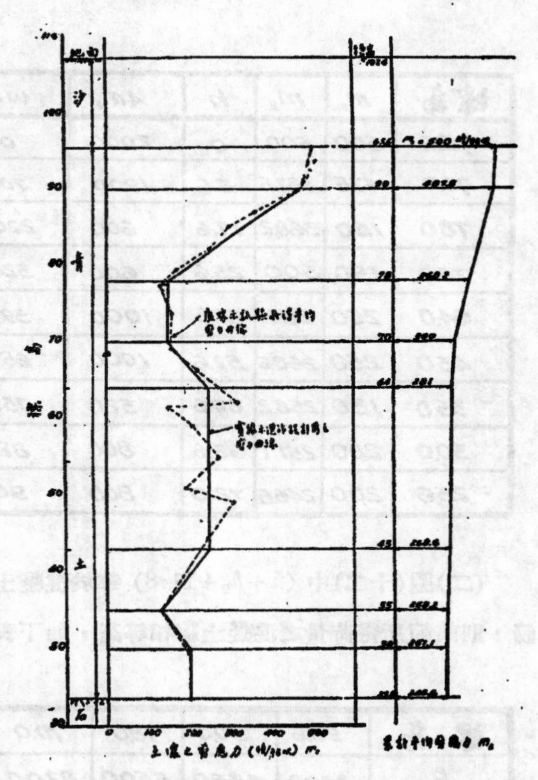

圖(十一) 美國績彩城下水道工程抽水站處之土壤剪力試驗

五 沉陷一百呎直徑及七呎牆厚鋼筋混凝土沉箱入土之預定計劃

（一）牆底反力之計算 下列牆底反力計

算，均根據黏土之重量爲 125 磅/立方呎，沙土之重量爲 100 磅/立方呎，並假定箱內沙土業已在事前挖去。

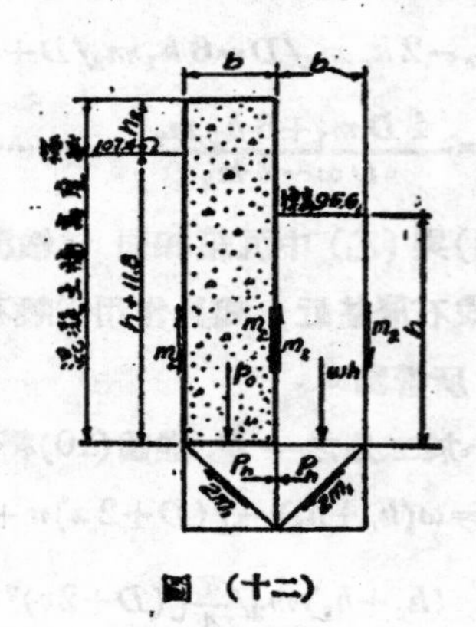

圖（十二）

從圖(十二)得荷量之公式如下

$$p_0=4m_1+\omega h+\frac{4m_2h}{b}\cdots\cdots\cdots\cdots\cdots(17)$$

下表所列數字係根據 b 等於 7 呎所得。

標高	m_1	m_2	h	$4m_1$	ωh	$4m_2h/b$	荷量，P_0
95.6	500	500	0	2000	0	0	2000
90.0	475	487.5	5.6	1900	700	1560	4360
78.0	150	368.2	17.6	600	2200	3700	6500
70.0	150	300	25.6	600	3200	4400	8200
64.0	250	281	31.6	1000	3950	5070	10020
43.0	250	268.6	52.6	1000	6575	8060	15635
35.0	130	258.2	60.6	520	7575	8930	17025
30.0	200	251.1	65.6	800	8200	9400	18400
23.6	200	246.6	72.0	800	9000	10100	19900

(二)圖(十二)中 $(h+h_2+11.8)$ 等於混凝土牆之高度，設混凝土每立方呎之重量爲 150 磅，則前節所得荷量之混凝土牆相等高，如下表所列：

標高	95.6	90.0	78.0	70.0	64.0	43.0	35.0	30.0	23.6
P_0	2000	4360	6500	8200	10020	15635	17025	18400	19900
混凝土牆相等高 $h+11.8+h_2$	13.3	29.1	43.3	54.7	66.8	104.2	113.5	122.7	132.7
地面以上之牆高 h_2	1.5	11.2	13.9	17.3	23.4	39.8	41.1	45.3	48.9

下頁圖(十三)示本表之數字。

(三)(甲)地面上最大牆高等於 10 呎時之沉陷情形　從圖(十三)可知，在本項情形下，

圖（十三）

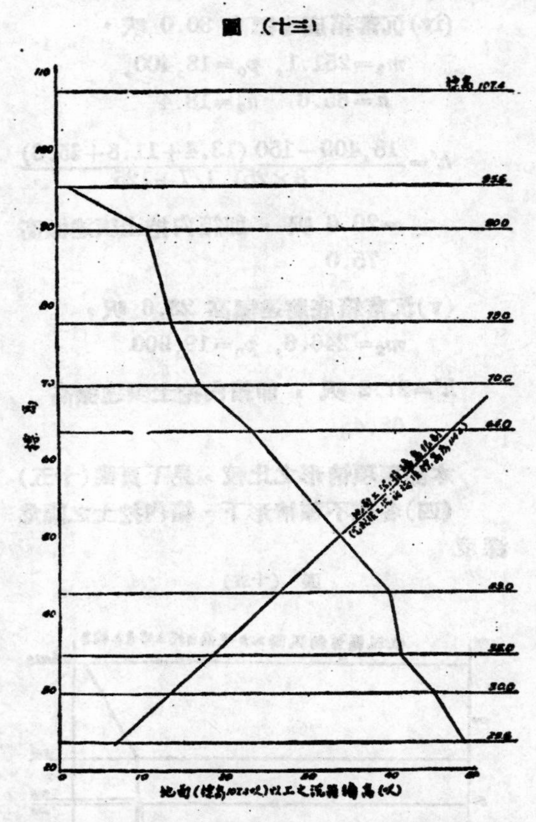

沉箱牆底沉陷至標高 90.6 呎時，即不能再向下沉，故必須陸續挖去箱內土壤，沉箱始克繼續下沉。設

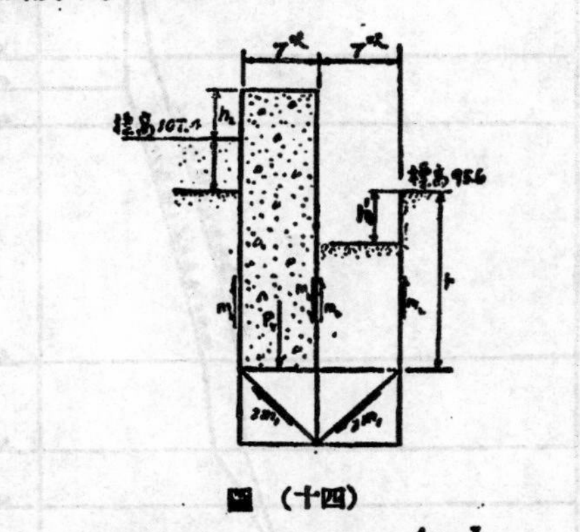

圖（十四）

P_0＝荷量$=4\,m_1+\omega h+\dfrac{4m_2h}{b}$

c＝單位寬度之混凝土牆重$=150\,(h_2+11.8+h)$

h'＝使沉箱繼續下沉，必須在箱內挖去之土壤深度，

得 $\dfrac{3\,m_2h'}{b}+125\,h'=p_0-c=p_0-150\,(h_2+11.8+h)$

$(3\,m_2+125\times7)\,h'=7\,[p_0-150\,(h_2+11.8+h)]$

$$h'=\frac{p_0-150(h_2+11.8+h)}{3\,m_2/7+125}\qquad(18)$$

式(18)中 h_2 之最大值爲10呎。

(i)沉落箱底達標高 90.0 呎，

$m_2=487.5,\ h=5.6,\ p_0=4.360$

$$h'=\frac{4360-150(21.8+5.6)}{3\times487.5/7+125}=0.75\text{ 呎，}$$

即箱內挖土須達標高 94.85

(ii)沉落箱底達標高 78.0 呎，

$m_2=368.2,\ h=17.6,\ p_0=6{,}500$

$$h'=\frac{6500-150(21.8+17.6)}{3\times368.2/7+125}=2.08$$

呎，即箱內挖土須達標高 93.52

(iii)沉落箱底達標高 70.0 呎，

$m_2=300,\ h=25.6,\ p_0=8.200$

$$h'=\frac{8200-150(21.8+25.6)}{3\times300/7+125}=4.29$$

呎，即箱內挖土須達標高 91.31

(iv)沉落箱底達標高 64.0 呎，

$m_2=281.0,\ h=31.6,\ p_0=10.020$

$$h'=\frac{10{,}020-150(21.8+31.6)}{3\times281/7+125}=8.17$$

呎，即箱內挖土須達標高 87.43

(v)沉落箱底達標高 43.0 呎，

$m_2=268.6,\ h=52.6,\ p_0=15{,}635$

$$h'=\frac{15{,}635-150(21.8+52.6)}{3\times268.6/7+125}=18.64$$

呎，即箱內挖土須達標高 76.96

(vi)沉落箱底達標高 35.0 呎，

$m_2=258.2,\ h=60.6,\ p_0=17{,}025$

$$h'=\frac{17,025-150(21.8+60.6)}{3\times 258.2/7+125}=19.78$$

呎，卽箱內挖土須達標高 75.82

(vii)沉落箱底達標高 30.0 呎，

$m_2=251.1$，$h=65.6$，$p_0=18,400$

$$h'=\frac{18,400-150(21.8+65.6)}{3\times 251.1/7+125}=22.7$$

呎，卽箱內挖土須達標高 72.90

(viii)沉落箱底將達標高 23.6 呎，

$m_2=246.6$，$h_2=7$，$h=72$，

$p_0=19,900$

$$h'=\frac{19\ 900-150(7+11.8+72)}{3\times 246.6/7+125}=27.2$$

呎，卽箱內挖土須達標高 68.4

(乙)地面上最大牆高等於 20 呎時之沉陷情形　從圖(十三)知，在本項情形下，箱底達標高 67.3 呎後，如不設法在箱內陸續挖土，則沉箱不能繼續自動下沉，其挖土須達深度之計算如下：

(i)沉落箱底達標高 64.0 呎，

$m_2=281.0$，$e=31.6$，$p_0=10,020$

$$h'=\frac{10,020-150(31.8+31.6)}{3\times 281.0/7+125}=2.07$$

呎，卽箱內挖土須達標高 93.53

(ii)沉落箱底達標高 43.0 呎，

$m_2=268.6$，$h=52.6$，$p_0=15,635$

$$h'=\frac{15,635-150(31.8+52.6)}{3\times 268.6/7+125}=12.6$$

呎，卽箱內挖土須達標高 83.0

(iii)沉落箱底達標高 35.0 呎，

$m_2=258.2$，$h=60.6$．$h_2=18.4$，

$p_0=17,025$

$$h'=\frac{17,025-150\ (18.4+11.8+60.6)}{3\times 258.2/7+125}$$

$=14.7$ 呎，卽箱內挖土須達標高 80.9

(iv)沉落箱底達標高 30.0 呎，

$m_2=251.1$，$p_0=18,400$，

$h=65.6$　$h_2=13.4$

$$h'=\frac{18,400-150\ (13.4+11.8+65.6)}{3\times 251.1/7+125}$$

$=20.6$ 呎，卽箱內挖土須達標高 75.0

(v)沉落箱底將達標高 23.6 呎，

$m_2=246.6$，$p_0=19,900$

$h'=27.2$ 呎，卽箱內挖土須達標高 68.4。

本節兩項情形之比較，見下頁圖(十五)

(四)各種不穩情形下，箱內挖土之臨危深度

圖（十五）

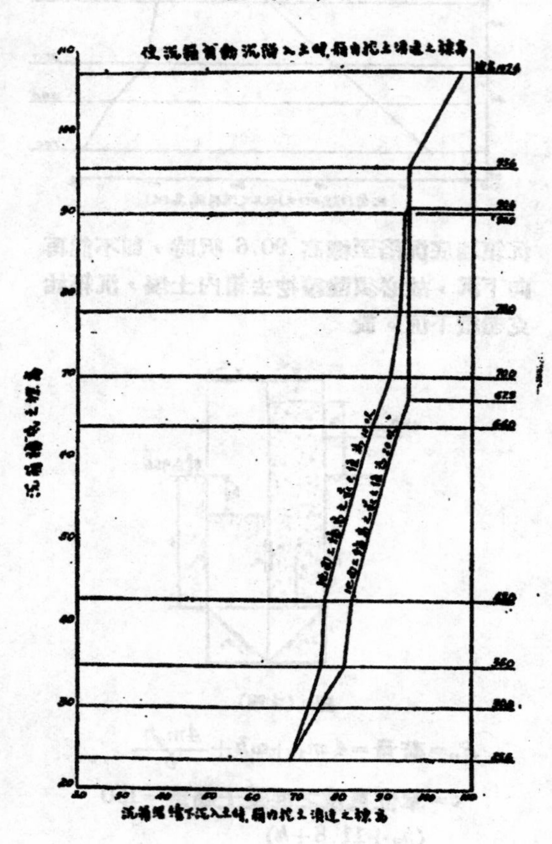

根據圖(十六)得

11.8 呎沙土重量及沙拱作用所生之垂直壓力

$$=\frac{\frac{11.8}{3}\times\frac{\pi}{4}(314^2+302.2^2+314\times302.2)-11.8\times\frac{\pi}{4}\times114^2}{\frac{\pi}{4}(314^2-114^2)}\times100$$

=1160 磅/平方呎

(甲)尋常情形，下之箱內挖土臨危深度

從圖(十六)得

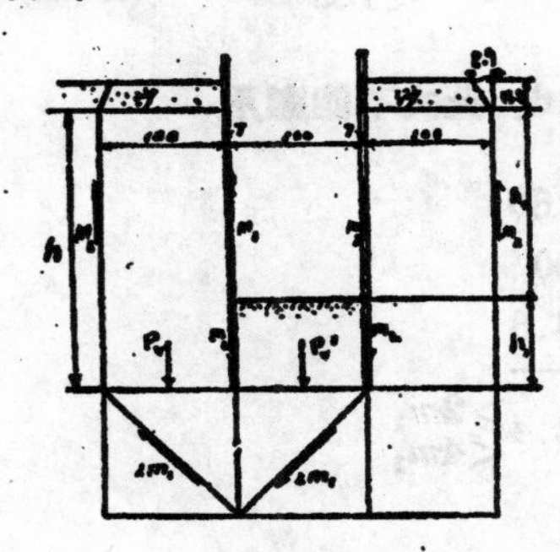

圖 (十六)

$$P_v=\omega h+1160-m_2h\pi[(D+14)+(3D+14)]/\frac{\pi}{4}[(3D+14)^2-(d+14)^2]$$

$$=\omega h+1160-2m_2h/d$$

$$P_v'=\omega(h-h_c)+(h-h_c)m_2\pi d\frac{\pi}{4}d^2$$

$$=\omega(h-h_c)+4(h-h_c)m_2/D$$

當臨危深度時，$P_v=P_v'+4m_1$，故

$$\omega h+1160-2m_2h/D=\omega(h-h_c)+4(h-h_c)m_2/D+4m_1$$

$$h_c=\frac{6m_2h+4m_1D-1160D}{d\omega+4m_2}\quad\text{......(19)}$$

(乙)沉箱鞜底離堅土或石層之距離，x，小於二分之一 D.

$$P_v=\omega h+1160-m_2h\pi[(D+14)+(D+14+2x)]/\frac{\pi}{4}[(2x+D+14)^2-(D+14)^2]$$

$$=\omega m+1160-2m_2h/x$$

$$P_v'=\omega(h-h_c)+(h-h_c)m_2\pi[d+(d-2x)]/\frac{\pi}{4}[D^2-(d-2X)^2]$$

$$=\omega(h-h_c)+2(h-h_c)m_2/x$$

當臨危深度時，$P_v=P_v'+4m_1$，故

$$\omega h+1160-2m_2h/x=\omega(h-h_c)+2(h-h_c)m_2/x+4m_1$$

$$h_c=\frac{4hm_2+4m_1x-1160x}{\omega x+2m_2}\quad\text{......(20)}$$

(丙) $x=\frac{D}{2}$ 以此代入式(20)得

$$h_c=\frac{8hm_2+4m_1d-1160D}{\omega d+4m_2}\quad\text{......(21)}$$

(丁)除上述三種情形外，尙有其他一種，即 x 之值，適使直徑等於 $(D-2x)$ 中心軸之重量，足以抵抗爲軸周剪力所昇起，在本項情形下。

$$\frac{\omega(D-2x)}{4}\pi(h-h_c)=(D-2x)\pi\times m_2(h-h_c)$$

$$\omega(D-2x)=4m_2$$

$$D-2x=\frac{4m_2}{\omega}$$

$$x=\frac{D}{2}-\frac{2m_2}{\omega}\quad\text{......(22)}$$

以此代入式(20)得

$$h_c=\frac{8m_2h+4m_1(D-4m_2/\omega)-1160(D-4m_2/\omega)}{\omega D}\quad\text{......(23)}$$

(丁)由式(19)計算之隱危深度

(i)箱底在標高 95.6 呎，$h=0$，$x=95.6-23.6=72$，$m_1=500$

沙重及沙拱作用所生之壓力 =1160

$$4m_1=4\times500=2000>1160$$

$$2m_1=2\times500=1000<1160$$

故 $h_c=h=0$

(ii)箱底在標高 90.0 呎，$h=5.6$，$x=90.0-23.6=66.4{> 50 \atop < 100}$，$m_1=475$，$m_2=487.5$

$$h_c=\frac{6\times487.5+4\times475\times100-1160\times100}{100\times125+4\times487.5}=6.25>5.6$$，此式不能應用

沙重及沙拱作用所生之壓力	$=+1160$
$\omega h=125\times5.6$	$=+700$
起昇作用$=2hm_2/D=2\times5.6\times487.5/100$	$=-54.6$
	合計$=1812.4{>2m_1 \atop <4m_1}$

故 $h_c=h=5.6$ 呎

(iii)箱底在標高 78.0 呎，$h=17.6$，$x=78-23.6=54.4{> 50 \atop < 100}$，$m_1=150$，$m_2=368.2$

$$h_c'=\frac{6\times368.2\times17.6+4\times150\times100-1160\times100}{100\times125+4\times368.2}=-1.37$$ 呎，即挖土可達標高 96.97

(iv)箱底在標高 70.0 呎，$h=25.6$，$x=70-23.6=46.4$，$m_1=150$，$m_2=300$

$$h_c=\frac{6\times300\times25.6+4\times150\times100-116,000}{12500+1200}=-0.73$$ 呎，即挖土可達標高 96.33

(v)箱底在標高 64.0 呎，$h=31.6$，$x=64-23.6=40.4$，$m_1=250$，$m_2=281.0$

$$h_c=\frac{6\times281\times31.6+4\times250\times100-116,000}{12500+4\times281.0}=2.72$$ 呎，即挖土可達標高 92.82

(vi)箱底在標高 43.0 呎，$h=52.6$，$x=43-23.6=19.4$，$m_1=250$，$m_2=268.6$

$$h_c=\frac{6\times268.6\times52.6+4\times250\times100-116,000}{12500+4\times268.6}=5.00$$ 呎，即挖土可達標高 90.55

(vii)箱底在標高 35.0 呎，$h=60.6$，$x=35-23.6=11.4$，$m_1=130$，$m_2=258.2$

$$h_c=\frac{6\times258.2\times60.6+4\times130\times100-116,000}{12500+4\times258.2}=2.22$$ 呎，即挖土可達標高 93.38

(viii)箱底在標高 30.0 呎，$h=65.6$，$x=30-23.6=6.4$，$m_1=200$，$m_2=251.1$

$$h_c=\frac{6\times251.1\times65.6+4\times200\times100-116,000}{12500+4\times251.1}=4.64$$ 呎，即挖土可達標高 909.6

(ix)箱底將達標高 23.6 呎，$h=72.0$，$x\to0$，$m_1=200$，$m_2=246.6$

$$h_c=\frac{6\times246.6\times72+4\times200\times100-116,000}{12500+4\times246.6}=5.25$$ 呎，即挖土可達標高 90.35

(戊)由式(二〇)，(二一)，(二三)計算之臨危深度

(i)箱底在標高 73.6 呎，$x=D/2=50$, $h=22.0$, $m_1=150$, $m_2=330.7$

$$h_c=\frac{4\times22\times330.7+4\times150\times50-1160\times50}{125\times50+2\times330.7}=0.159$$ 呎，即挖土可達標高 95.44

(ii)箱底在標高 70.0 呎，$h=25.6$, $x=46.4$, $m_1=150$, $m_2=300$

$$h_c=\frac{4\times25.6\times300+4\times150\times46.4-1160\times46.4}{125\times46.4+2\times300}=0.744$$ 呎，即挖土可達標高 94.86

(iii)箱底在標高 68.87 呎，此數由試驗得來，在此標高適 $x=\frac{1}{2}(D-4m_2/D)$，

即式(二三)所須之條件，$h=26.73$, $m_1=169$, $m_2=296.4$, $x=45.27$

$$h_c=\frac{8\times296.4\times26.73+4\times169\times2\times45.27-1160\times2\times45.27}{12500}=1.57$$ 呎，即挖土可達

標高 94.03

(iv)箱底在標高 64.0 呎，$h=31.6$, $x=40.4$, $m_1=250$, $m_2=281.0$

$$h_c=\frac{4\times31.6\times281+4\times250\times40.4-1160\times40.4}{125\times40.4+2\times281.0}=5.51$$ 呎，即挖土可達標高 90.49

(v)箱底在標高 43.0 呎，$h=52.6$, $x=19.4$, $m_1=250$, $m_2=268.6$

$$h_c=\frac{4\times52.6\times268.6+4\times250\times19.4-1160\times19.4}{125\times19.4+2\times268.6}=17.98$$ 呎，即挖土可達標高 776.2

(vi)箱底在標高 35.0 呎，$h=60.6$, $x=11.4$, $m_1=130$, $m_2=258.2$

$$h_c=\frac{4\times60.6\times258.2+4\times130\times11.4-1160\times11.4}{125\times11.4+2\times258.2}=28.4$$ 呎，即挖土可達標高 67.2

(vii)箱底在標高 30.0 呎，$h=65.6$, $x=6.4$, $m_1=200$, $m_2=251.1$

$$h_c=\frac{4\times65.6\times251.1+4\times200\times6.4-1160\times6.4}{125\times6.4+2\times251.1}=41.0$$ 呎，即挖土可達標高 54.6

(viii)底近標高 23.6 呎，$h=72.0$, $x\to0$, $m_1=200$, $m_2=246.6$

$$h_c=\frac{4\times72.0\times246.6}{2\times246.6}=14.4$$ 呎，即挖土可達標高 28.6。

六　施工時實測之結果

沉箱腳底標高	箱內土面標高
101.2	107.5
93.5	92.0
87.5	92.0
80.0	91.5
74.5	94.5
70.5	97.0
63.5	93.0
60.2	94.0
55.0	86.0
52.7	82.0
51.5	82.5
33.0	58.0
30.0	55.0
28.5	35.0
28.0	34.0
25.6	25.6

圖(十七)

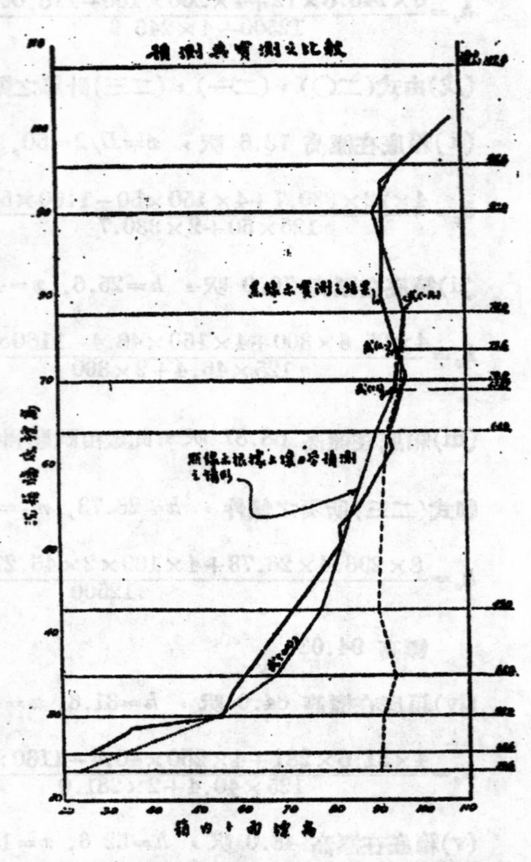

七　結論

圖(十七)示實測與預測之比較：實線為施工時之實際結果；點線為依照霍色爾教授土壤力學理論之預測情形；兩者之最大差，均能在百分之十以內，此一般理論應用於實際工程問題時常有之現象，根據初次應用之結果，不能不說霍氏之理論經已成功，而於土壤力學及基礎工程有名貴之貢獻也。

作者書本文之目的，除報告如何應用土壤力學新論於沉箱工作外，並假全國工程師聚首一堂之機，介紹霍氏之黏土荷量公式。

$$p_0 = m\frac{P}{a} + 4m + \omega h$$

..................(11)(已見第47頁)

希再共同研究焉。

8938

參和物，級配，與施壓對於道路土壤穩定性之影響

崔龍光

目次

(一)引言
(二)土壤穩定之定義
(三)土壤穩定之原理
(四)土壤穩定之實施
(五)原理應用示例
(六)結論

一 引言

我國道路多屬土路，約佔全數里程百分之八十。土壤為價最廉，且隨地皆有，在我國目前經濟情形下，此為最適宜之道路建築材料，殆無疑義，不過土壤之穩定性，隨其種類及環境而異，若不設法控制處理之，則天晴時路面材料鬆散，塵土飛揚；天雨時則泥濘難行，交通阻滯。故在今日我國軍運繁重時期，土路路面土壤之穩定研究實為急不容緩之工作。

而在我國城市中或附近之少數上中等路面鋪砌，不論其為剛性或非剛性者，亦每因路下層土壤之不穩定而失其承載效能，或則斷裂，或則陷落，所在多有。一九二九年 Terzaghi 及 Hogentogler 二氏曾著一文，[1]已言及『路床處治之設計，應以土壤性質試驗所得之資料為根據。』現在我國道路工程師，尚鮮注意及此土壤穩定之問題，爰為斯文，以求高明指正。

二 土壤穩定之定義

所謂土壤穩定者，乃增加天然土壤之磨擦抵抗與剪割強度之一種手續，其目的在使道路於任何天氣之下，能承載重大負荷，成為四季暢達孔道，而道路本身不致損壞及發生變形。穩定之方法，包含混合參和物 (Admixture) 施壓，及用特種技術原理與試驗，控制使之稠密。適當水份含量 (Optimum Water Content) 與級配 (Gradation) 對於土壤之穩定，關係均甚重大，參和物有使用土壤材料者，有使用潮解性化學品者，有使用電解質溶液者，有使用能溶解之膠粘化學品者，亦有使用不能溶解之結合料者。即有等土壤可參以石粉水泥石灰等物；有等土壤可用氯化鈣或瀝青材料作其穩定劑；有等土壤可加以粘土或沃土等是也。最佳之應用方法乃先將土壤犂鬆，約深六吋，然後將穩定劑散佈路面而耙和之。

三 土壤穩定原理

(甲)關於水方面者

土壤之不穩定，實因其本身膨脹與收縮。故欲使土壤穩定，非先控制其膨脹與收縮不可。土壤之膨脹與收縮，則因附着於土壤顆粒表面上之水膜隨天氣變化而變其厚度故也。

蘊藏於土壤中之水，可分為二種：

(A)游離水 (Free Water) 游離水不附着於土壤顆粒之表面而易為重力所吸去。

[1]在美國 Public Roads 雜誌第十卷第三期發表。

（參看圖一）

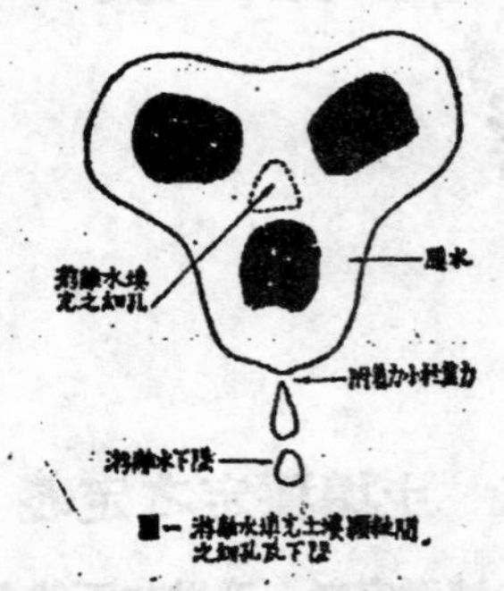

圖一 游離水填充土壤顆粒間之細孔及下降

（B）膜水 (Film Water)　膜水亦稱毛管水 (Capillary Water)。此種水附着於土壤顆粒表面；重力不能將其吸去。（參看圖二）

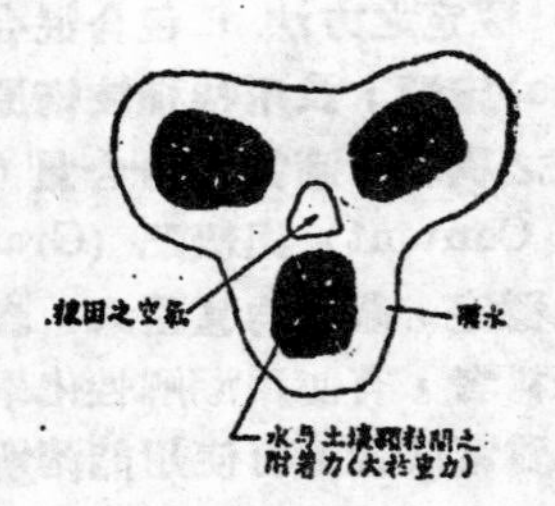

圖二 土壤顆粒吸着之膜水

各種土壤顆粒所吸着之水膜 (Water Film)，其厚度，各有不同。因此各種土壤之粘性亦各有不同。影響水膜厚度之因子有二：

（1）化學組成(Chemical Composition)　矽石膠體所吸着之水膜甚厚，故一乾一濕，其容積變化亦甚大。鐵及礬土膠體所吸着之水膜甚薄，故一乾一濕，其容積變化亦甚小。（參看圖三）

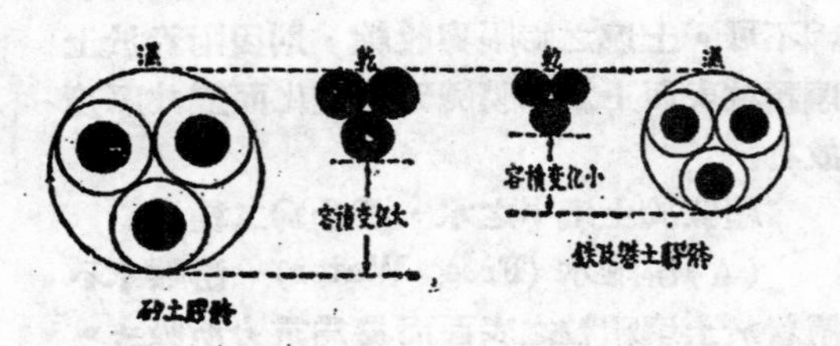

圖三 化學組成對於水膜厚度之影响

（2）離子之效應 (Effect of Ions)　離子之效應有二：第一，離子因組成本身物質不同之故，致其所吸着之水膜亦有厚薄之分。例如鋰離子可吸着一百二十分子之聯合水，而鉀則只能吸着十六分子之聯合水耳（參看圖四）。第二，上述之帶水膜離子常離化一

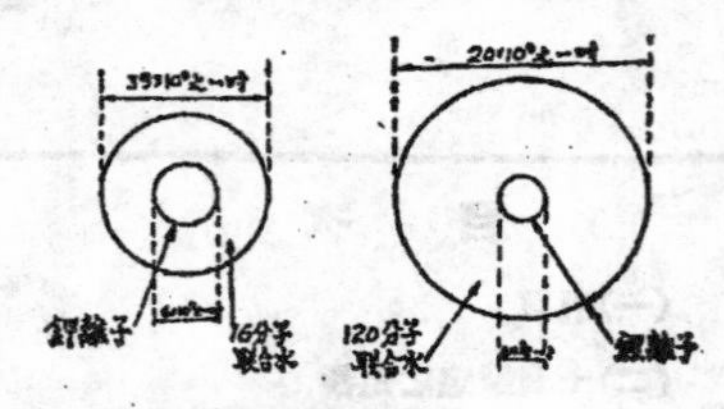

圖四 離子效應對水膜厚度之影响

土壤粒子。被離化之土壤粒子之水膜厚薄，則視乎其離子之聯合水多少。離子之性質如膨脹收縮與粘性等可直接傳予其所離化之土壤粒子。例如被鉀離子離化之粘土，可稱鉀質粘土，因該粘土之性質與鉀離子同。鉀離子所吸着之聯合水少容積變化不大，故鉀質粘土穩定。又如被鋰離子離化之鋰質粘土，因鋰離子吸着之聯合水多，故不穩定是也。故變更土壤之離子，則可變更土壤之穩定性。（參看圖五）

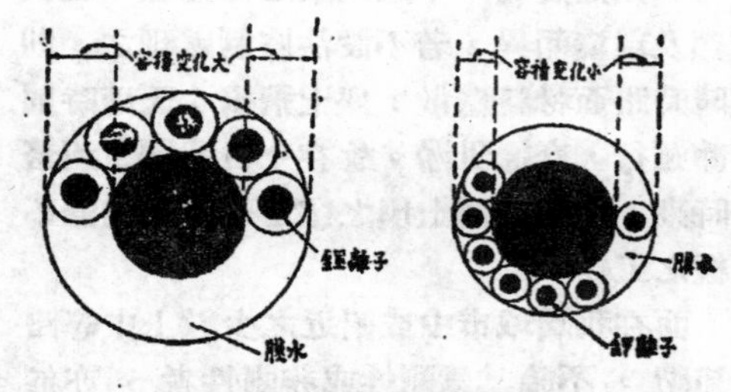

圖五粘土粒子離化之圖解

水膜之優點為可使土壤粒子團結，但其劣點即天氣變化時，其容積亦隨之變化。故欲使土壤穩定，則必於土壤得有適當水分含量後，不可使水膜再發生變化。若欲使水分及水膜不變化，不能不施行各種穩定方法，如混合參和物於土壤中，或應用機械術或撒佈化學溶液及不溶解之結合料於土壤中以處理之。

（乙）關於成分方面者

土壤之用作路基材料者，其穩定性決於其成份(Ingredients)。路下層土壤 (Subgrade Soil) 所含之粒料 (Aggregte) 與結合料 (binder)配合得宜者則其穩定性最高。（參看圖六）[2]

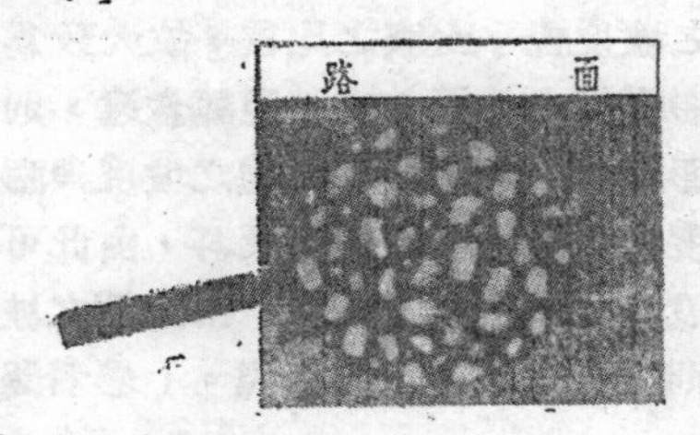

圖六經穩定後底層之組織

若欲控制路下層土壤之穩定性，必先控制某成分之配合分量。此種控制方法稱爲級配法。級配混合物 (Graded Mixture) 之規格以試驗定之，但亦需要經驗以運用試驗所得之結果。例如在某處爲良好之路下層土壤，移至他處未必適用。[1] 良好之路面土壤若用在路下層者，因鮮蒸發機會，未必爲良好之路基材料。粘性指數太高之結合料，每因粘性期間之含水量過多，致令粒料滑動，亦非理想之路基材料。[1] [2] 美國 Texas 省公路局經多年之試驗與經驗始能定一 Caliche 類非剛性路基材料之規格。[2] 一九三八年 Victor J. Brown 在其『土壤穩定』一文中曾述及四種經濟之級配混合物。[3]

土壤之成分可分粒料與結合料二大類，茲分別討論之。

（A）粒料 (Aggregate)　粒料爲成分中之較粗者。粒料因其體積之不同，可更分爲下列三種：——

（1）礫石、碎石、鑛渣(Slag)等，其體積自二吋至 1/10 吋。

（2）沙或其他顆粒物質，其體積自1/10吋至 2/1,000 吋。

（3）沉泥 (Silt) 或其他磨幼之岩石，其體積自 2/1,000 吋至 2/10,000 吋。

粒料之穩定性視乎其能溶解於水與否。粒料之可溶解者如碎石灰岩及鑛渣等，受水時其表面物質溶解成爲膠粘材料，乾時能將粒料結合。（參看圖七）

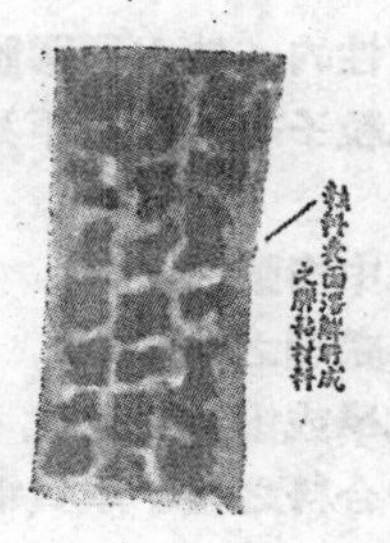

圖七可溶解之粒料表面溶解後結合

可溶解之粒料，若級配及化學處理得法經交通結實之後，極爲穩定。若再加以氯化鈣及氯化鈉等之助溶劑，則其穩定性更高。碎花崗岩爲不能溶解之粒料，故其穩定性亦至低。補救之法可加以能溶解之石粉。

（B）結合料(Binder)　結合料爲成分中之較細者，其產生自岩石之分化、風化、及經植物生長及枯朽而成；故其化學成分亦隨其母岩石而異。結合料亦可分下列之二種：——

（1）粘土 (Clay)，其粒子之體積爲 2/10,000 吋至 4/100,000 吋。

（2）膠體 (Colloids)，包含有機性與無機性，有機性者則自植物腐化而來，其體積皆爲 4/100,000 吋以下。

大多數之粘土受水皆能溶解，若配合得宜爲粒料之良好結合料。膠體之顆粒爲粒子

[1] W. H. Mills, Jr.: "Sampling and Testing Soil," 載 Civil Engineering 雜誌第八卷第七期。

[2] Frank H. Newman, Jr.: "Soil Stabilization," 載 Roads and Streets 雜誌第八十一卷第九期。（在結合料成分粘性指數圖中爲劣區域者）

[3] Victos J. Brown: "Soil Stabilization," 載 Roads and Streets 雜誌第八十一卷第四期。

羣，不若粒料之顆粒爲獨立之粒子。（參看圖八）

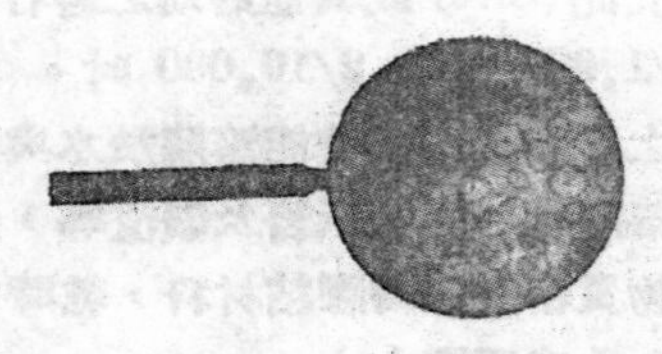

圖八土壤結合料之粒子羣

粒料爲定性的。粘土與膠體爲變性的。粘土與膠體之粒子羣，可用下列方法變更其性質：——

（a）在水中搖動之，

（b）以手處理之，

（c）以化學或電氣處理之。

粒料及結合料之粒子咸負電荷，若改變土壤粒子所吸着之離子，則土壤之穩定性，亦可以改變。故研究土壤時，不應祇注意其體積及化學成份，亦須注意其形狀與電結構也。電力之影響。（有如圖九）

圖九粒料與結合料溶液之電效應

（丙）關於密度方面者

在任何天氣環境之下，土壤之密度最大者其穩定性亦大致爲最大。土壤之密度則視乎其環繞土壤粒子之水膜厚薄而定

試舉圖十以闡明密度與水分之關係。土壤之含水量直至 20.7% 時，土質水化，此時期稱爲水化期。土壤在此期間水化，水膜之凝聚力 (Cohesion) 頗大，但同時土壤粒子間亦有相當之摩阻力 (Friction) 以反抗之從 20.7% 至 31.1% 土壤漸達最大密度。在此期間水膜之凝聚力稍低而潤滑性驟高，土壤粒子潤滑。粒子於是互相滑動團結，粒子間大部份空氣被逼出，故得最大密度。從 31.1% 至 47.7% 爲膨脹期，穩定性及密度均漸低降。在 47.7% 時土壤粒子間之互相吸引力與重力吸引水分之力發生平衡狀態。47.7% 以後，粒子間所留餘之空氣復被水份逐出，以致土壤完全飽和，膨脹期曲線之坡度視乎土壤之比重，故大致爲一常數。膨脹期之首尾含水量距離愈遠，則該土壤之膨脹愈大。滑動期曲線之坡度與膨脹期之坡度幾相等，惟符號相反耳，由此可知建築時設計之密度不難實現。滑動期之坡度愈大，則設計之密度愈難實現。（參看圖十）

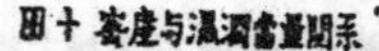

圖十 密度与濕潤含量關系

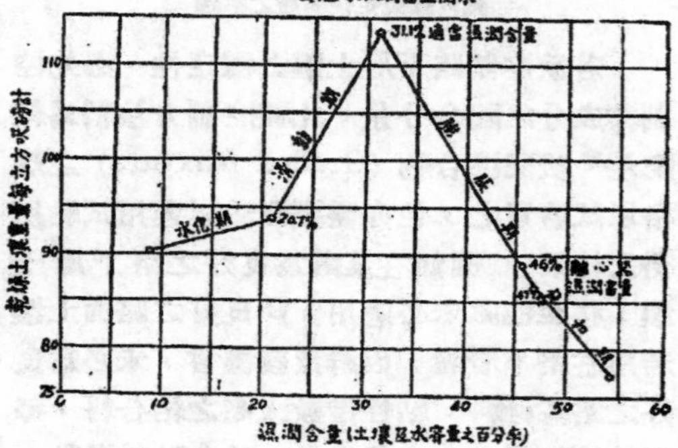

又舉圖十一以闡明密度與含水量及穩定性之關係。土壤之含水量遞大，則穩定性遞低，含水量遞小，穩定性遞高。試觀左曲線：在最大密度之下有 A，B 兩點：A 點之含水量不及適當限度 B 點則越過適當限度。但其密度相等。圖十一所表示之土壤在密度爲 108 時，其含水量可爲 13.7 或 19.3，

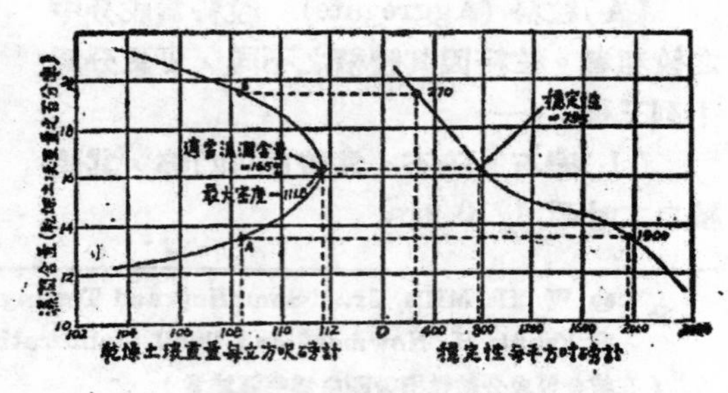

圖十一密度濕潤含量与穩定性之關系

其穩定性可爲 1,900 或 270.

Proctor 施壓試驗乃爲決定粒料與結合料配合分量之最妥善方法。最近五六年間，Porctor 壓土原則極爲盛行。❶其原理與方法見諸一九三三年時期數本 Engineering News-Record 雜誌中。❷

四　土壤穩定之實施

土壤穩定之實施法則甚多，各地公路機關均有其特法。方法之成立，多根據試驗及經驗。土壤穩定一名詞今已成爲一般築路家之口頭禪，幾視之爲『萬應藥』。土壤穩定實施方法雖多，概括之，不外乎下列十種：——

（1）選擇一種天然土壤，其幼粒料及結合料之配合分量可在道路所在地之天氣環境維持最高之穩定性。其借土坑或在附近或在遠處。但有一問題，若適合之借土坑太遠，運費太昂，應否另覓附近之兩個或以上之借土坑，以人工方法配合其每個所需之分量，以適應吾人理想之級配？此問題爲吾人所亟需研究而待解決者也。

（2）加結合料於顆粒土壤（Granular Soil），用此種處理方法時吾人應注意二點即不可用結合料過多，及結合料之粘性指數不可過高。但亦須視各處之天氣及原有土壤之粒料情形而定。如結合料粘性指數過高，則級配後之土壤於天雨時極不穩定。❸但亦不能用粘性指數太低之粘土以作結合料。若結合料之粘性指數太低，則級配後之土壤含活動之粘土粒子太少，以致土壤在長久曝日之後不團結。❸故結合料之採用必須以試驗定之，若就近無適合之結合料，則或須另尋別種穩定劑如水泥，瀝青乳劑，石灰等是也。

（3）加顆粒材料於凝聚土壤（Cohesive Soil）。此種方法雲南澂江縣城至金蓮鄉之路已採用之，該路爲澂江至徐家渡之孔道，至金蓮鄉者其中之一小段耳，不過該段在平原中，其餘則在山嶺上。該段路之交通多屬人馬，間亦有一二脚踏車通過。舊有土壤爲軟泥粘土、沃土、及少量之沉泥與粘膠土，雨季時吸水頗快，卽成泥漿，人馬難行，乾燥亦易。自經用顆粒材料（沙及幼礫石）處理後，不論晴雨，頗爲穩定。

（4）用潮解物質以處理級配土壤。級配土壤，或爲理想之天然混合物，或爲人工級配之混合物。潮解物質如氯化鈣，Dowflake 等；此種物質可保持土壤之水分，使不致因乾燥而不穩定，同時亦可鎮止塵土。❹

（5）撒佈瀝青材料使土壤有防水性。土壤如含水過多，則載重能力銳減，其穩定性亦低，一切車輛騾馬，將陷入泥濘中。瀝青材料，尤其是柏油，爲最好之防水劑，❹施於路面之瀝青材料可用重熔(Cut-back)土瀝青，煤柏油，石油柏油(Petroleum Tar)，松柏油(Pine Tar)，乳化土瀝青(Emulsified Asphalt)及熔油(Flux Oil)等。

（6）以顆粒材料與結合料配合得宜之天然土壤鋪塡於舊路面後，再以潮解性物質處理之。

（7）人工級配土壤之後（或加粘土於沙質土壤，或加沙於粘土土壤）。再以潮解性物質處理之。

（8）以顆粒材料與結合料配合得宜之天然土壤鋪塡於舊路面後，施瀝青油於新路面，以增加其防水性。

（9）人工級配土壤之後，再施以瀝青油。

❶與註（2）同。

❷ Engineering News-Record, Aug. 31, Sept. 7,21 & 28, 1933.

❸與註（3）同。

❹ H. C. Weathers "Soil Stabilization Method" 載 Civil Engineering 雜誌第八卷第七期。

(10)用各種參和物以處理天然土壤，使之稠密。參和物有爲物理材料 (Physical Materials) 者，有爲化學材料 (Chemical Materials) 者。但二者土壤均除外。參和物之功用，乃永久免除原有土壤中膠體及粘土之不定性質，因此種性質能令土壤粒子變化容積也。

五 原理應用示例

(甲)填土

填土土壤之選擇，應以其可能壓實之密度爲標準。試舉一例以解釋之：

設有土壤樣品 A，試驗其各種性質關係後。製圖如圖十二。

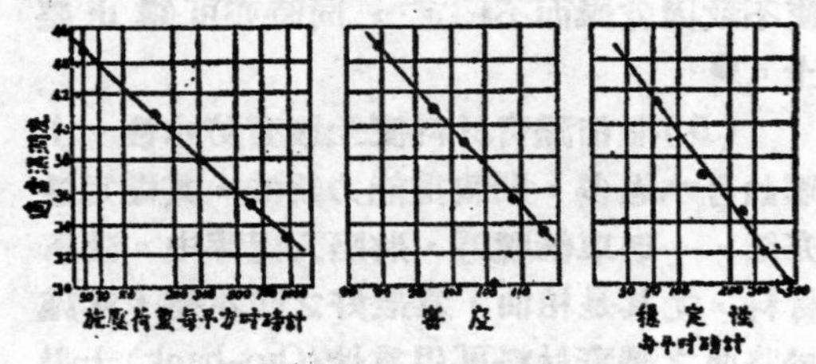

圖十二控制曲線(樣品A)

設施壓荷重定爲 309 lb./sq. in.

則從圖十二之控制曲線可查知含水量應爲 38.2%，壓實後密度爲 104.4 lb. cu./ft.，穩定性爲 117 lb./pb. in.。

又設含水量定爲 4.14% (以容積計)。

則從曲線可查知施壓荷重應爲 130 lb./sq. in.，壓實後密度爲 99.2 lb./cu. ft.，穩定性爲 69 lb./sq. in.。

(乙)路基

穩定路基之設計有二法：——

(A)以粘性指數爲根據者

設某段路面之穩定需材料 800 Cu. yd.，其 P. I.（粘性指數）須爲 4，路面原有材料爲 350 Cu. yd:

其 P. I. 已知爲 2。

則必須從借土坑運來材料 450 Cu. yd.，方足應用，借土坑土壤之 P. I. 應爲若干方合用？

可用 "Public Roads" 雜誌之公式❶求之：——

$$PI_m = PI_a + P_b \times (PI_b - PI_a)$$

PI_m = 混合物之粘性指數。

PI_a = 路面材料之粘性指數。

PI_b = 借土坑材料之粘性指數。

P_b = 借土坑材料在混合物之成分。

代入公式：

$$4 = 2 + \frac{450}{800} \times (PI_b - 2)$$

$$(4-2) \times \frac{800}{450} = PI_b - 2$$

$$PI_b = \frac{1600}{450} + 2 = 5.56$$

圖十三 粘土成分粘性指數曲線

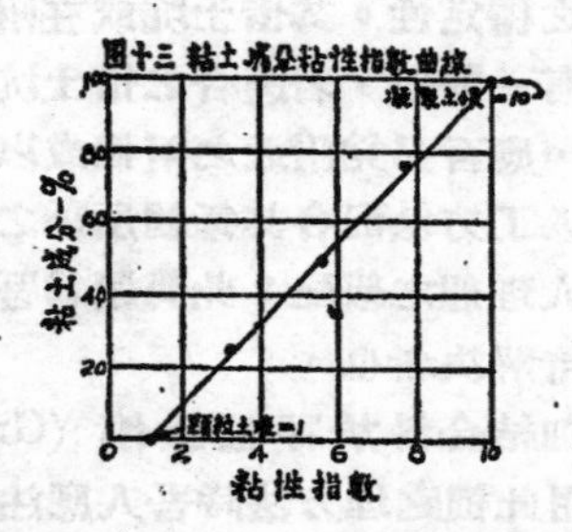

從圖十三，借土坑之土壤，若其粘土成分爲 51%，其粘性指數可爲 5.56 也。

(B)以施壓試驗結果爲根據者，

設有某土壤未參和氯化鈣時之樣品爲 A，已參和氯化鈣後之樣品爲 B。(氯化鈣爲電解質穩定劑，因其可影響水膜厚度，致合土壤較爲密實。)其試驗結果如圖十四。

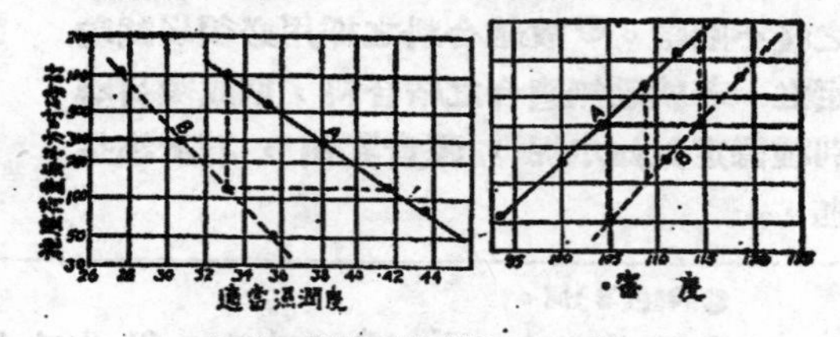

圖十四控制曲線（樣品AB）

❶ "Public Roads" 一九三五年二月刊。

施壓荷重同爲 135 lb./sq. in. 時A樣品之適當濕潤含量須 41.2, % B 樣品只須 33%。含水量同爲 33% 時，A樣品須施壓荷重 1,100 lb./sq. in., B樣品只須 135 lb./sq. in.。施壓荷重同爲 300 lb./sq. in. 時，A樣品之密度只爲 104.4 lb./cu. ft., B樣品可爲 114.5 lb./cu. ft.。欲得 104.4 lb./cu. ft. 之密度，A樣品須施壓荷重 300 lb./sq. in., B樣品只須 42 lb./sq. in.。電解質之改善土壤價值明矣

六　結論

(1)土壤粒子之化學組成，其所吸着之離子，及具有電化學性的摻和物，均可影響土壤粒子吸着之水膜厚度，以致影響土壤可能壓實之密度。

(2)在相等施壓荷重之下，鐵及礬土質土壤比較矽石質土壤爲密實。

(3)在相等施壓荷重之下，鋰質粘土之濕潤，含量較高，鉀質粘土之濕潤含量較低。

(4)在相等交通容量結實之下，路面土壤混合物之經氯化鈣處理過者，比較未經處理過者爲密實。

(5)氯化鈣及食鹽等之穩定功效有三：第一，此種潮解性化學品可保持土壤之水分使其不致因太乾燥而不穩定。第二，其電解質溶液可變更土壤之酸性或鹼性，土壤粒子吸着之金屬離子，及電場；以致變更土壤之穩定性。第三，可助粒料表面物質溶解，成爲膠粘材料，乾時能將粒料結合，土壤因之穩定。

(6)級配混合物之規定，應以試驗所得之結果爲根據，同時亦應以經驗而運用試驗所得之結果。

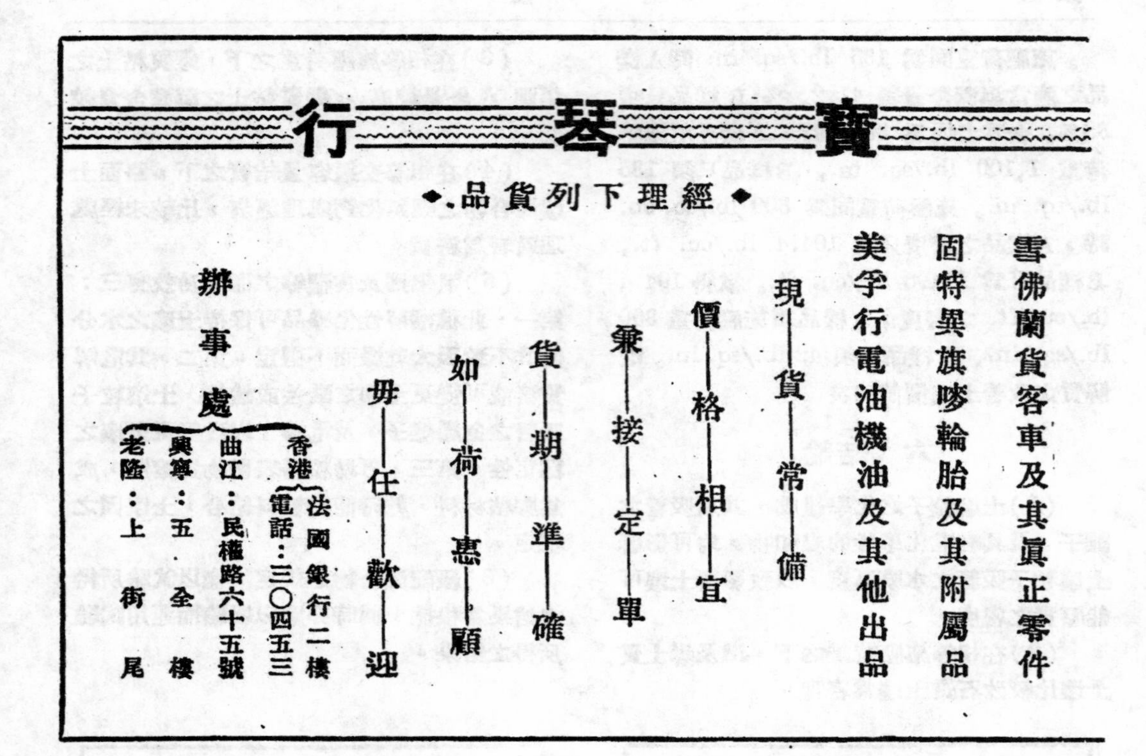
寶琴行
經理下列貨品
雪佛蘭貨客車及其真正零件
固特異旗嘜輪胎及其附屬品
美孚行電油機油及其他出品
現貨常備
價格相宜
兼接定單
貨期準確
如荷惠顧
毋任歡迎
辦事處
香港：法國銀行二樓 電話：三〇四五三
曲江：民權路六十五號
興寧：五全樓
老隆：上街尾

K & E
KEUFFEL & ESSER CO., U. S. A.
MANUFACTURERS & SUPPLIERS OF
SURVEYING INSTRUMENTS,
DRAWING MATERIALS,
MEASURING TAPES,
SLIDE RULES.
THE WORLD RENOWNED
SOLE AGENTS IN CHINA
ANDERSEN, MEYER & CO., LTD.
SHANGHAI & HONGKONG
BRANCHES & AGENTS
ALL OVER CHINA

彈性橋墩多孔拱橋之力矩及推力分配法

厲汝尙

一 導言

生民之始，卽知利用木石等物，架溝汶之兩岸，以通往來，此有橋梁之始也。迨至人類進化，交通頻繁，簡陋之橋梁，不足應付，於是木橋，浮橋，石拱橋，石版橋，鋼版橋，桁架橋及鋼筋混凝土等橋，應時而生。

作者於本文理論分析之先，將我國橋梁之發達史，略述槪況，以示先民苦心慘淡之經營，吾輩子孫應如何發揚而光大之。

我國橋梁，於先秦時代，已頗有成就，如『周語』有：『川無舟梁，是廢先王之道也。』

橋梁與王道相提並論，其被人之重視，可見一斑，且當時已有利用舟舶為橋，卽今之所謂浮橋者，見『大雅大明』『造舟為梁』之句，可為明證。又『孟子』有：『歲十一月徒杠成，十二月輿梁成。』之記載，匪特架橋之方法，已有驚人之進步，卽施工之時期，亦有簡賅之規定。

石拱橋始於何時，史無明文記載，而漢時各書，已有曲梁，虹梁之名稱，則拱橋之於漢時，已廣為採用，殆無疑義。石拱橋又曰劵橋，散見有淸各書，且為近世匠人所通用。至於我國古代，橋梁之建築法，雖有一二藍本可尋，然考其內容，旣無學理之討論；又乏法則之遵循。且術語各異，定義淆混，翻閱為難。以我國橋梁發達史觀之，歷今已有千數百年，竟無一善本之介紹，豈非咄咄怪事？然考其究竟，事有必然者，蓋我國數千年來之傳統教育，重文章，輕技藝，視百工為賤役，以雕蟲為小技，自命為士大夫者，口不談物象之淫巧，書不載工程之理論，任之自生自滅，以致百工廢弛，萬事不興，故迨至今日，我國工程固有之價值，早已湮沒無聞，更追論與世界各國工程學術一較短長耶？今日責在吾輩，能不勉之！

現代各國橋梁之趨勢，石橋已至人老珠黃之境，蓋石橋負重不大，且只能運用於河面較窄，跨徑 (Span Length) 較短之處，故鋼橋及鋼筋混凝土拱橋，取而代之。然鋼橋之建築費較鉅，我國今日之環境，勢所不許，是以設計我國十萬里之鐵路，及百萬里之公路時，所採用之橋梁，應以鋼筋混凝土拱橋為主題。如河面較寬，非單孔拱橋，所能跨越者，則非應用多孔拱橋不可，倘河底較深，水位亦高，且需注意航行之孔道，而橋墩又不能假設無後挫(Yielding)之現象，故彈性橋墩之多孔拱橋 (Multi-span Arches on Elastic Piers)遂應時而問世矣。蓋使用彈性橋墩，旣可增高航行孔道；又可減省橋基工料，且悅目美觀，『玉立亭亭水中央』較之臃腫矮胖之固定橋墩者，其藝術上之價值，又不可同日而語也。所謂彈性橋墩者，卽橋墩細長，遵循彈性定律，使本橋拱上所負之荷重，傳遞應力於相隣之橋拱內，增加荷重長度(Loaded Length)者也。

彈性橋墩之多孔拱橋，其理論之分析法有五：

（1）一般公式法(Analysis by General Equations)。

（2）彈性中心法 (Analysis by Elastic Center Method)。

（3）彈性橢圓法（Analysis by Means

of the Theory of the Ellipse of Elasticity)。

(4)力矩及推力分配法 (Analysis by Moment & Thrust Distribution Method)。

(5)模型機械法(Analysis by Mechanical Method)。

一般公式法，爲各法則之本源，但所引伸之公式冗長，計算不便，彈性中心法，雖較簡易，已有專書介紹，可參閱 "*Elastic Arch Bridges*" by McCullough & Thayer。彈性橢圓法，利用彈性橢圓之性質，作幾何之解法，雖畫法較便，但需用較大之比例尺，否則不能求得精確之數字。至於第五之模型機械法，則用特製之模型及儀器，窺其撓曲 (Deflection) 之大小，而定其應力，本法屬於實驗之一支，而非數理分析之本支也，故本文均不論及，僅將第四之力矩及推力分配法，加以分析如下：

二　LARSON之力矩及推力分配法

以力矩及推力分配法，分析彈性橋墩之多孔拱橋，非Cross教授所創見，而係Larson 氏之初步使用，後經 Cross 教授加改善者也。

先是 Cross 教授公佈彼所發明之力矩分配法後，有 Larson 氏者，鑒於 Cross 之名言『一切力之函數——包括力矩及接點之不衡力(Unbalanced Joint Force)等——均可分配，一如力矩分配者然。』有所啓發，遂應用於彈性橋墩多孔拱橋之分析，蓋此種之拱橋，負有荷重後，其接點(Joint)不但被轉動，而且同時發生線之位變也。(Subject to Linear Displacement as well as Rotation) 因此力矩之分配，不能與推力之分配，單獨進行。如某一接點之力矩已平衡，而該接點之部材 (Memenbers Intersecting at that Joint)，其各端之水平推力，因之發生變易，故各該推力必須加以校正，同樣之情形，如部材之兩端，其水平推力已平衡，而力矩不平衡時，亦必加以校正也。

根據以上之理論，Larson 氏之使用力矩及推力分配法，於彈性橋墩多孔拱橋之分析，其步驟如下：

步驟 1.——

(a)由拱橋所負之荷重，而計算每一橋拱之兩端，其『固定端之水平推力 (Fixed-ent Horizontal Thrusts)爲若干。

(b)由拱橋所負之荷重，而計算每一橋拱之兩端，其『固定端之力矩 (Fixed-end Moments) 爲若干。

步驟 2.——

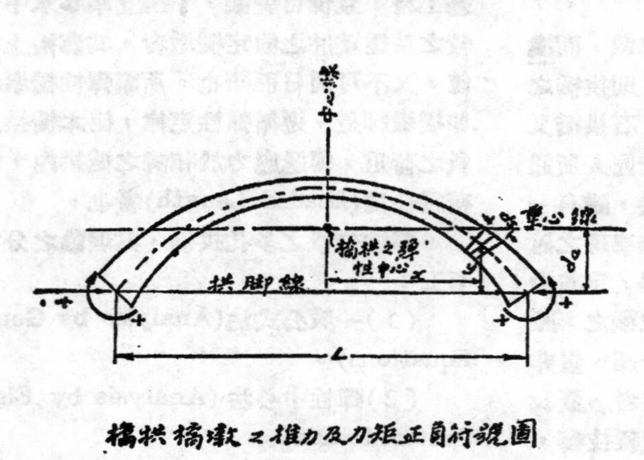

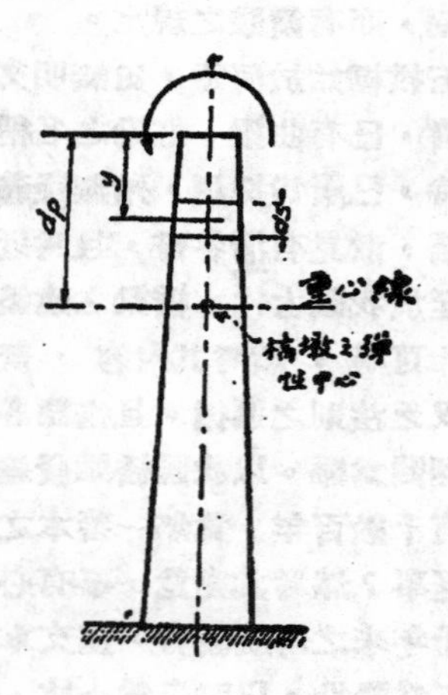

橋拱橋墩之推力及力矩正負符號圖

(圖一)

（a）依照各接點之部材，其所抗水平撓曲 (Resistance to Horizontal Deflection) 之比例，而分配此不平衡之水平推力。其分配之百分數，等於$\frac{J}{\Sigma J}$。此式中之 J，爲所需之水平推力，作用於該部材之彈性中心上，使該部材之近端，發生一單位位變，而該部材之遠端係固定者。

設橋拱之彈性中心至拱脚線 (Spring Line)之垂直距離爲 d_a（圖一），橋墩之彈性中心至拱脚線之垂直距離爲d_p，橋拱之水平推力分配數爲 J_a 及橋墩之水平推力分配數爲 J_p，則

$$*d_a=\frac{\Sigma_y\frac{ds}{EI}}{\Sigma\frac{ds}{EI}}$$

$$J_a=\frac{1}{\Sigma_y{}^2\frac{ds}{EI}-d_a{}^2\Sigma\frac{ds}{EI}}$$

$$d_p=\frac{\Sigma_y\frac{ds}{EI}}{\Sigma\frac{ds}{EI}}$$

$$J_p=\frac{1}{\Sigma_y{}^2\frac{ds}{EI}-d_p{}^2\Sigma\frac{ds}{EI}}$$

（b）依照各接點之部材，其所抗轉動 (Resistance to Rotation) 之比例，而分配此不平衡之力矩於各接點間。其分配之百分數等於$\frac{N}{\Sigma N}$，此式中之N，爲所需之力矩，使該部材之近端轉動一個單位，而該部材之遠端，係固定者。

設 N_a 等於橋拱之力矩分配數，N_p 等於橋墩之力矩分配數，則

$$N_a=\frac{1}{\Sigma\frac{ds}{EI}}+\frac{L^2}{4\Sigma_x{}^2\frac{ds}{EI}}+d_a{}^2J_a$$

$$N_p=\frac{1}{\Sigma\frac{ds}{EI}}+d_p{}^2J_p$$

步驟 3.——

（a）爲使各部材保持平衡起見，將步驟 2（a）中各部材分配巳妥之水平推力，傳遞 (Carry Over)至其他一端，但符號相反。

（b）將步驟 2（b）中各部材分配巳妥之力矩，乘以 r，傳遞他端。r 爲傳遞因子 (Carry Over Factor)，其符號可正可負，視該部材之幾何性質 (Geometric Properties) 而定。

設 r_a=橋拱之傳遞因子，則

$$r_a=1-\frac{L^2}{2N_a\Sigma_x{}^2\frac{ds}{EI}}$$

因橋墩之一端，爲固定者，故無需 r_p。

步驟 4.——

（a）將各該部材之兩端，於步驟 2.（b）中所得之力矩，化爲水平推力。該推力即等於力矩乘以 h，該 h 即等於一個單位力矩，作用於此部材之一端，在彈性中心上，所發生之水平推力者也。故

$$h_a=\frac{d_aJ_a}{N_a}$$

$$h_p=\frac{d_pJ_p}{N_p}$$

（b）將各該部材之兩端，於步驟 2（a）中所得之水平推力，化爲力矩。該力矩即等於水平推力與 d 之乘積。d 爲拱脚線至彈性中心之垂直距離，見步驟 2（a）。

步驟 5.——

（a）將步驟 3（a）與步驟 4（a）所得

* 在引伸各該公式以前，基於兩種假定。（1）在撓曲前後，各切面之平面不變。（2）各項材料均遵循 Hooke 定律，如 E 爲常數，則各式中之 E，均可消去。各該公式之引伸式甚繁，茲不贅述。

之水平推力，求其代數和。

(b)將步驟3(b)與步驟4(b)所得之力矩，求其代數和。

旣完成以上五個步驟，即完成力矩及推力分配法之一個循環。於步驟5(a)中，得每一接點處之新水平推力。如結果所得，爲不平衡推力，再如步驟2(a)重新分配。於步驟5.(b)中，得每一接點處之新力矩，如結果所得爲不平衡力矩，再依照步驟2(b)之辦法重新分配。遵循以上各步驟，分配復分配，循環復循環，迨至各點之力矩與推力平衡而後已。

其結果之數值，計算如下：

橋拱各端之推力，等於步驟1.(a)，2.(a)及5.(a)所得各値之總和。

橋拱各端之力矩，等於步驟1.(b)，2.(b)及5.(b)所得各値之總和。

橋墩頂點之推力，等於步驟1.(a)，2.(a)及4.(a)所得各値之總和。

橋墩頂點之力矩，等於步驟1.(b)，2.(b)及4.(b)所得各値之總和。

三 LARSON 法之應用

爲簡單計算起見，設有一三孔拱橋(第一表)，其橋拱之形狀大小均相同，二橋墩亦同高。且外橋拱與橋墩之一端，均固定於地。其所給之常數如下：

橋拱常數：$d_a=39.7$；$J_a=0.00111$；$N_a=2.53$；$h_a=0.0175$；$r_a=0.491$。

橋墩常數：$d_p=47.5$；$J_p=0.00643$；

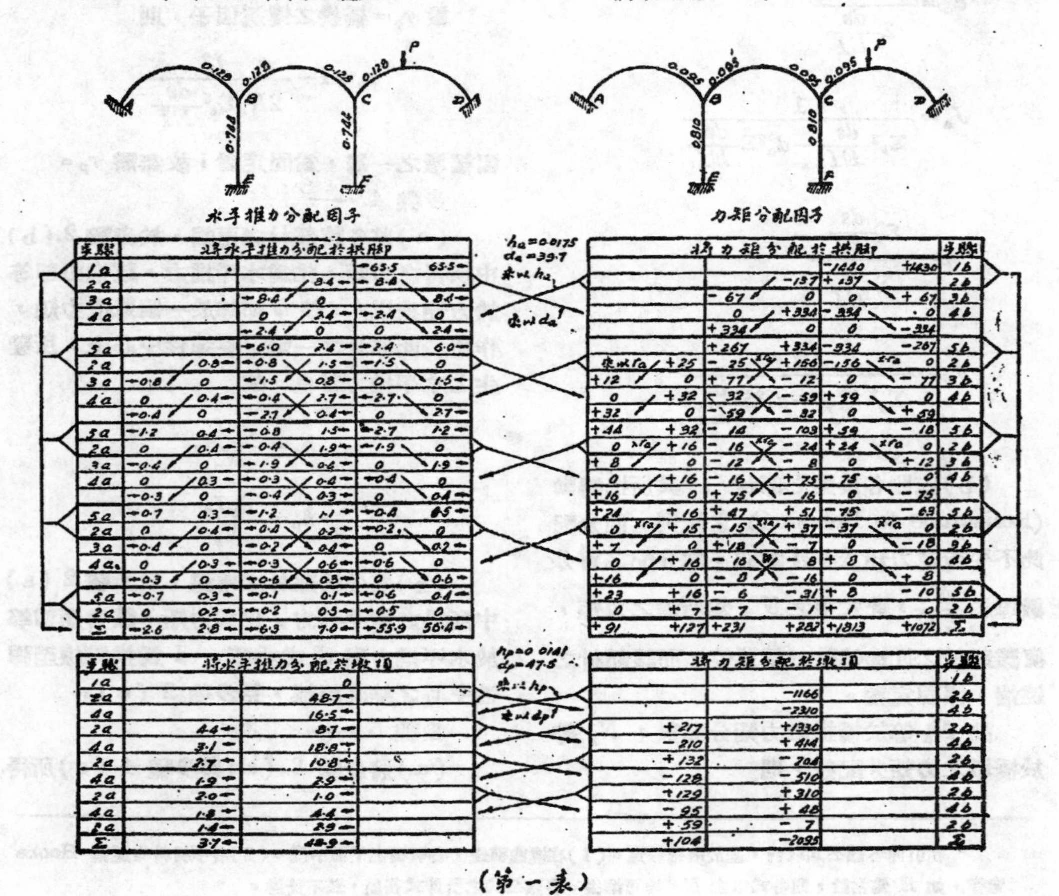

步驟	將水平推力分配於拱脚					
1a					65.5	65.5
2a				8.4	8.4	
3a			8.4	0		8.4
4a			0	2.4	2.4	0
			2.4	0	0	2.4
5a			6.0	2.4	2.4	6.0
2a		0.8	0.8	1.5	1.5	0
3a	0.8	0	1.5	0.8	0	1.5
4a	0	0.4	0.4	2.7	2.7	0
	0.4	0	2.7	0.4	0	2.7
5a	1.2	0.4	0.8	1.5	2.7	1.2
2a	0	0.4	0.4	1.9	1.9	0
3a	0.4	0	1.9	0.6	0	1.9
4a	0	0.3	0.3	0.4	0.4	0
	0.3	0	0.4	0.3	0	0.4
5a	0.7	0.3	1.2	1.1	0.4	0.5
2a	0	0.4	0.4	0.2	0.2	0
3a	0.4	0	0.2	0.4	0	0.2
4a	0	0.3	0.3	0.6	0.6	0
	0.3	0	0.6	0.3	0	0.6
5a	0.7	0.3	0.1	0.1	0.6	0.4
2a	0	0.2	0.2	0.3	0.5	0
Σ	2.6	2.8	6.3	7.0	55.9	56.4

將力矩分配於拱脚						步驟
				-1480	+1430	1b
			-137	+137		2b
		-67	0	0	+67	3b
		0	+334	-334	0	4b
		+334	0	0	-334	
		+267	+334	-334	-267	5b
乘以r_a	+25	-25	+156	-156	0	2b
+12	0	+77	-12	0	-77	3b
0	+32	-32	-59	+59	0	4b
+32	0	-59	-32	0	+59	
+44	+32	-14	-103	+59	-18	5b
0	+16	-16	-24	+24	0	2b
+8	0	-12	-8	0	+12	3b
0	+16	-16	+75	-75	0	4b
+16	0	+75	-16	0	-75	
+24	+16	+47	+51	-75	-63	5b
0	+15	-15	+37	-37	0	2b
+7	0	+18	-7	0	-18	3b
0	+16	-16	-8	+8	0	4b
+16	0	-8	-16	0	+8	
+23	+16	-6	-31	+8	-10	5b
0	+7	-7	-1	+1	0	2b
+91	+127	+231	+282	+1813	+1072	Σ

步驟	將水平推力分配於墩頂		
1a		0	
2a		48.7	
4a		16.5	
2a	4.4	8.7	
4a	3.1	18.8	
2a	2.7	10.8	
4a	1.9	2.9	
2a	2.0	1.0	
4a	1.8	4.4	
2a	1.4	2.9	
Σ	3.7	48.9	

將力矩分配於墩頂			步驟
			1b
	-1166		2b
	-2310		4b
+217	+1330		2b
-210	+414		4b
+132	-706		2b
-128	-510		4b
+129	+310		2b
-95	+48		4b
+59	-7		2b
+104	-2095		Σ

(第一表)

$N_p=21.60$；$h_p=0.0141$。求橋拱橋墩各端之推力及力矩，如固定端推力及力矩爲已知者。

第一表所示之兩組圖表，左端爲分配推力所用，右端則爲分配力矩所用，其中有關係之部分，或爲傳遞之作用，或爲推力之方向，則以箭頭表之。

因 p 之荷重，作用於 CD 之橋拱上，其所發生之固定端推力爲 65.5，其方向如箭頭所示。固定端力矩，則爲 1440，（正負號如第一圖所規定者）。如步驟 1（a）及 1（b）所規定，將該固定端之推力及力矩，書於 CD 二欄內。然後再依照以前之步驟，逐次舉行。

例如在 C 接點之不平衡推力爲 65.5，應先分配至此接點上之各部材。〔步驟 2（a）〕分配於橋拱上之百分數等於 $\frac{J_a}{2J_a+J_p}=12.8\%$；分配於橋墩上之百分數 $=\frac{J_p}{2J_a+J_p}=74.4\%$，故8.4（$=65.5\times12.8\%$）分配於橋拱，48.7（$=65.5\times74.4\%$）則分配於橋墩。

分配不平衡之力矩，其比例數如次，至橋拱者 $=\frac{N_a}{2N_a+N_p}=9.5\%$，至橋墩者 $=\frac{N_p}{2N_a+N_p}=81.0\%$，故接點 C 之 -1440 不平衡力矩，應分至橋拱者爲 -137（$=-1440\times9.5\%$），分至橋墩者爲 -1166（$=-1440\times81.0\%$）。

其餘各數值，可依照步驟 1 至步驟 5 各項之規定，按圖索驥即可。至於分配推力及力矩至橋墩時，毋需步驟 3 及 5 之原因，蓋橋墩底面固定於地面故也。

四　CROSS 教授之力矩及推力分配法

綜觀以上所述之 Larson 法，步驟既多，手續亦繁。因 J_p 及 N_p 之值，均大於 J_a 及 N_a，故分配至橋墩頂點之推力及力矩，其值甚大，是以循環分配之次數亦多也。如能免去此層之困難，即減少不平衡之推力及力矩分配於橋墩，則循環之次數可減，故 Cross 教授不以橋墩頂點，爲分配力矩之點，而選擇某一點爲依歸。決定此點之條件，即橋墩頂部因位變（無轉動）而發生之推力，對於此點而言，無不平衡之力矩發生。換言之，即橋墩頂部繞此點而轉動，所發生之推力，係平衡之推力也。

假定該點已選妥，則於分配力矩及推力時，橋墩可以略而不計，且兩端之橋拱，即近河岸之孔，亦可省去計算，因兩端爲固定，僅有推力及力矩傳遞過去，而無推力及力矩傳遞過來故也。

Cross 教授根據以上所述之理論，擬定步驟如下：在未實行步驟之先，必需計算若干常數，以爲分配推力及力矩之用，茲先將各常數之定義述之如下：

（a）決定橋墩上中性點 O（Neutral Point）（圖二）之位置。決定 O 點之條件，即橋墩頂部繞此點而轉動，所發生之推力，係平衡之推力也。

（b）推力抗率（Thrust Stiffness）所謂推力抗率者，即所需之推力，使該部材之一端，發生一個單位之位變，而不發生轉動者。

（c）力矩抗率（Moment Stiffness）所謂力矩抗率者，即所需之力矩，使該部材之一端，繞中性點 O 而轉動，發生一個單位之角變，而不發生位變者。

將以上各常數決定後，再決定在每一部材內，因接點之位變（無轉動）所發生推力線——以後簡稱『位變推力線』——之位置。及每一部材內，因接點繞中性點而轉動（無位變），所發生之推力線——以後簡稱『轉動推力線』——之位置。推力線之位置既定，則分配之步驟如下：

步驟一：分配及傳遞各部材間之不平衡

推力。分配之數值，可以不用書明，僅將傳遞之數值，註之於各該地位上。連續舉行，及至收斂達於零之近似值，然後將傳遞之推力總和之。

步驟二：由推力所產生之不平衡力矩，等於推力乘以自 O 點至推力線之垂直距離之乘積。

步驟三：將此不平衡之力矩，與原有不平衡之力矩，求其總和，然後分配而傳遞之。分配之數值，不用書明，僅將傳遞之數值註明而已。似此連續舉行，及至收斂達於零之近似值。再將傳遞之力矩，求其總和。

步驟四：此力矩所產生之不平衡推力，等於此力矩除以自 O 點至推力線之垂直距離，所得之商。

將以上之步驟，循環舉行，及至所求精確之數值，然後再求得以下之二值：

（1）因位變而產生之總推力。

（2）因轉動而產生之總推力。

各推力之值既定，且彼等作用線之位置亦已知，則任何有關之數值，均可以按靜力學之法則，求其結果矣。

在計算推力及力矩時，正負號之決定，不可不加以注意。一般之法則，即正力矩使部材之下邊發生拉力。反之為負。如於橋拱上之推力為正，曳力(Pull)為負，則拉力作用於軸線之上，即力臂為正，則所產生之力矩亦為正。此理甚明。

五 CROSS 法中之常數項

在分配不平衡之力矩及推力以前，必先計算若干常數，前節業已闡明其定義。然各常數，如何決定，需待證明。

無論對稱之拱橋，或不對稱之拱橋，以上之常數，均可自『相似柱體之理論(Theorems of Column Analogy)*』推引而出。設有一對稱之拱橋（圖二 a）（不對稱之拱橋，如圖二 b 所示）其待決定之常數，已標明圖上。茲引伸其公式如下：

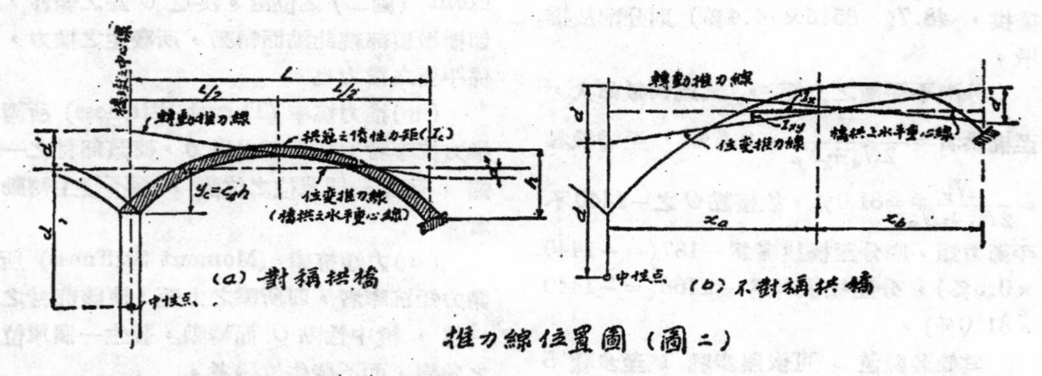

推力線位置圖（圖二）

（1）推力抗率：——等於一個單位之力矩，繞相似柱體切面上之水平軸線而轉動，在該切面之中性軸上一個單位垂直距離處，所發生之應力 (Stress)。故對稱拱橋之推力抗率 $=\dfrac{1}{I_y}$

$$\text{不對稱拱橋之推力抗率}=\frac{1}{I'_y}=\frac{1}{I_y-\dfrac{I^2_{xy}}{I_x}}$$

（2）推力線之位置：——推力線即相似柱體切面上之中性軸。如為不對稱之拱橋，則『位變推力線』(見第5頁)與水平軸線，

* 相似柱體之理論，非本文範圍之內，故不涉及，請參閱 *"The Column Analogy"* by Hardy Cross, Bul. 215, Eng.Exp. Sta., University Ill, 1930.

成一角度 $\tan^{-1}I_{xy}/I_y$。倘爲對稱拱橋，則 $I_{xy}=0$，角度等於零，卽『位變推力線』與水平軸線相吻合。設『轉動推力線』（見第5頁）與『位變推力線，在橋墩或橋座之垂直軸線上之距離爲 d' 及 d''。又中性點 O 與水平軸線之垂直距離爲 d。則 d，d' 及 d'' 之決定如下：

(a) O 點之位置，使 $\Sigma\frac{d}{I_y}=0$ 卽得。

(b) dd' 及 $\frac{d''}{d'}$ 之公式。吾人已知繞中性點 O 而發生一個單位之轉動，等於相似柱體切面上之 O 點，受有一個單位之荷重。因此荷重所發生之推力，沿相似柱體切面上之中性軸而作用。且此推力，等於相似柱體切面上，因此荷重之作用，所發生之纖維應力 (Fiber Stress)——自中性軸一個單位距離處之纖維應力。故中性軸可自兩點而決定，卽相似柱體上之纖維應力等於零之兩點。故 dd' 及 $\frac{d''}{d'}$ 之公式，可以引伸而得。

(i) 對稱之拱橋：——

$$\frac{1}{A}+\frac{\frac{L}{2}}{I_x}\frac{L}{2}+\frac{d}{I_y}d'=0$$

及

$$\frac{1}{A}-\frac{\frac{L}{2}}{I_x}\frac{L}{2}+\frac{d}{I_y}d''=0$$

故

$$dd'=-\frac{\frac{1}{A}+\frac{\left(\frac{L}{2}\right)^2}{I_x}}{\frac{1}{I_y}}$$

及

$$\frac{d''}{d'}=\frac{\frac{1}{A}-\frac{\left(\frac{L}{2}\right)^2}{I_x}}{\frac{1}{A}+\frac{\left(\frac{L}{2}\right)^2}{I_x}}$$

(ii) 不對稱之拱橋：——依同理得

$$dd'=-\frac{\frac{1}{A}+\frac{x_c^2}{I_x}}{\frac{1}{I_y}}$$

及

$$\frac{d''}{d'}=\frac{\frac{1}{A}-\frac{x_c x}{I_x}}{\frac{1}{A}+\frac{x_c^2}{I_x}}$$

(3) 力矩抗率：——繞中性點 O 而轉動一個單位，其所產生之力矩（繞中性點 O 而言），等於一個單位荷重，作用於相似柱體切面之中性點上之應力。故

(i) 對稱之拱橋；

$$力矩抗率=\frac{1}{A}+\frac{\frac{L}{2}}{I_x}\frac{L}{2}+\frac{d}{I_y}d$$

$$=\left[\frac{\frac{1}{A}+\frac{\left(\frac{L}{2}\right)^2}{I_x}+d^2}{\frac{1}{I_y}}\right]\frac{1}{I_y}$$

$$=(dd'+d^2)\frac{1}{I_y}=d(d+d')\frac{1}{I_y}$$

(ii) 不對稱之拱橋：——依同理得

$$力矩抗率=d(d+d')\frac{1}{I_y'}$$

(4) 推力分配因子 (Distribution Factors)：——

(i) 對稱拱橋之推力分配因子

$$=\frac{1}{I_y}/\Sigma\frac{1}{I_y}$$

(ii) 不對稱拱橋之推力分配因子

$$=\frac{1}{I_y}/\Sigma\frac{1}{I_y}$$

(5) 力矩分配因子：——

(i) 對稱拱橋之力矩分配因子

$$=\frac{d(d+d')\frac{1}{I_y}}{\Sigma\left[d(d+d')\frac{1}{I_y}\right]}$$

(ii)不對稱拱橋之力矩分配因子

$$=\frac{d(d+d')\frac{1}{I_y'}}{\Sigma\left[d(d+d')\frac{1}{I_y'}\right]}$$

(6)力矩傳遞因子 (Carry Over Factor)，力矩傳遞因子等於力矩分配因子，乘以某一常數之乘積。所謂分配於橋拱之力矩，係由推力所產生，該推力則沿『轉動推力線』而作用，使橋拱之他端，產生一力矩（繞中性點 O 而言）。該力矩等於推力與力臂之乘積。故任意一接點之力矩，傳遞至橋拱他端時，應乘以下之比例數。（參閱圖三）

(i)對稱之拱橋．

$$力矩傳遞因子=\frac{d_a(d_a+d_a')\frac{1}{I_y}}{\Sigma\left[d_a(d_a+d_a')\frac{1}{I_y}\right]}\cdot\frac{d_b-d_a''}{d_a+d_a'}$$

凡下標 a 字者，代表分配力矩之一端。b 字者，則爲傳遞後之他端，其關係如下圖．

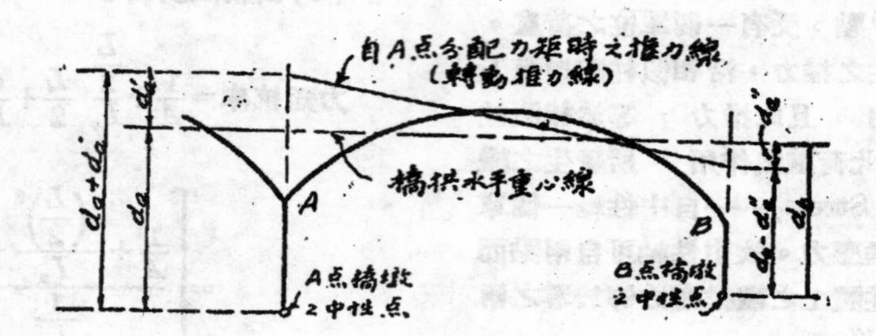

推力線圖（圖三）

(ii)不對稱之拱橋。

$$力矩傳遞因子=\frac{d_a(d_a+d'_a)\frac{1}{I'_y}}{\Sigma\left[d_a(d_a+d'_a)\frac{1}{I'_y}\right]}\cdot\frac{d_b-d''_a}{d_a+d'_a}$$

以上各常數，既經決定，則可以進行分配之步驟。如對稱之拱橋，其形式大小，均依照 Whitney* 氏之定則，則以上之常數，均可以自圖表中求得，玆總述之如下。

Whitney 氏對於拱橋之常數項：（參閱第四圖）

$\frac{1}{I_y}=c_1\frac{K}{h^2}$ $\Big[K=\frac{I_c}{L}$，I_c＝拱冠處之惰性力矩(Moment of Inertia at Crown.)

L＝跨徑長度$\Big]$

$$\frac{1}{A}=c_2$$

$$\frac{x^2}{I_x}=c_3$$

$y_c=c_4h$，(y_c＝自拱脚之中點至橋拱彈性中心之垂直距離)

$$dd'=c_5h^2,\qquad c_5=\frac{c_2+c_3}{c_1}$$

$$\frac{d''}{d'}=c_6,\qquad c_6=\frac{c_3-c_2}{c_2+c_3}$$

以上 c_1，c_2，c_3，c_4，c_5 及 c_6 之值，可自下表查得或算出。

* Whitney 氏之定則，請參閱 *"Design of Symmetrical Concrete Arches."* Trans. Am. Soc. C. E. Vol. 88. Page 931. 1925.

	$m=.20$		$m=.30$		$m=.40$		$m=.50$	
C_2→	$\frac{1}{A}=1.67$		$\frac{1}{A}=1.54$		$\frac{1}{A}=1.43$		$\frac{1}{A}=1.33$	
C_3	$\frac{x^2}{I_x}=7.50$		$\frac{x^2}{I_x}=632$		$\frac{x^2}{I_x}=5.45$		$\frac{x^2}{I_x}=4.80$	
N	C_1	C_4	C_1	C_4	C_1	C_4	C_1	C_4
.15	36.10	.8388	28.90	.8201	24.33	.8040	21.19	.7901
.16	34.97	.8325	28.09	.8135	23.70	.7971	20.66	.7830
.17	33.90	.8262	27.32	.8069	23.15	.7903	20.16	.7760
.18	32.79	.8201	26.60	.8004	22.57	.7836	19.72	.7691
.19	31.85	.8139	25.91	.7940	21.98	.7770	19.27	.7622
20	30.96	.8078	25.25	.7876	21.46	.7704	18.87	.7554
.21	30.12	.8017	24.57	.7813	21.05	.7638	18.48	.7487
.22	29.24	.7957	23.98	.7750	20.38	.7573	18.08	.7420
.23	28.41	.7897	23.36	.7688	20.08	.7509	17.67	.7353
.24	27.70	.7837	22.88	.7626	19.65	.7444	17.33	.7287
.25	2703	.7778	22.32	.7564	19.23	.7381	17.01	.7222

Whitney氏對稱拱橋之常數表（圖四）

六　舉例

設有一四孔之拱橋，其形狀大小，均依照 Whitney 氏之規定，$m=0.40$，$N=0.20$，橋墩之寬狹，上下一致。各孔之跨徑，拱高(Rise)及拱冠之厚薄，墩高及墩寬，均如第二表所示。

由所給之條件，計算結果，詳列第二表及第三表。為解釋各表內所列之數值起見。特於第二表增設一行，書明列次。第三表則詳註步驟，以便解釋。

第二表

第一列：係由第四圖，按照 $m=0.40$ $N=0.20$ 查得 c_1，c_5，c_6 及 c_4 之值。

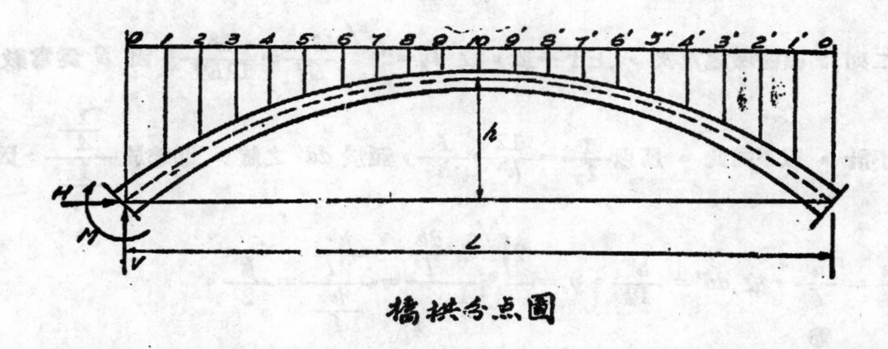

橋拱分点圖

* $m=\frac{I_c}{I_s}\sec\phi_s$，$I_c$＝拱冠之惰性力矩；$I_s$＝拱脚之惰性力矩，$\phi_s$＝拱軸曲線在拱脚時之切線，與水平線相成之角度。$N=\frac{y_{1/4}}{h}$；$y_{1/4}$＝以 x 軸通過拱冠，在拱軸曲線四分之一處之 y 值。其詳請參閱 Whitney 氏之名著。"Design of Sym, Concrete Arches."

Whitney氏對稱拱橋之拱冠推力常數(C)表 $H=CP\frac{L}{h}$

荷重點	m=0.15			m=0.20			m=0.25			m=0.30			m=0.40		
	N=0.15	N=0.20	N=0.25	N=0.15	N=0.20	N=0.25	N=0.15	N=0.20	N=0.25	N=0.15	N=0.20	N=0.25	N=0.15	N=0.20	N=0.25
1	0.007	0.006	0.005	0.008	0.007	0.006	0.008	0.007	0.006	0.008	0.007	0.006	0.008	0.007	0.006
2	0.027	0.023	0.020	0.029	0.025	0.021	0.030	0.026	0.023	0.031	0.027	0.024	0.032	0.028	0.025
3	0.060	0.052	0.046	0.062	0.054	0.048	0.062	0.056	0.050	0.064	0.057	0.051	0.066	0.060	0.054
4	0.100	0.090	0.080	0.100	0.092	0.082	0.102	0.094	0.084	0.102	0.096	0.086	0.105	0.095	0.088
5	0.144	0.132	0.120	0.144	0.133	0.121	0.144	0.133	0.122	0.144	0.135	0.124	0.144	0.135	0.126
6	0.189	0.175	0.161	0.188	0.175	0.161	0.186	0.172	0.161	0.184	0.172	0.162	0.183	0.172	0.162
7	0.230	0.215	0.200	0.226	0.212	0.200	0.221	0.210	0.198	0.220	0.209	0.198	0.216	0.207	0.196
8	0.262	0.246	0.232	0.256	0.243	0.230	0.250	0.240	0.228	0.248	0.237	0.226	0.242	0.230	0.224
9	0.282	0.268	0.254	0.276	0.262	0.250	0.270	0.259	0.246	0.266	0.256	0.245	0.259	0.251	0.241
10	0.290	0.276	0.262	0.283	0.270	0.257	0.277	0.266	0.254	0.272	0.262	0.252	0.265	0.256	0.247

附註：(1)右半各值與左半各值，對稱相等。 (2)表中未列之數，按照比例數算之

Whitney氏對稱拱橋之拱脚力矩常數(K)表 $M=KPL$

荷重點	m=0.15			m=0.20			m=0.25			m=0.30			m=0.40		
	N=0.15	N=0.20	N=0.25	N=0.15	N=0.20	N=0.25	N=0.15	N=0.20	N=0.25	N=0.15	N=0.20	N=0.25	N=0.15	N=0.20	N=0.25
1	-0.040	-0.042	-0.044	-0.040	-0.042	-0.044	-0.040	-0.041	-0.043	-0.040	-0.041	-0.042	-0.038	-0.040	-0.041
2	-0.066	-0.070	-0.073	-0.064	-0.068	-0.072	-0.063	-0.067	-0.072	-0.061	-0.066	-0.059	-0.059	-0.063	-0.070
3	-0.076	-0.083	-0.090	-0.072	-0.080	-0.084	-0.070	-0.077	-0.084	-0.068	-0.075	-0.081	-0.068	-0.072	-0.078
4	-0.070	-0.081	-0.092	-0.066	-0.068	-0.089	-0.063	-0.074	-0.084	-0.060	-0.071	-0.081	-0.057	-0.061	-0.076
5	-0.052	-0.066	-0.080	-0.049	-0.063	-0.076	-0.046	-0.060	-0.072	-0.044	-0.058	-0.070	-0.041	-0.054	-0.065
6	-0.020	-0.042	-0.058	-0.024	-0.040	-0.055	-0.023	-0.038	-0.056	-0.022	-0.037	-0.050	-0.020	-0.034	-0.046
7	+0.006	-0.014	-0.032	+0.004	-0.012	-0.030	+0.004	-0.012	-0.028	+0.004	-0.012	-0.026	+0.004	-0.010	-0.024
8	+0.038	+0.018	-0.002	+0.034	+0.015	-0.002	+0.032	+0.015	+0.000	+0.030	+0.015	+0.000	+0.029	+0.014	+0.000
9	+0.066	+0.046	+0.026	+0.062	+0.043	+0.025	+0.059	+0.041	+0.024	+0.056	+0.039	+0.022	+0.051	+0.036	+0.020
10	+0.090	+0.070	+0.050	+0.084	+0.065	+0.048	+0.080	+0.062	+0.044	+0.076	+0.058	+0.042	+0.070	+0.054	+0.040
9′	+0.100	+0.086	+0.066	+0.099	+0.080	+0.062	+0.094	+0.076	+0.059	+0.090	+0.072	+0.056	+0.083	+0.068	+0.052
8′	+0.112	+0.092	+0.073	+0.105	+0.090	+0.069	+0.100	+0.082	+0.066	+0.095	+0.079	+0.063	+0.089	+0.074	+0.059
7′	+0.108	+0.089	+0.071	+0.102	+0.085	+0.068	+0.098	+0.081	+0.065	+0.094	+0.079	+0.063	+0.088	+0.074	+0.064
6′	+0.096	+0.079	+0.063	+0.092	+0.076	+0.062	+0.088	+0.074	+0.059	+0.086	+0.071	+0.057	+0.081	+0.068	+0.055
5′	+0.078	+0.064	+0.050	+0.076	+0.062	+0.050	+0.073	+0.066	+0.048	+0.072	+0.060	+0.047	+0.070	+0.057	+0.016
4′	+0.058	+0.046	+0.036	+0.057	+0.046	+0.036	+0.054	+0.044	+0.035	+0.054	+0.046	+0.034	+0.053	+0.044	+0.034
3′	+0.036	+0.028	+0.022	+0.036	+0.028	+0.022	+0.036	+0.028	+0.022	+0.036	+0.028	+0.022	+0.036	+0.028	+0.022
2′	+0.019	+0.014	+0.010	+0.018	+0.014	+0.010	+0.019	+0.014	+0.010	+0.018	+0.014	+0.010	+0.019	+0.014	+0.011
1′	+0.006	+0.004	+0.003	+0.006	+0.004	+0.003	+0.006	+0.004	+0.003	+0.006	+0.004	+0.003	+0.006	+0.004	+0.003

附註：表中未列之數，按照比例算之

圖 五

第二列：因橋墩之寬狹，上下一致。故 $I_y=2\int_0^{h/2}\frac{h^2dh}{EI}=\frac{h^3}{12EI}$，因 E 爲常數，故暫省略不計，以下同此。所以$\frac{1}{I_y}=\frac{12}{h^2}\cdot\frac{I}{h}$，至於 dd' 之値，則等於$\frac{\frac{1}{A}}{\frac{1}{I_y}}$，因$\frac{1}{A}=\int_0^h\frac{dh}{I}=\frac{h}{I}$，故 $dd'=\frac{h^2}{12}$。$y_o=\frac{2\int_0^{h/2}h\frac{dh}{I}}{A}=\frac{\frac{h^2}{2I}}{\frac{h}{I}}=\frac{h}{2}$。

第三列：因拱肋面之寬度爲一定，故 $I_c\propto t^3$ $\therefore$ $\frac{1}{I_y}\propto\frac{t^3}{Lh^2}$。如假定第一拱之$\frac{1}{I_y}$爲1，則第二拱之$\frac{1}{I_y}=\frac{\left(\frac{22^1/_4}{12}\right)^3}{75\times35^2}\div\frac{\left(\frac{16}{12}\right)^3}{50\times25^2}=0.92$，其他倣此。

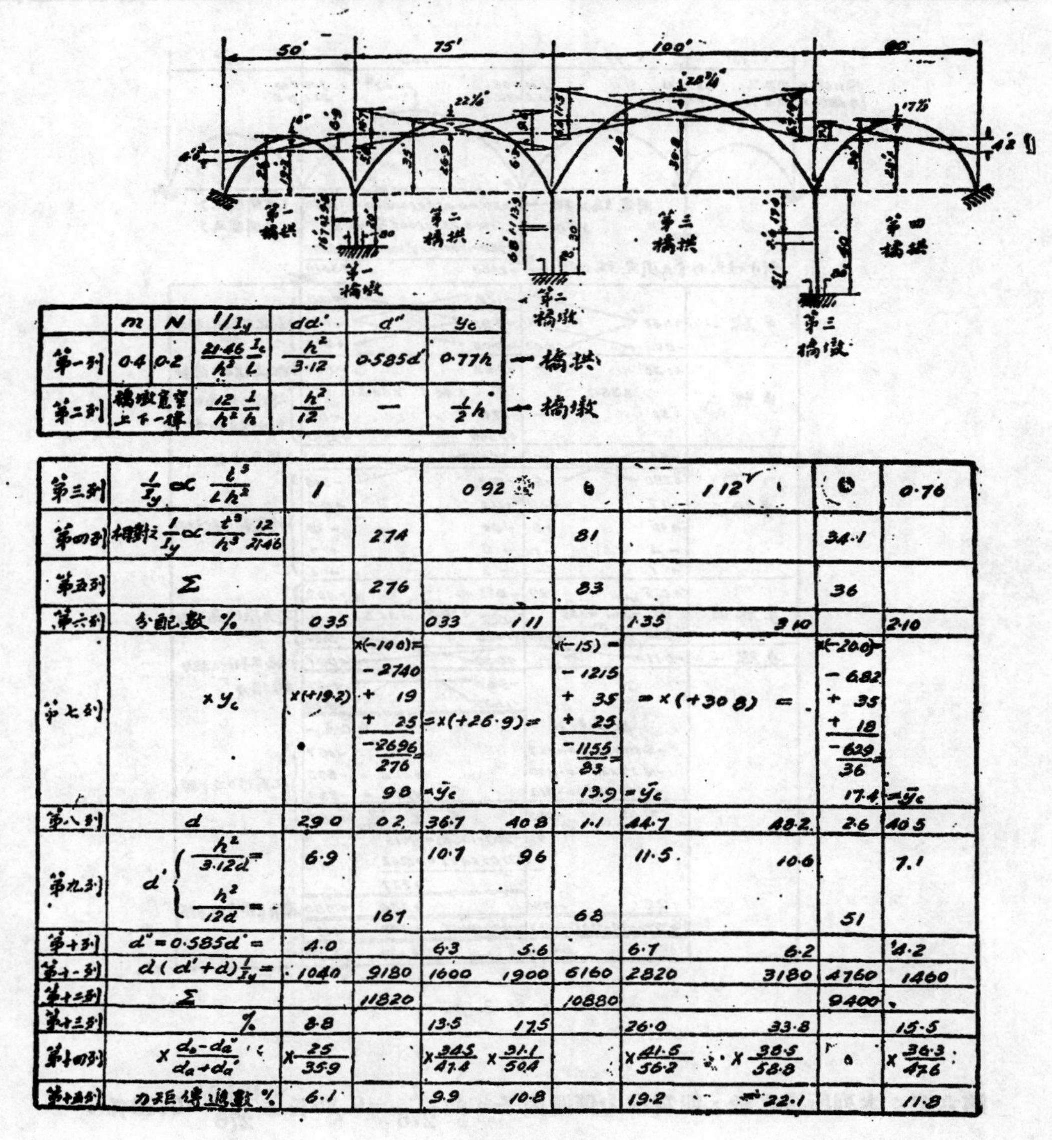

	m	N	$1/I_y$	dd'	d''	y_c	
第一列	0.4	0.2	$\frac{21.46}{h^2}\frac{l_c}{l}$	$\frac{h^2}{3.12}$	0.585d'	0.77h	—橋拱
第二列	橋墩寬窄上下一律		$\frac{12}{h^2}\frac{1}{h}$	$\frac{h^2}{12}$	—	$\frac{1}{2}h$	—橋墩

第三列	$\frac{1}{I_y}\propto\frac{l^3}{lh^2}$	1			0.92	[illegible]		1.12	[illegible]	0.76
第四列	相對之 $\frac{1}{I_y}\propto\frac{l^3}{h^3}\frac{12}{21.46}$		274			81			34.1	
第五列	Σ		276			83			36	
第六列	分配數 %	0.35		0.33	1.11		1.35	3.10		2.10
第七列	$\times y_c$	×(+19.2)	×(−140)= −2740 + 19 + 25 $\frac{-2696}{276}$ 9.8 $=\bar{y}_c$	=×(+26.9)=		×(−15)= −1215 + 35 + 25 $\frac{-1155}{83}$= 13.9 $=\bar{y}_c$	=×(+30.8) =		×(−20.0)= −682 + 35 + 18 $\frac{-629}{36}$= 17.4 $=\bar{y}_c$	
第八列	d	29.0	0.2	36.7	40.8	1.1	44.7	48.2	2.6	40.5
第九列	d' $\frac{h^2}{3.12d}=$	6.9		10.7	9.6		11.5	10.6		7.1
	d' $\frac{h^2}{12d}=$		16.1			6.8			5.1	
第十列	$d''=0.585d'=$	4.0		6.3	5.6		6.7	6.2		4.2
第十一列	$d(d'+d)\frac{1}{I_y}=$	1040	9180	1600	1900	6160	2820	3180	4760	1460
第十二列	Σ		11820			10880			9400	
第十三列	%	8.8		13.5	17.5		26.0	33.8		15.5
第十四列	$\times\frac{d_a-d_a''}{d_a+d_a'}$	$\times\frac{25}{35.9}$		$\times\frac{34.5}{47.4}$	$\times\frac{31.1}{50.4}$		$\times\frac{41.6}{56.2}$	$\times\frac{38.5}{58.8}$	0	$\times\frac{36.3}{47.6}$
第十五列	力矩傳遞數 %	6.1		9.9	10.8		19.2	22.1		11.8

（第二表）

第四列：因橋拱之 $\frac{1}{I_y}$ 常數為 21.46，而橋墩為 12，故相對之 $\frac{1}{I_y}\propto\frac{l^3}{h^3}\cdot\frac{12}{21.46}$

$$\therefore \frac{\left(\frac{80}{12}\right)^3}{20^3}\times\frac{12}{21.45}\div\frac{\left(\frac{16}{12}\right)^3}{50\times25^2}=274$$

第五列：在同一接點處，將第三列與第四列所得之數，相加即得。如 1+274+0.92 =276。

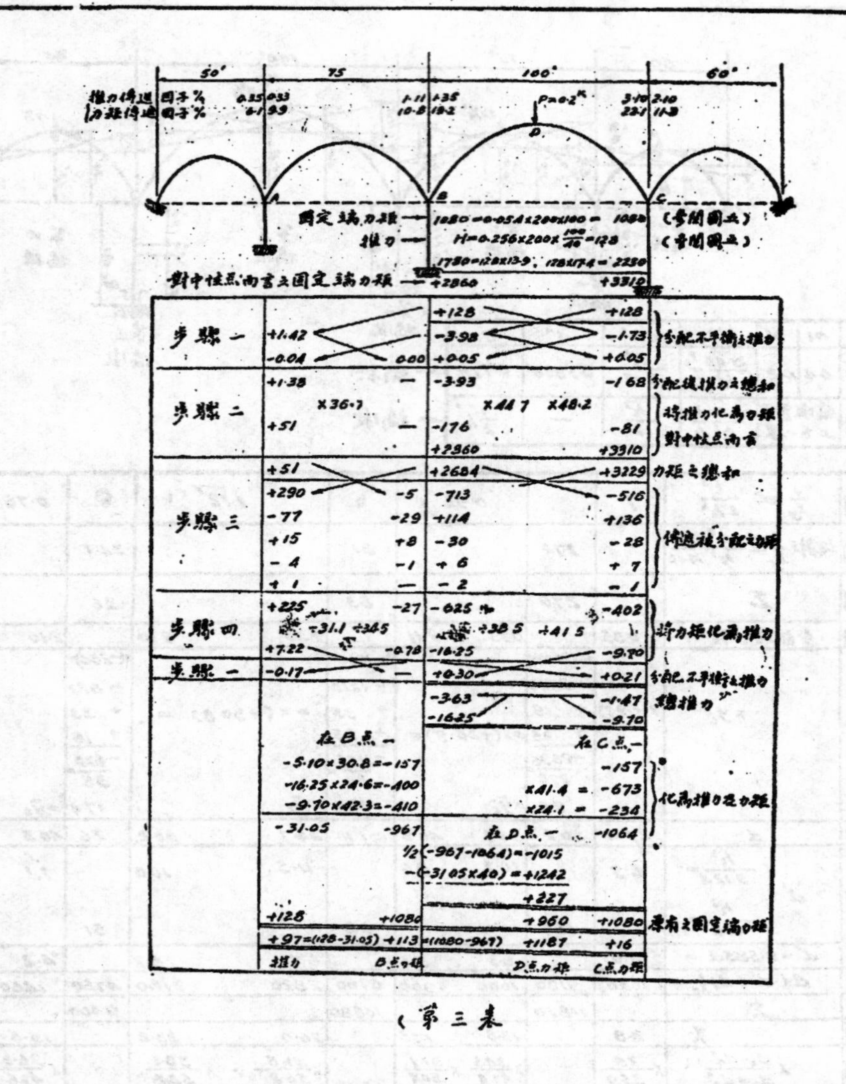

（第三表

第六列：本列所得之數，即爲推力傳遞因子。如$\frac{1}{276}=0.35\%$，$\frac{0.92}{276}=0.33\%$。

第七列：本列爲求 d 之用，今設 x 軸通過橋墩之頂點，則第一橋墩之彈性中心至 x 軸之距離，爲$-\frac{20}{2}=-10$。第一橋拱之彈性中心至 x 軸之距離爲 $y_c=c_4h$。c_4 自第四圖查得等於 0.7704，故 y_c 等於 $0.7704\times25=19.2$。第二拱之 y_c 值爲 $35\times0.7704=26.9$。

故橋墩之$\frac{y_c}{I_y}=-10\times274=-2740$　　第二拱之$\frac{y_c}{I_y}=+26.9\times0.92=+25$

第一拱之$\frac{y_c}{I_y}=+19.2\times1=+19$　　$\Sigma\frac{y_c}{I_y}=-2696$

但 $\Sigma\frac{1}{I_y}=267$，所以 $\bar{y}_c=-\frac{2696}{276}=-9.8$

第八列：求 d 之値，應使 $\Sigma\frac{d}{I_y}=0$，但於第七列所求得之 $\Sigma\frac{y_c}{I_y}$，并不等於 0，故 x 軸應向下移動 9.8 呎，方能使 $\Sigma\frac{d}{I_y}=0$，故橋墩之 $d=10-9.8=0.2$，第一拱之 $d=19.2+9.8=29.0$。

第九列：爲求 d' 之用，由第一列得橋拱之 $dd'=\frac{h^2}{3.12}$ $\therefore d'=\frac{h^2}{3.12d}$，故第一拱之 $d'=\frac{25^2}{3.12\times29}=6.9$ 其他倣此。

第十例：因 $d''=0.585d'$ $\therefore$ 第一拱之 $d''=0.585\times6.9=4.0$。

第十一列：$d(d'+d)\frac{1}{I_y}$ $\therefore$ 第一拱之 $d(d'+d)\frac{1}{I_y}=29.0(6.9+29.0)\times1=1040$。

第十二列：在同一接點處，將第十列與第十一列所得之値，相加卽得。如第一接點處 $=1040+9180+1600=11820$。

第十三列：本列爲力矩分配因子 $=\frac{1040}{11820}=8.5\%$。

第十四列：本列之 $\frac{d_b-d_a''}{d_a+d_a}$，其算法如在第一拱 $=\frac{29.0-4.0}{29.0+6.9}=\frac{25}{35.9}$ 在第二拱 $=\frac{40.8-6.3}{36.7+10.7}=\frac{34.5}{47.4}$。

第十五列：爲力矩傳遞因子 $=8.8\%\times\frac{25}{35.9}=6.1\%$。

第三表：將第二表所算得之推力傳遞因子，及力矩傳遞因子，按各該地位，表明於圖上，然後計算固定端之力矩及推力。設有一荷重 $0.2^k=200\#$ 作用於 BC 之孔內，拱冠 D 處，如第三表所示。按照 Whitney 之曲線，自第五圖查得 $M=0.054PL=1080$ 自第五圖查得 $H=0.256\frac{L}{h}p=128$。

因推力之作用，對於 o 點所發生之力矩，等於推力乘以力臂 $(\bar{y}_c)$，故在 B 點不平衡力矩之總數，應等於 $1080+128\times13.9=1080+1780=+2680$。

步驟一：在 B 點之右端之不平衡推力爲 $+128$，應傳至 A 之左端爲 $128\times1.11\%=+1.42$。由 B 之右端傳至 C 之左端爲 $-[+128\times1.35\%]=-1.73$。(因在同一之跨徑內，根據 Cross 之定則，傳遞過去之數値，應與原符號相反)。最後將傳遞之推力相加，如在 B 之右端 $=-3.98+0.05=-3.93$。

步驟二：將不平衡推力與 d 之乘積，化作不平衡之力矩，如在 B 之右端 $=-3.93\times44.7=-176$。然後與原有之不平衡力矩求其總和，故在 B 之右端之不平衡力矩之總數 $=-176+2860=+2684$。

步驟三：將步驟二所得之不平衡力矩之總和，分配而傳遞之。如在 B 之右端之不平衡力矩之總和，應傳至 A 之右端者，爲 $2684\times10.8\%=+290$，再由 A 之右端傳至 B 之左端者，爲 $-(+290\times9.9)=-29$，但在 B 點之不平衡力矩，爲 -29 與 $+114$ 之差，故由 B 點再傳至 C 之左端時 $=-[+114-(-29)]\times19.2\%=-28$。似此連續舉行，及至收斂將近於零。然後將各點之傳遞力矩，加以總和。如在 B 之右端等於 $-713+(+114)+(-30)+(+6)+(-2)=-625$。

步驟四：將步驟三所得之不平衡力矩，化作推力。卽將以上所得之傳遞力矩，被 $d-d''$ 之値所除。如 B 之右端等於 $\frac{-625}{44.7-6.2}=\frac{-625}{38.5}=-16.25$

以上四個步驟，旣經完畢，卽完成一個循環。然後再依照步驟一之規定，重行分配。及至收斂近似於零而後巳。再將所有之步驟一所得之推力，求其總和，如在 B 之右端之總推力 $=-3.93+(+0.30)=-3.63$。

化作力矩及推力之一步驟，卽將各點推

力之總和，得該點之推力，如 B 點之推力 $=-3.63+(-1.47)+(-16.25)+(-9.70)=-31.05$ 是也。化作力矩時，係按照該推力之性質，作用於位變推力線或轉動推力線上，而後乘以力臂，如係因推力之傳遞而得之推力，則作用於『位變推力線上』，故應乘以 y_c，如在 B 點 $(-3.63-1.47)\times30.8=-5.10\times30.8=-157$ 是也。倘因傳遞之力矩化作推力者，則作用於『轉動推力線上』。故應乘以 y_c+d' 或 y_c-d''，如在 B 點 $-16.25\times(y_c+d')=-16.25(30.8-6.2)=-16.25\times24.6=-400$，及 $-9.70\times(y_c+d)=-9.70\times(30.8+11.5)=-9.70\times423.=-410$，所以在 B 之總分配力矩，等於 $-157+(-400)+(-410)=-967$。

在 D 之力矩，等於在 B，C 二力矩之平均值，（故寫於 $\frac{-1064-967}{2}=-1015$）及推力與拱高之乘積，求其總和，即該點總分配之力矩。再與固定端之力矩總和，即該點之眞正力矩。其詳見表末。至於 D 點之固定端力矩則等於 $M-H\times h+V\times\frac{L}{2}=1080-128\times40+100\times50=+960$。

多相交流發電機之瞬間短路電流

李　宓

摘要：本文由磁鏈 (flux linkage) 不變與電阻爲零兩假定，分析在短時電機內部電樞線捲與磁場線捲間之反應，及 Kilgore 氏之瞬流漏抗計算方法，一切推演，俱根據基本物理觀念，避免應用高深數學。

(一)電阻爲零磁鏈不變兩假定

根據林慈定律 (Lenz's law)，當一通路線圈在磁場中移動，或磁場對線圈移動，則線圈中發生感應電流，此感應電流常取可阻止此種相互運動之方向，故此種變位運動需加入相當之機械能(mechanical energy)始能完成，換言之，在此相互變位之過程中，有相當之機械能變爲電能而蓄諸磁場之中也。如此線圈之電阻爲零，則電能將存於磁場之中，永不消失，亦卽在此線圈內之感應電流，其值將維持不變。然在普通線圈之中，電阻之存在，在所不免，故感應電流逐漸減小，以至於零，電能逐變爲熱能而消失。今設 i 表變位後 t 秒之感應電流值，I_o 表變位甫成時之感應電流值，(變位所需之時間幾爲零)，R 表線圈電阻，L 表線圈之自感係數，E 表感應電流爲 i 時之電能，而以變位完成之瞬間爲時間之出發點，線圈內之電容略去不計，則

$$Ri+L\frac{di}{dt}=0 \cdots\cdots\cdots\cdots(1)$$

解之得 $$i=I_o e^{-\frac{R}{L}t} \cdots\cdots\cdots\cdots(2)$$

自(1)式 $$Ri^2dt=-Li\,di$$

積分得 $$-\frac{1}{2}i^2\times L=\int Ri^2\,dt$$

$$=\text{銅耗}$$

$$=-E \cdots\cdots\cdots\cdots(3)$$

(2)式表感應電流之變化情形，t 愈大，i 之値愈小，(3)式表示電能因電阻之存在而消失。

因感應電流取阻止變位之方向，故其發生之磁鏈之方向，因運動之方向不同而異，如變位減少磁鏈，則感應電流所產生之磁鏈之方向，與磁場對線圈所產生者同，否則互異。此項作用，可維持線圈之磁鏈，不因變位而異。

上段所述磁鏈不變現象，僅在變位完成之瞬間爲然，且變位所需之時間應爲零，否則該時磁鏈亦較未變位時略小，蓋在此情況下，感應電流之發生，始於變位之開始，而不始於變位之完成，在變位期間內，有銅耗之存在也。如線圈內之電流阻甚小，則在變位完成後之短期間內，線圈內之電流，可視爲一定不變，故其磁鏈之和，亦可視爲一定不變。在交流發電機中，短路完成所經過之時間，卽變位所需之時間，其值極小，幾等於零；加之電樞線捲與磁場線捲之電阻，遠較其感抗爲小，故在計算瞬間最大電流時，俱可視爲無電阻之線圈，假定磁鏈不變，自不致有嚴重之錯誤。

(二)短路時實際現象說明

多相交流機若僅有單相短路，其現象與單相機之短路相同，所異者最大短路電流發生之位置，略有不同耳。單相機之短路問題，在本文範圍以外，故不論，本文所謂短路，乃三相同時在額定電壓 (rated voltage) 下短路之謂，(短路前電樞電流爲零)。

最大短路電流發生之位置，可由下述方

法求得之。

設 Em 表最大瞬間交流電壓值，L 表自感係數（電樞線捲/每相），ω 表轉動子之角速[angular speed 用電位角(electrical space angle)/秒表示]，α 表短路時電樞線捲對磁場之相互位置（用電位角表示），

則 $e=Em\sin(\omega t+\alpha)=Ri+L\frac{di}{dt}$　（4）❶

解之得

$$i=\frac{-Em}{\sqrt{R^2+\omega^2L^2}}\sin\left(\alpha-\tan^{-1}\frac{\omega L}{R}\right)e^{-\frac{R}{L}t}$$

$$+\frac{Em}{\sqrt{R^2+\omega^2L^2}}\sin\left(\omega t+\alpha-\tan^{-1}\frac{wL}{R}\right)$$

……………………………………………………（5）

式中第一項爲直流成分（D. C. Conponent），卽維持磁鏈不變，而產生之感應電流。第二項係交流成分(A. C. Conponent)，其振幅雖亦逐漸減小，但至相當之值後，卽維持不變，此現象不能在上式中看出，因推演時，磁場線捲與電樞線捲之互誘關係，略去未計也。若 $\alpha=\tan^{-1}\frac{\omega L}{R}\pm\frac{\pi}{2}$，則直流成分之值最大，換言之，卽在此時短路所得之瞬間短路電流值最大。若 $\alpha=\tan^{-1}\frac{\omega L}{R}$，則短路時之瞬間短路電流中無直流成分存在，故瞬間短路電流之值最小。就交流機之電樞線捲而論，$\tan^{-1}\frac{\omega L}{R}$之值幾等於 90°，故求最大短路電流之發生，電樞線捲在短路時對磁場之相互位置 α 應等於0，或 π，而求最小短路電流之發生，則 α 應等於$\frac{\pi}{2}$。由此可知在電樞線捲包含最大磁鏈值時短路，可得最大短路電流，若短路發生於電樞線捲內包含之磁鏈值爲零時，則短路電流最小。此種關係，可由第一圖明之。

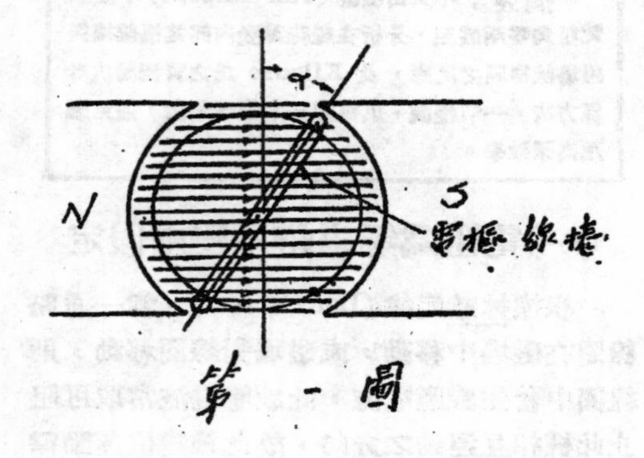

第一圖

第二圖中（a），表示短路甫生瞬間各相所發生之釋磁電流，（瞬間短路電流中之交流成分），如命其實效值爲I_0，則最大之釋磁電流爲$\sqrt{2}\ I_0$，（b）（c）表示各相短路後電流值之變化情形，因各相線捲在短路發生之瞬間，驟有釋磁電流產生，其影響足使電樞各相線捲中之磁鏈減少。根據磁鏈不變假定，線捲中同時應有大小相等方向相反之電流產生，故在短路發生之瞬間，短路電流之值應爲零。上述因維持磁鏈不變而產生之感應電流，（卽瞬間短路電流中之直流成分），其值因線捲內之銅耗逐漸減小。

---

❶ 此式中略去$M\frac{di_f}{dt}$一項，式中 i_f 表磁場捲中所生之感應電流，M 表互誘係數(coefficient of mutual induction)，其值之變化情形，可以下式表之（近似），

互誘係數 $M=M_m\cos(\omega t-\alpha)$，　M_m 表最大互誘係數，α 表電樞線捲之軸與磁場線捲之軸($axis$)間之電位角，i_f 之值可以 $I_f e^{\frac{R_f}{L_f}t}$ 表之（參閱附註），故第（4）式又可書爲

$$E_m\sin(\omega t+\alpha)=Ri+L\frac{di}{dt}+M_m I_f\times\frac{R_f}{L_f}\times e^{\frac{R_f}{L_f}t}\times\cos(\omega t+\alpha)$$

（I_f 爲短路瞬間磁場線捲中之感應電流）

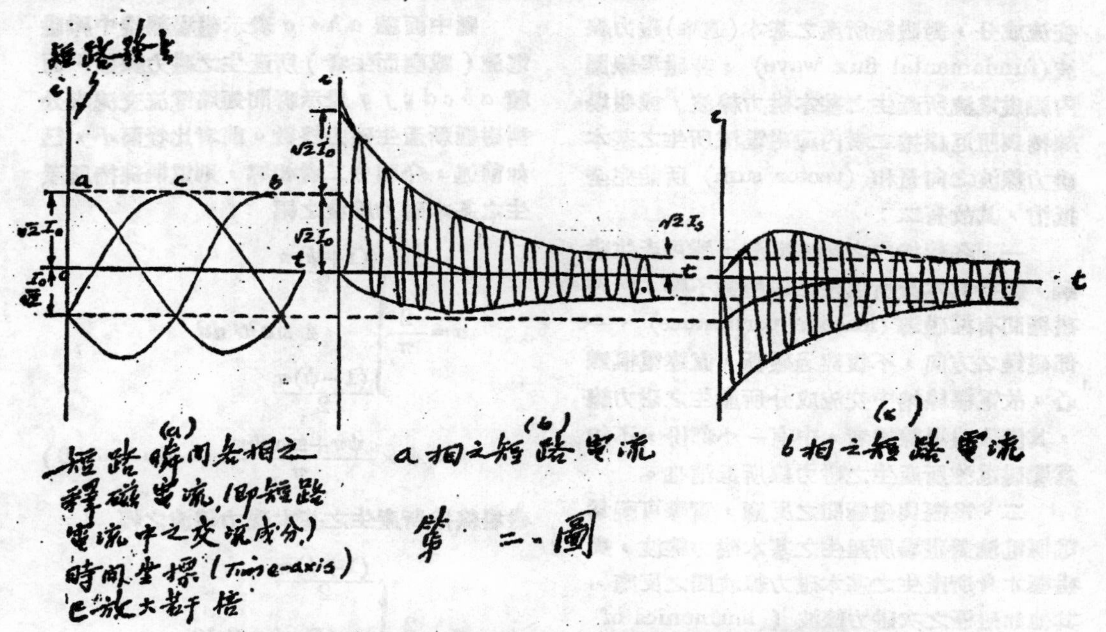

第二圖

注意：(a)圖中時間軸上之單位長與(b)(c)二圖不相同，前者遠較後者爲大。

設短路發生前瞬間電樞線捲所有之磁鏈之方向爲正，則感應而生之直流成分亦爲正，釋磁電流爲負。電樞位置變動等於 90°(電位角)時，磁場對線捲所產生之磁鏈爲零，故交流成分之瞬間值亦爲零。此時線捲中之短路電流等於直流成分。電樞位置變動等於180°時，磁場對線捲所產生之磁鏈爲負。如須維持磁鏈不變，則此時之交流成分當爲勵磁電流，易言之，其值爲正。故此時之瞬間短路電流係直流成分及交流成分之代數和

$i_a = i_1 + i_2 + i_3$

$i_2 = \sqrt{2} I_0 e^{-\alpha_a t}$

$i_1 = \sqrt{2}(I_0 - I_s) e^{-\alpha_f t}$

$i_3 = -\sqrt{2} I_s$

第三圖

I_s　表持續短路電流之值

α_a　表電樞線捲之減幅常數 $(=\frac{R_a}{L_a})$

α_f　表磁場線捲之減幅常數 $(=\frac{R_f}{L_f})$

，其值最大，卽所謂最大瞬間短路電流者也。以下各週波瞬間短路電流之變化情形，可以類推得之。

瞬間短路電流之電樞反應，其大小與其對磁極之相互位置，隨時變動，絕不一定。茲可分爲直流成分之電樞反應，與交流成分之電樞反應，二者討論之。

一、交流成分之電樞反應：　交流成分之電樞反應，其大小雖隨時而變，而其與磁極之相互位置，則有一定。有短路時，恰與磁極相對，因電流對電壓間之滯角，幾爲90°也。短路發生之瞬間，電樞反應驟然增大，故磁場線捲所包含之磁力線，驟然減少。根據磁鏈不變假定，此時磁場線捲中，應有感應電流產生，其値足使磁場線捲中之磁鏈，維持不變。換言之，卽此磁場線捲中之勵磁電流，驟然增大也。如磁極上有阻厄線捲 (damping winding) 存在，則其中亦有勵磁電流產生，因其抗阻 (impedance) 之値甚小，故電流之値甚大。此種情形，與變壓器同，惟堪爲吾人注意者，卽電樞線捲中

交流成分，對磁極所產之基本(週率)磁力線波(fundamental flux wave)，非磁場線圈內勵磁電流所產生之基本磁力線波，或磁場線捲與阻厄線捲二者內勵磁電流所生之基本磁力線波之向量和 (vector sum) 所能完全抵消，其故有二：

一、各線捲內之勵磁電流，雖可產生磁鏈，維持其本身所包含之磁鏈數不變，然因磁極間有漏磁導 (leakage permeance)，一部磁鏈之方向，不復穿過磁極，直達電樞鐵心。故電樞線捲中交流成分所產生之磁力線，其侵入磁場線捲者，中有一小部份，不能爲勵磁電流所產生之磁力線所抵消也。

二、電樞與磁極間之反應，實際可視爲電樞電流對磁場所產生之基本磁力線波，與磁極本身所產生之基本磁力線波間之反應，其他如磁極之次磁力線波 (harmonics of flux wave)，對電樞所生之反應，影響甚微。電樞電流所產生之次磁力線波，其對電樞線捲之反應，與漏抗同故，可彙入漏磁之中。今電樞線捲與磁場線捲及阻厄線圈之分佈因數不同，故即使後者中勵磁電流所產之磁力線數量與侵入其中之磁力線同，方向恰彼此相對，其基本磁波彼此間，亦不能相消，此可由下圖明之(略去阻厄線捲)。

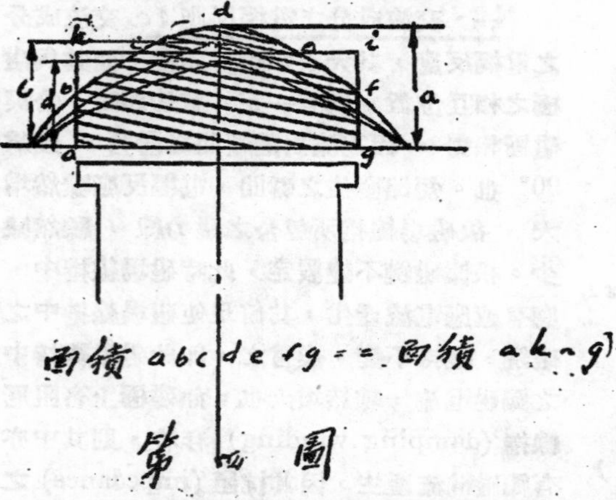

$$\psi=\frac{\text{磁極面之寬 (Width of Pole Shoe)}}{\text{極距(Pole Pitch)}}$$

圖中面積 $ahig$ 表示磁場線捲中勵磁電流(感應而生者)所產生之磁力線數，面積 $abcdefg$ 表示瞬間短路電流交流成分對磁極新產生磁力線數。前者比後面小，已如前述，今即令二者相等，則電樞線捲所產生之基本磁力線波之幅

$$a=\frac{2}{\pi}\int_{\frac{(1-\psi)\pi}{2}}^{\frac{(1+\psi)\pi}{2}} A\sin^2\theta\,d\theta$$

$$=A\times\frac{\psi\pi+\sin\psi\pi}{\pi}\quad\cdots\cdots\cdots\cdots(6)$$

磁場線捲所產生之基本磁力線波之幅

$$f=\frac{2}{\pi}\int_{\frac{(1-\psi)\pi}{2}}^{\frac{(1+\psi)\pi}{2}} F\sin\theta\,d\theta$$

$$=\frac{4}{\pi}F\sin\left(\frac{\psi\pi}{2}\right)\quad\cdots\cdots\cdots\cdots(7)$$

今、$F=\frac{1}{\psi\pi}\int_{\frac{(1-\psi)\pi}{2}}^{\frac{(1+\psi)\pi}{2}} A\sin\theta\,d\theta$

$$=\frac{2A\sin\left(\frac{\psi\pi}{2}\right)}{\psi\pi}$$

代入(7)式得

$$f=A\times\frac{8\sin^2\left(\frac{\psi\pi}{2}\right)}{\psi\pi^2}\quad\cdots\cdots\cdots\cdots(8)$$

比較(6)式與(8)式，可知 a 與 f 不能相等，a 恆較大，如面積 $abcd$ 小於面積 $abefg$，則 a 與 f 之值，相差尤巨，固極顯而易見也。

電樞線捲交流成分，對磁場所產生之基

本磁力線波，旣不能爲磁場線捲（及阻尼線捲一如有阻尼線捲）內感應勵磁電流所產生之基本磁力線波完全抵消，故其相差之値，尙可在電樞線捲中產生一感應電壓，因其以同期速度對電樞線捲運動也。此感應電壓之相位，與剩餘之基本磁力線波同，而滯於電流之後約 90°，其對電樞之反應，完全與漏抗降落 (leakage reactance drop) 相同，故此剩餘之基本磁力線波，可以彙入漏磁之中。此項漏磁爲電機中平時所無，瞬流漏抗所以較平時漏抗大者，卽由於此也。

此外尙有値得吾人注意者，卽根據上述觀念計算而得之瞬流漏抗，其値恆失之過大，此無他，蓋因鐵心充磁飽和之影響，未嘗計入也。在短路之瞬間，電機內各部鐵心之磁力線密度，與未短路時相同，其値甚高（幾近飽和數値），故電樞線捲中短路電流交流成分所產生之磁場，與磁場線捲中之感應勵磁電流所產之磁場，不能產生計算時所預想可得之磁力線數，因此剩餘電磁力線波之磁力線數，與電樞線捲漏磁之和，小於計算所得，亦自在意料之中。如電機之礪磁曲線 (magnetizing curve or saturation curve) 已知，則漏抗（瞬流）之實際値亦可以精密計算，惟甚繁複。根據實際測驗，充磁飽和之現象，約可使瞬流漏抗之値減低 12%，故通常爲簡便計，瞬流漏抗之實際値，卽可用 0.88 乘計算所得之値而得也。

因磁場線捲及阻尼線捲中有電阻存在，感應電流逐漸減小，以至於零，其產生之磁力線波，亦隨同減小至零，電樞反應，逐漸增大，至磁場線捲及阻尼線捲中之感應電流爲零時，其値最大，且維持不變，而短路電流，則逐漸減小以至持續短路電流 (sustained short-circuit current) 之値矣。故短路電流振幅之外包線，可由磁場線捲及阻尼線捲之減幅常數（attenuation factor）決定之，第三圖中所示，卽無阻尼線捲之多相交流機之瞬間短路電流之變化情形也。

二、直流成分之電樞反應：　在短路之瞬間，直流成分所構成之基本磁力線波，大小與交流成分構成者相同，而方向相反，故其對磁極磁場，有勵磁之效應，（此效應使該時交流成分之釋磁效應等於零）。直流成分所構成之磁場，大異於交流成分所構成之磁場者，卽其對電樞之位置一定，而對磁極則有反向之同期速度，其影響可使磁極磁力線波之幅，依基本週率而變化，此種變化，可在線捲（磁場與阻尼）中產生一同週率之電壓，因此電壓而產生同週率之電流，此電流之方向，在維持磁場線捲及阻尼線捲中之磁鏈不變。阻尼線捲之電阻極小，故感應而生之磁力線，恰與直流成分所產生者相對（位相），故幾能全部抵消，如無阻尼線捲，則因磁場線捲之電阻及漏磁較高，其感應而生之磁力線（有效），位相不恰與侵入線捲之磁力線相對，數量亦比較懸殊，故僅能抵消一部。磁極之磁力線波上，仍有依基本週率而變化之紋波 (ripple) 存也。此種磁極，以同期速度轉動，可在電樞線捲中產生二次諧波電流 (second harmonic current)，二次諧波電流在多相電樞線捲中之電樞反應爲零，故對磁極無何影響，直流成分對電機內部之影響，卽止於此。二次諧波電流之値極小，（比較基本週率電流），在尋常示波器 (oscillograph) 上，不能看到，惟磁場線捲中依基本週率而變化之阻尼電流 (damping current, 卽因直流成分所構成之磁場而產生之感應電流），則極爲明顯。

因電樞內有銅耗，瞬間短路電流之直流成分，逐漸減小，以至於零，故直流成分所構成之磁場，亦隨同減小至零，在短路數秒鐘後，卽不復存在矣。

綜合上列所述，可知瞬間短路電流之最大値，可由下式表明之（參閱第三圖）。

$$i_a = i_1 + i_2 + i_3$$

$$= \sqrt{2}\,(I_n - I_s)\,e^{-\iota_f t} + \sqrt{2}\,I_o\,e^{-\iota_a t}$$

$+\sqrt{2}I_s$ ……………………(9) ❶

式中 I_s 表持續短路電流，I_0 表在短路瞬間，短路電流中交流成分之實效值。如電樞線捲之漏抗，電阻，瞬流漏抗，矩象同期感抗 (Quadrature synchronous reactance)，以及磁場線捲之電阻，漏抗為已知數，則任何時間（短路後）之最大短數電流值，俱可求得，惟如短路時 $\alpha \neq 0$ 或 π，則上式須略加改動，因該時短路電流中之直流成分，不復為 $\sqrt{2}I_0$ 也。設計接近電機之油開關時，其斷路容量 (interrupting capacity) 可由上式求出之。

(三)持續短路電流(I_s)與短路瞬間短路電流中之交流成分之實效值(I_0)計算

設磁極與電樞鐵心間之距離為 g，電樞每極之安匝 (ampere turn) 為 A，電樞鐵心之最小直徑為 D_a，磁極之數為 P，電樞每極每單位鐵心長（公厘）所可產生之磁力線為 φ，電樞安匝之分佈為正弦形，則

$$\varphi=\int_0^{\frac{\pi D_a}{P}}\frac{1}{g}\times\frac{4\pi}{10}\times A\sin\left(\frac{P}{D_a}x\right)dx$$

$$=\frac{1}{g}\times\frac{4\pi}{10}\times A\times\frac{D_a}{P}\cos\left(\frac{P}{D_a}x\right)\Big/_0^{\frac{\pi D_a}{P}}$$

$$=\frac{4\pi}{10}A\times\frac{2D_a}{Pg}\text{ ……………………(10)}$$

$$=A.\lambda_a$$

式中 $\lambda_a=\frac{4\pi}{10}\times\frac{2D_a}{Pg}$ ……………………(11)

Kilgore 氏名之為電樞磁導，此與通義所稱磁導者不同，兩者間差一常數，如用英呎制，則

磁導 (Kilgore) ＝磁導（通義）×3.19

電樞電流所產生之磁場，對磁極有一定之相互位置，故對電樞線捲有同期之速度，如磁極與電樞鐵心間之磁導，到處相等，則產生之磁力線波與磁場同形，否則互異，基本磁力線波以同期速度旋轉，可在電樞線捲中產生一感應電壓，此感應電壓之位相，與基本磁力線波之位相相同，而滯於電樞電流之後 90°（電時角），因基本磁力線波之位相，在電樞電流之後 90°（電位角）也。此感應電壓之值，如以感抗降落代之，則此相當之感抗值 (reactance)，即通常所稱磁化感抗 (magnetizing reactance)，或同期感抗 (synchronous reactance)。電樞線捲中磁極磁場所生之感應電壓，即線端電壓，同期感抗降落，漏抗降落，及電阻降落等之向量和。

在隱極 (non-salient pole) 電機中，電樞電流所產生之磁場對於磁極之影響，與二者間之相互位置無關，故其同期感抗 (x_s) 可以下式求得

$$x_s=\frac{\text{基本磁力線波對電樞線捲運動所生之感應電壓}}{\text{電樞電流}}$$

今設 f 表週率，z 表每相之導體數，L_c 表電樞鐵心之長，n 表相數，K_p 表節距因數 (pitch factor)，K_d 表分佈因數，(distribution factor)，I_a 表電樞電流（實效值）則

$$A=\frac{4}{\pi}\times\frac{n}{2}\times\frac{Z}{2P}K_p\ K_d\times\sqrt{2}I_a\text{ (12)}$$

$$x_s=\frac{\frac{\pi}{2}f\,K_p\,K_d\,Z\,L_c\,A\,\lambda_a\times10^{-8}}{I_a}$$

代入(12)式並整理之

$$x_s=fL_c\,Pn\left(\frac{zK_pK_d}{P}\right)^2\lambda_a\times10^{-8}\text{ ……(13)}$$

顯極(Salient pole)電機之電樞反應則不然，電樞電流所產之磁場與磁極之相互位置如不

❶ 電樞線捲與磁場線捲間之互誘關係，使 α_f 與 α_a 之值稍異於 $\frac{R_f}{L_f}$ 與 $\frac{R_a}{L_a}$，但影響甚微，故可略去。

同，同期感抗之值亦異，以二者恰相對時最大，相差之電位角為 90° 時最小，但因極面(pole shoe)之寬，小於極距(pole pitch)，其最大之值亦較 x_s 之值為小，固極顯而易見也。電樞磁場與磁極磁場之相互位置，視電樞電流之電力因數而定。電力因數為 1 時，兩者間之電位角為 90°；為 0 時恰彼此相對。故可分電樞電流為兩部，其一產生與磁極相對之磁場，另一產生與磁極相距為電位角 90° 之磁場，前者以 i_d 表之，後者以 i_q 表之，如命 X_d 表直對同期感抗 (direct axis sychronous reactance)，X_q 表象限同期感抗（Quadrature synchronous reactance），則顯極電機中之由電樞反應而生感應電壓，可以 $i_d X_d + i_q X_q$ 表之，X_d 與 X_q 又可由下列二式表之，

$$X_d = C_d x_s \quad \cdots\cdots (14)$$

$$X_q = C_q x_s \quad \cdots\cdots (15)$$

C_q，C_d 為二常數，大致視磁極極面寬度與極距之比值而定，其意義可由下面二式解釋之：

$$C_d = \frac{\text{電樞所產生之磁場正對磁極時，所產生之基本磁力線波之幅}}{\text{在磁極極面寬度等於極距時，同樣磁場所產生之基本磁力線波之幅}}$$

$$C_q = \frac{\text{電樞所產生之磁場與磁極間之電位角為 90° 時，所產生之基本磁力線波之幅}}{\text{在磁極極面寬度等於極距時，同樣磁場所產生之基本磁力線波之幅}}$$

在短路時，電樞電流之電力因數幾為零，故其同期感抗實際卽等於 X_d，其值可由 (14) 式計算得之，式中 C_d 之大略值等於

$$\frac{\psi\pi + \sin\psi\pi}{\pi},$$

此可由第四圖（6）式中明之，如需精密計算，則

$$C_d = C_1 C_m$$

式中 C_1 表磁極基本磁力線之幅，與實際最大磁力線密度之比例值，此值可實際圖繪磁力線分佈圖（flux plotting）得之，亦可於 Trans.A. I. E.E. 1927 *p*141 外斯門氏(Wiesemann) 論文中直接找出之，C_m 表電樞基本磁場所產生之基本磁力線波之幅，與等值(安匝相等)之磁極磁場所產生之基本磁力線波之幅，之比例值，此可於下式得之

$$C_m = \frac{\psi\pi + \sin\psi\pi}{4\sin\psi\frac{\pi}{2}}$$

$$\left(\text{式中 } \psi = \frac{\text{磁極極面寬度}}{\text{極距}}\right)$$

持續短路電流

$$I_s = \frac{V}{R + j(X_d + X_l)}$$

式中 R 表電樞電阻，X_l 表漏抗，惟 R 之值遠較 $X_d + X_l$ 為小，故

$$\left|I_s\right| = \frac{V}{X_d + X_l} \quad \cdots\cdots (16)$$

由第四圖，可知瞬間短路電流中交流成分所產生之磁場，僅當磁極極面之一部，磁導最大，因之其所產生之磁力線，幾全部萃集於此，不經磁極極面而另循他途者，數值甚小，可以略去也。如假定空氣隙之長不變，且磁極極面側部之磁導為零，則空氣隙中磁力線密度變化情形，將如第四圖中 $e\ f\ g$ 曲線所示。設電樞每極之安匝為一，則侵入磁場線捲之磁力線 φ 當為

$$A\lambda_a \sin\frac{\psi\pi}{2} = \lambda_a \sin\left(\frac{\psi\pi}{2}\right)$$

又根據上述假定則（第四圖，第（7）式）

$$\frac{\text{磁極基本磁力線波之幅}}{\text{實際磁極磁力線最大密度}}(C_1) = \frac{4}{\pi}\sin\left(\frac{\psi\pi}{2}\right)$$

合併兩式得 $\varphi = \frac{\pi}{4} C_1 \lambda_a$ $\cdots\cdots$ (17)

8967

故磁場線捲中之磁鏈變動值爲 $\frac{\pi}{4}C_1\lambda_a N_f$,

如磁極極面寬度等於極距，則磁場線捲每安匝所可產生之磁力線，當爲電樞線捲每安匝所可產生者之$\frac{\pi}{2}$倍，因設磁導爲一，則一安匝（平均）電樞線捲，所可產生之磁力線爲 $\int_0^\pi \sin\theta\, d\theta$,亦卽爲 2, 而一安匝磁場線捲所可產生之磁力線則爲 π 也。今每安匝電樞線捲可產生之磁力線爲 λ_a, 故每安匝磁極線捲所可產生之磁力線爲$\frac{\pi}{2}\lambda_a$。

在顯極交流機中，磁極極面寬度小於極距，磁極磁場之平均強度小於磁極磁場之最大強度，設令

$$C_p=\frac{\text{磁極磁力線之平均密度}}{\text{磁極磁力線之最大密度}}$$

則每安匝磁場線捲所可產生之磁力線，當爲$\frac{\pi}{2}\lambda_a C_p$，如空氣隙之長度不變，且磁極極面側部之磁導爲零，則 C_p 之值大致與 ψ 等，C_p 之值可由圖繪磁力線分佈圖得之，(若 C_1 已知，則可簡單計算得之)，若求簡便，逕以 ψ 代之可也。

以上所述，僅於磁極間毫無漏磁導時爲然，若極間之漏磁導爲 λ_f, 則每安匝場線捲可產生之漏磁爲 λ_f, 故可產生之磁力線之總和爲

$$\frac{\pi}{2}\lambda_a C_p+\lambda_f, \quad\cdots\cdots(18)$$

磁場安匝 $N_f I_f$（N_f 表磁極線捲捲數，I_f 表磁極線捲內之電流——因電樞反應感應而生者）所可產生之磁鏈數爲

$$N_f I_f\left(\frac{\pi}{2}\lambda_a C_p+\lambda_f\right)N_f,$$

今設無阻尼線捲

$$\frac{\pi}{4}C_1\lambda_a\times N_f-N_f I_f\left(\frac{\pi}{2}\lambda_a C_p+\lambda_f\right)N_f=0 \quad (19)$$

故
$$N_f I_f=\frac{\frac{\pi}{4}C_1\lambda_a}{\frac{\pi}{2}C_p\lambda_a+\lambda_f}\cdots\cdots(20)$$

若以文字表之，則爲"短路電流中交流成分所產生之基本磁場，平均每安匝在磁極線捲感應而生之安匝數，應爲

$$\frac{\frac{\pi}{4}C_1\lambda_a}{\frac{\pi}{2}C_p\lambda_a+\lambda_f}\text{"也。}$$

$N_f I_f$ 所產之磁力線，其影響（或穿過）電樞線捲者爲

$$N_f I_f\cdot\frac{\pi}{2}C_p\lambda_a\cdots\cdots(21)$$

今磁極極面之 (effective width) 相當寬度爲 $C_p\times$ 極距，故空氣隙中磁力線之最大密度爲

$$\frac{N_f I_f\cdot\frac{\pi}{2}C_p\lambda_a}{C_p\times\text{極距}}=\frac{N_f I_f\cdot\frac{\pi}{2}\lambda_a}{\text{極距}}\cdots\cdots(22)$$

而基本磁力線波之幅則爲

$$\frac{N_f I_f\cdot\frac{\pi}{2}\lambda_a}{\text{極距}}\times C_1\cdots\cdots(23)$$

其包含之磁力線數（每極）

$$\varphi_f=\frac{N_f I_f\cdot\frac{\pi}{2}\lambda_a}{\text{極距}}\times C_1\times\frac{2}{\pi}\times\text{極距}$$

$$=N_f I_f C_1\lambda_a\cdots\cdots(24)$$

代(20)式入(24)式得

$$\varphi_f=\frac{\frac{\pi}{4}C_1^2\lambda_a^2}{\frac{\pi}{2}C_p\lambda_a+\lambda_f},\cdots\cdots(25)$$

但電樞線捲中，短路電流交流成分所構成磁場，對磁極所產生之基本磁力線波之磁力線和爲 $C_d\lambda a$ ，……………………(26)

故剩餘基本磁力線波之磁力線數爲

$$C_d\lambda_a-\frac{\frac{\pi}{4}C_1^2\lambda_a^2}{\frac{\pi}{2}C_p\lambda_a+\lambda_f}\quad\cdots\cdots(27)$$

因此值爲電樞中之電流所構成，故其對電樞之反應與漏磁相同，(10)式又可書爲

$$x_a=X\lambda_a,$$

式中 $X=L\,l_cPn\left(\frac{z}{P}K_pK_d\right)^2\times10^{-8}$

故增加之漏抗 X_f 應爲

$$\left(C_d\lambda_n-\frac{\frac{\pi}{4}C_1^2\lambda_a^2}{\frac{\pi}{2}C_n\lambda_n+\lambda_f}\right)X\quad\cdots\cdots(28)$$

設 X_l 表漏抗， X_{tu}' 表鐵心未充磁飽和時之瞬流漏抗，則

$$X_{tu}'=X_l+X_f\quad\cdots\cdots(29)$$

實際瞬流漏抗 $X_t=0.88\times X_{tu}'$ ……………(30)

$$I_0=\frac{V}{X_t}\quad\cdots\cdots(31)$$

(31)式中 V 表線端電壓

極面漏磁導 λ_f 等於極端漏磁導與極側漏磁導之和，若命前者爲 λ_{fe}，後者爲 λ_{fs} 則

$$\lambda_f=\lambda_{fe}+\lambda_{fs}$$

λ_{fe}，λ_{fs}，可由極之大小形式簡單算出，惟爲精確起見，則求出之公式當由磁力線分佈圖中所得之結果較正之，其值如下：

$$\lambda_{fs}=3.19\times\frac{4}{3}\left[\frac{3(h_s+g-0.055T_r)}{T_r(1-\psi)}+\frac{l_f+0.1T_r\left(1-\frac{10}{p}\right)+3l_2}{\frac{\pi}{p}(D_a-2g-2h_s-0.4l_f)-w_p}\right]$$

$$\lambda_{fe}=3.19\times\left[\frac{4(l_s-l_c)+2l_f+0.5\,wp}{l_c}\right]$$

式中 h_s 表磁極極面之厚，g 表空氣隙之長，T_r 表旋轉子 (rotor) 之最大極距， l_f 表磁場線之長，l_2 表磁場線捲與極面間間隔板及絕緣之厚， D_a 表電樞之內直徑， w_p 表極身寬 (pole waist)， l_c 電樞鐵心之全長。

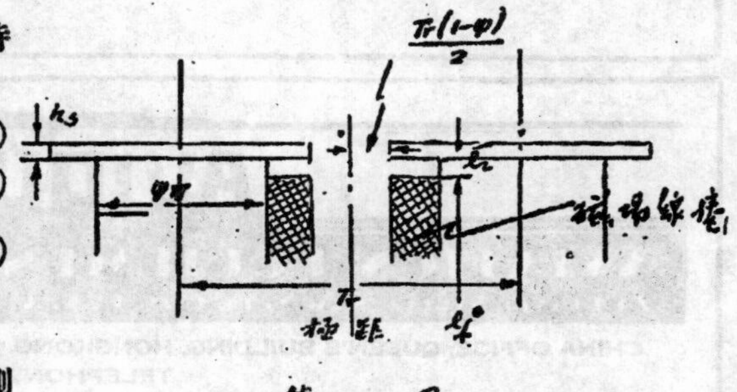

第五圖

電機製造事業採用國產紗包線代替漆包或單紗漆包線之檢討

姒南笙

摘要

在倡用國貨聲中，電機製造事業，應該考慮稍稍修改設計，以求採用國產四十二支雙紗包線代替漆包或單紗漆包線。

一 緒言

製造電機之主要原料，爲銅線及矽鋼片二種，向由外洋供給。自本年起，國產銅線次第問世，從此電機製造事業可以盡量採用國貨矣。

惟電機上所用銅線有圓線方線扁線之分，其絕緣又有漆包、單紗漆包、雙紗包、紙包之別。製造之方法不同，所需之設備亦異。現在國內電線廠之設備，可以輾製六公厘銅桿及拉製各號圓線，如果市場上方線及扁線之需要甚大，亦可設法增製。惟漆包設備尚付缺如，其原因有二。第一，漆包製造需要淨潔空氣，不得含有灰塵，故必須有極佳之通氣設備。第二，是項漆料，極易蒸乾，製造漆包之時，必需有大量漆料，時時循環，時加調和，否則漆之厚薄不同，則漆包之厚薄各異也。

二 漆包之代用品

考漆包線之用途爲製造無線電用之變壓器及各種用途之繼電器 (Relay) 取其線細容易工作之意。電動機在二十五匹馬力以下，多用單紗漆包線作爲線圈，亦係同樣意義。現在本國既不產漆包線，則設計工程師似應注重事實，在可能範圍以內，盡量採用代替品。

譬如無線電變壓器及線圈所用之漆包線直徑甚細，不能用紗包線代替者，不妨用雙絲包代替，又如電動機線圈原用單紗漆包者，可用雙紗包代替。玆根據各種絲包紗包漆包之標準厚度製成第一表，證世上述建議係屬可能，並不影響電機設計上佔空因數 (Space Factor) 甚大也。

三 可否採用國貨四十二支紗包製雙紗包線

普通所謂紗包線者皆係採用六十支以上之細紗爲之，視銅線之直徑而異。例如第二表

第一表

線號（英規）	銅線直徑（英吋）	雙漆包後所增之直徑（千分之英吋）	雙絲包後所增之直徑（千分之英吋）	單紗漆包所增之直徑（千分之英吋）	雙紗包所增之直徑（千分之英吋）	三紗包所增直徑（千分之英吋）	四十二支雙紗包所增之直徑（千分之英吋）	四十二支紗單編織所增直徑（千分之英吋）
6	0.192	—	4	—	13	20	15.4	11.5
8	0.160							

第一表(續)

線號(英規)	銅線直徑(英吋)	雙漆包後所增之直徑(千分之英吋)	雙絲漆包後所增之直徑(千分之英吋)	單紗漆包所增之直徑(千分之英吋)	雙紗包所增之直徑(千分之英吋)	三紗包所增之直徑(千分之英吋)	四十二支雙紗包所增之直徑(千分之英吋)	四十二支單纖紗所增直徑(千分之英吋)
9	0.144	4.3	4	11.7	13	20	15.4	11.5
14	0.080	3.7						
15	0.072	3.6	4	9.8	11	20	15.4	11.5
17	0.056	3.4						
18	0.048	3.2	4	7.7	10	20	15.4	11.5
19	0.040	2.8						
20	0.036	2.7	4	7.5	10	20	15.4	11.5
22	0.028	2.5						
23	0.024	2.4	3.5	6.8	9	20	15.4	11.5
33	0.0100	1·5						
34	0.0092	1.4	3.5	6.4	9	—	—	—
35	0.0084	1.3	3.5	5.0	8	—	—	—
40	0.0032	.7						

第二表

線號(英規)	銅線直徑(英吋)	雙紗包所增之直徑(千分之英吋)	用紗支數 內層	用紗支數 外層
6—14	0.192—0.076	12/14	$1/60^S$	$1/60^S$

第　二　表(續)

線號（英規）	銅線直徑（英吋）	雙紗包所增之直徑（千分之英吋）	用紗支數	
			內層	外層
15—17	0.072—0.052	10/12	$1/80^S$	$1/80^S$
18	0.048—0.044	9/11	$1/80^S$	$1/100^S$
19—20	0.040—0.036	10/11	$1/80^S$	$1/100^S$
20—22	0.034—0.026	9/11	$1/80^S$	$1/100^S$
23—24	0.024—0.022	8/10	$1/80^S$	$1/100^S$
25	0.020	8/10	$1/100^S$	$1/100^S$
26—33	0.018—0.010	8/10	$1/100^S$	$1/120^S$
34	0.0092	8/10	$1/120^S$	$1/120^S$
35—40	0.0084—0.0048	7/9	$1/120^S$	$1/120^S$

(註)上表 1/60s 指六十支單紗而言餘類推。

此項細紗非本國紗廠所產，故欲製造國產雙紗包線而合於上項標準者，非購買外國細紗不可

國產棉紗最細者爲四十二支，用以製造紗包線似嫌不合標準程式，但從第一表詳細比較之，其雙紗包層，尙較三紗包爲薄而四十二支單紗編織後之紗層更較四十二支雙紗包爲薄，故凡用三紗包線或英規十四號以上之雙紗包線者皆可考慮採用四十二支雙紗包線以爲代替。該線所佔之空間因數當然較

大，不適用於已有之設計，但如開始製造大型發電機及電動機時，則何妨稍稍修改設計乎？

四 採用四十二支雙紗包或編織線以代替紙包線

電力變壓器之高壓線圈，大概用雙紗包線故採用四十二支雙紗包線當可不成問題。其低壓線圈則多用紙包層數不等最少三四層，故用四十二支雙紗包或編織不成困難，即因變壓器上佔空因數問題不比電動機為嚴重也。

五 結論

查各種線圈之絕緣皆賴絕緣漆，故紗包一層或二層其作用在能吸收絕緣漆，一俟烘乾硬化，遂有阻止空氣潮濕內侵之效用。既如此則採用四十二支雙紗包之效用應當相同或且過之，因紗粗則能多吸收絕緣漆也。

所成問題者，則嫌其外徑較厚，不適用於已有之設計；但同時吾人須注意者則完全國貨之四十二支雙紗包圓銅線之價格，必較舶來品漆包，單紗漆包及雙紗包為低廉，即使稍稍修改設計，工具，與稍稍增加矽鋼片之重量，仍能保持成本之低廉也。

8974

經濟部全國度量衡局辦理統一全國度量衡工作概況

本局自二十六年西遷以來，對於各省市度政另訂計劃，督導推行，以期劃一功成，奠定建國之磐石，玆將近年來推行概況擇要陳述於後：

一　視察川省度政

川康為復興民族根據地，政府極注重兩省經濟建設，惟欲求經濟發展順利，須先掃除其障礙，查川省度政尚未完全劃一，新舊紛雜，亟宜廓新，而欲促進川省度政，首須明瞭進展情況，本局鄭局及有鑒於斯，曾於二十七年十一月，親赴成都、嘉定、宜賓、及瀘縣等地視察，二十九年十二月，再度視察成渝公路及成都附近各縣，隨時隨地依照實際情形，分別予以指導糾正，並與該省各級及官熟商改進辦法，先後均獲圓滿結果，該省度政工作進行緊張，呈報劃一者紛至沓來，今後川省度政工作，當可如限完成也。

二　開辦康省度政

西康省度量衡檢定所於二十八年一月成立，該省與本局合設西康省度量衡製造廠，供應新器，二十九年秋季檢定所又成立檢定人員訓練班，畢業後分發各縣負推行之責，並擬先推行寧雅兩屬及省會度政，以次推及於特種部族區域，惟該省交通困難，風俗語言多與內地不同，將來衝要縣份劃一之後，人民觀感一新，明白新制利益，則偏遠各縣始易進行也。

三　成立甘肅省檢定所及重慶市檢定所

甘省檢定所於二十九年三月成立，該省建設廳長李世軍兼任所長，近由張廳長心一兼任，至各衝要縣份早已設立檢定分所，以新甘公路、陝甘公路各線推行，成績為優，二十九年秋間又開辦檢定人員訓練班，業經畢業，照章分發各縣積極進行，重慶市原設有檢定分所，本局遷渝後，以其為行都所在地，應迅予劃一以示範，各地曾經調整該分所人員健全組織機構，及市政府成立，分所亦擴大組織，改為重慶市檢定所，年來檢查甚力，已宣佈劃一，二十九年夏秋間敵機肆虐，該市工作進行稍受影響，冬季空襲減少，特加緊進行，並注意市郊各疏散區內劃一工作。

四　其他各省推行鳥瞰

年來各省度政，經本局督導，頗有進展，陝西省已擬恢復省檢定所，湖南省政府於二十九年十二月恢復省所，進行劃一，不遺餘力，贛、閩、浙三省，成績尤為優異，豫、皖等戰區省仍能照常維持，黔、滇、青、寧各省已在熱烈推行。

五　檢定室設備方面

本局對於度量衡器之檢定職責，除擔負檢定全國度量衡標準器頒發各地作為標準外，並檢定科學研究用之精細度量衡器，關於檢定設備力求完善，玆將本局現有檢定設備略述如次：

一長度檢定標準之設備，有鎳鋼質公尺一支，該尺長一公尺，最小分度為〇・二公厘 (Millimetre)，附有放大鏡二具，曾經國際權度公局檢定，附有證書及詳密之差數表，檢定準確度可達〇・〇二公厘。較此更精細者有一公尺水槽式較準機一架，該機藉水槽之保温，測微分螺旋之構造，及四十倍放大鏡等之裝置，檢定準確度可達〇・〇〇一公厘。此外有捲尺檢定架，及二十四公尺長鋼捲尺一支，爲捲尺檢定之標準。

二質量檢定標準，備有經德國權度局檢定之精細砝碼一份。天平方面，以秤量而言，大者能秤一百公斤、五十公斤、三十公斤、五公斤等天秤，小者有自數百公分至一公分等天秤十餘架，最精細者有空氣遮定式，及放大鏡視察之天秤各一架，其檢定準確度可達〇・〇一公絲 (Milligram)。

三温度檢定設備，計有體温計檢較器二架，標準體温計二具，其檢定體温計之準確度，達百度表〇・一度。

其他檢定設備尙多，因屬於普通檢定標準器，從略。

六 製造廠工作方面

本局製造所成立已三十餘年，製造標準標本，民用各器，素爲各界稱譽，準確精良，對於科學與工程所用精密計量器械，亦儘量承製，敵人封鎖沿海後，歐美儀器輸入困難，各方紛紛向本局訂製，有供不應求之勢，玆將設備及出品略述如左：

(一)設備 廠內分製圖、鉗工、機工、鑄工、鍛工、木工各部，並有刻工、漆工、秤工等技工。工作機械備有車床、鉋床、鑽床、銑床、磨床、及各種專門長度，與圓弧刻度機、輾機等。

(二)出品 標準器、標本器、民用器、案秤、台秤、天秤、各種測量儀器，及有關計量之各種試驗儀器等件。

工　　程

THE JOURNAL OF THE CHINESE INSTITUTE OF ENGINEERS

FOUNDED MARCH 1925—PUBLISHED BI-MONTHLY

工程雜誌投稿簡章

（1）本刊登載之稿，概以中文爲限。原稿如係西文，應請譯成中文投寄。

（2）投寄之稿，或自撰，或翻譯，其文體，文言白話不拘。

（3）投寄之稿，望繕寫清楚，並加新式標點符號，能依本刊行格（每行 19 字，橫寫，標點佔一字地位）繕寫者尤佳。如有附圖，必須用黑墨水繪在白紙上。

（4）投寄譯稿，並請附寄原本。如原本不便附寄，請將原文題目，原著者姓名，出版日期及地點，詳細敍明。

（5）度量衡請盡量用萬國公制，如遇英美制，請加括弧，而以折合之萬國公制記於其前。

（6）專門名詞，請儘量用國立編譯館審定之工程及科學名詞，如遇困難，請以原文名詞，加括弧註於該譯名後。

（7）稿末請註明姓名，字，住址，學歷，經歷，現任職務，以便通信。如願以筆名發表者，仍請註明眞姓名。

（8）投寄之稿，不論揭載與否，原稿概不檢還。惟長篇在五千字以上者，如未揭載，得因預先聲明，寄還原稿。

（9）投寄之稿，俟揭載後，酌酬現金，每頁文圖以港幣二元爲標準，其尤有價值之稿，從優議酬。

（10）投寄之稿經揭載後，其著作權爲本刊所有，惟文責概由投稿人自負。在投寄之後，請勿投寄他處，以免重複刊出。

（11）投寄之稿，編輯部得酌量增删之。但投稿人不願他人增删者，可於投稿時預先聲明。

（12）投寄之稿，請掛號寄重慶郵政信箱 268 號，或香港郵政信箱 1643 號，中國工程師學會轉工程編輯部。

中國工程師學會各地地址表

重慶總會　重慶上南區馬路 194 號之四
重慶分會　重慶川鹽銀行一樓
昆明分會　昆明北門街 71 號
香港分會　香港郵箱 1643 號
桂林分會　桂林郵箱 1026 號
梧州分會　廣西梧州市電力廠龍純如先生轉
成都分會　成都慈惠堂 31 號盛允丞先生轉
貴陽分會　貴陽禹門路西南公路局薛次莘先生轉
平越分會　貴州平越交通大學唐山工程學院茅唐臣先生轉
遵義分會　貴州遵義浙江大學工學院李振吾先生轉
麗水分會　浙江麗水電政特派員辦事處趙曾珏先生轉
宜賓分會　四川宜賓郵箱 3000 號鮑國寶先生轉
嘉定分會　四川嘉定武漢大學工學院楊君實先生轉
瀘縣分會　四川瀘縣兵工署二十三廠吳景鍔先生轉
城固分會　陝西城固賴景瑚先生轉
西昌分會　西康西昌經濟部西昌辦事處胡博淵先生轉

工程雜誌　第十四卷　第一號

民國三十年六月一日出版

內政部登記證　警字第 788 號
香港政府登記證　第 358 號
編輯人　沈　怡
發行人　中國工程師學會　沈嗣芳
印刷所　商務印書館香港分廠（香港英皇道）
總經售處　商務印書館香港分館（香港皇后大道）
分經售處　商務印書館分支館
重慶　成都　康定　長沙　衡陽　郡陽
貴陽　常德　梧州　桂林　柳州　昆明
開平　肇慶　梅縣　韶關　金華　鄞縣
恩施　萬縣　贛縣　福州　西安　蘭州
南鄭　南陽　麗江　新加坡　澳門　廣州灣

本刊定價表

每兩月一册　　全年六册　　雙月一日發行

	册數	價目（港幣）	郵費（港幣）	
			國內及本港澳門	國外
零售	一册	四角	六分	一角五分
預定全年	六册	二元四角	三角六分	九角

*[H]C040(47)-30:5

Western Electric

25A Radio Receiver

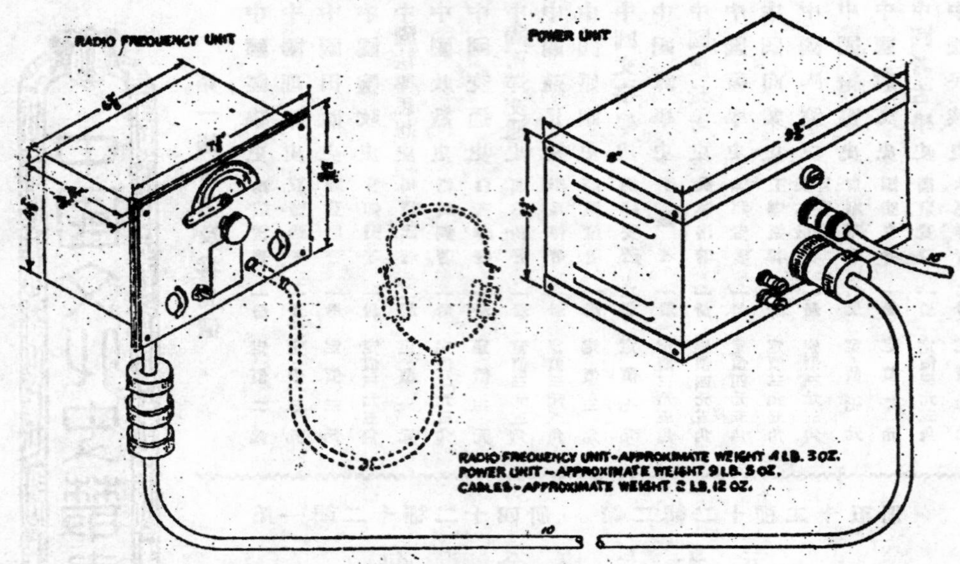

25 A Radio Receiver Assembly

Finger-tip tuning in three bands:

1. 200 to 415 kilocycles (1500 to 700 meters)
2. 500 to 1200 kilocycles (600 to 250 meters)
3. 2800 to 6800 kilocycles (107 to 44 meters)

Total weight including cables—16 pounds.
All electrical connections—by means of plug-in cables.
Either crystal control or continuous tuning in high frequency band.
Receives Phone, CW and MCW telegraph signals.
Average sensitivity—5 microvolts.
Audio output—500 milliwatts into standard headsets.
Automatic volume control—disconnected on beacon band.
Total power requirements—3 amperes at 12 volts.
Provision for attaching low impedance loop antenna equipment.
Small panel space required, 7 5/8” wide, 5[illegible]” high and 4 3/4 deep.

飛機與飛機或飛機與
地面的通訊如採用
西電公司無線電設備
必能勝任愉快
如荷垂詢竭誠奉答

總經理 中國電氣股份有限公司

China Electric Company
LIMITED
INCORPORATED IN U. S. A.
WINDSOR BUILDING　　HONG KONG

第十五卷 第一期

中華民國三十一年二月一日出版

第十屆年會得獎論文專號上

目錄提要

蔣總裁 勗勉工程師努力國防事業

羅家倫 國防工業中心問題

任鴻雋 科學與工程

侯家源 鐵路工程

吳承洛 中國工業標準化之回顧及今後應採途徑之擬議(上)

裘益祥 黔桂鐵路側嶺牛欄關兩處路線之覆勘及研究(上)

李爾康等 手搖離心機製糖試驗

孟昭英等 四極管及聚射管之調幅研究

羅　英 非常時期橋樑建築之經歷

李謨熾 公路路面研究與實驗

中國工程師學會發行

資源委員會
化工材料廠
化工牌
(一)純碱
(二)液體燒碱
(三)硫化碱
(四)紅丹粉
(五)滅火藥粉
電報掛號—五〇〇〇昆明
郵政掛號—昆明郵箱六九號
NRC
KCW
化
工
資
昆明萬鍾街一〇五號

華西興業股份有限公司

營業要目

(一) 承包及設計各項土木建築

(二) 代辦及安裝各項電機工程

(三) 專營各種機器電料大小五金

(四) 經售汽車及零件

總公司

地址：重慶牛角沱

電話：二六一八

電報掛號：三八〇五

分公司

上海　成都　昆明

中國工程師學會會刊

工程

總編輯 吳承洛

第十五卷第一期目錄

第十屆年會得獎論文專號上

（民國三十一年二月一日出版）

訓 詞：蔣總裁 勗勉工程師努力國防事業……1

論 著：羅家倫 國防工業中心問題……3

任鴻雋 科學與工程……4

侯家源 鐵路工程……5

論 文：吳承洛 中國工業標準化之問題及今後應採途徑之擬議（上）……7

裴益祥 黔桂鐵路側嶺牛欄關兩處路線之覆勘及研究（上）……15

李爾康等 手搖離心機製糖試驗……23

孟昭英等 四極管及聚射管之調幅研究……31

羅 英 非常時期橋梁建築之經歷……39

李謨熾 公路路面研究與實驗……49

附 錄：工程史料編纂委員會文獻

國民政府褒揚李儀祉令……61

陳果夫先生推薦李儀祉先生函……61

水利委員會主委員薛篤弼 李儀祉先生事略……61

凌鴻勛 李儀祉先生傳略……62

凌鴻勛 容祺勳先生傳略……63

中國工程師學會發行

委員長勗勉工程師努力國防工程事業

蔣委員長對中國工程師學會第十屆年會大會訓詞：

值玆民國成立三十週之年，欣聞貴會有第十屆年會與三十週年紀念之舉行，萃全國工程之專家，作國家建設之研討，成就宏多，必可預卜，至深感慰。我國近代工程建設事業，雖發軔於清季，而其眞正之開展，實自民國誕生，與貴會最先成立之時肇始。三十年來，我國家艱辛締造，雖現代國防之規模未備，而物質建設之初基已立。其間路鑛船廠水利以逮軍事工業之建設，不知積幾許先進工程學者之勞績，上視維新初期三十年中之建樹，其成效奚啻倍蓰，此誠可爲我工程學界稱賀者。惜以國事多艱，人力未盡，科學之研幾未博，工業之進步濡滯，馴致經濟不振，國防不競，卒使外侮深入，致國家蒙受空前之犧牲，我同胞經此四年抗戰之教訓，莫不深悟國防工業之重要，用能於英勇抗戰之中，上下戮力，以從事於工業建設之推進，然克敵制勝，猶待繼續之努力，而建國成功，更非旦夕之可致。以世界科學之日進千里，我國工業實猶瞠乎其後，繼今以往，必須更推宏各級工程人才之培育，促進進業家與學者之合作，提高工程學界研究精企之精神，溝通各種科學家之互助協力，且更進以謀國際學術技藝之溝通與合作，則研究之成績丕著，事業之效率亦必隨以增進，國計民生，俱賫利賴。抑有進者，近世國家之生存，固賴有卓越之民族精神，尤須有堅實之國防準備，而工程科學與工程事業，實爲國防之眞正基礎。一年以來，中正頻以鞏固國防之義，昭告國人，良以國防爲國家生命之所繫，無國防卽無國家。故嘗謂吾人當前努力之二大目標，於抗戰則必爭最後之勝利，於建國則必須達到國防絕對安全。而無論陸海空軍，皆惟工程進步，乃可保持國防力量之優越。交通運輸，亦賴工程進步乃能加強國防力量之運用。足食足兵，更需工程進步始足增厚國防力量之源泉。 國父諄諄垂訓，以努力科學詔國人。以雙手萬能矯痼習。將如何造成國民使用機械之技能與習慣，使科學救國成爲舉國普遍之認識，尤爲建立國防之基本。中央爲謀國防計劃之逐步實現，曾公布三年建設計劃大綱。其中經濟建設諸端，多有賴於我工程學者之研究與努力，至於 國父之實業計畫，尤爲我建國之宏謨，國防之要計。貴會去歲年會之後，設置總理實業計劃研究會。旨在分類研討，詳擬周密可行之計劃，關於基本數字，略已擬定，將在今次年會中，作具體之報告與討論。深信萃多士之專才，集思廣益，必能有精確之貢獻，以供今後國防建設之根據，此尤我國今日當務之急，而中正所特致期望者也。貴會成立，與民國誕生同時，此三十年之時期，爲我國工程建設奠立初基之世，亦爲我國家艱辛締造剝極復興之一世。近年全國各大學入學試驗，志願習工程者，常倍蓰於其他院系，風會轉移，可覘其概，是則光大前緒，導率後進，以完成建國之大業，實爲貴會重大之使命，知諸君必能珍重此千載一時之機會，而善盡學術報國之責任矣。

蔣委員長對水利工程學會十週紀念訓詞：

貴會自成立以來，於玆十載，全體會員，分布於各界，各就其職分所在，爲國陳力，歷有年所，歷次年會，集思廣益，切磋討論，對國家民族，貢獻尤多。今第七屆年會，在貴陽開幕，方當抗戰軍興之第五年，以水利工程與國防民生關係之密切，諸君子學有專長，志切貢獻，預計此次會議，必有良好之收穫。　國父實業計劃，有關水利部份極多，宜如何使之逐步實現，戰時戰後，全國水利，宜如何加以整理與興闢，諸凡犖犖大端，諒爲諸君子探討研索之中心。抑我國歷史上偉大之水利工程，視其他工程爲獨早，大禹之敷土導川，李冰之闢鑿離堆，烈烈往跡，所宜繼武踵美，發揚而光大之，更就外國先進學者，既得之結果，進取發明，迎頭趕上，學術昌明，則國家民族地位，亦與之蒸蒸日上，尤所屬望於貴會諸君子也。

國防工業中心問題

羅家倫

第一、大家都知道建國必先建軍，建軍非發展國防工業不可，而國防工業的發展，最大的推動力是機械的運用。陳部長說得好：「戰爭是工程師與工程師的鬥爭」，最近我看到一本英國雜誌，上面有一段是說德國人花了八個月的時間，發明一種磁性水雷，英國人花了八星期的時間，發明了破壞磁性水雷的防禦物。另一段則說英國的驅逐機，已由歐戰前的每小時三百餘公里的速率，進步到現在每小時五百餘公里的速率，可見英國之所以能與納粹抗衡者，全在牠的工程教育發達。我們國家如果要建軍，便不得不從發展工程教育入手，發展工程最主要的原則，是要本着「發明要早，製造要速」的八個大字，使工程與軍事工業密切配合。

第二、是工程的標準化問題。德國工業當前的危機，是沒有注意工業的標準化，我們可以斷言今年下半年以後，英美工業的製造速率，必然會超過德國。不過德國之在今日所以能肆行侵佔，並非希特勒有什麼超人的才智，而是德國的科學發達，德國的組織力嚴密。反之，可以與德相抗衡的英蘇，也得力於科學，故現在我們國家，亟需建立國防科學，提倡技術鬥爭，消滅愚昧迷信和反科學現象。

最後我們要確立工程的正確觀念，不畏難，不苟安，造成艱苦卓絕的突擊精神，謹以兵工署製造廠的廠歌「…把我們千百萬人的血汗匯成浩蕩的長江，」「我們是無名的突擊隊，我們作戰在後方！」提供工程師學會諸君，以資奮勉，敬祝大會前途無量。

科學與工程

任鴻雋

工程在人類社會史中，發達甚早，而科學則發達較遲，古之所謂工程，頗有異於今者，譬如造屋，古則鳩工庀材，率意營造，今必先設計造圖，估料計價，譬如築路，古則因陋就簡，順其自然，今必先測量定線，統籌計劃，凡此步驟，即屬科學。近代工程，經過科學洗禮，故乃與古不同，學習工程者，必先學習各專門科學，庶克有濟，倘一工程家欲從事相當事業，而不先研究科學，實屬舍本逐末。

科學爲現代產物，歐洲科學係發煌於文藝復興後三四百年，研究科學，胥從研究天然界物質現象與條理着手，即吾國儒者所稱之格物致知，格物即屬研究科學之義，以研究所得，利用厚生，是則工程人員之務矣，茲簡述科學與工程之分別，及其關係如次：

(一)科學與工程之分別　例如今日電氣事業，極屬發達；夫電之原理發明，屬於科學，其製造設備，則屬工程，是知無科學發明，則工程即無着落，古代先有工程後有科學，今代則反是。

(二)科學與工程之關係　社會未進化之初，一切動力，皆仗牲畜，嗣後發明蒸氣機，情形乃大變，惟以裝置繁瑣，猶感不便，迨電力發明，簡便致用，爲利甚溥，現尤有較電力更偉大者，厥爲電子，正由科學家研究利用中。

吾人於此可見各項事業之進步，胥賴科學家先有發明，然後始可作工程之措施，工程先須以科學爲樞紐，科學愈昌明，工程愈發達，且今之工程，較諸往昔更屬規模宏大，程序細緻，製造迅速，綜上所述，可知工程背後，有極重要之科學在焉，此二者實爲一體，願吾工程界同人，於工作之餘時刻勿忘科學之研究。

誌謝

本雜誌印刷費用荷承　各方熱心協助謹將芳名彙刊藉誌謝忱

資源委員會錫業管理處徐處長寬甫先生協助國幣貳仟元整（通訊處廣西桂林環湖路）

交通部全州機器廠張廠長子成先生協助國幣貳百元整（通訊處廣西全州）

鐵路工程

侯家源

我國鐵路工程，自第一次歐戰至民國十七八年的期間，除去東三省一二新路建築之外，其他鐵路建築的很少。至民國十九年，浙江省政府舉辦杭江鐵路，規定新的標準，可稱謂第一次的鐵路技術革命。因以前我國的鐵路標準，政府已經公佈大概如下：軌距，即鋼軌距離，爲英尺四尺八寸半（公尺一·三七五），軌重每碼八十五磅即每公尺四十三公斤，其餘也有規定，今天不及全講出來。杭江鐵路係省政府舉辦，財力有限，不能造這種大鐵路，乃商决改用輕軌，每碼三十五磅，即每公尺十七公斤左右，而軌之距離仍用標準制，即四英尺八寸半（公尺一·三七五）自杭州至玉山三百四十公里，不及三年通車，用錢極省，費時又少，一般運輸又可應付裕如。民國二十二年，福建事變發生，得力甚多，於是即展造至南昌，乃將一切設備及標準，又復加以改良，鋼軌改用每碼六十三磅，即六百三十二公斤，軌距仍舊標準制，一切設備，應有盡有，其結果仍能表現，省時省錢，並可與國有鐵路辦理聯運。自玉山至南昌一段，改良的標準即成，後來鐵道部新路的標準，如南萍湘黔湘桂京贛，及現在某某等路相繼採用，所以杭江鐵路創其端，打破造路的寂寞，而玉山南昌段收其成，此乃吾國鐵路工程第一次革命也。後來湘桂鐵路施工，儘量使用湘桂兩省當地民力，創立三百六十天，完成三百六十公里之新紀錄，可稱是鐵路施工上一大革命。因爲鐵路工程，比較公路艱困得多，挖土開山，往往很深，填土築埋，往往很高，橋樑必須堅固，載重一個火車頭即要一百多噸，記得在杭江鐵路，玉南鐵路，南萍鐵路，京贛鐵路，湘黔鐵路招的工人，大部北方人，本地工人很少，但是湘桂鐵路因爲戰事的關係，用他省的工人很難，差不多都是征工，用當地民來做工，當地人能力，當然不好，我們曉得勤能補拙，他們是很勤。我記得在民二十七年時本人常常夜間十一二時在外邊經過工地，見他們在挑石子，造橋，所以湘桂鐵路能完成如此迅速，完全得力於當地的大量民工。他們刻苦，他們耐勞，他們努力，他們肯犧牲，他們不自私自利，乃打破一切紀錄，三百六十天完成三百六十公里，對於他們這種精神，不勝敬佩。湘桂鐵路的施工方法，可謂我國鐵路工程的第二次革命。

現值非常時期，山陵區域造鐵路，鐵路的灣道，以前在平原，半徑最少爲二百五十公尺，坡度最大爲百分之一·五，但此種辦法，現在山陵崎嶇的地方，施行困難，爲了爭取時間，減省成本，同時可應付西南運輸的需要，我們不得不將灣道半徑縮小，坡度加大，此種改革標準，經土木工程師，機械工程師，多次研究，可以不成問題。此種辦法，在歐美各國亦有先例，其他亞洲非洲各地更多，所以此層可謂我國的路工程的第三次革命。有這三次革命，鐵路工程，在我國已可化艱鉅爲單簡，使高貴的成本改爲省錢，使長久的時間改爲迅速，使困難的事業改爲容易。不過以上所説的簡單，節省，迅速，容易，是爲比較的話，並不是造鐵路即像紙頭糊的或木頭搭的那樣容易，况且在非常時期，其他困難增加很多，所以我們必須學當年湘桂鐵路造路的精神，希望西南各省父老民衆，明白鐵路的重要，踴躍來參加做工。並且將工程，木料，石磚瓦等料平價出讓給鐵路，切不可屯積居奇，高抬物價，來妨礙鐵路。鐵路工程多一分幫忙，即可早一日完成，多一分阻礙，即多一分麻煩；鐵路工程關係運輸太重要，我們非得全民參加這種工作不可。各縣政府，鄉公所，保甲長，均請隨時開導人民，協助進行，萬萬不可以為中央有錢，多化幾個不要緊的。我們工程師均殫思竭慮，櫛風沐雨，來造路，沒有一處不在設法求經濟求節省之中，所以全體民衆亦應犧牲一些，來協助政府，造成鐵路。

在此抗戰時期，運輸問題，無論在前方後方，最關重要。解決運輸問題，祗有速造鐵路，鐵路工程方面，已有合理的解決辦法，現在只有請　中央及省政府諸長官加以指導，盡力推進，各縣政府，各級地方公私團體，加以切實的協助。鐵路是國家造的，而同時地方人民亦受益很大，況且此次抗戰，本為忍痛一時，造福子孫的戰事，而建國亦是忍痛一時造福永久的事業，各鐵路沿線的民衆，必須明瞭此義，大家來幫忙。我們的信念是抗戰必勝，建國必成，同時我們相信造路必成，願大家努力罷。

8992

中國工業標準化之回顧及今後應採徑途之擬議

吳　承　洛

（第一）工業標準化與實業合理化運動

工業標準化（Industrial Standardization）爲實業合理化運動（The Movement for Industrial Rationalization）中之主要部門【註一】。

實業合理化之三大部門，第一爲管理科學化，第二爲組織協作化，第三爲物料標準化。

管理科學化，所以排除人，事與物三者及其相互間不必要磨擦上之損失，而代之以確定程序，循規就軌。組織協作化，所以排除人與事二者及其相互間不必要競爭上之損失，而代之以共同協作，合併推進。物料標準化，所以排除事與物二者及其相互間不必要消耗上之損失，而代之以減少種類，提高品質。

管理科學化，則效率增加，組織協作化，則利益提高，物料標準化，則資源節省。

質言之，則實業合理化中三大部門之共同原則，爲簡單化與整齊化，而整齊化亦所以達到簡單化之徑途。

工業標準化，普通雖就物料標準化而言，但有時亦兼及管理上之標準化與組織上之標準化，蓋物料上之標準化，如果達到目的，則管理上與組織上之標準化，往往可以迎刃而解。因之工業標準化之工作，實占實業合理化運動工作之最大部分。

（第二）標準之固有意義與中國文化上之標準化時期

標準二字，在我國固有之意義，說文【註二】以標爲木之杪末，故曰大本而小標，標在取上，猶言標識，測量必建立標識之一點，始能準確。說文以準謂水之平，天下莫平於水，準之而後量之，故準者中也，正也，平也，均也，等也，同也，故曰準者所以準萬物。是以標字含有簡單之意義，而準字含有整齊之意義。非簡單則爲標不準，非整齊則爲準不確，既整齊矣，則自然簡單。

質言之，標準化之工作，實爲中庸之道，所謂不偏之謂中，不易之謂庸。而物理上之所謂重心，有得重心，則理易解，依其重心，則物穩定。【註三】

標準化爲世界文明進步之自然趨勢，間嘗就我國文化，而分別爲標準化之三個時期【註四】，第一爲黃帝之統一民族開始建國，在文化方面，整理成一個整個系統，制六書，作甲子，定歲月，制陣法，定曆數，立律呂，作內經，以及其他宮室，器用，舟車，弓矢，甲冑，貨幣，度量之制，皆始於此，古代文化，至此而整齊簡單之，集其大成，是爲中國文化標準化之第一個時期。

其後歷經五帝三代，每有創造與整理，至孔子祖述堯舜憲章文武，刪詩書，定禮樂，贊周易，修春秋，將黃帝以來之文化及一切學術思想，又整理之而成爲一個系統，而集其大成，是爲中國文化標準化之第二個時期。

嗣後歷代每有制度上之調整，以及其他民族文化之輸入，及至孫總理始將中外古今之學說，加以整個的整理，成爲建國方略，建國大綱，三民主義，集古今中外之大成，以適合全民之現代需要，是爲中國文化標準化之第三個時期。

(第三)總理實業計劃與工業標準化

在此時期，吾人生逢其間，追隨主義，共負建國之責任。孫總理以廢手工，採機器爲歐西之第一次產業革命，又從而統一與國有之，爲歐西之第二次產業革命【註五】。曰統一者卽實業合理化運動中之工業標準化，曰國有者卽組織協作化之主要工作。總理又以爲我國需要二種革命，同時進展，而第一次產業革命，實已具工業標準化之模型，第二次產業革命，則更具工業標準化之實質。以前之所謂標準化，卽機械化之別名，而現在之所謂標準化，則併手工業之標準化，亦包括在內。

總理實業計劃，實爲世界上計劃經濟之祖【註六】，而此計劃經濟，又係以民生爲重心，以國防爲骨幹，環顧今世之倡行計劃經濟者，其用意之完善，規模之宏大，無能出其右。間嘗將蘇聯計劃經濟與我國相比較【註七】，以總理之實業計劃，蓋先於蘇聯第一次五年計劃十年，故謂總理計劃，爲蘇俄所最先採用亦可。

蘇聯五年計劃之成功，完全得力於標準化【註八】，其在第一次全聯黨務會議，卽有關於物料品質標準之議決案，至一九二九年蘇聯中央執行委員會議決，「有不遵守工業標準者，得剝奪其二年以內之自由，並編入刑法」。自是以後，一切計劃之實施，無論一紙之輕，一針之細，脊梁麵包之普遍，機械車輛之笨重，莫不有確定之標準，由國防勞工委員會公佈施行，其五年計劃，能於四年完成者，實由於鐵律性質之標準化，故云「標準則我們的鐵律」，是不可忽略者。【註九】。

吾人研究總理實業計劃【註十】，首應明瞭總理對於統一標準之見解，對於配合調整，聯合擬定整個實業建設實施步驟，旣已詳爲分門別類，如不將所有已知之條件，一一顧及，確定各種工程各種物料之肯定標準，以爲細密計劃之依據，則配合時必發生不能適合之現象。

(第四)中國需要工業標準化之一斑見解

中國工業之需要標準化，卽藝術化的手工藝品，亦有此項要求【註十一】，本來手工藝品，特別是藝術化的手工藝品，各個不同是常規，相同是例外，而現代社會之需求，是大量標準化之手工藝品，每不能供給大量之要求，久已爲世所詬病。旣缺式樣之標準，更無品質之標準，卽此已足動搖手工藝品生存之基礎，所以要使手工藝品現代化標準化，是一重要之要求。至組織與運銷，及其他技術條件，商品條件，尤其餘事。

提倡國貨，必要先使國貨標準化【註十二】，不然則永無成功之希望。國貨廠商，應在標準化信條之下，特別注意。貨物精良耐用，迎合時代心理，是爲推銷上之基本條件，而宣傳與分配，決不可以忽視，如非有標準化之國貨，則不能達到提倡之目的。

我國近代工業製造之發展方面，實遭遇一種困難【註十三】，卽有人製出一種國貨，得到成功，必有多人於彼，立卽製造價格較廉品質較劣之同種貨品，以相競賣，直至整個市場，幾爲劣貨所毀而後止，轉使有志製造精品者，在工作之進行上，增加極大之困難。必須設法使中國工業製造品標準化，由各方努力，納人民於共同意識之上，以獎勵工業製造品在品質方面之標準化。庶幾不誠實之低劣國貨可以打倒，而精良之國貨，可以暢銷。

中國不獨農林原料產品，有多種為國際間所歡迎，即標準化之手工藝術品及標準化之國貨工業品，亦有銷行國外之可能。國外之西人，多好用中國之藝術品，而國外之華僑，尤好用國貨之工業品【註十四】。故中國工業標準化之前途，實有莫大之希望。

(第五)中國各方面之工業標準化工作

我國之標準化工作，除具有基本性質之度量衡外【註十五】，始於歐戰期間，交通部【註十六】之整理鐵道會計，統一統計，與鐵道技術標準規範之調查與擬訂，並曾聘請美國專家為顧問，此項工作，國民政府鐵道部及交通部，尚繼續辦理。關於電氣之標準，七年以教令公布電氣事業取締條例【註十七】，其後國民政府建設委員會【註十八】，繼續此項工作，更確定幾種基本電氣標準，初擬設立電氣標準局，其後成立電氣試驗所，迨經濟部成立，併入中央工業試驗所。

國際貿易有關之商品檢驗，在北京政府，係由外人及出口商人，自動辦理，如天津之毛皮檢查，上海之生絲檢查，漢口之油類檢查。國民政府農鑛部成立，即有農產品檢查所之設立，工商部有重要商埠商品檢驗局之設立【註十九】。及農鑛部工商部合併為實業部後，商品檢驗法正式公布【註二十】，而商品檢驗所採用之標準，由部設立商品檢驗技術研究委員會，於二十二及二十三年先後開第一次及第二次技術會議【註二十一】，對於棉花，茶葉，菸葉，豆類，菓仁，油類，糖品，肥料，蛋品，皮毛，肉脂，罐頭食品，植物病蟲害，獸醫，木材，麥粉，火酒，鑛物油等之檢驗標準，均有詳密之研究與討論並決議。而天津商品檢驗局之檢驗叢刊【註二十二】，有植物油類，肥料，酒類，及糖品等暫行檢驗法及其標準之刊行。上海商品檢驗局，對於化工檢驗法【註二十三】又有彙編，如各種植物油類，各種糖類，各種人造肥料，各種火酒等之品質及檢定法，均參酌各國成規，以供檢驗時之依據。

全國經濟委員會農業處及所屬稻麥棉花攙水攙雜檢查機關，從事於內銷農產品之檢驗，及歸併實業部後，設有國產檢驗委員會，統籌辦理。經濟部整理商品檢驗各種法規【註二十四】，得有茶葉，棉花，蔴類，菸葉，菸絲，豆類，花生，花生仁，核桃，核桃仁，杏仁，芝蔴，桂皮，桂筒，桂子，生絲，腸衣，肉類，骨粉類，鬃毛絨羽類，生牛羊皮，植物油類，麥粉，人造肥料，蜜蜂，蜂種，蠶種，火酒，牲畜，植物病害蟲，外銷麪粉等品質標準及其檢驗施行細則或取締規則三十餘種。

工鑛業方面之標準，農商部地質調查所有中國煤之分類法，現在國內多已採用【註二十五】，為所長翁文灝多年經驗與研究之結果，又編有煤之採樣法，漢口商品檢驗局編有煤之熱量規定法【註二十六】。中央工業試驗所化學分析暫行標準方法【註二十七】，亦有煤及焦炭，其屬於非金屬鑛產者有石墨，石棉，石灰石，其屬於金屬鑛產者，有鐵鑛，硫鐵鑛，銅鑛，錫鑛，鎢鑛，銻鑛，錳鑛，鋁鑛，以及鋼鐵與水及藍墨水之化學分析暫行標準方法。

水泥之標準，交通部鐵道部早經擬訂，中央工業試驗所亦曾就試驗結果擬定試驗標準【註二十八】。而南北各水泥工廠，亦自身注意其標準【註二十九】。

工業方面，除鐵道部國營鐵道標準規範【註三十】及建設委員會之電氣各項標準外【註三十(2)】，尚有兵工署之火藥原料及兵工材料等檢驗法【註三十一】，而製圖標準，亦採用德國定制紙張標準【註三十一(2)】。又陸地測量與海道測量及航空測量，與繪製地圖均注意於標準之標識【註三十一(3)】。

實業部爲實施工廠檢查，曾制定關於工廠安全之法規【註三十二】，並與衛生署制定關於工廠衛生之掛圖多種【註三十三】。

市政方面之標準，香港上海在外人管理之下，常有各種市政上之則例，而廣州及大上海與南京市政，工務與公用，曾有若干標準制定【註三十四】，而公路與水利方面，全國經濟委員會【註三十五】有不少之研究與力求統一之工程準則，各省建設廳對於省道亦然【註三十六】。外人指導之工程工作，則華洋義賑會及上海濬浦局有關水利及水道之工程標準【註三十六(2)】。此外郵政，電報，無線電及廣播事業等，亦各有其本身之標準，以資遵循【註三十六(3)】。

(第六)中國工業標準化主辦機構之準備

國民政府工商部成立，除於十七十八年間，制定度量衡標準及關係法規外，即首先爲工業標準之計劃工作，工業司【註三十七】工作程序第八項關於工業標準者，列舉工業產品標準規範問題，工業原料標準規範問題，製造品檢驗標準規範問題，進口貨物標準規範問題，出口貨物標準規範問題，醫藥品標準規範問題，有毒物品標準規範問題，食物標準規範問題及其他工業標準問題。其第九項關於工業實驗者，並列舉試驗標準問題，檢驗標準問題，工業試驗所辦法與工商品檢驗所辦法，並擬有中央材料標準檢驗局條例，分商品，建築，染織，機械，電工，化工，鑛冶等科。

嗣以材料試驗標準，擬列入工業試驗所範圍，商品檢驗標準，擬列入商品檢驗局範圍，而度量衡之推行，決定設立全國度量衡局。工業司爰做照各國設立標準聯絡機關之先例【註三十八】，擬訂工業標準規範委員會組織大綱，掌各項工業標準規範之起草及商議事項，其範圍計分爲(1)工業原料，(2)工程材料，(3)發動機關，(4)製造用機械，(5)試驗儀器，(6)檢驗方法。時在十八年，部中以工商設計委員會，正在分組設計，乃先就設計委員，分配工業標準制訂工作，以資準備。

殆十八年秋間，工業原料，已徵集四百餘種，由技術廳分別研究幾種材料之考驗標準。關於考訂各種發動機關試驗標準規範，則委託駐外公使調查徵集參考資料，寄部研究。工業原料材料之研究，先就煤，工業用水，建築材料如水泥磚瓦竹木等進行。其發動機關，則就鍋爐，蒸汽機，電動機，柴油發動機等進行，尤注意於其試驗則例（Testing Codes）。此外商品檢驗標準，先將生絲，棉花，茶葉，牲畜正副產品及油類，酌定標準。是時中央工業試驗所及全國度量衡局，尙在籌擬中，一切標準工作，均由工業司特設平準科，平爲權度，準爲標準，與技術廳會同辦理。是時工商部向中央提出報告，尙以商品檢驗局，工業試驗所度量衡局及材料標準檢驗局並列，而六年訓政時期工商行政綱領亦然【註三十九】。

工商部於十九年舉行工商會議【註四十】，部中又以規定工業品統一標格案交議，蓋以我國工業品品質，形狀種種，龐雜紛歧，漫無標準，不獨時間交易及使用上所受損失甚鉅，且工業能率及生產，亦因而減少，，故規定工業品標格，爲挽救各業之重要任務，當依照通過辦法，分別着手進行，同時向國外公使轉知各國標準主管機關，徵集標準。

二十年實業部成立，其時工業試驗所及度量衡局均已穩定進行，各負其一部分標準工作之責任。顧以工業標準問題，其範圍至爲廣泛，乃由部將前工商會議統一標準規格提案，及其他相類提案，彙集咨請中央有關各部會，並咨教育部轉知各大學，函中央研究院及各學術團體，暨令知各附屬機關，實業團體，酌定工業品標準，送部參考。同時函請各圖書館各學術團體各大學搜集該項書籍目錄送部，以便擇要購置【註四十一】。又以實業合理化，爲發展實業之重要方法，並與標準化有重要關聯，乃擬具實業合理化研究委員會章程及預算，提經國務會議，轉請中央政治會議議決，交經濟組商核，但工業標準委員會簡章，先呈奉核准公布施行。

實業部四年計劃【註四十二】，以實業合理化，爲用學術的與有系統的組織，運用各種方法，以求得到勞力與原料之最少消耗，增進實業之效能，供給多量價廉物美之貨物。關於標準化之實施方法，普通分爲四步，第一步由各業自行辦理，第二步依業務與地域之關係，分區辦理，第三步由國家辦理推行全國，第四步加入國際標準，以趨一致。惟在吾國，實業尙屬幼稚，欲求其自動制定標準，殊有難能，且需時甚長，故在吾國目前，制定標準，其第一第二兩步，均不適用，惟有施行第三步辦法，由國家別定公布施行，俾收效較速。至簡單化之實施方法，以事較簡單，技術問題，亦不甚複雜，乃統實業合理化研究委員會辦理，擇定各重要工業品，加以研究，何者宜去，何者宜存，以定化繁爲簡之方法，方俾實用。其步驟爲徵集各地出品，參考各國製品方法，斟酌地方情形，撰述各項物品化繁爲簡之方法，宣傳簡單化之利益，使人民明瞭以憑採用。

工業標準之進行，則依照簡章，成立工業標準委員會，翻譯各國標準書籍，擇要分送各委員，編撰各種宣傳標準利益文字淺說，並實行宣傳，使人民明瞭，俾易推行。先由各委員將所擬各項標準草案送會，然後將各項標準草案，分由各組，召集分組會議，開會討論，斟酌國情，參考各國成法，酌定標準送交全體會議審定，制定標準，並將標準呈核公布，印刷刊行，以供各業採用，予以試施。

(第七)中國工業標準機構之試辦

工業標準委員會簡章【註四十三】，於二十年五月呈准由實業部公佈，聘請並派任委員二百餘人【註四十四】，計分爲土木工業，機械工業，電氣工業，染織工業，化學工業及鑛冶工業六組，經濟部修正簡章【註四十五】，增加農林工業一組。工業標準委員會之事務由幹事會執行之，以總幹事總其成，其主要工作，爲收集國外標準刊物【註四十六】，二十年已有捷克標準四十九種，美國標準一百七十七種，意大利標準二百六十四種，瑞典標準二百三十種爲最多，此外有荷蘭等國及國際協會標準數種，又關於合理化刊物及國際聯盟經濟刊物多種。

二十一年工業標準委員會幹事會事務，由工業司移交全國度量衡局辦理，除日文標準，由部中專家譯述外，局中乃特呈准設立技術室，向學術工作諮詢處及各方面徵求留學英美德法蘇俄等國技術專家，富有譯述才能者數十人，並招考國內大學畢業生多人，協助辦理譯述工作，同時物色曾在荷意瑞典等國公使館服務人員，從事各該國標準之翻譯。此外有若干國，如匈牙利，捷克，波蘭，丹麥，芬蘭，挪威，西班牙等國文字，則購置各該國字典，於每種規範中，擇其題目及圖上註釋，先行譯出，亦可略知其梗概。

但精通外國語文，尤其是蘇俄荷蘭德國等，抗戰發生以後，多被他方招去，而對於各種工程技術有研究與經驗者，亦因多方需要人才建設，不易保留，故譯述人才，發生困難。以前工業司及全國度量衡局，計二十四年以前譯出標準五百三十八種，二十五年二千零五十五種，二十六年六百零一種，二十七年三百四十七種，二十八年一百四十九種，總計三千六百三十八種【註四十七】，其中以蘇聯最多二千零二十五種，德國次之一千零四十七種，次爲荷蘭一百八十七種，因曾物色曾在荷印任教多年之華僑一人，担任譯述荷文標準，又次爲法國比國，再次爲意國波蘭芬蘭，而日本與英美，則因文字上易於參考，二十五年以後，翻譯工作，即少進行。

徵集各國標準，事實上困難甚多。因各國均有交換之舉，而我國並無可以交換者，多不肯檢送過去，繼續將來。初以英文中國度量衡劃一概況【註四十八】一書，與之交換，雖稍得若干國家之同情，但有若干國家，仍以未便以度量衡刊物交換標準刊物為辭。吾人默審各國標準紙張之大小，與標準符號之確定，乃於二十四年開始編擬中國標準。

中國標準之編訂【註四十九】，其第一號即為決定中國標準之符號為 CIS 即 Chinese Industrial Standards 之縮寫，以便與國際及世界各國實行交換，而資聯絡。其第二號即為採用國際規定之分類，第三號即為擬定編排標準號數之方法，繼之以兩種最普通而簡單之檢校用常溫及包裝用數量，然後即成一套紙張尺度之標準計三十六種，再加以工程上等比標準數及標準直徑，以及日用上襪之標準與安全火柴標準【註五十】，從此我國工業標準之面目，於以揭幕，國際交換，遂無問題。我國之標準符號，即為世界各國所承認，新與國家之標準符號，自不致採用 CIS，而留為我國之專用符號。

工業標準委員會之初期，幹事會方面，雖頗積極，而各組會議以及全體會議，均不易舉行。全國度量衡局每次以工業標準草案呈部，由部發交工業標準委員會，該委員會日常事務，即由局兼辦，故各委員簽註意見，即發交局中原來草擬標準規範之人員，予以修正。抗戰以後，召集工業標準委員會，更為困難，為免除每次由局將草案呈部及由部發交委員會，由委員會分送全體委員之麻煩手續起見，乃於二十九年由部核定全國度量衡局工業標準起草委員會暫行規則【註五十一】，分類成立起草委員會，與有關各界合作編製工業標準草案，將已有草案者，加以說明整理，未有者加以補充編製，計已成立有醫療器材標準起草委員會【註五十二】及化學工業標準起草委員會【註五十三】二種。

工業標準之審定，既有工業標準委員會，但工業標準之推行，應有行政上之主辦機關，二十二年行政院通過擬改全國度量衡局為全國標準局，乃循美國之先例，經中央政治會議，核定設立原則，交立法院商議組織，因牽涉其他中央部會本身之標準工作，如何分工合作，頗有爭議，久未決定，乃於次年責令全國度量衡局執行工業標準職務，局中乃將原有之製造科，併入度量衡製造所，改稱第二科，辦理標準事宜。至二十九年修正全國度量衡局組織條例，確定該科執掌，為全國度量衡局之法定職務【註五十三(2)】。

(第八)中國工業標準化運動初步嘗試之效果

工業標準化之基礎，必先有度量衡之制定【註五十四】，而度量衡之劃一，實為工業標準化之起點，亦即工業標準化之準備工作【註五十五】，故劃一度量衡與標準化之關係【註五十六】，至為密切。此度量衡準，所以成為連繫之名詞【註五十六(2)】。

工業標準化工作之開始，實與度量衡劃一工作，同時發動，前已述及。但工業標準之宣傳工作，直至度量衡已普遍推行全國之後。實業與教育主管機關，分別注意。實業部於二十二年三月中央廣播電臺施政報告，始有工業標準【註五十七】，列為要政，及至「工業標準與度量衡」月刊，於二十三年七月，開始發行【註五十八】，採用日本式乙組標準紙張尺度，於是工業標準與度量衡，更發生切實之聯繫。但此項乙組標準尺度，仍不合國際標準規範紙張之尺度，乃於該刊第三卷起【註五十九】，改用甲組標準紙張尺度，而散裝即活葉之中國標準規範，乃能在國際及各國間取得地位【註五十九(2)】，最初若干號之中國標準，均中英文並列，以後則標題譯成英文並列，故甚博得各國之美譽與同情，而常有自動居於標準先進之地位，以相裏勉者，所有向國外標準機關，質疑問難之處，均能開誠布公，予以解釋。亦有函詢我國某某標準，何以如此規定之理由者。

各大學常請演講工業標準問題，而教育部教育播音演講，亦於二十五年九月，列爲重要宣傳【註六十】。

關於工業標準整個問題之討論，先有程振鈞氏之世界各國實業合理化考察報告【註六十一】，後有中國科學化運動協會吳承洛關於標準化與科學化之論文【註六十二】，全國度量衡局乃編標準化之意義及其重要並實施方法【註六十三】，言之至爲深切。蓋工業標準化，自十七及十八年開始議及，十九及二十年由部開始準備，二十一及二十二年移局繼續準備，至二十三年始敢以標準化之實施問題，向國人報告，二十四年始敢以中國標準符號與國際間相見，二十五年以全力從事，故世界各國標準規範三萬零種，局中收集幾二萬種，計二十餘國【註六十四】，而編訂中國標準草案至二十八年止已正式宣佈至六百六十六號【註六十四】。此項草案之編訂，可稱爲中國工業標準之嘗試時期。工業標準，因之甚引起工程界之注意。中國工程師學會，本有編訂建築規範之專任委員會，其後歷有議決設立關於工程標準之委員會【註六十五】，並於武漢年會以工業標準問題作公開之研究【註六十六】，所編之中國工程紀數，插入中國工業標準草案【註六十七】中之基本標準多種。大學方面，注意工業標準在工程教育上之重要【註六十八】，經濟學說界希望政府能擴充目前工業標準委員會之工作範圍，以達到產業合理化【註六十九】與標準統制以實施國家總動員計劃【註七十】，而工業標準化之在國防，尤爲重要【註七十一】。

——（接下期）——

黔桂鐵路側嶺牛欄關兩處路線之覆勘及研究

裴益祥

目錄

一 路綫沿革
側嶺路綫 牛欄關路綫
二 覆勘之緣起及經過
出發前之研究及準備 實地勘測工作紀要
三 覆勘綫之設計及比較
側嶺四設計綫及比較 牛欄關兩設計綫及比較
四 選綫理論之研討
限制坡度及推挽坡度之選擇 陡坡長度之限制 安全設備
五 贅言

討論

一 側嶺牛欄關路綫採用2.7%坡度之優點
二 黔桂鐵路運量及行車安全之研討
三 黔桂鐵路將來運行之估計

附圖

側嶺部份
1.歷次勘測總圖 2.拔貢側嶺山洞間覆勘綫平面圖 3.原轉轍綫縱斷面圖
4.第一設計縱斷面圖 5.第二設計縱斷面圖 6.第三設計縱斷面圖
7.第四設計縱斷面圖
牛欄關部份
8.歷次勘測總圖 9.原轉轍綫縱斷面圖 10甲乙綫縱斷面圖

一 路綫沿革

黔桂鐵路於桂省邊境跨越鳳凰山脈，重巒叠嶂，形勢險惡，而以側嶺牛欄關兩處爲尤甚。側嶺山脈大致與紅瓢溪平行，而與打狗河成正交。自打狗河至側嶺山頂最低處，平距八公里，高差達三百六十二公尺；而紅瓢溪至嶺頂，相距不過五百至一千公尺，高差亦達三百三十公尺；且上嶺以後，即爲高原，不復下降。自八墟至牛欄關，平距十二公里，高差二百七十公尺；而牛欄關至蒋大道坡脚，平距僅一公里，高差亦達二百公尺。地勢之崎嶇，於此可見。民國二十七年，交通部派黄柳測量隊首事勘測（隊長耿瑞芝君）。迨二十八年四月，黔桂鐵路工程局成立，復派郭彝君組織獨德路勘隊，重行路勘。此兩隊路線之設計，迥不相侔；大別之，耿隊之克服高度用紆迴展延法，而郭隊則用轉轍線展延法。

側嶺路綫

耿隊路線出拔貢山洞後，仍向西行，及抵千江村附近，始左轉向西南，在該處設車站。出站後，在百官村之南拔貢之北，又右轉向西，跨越打狗河。過河後，左轉沿西岸南行，在拉顯之西右轉入紅瓢溪山谷中，先沿北岸西行，嗣在拉廖附近過溪，沿南岸，仍向西沿山坡展延上行，得相當高度後，始又北跨紅瓢溪，東折而上側嶺。其紆迴延展，頗稱合理，惜路線所過之處，地形過於惡劣，高填、深塹、山洞、棧橋在在皆是，高架橋有高至七十餘公尺者，工程異常困難。且因山洞過多，山洞內之坡度須減低，故雖用百分之二坡度，由打狗河經拉臘車站至側嶺山洞口竟達二十四公里之長。

郭隊路線出拔貢山洞後，即左轉向西南行，在大爲村之西設拔貢車站。出站後，跨越打狗河，入紅瓢溪山谷中，亦先沿北岸，繼沿南岸經拉廖西行，過拉臘車站，在上平村之東始右轉再跨紅瓢溪；折而向東，沿山坡展延上行，在蔡塘之北設轉轍站；折而向西，復沿山坡展延上行約六公里餘，又設轉轍站；更折向東以上側嶺。路線長度達三十公里，最大坡度減至百分之一．五（郭線經第四總段定測後改用百分之一．八坡度），工程亦較耿線減省頗多，其設計可謂煞費苦心。

牛欄闕路線

牛欄關地形與側嶺迥異，若以蘭闕村高原爲分界，關南闕北之高度均急劇下降。闕南有山谷五，即一二三四號谷與白泥灣谷是也。此五谷有如扇形，下甲坪東南有如扇柄，由此至扇頂蘭闕村，平距僅五公里，地面高差達二百公尺。闕北僅有山谷一，即由蘭闕村向西至蝗螂坪，右轉向北經楓樹坳擺城而至拉黑。此段平距爲七公里，降落一百五十五公尺。

耿隊路線由下甲坪東南右轉繞道白泥灣，經四號谷，轉入三號谷而上蘭闕高原，設車站。出站後，沿山谷下坡，經蝗螂坪，楓樹坳。擺城而至拉黑，坡度爲百分之二。

郭隊路線則由下甲坪東南改向左轉，至下甲坪設車站，出站後，經一二三四號谷，數設轉轍站四處，展延路線十六公里餘而上蘭闕村高原。過此與耿隊路線路同，惟坡度採用百分之一．五，路線之高低各異。

二　覆勘之緣起及經過

郭隊之勘測既竟，工程數量，較之耿線減省已多。但使用轉轍線至六次之多，頗引起一般人之懷疑，以其於行車諸多障礙，如車行延緩，運量減低，養路之耗費過巨，行車之安全可慮；設遇軍事調動，急如星火，迴環盤旋，延誤實多；而交通部對於轉轍線之避免，持之尤力。二十九年三月，因有覆勘隊之組織，於側嶺牛欄闕間往復勘測，竟在側嶺發現新谷一線，在牛欄闕則採用一長隧道，六處轉轍線均得避免，即建築經費亦較原線爲省。

出發前之研究及準備

覆勘隊於出發之前，先研究側嶺牛欄闕兩處之地形，及耿郭兩隊所測路線。在側嶺方面，耿郭兩線之控制點(Controling Point)完全相同，一爲拔貢山洞，二爲打狗河，三爲紅瓢溪，四爲側嶺山洞；所不同者，僅其克服此三百六十餘公尺高度之方法耳。兩隊路線，同受制於紅瓢溪，耿線以七十九公尺之高橋跨越溪流，郭線則越溪六次與改河二次之多。且此段路線之設計，應以克服高度爲第一要義，而自拔貢車站至拉臘車站間十公里難工，因受紅瓢溪之制，克服高度僅五十公尺，殊使選線工程師爲之氣沮。故郭線雖用雙折線而未能盡量發揮其效用。若於轉入紅瓢溪山谷後，不過溪而向西延展，至相當高度時，用雙折線直上側嶺，並利用轉轍站之一爲車站，則由打狗河至側嶺山洞口之高差雖仍爲二百五十公尺，坡度雖仍用 1.5%，路線必可縮短四五公里；若改用 1.8% 坡度，則可縮短八九公里。

縱觀側嶺一帶地形，打狗河由北而南，紅瓢溪自西蜿蜒來注。若以打狗河爲縱軸，紅瓢溪爲橫軸，側嶺全部適在第二象限內，拔貢山洞則位於第一象限。耿郭兩線故由第一象限紆迴於一四三二象限間，更展延而上側嶺。故覆勘隊之理想新線，首在放棄耿郭兩線共同控制點之紅瓢溪及側嶺山洞，由打狗河上游或他處直上側嶺高原。倘側嶺山洞爲路線必經之一點，則新線當以由第一象限直入第二象限最爲合理。此種理想路線有二。其一，出拔貢山洞後，右轉向西北行，擇適當地點跨越打狗河，使與側嶺山洞間有適足之平距，然後沿側嶺高原之東南兩面爬坡上行。其二，出拔貢山洞後，在紅瓢溪與打狗河匯流處之上游過河，於溪北卽側嶺南坡上用紆迴展延法（Zigzag Development）而上側嶺，在上逵附近設車站一處。以側嶺之峯巒起伏，縱橫傾斜，有如千佛手指，齊向南指，此種理想路線，應用驢蹄形曲線（Mule Shoe Line）之處，勢須開鑿數百公尺之山洞，工程艱巨，自在意中，但仍較原轉轍線爲優越也！

牛欄關方面，耿線之工程艱巨，郭線在三號谷一面坡上，往返三次，施工極爲困難，四號轉轍站在峭壁下敷設，幾不可能。由兩隊所測平剖面圖加以綜合的研究，則得三種可能之路線。甲線用紆迴展延法，取道白泥灣，轉入四號谷，沿北岸西行，在琵琶冲南跨越三號谷口，穿山洞入二號谷北岸，向西北行，至上關大道附近，右轉紆迴，鑿山洞轉入三號谷，沿該谷西岸北行而抵頂部，過此巳入坦途，與郭線合。乙丙兩線均用山洞捷徑法（Summit Cut-off Method）。乙南線沿原轉轍線，將第一轉轍站改爲半圓形曲線，至第二轉轍站附近，穿鑿山洞約長二千八百公尺，直出楓樹坳，再沿山谷至擺城，設車站，過此仍與原線合。此線山洞內坡度爲1%。乙北線沿甲線至第二轉轍站附近，穿山洞直出楓樹坳，餘同乙南線，山洞內坡度可減至0.7%。丙線由下甲坪車站經一號谷入二號谷，在第二轉轍站附近穿鑿山洞約七千九百公尺，直下拉黑平原，坡度僅0.4%。甲乙丙三線之外，尙擬有丁線，在二號谷三號谷間，用山洞匝線法（Tunnel Loop），惟地形圖不敷研究之用，是否可通，殊屬疑問。

實地勘測工作紀要

覆勘之綱領旣定，卽進行實地勘測，先至側嶺，繼至牛欄關，其側嶺部份之經過如下：

（一）另覓由拔貢過打狗河向西直上側嶺高原至東甫之線，因坡度過陡，結果不通。

（二）由拔貢沿打狗河北行至拉罕，尋覓山谷上側嶺，但見打狗河西岸山嶺重疊，峯巒起伏，無路可行，結果亦不通。

（三）在側嶺南面用紆迴展延法及驢蹄山洞法，經實地勘測，均可辦到。轉轍站旣可取消，建築費亦較減省。惟自新谷路線發現後，此種計劃卽行放棄，僅新谷線經西谷之設計，仍採用驢蹄山洞法耳。

（四）新谷路線之發現，可謂此次覆勘最重大之收獲；蓋自打狗河東岸高處遙望西岸上田村至紅瓢溪口地形，但見濱河一帶，危岩孤峯，錯綜聳立，其西又岡巒重疊，與側嶺大山相接，似無敷設路線之餘地，佇立審視，不免令人廢然却步而不作過河勘測之想矣！但覆勘隊同人絕不因此自餒，乃且行且視，見濱河諸山與後山諸峯相互間移動甚速。細加推想，其所以相互迅速移動者，其中必尙有空間存在，或可覓得寬廣山谷足資敷設路線也。乃由拔貢渡河，繞越諸山，入內勘察，果得狹長山谷，隱夾於濱河山峯與後山之間，其西側一帶山坡，雖傾斜較陡，然順直整齊，頗適路線之沿行。且此谷無溪流貫穿其間，敷設水管，已足宣洩雨水，無橋樑涵洞工程之困難。覆勘結果旣稱滿意，乃繼以經緯儀視距法測取平距高差，斷定前節所述自第一象限直入第二象限之路線，已可由理想而實現。從此乃日盤桓於此無名之新谷中，不期然而成以「新谷」呼之。

牛欄關方面，經實地勘測者，爲甲線乙南乙北線及丁線。丙線本爲理想的最經濟之路線，惟山洞過長，穿鑿需時，不適於抗戰時期之建設，故未予勘測，各線之情形如下。

(一)甲線覆勘之結果，與紙上計劃者大致相符，惟由二號谷經上關大道附近穿入三號谷之山洞，紙上計劃約七百公尺，實地勘測則僅二百餘公尺。

(二)乙南乙北線亦與紙上計劃大致相符。乙北線填挖土石方數量較大，而山洞坡度可減至0.7%乙南線土石方數量較小，而山洞坡度至少須1。0%。南北兩線山洞位置相同，其長度可縮短至二千五百公尺，因二號谷地形，經詳細勘測，山洞中線亦曾實地丈量，較之紙上所訂自較準確也！

(三)丁線經實地勘測，可由原線入第二轉轍站（第一轉轍站改爲灣道），右轉入上關大道，向東穿山洞至三號谷，向右作匝線，迴至三號谷，與原轉轍線合。惟上關一段，山洞共長一千餘公尺，最長者約八百公尺，工程艱巨異常，殊無採用價値。

三 覆勘綫之設計及比較

表一 側嶺牛欄關覆勘線與耿線及原轉轍線之設計標準列表如下：

標準名稱			覆勘線	耿線	原轉轍線
限儀坡度 (%)				2.0	
推挽坡度 (%)			1.8, 1.98	—	1.8
最急灣度			5°—30′	6°—0′	5°—30′
曲線折減率			0.06	0.06	0.06
介曲線長 (公尺)			60	—	60
兩曲線間最短切線	(公尺)	同向曲線	100	100	100
		異向曲線	50	50	50
豎曲線每二十公尺之坡度變更 (%)		凸形	0.1	0.1	0.1
		凹形	0.05	0.05	0.05
山洞內最大坡度 (%)		200公尺以下	同明挖	0.7	0.7
		200公尺以上	1.0	0.7	0.7

側嶺四設計線及比較

側嶺路線，自發現新谷後，已可由第一象限直入第二象限，向之處處遭受紅瓢溪之挾制者，今得完全解脫，側嶺路線四大控制點中之最感棘手者，既經取消，路線之設計，深覺伸縮自如，乃用兩種坡度作四種設計如下：

第一設計線採用1.98%推挽坡度。路線出拔貢山洞後，右轉向北，漸左轉向西北及正西行，在木榜村設拔貢車站，仍向西北，抵打狗河東岸，以曲線過河，沿打狗河西岸南行，折而西，入新谷，穿小山洞，在新谷南端穿新谷山洞後，沿長山山坡，右轉沿側嶺山坡南面向西行，在上達設車站。出站後

9004

仍向西行，穿上達山洞，抵西谷，以驢蹄形曲線經西谷山洞，迴向東行，然後北折入側嶺山洞。

第二設計線亦採用1.98%推挽坡度，路線與第一設計線大致相同，惟在長山用山洞匯線法而取消西谷之驢蹄曲線。

第三設計線用1.8%推挽坡度。路線出拔貢山洞後，與第一設計線路同，及抵木榜村之西，左轉向西南，在木榜波朗兩村間設站，出站向西，直跨打狗河，其橋位在第一二設計線之下游約八百公尺。過河後，轉向西南，入新谷。及抵新谷南端，穿新谷山洞，沿長山山坡右轉向西行，餘與第一設計線大致相同。

第四設計線亦用1.8%推挽坡度，由拔貢山洞至打狗河東岸，與第一二設計線大致相同。抵河岸後，沿東岸溯河北行，在下橋渡口過河，左轉沿西岸經拉汶南行，折向西南，入新谷，至長山。由長山經西谷之路線，與第一三設計完全相同。

以上四設計線相互間之比較，及與原轉轅線之比較，可參閱表二。第一二設計同為1.98%坡度，兩相比較，則第二設計線長度較短，建築費亦可較省。第三四設計線同為1.8%坡度，兩相比較，則第四線路線較長，建築費亦必較高，自下渡至拉汶間打狗河兩岸之展延，均非必要，實無採用之價值。在第二三兩設計線間，當以採用第二線較為經濟，因1%限制坡度之推挽坡度應為1.98%，能通過1%限制坡度之列車，改用加倍馬力之活節機車，(Articulated Locomotive)亦能通過1.98%坡度，而第二設計線之建築費用，顯較第三設計線為省也。

至覆勘線與原轉轅線之比較，更為顯著。轉轅站既經全部取消，路線長度縮短八公里至十公里，建築費可減省者甚多。且行車便利，運輸量增加，營業收入亦可較豐。其他若施工較易，建築時間較短，及每年行車及修養費用之減省，猶其餘事也。

表二　側嶺原轉轅線與覆勘各設計線比較表

線別＼項目	長度(公里)	最大坡度(%)	最彎急度	總*曲度	轉轅站	土石方 數量(公方)	土石方 最深(公尺)	土石方 最高(公尺)	山洞 數量	山洞 最長(公尺)	山洞 總長(公尺)	橋梁 數量	橋梁 最高(公尺)	橋梁 總長(公尺)	大橋 數量	大橋 總長(公尺)
原轉轅線	30.300	1.8	5°30'	2437°	2	3,800,600	37	34	8	300	1160	10	41	1450	4	220
覆勘線 第一設計	20.300	1.98	5°30'	2136°	0	2,481,459	22	27	6	590	1615	2	35	210	1	160
第二設計	18,894	1.98	5°30'	2308°	0	1,755,118	26	19	5	540	1290	1	38	70	1	160
第三設計	20,010	1.8	5°30'	1930°	0	1,982,456	22	25	8	520	1850	3	38	320	1	160
第四設計	24,067	1.8	5°30'	2695°	0	2,752,382	27	25	7	600	1920	3	39	200	1	200

*原轉轅線兩個轉轅站總曲度應為360°未計入

表三 牛欄關原轉轍線與覆勘山洞捷徑線比較表

項目 / 線別	長度（公里）	最大坡度（%）	最急彎度	總曲度	轉轍站	土石方（公方）	擋壁（公尺）	山洞（公尺）	高架橋（公尺）
原轉轍線	29.480	1.8	5°30′	1'993'	4	4,500,000	1,500	170	1,180
覆勘線	14.880	1.86	5°30′	792'	0	1,830,000	475	2,560	0
比較增減	−14.600	+0.06	0	−1,201	−4	−2,670,000	−1,025	+2,390	−1,180

牛欄關兩設計線及比較

牛欄關路線覆勘後，丁線工程過巨，乙北線山洞坡度雖可減至0.7%，惟塡挖較大，均未予採用。僅就甲線及乙南線設計，以資比較選擇。

甲線卽紆迴展延線，由原轉轍線右轉入白泥凹谷，抵該谷頂部，左轉入四號谷，沿該谷北岸西行，在琵琶冲南跨越三號谷口，穿一百七十公尺山洞，入二號谷，沿該谷北岸向西北行，至上涮大道，右轉紆迴鑿三百一十公尺山洞，出洞後左轉入三號谷，抵該谷頂部，與原線合，在闌關高原設站。八圩車站須向西略移，以免兩站間距離過遠。此線設計係採用1.8%坡度，若用1.98%則土石方數量更可減少。

乙線卽山洞捷徑線。沿原線入第二轉轍站附近，（第一轉轍站經改爲灣道）穿鑿山洞約二千五百公尺，直出楓樹坳，路線至此降落平地。再沿山谷至擺城，設車站一所，過此卽沿原線至拉黑。此線亦用1.8%坡度設計，若採用1.98%，則所省當更多。

上述甲乙兩線中，乙線長度較短，路線亦較順直，升降較少。長隧道開工時，可鑿直井三處，建築時間不致過長，而甲線建築費亦未較乙線爲省，依鐵道經濟資本之利息與營養費之和應爲最低之原理，自應取乙捨甲。至乙線與原轉轍線之比較，可參閱表三。除取消轉轍站外，路線長度縮短十四公里餘。其他種種優點，大致與側嶺線同，玆不贅述。

四 選線理論之硏討

側嶺牛欄關兩處路線覆勘之經過及結果，已略如上述。在覆勘過程中，因選線之困難，引起本路各工程師之最大興趣，各方意見自亦難於一致！而關於限儎坡度與推挽坡度之選擇，陡坡長度之限制，及安全設備等三點。尤多辯難。我國鐵路事業正在突飛猛進中，經行山岳地區之路線甚多，此種路線之選擇，必於事先有縝密之考慮，歐美先進，早有定論。爰摭拾一得之愚，以供我工程界之硏討。

限儎坡度與推挽坡度之選擇

鐵路之費用有二：一爲建築費，二爲營養費，限儎坡度之決定，應權衡此二者之輕重。換言之最經濟之坡度，其建築費利息與營養費之和應爲最低數。限儎坡度之選擇，應加考慮者亦有二點：一爲本區段內應用何種限儎坡度爲最經濟，二爲本區段與其他區段間行車之關係。倘相連區段不能用同一限儎坡度，則必須注意在區段劃分處重新改組列車之費用。因在一機車區段內，列車之組成及機車之調整，必須以通過該區段內之限儎坡度爲準也。

鐵路選線工作，乃一設計最經濟之交通工具以適合指定情形之問題。此工具既應適合實際情形所需要，而費用又不宜過於昂貴。故採用過緩坡度之嘗試，足以引起錯誤及不良之設計，正與採用過陡者同。

在必須克服一定高度之處，過度展延路線長度以維持較緩坡度，或不免錯誤，因燃料之消耗及增加路線長度之修養費等之總數，或較採用陡坡所需之營養費更爲高昂。若在叢山峻嶺之中，建築鐵路，每公里費用較普通情形恆高出四五倍（僅指路基土石方，隧道，橋涵，軌道，號誌及轍岔車站及房屋等六項而言。）更應加以精密之考慮。至於對增進高度毫無補益之過度展延，既虛擲金錢，復耗費人力與時間，自應絕對避免而毫無商討之餘地也。

推挽坡度在山岳地帶應用之經濟，甚爲明顯，無待詳述。惟推挽坡度陡緩之選擇，應以能利用推挽機車全部馬力爲準。在1.%限儎坡度段內之推挽坡度應爲1.98%，在1.5%限儎坡度段內其推挽坡度應爲2.7%。故在1%與1.98%間或1.5%與2.7%間之中間坡度，其使用概屬不經濟，設計路線時應儘可能避免之。吾人通常恆斤斤於使用較緩之中間坡度，實爲錯誤之觀念，惟在1.98%之推挽坡度上，應以行駛加倍馬力之活節機車爲準，若在普通情形下以同型兩機車前後推挽，則以兩車工作之不能完全一致，使牽引力爲之減低，坡度亦應折減，此1.8%設計所由來也。

陡坡長度之限制

列車儎重與路線坡度及行車速度關係甚巨。一種機車，在同一坡度上用高速度行駛，所能拖運之重量，較之用低速度行駛者爲低。故列車在限儎坡度上坡時，恆用每小時十公里至十二公里之低速度行駛，以維持最高噸位。惟在一機車區段內，平均行車速度以每小時十六公里爲最經濟。倘在一機車區段內，大部爲限儎坡度之上坡，而列車儎重仍維持最高噸位，則平均速度較低於每小時十六公里，不合經濟，勢須將儎重噸位減低，或將坡度改緩，以便提高速度。且在過長之陡度上，因火伕工作疲倦，火力不足等種種情形，蒸汽之供給不繼，機車牽引力，隨時間之延長，逐漸下降，不能繼續行駛。故陡坡之長度，在可能範圍內，應加以限制，使機車在陡坡上連續行駛之時間，不致超過一二小時以上，然後繼之以較緩之坡度，使機車與火伕均得略爲休息。惟休息時間至少須有十分鐘以上，以每小時十五公里之速度計算，則緩坡之長度至少須二公里半。然在山岳地帶，欲嚴格遵守此種限制，有時幾不可能，故補救之法，或改用較大機車，或加協助機車(Assistant Engine)，或加機力上煤器(Mechanical Stoker)，以維持最高牽引力。蓋選線工程師遭遇困難，勢須由機車工程師應用新的理論與實驗，改進機車之構造，迴顧機車與鐵路進化之相互適應可恍然矣。

或以爲陡坡之長度應不超過五公里，而於每五公里間，須設置數百公尺之緩坡，或加一轉轍站。今以每小時十二公里之速度計算，則四百公尺之緩坡，僅需二分鐘即可通過，其於火伕之休息或鍋爐汽壓之增高，顯無裨益。至於轉轍站加入於長陡坡中，其情形更爲惡劣。因列車至此必須停止，轉轍，再行前進；而一出轍岔，又卽須上坡。機車於克服陡坡之阻力外，尙須克服出發坡(Starting Grade)之阻力，不特未能減輕機車之負担，反增耗其牽引力矣。

安全設備

鐵路坡度較陡於0.4%時，列車卽有滑動之傾向，因其阻力較與路軌平行之重量分力爲小。故列車欲於0.4%以上之坡度上靜止，必須應用車軔。又列車下坡速度過大時，亦須應用車軔，加以節制，否則列車將隨時間及距離之延長加速而發生危險。此種危險，在1%以上之坡度，即甚顯著，茲將在不同坡度上，列車順溜而下（機車汽門關閉不用力），由靜止而達到每小時六十公里之速度所經過之距離及時間，列表於下：

表四

坡　度　（%）	1.0	1.5	1.8	2.0	2.7
時　間　（秒）	296	162	127	111	77
距　離　（公尺）	2,468	1,346	1,058	925	644

此種無有效車軔控制之列車，在速度未達六十公里時，已隨時有發生危險之可能，換言之，行車人員對於使用車軔，必須使之立即發生效力，右表所列時間與距離，乃一最大猶豫限度耳。所幸氣軔(Air Brake)發明以後，行車危險大減，故選線工程司為地形所限之時，不必依據上表為陡坡長度之限制矣。

機車及列車全部，在陡陡之長坡上行駛，必須安裝有效之車軔，並須在每次列車出發前詳細檢查，以昭慎重，平綏鐵路關溝段，由南口至康莊，於下行上坡（按卽西行列車）列車氣軔手軔均檢驗完備時，第二零一號至二零七號馬萊機車 Mallet Engine)可以安全牽引之噸數可及二百六十英噸，若列車氣軔手軔不完備時，則僅二百英噸。由康莊至南口，上行下坡（東行列車），列車氣軔手軔均完備時，同式機車可以安全牽引四百英噸，否則僅一百二十英噸。由此可見列車車軔不完備時，不獨影響行車安全，亦且因安全問題，不得不減少機車之運輸能力。又下坡列車之噸重，本較上坡列車為多，但因車軔之不完備反較上坡為少是又，山岳地帶行駛列車必須裝置有效車軔之另一解釋也。

為求絕對安全起見，長陡坡上應設置保險岔道（Catch Siding），再加機車與列車車輛裝置自動氣軔，必可無虞。平綏鐵路關溝段坡度為3.33%，坡長3048公尺，北甯鐵路錦票段坡度1.25%，坡長2500公尺，均未嘗發生事變，其明證也。

五　贅言

本篇材料多取之於黔桂鐵路覆勘隊之工作報告，及 Beahan, Raymond, Wellington 與 Williams 諸名家著作。筆者以黔桂鐵路副總工程司，承侯總工程司家源之命，領導覆勘隊，而以工程司羅孝僔、王元康、張鴻逵、王世瑣、方鶴年諸君為隊員。全隊同人追隨侯總工程司於役浙贛、湘黔、京贛、湘桂、黔桂諸路，歷有年所，平素受其不斷之指示與鼓勵，咸能淬厲奮發，得有良好之結果。使不辱命，良用為慰！

覆勘隊員中羅君孝僔與王君世瑣均曾參加獨德諸勘隊，於耿郭甯隊之路線，本已爛熟胸中；復富有研究精神，勇於野外工作，對覆勘隊貢獻特多。與筆者相聚亦較久，質疑辯難，往往通宵不倦。張君鴻逵、王君元康，同時任該段路線內任第四第五總段長，於隊員住宿及測量員工之調派等，深得其助。又前獨德諸勘隊隊長郭君彝，不辭辛勞，中途前來參加。佩慰之餘，記此志感。

山岳地帶，選線工程司對於運輸行車須有深切之認識。間嘗與吳孝剛、應尚才兩先生作竟夕談，輒發名言至理，如撥雲霧而見青天。獲益既多，欽佩滋深。

本篇屬稿倉卒，工程師徐君世雄為之刪繁就簡，兼任校讎，並誌謝忱。

筆者在野外工作時曾攝影數十幀，集成一册，題有二十八字，附錄於此，以作本篇之結束：

四月春深綠作屏，　關山繞越慨登臨；
芒鞵踏破來新谷，　大計如今費亷尋！

手搖離心機製糖試驗

李爾康　張力田　金順成

經濟部中央工業試驗所

要　　目

【一】引言　　　　　　　　　　　【四】結論
【二】離心機製糖工作方法　　　　【五】參考文獻
【三】試驗

(一)引　言

四川舊式製造白糖方法，係先由糖房將蔗汁熬煮，上漏製成糖清(Massecuite)，再由漏棚施壓泥手續製成白糖。所謂「壓泥」手續，係置調熟之肥泥漿於糖清之上。糖清中之蔗糖結晶本身爲白色，但因被帶色糖蜜所包裹，致顏色不顯白，泥漿中之水份逐漸滲過糖層，蔗糖結晶外層之糖蜜被洗掉，顏色顯白，即得白糖。此種壓泥方法之效能甚低，費時旣久，白糖產量低，含污質又多，乃土法糖業不能發展之主因。爲改良此種土法製糖工業，特創製離心機代替之，利用離心力使蔗糖結晶與液體糖蜜分開。自二十九年起在四川沱江流域產糖區推廣，深受當地糖業界之歡迎，現仍積極推廣中，因四川糖業現仍停滯於家庭副業之狀態中，資力有限，爲適合當地環境，所推廣者，乃係手搖式者，以其使用簡易，價值低廉，甚至窮鄉僻壤之較小廠家亦便於購用也【參考文獻1,2】。此項手搖離心機之構造如附圖所示，內籃直徑十二吋，高七吋，分別用半分紫銅皮（甲種）及鋼錯之（乙種）【3】，每分鐘旋轉最高速度可達一三〇〇轉。

採用此項離心機製糖，每次只需十餘分鐘，產品潔白，遠非土法所能比擬，優點甚多，玆特擇要與舊式壓泥方法比較之如下表【4】：

項別＼法別	離心機法	土法
分蜜能力	離心機之分蜜係利用離心力，能力強大，土法製不成白糖之糖清，如桔糖清及熬壞之濫糖等，仍能製成白糖。	土法分蜜係利用泥水之輕緩洗滌作用，能力甚弱。
產品品質	用離心機製得之糖，品質純淨。	舊式壓泥法分蜜，其中一部份混有泥沙雜質，不甚潔淨。
產品色澤	因爲分蜜完全，產品色澤潔白，勝過土法所製者。	僅壓頭泥所得之上白糖顏色較好，但仍不如離心機製得者，壓二泥及中白色澤更差。

白糖產量	原批白糖連同桔糖清製得之白糖，合計產量約爲糖清之百分之五十(即五成)。	白糖產量約爲糖清之百分之三十(即三成)。
桔糖產量	桔糖生產量低，僅約爲糖清之百分之三。	桔糖之生成量，約爲糖清之百分之三十(即三成)。
漏水產量	漏水產量約爲糖清之百分之四十(即四成)。	漏水產量約爲糖清之百分之三十(即三成)。
時 間	離心機搖轉十三至十五分鐘，即得白糖，每次可搖糖清約十五市斤，(以走完原水者計算，若以未走水之原糖清計算則約爲三十市斤)。	經走水，壓泥，去泥，鬆糖，壓二泥等手續，每缽糖清製完白糖約需時二十餘天，每個漏缽每次可製糖清約五十斤(未走原水之原糖清計算)。
資金之需要	出糖迅速，資金易於週轉，少量活動資金即可應付。	製糖需時甚久，故必需有大量活動資金，始能週轉。
廠房之需要	離心機本身體積甚小，所佔地位亦不大，用以製糖，只另備少數運糖清之漏缽及盛漏水之漏罎木桶即可，每部離心機只需要廠房一間，即夠使用。	擱置漏缽漏罎需要地位甚廣，每月製三萬公斤糖清(約等於每部離心機日夜工作，一月間搖糖清之量)需要廠房約十間。
獲 利	超過土法約一倍。	因白糖產量低，品質劣，製造費時過久，故利益不如離心機法。

此項離心機應用於土法製糖工業，尚係初次，如何能配合舊式糖廠之原有工具，如何操作始能發揮最高效能，均有詳盡試驗之必要，本試驗即爲尋求最適當之操作條件(Optimum Condition)。

(二)離心機製糖工作方法

採用離心機製糖工作手續略如下圖所示，方法如下：

1.調和糖清　將上漏冷却後之糖清，按照土法同樣方法，藉重力(By Gravity)走掉原水後，再用糖刮刮散，置於木桶中，加適量之洗水，調和成均勻流體狀，即可準備倒入離心機搖製之。

2.搖轉離心機　先將80mesh之紫銅絲布一張置於內籃中，並於上下端各用細竹條一根張緊，使密貼於籃之四壁，開始用手搖轉離心機，逐漸增加速度，二分鐘後，內籃旋轉速度已達約1000—1200R.P.M.，即用木瓢舀調好之糖清倒入內籃中，向中心傾倒，因離心力之作用即自動均勻分佈籃壁上，繼續搖轉，大部糖蜜即穿過銅絲布，經糖蜜出口流出，通常用漏罎接之，此種糖蜜稱爲「樓水」(倣照頭工泥水之命名法而命名)，糖份較高於「原水」，相當於土法之「頭泥水」。

3.洗糖　倒入糖清，搖轉約數分鐘後，大部糖蜜卽被分掉，但最後附着於蔗糖結晶顆粒上之少量殊不易分掉，須用清水噴洗之，噴水後搖轉速度稍加快，其法用長嘴噴壺，盛清水噴於糖層上，則此項清水卽溶掉結晶顆粒外部附着之糖蜜，通過銅絲布而流至漏罐中，稱爲「洗水」，含糖份高過「機水」，相當於土法之「二泥水」，與原水，機水等單獨存放，調和糖清卽用此種洗水。

4.取糖　洗糖後繼續搖轉數分鐘，至無「洗水」分出時，卽停止搖轉，用手墊布按內籃邊以使其迅速停止旋轉，然後用木勺或小銅瓢刮出白糖，晒乾卽得成品。

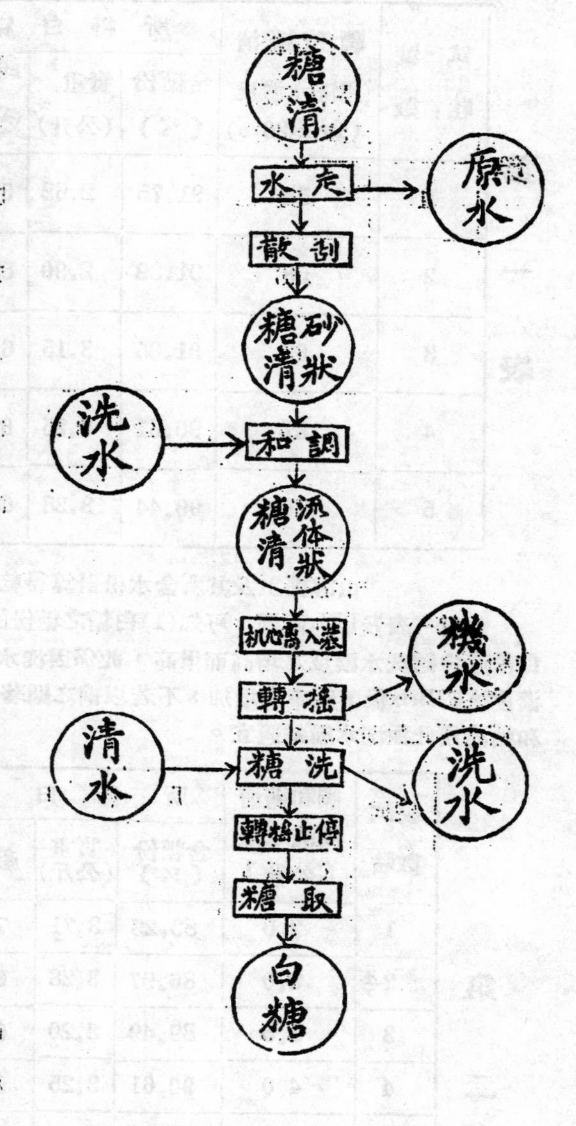

（三）試驗

以本所製糖試驗室第三號手搖離心機（乙種），按照前節所述離心機製糖方法搖製已走掉原水之原批糖清，以尋求調和糖清用洗水濃度，用量，搖轉時間，洗糖清水用量，內籃旋轉速度，與所得白糖含蔗糖份（以下簡稱含糖份）【Clevgot 測定法；5.6】及產率之關係；結果如下：

（I）調和糖清用洗水濃度與白糖含糖份及產率之關係試驗

以不同濃度（Brix）之4公斤洗水調和5公斤糖清（含糖份77.93％，本文各試驗均用此同一糖清），然後搖製之。

（i）離心機內籃旋轉速度　　加糖—1125R.P.M.洗糖—1200R.P.M.（根據手搖柄搖轉速度計算二者之旋轉速度比爲37.5：1）

（ii）搖糖時間　　13分（自加糖至停止搖轉時計算）

（iii）洗糖清水　　第一次300C.C.（加糖後第4分鐘洗）

第二次300C.C.（加糖後第6分鐘洗）

將第一表結果繪圖表示於第I第II兩圖。

第一表

試驗號數	調和糖清用洗水濃度(Brix,20°c)	所得白糖			機水		洗水	
		含糖份(%)	實重(公升)*	產率 白糖重/糖清重	濃度(Brix,20°c)	容量(公升)	濃度(Brix,20°c)	容量(公升)
1	54	91.75	2.62	52.4	65.9	4.8	60	1.6
2	58	91.39	2.90	58.0	67.9	4.6	60	1.7
3	63	91.05	3.15	63.0	68.9	4.3	60	1.7
4	67	90.61	3.25	65.0	68.9	4.0	63	1.8
5	70	90.44	3.28	65.6	68.9	3.5	63	2.0

*由濕糖重及其所含水份計算得乾糖重，本文各試驗均同此。

由第一表及I.II.兩圖，可知(1)白糖之糖份隨洗水濃度之增高而減低，變化殊不大。(2)白糖產率隨洗水濃度之增高而增高，此係因洗水濃度低糖清中一部結晶糖被溶解故也。洗水濃度達67Brix後，產率之增加，不若以前之顯著。普通搖糖所得之洗水濃度多為65Brix,故調和糖清用此種洗水頗為適宜。

第二表

試驗號數	調和糖清用洗水量(公升)	所得白糖			機水		洗水	
		含糖份(%)	實重(公斤)	產率	濃度(Brix,20°C)	容積(公升)	濃度(Brix,20°C)	容積(公升)
1*	2.5	83.23	3.71	74.20	68.9	1.5	67.9	2.2
2	3.0	86.97	3.28	65.60	68.9	2.6	66.9	1.8
3	3.5	89.49	3.20	64.00	68.9	3.9	64.0	1.8
4	4.0	90.61	3.25	64.00	68.9	4.0	63.0	1.8
5	4.5	92.18	3.17	63.40	68.9	4.2	65.0	2.0
6	5.0	94.52	3.10	62.00	68.9	4.9	63.0	2.0
7	5.5	94.61	2.78	55.60	68.9	5.5	63.0	2.0
8	6.0	94.87	2.76	55.20	67.9	6.2	64.0	2.0
9	6.5	94.87	2.73	54.20	67.9	6.4	63.0	2.0
10	7.0	94.87	2.71	54.20	66.9	6.6	63.0	2.1

*因洗水過少，調得糖清非均勻流體狀而含有塊狀者，致搖轉時內籃擺動甚劇，所得白糖色澤亦黃。

⊕內籃仍稍擺動，但較試驗(1)為好。

(II)調和糖清洗水用量與白糖糖份及產率之關係試驗

以不同量(公升)65°Brix(20°C)之洗水調和5公斤之糖清，然後搖製之。

(i)離心機內籃旋轉速度　加糖—1125R.P.M.洗糖—1200R.P.M.

(ii)搖糖時間　13分

(iii)洗糖清水　第一次300C.C.(加糖後第4分鐘洗)

第二次300C.C.(加糖後第6分鐘洗)

將第二表結果結果繪圖於第III第IV兩圖。

由第二表及第III.IV兩圖，可知(1)洗水用量增高，則白糖含糖份增高，但產率減低。(2)洗水用量如少於3公升，則調得糖清非為均勻流體狀，倒入離心機時各部受力不均，易於擺動，且分蜜困難，所得白糖色澤不佳，至少應在3公升以上。(3)用量超過5公升以上時，產量降低甚巨，概因除糖蜜外蔗糖本身被飽和之洗水溶解亦多也，而糖份却無甚增加。(4)用量以3.5公升較為適宜。

(III)每次搖糖清量與白糖糖份及產率之關係試驗

以65Brix(20°C)之洗水調和不同量(公斤)之糖清，洗水用量與糖清保持3.5公升比5公斤之比例，然後搖製之。

(i)內籃旋轉速度　加糖—1200R.P.M.洗糖—1350R.P.M.

(ii)搖轉時間　13分

(iii)糖洗清水　第一次300C.C.(開始搖糖後第5分鐘洗)

第二次300C.C.(開始搖糖後第6分鐘洗)

第三表

試驗號數	糖清重量(公斤)	調和糖清用洗水(公斤)	所得白糖 含糖份(%)	實重(公斤)	產率(%)	機水 濃度(Brix,20°C)	容積(公升)	洗水 濃度(Brix,20°C)	容積(公升)	備註
1	3.5	2.5	97.30	1.97	65.2	66.6	2.5	65	2.2	
2	4.0	2.8	96.78	2.41	57.0	66.9	2.7	65	2.3	
3	4.5	3.2	96.59	2.71	56.5	67.9	3.1	65	2.2	
4	5.0	3.5	96.39	3.03	60.6	67.9	3.5	65	2.3	
5	5.5	3.8	96.24	3.32	60.7	68.9	4.0	65	2.4	
6	6.0	4.2	96.00	3.70	61.6	68.9	4.3	65	2.6	內籃稍有擺動
7	6.5	4.5	96.09	4.07	62.6	68.9	4.4	65	2.6	同上
8	7.0	4.9	95.79	4.38	62.7	68.9	4.9	65	2.8	內籃擺動與銅絲布處有少量未搖白
9	7.5	5.2	95.43	4.75	63.3	68.9	5.0	65	2.6	同上

第三次300C.C.（開始搖糖後第7分鐘洗）

將第三表結果繪圖表示於第V第VI兩圖。

由第三表及第V，VI圖，可知(1)搖糖清重量增加，產率隨之增高，蓋洗水一定，糖份被溶者少也，成品含糖份則隨之降低。(2)增至6.0公斤以上時，內籃稍有擺動現象，7.0公斤以上時，附着銅絲布之處，且有少量糖清分蜜不完全，仍呈黃色。(3)為保全機械壽命，免使主軸受力過重計，每次以搖五公斤為宜，至多亦不可超過六公斤。

(IV)搖糖時間與白糖含糖份及產率之關係試驗

用3.5公升65Brix(20°C)之水洗調和5公斤之糖清，然後搖製之。

(i)內籃旋轉速度　加洗—1125R.P.M.洗糖—1312.5R.P.M.

(ii)洗糖清水　共三次每次300C.C.

第四表

試驗號數	搖糖時間*(分)	洗糖時間(分)(自加糖時起計)			白糖			機水		洗水	
		第一次	第二次	第三次	含糖份(%)	實重(公斤)	產率(%)	濃度(Brix,20°C)	容積(公升)	濃度(Brix,20°C)	容積(公升)
1	7	2.5	3.5	4.5	90.18	3.13	62.6	68.9	3.0	65	2.2
2	8	3.0	4.0	5.0	91.83	3.13	62.6	68.9	3.0	65	2.2
3	9	3.5	4.5	5.5	94.00	3.10	62.0	68.9	3.2	65	2.3
4	10	4.0	5.0	6.0	95.22	3.05	61.1	68.9	3.3	65	2.4
5	11	4.5	5.5	6.5	95.74	3.03	60.6	68.9	3.3	65	2.4
6	12	5.0	6.0	7.0	95.91	3.00	60.0	68.9	3.3	65	2.5
7	13	5.5	6.5	7.5	96.09	3.00	60.0	68.9	3.3	65	2.5
8	14	6.0	7.0	8.0	96.09	3.00	60.0	68.9	3.3	65	2.6
9	15	6.5	7.5	8.5	96.26	3.00	60.0	68.9	3.3	65	2.7
10	16	7.0	8.0	9.0	96.26	2.99	59.8	68.9	3.3	65	2.7

* 糖清於開始搖轉後二分鐘添加，搖糖時間則係自加糖時（即開始搖轉二分鐘時）計算起。

將第四表結果繪圖表示於第VII第VIII兩圖。

由第四表及第VII，VIII圖，可知（1）搖糖時間短（在八分鐘以下），產率高，糖份低，蓋分蜜不完全也。（2）時間加長，則產率減低，糖份增高，達十二分鐘後，二者均達平衡狀態，故（3）以搖十三分鐘為適宜。

(V)洗糖清水用量與白糖含糖份及產率之關係試驗

以3.5公升65Brix(20°C)之洗水調和5公斤糖清，然後搖製，以不同量之清水（C.C.）噴洗之。

(i) 內籃旋轉速度　　加糖—1125R.P.M.洗糖—1312.5R.P.M.

(ii) 洗糖時間　　第一次開始搖轉後第4分鐘

第二次開始搖轉後第5分鐘

第三次開始搖轉後第6分鐘

(iii) 搖糖時間　　13分鐘

第五表

試驗號數	洗糖水用量(C.C.)			白	糖		機	水	洗	水
	第一次	第二次	第三次	含糖份(%)	實重(公斤)	產率(%)	濃度 Brix(20°C)	容積(公斤)	濃度 Brix(20°C)	容積(公斤)
1	100	100	100	89.93	3.38	67.6	68.9	3.6	67.9	1.7
2	150	150	150	92.44	3.25	65.0	68.9	3.5	66.9	2.0
3	200	200	200	94.18	3.17	63.4	68.9	3.5	65.0	2.4
4	250	250	250	95.22	3.09	61.8	68.9	3.5	65.0	2.8
5	300	300	300	96.00	3.04	60.8	68.9	3.4	65.0	3.1
6	350	350	350	96.17	2.96	59.2	68.9	3.5	65.0	3.4
7	400	400	400	96.17	2.90	58.0	68.9	3.5	65.0	3.6
8	450	450	450	96.26	2.86	57.2	68.9	3.5	64.0	3.9

將第五表結果繪圖表示於第IX，X兩圖。

由第五表及IX，X兩圖可知(1)洗水用量增加，則糖份隨之增高，但至每次用量達300C.C.以後，即達平衡狀態。(2)產率隨洗水用量之增加而降低，變化甚大，蓋用量過多，則不僅結晶顆粒外部之糖蜜被溶掉，糖本身被溶解亦巨也。(3)用量低於至50C.C.時，產率較高，但糖份低，因水少糖蜜不能被充分溶掉，故以(4)每次用300C.C.爲宜。

(IV)內籃旋轉速度與白糖糖份及產率之關係試驗

以3.5公升65Brix(20°C)之洗水調5公斤糖清，然後以不同速搖製之。

(i) 搖轉時間　　13分鐘

(ii) 洗糖清水　　第一次300C.C.搖糖開始後第4分鐘

第二次300C.C.搖糖開始後第5分鐘

第三次300C.C.搖糖開始後第6分鐘

將第六表結果繪圖表示於第XI第XII兩圖。

由第六表及第XI，XII兩圖，可知(1)糖份因旋轉速度之增高而增加，蓋速度大分蜜力強也，但達1200R.P.M.時，即達平衡狀態。(2)產率隨內籃旋轉速度之增高而減低，至1200R.P.M.亦漸趨平衡，故(3)以1200R.P.M.爲宜。

第六表

試驗號數	手搖柄速度(R.P.M.)		內鑑旋轉速度(R.P.M.)		白 糖			機 水		洗 水	
	加糖	洗糖	加糖	洗糖	含糖份(%)	實重(公斤)	產率(%)	濃度 Brix(20°C)	容積(公升)	濃度 Brix(20°C)	容積(公升)
1	22	28	825	1050	88.96	3.38	67.6	68.9	3.4	65.9	2.3
2	24	30	900	1125	90.61	3.28	65.6	68.9	3.5	65.9	2.3
3	26	32	975	1200	92.44	3.19	63.8	68.9	3.5	65.9	2.4
4	28	34	1050	1275	94.00	3.12	62.4	68.9	3.6	66.9	2.6
5	30	36	1125	1350	95.83	3.06	61.2	68.9	3.5	65.0	2.9
6	32	38	1200	1425	96.00	3.01	60.2	68.9	3.5	65.0	3.0
7	34	40	1275	1500	96.09	2.99	59.8	68.9	3.5	65.0	3.2
8	36	42	1350	1575	96.09	2.98	59.6	68.9	3.6	65.0	3.2

(四) 結論

以原批土製糖清為原料應用本所推廣之離心機搖製白糖最適當操作情形為：

(1)調和糖清用洗水濃度應為65Brix(20°C)。

(2)調和糖清用洗水量應為3.5公升。

(3)每次搖糖清量應為5公斤，至多不可超過6公升。

(4)每次搖糖時間以13分鐘為宜，連同未加糖前搖轉之二分鐘計入，則為15分鐘。

(5)洗糖清水應用900C.C.分三次噴洗之。

(6)內鑑旋轉速度應保持1200R.P.M.

按照此種情形使用，則白糖產率在60%左右，含蔗糖份在95%左右。

(五) 參考文獻

1.李爾康，張力田： 四川糖業之改進方策 （經濟部中央工業試驗所第一一六號研究專報）。

2.張力田：四川土法製糖（經濟部中央工業試驗所第二八二號研究專報）。

3.經濟部中央工業試驗所機械設計室HC3／2071號離心機圖樣。

4.離心機製糖（經濟部中央工業試驗所工業推廣叢書）。

5.Spencer and Meade: A Handbook for Cane Sugar Manufactures and Their Chemists.

6.William N. Lacey: A Course of Instruction in Instrumental Methods of Chemical Analysis.

7.Heriot: The Manufacture of Sugar from Cane and Beet.

8.H.C.P. Geerligs: Cane Sugar & its manufacture.

離心機構造說明表

號數	名稱
1	手搖柄
2	搖柄軸
3	搖柄接合器
4	主軸座(鋼珠盒)
5	油管支板
6	主軸
7	主軸套
8	蓋板
9	籃座
10	螺絲帽
11	外殼
12	内籃
13	底座
14	蓋板
15	牛油杯
16	加油嘴
17	墊圈
18	螺母
19	齒輪
20	齒輪(未繪出)
21	螺絲齒輪(未繪出)
22	螺絲齒輪軸(未繪出)
23	糖蜜出口

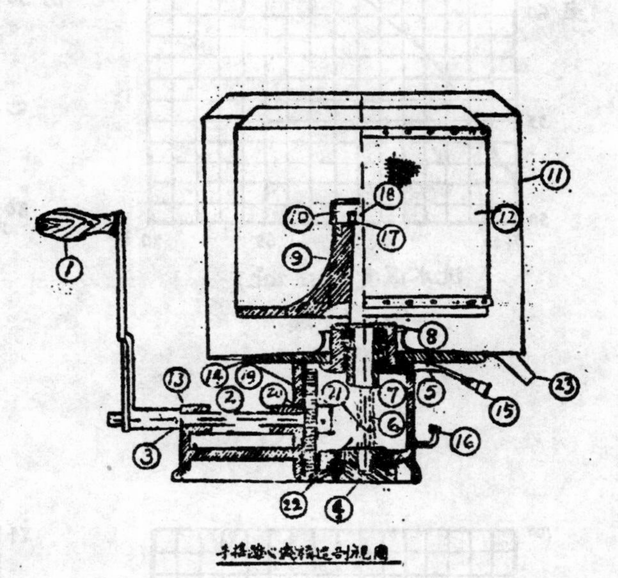

手搖離心機構造剖視圖

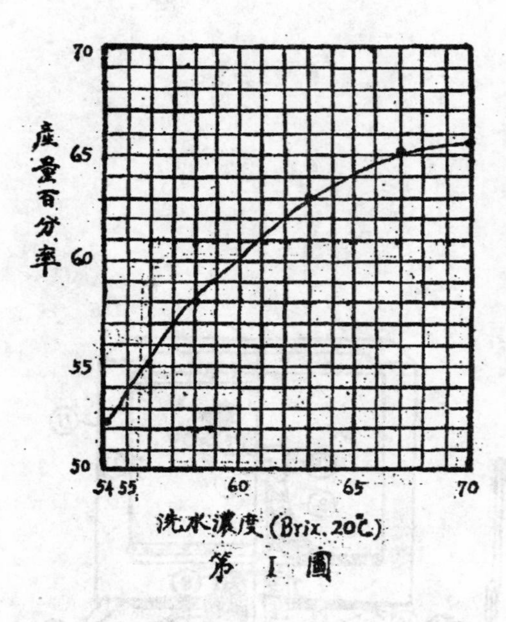

第Ⅰ圖

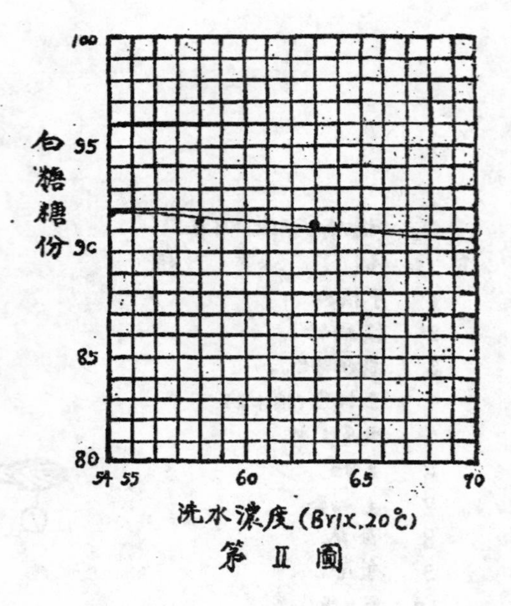

第Ⅱ圖

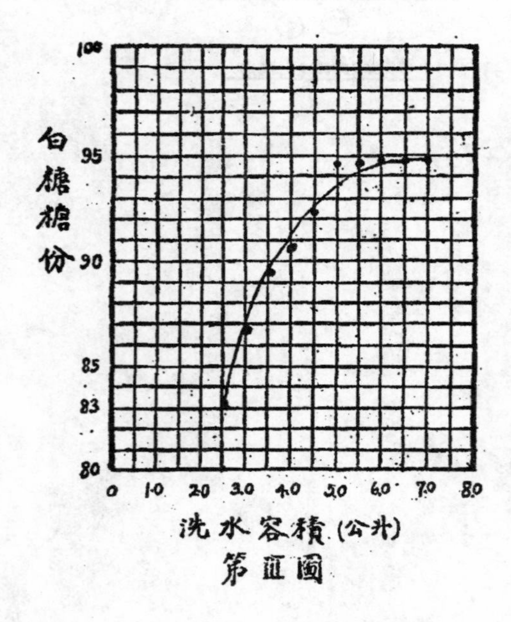

第Ⅲ圖

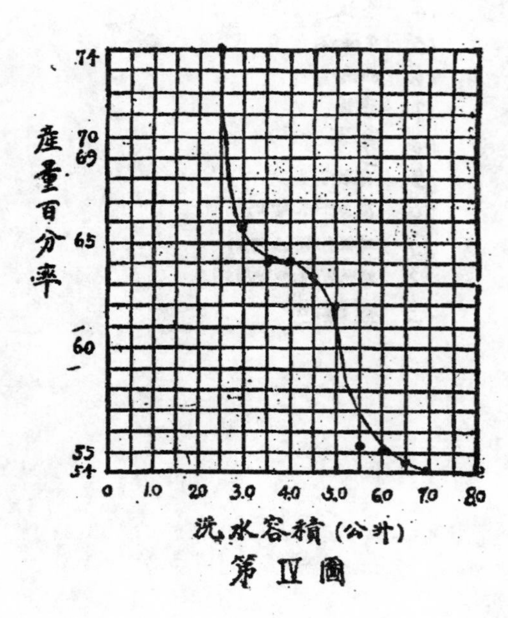

第Ⅳ圖

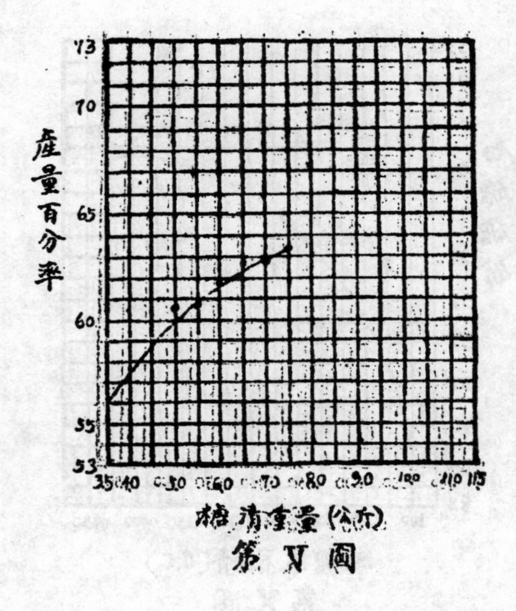

第V圖

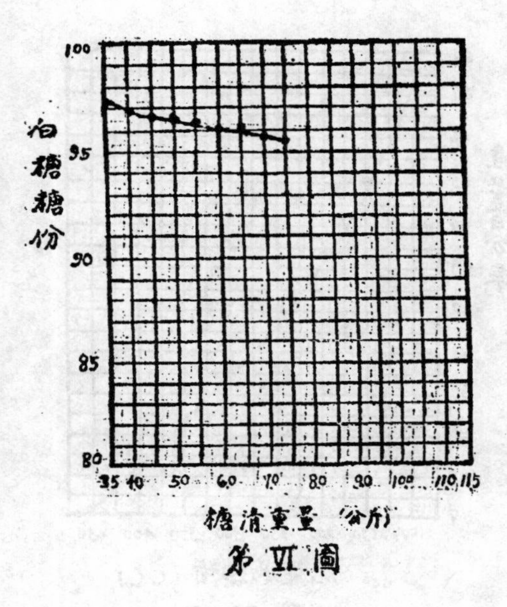

第VI圖

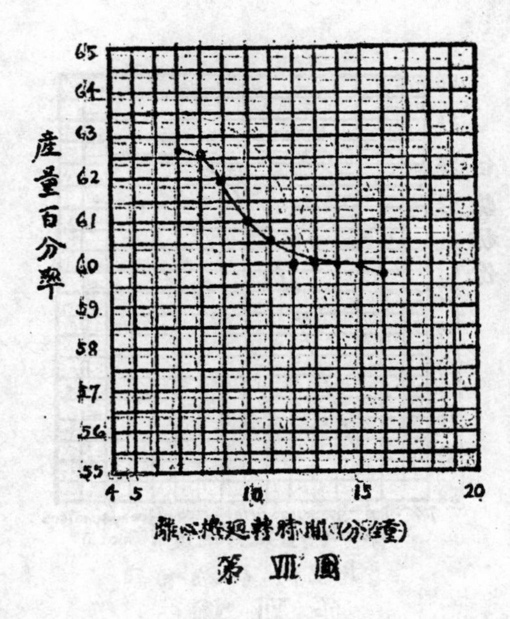

第VII圖

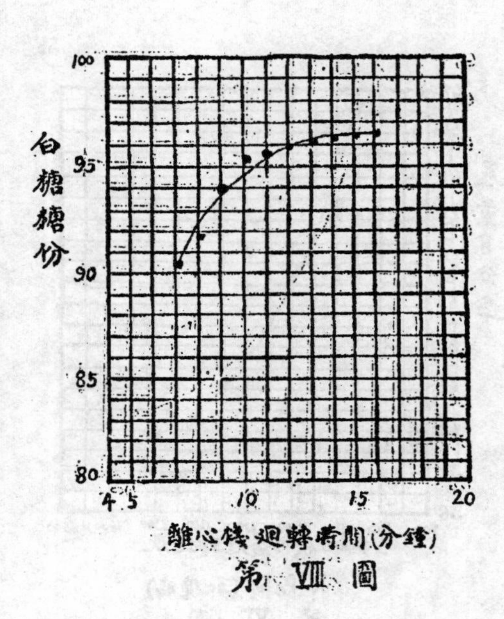

第VIII圖

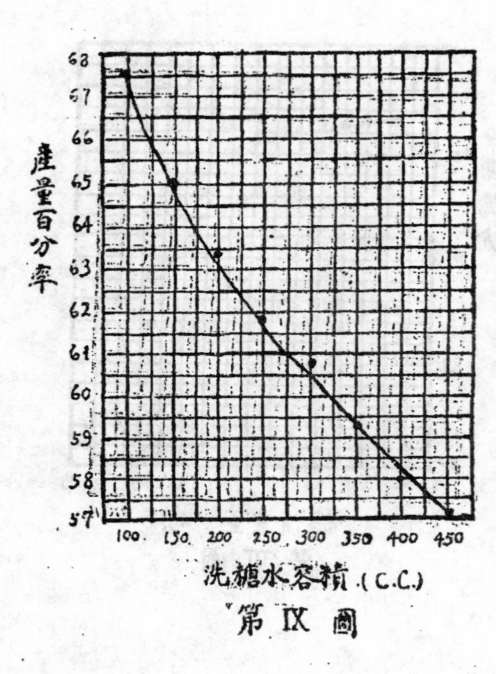

第 IX 圖

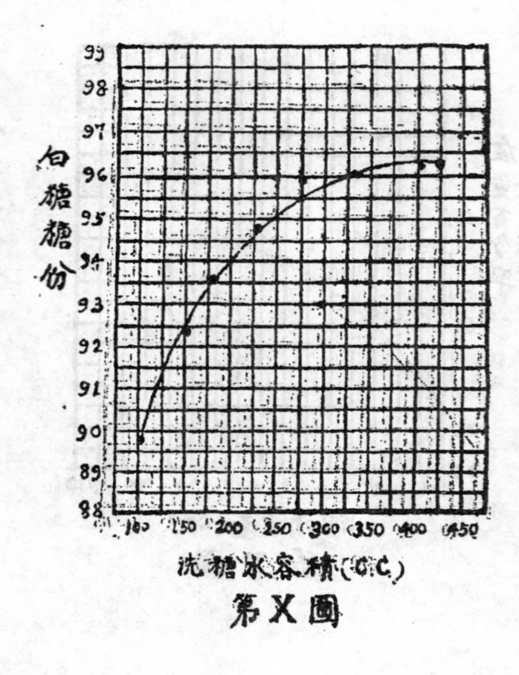

第 X 圖

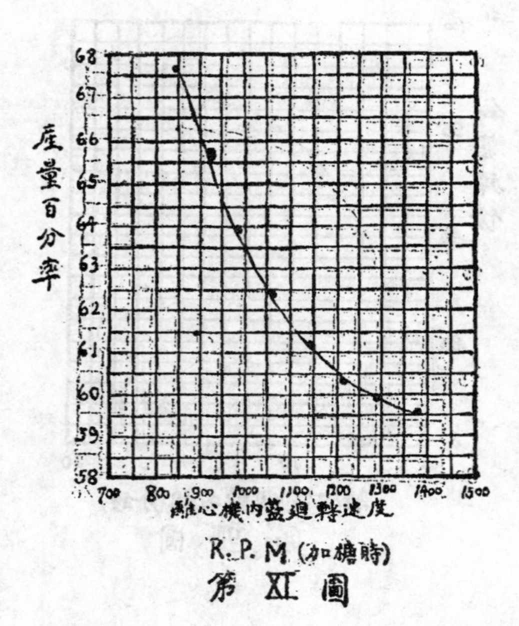

第 XI 圖

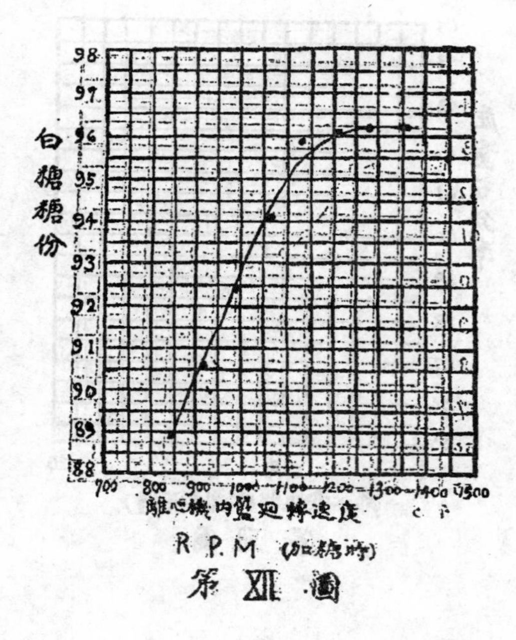

第 XII 圖

四極管及聚射管之調幅研究

孟昭英　張守廉

國立清華大學無綫電學研究所

摘要

根據數合理之假設，吾人以理論分析四極管之調幅特性。自分析之結果，可知欲得無畸變之完全板極調幅，其屏柵極必須與板極同時受同度之調變，而其柵極偏壓及激發電壓亦必須按一定之方式調變。吾人用電橋方法量度四極管各種調幅之結果，證實普通方法不能避免畸變，及用本文所述方法而得之完全直綫性之調幅特性。實用綫路亦略論及焉。

中華民國三十年十月，昆明。

I　引言

受調變之電子管必須完全免除再生，不然則發生甚大之畸變。是以用三極管爲被調管時，其中和必須十分完善。四極管因柵板間之電容甚小，用於普通之高頻率（千萬赫茲以下）無需中和。然其仍不多見用爲受調之射頻放大者，固因其綜合效率較三極管稍底，其難得完全無畸變之調幅特性則不無由也。近因聚射管（Beam Power Tube）發明，用者日多。其構造使屏流甚小，故其綜合效率可與三極管相近。邇來高功率之四極管（如827—R 等）問世者漸多，可知四極管之應用亦日衆；而其運用特性之探討及改善似有研究之價值焉。

II　理論分析

（1）四極管各極電流之數學程式：四。管自陰極發射之電流爲其各極電壓之涵數極在普通應用之部份可用下式表示之：

$$i_{ca}=A\left[e_g+\frac{e_{sg}}{u_1}+\frac{e_p}{u_2}\right]^x \qquad 式(1)$$

i_{ca} 爲陰極電流；A約爲常數；e_g, e_{sg}, 及e_p 爲柵極，屏柵極，及板極之電壓；u_1 及 u_2 屏柵極及板極對柵極之放大係數；x 約爲常數，在理想管其值爲 3/2，今書爲 x，以示本式之通性。

陰極電流在板，屏柵，及柵極之分配，按各極間之電場而定。通論之，一電子管極間之電場不能分解，故此電流之詳確分配亦不得而知。但其爲各極之電壓之涵數則可定言。設柵極電流甚小，吾人可假定陰極電流乃板極及屏柵極電流之和。或

$$i_{ca}=i_p+i_{sg},$$

i_p 及 i_{sg} 爲板極及屏柵極之電流，而板極電流可書爲

$$i_p=i_{ca}F\left(\frac{e_p}{e_{sg}}\right),$$

$F\left(\frac{e_p}{e_{sg}}\right)$ 爲 $\frac{e_p}{e_{sg}}$ 之一未知函數。如是吾人可書板極及屏柵極之電流如下：

$$i_p=A\left(e_g+\frac{e_{sg}}{u_1}+\frac{e_p}{u_2}\right)^x F\left(\frac{e_p}{e_{sg}}\right), \qquad 式(2)$$

$$i_{sg}=A\left(e_g+\frac{e_{sg}}{u_1}+\frac{e_p}{u_2}\right)^x\left[1-F\left(\frac{e_p}{e_{sg}}\right)\right]。 \qquad 式(3)$$

以上式中，當 $\left(eg+\frac{e_{sg}}{u_1}+\frac{e_p}{u_2}\right)$ 爲負時，電流爲零。

（2）無畸變板極調幅必須滿足之條件：

昔者曾指出(1)欲使板極完全調幅不發生畸變，以下二條件必須滿足：

（甲）交流條件：$\frac{I_p}{I_{p0}}=\frac{E_p}{E_{p0}}=\frac{E_b}{E_{b0}}$，　式(4)

（乙）直流條件：$\frac{I_b}{I_{b0}}=\frac{E_b}{E_{b0}}$。　式(5)

I_p, E_p 爲板極基諧波之流幅及壓幅；E_b 爲板極直流電壓；I_b 爲板極之直流電流。各符號下加0者乃在未調幅之載波各值。

（甲）之必然，甚爲顯著，無庸申述。

（乙）則因調幅器乃爲具內電阻之發生器，若其担負電阻非恆值時，調幅器本身即必發生波形畸變也。

（3）板極直流及其基波之流幅：設使柵極及板極皆連於調整好之諧振電路，則柵極及板極電壓必爲簡諧波形及直流電壓重疊而成者。屏柵極則因用射頻旁路電容使其對射頻之阻抗等於零，其電壓爲恆值。吾人可書各極之電壓如下：

$$e_p=E_b+E_p\,Cos\omega t\,;\quad \text{式(6)}$$

$$e_{sb}=E_{c2}\,;\quad \text{式(7)}$$

$$e_g=E_c-E_g\,Cos\omega t\,。\quad \text{式(8)}$$

E_b, E_{c2}, 及 E_c 爲板，屏柵，及柵極之直流電壓；E_p 及 E_g 爲板極及柵極上之交流壓幅，因其相角相反，是以其號亦反。$\omega=2\pi f$,

f 即射頻之頻率；t 爲時間。用以上各值代入式(2)，則後者變爲：

$$i_p=A\left[\left(E_c+\frac{E_{c2}}{u_1}+\frac{E_b}{u_2}\right)-\left(E_g-\frac{E_p}{u_2}\right)Cos\omega t\right]^x F\left(\frac{e_p}{e_{sg}}\right)\quad \text{式(9)}$$

令 i_p 適爲零時之時候爲 t_1，則式(9)可書爲：

$$i_p=A\left(E_g-\frac{E_p}{u_2}\right)^x(Cos\omega t_1-Cos\omega t)^x\cdot F\left(\frac{e_p}{e_{sg}}\right)。\quad \text{式}(9_1)$$

因 $F\left(\frac{e_p}{e_{sg}}\right)$ 爲一未知函數，吾人可用下法變簡之。使

$$\frac{E_{c2}}{E_{c20}}=\frac{E_b}{E_{b0}},$$

則
$$\frac{e_p}{e_{sg}}=\frac{E_b+E_pCos\omega t}{E_{c2}}=\frac{E_b+E_pCos\omega t}{\frac{E_b}{E_{b0}}E_{c20}}=\frac{E_{b0}}{E_{c20}}+\frac{E_p\,E_{b0}Cos\omega t}{E_b\,E_{c20}}=\frac{E_{b0}}{E_{c20}}+\frac{E_{p0}Cos\omega t}{E_{c20}}。$$

換言之，即 $F\left(\frac{e_p}{e_{sg}}\right)$ 如此化簡爲 $F(\omega t)$ 矣。

i_p 之式既得，則板極之直流電流及其基諧波之流幅可用 Fourier 分析法得之如下：

$$I_b=\frac{1}{2\pi}\int_0^{2\pi} i_p\,d(\omega t)=\frac{A}{2\pi}\left(E_g-\frac{E_p}{u_2}\right)^x\cdot\int_{-\omega t_1}^{\omega t_1}(Cos\omega t_1-Cos\,\omega t)^x\cdot F(\omega t)\,d(\omega t)$$

因積分號內之變值僅有 (ωt)，吾人可書其值爲一 (ωt_1) 之函數 $G(\omega t_1)$，或

$$I_b=\frac{A}{2\pi}\left(E_g-\frac{E_p}{u_2}\right)^x G(\omega t_1)\quad \text{(式10)}$$

板流衝式波中之基諧波幅爲：

$$I_p=\frac{1}{\pi}\int_0^{2\pi} i_p\,Cos\,\omega t\,d(\omega t)$$

9022

類上吾人書

$$\int_{-\omega t_1}^{\omega t_1} \mathrm{Cos}\ \omega t\,(\mathrm{Cos}\,\omega t_1-\mathrm{Cos}\,\omega t)^x \cdot F(\omega t)\,d(\omega t) \text{ 爲 } H(\omega t_1),$$

則 $I_p=\frac{A}{\pi}\left(E_g-\frac{E_p}{u_2}\right)^x H(\omega t_1)$

式(11)

（4）欲同時滿足交流及直流條件必須加於 E_g 及 E_c 之調變：

將式(10)及(11)代入式(4)及(5)，吾人得：

$$\frac{E_b}{E_{bo}}=\left(\frac{E_g-\frac{E_p}{u_2}}{E_{go}-\frac{E_{po}}{u_2}}\right)^x\frac{G(\omega t_1)}{G_o(\omega t_1)}$$

$$=\left(\frac{E_g-\frac{E_p}{u_2}}{E_{go}-\frac{E_{po}}{u_2}}\right)^x\frac{H(\omega t_1)}{H_o(\omega t_1)}$$

式(12)

$$\frac{G(\omega t_1)}{G_o(\omega t_1)}=\frac{H(\omega t_1)}{H_o(\omega t_1)}$$

因 G 及 H 爲二通性函數，其惟一可滿式(12)之可能即

$G(\omega t_1)=G_o(\omega t_1)$，

與 $H(\omega t_1)=H_o(\omega t_1)$。

是以式(12)變爲：

$$\frac{E_b}{E_{bo}}=\left(\frac{E_g-\frac{E_p}{u_2}}{E_{go}-\frac{E_{po}}{u_2}}\right)^x。$$

書 $\frac{E_b}{E_{bo}}$ 爲 m，則得：

$$E_g-\frac{E_p}{u_2}=m^{\frac{1}{x}}\left(E_{go}-\frac{E_{po}}{u_2}\right)$$

或 $$E_g=E_{go}\,m^{\frac{1}{x}}+\frac{E_{bo}}{u_2}(m-m^{\frac{1}{x}})。$$

式(13)

代入式(9)而求 E_c，得：

$$E_c=E_{co}\,m^{\frac{1}{x}}+\left(\frac{E_{c2o}}{u_1}+\frac{E_{bo}}{u_2}\right)\cdot(m-m^{\frac{1}{x}})。$$

式(14)

由以上二式及推得之之程序，吾人可知欲得到完全無畸變之板極完全調幅，則一個四極管之柵極偏壓及其激發電壓，必須隨其板極電壓按式(13)及式(14)調變。因四極管之板極放大係數甚大，吾人可將式(13)及式(14)化簡爲：

$$E_g\doteq E_{go}\,m^{\frac{1}{x}}，$$ 式(13_1)

$$E_c\doteq E_{co}\,m^{\frac{1}{x}}+\frac{E_{c2o}}{u_1}(m-m^{\frac{1}{x}})。$$

式(14_1)

（5）本調幅法與普通法之比較：本法之優點申述如下：

（甲）本法與普通法不同處之一即在載波情況下，各運用參數如 E_{co}，E_{bo}，E_{go}，E_{c2o}，E_{po}，等完全無限制。欲節省激發功率時，即使偏壓等於或小於使板流斷止之值，亦無不可。反是如欲得高板極效率，其偏壓及激發電壓亦可甚高。非若普通調幅法之必須用高於二倍板流斷止之偏壓，及使激發電壓與板極負担電阻調度至使板極之瞬時最小電壓約等於柵極之瞬時最高值也。本法因激發電壓及偏壓必須隨板極調變，雖似複雜，實在運用時之調度可不必如普通法之嚴格，即可得到甚好之調幅持性，而在各種不同之情況下其伸縮性甚大。（實用時各極之調變可用甚簡單之方法達到，此點當於本文後段論之）。

（乙）普通調幅法因激發電壓及偏壓皆不改變，欲使交流及直流二條件同時滿足爲不可能。即使其交流條件得以滿足，因直流條件不能滿足，仍可由調幅器發生波形畸變

。在運用情況不適宜時爲尤甚。且有加者，即普通法中在載波情况下之板極效率異於調至波峯時者。在理想情况下，用正弦波形完全調幅後板極之電功耗損爲載波時之1.5倍，故在設計時，每使載波時之板極耗損爲該管額定消耗之2/3。現因調至波峯時之效率減低，在一調幅週內之綜計效率亦減低，故在此週內板極上之平均消耗每大於載波時之1.5倍。質是之故，設計時必須使載波時之板極耗損更小於額定值之2/3，而一電子管不能盡量運用矣。本法使交流，直流二條件同時滿足，其板極效率不因調變而改易；故可儘量利用一電子管之限能。

（丙）普通調幅法中其柵極偏壓多爲使板流斷止值之二倍。當調至波峯時，電子管之板壓增加一倍，則其偏壓變爲斷止值之一倍，或其運用情况適爲乙種放大者。當是時也，大部之板流在柵壓爲負時流出，故不能勻佈於板極上。其結果爲發生板極局部發熱，而減小板極之有效散熱效能。於水冷管爲尤甚。本法因各極約皆均等調變，各極間電場之分佈不改，僅其値量變易。是則調變週中之任何一瞬那，其情形與在載波時無異。調變時之板極局部發熱亦可避免矣。

（丁）普通調幅至波峯時，一電子管之運用情形變爲乙種放大，已如上述。若再過調則進而變爲甲－乙種放大。其效率之銳減，板極功率耗損及調幅器所生之畸變之增大，顯著易見。本法則可完全避免之。調幅過於百分之百，在普通情况下，固不宜有，但亦不免者。况近因發現訊號波形不均衡，可使向上調幅遠超於百分之百（至百分之一百五十）而不發生畸變[2]，本法之優於普通法更著矣。

III　實驗

（1）儀器安排：高頻率之量度法甚難精確。百分之十以上之誤差，並不希奇。是以量度調幅多用低頻類似法爲之[3]本實驗更利用一電橋代替高頻中之諧振電[4]路。儀器之安排於概圖表之：

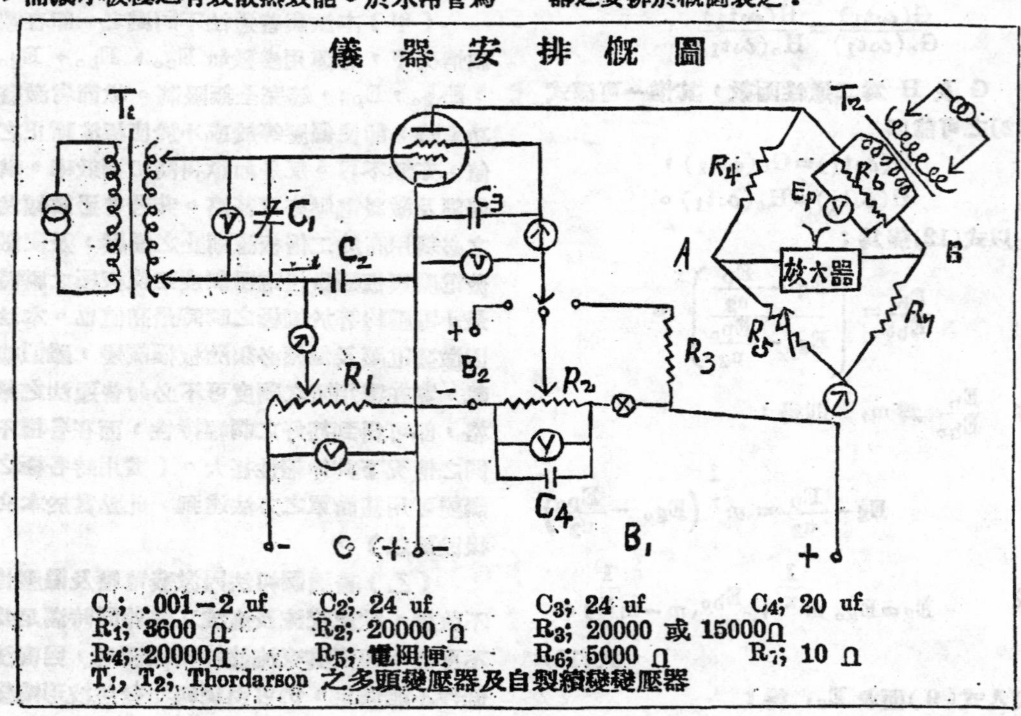

儀器安排概圖

C_1; .001—2 uf　　C_2; 24 uf　　C_3; 24 uf　　C_4; 20 uf
R_1; 3600 Ω　　R_2; 20000 Ω　　R_3; 20000 或 15000Ω
R_4; 20000Ω　　R_5; 電阻匣　　R_6; 5000 Ω　　R_7; 10 Ω
T_1, T_2; Thordarson 之多頭變壓器及自製續變變壓器激發電壓乃用一變壓自 $50H_z$ 之電源得來者。屏柵極用 C_3 旁路後可隨意連於整流電源 P_2，分壓電阻 P_2，或降壓電阻 R_3。板極則經 R_4, R_5, R_6, R_7, T_2 組成之電橋後連於整流電源 P_1 上。變壓器 T_2 所供之 $50H_z$ 交流電壓即相應於實用時之射頻。電橋之AB兩端則接於一放大器，放大後其輸出加於一擺動簧上，因此自然諧振甚銳。此擺動簧僅能 $50H_z$，而不為其諧波所動。故當改變電路中某一電壓或電阻至此簧不動時，則示此電橋對於 $50H_z$ 已得均衡。此電橋之等值電阻 R_L 為 $R_L=\frac{R_4+R_5}{R_5+R_7}R_7$，可更易 R_5 而改變之。板極輸出為 $\frac{\tilde{E}_p^2}{R_L}$ 瓦。因 $\tilde{E}_p$ 無諧波即電橋僅對基頻均衡，此輸出即基波之輸出。改變 B_1 之電壓即相應於調變時之調幅電壓。如是則用此低頻所量度之結果完全與高頻者相當，惟更準確耳。所用電表均經校準而各整流電源約為節控恆壓式者。在源壓改變時，自T1及T2輸出之電壓隨之改變，而使電橋難於得到均衡。故此實驗多在晚間源壓不變時執行之。其精確之程度亦可見一般矣。

(2) 實驗結果及討論：用以上所述之方法，聚射管807及用作四極管之802之各種調幅特性皆量度得之。結果於后圖表之。

(甲)柵極調幅：本數種假設吾人亦可分析四極管之柵極調幅特性。（理論分析，本文從略。）其結果為 $I_p\propto(E_c+C)^2$。C為常數此式述明用柵極調幅必不能得到無畸變之特性。自圖(1)及圖(2)可見實驗結果在柵偏壓高時與理論甚為符合。調幅度未及百分之九十，其第二諧波畸變已達百分之十矣！

(乙)板屏同時調幅：此種調法即電子管廠家所建議者，因昔者已證實僅調板極或屏極皆得甚不好之結果也。(5)自圖(3)可見807之二次諧波畸變雖小，其高次諧波畸變則甚大。其板極直流亦不能符合無畸變之條件。自圖(4)可見802之調幅特性有百分之三之二次諧波畸變，其板流亦不與板壓成正比。

(丙)用本法之調幅時性：理論所啓示之偏壓及激發電壓均甚複雜。實驗為簡化起見，加於偏壓之調變為百分之百，而加於激發電壓之調變為直線形者。調度約為百分之80，所量得之調幅特性均與以上理論所推得者完全符合。由圖(5)及圖(5)可見其畸變為零，即達到理想之調幅特性矣。

(丁)理論之確切證實：欲證實理論導出之式(13)及式(14)之正確，吾人曾作以下之實驗。設於式(14)中，吾人使

$$E_{co}=\frac{E_{c2o}}{u_1}+\frac{E_{bo}}{u_2}$$

，式使偏壓適等於使板流斷止之值，則式(14)變為 $E_c=E_{co}m$。以文字述之即：在乙種放大之運用情況下，理論所需之偏壓調變為直線式且與板極之調度相等。用此安排吾人實驗量得之點（圖(6)及圖(7)）與理論算出之值甚為符合。更示出當交流條件滿足時，板極電流為直線，或即直流條件亦同時滿足。而理論之正確亦證實矣。

IV　實用時各種安排之討論

吾人自以上之理論及實驗，已見本法之能得到理想調幅特性。但因板、屏柵、偏壓、及激發電壓均同須時調變，則又似過分麻煩，而有得不償失之譏。實則不然。板極電流既與板極電壓成正比，吾人可利用之以供給所需之柵極偏壓而無需另加調變。在陰極與地線間置一無感電阻，則板、屏柵、及柵極各流皆通過之。後二者甚小，而亦與板壓增減。此綜合電流似適能得到式(14)所需之值。

激發電壓之調變可由同一調幅器調變激發器得之。若激發器所需之電壓與受調管者同，則二者可同時連於調幅器上，而本法與普通法無何差異。不然則可由調幅變壓器上之分線頭得之。若更於此分頭經一可變電阻

連於激發管之板極，則可得到細密之調度而必能達到無畸變之調幅焉。

V　結論

本文首用理論推出欲得到無畸變之四極管完全調幅，則必須板壓、屏柵壓、偏壓及激發電壓同時調變。是法除供給臻於理想之調幅外，倘有數種優於普通調幅法之點。吾人之實驗完全證實吾人理論及其推論之正確，而顯示普通法之不完善處。用本法實際上並不繁難，似為富有伸縮性，便於實用之法也。

(1) Chao-Ying Meng, "Linear Plate Modulation of Triode Radio Frequency Amplifiers"; vol. 28, no. 12; Dec. 1940; Proc. Inst. of Radio Engineers.

(2) I.L. Hathaway, "Microphone Polarity and Overmodulation," Electronics, vol-12, pp. 28,29,51; Oct; 1939.

(3) E.E. Spitzer, "Grid losses in power amplifiers"; Proc. Inst, of Rad. Eng. ,vol. 17, pp. 985--1006. June 1929.

(4) A, Noyes, Jr, "A Sixty cycle bridge for the study of radio frequency power amplifiers;" Proc Inst. Rad. Eng., vol. 23, pp 785--806, July 1939.

(5) H.A. Robinson, An experimental study of the tetrodo as a modulated radio freqency amplifier;" Proc. Inst. Rad. Eng., vol. 20, no.l, Jan. 1932.

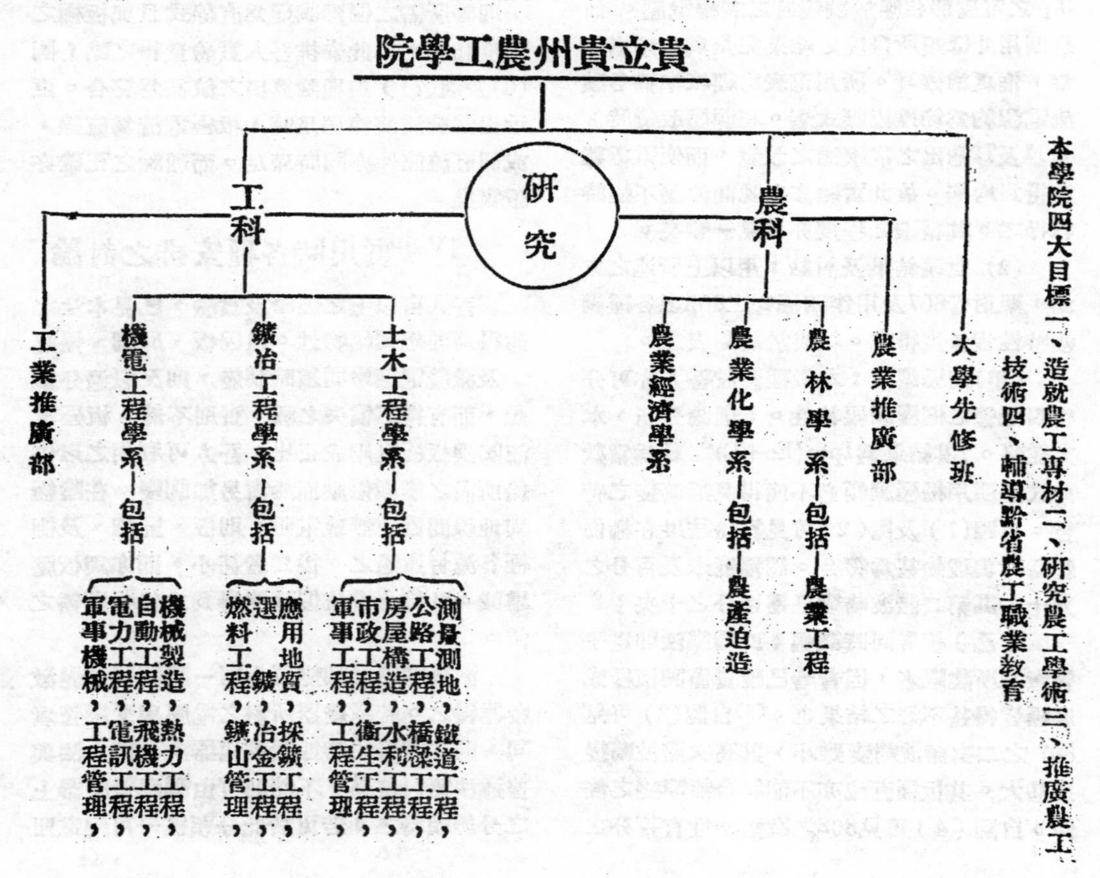

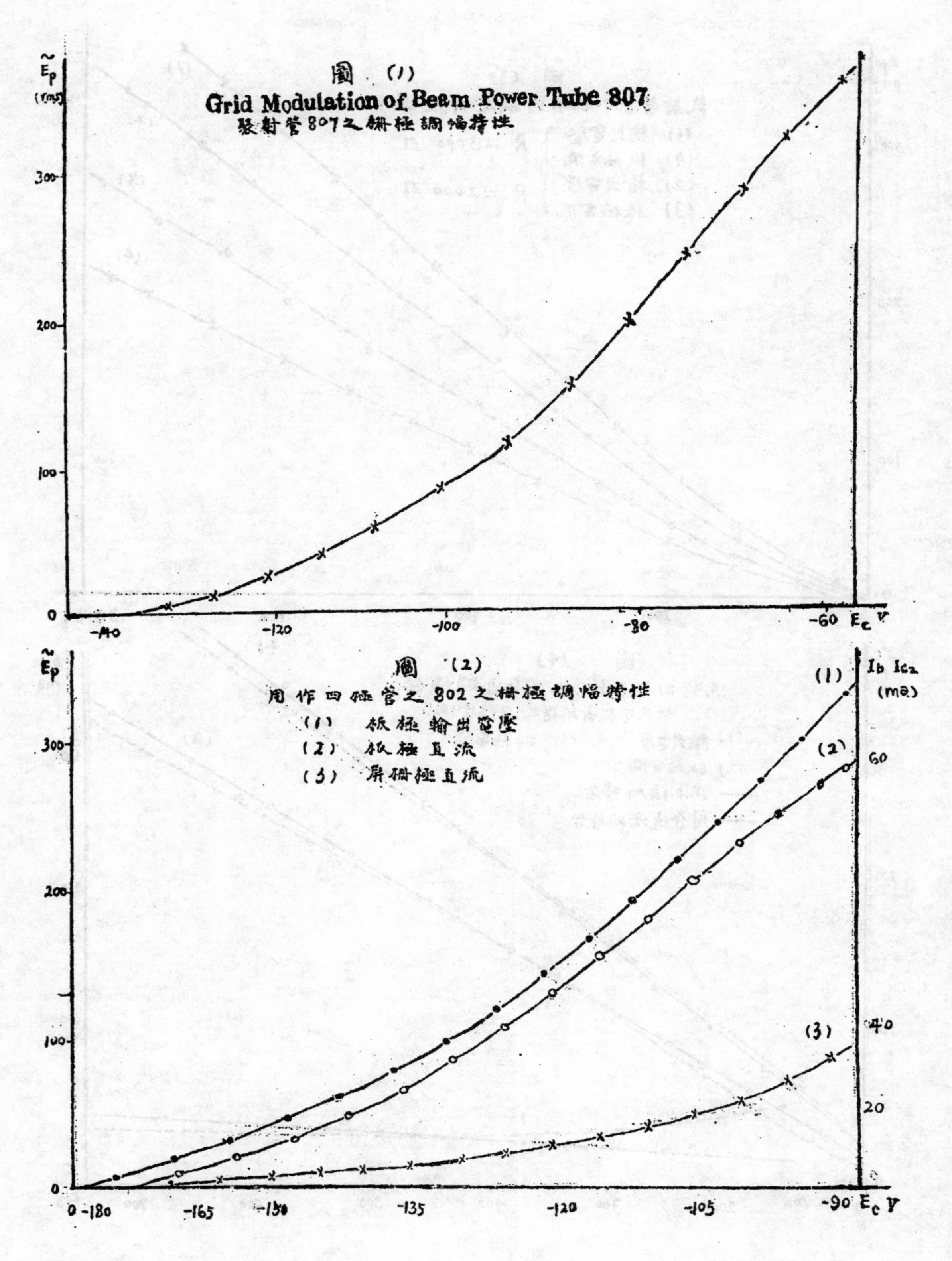

圖 (1)
Grid Modulation of Beam Power Tube 807
發射管807之柵極調幅特性
圖 (2)
用作四極管之802之柵極調幅特性
(1) 板極輸出電壓
(2) 板極直流
(3) 屏柵極直流

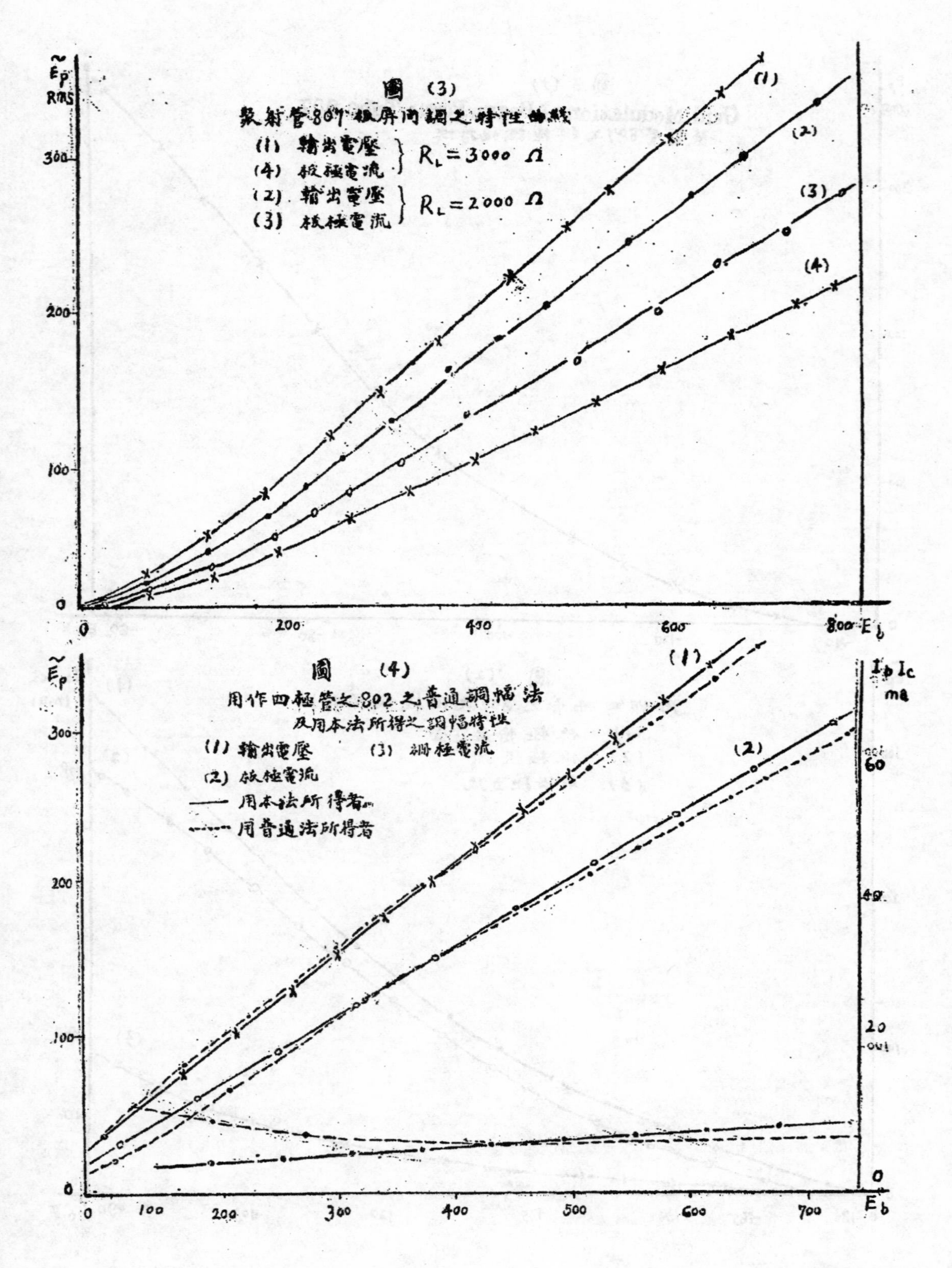

Ep RMS
圖 (3)
聚射管807板屏同調之特性曲綫
(1) 輸出電壓
(4) 板極電流
$R_L = 3000\ \Omega$
(2) 輸出電壓
(3) 板極電流
$R_L = 2000\ \Omega$
(1)
(2)
(3)
(4)
300
200
100
0
0
200
400
600
800
E_b
Ep
圖 (4)
用作四極管之802之普通調幅法
及用本法所得之調幅特性
(1) 輸出電壓
(3) 柵極電流
(2) 板極電流
用本法所得者
用普通法所得者
(1)
(2)
$I_b\ I_c$
ma
300
200
100
0
60
40
20
0
0
100
200
300
400
500
600
700
E_b

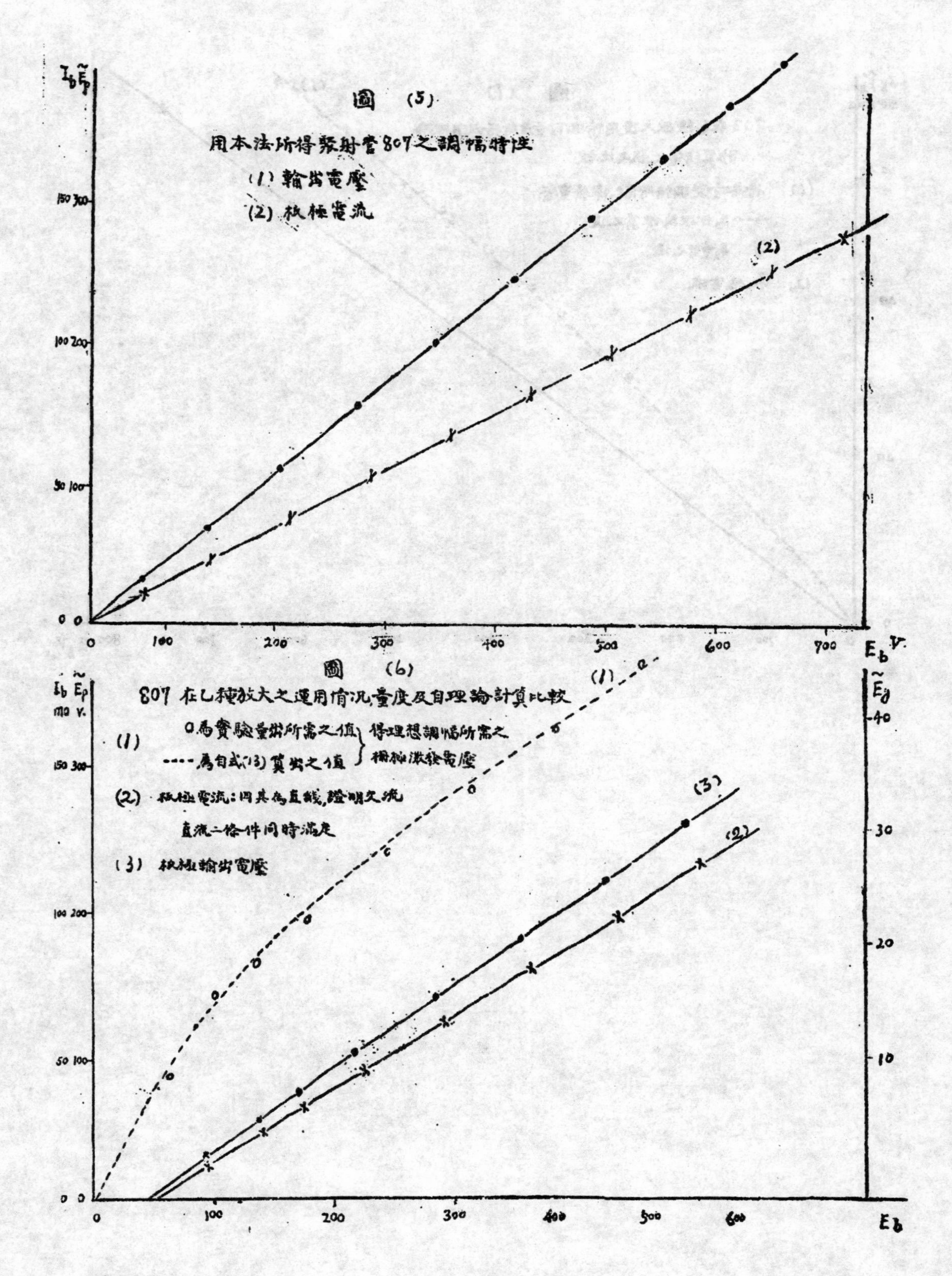

圖 (5)
用本法所得發射管807之調幅特性
(1) 輸出電壓
(2) 板極電流
I_b $\tilde{E}_p$
E_b V.
圖 (6)
807在乙種放大之運用情況量度及自理論計算比較
(1) O為實驗量出所需之值 ----為自式(13)算出之值 得理想調幅所需之柵極激發電壓
(2) 板極電流:因其為直線,證明交流直流二條件同時滿足
(3) 板極輸出電壓
I_b $\tilde{E}_p$ ma v.
$\tilde{E}_g$
E_b

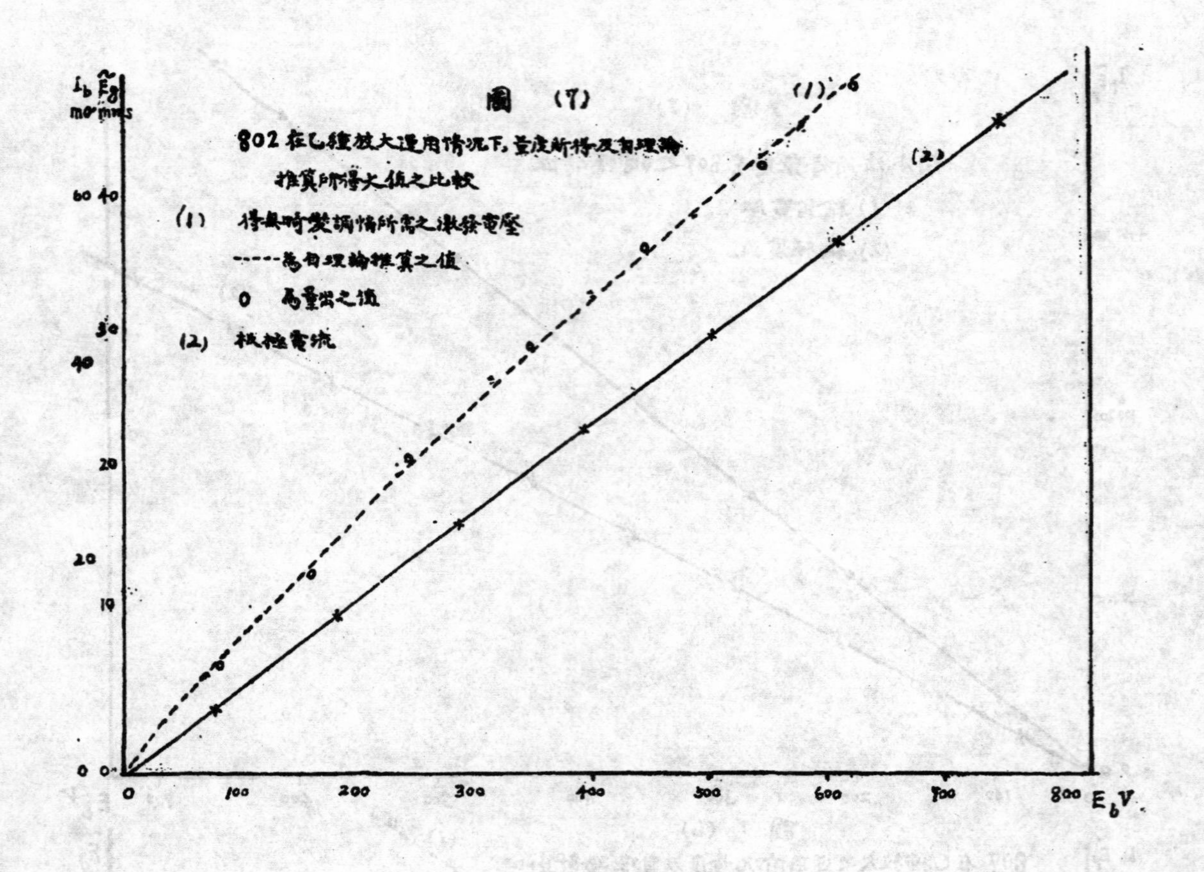
圖 (7)
802在乙種放大運用情況下，量度所得及由理論推算所得大值之比較
(1) 得最時變調情所需之激發電壓
-----為由理論推算之值
0 為量出之值
(2) 板極電流
I_b $\tilde{E}_g$
ma rms
E_b V
0
100
200
300
400
500
600
700
800
10
20
30
40
60

誌謝

本雜誌印刷費用荷承　各方協助謹將芳名彙刊藉誌謝忱

交通部鐵路存車整理委員會楊主任委員莘臣先生協助國幣五百元整（通訊處桂林麗獅路）

黔桂鐵路工程局蘇橋機廠郭廠長鍾騋先生協助國幣五百元整（通訊處廣西臨桂蘇橋）

政府特許專製

免稅及減低國營運輸發用

首創國貨

葫蘆牌

電石

用途

為製造炭輕氣肥田粉醋酸硝酸兵工化學及其他化學工業之主要原料又為製造飛機焊割金屬工業及電石燈等之用

長壽牌

矽 鐵

品質精良 定價克己

如蒙賜顧 毋任歡迎

本公司兼製

氧氣氮氣 流質氧氣

並備有氧氣表電石發生器高壓膠皮管焊刀割刀等電焊氣焊材料及電焊絲熟鐵焊絲生鐵焊絲鋁焊絲等各種焊絲

中國工業煉氣股份有限公司

地址：重慶南岸石溪路五十二號

辦事處：重慶林森路二十七號

電報掛號：三五五〇號

電話：四一五四〇號

非常時期建築橋梁之經歷

羅　英

目　錄

一概論
甲關於設施方面
一原則
二施展
乙關於技術方面
一選址——(一)選法　(二)防空
二設計——(一)標準　(二)防冲
(三)防腐　(四)防空
三施工——(一)防水　(二)建基
(三)架梁　(四)防空
二經歷
甲臨時式
木便橋——大溪河橋
乙半永久式
鋼木合組梁——(一)蒡棄河橋(二)脚板洲橋
丙永久式
一改製鋼板梁——(一)大端河橋(二)波棄一號二號橋
二鋼軌架——東江橋毛江橋
丁鐵路公路混合橋
雒容橋——(一)橋基(二)橋桁
戊鋼軌橋
柳江橋——(一)概況(二)鋼梁鋼塔設計
(三)混凝土墩座(四)安裝
(五)試車　(六)記載
(七)附言
三結論

一、概論

抗戰建國，應先謀交通之發展，庶軍事、政治、經濟、文化等始得循序漸進，順利推行，而交通較難之工作厥爲築路，而築路最難之工作則爲跨越江河之橋梁，是以橋梁工作在平時既感不易，值此非常時期工料俱缺之際，尤覺爲難。本文首將在此非常時期建築橋梁所應採取非常之步驟作一概括之檢討，繼之以桂林至柳州鐵路一段內各橋梁建築之經歷，藉資借鏡。當時爲適應環境及空防之要求，其設計施工有爲平常所罕見而特異新穎之處，似足一述，拋磚引玉，尤所期冀！

抗戰軍興，物力日艱，工業區迭遭破壞，而海口岸復受封鎖，交通阻滯，運輸困難，形成材料缺乏，工具不齊，技工難募之象；且當此軍事第一、勝利第一之重要關頭，爭取時間，乃為先決條件。逼處於雙重困難之下，一橋梁之建築，若仍按步就班，墨守陳法，則膠柱鼓瑟，遺誤必多，勢須隨機應變，因時制宜，庶可排除萬難，適應時效，此中方策，遂與在平常時期者，實有不同，茲分別述之：

甲、關於設施方面

一、原則——在平常時期：(一)安全，車輛平安暢駛，風浪摧殘無虞，建築萬年不毀之基，成為千載不朽之橋；(二)經濟，建築費力求撙節，修養費務要低廉；(三)觀瞻，調和景物，配合地勢，表現技術而兼技藝；(四)施工時間，恪時擠遲不擔錯之旨，常懍欲速不達之戒，故完工之遲早，無關重要。然在非常時期，則(一)時間最為重要，各項建築之急需情形，好似危急病人盼醫救命，而根本治療尚在其次；(二)安全，建築本身相當之堅穩，固須注意，而軍事上之維護，空襲上之掩蔽，亦須詳為預謀；(三)經濟，在可能範圍內固須力求經濟，但為速成起見，稍有耗費，亦未便斤斤計較，蓋能早日通車，則物資之搶運，軍實之補充，其經濟上之價值，殆已遠勝於建築之費用，至於觀瞻方面，可俟諸異日而改善之。

二、施展——在平常時期其施展次序，(一)設計，(二)籌備料具，(三)募工開工；然在非常時期，其次序則須變更，(一)始為籌備料具，(二)次為招工，(三)最後為就料設計，因人施工。蓋各項建築材料，如鋼鐵、洋灰、木料、石塊，不能隨心所欲，或有現成之料，而尺寸又不符合理論上之所需；技術工人，種類繁夥，羅致維艱，訓練又為時間所不許，故祇視所招致工人之才能，而定施工之方法，庶工料易於湊集，而施展得按程而進。

乙、關於技術方面

一、選址——(一)選法：橋梁位置之選擇，平常多取河面直狹之處，因河狹流速，其河床較為穩定，橋亦可短。奈河狹水深，防水工作不易，因料具搜羅維艱，橋墩橋基之建築，亦因水深而增加困難，故不妨選擇河面較寬，河水較淺之處，寧其橋長，但求速成也。(二)防空：橋梁兩端啣接路線，在平常為行車之安全計，多以直線啣接。為掩避空襲計，兩端似宜使其彎曲，以增加敵機投彈取準之困難，蓋其轟炸之時，多沿直線飛行；或將橋匿於兩面深崖之間，使敵機難以發現橋址，卽為發現，必距橋址不遠，彈雖投而已前越不能命中矣。

二，設計——(一)標準：設計之先須視可搜羅之料具而定為永久式半永久式臨時式三種，其載重量及各項活力，仍以依據規範書之規定數為宜，而應力一項，半永久式無妨照規定數增加四分之一，臨時式則增加一半，最高洪水位及普通洪水位，亦須預為顧及，但半永久式及臨時式二種，則可以普通洪水位為準。(二)防冲：西南一帶，山洪暴發，水位相差在一小時內可達二三十公尺之巨，驟漲驟退，水勢湍急，竹木漂流等物，挾流而下，其勢甚猛，若橋孔窄小，各物堵塞其間，情同水壩，故橋孔在可能範圍內儘量增長以防冲；次之，橋墩兩端，上游宜採用橢圓形，下游可用尖角形，則漂流樹木可沿圓邊滑去，減去流水之阻力不少。復次西南一帶，河床多屬陡峻，流率甚大，為保護橋基計，用篾籠內裝滿大卵石，環繞堆置橋墩四周及橋座前面，取材易而功效著；或則在橋址下游，約五六十公尺之處，用大塊石堆一挑水壩，其中或可加打小樁，藉資牢固，如此，憑其迴水減低水面坡度，緩和流率，冲刷之患自少。(三)防腐：橋梁材料，除鋼鐵、洋灰而外，就地可取者，厥爲木石，但木材易於腐爛，以化學劑防腐之法，此時非但藥劑難以覓取，即工具亦無法搜致，祇有伐木以時，在冬季砍之，樹液乾少，比較耐久；砍伐之後，樹梢之皮保留數月，以便吸取樹內漿汁，既可免製料後而撓曲，復可免內腐之患。倘木材隨砍隨用，則油漆工作，必須於數月後爲之，以便風吹日曝，樹液盡乾。此外凡易於蓄水，難於乾燥之處，應設法鑽孔洩水，俾空氣暢通，而免生蟲。木架一項，如能築於普通水位上之矮墩，不直接插入河床，最爲妥當；蓋可免水位上下，而木材因之時乾時濕，以致易於腐爛也。諸如此類，雖非全策，然藉此稍增木材壽命，亦有相當功效。（四）防空：橋面狹窄，可減少中彈之機會。橋孔長而墩距遠，數墩不易同時被炸，惟無預備橋料，則修復爲難，橋孔短則有數墩同時被炸之虞，但更替不難，各有優劣，視情斟酌。橋面薄而縱橫梁疏，炸彈易於穿過。又如能以鋼筋混凝土建築，則難於全毀，修補亦易。

三、施工——（一）防水：防水工作，在平時已感不易，當此工料缺乏之際，尤覺爲難，在淺水之處，開頂混凝土沉箱原易建築，而蔴袋圍堰，亦可達四五公尺之高，倘無蔴袋，則打兩圈木樁，在外圈之內及內圈之外，密釘橫木板，中填乾燥黃土，並加夯實，藉作圍堰，亦可收防水之效。如遇深水之處，鋼板樁氣壓沉箱之料具既無，而長大企口夾木樁之製造不易，採用木製沉箱，尚有相當功效。上述圍堰工作，必須步步留神，如遇有小隙，以致滲水漏泥，範圍漸廣，終必功虧一簣，此不能不格外注意者也。（二）建基：基礎必須置於其河床冲刷線以下之堅硬地層，如遇地質難以負重，則打樁以助之。又樁長必須在三公尺以上，否則其効甚微。通常木樁之載重力係按公式計算；如其力不足，即須接樁，務達至設計規定之數；然爲速成起見，如樁長在十公尺左右，即使載重力稍差，亦可不接，當不致有何特殊危險，只須注意同一墩內各樁之載重力必須一律，則可免橋墩傾側之虞。不在同一墩內，而其載重力稍有差異，則各墩沉陷度即不相等，仍可設法填平，於整個橋梁之安全，並無防礙。至基礎上墩座之建築，則與平時無甚差別。（三）架梁：普通架梁工作，本不甚難，唯以工具不齊之時，應預先詳察地勢，妥爲籌謀，如何利用單簡工具，爭取時間上之速成，每一動作均能隨時停止，而無意外之危險，庶遇警報而不致無法中止。倘某一動作必須一氣呵成而不能中止，因而需要工作時間較長者，其開始及完畢之時間，必須預爲審慎佈置，俾在工作時期可無警報之虞。（四）防空：工地預置警鐘，並設法與情報網連繫，倘遇空襲，即可預發警報，俾工作人員得以預爲準備，故在常多空襲之區，並須預築防空壕多處，以避危險，庶可使工作人員得以安心從事。至材料工具存放之處，以不靠近橋境而又不礙工作進行爲宜，並須審察當地風景形勢，妥爲偽裝隱蔽。如工具置放洋船上，則須預先擇妥疏散之地，屆時依計而行。上述諸端，多係數年來實地之施設，因其輕而易舉，得以克服一切之困難，爰將各橋建築之經過，略述於後，備資參證。

二、經歷

民國二十七年春，桂林至柳州路線測量完竣，即行籌備興工，利用存港之料，設計全線橋梁。無如是年秋，武漢、廣州相繼失陷，海口與內地之交通中斷，鋼料無法運入，洋灰雖可由安南源源而來，然緩不濟急；鄰路所存之洋灰、鋼筋、鋼板樁及洋松固可撥借，但爲數不多。當時適奉令先趕修桂林至永福一段路線，而橋料毫無，幸橋址附近，有大樹可伐，乃作建築臨時式木便橋之計。旋復奉令繼續趕修至柳州，其時洋灰正源源由安南展轉輸入，各路撥料亦陸續運來，故大橋橋基仍可按原計劃斟酌辦理。至鋼梁部份，乃利用各路所撥洋松、鋼板樁、鋼筋建造鋼木合組梁，其中數座大橋，以原計劃橋孔甚長，乃中加鋼軌架，成爲半永久式之橋梁。當時築路與拆軌並進，乃又利用由他路拆下十公尺至二十公尺之鋼板梁百餘孔，將原定十二公尺以下鋼筋混凝土板橋，概行改用鋼板梁，以資速成，又其中有因洋灰不足，而製鋼軌架以代混凝土墩者；其二十五公尺及三十公尺之橋梁，則利用該二十公尺之舊鋼板梁，將兩端拉開，中接花梁或板梁以增長度，乃成爲永久式之橋梁。鐵路與公路在同一地點渡江者，乃利用鐵軌橋面以行汽車，而成爲鐵路公路混合橋。如此，東湊西拼，施工隨修隨變，全路工程得於二十八年冬通車，協助國軍克復崑崙關焉。迨二十八年夏，黔桂路積極興工，柳江橋必須趕修，以作湘桂與黔桂之啣接，而橋高流急，非建永久式之橋梁難策安全，當時正式鋼料毫無，洋灰所存不多，乃利用十公尺至十二公尺長短各異之舊鋼板梁，及十二磅至八十五磅輕重不一之舊鋼軌，以建此橋，時人名之曰「鋼軌橋」。上述諸端，均屬非常時期之非常辦法，實有違背橋梁設計施工標準化之原則；但勢逼處此，非如此將無法速成，玆將各橋特點，再爲詳述如下。

甲、臨時式

桂林至永福一段，奉令趕修，工限三月，爲期至迫，而所有橋料除洋灰二千桶，鋼板梁十餘孔，工字梁三十餘根，鋼筋數十噸，洋松數十根外，其他一無所有，故全段小橋、涵洞概建永久式，而大橋(如大溪河橋)乃利用橋址附近之大樹建築臨時式之木便橋焉。

木便橋——大溪河橋：橋長一百十三公尺三四，水深四公尺餘，爲求迅速完成計，祗有就地取材，因材設計，而建築臨時式木便橋爲最宜。普通木便橋，每兩排木樁，相距以三公尺爲限。而大溪河通行小舟，橋孔必須增長，故用工字梁，以獲七公尺以上之淨孔。橋孔增長，如用單排木樁，非徒聚料加大，而且容易阻水，恐將擺動不牢，故用雙排木樁以成墩架，再用緊料聯合墩架，則整個結構穩牢矣。至其橋端木架，同時承受土壓橫力，助以拉樁，方爲妥當。橋頭之土多含沙質，故採用雙重拉樁以增其效。(見第一圖)

乙、半永久式

各路撥來橋料逐漸增加，洋灰亦源源自安南輸入，全段各橋材料在二十公尺以下之橋孔，已可免強敷用，而二十公尺以上之橋，除有四孔四十公尺者可以利用於雒容橋外，其餘均付缺如。無已，乃設法建築半永久式之橋，墩座概築鋼筋混凝土，而梁則用鋼木合組梁，以現存材料之尺寸，該梁未能製造過長，乃暫時添用鋼軌架，以便日後更換正式鋼桁時易於拆去，。

鋼木合組梁——鋼木合組桁梁(第二圖)係以洋松方木爲上弦，鋼板樁爲下弦，橋枕爲斜桿，鋼筋爲直桿，普通枕木爲撐條，及國產花梨木爲結合塊，因限於枕木及鋼板樁之尺寸，梁長僅得二十公尺，梁高則爲三公尺。直桿既利用鋼筋，而鋼筋對徑不過二、三公分，再於兩頭套絲，其有效之斷面更小，乃設法將兩端頓大，而成爲大頭螺絲。此種頓大之法，全賴手工，爲求安全計，故鋼筋所用之單位應拉力爲一萬六千磅，而較其他鋼料資用之値略爲小也。本桁梁設計方法，與尋常無甚差別，惟因下撐構無法連於下弦之下，且如連於下弦之上，其節點上各桿件之連接亦生衝突，故將下撐構較正桁構，短少一節，則上述問題即可迎刃而解。如此佈置，在下弦中自生大量撓勢，良以鋼板樁之有效斷面如該撓勢不計，所供實較所需爲多，一併計及，恰於其分，是爲木桁梁詳細佈置方法與平時稍異之處。再則各部份之拼鑲，對於將來木料更換時之不致阻礙行車，亦特加注意，螺絲鈕安設之位置，在養橋時檢查之便捷與否，亦經曾予顧及。本式橋梁其可靠程度，曾舉行以載重試驗，比較其各節點之實測撓垂度與計算撓垂度不足以斷之。曾以MiKado 2－8－2機車回來通行四次，其試驗結果，在正中節點，其平均垂度與計算所得者相差之數，爲1.1公分。此殆因在節點之聯接面不免毛糙不密，或螺栓未曾適當絞緊所致，但卽按此種實際垂度數，計算應力，仍屬安全；至在橫梁置於上弦結合塊之缺口處，發生次應剪力頗大，此點在一般木橋之結構均所不免，自應特加注意。此種桁梁用於旁寨河、脚板洲河、洛清江、浪江、鸕鷀江等橋，其原設計爲六十公尺及四十公尺之橋孔，今則中加鋼軌架以完成之，鋼軌架之建造，詳述於永久式橋。茲將使用鋼木合組桁梁之旁寨河橋（六十公尺橋孔）及脚板洲橋（四十公尺橋孔），概述如下。

（一）旁寨河橋：旁寨河橋原定六十公尺下承式鋼梁兩孔。因地形關係，橋乃偏斜過河，中間橋墩遂取圓式。該處河床，據鑽探結果，堅石層不甚深，而河水在低水位時甚淺，乃採用鋼筋混凝土開頂沉箱以作基脚，其底盤之大小，則以將設計所需者爲準。建築沉箱時以河水不深，乃在墩址以沙土塡高出水，築八角形沉箱於其上，內部抽水挖土，使之下沉，進行頗順，迨至石層，始發現裂紋甚多，且高低不平，致工作倍感困難。當時箱脚四周，漏水不絕，石層堅硬，非用炸藥無法挖平，在箱內用蔴袋裝混凝土砌築小堤，以減隙漏，一面抽水，一面開炮挖石，俟將裂紋石挖平後，乃於裂紋中打鋼軌十餘根，卽停止抽水，以強混凝土塡塞其隙，俟混凝土結後，將水抽乾，沉箱內部全以弱混凝土灌實，基脚遂成。上部墩身，外爲鋼筋混凝土圈，內爲片石混凝土心，形成整體，經濟全安，雙美並蓄。至兩端橋座，均採鋼筋混凝土丁字形之建築，進行甚順。正式鋼梁，尚在香港，而橋急待完成，無已，乃改用上承式鋼木合組桁梁，每孔長度約及二十公尺，故於原孔中各添鋼軌架兩座，共計得六孔。其下以混凝土矮墩作底脚，並打椿以爲基礎。在有水之架址，因水頗淺，且無須挖深，故用盛土蔴袋堆成圍堰防水，而後起築之。正式與暫時之橋式既異，乃將橋座頂部築成雙方並用之形式，橋墩頂部則預留餘地。如此，他日換以正式六十公尺鋼梁，亦可以無庸修改墩座，而得迅速完成。（見第三圖）

（二）脚板洲橋：脚板洲橋原定爲二孔四十公尺下承鋼梁，該處水深約四公尺，而石層甚高，故橋墩用蔴袋盛土圍堰，一面抽水，一面將浮沙挖去，卽築基於石層上。該處石層甚爲平整，爲全段橋基最佳之處，故工作較爲簡單；惟中遇大水三次，補堰工作稍爲麻煩。亦因正式鋼梁未運到，乃用鋼木合組桁梁四孔，中添鋼軌架二座，立於混凝土矮墩上，該矮墩直接築於石層上，工作亦無甚困難。其正式墩座頂部亦如旁寨河橋，築成雙方並用之形式，以便他日更換四十公尺正式之鋼梁。（見第四圖）

丙、永久式

二十公尺以下之橋孔，概行利用他路拆卸下來之舊鋼板梁建永久式之橋；靠近永福東江，毛江橋，因運輸洋灰，緩不濟急，乃以鋼軌架代替洋灰墩，而上部仍使用舊鋼板梁，以成永久式橋。其二十公尺以上之橋孔，原擬製造鋼木合組桁梁以代之，斯時適多有二十公尺之舊鋼板梁數孔，乃改製此數孔成三十公尺者二孔，二十五公尺四孔，三十公尺者用於大端河橋、甦村橋各一孔，二十五公尺者用於波寨一號二孔，波寨二號及西蘭各一孔，是使全路四十公尺以下之橋孔概爲永久式。其改製鋼板梁之法，非常巧合，特詳述之。

一、改製鋼板梁——以舊鋼板梁延長至二十五公尺，或三十公尺成爲實心鋼板梁與空心鋼板梁兩種。（見第五圖）先於多餘之二十公尺鋼板梁中挑選在三分之一處接合腰板，如「甲乙甲」式者三孔，在正中接合腰板，如「丙丙」式者三孔，乃將前式之「乙」部拆下，嵌裝於後式「丙」「丙」兩部之間，而成爲「丙乙丙」式實心鋼板梁，適得淨空二十五公尺，如此者共得三孔。再前式所餘兩端之「甲」「甲」兩部之間，以少量原有之鋼角，鋼板作成交花桁構「丁」而連接之，成爲「甲丁甲」式空心鋼板梁，其長度視「丁」部而定，製有淨空二十五公尺者一孔，淨空三十公尺者二孔。「乙丙丙」式實心鋼板梁，其中「乙」部原較「丙」部爲低矮，乃將其上部翅角邊互相湊平，蓋板不平之處，填以貼板，其中有用至$\frac{1}{8}$吋者。又將「乙」部下蓋板拆去，而改以一特製之極矮小鋼板梁，使成王字形，其下部之翅角邊亦與「丙」部之斷邊湊平。後在上下兩面酌加蓋板，以符設計所需之斷面，並加結合板及結合角，以傳遞斷接處之應力。此中難題卽在原有部份是否處處適宜於新設計，如不適之處，應如何改製，而不致增加繁難之工作，今兩橋拼合長短相宜，不可謂不巧矣。（見第五圖）「甲丁甲」式空心鋼板梁，其中「丁」部係按雙重華倫桁構設計，而稍予變通。其佈置方法，上弦下弦，均用四鋼角及一鋼板合成干字形，鋼板厚度適與「甲」部腰板相等，而將內面兩鋼角伸入「甲」部之內，外面復加蓋板，以增面積。上弦因受壓力，另加小鋼角於其鋼板之凸出部份，以防扭曲。斜桿均以兩鋼角合成丁字形，前後交叉，連接於凸出之鋼板上。全梁中部，撓勢必大，爲省料計，自須將「丁」上下弦之距離放寬，惟在開始放寬之處，鉚釘必受拉力，故予特別注意，在中止放寬之處添加直桿，以增支撐之力。又橋面枕木係直接置於上弦之上，更加短直桿以減少其次應力，且其臨空長度亦可縮短一半。此種桁梁，雖非抄自成例，但其形式之整齊、玲瓏，幾不能辨識爲舊料所湊合者，並仍獲有經濟安全之效。（見第五圖）

（一）大鏞河橋：大鏞河平時河水甚淺，故該橋原設計爲五孔十公尺鋼筋混凝土板梁。後以路基提高，墩高增加，乃變更設計，改爲三孔，兩端用十公尺舊鋼板梁，中間則用三十公尺改製空心梁，如此，工料既省，又可速成。其餘一孔之三十公尺空心梁，乃用於甕村橋。（見第六圖）

（二）波寨一號、二號兩橋：原設計各爲二十五公尺鋼梁二孔；一號中墩石層暴露，建墩不艱。二號中墩卵石纍纍，抽水不易；乃將二號橋變更設計，改爲三孔，兩端用十三公尺舊鋼板梁，中間則用二十五公尺之改製空心梁。一號橋仍舊而架以二十五公尺改製實心梁；其餘一孔之實心梁，乃用於曲蘭橋。（見第六圖）

二、鋼軌架——該項墩架（見第七圖），其所以用鋼軌爲之者，一因洋灰及建築鋼料之缺乏，二因本路各河其水位高低相差約六公尺以至二十二公尺之巨，如以木材爲之，一旦山洪暴發，時有沖斷之虞；惟鋼軌設計，困難滋多，因其僅有一面平底，且其凸緣狹窄，始則將軌彎扭，俾各部平底相合，而可鉚連，以省連接鋼板，無如工具設備不全，致彎扭之工作難獲整齊平密，故以後連接處，均改用連接鋼板鉚釘，工作稍增繁難。鋼軌柱脚與矮墩之連接，乃以短軌若干，平鋪嵌入混凝土墩面，以直接倒置於柱脚之下，俾匀其力，將橫向架構最下層之橫桿，不但連於直柱，同時亦連於短軌，使柱脚不致左右移動，將縱向橋最下層之橫桿亦連於短軌，間接使柱脚不致前後移動，又以彎鉤錨栓連繫，而柱脚不致與墩脫離，經此精密連接，安穩無虞。以後連接之處，多係利用電銲，是則愈做愈精矣。

東江橋及毛江橋：東江及毛江靠近永福，洋灰輸入，自南而北，運輸既遠，深感緩不濟急，工限又促，時不及待，爲求速成計，乃採用鋼軌作架，上置舊鋼板梁。東江橋計二十公尺二孔，十三公尺者二孔；毛江橋十公尺者七孔，均以鋼軌架置於混凝土矮墩之上，工作甚便。惟東江北端橋座石層甚高，橋座矮小，乃用混凝土築之，北端二墩水深七公尺餘，乃用洋松枕木構製開頂沉箱，中灌混凝土，爲求全部一體，及所需洋灰不多，故該兩墩上部亦用混凝土建築。（見第八圖）

丁、鐵路公路混合橋

鐵路路線在雒容經過洛清江時，適與公路渡口同在一處，經地方政府之請求，汽車亦得以同時通過，故雒容橋爲全段之唯一鐵路公路混合橋。

雒容橋原設計爲六孔四十公尺下承鋼桁，擬於橋桁兩旁加設臂梁，以承公路橋面，後以鋼料無法輸入，該項臂梁，難以製造，乃就鐵軌橋面鋪以木板，以行汽車，火車經過時，則將公路關閉，公路通行時，則將軌道封鎖，兩端建立號誌，指示行車，藉防意外，惟橋面密鋪木板，機車間有漏火，易肇焚燬之虞，乃於軌道中間鋪以鐵皮，但鐵皮反光甚亮，易招敵機之目標，乃於鐵皮上塗以桐油黑沙，以資掩蔽（見第九圖）。該橋設計建築之經歷，摘述如下。

（一）橋基：洛清江兩岸甚高，而土質亦佳，爲策安全計，座基必須直達石層，如用基樁，洋灰樁則鑄造需時，木樁則以低水位過低而不宜，故座基用鋼筋混凝土開頂沉箱，逐部下沉，遂抵石層，上面建築矮混凝土橋座，如此，節省洋灰鋼筋不少。河中石層暴露，水深二、三公尺，乃用蔴袋盛土圍堰，墩基直建於石層上，在冬季工作尚不甚難，惟中經山洪數次，搶救工具，修補圍堰，所獲克服困難之經驗不少。

（二）橋桁：在抗戰前，他路曾由香港運四十公尺下承式鋼桁四孔餘至衡陽，本橋正可利用；但本橋需用六孔，尚缺二孔，乃以鋼木合組桁梁，按裝於北端，每孔中加木架一座以完成之（見第十圖）。該處木架，而不以鋼軌爲之者，一因木料早備。二因北端兩孔深入沙灘高地，爲普通水位所不能達。鋼桁梁運至工地，亦費焦思，由衡陽運至永福，乃鐵路運輸，毫不費力，由永福循東江轉洛清江而至雒容，固可水路運送，但水淺灘多，船小難載，是以，零星小件，以小船裝運，而大件笨重材料，乃用空油桶編筏架運順流而下，中雖遇險數次，而材料尚無損失，概達工地。至於架梁方法，亦頗費研究，如照普通辦法建設臨時架梁木架，以該處高墩二十餘公尺，雖河水不深，但時値雨季，山洪時發，冲毀堪虞，危險殊甚。如用臂式安裝法，則須製造連繫鋼料多件，此種材料一時又無法搜集，至後乃用全桁上吊法。此種辦法，施於上承式易，而於下承式較難，因把桿既須較長，而置於如此高墩之上，亦屬不易，並且預備工作亦較繁多。其進行詳情，乃於橋址上游將鋼桁在浮船上拼合，拼合妥備後，浮船乃順流而下，趨於橋址，橋墩上預先安裝一三叉把桿，並將桁梁豎立，在桁之兩端裝設臨時吊鉤，以便鉤吊點靠近橋墩，並用把桿將桁梁豎正，兩端平齊吊起，置於橋墩之上。當準備之時，必須注意三點，一爲吊鉤必須置於桁梁重心之上，庶不致於傾翻，二因桁梁甚窄，上下弦牽緊必須妥爲佈置，免遇微風即搖擺不穩，三爲吊桁工作必須一氣呵成，以免停頓時發生意外，故爲時不能過久。且値空襲頻仍之際，工作時間，尤須預爲妥籌，以陰天或晚間爲最宜。全橋進行，尚稱順利，工作時間，不過三百天而已。

戊、鋼軌橋

柳江橋——（一）概況：柳江橋原設計爲十孔六十公尺下承鋼橋，以高低水位相差二十二公尺，故橋墩高二十餘公尺，需用洋灰二萬餘桶，嘗以橋料缺乏，乃在柳江兩岸建築鐵軌碼頭數處，以備車輛渡江，無如江水驟漲驟退，水流時變，車輛渡江，不能隨時辦理，且黔桂積極趕工，需橋實殷，故即調查所存材料，而可利用建橋者，除洋灰五、六千桶，十公尺至十三尺舊鋼板梁六十餘孔外，其他只有零星舊鋼料、洋松、鋼軌、枕木而已，於是，就料設計三孔十公尺舊鋼板梁及鋼軌設法連合爲三十公尺之弓式梁。每三孔弓式梁連成一氣，兩端支於橋座或鋼軌塔，中用鋼軌架二個以支托其連繫點。橋軌塔上又用六公尺之短梁，乃置於弓式梁端之托撐，故塔頂之佈置較爲簡單；鋼塔鋼架建立於混凝土矮墩，兩端橋座，則用原設計之鋼筋混凝土橋座，建築於混凝土開頂沉箱之上。舊鋼板梁種類龐雜，長短固不相同，高低寬窄亦異，故外表頗似一律，實際各部份之尺寸頗有出入，乃妥爲佈置，無礙觀瞻。全橋計弓式鋼梁十八孔，鋼板梁五孔，橋軌塔五座，鋼軌架十二座，鋼筋混凝土橋座二座，鋼筋混凝土矮墩十七座；橋高自21.18至25.93公尺，橋長581.50公尺（見第十一圖）。

（二）鋼梁鋼塔設計：本橋所採標準，（子）活重爲中華十六級C–16，（丑）塔架上之衝擊力等於活重之30%，縱向力等於10%（寅）河水流率以每秒鐘五公尺計算，根據公式 $1.28\ \frac{wv^2}{2g}$（英制）算得，約爲330#/口；其餘各項標準均係根據交通部1937年所頒發之鐵路橋梁規範書。弓式梁之構造係用三節舊鋼板梁連合；約在每三分之一處，各以兩鋼軌並列，製成直柱，安置於鈑梁與拉桿之間，藉以上下撐持；拉桿乃用四鋼軌爲之，兩端錯合於工字鋼，而工字鋼夾著舊鋼板梁之腰板，用鋼栓以串連繫之，因鋼板梁翅角橫立，鋼軌拉桿趨於兩端時，必須逐漸分開，故於工字鋼及鋼板梁之腰板間，以厚鑄鐵兩塊襯墊並加固之，一則可得空間連繫，二則可增加鋼栓之承應力，而鑄鐵接受此種應力後，週圍十個螺絲不足以傳達，乃用鋼軌或鋼角數條以協助之（參觀第十二圖）。鋼軌用兩柱，每柱以四鋼軌面列上加义條連成，其上設固座，以承弓式梁。下端設鑄鋼柵座，如此，則每三孔之弓式梁隨溫度變遷之伸縮，或抵抗行車之縱向力，均得傳達至橋座或鋼軌塔上，而鋼軌架則可自由擺動，而不受上項諸力之影響。至於鋼軌塔則用四柱，每柱均用四鋼軌面列，上加义條連成，其下直接錯合於鑄鋼塔座，鋼軌塔上，設兩支座，一爲固座，一爲活座，以承弓式梁。凡弓式梁之端置在鋼軌塔之活座者，均設以短鋼板梁之固座；置在固座者，則設以短鋼板梁之活座，此部份之詳細設計，每塔每架均不相同，因各舊鋼板梁不一律之故也。各部連接，凡可用鉚釘者均用鉚釘，否則，在平支而可合面之處用螺栓，在結合而不可合面者概用銲鋼，舊鋼板梁有炸彈痕孔者，均用電銲修補之。全橋配置約略於此。至關於漂流物之意外衝擊，每架每塔均已妥爲計劃，以策安全（見第十二圖及第十三圖）。

（三）混凝土墩座：本橋墩座均建於石層上，東西兩橋座以土深無水，採用開頂方形沉箱三個，以作基礎，上築丁字形混凝土之橋座。至於矮墩在鋼架下則爲長方形，在鋼塔處則爲仰面方盒式，均建築於石層上。以河水不深，防水工作均以蔴袋圍堰法，次第施工，無甚困難。惟IY及9兩號矮墩，正當水流湍急，石層暴露，水亦較深之處；乃採用鋼筋混凝土圓形開頂沉箱，以作基礎，計IY號用四個沉箱，9號用二個沉箱，上用鋼筋混凝土梁以連繫之，塔座架座即直接置於沉箱中心地位。其沉箱建造方法，係在墩之兩側各錨定百噸大船一艘，於兩船間裝做沉箱模殼及脚手，待沉箱鑄成乾透後，復就兩船上設立尖形起重架將沉箱吊空，拆去模殼及脚手，而下沉之。及至河底，乃用電機抽水，淸出石層後，即中灌混凝土；但9號墩下石層高低相差過巨，灌注混凝土後，發現沉箱傾斜，時以水深流急，未能改正，爲策安全起見，乃用鋼板樁包圍，以混凝土灌注，而成實墩。

（四）安裝：鋼梁、鋼架、鋼塔均在㳛橋機廠製造，製成之料可在廠內裝火車直達工地，運輸甚便。鋼架、鋼塔則係逐件裝車，運至工地後，再行拼湊鎝合，工作較繁，而鋼梁則全部在廠鎝妥，用兩平車架起，專車運送，故運送之次序，必須順序而行，不得稍有紊亂，對於各梁之東西方向，尤不得稍有錯誤，故架梁工作甚速，半日即可裝妥一孔。當安裝鋼塔、鋼架之時，全部河面水深均在一公尺半以上，船筏通行無阻，乃就兩船上設置把桿，逐件安裝；但在未裝鋼梁以前，鋼塔可以自立，而鋼架以下端使用扭座，未能站立，乃暫用鉛絲繩兩面平拉扣於鋼塔，俟鋼梁裝竣後解除之。迨安裝鋼梁之時水位低涸，除7至V號墩間可以行船外，其餘河面，均不能行，故安裝方法係在墩之兩側，鋪設雙軌行駛四十噸平車，而利用原有一呎方木及枕木等裝置門字起重架跨於兩平車上，鋼梁懸於起重架中，隨平車前後行駛，並可上下左右推動，迨至橋位，則徐徐下放，而置於梁座；及至7號至V號，墩間水深鋪軌不易，乃用船隻錨定，鋪軌於船上，以行平車。

（五）試車：所有舊鋼板梁新舊情形不同，有曾經彈片穿孔或銹蝕磨耗，而鋼軌亦屬舊物，間有磨蝕者，故於全橋裝置完成後，即以大號機車一輛由南甯端向桂林端開行，實行壓橋，在每弓式梁之中點及直柱支撐點測錄其撓垂度，並用同樣載重按照各梁各部之結構計算其應有之垂度，藉以比較，玆將各項記錄列表（見第十四圖）。

（六）記載：本橋所用各料建築費、概算、工作時間，請參觀第十一圖，不再詳贅。

（七）附言：鋼軌建橋，按諸工程原則，實鮮採用之理，但值此材料缺乏之際，渡船既不克利用，臨時木橋又難策安全，乃利用舊軌以建之，得以完成全路通達之使命，未嘗非難能可貴也。惟鋼軌建橋，在設計方面確屬困難，拼湊鎝合，煞費焦思，處處須自出心裁，毫無例成可資參考，且舊梁式樣龐雜，鋼軌種類繁多，同樣鋼梁、鋼架、鋼塔外觀雖屬一律，而實際各個不同，設計者必須凝精聚神，專心致意，運用靈敏之腦筋，夜以繼日之努力。本橋設計得由梅工程司率領技術人員數人，蟄居於㳛橋機廠客車之上，繪圖設計，朝斯夕斯，二月有餘，其精細苦幹之精神，實不可多得；而㳛橋機廠製造鎝鋅，在此抗戰時期，而遇此優良技工，亦屬不易。建橋不難，難在際此材料缺乏，而能別開生面以求之。說者謂：値鋼軌來源斷絕之時，以之建橋，殊為可惜。但軍運交通最忌半通或不時通，所謂半通者，江河阻隔，以車輛兩岸接運；所謂不時通者，乃便橋被冲或渡船被阻。若値緊急關頭，忽遇此項事變，其貽誤軍機，損失何可以道里計耶？鋼軌製橋，而能免去上項諸弊，則所損失者，不過每站少鋪一、二段之岔道，於全路交通，仍屬暢行無阻。權其輕重，此鋼軌所以用之製橋者也。

三、結論

鐵路橋梁同在一段路線之內，應有同一標準，故橋梁之設計、施工往往以標準化為原則，如此，非徒在建築時期事半功倍，而他日修養，亦能駕輕就熟；但值此非常時期，必須有非常之措施，方能厥奏膚功，以完成使命也。

鐵路交通，最忌半通之渡船，尤忌時處冲毀之便橋，故在任何情形之下，除非萬無辦法中而建築臨時便橋，或使用渡船外，最少限度必須建築半永久式之橋梁，至於因陋就簡以從事，但萬不可忘却安全第一之要義。

我國古代建築橋梁，頗負盛名，歐美各式之橋梁，我國無一不備，迨歐化東漸，所有大橋工程，均屬借才異地，近年風氣稍轉

9041

，漸請國人主持，而工程專家，亦隨之蔚起。工程專家雖多，而我國工程學尚未建立，蓋工程學固屬世界學問，無國族之分，但用何國文字以著述之，即成爲何國之工程學，我國研究工程學術專家，固善於作文，但缺乏實地經驗之記錄，而實地施工之工程專家，雖有記錄，又無暇執筆，致研究家與實施家，雖時聚會，但多感情之聯絡，殊鮮學業之溝通，著者深盼此後實施家於每一工程完畢，不論設計之優劣，施工之良窳，必須將工程之經歷信筆立書，作眞實之記載，研究家彙集各項記載，作有統序之編輯，證以工程之原理，庶數年後，則我國工程學或可得而以建立矣。

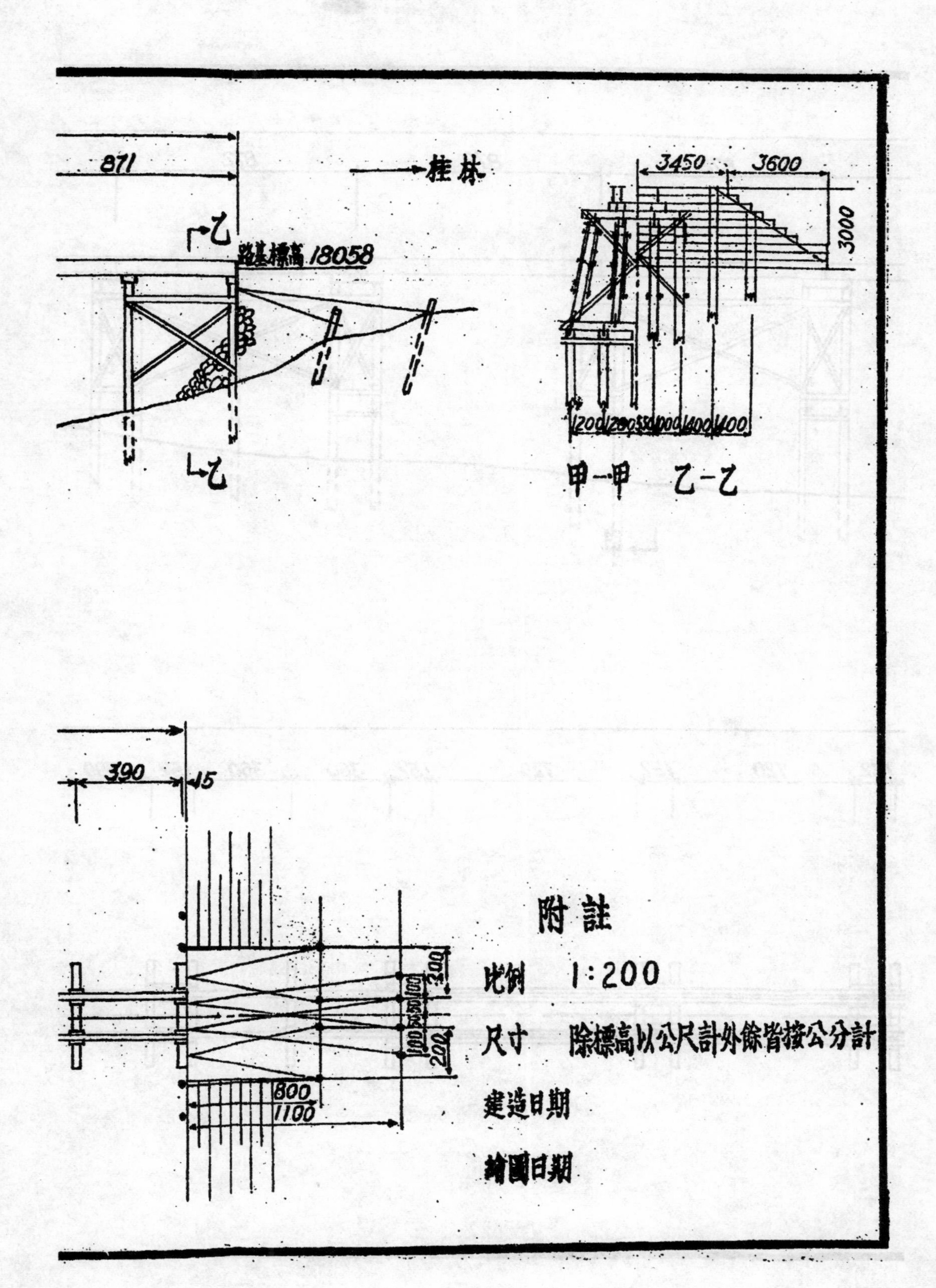

871
→桂林
乙
路基標高 18058
乙
3450
3600
3000
1200
1280
550
1000
1400
1400
甲—甲
乙—乙
390
15
300
100
50
50
100
100
200
800
1100
附註
比例 1:200
尺寸 除標高以公尺計外餘皆按公分計
建造日期
繪圖日期

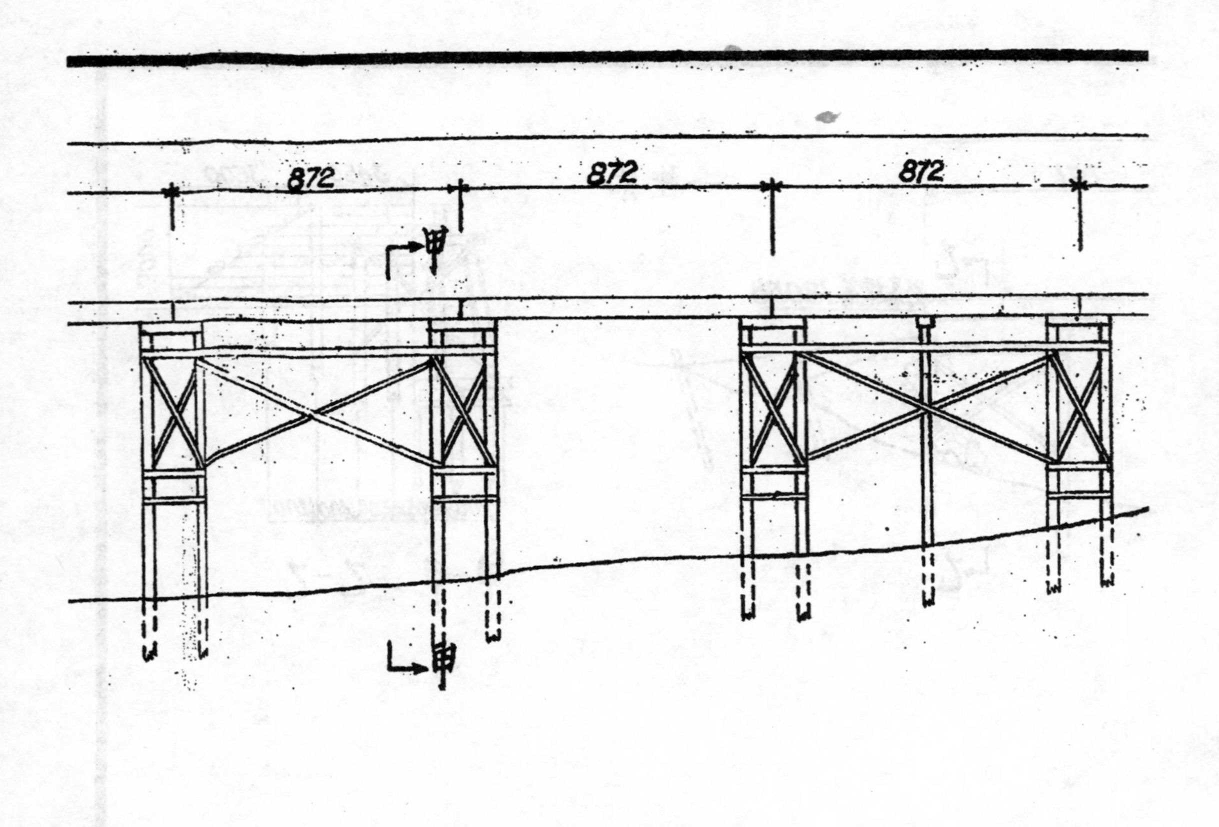
872
872
872
甲
甲

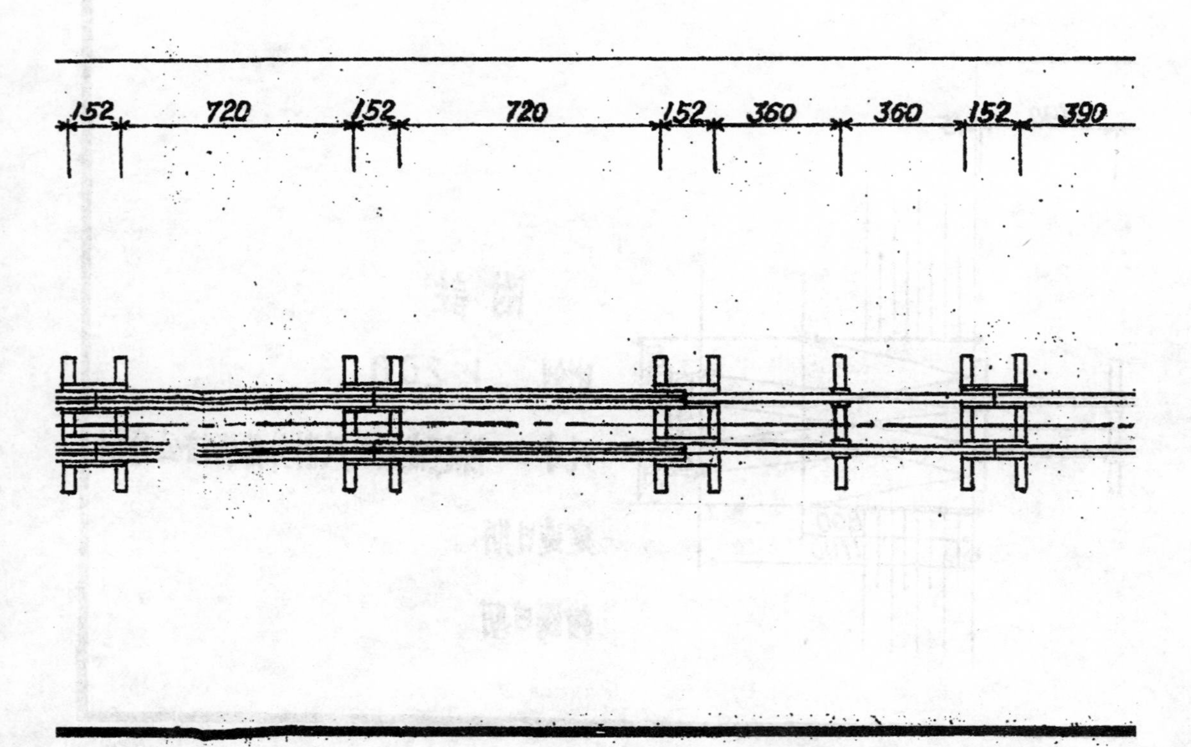
152
720
152
720
152
360
360
152
390

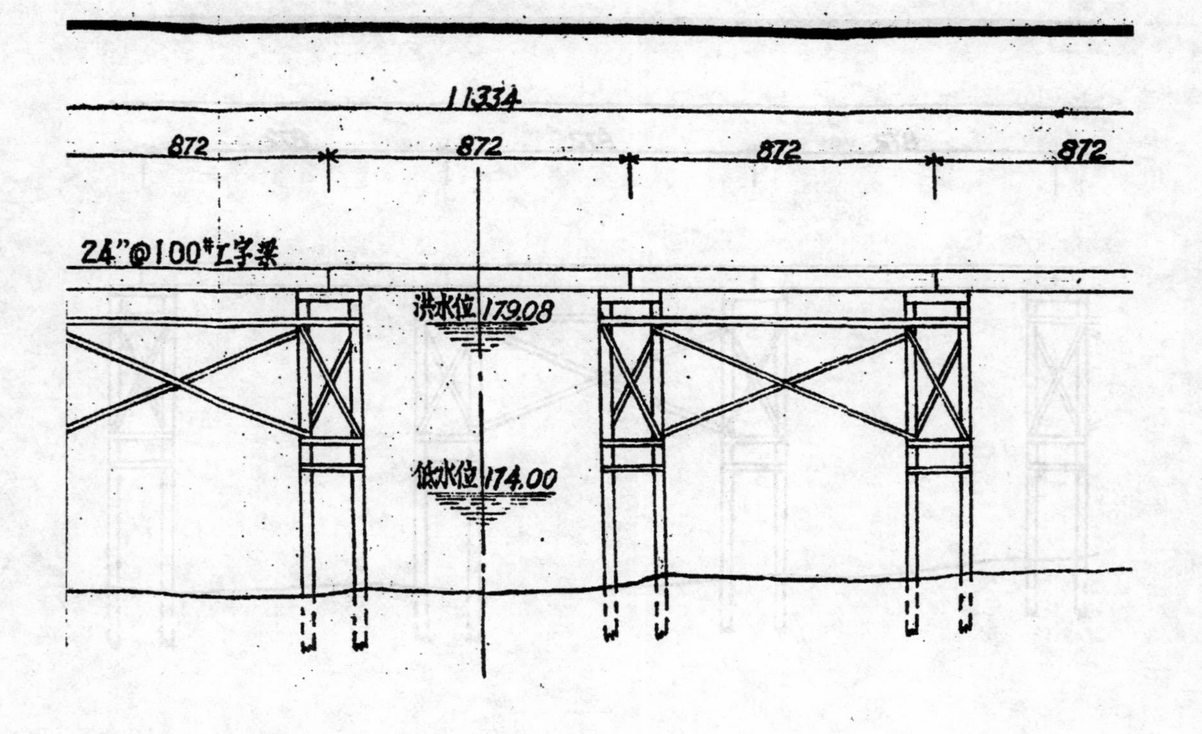
11334
872
872
872
872
24"@100#工字梁
洪水位179.08
低水位174.00

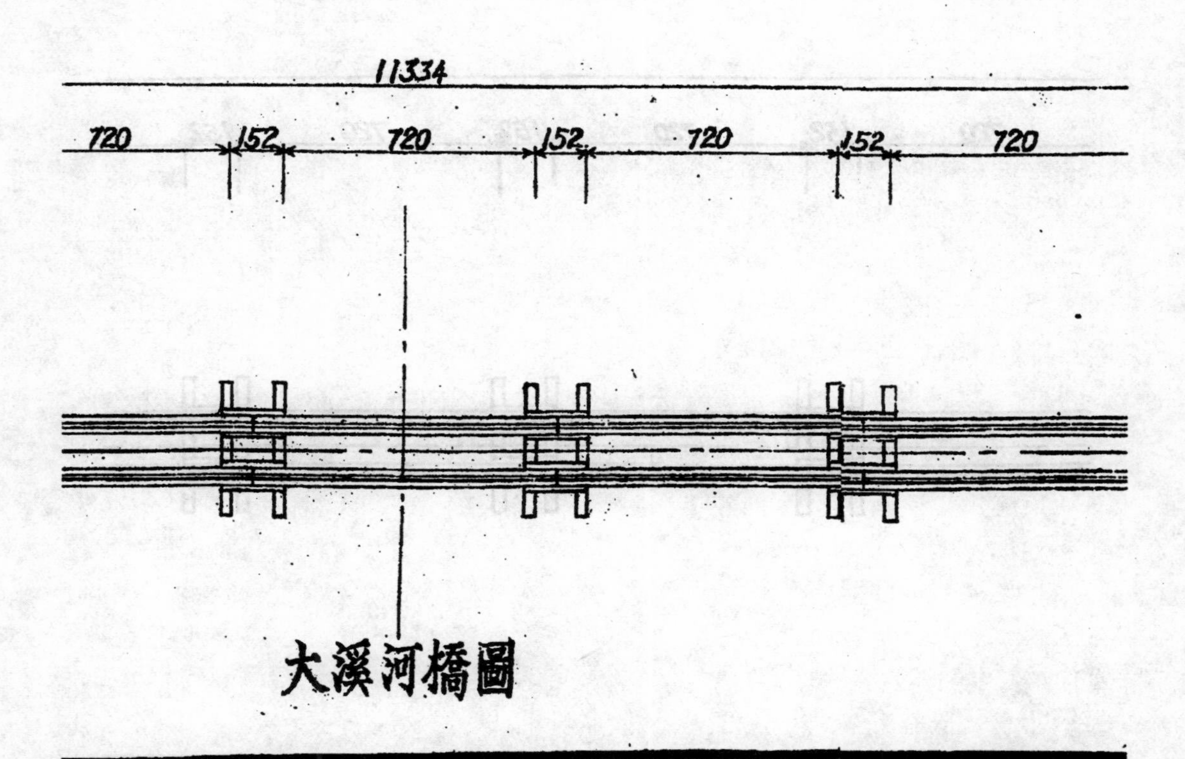
11334
720
152
720
152
720
152
720

大溪河橋圖

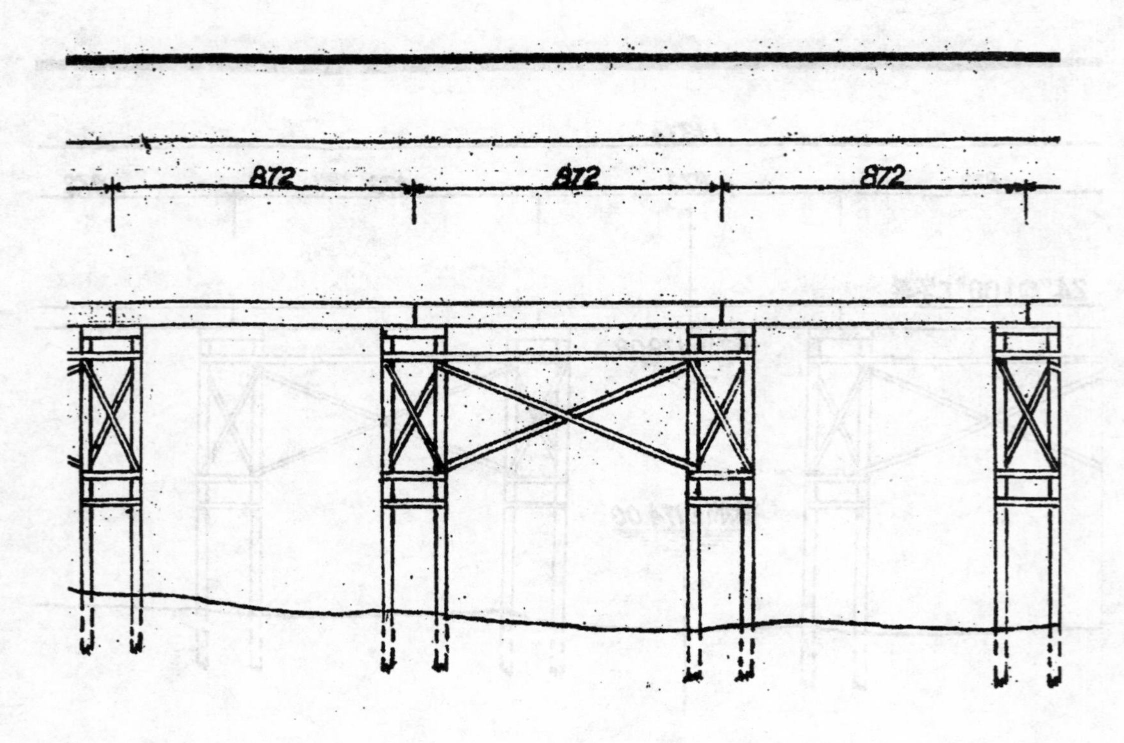
872
872
872

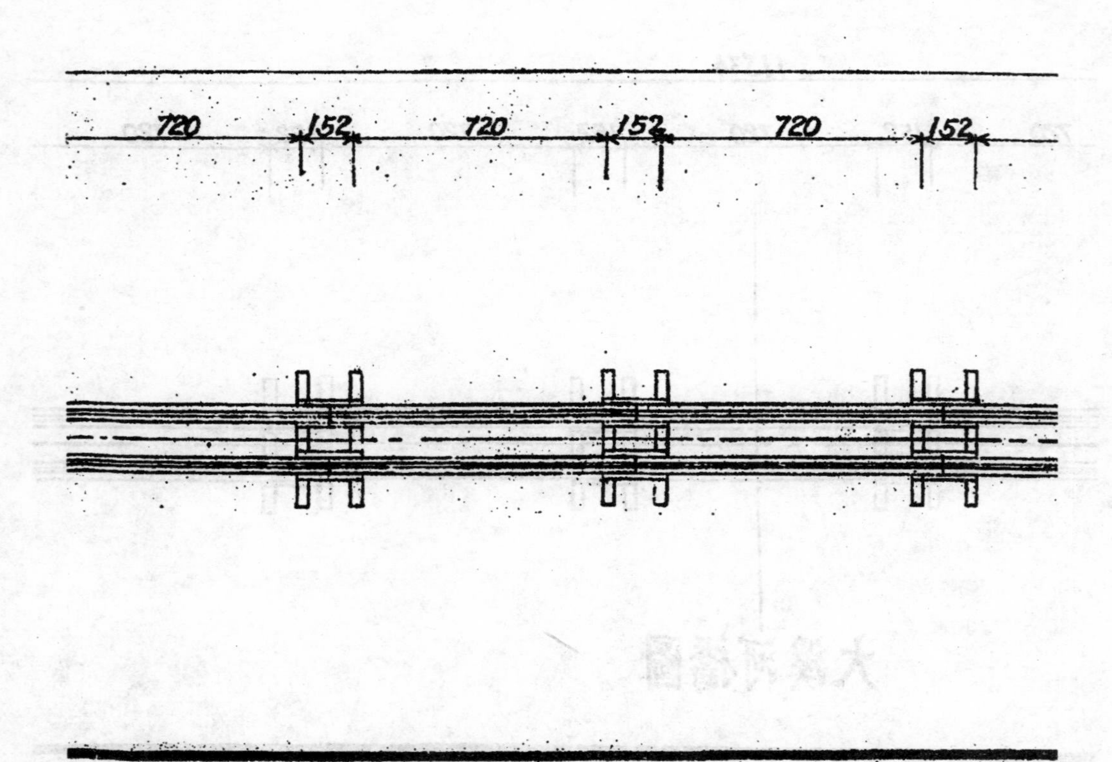
720
152
720
152
720
152

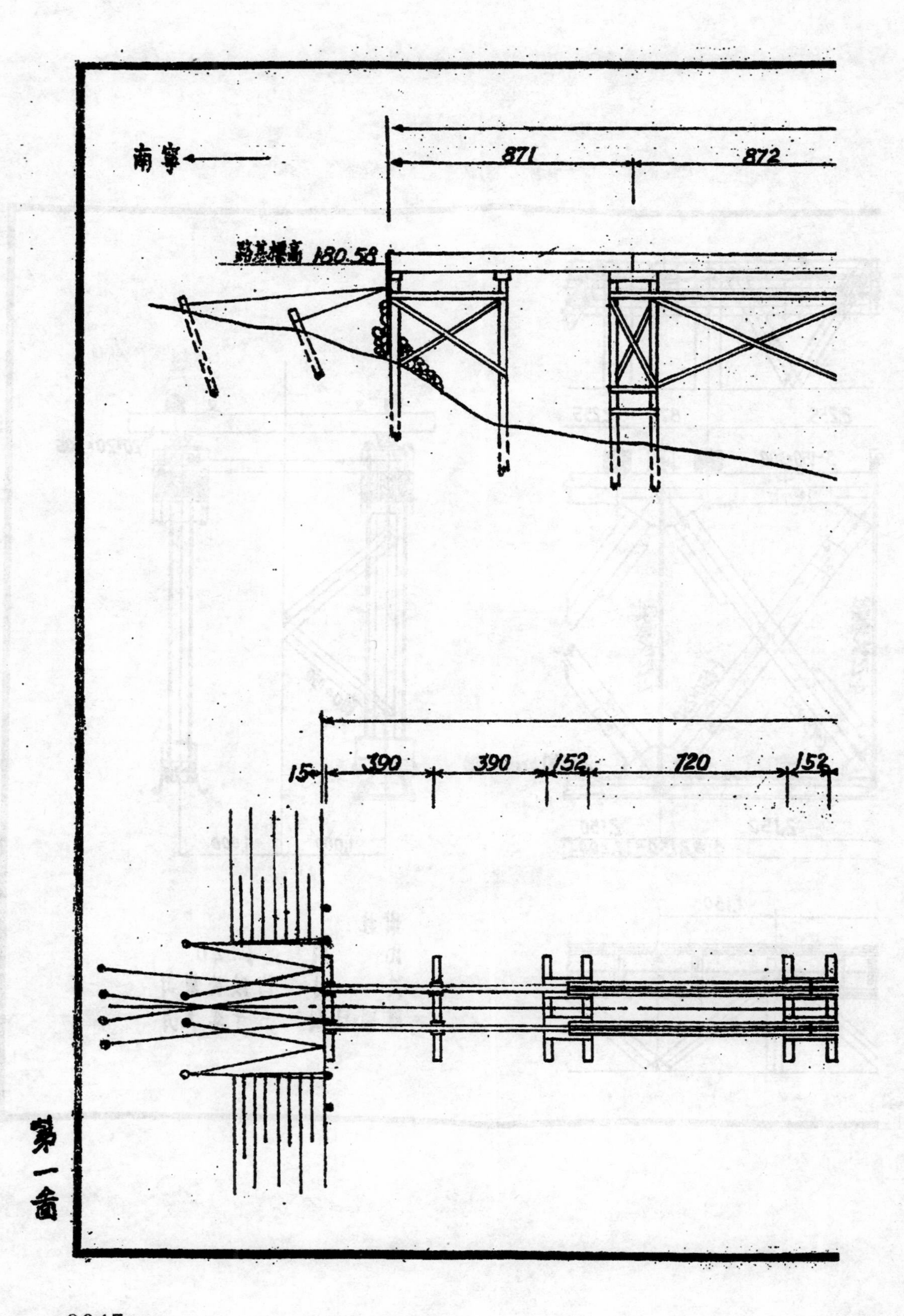

南寧
871
872
路基標高 180.58
15
390
390
152
720
152
第一面

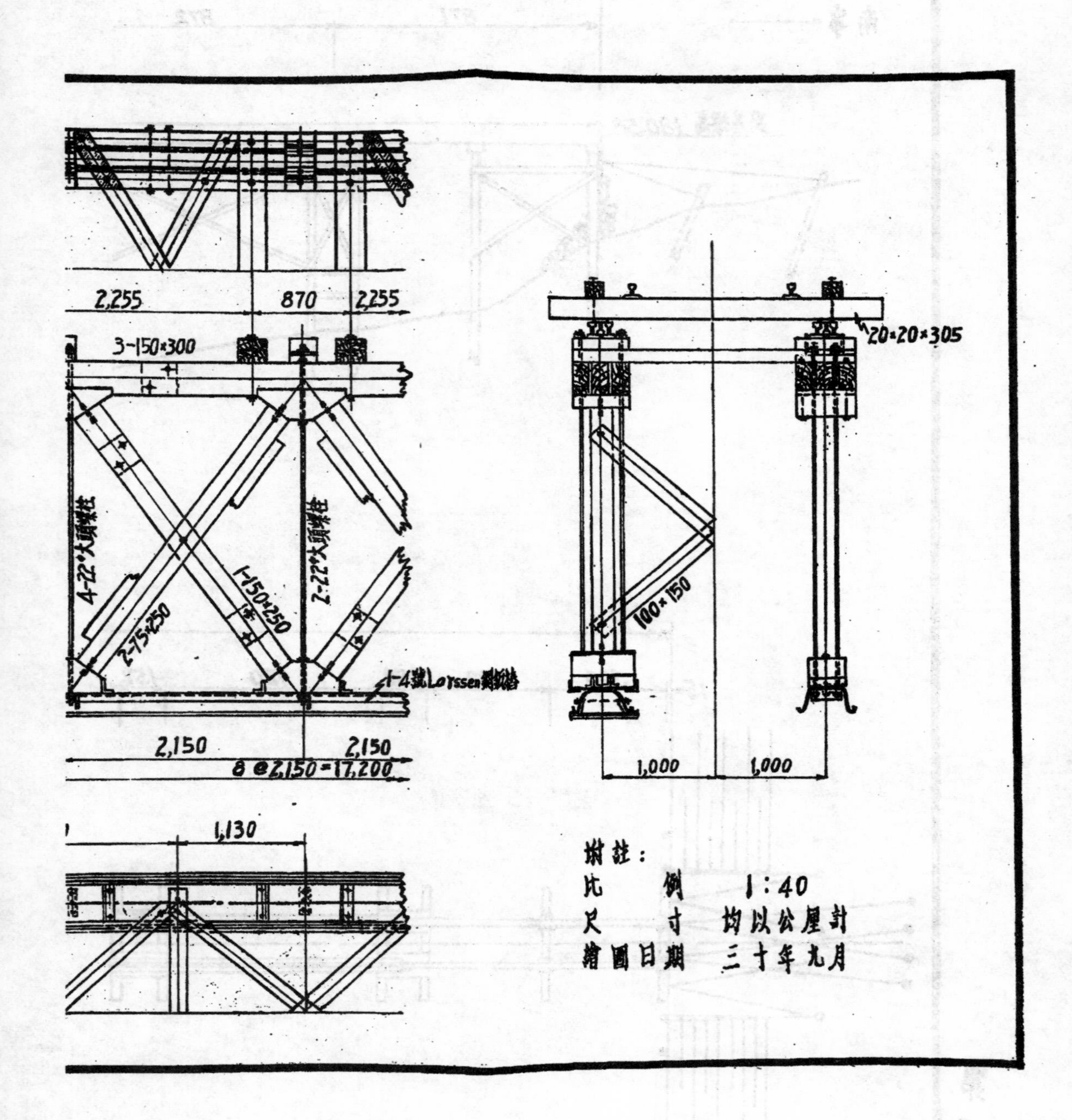

2,255
870
2,255
3-150×300
4-22"大頭螺柱
2-22"大頭螺柱
1-150×250
2-75×250
1-4號Larssen鋼板樁
2,150
2,150
8 @2,150=17,200
1,130
20×20×305
100×150
1,000
1,000
附註：
比　例　1:40
尺　寸　均以公厘計
繪圖日期　三十年九月

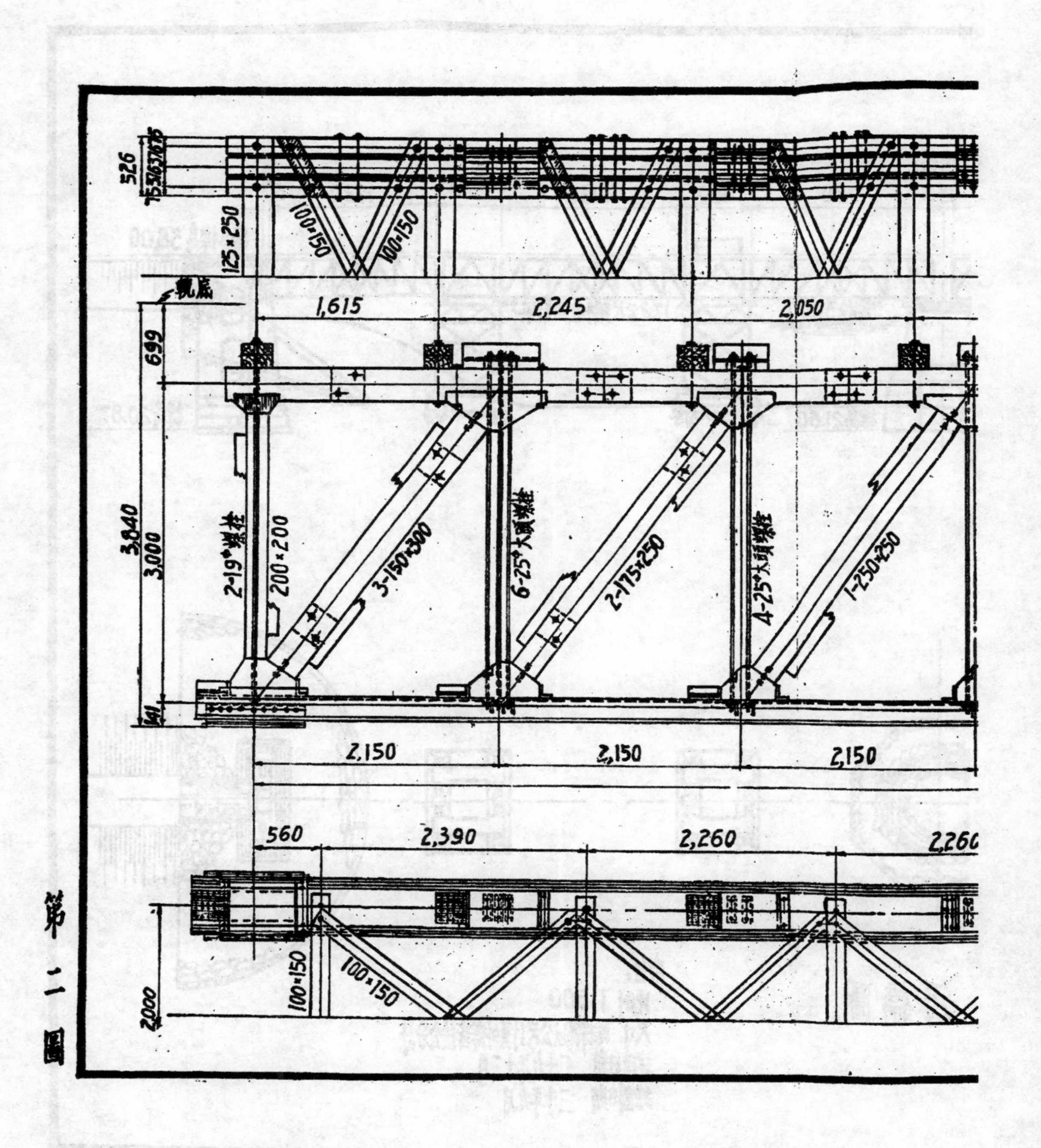
526
125×250
100×150
100×150
1,615
2,245
2,050
699
3,840
3,000
2-19ᵠ螺栓
200×200
3-150×300
6-25ᵠ大頭螺栓
2-175×250
4-25ᵠ大頭螺栓
1-250×250
2,150
2,150
2,150
560
2,390
2,260
2,260
100×150
100×150
2,000

第二圖

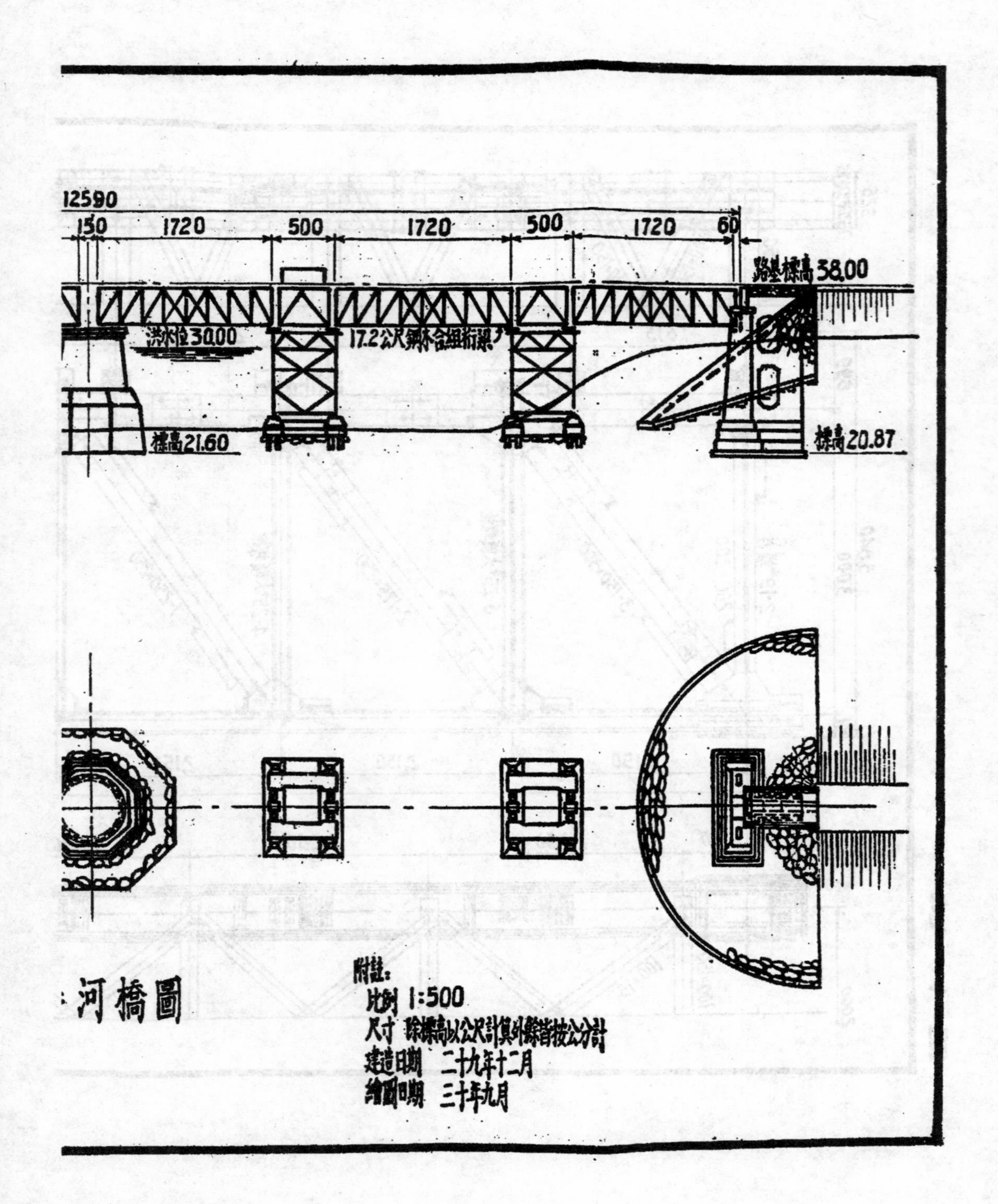
12590
150
1720
500
1720
500
1720
60
路基標高 38.00
洪水位 30.00
17.2公尺鋼木合組桁梁
標高 21.60
標高 20.87
河橋圖
附註：
比例 1:500
尺寸 除標高以公尺計算外餘皆按公分計
建造日期 二十九年十二月
繪圖日期 三十年九月

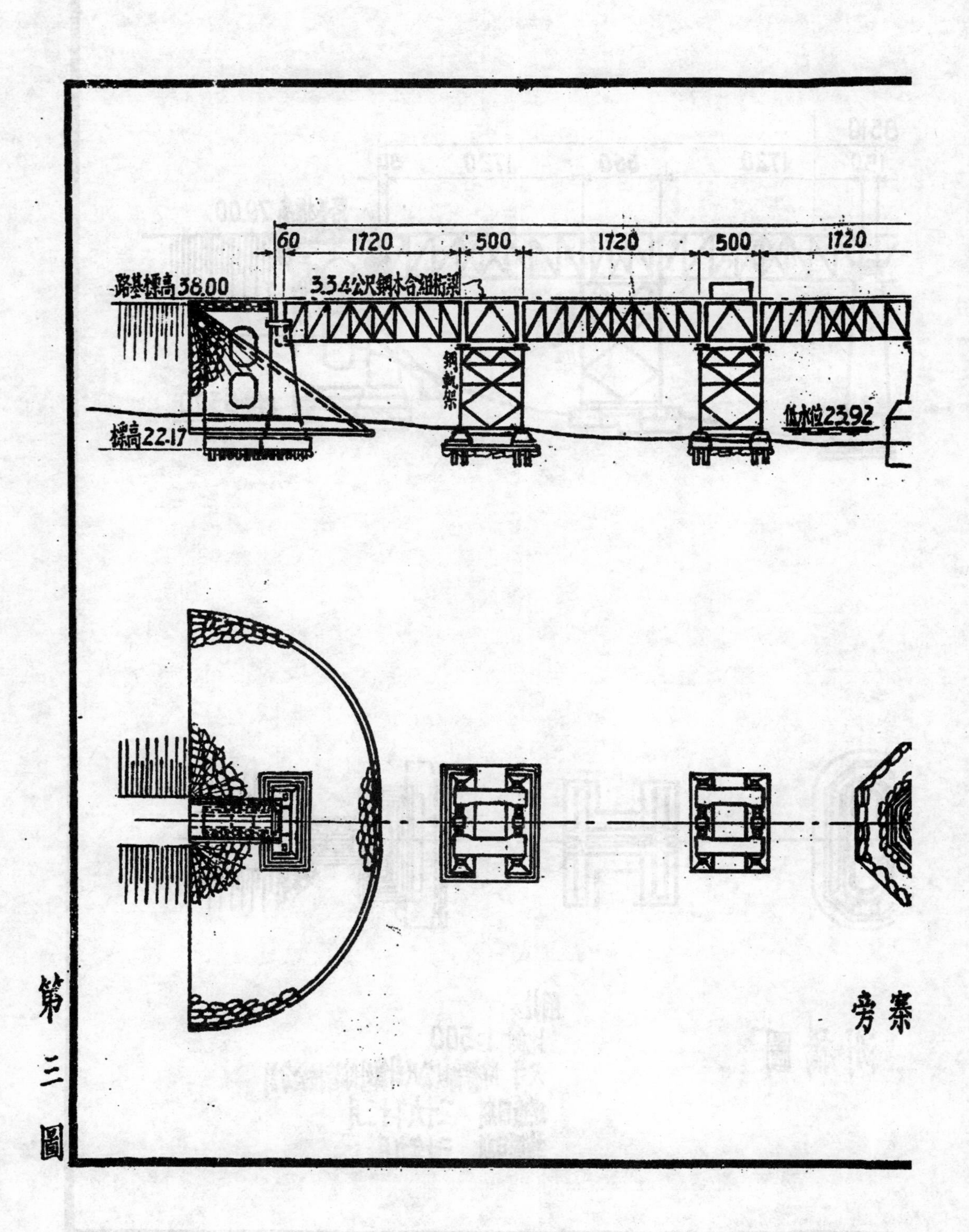

60
1720
500
1720
500
1720
路基標高 38.00
3.3.4公尺鋼木合組桁梁
鋼架
標高 22.17
低水位 23.92
旁寨
第三圖

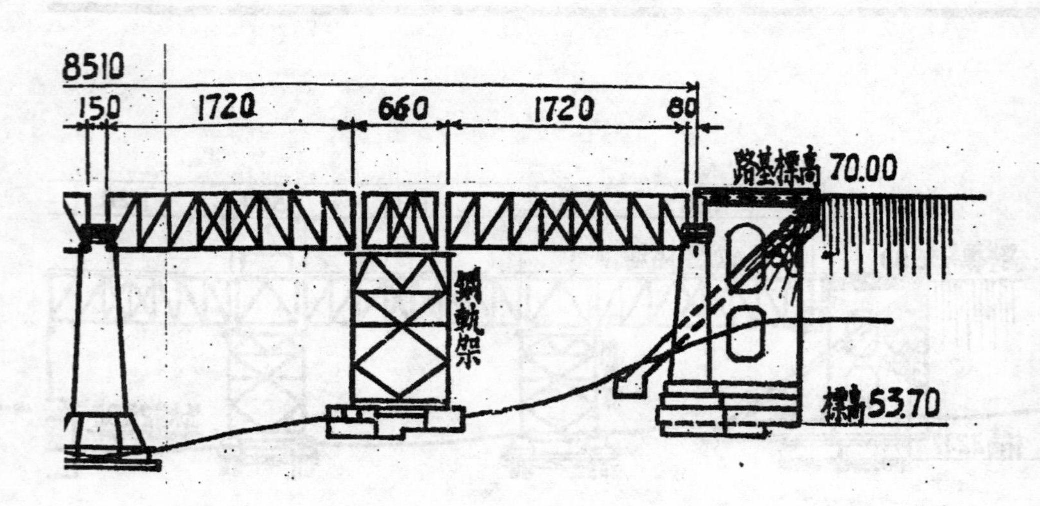

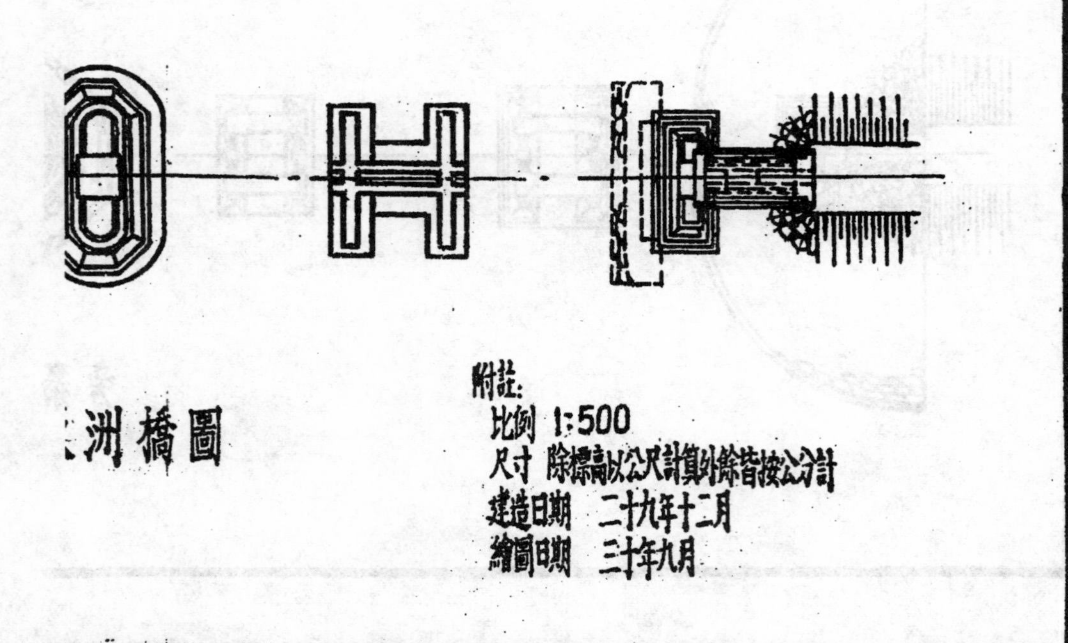

洲橋圖

附註:

比例 1:500

尺寸 除標高以公尺計算外餘皆按公分計

建造日期 二十九年十二月

繪圖日期 三十年九月

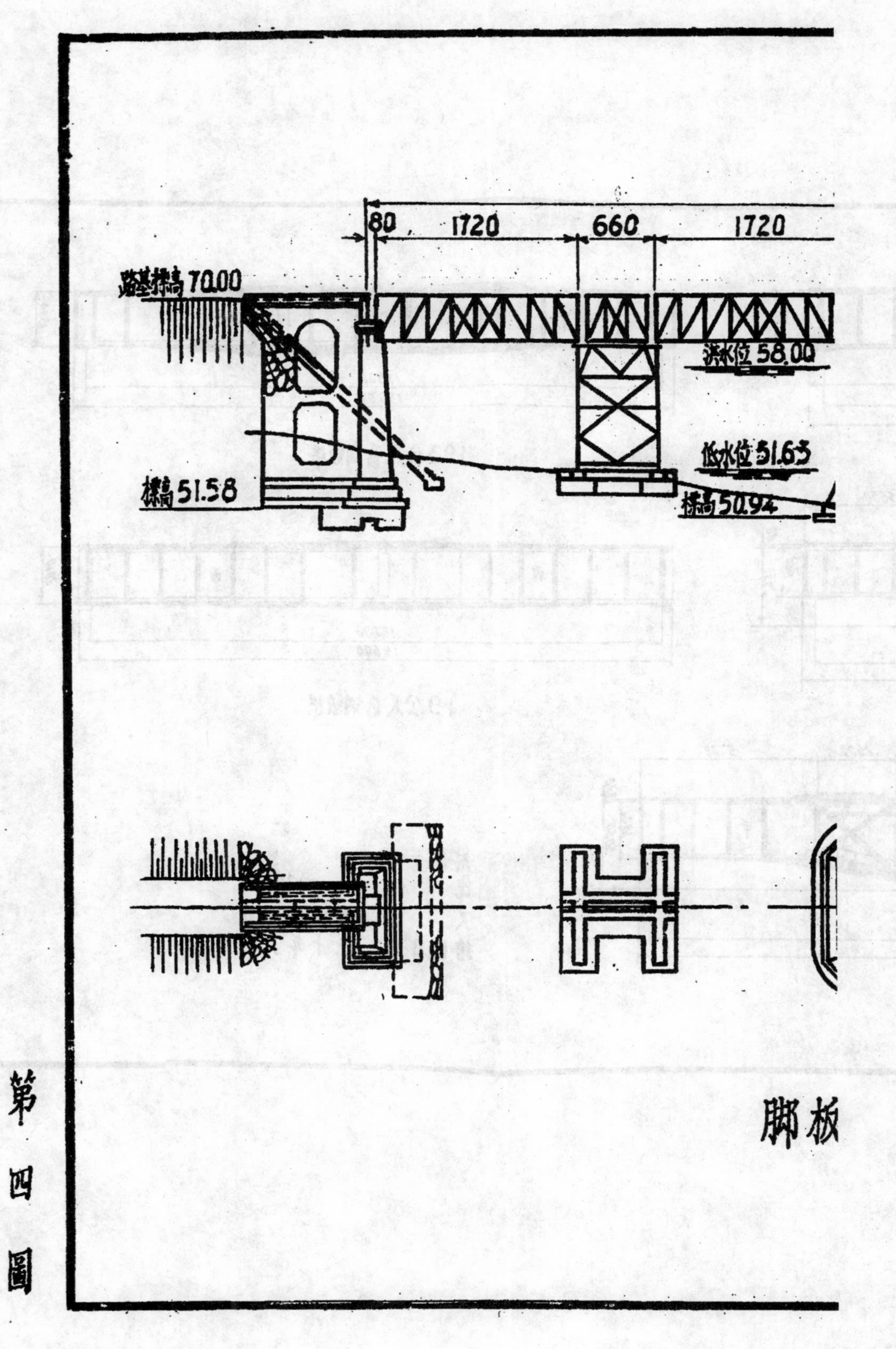

80
1720
660
1720
路基標高70.00
洪水位58.00
低水位51.63
標高51.58
標高50.94
脚板

第四圖

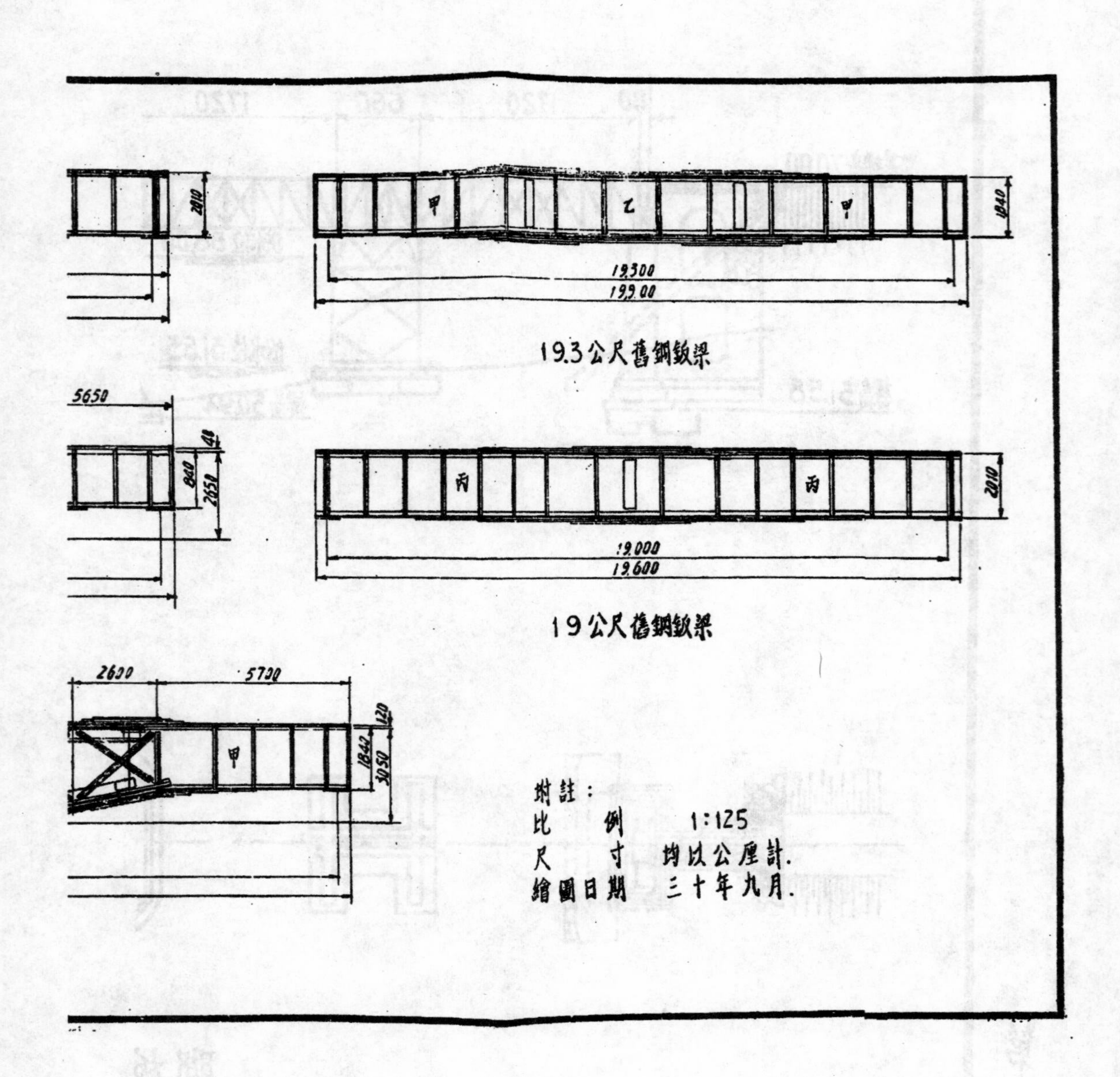
2810
甲
乙
甲
1840
19,300
199,00
19.3公尺舊鋼鈑梁
5650
48
840
2650
丙
丙
2010
19,000
19,600
19公尺舊鋼鈑梁
2600
5700
120
甲
1842
3050
附註：
比　　例　　1:125
尺　　寸　均以公厘計.
繪圖日期　三十年九月.

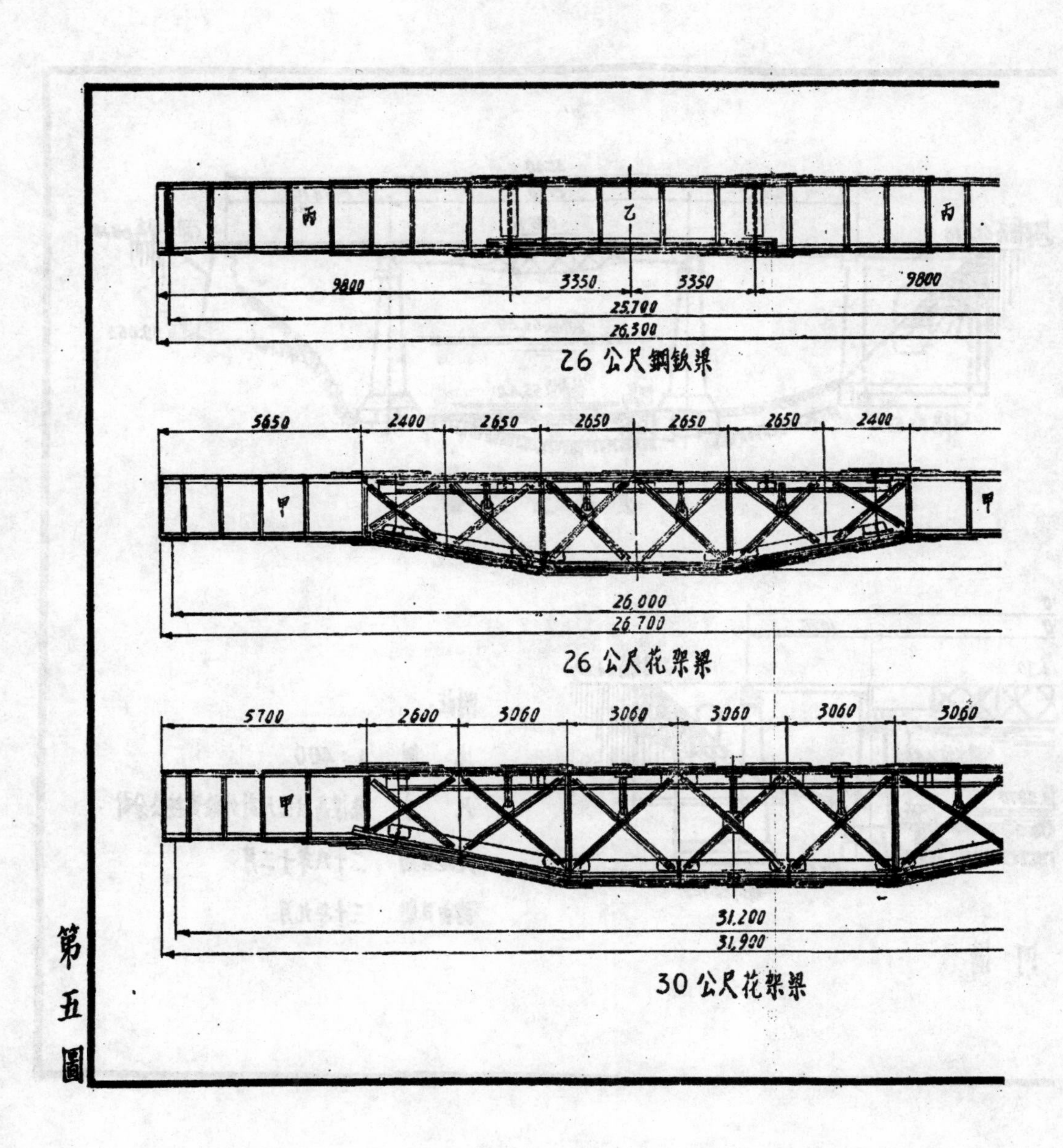
丙
乙
丙
9800
3350
3350
9800
25,700
26,300
26 公尺鋼鈑梁
5650
2400
2650
2650
2650
2650
2400
甲
甲
26,000
26,700
26 公尺花架梁
5700
2600
3060
3060
3060
3060
3060
甲
31,200
31,900
30 公尺花架梁
第五圖

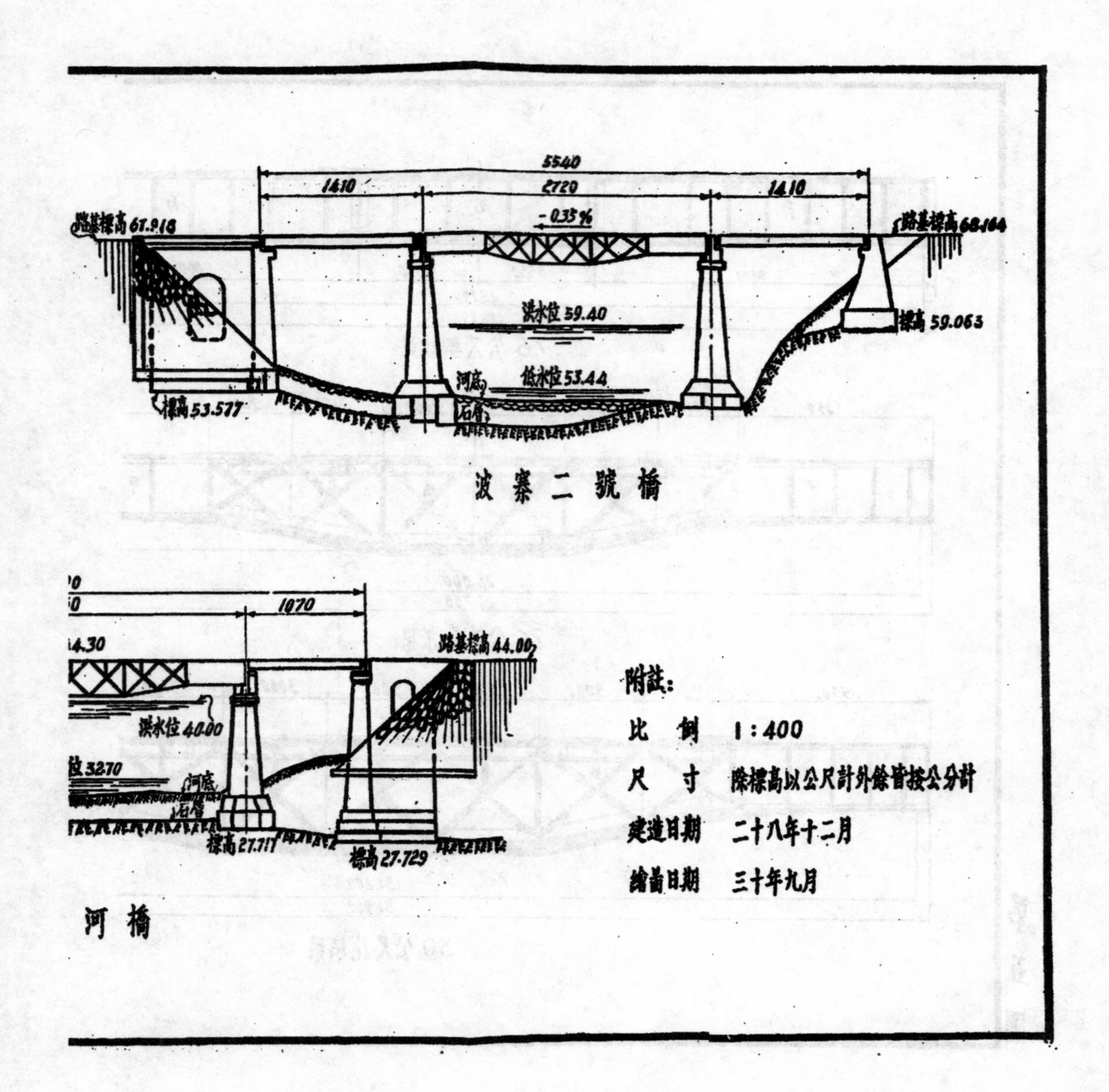
5540
1410
2720
1410
-0.35%
路基標高 67.918
路基標高 68.164
洪水位 59.40
低水位 53.44
河底
石層
標高 53.577
標高 59.063
波寨二號橋
1070
路基標高 44.00
洪水位 40.00
河底
石層
標高 27.717
標高 27.729
附註:
比 例 1:400
尺 寸 除標高以公尺計外餘皆按公分計
建造日期 二十八年十二月
繪圖日期 三十年九月
河 橋

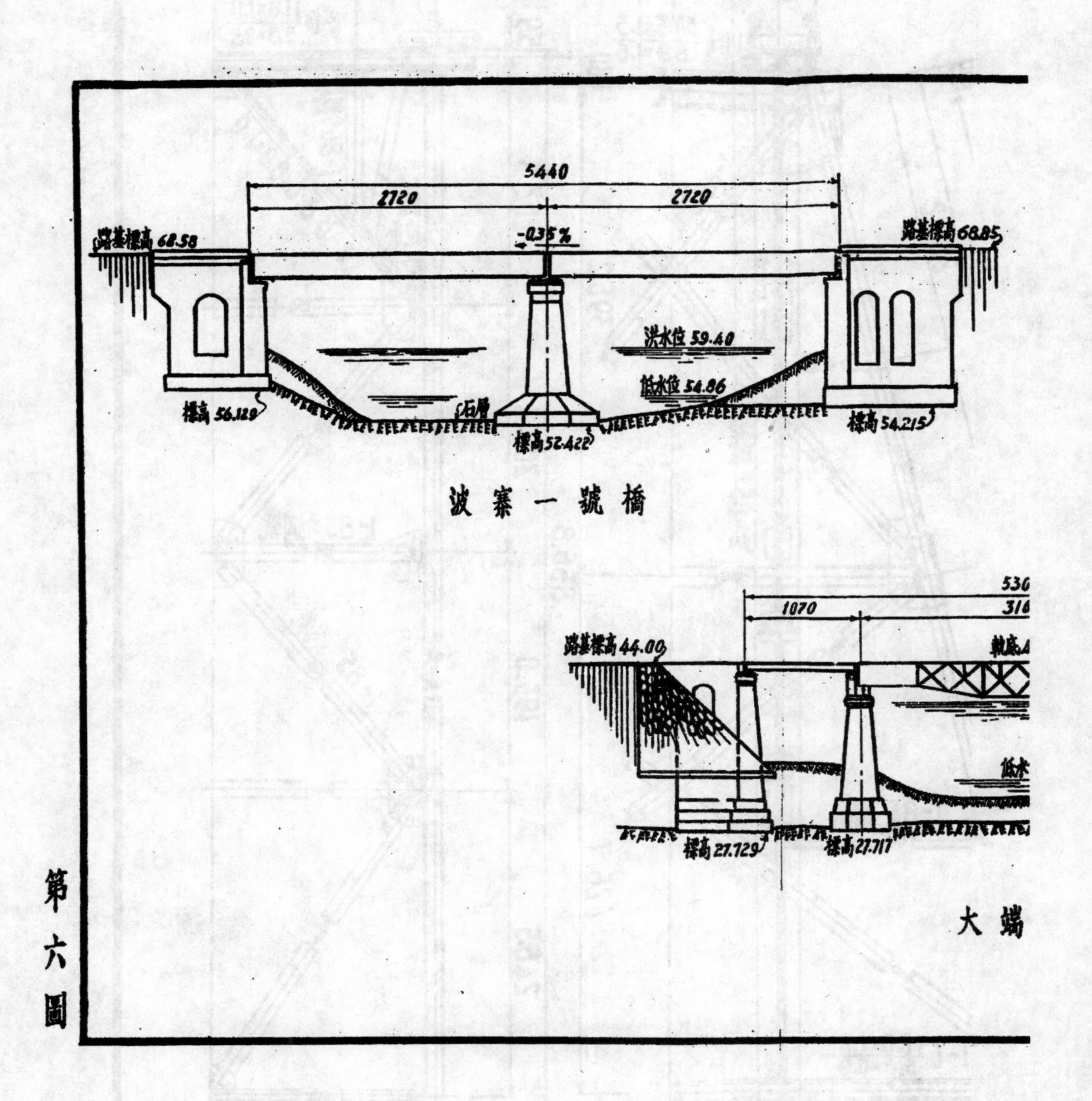

5440
2720
2720
-0.35%
路基標高 68.58
路基標高 68.85
洪水位 59.40
低水位 54.86
標高 56.129
石層
標高 52.422
標高 54.215
波寨一號橋
1070
路基標高 44.00
標高 27.729
標高 27.717
大端
第六圖

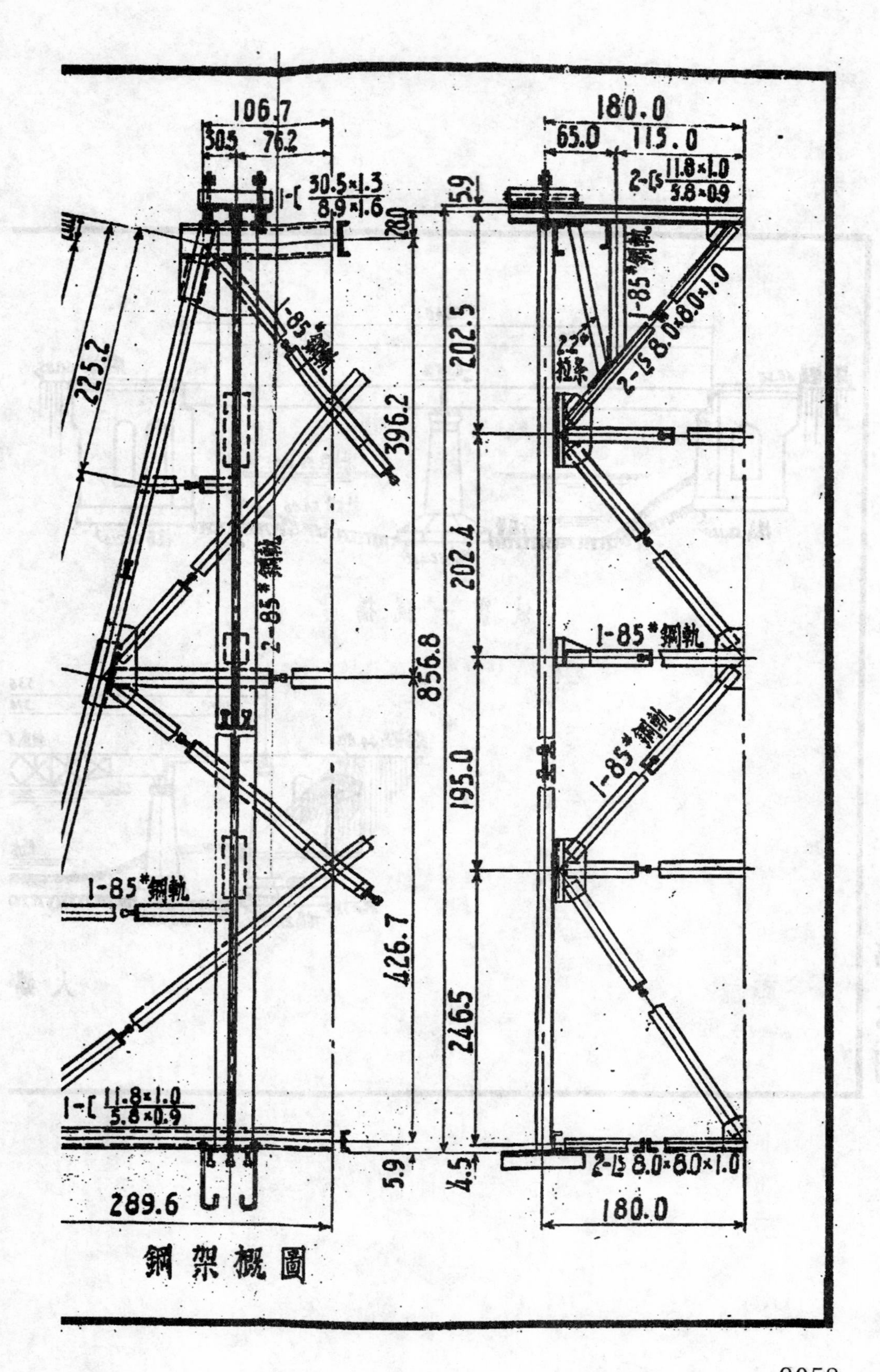

106.7
30.5
76.2
1-[30.5×1.3 / 8.9×1.6
225.2
1-85#鋼軌
396.2
2-85#鋼軌
856.8
1-85#鋼軌
426.7
1-[11.8×1.0 / 5.8×0.9
289.6
5.9
2.0
180.0
65.0
115.0
2-[s 11.8×1.0 / 5.8×0.9
1-85#鋼軌
2-[s 8.0×8.0×1.0
22# 拉条
202.5
202.4
1-85#鋼軌
195.0
1-85#鋼軌
246.5
4.5
2-[s 8.0×8.0×1.0
180.0

鋼架概圖

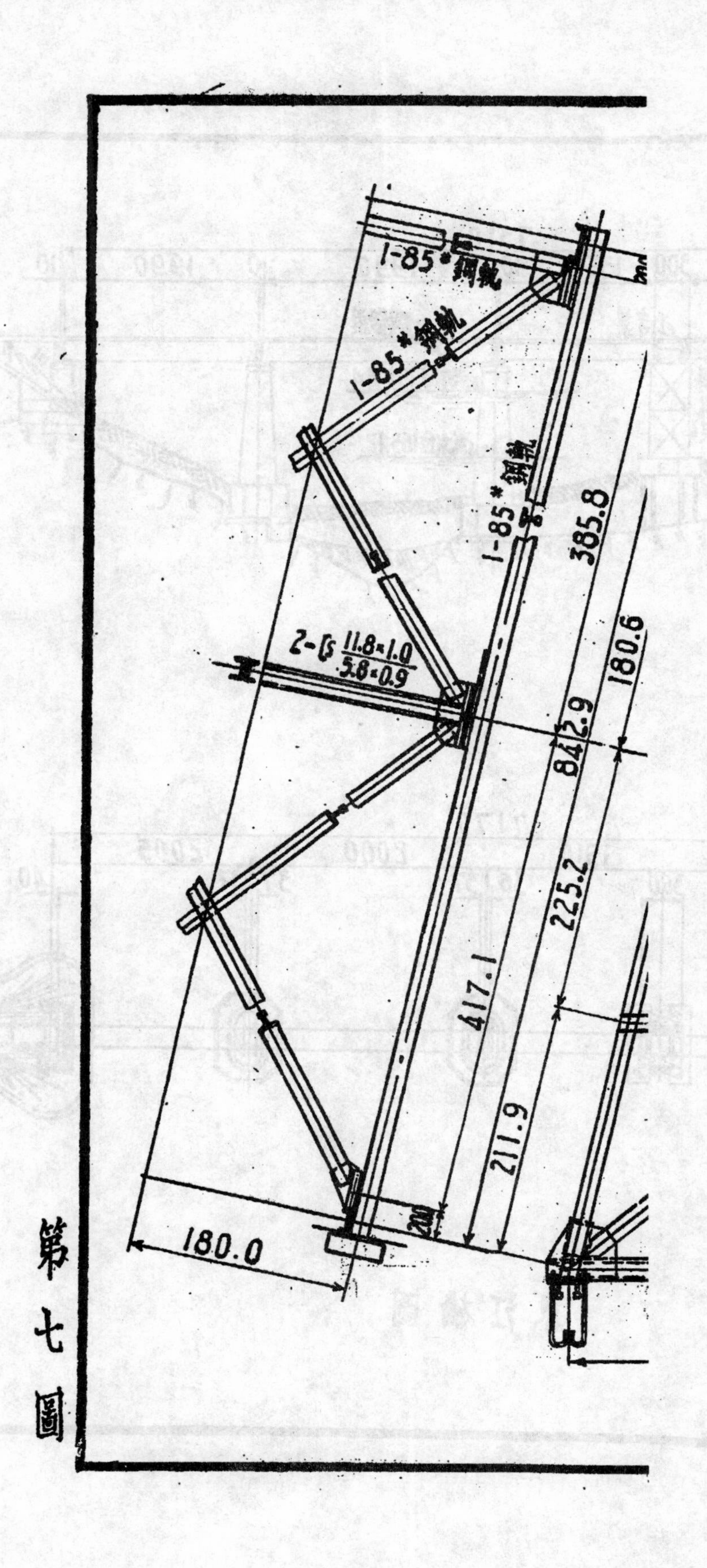
1-85* 鋼軌
1-85* 鋼軌
1-85* 鋼軌
2-[5 11.8×1.0 / 5.8×0.9
385.8
180.6
842.9
225.2
417.1
211.9
180.0
20

第七圖

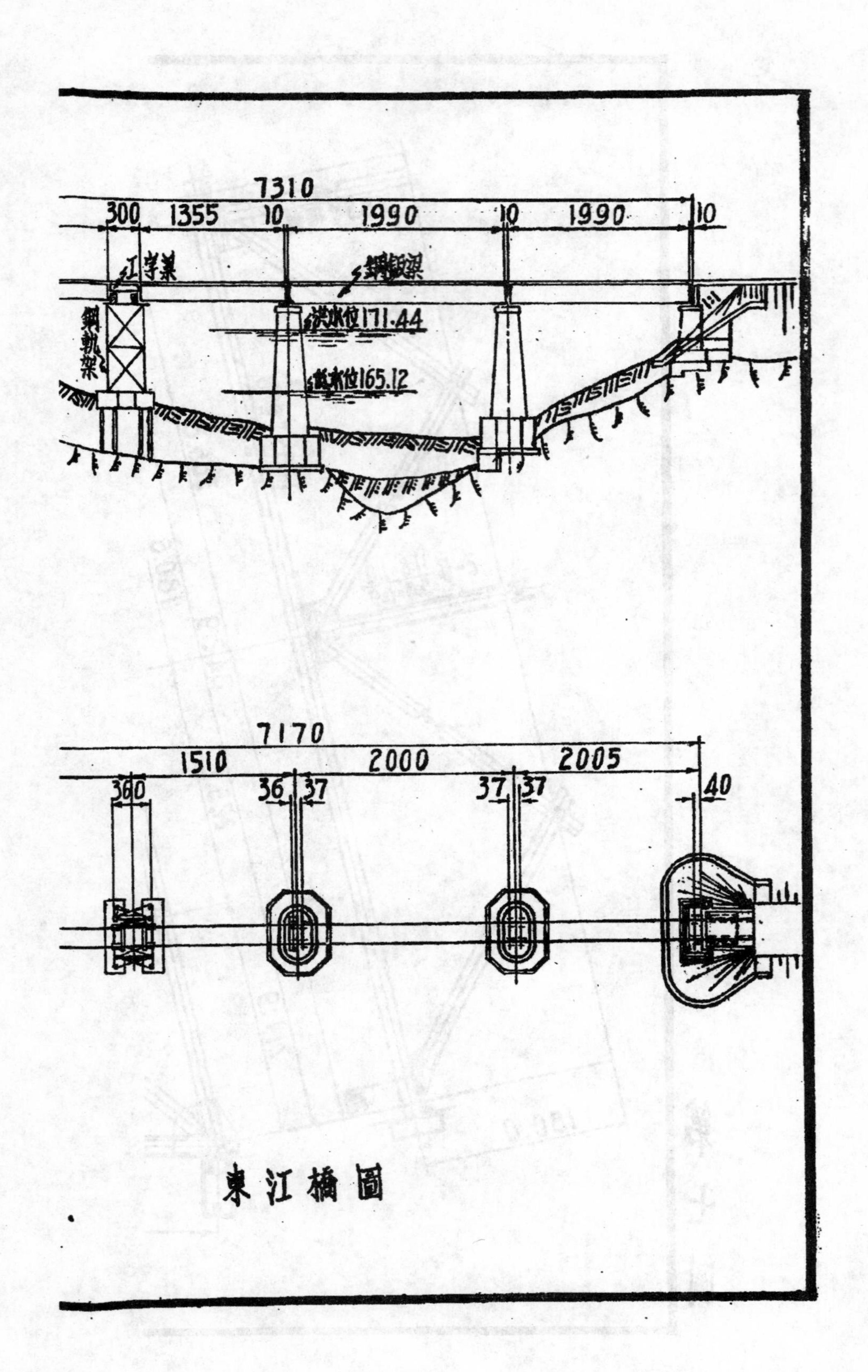

7310
300
1355
10
1990
10
1990
10
工字梁
鋼鈑梁
洪水位171.44
低水位165.12
7170
1510
2000
2005
360
36
37
37
37
40

東江橋圖

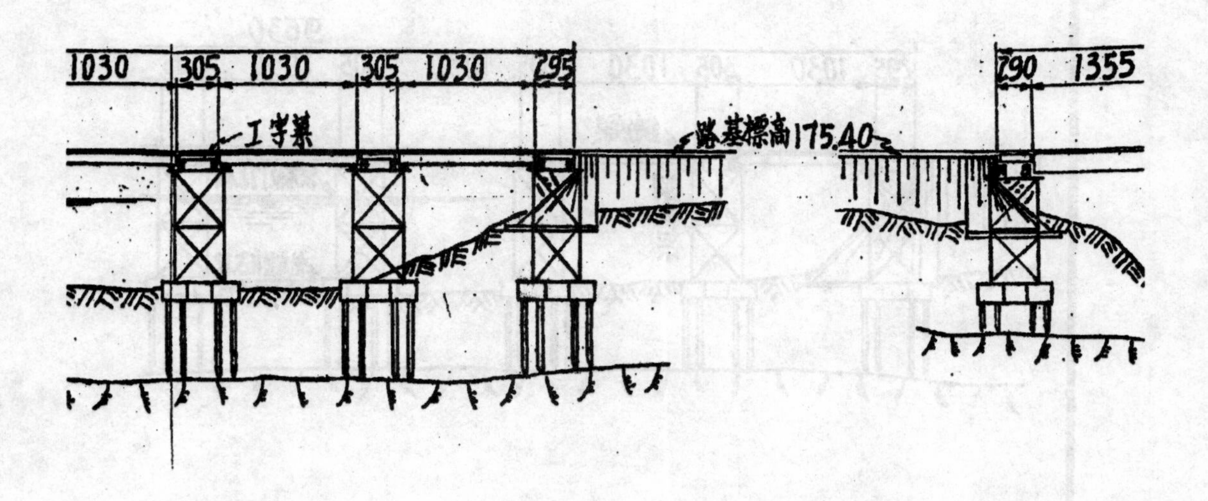

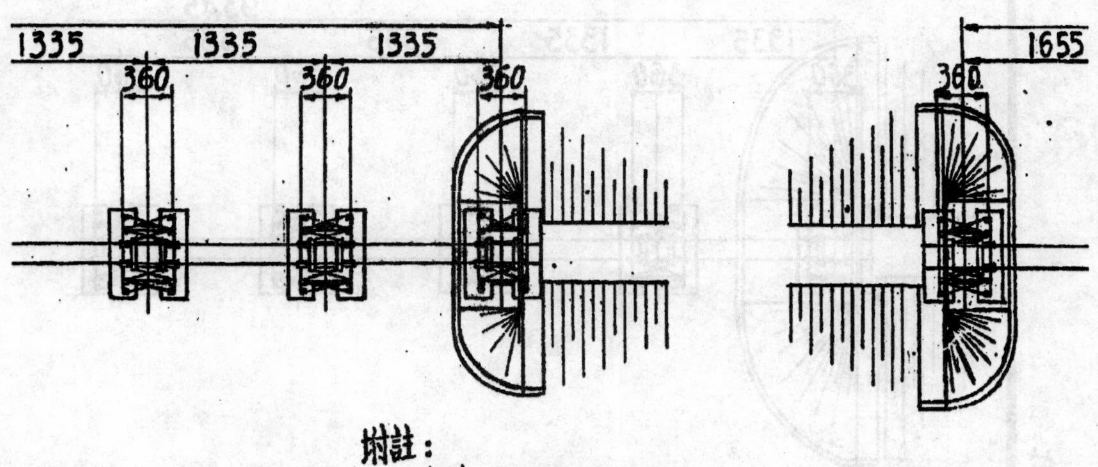

附註：

比例 1:500，1:50。

尺寸 除標高以公尺計算外餘皆按公分計。

建造日期 毛江 二十八年十二月，東江 二十九年八月

繪圖日期 三十年九月。

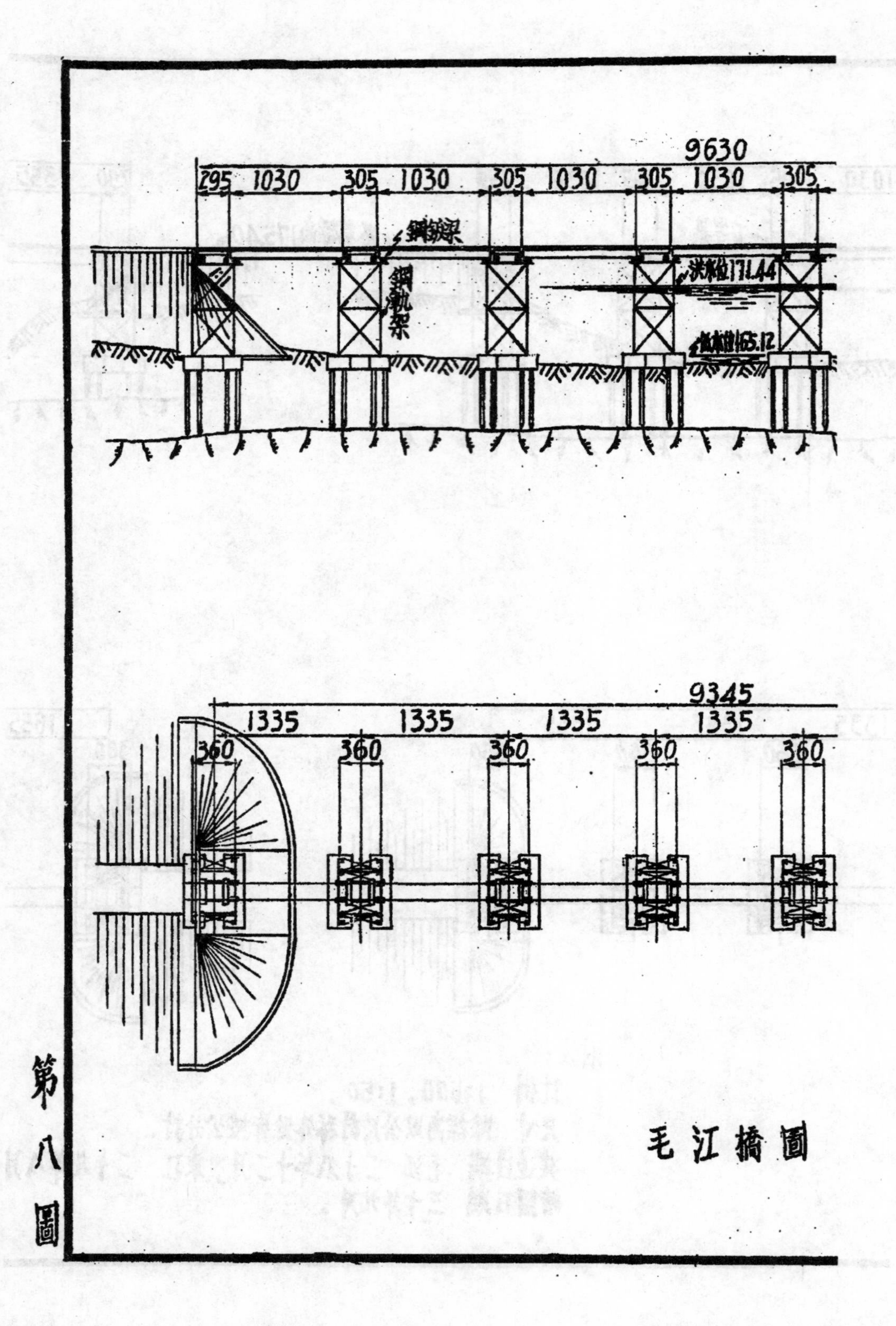
9630
295
1030
305
1030
305
1030
305
1030
305
鋼鈑梁
鋼軌架
洪水位171.44
165.12
9345
1335
1335
1335
1335
360
360
360
360
360

第八圖

毛江橋圖

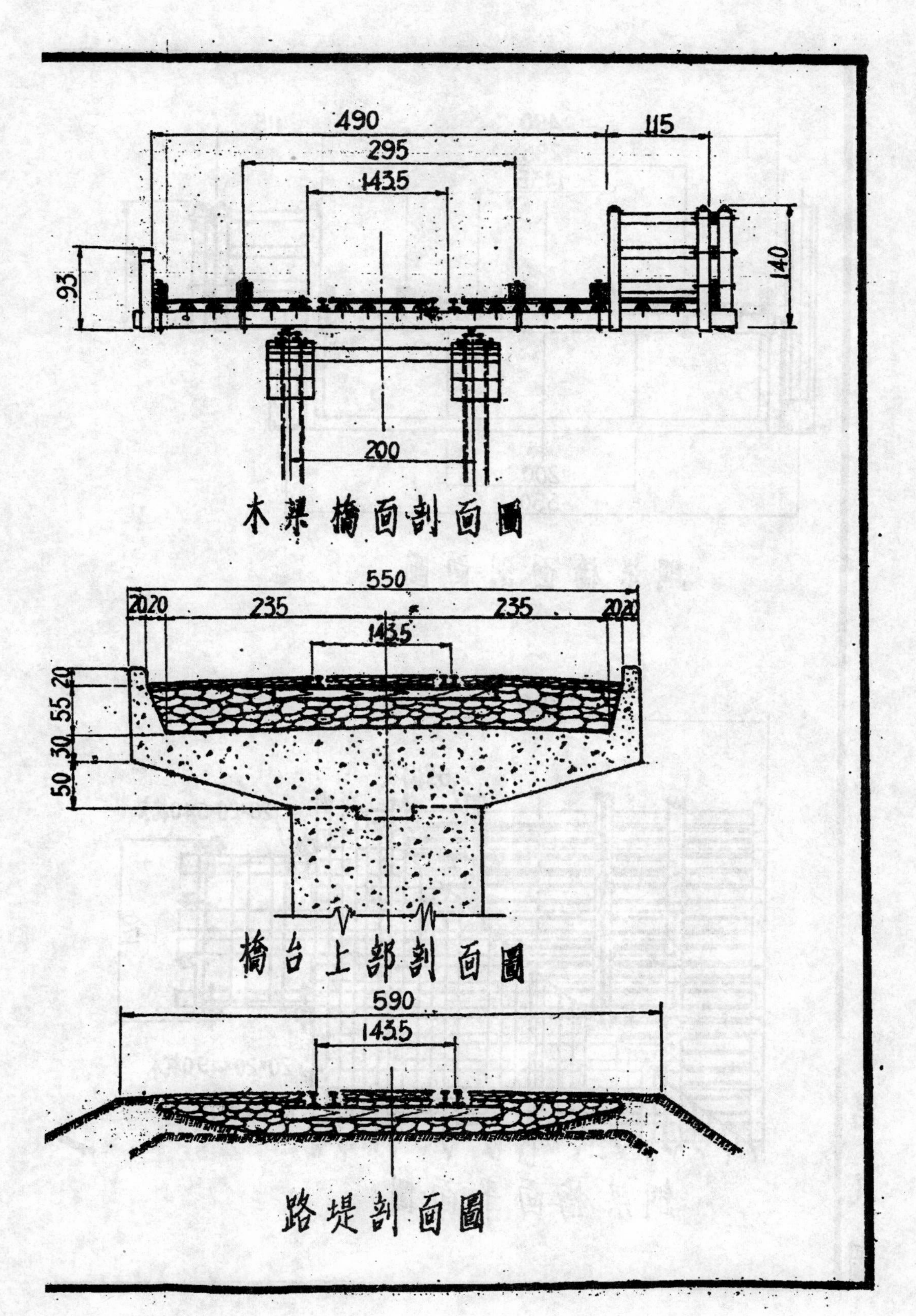
490
115
295
143.5
93
140
200
木梁橋面剖面圖
550
20 20
235
235
20 20
143.5
20
55
30
50
橋台上部剖面圖
590
143.5
路堤剖面圖

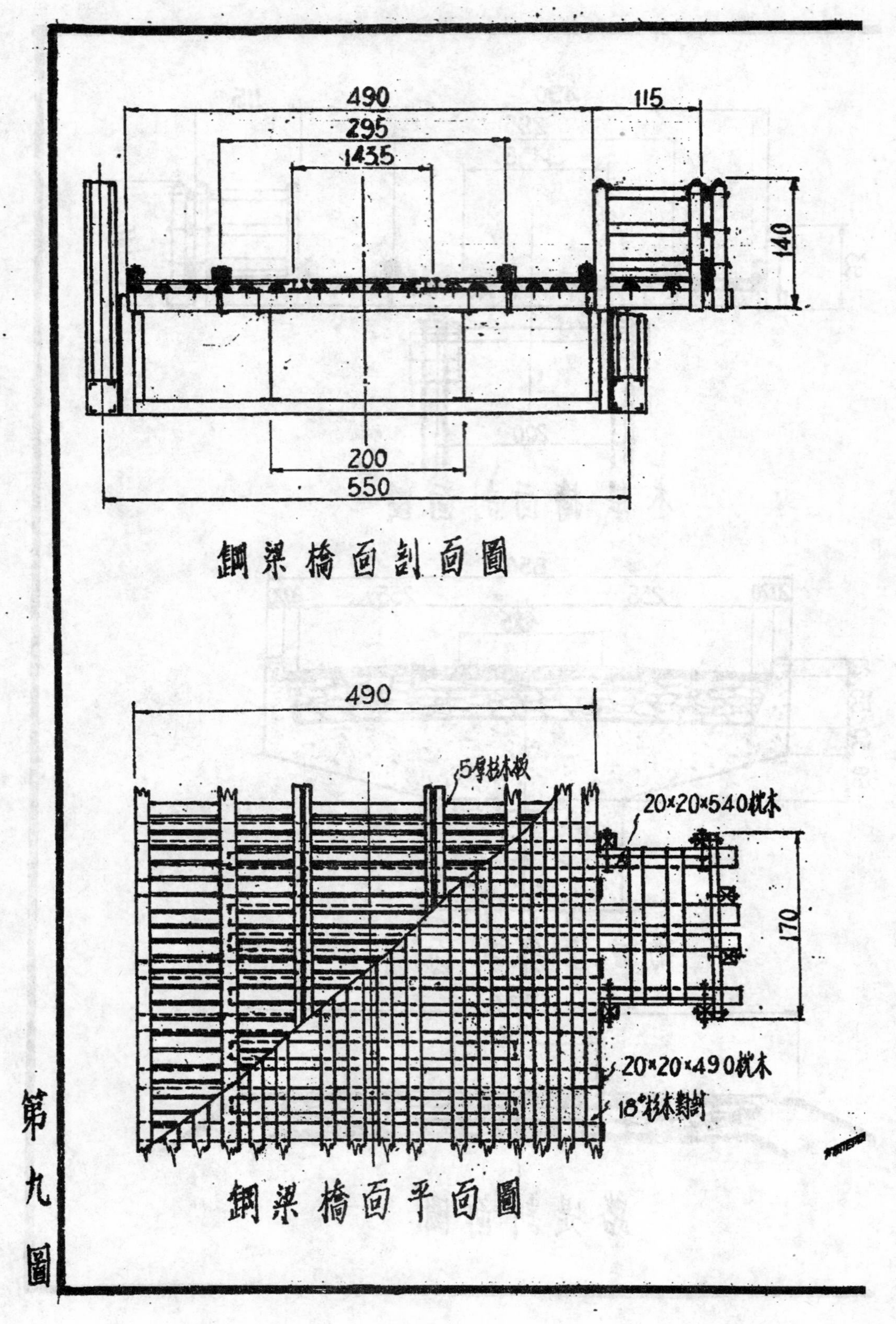
490
115
295
1435
140
200
550
鋼梁橋面剖面圖
490
5厚杉木板
20×20×540枕木
170
20×20×490枕木
18"杉木對剖
鋼梁橋面平面圖
第九圖

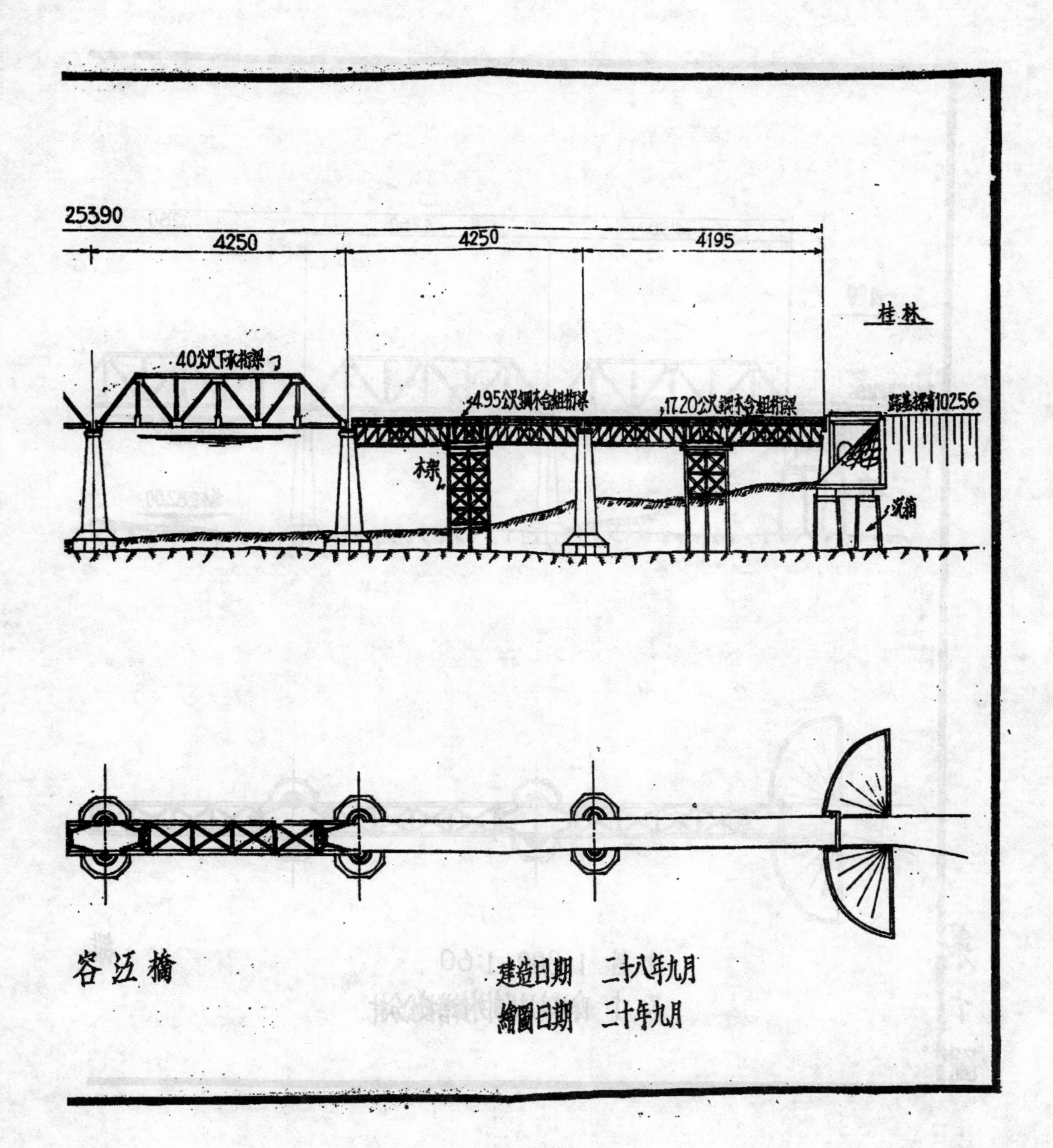
25390
4250
4250
4195
桂林
40公尺下承桁梁
4.95公尺鋼木合組桁梁
17.20公尺鋼木合組桁梁
路基標高102.56
木架
沉箱
容江橋
建造日期　二十八年九月
繪圖日期　三十年九月

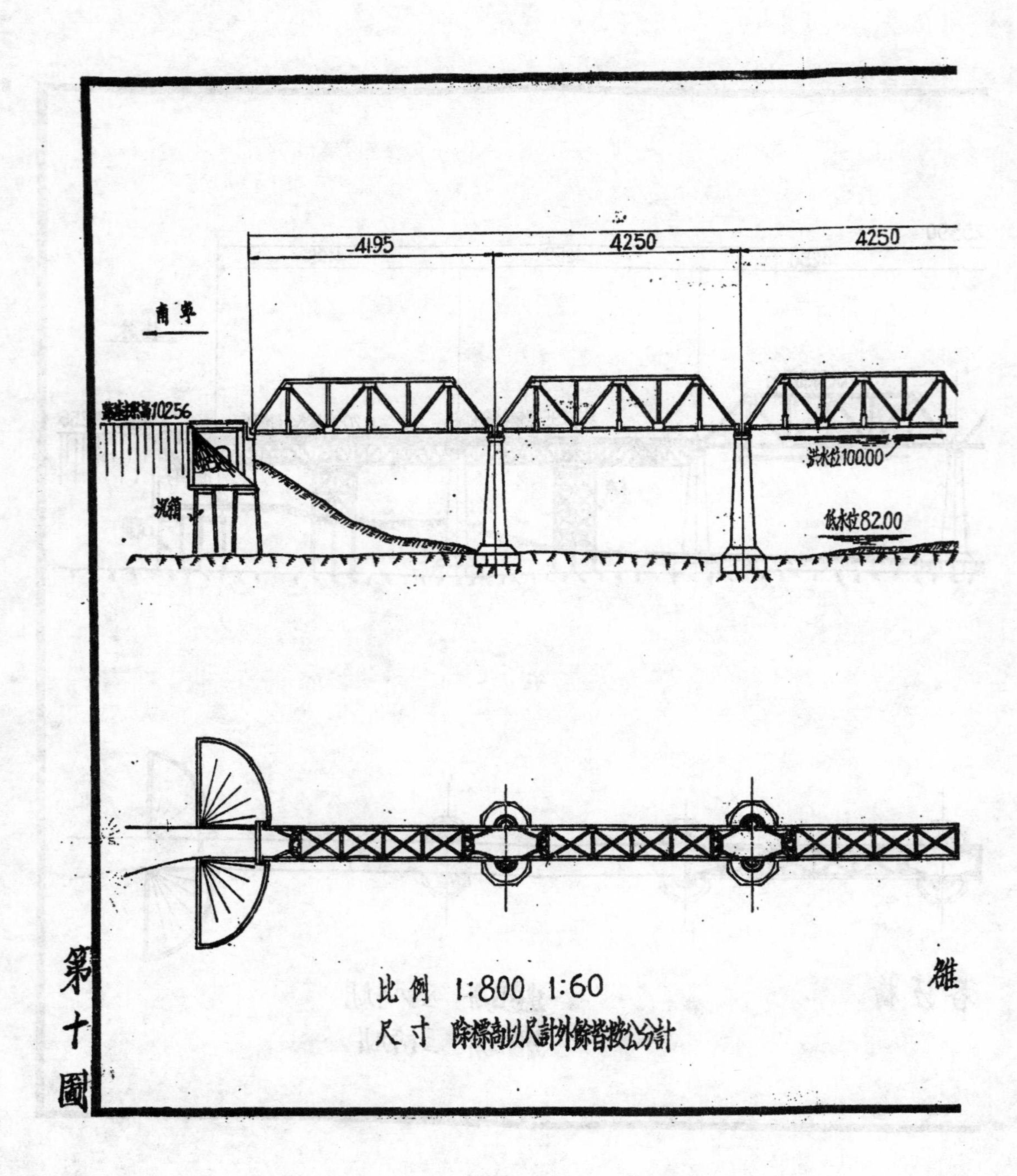

4195
4250
4250
南寧
102.56
沉箱
洪水位100.00
低水位82.00
第十圖
比例 1:800 1:60
尺寸 除標高以尺計外餘皆按公分計

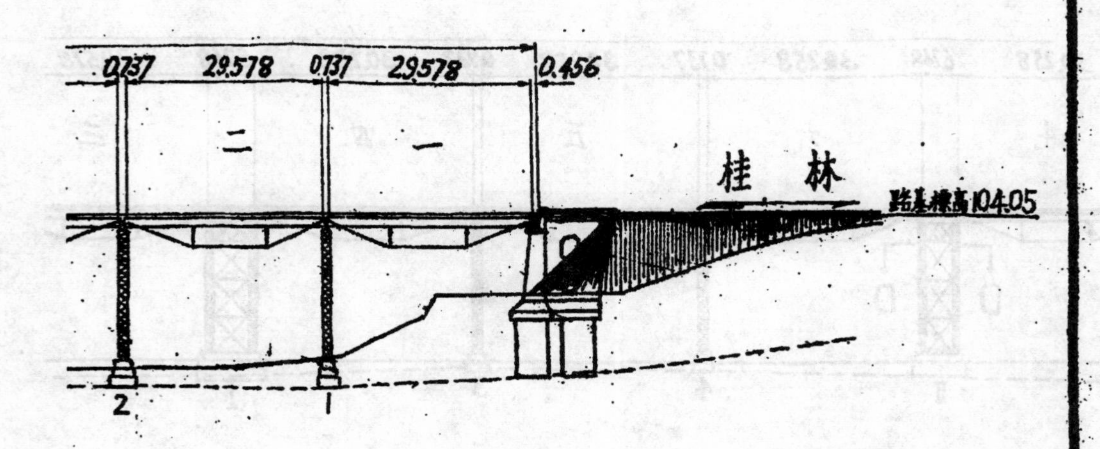

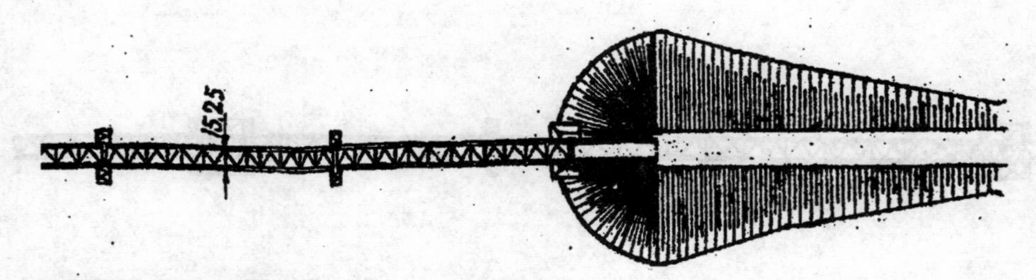

斤(速度每秒5公尺計算)
梁54孔,其他鋼料417公噸

十月,墩座建築民國二十八年
民國二十九年五月至十二月.

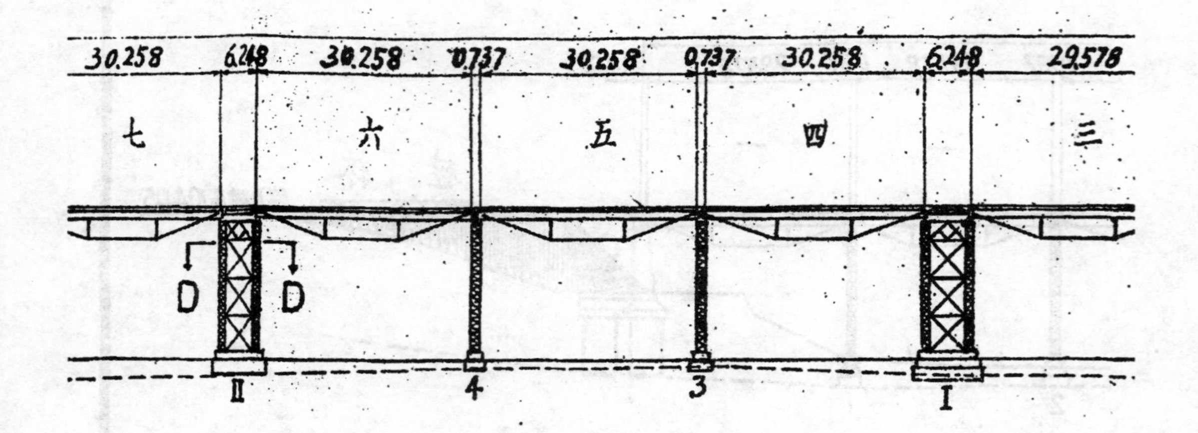

載　重：活載古柏氏E35級風力每平方公尺150公斤水力每平方公尺1,600公
鋼　料：鋼軌85#者17,000公尺,35#者4,600公尺,12#者3,800公尺舊鋼鈑
共計1,350公噸.
施工日期：鋼梁工程第一次民國二十七年一月至六月第二次民國二十七年八月至
十月至二十九年十一月,鋼料製造民國二十九年二月至十一月,架梁工程
試車日期：第一次民國二十九年十二月二十七日第二次民國三十年一月十五日.

柳江大橋圖（一）

比例尺：1:1000
尺寸以公尺計
繪圖日期 三十年九月

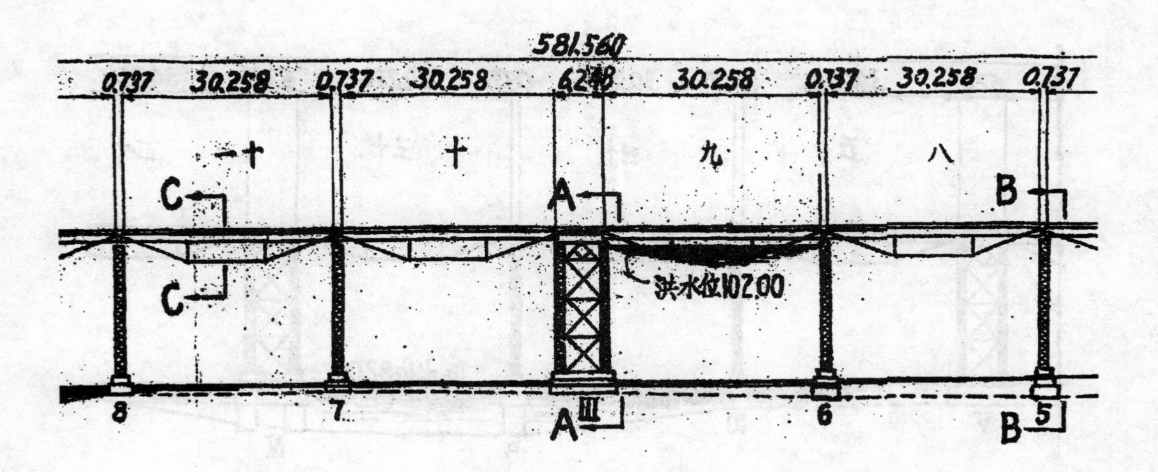

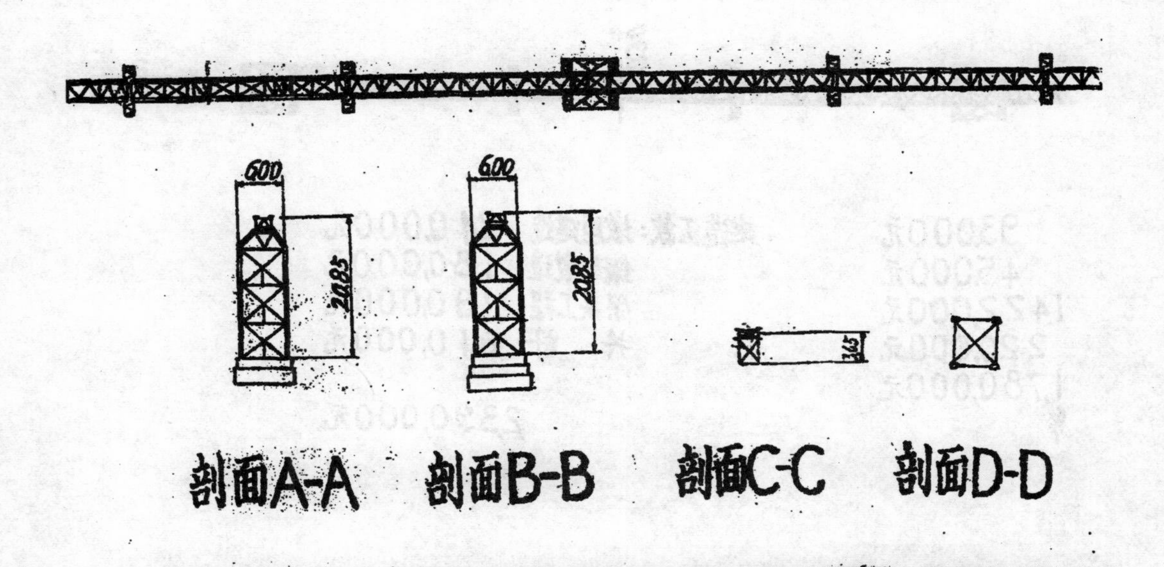

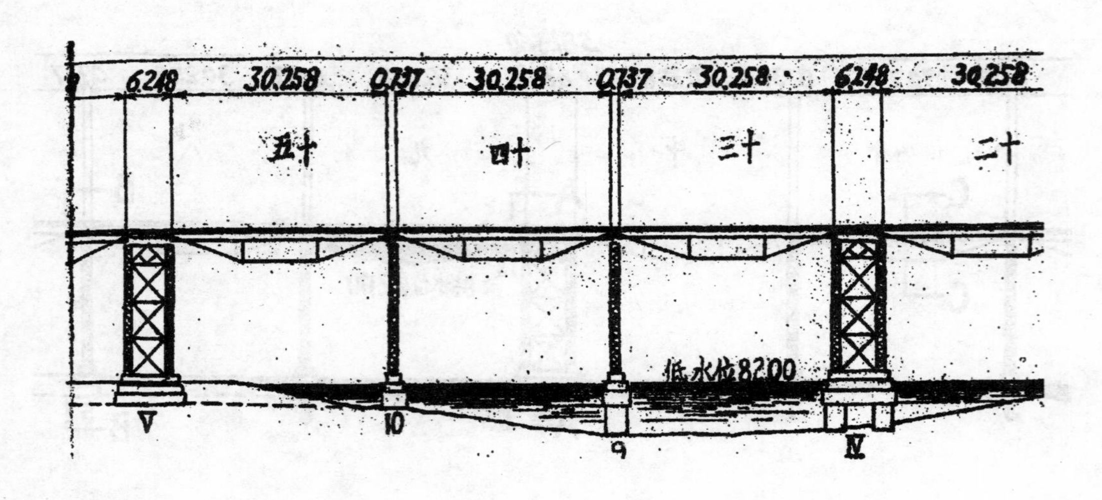
6.248
30.258
0.737
30.258
0.737
30.258
6.248
30.258
五十
四十
三十
二十
低水位8200
V
10
9
IV

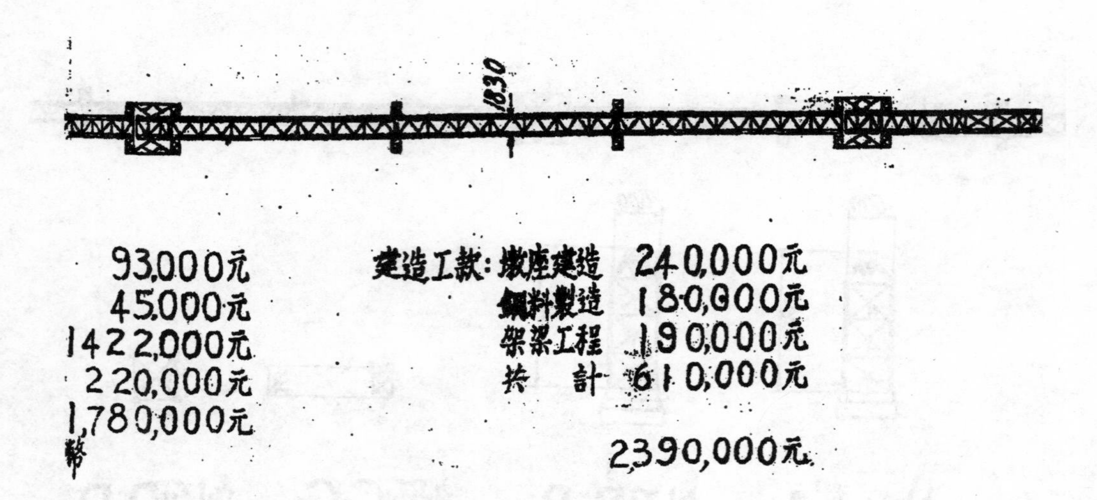
18.30
93,000元
45,000元
1422,000元
220,000元
1,780,000元
建造工款：墩座建造 240,000元
鋼料製造 180,000元
架梁工程 190,000元
共 計 610,000元
2390,000元

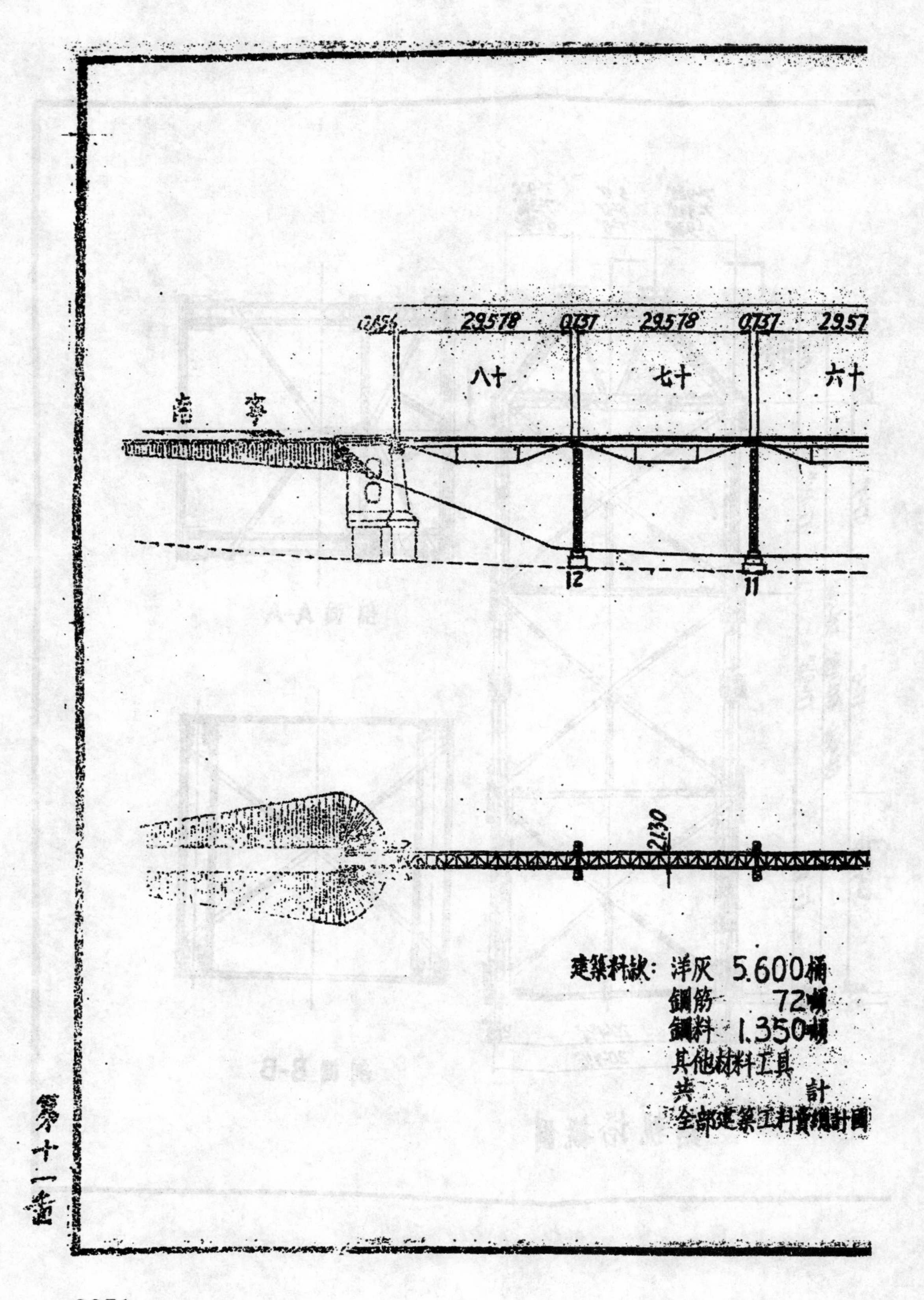

0.156
29.578
0.137
29.578
0.137
29.57
八十
七十
六十
南岸
12
11
2.130
建築料款: 洋灰 5.600桶
鋼筋 72噸
鋼料 1.350噸
其他材料工具
共 計
全部建築工料費總計國
第十一圖

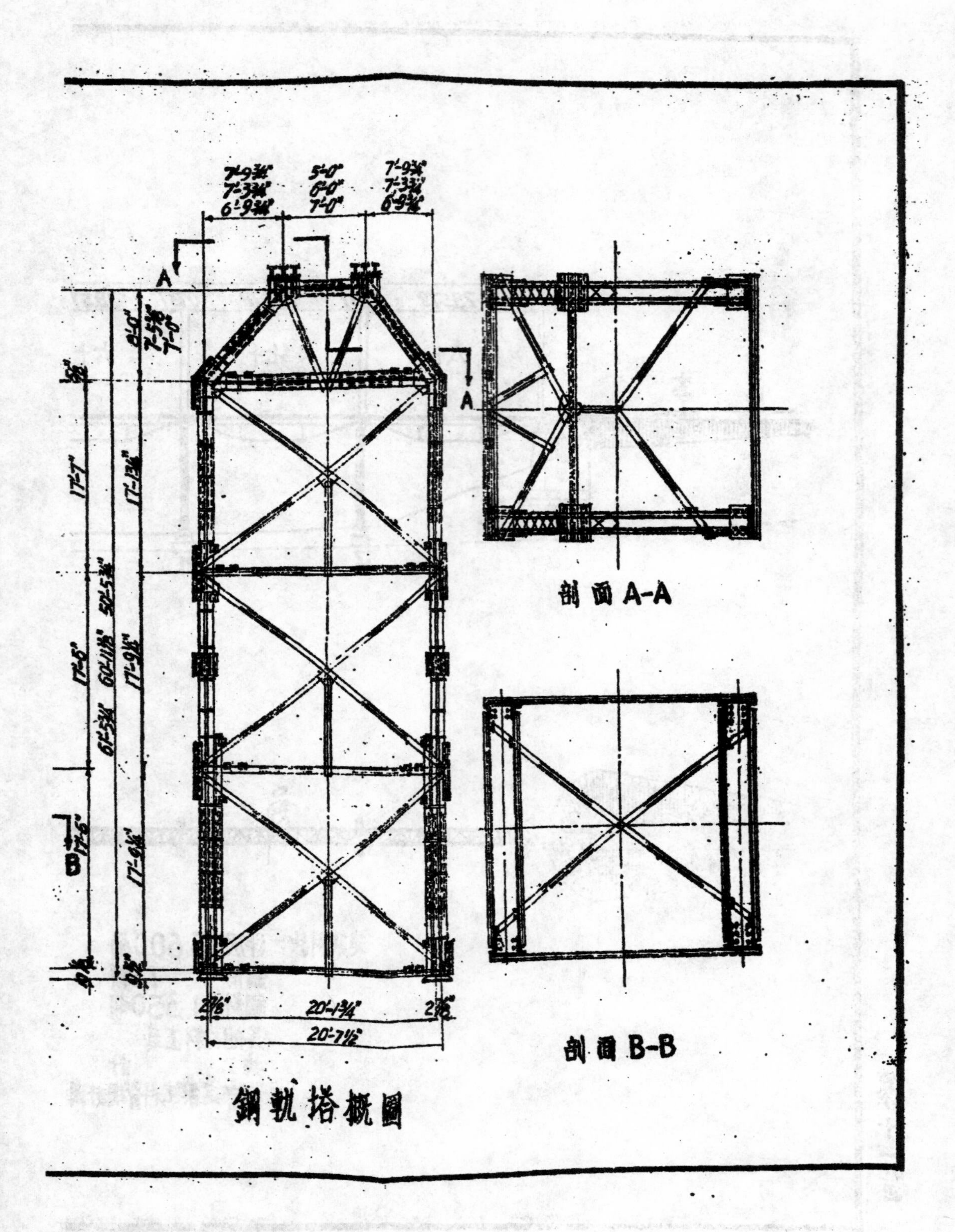

鋼軌塔概圖

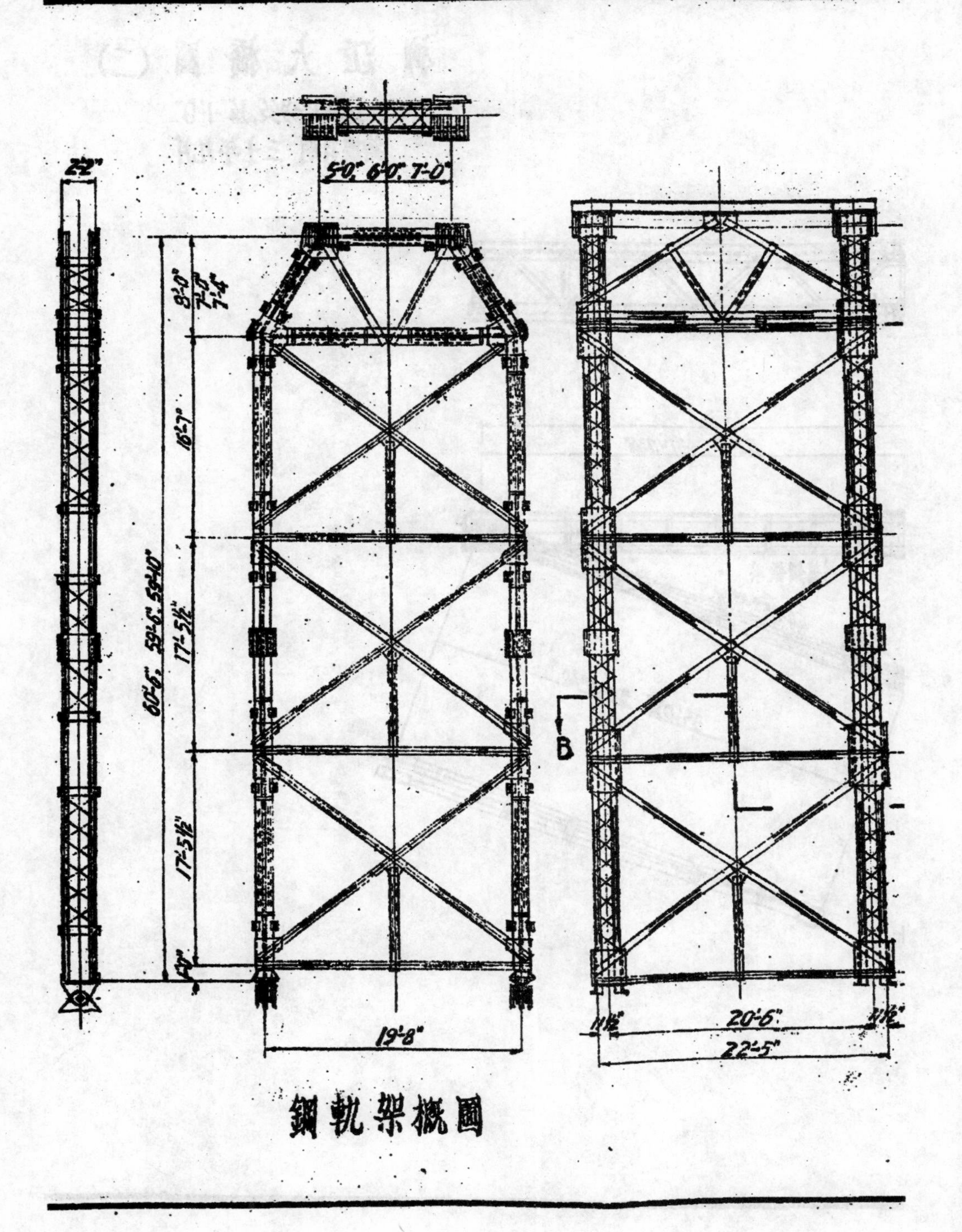
2'2"
5'0", 6'0", 7'-0"
8'-0"
7'-3"
7'-4"
16'-7"
17'-5½"
17'-5½"
60'-6", 59'-6", 59'-10"
19'-8"
B
1'1½"
20'-6"
1'1½"
22'-5"

鋼軌架概圖

湘江大橋圖（二）

比例尺：3/32, 1/4"=1'-0"
繪圖日期 三十年九月

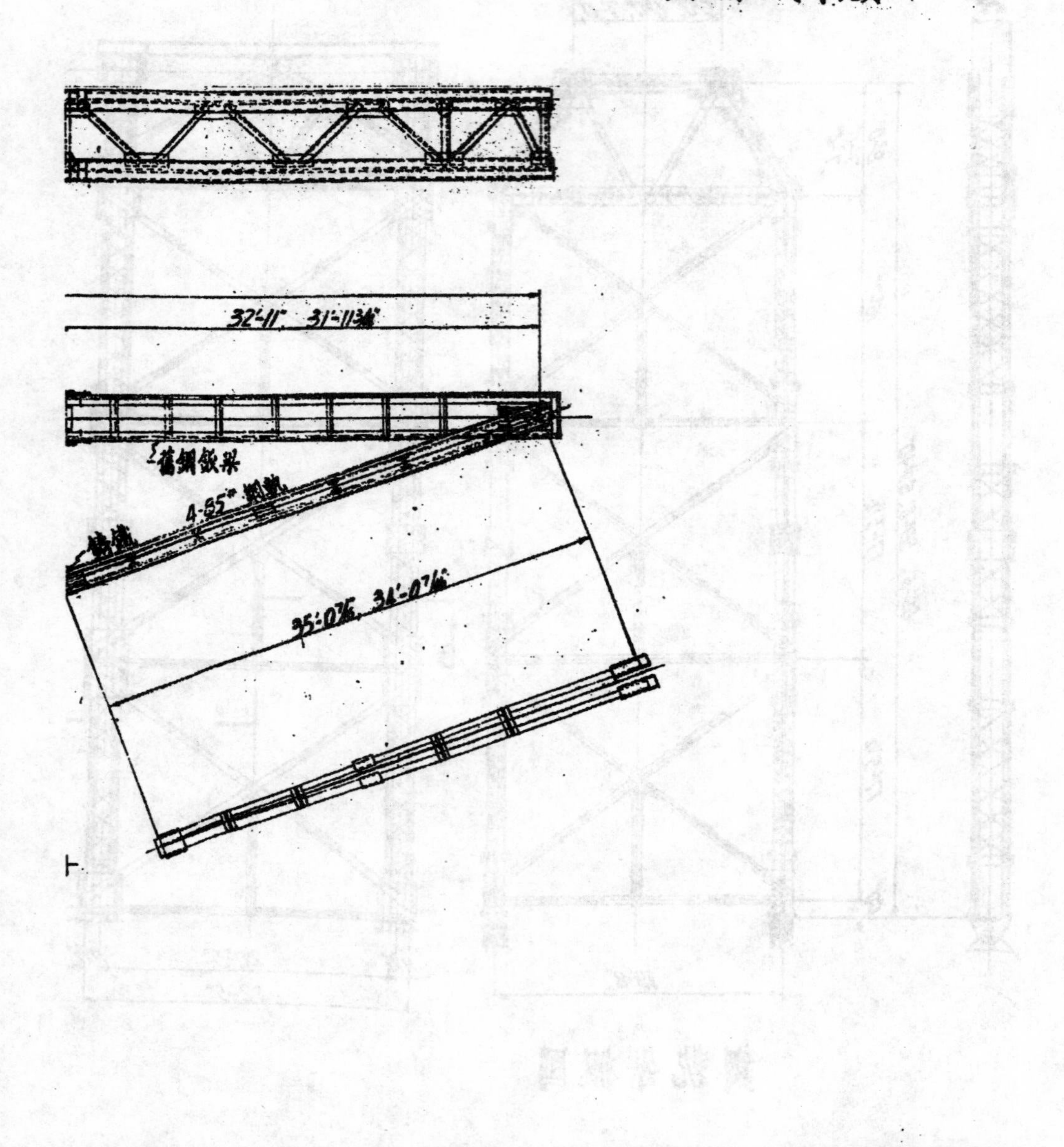

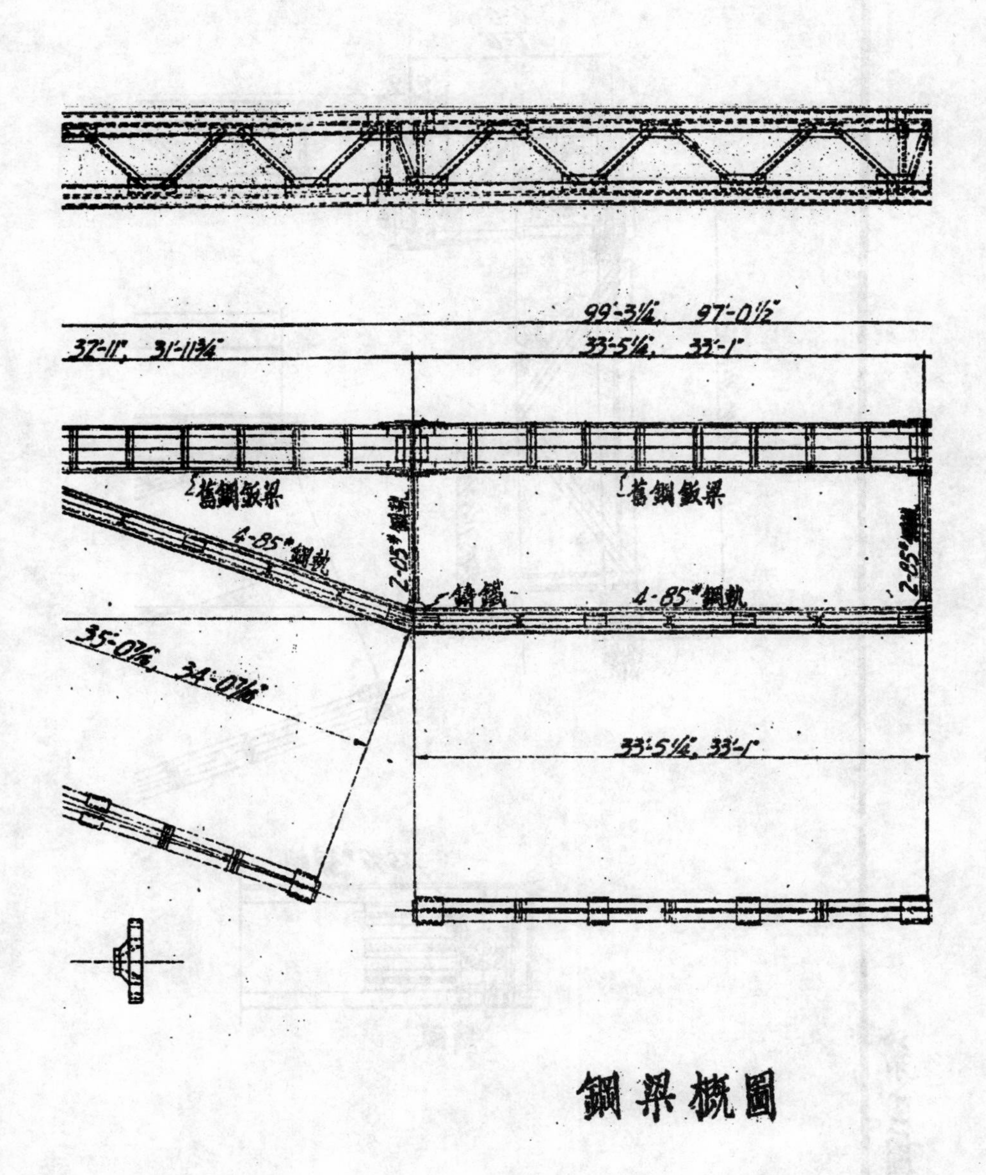
99'-3¼" 97'-0½"
32'-11" 31'-11¾"
33'-5¼" 33'-1"
舊鋼鈑梁
舊鋼鈑梁
4-85# 鋼軌
2-85# 鋼軌
鑄鐵
4-85# 鋼軌
2-85# 鋼軌
35'-0⅛" 34'-0⅛"
33'-5¼" 33'-1"

鋼梁概圖

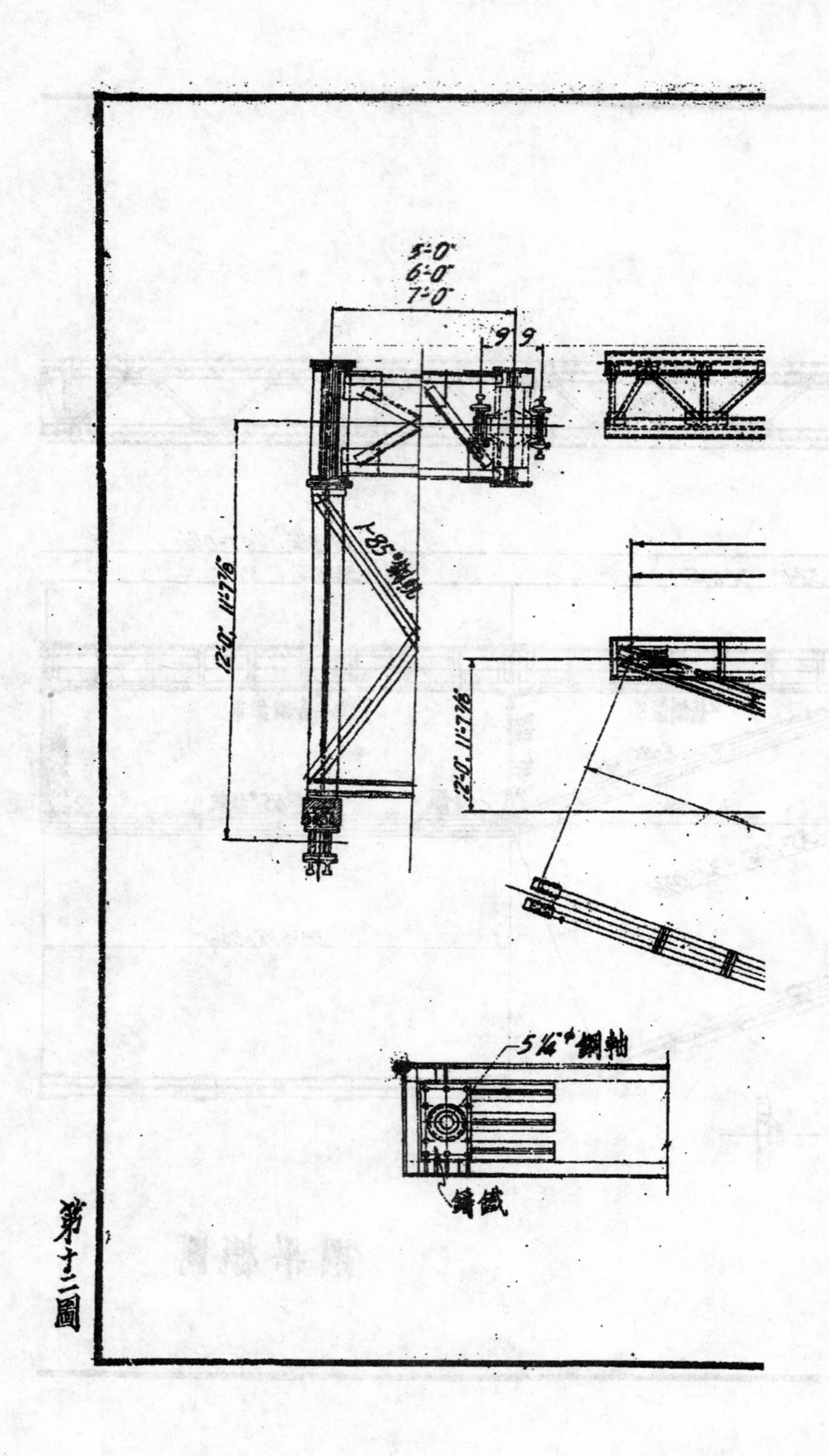

第十二圖

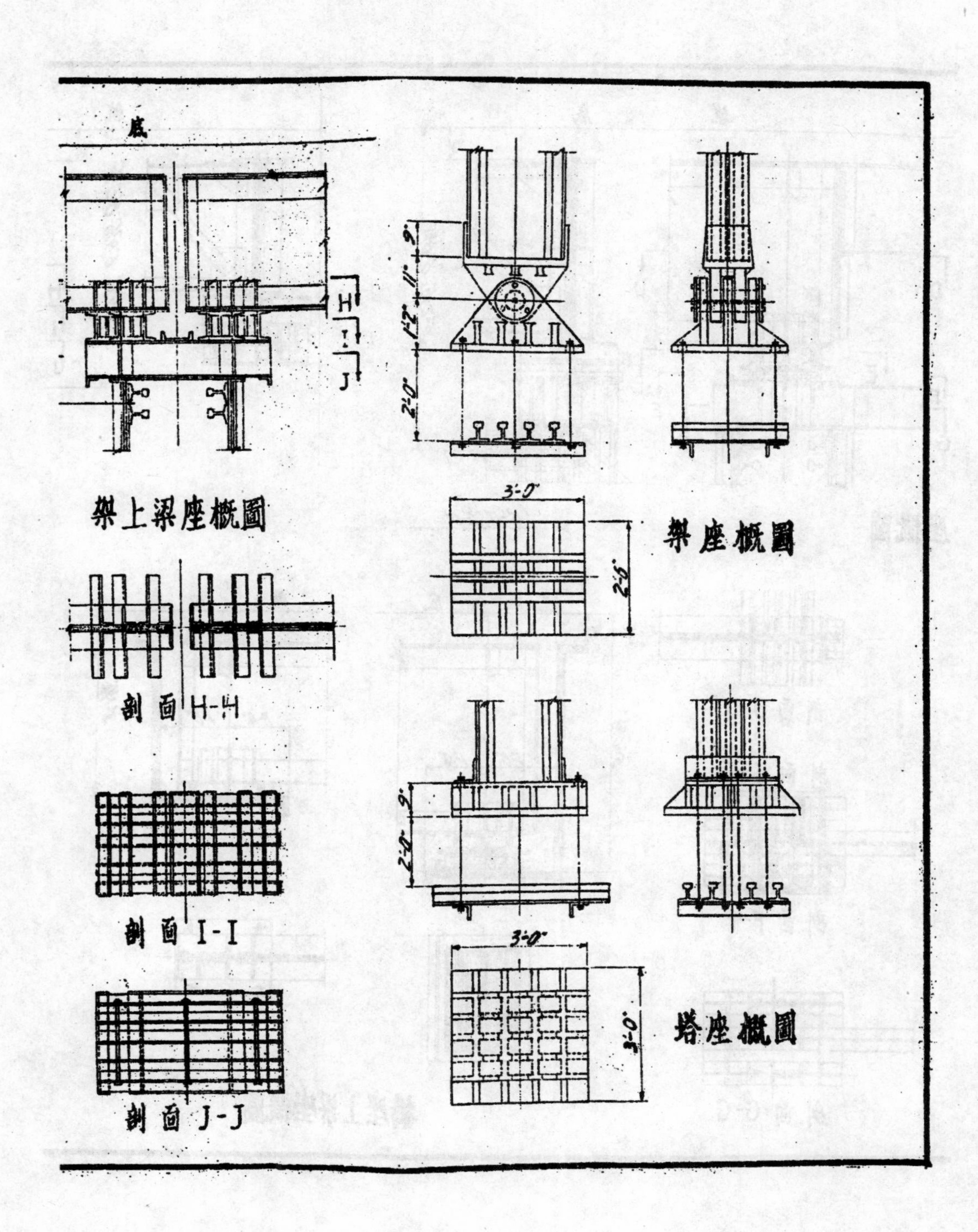
底
H
I
J
9"
11"
1'2"
2'-0"
架上梁座概圖
3'-0"
2'-6"
架座概圖
剖面 H-H
9"
2'-0"
剖面 I-I
3'-0"
3'-0"
塔座概圖
剖面 J-J

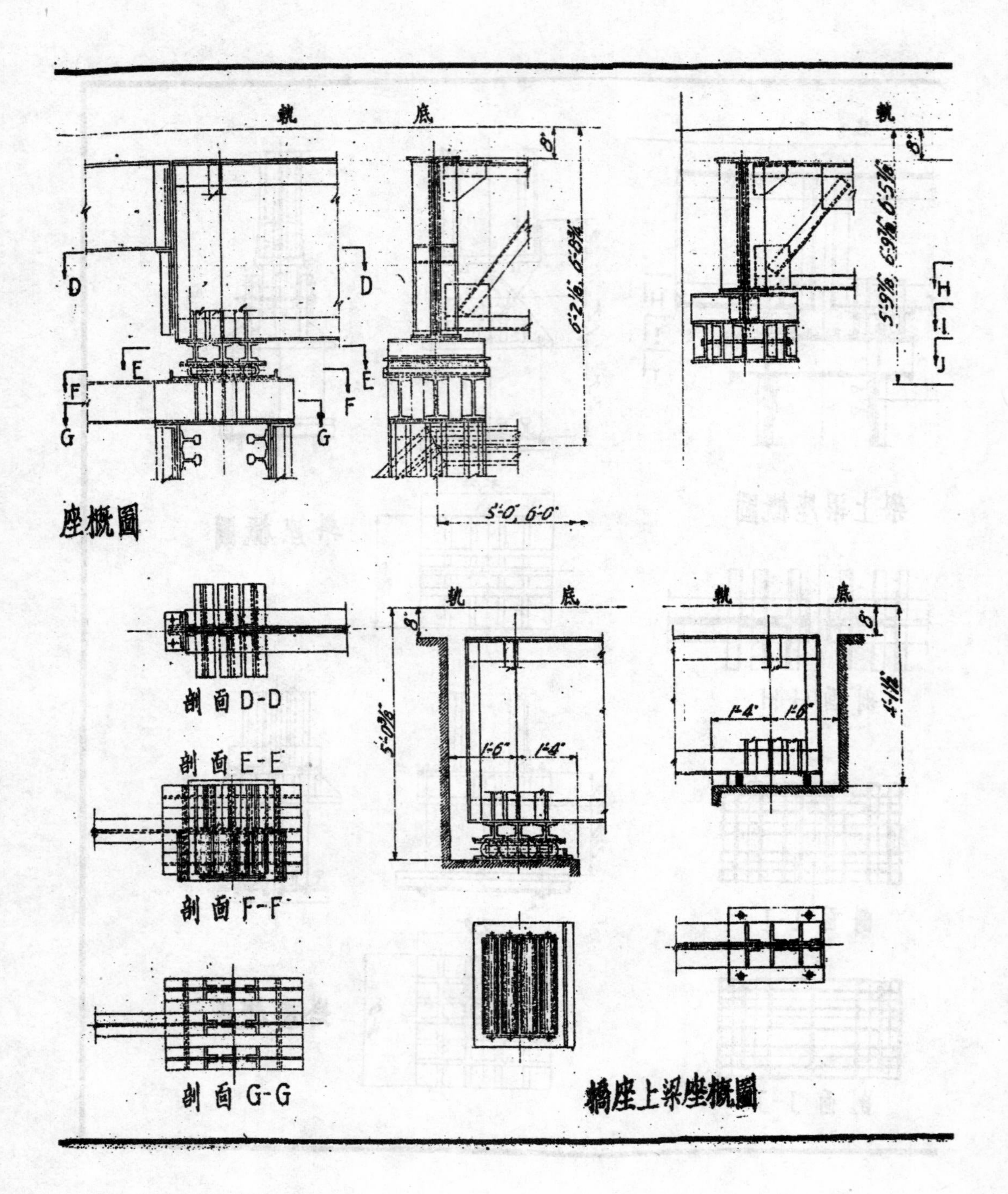
軌 底
8"
6'-2 1/8", 6'-8 3/4"
D
D
E
E
F
F
G
G
5'-0", 6'-0"
座概圖
軌
8"
5'-9 3/8", 6'-9 3/8", 6'-5 7/8"
H
I
J
剖面 D-D
剖面 E-E
剖面 F-F
剖面 G-G
軌 底
8"
5'-0 3/8"
1'-6"
1'-4"
軌 底
8"
4'-1 1/8"
1'-4"
1'-6"
橋座上梁座概圖

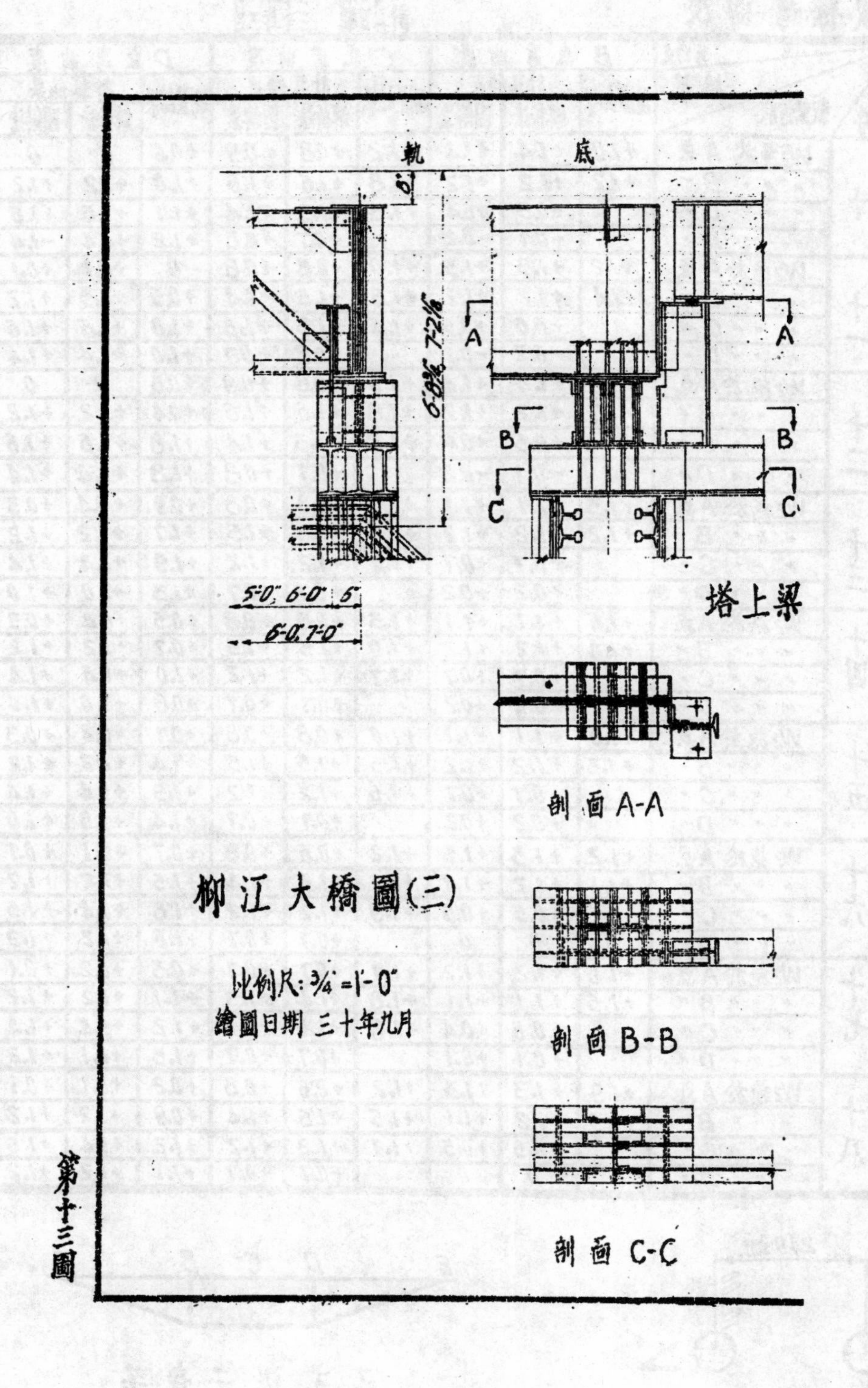
軌　底
6'-0 3/4" 7'-2 1/8"
5'-0" 6'-0" 5"
6'-0" 7'-0"
A
A
B
B
C
C
塔上梁
剖面 A-A
剖面 B-B
剖面 C-C
柳江大橋圖(三)
比例尺: 3/4"=1'-0"
繪圖日期 三十年九月
第十三圖

鈑樑彎曲度

測量日期　三十年一月
計算日期　三十年三月

跨序	載重情狀 \ 結果 \ 彎曲点	B点彎曲度 測量結果	B点 計算結果 解析法	B点 計算結果 圖解法	C点彎曲度 測量結果	C点 計算結果 解析法	C点 計算結果 圖解法	D点彎曲度 測量結果	D点 計算結果 解析法	D点 計算結果 圖解法
十	W2施於A点	+1.0	+1.4	+1.4	+1.2	+0.8	+0.9	+0.4	0	0
	〃 〃 〃 B〃	+1.2	+1.2	+1.2	+1.8	+1.6	+1.6	+1.0	+1.2	+1.2
	〃 〃 〃 C〃		+0.5	+0.4	+1.5	+1.3	+1.4	+1.7	+1.6	+1.6
	〃 〃 〃 D〃		-0.1	-0.2		+0.7	+0.8	+1.2	+1.4	-1.4
十一	W2施於A点	+1.2	+1.3	+1.3	+1.0	+0.8	+0.8	0	+0.1	+0.1
	〃 〃 〃 B〃	+1.4	+1.2	+1.2	+1.6	+1.5	+1.4	+0.5	+1.3	+1.2
	〃 〃 〃 C〃		+0.6	+0.5	+1.4	+1.3	+1.3	+1.0	+1.6	+1.6
	〃 〃 〃 D〃		-0.2	-0.1		+0.8	+0.7	+1.0	+1.4	+1.4
十二	W2施於A点	+1.9	+1.4	+1.4	+1.6	+0.8	+0.9	+0.3	0	0
	〃 〃 〃 B〃	+1.7	+1.2	+1.2	+1.8	+1.5	+1.6	+0.4	+1.2	+1.2
	〃 〃 〃 C〃		+0.5	+0.4	+1.8	+1.3	+1.4	+1.8	+1.6	+1.6
	〃 〃 〃 D〃		-0.1	-0.2		+0.7	+0.8	+1.8	+1.4	+1.4
十三	W2施於A点	+1.3	+1.1	+1.1	+1.0	+0.8	+0.8	+0.9	+0.4	+0.3
	〃 〃 〃 B〃	+1.2	+1.2	+1.2	+2.0	+1.5	+1.5	+1.7	+1.2	+1.2
	〃 〃 〃 C〃		+0.7	+0.7	+1.7	+1.2	+1.2	+1.9	+1.4	+1.4
	〃 〃 〃 D〃		+0.2	+0.2		+0.7	+0.7	+1.3	+1.0	+1.0
十四	W2施於A点	+1.6	+1.1	+1.1	+1.3	+0.8	+0.8	+0.5	+0.4	+0.3
	〃 〃 〃 B〃	+1.4	+1.2	+1.2	+1.9	+1.5	+1.5	+0.7	+1.2	+1.2
	〃 〃 〃 C〃		+0.7	+0.7	+1.7	+1.2	+1.2	+1.0	+1.4	+1.4
	〃 〃 〃 D〃		+0.2	+0.2		+0.7	+0.7	+0.8	+1.0	+1.0
十五	W2施於A点	+1.0	+1.1	+1.1	+1.0	+0.8	+0.8	+0.7	+0.4	+0.3
	〃 〃 〃 B〃	+1.3	+1.2	+1.2	+1.5	+1.5	+1.5	+1.4	+1.2	+1.2
	〃 〃 〃 C〃		+0.7	+0.7	+1.5	+1.2	+1.2	+1.5	+1.4	+1.4
	〃 〃 〃 D〃		+0.2	+0.2		+0.7	+0.7	+1.4	+1.0	+1.0
十六	W2施於A点	+1.2	+1.3	+1.3	+1.2	+0.6	+0.8	+0.7	+0.1	+0.1
	〃 〃 〃 B〃	+1.1	+1.2	+1.1	+2.0	+1.5	+1.4	+1.5	+1.2	+1.2
	〃 〃 〃 C〃		+0.5	+0.5	+1.9	+1.2	+1.2	+1.8	+1.4	+1.5
	〃 〃 〃 D〃		0	0		+0.7	+0.7	+1.6	+1.2	+1.2
十七	W2施於A点	+1.6	+1.2	+1.2	+1.7	+0.7	+0.7	+0.3	+0.2	+0.1
	〃 〃 〃 B〃	+1.5	+1.1	+1.1	+1.8	+1.4	+1.3	+1.1	+1.2	+1.2
	〃 〃 〃 C〃		+0.6	+0.4	+1.8	+1.1	+1.1	+1.2	+1.4	+1.4
	〃 〃 〃 D〃		+0.1	+0.1		+0.7	+0.7	+1.3	+1.1	+1.2
十八	W2施於A点	+1.9	+1.3	+1.3	+1.2	+0.6	+0.8	+0.2	+0.1	+0.1
	〃 〃 〃 B〃	+1.3	+1.2	+1.1	+1.5	+1.5	+1.4	+0.9	+1.2	+1.2
	〃 〃 〃 C〃		+0.5	+0.5	+1.7	+1.2	+1.2	+1.2	+1.4	+1.5
	〃 〃 〃 D〃		0	0		+0.7	+0.7	+1.1	+1.2	+1.2

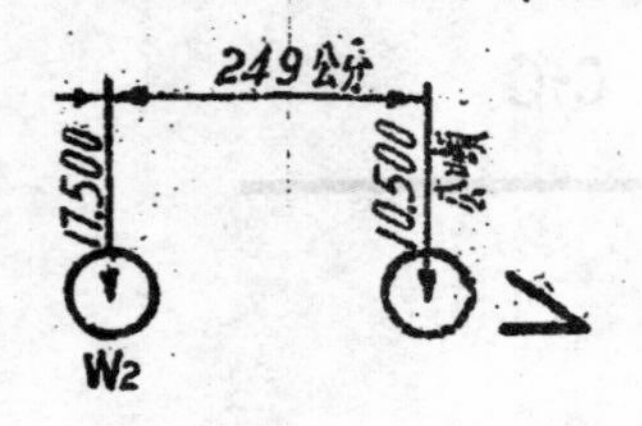

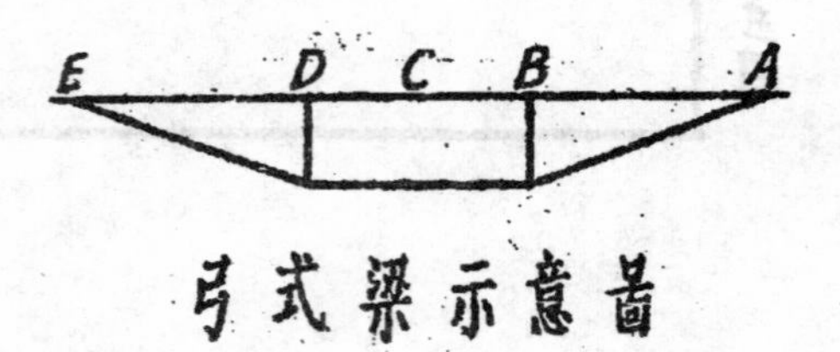

弓式梁示意圖

椰江大橋鋼

跨序	載重情狀 / 結果 / 彎曲点	B点彎曲度			C点彎曲度			D点彎曲度		
		測量結果	計算結果		測量結果	計算結果		測量結果	計算結果	
			解析法	圖解法		解析法	圖解法		解析法	圖解法
一	W_2施於A点	+1.4	+1.3	+1.3	+1.3	+0.7	+0.8	+0.5	0	0
	〃 〃 〃 B 〃	+1.2	+1.2	+1.2	+1.7	+1.5	+1.5	+1.1	+1.1	+1.2
	〃 〃 〃 C 〃		+0.6	+0.7	+1.5	+1.3	+1.2	+1.7	+1.5	+1.5
	〃 〃 〃 D 〃		−0.1	−0.1		+0.6	+0.6	+1.2	+1.3	+1.3
二	W_2施於A点	+1.3	+1.3	+1.3	+1.0	+0.7	+0.8	+0.8	0	0
	〃 〃 〃 B 〃	+1.2	+1.2	+1.2	+2.0	+1.5	+1.5	+1.6	+1.1	+1.2
	〃 〃 〃 C 〃		+0.6	+0.7	+1.7	+1.3	+1.2	+1.8	+1.5	+1.5
	〃 〃 〃 D 〃		−0.1	−0.1		+0.6	+0.6	+1.2	+1.3	+1.3
三	W_2施於A点	+1.4	+1.3	+1.3	+1.0	+0.7	+0.8	+0.5	0	0
	〃 〃 〃 B 〃	+1.5	+1.2	+1.2	+1.8	+1.5	+1.5	+0.5	+1.1	+1.2
	〃 〃 〃 C 〃		+0.6	+0.7	+1.6	+1.3	+1.2	+1.4	+1.5	+1.5
	〃 〃 〃 D 〃		−0.1	−0.1		+0.6	+0.6	+1.6	+1.3	+1.3
四	W_2施於A点	+1.4	+1.4	+1.4	+1.4	+0.8	+0.9	+0.2	0	0
	〃 〃 〃 B 〃	+1.3	+1.2	+1.2	+2.1	+1.6	+1.6	+0.9	+1.2	+1.2
	〃 〃 〃 C 〃		+0.5	+0.4	+1.9	+1.3	+1.4	+1.0	+1.6	+1.6
	〃 〃 〃 D 〃		−0.1	−0.2		+0.7	+0.8	+1.0	+1.4	+1.4
五	W_2施於A点	+1.8	+1.4	+1.4	+1.0	+0.8	+0.9	+0.2	0	0
	〃 〃 〃 B 〃	+1.0	+1.2	+1.2	+1.8	+1.6	+1.6	+1.2	+1.2	+1.2
	〃 〃 〃 C 〃		+0.5	+0.4	+1.6	+1.3	+1.4	+1.9	+1.6	+1.6
	〃 〃 〃 D 〃		−0.1	−0.2		+0.7	+0.8	+1.8	+1.4	+1.4
六	W_2施於A点	+1.0	+1.4	+1.4	+1.2	+0.8	+0.9	+0.7	0	0
	〃 〃 〃 B 〃	+1.0	+1.2	+1.2	+1.6	+1.6	+1.6	+1.0	+1.2	+1.2
	〃 〃 〃 C 〃		+0.5	+0.4	+1.1	+1.3	+1.4	+1.2	+1.6	+1.6
	〃 〃 〃 D 〃		−0.1	−0.2		+0.7	+0.8	+0.8	+1.4	+1.4
七	W_2施於A点	+1.1	+1.4	+1.4	0	+0.8	+0.9	+0.8	0	0
	〃 〃 〃 B 〃	+1.0	+1.2	+1.2	+0.8	+1.6	+1.6	+1.3	+1.2	+1.2
	〃 〃 〃 C 〃		+0.5	+0.4	+1.4	+1.3	+1.4	+1.3	+1.6	+1.6
	〃 〃 〃 D 〃		−0.1	−0.2		+0.7	+0.8	+1.1	+1.4	+1.4
八	W_2施於A点	+1.2	+1.4	+1.4	+0.3	+0.8	+0.9	0	0	0
	〃 〃 〃 B 〃	+1.0	+1.2	+1.2	+1.3	+1.6	+1.6	+1.0	+1.2	+1.2
	〃 〃 〃 C 〃		+0.5	+0.4	+1.3	+1.3	+1.4	+1.5	+1.6	+1.6
	〃 〃 〃 D 〃		−0.1	−0.2		+0.7	+0.8	+1.3	+1.4	+1.4
九	W_2施於A点	+0.7	+1.4	+1.4	+1.0	+0.8	+0.9	+0.2	0	0
	〃 〃 〃 B 〃	+1.1	+1.2	+1.2	+1.6	+1.6	+1.6	+1.0	+1.2	+1.2
	〃 〃 〃 C 〃		+0.5	+0.4	+1.5	+1.3	+1.4	+1.3	+1.6	+1.6
	〃 〃 〃 D 〃		−0.1	−0.2		+0.7	+0.8	+1.4	+1.4	+1.4

第十四圖

122 302 122 373 158 158 158

14.500 14.500 14.500 14.500 17.500 17.500 17.500

機車 K-T-254(單根鋼軌上載重數)

公路路面研究與實驗

李謨熾

目錄

引言
穩定土路
砂土路面
礫石路面
改良泥結碎石路面
級配混合路面
結論
參考資料索引

引言

公路運輸之要素有三：一爲運輸之工具，二爲運輸之管理，三爲運輸之工程。抗戰之前，我國汽車製造事業，未立基礎；抗戰以來，復因汽車製造事業之規模過大，一時又不易籌劃興辦，故公路運輸之工具，始終皆賴外洋輸入。吾人之機械，實爲最新式之機械，先天均甚健全，惜後天不能維持其生命。所以後天之不足，雖由機械養護不得其方，然公路之不良，實有以致之。公路運輸之管理，經歷年來調整及統制之努力，日臻進步，然若在公路工程再加以改善，則運輸及管理之效率，必爲有增進。工程爲公路運輸之基本，直接與運輸行車費用之經濟有關，間接則能影響運輸及管理之效率。無論車輛如何健全，組織如何嚴密，管理如何得法，若公路本身不良，則病根仍在，不能謂爲完善。

改善工程爲尋源治本之策，已如上述。試觀我國西南及西北諸省幹道公路，約計一萬五千公里，而在抗戰期中先後完成者，約居二分之一，大多皆因限期趕工完成，故未能按照原定標準修築，所需改善之處尤多。工程方面之改善，不外有三；一爲路線之改善，二爲橋涵之改善，三爲路面之改善。路線之良善，爲減低坡度，取直彎道，[1]增加視距，展寬路幅，改移路線等。此種工作，大都在初期改善，可以完成，技術方面，標準厘定，循規蹈矩，不甚困難。橋涵之改善，得局部工作，橋涵里程，在全部路線所佔成份甚低，西南及西北各公路，雖有少數大橋，工程浩大，然橋樑之建築，除轟炸損失之外，皆可作一勞永逸之計。路面之改善，則爲我國公路中心問題，西南及西北諸省幹道公路，路面寬度，如平均以五公尺計，路面面積，約計七千五百萬平方公尺；此廣大之面積，無時不受車輛及氣候之摧殘，無時不需要有恆心繼續不斷之養護。而路面之不良，於運輸經濟之損失，影響尤鉅。[2]以我國目前後方各省運輸量而論，苟能改善路面，則每年行車費用及養路費用之節省，約在三萬萬元以上，其中汽車，汽油，輪胎，零件，機油等皆係舶來品，如何節省此鉅額之漏厄，改善路面，爲唯一有效之答案。[3]交通部張部長在『抗戰以來之交通設施』文中，亦言曰：「今後公路方面之工作，一面積極開闢新線，以期增密公路線網，一面則在改善舊路，以期增加運輸效率。改善工程最要者，爲減少渡口，改善坡彎道，修整路面等三項，現均逐步實施。」由是而觀，質量兩方面，務須同時並重，故如何改善路面，提高質的方面，實爲當今迫切問題之一。

路面改善，既如是之重要。[4]目前我國公路運輸量，日趨繁重，由運輸調查之統計，可見其上增之情勢，因之改善路面之呼聲，甚囂塵上。然改善路面，並非一簡而易解決之問題。蓋我國公路路面面積廣大，工程費用之浩大，實無庸贅述。[5]二十六年七月至二十八年十月改善公路工程費用，佔全部工程費用百分之三十七，約爲二千八百餘萬元，其中路面費用，約佔百分之六十，計一千六百餘萬元，二十九年度預算中，十三條公路路面之預算，爲一千二百萬元，佔全年預算百分之三十三，路面費用在全部工程費用所佔之地位，可見一斑。

我國公路路面問題不易解決之原因，不外有二：一爲修築路面技術人才之缺乏，一爲修築路面器材之缺乏。[6]前者之困難，可積極認眞訓練公路技術人才，提高築路技術之水準，以適合目前之需要而解決之。後者築路器材之缺乏，則非人力短時間內所能易爲。以築路材料而論，如地瀝青，柏油，水泥，缸磚，氯化鈣等等，或非我國所出產及能製造，或產量甚微，不能大量利用。以築路機械而論，如必需之壓路機等，又非國內所能自造。當玆抗戰期中，在外匯高漲及運輸困難情形之下，我國修築路面器材之補給，實較任何問題爲感困難。地瀝青，柏油，水泥及氯化鈣等，在美國皆認爲築路廉價材料，在我國則視爲奇貴物質戰前。[7]地瀝青售價，每噸不過七十二元，[8]水泥售價每桶四元，故有推廣應用之價值；現在每噸地瀝青總在七千元左右，每桶水泥總在四百元左右，相差百倍，每架壓路機器，動輒二三十萬元。如是價值，焉能大量購置，我國當前所能利用之築路材料，勢必就地取材。所謂地方材料者，不外黏土，燒土，砂料，礫石，碎石，煤渣，石灰及少量廢棄之桐油，自製之柏油等等而已；所能利用之機械，不外人力，簡單之工具及極少數必需之機器而已。

[9]交通部張部長在二年前雙十節紀念講演，曾提及德國在歐戰時，財政部長的全副精神，不在平衡政府對於國內的歲出歲入，而注重在調節國家對外的出超入超，所以「要現金購買的外國貨，雖價值不過一毫一厘，都要鄭重斟酌，能省則省。凡是一件事業，可以完全利用國內的勞力及原料辦的，雖幾萬萬，都要儘量放膽做去。」雖然他們鬧得一會沒有鷄蛋，一會沒有牛油，凡是五千萬造的煉油廠，七萬萬造的國道，都凡覺得稀鬆平常。

我國公路改善之方式，亦應根據上述德國政策，以儘量利用國內人力，物力及器材爲原則。惟我國築路材料，皆爲最低級之材料，而我國公路之運輸量，在同一數量，反駕於美國之上。[10]美國公路交通一般情形，百分之九十爲小汽車，卡車僅居百分之十，在此百分之十卡車之中，百分之八十載重，皆在二噸以下。是重載卡車成份，不過百分之二而已。我國公路交通情形，與美國迥然不同，卡車成份，約居百分之八十五，而卡車載重量，大部在三噸左右。是每日一百輛之運量，在美國不過有卡車十輛，載重二噸以上者，二輛而已；在我國則有卡車八十五輛，皆係重載，重載卡車之摧毀路面，較小汽車遠甚。按我國目前幹道公路一般運輸情形而論，在歐美各國，皆早已改爲高中級以上之路面，而在我國，則仍維持原有之泥結碎石路面。此種路面，不復能勝此重任，若仍勉強應用，其結果不惟於行車經濟之損失，爲數至鉅，養護修補亦不勝其煩，從整個經濟方面着想，殊非上策。

本文所研究之範圍，卽爲如何將我國固有之築路材料，加以最新技術上之配合與應用，在經濟可能範圍內改進，以發揮其最大效能，俾能勉強維持目前之運輸情形。此種改善路面，自不能冀與柏油及水泥所構造者相比較，但最低限度，當較現有路面爲優。適合我國情形而能實際應用之路面，不外五種：（一）穩定土路，（二）砂土路面，（三）礫石路面，（四）改良泥結碎石路面，及（五）級配混合路面，茲分述如下：

穩定土路

公路之最低級者，爲天然土路，一俟土石方及道底合度工作完竣之後，卽可開始通行車輛。[11]戰前我國公路土路里程，約居百分之八十，目前後方幹道公路，雖皆鋪有碎石路面，然支線公路，大多仍爲土路。天然土路雖屬最低級，苟能勤於養護，永久維持平坦狀況，則在運量稀少之支路，未嘗不可勉強應用。其所以一遇雨季降臨而不能通行車輛者，因修築完成之後，不加以養護，聽其自然；而天然土路，最易受氣候之影響，以致車轍滿途，窪穴叢生，雨雪不易排除，積存於路面。土質遇水軟化而爲泥濘，久雨之後，泥轍深陷，可達二十餘公分。平坦土路之道路阻力，每公噸約爲三十五公斤，但在深泥時，每公噸之阻力可達一百五十公斤，增加四倍有餘，無怪乎汽車深陷泥轍之中，後輪雖能自由旋轉，而仍不能前行也。欲求天然土路四季維持通車，不但養護有恆，而且養護有方，除常川駐有養路工人外，至雨季時，酌添臨時僱工多人，並利用養護土路工具，隨時整理平坦。（養護土路方法及工具之效率，不久擬加以實際實驗。）

在運輸最繁地帶，天然土路不能勝任，而同時石料缺乏者，或因土質過劣，必需加以處治。方能應用以爲高級路面之道底，或初期路面者，穩定土壤，爲合理之辦法。穩定土壤之原理，爲滲入一種材料使土質穩定，而不易受氣候之影響。穩定方式簡而易舉者，爲先將土路翻鬆至十五公分之厚度，加鋪粗料一層，如砂，豆礫，石屑及煤渣之類，至少厚六公分，再行混合而壓實之。換言之，此種土路，因機械作用，實際上已變爲砂土，砂礫或[12]煤渣路面矣。

其他穩定材料，能改善土質而適合應用者：一爲燒土，二爲石灰或水泥，三爲桐油，茲分述如下：

1，燒土穩定原理。

係因土壤加熱燒煉之後，發生物理及化學變化。當溫度加熱至100°C.時，土粒空隙間所含水份散去。表面吸附水膜，則需在100°C.至400°C.之間，方能燒發。同時在此溫度，吸收熱力之後，土壤晶層結構，亦開始分裂。黏土礦物之公式，雖爲$Al_2O_3 \cdot ySiO_2 \cdot xH_2O$，其中$xH_2O$水份，實爲晶層結構內之OH電子。當晶層結構分裂之時，OH電子化爲水份。礬土及矽石個別分化。如再將溫度加高至700°C.以上時，則矽石復與礬土化合而成矽化礬。燒土物理性質之變化，視燒煉溫度及時間而異，溫度愈高及時間愈長者，則土質愈形堅硬而不易脆裂，其黏結力及穩定性亦愈強。惟在工地燒煉，應顧及燒窰之容量及燃料之經濟，在可能範圍內，儘量維持最高可能之溫度，及最長之燒煉時間。（燒土穩定在研究與實驗之中。）

[13]燒土穩定土路方法，遠在一八九〇年，美國費城某公司曾加以研究，其法先將道床挖掘深約六十公分，將土堆積曬乾十日，挑選較大土塊築成直徑四公尺半，高六十公分之圓形土窰，下置稻草及木柴，再將欲燒煉土壤堆蓋於上，成一高約二公尺半之塔形，燒畢俟冷却後回鋪路上。寬六公尺路面，每公里約需開窰六十次。此種燒煉方法，頗與我國土窰近似。雲南省出產紅土甚豐，燒煉方法分爲暗窰與明窰兩種。暗窰之形式，

頗似石灰窰（圖一），窰口與窰身大小相同，惟不如石灰窰口之必需收斂。明窰係就平地挖成（圖二），其小洞及小溝係用以傳導火力。暗窰於裝土之前，可先以石塊於窰底砌成拱形，俾能支持所負之載重，拱石之下，以便燒柴，燃期爲七晝夜，用柴約二丈半。明窰則將挖出之土，堆於窰上，燃期爲七晝夜，用柴爲三丈。關於料質，以硬黃土爲佳，凡雜質及肥料之田土，則不宜採用。取土時最好能將面層草皮連同取下，先予曬乾，再行燒煉，燒土溫度約在600至900°C.（每丈柴爲木尺長一丈高五尺寬三尺）

2.石灰及水泥穩定。

石灰及水泥皆有凝結膠土之功用，穩定土壤，早有定論。[14]水泥穩定實驗路面，抗戰之前，在我國有西蘭公路一段，長二十公里，水泥用量，爲土重百分之五。抗戰以來，繼之者有重慶市上淸寺一段，長六十八公尺，水泥用量，爲土重百分之十七。此二段實驗路，恐爲我國唯一之水泥穩定土壤路面，今不問其成效若何，但在水泥產量極微及價值奇昂情形之下，抗戰期內，恐無法大量應用。與水泥有類似穩定功用之材料，當爲石灰，石灰燒窰，隨地皆是，而售價僅及水泥十分之一，是石灰採用之可能性，自較水泥爲大。

穩定土壤摻合泥水泥成份，通常總在5%至10%，[15]而土壤之物理性質，需下列五項之規定。

（1）液體限度<50

（2）塑性指數<25

（3）黏土成份<35%

（4）最大密度時固體成份<60%

（5）正常密度水份曲線

[16]表一爲水及石灰穩定A-4土壤試驗結果，可知水泥及石灰皆有穩定土壤之功用。摻合成份在6%以下，水泥之功用，遠較石灰爲佳，在9%以上，石灰與水泥之功效，則無顯著之區別。土黏土壤成份，約自10%至40%，以35%左右爲最佳。水泥摻合成份，約自5%至25%，石灰摻合成份，約自10%至25%不等，視土壤性質及環境天氣之需要爲定。

表一：水泥及石灰穩定A-4土壤乾濕試驗損失結果（八次循環）

摻合成份		3%		6%		9%		12%		15%	
摻合材料		石灰	水泥	石灰	水泥	石灰	水泥	石灰	水泥	石灰	水泥
A土	原土90% 紅土10%	100.00	29.35	40.00	28.51	13.50	17.72	4.43	13.98	0.51	4.97
B土	原土80% 紅土20%	60.00	9.27	19.42	7.54	5.71	6.28	3.10	4.09	0.23	0.84
C土	原土70% 紅土30%	4.52	3.07	2.82	2.21	1.04	1.73	0.96	1.31	0.55	0.89
D土	原土60% 紅土40%	9.90	1.20	1.42	0.49	0.83	0.43	0.67	0.28	0.21	0.23
E土	原土50% 紅土50%	100.00	4.21	4.64	1.55	0.25	0.43	0.19	0.32	0.15	0.12

附註：硬度係數，D土加15%石灰爲0.4，加15%水泥爲3.35.

3.桐油穩定。

[17]根據試驗結果，可以證明桐油與瀝靑油料施於土壤之中，有同樣作用。桐油與土壤混合後，能補助土壤預防水浸之害。配合成份增加，則土壤之吸水性可以減少，而穩定性可以增強。土壤中含有多量土質者，需用桐油較多，以減輕其吸水性，砂質土壤則反是。所用桐油分份，施於A-4土壤者，不

得少於百分之二，A-7土壤者，不得少於百分之十四，砂土混合物者，不得少於百分之八。

桐油既有瀝青油類似穩定土壤之功用，而又爲我國之特產，在川、湘、黔、桂等省，均有大量之生產。其目前之出路，雖可爲國內漆業製造之用，但傾銷國外，實居大宗。一部桐油，因質料過劣，不便輸出，若能廢物利用，雖爲量不多，然未嘗不可利用，以爲穩定土壤劑或塗敷路面之油料。

[18]桐油經煉後，所餘殘液，穩定土壤，與桐油亦有同樣作用，能增強土壤之穩性，預防水浸之害。殘液摻合成份，至少爲百分之十二。桐油提煉之後，殘液爲剩餘之副產品，其價格自較桐油爲賤。惟殘液較桐油爲凝固，必需預加一種液體輕油，方能與土壤混合。如所加之輕油，較由桐油提煉者爲昂貴，則桐油殘液之穩定土壤，恐不能有實際用途。

砂土路面

砂土路面，爲砂、淤泥及黏土三種材料適量配合之天然或人工攪和混合物所組成，各具有特殊性質，砂料富內磨擦力及穩定性，有承載重量及抵抗磨耗與搗碎之作用。淤泥內磨擦力雖微，但其功用不過爲填塞砂粒間一部空隙。黏土富有黏性，能將砂泥緊密膠結，惟用量宜適當，過多則砂粒不能互相緊密接觸，失其固有之內磨擦力，而減低其抵抗壓力及磨耗之能力，雨時過度膨脹，將聯結之砂土分散，路面易於軟化。過少則黏結力不足，晴時過分收裂，塵土揚起。換言之，砂土路面之容積，不論晴雨，應無變更，方能稱爲上級之砂土路面。

砂土配合比例，視砂粒粗細及級配，黏土種類及性質而異，通常砂與土之比，爲三與一（以重量計），[19]美國佐治亞州司特瓦罕博士對於砂土路面研究有素，實驗成績甚佳，關於砂土之級配之規定如下：

表二：　砂土級配之規定

材料	甲級（硬質）	乙級（中質）	丙級（軟質）
黏土%	10--15	10--25	10--25
淤泥%	5--15	5--20	5--20
砂%	70--80	60--80	55--80
遺留60號篩粗砂%	45--60	30--60	20--60

上列規定，甲級除凹處積水過久外，不易軟化，輪轍深度，在二公分半以下，適用於多雨之區域。乙級於久雨之後，方始軟化，輪轍深度，在五公分以下，適用於少雨之區域。丙級易於軟化，輪轍深度，可至五公分以上，除運量極稀少及乾燥區域之外，不宜採用。[20]本室對於砂土配合，亦有試驗結果，砂料需有級配，更以能近乎富勒氏曲線爲佳。泥土則尙含黏土百分之六十以上，並更有塑性指數之規定，以適合各地不同之氣候，茲將其結果，列表如下：

表三：　砂土路面材料試驗結果

區域性質	砂料性質	塑性指數	最小穩定性（公斤）	最小密度（公斤立方公尺）	最好水份（%）	泥土成份（%）	砂料成份（%）
多雨	一種尺寸	0-3	9000	160	21	10-20	90-80
多雨	兩種尺寸	0-3	9000	180	20	10-20	90-80
多雨	級配	0-3	9000	200	19	5-15	95-85

少	一種尺寸	3-9	9000	160	20	20-30	80-70
雨	兩種尺寸	3-9	9000	180	19	20-30	80-70
	級配	3-9	9000	200	18	10-25	90-75
乾	一種尺寸	9-15	9000	160	20	30-40	70-60
燥	兩種尺寸	9-15	9000	180	18	30-40	70-60
	級配	9-15	9000	200	17	20-30	80-70

附註：(1)一種尺寸，全部通過20號遺留40號篩

(2)兩種尺寸，通過20號遺留40號篩者爲70%，通過20號遺留40號篩者爲30%。

(3)級配尺寸：

通過10 號遺留20 號篩	35%
通過20 號遺留40 號篩	20%
通過40 號遺留60 號篩	10%
通過60 號遺留100號篩	8%
通過100號遺留200號篩	7%
通過200號篩	2%

礫石路面

21天然礫石材料，散佈各地，頗爲普遍，山坑河岸，隨時隨地，皆可發現此種材料，甚合利用地方材料築路之原則。蓋天然山礫，含有大小不同之材料，稍經人工配合，卽可用以鋪築路面，不若岩石之需要炸裂及擊碎之手續，其費用自較用碎石爲廉，而其效果，如修築得法，養護有方，並不在碎石路面之下。礫石路面，含有礫石、砂、及黏土三種材料，各有其功用，其原理與砂土路面同。礫石爲天然匾石或卵石材料，以產於山岸者較爲適宜，普通規定最大尺寸，不得超過二公分半，亦有大至四公分小至二公分者，蓋因礫石過大，不惟修築及養護不易，路面亦難壓實緊密平坦，下爲規定級配之一例：

通過 $2\frac{1}{2}$公分篩者	100%
通過0.6 公分篩者	最多 60%
通過10 號篩者	30-55%
通過 200號篩者	5-16%

結合料爲礫石路面不可缺少之材料，分爲水化及不水化二種：不水化結合料有氧化鐵，溶滓，砂石，石膏，石粉等；水化結合料爲黏土，通常所用之結合料，大都皆爲黏土。因結合料影響路面之穩定，其性質必需良好，理想之結合料，應具下例條件。

1.黏力及附着力強

2.穩定性強

3.塑性指數適宜

4.毛細管作用低

5.彈性及收縮性小

6.水化性低

結化料用量，視氣候情形，道底種類，礫石種類及級配，及結合料性質而異。用量宜適當，過多雨時泥濘，砂礫鬆動，過少則路面鬆散，不易凝結。通常最多以10%至15%爲限度。氣候乾燥區域，所用結合料宜較氣候潮濕者爲多；砂質道底，宜較黏土道底爲多；矽礫宜較灰礫爲多；級配欠佳之礫石，宜較級配均勻者爲多。

改良泥結碎石路面

泥結碎石路面，我國公路，採用最多。此種路面，在學理上有無根據，向無人加以研究，其所以相沿成習而能歷久不變更者，取其修築簡易，費用低廉，泥土材料，隨地皆是，取之不盡，用之不竭。若水結碎石路面，則非有大量壓路機輾，不能修築；瀝青及水泥結碎石路面，則以瀝青及水泥材料不易得爲經濟能力所限；車壓結碎石路面，則又以運輸量不足，不能充分壓實，而在壓實

時期，路面狀況，不易維持平坦，耗損輪胎尤甚。泥結碎石路面，載重有餘，而磨耗不足。因泥土結合料，極不穩定，晴時水份蒸發成為乾土，易為風力所吹散；雨時易於溶化，成為泥漿，失其固有之黏結力，碎石鬆動，不能維持原有狀況。往往碎石性質良好，但結合料逐漸損失，久之，路面窪穴發生，凹凸粗糙不平，莫此為甚。改良泥結碎石路面之主要點，不在加強路面之載重能力，而在如何穩定黏結碎石之結合料。結合料必具之條件，不外有二：一為黏結力，二為穩定性。通常所用泥土，黏結力有餘，而穩定性不足，改良此種路面，應以如何穩定結合料為起發點。

穩定材料，價值較賤而易得者，當以燒土及石灰二者為主。就黏結力而言，生土或較燒土為佳，但就穩定性而言，生土則遠不如燒土。根據雲南省特產之紅土試驗結果，生紅土摻合石灰成份，至少需在 $7\frac{1}{2}$% 以上；燒紅土加否石灰，無顯著之區別，故實際上燒紅土本身即為穩定結合料，無摻合石灰之必要。我國泥結碎石路面之結合料，均係生土，實有穩定之必要。[22]茲將石灰穩定生紅土[23]燒紅土試驗結果，分列二表如下：

表四：石灰穩定生紅土試驗結果

	液體限度	塑性限度	塑性指數	最好水份	黏結力	乾濕損失
生紅土	60.37%	33.97%	26.40%	27.3%	489	100%
加 2.5%石灰	60.90%	34.88%	26.02%	28.5%	676	100%
加 5.0%石灰	61.14%	36.64%	24.50%	27.7%	1152	100%
加 7.5%石灰	61.52%	37.04%	24.48%	31.5%	5053	6.61%
加10.0%石灰	62.46%	38.63%	23.83%	30.7%	6000以上	6.12%

表五：石灰穩定燒紅土試驗結果

	液體限度	塑性限度	塑性指數	最好水份	黏結力	乾濕損失
燒紅土	62.24%	58.25%	3.99%	48.1%	91	2.53%
加 2%石灰	63.80%	45.07%	18.73%	48.5%	111	2.13%
加 4%石灰	68.50%	47.07%	21.43%	48.0%	114	2.01%
加 6%石灰	70.90%	49.11%	20.89%	51.0%	217	1.91%
加 8%石灰	74.90%	51.14%	23.76%	50.9%	288	1.74%
加10%石灰	76.70%	54.60%	22.10%	52.2%	402	1.07%

燒紅土化學分析：SiO_2=55%，FeO=12%，Al_2O_3=23%，MgO及其他=10%

石灰為穩定結合料之良好材料，由試驗可以證實。石灰性質，視原用石料性質及燒窰溫度及時間而變更。[24]其有關築路性質之試驗結果，可列表如下以供參考。

表六：石灰材料築路性質試驗結果

比重	2.5	工地限度含量	65.18%	吸水	未烘烤（46日）31.93%
空隙	18.39%	縮性限度	54.13%		烘　烤（42日）21.79%
表面水份	7.14%	縮性比	0.995	水化性	一月以上
液體限度	59.65%	比重近似值	2.141	乾濕損失	4 次2.56%
塑性限度	41.10%	體積變遷	6.74%		15次3.40%
塑性指數	18.55%	線縮	3.00%	黏結力	17

附註：黏結力試驗，係用作者自製輕便衝擊機，錘重1公斤，降落 $2\frac{1}{2}$ 公分

修築泥結碎石路面方法有二；一爲乾法，二爲灌漿法。灌漿分二次，一次灌於底層，一次灌於面層。先將碎石鋪設滾壓，然後用泥漿灌於石縫之中。但泥漿之稀稠，必需有精密之試驗。太稠之時，泥漿不能完全灌入石縫之中，太稀則水份蒸發之後，泥料不足，均不能滿足結合料之需要條件。改良泥結碎石路面，灌漿必需用石灰黏土，或石灰砂土，灌漿流率，則需根據石塊之大小，石縫之多寡，而規定灌漿之稀稠。由灌漿之稀稠，而定水份之多寡，俾實際修築此種路面之人，可得一準繩，而免盲目毫無根據之弊。表七爲灌漿流率與碎石大小之關係。[25]表八爲石灰生紅土漿流率試驗之結果。

表七：灌漿流率與碎石大小之關係

碎石大小（公分）	2—4	$2\frac{1}{2}$—5	4—$6\frac{1}{2}$	5—$7\frac{1}{2}$	$6\frac{1}{2}$—9
流率時間（秒）	19—21	20—22	21—22	23—25	23—25

表八：1:9石灰生紅土漿流率試驗結果

混合水量（%）	70	71	72	73	74	75	76	80	90	100	110
流率（秒）	41.3	35.6	33.6	32.0	29.0	19.4	19.2	18.9	16.0	15.3	14.9

級配混合路面

[26]級配混合路面，英文原名爲Graded Mix,或Stabilized Soil Mixture, 實際亦不過爲砂土與礫石路面之變相。級配混合路面，視材料各不同，可分爲二種：一爲細級配砂土路面，一爲粗級配礫石或碎石路面。二者之組合雖各不同，但其原理則一，前者爲級配砂土細料所組成，最大尺寸，普通爲$1\frac{1}{4}$公分$\left(\frac{1}{2}\text{吋}\right)$，如在運量繁密公路，自以含有粗料者爲較適宜，但在石質過劣，或石料缺乏之地，採用細料配砂土者有之。

級配混合路面，無論爲粗料式，或細料式，其構造組合設計之原理有五：

1.混合物中需含有適量，富有內磨擦力之石砂材料，以供給其堅穩度，抵抗車輛之壓力與衝擊力。

2.混合物中需含有適量富於黏性之泥土結合料，以供給其黏結力

3.混合物中所含材料，級配性須良好，使空隙能減少至最低可能之程度。

4.混合物整體，需壓實至最大可能性之密度，以減少其透水性。

5.級配混合路面，需加入一種穩定劑，使不受氣候之影響。

級配材料應爲健全，堅韌，耐久，軋碎至規定大小之礫石，碎石，或溶滓，或因此與砂，石粉，或其他惰性細分鑛質材料合併之混合物，最大尺寸，不得超過穩定磨耗層厚度三分之一。礫石磨耗率，不得大於20%；碎石磨耗率，不得大於8%；溶滓需爲鼓風爐溶滓，每立方公尺重量，不得少於1120公斤。適宜舊有材料，翻鬆後與新加材料滲合能合標準者，亦可應用。結合料主要成份，爲細微壤粒，能通過200號篩網者，通過一吋篩爲100%，通過4號篩網不得少於80%，與級配材料混合時，應與塑性指數之標準相合。

根據上述構造原理，級配材料之配合需有一定之標準範圍，方能達到其目的。普通天然材料能適合於某種級配者甚少，太都需加以人工之配合。通常取三四種天然材料以配合之，使成一種適合級配混合路面之材料，級配材料之標準範圍，視所用材料而異，可分爲細級配砂土，粗級配礫石或碎石三種。面層與底層之級配又各不同，下列級配限度，爲通常採用之標準：

1·級配限度表：

（1）面層材料：

（a）砂土：通過1吋(25.4公厘)篩　100%
通過10號篩　65-100%
通過10號篩之級配如下
通過10號篩　100%
通過20號篩　55-90%
通過40號篩　35-70%
通過200號篩　8-25%

（b）礫石：通過1吋(25.4公厘)篩　100%
通過$\frac{3}{4}$吋(19.05公厘)篩　85-100%
通過$\frac{3}{8}$吋(9.52公厘)篩　65-100%
通過4號篩　55-85%
通過10號篩　40-70%
通過40號篩　25-45%
通過200號篩　10-25%

在某種情形之下，大於1吋$\left(2\frac{1}{2}\text{公分}\right)$礫石，亦可摻合使用，惟不得超過10%。又最大尺寸，無論何時，不得超過面層厚度三分之一。

（c）碎石：通過$\frac{3}{4}$吋（19.05公厘）篩　100%
通過1號篩　70-100%
通過10號篩　35-80%
通過40號篩　25-50%
通過200號篩　8-25%

上面三種面層材料，通過200號篩網成份，不得大於通過40號篩網者三分之二。通過40號細壤之液體限度，不得大於35。塑性指數，通常在4與9之間，塑性指數小於4者，僅能用於多雨地帶，4至9者，用於平均雨量地帶，9至15者，僅能用於乾燥地帶，15以上，則不適用於此種建築矣。雲母，藻土，泥煤及他有機物雜質之存在，由液體限度大於（1.6塑性限度＋14）之多寡判定之。超過此值愈多，則有害於含孔性及毛細管作用愈大，愈不適宜為此種路面之結合料，故液體限度之規定不得大於35。

（2）底層材料：

（a）砂土：通過10號篩　100%
通過20號篩　55—90%
通過40號篩　35—70%
通過200號篩　8—25%

（b）礫石：

最大尺寸＝1吋（$2\frac{1}{2}$公分）者	最大尺寸＝2吋（5公分）者

通過2吋(50.8公厘)篩		100%
通過$1\frac{1}{2}$吋(38.1公厘)篩		70—100%
通過1吋(25.4公厘)篩	100%	55—85%
通過$\frac{3}{4}$吋(19.05公厘)篩	70—100%	50—80%
通過$\frac{3}{8}$吋(9.52公厘)篩	50—80%	40—70%
通過4號篩	35—65%	30—60%
通過10號篩	25—50%	20—50%
通過40號篩	15—30%	10—30%
通過200號篩	5—15%	5—15%

(c)碎石：

通過$\frac{3}{4}$吋(19.05公厘)篩	100%
通過4 號篩	70—100%
通過10 號篩	35—80%
通過40 號篩	25—50%
通過200號篩	8—25%

底層材料通過200號篩網者，應爲0—25%，並不得大於通過40號篩網者之二分之一。通過40號細壤之液體限度，不得大於25，塑性指數不得大於6。

結 論

我國公路修築高中級以上路面材料之奇乏，人所公認。十餘年前，[27]在富有之美國，尤有廉價公路提倡之呼聲，[28]在我國國家經濟狀況之下，公路之修築，勢必以低級及廉價之路面爲主；最低級之天然土路，則在運輸量極稀少之支線，苟能養護有恆而有方未嘗不可勉強應用。在運輸量稍繁，天然土路不能應付而同時石料缺乏之地帶，或因土質過劣必需加以處治，方能適用以爲高中級路面之道底，或初期路面者穩定土壤路面，爲適當合理之辦法。在天然砂土材料易得，或稍加人工配合而能符合砂土配合之規定者，砂土路面，亦能應付輕級之運輸量，在產礫石區域，修築礫石路面，則又較砂土路面更進一步。

我國現有公路路面，以泥結碎石尤多，此種路面，實有改善之必要。改善方式，不外有二：一爲摻加穩定劑，使泥土結合料不易水化而維持固有之黏結力，二爲利用原有路面以爲底層，在上加鋪級配混合面層，厚約8公分，以抵抗車輛之磨耗。[29]或利用水份維持劑，或澱澆油料一層，以維持級配混合材料之最好水份及最大密度。此種綜合路面，載重及磨耗，皆足以應付目前我國幹道公路中較輕之運輸量。

本篇所載，僅就兩年來昆明公路研究實驗室關於路面材料研究與實驗之結果，摘其要點，其中詳情細目，以篇幅所限，未能一一加以解釋，頗覺歉疚。（請參閱本室公路月刊一卷一期至三卷四期，計十二本，公路叢刊第一種至第六種計六本）。本室以人力及財力所限，又非一實施之機構，僅作有初步之研究，然倘能因此而引起熱心公路工程人士之興趣，羣起倡導，聚而圖之，作更進一步之研究與實際實驗，俾研究實驗與實際工作，有所聯繫，互助而行，則我國公路路面之問題，或能一部迎刃而解。此著者之所日夜竭誠盼禱者也。

参考資料索引

1	李謨熾	公路視距之研究	國立清華大學土木工程學會會刊第五期
2	李謨熾	改善我國公路經濟之分析	昆明公路研究實驗室叢刊第一種
3	張公權	抗戰以來之交通設施	新經濟第一卷第八期
4	李謨熾	雲南省公路運輸調查之分析	昆明公路研究實驗室叢刊第六種
5	陳孚華	改善我國公路路面方策應有之認識	昆明公路研究實驗室月刊第二卷第四期
6	李謨熾	訓練公路技術人才芻議	新工程第二期
7	李謨熾	瀝青材料試驗檢討	國立清華大學工程學會會刊第四卷第一期
8	李謨熾	鋼筋混凝土路面厚度設計	國立清華大學土木工程學會會刊第四期
9	張公權	紀念雙十節要刻苦實踐創造國家生命	抗戰與交通半月刊第七八期
10	李謨熾	公路運輸調查	昆明公路研究實驗室叢刊第三期
11	全國經濟委員會公路處	中國公路交通圖表彙覽	民國二十五年六月
12	李謨熾　雷家駿	煤渣及煤渣紅土混合物築路性質試驗報告	昆明公路研究實驗室公路月刊第三卷第四期
13	G.W.Eckert	Soil Stabilization by Heat Treatment	Chemistry Industry Vol.58, No.37,Sept.16,1939 P.816--854
14	陳孚華	土壤水泥路面試驗報告	昆明公路研究實驗室公路月刊第二卷第一期
15	W.H. Mills,Jr	Stabilizing Soil with Portland Cement	Highway Research Board Pecceding Vol.15,1936
16	陳本端　涂淡庭	穩定 A-4土壤試驗報告	昆明公路研究實驗室公路月刊第二卷第三期
17	公路總管理處實習生	桐油穩定土壤實驗報告	昆明公路研究實驗室公路月刊第二卷第二期
18	陳本端　王耀華	桐油殘液穩定土壤試驗報告	昆明公路研究實驗室公路月刊第二卷第四期
19	D.C.W.Straham	Study of Gravel, Topsoil, and Sand-clay Roadsin Georgia	(Public Roads Vol.10,No.7, Sept.1929)
20	陳本端　王耀華	砂土路面材料試驗報告	昆明公路研究實驗室公路月刊第一卷第四期
21	李謨熾	礫石路面之研討	昆明公路研究實驗室公路月刊第三卷第一期
22	李謨熾　涂淡庭	生紅土及石灰混合物黏結力試驗報告	昆明公路研究實驗室公路月刊第一卷第二期
23	李謨熾　涂淡庭	燒紅土及石灰混合物黏結力試驗報告	昆明公路研究實驗室公路月刊第一卷第一期

24	李謨熾 雷爨駿	石灰材料築路性質試驗報告	昆明公路研究實驗室公路月刊第三卷第二期
25	李謨熾 涂漢庭	生紅土及石灰混合料流率試驗報告	昆明公路研究實驗室公路月刊第一卷第三期
26	李謨熾	級配混合路面之研究	斌明公路研究實驗室叢刊第五種
26	Mo-Chih Li(李謨熾)	A Study ot low-cost Highways	A Thesis(Univ.of Michigan)
28	李謨熾	抗戰中之公路軍運政策	新動向二卷六期
29	李謨熾 李廉錕	路面水份維持劑試驗報告	昆明公路研究實驗室公路月刊第三卷第三期
30	李謨熾	公路辭彙 (本篇各詞均按照此辭彙翻譯)	交通部公路總管理處叢刊第一種

工程雜誌投稿簡章

(1)本刊登載之稿，概以中文爲限。原稿如係西文，應請譯成中文投寄。

(2)投寄之稿，或自撰，或翻譯，其文體，文言白話不拘。

(3)投寄之稿，望繕寫清楚，並加新式標點符號，能依本刊行格(每行19字，橫寫，標點佔一字地位)繕寫者尤佳。如有附圖，必須用黑墨水繪在白紙上。

(4)投寄譯稿，並請附寄原本。如原本不便附寄，請將原文題目，原著者姓名，出版日期及地點，詳細敍明。

(5)度量衡請盡量用萬國公制，如遇英美制，請加括弧，而以折合之萬國公制記於其前。

(6)專門名詞，請盡量用國立編譯館審定之工程及科學名詞，如遇困難，請以原文名詞，加括弧註於該譯名後。

(7)稿末請註明姓名，字，住址，學歷，經歷，現在職務，以便通信。如願以筆名發表者，仍請註明眞姓名。

(8)投寄之稿，不論揭載與否，原稿概不檢還。惟長篇在五千字以上者，如未揭載，生因預先聲明，寄還原稿。

(9)投寄之稿，俟揭載後，酌酬現金，每頁文圖以國幣十元爲標準，其尤有價值之稿，從優議酬。

(10)投寄之稿經揭載後，其著作權爲本刊所有，惟文責概由投稿人自負。其投寄之後，請勿投寄他處，以免重複刊出。

(11)投寄之稿，編輯部得酌量增刪之，但投稿人不願他人增刪者，可於投稿時預先聲明。

(12)投寄之稿，請掛號寄重慶郵政信箱268號本會總幹事處，或重慶川鹽銀行大樓經濟部總編輯處。

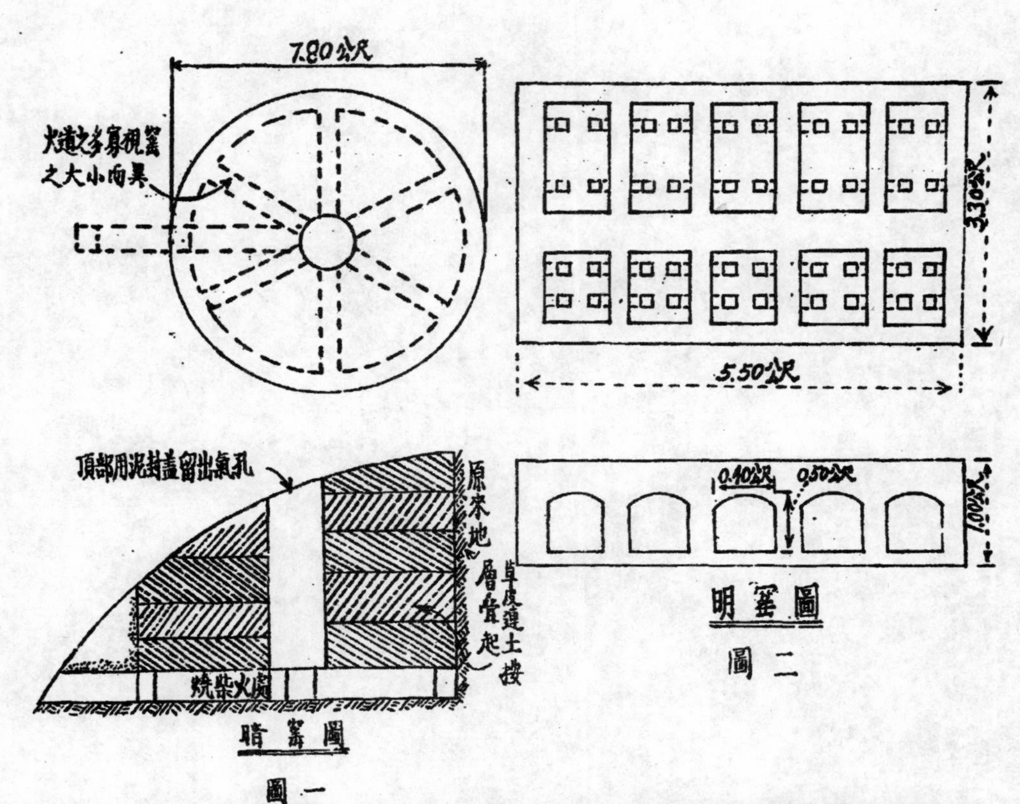

圖二

圖一

圖三為礫石配合結構之情形,在影線面積範圍之內,材料之配合,皆適宜於修築此種路面。

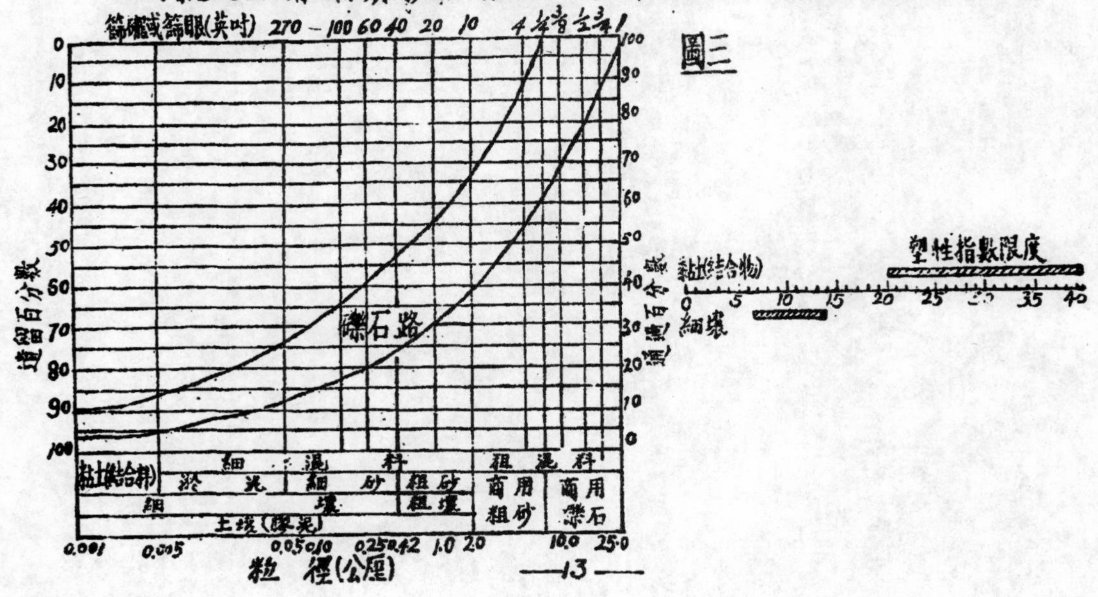

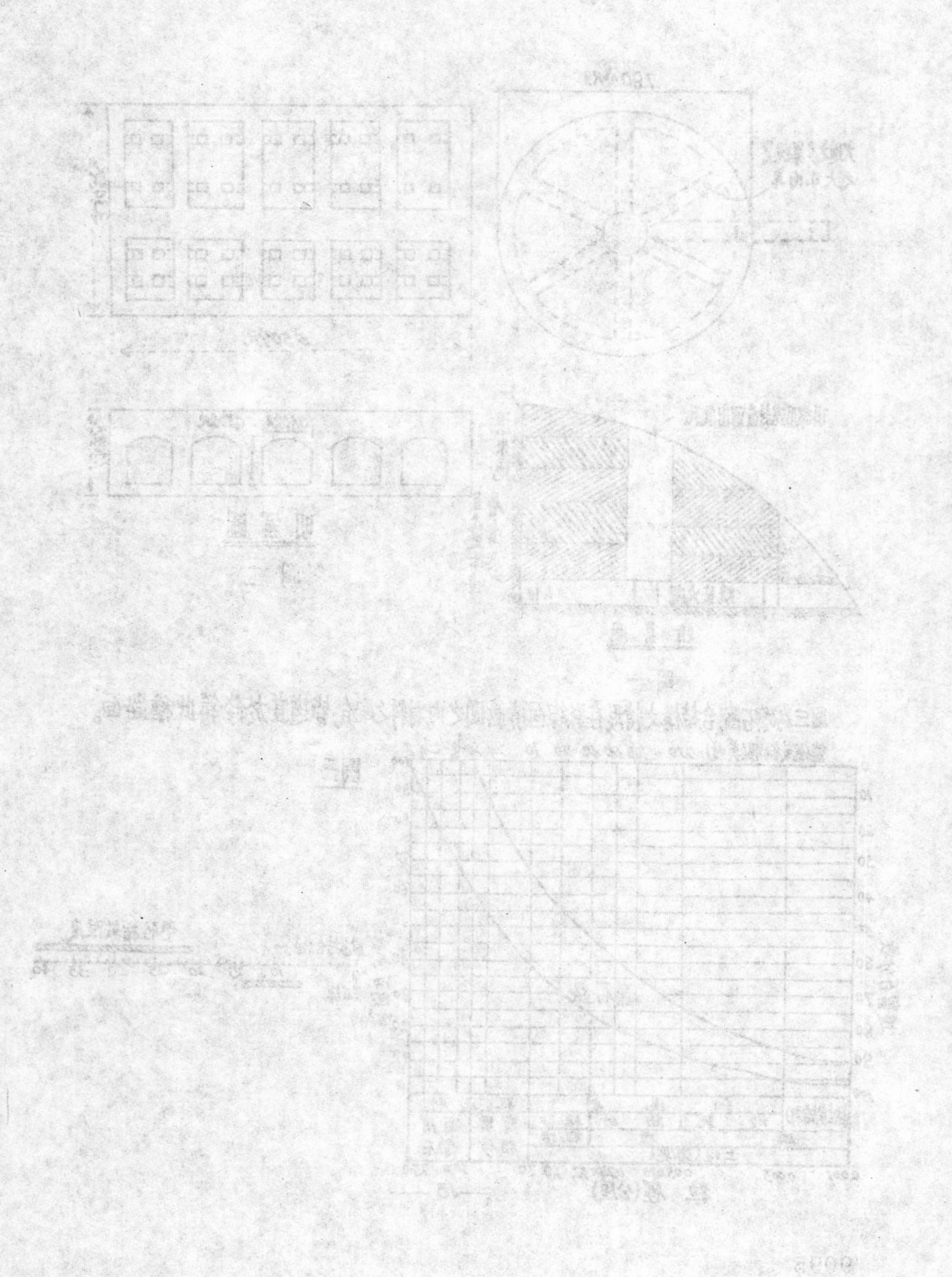

工程史料編纂委員會重要文獻

國民政府褒揚李儀祉先生令

陝西水利局局長前黃河水利委員會委員長李儀祉，德器深純，精研水利，早歲倡辦河海工程學校，成材甚衆。近年於開渠濬河導淮治運等工事，尤瘁心力，績效懋著。方期益展所長，弼成國家建設大計，永資倚畀，遽聞溘逝，悼惜良深。李儀祉應予特令褒揚，着行政院轉飭陝西省政府舉行公葬，交考試院轉飭銓敍部從優議䘏，並將生平事蹟存備宣付史館，以彰遂學，而資矜式。此令。

二七，三，二八。

陳果夫先生推薦李儀祉先生函

（本會以工程史料編纂委員會主任委員相囑，曾致函各方面推薦堪爲青年模範之工程師，此係覆函之一。）吳承洛識

李儀祉先生學問，道德，事功，三者並茂，在近代工程界，推爲完人。

三一，四，一。

李儀祉先生事略

水利委員會主任委員薛篤弼

先生諱協，姓李，氏字宜之，後稱儀祉，陝西蒲城縣人，幼有至性，聰穎過人，年四歲與兄博從伯父仲特公讀，所授過目不忘，九歲，受讀本縣李時軒先生，時軒爲三原賀徵君復齋高足，於學生言動一切，必繩以禮法，先生一生德器，蓋基我此，後承父桐軒公庭訓，文學大進，清光緒二十四年夏，先生以冠軍捷歲試，學使葉公伯皋甚器重之，拔入崇實書院肄業，二十七年，崇實書院歸併宏道書院後，更名爲高等學堂，次年值鄉試恩正併科，學使沈公淇泉，欲門下多舉於鄉，囑總教加重舉業文字，先生謂不求有用實學，顧乃溺思淪精於此，吾不爲也，忿然退學，三十年于公右任主講商州中學，州牧楊唫伯聘先生助教，時清廷捜捕革命黨人甚急，于公遂避滬上，先生遂辭助教職，於是年秋，由省咨送京師大學肄業，三十四年畢業，復由西潼鐵路局派赴德國留學，入柏林工業大學攻鐵路及水利二科，民國元年回陝，與同人倡辦三秦公學，旣成立，以前所學未竟，請於張翊初將軍，復往德國留學焉。二年郭公希仁遊歐州時約與同行，考各國水利，僉商繼鄭白事業，先生返校後，專致力於水利工程學，四年學成歸國，時張公季直創辦河海工程專門學校於南京，特延先生爲教授，計自是年至十一年夏任該校教授及校長，閱時八年，成就水利工程專門人材，幾徧國中，先生與前陝西水利分局長郭公希仁在歐洲時約回陝後，倡辦水利，民十一年秋，郭公病劇，力請當道促先生回陝，繼任局長，時值地方多故，財政艱窘，先生於引涇工程，苦心測計數年，未能興工，遂提倡民間開修小渠，復請於劉雪亞省長籌措工款二萬元於民十二年間。淘濬涇陽之龍洞渠，以增涇、原、高、醴四縣灌田生產之利，民十三年春兼任陝西教育廳長，振興全省教育，不遺餘力，旋以積勞辭謝，當道復聘兼任西北大學校長，十四年冬，赴北京籌處籌措

引涇工款，及擴充西北大學經費，十五年，以事變未能返陝，任北京大學教授，是年冬回陝，委長陝西省建設廳，堅辭，仍就陝西水利局長職，十六年春，赴榆林勘查無定河水利，以時局未定，無能展布，是年秋，辭陝西水利局長，任南京第四中山大學教授，後赴四川，任重慶市政府工程師，十七年秋，任華北水利委員會委員長，籌劃白河黃河及倡辦華北水利各事宜，十八年夏，任導淮委員會工務處長兼總工程師，計定導淮碩畫，十九年冬返陝，任陝西省政府委員兼建設廳長，實施引涇工程，於陝省建設事業，倡辦暨革新者良多，復兼任國府救濟水災委員會委員兼總工程師，主辦江河復隄工程，二十年中國水工界同人，組織中國水利工程學會公推先生為會長，連任會長已歷七年，二十一年夏涇惠渠第一期工程完成，即赴漢南考察水利，秋間大病，辭建設廳長職，專任陝西水利局長籌辦洛惠渠工程並完成涇惠渠第二期工程，二十二年秋，任黃河水利委員會委員長兼總工程師，籌劃並實施黃河治本及治標工程，親赴黃河上游查勘暨籌辦陝西渭惠渠工程，二十三年春洛惠渠興工，二十四年春渭惠渠興工，是年冬辭黃河水利委員會委員長職，仍專任陝西省水利局長，籌劃梅惠渠工程，二十五年冬，兼任揚子江水利委員會顧問工程師，二十六年春，親赴長江中上游查勘，建議治理揚子江意見甚多，是年夏參與廬山談話會，對國事多所貢獻，秋間籌辦並實施陝北無定河織女渠及懷寧河等灌溉工程，是年冬渭惠渠完工，梅惠渠大部工程已竣，又自二十六年七月盧溝橋事變發生後，先生痛恨倭奴之狂暴，憂心國事，倡導救亡，不遺餘力，復加入陝西各界抗敵後援會，親撰宣傳文字，寄刊國內外各報，呼籲正義，至對於救國捐款之籌集，傷兵難民之慰養，以及抗敵後援各事，無不盡力倡導，不稍後人，際此國難嚴重，抗戰正急之時，救亡建國，多賴於先生，何意天不假年，竟於二十七年三月八日因憂勞一病不起，而與世長辭矣，悲哉！先生平生無私事，惟濟世利人為務，篤信好學，數十年如一日，於治事之餘，則從事著述，遺著尤為淵博，卒年五旬有七，中外人士聞之，莫不同聲悼嘆焉。

李儀祉先生傳略

凌鴻勛

李儀祉先生，名協，以字行，陝西蒲城人。清末，曾以冠軍捷歲試，先生以舉子業不足以致實用，改入京師大學堂，旋赴德國留學，入柏林工業大學，專攻水利工程，思有以繼鄭白事業。民國四年，學成歸國，時張季直先生創辦河海工程專門學校於南京，延先生主教，計任該校教授及校長歷時凡八年。先生於中外水利書籍，既無不淹通，故在校主講，每能以水利工程之科學學理，引證於江淮河漢之現狀，旁及我國歷代河工之得失，與治河名臣之卓見，融會而溝通之，成就水利工程人才，徧於國內。民國十一年秋，陝省當局，延請先生為陝西水利局局長，議以積存賑款，興辦水利，而以引涇工事，屬之於先生；先生駐渭北，苦心計測，越三載，涇渠計劃完成，以地方多故，兵禍頻仍，未能興工，遂提倡民間開修小渠。翌年，淘濬涇陽之龍洞渠，以增涇原高醴四縣灌田生產之利，終以涇渠為百年大計，特躬赴京滬各處，籌措引涇工款，中間以時局未定，延擱多年。民國十七年秋，國府任先生為華北水利委員會委員長，籌劃白河黃河及華北水利各事，十八年夏任導淮委員會工務處長兼總工程師，定導淮計劃，十九年冬返陝任建設廳廳長，時值關中大旱之後，死亡枕藉，廬舍為墟。先生以根本救濟，非多開水利不爲功，請由中央及省府各籌的款，並得華洋義賑會，與旅暹香山僑胞之資助，始實施引涇工程。二十一年夏，涇惠渠第一期工程完成，漑田增至四十餘萬畝，舉國上下，始信科學方法，果可以改造自然，而有利於民生，一般觀感，爲之丕變。先生遂得從容繼續涇惠渠第二期工程，並籌辦洛惠渠工程，二十二年籌辦渭惠渠工程，二十三年洛惠渠興工，翌年渭惠渠興工，並籌劃梅惠渠工程，二十五年渭惠渠完工，梅惠渠工亦大部告竣。至是先生所倡導之陝省八惠渠，灌漑工程，歷盡艱難，始將其重要者，先後完成。其汧澇灃黑四渠，及漢南陝北各水利，亦在計劃施工之中。自後關中無凶歲，棉麥年告豐收，而人民亦漸昭蘇矣。先生於二十二年，兼任黃河委員會委員長，兼總工程師，籌劃並實施黃河治本及治標工程，先生於黃河之治導，經三十餘年之探討，及中外專家之切磋，模型之試驗，已有深切之研究與認識，以爲整治黃河，以防洪爲第一，航運次之，灌漑放淤水力等事又次之。至治河方法，首在求中水位河床之固定，使河岸不崩，河床不徙，次於中上游支流山谷中，分設水庫，以節制洪水量。其次則在孟津以下，裁彎取直，堵塞歧流，以暢宣洩。初擬指定黃河中數段，作爲實驗，視其成效，再研究改進，惜未果行。二十五年冬，先生兼任揚子江水利委員會顧問工程師，親赴上游察勘，遠至巴蜀灌縣，擬有川江航運報告，意謂宜渝水道之險，其中屬於低水或中低水時期者，佔大多數，低水之所以成險，以急灘石礁爲最多，若能維持常年水位，不使過低，則川江之險，已去其大半。至改良之法，宜渝間若建水閘，於事實上爲難能，則惟有於上游支流山谷中，多築水庫，及增裕地下水量，以裕低水時期之水源。所待研究者，爲水位至如何高度，全段之險處，可減至最少，即以此水位，計算上游支流應蓄水量，及應增裕之地下水量俾有接濟，所見皆有獨到之處。先生於陝省水利事業，爲畢生精力所注，已大致具有規模。此外治黃治江導淮及華北水利諸大計，莫不躬預其事，悉心研究，方案論著亦至多。民國二十四年，中央研究院評議會成立，先生被選爲第一屆評議員，於學術研究，益多所貢獻。二十六年七月，蘆溝橋事變起，國難日亟，先生感憤憂時，常親撰宣傳文字，倡導抗戰建國，不遺餘力，卒以憂勞致疾，於二十七年三月八日逝世於西安，春秋五十有七。遺囑勉後起對於江河治導，繼續以科學方法，逐步探討，對於陝省已成灌漑事業，應妥爲管理，其未竟及未着手之水利工程，應竭盡人力財力，求於短期內，逐漸完成。越數日，先生家屬及門人，奉遺體葬於涇渠之兩儀閘上，卜葬之日，涇原各地民衆，不期而會者五千餘人，咸負土於墓，不三日而墓成，其感人深矣。歿後，國府明令褒揚公葬，並將事蹟宣付史館。先生爲人樸實而誠篤，精勤好學，數十年如一日，平生無私事，惟以濟世利人爲務。早年即以終身從事水利事業自矢，教誨學生，每勉以致力於全國河道湖泊之探討，啓發吾國近代之水利建設，其由鑽研而進入實行時代，則埋頭苦幹，悉心擘劃，不以治水事業之艱鉅環境之困難，而稍餒其志，盡量提倡科學方法，使成爲現代構造。每一小事，恆費年月之研究，從數字中得一結論，然後決定方案，轉移社會，急功近利不求甚解之頹風。民國二十年，中國水利工程界同人，組織水利工程學會，推先生爲會長，連任共七年，並爲中國工程師學會董事，先生殷於家教，其子若姪，皆能秉承其志，有所建樹云。

容祺勳先生事略

凌鴻勛

先生，諱祺勳，號侶梅，廣東中山容氏。幼聰穎，年十二，肄業於香港皇仁書院。光緒二十年，畢所業時，京張鐵路正開築，先生乃有志於鐵路事業，遂入京張爲電報員，旋調工程處，充工程練習生，以好學受知於總工程司詹天佑博士。時築路風氣初開，國內學校授鐵路學者尙少，京張鐵路，特創爲練習生之制，入路練習後若干年稱畢業生。先生受詹博士專家之訓練，所習迺大有進，年三十爲畢業生，光緒三十三年奉派測量京張路上花園，下花園，及雞鳴山支路，及設計宣化府關吊橋河橋工，暨設計並監造宣化府車站。三十四年，主測張家口至綏遠城路線水平。宣統元年，代理京張路養路工程師，駐康莊，管理靑龍橋至沙城七十里一段，以著有勞績，得郵傳部特給金質獎章，宣統二年，充張綏路新工第二段工程師，此段長凡三十餘公里，工程艱鉅，先生始終其事，由開始以迄完成，計先生在京張及張綏路凡十有六年。嗣詹公天佑任粵漢路總理，先生隨之赴粵。宣統三年，任粵漢路工程師，助理總工程師事務。民國二年，升充粵漢路副總工程師，翌年升充總工程師，計劃及完成黎洞以至韶州八段各項工程。其時大局紛擾，連年兵燹，且屢遭水患，而路款又復不繼。賴先生苦心努力，粵路南段，始於民國五年通達韶州。民十，先生以病辭，迨十二年至十四年間，復任粵漢路工務處處長，計先後任事於粵漢路者十有三年，而先生已年五十矣。粵漢貫通南北爲國內一重要幹線，迺以時局影響，工款不繼，時作時輟，完成無期。國府奠都南京，鐵部成立，乃首先恢復粵路工事，以先生碩望，乃於十八年一月，起爲株韶段工程局工程師，兼工務課長，以款絀迄未能積極進行。二十二年秋間，株韶段款有着，全部動工，工程局遷設衡州，時戚友以先生春秋高且頻年工作瘁，或泥其行。先生曰，余半生精力，悉在粵漢，今積極動工，正余效力之時，必俟其成而後告休耳。先生遂赴衡任株韶段副總工程師，仍兼工務課課長，昕夕督促工事，南北奔馳。二十五年四月，粵漢全路接通，先生之願已遂，而先生已積勞成疾矣。是年六月，先生以年逾六十，且在路任職近四十年，呈准鐵道部以半俸退休，先生體本魁梧，早歲投身鐵路，以未入專科學校爲憾。因於工餘遍覽中西書籍，所有英美大學工科教科書，及參考書，每新出一本，常不惜重價購置。是以學理淵博，每爲普通大學生所不及，在京張張綏十餘年，自下層工作以至幹部工作，經歷無遺，其後二十年，則悉任主要任務，先生待人至爲和藹，御下未嘗惡色疾聲，以自己出身，得於專家之訓練故對於後進獎掖，不遺餘力。日間施以工作之指導，夜間則加以學理之研求，故從之遊者，咸師事之，余於先生爲後進，憶先生任粵漢路南段總工程師時，余方在校習鐵路畢業，曾至粵路訪問路務，以震於先生之名，竟不敢投刺請見。迨民二十一年冬，余奉命主辦粵漢株韶段工程，始與先生相識，訂爲忘年交，所以匡助者至大。工程局遷衡後，尤晨夕相處。先生以積勞久患心臟與腎臟病，每勸之稍休，輒不爲動，稍瘥卽出外督率指揮。株韶段能提前完成，先生之功爲多，先生退休後，舊恙仍時發。以民國二十六年二月二日，逝於香港旅次，享壽六十有二。先生畢生致力於鐵路事業，在京張十有餘年，在粵漢逾二十年，淸末在粵與諸同志發起組織中華工程師學會，卽今中國工程師學會之嚆矢。先生之歿，工程界喪一先進，吾黨失一典型，滋可哀已。先生有二子，皆能以所學用於世云。

工程雜誌第十五卷第一期

民國三十一年二月一日出版

內政部登記證　　警字第788號
香港政府登記證　　第358號

編輯人　吳承洛
發行人　中國工程師學會　羅英
印刷所　中新印務公司（桂林依仁路）
經售處　各大書局

本刊定價表

每兩月一冊　全年六冊　雙月一日發行
零售每冊國幣五元

廣告價目表

地位	每期國幣
外底封面	2000元
內封裏	1500元
內封裏對面	1200元
普通全面	1000元
普通半面	500元
繪圖製版費另加	

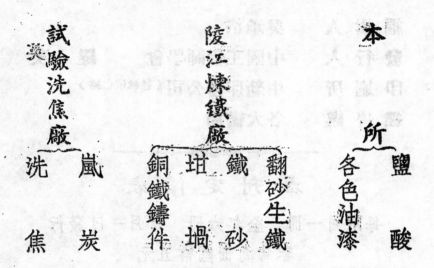

華中水泥廠股份有限公司

寶塔牌水泥

商標

(一)完全國產
(二)灰質精細
(三)凝結迅速
(四)勁力高強
(五)壓力超勝
(六)色澤美觀

廠址 湖南辰谿
電報掛號 五四七八

採用塔牌水泥各機關

粵漢、黔桂、湘桂、滇緬各鐵路局
桂穗公路局
西南公路局
昆明裕濱紗廠
廣西紡織廠
湖南第一紡織廠
桂林市政府
各銀行及其他各處
不及備載

衡陽辦事處
衡陽北門外老寶塔下曾家園
電報掛號 四六三九
電話 二四六

桂林通訊處：桂林中北路一九六號二樓　電報掛號：二〇八八
贛南通訊處：贛縣公園東路二十七號　電報掛號：〇一八〇
駐渝通訊處：重慶中正路美豐銀行二樓　電報掛號：五二五二

資源委員會

中央電工器材廠

▲出品總目▼

(一)銅線，皮線，花線，
(二)電子管，電燈泡，
(三)電話機，交換機，
(四)變壓器，電力機，開關設備，
(五)乾電池，蓄電池。

▲通訊處▼

昆明　信箱一〇〇〇號　電報掛號一〇〇〇號
重慶　信箱二三二號　電報掛號四二四二號
桂林　信箱一〇二六號　電報掛號一〇二六號
貴陽　中華南路一一二號　電報掛號四〇四〇號
蘭州　山子石一〇三號

第十五卷 第二期

中華民國三十一年四月一日出版

第十屆年會得獎論文專號下

目錄提要

孔副院長	對本會三點希望
翁文灝	工程建設與工程師學會之貢獻
吳鼎昌	兩件寶貝的貢獻
張嘉璈	對工程家之認識
顧毓琇	人民公有之工業建設
柴志明	科學工程與工業
吳承洛	中國工業標準化之回顧及今後應採途徑之擬議(下)
裴益祥	黔桂鐵路側嶺牛欄關兩處路線之覆勘及研究(下)
周志宏等	坩堝煉鋼
劉馥英等	桐油之重叠作用
田新亞	自由活塞加長膨脹內燃機之理論與實際
李濬超等	保形銑刀剷齒機設計及使用
林致平等	正向質薄板之彈性安定問題
孫增爵等	風吹植物油氧化試驗法
楊耀德	直流制動感應電動機之理論的與實驗考究
朱泰信	工程教育與國防建設
陳廣沅	機車在彎道上行動有無出軌可能之研究
蔡金濤	電網計算新法

中國工程師學會發行

西南

無水酒精
ABSOLUTE ALCOHOL
液化炭酸氣
CO_2
雜醇油
資中酒精廠出品
廠　　址：西川資中銀山鎮
重慶接洽處：臨江門大井巷新昌里十四號

中國工程師學會會刊

工程

總編輯 吳承洛

第十五卷第二期目錄

第十屆年會得獎論文專號下

（民國三十一年四月一日出版）

訓 詞： 孔副院長 對本會三點希望……1

復刊詞： 翁文灝 工程建設與工程師學會之貢獻……3

論 著： 吳鼎昌 兩件寶貝的貢獻……5

張嘉璈 對工程家之認識……7

顧毓琇 人民公有之工業建設……15

論 文： 柴志明 科學工程與工業……18

吳承洛 中國工業標準化之回顧及今後應採途徑之擬議(下)……21

裴益祥 黔桂鐵路側嶺牛欄關兩處路線之覆勘及研究(下)……33

周志宏等 坩堝煉鋼……37

劉馥英等 桐之油重叠作用……43

田新亞 自由活塞加長膨脹內燃機之理論與實際……50

李漢超等 保形銑刀刨齒機設計及使用……63

林致平等 正向質薄板之彈性安定問題……81

孫增爵等 風吹植物油氧化試驗法……81

楊耀德 直流制動感應電動機之理論的與實驗考究……81

朱家信 工程教育與國防建設……81

陳廣沅 機車在彎道上行動有無出軌可能之研究……81

蔡金濤 電網計算新法……81

附 錄： 國父實業計劃研究會重要文獻：

研究 總理實業計劃原提案……82

總理國防十年計劃書……85

中國工程師學會發行

上川實業股份有限公司

電機製造廠　機器製造廠　農業化學廠

出品項目

軍用携帶式無線電收發報機
固定無線電台及廣播電台
各種變壓器整流器及馬達
各種無線電另件及電機配件
銅鐵鑄件翻砂
各種工作機原動機
動力酒精

總公司：重慶臨江路十六號
電報掛號：六二二一〇號
電話：四二四〇九號
工廠：巴縣李家沱

對工程師學會三點希望

孔副院長

貴會在筑開會，本人因道路遙遠，政務羈身，不克親自參加，至爲抱歉。尙憶貴會在杭開會時，本人曾特往參加，頗感興趣，當時曾發表談話，想在座諸君，尙能憶及，本人一向主張科學救國，因爲我國是三民主義國家，民生問題最爲重要，但欲實現民生主義，則非提倡科學不可，我國目前一面抗戰，一面建國，抗建並進，千頭萬緒，欲談科學救國，一時不知從何着手，但 國父有建國方略，昭示我人當分政治建設，心理建設，物質建設，齊頭並進，因有物質建設，故有實業計劃， 國父嘗謂「此書爲實業計劃之大方針，是國家經濟之大政策而已，至其實施之細密計劃，必當再經一度專門家之調查，科學實驗之審定，乃可從事，故所舉之計劃，當有種種之變更，改良，讀者幸勿以此書爲一成不易之論，庶乎可。」可見 國父虛懷若谷，力求改進，而此改進究討之責，無疑當在貴會，諸君亦有鑒於此，故有總理實業計劃研究會之組織，並已有相當成績，不過大家還要進一步認識， 國父實業計劃，與現代國防科學運動是有一貫性的，總裁從前講解遺教的時候，特別重視實業計劃，認爲「實業計劃實現之時，即經濟發達，物質建國成功之日，國民的衣食住行育樂等一切民生問題，就可解決。」而且說「更有一點大家應該特別注意的，就是實業計劃一部書，其實就是一個偉大的國防計劃」可見大家對這點「更澈底領會，我們如果不將實業計劃研究得透澈，就不算懂軍事，更不配談國防」，諸位都是工程專家，當然已經了解這個意義。不過按照上面 總裁的指示，實業計劃與經濟建設及國防設備是離不開的，如果今後關於實業計劃的研究，能夠約集計劃經濟專家，以及軍事專家參加，則研究的結果，當能更爲圓滿，如何把 國父的實業計劃作一個最精密的研究，提出一個實業計劃與國防需要經濟建設一貫的報告，似乎是貴會的責任，這是個人對貴會希望的一點。

今年雙十節，中央發動「國防科學運動」全國上下已經一致認識，當前抗戰建國之需要，固然重在發揚「民族精神」，而科學水準提高，國防科學的建設，也正是極度急切的需要，大家都知道，中國是一個地大物博人衆的國家，地力物力人力的潛在力量，可以說沒有方法估計，如何使地力物力人力互相配合，發掘我們地面上與地底下乃至潛在於人的體力智力上的無限寶藏，不僅需要科學，還需要高度的科學，貴會是一個全國工程專家的集合體，是一個科學運動的大本營，過去對科學的研究已有光榮的歷史。對國家民族，已有偉大的貢獻，今年貴會已到三十週年紀念，三十歲在人類是一個擴大工作的年齡，在團體當然是一個加強工作的階段，所以希望貴會諸先生今後能夠百尺竿頭更進一步，配合這個國防科學運動，對抗戰建國有更偉大的貢獻，這是本人對貴會希望的第二點。

再者救國救民，乃科學家應有的責任，一方面固然是要求抗戰勝利挽救國家危亡，又一方面更要求建國成功，發展國民經濟，如此非科學不成功，諸君留學國外，學有專長，自當隨時力求進步，不可墨守成規，故步自封，本人對於科學一向重視，不過認爲吾人欲求科學救國的成功，斷不可全賴外人，是更要求自給自足，如此說來，第一我們須要就地取材，第二要因地制宜，第三要自強不息，如自己一時不能有所發明，卽暫時努力倣效，力求改進，亦未嘗不可，因爲各國環境不同，條件各異，欲爲人民謀實惠，爲國家造福利，自當就地取材，因地制宜，自強不息，不可專事依賴外人，因此諸君要特別注意，下列各點。

一、就是要對本國客觀環境有深刻的認識，我國正在抗戰建國進行中間，所有的工程，眞是千頭萬緒，百廢待舉，大學之道，是「物有本末，事有終始」，一定要對事物有充分的理解，才能分別輕重緩急，選擇現在人力物力財力之所能，體察目前最大最急的需要，次第去計劃建設，如果大家不在這一方努力，或者主持工程的人們，不了解國家客觀的情況，而就個人便利去做，雖然同樣的是在工作，而在工作的效果上說，就可以產生絕大的差別，尤其在現在抗戰期間，友邦對我們的援助，有一定的程序，同時友邦對我們的期待，也有相當的標準，如何能夠體察自己的力量配合友邦的援助，來滿足當前的需要，使我們的工作針針見血，用一分力量發生兩分三分的效果，是今日工程專家應該注意的。

二、卽是技術的本位化，過去工程的進行，以爲「工欲善其事，必先利其器」，所以一切工程進行的標準，都是按照先進各國的規模，器材也是按照各國同一的標準，這個在理論上本無可厚非，但抗戰以來，許多工程，因爲迫於需要，機械既不充實，經費也不充裕，而且就地取材。在器材上也改變了各國的一定標準，可是工程的成就，都非常良好，這個經驗告訴我們，只要工程技術能夠本位化，在機器上經費上及器材上都可以用本位的技術去使他與客觀的特殊的事實相適應，這個經驗實在爲抗戰期間工程界的一個寶貴的收穫，抗戰勝利以後，種種工程，都要齊頭並進，如果能夠利用這個經驗，一定可以事半功倍。

三、卽是要提高服務精神，人生應以服務爲目的，本來是 國父的遺教，在中國進行工程，無論是人力財力物力各方面，都可以遭遇很大的困難，欲克服困難，固然需要本位化的技術，同時還更需要高度的服務精神，因爲有這種精神，才能堅持到底，與一切困難危險搏鬥，而獲得最後的成功，假定工程進行順利，並無何等困難，則因服務精神的充實，也可以提高工作效力減少經費的支出，人家要十個月完成的工作，我四個月五個月能夠把他完成，人家要十萬塊錢完成的工作，我要五萬六萬卽可以完成，在今日迎頭趕上外國建設的時候，這種精神，尤有重大意義。

大家如果在上面三點上努力，則其工作效果，一定加強，工程專家對於國家社會的貢獻，也一定增強很大，這是個人對貴會希望的第三點。

總而言之，貴會是我國唯一的工程專家的團體，各位同志也都是手腦並用的專家，假定大家能夠照上述三個希望努力，本人相信我國必能再有大禹之發現，因爲大禹時代，科學並不發達，也沒有前人的遺教可以遵循，而且洪水滔天，工程浩大，比較今日的一切工程都艱苦百倍，然因爲大禹的手腦並用，砷心研究，勇於力行，而又富於服務精神，利用本位的技術，利用本位的器材，卒致克服一切困難，完成工程界歷史上的偉大事業，抗戰建國前途的工程還多得很，雖然不是洪水滔天，却是工程遍地，國內如能多有幾位大禹，一定可以使 國父實業計劃充分實現，然後「民生主義能夠實行於全國，宏揚全世界，千年萬世，永被無疆之休」，謹拿黨員守則序言上的幾句話作一個結尾，本人願與貴會諸先生共勉之。」

工程建設與工程師學會之貢獻

翁　文　灝

中國在此建設途中，由農業國而求工業化，由人挑騾負而得鐵路輪舟，由乾旱土地而鑿渠灌田，由埋藏未用之礦產而大量啓發，周雖舊邦，其命維新，凡所以振作啓發革新國運者，一是皆惟工程是賴，故工程實爲建國之要術，工程人士，負此重責任重道遠，不可不兢惕自勵，竭全力以赴之。

回顧往績，中國亦已有若干前輩在工程建設上，卓然有所樹立。就鐵路言，平綏鐵路在從前創建之年，極感居庸關八達嶺崇山陡坡，不易穿越。西洋技師借箸籌劃，工鉅費宏，依照中國工程師詹天佑之設計則工作較易，費用大省，卒由詹君身親其事，通車無阻，實際開支且尚不及其預算之數，迄今八達嶺詹君銅像巍峨，顯誌此極光榮的初期建路歷史。就水利言，陝西李協終身從事水利工作，首先完成涇惠渠，且復擘劃經營至死不倦，凡如渭惠諸渠悉皆承襲規模，先後開鑿，爲陝西省開闢收穫豐富之良田，幾至三百萬畝，用款不多，而收效甚鉅，惠澤豐功，至今傳誦。由此可見中國對於工程事業，未嘗無高尚純潔之專門人才，且此類人才，類皆爲中國工程師學會之會員，前修遺範，極可爲後進所取法。爲時略後者。如工廠，如礦場，如陸路交通，如電工製造，各項重要事業門類甚多，不勝枚舉，技術方面亦皆有專精人士，竭勞盡瘁，以實行推進，間亦有所發明，以益增工作之效率。而且工作愈增，人才亦漸加衆，使重要任務，逐步有人，以成爲建設程途中之中堅份子。工程師學會，集合全國人才，一德齊心，以共圖策進，並分途努力而聯合進行，凡此現象，皆可欣慰。

但即此已足滿意而可不再求進步乎，則又大不然。試計吾國幅員之廣，人口之多，物產之富，其有待于吾人之努力開發與建設者，數量之鉅，實足驚人，更觀世界革新較先發展較早之諸國，其生產之多，交通之便，富力之高，彼此比較，吾國時感望塵難及。在此種形勢之下，吾國今日惟有竭盡力量以迅速提高落後過甚之水準，亦惟有發揮特別加倍之進步方能將此過低水準認眞提高。果其如此，則工程人才不能不大增其數量，工程材料不能不宏闢其來源，工程建設不能不倍增其份量，工程方法亦不能不特其精美，用特別偉大的力量，抱堅強剛毅的決心，如百川匯海，盡衆流以齊驅，如衆矢同箙，合羣力而難折，然後方能加速進行，加大成功，以達建成近代國家之目的。

一般之狀況既如上述，工程人員，負責綦重，將如何認眞努力，以達此建設前進之目的乎。工作方法，大要可分二途。埋頭用功，逕自用力，精益求精，孜孜不怠，是爲獨修。切磋琢磨，觀摩提攜，集合羣力，合的齊赴，是爲共勉。獨修者賴立志之堅強，精力之施用，此誠爲工程人士堅毅前進之要素，不可不爲重視，但欲求進步之加速，效力之加宏，則不能不兼賴共勉，良以孤立獨行則力分而必弱，通工合作則效速而功多，同一事業固因同志相聯，而益增能力，即不同事業亦以互相聯繫而更易推行。試思十八世紀下期，英國工業革新，以蒸汽機爲動力來源，而所以能遠廣爲應用者，實賴吸水機，新式採礦，紡織機械，鐵路，輪船等在短時期內，相繼發明，方能使蒸汽機之效用，大著於世。又如自法拉第等以科學研究而發明電磁動力以來，亦甚賴多數工業人士，熱心爲之傳導擴充，使工廠動力，運輸推動，種種利用，遂使電力成爲近代文化之中心。英美諸國，肇造經營，對於物質文化既開其先河，德蘇諸邦悉力繼起，對於建設效能亦大見成績，固諸共勉羣策羣力，實爲迅速成功之關鍵。由此可見中國工程人員各自奮勉固極重要，而團結共進亦所必需，亦由此可見工程團體如中國工程師學會者，如能善爲運用，誠爲中國工程建國途中所不可少之組織。

學會之工作不一其類，舉行會議，宣讀論文，俾各會員之心得，能及時通達于其他會員，此其一。選擇題目，提出討論，俾各會員交換意見，以收集思廣益之效，此其二。發行刊物，記載各事業進行之狀况，技術方法之進步，以共相參證，此其三。會員各就所得，抒爲文章，印行分送，以助考研，此其四。團體參觀考察，以明悉各事業之情形，及各區域之需要，此其五。收集圖書，內存本國程度之進境，外通世界專家之航郵，此其六。凡此數端，皆爲學會努力之常經，而在某一時期中又有其特所注重共同推進之綱要。中國工程師學會目前所尤努力者，約爲撮舉，大致如下。

一、爲工業標準之研究與推進。吾國自古倡同文同規之化，以免紛歧錯雜之病，惟自世界物質文化突飛猛進以來，各種物產之種類益見繁多，質力度量之方法亦愈爲精密，吾國亦不能不急採一定之規模，以爲各種事物力量之準繩，集合羣力，搜集資料，比絜短長，以供政府及社會之採納，自爲此時所亟宜實行之工作。

二、爲工業技術專利方法之研討。十八世紀後期，英國工業革新之一動機即爲專利法之頒布，因發明新型有所保障，故製造新法層見叠出。嗣後各國遂採爲宗章，獎勵保護。中國舊推于獎勵工業技術條例之中兼載專利，條文寥寥，略而不詳，誠已得一部份之利益，但專利之權益尚不易充份發揮其效用。政府有鑒於此，力圖改善，近時翻譯各國成法，草擬中國專利法規，函送草案，徵收本會意見，以期折衷至當，甚願會員諸君各抒宏論，共相硏討。

三、爲關於開發地利宏獎生產技術方法之籌劃，生衆食寡爲提用舒用致富之要義，古訓昭垂，迄今不爽，惟近代工程技術，光大發揚，開發生產之規模亦因之突增恢宏，遠非往日手工製造及家庭單位之數量所能幾及，故急起直追，認眞努力，實爲今日不可或忘之急務。『子有鐘鼓，勿鼓勿考，宛其死矣，他人是保！』拒強敵之侵陵，促桑梓之發展，在此抗戰建國之時，對此重任，尤深惓惓。

四、爲國家實業計劃之研究。國父救國建國，洞矚機先，其建設要端於心理建設社會建設之外，特重物質建設，其所以實行物質建設者，尤重實業計劃。其中條分縷析，綱舉目張，要使地盡其利，物盡其用，貨暢其流，誠爲立國之基礎，全國建設興修最重要之準則。遺訓之昭示既已朗若日星，應用之方法自宜勤加硏習，抱高山仰止之誠，闡時地適應之義，凡百同志，共應參加。

以上諸事，節述綱要，因時遞進，未盡其端。而凡所闡揚，必需傳達，故對於工程雜誌之刊行，僉認爲此會重要之任務。在此抗戰軍事期中，印刷便利，非甚易得，幸賴在事同人勤殷盡力，故此項刊物，得在內地重又發行，因特藉陳管見，以與全會同人，共相實證。

（附註：本篇原擬登載上一期，因郵遞遲誤，不及排入，故補登本期。）

兩件寶貝的貢獻

吳鼎昌

在工程師學會貴陽年會開幕時致詞

去年工程師學會在蓉開第九屆年會，本人適自蓉至渝，未能躬逢其盛，但知貴陽為下屆年會候選地之一，後過西南公路薛處長歸來，始知貴陽已決定為本屆年會舉行所在地，當卽由薛處長開始籌備，並推我為名譽會長，實際僅由籌備主任主持其事，余僅負虛名而已，如本屆年會有一二可取，實為籌備主委等之功，設有不善，則為余幫助不力。昨日薛處長等告我，本屆參加會員，特別踴躍，突破各屆紀錄本人實非常欣忭。

其次承各學者各專家來貴州，貴州旣沒有什麼夠得招待諸位，也沒有什麼足以貢獻，無已，思得二件寶貝貢獻諸君：（一）乃一張白紙，因我國幅員廣大，好地太多，貴州向不為人注意，故本省工程建設，實無足顯示，恰如一頁白紙，蓋紙上如寫有原稿，要人修改，每感不能趁心所欲，一頁白紙，當可隨意策劃設計。（二）為一千萬顆赤心，抗戰以來，各方都未把貴州忘却，貴州所有各級同胞，沒有不熱心的希望在抗戰中立起一切建設的基礎，前次本省開行政會議，召各縣長參加，也是以此為題，故希望各位，不辜負他們這片赤誠的心，在白紙上多多畫些東西使他們照着來做事。

五年來本人建設貴陽的工作，非短短時間內所能說完，現簡略的說一點。廿五年來貴州的朋友勗我，希望把貴州變成富州，要把貴變為富州不是一年二年，也許二十年三十年，都不能做到，所以不能為富州而仍為貴州。照現在環境，對材料，人力，運輸等皆不允許有長時間的計劃，我們取的是臨時辦法，見事做事，不論大小，不計成敗，儘力做去，沒有紙上的計劃，大胆嘗試，譬如貴陽城裏缺乏飲水，非辦給水工程不行，但我們沒有鋼鐵水管，就用土瓦管代替，結果也居然成功，再如修建花溪中正公園，也是在困苦的環境內逐漸完成。

起先辦理本省工業，每在處理省政之外，兼要自己去勞心經營，後來便把它歸類，設立一企業公司，由政府計劃，而使牠完全商業化，這裏面有廿多個單位，如火柴玻璃等等已有二年歷史，進一步辦理重工業的基本工業，曾與資委會合作的，有水泥廠，電廠，煤礦廠等。此外農業方面，設立農業改進所，與合作委員會正在每縣設立合作金庫，辦理貸款，運輸，救濟等工作，全省發展農村公路五十多縣，已有金庫設立，二十多縣在籌設中。

交通部份，自抗戰之後公路幹線，由中央管理，支路的計劃，要修築三千餘公里，現已有二千八百公里完成，黔省有七十多縣，希望將來每縣都有公路可達。至於鐵路黔桂鐵路，早日通達到本省，是有賴張部長了。電訊方面，由中央統一管理，所希望的就是使每鄉鎮都有電話可通縣城，縣城與省也全有連絡。其餘對於貴州致力的目標，可分為四點（一）闢荒（二）造林（三）交通（四）水利，本省最近工作的情形，大致是如此。

最後在這次工程師年會中，我們希望對眼前的兩個問題加以研究討論（一）為貴陽拆城築路問題，如何使這山城成為最現代化的都市；（二）為貴州農田水利問題，怎樣使這山國的農民，不要再靠天吃飯，如這兩個問題能議有確切的方案，交給我們來實施則我們全省人民會深拜賜。

對工程家之認識

張嘉璈

今天能夠有這個機會，參加我們抗戰期間一個意義最深重，歷史最燦爛，而前途最光明的盛會，實在是十分欣幸。

兄弟對於工程是門外漢，不過前在銀行時，爲了中國銀行與社會各種事業的關係得與社會上各種經濟建設人才相接觸，近六七年以交通事業的關係，與無數的工程專家患難相共，更以兄弟各處視察鐵路或公路工程，在窮鄉僻壤遇到許多埋頭苦幹的工程師，從這許多接觸，對於工程家之認識，或比工程家出身的，對於本門同行的認識，更爲深切，今天各地的建設事業工程專家，都能千里命駕，共集一堂，到真是覺別有一種值得永念的心情，我想，不僅兄弟個人，在座諸君也必特別的歡快。

中國工程師學會從詹天佑先生創始，以及民國五六年在美一般同仁的對這個學會的發揚光大，迄今已三十年，在抗戰以後，四年之間，重慶，昆明，成都連這次貴陽，每年舉行一次，未嘗或輟，這就是表示抗戰以後，國家和社會對這個學會的重視，國家和社會對這個學會的需要！

同時，也表示全國工程師對他們本身的責任有一種新的估量，對於我們這個垂危而待復興的祖國，各位工程師應感覺到一種更積極迫切的約束。不僅要拿他們的心思才力，不僅要拿他們的勞苦血汗，還要拿出對國家民族最高的道德與精神，在工程學術上，工程實施上表現出來，這就是兄弟所說意義最深重的一點。

中國立國數千年，自滿清末葉到現在，我們徬徨於近代化的途徑，已有六七十年，可是在七七事變以後，我們感覺到一切的物質力量都不夠，都和現代的獨立國家相差太遠，我們的國防工業，我們的民生工業，以至我們的交通設備，沒有一樣不是捉襟見肘，相形見絀。所以在這裏我們不能不特別認淸一點，就是中國雖是地大物博，但是因爲沒有經過一個「工程」的階段，所以地雖大而物未見博，「工程」的力量在我們過去六七十年間是使用得太少了，「工程」的速度在過去六七十年間是進展得太遲了，這自然不僅是工程師本身的責任，各種政治經濟以及國際關係的因素，當然還要重要得多。

可是在我們苦苦的五年血戰中，還有一點稍稍可以相與告慰的，就是在幾年內，還沒有一時一刻不是依賴過去這僅有的一些「工程」的結晶，在維持這一個神聖的戰爭！還沒有一時一刻不是依賴這僅有的「工程」來做我們建國的基礎。

工程的能力，在抗戰建國的途程裏已經表現了這麼大的重要性，我們即時把握着這樣一個新的自覺，加緊工程家的互相淬厲啓迪，加緊工程學術的研討和實驗，加緊社會上一般對於工程力量的重視，與新的位子產生，以促成最後的勝利的降臨，以保持中華民族永久的生存與繁榮，這又是怎樣一件意義深重的事！

上次世界大戰，支加哥大學教授 c.E, Ayres君在他近代戰爭與經濟組織一文中說：

「一年來的戰爭經驗，已使人醒悟，戰爭非但不完全是，而且也並不是大部份依賴戰場上的勇氣和國內的金融狀況，戰爭可以說完全是取決於工業以及一切工程的能力的！

他又說：

「這種技術和工程方面的能力，也並非完全倚靠發明方面的天才，而是依賴國內所有的科學家工程家的全部專門學識，和樂於貢獻這種學識爲志願」。

這種志願就是對國家民族的最高的道德與精神，這種道德與精神，並不是一種玄奧和抽象的哲理，而是日常生活中所表現出來的一種簡單的行爲，法國一位 HenriHanser 教授有幾句批評德國人的話，很能說出這種精神的眞義。他說：

「自從德意志成立以來，德國人表現出非凡的特點，他們以絕大的努力在工作，並非短時期的熱狂與興奮，而是孜孜不倦地，耐性地，天天不斷地努力，有規律，有秩序地進展着，他們使用人力的技術，和使用工程的能力發展到盡善盡美的地步，把每個人放在適當的地方，使各人的能力都達到最大的限度。」

我們工程師學會，所希望於我們的工程界的，在戰時或在戰後，是不是也就是在這樣的意義上呢！

中國工程師學會，今年是三十週年，這個數字對於他的歷史上幷沒有重大的意義，因爲這不是一個特別悠久的記號，可是中國工程師學會，它的經過，它的影響，它對於中國三十年來一切其他政治經濟和國際勢力的關係，却是構成他在學術團體中歷史最燦爛的地方，我們粗淺一點說，比如全國鐵路，那一條鐵路都曾經有這個學會的會員出過力，大的鐵廠，大的礦場，那一個都有過本會會員的努力所創成，近年來電業的發展，水利的興築，也處處都有他的會員在工作。

我們要明瞭工程學會的歷史，我們不能從學會本身去尋，我們要從中國整個社會經濟建設發展的痕迹裏去考察，才能認識工程師學會眞正的面目。

三十年之間，在土木工程方面，如平綏鐵路，隴海鐵路，粵漢鐵路，各艱難地段之完成，連雲港，錢塘江橋的建築，可以說就是本會創始人詹天佑先生與歷年工程人士，以及在座□□□□諸君的功績，至華北及東南沿海各鐵路線網溝通補接，各省公路以及國道基礎之建立，各都市建築之改進，各種工廠設計之近代化，恐怕在座諸君凡土木工程方面的，都有關係的偉業。

水利工程方面，關於疏導的，如淮河至海口的船閘和活動壩，海河龍鳳河與運河的節制閘及疏濬工程，山東省的運河，江蘇省的運河柴米河，浙江省的錢塘江浙西河，福建省的閩江，廣東的三江和韓江，安徽的華陽河巢湖，江西南州水利，湖北省的金水閘等工程；關於灌溉的，如綏遠的民生渠，甯夏的雲停渠，甘肅的洮惠渠，陝西的涇惠渠渭惠渠洛惠渠，河北的滹沱河崔興湖，山東的虹吸淤田等等，關於修防的，則如江淮漢運各流域的堤工，黃江流域的堵口，可以說都是李儀祉先生領導下之各位專家以及在座諸君對國計民生的偉大貢獻。

電機工程方面，關於通訊的，如全國各省長途電話之完成，市內電話之新式設備，無線電台及國際電台之建設。關於發電的，如各都市電力廠之發展，長江上游水力發電之測勘，關於電業材料製造的，如華通華生華成亞光等廠之出品，也是本會會員和在座諸君的創成。

礦冶工程方面，比如煤，我們只要看本會的董事翁部長過去的慘澹經營，和他的貢獻，就已經足以代表本會過去燦爛的歷史在一部份了，又如鐵，只要看看吳任之先生的大冶及漢陽鐵廠苦心孤詣的情形，也就能夠想得到本會的光榮，此外如錦，鎢及石油，三十年間，尤其是最近更有新的發展，也都是本會同仁的努力所致成。

此外如機械工程，化學工程，以及與它有關的工業，都是在這卅年間才一步步建立基礎的，而後半期尤有長足的發展，兄弟在民國十七年的時候，從歐洲考察金融及工業回來，覺得國內的工業狀況，更需要切實的研究一番，所以在那一二年內參觀了兩百多家工廠，和他們的主持之工程師商討研究，有許多位我們幷合作經營，這些工程師也多半是本會的會員，他們在這一方面的事業，對於民生福利眞是有許多不可數計的貢獻，譬如華商紗廠，由十六年二百零九萬餘錠，二十五年增加到二百八十餘萬錠，水泥製造每年產最從民十四年二百一十萬桶，到二十五年增加到三百五十萬桶，至於各造紙造革廠的發展，各種酸類氮氣鹽鹼在這三十年間，也都須本會會員在那裏推動。

抗戰以後，工程界的光榮事蹟，尤不勝枚舉，僅僅就交通方面而言，各區交通路線設備的趕築和搶修。電訊交叉陣線與砲火的互相贗齊，粵漢鐵路橋梁，在敵機密集轟炸之下，不使它有一日交通的間斷，滇越鐵路橋梁被炸也是我們工程師代爲搶修的。至於在材料拮据和環境艱窘的狀況下，使××鐵能於每日一公里的速度完成，××鐵路已通×××，滇緬鐵路希望於×年完成××××支線百五十餘公里亦已完成。公路方面在戰前全國有路面之路祇××××公里內淪陷了××公里，而現在有路面之路反有××××公里。電話線原有××××餘公里，淪陷了約××公里，而現在又有了××××公里，電報線原有××××公里，淪陷了約×××× 公里，現在又有××餘公里，從交通方面來看，幷表現出工程師的事蹟，歷歷在目，可爲將來工程師學會歷史中有光榮的一頁。

還有許多終年在櫛風沐雨中向着大自然苦鬥，犧牲他們的快樂，有時甚至在敵人的惡毒的手段裏犧牲他的生命，一年以前錢昌淦君因爲要從陪都趕到工地去修橋，那知這樣一位年富力強的工程師，就是在這一次的飛機旅行裏被敵人生生的奪去了他寶貴有爲的生命！凡此一類的事蹟，盡最大的努力於工作，或甚至犧牲生命對國家的基業有極大的貢獻的，三十年之中，工程師學會的會員也不知有多少，我們認爲這就是對國家民族的最高道德與精神，我們認爲這就是工程師學會一頁一頁光榮燦爛的歷史！

現在抗戰雖已接近最後勝利的階段，然而建國事業却是無有旣極，全國工程師的責任一天一天的加重，而本會的前途更有無限的光明。

我們的舊唐書裏有一句「宰制萬物役使羣動」的話，當時是形容宇宙神明的偉大的意思，可是現在的科學家工程家却是要能做到這種地步才算得是盡了的本分，現代的戰爭和建設可以說完全是工程師的學識和力量的發揮。馬奇諾齊格菲爾等防線的構成。噴火坦克車以及空中堡壘甚至降落傘部隊的運用，它的幕後該有多少專家和工程師呢？近代偉大的福利工程，如蘇彝士運河，世界第一長辛蒲印隧道，舊金山的金門橋，以及奥塞巨水電廠，胡福水壩等也何嘗不是工程家的心力所造成。所以爲維持一個國家的力量，以保持眞正的和平，爲發展一個民族的力量，以得到民族永久的幸福，我們不能不提高工程上的技術，我們不能不加緊工程界的努力，我們更不能不增進工程界的人材，我們更不能不有計劃有組織的按程計功，埋頭前進，不斷的研求鑽尋，這才是工程界光明前途的起點。

中國工程師學會對　總理實業計劃之研究，經上次成都年會的決議，已經有一個詳明具體的規劃，我們相信陳立夫先生一定能領導同仁開始這一個建國的基本工作。交通方面，將來的策劃和建設，當然能夠得諸位許多的指敎和協助，本部遵照八中全會的決議，對交通部份已擬定了一個戰時三年交通建設計劃，因爲交通事業一動一靜都與工程密密相關，所以很願意藉這個機會提出幾個重要的數字，向各位作一個簡單的報告，以供各位專家的研討。

這一次三年計劃的精神，是依照八中全會所定，「（一）增闢國際及通海路線，便利政府物資之輸入。（二）改善及發展各省間交通運輸，適應國民經濟之需要。（三）加強前後聯絡交通，以爲爭取最後勝利之準備」這三個方針的，所以除處處注重密切配合軍事需要外，先着重於西南西北兩國際路線之暢通與內地交通之改善，對於交通器材並應着重自給自足爲主旨。

計劃中分爲鐵路，電訊，航政，郵政，

9119

輸運五部門，現在僅就鐵路，電政，航空，三樣與工程學術更有關係提出報告：

鐵路部分，三年之中，打算測量路線「共××××公里」建築路線「共×××××××公里」，整個機車「××××××輛」，車輛「×××××××輛」，在這樣一個目標下，我們在財力方面，共需要國幣××××××××××萬元，外幣××××××××美元，在人力方面，共需要技術及普通人員××××××××人，其中工程師爲××××人，工人××××××××××人，「物力方面，國內材料×××××××××噸」，「國外材料×××××××××××噸」。

電訊部份，三年之中，打算建築長途電話線「共××××公里」，電報線「共××××公里」，各路設立電話機務站，×××副及×××迴路，購買報話機件「××××××部」，無線電「×××副，××××部」，增設市內「電話××處，及設電料自給廠所×處，在財力方面，我們共需要國幣××××××××××元，外幣××××××××美元，人力方面，共需要技術及普通人員×××××××人，其中工程師爲×××××人，工人××××××××人，「物力方面，國內材料×××××××噸」，國外材料「×××××××××噸」。

航空部份，三年中，預計民用航空上增闢及展長航綫「×××××××××公里」，增加各線航班「每日來去各×次，每週來去各×次，在財力方面，共需要國幣×××××××××元，外幣×××××××××美元，在人力方面，共需要技術及普通人員××××人，其中工程師爲××××××人，工人××××××人，「物力方面，國內材料××××××××噸，國外材料××××××××噸」。

以上三部，總計需用國幣×××××××××××××××元，外幣×××××××××美元，在人力方面，共需要技術及普通人員××××××××××人，其中工程師爲×××××××××人，工人×××××××××××人，「物力方面，國內材料××××××××××××噸，國外材料××××××××××××噸」。

這裏本人願意特別請各位注意的幾點，就是。

（一）技術人員工程師如何大量的訓練——僅僅交通戰時三年的特別建設計劃中，就已經需要到工程師及高技術人員×××××人，除現在已有的工程師及技術人員×××分×××人外，尙待補充的爲××××人，聽說中國工程師會的會員，先後登記的約爲×××人，而全國在專科以上畢業的工科學生，依據教育部的統計，廿年至二十八年留學工科的爲九萬七千人，國內工科畢業的，從二十年到二十九年爲一萬一千零四十人，職業專科以上的高級工科學生，從二十年到二十八年爲八千八百四十五人，總共也只二萬零八百五十五人，交通部這一個三年計劃，加上經濟部以及其他公私企業的需要，豈不就發生問題，馬上現出一個人才荒的現象，交通大學各學院以及各大學的工科學生，每年大概共有二三百畢業生，三年也只一千人左右，蘇俄在實行五年計劃的初期，也和我們一樣感覺專門人才的缺乏，他們在使用物力的時候，儘量避免用外國貨，但是工程師各種專家他就不能不向外國去借聘，可是同時他有一個値得注意的，就是國內工程師和專家的大量加速訓練成功。

「在一九四一年（未革命前）十二萬大學生裏面，學工業交通和農業的只有三萬人，在一九三三年（即第一次五年計劃的末年）在近五十萬人的大學生裏面，已造成專家有十七萬七千人之多，而工業和交通就佔到六萬九千人，而且他們在第一五年計劃中所要造的專家將達三十四萬人之多」。

這一段記載，頗可以供我們的參證，人才確是國家最寶貴的寶貝，近代國家，不是需要一兩個特出的英才，而是需要大量的優華人才，勒維Raphael.Georges Levy說：

「科學殘勝的地點是工業方面，德國的化學工業就是最顯明的證明，化學工業發源於大科學家（如Liebig Hoffsnon）的實驗之中，其不斷繁榮則由於每年從各大學出來的千百位化學家」。

我們要這樣才能夠每年養成千百位專家與工程師呢，戰後我們的建設更爲繁重，人才當愈益需要，這是要請各位注意的。

（二）如何加速開發國內物力，速建各種工業基礎——三年交通建設我們需要國外物力「××××××××噸」大部份是×××車以及高級××××工具，在我們重工業還沒有樹立以前，自然不是馬上可以解決的事。國內的材料「××××××噸裏面」，除一部份是利用舊有拆除的鋼軌及車輛外，共計約有×××萬噸，是國內可生產的軌枕及水泥。西南森林豐富，怎樣開發，品質如何利用，水泥產量如何增加，此外如電料液體燃料以及各種機械工具之配件，各種酸類以及各種重工業的基本製造，近年來經濟部已積極分途推進，我們還希望各位專家羣策羣力，努力於各種新的學術與怎樣才能適應於中國環境的方法之研究與發明，好像上次大戰各國重要必需品缺乏之時，而各種新的代替品又層出不窮的精神一樣，以促我們抗建目的完成！這也是要請各位注意的。

此外一般交通工程上的問題，也希望藉此提供各位的研究！

（一）鐵路技術標準——近年因抗戰軍運的需要急於完成鐵路，而又限於材料及經費的來源與時間的迫促，可只以求目前之打通應急，而對於將來之效用及修養上需要之條件，不得不稍有犧牲，而將技術標準有所變通，本來我國鐵路技術標準，經早年多少專家之研究，早經訂定施行，但近年在西南西北高原山岳地帶建築鐵路，若按照規定標準，則工程更其艱巨，勢必費時費款，不能爭取時間以應抗戰之用，所以主張修改變更的，確亦有很大的理由，不過鐵路爲國家交通百年大計，似亦不能不慎重研討，以求妥善，且建築鐵路需款甚巨，固應求能發揮最大的功用，能收最宏大的運量，最迅捷的速度，最低廉的運費，庶可與國計民生都有裨益，是以路線選擇之適宜與否，技術標準之妥善與否，運輸成本之低廉，修養費用之節省，皆爲鐵路事業百年榮枯之所關，不能以鐵路建築費用一次之節省爲得計，似不能不注意到的。

鐵路技術標準就路綫上說，最重要的就是坡度曲度，鐵路的坡度曲度爲控制鐵路運量及速度的關鍵。坡平灣大，則運量與速度自可增進，反之則受限制不能發揮最大的效用，雖有主張設計製造特種機車如關節式車以備經行曲度較大的灣道，或用電氣或較重的機車以備行駛於較大的坡度的段落，但是照此則目前我國各鐵路原存有的各機車均不能儘量利用，或則將限制施行能力減少，運量速度不能達到最高之効用，於經濟原則上有沒有妨礙，所以關於一般標準的問題，我們是不是要重行審訂。

（二）鐵路系統及軌制——西南高原山岳地帶建築標準軌制（即一公尺四三五的軌距）及窄軌（即一公尺軌距）鐵軌，兩相比較，則窄軌者，自可省費省時，但運量自不及標準軌距，我國窄軌鐵路以前僅有正太同蒲兩路，現在正太全線及同蒲之大同太原段，已被敵人改舖標準軌，太原以南直至風陵渡則仍爲窄軌，現在本部建築中的×××××路，以須聯接××交通，及因××地形複雜，並爲省費省時計，都按窄軌建築，其他各路如××××以及××××等路則仍按標準距軌設計，但近來工程家亦有主張規定窄軌鐵路區域，及窄軌鐵路網的，但如何分劃區域及系統，以適合實際及將來的需要，能夠達到最經濟最有利的運量，一面并顧到國防軍運及交通便利之需求，都是值得研究的。

（三）軌道輕重的採用——此點也很重要

9121

，有人主張用較輕軌道先行通車，以後再換重軌，這樣在建築時期可以省運輸，省費用，省時間，但是對於較大的坡度，較小的灣道，較重的機車，均不相宜。又有主張在建築時期即用重軌舖設，雖一時較多費用，對於陡坡急灣重大機車均可適用。亦不無理由，如先用輕軌再換重軌，則抽換時更多耗費，兩種主張各有其是，我們還該加以詳細研究。

（四）鐵路公路橋梁材料及養護技術與經濟之研究——近年建築鐵路公路，其中橋梁的修築，當佔一極重要的地位，國內江河滿佈，其在西南一帶者，尤多高岸急流。我國鋼鐵工業落後，目前無法自給，若悉仰給外洋，購運却很困難，加以近代空中戰術日精，為避免轟炸損壞，應有不少搶修，易修及代替的種種問題為橋梁專家所值得注意的。

又如近年公路所用木質橋梁，也很成功，可是對他的保養，防腐，加強等等問題，若是有了新的發現，新的方法，不僅戰時，將來也影響無窮，假如以十萬公里的公路而言，總算假若有五十萬公尺的木橋，以每年改修五分一計，每公尺照價以二千元計，每年為二萬萬元，若能延長木料壽命至十五年，則每年所省造價為一萬萬元以上，這是值得專家予以研究的。

（五）工路人工缺乏與機械之運用及技工之培養——現在一般建設尤其在邊區的大規模工程，不僅是上面所說的最大的高級人員及工程師缺乏，就是一般土石木工人的召募都困難萬分，鐵路建築固然如此，而公路所感覺的尤為明顯，其原因大約幾種，如西南邊區本來人口密度就比東南華北一帶小，而在戰後，各種新建事業勃興，需人較多，加以××××，人數更形不敷，而華北工人與沿海工人又不能大量利用，且西南工程多較以前平原地帶為難，當地工人的能力，較華北沿海者為低，於是每工程單位所需工人數目亦增加，同時因××的缺乏，運輸的困難，以及氣候疾病的關係，互為因果，演成一種工人缺乏的恐荒，而成為工期延誤的普遍現象。

以前一般的印象，都覺我國工資低廉，但是現在的生活費很高，工資雖然沒大的變動，而每個工人的費用，却高了好多倍，最低每人每日將近五元，而最高到十五六元，因此一面感覺到人數的缺乏，一面感覺到工程費的增大，許多人建議，可以於此時試用各種築路機械，譬如說，一架每日能軋七十立方的軋石機，那麼就可抵到七百個人，每日的工作，這個軋石機，做一月的工作，便可抵到工資二十萬元，若是大的軋石機，每日可軋三百五十方的，每月便可有一百萬元的生產力 Earning Power同樣，一架推土機或開山機或壓路機，可抵三百個至六百個工人，則每月工作代價等於十萬至二十萬元，一架燒油機，可以抵一千到二千工人，每月的工作代價，便可以抵到卅萬至六十萬元。

可是用機械，同時也就有許多的問題，比如路還不通的時候，不能全線各段同時用機器，關於此點，許多人建議先打通一條毛路，然後再將機器分運各段，但是跟着的問題，如機器的管理與保養，駕駛人員之訓練與待遇，却是與一般情形，很有繁複的關連性的，因能駕駛普通汽車的，未必能駕駛這種機械，而能駕駛的司機，且未必肯安心做這一種單調的工作，所以怎樣大量而合理的訓練，以普遍養成一種機械與科學常識的傳統性，Mechanical Tradition等等，都是可以注意研究的。

（六）慎重選擇路線——英美各國公路，發達歷史較久，所以已成公路較多，但因運量逐年增加，考路的工程標準，英美每年用於改善工程的經費，佔全部經費百分之九十以上，我國後方公路幹線，已具規模，二年來用於改善工程的工款，已與新工並駕齊驅，年達××萬元，將來有增無已，可以預卜，倘能於新工開始定線的時候，即為將來運輸需要，使改善的時候，能以減少犧牲，則造益國家，必非淺鮮，例如目前滇緬公路，運量日益增加，但是怒江與瀾滄兩岸的坡道，既陡且長，對於行車與運量，均為重大障礙，若要改移，則工程巨大，深悔數年以前定線之時，未能預為今日運輸打算一路，如此，其他各路可有同樣情況，美國有鑒於此，現在從事全國公路線計劃測量，以定各路應有的改善標準，我國已有公路，固宜做效計劃測量之意，予以改善，而設計新路，就更應該引為車鑑，這個意思，就是說：一條新路的標準，應有幾個計劃，並非說在目前艱苦的環境裏，可以把新路的標準，過早提高，而致多費目前尚不應費的工款和勞力，相信兩者之間，有一條 Golden Rule 各位公路工程師，可以替抗戰爭取時間，並且加速建國的工作。

（七）路面與養路的經濟——目前養路方面，每公里幹線平均每年要用養路費××元，並且每公里平均要佔去兩個作經常養路工作的工人，在運量繁重的地段，尚且未能維持路面至於平整滿意的程度，我們是否應該改良路面的造法，即使所費造價略高，但能減少經常的養路用費，並且滿足行車的需要，也不失為經濟，我國雖然缺乏柏油，並且水泥的產量不大，不能多造高級路面，但不妨師法公路先進的美國，多研究低價路面的造法，例如「級配砂石路面」，「土壤水泥路面」，以及各種土壤和路面的穩定處治之法，即使採用改良的碎石路面，也應嚴格依照準則施工養護，以期減少行車的消耗，和養護的費用，在美國三百餘萬英里的公路中，高級路面的里程，如柏油路面，水泥路面之類，不過佔百分之三至，所以低價路面的研究，在美國十年來極受重視，祇以汽油一項而論，因路面之改善程度，可以節省百分之三十至四五十，假如我國路面，可以採用國產料，加以改善，而能節省汽油和車輛輪胎的外匯，即使路面造價較高，還有合乎戰時經濟的，所以很希各位特別再就我國實際情形，加以深切的研究。

（八）塌方的防止與減免——山嶺區域，公路上坍方的不斷發生，也是行車的嚴重障礙，在定線與修築的時候，是否多用地質學和土壤學的智識，予以避免或予防止，相信已受土木工程界的注意。

（九）航空機械人才設備及飛機零件工業之創立——一架飛機力量結構的複雜，常非普通人所能知曉，而在地面上所需設備之繁，和需用人員之多，則更非普通人所能想像，就一架「寇蒂斯」驅逐機來說，它的機身和翼，是用一萬五千種零件組合而成，其發動機是用六千餘種零件所製成，僅僅螺旋槳一項，即包括一百九十餘種零件，此外還有儀器部份，零件也不下九千餘種，上面所說明的這許零件，缺了一兩樣，恐怕飛機就不能起飛，再說到維持和保護方面，至少要十幾個人才能使一架飛機安全升降，同時更需用許多設備完好的飛機場，又關於加油，修理，和通訊指揮等等事項，也需要許多人和物的配備，飛機數量愈多，所需人和物愈多。現在我們的飛機和大部份人才，仍然仰賴外國，將來如何建立我們獨立自主完全不依靠人家的偉大空軍和航空事業，其責任全在諸位身上。

（十）各小站的電力——交通部各小電台及機務站所需電力，大多用小汽油機供給，現在油料艱難，除一部份較大的引擎改用木炭爐外，較小引擎尚少代用品，美國已有採用風力發電的小站，我們是不是可以迅速設計風力或人力獸力發動的充電機件，電力的輸出約以一瓩或五百瓦為標準，以便各種小電台及小機務站的應用。

（十一）無線電話的保密——現在我們所用的無線電話的保密設備，並不十分嚴密，祇須敵人有同樣的機件，亦可照常竊聽，對於軍用不甚相宜，致無綫電話未能盡量發揮功能，這個問題似乎很小，但事實上關係甚大，現在是否另有較週的設備可資利用。

此外有許多人提出在西南利用水電以建立鐵路電化的系統，以及石油開發及各種代用品的研究與自給。造船工業基礎應即規劃，還有公路運輸的合理距離，及與鐵路水運的如何聯合，才能適應我國的環境，才能達到最經濟的效力，還有技術人員和工程師常常因爲環境變化流動，影響到工作態度及生活安全，延緩建設事業及減低工作効率甚大，這固然是國家政治經濟整個有關的一個問題，但是我們工程師本身是不是要有一種「自發的精神力，自動的行爲力」，以慢慢糾正這種現象！還有一個問題，各種工程學術間的互相連繫與連鎖，無論是在學理與實施上相互間一定有許多關連的事，比如土木與電機與機械土木與化學，都常常有許多問題是要互相的啓發與協作的，我想各位也會注意到這一點的。

以上各種問題，除了一部份已由交部主管司應加以研究外，還希望國內專家儘量發表意見。

最後還有三點意見，要貢獻給學會的，第一是提倡探險與調査，中國素來以「地大物博」著稱，不過根據今日已經知道的因素看來，似乎是「地大而物並不博」，我讀書時發現有一句話：「國雖富而貧於不知其富之所藏」於是覺得中國的物究竟博呢？還是不博？到現在尙還不能斷定，因爲這非經調詳査測勘，不能輕易武斷的，也就是所謂要經過一個工程的階段，好像蘇俄，以前儲藏煤量是二千二百萬萬噸，經過這幾年的詳細測勘以後，知道有一萬二百萬萬噸，增加了五倍，煤油以前估計是九萬萬噸，現在發現有三十萬萬噸，並且還要在工業區附近發現油田，以便供應工業方面的用途，就在四方鑽勘，甚至在北冰洋也在鑽勘，在烏拉爾山和西北利亞北部都發現油田，尤其是油田最豐富的巴固（Baku）自從革命以後，大加鑽勘，才發覺有大量的煤油儲藏，其他各種鑛產發現如產量的增加，不勝列舉：生產自從從十二萬萬噸增加到二千六百萬萬噸，是一百三十倍，銅自從一千六百八十萬萬噸，增加到六千六百五十萬萬噸，增加到一千七百萬萬噸，所以我們中國，必須要有大量的工程師，到深山窮谷，邊疆荒野叢林之中，去探險，去測勘，去研究，好像泊米爾高原蘇俄在一九八二年，有無數的學者，前去踏勘，現在將要成功了，　再像天山旁邊的Khan—Tengri山脈，高出海面七千尺，在一九〇二年有德國農業家Merzlachar只到一小部份，以後蘇聯的科學家，年年有人去調査，在一九三〇年，有多數人去踏勘，一九三二年，全部踏勘完成，有工程師六千人，工人一萬名，每年派出許多人到各地探險，在探險踏勘的時候，不但是發了富源，就是社會組織也可明瞭爲社會改良的基礎，因此我對於年會有一個建議：就是在這抗戰劇烈國內建設和實業不能充分進行的時候，應當多多的組織探險測勘團體，到各途處去調査，那末一定可以爲國家發現新的意外富源，對於國家的幫助，是非常大的！第二點是提倡獻身國家的精神，希望年會中提倡技術家爲國服務的精神，無論如何生活艱難，不要灰心，一面不妨請求政府改良待遇，吾們在政府方面一定設法漸漸改善。第三是提倡名譽獎以鼓起獻身爲國的精神，請會中研究一種名譽獎勵的辦法，因爲人生除了衣食住行之外最得安慰的是榮譽，因爲工程師窮年累月於研究室中或在窮鄉僻壤個人的生活快樂，不知犧牲了多少，若一旦成功了一樣事業或得了一個發明，若社會上不予表揚他，將從那裏得到安慰，旣無金錢的獎勵，又無名譽的獎勵，則工程師的精神力一定減少，所以俄國對於技術上成功的人或以其名名工廠，名街道，名學院以爲表揚，是很有意義的，盼望學會中研究一個辦法，貢獻政府，一定可以幫助工程與科學的發達。

末了，兄弟謹願以最大的敬意，祝中國工程師學會和各個會員前途光明無限！

人民公有的工業建設

顧毓琇

對於戰時經濟政策的一點小意見

在抗戰建國的大事業中，工業建設與國防建設有密切的關係，其重要性自不待言。

國父實業計劃中分工業為三部門：（一）關鍵工業（二）根本工業（三）工業本部。其中關鍵工業包括海港鐵路公路等與運輸交通有關之各項工程建設。用現代普通名詞來說，工業可分為（一）交通工業（包括海港建設水利工程在內），（二）重工業，（三）輕工業。這三部門與抗戰建國都有莫大的關係。例如滇緬鐵路的建築，不但在交通上為必要，而其幫助抗戰的責任尤大。又如鋼鐵事業，不但為兵工所必需，實為一切機器的主要原料，就以紡織工業而論，紗布固為民衆所需要，亦為軍衣所仰給。但在戰時而講工業建設，除機器材料購置及運輸的困難外，資金的籌措實為一先決的要件。一般游資現多用於商業經營，甚至操縱壟斷。囤積居奇，影響物價，為害甚大。如何一面增加工業資本，一面減少商業投機，一面增加國家產業。一面鼓勵人民投資，實為當前的嚴重問題。

今試擬一方案，請大家指教：

默察商家心理，以為貨品價值，有因戰事而上漲的趨勢，而通貨購買力，或將日趨低落，故總為以法幣換取貨品，將來重價出售，最為有利。地主富農，由於同樣心理，以為與其早日出售糧食，換取法幣，不如暫行囤儲，待價而沽。倘若有一種投資方式，其所投之資於物價高漲時亦可隨之而漲，則一部分游資或即不難吸收。糧食為可腐蝕之物品，存儲經年，即有損失，若有較可靠之工業投資，再加國家社会之督促，或亦可早售餘糧，由農業所得之資本，移之於工業。同時政府取締囤積居奇，嚴懲商業投機，則大量商業資本即可變為工業資本，以奠定國家經濟建設的基礎。

以滇緬鐵路而論，其建築費約需八萬萬元。但於築成之後，其經濟價值，一定遠勝於此。浙贛鐵路即為明顯的先例。況且鋼軌機車等等現由友邦供給，國人投資於滇緬鐵路，購買其優先股票，即無異自購鋼鐵機器，其將來之利益自必甚大。如物價增加，則鐵路本身價值隨之而增，實合於一般人心理的要求。在經常情況下，鐵路完成以後，因運輸及管理的擴增與改良，其股票價值自亦因之而有合理的增高。

又如某一鑛，某一工廠，在抗戰時期，希望人民自動經營，或有種種困難。若在初期由政府出資經營，必要時並向友邦取得機器，待鑛產初步開採，工廠基礎粗立，即可吸收人民投資，發給某礦或某廠之特種股票，由政府保障其股息，由人民稽核其經營，以求國家人民兩蒙其利，在經常狀態下，事業發達以後，價值自因之增加。工程材料的節省，製造程序的進步，管理方法的改善，皆足以增加其生產能力，因而增加事業的經濟價值。在非常狀態下，如物價高漲，而因工鑛交通事業本身之實物及生產力價值增高，投資價值亦卽隨之增高，故人民投資實有可靠的保障。

工鑛交通建設事業，本身旣皆為經濟事業，故發展之道，自不離乎經濟的原則。經濟事業，無論國營民營，一方面投資，一方面卽有產業，及其生產力，與普通國家支出與私人支出絕不相同。一個工廠開辦以後，如生產有能力，社會有需要，再添招股本購買機器，乃是天經地義的事情。國營事業，自然亦應有同樣看法。一面國庫雖有支出，一面事業卽有資產，因資產之運用而得生產力，增加此項支出，實為投資性質，在一定經濟條件下，事業之資產增加，生產力亦增加，故此類事業，除獎勵及扶助人民自營外，實因由國家積極創辦，擴大經營，期於最短期內，適應國防民生的需要。

國父在實業計劃中曾指示我們：（一）必選最有利之途（以吸外資），（二）必選國民之所最需要。我們倘能遵此指示的原則，鼓勵人民投資於確有保障之國營工鑛交通事業，將商業資本移為工業資本，則工業建設日益發達，國家財富日益增加，游資旣得其所，市場亦可有改好的影響。

從維持法幣價值的立場，發行須有限制，準備尤貴充實。今以工鑛交通事業之股票換回法幣，一部份法幣仍用以擴充事業，事業擴充後股票增加，又收回法幣，一面國家資源開發，經濟事業進展，一面通貨不致膨脹，物價亦易穩定。倘更由政府向友邦借得巨款，購買各種生產事業必需之機器材料，此項事業自更有確切可靠之資產。因此而發行大量股票，使股票各與事業相關連，事業各有實物及生產力為後盾。凡外資之援助，由政府之經營，而為社會所公有，人民所共利，不特目前可以吸收法幣，鼓勵生產，而於整個經濟建設的前途，實有莫大的幫助。

或以為戰時投資於工鑛鐵路等事情，未免有危險性。此種心理，戰時初期或有之，但在抗戰四年半勝利在望的今天，我們相信個人的生命與前途，早已同國家的生命和前途合而為一。在精神動員心理建設的大前提下，我們不再會就憂滇緬鐵路的安全問題。國家有前途，鐵路一定是我們所有。我們一定要拚着生命保衞這條鐵路，因為這條鐵路便是我們的生命線。又如某處發現油鑛，我們每得一口新井，卽值無數萬萬，最近某省發現錳鑛，勘察探採以後，便是國家的富源，亦便是人民投資的對象。這樣國家的資源同人民的資產打成一片，生死與共，休戚相關，人民心理上的轉變，亦足以幫助最後勝利的從速到來。

普通我們常以國家資本與人民資本並列。但在民生主義的立場，國家資本與人民資本實不可分，且亦不必分。資本主義的國家向國外投資時，必須控制某一事業或公司百分之五十一的股本。三民主義的國家同人民，決不必如此。八萬萬元的滇緬鐵路，儘管二萬萬張的股票屬於人民，而政府仍可保留其經營權發揮其監督權。在這種國家經營人民投資的方式下，政府有保障股息的義務，人民有稽核查詢的職權，政府有經營發展的責任，人民有合法應得的利益。

國父在實業計劃鑛業部分中說過：

『………至於將來一切鑛業，除旣為政府經營外，應准租與私人立約辦理，當期限旣滿，並知為確有利益者，政府有收回辦理之權。如此辦法，一切有利益之鑛，可以逐漸收為社會公有，而通國人民均沾其利益矣』。

在實業計劃結論中，國父又昭示我們：

『近代經營之趨勢，適造成相反之方向，卽以經濟集中，代自由競爭是也……………大公司之出見，係經濟進化之結果，非人力所能屈服，如欲救其弊，祗有將一切大公司組織歸諸通國人民公有之一法。故在吾之國際發展實業計劃，擬將一概工業組成一極大公司，歸諸中國人民公有，但須得國際資本家為共同經濟利益之援助，若依此辦法，商業戰爭之在於世界市場中者，自可消滅於無形矣」。

國父欲以發展我國實業計劃消滅世界市場的商業戰爭於無形。我們倘若接受　國父「社會公有」「人民公有」的原則，試行「國家經營」「人民投資」的方式，我們目前的商業投機又何嘗沒有消滅的希望呢？我們更進而研究實現　國父的實業計劃，昭告世界友邦，則於這次世界大戰後的永久和平，又何嘗不可以有偉大的貢獻呢？

美國是民主國家的兵工廠，中國乃是民主國家的大倉庫。以農立國的中國工業化以後，我們方可以保障國家的獨立，鞏固世界的和平。

一得之見，錯誤必多。敬貢狂愚，就正高明。

湘桂鐵路運輸保險包裹暫行辦法摘要

（一）本路為策商貨安全減少商人損失起見特開辦保險包裹運輸

（二）本路暫先就下列各站辦理保險包裹運輸

衡陽西　洪　橋　黎家坪　冷水灘　東　安　全　縣　興　安

桂林北　桂林南　永　福　黃　冕　鹿　寨　雒　容　柳江北

柳江南　桂林營業所　柳江營業所

（三）本路各次旅客列車均得裝運保險包裹

所有保險包裹應比較普通包裹（不論本路或聯運）儘先裝運之

（四）下列各項均不辦理保險包裹

一、危險品

二、違禁品

三、車輛類

四、牲畜類

五、尸骨，尸骨灰

六、運輸上恐有窒碍或有易於損壞之虞者

七、包裝不固或封鎖不嚴者

八、凡轉帳性質之記帳或減價運輸或免費運輸而無現款運費收入者

（五）凡託運保險包裹，應向車站索取保險包裹價值聲明書自行填明物件名稱，內容以及保險數目，經車站查驗相符後，由託運人當場加封嚴密牢固，或加以完備之封鎖，標明包裹人及託運人姓名，住址，交車站收受承運，但因包裝或其他原由不便逐件查驗，經託運人聲明內容並無捏報者，亦得逕予承運。

（六）凡損壞或遺失之保險包裹，各經本路核定應予賠償時，最多不得超過其保險額數，所收保險費，運費及雜費，應照其全部物品損失程度之比例數，予以退還。

湘桂鐵路管理局車務處啓

科學工程與工業

柴志明

科學有廣義狹義之分，廣義的科學包含自然科學與社會科學，狹義祇是指自然科學而言。不論廣義的，或狹義的，科學都是根據現象而發現『眞理』的學問。這個眞理用科學術語來講叫做『規律』，與其說研究科學在求眞理，不如說在求規律比較更明白些。

規律是怎樣被發現的呢？這是科學家最艱難的工作，科學家最初注意到許多曾經考察過的事件之間，在許多使這些事件發生的條件之間，存在着一個共通性，或類似性，於是他就推想如果這一類事件恆久不變地在這些條件之下發生，那就某種其他事件也一定會發生，要是它們當眞發生了，那就使他相信他所假定的規律多少是靠得住的。要是它們一個都不發生，那他就知道他的規律完全錯誤，非推翻這規律而另外假定一個不可。有時假定的規律似乎很可靠，因爲許多預言都已給證實了，可是某一種事件却與這規律不合，科學家遇到這樣的情形，他的推想不外兩種：就是規律是對的，但觀察不充分，或者觀察是對的，而規律錯誤。

我們都知道科學上最重要的眞理是牛頓的規律，它是根據加利略物體落下加速運動規律，蓋伯力的行星運動規律，和下林的潮汐規律，綜合而成爲萬有引力規律，闡明地面潮漲係受日球吸力的影響，行星規道橢圓係受太陽及他星球吸力的影響，物體加速下落係受地心吸力的影響，概括包羅，至爲宏富，但是科學家又曾發見天王星軌道的不規則性，並不與牛頓的規律相符合，於是他們推想，要是屬於行星系統的行星，以已發見的行星爲限——就是除已發見的行星以外再沒有其他行星——那末牛頓的規律被天王星軌道的不規則推翻了。在另一方面，要是在天王外面另外還有一個暗淡的尙未發見的行星，那牛頓的規律並無錯誤，天王星軌道的不規則，祇是由于受這未發見的行星的牽制。他們注意到第二個憶想，用精密的計算假定這未發見的行星的位置與出現時間，依照假定，他們用望遠鏡測視，果然發見了一個行星——海王星，於是他們證實規律並無錯誤，祇是觀察不充分。

後來科學家又發見離太陽最近的水星的軌道，有與牛頓的規律不相符合的不規則，鑒於前次假定的成功，他們斷定這不規則由於另外一個離太陽更近而尙未發見的行星的牽制而起。他們同樣的把新行星的位置與出現的時間用精密的計算預先測定，甚至預先給一個名字—— Vulcan' 可是他們這一次終於失敗了，始終不能發見這 Vulcan。科學家才開始懷疑以前他們視爲萬無一失的牛頓規律未免靠不住。他們的懷疑一直繼續到愛因斯坦根據他的相對論發明一個規律，這規律不但與水星的運轉相符合，而且與所有以前牛頓的規律爲根據的一切事件無不符合，他的槪括性比牛頓的規律更高。這樣一個不重要的小行星的運轉的不規則——這是報紙不值得記載的事件——竟造成了科學史上最重要的一個革命，而且改變了我們人類對於宇宙現象的整個觀念！

科學規律之所以成爲重要，是因爲牠們能使科學家藉以預測可在某種條件下發生某種事件的緣故。科學家也利用數學使規律數學化，使規律不但能預測什麼事件發生，並能預測它的數量大小多少。

但是科學祇能解釋現象，祇能使我們明白宇宙萬物的前因後果，對於人類生活上都不能直接應用。要實際應用，另有應用科學，就是工程學簡稱工程。工程學所研究的，是如何利用自然界的物力，以完成人類需要的物質建設，實際負建設責任的人，叫做工程師。他以科學規律爲根據，參加實際經驗，以達到任務。例如科學家祇解釋燃燒是氧化，工程師却利用煤炭油料燃燒的所發生的火力以拉車行船或飛行。科學家知道鑛質的成份，鋼鐵和水泥的性質，但他不能建設鋼鐵廠和水泥廠，這都是工程師的範圍。工程師不但能生產鋼鐵和水泥，他更利用鋼鐵和水泥以製造機器，建築大橋，興水利，築地下道和摩天高樓。電氣是很發達的科學，有加爾發尼，伏爾打，法拉得，馬克斯韋爾，開爾文，湯姆森，赫兹諸位科學家發現了許多規律，但是假使沒有摩斯，培爾，愛迪生，馬可尼，雷姆，司丹未兹和其他許多工程師出來應用這些規律，我們還是沒有電報、電話、電燈、電機、無線電和其他許多的電器用具。化學方面也是同樣的情形，波義耳、道爾頓、拉發西哀、拍托雷、科倬諸氏首先發明了許多化學規律，然後由化學工程師應用這些規律來發明與製造藥品、染料、人造絲、人造橡皮、人造肥田粉、硫酸、硝酸、鹽酸和其他的化學品。

科學家發見規律，發見眞理，以滿足人類的求知慾，工程師發明機器物品，發明機器物品的製造方法，以滿足人類的享受慾。科學家發見眞理，好像哥崙布發見新大陸一樣，在哥崙布未發見以前，早已有了美洲，哥崙布不過是第一人發見它罷了。工程師的發明却是無中生有，含有創造的精神。譬如我們承認瓦特是蒸汽機的發明者，其實他的工作是將當日各礦中所流行的紐可門蒸汽抽水機加以改良。瓦特是個工程師，他和布拉克羅別生二人研究潛熱，看見紐可門抽水機，不利用潛熱費汽太多，他發明凝聚器，使汽缸的廢汽從汽缸流入凝聚器內凝聚，而利用它的潛熱。他又發明曲拐軸，將抽水機的橫桿改用曲拐軸，有了這兩種的重要發明，瓦特將紐可門蒸汽抽水機改成了可以轉動任何機器的蒸汽機。而近二百年的工業經濟，完全受了它的支配！

我們也一致承認火車頭（蒸汽機車）是司蒂芬孫所發明的，司蒂芬孫是工人出身，他十四歲進礦任鍋爐火伕，因爲對於蒸汽機的興趣特別濃厚，後來升到管蒸汽機的職務，那時英國雖然盛行馬車鐵路，但是早已有人發明了蒸汽機車，如馬鐸、李治，威廉哈德雷都有發明，但未成功。司蒂芬孫的第一輛機車載重三十噸，速度每小時四英里，第二輛可拖五六輛貨車，載貨九十噸客百餘人，速度仍很慢，後來經過種種改良，速度提高到三十英里，構造也很堅固，司蒂芬孫的機車才將其他發明家的機車打倒。他做了利物浦孟都斯透鐵路的總工程師，成爲蒸汽機車的創造人，我們習機械的人，知道機車上轉向操縱機關，叫做司蒂芬孫發動機關，這是司蒂芬孫將固定的蒸汽機改成機車的最大的貢獻。所以機車不但應用了蒸汽機，並且需要創造發明才能適用，所以從科學的理論到科學的應用，中間經過千辛萬苦研究創造的功夫，都是工程師的工作。近世的物質文明，與其說是科學家的供獻，不如說是工程師的功績來得適當。

工程與工業又有什麼關係呢？工程師創製了一件物品，由企業家設廠製造，出售於社會。工程師偏重於技術，而企業家偏重於經濟。例如瓦特將紐可門所發明的蒸汽機加以改良以後，於一七六九年得到了專賣權，一七七五年他和資本家培爾同合組培爾同和瓦特公司，製造蒸汽機，起先出租，後來出售，這樣蒸汽機才從 工程 階段 進入工業階段。

當工程師的創作發明進入了工業階 段

經濟政策雖然高於技術問題，但是世界上的偉大企業家如鋼鐵大王王卡內基，汽車大王福特等都是工程師出身。不是工程師出身，就掌握不住工廠，掌握不住工業，因爲工廠內工業上的任何問題，多少是與工人或技術有關的。

我們灌輸西洋科學已有三百年的歷史，不可謂不早。提高近代工業也有七八十年的時間。當前清道光三十年，太平天國崛起，清軍經十餘年的苦鬥，最後借重西洋軍火始能戰勝，繼之又遭英法聯軍戰役的刺激。在同治元年（一八六二），曾國藩便首先在軍需項下毅然劃出一部份經費設立安慶軍械所，仿造輪船。同年李鴻章亦設砲局於上海，四年（一八六五）曾李二氏乃更將原有之砲局，及同年在上海虹口所購得之外人機器廠，合併爲江南製造總局，設於上海高昌廟附近，五年左宗棠在福州馬尾設立馬尾造船廠，同年天津機器廠亦相繼成立，這是我國工業萌芽時期的情形。輕工業發展較遲。也有六七十年的歷史，如光緒四年（一八七八）左宗棠設立甘肅織呢局，光緒十五年（一八八九）張之洞設立湖北紗布局，十七年（一八九一）上海有倫章造紙廠設立，我國工業規模最大的開灤煤鑛是光緒三年（一八七七）由李鴻章派員籌設，漢陽鐵廠是張之洞倡辦，光緒十七年（一八九一）已開始出鐵。

按照我國提倡工業如此之早，我們現在的工業，就不應該如此落伍，七八十年以來，不但重工業沒有樹立基礎？就是輕工業也談不上自給，翁部長在昆明分會演講中國經濟建設問題，曾指出前清中興名將提倡工業失敗的原因是手下的不學無術。我們現在可以更進一步說得明白些，就是說興辦工業必須由有學識經驗和修養的工程師來負責，否則就難免失敗。蘇聯很知道這個理由，也因爲國內沒有多量的工程師，所以從英美各國聘請了幾千位工程師，到蘇聯去建設他的工業，訓練他的工人，三個五年計劃方能順利的實現。如此說來，工程師實在是抗戰建國的中堅分子！

誌　謝

本雜誌印刷費用荷承　各方協助謹將芳名彙刊藉誌謝忱

中央電工器材廠第四分廠許廠長應期協助國幣壹仟元整（通訊處　桂林將軍橋）

中國工業標準化之回顧及今後應採徑途之擬議（下）

吳　承　洛

（第九）各國工業標準之系統的分析（一）英國

世界各國及國際間工業標準化之進展，有德國實業合理化手冊【註七十二（2）】美國標準年鑑【註七十二（3）】及世界動力協會年報【註七十二（4（5）】，與全國度量衡局之歷次報告，【註七十二（6.】玆只作綜合之檢討。

各國之工業標準工作，可分爲幾個系統：即英國系統，美國系統，法比系統，德國系統，蘇聯系統及日本系統與中國系統是。

英國系統　英國在工業革命上，本爲最先進之國家，工業標準作有系統之進行，亦推英國最早。英國之標準工作，依政治區域別爲英國本部，（1901）愛耳蘭自治邦，澳大利亞聯邦，（1922）坎拿大聯邦，（1919）新西蘭，南非聯邦及印度帝國。英國政府之標準主管機關，在商部方面有標準處，在科學方面有國立物理研究所，而科學工業研究院，復主持一切純粹上及應用上之研究。其英國標準學會（B.S.I.）British Standords Institution 又稱英國工程標準協會（B.E.S.A.）Brilish Engineering Standards Association 雖成立於一九〇一年，但在一九二九年，復加改組，使成爲完全現代之機構，由皇家給予全權，並確定國家預算。其下工業種類分組，各組成有單獨處理及與國際間合作之權。每組爲執行其標準審定之工作，又可組織各業分股委員會，其份子多爲使用各該標準有密切關係之機關團體與事業及專家。所有其他各國之標準機構或中心機構，大抵採用其辦法，略予變通。惟其編號之法，未爲國際所採用，即美國亦未採用之。三千號以前爲一般工程標準【註七十三】包括土木，建築，機械，電氣，化學，礦冶，等計已有約七百號，每號之下附訂定年數，如有修正，則用修正時之年數。三千號以上爲船舶及其機械裝具，五千號以上爲汽車材料及其部分。航空部亦爲標準工作之主要分子。英國工業聯合會，英國商會協會，英國化學製造協會外，其屬於工業管理，工業心理，業務研究，工業衛生，工業福利與售貨經理之協會等亦間接發生關係。

英國屬地，愛爾蘭自治邦標準事業，由工商部主持。澳洲聯邦，有澳邦標準協會，S.A.A.（Standard Association of Australia），其動機係先組織中央標準化及簡單化委員會，於 1922 年設立澳邦工程標準協會，於 1927 年設立澳邦簡單設施協會，至1929年始合併爲澳邦標準協會，與科學工業研究院合作。商會聯合會及製造聯合會與各種工程團體及大學，此外鋼鐵及鐵路部分特爲主要，而工業心理之團體，亦與合作。政府之購料機構，中央及地方，均加入協會。協會內分標準化及簡單設施二組，動力則特設委員會。標準化組又分科系，但簡單化組，則以問題爲單位。國際間合作，則以動力委員會及電氣委員會爲較活動。澳洲標準，以英國爲藍本，如無地方性，則儘量採用之，實要者屬於電氣，油漆，鐵路，安全，鍋爐等約五百種。【註七十四】其經費由聯邦及地方政府分担，而民間團體亦有担負常年會費者，但聽其自由。

坎拿大之工程標準協會，成立於 1919 年；完全做照英國與國家研究委員會合作，他如製造協會，商業及勞工會議，電力協會，工程學會，土木及礦冶工程學會，大學及工專，均爲重要份子。坎邦以採取英國標準爲主體，能用者則不另擬標準，只因與美國關係密切，尤其是電氣及鋼鐵等，必須採取若干美國習慣及標準者，其標準規範約二百種。

新西蘭與南非聯邦，雖爲後起，但對於標準工作，甚爲熱心，設有新西蘭標準學會 N.Z.S.I.(New Zealand Standard Institution)及南非標準學會(S.A.S.I.)(South Africa Standard Institution)，新西蘭標準學會之公用事業，機械工程，鋼鐵，非鐵金屬，及採礦各組委員會，即爲英國標準協會之一部分，所有製造聯合會，鐵工聯合會，土木工程，建築及化學團體，均爲會員，而政府機構如開發工業部，辦理物庫部及科學工業研究院，均有密切關係。其自訂標準規範，已有三四百種。南非聯邦標準學會之加入機關團體，更爲衆多，學術團體如土木，電氣，鑛冶，地質，建築，化學，工業團體如電氣，鋼鐵，煤鑛，政府機關如鐵路港埠，農鑛工商，公用事業，郵電，電力，水利，及工業大學，均踴躍加入。其已公布之標準規範，雖尚只數十種，但其以標準工作，爲研究開發商源之主體，則值得注意。

印度之工程標準，現尚完全依照英國規範，由工程學會爲推行之主體，政府方面，物料庫對於採購標準甚爲注意，而鐵道行政方面有關於標準之組織。

(第十)各國工業標準之系統的分析(二)美國

美國之標準事業主管機關爲商部之國立標準局，並於一九一八年設立美國標準協進會，(American Standards Association)爲國內及國際間之中心聯繫機構。美國現有三百個技術方面之學會，工商業團體及公私機關從事各種簡單化及標準化工作。協進會之公布標準，其方式計有三種，即一爲已有之標準，予以採用，二爲專門委員會擬訂之標準，予以核定，三爲無需設立專門委員會，只由關係方面，會同議定，即予承認之標準。凡稱爲美國標準者，必爲本協進會所决定之標準，即如國立標準局主管簡單化設施之標準以及美國材料試驗學會所訂之材料標準規範，雖已爲普遍通行之標準，但某種標準，如未經本協進會通過者，即不能稱爲「美國標準」，故美國標準委員會之標準，其地位甚高，必盡善盡美，因之卽稱爲「美制」。美國原有之電工及材料試驗等標準機構，均加入協進會，凡與國際標準協進會聯繫時，均經過美國標準協進會，以資統一，而免紛歧，其趨向有如此者。

南美及中美各國亦間有專設標準機構者但其工作多無重大發展。

(第十一)各國工業標準之系統的分析(三)法比

法國於一九一八年，由商部設立高等標準委員會(Le Comite Superieur de Normalisation)爲政府機構，由各門科學，及工商方面，推出代表六十人組織之，此外於一九二八年又由商部指導組織法國標準協進會(Association Francaice de Normalisation)，則係民間團體，但爲標準之中心機構，並爲高等標準委員會及各專門標準部份之聯繫，此專門標準部份，分爲電氣，機械，自動車及航空工程，鐘表機械，無線電，銲接，農業機械，手工工具等，其不屬所列各專門部分，以及屬於一般性質者，則由標準協進會，另行組織委員會辦理之。各專門部分及各特種委員會所擬之草案，送由各有關方面，廣為探討批評後，即送由協進會加以必要之修正，然後送請高等標準委員會公布之，但國際間之標準機構，法國均以協進會名義加入代表。

比國於一九一九年設立比國標準協進會（Association Belge de Standardisation），分設總務委員會及各專門委員會，其執行委員會，由總務委員會推選主席一人副主席二人及委員六人組織之。

（第十二）各國工業標準之系統的分析（四）德國

德國系統，包括奧、匈、捷、波、丹、挪、瑞典、瑞士、芬蘭、意大利、荷蘭、羅馬尼亞，保加尼亞，巨哥斯拉夫等國。

德國標準工作，最初歸理工標準局，彼國科學與工業甚為發達，各業本各有其標準及研究之機構，如完全由政府機構，予以聯繫與調整，其力量尚嫌不足，乃於上次歐洲大戰期間，由德國工程師學會組織標準委員會 DNA（Dentscher Normenausschuss），其後逐漸成為獨立機構，組織與範圍均甚大。其初純為工業標準，嗣後並包括工業經濟，故謂實業合理化之全部工作，幾為之標準委員會，亦無不可。其所出標準規範，稱為「定」制 DIN。與其發生關係之機關團體，為數幾百，舉其最重要者，亦有五十大抵各團體每自訂標準，其由總會採納者，則加蓋 DIN 符號，其較為普通性質者，則由總會工作委員會（Arbeitsausschusse）草擬，只用DIN符號，其甚為專門者則由各專門委員會（Fachnormenausschusse）或專門團體草擬，有的只蓋各該團體之符號。德國系統之標準，完全採用國際分類法。其只用 DIN 符號之標準已有三千種，其用 DIN 符號而兼用其各該團體符號之標準，已有四千種，此外尚未蓋用 DIN 符號，而只為各該機關之標準者，亦數千種。各專門委員會或專門標準團體之符號，最重要者，可舉例如下：

機車	LON	Lokomotive-Normen
空運	L	Luftfahrt
農業	LAND	Landwirtschaft
材料試驗	DVM	Dentsche Verband Materialpruungen
化學儀器	DENOG	Dentsche Normalgerate
鑛業	BERG	Bergban
紡織	TEX	Tetil
鐵道車輛	WAN	Wagen Normen
愛克斯光	RONT	Rontgentcrschung
醫院	FANOK	Fachnormenausschuty Krankenhaus
電影	KIN	Kinotechnische
電工	VDE	Verein Dentsche Elektrotechnike

德國之標準草案，均先登載於 DIN Met-eitlungen des Detusches Normenausschusses）並登載於各工程學會期刊，以供參閱批評，提供意見，最後修正案由總會理事會核准公布。【註七十五】每種專門標準，照由生產者與消費者參加，在其當中，即為中間人的分配者，與從事研究的科學家。每種委員會，必以最有專門地位，與個人聲望者為名譽主席，庶幾可以保障會議時不偏不倚之態度，而得公允之標準。其獨立學會之工作，以德國電工學會及材料試驗學會為最充實。

奧大利於 1920 年設立奧大利標準委員

會，(Oesteneichischer Normenausschuss für Industrie und Gewerbe, O.N.A.) 匈牙利於1921設立匈牙利標準學會，【註七十六】(Magyar Ipari Szabvanyasitó Bizottsag, M.I.S.) 捷克於1922年設立捷克標準協進會，(Ceskaslavenska Normalisanci Spalecnast, CSN) ，波蘭於1924設立波蘭標準委員會【註七十七】(Polski Komitet Normalizacying, P.K.N)，丹麥於 1926年 設立丹麥標準委員會(Dansk Standardiseringsraad Komission, D. S.)，挪威於 1923 設立挪威標準協進會【註七十八】(Norges Industriferbunds Standardiserring Komite, NIS)，瑞典於 1922 年設立瑞典標準委員會【註七十九】(Sveriges Industriforenings Standard Komitte S.I.S.)，芬蘭於 1924 設立芬蘭標準委員會【註八十】(Suomen Standardardisomimislantakunta—Finland Standardisering skommission, SFS) ,瑞士於 1918 設立瑞士標準協進會 (Schweizerische Normenverleinigung, SNV)，意大利於 1921 設立意大利工業標準委員會【註八十一】(Uniente Nazionale per L'unificazione Nell' Industria, UNI)，荷蘭於 1916 設立荷蘭標準委員會(Hoofdcommissie Voor de Normalisatie in Nederland, H.C.N.N.)羅馬尼亞於 1928 年設立羅馬尼亞標準委員會(Commission Roumaine de Normalization NIR)，至保加利亞之標準委員會則設於1928年百哥斯拉夫設於1927，其中除瑞士與荷蘭設立較早，另有特點外，其他歐洲國家幾全屬德國系統。

(第十三)各國工業標準之系統的分析(五)蘇聯

蘇聯於 1925 年設立蘇俄全國聯盟標準委員會【註八十一】(All Union Committee of Standards, ACS, 俄文為 OCT)附於勞工國防委員會人民經濟委員會內，除各共和國均設有其標準委員會外，所有分組委員會，有重工業，輕工業，林業，農業，對外貿易交通，水運，通訊，公路等數十個，而勞工與技術人員之聯合團體，亦參加訂制標準，其五年計劃，均有各種標準，互為配合，標準認為鐵律，所以競賽制度，能以實行有效。蘇聯可謂物物有標準，最為完備，乃是應有盡有，故 OCT 可音義並譯，稱為「有制」，亦頗多採用德國系統者。

(第十四)各國工業標準之系統的分析(六)日本

日本於 1919 年由商工部產業合理化局設立工業品規格統一調查會，【註八十三】(Japanese Engineering Standards Committee JES) 其會長以商工省長充之，并設副會長一人以次長任之，委員七十人係政府七部之技監，司長，局長，高級技師，十五個學會協會及關係團體與夫主要工場之幹部等充任之。分為四部共四十五個委員會，外加用語委員會一個，第一部為金屬材料，分六個委員會，第二部為金屬以外之材料，分十五個委員會，第三部為電氣機械及器具，分十二個委員會。第四部為一般機械及器具，分十二個委員會，至用語委員會則為統一用語及整理文字。其審慎情形，如民十至二十二年間，曾開總會十二次，部會及委員會一千三百二十七次，決定二百五十八件規格，其推行時凡交通，商工，財政，教育，陸軍，海軍，航空，鐵道，內政，農林，司法，拓務各部，暨主要道府州縣，多設有設施委員會，積極推行。

(第十五)國際工業標準之系統的分析

國際間工業標準化之基本工作，其組織機構，以度量衡【註八十四】與電工【註八十五】二部分【註八十六】為最早，次為材料試驗【註八十七】與勞工福利及科學管理，故各國對於此五者之標準工作，常各單獨進行，但均與正規之工業標準機構，取得相當聯繫，或者部分或完全納入工業標準範圍，或實業合理化範圍。正規之工業標準國際機構，即於1926年設立之國際標準協會〔註八十八〕(International Standards Association, ISA)，實包括全體工業，計分爲土木建築，機械，電氣，運輸，自動，鐵金屬，非鐵金屬，採鑛，化學，紡織，纖維，窰業，及雜工業等十三類，已有之成績，以屬於機械化者居多。此外之國際機構，如交通運輸有關之鐵道，造船，海道，汽車，飛行，電報，電話，電車，無線電，廣播，照明，照相，煤氣幷動力，電力生產及分配，電氣裝置及設備，蒸氣，冷氣，巨壩等，以及經濟，工程，化學，曆法，農業並工業心理等之專門機構，均從事於工業標準化之工作，多是爲我國所採取，幷當分別以國家名義，或政府指定適當機構爲加入之代表。雖每年所需會費及出席旅費，爲數不少，但因此可推動國內建設事業之進展，所得必不可限量。

(第十六)中國之工業標準化與經濟計劃

中國之需要工業標準化應無疑義。工業標準化是進步的，而非保守的，工業標準化，是不僅爲生產者分配者與消費者謀利益，並且爲勞動者技術者及科學者謀福利。

工業標準化之工作，有應屬某項工商業充分發達以後之整理工作，有應屬某項工商業尙待發展以前之計劃工作。在完全自由經濟之國家，以前者爲主體，但在實施計劃經濟之國家，則以後者爲主體。我們三民主義之國家，應就巳有者整理，未有者計劃，其實現代國家之工業標準，均循此道以進行。

我國工業標準化之工作，究應由政府領導辦理，抑由民間團體領導辦理，或有疑義。但我國之經濟建設，如採計劃經濟之成分，多於自由經濟，就現實而論，抗戰以來，凡百事業，一方面由政府直接經營，另一方面，提倡人民積極辦理，而自中央最高設計機構成立以後，似有併將協助民營事業，均歸納於國家計劃範圍以內之趨向。經濟建設之方針，必以工業化爲主體，將來分業設計，生產數量之設計，似應與生產品質之設計，相輔而行，而生產品質，即工業標準化之所有事。如是標準工作，即可爲設計配合工作之一部分，至少可以輔助設計時配合工作之順利進行。如是則工業標準化之工作，似應由政府之最高設計機構，與最高經濟行政機構，領導辦理，方能順利推進。

但世界各國之工業標準化工作，在自由經濟與統制經濟之國家，因其固有工業發展之程度，頗多由民間團體領導辦理。以中國之大，各方情形之複雜，似又不能不顧及民間之重要團體，則由全國性之工程學術團體聯合會與全國工業同業聯合會，會同設立全國實業合理化研究會，並聯絡中央及地方政府與關係機關，協同辦理，更以中央研究機關及各大學農工商學院，與各專科學校爲諮詢機構。在民間聯合團體之組織，未能健全以前，最好由中央協同中國工程師學會，負起責任，倡導進行，使公私機關團體，分別性質重要情形，邀請加入。必須寬籌其經費，確定預算，俾得爲全國合理化及標準化之總匯。至各部會主要事業，自當仍各有其標準上之籌劃與實施，其屬於基本標準，則屬於經濟主管部之範圍。所以標準之擬訂，似應以美蘇德三國爲藍本，而其實施更兼採其勇往直前信仰堅定之精神。

(第十七)中國工業標準化所需要之種種機構

我國工業標準化之實際推行，似應設立若干有普遍性之委員會，各由有關係之機關團體，協同進行。

(1) 公務購置標準。中國政治之不良，在於經理銀錢與購置上之弊弊，近年來會計系統，業已確立，購置手續上所用表格之標準，已因會計標準而施行於庶務方面。原來公務用品，只求整齊，不尚華麗，各國多集中購置，並確定標準。工業標準之最先施行，實為政府之購置標準，故應聯絡各中央機關，首先設立公務購置標準委員會，俟標準擬定，並應訓練新式庶務人員并使購置標準之施行，與新縣制之實施，發生密切作用。

(2) 簡單設施標準。度量衡之劃一推行，業已普及全國，度量衡標準，即簡單化之最好例子。簡單實施為資源節約統制經濟之起點，美國胡佛總統，曾大聲疾呼，積極推動，效果甚著，其方法在減少出品不必要之式樣與種類，並及包裝之重量尺寸大小，其出發點均由於度量衡。各地度量衡檢定人員，素有充分之訓練。如選定物品，設法聯合生產分配與消費各方面之代表組織簡單設施標準委員會，而其推行，則全權付之度量衡主管機關，各地度量衡檢定員，並為簡單設施標準指導員。

(3) 家政標準。我國古訓，家齊而後國治，近數十年，家政衰頹已極，女子鄙視家政之風氣，亟應轉移。新生活運動之倡導，多重在正心修身。齊家之道，尤其是物質方面，各國每月家政經濟之協會，研究推進。近來教育方面，恢復師範教育，仍設家政一系，其意甚美。家庭用品關係方面甚多，並應提倡家庭女子操作，自己修理粉刷，自己製造食品，其式樣，其方法，其製法等，在在有標準化之必要。如以此項標準化之式樣，方法，製法等，亦為研究制作規範，公諸社會，先成立家政標準委員會，與簡單設施標準委員會，合作推進，其有益於家庭經濟並解除物價必然高漲中之生活壓迫者，必有重大影響。

(4) 建築標準。公私建築事業，關係人生與社會者甚大。我國技師技副之依法登記執行業務者，惟建築師及建築工程師與土木工程師為最多。其他工程事業，在社會中尙難取得適當之地位，足見建築事業之興盛。除私人建築外，公共建築，逐漸增加，而有普遍性之鄉村建築，比城市建築更為重要。其關於材料物品與製造施工及式樣設計等之標準，應設立建築標準委員會，統籌辦理，所訂標準，責成地方政府公務人員，協同簡單設施標準指導員，盡量施行。

(5) 管理標準。我國公營及私營企業之發展，現在抗戰期間上下竭力推進，固屬盛舉，然將來成敗關鍵，恐不在生產技術之不精，而在管理技術之不密。即在各國，亦甚注意於此，故有各種工程之管理專科，我國工商管理十餘年前，曾有專門團體之設立，但只寄託於言論之提倡。而無具體之標準方案，如能組織企業管理標準委員會，羅致外人主辦之中國事業及國人自辦各種事業之成規，妥為研討，就人與事及事與物，並人與物之關係，詳為分析，確定標準方法，俾便採擇，必能保證一切新式企業之最後成功。

(6) 物料試驗標準。我國之商品檢驗，國產檢驗，與工業試驗及農業試驗，材料檢驗并兵工檢驗等工作，均屬於物料試驗之範圍，大別為各種物理性質與各種化學性質之試驗，所採試驗標準，至不一致。各國於工業標準，尙未整個進行以前，即有物料試驗學會之組織，蓋如果試驗方法，稍有差池。則同一物品，可得各種結果，無法比較。物理及化學之試驗，對於多數非純粹之物質，其結果每為相對的，而非絕對的，故物料試驗標準委員會，似應聯合成立，先試驗標準，先行統一，庶幾一切資源與物產之利用，可以充分。

(7) 安全衛生標準。工業安全衛生問題與公共安全衛生問題，向為國際勞工及各國勞工機關所重視。我國在此戰時似無暇兼顧及此。但社會福利之主要工作，實無過於此

9136

前中央工廠檢查處所訂標準，有時過於提高，致使工廠視爲畏途。今應規定若干簡單易行之標準，確大安全衛生之範圍於各界，與主管社會事業機關，合組安全衛生標準委員會，妥爲規劃，懸之的鵠，作爲常識資料，先行普遍宣揚，以資訓練，屆時必能自動實施。

(8) 文化工業標準。經濟建設與建軍建國之基礎，立於文化與教育，而印刷與教具工業，實爲工業中之主要部門，爲以極價廉之教育工具，達到普及教育之目的，似應聯絡教育文化機關，設立文化工業標準委員會，確定需要，指導實施。

(9) 計量標準。我國長度重量與質量及容量與溫度標準以外之其他計量標準，雖大多數可依照國際間所公認之標準，但應釐訂並公佈確認之標準，以資準繩。前經有特種度量衡標準委員會章程之公布，似應依現在需要，另行組織計量標準委員會，擬議全部計量有關之標準，確定戰後國家預算，由主管機關置備度量衡及各種計量之最高標準器。

(10 常數標準。我國科學事業，十餘年來，頗有進展，化學物理與工程上之研究，應有不少常數之紀載，可以彙集比較，定爲標準，於研究事業之開展，關係至大，而工業上實際操作之經過，亦可取得多少常數，俾資應用，而互參證。似應聯絡各研究試驗機關組織常數標準委員會，並與國際間常數編纂機構，取得聯繫。

(11 交通運輸標準。關於交通運輸之各項標準，另可於必要時，依照鐵路技術標準委員會之例，由主管機關，分別組織公路標準委員會，航空標準委員會，電訊標準委員會，郵驛標準委員會等。

(12 專門工程標準。至於專門工程之標準，似可分別組織土木工程標準委員會，水利工程標準委員會，機械工程標準委員會，電氣工程標準委員會，化學工程標準委員會，礦冶工程標準委員會，紡織工業標準委員會等，主持各該工程之基本標準，由中國工程師學會，協約各該工程之專門組及專門學會，與全國工業標準委員會，取得切實聯繫，而全國工業標準委員會，承認各學會爲各該工程學術之最高威權，所訂標準，即可認爲國定標準，並保留各該專門標準之符號如C.C.E.S.爲中國土木工程標準，C.E.E.S.爲中國電氣工程標準等。

所有專門工程以外之其他各種專門標準委員會，其聯繫方式，亦可由中國工程師學會，作爲中堅份子，協同推進。如此與政府之標準機構，相互爲用，庶幾有濟。

【註一】Handbuch der Rationalisierung（德國實業合理化手冊） Industrieverlag Spaeth & Linde, Berlin W 10, 1932

【註二】何賞撰著韻史第三期第十冊商務印書館

段玉裁著說文解字註第六篇第十一篇汲古閣

【註三】蔣中正著科學的學庸

【註四】全國度量衡局，吳承洛編標準化之意義及其重要並實施方法第六篇，原分四時期，今略去其第三期而以第四期爲第三期。二十三年九月。

【註五】孫中山著國際共同發展中國實業即總理實業計劃

【註六】陳果夫論水力建國書，工程師節特刊三十年六月

【註七】吳承洛著中國經濟建設計劃之實施與蘇聯實施計劃經濟之分析比較，實業部月刊及工業標準與度量衡第三卷第二期，二十五年八月

【註八】同前，工業標準一段

【註九】劉其湘著蘇聯工業標準之實施，工業標準與度量衡第二卷第二期，二十五年六月

【註十】總理實業計劃研究會提案及會議錄

【註十一】吳鼎昌著全國手工藝品展覽會閉幕

詞，工業標準與度量衡第四卷第一卷六期，二十六年七至十二月

【註十二】許曉初著國貨標準化與國民心理建設，申報二十五年八月二日

【註十三】安諾特（Ju'ear Arnold）著論中國近代工業製造品之急須標準化，民族雜誌二十三年

【註十四】蔡無忌著外銷工業品之標準化，南洋商業考察團專刊上海北蘇州路一〇〇〇號

【註十五】劃一全國度量衡之回顧與前瞻吳承洛著，時事月報及工業標準與度量衡月刊

【註十六】Clark--Standardization 中國工程學會第九屆年會演講詞，「工程」第二卷第四號（十五年十二月）及交通部鐵路技術標準規範

【註十七】農商部法規續編

【註十八】建設委員會出版「中國電力」

【註十九】農鑛部工商部法規

【註二十】實業部法規

【註二十一】實業部商品檢驗技術研究委員會第一次技術會議彙編及第二次技術會議彙編

【註二十二】天津商品檢驗局檢驗叢刊之一爲植物油類暫行檢驗法及其標準，之二爲肥料檢驗法及其暫行標準，之四爲酒類暫行檢試法，爲張澤堯等所編，又有吳国時李喬華之糖品化學檢驗標準芻議及馬傑吳家槐之修正糖品檢驗標準意見書。

【註二十三】上海商品檢驗局張偉如編化工檢驗彙編

【註二十四】經濟部商品檢驗法規

【註二十五】農商部地質調查所及中國地質學會刊物，常有此類論文，煤檢驗法爲王寵佑編

【註二十六】實業部漢口商品檢驗局專刊，程義法著煤之熱量規定法

【註二十七】經濟部中央工業試驗所化學分析暫行標準方法（油印本）

【註二十八】中央工業試驗所水泥試驗擬定標準，各國水泥標準表，中國水泥試驗結果表，工業標準與度量衡第三卷第九期二十六年三月

【註二十九】王濤中國標準砂及其規範之建議，與水泥之品質試驗及水泥標準規範之檢討，工業標準與度量衡第三卷第五及第六期，二十五年十一及十二月

【註三十】鐵道部國營鐵路規範書及圖表

【註三十(2)】建設委員會全國電氣事業指導委員會電氣法規

【註三十一】兵工署火藥原料及成品檢定法，兵工材料化學檢驗法

【註三十一(2)】兵工署圖案法規

【註三十一(3)】參謀本部陸地測量總局海軍部海道測量局中央地質調查所等出版書籍

【註三十二】工廠檢查年報

【註三十三】衛生署與中央工廠檢查處工廠衛生掛圖

【註三十四】廣州，上海及南京市政府刊物

【註三十五】全國經濟委員會公路處專刊（公路工程準則及測量規則）及水利處專刊（水利工程設計手册）

【註三十六】如江蘇建設廳公路工程處刊物

【註三十六(2)】中國華洋義賑救災總會及上海濬浦局各種工程報告

【註三十六(3)】交通年鑑及國際電台，中央廣播事業管理處及郵政總局刊物

【註三十七】工商部工業司工作綱要及程序（油印）

【註三十八】工商部部務會議紀錄

【註三十九】工商部六年訓政分配年表

【註四十】工商部工商會議彙編

【註四十一】實業部二十年工作報告

【註四十二】實業部四年計劃

【註四十三】實業部法規

【註四十四】工業標準委員會職員及委員名單

【註四十五】經濟部法規

【註四十六】工業標準委員會及實業合理化研究會工業標準書目參考一覽表

【註四十七】全國度量衡局歷年編訂工業標準統計表，翻譯各國標準數目表，各國釐訂標準數量本局已收集之標準數量對照統計表（此表尚缺國際標準協會標準十數種編列）工業標準與度量衡第六卷第七至十二期，二十八年七月至十二月

【註四十八】吳承洛著英文中國度量衡劃一概況Unification of Weights and Measures in China by Chenlott Cwu，全國度量衡局印行

【註四十九】中國工業標準草案活葉本，實業部工業標準委員會審核草案廿五年

【註五十】中國工業標準 CIS NO1 Z1 中國標準之符號草案

,, CIS NO2 Z2 中國標準之分類草案

,, CIS NO3 Z3 中國標準之號次草案

,, CIS NO4 Z4 檢較用之標準常溫草案

,, CIS NO5 Z5 包裝用數量

,, CIS NO6 P1 至NO41 P36 通用紙張尺度草案等三十六種

CIS NO42 Z6 等比標準數草案

CIS NO43 Z7 標準直徑草案

CIS NO44 L1 襪之標準草案

CIS NO45 K1 安全火柴製造標準草案

【註五十一】經濟部全國度量衡局編製工業標準草案與各界合作暫行規則及全國度量衡局工業標準起草委員會暫行規則，二十九年六月六日核准

【註五十二】醫藥器材標準起草委員會通訊第一期，二十九年十一月

【註五十三】化學工業標準起草委員會成立會紀錄，三十年四月

【註五十三(2)】我國辦理工業標準之經過及現狀，工業標準與度量衡第六卷第七至十二期及經濟部公報，二十九年

【註五十四】吳國楨著工業標準化與度量衡劃一之前途，工業標準與度量衡第一卷第四期二十三年四月

【註五十五】張舜著工業標準化之準備，工業標準與度量衡第一卷第三期，二十三年九月

【註五十六】吳承洛講劃一度量衡與工業標準，浙江建設第十卷第七期廿六年一月及呂桐文著度量衡與工業標準及國民經濟及劃一度量衡與標準化之關係，工業標準與度量衡第一卷第十一期第二卷第十期二十五年四月

【註五十六(2)】賀衷寒著禮義廉恥之社會學認識及其與度量衡準之關係，工業標準與度量衡第一卷第三期，

【註五十七】吳承洛廣播演說「工業標準」

【註五十八】工業標準與度量衡月刊全國度量衡局與工業標準委員會合作刊物第一卷十二期即十二册，二十三年七月至二十四年六月，第二卷十二期即十二册廿四年七月至廿五年六月

【註五十九】工業標準與度量衡月刊第三卷十二期計十一册廿五年七月至二十六年六月，又第四卷第一至六期一册二十六年七至十二月，第四卷第七至十二期一册二十七年一月至六月，又第五卷合刊一册廿七年七月至

十二月，又第六卷第一至第六期合刊一冊廿八年一至六月，第六卷七至十二期一冊廿八年七月至十二月

【註五十九(2)】世界動力協會正式調查報告民國二十五年（A Survey of The Present Organization of Standardizarion, Naticnel & Internatcnal.）

【註六十】教育部教育播音吳承洛演講工業標準，二十五年九月

【註六十一】程振鈞著合理化問題

【註六十二】吳承洛著標準化運動之過程，及其對於工業革命經濟統制與科學化運動之影響，科學的中國二卷九期及十期

【註六十三】全國度量衡局編標準化之意義及其重要並實施方法，二十三年九月又周煥章著工業標準化之意義與價值，工業標準與度量衡第五卷合刊本，二十七年七至十二月

【註六十四】我國辦理工業標準之經過及現狀，工業標準與度量衡第六卷第七至第十二期，二十八年七至十二月，又向質德著由我國工業說到標準化工作，同前刊

【註六十五】中國工程師學會董事會及年會紀錄

【註六十六】廿二年中國工程師學會武漢年會紀錄吳承洛講工業標準問題

【註六十七】中國工程師學會編刊中國工程紀數錄，廿八年第一版

【註六十八】李書田著劃一度量衡規訂工業標準與工程教育，工業標準及度量衡第三卷第三期

【註六十九】丁佶著工業標準及產業合理化，工業標準與度量衡第三卷第五期

【註七十】丁嗣業著民族復興與標準統制，工業標準與度量衡第三卷第七期

【註七十一】黃超著工業標準化與國防，工業標準與度量衡第二卷第九期二十五年三月

【註七十二】德國實業合理化手册 Handbuch der Rationalis'erung Reich kurator'um fus Wirtschaftlichkeit

【註七十二(2)】美國標準年鑑 Standarl Yearbook, U.S. Sept. of Commerce, Naticnol Bureau of Standards.

【註七十二(3)】Standardization, and National, Report of The Internatonal Executive Counail of the World Power Conference. 1934

A Suwey of the Present Organization of Standardization National and International, London Central office, World Power Conference 1936

【註七十二(4)】程振鈞著世界各國實業合理化考察報告，全國度量衡局編標準化之意義及其重要並實施方法

【註七十二(5)】吳承洛著世界各國工業標準化之概況，全國度量衡局標準化之意義及其重要並實施方法，又工業標準與度量衡第二卷第一期，二十四年七月

【註七十二(6)】鄭禮明著各國及國際間關於標準化工作之現況，工業標準與度量衡第六卷第七至十二期，廿八年七月至十二月

【註七十三】一九三六年英國標準規範目錄彙刊，工業標準與度量衡第三卷第九及第十期廿六年三月及四月

【註七十四】澳邦標準一部分譯本，見工業標準與度量衡第一卷第五第六期等

【註七十四(2)】美國標準一部分譯本，見工業標準與度量衡第一第二第三卷及中國建設第十二第十三第十四第十五卷各期（廿四、廿五、廿六年）

【註七十四(3)】一部分法國標準譯本，見工業標準與度量衡第二卷各期

【註七十四(4)】一部分比國標準譯本，見工業標準與度量衡第一及第二卷

【註七十五】一部分德國標準譯本，見工業標準與度量衡第二及第三卷各期

【註七十六】一部分匈牙利標準譯本，見工業標準與度量衡第二卷十一期

【註七十七】一部分波蘭標準譯本，見工業標準與度量衡第一第二及第三卷各期

【註七十八】一部分挪威標準譯本，見工業標準與度量衡第一卷第三期等

【註七十九】一部分瑞典標準譯本，見工業標準與度量衡第一卷第五期等

【註八十】一部分芬蘭標準譯本，見工業標準與度量衡第一卷第四期

【註八十一】一部分意大利標準譯本，見工業標準與度量衡第二卷及第三卷各期

【註八十二】一部分蘇聯標準譯本，見工業標準與度量衡第一第二第三各期

【註八十三】一部分日本標準譯本，見工業標準與度量衡第一第二第六各卷

【註八十四】Bureau International des Poids et mesures

【註八十五】International Electro-technical Commission

【註八十六】國際權度委員會及電氣諮詢委員會近況，工業標準與度量衡第六卷

【註八十七】International Association for Testing of materials (IATM)

【註八十八】國際標準協會，工業標準與度量衡第二卷第三期第九期第三卷第十第十一第十二期第四卷第七至第十二期第六卷第一至第六期

附中國工業標準草案分類目錄(廿九年十二月全國度量衡局印行)

土木建築工業標準七十三種　CIS235,287－299,338－346,423－432,471－475,504－509,555－561,584－588,612－616,623－625,637－638,671－676,682－684界石與號誌石，瀝青，柏油，及其各種膠泥毡板等製品。

機械工業標準一百五十二種　CIS47－78,90－106,213－218,236－246,368－412,433－460,589,602－605,626－633工業製圖，螺蚊，螺母，螺釘，墊圈，梢，軸帶輪，鉚釘，公差制嵌合用孔與軸，驗規，軸柄及套筒，公制工商業用單位力能工壓等，金屬材料抗張試驗。

鐵工業標準八十二種　CIS107－126,157,187－194,247－261,270－282,300－303,311－329,336－337 鋼鐵材料之形狀符號，標誌，輾製圓鋼，方鋼，六角鋼，八角鋼，等邊角鋼，不等邊角鋼、工字形鋼、溝形鋼，丁字形鋼，梯形鋼、半圓形鋼、乙字形鋼、平條鋼、鋼帶、鐵絲鋼紙、鍍鋅鍍錫鐵片、搪瓷用鐵片襯鐵鐵絲釘，上下水道用鑄鐵管，餅乾桶簡單化。

非鐵金屬業標準三十八種　CIS496－503,562－573,590－591,635－636,661－670,678－681非鐵金屬材料形狀符號標誌，銅錫鉛鋁鋅鎳鎂金屬，銲銀，銲銅，銲錫，燐銅，燐錫，銅鑄物銅板銅條銅管鉛管，矽銅錠。

化學工業標準一百五十七種　CIS45,79－88,262,304－310,347－367,413－422,461－470,476－495,510－554,574－582,683,610－611,615－622,634,639－649安全火柴，肥皂，油漆用各種植物油，揮發油，顏料，各種厚漆，假漆，調合漆，各種潤滑油，絕緣油，減摩油，防銹油；各種油膏，蟲膠，汽油，鐵金屬非鐵金屬及其合金之取樣，檢驗法，煤炭之檢定，液體，粘稠體試樣採取，石膏，鑛用炸藥試驗

紡織工業標準五種　CIS44,283－286棉，織物試驗，棉紗棉線試驗，公制與英制棉紗支數及強度對照。

鑛業標準廿七種　CIS127－131，172－182，195－196，204－212 標準砂及各種砂，石灰，白堊，石材，卵石，碎石，塊石，石膏，石棉，石棉水泥合製品

林業標準三種　CIS134，155，203鋸板，鋸屑，床蓆尺度

紙業標準三十八種　CIS6－41，132－133各項紙張標準尺度，各種書表簿本尺度，文卷裝釘孔。

窰業標準五十種　CIS126，158－171，183－186，197－202，219－234，263－269，692－693，水泥，磚，瓦，石膏灰泥製品，下水陶管，墨水瓶，熱水瓶，玻璃瓶，杯盤簡單化。

普通及雜工業標準六十三種　CIS115，42－43，46，89，135－154，330－335，592－609，677，685－691，694－695 中國工業標準之符號分類及號次，標準常溫，標準直徑，等比標準，包裝數量，中文活字，試驗篩，印信，工程用英吋公釐換算，公制工商業用單位，數學及字母符號，公務用棹凳文具，尺度，手杖，手帕，飲食用具，藥用匙，學校及醫院用床等簡單化，醫用紀錄表格，醫療用盤。

全國度量衡局又編有各種標準草案說明書如肥皂桐油，工業製圖，水泥，數學符號，螺紋標準，煤焦檢定等。

全國度量衡局又編有醫藥器材標準起草委員會及化學工業標準起草委員會通訊

工業標準與度量衡月刊

第一卷　十二册　廿三年七月至廿四年六月，每月一册

第二卷　十二册　廿四年七月至廿五年六月，每月一册

第三卷　十一册　廿五年七月至廿六年四月，每月一册，又五月六月合刊一册

第四卷　二册　廿六年七至十二月合刊一册，廿七年一至六月合刊一册

第五卷　廿七年七月至十二月合刊一册

第六卷　廿八年七月至十二月合刊一册

（完）

黔桂鐵路側嶺牛欄關兩處路線之覆勘及研究（下）

裘益祥

討論

黔桂鐵路原定桂境限儀坡度爲1％，側嶺牛欄關一帶推挽坡度爲1.8％，黔境限儀坡度爲1.5%，故覆勘隊部按規定之推挽坡度設計。嗣爲趕速完成通車起見，並因抗戰四年人力財力物力之種種限制，決將標準降低。自桂境六甲至黔境都匀一段，採用2.7％，之限儀坡度，減省工程爲數極鉅。在路線方面，側嶺則採取第一與第三兩設計線之長，而避免西谷驢路線；在牛欄關，則採用甲線，而改由四號谷沿琵琶冲三號谷一帶山坡之捷徑。外界對於2.7%，坡度之採用，與將來之載重量及行車安全問題，容多疑慮，玆將各方研討文字如王世瑱工程司之「側嶺牛欄關路線採用2.7％，坡度之優點」，張鴻逵工程司之「黔桂鐵路運量及行車安全之研討」及曾調璨工程司之「黔桂鐵路將來運行之估計」，彙錄於下，藉供參考。三十一年三月作者再記。

一、王世瑱　側嶺牛欄關路線採用2.7％坡度之優點

筆者曩曾追隨覆勘，三十年夏又奉派作取消西谷線之測量，對於側嶺牛欄關一帶路線，知之較審，該段路線歷經多次勘測，最後爲爭取時間改用2.7％之最大坡度。目下正在趕築中，不久可以通車。玆就技術觀點，略加申論。

在側嶺方面，現建築線之優點，厥爲不經西谷。蓋驢西谷路線包含長山洞高架橋上下線高擋牆等種種難工。著者之第二設計本亦不經西谷，但因決定縮短側嶺山洞故路基隨之提高四十公尺，上遂一帶路線勢將與峭壁相遇。自採用2.7％推挽坡後，上述困難，已可避免。而著者所力謀避免之西谷難工，乃終獲取消！不特此也，側嶺上遂間一帶山坡，其低下部份，綜錯兀突，愈高則地形愈佳，西谷線取消後，該段路線，亦因提高而位於地形比較整齊之區，工程頗多減省也。

側嶺路線，地勢高低懸殊，設計之主要問題在於如何提高路綫避免困難地帶利用良好地形與夫縮短不必要之距離。覆勘隊發現新谷路線，達到自第一象限直入第二象限之理想，因得擺脫紅瓢溪之控制，減縮困難之距離；更獲利長山之良好地形，實已盡設計之能事，然西谷難工猶在，仍屬美中不足，最後終因採用2.7％坡度，而達到取消目的。則2.7％坡之應用，可謂得其理想之代價矣！

在牛欄關方面，覆勘隊本擬有甲乙二綫，乙線穿2.5公里山洞，集所有困難於一身，設計最稱理想，惟趕工較少把握。甲線所穿山洞雖短，但尚有高填數處，工程頗鉅。自用2.7坡後，距離得以縮短。而縮去之地帶，正爲甲線高填之所在。故最後測定施工之路綫，得以逕沿琵琶冲一帶連續山坡而上牛欄關。實亦2.7％坡之理想利用也。

二、張鴻逵　黔桂鐵路運量及行車安全之研討

運量問題

鐵路運量，不獨與機車之載重有關，使

須視每日行駛列車之次數而定。本路金筑段擬採用2—8—2式機車，動輪上重量143.300磅；機車及煤水車總重328.000磅；汽缸直徑20吋；活塞衝程26吋；動輪直徑54吋；熱面2.420平方呎；汽鍋蒸氣壓力每平方吋200磅。茲用美國鐵路協會方法及許密德氏列車阻力公式，以計算該機車在各種坡度上之載重量及行車速度。

依計算之結果，2—8—2機車在2.7%坡度上，行臨界速度（Critical Speed）每小時10.6公里（6.6英里），可牽引總重量378噸。若加一同型機車，則在理論上載重量當可增加一倍，惟兩機車不易同時全部合作，而達最高之效率，故假定第二機車以六折計算（378×1.6＝604.8）約合600噸。設車輛皮重爲總重量百分之四十，淨載重爲百分之六十，則每列車可載淨重360噸【註】至站間行車速度及所需時間，須視某一站間坡度之陡平與曲度之急緩而定，必以動能圖（Virtual Profile）按實地情形分析之，方可求得，試以本路行車最難地段內之長山車站至側嶺車站一段爲例：此段站間距離爲10.38公里，假定乍通車時，每小時最高速度不得超過24公里，依動能圖分析之結果，此段行車時間需44.6分鐘，其他站間因地形較優，行車時間均較上數爲小，假定列車到站停留15分鐘，則每列車站間所需時間約爲一小時。如每二小時，在同向由每站開出列車一次，則每晝夜單方向可開十二列車，每列車載重量360噸，則單方面每日運量可達4320噸。即以每晝夜行駛六列車計，每日運量約爲二千公噸（即每月單向爲六萬噸。）以西南山嶺區域，如此運量當可應付至相當時日也。

註：計算機車牽引力及載重時曾假定每小時燃煤量爲（3200）磅。

行車安全問題

（1）2.7%連續坡長之限度：如前節所述，列車既可以臨界速度，行駛於2.7%坡度之上，則依理論推斷，任何長坡，應皆可牽引。惟如坡度過長，機車須於長時間內，維持其最大牽引力，則將因通風不良，而影響煤之合度燃燒，因而影響蒸氣之產量，而使機車之牽引力有所減小，同時司爐者亦將因長時間之緊張工作而不能支持，爲策安全計，本路規定陡坡之長度不得超過六公里。列車行駛時間僅需三十餘分鐘，上述弊害當可避免。

（2）車軔設備：前節係指列車上坡而言。爲使列車下坡保持適當速度而免危險，須經常司軔。惟普通自動風軔，因洩漏關係不甚適用，爲補救計，或用普通自動風軔加裝直通風軔；或採用美國韋氏風軔另加壓力保持閥，直通風軔可適應坡度之大小而隨時增減其壓力，故易於使用，當直通風軔管制列車速度時，自動風軔之副汽缸仍保持充足壓力，以備緊急司軔隨時停車之用，如用美國韋氏風軔另加壓力保持閥，則司軔後而解軔灌風時軔缸仍保持相當軔力，不致使列車之速度大增，再度司軔時軔力較前更大。

（3）六度曲線：金筑段線，大都傍山越谷，如用六度曲線，則路基土石方等工程，可節省甚鉅，本路最大機車2－8－2式之固定軸距爲4710公厘；2－8－0式爲4878公厘，若軌距按規定加寬，此等固定軸距可安全行駛於六度之上，業由柳金段試驗予以證明，至六度曲線及其外軌超高與行車速度，對於行車安全之關係，試申論之：（1）平衡速度，即機車之離心力與其重量二者之合力垂直於軌道面；（2）安全速度，即合力不落於軌道中部三分之一以外者；（3）傾覆速度，即合力適落於外軌之軌線，設六度曲線外軌超高爲125公厘，2－8－2式機車（其重心高於軌頂1980公厘）之平衡速度爲每小時46公里，安全速度爲70公里，傾覆速度爲105公里，由上可知六度曲線對行車之安全，並無危害。

（4）保險岔道：如無自動風軔設備，或風軔中途發生故障，而車輛自上坡高處脫夠下滑，不但車輛本身，將遭損毀，且將闖入車站，或與站間列車相撞，因而釀禍，防範之法，應在行車困難地段之車站端，敷設保險岔道，長約五百公尺，末端五十公尺埋之以沙或煤屑，並在岔道末端築一土堆。一俟上坡列車開出車站後，應立即將正道扳接保險岔道。

（5）號誌連鎖與電氣路籤：本路拔頁辛店間，兩路口及馬家屯貴定間，坡度長陡，為行車困難地段，行車設備必力求完善，以策安全，上述地段內共有十六站，每站兩端均須設置臂形進站號誌及遠距號誌，夜間以燈光顯示之，進站號誌須與轍尖連鎖，遠距號誌又須與進站號誌連鎖，連鎖及扳動機設於各站之號誌樓。所有轍尖之扳動及號誌之部位顯示，均在號誌樓內集中管理，此外，以上區間宜用電氣路籤，俾人為之舛錯得完全避免，而後行車安全方能得到確實保障。

三、曾潤琛、黔桂鐵路將來運行之估計

鐵路之運輸能力，概以每列車之載重噸數，及可能行駛之速度二者以規定之。路線既按上述理論確定以後，則載重之多寡，僅視機車之大小，特種鐵路本可足製特種之機車，如平綏之用活節機車，其機力可與二輛相當，且可動作一致。但抗建期間，此種複雜之機車，自行製造，一時難以實現，向外洋訂製，又無法運輸，此惟有留供本路將來發展之用矣。茲以國內現有機車，選擇大型者，按所定路線分析其載重及運行之狀況如下：

載重噸數

載重噸數之確定，基於機車牽引力之計算方法。國內所用機車，多購自他國，各國之計算法亦各不相同。然機車牽引力之發生，全恃鍋爐蒸汽之供給。蒸汽與司爐之燃煤量大有關係，外人體力壯大，燃煤率高，如美國人力燃煤，每時四千磅至六千磅，鍋爐設，爐餘通過後管鈑之速度達每秒鐘二百英尺。依普通之機車而論，每小時之燃煤量亦在兩噸以上，但國內一般司爐之力量，不過一噸有奇，故本文用每時1200公斤之燃煤最為計算之標準。設用本路601類機車（2—8—2式），計算各坡度之牽引調整噸數，列表如下：

坡度　%	1%	1.5%	1.8%	1.98%	2.7%	2.76%	3.33%
調整噸數	1055	675	542	484	315	308	232

在2.7%坡上，其起動牽引力等於14263－148760×0.027＝10247 Kg 可以開動之噸數等於$\frac{10247}{(27+9)}$＝284噸。

此係單機運行之載重量，若增一機車，一推一挽，則載重量可達五百噸之譜。

上坡行駛

為欲確知將來實在之運行狀況，設一601機車牽引所算噸數，自長山車站向側嶺上坡行駛。由機車牽引力之性能，所載列車之阻力，推算其增減速度，而繪製此段行駛之速度時間圖，計長山至側嶺之上坡段長7.150公里，行44分鐘，最大速度28公里，平均速度9.75公里。此僅計算上坡一段，若連下坡合計，站與站間之平均速度當超過此數。

下坡行駛與安全設備

列車自坡道下行，除車站之平道部份，須開汽起動外外，至中途運轉，須關閉汽門，應用車軔，以節制行車之速度。若車軔應用不善，或生故障，列車之速度，將隨時間與距離之延長而劇增。設以每時二十五公里為普通運行之速度，則灣道上之安全最大速度可六十二公里。仍以與上坡同樣載重之列車，使在該段之險峻坡上順溜而下，計算各種阻力在內，由靜止而達62公里，需經

682公尺之距離，及二分四十秒之時間。若繼續下溜，共計不過2008公尺之距離，四分三十八秒之時間，速度增至一百公里。遇有彎道，列車隨時有翻車之虞。故行車人員必須在每次列車出發以前，將車軔各部詳細檢驗，以昭愼重。爲求絕對安全起見，長陡坡上並應設置保險岔道以防萬一。

有效車軔爲行車安全之第一要素，即列車無論在何種坡道之上，須有完全控制之軔力，使列車隨時制止。玆就裝置自動風軔之客貨列車計算其軔力如下：

（一）客運列車

機車爲二十八一二式

動輪	重量65噸	軔率60％	軔力39噸。
煤水車	空重25噸	軔率90％	軔力22.5噸。

應用時全重　138噸（$\frac{2}{3}$煤水）

設客車均用木質車身，三等三輛，二等頭等及行李守車各一輛。

空重 202 軔率90％ 軔力181.8噸 實重270噸 全列車重408噸 軔力243.3噸 合計軔率59.6％在2.7％坡上，各速度之停車距離與時間應如下表：

速度	每時公里	20	25	30	40	50	60
距離	公尺	42.4	66.3	95.2	170	265	382
時間	秒	15.15	18.9	22.7	30.3	37.9	45.4

（二）貨運列車

機車同前

貨車設四十噸高邊車五輛，全重量284噸，空重80噸，軔率70％，軔力56噸。

列車全重422噸，軔力117.5噸 合計軔率27.8％，則在2.7％坡上，自各速度司軔停車之距離與時間應如下表：

速度	每時公里	15	20	25	30
停車距離	公尺	236	420	656	945
時間	秒	112	150	188	225

該列車如全係四十噸平車，則軔力當更爲薄弱。

由上分析，可知客運列車速度卽增至六十公里，尙可作有效之制止，惟貨運列車，則行駛速度必須保持在三十公里以下。

列車自坡道下行，爲欲平衡其下推力量，使速度不致增高，列車須經常司軔。因坡道甚長，司軔之時間須久。普通自動風軔，因洩漏關係，難以持久，須另加直通風軔設備，如平綏路所用者，或另加壓力保持閥。

壓力保持閥，設備簡單，司軔後因用保持閥，解軔之時，軔缸仍保持相當軔力。同時列車濾風，且再司軔時，軔力較前爲大。但壓力保持閥爲適應下坡，須有軔夫切實注意，若稍有疏忽，難免肇事。

直通風軔可適應坡道之大小，隨時增減其壓力，故司機易於使用。直通風軔無須解軔，經常濾風，故無時間之限制。在用直通風軔維持行車速度之時，自動風軔之副風缸，仍保持充足之壓力，以備隨時需要停車緊急司軔之用。故直通風軔似較優。

所有風軔，須風泵軔件完好，始能有效。爲防故障不能供給風力起見，車輛並須一律加裝手軔，如上所述，機車車輛狀況良好，安全設備齊全，再加審愼行駛，當可無問題也。

（完）

（附註：本篇所附藍晒圖，因其線跡模糊，難於索出印刷，容後設法補登。）

坩堝煉鋼

周志宏　丘玉池

(一)引言

作者入川以後，以致力於兵工材料試驗與研究工作，並以過去多年從事鋼鐵工業之立場，首先注意後方鋼鐵生產與研究適宜冶煉方法。當時目睹運輸之困難，動力之缺乏，遂研究小規模鋼鐵之製造，以期增進鋼鐵之產量。對於土產方法如毛鐵，土鋼一類產品，分別加以科學方法之檢討；前者(毛鐵)已於工程月刊（第一卷第一期）爲文論列，後者（土鋼）當另文發表。認爲：吾國過去對於鋼鐵事業既少研究，更無基礎，歐美鋼鐵工業之發達，由土法至大規模冶煉，有其自然演變之過程，而吾國土法鋼鐵製造尙囿於成法，視爲秘傳，從事此項工作者，非爲有學之士，而爲農工礦夫，父傳師授，數千年來如一日，殊鮮進步可言；至於從事大規模新式製造者，又皆習於國外方法，不屑爲土法之改良，無意於小規模之試造。作者研究土鋼製造之結果，覺其熔鐵滲炭方法不爲不巧，（其成份適爲 0.9 高炭素工具鋼 Eutectoid tool steel)技術不爲不精，惜成品仍由半熔狀態中得來，熔渣不能盡去，組織無法均勻，爲其最大缺點，深感坩堝 (Crucible）熔煉實爲其唯一之改良方法。

一七四〇年英人 Huntsman 發明坩堝煉鋼方法，爲鑄鋼法之開端，煉成鋼品，質地均勻，遠勝當時 Puddling 及 Cementation 等舊法之產品，最初專用以製造工具，對於製造方法，保持祕密，不易仿效採用，故德國遲至一八一二年始由佛雷多雷希克虜伯（Friedrich Krupp）氏從事試驗，屢經挫折，以致窮愁竭蹶而死，其子阿夫萊特克虜伯（Alfred Krupp）總起經營，始獲成功，遂利用此種方法熔煉大量鋼料，以供製造軍火之需。一八五〇年間德之 Bochume Verein 並利用坩堝熔煉鋼鐵，以供鑄造之用。歐戰後，雖電氣煉鋼事業發達，漸爲代替，但英之 Sheffield 區仍有不少此種冶煉廠存在。良以此種方法，用料純潔，熔煉勻淨，品質優異，特成本較高耳。克虜伯廠曾利用坩堝方法鑄成大的鋼胚由數噸以至數十噸，足見大量生產，亦無問題。

際玆抗戰軍興，後方原料與設備兩皆缺乏，電爐，馬丁爐，一時均不易設置，金感此法可以採用。顧坩堝煉鋼最要者爲坩堝本身是否可以耐火？及是否有高溫強度？（Hot Strength）故初步工作當從試驗入手，其步驟有二：

(一)搜集各地土鐵，煤焦耐火泥等試驗其是否適合坩堝製造與煉鋼之條件

(二)設置坩堝冶煉試驗工廠，試造坩堝冶煉鋼料，以確立坩堝煉鋼之實用

第一步工作年來經調查檢驗，已獲相當資料就中耐火材料一項爲製造坩堝之主要原料，川中不乏優良出產（見志宏出席生產會議中之提案）惟石墨一項，品質不佳，故現製坩堝尙屬火泥一種，與英國所用方法相同，將來石墨較佳者發現，或原有者能設法提純，並可製造石墨坩堝，此僅爲材料之供應問題而已。

第二步工作於二十八年開始首先預備原料，製造坩堝模型，着手試驗而丘君亦即於是年秋參加此項工作，自該年十月至三十九

年三月，先用各處火泥及其他原料配合製成小型坩堝，試驗其火力，並以之作各種冶煉，於已獲成效後，再砌大型坩堝爐，製造大型坩堝，二十九年三月至本年二月，更作種種試驗與冶煉，中間屢經困難，失敗至再，幸作者等未嘗中途氣餒，卒底於成，其實為吾國鋼鐵事業演進過程中應有之工作，應遇之困難，茲值中國工程師學會舉行十屆年會，爰略述試驗經過，以供鋼鐵界同人之參考。

(二)試驗經過

一、小型坩堝之試驗

1.製造小型坩堝 先收集川省各地火泥，測定其熔點與性質，取其能用者如永甯江津南川諸地之火泥，滲和黏劑，配成製造坩堝材料多種，分別製成徑二吋高四吋半之小型坩堝，並砌建簡單之小爐一座，中放坩堝，外圍焦炭，底部鼓風，坩堝中放置鋼鐵，上覆泥蓋，試爲熔化，以測驗其性質及耐火能力，經多次試驗，藉知南川永甯威遠等處出產，均尚可用，其配合成分爲火泥 81－62％ 黏土 15－30％ 炭粉4－8％

2.小型坩堝之試驗煉錳鐵合金 以錳砂焦炭粉爲原料，結果曾煉出含 40％ 50％60％數種成份之錳鐵合金，用後坩堝表面嘗受錳砂中之氧化錳侵蝕，所得合金以含錳百分之六十爲最高，再高則爐中溫度不足，不能熔化，按照錳鐵合金之組織圖（Compositiondiagram），可知坩堝耐火所達之溫度，煉成錳鐵，其組織如圖一所示，此項錳鐵之成分爲炭2.02％錳39.1％

3.熔化土鋼之試驗 川產土鋼，質地雖佳，但不均勻，以未經液化階段，僅用生鐵滴入料鐵，使其炭份增高，損耗頗大，故試以坩堝將土鋼溶化，鑄成鋼胚，其組織如圖二所示，表明該鋼已經液化，質地較勻，而所含雜質亦極少。

4.溶煉炭素鋼之試驗：川產毛鐵含硫尚低而燐之含量則較高，但多半存於渣中，如能將溶渣除去，加入適量之純粹原料，使炭素增高，即可成爲炭素鋼，曾試以威遠生鐵與毛鐵爲原料，置坩堝中煉成0.08％—0.56％之炭素鋼，其原料之配合如次？

毛鐵	生鐵	C鋼錠成份	Mn	Si
55.3g	55.3g	0.56％	微量	0.18
60g	30g	0.08％	微量	0.04
60g	15g	0.08％	微量	0.05

每次熔煉均加入玻璃粉與細砂少許，使成酸性溶渣溶化時間約歷兩小時，若用多量毛鐵，因其含渣較高，坩堝內壁易受侵蝕，但尚不致破裂，由數次試驗之結果，可知以毛鐵生鐵爲原料視原料含硫燐之高低，配合溶化於坩堝中可煉成高低炭素鋼，或以之鑄造機件，圖三圖四卽示鑄成各種鋼胚之組織，圖三含炭約0.5％而圖四則含炭甚低，按照低炭鋼之熔點，可知坩堝耐火力之高度。

二、大型坩堝試驗

根據上述各項試驗，知所試坩堝尚有合用，如製造適宜，可以熔化生鐵，熔煉錳鐵合金與炭素鋼，惟坩堝甚小，容量極微，雖尚耐火，但高溫強度如何，則仍有待於大型坩堝之試驗，始能確立，遂決定繼續爲半工業式之試驗：

1.製造大型坩堝，砌建大型坩堝爐，二十九年一月開始製造大型坩堝模型，爲節省時間起見，採用木模以舂成徑十吋(上部)高十八吋之各種火泥坩堝，自混和原料，赤足踐踏，以至舂製成品，亦完全與英國廠中採用之方法相同，全部使用人工，未用機械，將來大量製造坩堝，或須使用一部份機器，圖五示所製成之一批坩堝。

坩堝爐之式樣，係依照英國式焦炭坩堝爐，略加改造而成，如圖六。二月中建築開始，共砌爐兩座，三月初完成，三月中又開大爐試驗，初以工人技術未精，坩堝處置失宜，破裂極多，但在月終用以熔化生鐵，用後坩堝形狀仍極良好，足見坩堝可以適用，於是繼續訓練工匠，積極進行試驗。

2.試煉鎢鐵合金　此項試驗四月開始，鎢砂中含錳鐵之氧化物頗多甚易侵蝕坩堝，雖曾加入各種熔劑若直接將鎢砂還原溶成合金，結果常不佳，反之先將鎢砂用木炭粉還原再加入鐵及熔劑，則結果較優，曾煉成鎢鐵合金數百斤坩堝尚能適用。

3.冶煉高炭素鋼　初用毛鐵8斤生鐵24斤熔成鋼錠第一號含炭頗高次用毛鐵生鐵1 2斤製成鋼錠第二號含炭已近Eutectoid成份惟含燐硫過高此僅係原料問題，與坩堝本身之應用無關，但熔煉時間太長仍待改良

附該項鋼錠成份

	炭	矽	錳	硫	磷
鋼錠一號	2.10	0.27	0.47	0.053	0.29
二號	1.06	0.62	0.11	0.091	0.28

復經多次試驗，逐步改進結果熔煉時間縮短，本年三月曾以坩堝熔煉高炭鋼，以毛鐵生鐵爲原料，繼續冶煉兩次所得鋼錠成份爲炭1.10%用後坩堝完好如常，仍可使用，計第一次冶煉需時六小時，第二次祇需三小時冶煉技術頗已較前進步。

4.熔化鎢酸鈉，還原氧化鎢　吾國產鎢最豐，向以原礦外運，從未自行提純，現以準備煉製特種鋼及鋒鋼，而鎢適爲其主要原素，遂試驗提製純鎢採用化學方法自製簡單設備，先以坩堝熔製鎢酸鈉，繼經各個化學階段以製成純潔氧化鎢，最後復利用坩堝配合還原劑以還原爲純鎢，曾以坩堝試熔鎢酸鈉。結果可供熔化四次之多，每次約一小時，坩堝中還原工作試驗亦頗圓滿，近已正常使用爲提製純鎢之主要工具矣。

5.試鑄馬鐵　去年九月曾利用坩堝熔鑄馬鐵配合毛鐵生鐵使鑄件各具預定之成份，加以適當熱處理，其組織與馬鐵 Melleable Iron 及Z金屬Z—motal相似如七、八兩圖所示。

6.試鑄機件　本年六月曾用廢鋼鉻鋼及鎳照DiN1662VCN35之成分，配合鑄造柴油機上之配件三件每件貨重四十五公斤，因含炭較低，故冶煉時間略長。七月曾爲資委會電工器材廠鑄造縱包線輥子一對，共重七十公斤，先用兩坩堝將配料熔化，俟熔化後，分別取出合併一堝，再行鑄造，預定成分爲炭0.60—0.65%鉻1.50—1.00%足徵試造坩堝之效用已著，不僅可用以鑄造合金鋼件，即低炭合金鋼亦能熔煉。

7.試煉磁鋼與鋒鋼（高速工具鋼）　坩堝經長期試用後，冶煉普通鋼鐵與低炭合金鋼可謂已無問題，此時自鎢礦砂提煉純鎢試驗亦告完成，因思利用自製之純鎢，摻合其他鐵合金，以冶含鎢合金鋼及高速工具鋼。

曾於本年二月十七日用廢鋼頭鉻鐵純鎢，用同一坩堝先後煉成14：4鋒鋼及含鉻磁鋼（炭1%鉻5.5%）鋼錠各一個，重約十五磅，第一次試煉鋒鋼之化驗成分如下：

炭1.17%　鎢13.78%　鉻8.26%　硫0.05%　磷未定

二十日復爲第二次鋒鋼試煉，加料時鎢鉻略予增高而炭則減低（化驗結果0.72%）計得鋼錠二十五磅。

以上試煉之鋒鋼，因缺乏釩鐵及鉬鐵，故鋼中祇加有鎢鉻二原質，試車結果不甚耐久，相當於鷹立球牌三猛鷹鋼，嗣設法取得釩鐵鉬鐵，於四月二日再行試煉含釩鉬之鋒鋼一罐，計重十公斤半，所得鋼錠之成分如下：

炭0.75%　鎢16.11%　釩3.89%　鉻0.8%　鉬0.29%　錳0.5%　矽0.16%

後以需用特別耐磨之鋒鋼，復於六月二十二日特爲試煉高釩鉬鋼，計得鋼錠十餘公斤，試用成績尚佳。

磁鋼專爲通訊器材試驗之用，曾於三月十七日用廢鋼鉻鐵純鎢爲原料，冶煉鎢鉻磁鋼一罐，得鋼錠十二公斤，其成分如次：

	炭	鉻	鎢
規定成分	炭0.6—0.7%	鉻—0.55%	鎢5.5—8%
鋼錠成分	炭 [illegible] 0.9%	鉻	鎢 6.59%

歷次試煉結果，坩堝尚能耐火經用，而所加多量純鎢及合金，亦均能熔化勻靜，試驗成績可謂滿意。

三、正常製煉鋒鋼（高速工具鋼）

鋒鋼中之主要成分，爲鎢、鉻、釩等原素，鎢之含量最高，現已自行提純，可以自給，鉻釩礦砂，尚未發現，爲吾國國防上之外求原料，（Strategic materials）惟需要量有限，尚不難設法內運，至於鈷鉬二原素亦甚需要，國內已有出產，供應當無問題，現以鋒鋼之來源缺乏，需求頗亟，而試煉之結果，殊可滿意，遂專意製煉鋒鋼，按照過去之試驗，及一般之需要，可概分爲甲乙丙三種：

類別	簡稱	主要成分 W	Cr	Va	Mo
甲	18:4:2:1	18%	4%	2%	1%
乙	18:4:1	18%	4%	1%	0·5%
丙	14:1	14%	4%		

丙種鋒鋼其中不含釩、鉬、爲普通車製之用，其顯微組織如圖九惟車速過高時，其硬度不能持久。

乙種鋒鋼除鎢鉬外，並含釩鉬，二原素，其顯微組織如圖十，曾試以車製鉻，釩，機槍筒，車落碎鋼，連續成絲，呈深藍色，經數分鐘後，刀頭並未損壞，各方試用亦認爲「與外貨無軒輊」。

至於甲種鋒鋼，在試用時刀鋒吃深2.5毫米，前進0.5毫米，在通常之車速，雖經半小時之久，刀頭仍未損蝕，故品質之適用，已無問題，至於澆鑄之模形，鑄胚之修整，搖製前之加熱，搖製後之處理，作者等已逐一加以試驗與研究可謂已依照科學之方法以生產，數月來冶煉成績，頗有可觀，詳細經過非本文所能論列矣。

(三)一般技術檢討

坩堝煉鋼試驗之成功，在吾國尚屬初次，過去如天津某廠，及威遠楊氏曾試用此法，惟因技術經濟等困難，未竟全功，坩堝煉鋼成功之主要因素：一爲煉鋼之坩堝，一爲煉鋼之原料，坩堝須能耐火，並有高溫強度，故坩堝本身材料之體性，首須明瞭，以川產火泥製成坩堝，照現在之實驗，同一坩堝可以煉鋼兩次，在高溫之下，有時達十二小時之久，冷却時未至黑熱，倘不破裂，英國適用之坩堝，可用以冶煉二、三次，在高溫度中約達十小時，可知現用坩堝，不在英國之下。除坩堝本質外，中間經過各階段，均應留意，工人操作，尤須純熟，熔煉始可順利，同樣坩堝每以過程中稍不經意，一則完整，一則破裂，殊難推定其原因之所在，故用料之純潔，和料之均勻，乾燥與加熱之得宜，在在均足以影響坩堝之效用與壽命，方法雖簡，而工作時並不如一般想像之易，次則燃料之品質，亦關重要，川焦多灰（有時逾二十%）每易黏桔，在此種狀況之下，無法提高爐內溫度，影響熔煉，倘灰中含鐵過高則坩堝易受侵蝕，致鋼液外流。

至於煉鋼之原料，或用純潔之廢鋼，或用已經搖純之毛鐵，土法煉成毛鐵含渣甚多，故含磷亦高，過去曾用土鐵60%，毛鐵40%，以煉高炭素鋼，其成分爲炭0.87%，硫0.87%，燐0.18%，用蒸汽錘煆成$\frac{3}{4}$"方鋼，煆性頗佳，特含磷較高。復取毛鐵用人工搖取渣滓，再行冶煉，含燐僅爲0.09，故宜改用倒燄爐，炒煉毛鐵，用蒸汽錘或壓榨機（Squeezer）除去其中之渣，所得毛鐵必較純淨，用以爲坩堝鋼原料，則煉成鋼料當更精純。此項工作，仍在進行。

關於製煉鋒鋼時之配料，鑄胚，加熱，搖製，必須應用冶金原理，並且實際經驗，始能控制品質，更須利用測溫，顯微儀器，以研究其適宜之處理，是技術之外又及於設備問題矣。

(四)結論

一、選用本國原料，配合適當製成坩堝可供熔煉各種鋼鐵之用。其性能與壽命，不在英國火泥坩堝之下。

二、試用成功之坩堝，不僅可用以煉鋼鐵，且可利用以熔鋼（已有多處試用），製造鐵合金，馬鐵。並可作爲熔融與還原金屬養化物之用。

三、用自製純鐵，自造坩堝，以製合金鋼與鋒鋼，品質之精，可供工防軍需之用。

四、每堝容量雖少，但積少可以成多。因加熱用焦，並無煙燄，雖在空襲之時，熔煉可以照常進行，適合戰時環境。

五、設備簡單，無須電力，較之馬丁，電爐爲易舉。

六、坩堝煉鋼方法，雖屬簡單，但各階段工作不能一步疏忽，故以此訓練技工，實爲將來鋼鐵建設人才儲備之基礎。

七、作者並不過分重視坩堝，而忽略馬丁與電爐之煉鋼方法，在抗戰長期建設中，儘可同時向新式鋼鐵製造方面邁進。但在目前電力與設備缺乏，交通困難之時，似可利用本國原料，採取改良舊法，以增進鋼之產量。作者並以爲：普通鋼之製煉可設法利用吹風爐，高貴鋼不妨採用坩堝爐，後者技術上之困難，現已解決；而前者之工作猶待展開，願與國內鋼鐵同人共謀解決之方，藉以奠定戰時鋼鐵工業之基礎，而有稗於國防焉。

總 裁 語 錄

（三十一年三月十二日精神總動員三週年廣播詞）

「特別發展國防科學運動，增加國民的科學知識，普及科學方法的運用，改進生產方法，增加生產總量，以積蓄國防的力量，使國民經濟迅速地達到工業化，一切工業達到標準化的地步。」

黔桂鐵路啓事：

本路柳州至金城江一段計長一六七公里，已經通車。以在工程時期，設備不周，謹舉下列數事敬告國人：

一 旅客列車

㊀每星期一、三、六，由金至柳；二、五、日，由柳至金開行粵湘桂黔桂三路聯運通車。

㊁柳金間每日開行普通及混合列車往返各一次。

二 經濟餐茶

聯運通車及普通旅客列車均備有經濟餐茶適合抗戰時一般旅客需要。

三 鐵路賓館

本路爲便利旅客計特在公路與鐵路銜接處之金城江設立賓館招待來往旅客。

黔桂鐵路工程局啓

國立中正大學工學院

現設下列三系：

一、土木工程學系 暫分

1. 結構與運輸工程組
2. 水利與衛生工程組
3. 建築工程組

二、機電工程學系 暫分

1. 機械工程組
2. 電機工程組

三、化學工程學系 暫不分組

本大學開創於戰時，建立於戰地，總裁訓詞有云：「本校之所欲造成者，非僅博通學術之專材，實爲革命建國之幹部。」

桐油之重叠作用

劉馥英　沈善炫

提　要

由桐油之分子構造，推知桐油甚易起重叠作用，並其作用可分爲兩步驟，先成可溶性固體，最後成不可溶性固體，將桐油在空氣或氮氣中加熱，使之起重叠作用，觀其在不同溫度及加熱時間下重叠之速度及產物之性質，以覓得最適宜之溫度及加熱時間。又以桐油加入各種凝聚劑後加熱，觀其重叠之速度及產物之性質，最後將重叠產物加入塡充物在水壓機上加熱加壓，壓出之物，頗似橡皮，故知桐油之重叠物必可作橡皮代用品。

引　言

桐油爲我國之特產，中部，南部各省如四川、湖南、湖北、浙江、廣西、貴州、陝西、安徽、江西、福建、廣東、雲南等省，均有出產，每年產量約爲一百三十萬担左右，其中百分之二十留作自用，其餘均運銷國外。桐油在國內之應用，不外製造油布油紙傘具等，或用以塗飾房屋，器具，使之耐水，或用作燈油，其用之於油墨，油漆者，爲量尙少，因其在空氣中所成之表皮，常有縐紋，數千年來，絕少改進，實則按桐油之性質，其能應用於現代需要者，遠不止此。國外以桐油製成之洋漆，不下數百種，其應用範圍，徧及各處，如房屋，地板，室內器具，室外什物，汽車等等，此外更可製造各色五彩印刷油墨，橡皮代用品等，本篇之用意，卽使桐油在各種情形下起重叠作用（Polymerization），將所得之各種重叠物之性質，作有系統之觀察，然後推知其用處，最終目的爲欲由桐油製成人造橡皮或人造樹脂，如能成功，可挽回一部份漏巵，對於國家亦不無小補。

理　論

桐油之主要成分爲桐油酸（Elaeostearic Acid）與油酸（OleicAcid）之甘油脂(1)，桐油酸約佔百分之七十左右，故桐油之化學性大部依據桐油酸之化學性而定，此酸之構造，經許多人之研究(2),(3),(4),(5),(6),(7)，始決定爲 $CH_3(CH_2)_3CH=CH\cdot CH=CH,CH=CH(CH_2)_7COOH$ 由其分子構造，吾人卽可推知桐油酸（亦卽桐油）爲一極易起重叠作用之物，因其含有三對共軛雙鍵也，依 Kappelmeier(8)之猜測，桐油酸兩分子之重叠物應爲：

```
CH3(CH2)3CH=CH-CH——CH-CH-CH(CH2)7C=O
                 /      \                 \
                /        \                 OR
     CH3(CH2)3CH          CH· CH=CH(CH2)7C=O
                \        /                  \
                 C  =  C                     OR
                 |     |
                 H     H
```

此物可再經分子內部變化而成含有兩個環形之組織如：

$$
\begin{array}{l}
(CH_2)_7C{-}OR \;(C{=}O) \\
C\;H \\
HC \quad HC{-}(CH_2)_7C{-}OR \;(C{=}O) \\
\| \\
H\;H \quad C \quad HCH \\
CH_3(CH_2)_3C{=}C{-}CH \quad C\;H \\
CH_3(CH_2)_3CH \quad CH \\
C\;H \\
H
\end{array}
$$

此二式中之R爲甲烷基或乙烷基根

由分子構造，吾人知凡分子之重叠，其連結爲直行排列者，則所得之重叠物往往爲可熔性（或稱Thermoplastic）如其連結爲網形構造，則所得之重叠物，爲不可熔性（亦曰Thermohardening）今根據第一式，當兩分子重叠時，雖有一環之形成，但當其再與其他分子重叠時，其排列必爲直行如：

$$
\begin{array}{l}
CH_3(CH_2)_3CH{=}CH{-}CH{-}CH{-}CH{=}CH(CH_2)_7C({=}O)OR \\
CH_3(CH_2)_3CH \quad CH{-}CH{=}CH(CH_2)_7C({=}O)OR \\
CH{-}CH \\
CH_3(CH_2)_3CH \quad CH{-}CH{=}CH(CH_2)_7C({=}O)OR \\
CH{=}CH
\end{array}
$$

但若再仿第二式起分子內部變化後，其組織可成網形如：

$$
\begin{array}{l}
CH{-}CH\cdot(CH_2)_7COOR \\
CH_3(CH_2)_3CH{=}CH{-}CH{-}CH \quad CH(CH_2)_7COOR \\
CH_3(CH_2)_3CH \quad CH{-}CH \\
CH{-}CH \quad CH(CH_2)_7COOR \\
CH_3(CH_2)_3CH \quad CH{-}CH_2 \\
CH{=}CH
\end{array}
$$

由此可知桐油之重叠，必可分爲兩步驟，先成可熔性之重叠物，最後成不可熔性之重叠物，由實驗證明，此推斷確係事實，此種特性爲製人造樹脂或人造橡皮所需。由桐油製造樹脂或橡皮代用品，國外研究者，已不乏其人(9)；(10)；(11)，(12)；(13)；(14)，中國爲桐油產地，應用桐油者反少，工業上或普通常用之橡皮及樹脂，原料皆來自外國，如能利用桐油，自製樹脂及橡皮代用品，則每年國家可節省不少資源。

實　驗

實驗分爲二部，第一部將桐油在空氣或氮氣中加熱，在不同之溫度及時間下，觀察其重叠之速度及產物之性質，第二部加入各種凝聚劑，然後加熱，視其凝固之速度及所得產物之性質。

第一部分：

實驗（一）　將桐油在空氣中加熱，由溫度及加熱時間之不同，得各種不同之產物，茲將所得結果，列表如下：

表（一）：桐油在空氣中加熱凝固之現象

温度	加熱時間	凝固之情形	產物之溶解性	
			松節油或汽油	酒精或水
260°C	1/2小時	完全凝固成富有彈性且相當硬度之固體	仍為極硬之固體	無變化
250°C	1½小時	硬而有彈性之透明固體	膨脹而成透明固體	無變化
250°C	1小時	無黏性之半固體	成更軟之固體，部分溶解	無變化
250°C	2/3小時	稍有黏性之半固體，有可到性	稍能溶解	不溶
250°C	1/3小時	流動極慢之黏性液	全溶解	不溶
200°C	2小時	厚度甚大之流體	全溶解	不溶
200°C	1小時	稍厚之液體	全溶解	不溶

實驗（二）　將桐油以不同溫度及加熱時間在氮氣中試驗，得結果如下表：

表（二）：桐油在氮氣中加熱凝固之現象

温度	加熱時間	凝固之情形	產物之溶解性	
			松節油或汽油	酒精或水
250°C	1小時	有黏性之半固體	膨脹而成透明固體	無變化
250°C	2/3小時	很軟之膠狀體	膨脹而成透明固體	無變化
250°C	1/3小時	流動性液體	全溶解	無變化
245°C	2小時	稍有黏性而有彈性之固體	膨脹而成柔軟膠體	無變化
200°C	2小時	流動性很大之液體	全溶解	不溶
200°C	1小時	變動極微	全溶解	不溶

由上兩表觀之，得下列數點結論：(一)桐油之凝固在250°C以上，速度驟增，低於此溫度凝固較慢。(二)溫度之影響大於加熱時間長短之影響(三)在空氣中凝固較在氮氣中容易，氧氣或能促進桐油之凝固作用。(四)桐油之重叠作用愈完全，則其溶解度愈低。

欲知上述第三點中桐油在空氣中凝固氧是否參加作用，抑僅爲促進劑？乃做實驗(三)以證明之。

實驗(三)　取已知重量之桐油盛於圓底燒瓶中，置於油鍋中加熱至250°C，同時打入空氣或氮，所打入之空氣或氮，應不含二氧化碳及水蒸氣，故進來之空氣或氮，使先經過一蘇打石灰水瓶，以吸收CO_2，及濃硫酸瓶以吸收水蒸氣，然後入盛桐油之燒瓶，欲收集桐油加熱放出之氣體，於燒瓶之另一方，接氯化鈣管以吸收放出之水蒸氣，蘇打石灰管以吸收二氧化碳，四氯甲燒瓶以吸收有機物及濃硫酸瓶以吸收在蘇打石灰管中作用後所生之水蒸氣，最後再接一蘇打石灰水瓶，作爲封閉器，以免外界CO_2等之侵入，裝置完畢後，乃開始加熱，熱至250°C左右，使桐油完全凝固冷後，乃將各瓶稱之，視其重量之增減，所得結果列於下表：

表三：桐油在空氣或氮氣中加熱重量之變更

	在空氣中子 260°C加熱二小時	在氮中子 245°C加熱二小時
增加重量之%	0.2965	—0.047
放出水分之%	0.0551	0.0228
放出CO_2之%	0.0258	0.0305

四氯化碳與濃硫酸之重量無變化

由此實驗可察知兩點，其一爲桐油在空氣中凝固時，有一部分氧氣參加作用，但凝固並非全由氧化，因被吸收氧之分量不夠分配於每一分子桐油，欲證明這點，取桐油在空氣中加熱所得之凝固產物十克，以醚溶提未起作用之桐油，然後蒸去溶液中之溶媒，稱其剩餘之物，其量爲1.088克，可知未起變化之桐油僅百分之十，其餘百分之九十，皆已起變化，但所吸收之氧僅0.2965%，不夠分配於每一分子之桐油中之理可明，其二，由實驗(三)知桐油加熱後有CO_2及水之放出，其量甚微，故知當桐油凝固時，僅少部分桐油分解，又因其無其他有機物放出(因四氯甲燒瓶之重量未增)，故知其放出CO_2及H_2O後所成之產物必爲酸酐及高級碳氫化合物，而桐油之凝固純係重叠作用，亦可無疑。

第二部分：

桐油加入各種凝聚劑之凝固情形，桐油僅受加熱作用，已能凝固，若再加入適當之凝聚劑，其凝固之速率或可增加，或可減低，所凝結成之固體可較僅加熱凝固者更堅硬或更富有彈性，或得相反之結果，故將常用之凝聚劑及製造橡皮代用品或人造樹脂所需之填充物，加入油中，以觀其凝固之速率及其所得產物之品質。

實驗(四)　桐油遇碘溶液凝固之試驗：取桐油十二克溶於50C.C.之三氯甲烷內加入50C.C.三氯甲烷之碘溶液，當加入時作用極爲激烈，溫度漸次昇高，先成紫黑色片狀固體，其後漸凝結成塊，約三分鐘作用始告完成，將三氯甲烷蒸去後，得黑色塊狀固體，該固體硬而有彈性，但極脆故無特殊用途。

實驗（五） 以硫酸或硝酸爲凝聚劑之試驗：取三玻杯，各盛桐油50克，其一加入20%比重爲1.84之濃硫酸，其二加入26%同樣之濃硫酸，其三加入30%濃硫酸，酸之加入極緩，以免其溫度過高，待酸全部加入後，再攪援數分鐘，三者皆凝結成深暗色固體，且有三氧化硫放出，作用完全後，將此倒入水中，前二者色漸變淡，後者因作用過度而成腐爛狀之廢物，故酸之多寡，極有關係，桐油與硝酸之作用亦作類似之試驗，其一加入20%比重爲1.42之硝酸，另一加入28%，作用並不若硫酸之激烈，但所得固體極硬難於打碎，水中浸多日，也無變化。

實驗（六） 以氯化物爲凝聚劑：所用氯化物爲氯化鋅，氯化鋁與氯化鐵。

氯化鋅之試驗：取二蒸發皿，各盛桐油30克，其一加入百分之一之氯化鋅，另一加入百分之三，於沙鍋上加熱，至280°C附近，經十分鐘桐油即凝固，含1%氯化鋅之固體極硬，另一爲較脆之黑色固體，若於該溫度下，繼續加熱，則發出刺激性之氣體，因固體起碳化作用而成焦碳。

若以上二實驗，分別加入1%及3%氯化鋁，其所得結果也與上述相若，惟所得固體色稍淺，呈淡黃色。

若桐油內加入1%氯化鐵，溫度昇至280°C左右，桐油極迅速凝結成淡黃色之固體，且此固體富有彈性，另一加入3%氯化鐵卽於常溫下攪動五分鐘，一部分桐油卽凝結成淡黃色固體，若加熱至280°C，僅五分鐘卽全凝固，因加入氯化鐵，在常溫時已有一部凝固，故擬加入較多之氯化鐵，觀其是否能於常溫下全部凝固，故於三蒸發皿各盛30克桐油若前之所述，再分別加入5%，7%及10%氯化鐵，於常溫下攪動之，其始有淡黃色綫上固體生成，隔日結成棕色固體，其硬度極大，但非全部桐油均凝聚，取此三者於水鍋上加熱至80°C經十分鐘均凝成極硬之固體。

由此觀之，可知氯化鐵特別能增加桐油重叠作用之速率，其量之多寡，無甚影響，溫度之影響較大。

實驗（七） 桐油加入氧化物之重叠作用：氧化物加入於桐油中，對其重叠作用，並無顯著特殊現象，所用之氧化物爲二氧化錳，二氧化鉛及二氧化錫，二氧化錳爲乾燥劑，二氧化鉛及二氧化錫爲塗料中常用之顏料，故加入此等氧化物10%後加熱所得之產物，爲柔軟性之固體，與普通之塗料相若。

實驗（八） 有機物對桐油重叠作用之影響：桐油中滲入有機物所得之凝固體全與加入無機物不同，加入無機物所得之產物極硬或極脆；加入有機物，則所得之產物極柔軟，且有相當透明，所用之有機物爲：甲醛（Formaldehyde），酚（Phenol），萘酚（Naphthol），甘油（Glycerol），松香（Resin）且默粉（Dammer）及電木（Bakelite）等。

(a) 當桐油加入5%甲醛，則其厚度稍有增加，熱至220°C，經半小時凝固；加入10%甲醛加熱至260°C僅十五分鐘卽凝固，二者所得均爲極柔軟之透明固體，此種固體於松節油及汽油中能膨脹，且有一部分溶解於酒精及水中，則無變化。

(b) 桐油中加入5%及10%之酚，二者均加熱至250°C經半小時皆凝固，所得固體色較淡，加入10%者較5%者爲硬，二者溶於汽油中之比例較於松節油中爲多，對酒精及水皆無變化。

(c) 所用萘酚原爲淡黃色粉末，加入桐油內，稍加熱卽溶於油內。加入5%萘酚熱至250°C，經半小時凝固，此種固體富有彈性而透明，若加入10%萘酚熱至250°C，放出大量刺激性之氣體，經四十分鐘乃凝固，所得固體較前者爲硬，且其溶解度亦不同，前者置於松節油及汽油內，極易膨脹成棉花狀之物，且有一部分溶解，而後者則並不若前者之易膨脹，二者於酒精及水皆無變化。

(d) 甘油加入油內，油之重叠作用較為遲緩，加入5％或10％之甘油，熱至220°C，均需一小時才凝固，但其產物極柔軟，略溶於松節油及汽油，又溶於酒精及水。

(e) 將5％及10％之松香粉末加入桐油內，微加熱，松香即溶於油內，其凝固之速率與加入甲醛相仿，其產物之溶解度亦相若。

(f) 加入5％之旦默粉於桐油內，加熱後得透明之半固體，加入10％者，得極軟富有彈性之透明固體，二者略溶於松節油及汽油，不溶於酒精及水。

(g) 桐油加入5％電木粉，熱至220°C，經半小時凝固，所得為棕色半透明之黏性固體，加入10％電木粉，其所需時間也相等，但所得固體則極蘇鬆，色呈淡黃色，其溶度亦與前相若。

實驗（九） 空氣對桐油之影響：以空氣打入於桐油中，經十小時，其黏滯性增加極多，且其色亦較前為淡，此濃厚之油體仍溶於松節油及汽油中。

實驗（十） 桐油之氯化作用，以氯通入於桐油中，其色由黃變紅，其後漸次加深至於棕黑色，大量之氯為其吸收，且有熱量放出，油之黏滯性亦增加不少，次日於其上部凝結成一層極厚之表皮，放於空氣中加熱至150°C經十分鐘即凝結成柔軟紅棕色固體。

實驗（十一） 桐油之硫化作用：桐油與氯化硫作用極速，但與硫磺粉混合後，不但不能加速重叠作用，且能緩和作用，加5％之硫磺粉於桐油內，經五分鐘之加熱，硫磺溶於油內，其色由黃而變成棕色，惟其凝固較慢。

實驗（十二） 桐油作可型物或橡皮代用品之可能性：依上列實驗觀之，桐油中有重叠物，有作可型物之可能故試之如下：Steinitzer（15）曾將硫酸處理後之重叠物作橡皮代用品，故先將前節所得之硫酸處理後之產物，以水洗去其酸，然後烘乾磨碎之，將此粉末置於模型內，於水壓機上加熱且加壓，其溫度約為100°C，壓力每平方吋一萬磅，經十分鐘取出視之，上層仍為黃色粉末，底部發現有一薄片已壓成，其彈性尚佳，此次未成功，係溫度不夠。其後將此種粉末，混合桐油置於原來之工具中壓之，但仍因溫度不夠，所得產物甚蘇鬆。第三次試驗乃將生桐油調熟桐油，與粉末混合成漿狀之物，置於模型中壓之，壓力增至每平吋一萬二千磅，溫度亦增至166°C，所得產物已成形，其色棕黃柔軟而富有彈性，但其韌度不足，其後知此試驗之困難在於水壓機之溫度不夠，故不能使已經完全凝固之重叠物燒熔，故擬使一部分之重叠作用於模型內進行，先將桐油加熱至200°C，經一小時停止，使桐油之黏性稍增，而完全凝固則尚待於水壓機中加熱，但若僅用此熟桐油，尚恐其凝固太慢，故加入5％氯化鐵以加速其作用，再與加石棉纖維為填充物與熟桐油調成漿狀，此漿狀物經一天放置已凝結成脆之固體，將此固體置於模型中，加熱至100°C，再加每平方吋一萬二千磅之壓力，經半小時取出，得一極堅硬之物，但韌度及彈性較差。

其後將氯化作用所得之棕色黏性液體，混合石棉纖維成漿狀，置於模型內依相同之情形壓之仍經半小時取出，則得一黑色之物，其彈性頗佳，且其韌度亦較硫酸重叠物所壓者為佳。

所壓成之物，浸於濃酸及強鹼內，皆無變化，置於沸水內沸騰十分鐘，亦無變化。

觀以上各實驗中產物之性質，桐油內如加入有機物其彈性及韌度均可改良，故如無機物及有機物同時並用，必可得良好結果，但本篇因限於時間，即止於此，以後尚擬繼續研究。

結 論

由實驗結果，吾人得知下列數點：(一)

桐油加熱卽能自動起重叠作用，唯其速率較慢，(二)氧及其他凝聚劑如：碘，硫酸，硝酸，氯氣及鋅、鋁、鐵之氯化物；有機物如甲醛，酚、萘酚，甘油，天然樹脂等均能促進桐油之重叠作用；唯硫磺則反使重叠作用遲緩。(三)用無機之凝聚劑所得產物大多係硬而脆，尤以用碘所得者爲甚。用有機凝聚劑所得之產物皆柔軟而透明，故如能以無機物及有機物以相當之比例配合並用，則必能得適合於所需條件之產物。(四)桐油之重叠物可與天然樹脂混合，故如韌度或其他條件不夠時，可摻入天然樹脂，以調正其性質，(五)鉛、錳、錫之氧化物又能促進桐油之重叠作用，故此類物質混入熱桐油中，僅能用作塗料。(六)欲以桐油之重叠物爲可型物，至少須有一部分作用在模型中發生，如此才能使整個產物均勻，且其韌度亦可增加；而重叠作用之速率以 280°C時爲最高，故最好能將模型之溫度增高至 280°C。

本篇僅爲桐油重叠作用之初步研究，因限於設備，許多試驗，無法發展，如能以此初淺之研究，引起國人之興趣，共同研究，使將來由桐油造成之橡皮，流行全國，則本篇之目的達矣。

參考文獻：

(1) Dr. W. Fahrion: Farben-Zeitung 1913, Vol, 18 P. 2418-20; C 1913 II 1625.

(2) Cloz Seance de el acrdamie des Scences Vol. 81 P. 462-472 (1875)

(3) Maquenee: Compt. Vend 1902(135), 696.

(4) Lewkowitsch: Chem Technology & Analysis of Oils,Fats & Waxes. 1921. Macinilland Co. London P. 205

(5) Majima: Berichte dor deut chem Ges. 1912,2730, or R. S. Morrell: Jcurn Chem Soc. 1912, 2083.

(6) Fokin: Zeits fur Elektrcchemie. 1906 759; C 1906 II 1641

(7) J. Boeseken & H. Raversway: Berichte 1927. 1390.

(8) Kappelmeier: Farben-Ztg. 38. 1018-20.& 1077-9(1933); C 1933 I & II 1941.

(9) Backeland: U. S. P. 1, 312, 0934, (1919), 1,372, 114 (1926); Chem Abs 1919,13,2579; 1921,15,1975.

(10) McCoy; U.S.P. 1, 268. 031 (1918); Chem Abs, 1918, 12, 1820.

(11) Brovon: U. S. P. 1,492, 155 (1924); Chem. Abs 1924,18,1866

(12) Lilienfeld. U. S. P. 1,037,158(1912) &1,090,730(1914), Chem Abs, 1912,6, 3333;1914,8, 1680; Brit, P. 15,657, (1912); Chem. Abs. 1914,8, 265; French P. 417, 392,(1910); J. S. C I. 1911, 30, 36.

(13) Auer: Brit P. 337,732(1929), Brit. Chem. Abs. 1931. 13, 238.

(14) Thauss & Mauthe: U. S. P. 1, 779, 345(1930); German P. 536,550(1627)

(15) F. Steinitzer: German P. 200, 749 (1908)

自由活塞加長膨脹內燃機之理論與實際

田　新　亞

目　次

前　言
一、加及膨脹內燃機之結構及其發動原理
二、內燃機之排氣壓力與加長膨脹引擎
三、加長膨脹內燃機利用各種循環在各種負荷下之効率
四、加長膨脹內燃機在實用上馬力出產量問題
五、內燃機加長膨脹後之優劣觀
本文參考文獻及註釋
附文：半活塞耳引擎等積與等壓燃燒之計算

前言

本人於1935年春發表〔內燃機利用 Walker 循環之裝置〕一文於中國工程師學會所編行之工程雜誌三卷四期；該文除解釋此種新機構之個別式應用於 Semi-Deisel Engine 之發動原理外，有關實用時之諸種條件尚未詳盡發揮，經六年來不斷之研究，深覺此項發動機結構確有應用於任何種內燃機之價值，發生 Walker 循環僅其特例而已。

內燃機增設此項簡單之加長膨脹設備後，馬力出產量之減低極小，而燃料之節省量甚大，以抽見所及，頗有使之實現之價值與可能，斯文之成爲本人研究過程中之備忘錄，亦爲求正書，是誌。

一九四一年春於東川。新亞。

一　加長膨脹內燃機之結構及其發動原理

(一)個別式自由活塞(註一)

此項內燃機係增設特種機構，使內燃機爆炸後之膨脹得以充分發揚其威力。如圖1，F 爲自由活塞(Free Piston)，以其不直接繫結於任何機構故名，P 爲普通活塞，簡稱活塞，H爲呼吸孔(Bleeding Hole)，用以呼吸自由活塞與普通活塞間之空氣，而固定自由活塞之位置者；其他機構如進氣門(Inlet Valve)排氣門(Exhaust Valve)，燃料進入機構等均與普通之內燃機相同。

甲、吸入衝程(Suction Stroke)吸入衝程之初自由活塞被活塞推於衝程之極左端，此時排氣門初閉進氣門已開，活塞接受飛輪之貯蓄動能而右行，活塞與自由活塞逐漸分離，二者之間遂成局部眞空(Partial Vacuum)，迨至相當程度，自由活塞遂受眞空之吸力而隨活塞前進，空氣此時經進氣門被吸入於氣缸，(應用於otto循環時，空氣與燃料同時被吸入於汽缸)。如附圖2.，活塞之第一活塞環邊緣行經H孔時，空氣由H進入而將眞空破壞，自由活塞隨亦在距H不遠處停留，距離之遠近卽以形成眞空之空間而定，活塞則單獨前進，直至衝程之末。

乙、壓縮衝程(Compression Stroke)活塞第一次左行，壓縮衝程開始，而壓縮作用則未開始，至活塞將H孔遮蓋時，原來之眞空空間則爲空氣所充滿，而成自由活塞與活塞間之空氣墊(Air Cusion)，活塞復前行，空氣墊隨被壓薄且推自由活塞前進，此時進

氣門已閉燃燒室中之空氣，因被壓縮其壓力愈高，空氣墊之壓力亦即先之而高，直至壓縮衝程完畢，活塞與自由活塞並未接觸，其間終有空氣墊存在。如圖3.。

丙、動力衝程（Power Stroke）壓縮衝程之末，距死點前數十度時，燃油由油唧頭(Fuel Injector)射入汽缸，應用於笛塞爾引擎者(Deisel Engine)，即因空氣被壓縮而生之高溫燃油着火而生動力，應用於半笛塞爾引擎者(Semi- Deisel Engine)，則以所生之溫度及點火裝置之輔助而生爆燃（應用otto者則以火花而暴燃）。其爆炸力先經自由活塞而傳於空氣墊，曲軸並未受其直接衝擊，迨活塞回行，則繼之以膨脹，此時空氣墊之壓力亦隨燃燒室內之壓力低降而低降。空氣墊行經H孔時，其間之壓縮空氣即行逃逸，燃燒室內之壓力推自由活塞與活塞相接近，但以此時之空氣墊所受之壓力較高，故其間距亦極小，且有同一之前進速度，即或吻接亦不致發生碰擊也，此時燃燒後之工作物體(Working Substance)則繼續發揮其膨脹能力，直至衝程之末。有效之動力衝程較有效之吸入衝程爲長，爲此項發動機之特點，亦即普通內燃機排氣時之高壓在此種裝置下亦得而充分利用，同時排氣之燥煩音響亦大減輕。如圖4.。

丁、排氣衝程(Exhaust Stroke)活塞第二次左行，排氣門開啓，活塞與自由活塞共同推動已燃之廢氣經排氣門外出，如圖5.。即或在動力衝程中空氣墊之空氣未能逃逸淨盡，此時亦可繼續排除，且分兩次排除較一次者爲尤優，蓋其間距分次縮短，其碰擊之機會更可減少，迨至衝程之末，自由活塞雖因慣性仍有前進趨勢，但以前面有廢氣之抵抗，背後復有真空之粘性，越出衝程長度之範圍則屬可能，碰擊汽缸頭之事實當不致發生。至此，排氣門閉關排氣衝程完結，循環亦已完成，活塞再外行復入於吸入衝程階段矣。

（二）合併式自由活塞

合併式自由活塞（Combination type, Free Piston）亦可稱之曰複式活塞或複活塞(Combined Piston)，如圖A。其外殼S名之曰活塞殼(Piston Shell)，其內部C名之曰活塞心(Piston Core)。活塞殼與活塞心之外部均有活塞環；在活塞殼者用以防止複活塞本身對汽缸壁間之露氣，在活塞心者用以防止其對活塞殼內部之露氣，汽缸壁有呼吸孔H，活塞殼有呼吸孔a與b，a孔司活塞殼與活塞心分離，b孔司其吻接，其發動原理，分四衝程敍述如下：

一、吸入衝程——吸入衝程之初複活塞在衝程之最左端，外殼與心子相緊接，心子被曲軸與活塞桿拉向右行，遂與外殼間形成局部真空，迨至相當程度，外殼受真空之吸力及二活塞間之摩擦力，以其二者之和終可超過其本身對汽缸壁之摩擦力，故亦隨心子右行，空氣或空氣與燃料之混合氣經已開之進氣門而入於氣缸，如圖B(a)，迨外殼之a呼吸孔行經H孔時，外界之空氣即經由H孔穿過a孔而入于活塞間，真空即被破壞，以空氣射入之速度頗高而發生對活塞殼行進方向相反之衝擊力，復之外殼與汽缸壁間之摩擦力亦與其行進方向相反，活塞殼遂即停留，而活塞心行進如故，外界空氣亦源源經H孔及a孔而入於活塞間。如圖2(b)，直至活塞心行至衝程之極右端，吸入衝程完結。

二、壓縮衝程——活塞心第一次回行，壓縮衝程開始，而僅將活塞間之空氣由a孔及H孔排出，活塞殼並未左行故壓縮作用亦未開始，直至活塞心對汽缸左端之第一活塞環將a孔遮閉，活塞間之空氣以無孔外出遂被壓縮而成活塞心與活塞殼間之空氣墊，活塞心再左行則活塞殼亦受空氣墊之推壓而左行，此時進氣門已閉，壓縮作用隨亦開始，直至衝程之極左端。

三、動力衝程——至壓縮衝程之末，因空氣中之射入燃油或因混合氣之被燃火而生爆燃，擠壓活塞殼，壓縮空氣墊而推活塞心右行，因空氣墊所受之壓力過大，致其空間亦變短，此時a孔已與活塞間不於連通直至b孔行經H孔時，活塞間之壓縮空氣始經b孔及H孔而呼出，以活塞殼與活塞心均具同一之行進速度與方向雖於緊接亦不致發生碰擊，直至衝程之極右端。

四、排氣衝程——複活塞第二次回行，排氣門已開，廢氣遂被推出，直至衝程之最左方；活塞心回行，活塞殼雖以慣性力關係仍有前進趨勢，但以前方有廢氣之阻力，後方復有真空之吸力及內外雙重磨擦力之關係，自無與汽缸頭於衝擊之可能，此時四衝程循環業已完成，活塞心再右行，復入於吸入衝程階段矣。如此週而復始，發動機得以轉動不息。

二　內燃機之排氣壓力與加長膨脹內燃機

普通內燃機廢氣臨出排氣門前壓力之大小，以機械之種類，及負荷之輕重，而有轉移，負荷輕重之關係遠較機種不同者影響更為重大，蓋於重負荷時由於調速器之制動燃料分量加多，其結果非為燃燒壓力加高卽為斷火點(Cut-off Point)變遠，二者均提高排氣時之壓力；其尤顯著者為發動機之過負荷，燃料增加之程度往往超出汽缸可燃燒完畢之範圍，致排氣時尙在燃燒狀態，此種現象，且足以證明現行之內燃機結構，吸入空氣能力與吸收動力之能力尙未臻於完滿境地，且考諸各種內燃機之廢氣分析結果，時顯排氣時含氧成份尙多，尤證卽常態負荷時吸入空氣量與吸收動力之能力亦未能調和，非但過負荷為然也，追本求源乃由於現行內燃機之結構使然，蓋汽缸內工作氣體之膨脹比受制故也。

查現行內燃機以其結構上關係，爆燃前壓縮開始之點卽爆燃後膨脹結束之處，是故膨脹比受壓縮比之限制，而致未能充分發揮其能力，理論上排氣門開啓時工作物之表壓力，均在每平方吋一百磅以上，實際上雖較此數為低，但亦在五十磅以上，卽在排氣門之設計時，其頂面所受壓力之計算，最低亦預定為每平方吋七十五磅，目前內燃機之效率減低之最大原因為排氣，由其所逃逸之熱能，約在燃料含熱能之百分三十左右，約與引擎之熱效率相等，內燃渦輪機(Internal Combustion Turbine)之設計卽全以膨脹不受任何限制為其主要立足點，據Marrs之計算，卽用普通循環膨脹後之最終壓力能降至常壓時，其效率約可提高百分之十五左右，其結果如附表(註二)

A　otto循環

壓縮比	4	6	8	10
普通熱効率	18.5	24.0	27.5	29.1
全膨脹時之熱効率	34.6	37.6	39.7	40.7

B　Deisel循環

壓縮比	10	12	14	16
普通熱効率	30.9	35.0	38.1	39.6
全膨脹時之熱効率	44.5	47.7	49.6	51.1

內燃渦輪機之實現以受材料耐熱性之限制，形成擱淺情況，在冶金學未能解決耐熱鋼鐵以前，內燃渦輪機無行世實用之可能，但本人所提出之內燃機新裝置亦可達到全膨脹之目的，除增設之自由活塞與普通活塞對熱之散放途徑稍有差異外，其他無絲毫變更，按諸活塞散熱之實際情形而論，活塞面之熱能散失途徑半數以上係經活塞環(Piston-ring)而傳至汽缸壁(Cylinder wall)其次者始為聯桿(Connecting rod)，自由活塞除活塞環與普通活塞相同外雖無聯桿為之傳導，但其背部常有冷空氣供其呼吸，溫度亦得大減，迨與普通活塞吻接時，熱能亦可經背部而傳至活塞面，在個別式自由活塞之內部空間如再裝以鹽類(Salts)作為往復攜帶熱能之工具，自由活塞之溫度與目下通用之活塞溫度可致無大差別，甚或其傳熱方法較通用者為尤優。此在實現上較內燃渦輪機似為簡單

，在膨脹方面言蓋亦可達到全膨脹之目的，但爲減短衝程起見，捨去其小部亦可增原效率百分之七八。其與內燃渦輪機相較，其差別一部在於未達到全膨脹，一部則在於機種之不同，蓋一者爲引擎運動須經往復運動而變爲轉動，一者則爲渦輪機運行直接即爲轉動，是故後者之效率較高也。

三　加長膨脹內燃機利用各種循環在各種負荷下之熱效率

加長膨脹內燃機設計之主旨，在稍爲減小馬力出產量之條件下充分利用工作物體爆炸後之膨脹，而增高內燃機之熱效率，在未試驗製造以前，對於實際效率，僅可想像出較一般目前所通用者爲高，奈無實際數字指出，茲就其理想熱效率（Ideal Thermal Efficiency）並參照歐美諸內燃機學者所得之結果作比較之研究，以證明新引擎與目前通用諸引擎之優劣。

甲、加長膨脹之假定

根據一般內燃機之試驗結果，在全負荷時其氣缸內工作物體膨脹至排氣門開啓時之表壓力，約爲每平方吋五十磅；即以此數作依據，且設其在新引擎中膨脹至表壓零度，新引擎應有之膨脹比與壓縮比之比，即圖6. f點之位置，換言之亦即引擎衝程長度與自由活塞吸入衝程長度之比。

爲諜計算之結果免於誇大起見，設指數V之價爲1.3，即取其熱空氣爲標準。

由於熱力學之公式，得知。

$$\frac{V_o}{V_d'}=\left(\frac{P_d'}{P_o}\right)^{\frac{1}{v}}$$

$$=\left(\frac{64.7}{14.7}\right)^{\frac{1}{1.3}}$$

$$=3.2 \quad \text{(By Log.)}$$

爲減輕引擎重量及縮短衝程之長度起見，捨其半數，則爲1.60，亦即有効之吸入衝程爲全衝程百分之六十二五。

乙、利用otto循環之熱效率

普通otto循環之理論熱效率爲

$$e_i=1-\frac{1}{r_a^{r-1}}$$

其效率之大小僅與壓縮比成比例，不受任何條件之束縛，給以相當之壓縮比值，且使r=1.4，由上式可得下表：

壓縮比r_a	4	6	8	10
理論熱效率e_i%	42.5	51.2	56.4	60.1

加長其膨脹比後之理論熱效率爲：

$$e'=1-\frac{1}{r_a^{r-1}}\left(\frac{\frac{X}{Z^{r-1}}-Z+r(Z-1)}{X-1\ \text{[illegible]}}\right)$$

設：　Z=1.6　X表其負荷變態

分別代入上式則得下表：

	壓縮比r_a	4	6	8	10
e'_{oto}	X=2	48.3	56.1	60.7	64.1
	X=3	50.3	57.8	62.3	65.5
	X=4	51.5	58.4	62.8	66.0
	X=5	51.4	58.8	63.1	66.3
	X=6	51.6	58.9	63.2	66.4
	X=7	51.7	59.0	63.3	66.5
	X=8	51.8	59.1	63.4	66.6
	X=9	51.8	59.1	63.4	66.6

依上表繪圖綫，得圖7.；斯證加長膨脹後之熱效率較普通者增高8%以上。

關於otto循環之加長膨脹問題，在1919年以前Mr. Lionel S. Marks亦曾作此項設想；曾謂：

「……若使內燃機工作物之膨脹加長，當可使之作出更多之功，因之使其熱效率增高，如所附之指示功圖即示用某種方法而得出之加長膨脹者(……Show one method used for obtaining more expansion)，其吸入時爲大氣壓力，由1至2，此時吸入停止，活塞繼續前進直至衝程之末，但以無物爲其吸入，故已吸入之氣體作絕熱膨脹而至3，其壓力亦因而減低，迨活塞回行，其吸入之工作物復沿膨脹綫3—2作絕熱壓縮，活塞繼續前進直將吸入物壓縮至汽缸空隙間，如

4，循環之其餘部份與普通無異，指示圖1−2−4−5−8−2爲普通之otto循環，其繪繼斷面線之面積8−6−7−2卽爲因加長膨脹

otto引擎間隙%	壓縮後之壓力	普通otto引擎效力	加長膨脹後之otto引擎效力
20	183.3	51.6	60.9
25	141.1	47.9	58.4
30	115.4	44.8	55.0
35	98.0	42.1	52.5
40	85.5	39.8	50.4

綜觀上表加長膨脹後較普通者之效率增加10%以上，與前列計算之結果大致符合，其所有之差別在於前者之吸入佔全衝程百分之六十二又五，後者僅爲百分之五十，故其所增高之効率亦較高也。

由於其普通及加長膨脹之熱効率公式，得知在

$$\left(\frac{\frac{X}{Z^{r-1}}-Z+r(Z-1)}{X-1}\right)=1$$

時加長膨脹與普通之熱効率相等，斯時X之值爲1.395，X之值漸大，所增之熱効力亦漸多，迨X爲5時，始漸飽和，而維持其百分之八之增加率，但就現行之otto引擎而言，其實用之X值，均在二與五之間，斯證在此限度內，負荷愈大，因加長膨脹而增之熱效率亦愈多矣。

丙、利用Deisel循環之熱効率

普通Deisel循環之理論熱効力爲

$$e_i=1-\frac{1}{r_a{}^{r-1}}\left(\frac{r_c{}^{r}-1}{r(r-1)}\right)$$

其効率之大小因壓縮比之增加而增加，以斷火點之變遠而減小，給以相當之壓縮比及斷火點，代入上式得下表：

e_i Desiel	壓縮比r_a 12	14	16	18
rc=1.1	61.6	63.6	65.8	67.4
rc=1.5	59.7	61.9	64.2	65.8
rc=2.0	56.5	58.8	61.3	63.1
rc=2.5	53.5	56.3	59.0	60.8
rc=3.0	51.6	54.2	56.9	58.9

加長膨脹時之理論熱効率公式爲

$$e'=1-\frac{1}{r_a{}^{r-1}}\left(\frac{\frac{r_c{}^{r}}{Z^{r-1}}-Z+r(Z-1)}{r(r_c{}^{r}1)}\right)$$

而增加之工作」。（註三）

該氏且假定吸入僅爲衝程之半時，在同樣壓縮暴燃情形下，表列其效率以作比較：

將Z,r之值代入上式，並以r_a及r_c爲變值，而得下表：

e' Deisel	壓縮比r_a 12	14	16	18
rc=1.1	49.7	52.3	55.2	57.2
rc=1.5	62.9	64.9	67.0	68.5
rc=2.0	62.2	62.4	66.4	67.8
rc=2.5	60.2	62.8	65.0	66.6
rc=3.0	59.0	61.3	63.6	65.2

依上列二表繪圖線，得圖8，其所增高之熱効率亦在8%以上。

加長膨脹之Deisel引擎，其形成之循環與Drayton循環頗爲相似；如膨脹之末，壓力爲表壓零度時，卽爲標準之Brayton循環，如其壓力高於表壓零度時，則爲不完全膨脹Brayton循環，但無論其爲完全膨脹與不完全膨脹，於熱力學之觀點言，均較Deisel循環之熱効率爲高；此爲自由活塞增裝於Deisel引擎而可增高其熱効率之又一佐證。

由於普通及加長膨脹之熱効率公式，得知在

$$\frac{r_c{}^{r}}{Z^{r-1}}-Z+r(Z-1)=r_c{}^{r}-1$$

時，二者之効率相等，斯時r_c之值爲1.268，小於此時，加長膨脹者反低，大於此時，其增加之熱効率漸多，在r_c等於1.6左近，加長膨脹者之熱効率爲最大、其後，r_a之值愈大，其所增之熱効率愈多，如以r_c之大小代表負荷之大小，亦證負荷愈大，因加長其膨脹而增之熱効率亦愈多。

丁、利用Semi−Deisel循環之熱効率

普通 Semi－Deisel循環之理論熱効率公式爲

$$e_{semi-Deisel}=1-\frac{1}{r_a^{r-1}}\left(\frac{Xr_c^{r-1}}{X-1+rx(rc-1)}\right)$$

設以一定之油量供給其等積與等壓之燃燒，使等積燃燒之油量由最大漸減至零，則同時等壓燃燒之油量卽由於逐增至最大，在每個壓縮比值 r_a 下，可得一組 X及 r_c 之値（註四），以此値代入上式，則得一定壓縮比下之熱效率；如下表。

	燃燒比 等積 %	燃燒比 等壓 %	壓縮比r_a 8	10	12	14
$e_{Semi-Deisel}$	100	0	56.4	60.1	62.9	64.9
	90	10	56.2	59.9	62.8	64.8
	80	20	56.0	59.7	62.7	64.7
	70	30	55.7	59.5	62.4	64.4
	60	40	55.1	59.1	61.9	63.8
	50	50	54.5	58.3	61.2	63.3
	40	60	52.9	56.9	57.3	62.3
	30	70	51.0	55.3	(55.5)	60.7
	20	80	47.5	54.1	(53.6)	58.7
	10	90	42.9	48.5	51.7	55.2
	0	100	33.7	40.8	45.8	50.1

等積燃燒爲百分之百時，卽變爲otto 循環，等壓燃燒爲百分之百時，卽爲 Deisel循環。

加長膨脹後之理論熱效率公式爲

$$e'_{Semi-Deisel}=1-\frac{1}{r_a^{r-1}}\left\{\frac{\frac{Xr_c^{r}}{Z^{r-1}}-Z+r(Z-1)}{X-1+rx(r_c-1)}\right\}$$

仍以同樣之油量分配法而計算出之X，r_c 値及E 爲1.6 之値，代入上式，可得各個壓縮比r_a下之熱效率如下：

	燃燒比 等積 %	燃燒比 等壓 %	壓縮比r_a 8	10	12	14
$e'_{Semi-Deisel}$	100	0				
	90	10		66.4	68.6	70.3
	80	20			68.6	70.3
	70	30	64.4	66.1	68.3	69.9
	60	40	62.4	65.3	67.8	69.5
	50	50	61.5	65.3	67.3	69.0
	40	60	60.4	63.7	64.0	68.3
	30	70	58.8	62.4		67.0
	20	80	(56)	61.5		65.3
	10	90	52.3	56.9	60.0	62.4
	0	100	44.3	50.5	58.5	58.2

依上列二表及其相當之X.r_c値繪圖線，得圖 9，加長膨脹之Semi-Deisel循環，卽可謂之 Walker 循環，由上表可知其增加之熱効率亦在百分之八左右，由於圖 9之熱効率

曲線，顯示等壓燃燒之百分數愈大，其効率愈低，此蓋由於等壓燃燒之百分數愈大，其性質愈與Deisel循環相似，反之其等積燃燒之百分數愈大時，其性質愈似otto循環，而在同一壓縮比下，Deisel循環之理論熱效率，璋不如otto循環者之爲大也。

如引擎之進油時間爲一定，則負荷之大小僅能變更等壓燃燒之多少，換言之：亦卽負荷大時僅可使等壓燃燒變多，而不能增其等積燃燒，設使等積燃燒所佔之油量爲1時，則等壓燃燒所用之油量愈大，卽可代表其負荷愈大；此在圖9之曲線上，亦得加長膨脹Semi-De'el循環，其負荷愈大，其增加之熱効率亦愈多，與otto循環及De'sel循環之情形完全相同。

由於普通及加長膨脹之Semi-De'sel熱効率公式，顯亦在

$$\frac{Xr_c^{\,r}}{Z^{r-1}}-Z+rX(r_c-1)=Xr_c^{\,r-1}$$

時，二者之効率相同，適時 $xrr_c=1.395$，但在實際上X及rc之値以有相互關係，發生上項關係爲不可能，（註五）故加長膨脹之設計施用於Semi-De'sel循環時，其効率水較普通者爲高耳。

戊、過量空氣之影響

至於過量空氣(Excess Air)問題，依據Goodenough及Baker二氏之經驗公式(Empirical Formular)（註　）核算，亦與第三節所得之結果並無差異：二氏之公式爲：

$$E=1-\left(\frac{1}{r}\right)^{n}$$

用於otto循環者：

$$n=0.3867-\frac{6.5}{a-35}-\frac{.043}{r}$$

用於Deisel循環者：

$$n=0.434-\frac{19.5}{a-r}-\frac{0.7}{r}$$

此處r爲壓縮比，a爲理論空氣需要量之百分數；如以壓縮比爲4時之otto循環爲例，二氏所算得之普通otto循環熱効率爲：

a	100	125	150
T_1	680	672	672
P_2	91	92	94
T_2	1074	1078	1084
P_3	460	420	390
T_3	5004	4680	4303
P_4	88	77	68
T_4	3880	3395	2990
E	31.7	34.5	36.0

表中TP註以1.2.3.4.分別代表壓縮之初，壓縮之末，爆燃之末及膨脹之末諸時之溫度與壓力，在加長膨脹時，該二氏之效率公式則演變爲：

$$e'=1-\left(\frac{1}{r}\right)^{n}\left(\frac{\frac{X}{Z''}-Z+(n-1)(Z-1)}{X-1}\right)$$

依其n值之經驗公式及上表中之P_3P_2諸值，可得在各種a值下之n及X值，因而在各種a值下之熱効率亦可得而計出如下：

a	100	125	150
n	0.2760	0.3037	0.3195
X	5.5	4.57	4.15
e'	405	424	438

依上列二表繪圖線得圖10。由斯圖可知雖將過量空氣之因素加入於熱効率之計算中，亦可得同樣之結果；加長膨脹後之熱効率仍約提高8％左右，且在過負荷時亦有增高効率之趨勢，斯證前三節所計算之熱效率，並不因過量空氣之未曾計入而生差異。

四、加長膨脹引擎在實用上之馬力出產量問題

說者或謂加長膨脹之設施，與普通內燃機之吸入壓力過低時情形相同，徒使積効率減小而低降馬力之出產量，何得反有優點！此蓋由於二者之情形似相同而實不同所致，如圖11，ab''c'示普通引擎正常積效率時之吸入及壓縮曲線，在c'時之壓力爲所期望之壓力，以此而得所設計時之效力者。abc示積效率降低時之吸入及壓縮曲線，在同一汽缸隙下，其壓力僅可至c，而在c時壓力

已較c'爲低，此固與壓縮比減低者無稍差異，故其效率亦銳減，然加長膨脹引擎之吸入及壓縮曲線爲 a b' c"，其壓縮曲綫雖亦沿 b' c 之軌跡而昇，但以設計上其汽缸間隙卽與前者不同，最後壓力可經c而高至c"。是故加長膨脹者與普通吸入壓力過低者相較，非但未減小其壓縮比，及將其負工作減少，此證積效率小者爲引擎病態之一種，而加長膨脹之設施，爲良好之正常狀態也。

至於加長膨脹引擎之吸入壓力線何以可高至 a b'，此乃由於自由活塞於已吸入空氣後中途卽行停留使然；且其停留時間較全部吸入時間尙多半倍以上，（吸入約佔 Crank Travel 百度，停留時間約爲百六十度。）在壓縮衝程中壓縮作用未開始前，進氣門儘可作長時期之開啓，使空氣從容流入，到達汽缸內外之壓力壓至極小境地，積效率因之得而提高。

兼之排氣衝程之末，自由活塞以慣性力關係仍將超出衝程範圍向前略事行進，則剩存之已燃廢氣亦得過量排除，故其吸入之新鮮空氣與殘留廢氣混合後之成份亦較普通者爲清新，且因之其溫度復有減低之可能，是故吸入物之燃燒性能亦得而提高矣。

綜上所述，則因有效之吸入衝程減短而減低之馬力出產量，因得而多所彌補：無喻不徵，玆實以例：

設有位移 (Displacement) 300.立方寸之汽油機，在 3000 r. p. m时其積效率爲30%，空氣與汽油之混合成份僅爲理論需要量90%，試計算其理想馬力。

依 Streeter氏之計算如下（註七）

每 Mol 燃料之混合物$=1'C_8H_{18}+54.32$空氣。

$$\therefore \quad (X_a+1)=55.32 \quad \text{Mols}$$

以等積燃燒時汽油每 Mol之熱値爲 2,147,000.B.T.U. 代入每立方呎混合物之熱値公式

$$\frac{H_s}{379.1\frac{V_q}{V_s}(X_a+1)}$$

中，則得：

$$\frac{2,147,000}{379.1\times55.32}=102.00 \ \text{B.T.U}$$

以引擎每循環之實際吸入量爲 0.8 × 300＝240$_{cu}$.in.／min. 故每分鐘加入之熱能爲

$$102\times\frac{240}{1728}\times\frac{3000}{2}=21,250 \ \text{B.T.U.}$$

由於Goodenough & Baker二氏之計算，在上述情形時，如壓縮比爲五比一，其熱效率爲.335，故其理想馬力爲：

$$\frac{.335\times21,250}{42.44}=167.7$$

但在加長膨脹引擎上，因積效率設想可提高至95%，雖其有效吸入僅爲全衝程62.5%，其實際吸入量仍可有：

$$0.625\times0.95\times300=178 \ \text{CU.in./min.}$$

其每分鐘加入之熱能則爲

$$102\times\frac{178}{1728}\times\frac{3000}{2.}=15,750 \ \text{B.T.U}$$

依前章所計算之結果，加長膨脹可增原效率8.%，則其熱效率當爲.415，故其理想馬力爲

$$\frac{.415\times15,750}{42.44}=154.5 \ \text{hp}$$

加長膨脹後減少原馬力百分數爲

$$\frac{167.7-154.5}{167.7}=7.5\ \%$$

未加長膨脹者每馬力所需之熱能爲：

$$\frac{21250}{167.7}=127 \ \text{B.T.U.}$$

而加長膨脹者每馬力所需之熱能爲：

$$\frac{15.750}{154.5}=102 \ \text{R.T.U.}$$

是故加長膨脹後節省原耗燃料之百分

而加長膨脹每馬力所需之熱能爲：

$$\frac{15.750}{154.5}=102 \ \text{Bt.u.}$$

是故加長膨脹後節省原耗燃料之百分數為：

$$\frac{127-102}{127}=197\%$$

此證加長膨脹之施用，僅減低原出產量百分之七又五，而節省燃料可達百分之二十之多。

五、加長膨脹內燃機之優劣觀

綜合前列各點，增長膨脹後之內燃機，優劣互見，玆將其優劣各點與普通內燃機作比較之研究如下：

甲、優點

一、熱效率增高 — 其所增高之程度，已在第三節詳述；理論上用於各種循環增均高8％以上

二、吸入之空氣壓力較高 — 普通內燃機未施壓縮前之空氣或燃料與空氣混合氣壓力均較大氣壓力為低，其所低減之程度，即以積効率（Volumitric Efficiency）表示者。普通低速高壓油機之積效率在92％與95％之間，煤氣機之應用變量調速器（ThrottlingGovernor）者為81％至88％，而高速低壓應用汽化器（Carburator）者竟有低至70％，甚或至60％（註八），但在加長膨脹引擎上，以有充分時間使空氣從容流入，積效率得以提高至最高限度。

三、排氣較為清淨 — 排氣衝程之末，自由活塞既以慣性力仍向前行進，則剩存之已燃廢氣亦得而過量排除。

四、汽缸之溫度較低 — 由於呼吸孔H所呼吸之空氣，而生對汽缸之冷却作用。

五、過負荷量增大 — 根據第三節計算之結果，無論應用於何種循環負荷愈大其所增加之熱效率亦愈多，是則在效率上言，過負荷時，非但無損而且有益，是故此項加長膨脹內燃機之公定馬力（Rated House Power）在同等條件下已較普通者為高，以吸入之減少而降低之出產量（Output）因之亦得而有所彌補者一也。

六、最高爆炸力小 — 動力衝程之初，其最高爆炸力一部用於壓迫空氣墊，故而驟形減小，迨其膨脹時，空氣墊所蓄之動能又於此時逐漸放出，故膨脹線與普通者不同，如圖12，此種現象與點火過晚或射由過晚之情形不同，此乃由於空氣墊使然，普通者最高壓力點即膨脹開始之點，因而最高壓力點低者，其膨脹亦因之而下移，但在自由活塞引擎上，最高壓力點之減低係由於其能力貯於空氣墊，此項能力於膨脹時復逐漸放出，故其膨脹線始點雖下移，而其中部反較一般者為外張，如圖12之點線所表示，故其效率非但不減，且得較平匀之膨脹線是故飛輪之重量亦得而稍減。

六、開動時轉動較為省力 — 開動時如爆炸尙未發生，則自由活塞之行動領域僅為衝程全長百分之六十二又五，其餘百分之三十七又五之長度中僅有活塞空動，且其阻力亦甚小，蓋無論其為來為往，僅抵抗呼吸孔中所呼吸空氣之阻力而已！故在搖動時較為省力。

八、由於汽缸損耗（Wear）而露氣之機會為小 — 汽缸之損耗一部固由於活塞環對汽缸壁之輻射壓力（Raduial Pressure），但其最大之損耗係來自活塞對汽缸之旁衝力（Side Thrust），且前者分佈於四週，而後者只在受力之一面其最大損耗之地位均在活塞囘行點，普通引擎均在衝程之末，在動力衝程中適為壓力最高之處，影響於露氣者至為巨大，而在個別式自由活塞引擎中，僅活塞有旁衝力，而其行動領域却距燃燒室為遠。損耗所處之地位亦在汽缸之中部，膨脹至此，壓力業已大減，即或與普通者有同一損耗程度，其露氣可能亦得以減少。

乙、劣點

一、不能應用於立式 — 在應用個別式自由

活塞時，引擎不能作立式排列，蓋作立式排列時，非但衝超衝程範圍作用爲地心力所減小，自由活塞在中途亦不克停留矣。

二、出產量減小——以同一汽缸直徑及衝程而較，自由活塞者之出產量較小，以其吸入量僅爲普通者六十二又五，理論上減少百分之三十七又五。但事實上，由於其排氣之清淨，吸入之空氣壓力較高，汽缸之溫度較低等四者之彌補，相差亦僅百分之七八。

三、平均有效壓力較低— 以加長膨脹關係排氣前之壓力已降至較低程度，故其循環之平均有效壓力(Mean effective Pressure) 亦較低。

四、轉動速度不能太高——自由活塞在排氣衝程末端之衝超作用與轉速之平方能正比，是故轉動速度高出一定限度時，自由活塞之行動即非局部眞空能力之可節制。尤以個別式爲著。

五、燃燒室之設計各受限制——此項發動機結構，旣在排氣衝程之末須利用自由活塞衝超作用而得廢氣之過量排除，則燃燒室之設計須具有自由活塞超越衝程範圍之空地，淸除作用旣可得到，與汽缸頭碰擊之危險亦可減少，如此則某數燃燒室形狀，將不能施用於加長膨脹引擎。個別式者此種限制爲尤大。

綜結上列各項優劣點而論，個別式自由活塞引擎不能應用於交通機界，蓋用於交通機如飛機，汽車，輪艦，坦克車等，首須立式排列，次者每馬力之重量須小，而二者在個別式自由活塞引擎上適得其反，且交通機械快慢頻波，絕不適於個別式之自由活塞，但作臥式之工業用動力機，確可勝任愉快，充分發揮其優點，此亦卽目前初步所希求者。就此方言之，合併式者之前途當較個別式者光明多多矣。

本文參考文獻及註釋

註一：工程三卷四期，拙作「內燃機利用 Walker 循環之裝置」。

註二：Trans.A.S.M.E. 1924. Marks & Danilov "Gas Turbine"。

註三：Lionel S. Marks: "Gas Engine and Producer"

註四：本文附件之一：「半笛塞耳引擎等積與等壓燃燒之計算」。

註五：待釋。

註六：Bulletin No. 160. Engineering Experiment station, Univ of Illinois, By Goodenough & Baker.

註七：Streeter & Lichty: Internal Combustion Engine. P.84。

註八：同上。

半笛塞爾引擎等積與等壓燃燒之計算

半笛塞爾引擎所利用之循環爲 otto 循環及 Deisel 循環之合併體，故亦直接稱之曰 otto-Deisel循環或合併循環(Conbinatoncycle)利用 otto 循環及 Deisel循環之引擎其負荷之大小可以暴燃後之壓力與壓縮末之壓力比X及 r_c 之値以表示，蓋X與 r_c 値之大小直接來原於燃料進入量之多少，（事實上所利用之範圍當然須在可燃燒限度(Limit of Inflammability)以內）。雖在事實上 otto 引擎並不完全限於等積燃燒。Deisel 引擎亦不完全限於等壓燃燒，但在理論上作比較之研究時僅可視其燃燒情形爲單純之等積或等壓，且其負荷之大小可直接由假定之X或 r_c 之値以定之，而在半笛塞爾引擎上以其燃燒初爲等積繼之而又爲等壓，彙之X與 r_c 之値在同時有相互之關係，未得隨意假定，但設其用油量爲一定時以其分配於等積及等壓燃燒之份數可自由假定，則X與 r_c 之値亦得而計出，茲例釋如下。

設：壓縮比 r_c 爲10，燃料爲汽油，用於等積燃燒者佔百分之二十，餘百分之八十用於等壓燃燒，依照 Streeter & Lichty: Internal Combustion Engine P.67之例解

$$Tb=Ta(Xa)^{k-1}$$

如使 Ta=100°F, K=1.4

則 $Tb=560(10)^{.4} = 560\times2.503$

$=1450°F$

由該書之Table I及 Table III分別檢得汽油Hv及空氣之r_v值爲2,156,000Btu, 4,975 Btu /mol/1oF

因得 $$Te=\frac{2,156,000}{60.75\times4,975}\times\frac{20}{100}+1450$$

$=1430+1450$

$=2880°F$

而在2880°F時之Hv可計算之如下

$Hv=2,145,610+2880(-.211+4,642\times-2,88+.831\times8.3)$

$=2,145,610+2880(-.211+13,2+6,9)$

$=2,145,610+2880\times19,829$

$=2,203,210BTU$

再由 檢得Vp爲6.90

$$T_D=\frac{2,203,210}{60.75\times6.96}\times\frac{80}{100}+2880$$

$=4170+2880$

$=7150oF$

在 Tc時之 Hv值雖因溫度之增高而亦有所增，但就事實言，Tc愈高時其佔於等壓燃燒之成份數適愈小，故其影響於 Rc 之值者愈不大，如設其值爲不變，對 Rc 值之影響，最劣情形時亦僅差誤百分之一，但在演算上則省事多多，下表卽係假設在Tb溫度時Hv之值均爲2,200,000.Btu。

Ra=8

COMBUSTION Constant Volume Vc	Constant Pressure Pc	Tb	Tc	Td	X =(Td/Tc) =(Vd/Vc)	R =(Tc/Tb) =(Pc/Pb)
%	%	°F	°F	°F		
100	0	Ra= 8	8415	8415	6.55	1
90	10	$8^{.4}$ = 2.295	7705	7922	6.00	1.025
80	20	設Ta= 100 P	6985	8017	5.45	1.115
70	30	Tb= 560	6285	7835	4.80	1.246
60	40	× 2.295	5565	7635	4.33	1.370
50	50	= 1282 F	4847	7427	3.77	1.535

Vc	Pc	Tb	Tc	Td	X	R
40	60		4135	7235	3.22	1.750
30	70		3425	7045	2.66	2.050
20	80		2715	6855	2.11	2.525
10	90		1998	6648	1.55	3.321
0	100		1285	6455	1	5.025

$R_a=10$

COMBUSTION Constant Volume Vc	Constant Pressure Pc	Tb	Tc	Td	X =(Td/Tc) =(Vd/Vc)	R =(Tc/Tb) =(Pc/Pb)
%	%	°F	°F	°F		
100	0	Ra= 10	8580	8580	5.90	1
90	10	10.4= 2.503	7870	8387	5.42	1.062
80	20	Tb= 560	7150	8182	4.93	1.143
70	30	× 2.503	6450	8000	4.45	1.240
60	40	= 1450 F	5730	7800	3.95	1.360
50	50		5012	7592	3.53	1.510
40	60		4300	7400	2.96	1.720
30	70		3590	7210	2.48	2.61
20	80		2880	7220	1.99	2.455
10	90		2163	6813	1.49	3.14
0	100		1450	6620	1	4.56

$R_a=12$

COMBUSTION Constant Volume Vc	Constant Pressure Pc	Tb	Tc	Td	X =(Td/Tc) =(Vd/Vc)	Rc =(Tc/Tb) =(Pc/Pb)
%	%	°F	°F	°F		
100	0	Ra= 12	8640	8640	5.67	1
90	10	12·4= 2.7	7950	8497	5.25	1.095
80	20	Tb= 560	7210	8240	4.78	1.14
70	30	×2.7	6510	8060	4.31	1.236
60	40	= 1510 P	5790	7860	3.83	1.36
50	50		5072	7652	3.36	1.51
40	60		4360	7460	2.89	1.71
30	70		3650	7270	2.42	1.99
20	80		2940	7080	1.95	2.41
10	90		2225	6873	1.47	3.09
0	100		1510	6680	1	4.42

$R_a=14$

COMBUSTION Constant Volume Vc	Constant Pressure Pc	Tb	Tc	Td	X =(Td/Tc) =(Vd/Ve)	Rc =(Tc/Td) =(Pc/Pd)

%	%	°F	°F	°F		
100	0	Ra= 14	8740	8740	5.43	1.
90	10	$14^{.4}$= 2.88	8030	8547	5.00	1.061
80	20	Tb= 560	7310	8342	4.54	1.14
70	30	×2.88	6610	8160	4.10	1.23
60	40	= 1610 F	5890	7960	3.66	1.35
50	50		5172	7752	3.21	1.50
40	60		4460	7560	2.77	1.69
30	70		3750	7370	2.33	1.95
20	80		3040	7180	1.89	2.36
10	90		2323	6973	1.44	3
0	100		1610	6780	1	4.27

9172

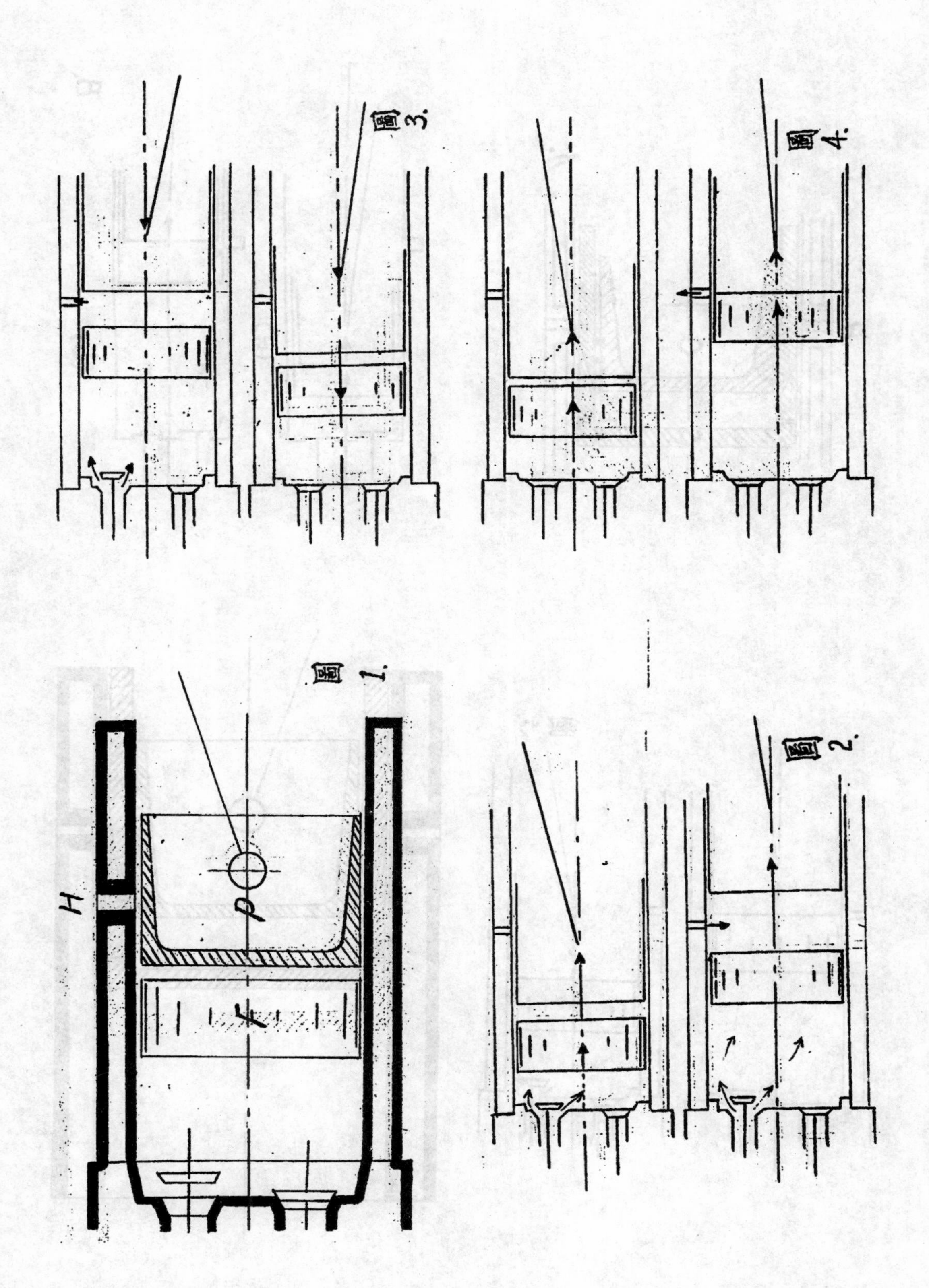
圖 3.
圖 4.
圖 1.
H
P
F
圖 2.

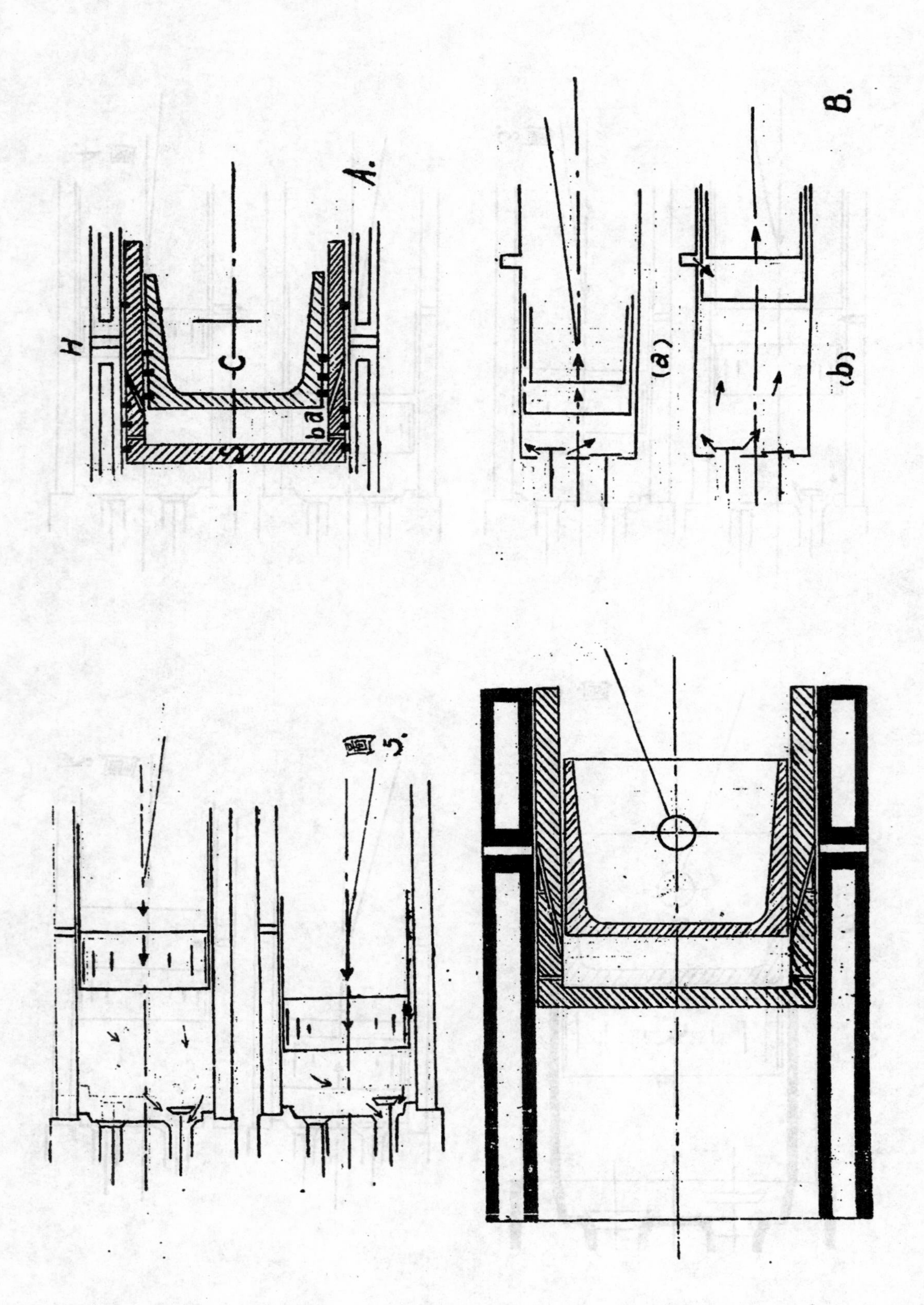

H
C
ba
A.
(a)
(b)
B.
圖5.

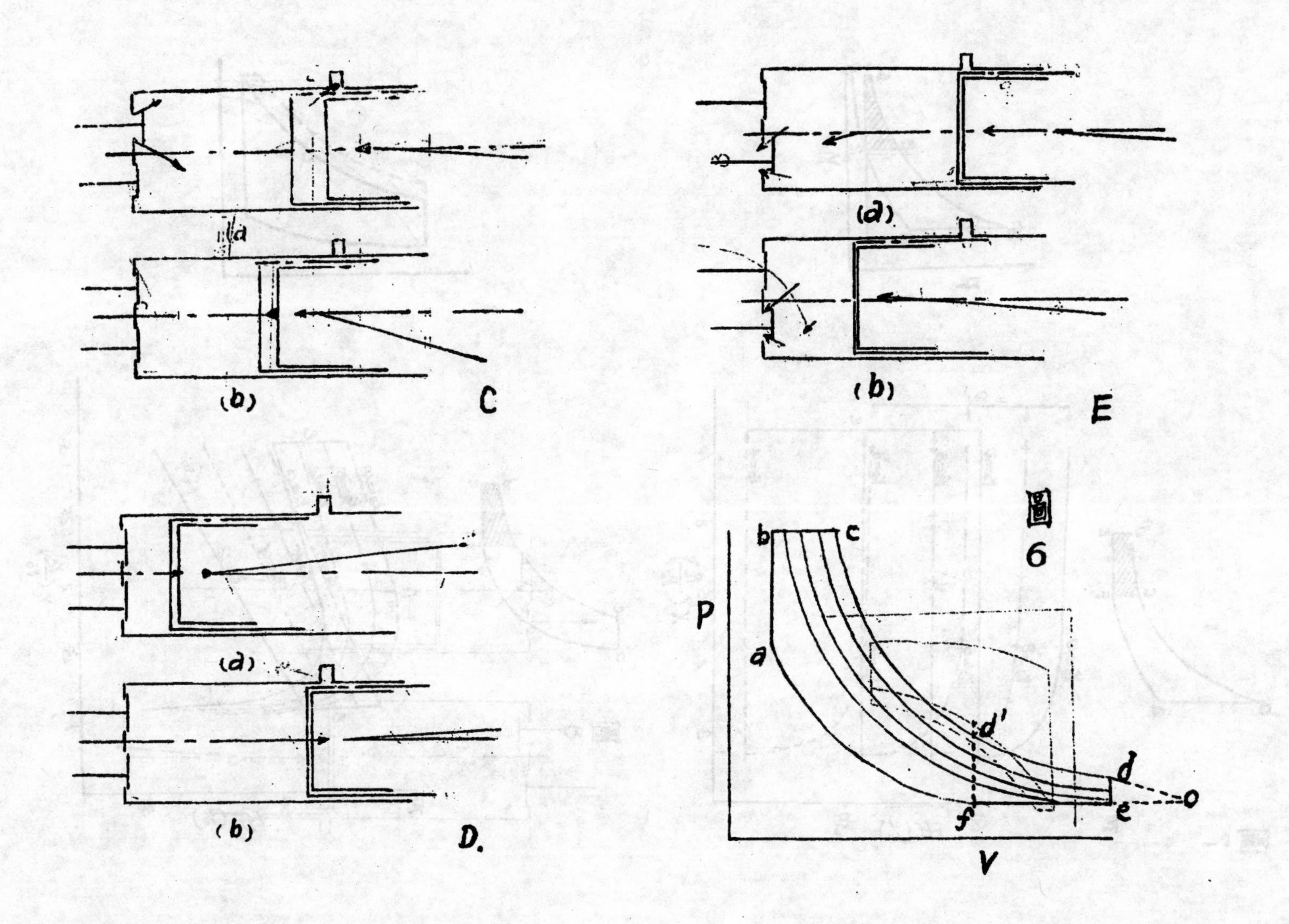
(a)
(b)
C
(a)
(b)
E
(a)
(b)
D.
圖 6
P
V
a
b
c
d
d'
e
f
o

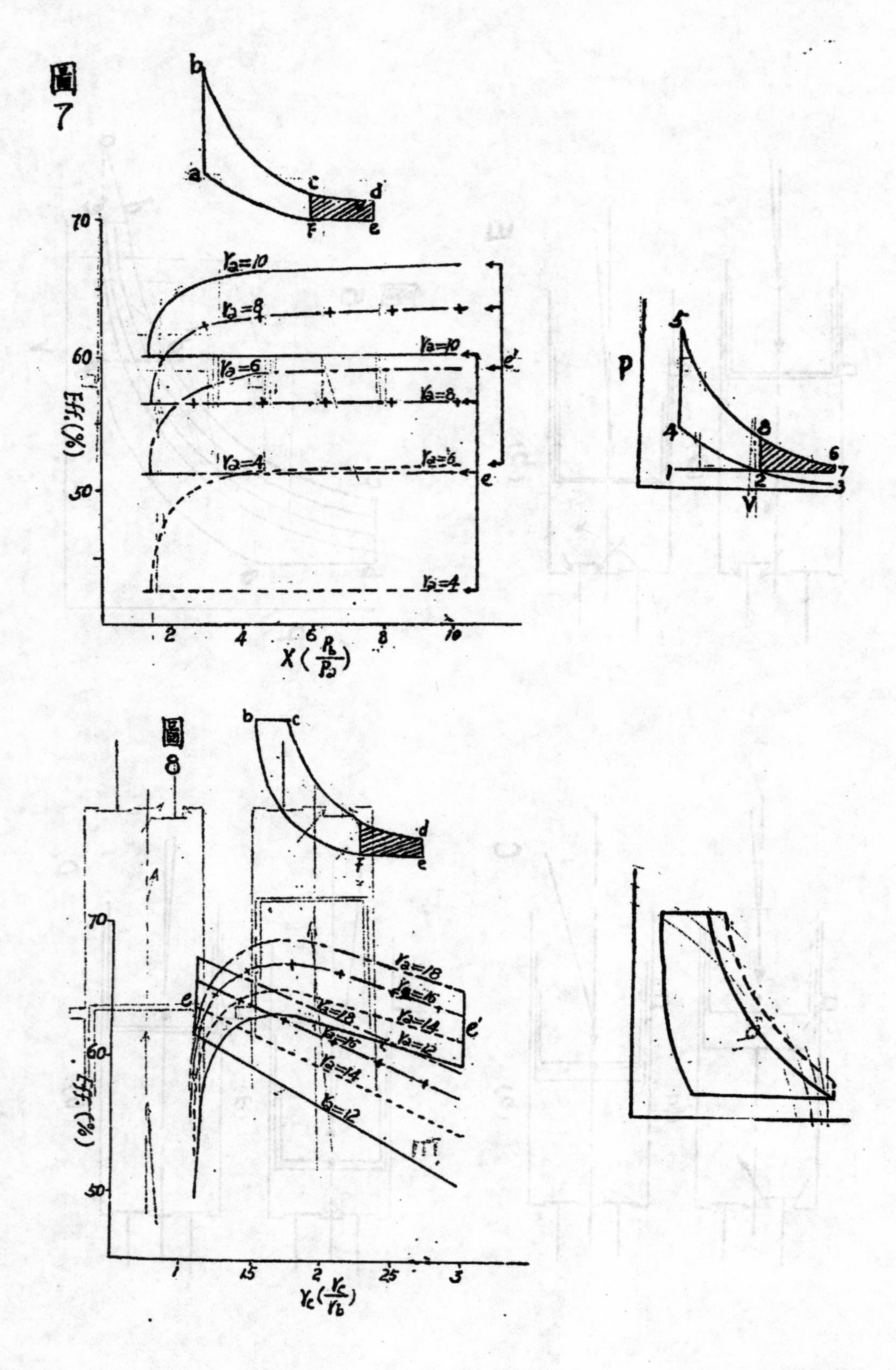
圖 7
b
a
c
d
F
e
70
60
50
$r_a=10$
$r_a=8$
$r_a=6$
$r_a=4$
e'
e
Eff.(%)
2
4
6
8
10
$X(\frac{P_b}{P_a})$
P
V
5
4
8
6
1
2
3
7
圖 8
b
c
d
f
e
70
60
50
$r_a=18$
$r_a=16$
$r_a=14$
$r_a=12$
$r_c=18$
$r_a=16$
$r_a=14$
$r_c=12$
e
e'
Eff.(%)
1
1.5
2
2.5
3
$r_c(\frac{r_c}{r_b})$

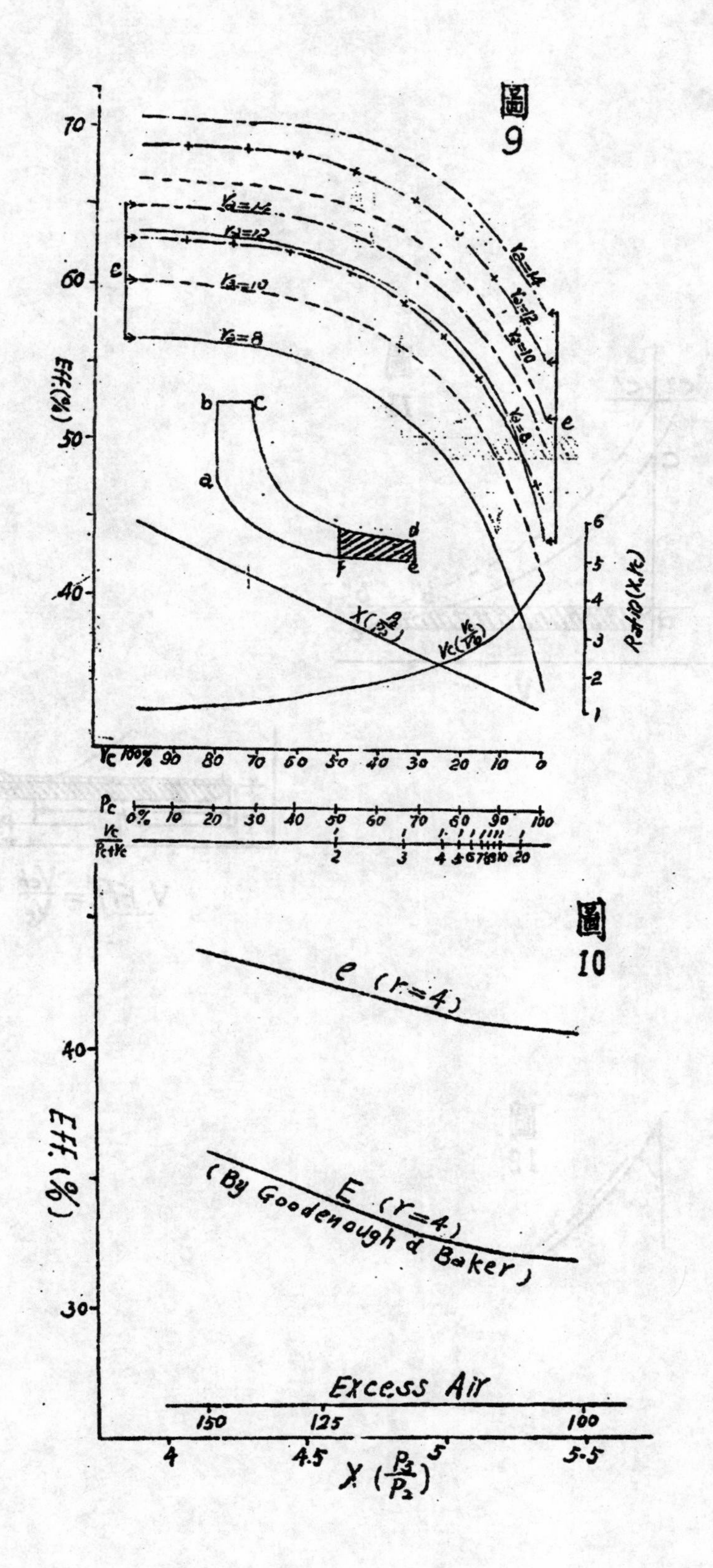
圖 9
70
60
50
40
Eff.(%)
$r_0=14$
$r_0=12$
$r_0=10$
$r_0=8$
c
b
C
a
d
F
e
Ratio (X, Vc)
$X(\frac{P_3}{P_2})$
$Vc(\frac{Vc}{Pc})$
Vc 100% 90 80 70 60 50 40 30 20 10 0
Pc 0% 10 20 30 40 50 60 70 80 90 100
$\frac{Vc}{Pc+Vc}$
圖 10
e (r=4)
E (r=4)
(By Goodenough & Baker)
Eff.(%)
40
30
Excess Air
150 125 100
4 4.5 5 5.5
$X(\frac{P_3}{P_2})$

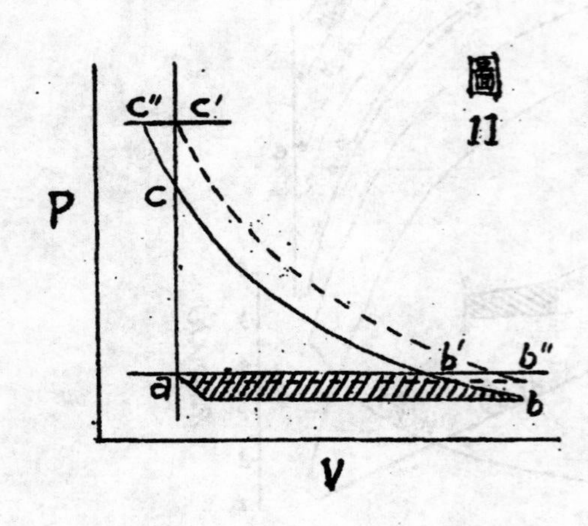
圖
11
P
V
c''
c'
c
b'
b''
a
b

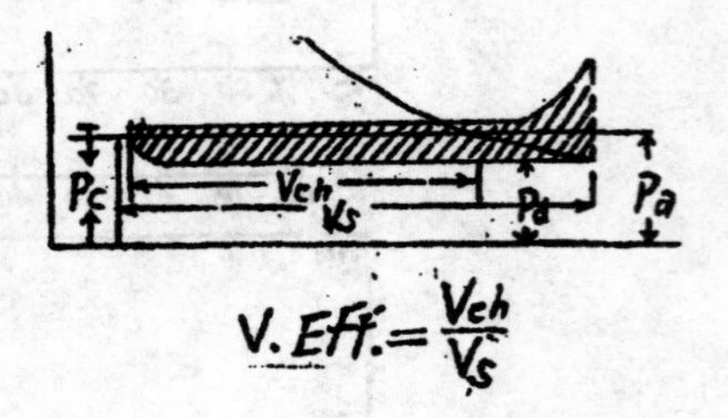
Pc
Vch
Vs
Pa
V. Eff. = Vch/Vs

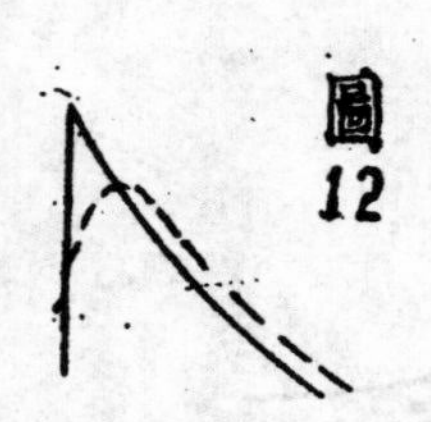
圖
12

保形銑刀剷製機設計及使用

經濟部中央工業試驗所研究專報

李超漢　高緒侃

目次

第一章：引言

第二章：剷製機設計之理論
(Basic Principles of Designing)

(1) 銑刀之分類
(2) 齒背及齒根皆爲直綫之缺點
(3) 僅齒根爲曲綫之缺點
(4) 曲背銑刀之優點
(5) 對數螺綫曲背
(6) 等數螺綫曲背
(7) 偏心圓周曲背一本機設計之基本理論

第三章：剷製機之構造
(Detail Construction)

(1) 機架 (Frame)
(2) 傳動機構(Power Transmision Mechaism)
(3) 傳動齒輪(Gears)
(4) 偏心套(Eccentric Sleeves)
(5) 鬧輪及中心軸(Ratchet and Spindle)
(6) 枝梢柄(Taper Shank)
(7) 側剷機構(End Relieving Mechanism)
(8) 特種工具(Special Tools)

第四章：剷製機使用原理及各種工作法
(Theory & Me hods cf Operation)

(1) 各種零件更換之理論及方法
A. 偏心之調整(Adjusting eccentricity-A Vector Quantity)
B. 枝梢柄之更換法(Change of Taper Shank)
C. 鬧輪之更換法(Change of Ratchet Wheels)
D. 瓦形軼動鈑之更換(Change of Cam)
(2) 剷製之準備要點
(3) 各種工作法
A. 平剷法(Plain Relieving)
B. 螺絲剷法(Thread Relieving)
C. 內剷法(Internal Relieving)
D. 側剷法(End or Side Relieving)

圖表目錄

圖號	內容	圖號	內容
0	剷齒機使用透視圖	10	銑刀偏心表
1	直背式及曲背式銑刀比較	11	剷齒機各部名稱說明圖
2	直背平行齒根銑刀	12	剷齒機各部名稱說明圖
3	直背曲綫齒根銑刀	13	傳動機構安裝法
4	曲背式銑刀(對數螺旋綫)	14	英製銑刀中心孔及鍵槽標準
5	對數螺旋綫	15	公製銑刀中心孔及鍵槽標準
6	等速螺旋綫	16	工具甲
7	曲背式銑刀(等速螺旋綫)	17	工具乙
8	對數螺旋綫曲率半徑之半法	18	工具丙
9	偏心剷齒法原理	19	工具丁

20 工具甲之使用法
21 工具乙之使用法
22 工具丙之使由法(兩用)
23 工具丁之使用法(兩用)
24 偏心之數值及方位之調整
25 偏心數值之計算
26 偏心定位法
27 車床平面板一週掣子跨過兩盤齒數
28 複雜之曲背銑刀
29 凹形銑刀
30 凸形銑刀
31 圓角銑刀
32 粗銑齒輪銑刀
33 細銑齒輪銑刀
34 角銑刀
35 組合曲背銑刀
36 棒形齒輪銑刀
37 螺絲錐
38 管用螺絲錐
39 螺絲模
40 螺絲模切剷之分析
41 偏心內剷法原理
42 星形銑刀
43 管用螺絲模
44 套式側銑刀
45 套式側銑刀柄
46 左右旋側銑刀
47 剷齒機總圖

第一章 引言

抗戰期中，欲謀後方工業之建設，必先謀機械工業之樹立基礎，四年以來，後方機械工程界之努力，已有相當之成就，然較吾人理想之境地，則距離尚遠，蓋若干部門雖因吾人之努力而有長足之進步，但仍有若干基本工作未能與之配合發展，基礎未固，發展終將受阻也。

機械工業當前之問題有三：(一)材料——現今鑄造之工作缺乏優良之材料，因而製造發生困難，(二)工具——各項製造所用之工具大部不能自造，工具之特種合金材料固已無法自給，即有合適之材料，尚不能輪製成各式之工具，此每使製造工廠感受困難，(三)製造方法——因製造方法之不合規定及不夠精密而製成之機件，未能完全滿意，因此耗費無數人工與物料，而使機械工業無法完成其所負使命。本文所述之保形銑刀鏟製機乃解決工具問題中之一部。按工具之範圍甚廣，而重要者為車製銑製所用之工具，車製所用之車刀普通以工具鋼以規定之法度磨鋒便可使用，而銑製工具以方式及種類繁多，大部購之國外，論常以缺乏而影響工作之設計及製造，且工具鋼料價較廉，成品工具價特高，若有製造銑刀之設備，則可購工具鋼料自行製造任何方式與種類，不但可謀一部份之自給，且與節省外匯亦有裨益。

普通之剷製機器類多過份笨重，材料既嫌浪費，運轉復感不靈，是以本機乃針對此項缺點加以改良，使全機連同附件不過 230 磅，以一18吋高，20吋寬，22吋長之木箱，即可容納裝藏，且應用時即置於車床上，使普通車床一變而具有剷製之作用，其便利經濟可稱兩全。

至本機之設計乃係以偏心原理為根據，故剷出之齒背極近似理論之對數螺旋線，(見第二章本機設計之理論)，並兼具平剷，螺絲剷，內剷及側剷四性能，其能剷製銑刀種類表列如下：

甲 平剷法(Plain Relieving)

(1) 齒輪銑刀(Gear milling cutters)
(2) 鍊輪銑刀(Sprocket milling cutters)
(3) 槽溝銑刀(Fluting milling cutters)
(4) 銳角銑刀(Angle milling cutters)
(5) 圓角銑刀(Round milling cutters)
(6) 圓形凹凸銑刀(Concave and convex round milling cutters)
(7) 各種曲面保形銑刀(Profile form milling cutters)

乙 螺絲剷法（Thread Relieving）

(1) 螺絲銑刀（Thread milling outters）

(2) 棒形齒輪銑刀（Gear hobs）

(3) 各種螺絲公（Screw taps）

丙 內剷法（Internal Relieving）

(1) 星形銑法之內銑刀(Internal milling outters for planatory milling）

(2) 各種螺絲模（Screw dies）

丁 側剷法（End or Side Relieving）

(1) 各種側銑刀（End or Side milling Cutters）

剷製銑刀之直徑可由一吋至九吋，齒數可由三齒至四十八齒，又其剷出之角度，可任意變更，其構造之完備與應用範圍之廣，於此可窺見其大概矣。

第二章 剷齒機設計之理論

（Basic Principles of Designing）

(1) 銑刀之分類——銑刀以齒形分類可大別爲二種：一爲直背式，（Straight back milling outters）銑刀之齒背皆成直線，如圖一所示，其製造手續簡單，凡平面，銳角及鍵槽等之銑製時皆用之，此種銑刀經用鈍後再磨鋒時以其齒形簡單之故，故僅將刀背磨去少許，保持其間隙角卽可應用，見附錄(甲)直背銑刀磨鋒法及附圖

另一種爲曲背式（curved back milling outters）此類銑刀之齒背成曲線，如圖三所示，其製造手續較爲繁複，適用於各種曲面及複雜組合之平面等之銑製因其齒形爲複雜曲面之故，故刀鋒用鈍後，用刀背銑化法，殆爲不可能之事，通常係將刀面磨去少許，[illegible]切削之效能，（參見附錄(甲)曲背銑[illegible]法決不適用於直背之齒形，良以磨鋒最主要之條件，卽爲保持刀面之形狀及適宜之間隙角，恢復刀鋒之銳利，當爲次要故也。

(2) 齒背齒根皆爲直線之缺點——圖二爲一直背平行齒根銑刀，爲簡便計，吾人可令其斜角（Rake angle）爲零，因其爲保形銑刀（Form cutter），故用鈍後須磨去齒面以銳化之，由圖二吾人可知齒根線 b'b'係與齒背線aa'平行，卽其間之各垂直距離$a_1b'_1$及 a_2b_2' 相等，而各輻射線 ab，b_1b_1，a_2b_2及 a'b' 等，則皆不相等，此種銑刀當用鈍磨至 a_1b_1 平面時其面之形狀，顯然與原製者不同，換言之，其不合應用者可知。

(3) 僅齒根爲曲線之缺點——若如圖三所示，將齒根線製成曲線，不與齒背平行，而使各輻射線 a_1b_1，a_2b_2及a_3b_3 等皆互相等，則磨鋒時，雖可使齒面形狀不變，然其間隙角則遞次減小，無法保持常數，換言之，卽$\beta_2<\beta_1<\beta$同時在另一方面，因α爲刀鋒之切削角，（$\alpha_2>\alpha_1>\alpha$）而與β之和恆爲一直角，故磨鋒時，α必遞次增加，卽此角度不能保持爲常數，故亦難有令人滿意之結果，職是之故，乃有曲背式銑刀之產生。

(4) 曲背銑刀之優點——圖四爲曲背式銑刀，其曲背之曲線，足使間隙角β爲一固定之常數値卽$\beta=\beta_1=\beta_2$故切削角α亦爲一常數値，亦卽$\alpha=\alpha_1=\alpha_2$不但此也，因其齒根亦爲一平行之同様曲線，故齒高亦不受磨鋒之影響，卽$ab=a_1b_1=a_2b_2=a_3b_3$由是可知曲背式銑刀，確較直背式者爲優，因非但齒形不變，且間隙角雖經無數次之磨鋒，亦能保持一定之常値故也。

(5) 對數螺線曲背——適合上述條件之曲線爲一對數螺旋線（Logarithmic Spiral）方式爲$r=e^{m\theta}$如圖五所示，其特性爲無論θ之値爲何，其通過原點之輻線與曲線之交角ψ總爲一常數適合於吾人之需要，其公式可由下法誘導證明之，因ψ爲常數，故其

三角函數Cot Ψ亦爲常數卽

$$\mathrm{Cot}=\Psi\ \frac{dr}{ds}=\text{常數m（見圖五）}$$

因 $ds=rd\theta$

故 $\mathrm{Cot}\ \Psi=m=\frac{dr}{rd\theta}$ 或 $\frac{dr}{r}=md\theta$

積分之，$\log_e r=m(\theta-\theta)$ 或 $r=e^{m(\theta-\theta)}$

卽上述方程式之變形

其中 $m=\mathrm{Cot}\Psi=$ 常數

當 $\Psi\rightarrow\frac{\pi}{2}$ 時 $\begin{matrix}m\rightarrow 0\\ r\rightarrow 1\end{matrix}$（圓）；當 $\theta\rightarrow-\infty$ 時 $r\rightarrow o$，卽此曲線以原點爲漸近點。

(6) 等速螺線曲背——一種曲線爲等速螺旋線或阿幾米德螺旋線（Archimedis Spiral）其特性爲輻線增長或減短之速率與角度增大或減小之速率成正比例（圖六）

卽 $dr=ad\theta$

由 θ_o 至 θ 積分之得 $r=a(\theta-\theta_o)$

卽阿幾米德螺旋線

當角度 θ 甚小時，對數螺旋線與等速螺旋線相同，可由下證明之：$e^{m\theta}$ 之展開式爲

$$e^{m\theta}=1+m\theta+\frac{(m\theta)^2}{2!}\cdots\cdots+\frac{(m\theta)^n}{n!}$$

當 θ 甚小時，其高於二次方之值甚小可略去不計，故得 $e^{m\theta}=1+m\theta$，設 $\theta=a$，

$m=a-\theta_o-\frac{1}{a}$，代入，

則 $e^{m\theta}=a(\theta-\theta_o)$ 成爲等速螺旋線矣。

卽對數螺旋線與等速螺旋線在 θ 之變化甚小時相同。

實際上爲製造便利起見，銑刀之曲背有逕製成等速螺旋線者（圖七）因 $r=a\theta$ 故圖中 $2s_1=S_2$ $3s_1=S_3$ 曲線 a_1b_1 與ab平行。

等速螺旋線逕展開後卽成爲直線，如圖七右端所示，是故每次工具之前進與銑刀之轉數成一直線比例，因而使工具運動之模動輪之設計與製造皆極便利，然此種方法僅可適用於齒數較多，每齒所佔角度較小之銑刀之剷製；若齒數較少，則每齒所含之角度卽較大因而使吾人不能以一等速螺旋線代表一對數螺旋線卽此法不能適用。

(7) 偏心圓周曲背——另有一法爲偏心剷製（Eccentric Relieving）卽保持工具不動，而使銑刀之旋轉中心稍爲偏離其自然中心，如此則所得結果，亦極近於對數螺旋線，可由下列證明之：

在圖八之對數螺旋線上任選一點P作法線PN及切線PT，同時使TN通過原點，並與OP垂直，則直角三角形 △NPT，△NOP，△POT，等相似，故

$$ON=OP\times\frac{OP}{OT}=OP\times\cos\Psi=rm\text{偏心}$$

$$PN=OP\times\frac{PT}{TO}=OP\times\cos\Psi=$$

$$\frac{r}{\mathrm{Sin}\Psi}=\frac{r}{\sqrt{1-m^2}}\text{曲率半徑（Radius of curvature）}$$

當Ψ接近 $\frac{\pi}{2}$ 時，$\mathrm{Sin}\Psi\rightarrow1$，$\mathrm{Cos}\Psi\rightarrow O$，

卽曲率半徑 $PN\rightarrow r$

換言之，卽當Ψ接近 90° 時（普通爲80°以上，巳甚接近於90°）

若使 $PN=r$ 則以N點爲圓心之圓弧亦必與對數螺旋線極爲近似。

圖九爲偏心剷製(Eccentric Relieving) O爲銑刀中心，OP爲銑刀半徑，相當於前述之 $PN=r$，PT爲銑刀背曲線，在P點之切線，NP爲共法線，則間隙角∠TPD=∠NPO=β由三角學定理知 △NPO爲一等腰三角形，頂角爲β，二腰爲r，底邊爲e，故

$$\mathrm{Sin}\ \frac{1}{2}\beta=\frac{e}{2}/r=\frac{e}{D}\text{或}\ e=D\mathrm{Sin}\tfrac{1}{2}\beta$$

由此公式可知若間隙角β爲一定常數值時，則偏心e與銑刀外徑D當成正比例，而爲一直線之關係，其各值各由圖十表示之，在銑刀之剷製時，巳知β及D則其偏心可隨時由圖上查得，免除計算之手續。

至若理論上偏心之調整及剷製各[illegible]應有配備之設計，可參[illegible]法。

第三章　剷齒機之構造
(Detail Construction)

（參閱構造總圖）

(1) 機架 (Frome) —— 此機最適於7吋中心高之車床，稍大稍小者亦可應用，機架(72)本身爲鑄鐵製成之整體，以(23)固位臂(10)及二固定螺釘(69)緊拉於車床面上，機架下面有活動鈑(73)一塊以橫調節螺(74)鬥於架上，以調節機架之前後位置，且可因車床▽形肋位置之不同而掉換之，軸承二個(1)係最耐磨合金銅鑄成，有油槽;不易磨壞；因與機架係成錐形配合(Conical Fitting)故可用螺旋母(2)調節其裕度。

(2) 傳動機構 (Power Transmission Mechanism) —— 傳動機構之外體係鑄鐵製成如圖十三所示，中有丁形槽，貫以調節螺絲及螺母，以調節動力半徑之長短而控制動力傳臂之擺幅，調節時先鬆方滑塞之螺母再旋傳動機構外端之搵手，右旋使動力半徑增大，反之則減小，調節適度之後，必須將方滑塞之螺母旋緊，以免工作時調節螺絲受力損傷。

方滑塞頂端連有光滑之圓軸，軸上套以銅質方塊，工作時方塊在動力傳臂(26)槽內滑動，使傳臂亦隨之擺動，因而使其上之主動齒輪(10)亦隨之往復轉動。

(3) 傳動齒輪 (Gears) 傳動齒輪有三，主動輪(20)連於動力傳臂(25)，傳動輪(19)連於偏心套(43)而二者間則以一較小之惰輪(7) 聯繫之，動力由動力傳臂經主動輪，惰輪，而達偏心套，因傳臂之運動見有急回作用，當急回力臂較短，所產生之力短小而不足以担任剷製之工作，故於主動及傳動二輪之間加一惰輪以改變動作之方向，使剷製時適逢動力傳臂運動最緩時，亦即最大力短時，且剷製完畢後，即急行回復適又達節省時間之目的，然當工件內剷時（如螺絲模螺紋之剷製時），工具之接觸點及旋轉方向皆與普通用時相反，是時可將惰輪取消（即將定位稍抽出滑出惰輪）同時將主動輪之軸心固定螺旋鬆開，並移使與傳動輪相口齒合，然後旋緊之即可。

傳動齒輪係鍵於偏心外套，故當傳動齒輪經復運動時，偏心外套亦隨之運動。

(4) 偏心套 (Eccentric Sleeves) —— 偏心外套係鑄鐵製成，一端與傳動齒輪鍵接，本身則置於機架軸套內，外套內復有偏心內套(27)二者之相互位置以間輪及爪子固定之，內套前端間輪齒上刻有不同之偏心數字，若以外套之爪子置於某數字齒內，即使二者有若干之偏心，是故因內套與外套相互之位置不同，偏心值即具大小之分，其值可自零以至16種，視工件之直徑及所需間隙角之大小而定（參見圖十）至其另一端，則有一螺母(38)旋緊後可使其緊貼於外套而與之成爲一體）

(5) 間輪及中心軸 (Ratchet Wheel and Spindle) —— 中心軸(53)係置於偏心內套中，爲高強度鋼鍛成，極耐應用，至於間輪(15)(16)(17)(18)即爲高碳鋼製成，且經過淬火硬化之手續，因須使任何通用銑刀之齒數皆可剷製，故其齒數須等於所剷工件之齒數，或爲簡單倍數，本機現附有齒數28.26.40,及 48，之間輪各一個可剷銑刀之齒數爲8—10, 12, 14, 16, 18, 20, 24, 28, 36, 40, 及48者十八種傳動輪上另附有彈簧爪子(11)固定於齒輪上，用以推動間輪，中心軸前端則有一鑄鋼之爪輪(29)(30)緊握之，以防止其于回復運動時隨內套而轉動，其中並可置板梢柄(49)以裝工件，爲求適應中心軸能工作于各種不同之偏心計爪輪臂之末端，特製成長槽形，中貫支心，以便爪輪桿之滑動，當傳動齒往復擺動時，中心軸即因偏心套之偏心及間輪爪輪等作用而形成一間隙之運動，以達到剷製之主要運動，其動作可再析述如次：當傳動齒輪向前運動時，其上之彈簧爪子即推動間輪使中心軸向前轉動，是時偏心套及中心軸無相互之運動，因可視為一整體，中心軸轉動之曲線全視內外二偏心套配合後所得之偏心組合值而定，若偏心已經調整適宜後，則當偏心套向前轉動時則中心軸為彈簧掣子推動，其運動當有一適宜之曲線，使所載銑刀與車床刀架上所裝之工具的相遇而發生所需之剷齒作用，當偏心套回復時，彈簧掣子僅在開輪上跨過適當之齒數（視所用開輪及所剷銑刀之齒數而定）不能對中心軸再具推動之作用，同時中心軸本身因掣輪緊握之故，亦停止其轉動而僅隨偏心套後移少許，以待第二次偏心套向前轉動時再作剷第二齒之工作，如此週而復始，直至完成全部之剷製工作，若偏心之總值為零時，中心軸轉動之曲線當為一圓，與普通之車床無甚異點，此時適于側剷工作，後當另評述之，

(6) 拔梢柄 (Taper Shank) (49) 此係用以載工件者，套於中空上中心軸內，另端則以牽引桿（Draw Bar）拉緊，由於牽引桿兩端螺紋之粗細不等之故，其與拔梢柄接近之端具有較粗之螺紋，致旋緊時發生差動作用（Differential Action）因而使拔梢柄可格外緊拉，工作時不致有滑動之虞，至其大小，則因普通所用銑刀直徑雖有大小之分，但其中孔及鍵槽則有一定標準，故本機現附有最常有之英制者八種，可因銑刀中孔之不同而掉換使用（圖十四）至公制者亦有用之者其尺寸可參見圖十五。

(7) 側剷機構（End Relieving Mechanism）——側剷機構包括瓦形模動鈑(27)模動板殼(28)可調節凸輪釘(34)等件，凸輪釘裝於機架本身，有螺旋以調節上下且另有螺母(33)壓緊以免有震動之虞，模動鈑殼套於偏心外套之外，為有彈性之鐵環，有貫穿螺釘(36)以錨於外套之上，模動鈑則嵌於其內，然後用蓋鈑(15)壓緊，凸輪釘伸入模動鈑曲槽內之後尚須上下調整，以便於在槽中自由滑動，當偏心外套往復轉動時，因此時凸釘已固定於機架上故瓦形模動鈑之曲槽乃使外套有前後之運動，吾人即利用此前後之運動，以達到側剷之目的。

模動鈑共十塊，分左右二種，左者用以剷左旋側銑刀，右者用以剷右旋側銑刀，此每種又各分6°,4°,3°,2°,及1°，等五塊用以剷由1°,至6°之間隙角，側剷時應注意之點為偏心內外套之偏心總和應適為零。

(8) 特種工具（Special Tools）——特種工具有四：工具甲為Y形其二尖端突出二塊，成相反之六十度角可置偏心內套開輪齒中，用以移動旋緊內套與外套之相互位置。（圖二十）

工具乙則與工具甲合作以旋轉偏心內套尾端之螺母，使內外二偏心套成為一體法為將二種工具各置於適當之位置，右手持工具甲向上使力，左手持工具乙向下推，如此即可使螺母緊貼外套，不致鬆動，若欲鬆開以調節偏心則可用同法，僅將其旋轉方向反向即可（圖二十一）

工具丙有大小二端，大端用以調節機架上銅套軸承之裕度，此軸承一經發現稍有鬆動即應調節，否則剷出之銑刀即有齒形不準之虞，至其小端則有二種用途，皆須與工具乙同時使用，一為調節中心軸與偏心內套之裕度，法為將工具乙置於(56)上（見構造總圖）以左手持之向上拉，工具丙置於(50)上，以右手持之向下推，如此即可將其上緊，若欲鬆開，則反向旋轉即可，其第二用途則為將中心軸開輪（15）至(18)壓緊，其法仍為將工具乙置(56)以上，工具丙置(52)上，左手持之向下推，即成（圖二十二）

工具丁之用途亦有二種：一為橫貫於調節螺絲(32)之圓孔內，以便調節時之旋轉，（圖二十三）一為旋轉牽引螺釘(54)法為將工具丁之灣端方頭置於牽引螺釘之方孔內，旋轉使發生差動作用，將拔梢柄拉緊（圖二十三）

第四章　創製機使用方法：

（參見創製機構造總圖）

(Method of Operation.)

本章分三段說明之，第一爲各種零件更換法，第二爲創製之準備要點，第三爲各種工作法。

(1) 各種零件更換法 —— 此機能更換部計有四處；即：

A. 偏心之調整（Eccentricity Adjusting—a Vector Quantity）

B. 拔梢柄之更換（Change of Taper Shanks）

C. 開論之更換（Change of Raper Wheels）

D. 瓦形模動飯之更換（Change of Cams）

是也，其中尤以偏心之調整較爲繁複，茲復分述於後：

A. 偏心之調整——由第一章末節公式

$$e = D\sin\frac{1}{2}\beta$$

吾人可知苟 β 一經定爲常數值後，則偏心 e 即當與銑刀外徑成正比例，如圖十所示，是故由於銑刀外徑之不同創齒製作時，偏心 e 亦因而隨之更換，是乃調整偏心之主旨。

第此處所謂偏心云者，乃指偏心內外套之組合值而言，其值可隨內外套相互位置之不同而有異，且也使用時不但與此組合偏心之絕對值有關，即與其方位亦至重要，茲分二段述之於下：

(a) 偏心數值之調整——如圖二十四所示，A爲偏心外套，B爲偏心內套，C爲中心軸 O_A O_B 及 O_C 各爲其中心，而B對A及C對B之偏心皆爲 $d = 8^{mm}$ 在圖中所示位置時，O_C 適與 O_A 相叠合，故此時組合後之偏心適等於零，即只能將銑刀車圓而無創齒作用，其次，若令A不動而使 B 以順時針方向旋轉一角度 θ，則 O_C 點亦必將以 O_B 爲中心，d 爲半徑而畫一圓弧，則自 O_C 點移至 O_C^1 點，此 $O_C\,O_C{}^1$ 之長度，即爲此時之給合偏心，由三角定理可知此偏心之數值爲：

$$O_C O_C{}^1 = e = 2d\sin\frac{1}{2}\theta$$

在本機 d＝8 粴，B 之圓周分爲 20 等分使每分含 $\frac{360^\circ}{20}$ 即18° 由此即可求得當 B 之旋轉角度每增加 18° 時之各個偏心值，如圖二十五所示，此偏心之數值即按其相當之角度方位刻於內套前端之閘輪齒上，調整時，即將外套上爨子置於所需之偏心齒槽內，即得下表爲偏心數值，調整之步驟及要點（參見構造總圖）

圖二十五　偏心數值之計算

θ（度）	$\frac{1}{2}\theta$ (ω)（度）	$\sin\frac{1}{2}\theta$	e之理論值（粴）	e之刻度值（粴）
18	9	0.15643	2.63	2.6
36	18	0.30902	4.95	5.0
54	27	0.45399	7.26	7.3
72	36	0.58778	9.41	9.4
90	45	0.70700	11.30	11.3
108	54	0.80902	12.95	13.0
126	63	0.89101	14.25	14.3
144	72	0.95106	15.23	15.2
162	81	0.98769	15.80	15.8
180	90	1.00000	16.00	16.0

(b) 偏心方法之調整——當創齒時，工具平面應與當時之旋轉中心，在同一平面內，如圖九所示，N爲旋轉中心，PS爲工具平面，即N點須在PS之延長線上，但因 β 之數值常爲甚小，故ON與NP所成之角度極近於90°，因此爲便利起見，吾人亦可謂偏心線ON 必須近於與工具平面垂直，爲達到此項目的起見，吾人可分兩步進行。

步 驟	要 點
1.將工具甲置偏心內套(37)前端之開輪上以防止其轉動。	工具之二個60°尖端須置於開輪上同一直徑上之一齒槽內以免滑動之虞。
2.用工具乙旋轉偏心內套尾端之螺母(38)。	右手持工具甲向下使力左手持工具乙向上推動，即可使之鬆開。
3.將偏心外套(43)上固定內套位置之犂子(44)(45)鬆開。	
4.轉動工具甲使偏心內套(37)與外套(43)者由犂子指示之關係位置至選定之偏心數值時為止，然後再上緊定位犂子(44)及(45)。	選擇偏心之方法見第一章圖十。定位犂子須盡量上緊。
5.最後再上緊螺母(38)完成偏心數值之調整。	此處不妨稍上緊些。

第一，由圖二十四之三角形$O_AO_BO_C^1$中，$O_BO_C=O_BO_A=d$，故吾人由三角形內角之和為180°可得$2(90-\omega)+\theta=180°$解之即$\omega=\frac{\theta}{2}$換言之；$\theta=18$度時$\omega=9$度，若將ω角之一邊O_cO_c延長使A交于R，並將此偏心$O_cO_c^1$之數值刻於A上R處，則當剷齒時，凡遇偏心為$O_cO_c^1$時，吾人皆可將偏心外套A轉動（轉動之法見後使用法，事實上，此時B與A成一整體）使R處之刻度過於與機架上方之零度指針對準（下方之零度指針係應用者內剷者）其結果即係使偏心線$O_cO_c^1$與水平面（即工具平面）垂直，最欲注意之點為犂子對準偏心內套之右面數值時，機架之零度指針須對準偏心外套左面之數值，二者須常保持向反方位，否則偏心方位之調整將盡失其效用也。

第二，事實上僅至垂直尤為不足，吾人尚應將偏心外套A繼續向工具前轉一角度自車床尾端向車頭視之為逆時針方向使所剷成之曲線亦以銑刀半徑為半徑（參見圖九，因$\triangle OHN$與$\triangle ONB$相似）如此始可使所剷得之曲線與理論上之曲線PE相合，換言之，即偏心數值，既經調整確定之後，其方位亦不可隨意亂置，否則所剷齒仍難如意，是以偏心方位調節之主旨，至其步驟及要點亦分述如下表（參見構造總圖）。

步 驟	要 點
1.先將拔梢柄鬆開。	其法見下節拔梢柄更換法。
2.抽出惰輪(7)之圓耳插梢(6)滑出惰輪，使外套(43)之運動與動力傳臂(26)之擺脫離關係。	內剷時惰輪已預先取消，故應將主動齒輪(20)向後移開以達同樣之目的。
3.轉動車床平面板，使動力傳臂(26)擺至最上地位，即理論上開始剷齒時動力傳臂應有之位置。	

4.撥動傳動齒輪(49)先使偏心外套(43)前端邊緣所刻與偏心相同之數字對準機架(72)上方之零點，然後再向前由車床尾端向前端視之爲逆時針方向，撥動一角度，角度之大小與所欲剷銑刀之間隙角相等。	參見九圖三十四及所述偏心方位調整之理論，內剷時應對準機架(70)下方零點，然後向同一方面撥動，與間隙角相等之角。
5.滑入惰輪(7)如係內剷時，則將已鬆之主動輪(20)重行推入，與傳動輪(19)嚙合。	滑入時須注意保持主動輪與傳動輪之已有相互位置(尙可利用彈簧塞子(77)與傳動齒輪之相互位置改正之)
6.然後將所剷欲剷之銑刀毛坯裝於直徑適宜之拔梢柄(49)上復置於中心軸(53)此時暫不必以牽引桿(54)拉緊。	保形車刀鋒口之高度須加調節，使其與偏心外套之中心等高，且工具平面亦須保持水平。
7.轉動拔梢柄(49)上之銑刀，使其與保形車刀之關係位置，如圖二十六所示	圖二十六
8.復以工具丁旋緊牽引桿(54)以完成偏心方位之調整手續。	旋時須注意以搬手握緊拔梢柄平面部份，保持拔梢柄與偏心內套已經調整相互位置不變。

(B) 拔梢柄之更換——由於銑刀內徑之不同，拔梢柄故須時常更換，此機共附拔梢柄八只，可以裁內徑爲$\frac{1}{2}$”，$\frac{5}{8}$”，$\frac{3}{4}$”，$\frac{7}{8}$”，1”，$1\frac{1}{4}$”，$1\frac{1}{2}$”及2”之銑刀，至及更換之步驟及要點則如下表(參見構造總圖)

步驟	要點
1.以工具丁灣端之方頭置於牽引桿(54)之方孔內而旋鬆之。	不必將牽引牽釘全部拉出。
2.次以工具乙置於間輪背之(58)中止住中心軸之旋轉然後另活動搬手鉗住拔梢柄(49)平面處左向旋轉即可將其啣下。	拔梢柄背上皆有平面部份，以便鉗夾而旋轉，至其他部份，則切勿鉗夾，且最忌搖出，因彎曲之拔梢柄所剷出之銑刀，必不確準故也。
3.將直徑與刀內徑相等之拔梢柄輕輕推入，然後再旋緊牽引桿(34)以完成更換拔梢柄之手續。	旋之不可太緊，因此種差動螺絲，甚爲省力，極輕之旋轉只使產出極大之牽引力故也。

(C) 間輪之更換——間輪(15)之作用在將中心軸之運動，化爲若干等分之間隙運動，使此機能適用於剷製各種通用齒數之銑刀，此機附間輪四個，其齒數爲28,36,40,及48,可剷銑刀齒數爲3－10,12,14,16,18,20,24,28.36,40,及48,圖二十七表示車床平面板旋轉一週時。

圖二十七 車床平面板一週擎子跨過開盤齒數

銑刀齒數 開整數齒	3	4	5	6	7	8	9	10	12	14	16	18	20	24	28	36	40	48
28	—	7	—	—	4	—	—	—	—	2	—	—	—	—	1	—	—	—
36	12	9	—	6	—	—	4	—	3	—	—	2	—	—	—	1	—	—
40	—	10	8	—	—	5	—	4	—	—	—	—	2	—	—	—	1	—
48	16	12	—	8	—	6	—	—	4	—	3	—	—	2	—	—	—	1

註：如數個開盤皆可用時，選其跨過較少齒數者應用之，如表中有雙線記號者。

（即動力傳臂擺動一週期時）擧子跨過開輪之齒數，玆舉例言之，若所創銑刀爲△齒者，則有二種開輪適用，一種爲40齒者，另一種爲48齒者，用40齒時，應調節動力傳臂之擺輻，使每擺一次時，彈簧擧子所跨過開輪之齒數爲5;用48齒時，則應調節動力傳臂之擺輻，使每擺一次時彈簧擧子所跨過之開輪其齒數爲6，就理論言之，齒數應愈少愈佳，故若數個開輪皆可應用時，則應儘先選用齒數較少者，如表中有雙線記號者是，至其更換之步驟及要點則述之如下表（參見構造總圖）

步 驟	要 點
1.以工具乙置於開輪附近之(56)中止住中心軸之旋轉，另以工具丙之小端將中心軸尾端之螺母(52)旋開。	右手緊持工具乙不動，左手持工具丙向上推。
2.取下不用之開輪(15)換上齒數適當之開輪(16)	注意開輪之方向，勿使其反裝，並注意鍵槽之方向。
3.最後用工具乙及丙將中心軸(53)尾端之螺母(52)旋緊，完成開輪更換之手續。	此處宜稍旋緊。

D. 瓦形模動鈑之更換 ——瓦形模動鈑(27)係於側銑時用之，此機附有十塊，分6°,4°,3°,2°,1°,等角度，左右各五塊，可創出不同之間隙角，右旋者創右旋銑刀，左旋側創左旋側銑刀，視銑刀之需要不同，而更換使用，至更換之步驟及要點則如下表所述（參見構造總圖）

步 驟	要 點
1.旋鬆凸輪調節釘之螺母及螺釘，取出凸輪釘。	工具丁須橫貫調節螺釘以便調節使用。
2.旋動瓦形模動鈑之壓蓋(24)取出不用之模動鈑。	
3.從上適用之模動鈑(27)旋緊蓋片螺旋(25)然後將凸輪釘還原。	凸輪釘上下地位經調適度後，須將螺母旋緊，以免鬆鬆。

(2) 剷製之準備要點——剷齒之準備工作包括車床之調整及剷製機本身之配件調節等項，剷製工作之先，須檢查一次，以視機件之裝配是否合乎各項要點（參見圖十三及構造總圖）

步　驟	要　點
1.調節車床主軸之速率，使其每分鐘之轉速不超過規定轉數，其次將直徑約爲一尺之平面鈑按裝車頭上。	1.剷製較薄之銑刀時，每分鐘可至120齒，即車床主軸轉數爲120轉。 2.普通銑刀剷製時可用40轉一分鐘。 3.較大銑刀剷製時應用更低之轉速，如20—30轉1分鐘卽可。 4.在極厚銑刀之剷齒製作時，每分鐘有至8—10齒者卽車床主軸每分鐘8—10轉。 5.加滑油保持車頭之潤滑。
2.將傳動機構置車床平面鈑上（如圖十三所示）然後旋緊貫穿螺釘，同時將銅質方形滑塞套入光滑之圓軸上。	1.傳動機構之本體，最好能在車床平面鈑上直徑上以減少調節動力半徑之時間。 2.加滑油保持方形滑塞與圓軸間之潤滑。
3.將剷製機置於車床面上，左右滑動一二次，然後推至傳動機構前使方滑塞適嵌入動力傳臂(26)之槽中，並可自由活動。	1.加滑油於動力傳臂之滑槽中，保持方滑塞在其中運動時之潤滑。 2.勿將機架過分推緊致使滑塞在槽中三面接觸，增加摩擦。
4.調節偏心內外套(37)及(43)之相互位置使組合偏心値適等於零，然後用車床尾架中心作基點，較正機架(72)之前後較正後將固定螺釘穿入固位臂及機架並旋緊之。	機架前後較正時，先將貫穿螺釘之螺母(75)鬆開，再旋轉貫穿螺(74)以調節之，較正完畢後將螺母旋緊。車床尾架之中心須預先調整妥善。
5.是時可將保形車刀置於車床刀架上，保形車刀之平面須爲水平，並與剷齒時之旋轉中心等高（參見圖九及圖二十六）	當偏心內外套之組合偏心値爲零時，旋轉中心卽爲銑刀中心，調節時異常簡便。 車床之刀架經調節完好，不容有工具之鬆動。
6.如非側剷製作時，模動鈑壳須移離機架（如構造總圖所示）並旋緊其貫穿螺釘，使偏心外套不得在軸承前後滑動。	是時瓦形模動鈑須取消。
7.加足各部滑油。	參見剷齒機構造總圖。（加油規定）

8.先旋鬆中心軸前端掣輪之螺釘，然後開動車床並緩緩將螺釘旋緊，至中心軸之運動，已由往復運動而變爲間歇運動時爲止之後，即可將鎖緊螺母加上以保持此種褡度而不受震動之影響。	掣輪之作用在使偏心外套回轉時中心軸不致隨之轉動，故不可上之太緊，以免剷齒切削時增加馬力之消耗，僅足夠防止其迴轉即可。

(3)各項工作法——此機可製造各種銑刀之曲背剷製工作法分爲下列四項：

A. 平剷法(Plain Relieving)——可剷製

(a)齒輪銑刀(Gear Milling Cutters)

(b)鍊輪銑刀(Sprocket Milling Cutters)

(c)槽溝銑刀(Fluting Milling Cutters)

(d)銳角銑刀(Angle Milling Cutters)

(e)圓角銑刀(Round Milling Cutters)

(f)圓形凹凸銑刀(Concave & Convex Cutters)

(g)曲面保形銑刀(Profile Form Cutters)

B. 螺絲剷法(Thread Relieving)—可剷製

(a)螺絲銑刀(Thread Milling Cutters)

(b)棒形齒輪銑刀(Gear Hobs)

(c)螺絲公(Screw Taps)

C. 內剷法Internal Relieving)——可剷製

(a)星形銑法之內銑刀(Planatory Milling Cutters — Internal Cutters)

(b)螺絲模(Screw Dies)

D. 側剷法(End or Side Relieving)——可剷製

各種之側銑刀(End or Side Milling Cutters)

A. 平剷法——平剷法爲最普通之工作法，所可剷製之銑刀種類亦最廣圖二十八。

生產時製造之用圖二十九至圖三十一則係三種標成形銑刀，因其形狀標準故使用範圍亦廣(參見附錄乙及附圖)此外，凡舉齒輪銑刀以及角銑刀之齒形及曲背等皆係以平剷法製出，茲將平剷法工作步驟及要點列后以供參考。

(a) 銑刀齒形——徑節距(Diametrical Pitch)爲8，牙數爲30之$14\frac{1}{2}$漸開線齒輪(Involute Gear)

(b) 銑刀外徑——$2\frac{1}{2}''$

(c) 銑刀斜角——0°

(d) 間歇角——5°

(e) 銑刀內徑——$\frac{7}{8}''$(參見附錄甲曲背式銑刀製造之工作程序附圖三)

(f) 銑刀齒數——8(參見附錄甲附圖十五)

(g) 銑刀厚度——$\frac{1}{4}''$(參見附錄丙齒輪銑刀計算法附圖)知(a),(b),(c),(d),可查出或求出(e),(f),(g)。

步驟	要點
1.將車床與剷齒機按準備要點逐條準備妥當。	參照本章第二節準備要點。
2.將已磨鋒之保形車刀以水平位置裝於刀架上，然後調節之，使與旋轉中心等高。	參見附錄丙及附錄丁，保形車刀製作法及製作徑節距＝8，牙齒＝30之漸開線齒輪銑刀之保形車刀之實例，保形車刀之磨鋒須常保持其水平面，至其調節之法則參見本章第一節第二段。

3.將銑刀毛坯套入適宜之拔梢柄，此時無須裝緊。	銑刀毛坯製造法參見附錄甲。拔梢柄更換法參見本章第一節第二段。
4.調節偏心，使組合偏心值爲2.6。	組合偏心值可由圖十查出，因已知外徑=$2\frac{7}{8}$"間隙角=5°故也，調節之法見本章第一節。
5.調節偏心方法使其當開始創製時之方位適在外套邊緣刻值2.6之前轉5°。（由車床尾端向前端觀之係逆時針方向）	調節詳法參見本章第一節圖二十四圖二十六，尤其注重前轉5°之方向。
6.將40齒閘輪換上。	閘輪更換詳法見本章第一節。
7.調節動力半徑使車床平面鈑旋轉一週時爪子適跨過閘輪5齒，是以每轉8轉(即創齒8次時）銑刀毛坯即旋轉一週。	參見圖二十七。
8.轉動車床，開始創製，先由齒之後根漸行創出，至其進刀則可在某齒上，以粉筆作一記號，視其旋轉一週時，保形車刀即給進一次。	每次進刀不得超0.002"，爲使齒背光滑計，最後一次之進刀，應小於0.001"。

B．螺絲創法—螺絲創法適用創製各種螺絲公及模，當創齒時，車床軸每轉動一週時，拔梢柄所載銑刀僅前進一齒，故當製作螺絲公之創齒時，車床主軸之旋轉，速率須較普通之螺旋製作時快出若干倍始克有濟，是種倍數，係與所創螺絲公之溝數相等，舉例言之，如欲創四溝螺絲公時，車床主軸之轉速即應較製螺旋時快四倍，普通製螺絲時，車床主軸之轉速爲

$$n_1=\frac{L}{K},$$

n_1爲製螺絲每吋之牙數，可代表車床主軸之轉速，

K爲主軸與導螺絲轉速比例

$$=\frac{\text{導動螺絲轉速}}{\text{主軸轉速}},$$

L 爲導動螺絲每吋牙數，

創製時主軸快 f 倍（所創螺絲公爲 f 溝者）故車床主軸轉速應以 f 除之始能與原速相等，即$n=\frac{1}{f}\frac{L}{K}$或$K=\frac{1}{f}\frac{L}{n}$

由是，若已知螺絲公每吋牙數 n（代表中心軸之轉速，溝數 f，以及車床導動螺絲每吋牙數 L時，則K之値即甚易求得，當配裝變速齒輪（Change Gears）時，只須使車床導動螺絲與主軸與主軸轉數之比爲K時，即可進行螺絲公齒之創製。

棒形齒輪銑刀（圖三十六）亦可以此法創齒，如欲應用上述公式，以求K之値時，可就先將銑刀之螺絲導程化爲每吋牙數，然後再代之，其化法亦至爲簡易，例如銑刀之導程爲$\frac{1}{4}$吋時，每吋牙齒當爲$\frac{1}{\frac{1}{4}}=4$是也。

其他螺絲公（圖三十七）及管用螺絲公（圖三十八）之齒皆可用此法創製。

當左旋螺絲公創製時，僅須使車床導動螺絲之旋轉，與主軸之旋轉反向即可。

假使欲創製之管用螺絲公之規定如下：

(a) 螺絲公外徑$=1\frac{1}{2}$"

(b) 齒形 —英國標準(Whitworth)

(c) 每吋牙數——$n=11\frac{1}{2}$，

(d) 濤數——$f=6$，

(e) 間隙角——$B=7°$，

(f) 車床導動螺絲每吋牙數——$L=5$

(g) 故$K=\frac{1}{6}\times\frac{5}{11\frac{1}{2}}=\frac{5}{69}=\frac{10}{30}\times\frac{10}{46}$

其剷製時之步驟及應注意各點應如下表：

步　　驟	要　　點
1.將車床及剷齒機如前述準備就緒。	參照本章第二節準備要點。
2.換車頭齒輪如圖所示。	10T. 10T. ——車床主軸 30T. 46T. ——導動螺絲
3.將已磨銳之英國標準螺絲車刀以水平方向裝於車架上然後調節之使與旋轉中心等高（理由見圖九及圖二十六）。	英國標準螺絲車刀之製造法可參閱附錄乙標準及附錄丁保形車刀製造法。 調節車刀高低法參見本章第二節。
4.將已切螺紋並已刻槽之螺絲公毛坯鉗入中心軸前裝製之自動夾盤內，並對準中心。	自動夾盤之裝置法可自製一拔梢柄使其螺絲部份與夾盤上者一致即可。
5.調節偏心，使組合偏心值為2.6。	因外徑為$1\frac{1}{2}$"，間隙角＝7°故由圖十可查得組合偏心應為2.6至其調節之法則可參見本章第一節。
6.調節偏心方位使其於開始剷製時其方位適在外套邊緣刻值2.6前7°（間隙角＝7°）。	偏心方位之調節見本章第一節與圖三十四及圖二十六。
7.裝上28齒之間輪。	間輪更換法見本章第一節及圖二十七。
8.調節動力半徑，使車床平面鈑每旋轉一週時犁子(11)適在間輪上跨過7齒即每時轉時即剷齒四次而螺絲公適旋轉一週。	參見圖二十七。
9.開動車床開始剷製由齒之後根漸次剷出每剷四齒進刀一次，每次不得超過0.001吋。	可用粉筆在某槽中畫一記號以便每週給進一次。

C. 內剷法——內剷法可剷內銑刀（圖四十三）以及各種較大之螺絲模（圖三十九）圖四十為螺絲模切削作用之分析其與車製之作用，實無二致。

圖中虛線表示與其相當之車刀，亦有α＝切削角，β＝間隙角，γ＝斜角，因此其齒形亦須經剷製以保其α，β及γ等不因磨鋒而改變圖四十一解釋偏心內之原理。

是圖爲由車床頭部向尾端之視圖，其有剖面紋部份爲內銑刀或螺絲模，固定於前節所述之自動，夾盤中而繞旋轉中心並順前頭方向轉動，因而發生剷齒作用，其所剷出之齒形爲PE，其餘各點可與圖九比較之至其最顯著之差別則有下列三點：

(a) 銑刀之旋轉方向相反。

(b) 銑刀之中心與旋轉中心之相互位置顚倒。

(c) 保形車刀與工件之切削點改變位置。

綠上三點吾人於實行內剷時，必須作如下之變更：

(a) 因銑刀之旋轉方向相反，切削之方向亦相反，故惰輪須取銷，使主動齒輪與傳動齒輪直接嚙接，使剷製時動力傳臂適最綏其理由於第二章中已詳加敍述。

(b) 因銑刀之中心與旋轉中心之位置互易（比較圖九及圖四十一）故當偏心方位之調節時，偏心外套邊緣之偏心值，應改對機架(72)下方之零點始可。

(c) 因工具與工件之切削點改變位置故工具之裝置亦須改變。

圖四十二爲星形旋法適用於圓形面之銑製，此時工件保持不動，而使銑刀順前頭方向轉動，同時並繞工件作行星繞日狀之週轉，因而發生切削作用，圖中甲爲銑刀在內者，乙爲銑刀在外者，二接觸圓週直徑約差20%此種方法之優點在同時常有二個切齒與工件接觸，以先後分具粗製之用，其乙種銑刀亦需內剷以完成之。

今假定欲剷製一管用螺絲模（圖四十三）其規定如下：

(a) 螺絲外徑＝$3\frac{1}{2}$"

(b) 螺絲形狀——美國標準管端螺紋（Brigg

(c) 每涡牙數＝8

(d) 溝數＝9

(e) 間隙角＝70

(f) 車床導動螺絲每吋牙數L＝5

(g) 故$K=\frac{1}{9}\times\frac{5}{8}=\frac{10}{36}\times\frac{10}{40}$

其步驟及要點則詳見下表：

步　　驟	要　　點
1.將車床及剷齒機按前述準備停當。	參照本章第二節準備要點取銷惰輪使主動輪與傳動輪直接嚙合。
2.換車頭齒輪如圖所示。	10T. 10T. 36T. 40T. 車床主軸 導動螺絲
3.將已磨鋒之內剷用美國標準管端螺絲車刀以水平方向裝於刀架上，並調節之使旋轉中心等高（理由見圖四十一）。	美國管端螺紋製造法參見附錄乙標準及附錄丁保形車刀製作法調節車刀高度法見本章第二節。
4.將已製好螺紋並已刻槽之螺絲模坯夾入自動夾盤上，並用指示器調準其中心。	見前節同項諸點。

5.調節偏心使組合偏心值爲5	外徑＝$3\frac{1}{2}$''間隙角＝7°，故由圖十可查出組合偏心＝5調節之法見本章第一節。
6.調節偏心方位，使其於開始剷齒時偏心外套邊緣上之刻值5適對準機架下方之零點，並順前方轉7°。	詳法見本章第一節偏心方位調整法，其調節偏心間隙角所轉角度之方向與平剷法方向一致。
7.換上36齒之開輪。	更換開輪法見本章第一節。
8.調節動力半徑使車床平面鈑旋轉一週時掣子(11)適在開輪上跨過4齒，是以每9轉時，即剷齒9次，而螺絲模則旋轉一週。	參見圖二十七。
9.開始剷製由齒之後根漸一次剷出每九齒進刀一次每次不得過0001''。	參見前圖。

D. 側剷法——側剷法適用於剷製側銑刀，按側銑刀以切削方向而言，可分右旋及左旋二種，自銑刀柄方向觀之，右旋者之切削方向係爲逆時針，左旋者則爲順時針，如圖四十六所示，側銑動作之多寡，係視瓦形模動鈑上刻槽之角度而定，甚至剷出銑刀之間隙角，亦即等於模動鈑上刻槽之角而不以偏心調節之，此刻槽角度之大小，須視彼銑工作之材料而定，由1°至6°皆有之。惟側剷既無須偏心，故亦無須調整其方位，即在左旋銑刀剷製時，用右旋模動鈑，左旋銑刀剷製時，用左旋模動鈑，左旋銑刀剷製時，並須便反其旋轉方向，(取銷惰輪)始可。

側剷時所用之工具，除剷特種刻模銑刀(Die Sinking Cutters)外，皆可應用平車刀，即裝於車床譴床上之小刀架上，其方向係與車床主軸平行而等高。

假定現欲剷製者爲套式側銑刀之側面，如圖四十四所示，此項側銑刀在工作時，係套於其柄上(圖四十五)剷時此柄即固定於自動夾盤內。再假定其齒數爲12，間隙角爲3°，方向爲左旋，則其剷製時之步驟及要點可如下表所示：

步驟	要點
1.將車床及剷齒機按前述準備就緒，偏心須調節至零值惰輪須取消。	參照本章第二節準備要點，參照本章第一節偏心調節法。
2.將已分度之側銑刀毛坯套於其柄上然後固定於自動夾盤較準其旋轉中心。	側銑刀毛坯製作法參見附錄乙。
3.換上36齒之開輪。	更換開輪法見本章第一節。
4.調節動力半徑使車床平面鈑旋轉一週時掣子(11)適在開輪上跨3齒，是以車床每12轉時即剷齒12次，亦即螺絲模旋轉一週。	參見圖二十七。

5.將動力傳臂撥至最上地位理論上開始刨製之位置，同時將銑刀毛坯與工具之關係位置亦置於開始刨製之位置。	參見圖二十六。
6.換上左向3°瓦形模動鈑並將模動鈑殼之貫穿螺釘(36)旋緊，使亦在開始刨製之位置。	參見本章第一節模動鈑更換法。
7.開始刨製，每12齒進刀一次，每次不得超過0,002''。	工具係裝於車床護床上之小刀架上進刀時旋轉其搖柄即得。 車床之護床須上緊，以免有模向之移動。

保形銑刀刨製機參考書目

Burghardt—Machine Tool Operation

Brown and Sharp—Small Tools Catalog

Coluin and Stanley—Turning and Boring Practice,

Coluin and Stantey—Drilling and Surfacing Practice

Kents—Mechanical Engineers' Handbook

Marks—Meohanical Engineers' Handbook

Obergand Tones—Machinerys' Handbook

Oberg and Tones—Machinerys' Encyclopedia,

Rothe—Hohere Mathematik

Simon—Werkstattbucher,

Smith—Aavanced Machine Work

Smith—Engineering Kinematics.

中國工程師信條

◆三十年貴陽第十屆年會通過◆

(一)遵從國家之國防經濟建設政策實現　國父之實業計劃

(二)認識國家民族之利益高於一切願犧牲自由貢獻能力

(三)促進國家工業化力謀主要物資之自給

(四)推行工業標準化配合國防民生之需求

(五)不慕虛名不爲物誘維持職業尊嚴遵守服務道德

(六)實事求是精益求精努力獨立創造注重集體成就

(七)勇於任事忠於職守更須有互切互磋親愛精誠之合作精神

(八)嚴以律已恕以待人並養成整潔樸素迅速確實之生活習慣

資源委員會

易門鐵礦局

局址	雲南易門縣城
昆明辦事處	昆明萬鐘街一〇五號
電報掛號	四一〇〇昆明
鑛廠	
煉廠	

產品

(1) 上等鐵砂

(2) 土生鐵

(3) 熟鐵

私立銘賢農工專科學校

機械化學釀造紡織

各實驗工廠售品種類廣告

機械實驗工廠

六呎新型車床

織布鐵机

各種推進式水力發動机

釀造實驗工廠

酒精酵母

醬油種麴

西式辣醬油

各種醬油

化學實驗工廠

硫酸　硝酸　醋酸　各種酸鹽

木精　丙酮　各種溶劑

紡織實驗工廠

草綠色斜紋制服布

條紋麻紗襯衫布

素雅方格女旗袍布

漂色白斜紋床單布

各色充呢制服布

半毛呢制服布

軟毛巾線襪等

二十支十六支棉紗

接洽處：四川金堂縣本校各工廠聯合經理部

成都中西順城街十一號本校辦事處

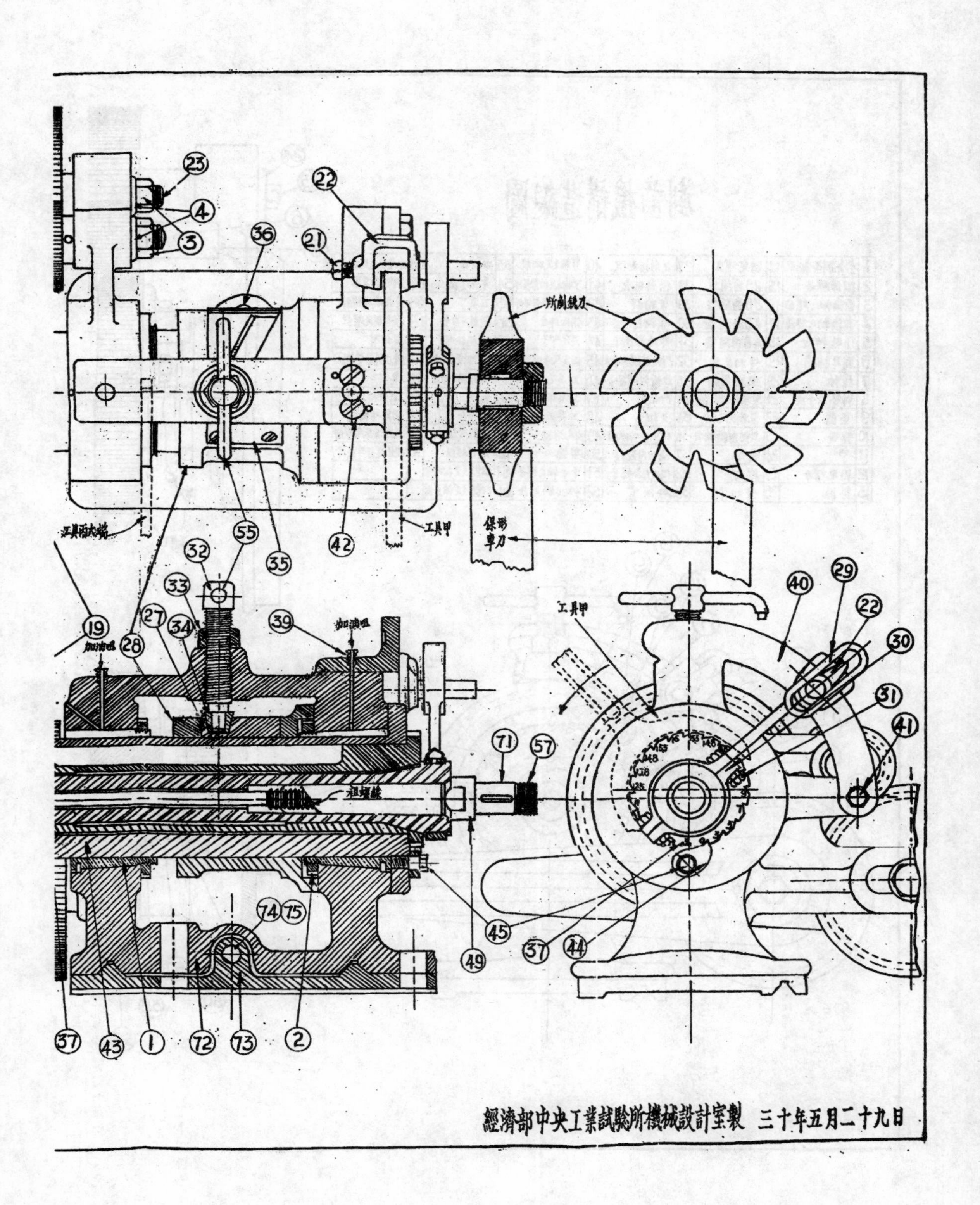

23
4
3
22
21
36
所削銑刀
保形車刀
工具甲
32
55
33
42
35
19
28
27
34
39
40
29
22
30
31
41
71
57
45
37
44
49
74
75
37
43
1
72
73
2
經濟部中央工業試驗所機械設計室製 三十年五月二十九日

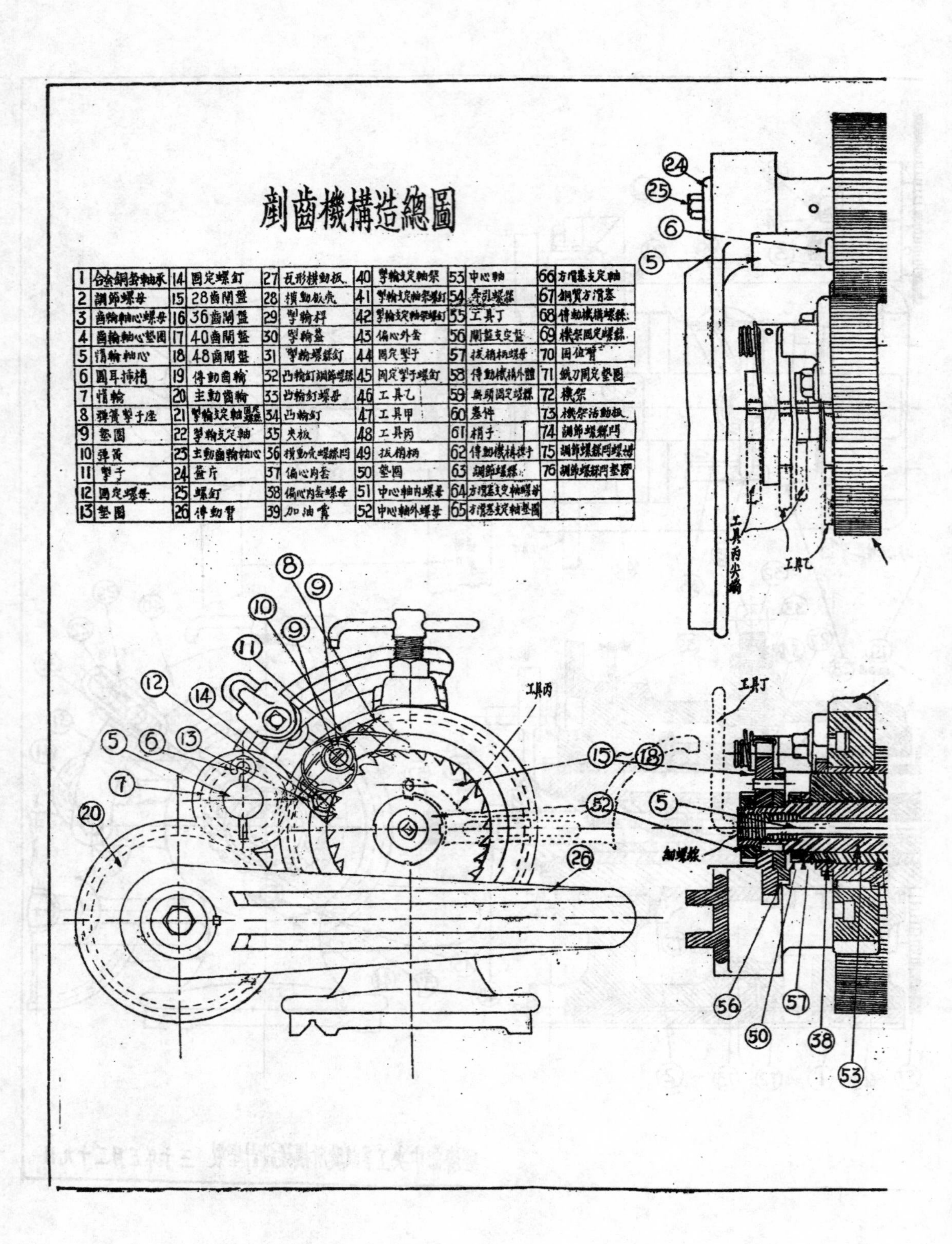

剷齒機構造總圖

1	合金銅套軸承	14	固定螺釘	27	瓦形橫動板	40	擎輪支定軸架	53	中心軸	66	方滑塞支定軸
2	調節螺母	15	28齒間盤	28	橫動鈑殼	41	擎輪支定軸架螺釘	54	牽引螺絲	67	銅質方滑塞
3	齒輪軸心螺母	16	36齒間盤	29	擎輪桿	42	擎輪支定軸架螺釘	55	工具丁	68	傳動機構螺絲
4	齒輪軸心墊圈	17	40齒間盤	30	擎輪蓋	43	偏心外套	56	間盤支定盤	69	機架固定螺絲
5	惰輪軸心	18	48齒間盤	31	擎輪螺絲釘	44	固定擎子	57	拔梢柄螺母	70	固位臂
6	圓耳插梢	19	傳動齒輪	32	凸輪釘調節螺絲	45	固定擎子螺釘	58	傳動機構外體	71	銑刀固定墊圈
7	惰輪	20	主動齒輪	33	凸輪釘螺母	46	工具乙	59	無頭固定螺絲	72	機架
8	彈簧擎子座	21	擎輪支定軸固定螺絲	34	凸輪釘	47	工具甲	60	塞件	73	機架活動板
9	墊圈	22	擎輪支定軸	35	夾板	48	工具丙	61	梢子	74	調節螺絲閂
10	彈簧	23	主動齒輪軸心	36	橫動殼螺絲閂	49	拔梢柄	62	傳動機構把手	75	調節螺絲閂螺母
11	擎子	24	墊片	37	偏心內套	50	墊圈	63	調節螺絲	76	調節螺絲閂墊圈
12	固定螺母	25	螺釘	38	偏心內套螺母	51	中心軸內螺母	64	方滑塞支定軸螺母		
13	墊圈	26	傳動臂	39	加油膏	52	中心軸外螺母	65	方滑塞支定軸墊圈		

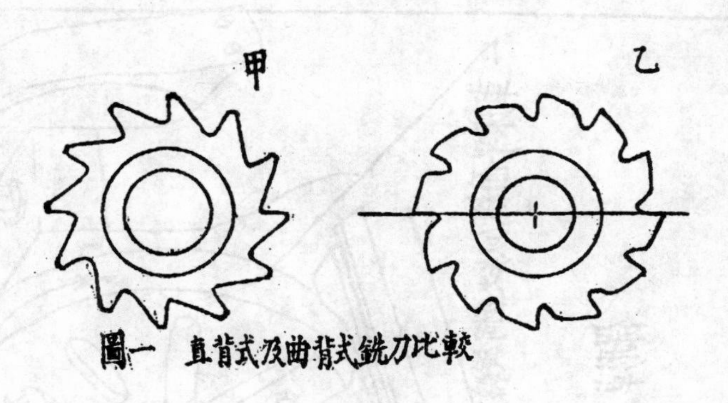

圖一　直背式及曲背式銑刀比較

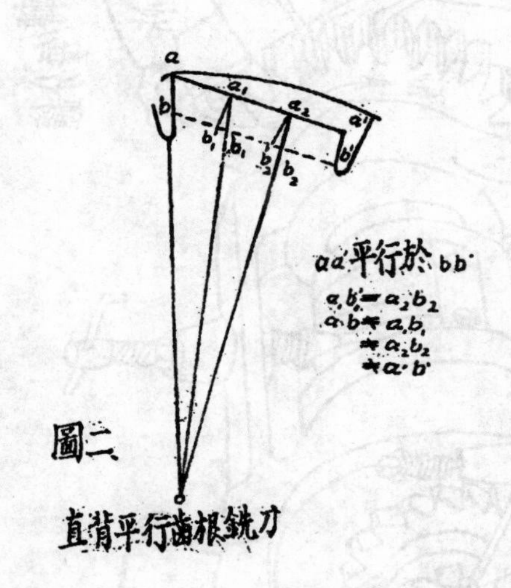

圖二、直背平行齒根銑刀

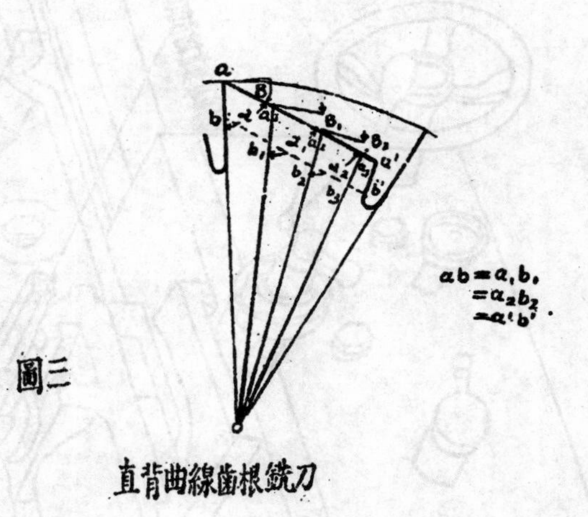

圖三　直背曲線齒根銑刀

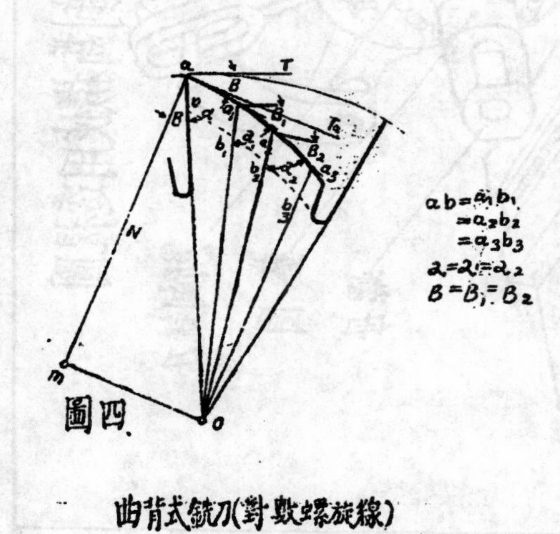

圖四、曲背式銑刀(對數螺旋線)

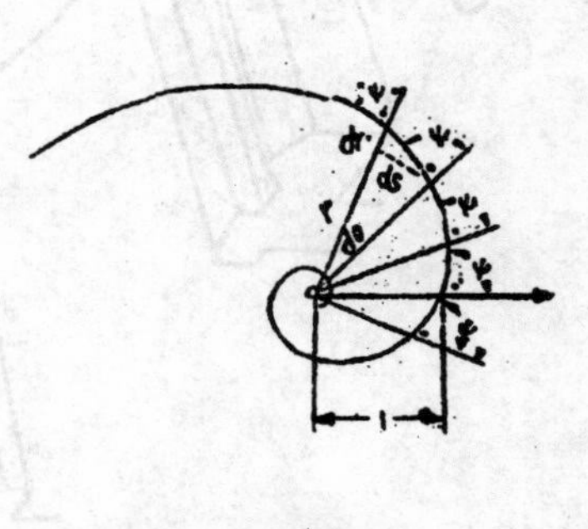

圖五、對數螺旋線

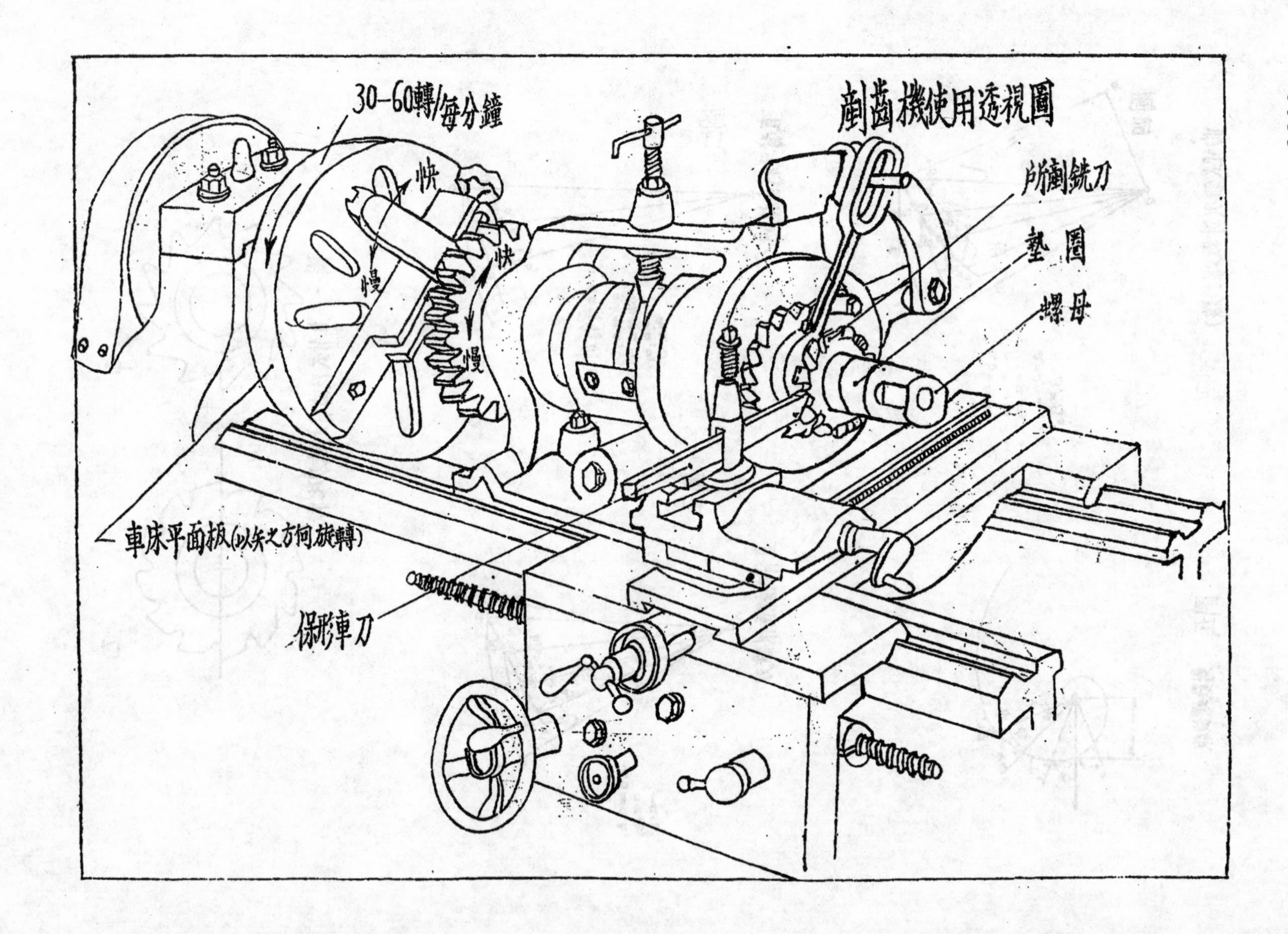
剷齒機使用透視圖
30-60轉/每分鐘
快
慢
快
慢
所剷銑刀
墊圈
螺母
車床平面扳(以矢之方向旋轉)
保形車刀

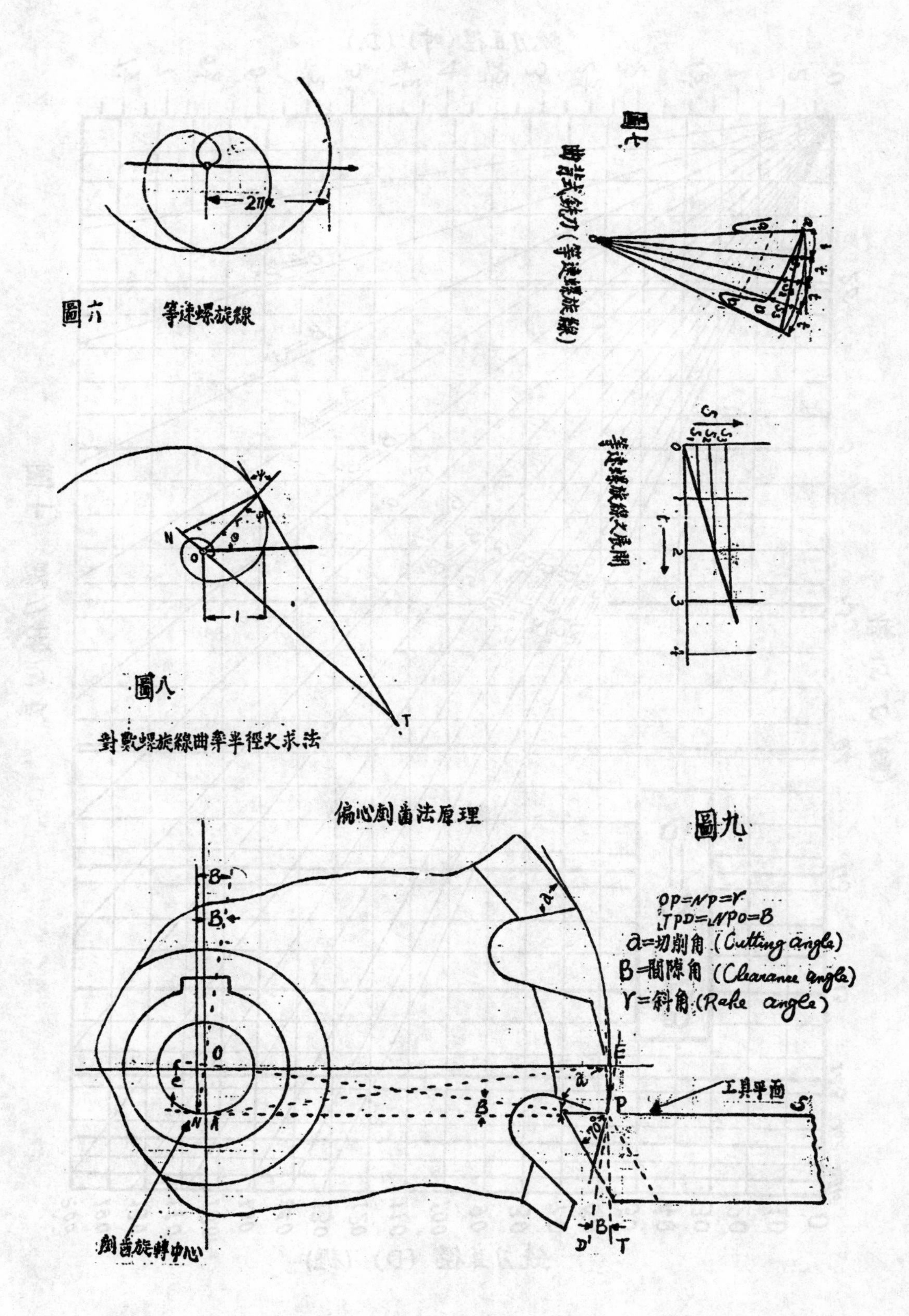

2πa
圖六　等速螺旋線
圖七
斷背式銑刀（等速螺旋線）
等速螺旋線之說明
N
O
1
T
圖八
對數螺旋線曲率半徑之求法
偏心創齒法原理
圖九
OP=NP=γ
∠TPD=∠NPO=B
a=切削角 (Cutting angle)
B=間隙角 (Clearance angle)
γ=斜角 (Rake angle)
工具平面
P
S
B
D'
T
創齒旋轉中心

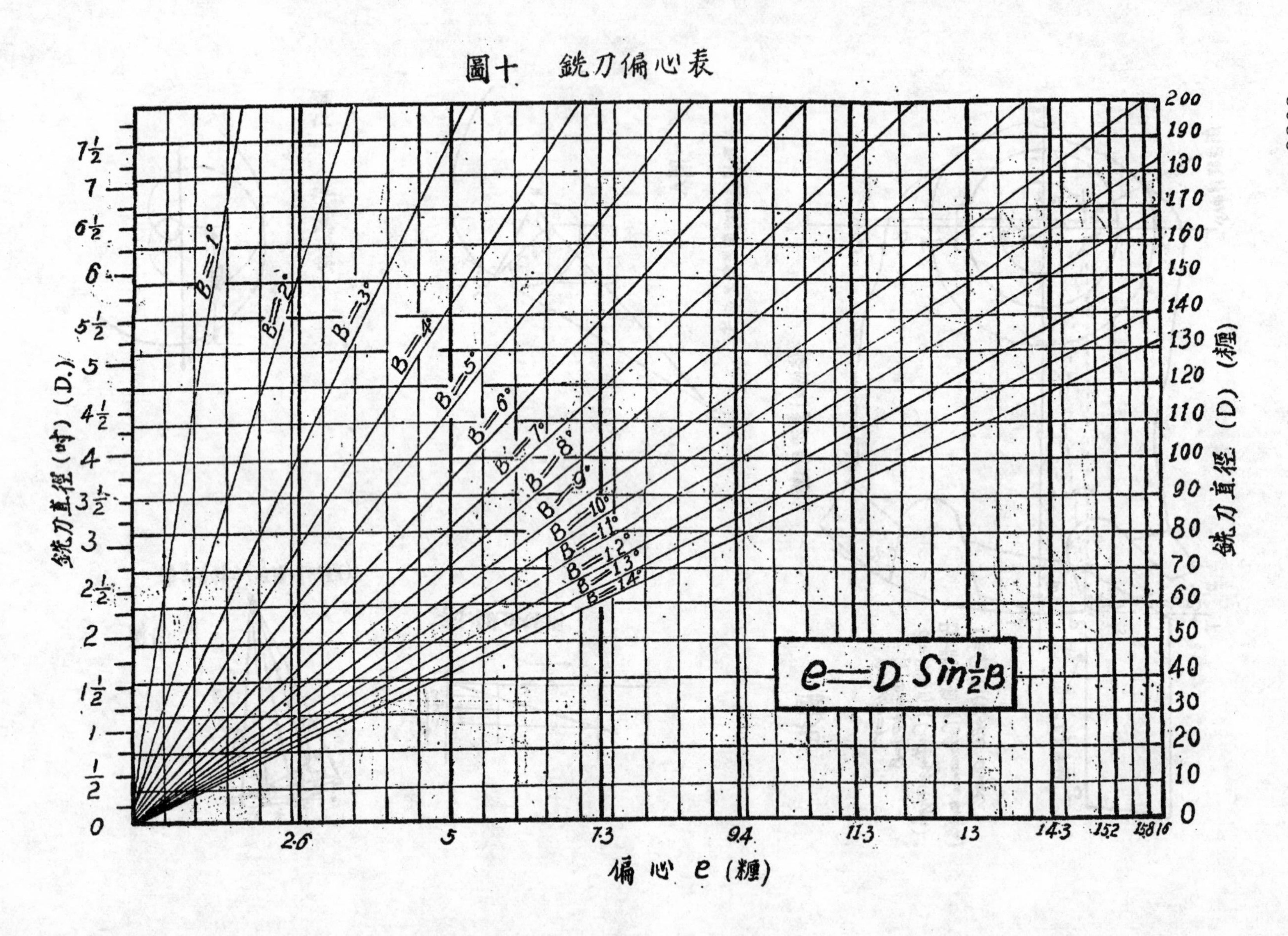

圖十 銑刀偏心表
銑刀直徑（吋）(D.)
0 1/2 1 1 1/2 2 2 1/2 3 3 1/2 4 4 1/2 5 5 1/2 6 6 1/2 7 7 1/2
B=1°
B=2°
B=3°
B=4°
B=5°
B=6°
B=7°
B=8°
B=9°
B=10°
B=11°
B=12°
B=13°
B=14°
e=D Sin½B
0 10 20 30 40 50 60 70 80 90 100 110 120 130 140 150 160 170 180 190 200
銑刀直徑 (D)（糎）
2.6 5 7.3 9.4 11.3 13 14.3 15.2 15.8 16
偏心 e（糎）

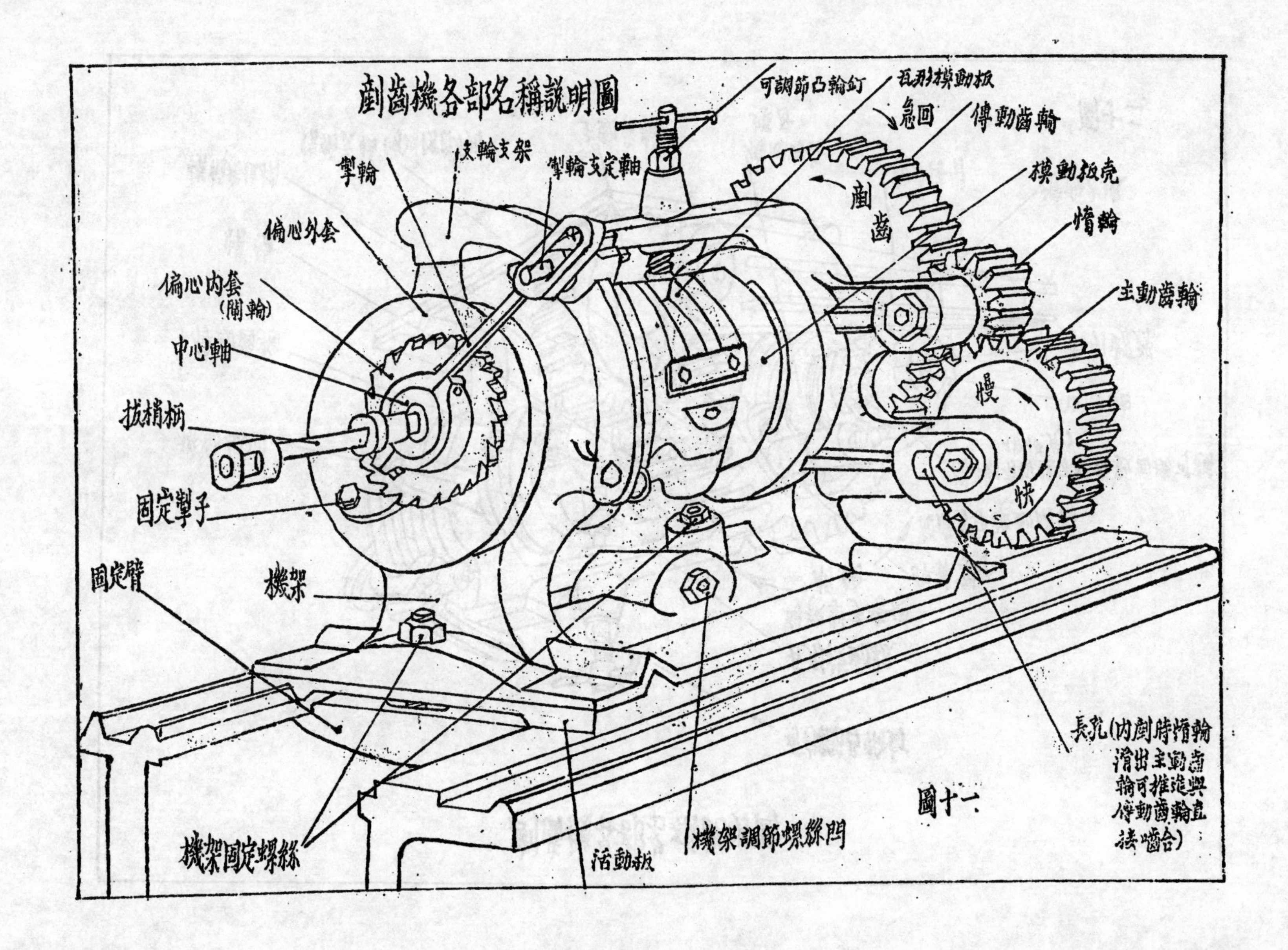
刨齒機各部名稱說明圖
可調節凸輪釘
瓦形模動板
急回
傳動齒輪
模動板殼
惰輪
主動齒輪
刨齒
慢
快
太輪支架
掣輪
掣輪支定軸
偏心外套
偏心內套
(閘輪)
中心軸
拔梢柄
固定掣子
固定臂
機架
機架固定螺絲
活動板
機架調節螺絲閂
長孔(內刨時惰輪滑出主動齒輪可推進與傳動齒輪直接嚙合)

圖十一

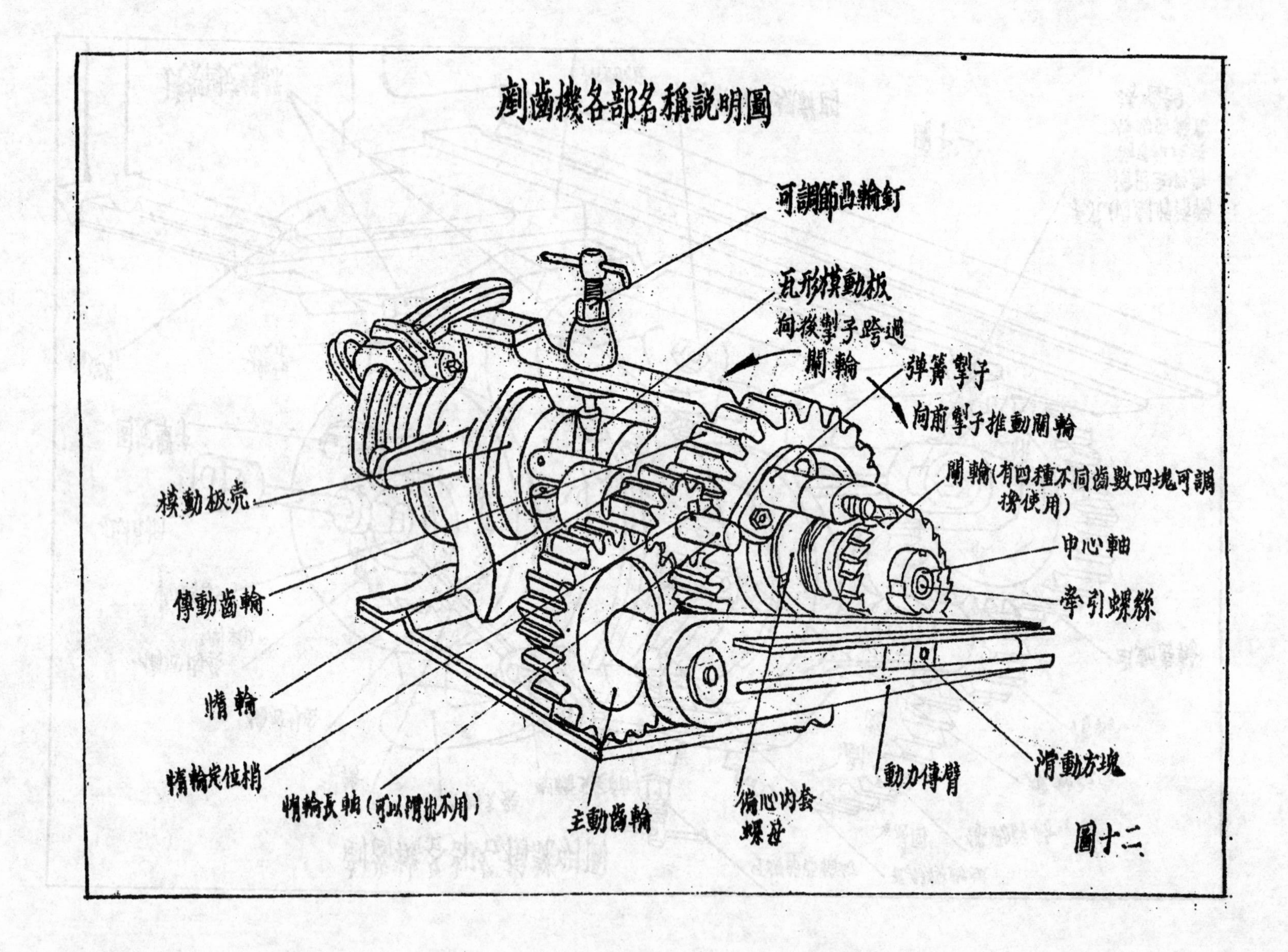
剷齒機各部名稱說明圖
可調節凸輪釘
瓦形擺動板
向後掣子跨過
閘輪
彈簧掣子
向前掣子推動閘輪
閘輪（有四種不同齒數四塊可調換使用）
中心軸
牽引螺絲
擺動板殼
傳動齒輪
惰輪
惰輪定位梢
惰輪長軸（可以憎出不用）
主動齒輪
偏心內套
螺母
動力傳臂
滑動方塊

圖十二

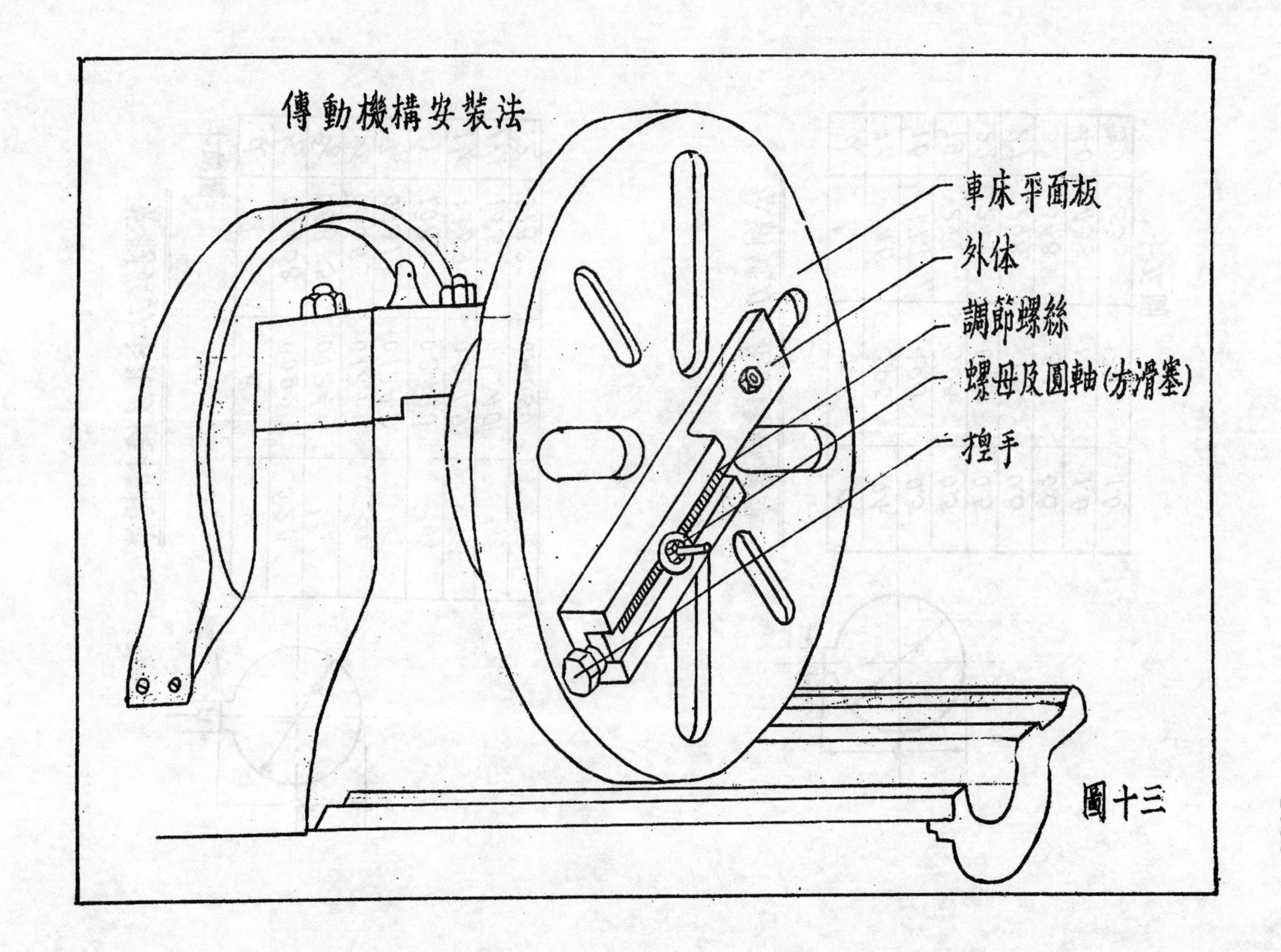

圖十三

英制銑刀中孔及鍵槽標準

十四圖

d	h	n	r
1/2	0.5408	0.0927	0.20
5/8	0.6815	0.1240	1/32
3/4	0.8065	0.1240	1/32
7/8	0.9315	0.1240	1/32
1	1.088	0.2490	3/64
1 1/4	1.369	0.3115	1/16
1 1/2	1.650	0.3740	1/16
2	2.182	0.4990	1/16

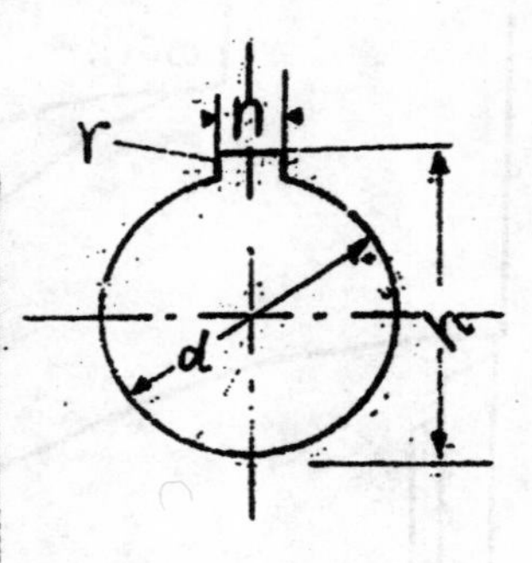

公制銑刀中孔及鍵槽標準

d	h	n	r
13	14.6	3.05	0.4
16	17.7	4.08	0.5
19	21.1	5.08	0.5
22	24.1	6.08	0.5
27	29.8	7.1	0.8
32	34.8	8.1	0.8
40	43.5	10.1	1.0
50	53.5	12.1	1.0

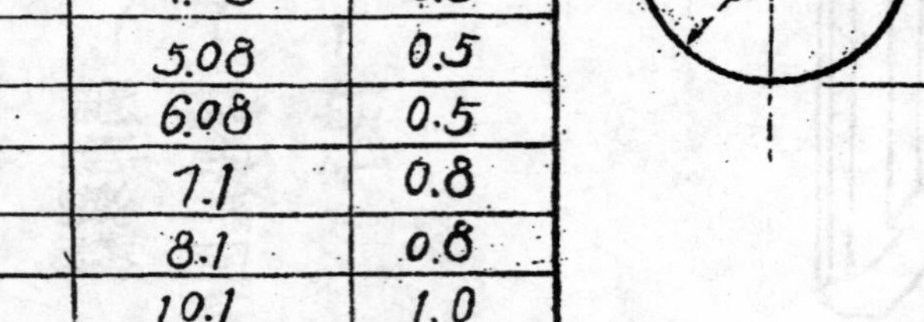

十五圖

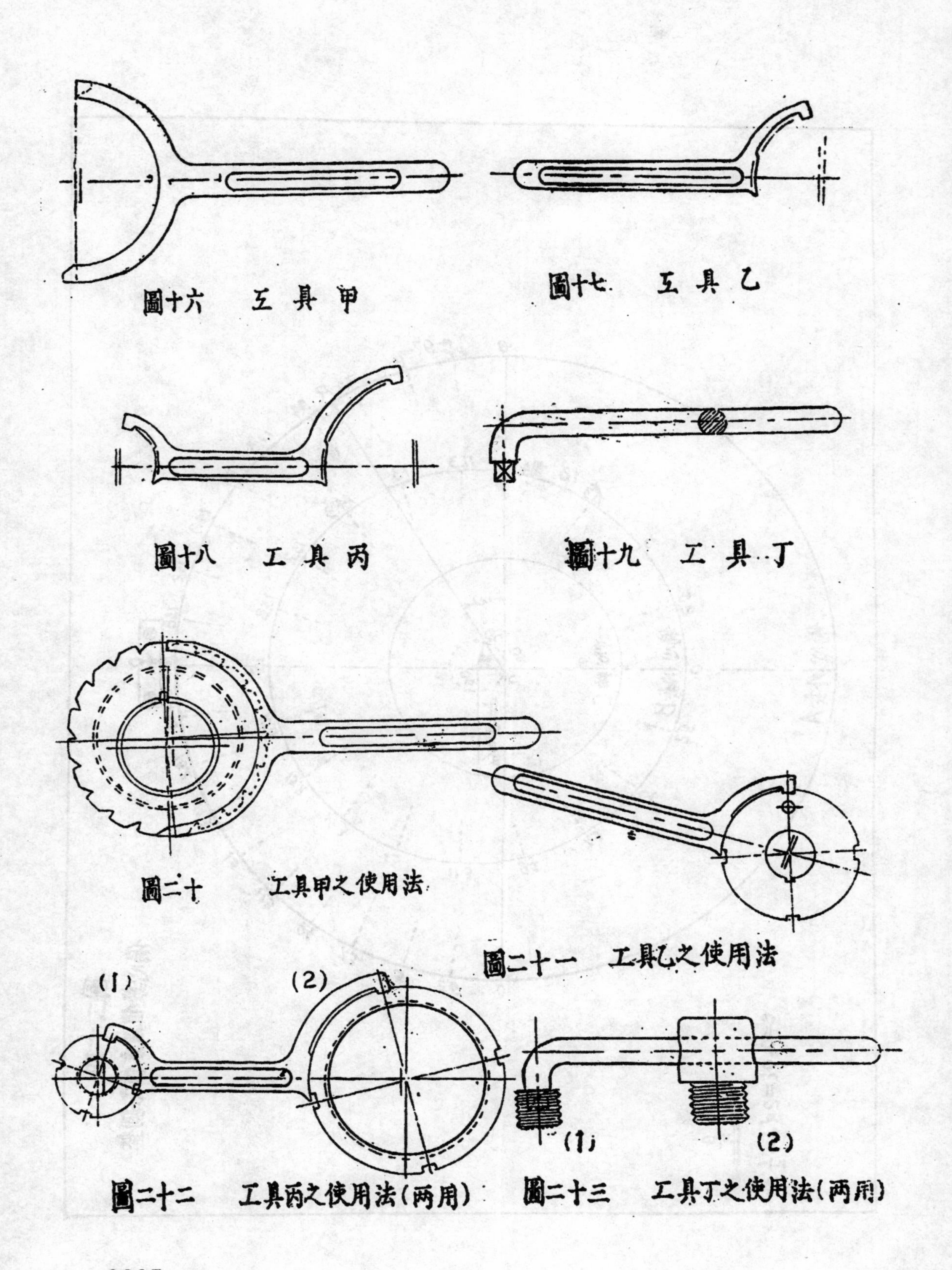

圖十六　工具甲

圖十七　工具乙

圖十八　工具丙

圖十九　工具丁

圖二十　工具甲之使用法

圖二十一　工具乙之使用法

圖二十二　工具丙之使用法(两用)

圖二十三　工具丁之使用法(两用)

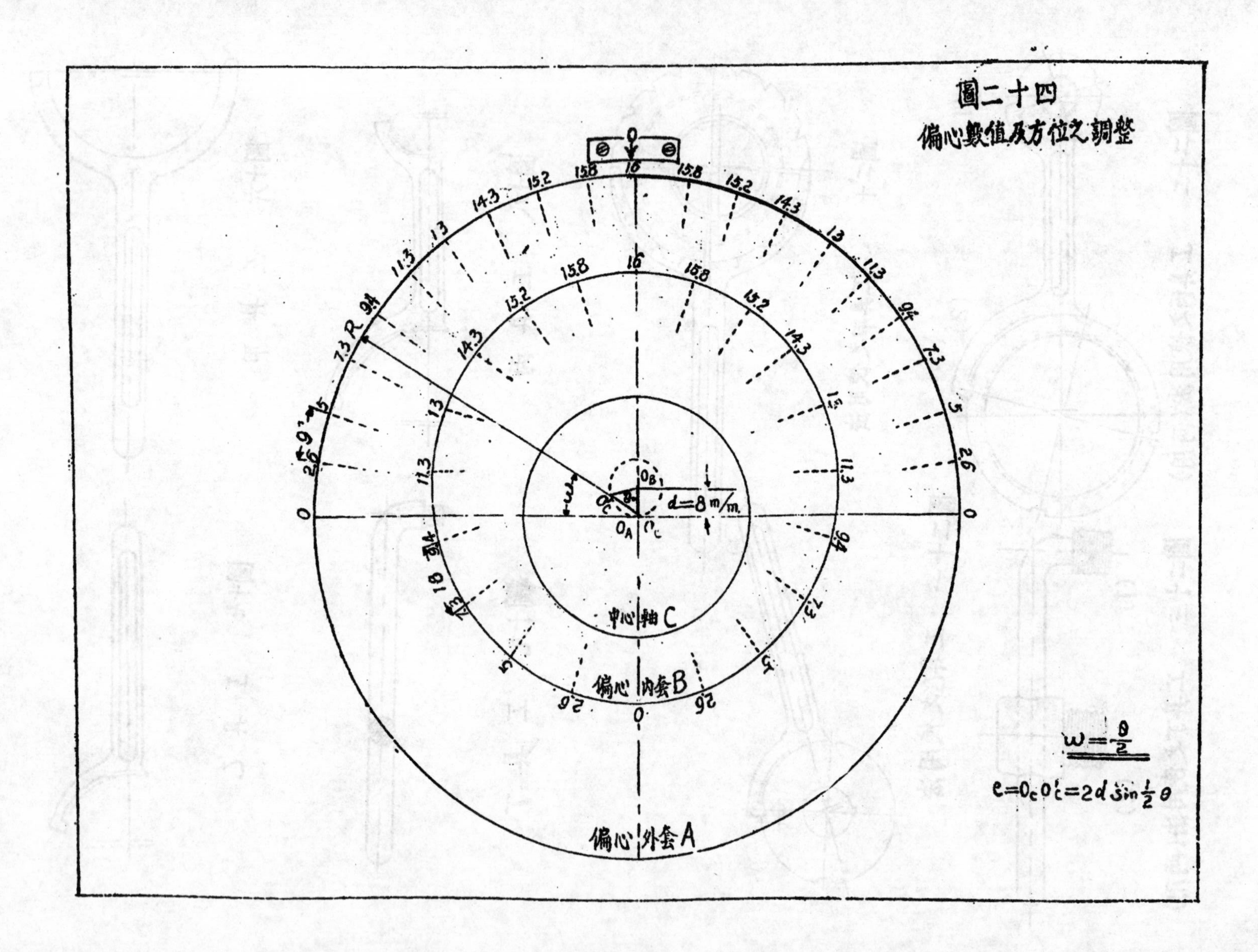

圖二十四 偏心數值及方位之調整

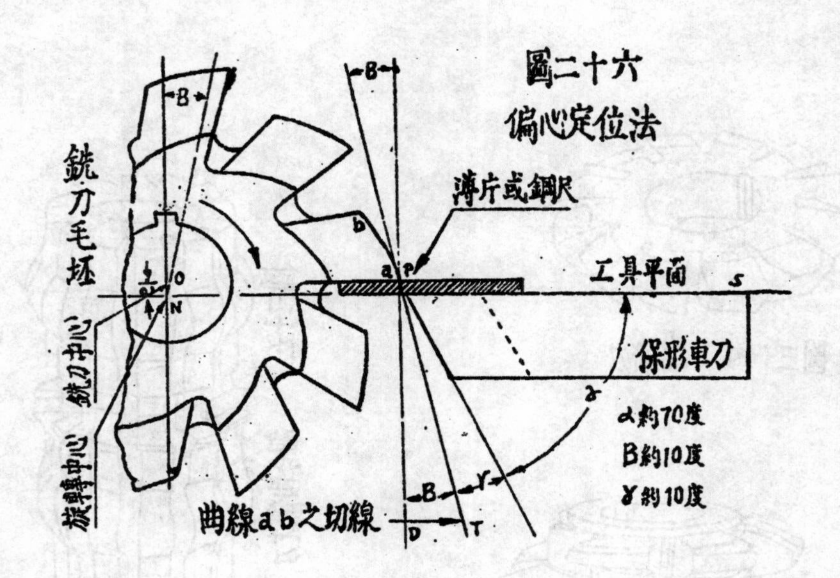

圖二十六
偏心定位法

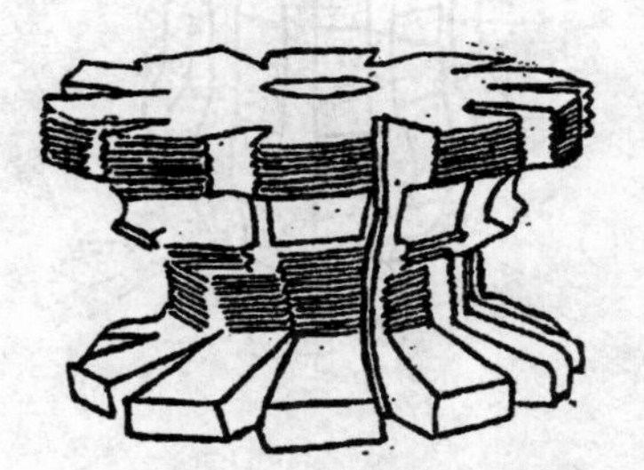
圖二十八　複雜之曲背銑刀

图二十九　凹形銑刀

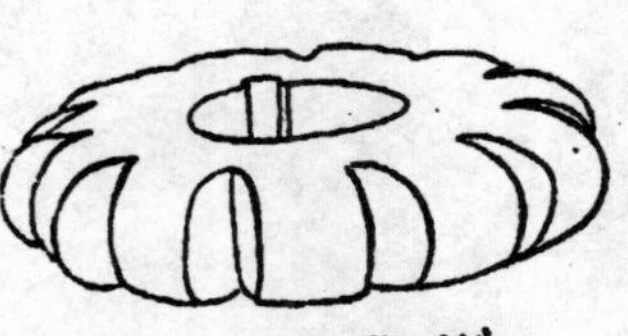
圖三十　凸形銑刀

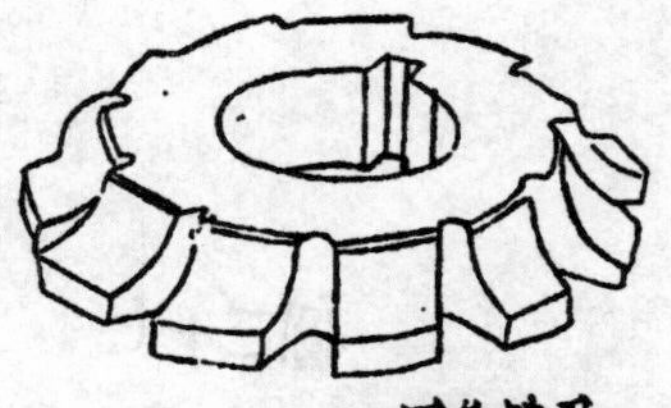
圖三十一　圓角銑刀

圖三十二　粗銑齒輪銑刀

圖三十三　細銑齒輪銑刀

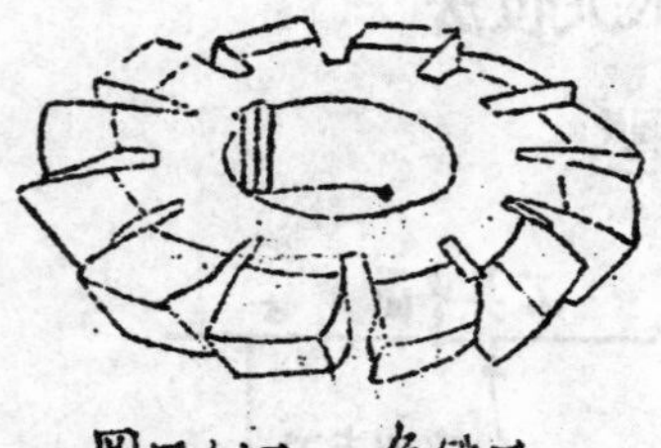

圖三十四 角銑刀

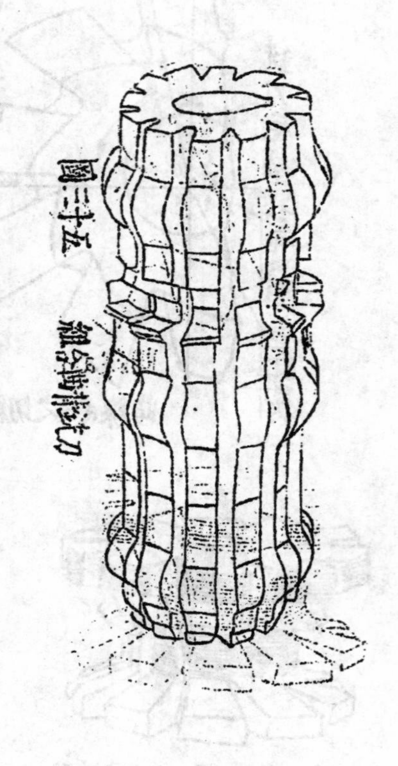

圖三十五 組合齒形銑刀

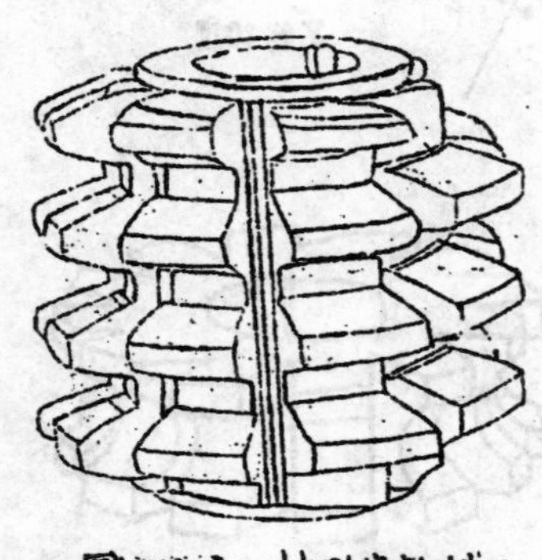

圖三十六 棒形齒輪銑刀

圖三十七 螺絲錐

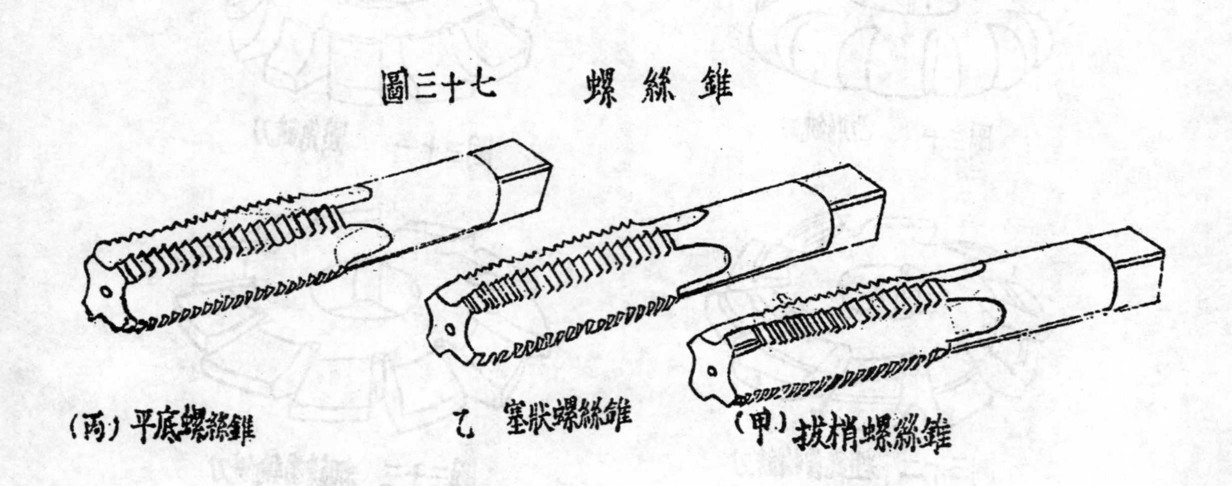

(丙) 平底螺絲錐　乙 塞狀螺絲錐　(甲) 拔梢螺絲錐

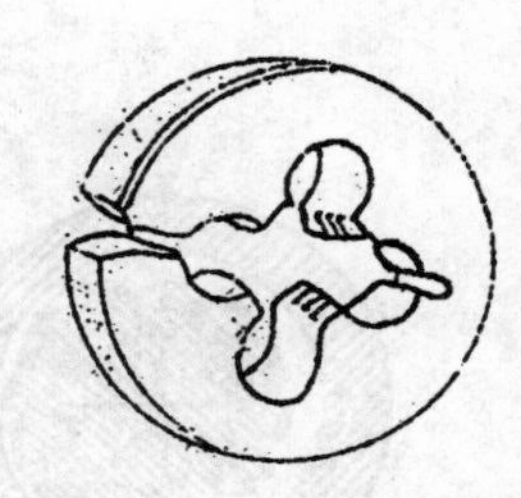

圖三十九　螺絲模

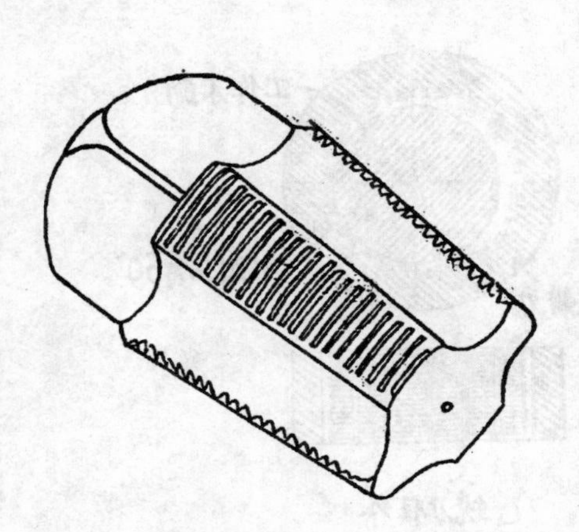

圖三十八　管用螺絲錐

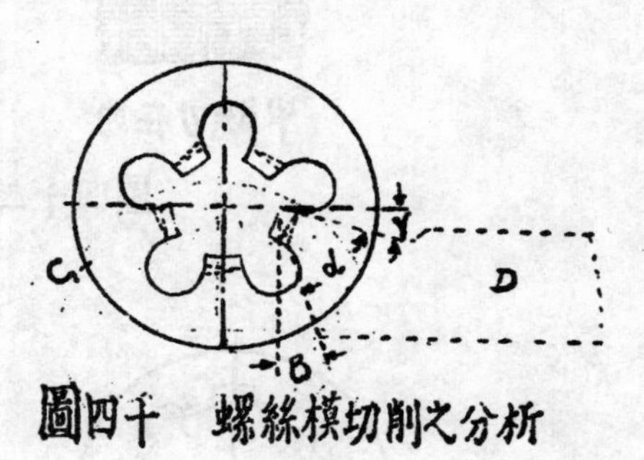

圖四十　螺絲模切削之分析

圖四十一　偏心內剷法原理

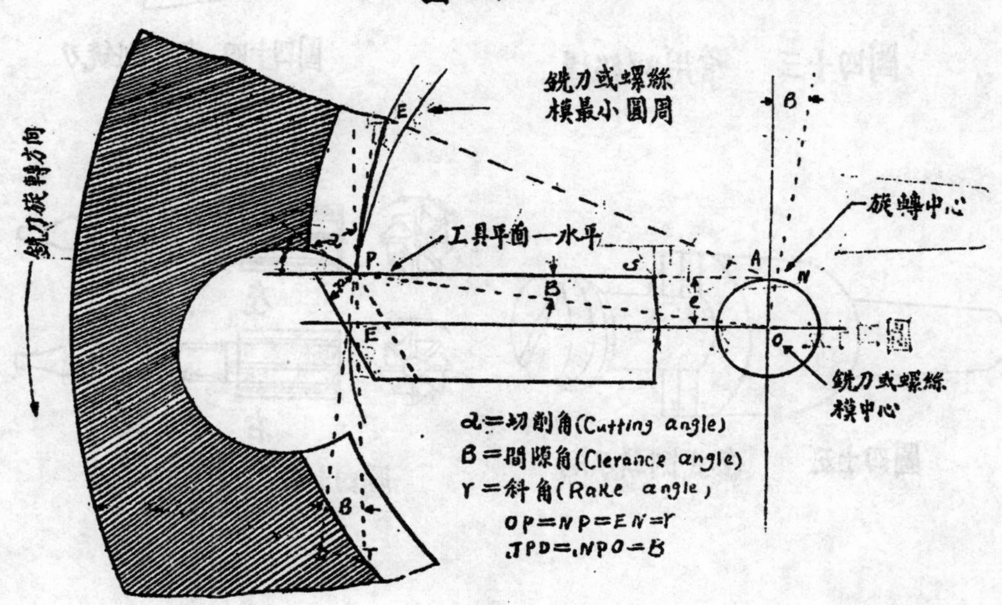

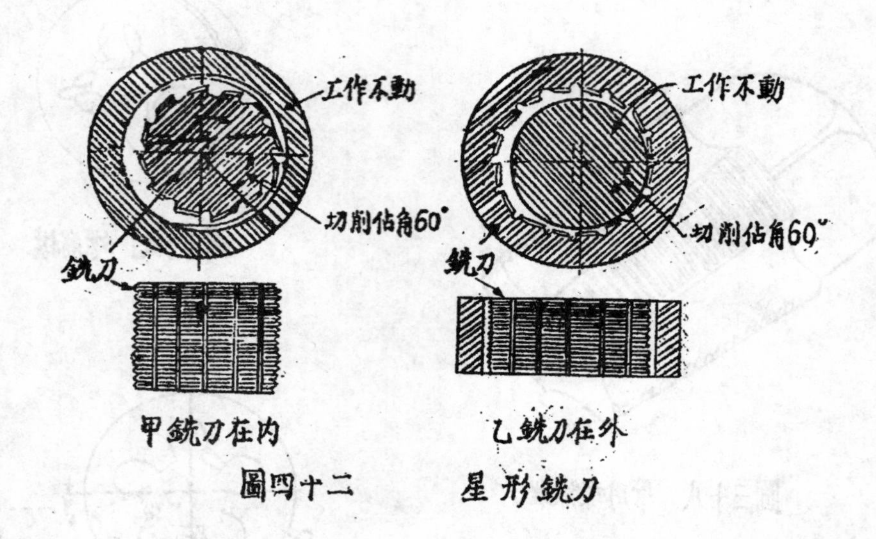

甲銑刀在內　　乙銑刀在外

圖四十二　　星形銑刀

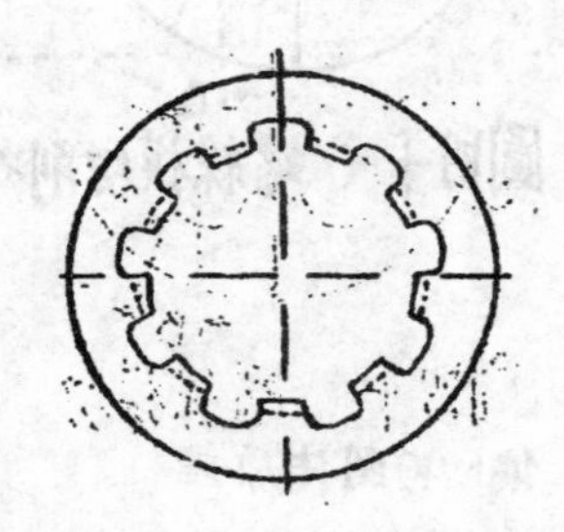

圖四十三　管用螺絲模

圖四十四　套式側銑刀

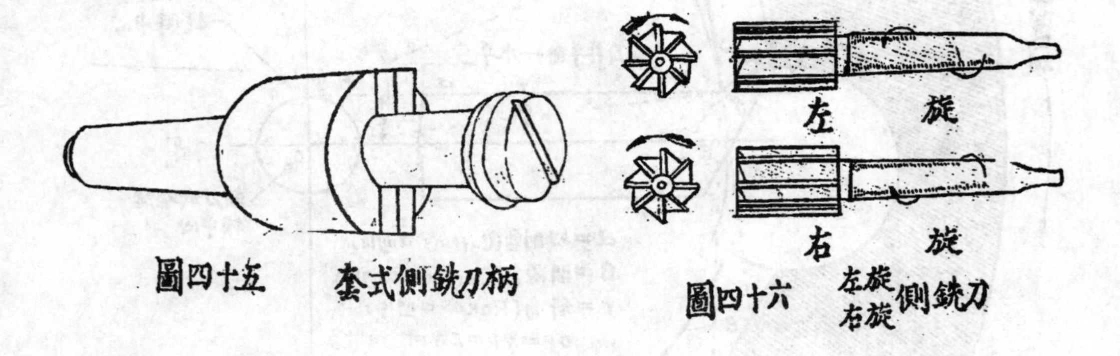

圖四十五　套式側銑刀柄

圖四十六　左旋右旋側銑刀

正向質薄板之彈性安定問題

林致平　談鎬生

（本篇係英文題為 Elastic Stability of Thin Orthotropic Plates Under Edge Compression 全文另登專門雜誌）

摘要：　本文主旨，係對一正向質薄板，其邊緣承受壓載時之彈性安定現象，作一理論探討。此板兩受載邊緣，係假定為單簡支持，其餘兩邊緣，則可受有各種不同之支持情況。此板在極限情況時之方程式，係由求解適合於此板之微分方程式而得之。因此式中之積分常數，不能同時消失，故恆可求一函數關係，其中僅包含極限荷載之值，薄板之尺度以及該板材料之彈性常數。但由此關係中，通常不能直接解出極限荷載之值，故須有賴於數值的解算法。所獲結果，藉計算一銀樅薄板之極限荷載，以為例釋。並由繪成之曲線，加以討論。

風吹植物油氧化試驗法

孫增爵　錢鴻業

（本篇係英文題為 Oxidation Test for Blown Vegetable Oils）

摘要：　普通一般採用之氧化試驗法不適用於風吹植物油。本文所建議之一種氧化試驗法可適用以推斷風吹植物機油之劣化程度。機油內加抗氧劑可阻止機油於應用時變為濃厚，加入防止膠化劑則可以減少膠結之生成。

直流制動感應電動機之理論的與實驗的考究

楊耀德

（本篇係英文題為 Theoretical and Experimental Investigation of D.C. Braking of Induction Motor 全文另登專門電工雜誌）

摘要：　本文將直流制動感應電動機之研究作系統的報告。制動旋力方程式乃根據於基本電路關係得出。電路常數由實驗定出後，代入方程式中以計算在規定直流勵磁與不同轉子速度下之制動旋力。再由實驗測出制動旋力以參證由理論算出者之準確度，並作旋力速度曲線以示明之。轉子電路中加入電阻與電感對於制動之影響亦在考察之列。

取計算所得之制動旋力量作成速度時間曲綫更從此曲綫求出制動時期以參照實測時期。

最後結論中說明制動旋力方程式之意義，及其在實際應用時所當注意之點。

工程教育與國防建設

朱泰信

（候補登）

機車在彎道上行動有無出軌可能之研究

陳廣沅

（候補登）

電網計算新法

蔡金濤

（候補登）

中國工程師學會第九屆年會

研究　總理實業計劃原提案

擬由本會根據　總理實業計劃設計細密計劃並倡導其實施案

案由　溯我國抗戰以來，國人莫不在中央抗戰建國之最高原則下，努力於其本位工作。於今抗戰已達第四年，舉國所經歷之艱辛，實超越前史。吾人於此艱辛之過程中，所警覺而引爲最大之教訓者爲何？則莫不深感物質力量缺乏之苦。致任頑寇長驅，鐵翼猖獗。我物質果缺乏耶？則又不然，舉凡必需之各項動植礦物之生產，我實無不具備。天賦優厚，乃世界上無與倫比之國家。而所缺者，乃在未能充分應用工程學力量加以啓發，致未能對世界進步，迎頭趕上，凡吾受有工程科學訓練之同人，於此實有其應負之使命。四十餘月以來，吾工程界同人，對於抗戰之供獻，所焦勞辛苦者，固已不少。而建國前途，有需吾人之努力者則尤多。抗戰建國之道，頭緒紛繁。近世謀國之人，多已對政治經濟諸端，羣加研討。然而由政治經濟之理論，得以表現於實際者，仍有待於吾人之有以自效。舉世先進各國之計劃建設也，其全國工程師蓋無不盡其最大之努力。在一切比較落後之我國，吾人尤不容稍縱其時機，有辜時代之任務。惟茲事體大，果又從何言之。所幸者吾人有先知先覺之　國父早爲我人籌到最偉大之經濟建設初步方案，卽建國方略中之實業計劃也。當計劃之時，第一次歐戰告終，　國父就國家建設之需要，計劃引用外國戰後過剩機械人才資本之途徑。以其所餘補我不足。精湛遠大，規模具備。所惜二十年來未克一一付諸實施；亦未嘗有就此計劃作有系統之精密設計，以倡導其實施者，今日世界大戰之範圍，遠過於前。而國際間鑑於我國之覺醒，對我之同情援助，日益殷切。一旦抗戰勝利，世界大戰亦且告終。我工程建設事業之必將更獲更大之援助，得以突飛猛進，可以斷言。果如何利用此再臨之機會，規劃精當，以最高效率，致國家於富強？則今日之所以就實業計劃設計其細密計劃，以謀其實施者，良不容緩。且也，於科學進步之今日，於抗戰的血的教訓中又有若干明確目標，有待研討其進行之方，解決之道；將而進以增益實業計劃之所未備，俾可發揚光大，此亦吾人之責，無所旁貸也。更有進者，諸先進國之計劃其經濟建設也，類有軌跡可資參證，有得失可資借鏡，又可使吾人有簡便的抉擇之方。時間心力，兩可節省。由上論列，則今日設計之途，遠則就實業計劃，增益科學新獻，鑑各國之長短，謀及建國之大。近則復可隨時參證，目前因抗戰而有之各項建設設施，調整其關係。亦可由整個的建設體系之中，抉擇目前抗戰所需之項目，而提前計劃之。關係旣密，則由抗戰中建國，益可有所徵信矣。爰提供原則及進行辦法，爲本屆年會中，此一重大專題討論中心。

甲、原則

一、本會應以　總理建國方略中之實業計劃爲中心，參照其他各先進國家經濟建設之方法與經驗，並顧及現在環境之特徵，擬具整個實業計劃之細密計劃，以爲全國人民集中努力之鵠的；而爲建國之張本。

二、計劃應根據國防及民生之需要，以達到自衛自足爲目的，從輕工業的起點，順序計劃及於重工業。在實施方面，則更以重工業先於輕工業，並使交通事業儘先發展與爲適當之配合。復依各種已知之條件，計劃其各個之分期。

三、由本會邀請各專門工程學會分門計劃各工程部門之細密計劃，爲初步之配合，進而與其他有關專門學會之工作爲進一步之配合。

四、各專門工程學會就其過去事業之計劃及經驗補充實業計劃之細目，並根據過去二十年世界工程及科學技術之進展，增加實業計劃之項目。

五、各學會計劃擬定後，採取往復調整配合方法，初次彙總後加以配合；再分送各學會修改。修改後，重行彙總，再加整理聯系，以此結果，彙合工程學會以外之關係專門學會之計劃，配合調整，聯合擬定整個實業建設實施步驟，决定入手方案，貢獻於中央，並要求財政經濟方面協同履行，建國工作中所應有之責任。

六、爲便利本案工作之進行，本會應組設實業計劃研究會，負責搜集材料，收集意見，整理報告表， 綜合編配各部工程計劃，並調融各關係工程學會間之研究設計的意見。

依據以上各項原則，可知進行設計研究之方，首重分工合作。須先分析各種事業或工業的項目，然後由各學會或專家分任其工作。依照實業計劃之所包容而分析之；則前三個計劃就西北，西南，及揚子江流域三部份地域的範圍，作關鍵的及根本工業的設計。第四計劃爲鐵路交通的補充計劃。第五計劃爲工業本部食，衣，住，行印刷工業的計劃。第六計劃爲礦冶工業計劃。綜合而歸納其性質；則有交通事業，重工業，輕工業，三大類，及其相關之工程。詳加分析，亦殊頭緒錯綜。爲便利於析成分類計，玆先作下列標準之决定：(一)凡可以一總的名稱而概括數種工程事業者，用此總的名稱。至於一種項目下，而有特殊重要之一子目者，析而出之。(二)若干種項目均須各有其必需之機械供給，如非大量，均不將其機械之製造專列項目。(三)更有目前已成重要事業之項目，在實業計劃中止包含其意義於其他項目中者，析而出之。(四)新興工程技術增列專項。就以上標的都析爲五十五類，先行表列如下。(大體依照實業計劃之順序)

乙、進行辦法

(一)港埠工程	(二)造船業	(三)鐵路工程
(四)機關車製造工業	(五)公路工程	(六)自動車製造工業
(七)水運工程	(八)防洪工程	(九)灌溉工程
(十)水力工程	(十一)農具製造工業	(十二)農產製造工業
(十三)米麥工業	(十四)農產運輸工程	(十五)農倉建築工程
(十六)製茶工業	(十七)豆製品工業	(十八)絲工業
(十九)蔴工業	(二十)棉工業	(二一)毛工業
以上四項合之則爲紡織工業	(二二)皮革工業	(二三)紡織縫紉機器工業
(二四)建築材料工業	(二五)家具製造工業	(二六)居室建築工程
(二七)燃料工業	(二八)印刷工業	(二九)造紙工業
(三十)油墨工業	(三一)木材工業	(三二)窰業工業
(三三)水泥工業	(三四)採煤工業	(三五)採油製煉工業
(三六)採礦工業	(三七)鋼鐵工業	(三八)冶煉工業
(三九)鑛冶機械製造工業	(四十)電訊工程	(四一)電力工程
(四二)電工器鋼工業	(四三)工具機工業	(四四)機械工業
(四五)酸鹼鹽工業	(四六)煤焦工業	(四七)製藥工業
(四八)膠體工業	(四九)油脂工業	(五十)電化工業

9215

(五一)糖工業　(五二)纖維工業　(五三)肥料工業
(五四)化學工業　(五五)航空製造工業

今各項工程之有專門學會者有土木，水利，機械，電機，鑛冶，化工，紡織，建築，自動車，航空，十種。茲將上列五十五項目試作分配如左：

	負責項目	
1. 土木	一 三 五	計三項
2. 水利	七 八 九 十	計四項
3. 機械	二 四 十一 十三 十四 二三 三九 四三 四四	計九項
4. 電機	四十 四一 四二 五十	計四項
5. 鑛冶	三四 三五 三六 三七 三八	計五項
6. 化工	十二 二二 二七 二九 三十 三二 三三 四五 四六 四八 四九 五一 五三 五四	計十四項
7. 紡織	十八 十九 二十 二一 五二	計五項
8. 建築	十五 二四 二五 二六	計四項
9. 自動車	六	計一項
10 航空	五五	計一項

所餘十六製茶工業，十七豆製品工業，二八印刷工業，三一木材工業，四七製藥工業。

或由有關學會自行認定之，或候實業計劃研究會聘請專家組織團體研究之。

分配以後，各專門學會接受所任計劃部門，卽各自着手。其進行順序可略爲規定如下：

1. 首須就所任部門在實業計劃中之部分研究其有無因時代關係而有須加改正補充之處。

2. 就所任部門研究應搜集何種材料，如何搜集，並進行搜集之。

3. 以上二項研究完畢材料搜集後，卽着手設計。於設計之時，須注意有重大關係之項目凡四：a時間 b區域c需要之人才及人力d.實施步驟。

4. 就設計結果，參酌國內現有建設能力研究其何者爲自給部分，及何者必須外國協助。

5. 其有關係不限於一種專門學會者，聯合設計之。

6. 集中其設計於實業計劃研究會，研究其配合調整。

7. 各專門工程學會接受調整配合案，再研究其應否修改或予以同意，重行集中於實業計劃研究會，舉行第二次之必要再調整。

8. 實業計劃研究會根據再調整案，請求工程師學會以外有關學會供給其所研究設計關聯部分之結果，重行配合，再爲必要之修正。

9. 以此最後之結果，供獻於中央。

10. 中央採納計劃後，由本會動員全國工程師努力求其實現。

總理國防十年計劃書

民國十年七月八日致廖仲凱書

當革命破壞告成之際建設發端之始，余乃不禁興高釆烈，欲以生平抱負與積年研究所得，定爲建國計劃（即三民主義五權憲法國防計劃革命方略等）舉而行之，以求一躍而登中國於富強之地焉。不期當時黨人以余之理想太高，遂格而不行，至今民國建元十年於茲，中國又未富強如列強者，皆以不實行余之救國計劃而已。余擬近日著一書「十年國防計劃」以爲宣傳，使我國國民，了解余之救國計劃也。玆舉國防計劃書之綱目如下：

1. 國防概論
2. 國防之方針與國防政策
3. 國防之原則
4. 國防建設大綱
5. 製定永遠國防政策與永遠以國防軍備充實建設爲立國之政策
6. 國法與憲法
7. 太平洋國際政治問題與中國
8. 國防與三民主義五權憲法外交政策中央政府地方政府之關係
9. 國防與實業計劃之關係
10. 發展國防工業計劃
11. 發展國防農業計劃
12. 發展國防鑛業計劃
13. 發展國防商業計劃
14. 發展國防交通計劃
15. 發展國防教育計劃
16. 財政之理理
17. 外交之政策與戰時外交的政策
18. 移民於東三省新疆西藏內外蒙古各邊省計劃
19. 保護海外各地華僑之意見書
20. 各地軍港要塞砲台航空港之新建設計劃
21. 新市與鄉村之國防計劃
22. 發展海軍建設計劃
23. 發展航空建設計劃
24. 發展陸軍建設計劃
25. 各項重要會議之召集如開全國國防建設會議海軍建設會議軍事教育會議之屬由中央政府每年舉行一次以爲整理國防建設
26. 軍事教育之改革與訓練計劃
27. 軍器之改良計劃
28. 軍制之改革
29. 軍醫之整理及改革軍人衛生之建設計劃
30. 國防警察之訓練
31. 軍用禽獸之訓練
32. 國防本部之進行工作
33. 仿效各國最新國防建設計劃
34. 舉行全國國防總集員之大大演習計劃與全國空海陸軍隊國防攻守戰術之大操演
35. 作戰計劃
36. 遣派青年軍校學生留學歐美各國學習各軍事專門學校及國防科學物質工程專門學校之意見書
37. 向列強定製各項海陸空新式兵器如潛水艇航空機坦克車砲車軍用飛艇汽球等以爲充實我國之精銳兵器與仿製兵器之需。
38. 獎勵國民關於國防物質科學發明之方略。
39. 購買各國軍事書籍軍用品軍用科學儀器軍用交通工具軍用大小機器等以爲整個國防之需。
40. 組織考察世界各國軍備建設團之意見書

41. 聘請列強軍事專門人員來華教練我國海陸空軍事學生及教練國防物質技術工程之意見計劃書

42. 收回我國一切喪失疆土及租借地租界割讓地之計劃

43. 我國與各國國防比較表

44. 抵禦各國侵略中國計劃之方略

45. 訓練國防基本人才三千萬計劃訓練國防物質工程技術人才一千萬計劃

46. 完成十年國防重要建設計劃一覽表

47. 新兵器之標準

48. 組織海陸空軍隊之標準

49. 擴張漢陽兵工廠如德國克魯伯砲廠之計劃

50. 國民代表大會關於國防計劃之修改國防建設意見書

51. 歐戰後之經驗

52. 國防與人口問題

53. 國防與國權

54. 指導國民研究軍事學問之研究

55. 實施全國精兵政策

56. 軍人精神教育與物質教育之比較

57. 注重國際軍備之狀況

58. 我國之海軍建艦計劃航空建機計劃陸軍各種新式槍砲戰車及科學兵器機械兵器建造計劃

59. 訓練不敗之海陸空軍計劃

60. 列強之遠東遠征空海陸軍與我國國防

61. 各國富強之研究

62. 結論

以上各計劃不過大綱而已，至於詳細之計劃，待本書脫稿方可覽閱，予鑒察世界大勢，及本國國情，而中國欲爲世界一等大強國及免重受各國兵力侵略，則須努力實行，擴張軍備建設也。若國民與政府一心一德，實行之，則中國富強如反掌之易也。

工程雜誌第十五卷第二期

民國三十一年四月一日出版

內政部登記證　　警字第 788 號

編輯人　吳承洛

發行人　中國工程師學會　羅　英

印刷所　中新印務公司（桂林依仁路）

經售處　各大書局

本刊定價表

每兩月一期　全年一卷共六期　逢雙月一日發行	
零售每期國幣二十五元 預定全年國幣一百五十元	
會員零售每期國幣十元 會員預訂全年國幣六十元	訂購時須有本總會或分會證明
機關預定全年國幣一百元	訂購時須有正式關章

廣告價目表

地　位	每期國幣
外底封面	2000元
內封裏	1500元
內封裏對面	1200元
普通全面	1000元
普通半面	600元
繪圖製版費另加	

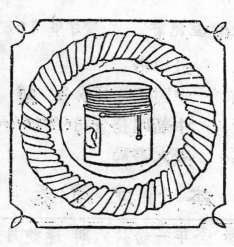

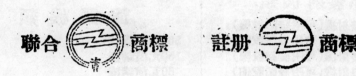

中央無線電器材廠

◀出 品▶

廣播機類

40瓩長短波廣播電台設備
20瓩長短波廣播電台設備
10瓩長短波廣播電台設備
4瓩長短波廣播電台設備
2瓩長短波廣播電台設備
1瓩長短波廣播電台設備

通訊發射機類

40瓩長短波發射機(可附發話設備)
20瓩長短波發射機(可附發話設備)
10瓩長短波發射機(可附發話設備)
4瓩長短波發射機(可附發話設備)
2瓩長短波發射機(可附發話設備)
1瓩長短波發射機(可附發話設備)
500瓦長短波發射機(可附發話設備)
200瓦長短波發射機(可附發話設備)
100瓦長短波發射機
15瓦擕動式收發報機
5瓦擕動式收發報機

收訊機類

14管交流收訊機
11管交流收訊機
9管交流收訊機
8管交流收訊機
7管交流收訊機
6管交流收訊機
6管交直流收訊機
6管乾電池式收訊機
5管乾電池式收訊機
4管乾電池式收訊機

航空機類

航空通訊機
定向設備

收音機類

9管交流收音機
8管交流收音機
7管交流收音機
6管交流收音機
5管交流收音機
5管乾電池式收音機
4管乾電池式收音機

演講機類

300瓦演講機
150瓦演講機
60瓦演講機
30瓦演講機
20瓦手搖機式演講機
10瓦手搖機式演講機

手搖發電機類

20瓦收發報機用手搖發電機
15瓦收發報機用手搖發電機
5瓦收發報機用手搖發電機
2.5瓦收發報機用手搖發電機
各種手搖發電機電源濾波器

電源機類

350瓦電動發電機
175瓦電動發電機
80瓦電動發電機
20瓦電動發電機
10瓦電動發電機
各種整流器
各種酒精發電機
各種電源及音頻變壓器

配件類

各種無線電配件

訊處：

桂林總廠 桂林郵箱第一五〇〇號
昆明分廠 昆明郵箱第一五〇〇號
重慶分廠 重慶小龍坎郵箱第二四號
重慶辦事處 重慶郵箱第三〇三號